钢 结 构 设 计 手 册

第四版

（上册）

但泽义　主编

柴　昶　李国强　童根树　副主编

中国建筑工业出版社

图书在版编目(CIP)数据

钢结构设计手册/但泽义主编 . —4 版 . —北京：中国建筑工业出版社，2018.10（2023.4重印）
ISBN 978-7-112-22675-7

Ⅰ.①钢… Ⅱ.①但… Ⅲ.①钢结构-结构设计-技术手册 Ⅳ.①TU391.04-62

中国版本图书馆 CIP 数据核字(2018)第 206370 号

- 最新版《钢结构设计标准》GB 50017—2017、《高层民用建筑钢结构技术规程》JGJ 99—2015、《门式刚架轻型房屋钢结构技术规范》GB 51022—2015、《建筑钢结构防火技术规范》GB 51249—2017、《冷弯型钢结构技术规范》GB 50018 等现行钢结构各种规范的最佳诠释、延伸与补充。

- 涵盖现行钢结构各专业设计标准内容；全书共 21 章，总计 260 余万字，内容丰富新颖，为以往各版《钢结构设计手册》之最；本书各种类型钢结构及其节点的设计与计算是几十年工程实践经验的总结和提炼并有所创新；部分章节的设计计算示例采用手工计算，过程清晰易于理解；加深对标准的理解进而正确使用，指导与优化设计。

- 第四版内容包括：结构体系、材料选用、结构分析、单层与多层厂房钢结构、多层与高层钢结构、门式刚架、压型钢板轻钢围护结构、节点设计、塑性设计、抗震设计、钢管结构、预应力钢结构、组合结构、钢结构防护、钢结构检测、鉴定与加固、钢结构施工技术要求、设计参考资料等。

供建筑结构设计人员，施工人员，大专院校师生和科研人员使用并参考。

* * *

责任编辑：赵梦梅
责任校对：王雪竹

钢结构设计手册
第四版

但泽义　主编

柴　昶　李国强　童根树　副主编

*

中国建筑工业出版社出版、发行（北京海淀三里河路9号）

各地新华书店、建筑书店经销

北京红光制版公司制版

北京市密东印刷有限公司印刷

*

开本：787×1092毫米　1/16　印张：126　字数：3137千字

2019年2月第四版　　2023年4月第八次印刷

定价：**328.00**元（上、下册）

ISBN 978-7-112-22675-7
（32794）

《钢结构设计手册》
第四版
编著委员会

主　任：　沈祖炎

委　员：（按姓氏拼音排序）

柴　昶　　陈以一　　陈友泉　　戴国欣　　戴立先

但泽义　　邓玉孙　　郝际平　　胡永旭　　胡朝晖

李国强　　李茂新　　刘晓光　　刘中华　　罗福盛

罗永峰　　穆海生　　聂建国　　舒兴平　　童根树

汪大绥　　王　伟　　王　燕　　王泽强　　吴耀华

尹元初　　赵梦梅

主要编著单位：

中冶赛迪工程技术股份有限公司

中　国　钢　结　构　协　会

同　　济　　大　　学　　　编著

浙　　江　　大　　学

序

目前，我国钢产量已居世界第一位，国家政策已经从限制采用钢结构转变为积极鼓励采用钢结构，钢结构处于历史上最好的发展时期。最近，国家标准《钢结构设计标准》GB 50017—2017颁布实施，标志着我国钢结构技术领域的又一个重要进展。为了帮助广大钢结构工程技术人员更好地理解和应用《钢结构设计标准》GB 50017—2017及相关标准，由中冶赛迪工程技术股份有限公司、中国钢结构协会、同济大学、浙江大学牵头，组成《钢结构设计手册》（第四版）编著委员会，邀请了参加标准修订工作的钢结构设计、研究、制造、安装等方面的二十几位专家，历经四年多的时间，编写了这本《钢结构设计手册》（第四版），为从事钢结构设计、教学、科研和建造的人员提供了一本有重要参考价值的资料。

《钢结构设计手册》（第四版）分为基础理论篇、设计篇、制造与安装篇和资料篇四大部分。其中，第1~8章为基础理论篇，由高校和研究单位具有深厚理论及较高学术水平的专家编写，主要介绍钢结构的设计原理和基本知识，反映了钢结构领域最新研究成果，为工程师建立清晰的设计概念奠定了坚实的理论基础。第9~19章为设计篇，由设计单位具有丰富实践经验的专家编写，主要介绍除桥梁和高耸结构以外的各种建筑钢结构的设计特点和设计计算方法，内容覆盖压型钢板围护结构、门式刚架结构、单层与多层厂房结构、多层与高层钢结构、节点连接、塑性设计、钢管结构、预应力钢结构、钢-混组合结构、钢结构防护和钢构件检测、鉴定与加固等方面。其中，用较多篇幅介绍了各类钢结构及其节点连接的构造设计与计算，这些构造与计算方法是经过了大量工程反复验证的创新成果，也是我国建筑钢结构业界专家几十年工程实践经验的总结和提炼。而这方面的内容，在高校教材中却较少涉及，因此也成为《钢结构设计手册》（第四版）的一大亮点。部分章节中的设计及计算示例采用手工计算，过程完整、层次清晰、易于理解，对广大设计工作者准确地掌握和正确地使用标准或规范具有较大的帮助。第20章为制造与安装篇，主要介绍钢结构制作与安装的技术要求，由制造和安装单位的技术专家编写，其目的是让设计人员了解钢结构加工制作的工艺流程和安装知识，使得钢结构的设计更加方便施工。第21章为资料篇，由经验丰富的设计专家编写，主要内容包括钢结构设计与施工所依据的技术标准、钢结构工程设计文件的编制要求和按最新版本国家标准汇编的设计参考资料，方便设计人员查找。

　　《钢结构设计手册》（第四版）力求实用，博采众长，图文并茂，内容丰富，是一本实用性很强的大型工具书，相信该书的出版将为我国建筑钢结构的推广应用发挥重要作用。

中国工程院院士

2018.8.18

前　　言

国家标准《钢结构设计标准》GB 50017—2017，现已发布实施，为使广大钢结构工程技术人员更好地理解应用新标准，本编委会邀请了参编各有关标准、规范修订工作的设计、科研及制造与施工等方面的专家联合编著了《钢结构设计手册》（第四版），供从事钢结构设计、教学、研究和建造的人员参考使用。

《钢结构设计标准》GB 50017—2017 是以科学技术和实践经验的综合成果为基础制订出来的国家标准，是工程设计最基本的技术、经济规则。因此，本手册除了罗列设计标准或规范的规定外，主要介绍材料选用，结构体系及结构布置，构件、连接及节点构造的设计与计算，并辅以典型计算示例。同时，为方便使用，本手册还附有必要的设计参考资料。手册内容是对工程实践经验进行整理、分析、选择、精炼的总结，所列的设计计算及节点构造均为工程设计中切实可行的推荐做法，对于设计工作者有较大的参考价值。

我国钢结构的应用与发展经历了限制应用、合理应用、推广应用和高峰发展的四个时期，建筑钢结构的工程设计与施工水平得到了全面提升，结构用钢的品种和性能已达到国际先进水平，钢结构限制使用的条件已不复存在，建筑钢结构建设市场对钢结构人才的需求与日俱增。为了适应这一形势，本手册拓宽了范围，既包括重型建筑结构（重型厂房结构、高层和超高层房屋结构），也包括轻型钢结构、钢管结构、预应力钢结构、钢与混凝土组合结构，同时还包括钢结构抗震、钢结构防护、钢结构鉴定与加固修复以及钢结构施工等知识。

考虑到本手册针对从事建筑钢结构的广大工程技术人员，在其中适当编入了钢结构设计基本知识，除了钢材的知识外，主要是结构分析与稳定设计，以及基本构件设计与计算。手册用了较多的篇幅介绍了各种结构的构造设计与计算，这些内容是大学课程中基本不讲述的。本手册纳入的构造设计是对我国钢结构几十年工程实践经验的总结、提炼，要求构造设计与计算简图相符，受力简单明确，减少应力集中，且便于制作、安装和维护，这对于钢结构设计具有重要的实用价值。

本手册在有关章节中选入了较多的设计示例，其内容涵盖了重型和轻型钢结构、结构抗震、预应力钢结构、钢-混凝土组合结构、结构加固以及结构疲劳等。示例主要采用手工计算，每个示例保持了较完整的计算过程，列出了清晰的计算层次，其目的是通过示例帮助设计人员加强对标准的理解和正确运用。另外，为节约设计工作时间，提高功效，结合设计经验和国家现行的有关标准，列入了钢材规格及截面特性、连接用紧固件规格、型钢组合截面特性、构件与连接和组合楼板承载力等实用参考资料。同时还列入了编制钢结构设计文件的相关内容。

本手册的出版面世，要特别感谢 沈祖炎 院士对本手册编著工作的精心指导。沈院士是一位在钢结构领域享有很高知名度的学者，从事钢结构教学和研究几十载，其理论研究和学术水平得到国内外同行的高度认可，为我国建筑钢结构的发展做出了很大贡献。他也是我国几本重要钢结构设计标准编制和修订的主要参与者，为这些标准的制定和修订提出了诸多开创性和关键性的意见。相信由他指导编著的《钢结构设计手册》（第四版），将会对国家标准《钢结构设计标准》GB 50017—2017的深入理解和应用起到积极的作用。不幸的是，在书稿即将完成时，沈院士却因病阖然辞世。在此，谨以此书表达我们对沈院士深深地怀念。

本手册分上、下册，共21章。各章节编写人员分别为：第1章但泽义；第2章2.1～2.6节柴昶、刘迎春，2.7节邓玉孙；第3章3.1～3.3节柴昶，3.4节柴昶、戴国欣，3.5～3.8节柴昶；第4章汪大绥、包联进；第5章童根树；第6章6.1节舒兴平，6.2～6.3节郝际平、钟炜辉，6.4节郝际平、王迎春，6.5节郝际平、于金光，6.6节吴耀华、何文汇；第7章7.1、7.3节刘晓光，7.2节邓玉孙；第8章李国强；第9章陈友泉；第10章童根树、陈友泉；第11章11.1节胡朝晖、傅中俊，11.2节尹元初、张萍，11.3节柴昶、刘迎春，11.4节罗福盛、赵轩，11.5节王建、王强，11.6节邓玉孙、赵轩、唐建设、谢津成，11.7节李茂新、石志龙；第12章12.1～12.5节李国强，12.6节王迎春；第13章13.1～13.2、13.4～13.5节王燕、刘芸，13.3节刘迎春，13.6节李国强，13.7节穆海生，13.8节但泽义，13.9节刘中华，13.10节李国强；第14章童根树；第15章15.1～15.2节吴耀华，15.3～15.6节陈以一、王伟；第16章王泽强、李晨光、陈新礼、袁英战、周黎光、王丰、尚仁杰、司波、尤德清；第17章17.1～17.5节聂建国、陶慕轩、许立言、聂鑫，17.6节王伟；第18章18.1节李国强，18.2节柴昶，18.3节但泽义；第19章19.1～19.3节罗永峰、彭福明，19.4节～19.6节李书本、王林；第20章20.1节戴立先，20.2节郐国雄、陈韬，20.3节陈振明，20.4节苏君岩、陈韬、朱邵辉、陈华周，20.5节吕黄兵、陆建新，20.6节任海明，20.7节苏君岩、李龙飞；第21章尹元初、刘迎春。

本手册审稿分工为：第1、2、9、16章柴昶；第4～7、13、14章李国强；第8、10、12、15、17章童根树；第3、11、18～21章但泽义。全书统稿、局部修改和总体校正但泽义、尹元初，其中邓玉孙、傅中俊、赵轩、谢津成、沈琪雯部分参与。

本手册是一部大型工具书，历经数年努力后终于面世。在编著过程中，中冶赛迪工程技术股份有限公司，特别是其下属的建筑设计研究院在实施中给予的人力、物力支持和帮助，在此表示衷心感谢。

最后，对参加本手册编著工作的所有专家、教授致以深切的敬意和谢忱。对何学荣、林正伟、王迪涛为本手册绘制部分插图表示谢意。

在本手册编写中，参考引用一些作者的著作和论文，在此致以谢意。由于编著者水平有限，手册中难免有不足之处，敬请广大读者指正。

《钢结构设计手册》（第四版）编委会

目　　录

上　册

下 册

第1章 总 则

1.1 我国建筑钢结构的应用与发展

一、建筑钢结构的应用与发展60年

《钢结构设计标准》规定了钢结构工程设计的总则是在设计中执行国家的技术经济政策，做到技术先进，经济合理，安全适用并确保质量。我国建筑钢结构应用发展的60年，正是实践这一总则的60年。回顾历史，总结经验，对我们继续坚持发展之路再创辉煌仍有很现实的意义。

我国钢结构所经历的由限制应用到高峰应用大发展的60年时间，大致可分为4个时期：

1. 限制应用时期（1955~1970年） 这一时期的初期，我国正处于百废待兴的经济建设恢复期。虽然在大跃进超英赶美口号鼓舞下，于1958年号称钢产量达到了1070万t，但在质量性能上可供工程用的钢材仍极为有限，必需的结构用钢还需进口。加之技术人员严重短缺，标准规范处于空白，钢结构工程的设计工作也刚刚起步。1952年成立的鞍钢设计公司（现各钢铁、焦化耐火、矿山设计院的前身）是我国最早组建的冶金建筑专业设计队伍，开始时钢结构设计室人员还不到30人，承担了鞍钢全厂钢结构厂房的测绘和改建设计工作。故20世纪50年代钢结构的应用仅限于少数重点工厂重型厂房结构改扩建项目，在结构布置、设计理论、设计规范以及构造方式等几乎都是模仿苏联。到20世纪60年代初期，国家在总结大跃进经验教训后进入了经济建设调整期，经过规范的管理与工程设计实践，逐渐培养了设计队伍，工程设计与管理水平也有所提高。当时的北京、包头、重庆等钢铁设计院均设立了钢结构专业组，这批专业设计人员也成为我国自行培养的第一代钢结构设计骨干。同时，各院在技术业务方面已能独立进行工业厂房钢结构的设计，并组织了钢结构标准构件图和节点图的编制。1966年，按冶金部的号召，各钢铁设计院还积极在工程设计中推广应用我国自行开发生产的低合金结构钢——16Mn钢（现Q345钢），结束了钢结构工程所用低合金结构钢需要进口的历史。1965年包头钢铁设计院与冶金建筑研究院合作，在设计革新活动中，创新性地研究成功钢结构箱形吊车梁、36m大跨度栓焊桁架吊车梁和轻屋面全冷弯型钢屋盖结构等新型结构构件，并用于工程取得良好效果，成为我国钢结构应用技术发展的首批科研成果。遗憾的是随后的"文化大革命"，完全阻断了当时钢结构应用技术发展与进步的这一进程。

2. 扩大应用时期（1971~1985年） 随着旨在消除文化大革命影响的拨乱反正，国家经济建设形势也逐步好转，到1985年我国年钢产量近5000万t。在工业建筑方面：十一届三中全会以来，党中央制定了对外开放政策，在武钢07工程和宝钢工程中引进了西德、日本等国外先进工艺设备及配套设施，使我们有机会了解和学习世界先进国家钢结构单层厂房的设计、施工和使用中的某些问题，并能在由国内负责设计施工的钢结构厂房（如武

钢 07 工程、宝钢热轧、冷轧、140 无缝以及连铸厂房等）中加以吸收、消化和结合实际运用，使我国钢结构厂房的建筑技术前进了一大步，大体上已经接近或达到当时国际上的水平。民用建筑方面，钢结构也开始扩大在民用和公用建筑和构筑物中的应用。这一时期中最具典型意义的应用实例，当属在 1984 及 1985 年我国相继设计建成了深圳发展中心、京广大厦、北京国贸中心及上海希尔顿酒店、新锦江饭店等首批六栋高层钢结构。其中最高的京广大厦为钢框架与组合剪力墙体系，共 53 层，高 208m；北京国贸中心为全钢筒中筒体系，共 38 层，高 155m；而上海希尔顿酒店为钢框架－核心筒混合结构体系，共 43 层，高 146m。高层钢结构是建筑钢结构中技术含量和难度最高的结构类别，我国设计人员虽然只参加了辅助设计，但在人员培养及专业技术学习方面，这批不同体系并采用组合楼盖的高层钢结构的设计建成，为我国钢结构应用技术的发展与提高积累了宝贵的经验。此外，另一领域的扩大应用实例是彩涂钢板轻型围护结构和门式刚架的应用，以及钢网架的应用。1982 年宝钢建成的 100 万 m² 一期厂房，全部采用钢结构和彩涂板轻型围护的屋面与墙面。不仅颠覆性的大大改善了钢结构建筑的外观形象，而且屋盖自重仅为传统混凝土屋盖的 1/8，从而对优化改革结构体系，推广采用大跨度空间结构、网架结构与门式刚架结构提供了基本保证条件，并对工业化施工技术的优化也具有重要意义。而由刘锡良教授研发的空间网架结构也在此期间逐步扩大了应用，主要工程实例有首都体育馆大跨度平板网架（平面尺寸 110m×90m，角钢杆件与板节点）、上海体育馆跨度直径 110m 平板网架（焊接空心球节点）等。由于影视、通信的需要，钢塔桅结构在此期间也开始在国内设计应用，较典型的工程实例有北京月坛电视塔（高 180m，小截面型钢格构塔柱与柔性拉杆斜撑）等。再应提及的是由冶金部组织我国自行编制的标准《钢结构设计规范》TJ 17-74（试用），于 1975 年 5 月颁布实行；由重庆钢铁设计院主编，包头钢铁设计院与西安冶金建筑学院参编的我国第一册钢结构设计大型工具书《工业厂房钢结构设计手册》也于 1980 年出版发行。其重要意义在于这标志着我国钢结构设计从此有了自己的规范和手册作为依据与指导。同时在各设计院的钢结构设计开始普遍采用电子计算机计算和 CAD 辅助设计方法，也标志着设计工作进入了设计方法革命性变化的新阶段。

3. 推广应用时期（1986～2000 年） 这一时期随着改革开放政策日见成效，我国经济建设形势更加好转，到 1997 年全国钢产量已达 1.06 亿 t，跃居世界首位。国家相应的技术政策也作出了调整，"1996～2010 年建筑技术政策"（修订稿）提出了"要大力推动建筑钢结构的发展，……"；1998 年建设部关于"建筑业推广应用 10 项新技术的通知"中将钢结构列为十项新技术之一；在工程应用方面除网架结构、门式刚架轻钢结构与塔桅结构继续扩大应用外，最突出的事例应是一批超高层与大跨度空间钢结构的建成，以及钢-混凝土组合结构的应用。在相继建成的北京长富宫中心、深圳帝王大厦、大连远洋大厦和上海金茂大厦等高层钢结构中，金茂大厦为大陆首座 500m 级高层建筑，地上 101 层，总高度达到超高的 492m，其结构体系为由巨型柱与支撑组合框架及伸臂桁架核心筒组成的混合结构体系，并在第 90 层安装了控制强风位移的阻尼器，大厦的建成标志着我国的超高层钢结构已进入世界前列。1994 年国内有关设计研究院还曾独立完成了厦门九州大厦（地上 26 层高 96m）高层钢结构的设计，而 1997 年建成大连远洋大厦（地上 26 层高 96m）则在设计、施工和材料方面完全实现了国产化。另一标志性高层建筑是 1999 年建成的深圳赛格广场大厦，地下 4 层，地上 72 层，总高 291.6m。结构均采用密柱内筒与外框体系，所有外框架柱与内筒密柱均采用钢管混凝土柱，是迄今为止世界上最高的全钢管混凝土柱高层建筑，其设计、施工与材料供货也完全实现了国产化。而这一时期中最重要的事例应是包括核心规范在内的一批技术规范与材料标准的编制与颁布执行。其中设计规范主要有：

※《钢结构设计规范》GBJ 17—88

※《冷弯薄壁型钢结构技术规范》GBJ 18—87

※《高层民用钢结构技术规程》JGJ 99—98

※《钢-混凝土组合楼盖结构设计与施工规程》YB 9238—92

※《压型金属板设计施工规程》YBJ 216—88

※《钢管混凝土结构设计与施工规程》CECS 28：90

※《钢结构高强度螺栓连接的设计、施工及验收规程》JGJ 82—91

※《门式刚架轻型房屋钢结构技术规程》CECS 102：98

这批规范已基本上形成了系列化，并都是在以科学、技术和实践经验综合成果的基础上，参考国外相关标准独立编写完成的，达到了与国际接轨的水平。而《钢结构设计规范》历时 8 年编制而成，更具有前瞻性、科学性、实用性和权威性。因内容全面，技术先进并自主性强，被评为冶金科技一等奖，在总体上，也达到了国际先进水平。

这一时期内，钢材的生产也同步有很大的发展。我国自主生产并规模应用成熟的主打结构钢材—A3 钢与 16Mn 钢均与国际接轨，正名为 Q235 钢与 Q345 钢，并编制了相应的国家产品标准—《碳素结构钢》GB 700-88 与《低合金高强度结构钢》GB 1591—94。而由马钢投资建厂并主导的"热轧 H 型钢研发与应用研究"大型课题也于 1998 年完成，并于同年生产了 H 型钢产品，填补了国内重要工程用材的空白。为此，此项成果获得国家科技进步二等奖和冶金科技进步特等奖。并同时编制了产品国标《热轧型 H 钢和剖分 T 型钢》GB 11263—98，并出版了大型工具书《热轧 H 型钢设计应用手册》。

这批规范和标准的颁布执行与钢材的生产，为我国钢结构应用技术水平与工程质量的持续提高，提供了极为重要的保证条件。

4. 高峰发展时期（2001～2015 年）　这一时期可以说是我国建筑钢结构应用发展并创造了辉煌业绩的高峰时期。在继续扩大工程应用方面，建成了以鸟巢、水立方等奥运场馆和上海中心、深圳平安大厦、武汉新车站及广州新电视塔等一大批标志性钢结构工程；在钢材生产方面，我国钢产量已连续 18 年居世界首位，到 2014 年年钢产量达 8 亿 t，产品质量提高，品种增加，已有三大钢种、七个系列和 38 个钢材品种可供钢结构选用；在技术支撑条件方面，各种设计、施工、检验等技术术标准更加完善和系列化；并通过工程实践锻炼，培养了一大批高水平的设计、施工、监理专业技术人员。同时，依托国内的出色业绩，在海外开拓钢结构市场方面也取得良好的成效。

二、钢结构工程应用进入新时期的特点

综上所述可知，经过 60 年不同时期的发展应用和几代钢结构人的勤奋努力，在国家技术政策强有力的支持下，到 2015 年我国的建筑钢结构应用技术与工程建设的发展已达到极为鼎盛的高峰时期，其标志为现代建筑钢结构与高性能钢材同步的互动快速发展。并具有以下特点：

（1）钢结构工程应用广泛，建设规模空前，建筑钢结构制造业已形成规模产业。至今，几乎80%以上新建的高层建筑、体育场馆、会议中心、航站楼和大型枢纽车站、高塔结构等，都采用了钢结构。据不完全统计，2015年我国土木建筑钢结构工程用钢量已超过4000万t（不包括钢筋用量），建筑钢结构制造业已形成规模产业，年总产值超过3000亿。钢结构制造特级与一级企业已达百余家。

（2）建筑钢结构工程设计与施工应用技术水平得到全面提升，达到国际先进水平。基本上掌握了各类超高层钢结构、大跨度空间钢结构、预应力钢结构、新型工业厂房钢结构和组合结构的设计、施工建造、监理与检测的配套技术。先后编制了钢结构专业有关的设计、施工方面国家与行业标准、规范、工法近百项，总体水平达到国际先进水平。

（3）新材料、新结构、新工艺得到普遍应用。在新材料与高效型材方面有高性能钢材、高层建筑用（GJ）钢板、厚度方向钢板、低屈服强度钢板、热轧H型钢、冷弯型材、大截面钢管、优质铸钢件、彩涂钢板、钢索与钢拉杆以及高强度螺栓与栓钉紧固件等可供选用；在各类结构体系方面，高层钢结构应用了框架支撑（中心、偏心及屈曲约束支撑）、框架延性墙板、框筒及巨型框架等体系；在大跨度空间结构中采用了新型组合结构体系及柔性张拉结构体系，如张弦梁及预应力弦支撑穹顶等得到普遍应用；在施工工艺方面，创新的研发应用了复杂厚壁箱形柱、大型异形扭曲构件及高精度复杂铸钢件的加工工艺，各类复杂空间结构的安装工法、虚拟空间结构预拼装及多种复杂条件下的焊接工艺等。

典型标志性钢结构工程　　　　　　　　　　　　　　　　表 1.1-1

序号	工程名称	工程概况
1	国家体育场—鸟巢	国家体育场—鸟巢，为2008年奥运会主场，东西跨度296m，高度67m；南北跨度332m，高度41m。建筑总面积25.8万m²，场内席位9.1万个。结构为24根巨形扭曲杆件格构柱组成的环形空间框架结构，形成鸟巢造型。其中柱顶构件采用了Q460Z35钢，钢板厚度达110mm
2	国家游泳中心—水立方	国家游泳中心—水立方，为2008年奥运会游泳馆，是目前世界上体量最大的全充气膜覆盖围护的钢结构建筑。结构体系为水泡状网格钢管杆件组成的空间框架结构，平面尺寸170m×170m，屋顶标高30.6m，杆件节点采用球节点
3	央视新台址主楼	建筑高度234m，地上最高52层，地下3层，总建筑面积49.6万m²，其造型为2座整体向内双向倾斜的塔楼通过底部裙楼和顶部L形悬臂连接而形成的折角门式建筑，塔楼、裙楼结构由外框筒、内框筒与核心筒组成，前者由双向倾斜6°的巨柱、边梁和支撑形成以碟形节点为主的三角形网格结构；后二者为钢框架结构
4	广州新电视塔	为中国第一高塔，塔身高454m，塔杆高度146m，总高610m，488m处设有世界最高的观景摄影平台，塔身采用旋转双曲钢管网格结构并呈细腰造型，故有"小蛮腰高塔"之称
5	首都国际机场T3航站楼	建筑平面长度2900m，宽度790m，建筑高度45m，建筑面积约100万m²，结构采用锥形钢管柱与大跨度钢网架
6	南通体育场（活动屋盖）	我国第一个采用活动屋盖的体育场，固定钢屋盖采用拱支网壳结构，主拱最大跨度262m，矢高55.4m；活动屋盖为移动台车多支点支撑的单层网壳
7	武汉新火车站	高架站台与站房合一的"桥建合一结构体系"站房，结构采用立体拱架双曲格构屋盖结构及树枝支承高架平台结构

续表

序号	工程名称	工程概况
8	深圳京基100大厦	楼高442m，共计100层，结构为巨柱-支撑-核心筒体系
9	上海环球金融中心	地上101层，地下3层，建筑高度492m，结构体系为巨柱支撑框架外筒-核心内筒，在90层设置了风阻尼器，重要节点采用铸钢节点
10	北京中国尊	正在建造中，总高度536m，地上108层，地下7层，结构为巨柱支撑外框筒＋内核心筒体系
11	武汉绿地中心	正在建造中，设计高度636m，地上126层，地下6层，结构为巨柱-支撑-核心筒体系（最终高度因航高所限，可能降至500m以下）
12	深圳平安金融中心	结构主体高588m，连塔总高660m，地上118层，地下5层，结构为巨柱-支撑-核心筒体系
13	国家体育馆	国家体育馆南北长144m，东西宽114m，总建筑面积约10万m^2。屋盖结构采用铸钢节点的双向预应力钢管桁架
14	国家羽毛球馆	国家羽毛球馆长轴跨度62m，短轴跨度45m，屋盖中心为直径93m的预应力弦支穹顶结构

（4）提前实现了建设规划提出的双重目标。在国家技术政策强有力的支持下，建筑钢结构的应用持续迅速发展，到2008年，我国已提前实现了"建筑钢结构产业发展规划纲要"和"建筑技术政策"提出的钢结构用钢国产化和建筑钢结构应用技术水平达到国际先水平的双重目标。

（5）建成了一大批有国际影响的标志性钢结构工程。到2018年初，正建和建成了一大批有国际影响的标志性钢结构工程，其典型者见表1.1-1及图1.1-1～图1.1-14（各图中图片分别由中建钢构公司，浙江精工钢结构公司及浙江东南网架公司提供）。

图1.1-1　国家体育场—鸟巢

图 1.1-2　国家游泳中心—水立方

图 1.1-3　中央电视台新楼

图 1.1-4　广州新电视塔

图 1.1-5 首都国际机场 T3 航站楼

图 1.1-6 南通体育场（活动屋盖）

图 1.1-7 武汉新火车站

图 1.1-8 深圳京基 100 大厦（高 441m）

图 1.1-9 上海环球金融中心（高 492m）

图 1.1-10 北京中国尊（高 528m）

图 1.1-11 武汉绿地中心（高 606m）

图 1.1-12　深圳平安金融中心（高 660m）

图 1.1-13　国家体育馆

图 1.1-14　国家羽毛球馆

1.2　钢　结　构　的　特　点

　　钢结构已成为现代建筑工程中主要承重结构体系之一，设计时应结合其应用特性在满足工艺和建筑功能要求并保证结构安全可靠的前提下，优化结构方案，尽量节约钢材和施工费用，并尽可能缩短工期以获得最大的综合经济效益。钢结构具有如下特点，设计时应予以注意。

　　1. 钢材材质均匀，接近于各向同性体，是理想的弹塑性材料。钢结构的实际受力状态与按力学计算的结果比较符合，计算上的不确定性较小，计算结果可靠。但钢材实际上并非完全匀质，主要表现在钢材内部存在偏析，影响力学性能。另外，钢材在三个方向力学性能亦不尽相同，在设计厚板结构时，应注意这一点。

　　2. 钢材具有良好的塑性和韧性。钢材的良好塑性可使结构在稳定的条件下不会因超载而突然发生断裂现象，这是保证结构不致倒塌的优良性能。此外，尚能将局部高峰应力重分配，使应力变化趋于平缓。而良好的延性可使结构对动荷载的适应性强，建筑钢结构在冲击荷载和重复荷载或多轴拉应力作用下具有可靠性能的保障。同时由于钢材有良好的塑性和延性，使抗震设防的建筑钢结构能充分吸收能量，减弱地震反应，大大提高结构的抗震性能。唐山和汶川震害调查表明，即使在震中附近的高烈度区，全钢结构建筑物震害也是很轻的。

　　3. 钢材强度高，结构重量轻。钢材的强度远高于混凝土和砌体结构，故大跨度结构、超高层建筑、高耸结构和重型工业厂房或荷载很重的结构，钢结构是理想的结构材料和唯一的选择。同时由于结构重量轻。可减轻基础的负荷，降低地基、基础部分的造价，同时增大使用面积、缩短施工周期、减少运输吊装费用等优点。以一般钢筋混凝土框架-筒体结构与相同条件下采用钢结构的高层建筑为例，两者的自重相比约为 2：1，基础荷载大为减轻，地基和基础工程造价将大幅度降低。多层钢结构住宅与钢筋混凝土结构相比，基础节省的费用约为 50 元/m²。但需注意的是轻钢屋盖自重轻，设计时应注意其对可变荷载的变化较敏感，如雪荷载、风荷载。在过去的设计中，对其作用估计不足已造成不少房屋破坏或垮塌事故，在设计这类结构时，应考虑它的不利影响。

4. 钢结构工程施工更符合建筑工业化和环保要求。钢结构为单一材料，便于组成最佳承载截面，构件便于加工与工业化制造安装，可进行大部件或模块化组装，生产效率高，施工周期短，同时施工过程中湿作业少，污染轻，非常符合我国建筑工业化、产业化技术政策的要求。

5. 钢结构具有灵活的适应性。由其建成的工业厂房或公用建筑，便于拆迁重建或改建、扩建，而且也便于灾后修复、加固与补强。同时其拆除后还可作为再生资源回收利用或国防需要的物资储备。

6. 除上述优点外，钢材性能有以下的不足之处，会影响到钢结构的应用，需在工程设计中引起注意。

(1) 钢结构的耐腐蚀性差，容易因锈蚀而降低结构承载力与使用寿命。故应根据工作环境的腐蚀介质条件和全寿命周期技术经济合理性设防的原则，以及相关技术规范采取可靠的长效防护措施，包括合理布置结构，采用管材构件，高质量除锈处理与长效复合涂层等，具体方法可参见本手册第 18 章。必要时，可采用耐候性能较好的耐候钢制作构件。

(2) 钢结构耐火性差，裸露钢构件的耐火时限仅为 15min，当温度超过 300℃后，其屈服强度与抗拉强度均显著下降，故钢构件应按相关规范规定的分类与耐火极限要求及防护技术要求，采取涂层或板材隔热等可靠的防护措施。对工作环境温度长期超过 100℃的钢构件，规范也规定应采取防护措施予以保护，具体方法参见本手册第 18 章。

(3) 钢材存在冷脆倾向，特别在交变荷载作用或低温环境条件，可引起构件在应力尚低于钢材屈服强度的情况下突然断裂破坏。此脆性断裂的特征是：无显著变形，应力低，无事故先兆，突然发生灾难性破坏，断口平齐而光滑等。其主要原因有以下几个方面：

1) 材质缺陷的影响。钢材中化学成分碳、硫、磷、氧、氮、氢等元素含量过高时，将会降低钢材的塑性和韧性，而增加脆性倾向。其中磷、氮、氢均会导致冷脆的发生。同时钢材在轧制加工或冷却中也会产生初应力，非金属杂质夹杂、气泡、折叠、分层等，这些缺陷也将降低钢材抗脆性断裂的能力。

2) 应力集中的影响。构件因连接与构造需要不可避免存在孔洞、开槽、截面变化，这些部位在荷载作用下产生应力集中，常是导致脆性破坏的危险因素。此外，应力状态对钢材的塑性和韧性的影响很大。研究表明，钢结构受拉构件在局部高应力集中区往往产生双向和三向拉应力状态，在该应力状态下钢材塑性变形降低，脆性破坏的可能性也大大增加。

3) 低温和腐蚀介质的影响。在低温环境下钢材强度略有提高，而塑性和韧性降低，尤其在温度下降到某一温度区间时，冲击韧性值急剧下降，承受动力荷载作用的构件会产生低温疲劳破坏。当钢结构处在有腐蚀介质的环境中，构件使用一段时间后，构件内部存在的缺陷在腐蚀介质的作用下较快地扩展，达到临界尺寸即突然裂损。如某一钢铁企业的 4000m³ 级大型高炉的外燃式热风炉壳体投产使用十多年后，在焊缝及焊缝附近的壳体产生树枝状裂纹，裂纹沿晶界发展。经检测腐蚀介质主要有 P、S 等腐蚀元素，裂纹产生源于应力腐蚀。

1.3 钢结构的应用范围

改革开放以来，随着我国经济的快速发展和国家技术政策的调整，建筑钢结构由限制使用转变为积极推广应用，取得了令世人瞩目的成就，到2014年我国钢产量达8亿 t 且质量提高，品种增加，加之钢结构应用技术得到全面提升，使钢结构的优势得到充分发挥，应用范围日益扩大呈现出前所未有的兴旺景象，但与发达国家建筑钢结构占钢产量近10%相比，我国钢用量尚不足5%，还有较大的发展空间。根据近年来的应用经验，建筑钢结构适用的建筑可有以下类别：

1. 重型工业厂房。钢铁基地（如宝钢、首钢曹妃甸、鞍钢鲅鱼圈等）、重型设备制造基地（如德阳二重等）、造船基地（如上海江南造船厂等）、汽车生产基地（如长春一汽等）以及电力工业钢结构厂房等。

2. 高层、超高层建筑。如北京中央电视台新址高234m，钢结构12.5万 t、上海环球金融中心492m、上海金茂大厦高492m、深圳地王大厦高325m 等。国内已建成最高的100多栋建筑中多数为全钢结构或内筒为钢筋混凝土外筒为钢结构。

3. 大跨度空间结构。如：国家体育场（鸟巢）长轴340m，短轴292m，空间门式桁架结构，耗钢量710kg/m² ～880kg/m²；北京国家游泳中心，矩形 170m×170m，空间网格结构；北京国家体育馆，矩形 250m×140m，双向张弦梁结构；国家大剧院空间网壳结构实现了歌剧院、戏剧院和音乐厅为一体的多功能建筑等。改革开放以来我国已建成投入使用，效果良好的大跨度空间结构已有100多项，主要是体育场馆、会展中心、剧院、航空港、火车站、码头、飞机库等。其结构体系多为网架、网壳、张弦梁、穹顶、空间管结构、预应力拉索结构、索膜结构等。大跨度空间结构是国家建筑科学技术发展水平的重要标志之一，近年来我国大跨度空间结构发展迅速，以北京奥运场馆为代表的大跨度空间结构展示了我国建筑科学技术水平在世界上都是领先的，将成为我国空间结构发展的里程碑。

4. 高耸结构。如：广州电视塔高600m、南海大佛雕塑骨架、各种塔桅结构等。

5. 轻型钢结构。轻钢结构是由冷弯薄壁型钢、热轧轻型钢（工字钢、槽钢、角钢、H型钢、T型钢等）、焊接和高频焊接 H 型钢、薄壁圆管、薄壁矩形管、薄板焊接变截面梁和柱等构成承重结构；由彩色压型钢板或夹芯板与各种连接件、零配件和密封材料组成轻质围护结构。轻型钢结构的适用范围：无桥式吊车或有起重量不大于20t 的 A1～A5 工作级别桥式吊车或3t悬挂式起重机的单跨或多跨单层房屋；工业与民用建筑屋盖；仓库或公共设施；12层及12层以下的居住建筑；不超过两层的别墅式住宅；活动板房（灾区过渡安置房）等。

6. 板壳结构。如1000～5000m³级的高炉系统构筑物（高炉、热风炉、炉气上升管、下降管、五通球或三通管、除尘器等壳体结构）、料仓、漏斗、100～5000m³ 干式煤气柜、油罐、烟囱、水塔以及各种管道等。

7. 特种结构。如：栈桥、通廊、管道支架、高炉框架、井架和海上采油平台等。

除上述外，在低层民用与公共建筑方面，钢结构也开始在住宅、医院、超市、汽车旅馆、学校、景区度假村及工地现场临时用房等建筑中有一定应用并有扩大应用的趋势。

1.4 钢结构在不同使用条件下的工作特点

一、温度的影响

钢材内部的晶体组织对温度很敏感。温度的变动会使钢材性能发生变化。总的趋势是随着温度的升高钢材强度和弹性模量 E 下降，变形增大；而随着温度的下降钢材强度和弹性模量 E 略有所增加，但塑性和韧性却降低而变脆。

1. 在正温范围，钢材的温度在 250℃ 以下，其强度和弹性模量变化不大，当温度超过 250℃ 时，即发生"塑性流动"，超过 300℃ 后，应力—应变关系曲线就没有明显的屈服极限和屈服平台，430～540℃ 之间强度急剧下降，600℃ 时变成完全塑性，强度很低，丧失抵抗外力的大部分能力。此外，在 250～300℃，钢材的抗拉强度反而略有提高，同时塑性和韧性均下降，材料有转脆的倾向，钢材表面氧化膜呈现蓝色，称为蓝脆现象。故钢材应避免在蓝脆温度范围内进行热加工。当温度在 260～320℃ 时有徐变现象。了解钢材在正温范围的性能，有助于合理处理高温下的结构设计。

2. 在负温范围，当温度下降到某一数值时，钢材的冲击韧性突然下降，当在冲击荷载作用下完全脆性断裂，这种现象称为低温冷脆现象。通过系列温度冲击实验可以作出冲击功与温度的关系曲线，曲线的转折点所对应的温度称为冷脆转变温度。结构在使用中可能出现的最低温度必须高于钢材的冷脆转变温度。结构工程师在工作环境温度较低的地区设计承重结构时，应选用塑性和韧性良好的钢材；构件和节点设计应避免存在双向和三向复杂应力状态，尽量避免焊缝过分集中和多条粗大焊缝汇交于一处，以免引起焊接残余应力。除上述要求外，还应在钢结构设计施工图说明中要求钢结构宜在室内正温下加工制作，严格控制硬化、裂纹、气孔、夹渣、擦痕等缺陷的影响；对于构件运输、装卸和保存过程中，应采取措施防止结构变形和损伤。

二、腐蚀介质的影响

钢结构在具有众多优良性能的同时，也存在耐腐性很差的弱点。腐蚀性环境对钢材的影响主要是锈蚀和应力腐蚀裂损引起结构承载能力的降低。钢结构的腐蚀与环境相对湿度和大气中侵蚀性介质的含量密切相关。钢结构在大气（包括工业大气、海洋大气）环境中使用，钢材表面水分、氧气等存在，加上溶有其他腐蚀性介质和钢材存在化学成分上的不均匀性，使钢材表面形成很多微小局部电池，这些电化学反应的结果使钢材腐蚀。大气中的水分吸附在钢材表面而形成的水膜，是造成钢材腐蚀的决定因素，而环境相对湿度和介质的浓度，则是影响大气腐蚀程度的重要因素。腐蚀使结构杆件截面减小，承载力下降，减少结构的使用年限，特别对轻钢结构的影响更大。而杆件的不均匀锈蚀和"锈坑"对构件的危险最大，易导致脆性破坏。腐蚀性环境还加速钢材裂纹的开展，构件在腐蚀介质和拉应力（包括残余应力和工作应力）的共同作用下，经过一定时间，就会产生不同形式的腐蚀裂纹，降低构件脆断的临界应力，导致构件的应力达不到材料的抗拉强度，甚至还低于屈服点时就产生脆性破坏。

钢材腐蚀给社会带来很大的经济损失，根据中国工程院专题调研报告，我国每年因船舶、车辆、设备、建筑等腐蚀总损失约占国民生产总值的 4% 左右，其中土木建筑的腐蚀损失约占 20% 以上，经验表明当规范地采取相应的防腐措施后，则可显著减少腐蚀，延长结构寿命。如宝钢，所有厂房、特种结构、通廊及支架等结构均采用钢结构，用钢量巨大，由于采用了先进的涂装技术，在腐蚀环境较好的厂房中，使用了 10 多年的钢结构，其锈蚀为 1%～2%，基本达到涂装体系使用寿命的预期目标。故钢结构设计应重视防腐蚀设防要求，应按相关规范遵循预防为主，防护结合的原则，在建筑全寿命经济分析的基础上，采取长效防腐蚀涂装和加强维护等综合措施进行防护。具体技术要求与措施见本手册 18 章。

三、应力集中

在钢结构的构件中不可避免存在着孔洞、槽口、凹角、截面突变以及钢材在冶炼、轧制中内部留下的几何缺陷，这些缺陷易导致应力集中出现，此时，构件中的应力分布将不再保持均匀，而是在某些区域产生局部高峰应力，在另外一些区域则应力降低，形成所谓应力集中现象。高峰区的最大应力与净截面的平均应力之比称为应力集中系数。研究表面，在应力高峰区域总是存在同号的双向或三向应力，这是因为高峰拉应力引起的截面横向收缩将受到附近应力区的阻碍而引起垂直于内力方向的拉应力，使材料处于复杂受力状态。由能量强度理论得知，这种同号的平面或立体应力场有使钢材变脆的趋势。应力集中系数愈大，变脆的趋势亦愈严重，抗疲劳性能越差。虽然建筑钢材的塑性较好，在一定程度上能促使应力进行重新分配，使应力分布严重不均的现象趋于平缓。对常温下承受静荷载作用的构件，计算中可不考虑应力集中的影响。但在负温下或动力荷载作用下工作的结构，应力集中的不利影响将十分突出，往往是引起脆性和疲劳破坏的根源，故在钢结构设计时，构造设计应与计算简图相符，传力应明确，减少应力集中。对于承受循环荷载和处于低温的结构，设计者更应注意结构的细部构造，无论是从提高疲劳寿命和避免脆性断裂考虑，都应选择应力集中程度低的构造方案。

四、重复荷载作用

钢结构构件及其连接在重复荷载作用下，结构的抗力及性能都会发生重要变化，结构的平均应力虽然低于抗拉强度甚至低于屈服点，也会发生疲劳破坏。疲劳破坏有其特殊的发展过程，即裂纹形成、裂纹缓慢扩展和最后突然发生断裂。对于建筑钢结构，严格来讲，不存在裂纹的形成阶段，因为建筑钢结构材料和制造过程中不可避免地存在着各种缺陷（类裂纹），加之构件截面形状改变和连接构件的不均匀，局部区域会出现应力集中，峰值常为平均应力的数倍，其值足以引起小范围内的塑性变形，在多次重复荷载作用下逐渐形成微观裂纹。这些微观裂纹将随着应力的重复作用而扩展为宏观裂纹，裂纹两边的材料时而相互挤压、时而分离，形成光滑区，裂纹扩展的结果使截面削弱，最终导致构件突然断裂，这一特征和脆性断裂相同，但疲劳破坏的断口在距裂源较近处是灰暗的光滑区，较远处是粗糙晶粒状。脆性断裂的断口大部分呈闪光的晶粒状。

实践证明，荷载值变化不大或重复次数不多，重复荷载引起的应力如果不出现拉应力的钢结构一般不会发生疲劳破坏，结构计算中不必考虑疲劳的影响。但长期承受频繁的重复荷载的结构及其连接，例如承受重级工作制（A6～A8 级）吊车的吊车梁和重级、中级工作制（A4～A5 级）吊车桁架等，在结构设计中就必须考虑结构的疲劳问题。

《钢结构设计标准》GB 50017—2017 规定对使用期内应力变化循环次数 n 等于或大于 $5×10^4$ 次的构件即应按容许应力幅方法进行疲劳计算，设计时应严格按构件和连接类别控制容许应力幅以及合理的构造设计。在建筑钢结构中因疲劳损坏造成事故，绝大多数是工厂中的重级工作制吊车（特别是硬钩吊车）的吊车梁。工程师在疲劳设计时应注意以下几点：

1. 现行国家标准中，疲劳计算一章仍沿用以往做法采用容许应力法，而静力强度和稳定计算均采用以概率理论为基础的极限状态设计方法；

2. 疲劳计算的荷载采用标准值，不考虑荷载分项系数。疲劳计算中所有数据都来源于试验，动力影响已经在内，计算疲劳时，动态荷载不乘动力系数；

3. 建筑钢结构中很少遇到疲劳的情况，标准规定的疲劳计算，最常用的是重级工作制的吊车梁和重级、中级工作制的吊车桁架的计算。而其他的变幅疲劳，当缺乏可用资料的情况下，变幅疲劳也可偏于安全地近似按常幅疲劳计算；

4. 由试验证明，结构和连接类别的容许应力幅与钢材牌号无关，因此，由疲劳控制的构件不宜采用较高强度的钢材牌号，否则不经济。

五、变形影响

钢结构的一个主要特点是强度高、塑性和韧性好、构件截面小、厚度薄，其在制作与使用过程中易产生的变形问题应引起足够的重视。设计工作者应了解结构的变形情况及其影响，并在设计文件注明控制变形的要求。

1. 制造、安装变形的影响。钢结构在制造和安装过程中允许一定的偏差，其中允许偏差值应符合现行国家有关钢结构工程施工质量验收标准的要求。钢结构在制造中焊接残余变形较为突出，焊接构件经局部加热冷却后产生各种变形，如纵、横向收缩变形、角变形、弯曲变形、扭转变形、波浪变形等。这些变形加上构件在组装和安装中的初始缺陷，对不同的构件产生不同的影响。如：焊接残余角变形的对接和搭接构件在受拉时将引起附加弯矩，其附加应力严重时可导致构件破坏；构件的初始挠度对轴心压杆随着压力的增大而增大，构件既受压又受弯，附加弯矩将使构件受压能力受到损害。

2. 变形对使用的影响。构件过大的变形影响结构的正常使用和观感，摇摆对居住者产生不适或破坏建筑的内部装饰以及非结构构件的损伤。为避免出现上述的现象，有必要限制结构的变形。《钢结构设计标准》GB 50017—2017规定了框架与受弯构件等的变形值不超过容许变形限值。对于高层和超高层钢结构建筑，在阵风荷载作用下出现较大的摆动或扭转，将使人感觉不舒适，有时无法忍受。而地震时过大振幅会引起结构严重损坏，故相关标准规定了其框架在风荷载作用下顶点最大加速度限值和地震作用下顶点位移的限值，以保证建筑的舒适度与安全度。

3. 变形对结构内力的影响。多层框架结构一般侧向刚度较大，通常以未变形的结构简图为对象计算内力，忽略变形对内力的影响。高层和超高层建筑，随着层数的增加和建筑高宽比的增大，设计钢结构必须考虑变形对内力的影响。当结构在风荷载或地震作用水平力作用下水平位移增大，竖向荷载产生的二阶效应不能忽视，其主要影响是侧移引起竖向荷载的偏心产生附加弯矩，而附加弯矩又进一步使侧移增大，对于非对称结构还会引起附加扭矩。如果这种效应不能与竖向荷载作用相平衡，结构将出现 $P—\Delta$ 效应引起的整体失稳。

六、约束作用

在结构体系中或连接节点中，结构或构件之间，构件或板件之间，因相互连接不能自由变形而形成的相互牵制作用称为约束作用，约束的强弱程度称为约束度。约束作用可分为结构承载时，因内力引起的节点内约束作用与温差引起的结构间或节点内的约束作用。前者是为了组成不同类型结构，由设计者预设不同的约束度，亦即不同程度嵌固作用的铰接、刚接、半刚接节点构造，组成铰接排架与框架等；后者则是设计者非预期的，不利于结构承载的约束作用，如纵向柱列对温差自由变形的约束，会对柱产生附加内力；节点焊接部位因焊接构造不合理而约束度过大时，会引起焊接板件的裂损。设计与施工时，应采取措施，避免或减少此类约束的不利影响。

1. 节点内力的约束作用

建筑结构有各种组合形式，其节点内力的约束作用也因此而有许多种。如单层厂房的横向框架，梁与柱的连接是刚性节点，厂房柱是屋面梁的约束，屋面梁在外力作用下的变形受到柱的约束，屋面梁使柱子产生弹性侧移，柱子对屋面梁给予弹性压缩，使屋面梁的变形减少。这就形成了柱与梁之间的约束作用。又如横向框架中柱脚被基础完全约束，柱在外力作用下不能转动只产生约束力。结构工程师在结构设计中可利用约束作用保证构件的嵌固和传力作用以及减少结构变形。

2. 温度影响约束作用

温度影响约束作用的性质与一般的荷载不同，不能硬"抗"，只能适当采用"放"的办法，只要让结构构件和连接具有适当伸缩能力，温度影响的约束作用就可大量减少。以单层钢结构厂房为例，当厂房纵向长度超过《钢结构设计标准》GB 50017—2017 规定的纵向温度区段长度时应设横向温度缝，在温度缝两侧设双柱，在纵向温度区段内根据传力需要设置一至二道柱间支撑，通过支撑的弹性嵌固约束作用，即可保证厂房骨架的整体稳定和纵向刚度并给柱基础传递纵向水平力（风力、吊车纵向刹车力、纵向地震力）。

至于厂房横向宽度较大时，亦宜考虑用"放"的办法，解决温度影响的约束作用。即在边列采用柔性柱（上部柱的截面宽度减小，屋架与柱铰接）的办法来解决，尽量避免设纵向温度缝。

结构工程师在结构设计中可以利用"放"的办法解决建筑钢结构平面布置超长超宽温度影响约束作用。

钢构件在焊接后产生残余变形和残余应力，这是不可避免的客观规律，对于刚度较大、板件厚的构件，焊后产生较大的内应力，结构荷载作用时内力在重分布过程中往往导致塑性变形区扩大，局部材料塑性下降，对结构承受动载和三向应力状态下有不利影响。因此，对于一些截面大，板件厚、节点复杂、约束度大，钢材强度级别高的重要结构在施焊过程中应采取降低约束作用的措施，降低应力峰值并使其均匀分布。

1.5 钢结构工程设计的基本要求

1. 钢结构设计必须适应社会主义现代化建设的需要，贯彻执行国家的技术经济政策，从实际情况出发，合理选用材料和结构方案，使结构方案符合可持续发展的要求，并做到技术先进、经济合理、安全适用、确保质量。

2. 钢结构设计应遵循下列原则：

（1）建筑钢结构的设计首先应满足生产工艺、建筑功能和形式的要求，并在此基础上做到结构合理、安全可靠、经济节约。为此，结构设计人员应充分了解生产操作过程以及建筑功能和艺术的要求以便和工艺及建筑人员共同商定最合理的方案。

(2) 设计钢结构时,应从工程实际出发,考虑材料供应情况和施工条件,合理选用材料、结构方案和构造措施,满足结构在运输、安装和使用过程中的强度、稳定性和刚度要求,同时还要符合防火标准,注意结构的防腐蚀要求。在技术经济指标方面,应针对节约材料、提高制作劳动生产率、降低运输费用和减少安装工作量以缩短工期等主要因素,进行多方案比较,通过分析,根据具体情况抓主要矛盾以形成综合经济指标最佳的方案。

(3) 遵循局部服从整体原则,应从提高综合经济效益出发,不宜囿于某一种构件的得失而影响总的经济指标,如:

1) 上部结构应和地基基础的建设费用统一考虑;

2) 厂房屋架的端部高度应和墙面结构的费用统一考虑;

3) 有吊车厂房柱的截面高度宜和厂房建筑面积统一考虑等。

(4) 注意当前和长远结合,随着科技进步和工艺革新的加快,在设计时,需考虑今后改建的可能性和简便性。

(5) 在可能条件下,逐步向结构定型化、构件和连接接头标准化的方向发展。在具体设计中应尽量减少构件和连接的类型,注意构件断面的协调和构造处理的统一性。

(6) 遵循集中使用材料的原则,即适当扩大柱距使承重结构大型化,减少构件数量,将钢材集中使用于承受主要荷载的结构上,使承受其他荷载和特殊荷载(如地震作用)的钢材消耗量减至最低限度。

(7) 在保证结构安全可靠的前提下,实行功能兼并的原则,即一个构件可同时承担多种功能,如既起承重作用又起维护作用的结构或既是承重构件又是稳定体系的网架等。

(8) 在钢材选用方面应考虑结构的工作条件(如受力情况、温度和周围介质环境等)、材料供应和加工制作诸方面的因素。对各类各级钢材应充分发挥其作用,重点是推广采用高效能钢材。

3. 构件和连接节点的精心设计。结构设计人员在设计中除正确运用理论知识和设计经验以及符合国家现行有关标准的规定外,尚应注意下列各点:

(1) 仍需具有创新意识,结合实际采用一些新的结构形式、节点构造、连接方法和高效截面等;

(2) 结构计算一定要保证质量,对电算结果要凭经验加以判断,必要时应用手算进行校核,或通过两个程序分别计算校核以确保计算不发生大的误差;

(3) 对计算结果应根据结构的实际工作状态,凭概念和经验对某些重要构件的截面和节点连接的承载力进行适当的调整,使设计更趋合理;

(4) 现场安装连接可采用焊接连接或摩擦型高强度螺栓连接,采用何种连接应根据施工环境条件和作用力的性质以及减少安装费用等因素确定。

4. 在钢结构设计中应注意的事项:

(1) 了解结构构件可能承受的所有荷载,掌握各种荷载的特性和量值以及可能出现的荷载组合,以确定合适的荷载设计值。

(2) 结构受力分析一般采用弹性状态,在一定条件下亦可采用塑性状态。对构件应进行强度、刚度和稳定性的验算,对直接承受动力荷载的构件尚需进行疲劳验算。

(3) 重视结构的整体刚度,考虑结构的空间作用,尽量使结构构件由强度控制而不是由刚度或稳定控制。

（4）充分利用钢材的强度潜力，为此：

1）宜多用受拉构件，少用受压构件，在条件许可时宜采用张力结构体系；

2）在受压构件中宜多用短而粗的杆件，少用细长的杆件，尽量增大稳定系数 φ 值；

3）在受弯构件中应尽量增大截面抵抗矩系数 α（$\alpha = W/A$）值。

（5）构件和连接的构造设计应和计算图形相符合，同时应避免应力集中现象。

（6）在构件设计时应树立等强设计的概念，即组成该构件的各零部件、杆件及其连接的承载能力的安全度应与整个构件的安全度相接近。

5. 支撑体系的布置和设计应根据建筑结构的具体情况，及柱网布置、房屋高度、结构类型、荷载的性质与大小等因素通盘考虑，灵活处理，以简单有效而可靠的方式来进行设计，以保证建筑结构在安装和使用时的整体稳定，提高结构的整体刚度，形成整个结构的空间工作，并使所受的水平荷载以简捷、明确、可靠的途径传达到基础。

6. 钢结构设计时应注意结构在使用期间的实际工作状况，不能单纯按每一个单体构件进行考虑。要注意到：

（1）结构相互之间的关系及其协同工作。

（2）设计假定与计算简图以及实际情况的差异。

7. 钢结构设计应十分重视防锈、防撞以及高温烧损或防火等的保护措施。一般不得因考虑锈蚀、碰撞或高温影响而加大钢材截面或厚度。因此，在设计中应采取下列必要的措施：

（1）除在结构表面涂以防锈涂层外，在构造上要尽量避免出现难于检查、清刷和油漆之处以及能积留湿气和灰尘的死角和凹槽；严格按除锈等级标准进行基层除锈处理。

（2）应竭力避免因飘雨、漏雨而使结构经常受潮。

（3）应选用防锈性能较好的型钢截面，对闭口截面构件应全长和端部焊接封闭。

（4）对容易受碰撞或高温辐射（或喷溅）之处，必须根据具体情况采取切实可靠的保护措施，以免使结构损伤。

（5）对有防火要求者应根据耐火等级采取相应的防火保护措施。

8. 设计钢结构时应充分考虑到制作、运输和安装等方面的要求：

（1）应考虑施工操作（如施焊）的可能性，尽量方便制作加工，部件重量要结合制造厂的装备能力来确定，以便搬运，翻转。

（2）划分运送单元时，部件的最大轮廓尺寸和重量应满足运输和起重能力的要求。

（3）设计应考虑组合吊装的要求，为施工提供地面组装和整体起吊的条件并满足组合吊装时所需的刚度要求。

（4）安装连接设计应采用传力可靠、制作方便、插接简单、易于固定和便于调整的构造形式。

（5）现场拼接或安装连接一般采用焊接或摩擦型高强度螺栓。粗制螺栓只允许使用在螺栓沿杆轴方向受拉的连接或次要构件的连接中。当安装连接采用焊接时，应考虑用安装螺栓将构件固定。每个构件在节点处的安装螺栓数量不宜少于两个。

9. 在钢结构设计施工图纸和钢材订货文件中，应注明所采用的钢材牌号与质量等级及性能要求和连接材料的牌号、强度级别与所遵循的标准以及焊缝质量等级。此外，在钢结构设计施工图中还应注明钢材基层除锈等级和防护涂层构造及厚度。

10. 在设计中应结合具体条件，积极采用新材料、新结构、新技术，进一步改进和简化结构构件的形式，减少施工工作量，降低材料消耗，使建筑钢结构的设计能始终有所前进、有所创新，以取得更好的经济效益。

参 考 文 献

[1] 陈绍蕃著. 钢结构设计原理. 第二版. 北京：科学出版社，1998.

[2] 赵熙元主编. 建筑钢结构设计手册. 北京：冶金工业出版社，1995.

[3] 田锡唐主编. 焊接手册. 第三卷. 北京：机械工业出版社，1992.

[4] 崔佳等编著. 钢结构设计规范理解与应用. 北京：中国建筑工业出版社，2004.

[5] 陈绍蕃主编. 现代钢结构设计师手册. 北京：中国电力出版社，2002.

[6] 宋天民编著. 焊接残余应力产生与消除. 北京：中国石化出版社，2004.

[7] 陈禄如等主编. 建筑钢结构施工手册. 北京：中国计划出版社，2002.

[8] 赵熙元主编. 建筑结构设计资料集. 钢结构分册. 北京：中国建筑工业出版社，2007.

[9] 但泽义等主编. 建筑结构构造资料集. 钢结构篇. 第二版. 北京：中国建筑工业出版社，2007.

[10] 同济大学钢与轻型结构研究室译. 陈以一等审核. 美国钢结构设计手册. 上海：同济大学出版社，2006.

[11] 柴昶等. 高性能钢材在钢结构工程中的应用与展望. 钢结构，2009.

[12] 施刚等. 超高强度钢结构的工程应用. 建筑结构进展，2008.

[13] 陈富生主编. 高层建筑钢结构设计. 第二版. 北京：中国建筑工业出版社，2005.

[14] 李星荣等编著. 钢结构连接节点设计手册. 第二版. 北京：中国建筑工业出版社，2005.

[15] 王铁梦著. 工程结构裂缝控制"抗与放"的设计原则及其在"跳仓法"施工中的应用. 北京：中国建筑工业出版社，2007.

第2章 材 料

2.1 概 述

一、我国钢材生产与钢结构工程用钢概况

从 1997 年至今，我国钢与钢材产量已连续 20 年居世界首位（表 2.1-1），而在奥运筹备期间（2002～2007 年）钢产量即由 1.57 亿 t 增加到 4.83 亿 t，增长了 2.1 倍；到 2015 年更是突破了 10 亿 t 大关，我国近 10 年的钢产量的增长情况可见表 2.1-1。这种持续长期的高增长率，创造了世界钢铁史上的奇迹，在产量增长的同时，钢材的生产工艺水平不断提高也有力地促进了新产品的研发与产品质量的完善。目前转炉钢约占钢总产量的 90% 以上，多数重点企业已普遍掌握了铁水预处理、真空脱硫、合金化处理、强化冶炼、精轧连轧、正火回火处理及热机械控制轧制（TMCP）等较先进的配套冶炼、轧制工艺与冷成型工艺，并不断研发与完善各类高性能钢材与建筑结构专用钢材。至今已有碳素结构钢、低合金高强度结构钢等 5 个大钢种系列，板材、型材、管材等 31 个钢材品种可供土木建筑工程应用，并都制定了相应的国家或行业标准，其中许多为与国际（ISO）等效的标准，达到同类产品国际先进水平。同时有 8 项为建筑结构专用的板材与管材标准和产品，基本上满足了工程应用的系列化要求。

我国近十年的钢产量（亿 t） 表 2.1-1

年份	2006	2007	2008	2009	2010	2011	2012	2013	2014	2015	2016
产量	4.22	4.89	5.00	5.68	6.20	6.95	7.16	7.79	8.22	11.2	11.3

钢材的物质保证，国家技术政策的调整与建筑市场的发展，极大地促进了我国建筑钢结构的迅速发展，鸟巢、水立方、首都机场新航站楼、CCTV 新楼、北京中国尊、深圳证券大厦、上海中心（高 632m）、南通活动屋盖体育场、广州新电视塔（高 610 m）等一大批极具特色与技术难度的标志性钢结构工程的建成，表明我国钢结构工程建造技术水平得到了全面提升。这批标志性建筑在世界建筑史上取得了令人瞩目的成就，获得了国际建筑领域的高度评价。同时，在这些工程中，国产优质结构钢、高强度高延性钢、高性能厚板、Z 向性能钢、低屈服钢板、可焊铸钢、高强度钢拉杆、索材、涂镀薄钢板及热轧 H 型钢等各类热轧与冷弯型材、管材等高性能钢材也得到不同程度的应用。到 2008 年初，以奥运场馆为代表的我国建筑钢结构的年用钢量已近 2000 万 t，并实现了用钢国产化，到 2015 年建筑钢结构的年用钢量已超过 5000 万 t。

二、钢材研发生产与钢结构应用技术同步发展

建筑史表明，建筑结构的技术进步与建筑材料的技术进步是互为依托、互动发展的。近 10 年来，我国钢结构应用大发展也印证了这一历史经验。早年限于产量、品种与质量条件，在 20 世纪 60 年代我国曾较严格限制钢结构的应用，当时可供应用的国产钢材也只

有单一的钢种与牌号（3号钢，即碳素结构钢），而设计对钢材的性能要求也基本限于强度性能的要求。近10余年，一大批各类型形式复杂、使用功能要求高的钢结构工程的兴建，对钢材性能也提出了更高、更新的要求，促使结构用钢不断完善性能、研发新品种。先后生产了牌号为 Q345、Q390、Q420、Q460 的低合金高强度结构钢、建筑结构用高性能钢板、低屈服强度钢板、热轧 H 型钢及建筑结构专用冷弯型材管材等高性能钢材用于工程，正是这种钢结构与钢材的互动发展，促进了共同的技术进步，得以建成了多项承载性能良好的超高层、超大跨钢结构、预应力大跨度钢结构、超高塔结构和复杂管结构等现代钢结构工程。

以超高层结构与超大跨空间结构为代表的现代钢结构，不仅要求在结构体系与构件形式上不断创新发展与完善，如：巨型柱-支撑与核心筒混合结构体系，钢-混凝土筒中筒结构体系，（预应力）索穹顶结构体系、双向预应力索桁架结构体系以及大截面异形柱、扭曲构件、厚板构件等，而且对钢材的材质、材性也提出了更新、更高的要求，如表 2.1-2 所列。

现代钢结构对钢材材质、材性的要求

表 2.1-2

类别	性能	材质要求说明	相应的钢材
化学成份影响的性能	高洁净度	要求严格限制有害元素硫、磷等含量（如 S≤0.005%），以有效减少钢中夹杂物	厚度方向（Z 向）钢
	细晶粒度	要求晶粒度 6 级或 6 级以上，高细晶粒度钢可具有更良好的冲击韧性与焊接性能	特种镇静钢、正火回火钢、耐候钢
	耐候性	耐蚀性指数不小于 6.0	耐候钢
	耐火性	在 600℃高温作用下，屈服强度降幅小于 1/3	耐火钢
力学性能	高强度	要求屈服强度 R_{el}≥420MPa，甚至达 550MPa、690 MPa	TMCP 钢 TMCP 钢＋回火钢
	高延性（低屈强比、高伸长率）	要求屈强比≤0.85，伸长率≥20%（δ_5 试件）	GJ 钢板，TMCP 钢
	低厚度折减效应	屈服强度因厚度增加而降低的降幅较小	GJ 钢板
	较小屈服强度区间与较低的屈强比	屈服强度区间高低差值不小于 110MPa	GJ 钢板
	抗层状撕裂性能（厚板）	厚度方向断面收缩率 ψ≥15% 或 25%、35%	厚度方向钢板
	更良好的冲击韧性	−40℃冲击功值≥31J 或更高	GJ 钢板、TMCP 钢
	低屈服强度	抗震消能构件要求低屈服强度并高伸长率，R_{el} 为 100 或 225MPa 时，伸长率 A 可达 40%~50%	低屈服强度钢
	防脆断性能	按梁柱节点区防止脆断要求节点焊接区冲击功（0℃）≥70J	防脆断钢（HAZ）

类别	性能	材质要求说明	相应的钢材
工艺性能与交货状态	良好的冷弯与冷加工性能	要求较高的伸长率	低合金高强度钢、GJ 钢
	良好的焊接性能	要求较低的碳当量或焊接裂纹敏感指数	GJ 钢，TMCP 钢
	保证钢材良好性能的交货状态要求	根据性能要求可要求产品以正火，正火加回火，热机械控制轧制（TMCP）等方式交货	正火钢、调质钢、TMCP 钢、最终热成型钢管
	优质厚壁铸钢件	大型铸钢节点（支座）要求高强度，良好延性与焊接性能	优质可焊铸钢

三、标志性钢结构工程用钢概况

（1）国家体育场（鸟巢）

1）鸟巢主结构由 24 榀巨型格构式门式刚架围绕屋盖内刚性环结构辐射布置而成的空间异型格构刚架结构体系（其中 22 榀为贯通刚架），由于各榀刚架屋盖桁架为异形尺寸而形成屋面整体的马鞍形造型。主结构平面为椭圆形，长轴 332.3m，短轴 297.3m，屋盖最高最低点高度分别为 68.5m 及 40.1m。主刚架多数杆件为扭曲形箱形截面（800mm×800mm～1200mm×1200mm，厚度 50～110mm）。

2）总用钢量约 4.8 万 t，约 80%（板厚 $t \leqslant 34$mm）采用 Q345D 级钢；20%（$t > 34$mm）采用 Q345GJZ 向钢（$t = 42～50$mm 为 Z15，$t = 60～70$mm 为 Z25，$t = 90～100$mm 为 Z35）；尚有 700t（柱顶）采用了 Q460E 级 Z35 110mm 厚钢板。这是国内首次在建筑工程中应用 460MPa 高强度、高性能的厚板，舞阳钢厂专门为此进行研制与生产，经过逐张严格检验，以优异性能交货，完全达到或超过设计订货要求。

（2）国家游泳中心（水立方）

1）建筑为方盒子外形，平面尺寸 170m×170m，高度 29m，主体结构大跨度异形水泡状钢网格结构组成的新型结构体系，表面覆盖以充气 ETFE 薄膜，新型网格结构与半透明水泡状薄膜将建筑物创制成极具特色、新颖美观的外观造型，并与建筑物为游泳馆这一基本功能有完美的结合。异形水泡状网格结构是由 12 面（14 面）体组合成的异形网格，再按一定角度斜切即成水泡状网格结构。所有网格杆件为不同直径的圆管与方管，前者直径 219～800mm，壁厚 4～60mm，后者边长 80～450mm，壁厚 6～40mm。杆件总数 3 万个，节点焊接球 1 万个，构件尺寸几乎无一相同，并多为高空安装，施工难度很大。

2）工程总用钢量约 8200t，其中中厚板材 5700t，约占 70%，主要材质为 Q345C 与 Q420C 级钢，后者厚度为 18～62.5mm，总用量约 2600t，为单体工程中应用 Q420 钢较多的先例。

（3）国家体育馆

1）为奥运三大主场馆之一，总建筑面积约 8.1 万 m²，地下一层地上四层，主体钢屋盖纵向跨度 144.5m，横向跨度 114m，屋面呈南高北低波形曲线。钢屋盖结构为单曲双向张弦（预应力）桁架。桁架上弦为球节点圆管杆件，下弦为铸钢节点方（矩）管杆件。

2) 钢结构屋盖桁架上弦采用无缝钢管，规格为 $D159\times6mm\sim D480\times24mm$，下弦矩形钢管，截面尺寸为 $350mm\times20mm\times8mm\sim450mm\times275mm\times25mm\times20mm$，材质为 Q345C。下弦多管（最多为 11 根杆件）铸钢节点采用 GS20Mn5V 可焊铸钢。张弦屋盖钢索采用挤包双护层大节距扭绞型缆索，预应力索单索型号为 $\Phi5\times109mm\sim\Phi5\times367mm$ 钢绞线公称抗拉强度 1670MPa。

（4）国家大剧院

1) 大剧院壳体为半个椭球体，长轴长度 212.2m，短轴长度 143.64m，高 46.3m。壳体钢结构由 148 榀沿椭球面均匀辐射状布置的平面拱架与环向系杆、支撑、顶环等构成。

2) 壳体钢结构工程总用钢量约 6800t，主要材质为 Q345D 级钢，其部分厅、馆应用了武钢生产的高强度耐候耐火钢 WGJ 510C2（强度级别 325MPa）制作的焊接钢管 $D508\times12mm$ 约 300 余吨。

（5）国家图书馆新馆

1) 新馆为大跨度多层建筑，占地 2.2 万 m^2，总建筑面积 8.0 万 m^2，地下 3 层，地上 5 层，高 27m。主体结构为 6 个混凝土刚性筒体支承的大跨度重型钢桁架（桁架间尚设有楼层结构）屋盖结构。桁架杆件均为厚板箱形截面，上弦 $1500mm\times1200mm\times50$（60）mm，下弦 $1900mm\times900mm\times50$（60）mm。

2) 工程总用钢量约 1.2 万 t，其中中厚板材占 90% 以上，而厚板（$t=40\sim80mm$）约 6000t，占总量 50%，主要材质为 Q345C 级钢，其中厚板要求保证 Z15（$t=40\sim60mm$）、Z25（$t=70\sim80mm$）。

（6）哈尔滨会展体育中心

1) 会展中心由多个场馆组成，总建筑面积 36 万 m^2，其中会展体育中心由展览中心、体育馆等组成，总建筑面积 36 万 m^2。其主体钢屋盖结构为跨度 128.0m 的张弦拱形桁架，两端分别支承在低柱（混凝土柱）与高柱（钢人字柱）上，形成屋面高低的变化。

2) 工程总用钢量 1.4 万 t，张弦桁架上下弦为 $D480\times12$（~22）mm 的无缝钢管，材质为 Q345D，预应力索为 $\Phi7\times439$ 高强度低松弛镀锌钢丝束，强度为 1570MPa 级。同时支座节点及过渡件等采用了铸钢节点，材质为 G20Mn5。

（7）郑州会展中心

1) 总建筑面积 33.3 万 m^2，其中一期建筑 18.3 万 m^2 由会议中心和展览中心组成，前者钢屋盖采用桅杆吊挂预应力张弦桁架，桁架总跨度 174m，其最大净跨为 102m，同时，较多节点采用了铸钢节点。

2) 展览中心总用钢量 7000 余吨，屋盖桁架采用焊接 H 型钢截面，材质为 Q345B 级钢，锥形桅杆长 45m，大、小管径分别为 2.0m 与 0.5m，管壁厚度为 36mm、40mm，材质为 Q345C 级。同时在本工程桅杆与屋盖桁架中较多采用了铸钢节点（总用量 2240t）材质为 G20Mn5。

（8）深圳会展中心

1) 中心总建筑面积 25.0 万 m^2，建筑物宽度 282m，长度 540m。本工程在中间框架两侧分别布置带拉杆大跨度半门式刚架，跨度 126m，梁柱均为箱形截面，且每 30m 柱距刚架为双榀布置。

2) 刚架梁柱为变截面箱形柱，梁截面为 $2600mm\times1000mm\sim4300mm\times1000mm$，

柱脚处为 1000mm×1000mm，以板铰与基础相连，刚架梁下弦拉杆采用国产 LG460MPa 高强度拉杆（材质为 35CrMo 热处理调质合金钢）直径 d＝150mm。为目前钢结构工程中应用的最大直径高强度拉杆。

（9）中关村金融大厦

1）工程为高层塔楼建筑，地下 4 层，地上 35 层，总高度 150m，建筑面积约 8.0 万 m^2。结构采用钢支撑核心筒与钢框架组合的钢框筒全钢结构体系，楼盖采用组合楼盖。

2）本工程于 2005 年建成，是最早采用 GJ 钢的钢结构工程，其内外箱形柱截面为 500mm×500mm～600mm×600mm，壁厚 20～85mm，均采用 Q345GJC 级钢，支撑为焊接 H 型钢，采用 Q235C 及 Q345C 级钢。

（10）北京新电视大楼

1）北京新电视大楼建筑面积 7274m^2，地上 42 层，地下 3 层，建筑物总高 227.05m。主体钢结构采用带巨型角柱的钢框架-支撑结构体系。

2）工程原用钢量 3.75 万 t，经优化后降为 2.7 万 t，约 90％为板材，最大厚度 80mm。一般采用 Q345B 级钢，板厚≥50mm 者要求 Z15 性能，板厚 80mm 者均采用 Q345GJC 级钢（约 1200t）。

（11）中央电视台（CCTV）新楼

1）央视新楼为地上 44～51 层连体塔楼建筑，总建筑面积 55 万 m^2，两栋倾斜 6^0 的塔楼在顶部与底部各以平面对称相反的 L 形多层楼层相连接，顶部多个楼层悬挑 70 余米，加上倾斜塔楼形成独特造型，也造成结构受力的复杂状态。主体结构采用斜撑外框筒与钢框架结构体系，柱截面均为厚板田字柱、目字柱等异形截面，节点构造复杂，焊接及安装工作有很大难度。

2）结构总用钢量 12.2 万 t，为我国单体建筑工程用钢量最大的工程。总量中板材约 10 万 t，占 80％以上，其中 Q345C 板材（厚度 40～100mm）约 1.6 万 t、Q390D 板材（厚度 40～130mm）约 6.0 万 t，占有主导地位。各级钢材均按 GB/T 1591 高强度低合金钢要求交货，根据节点构造特点，设计对柱体钢材未提出 Z 向性能要求。

3）在施工准备过程中，施工单位与中国钢协专家委员会提出以 Q345GJD 钢厚板替代 Q390D 厚板的优化建议，可提高钢材性能与构件的延性、韧性，局部稳定性能，改善施工焊接性能并降低造价，经专家论证后采纳，取得了良好的技术经济效果。

（12）上海环球金融中心

1）总建筑面积 33.5 万 m^2，地下 3 层，地上 101 层，地面上高度 493m。结构体系为内外框筒钢-混凝土超高层混合结构，主要构件类型为巨型柱与巨型支撑、伸臂桁架、转换桁架、楼层梁等。

2）总用钢量约 6.5 万 t，巨型柱为三角形空腹截面，最大截面尺寸 2870～3150mm，厚度 60～100mm。钢材采用美国 ASTM　A572Cr50 级钢材（其屈服强度不因厚度增加而降低）。同时，柱身还采用了部分铸钢节点，最大厚度为 520mm（最大单重 16t）材质的 SCW550。本工程所用钢材中，大量采用了中厚板，材质分别为 A572Gr50 级钢（ASTM）SN490B、C 级钢（JIS）及 D1-MC460 级钢（EN）。

2.2 建筑用钢的类别

一、钢与钢材的分类

钢与钢材的分类可见表 2.2-1。

钢与钢材的分类　　　　　　　　　　　　　　　　　　表 2.2-1

类别	钢与钢材的种类
按品质分类	1. 普通钢 2. 优质钢 3. 高性能钢
按化学成分分类	1. 铸铁（C>1.67%） 2. 碳素钢 1) 低碳钢（C≤0.25%） 2) 中碳钢（0.25%<C≤0.60%） 3) 高碳钢（C>0.60%） 3. 合金钢 1) 低合金钢（合金元素总含量≤5%） 2) 中合金钢（合金元素总含量>5%~10%） 3) 高合金钢（合金元素总含量>10%）
按成形方法分类	1. 锻钢 2. 铸钢 3. 热轧钢 4. 冷弯钢
按用途分类	1. 土木建筑工程用通用性结构钢 1) 普通碳素结构钢 2) 低合金结构钢 3) 钢筋钢 2. 土木建筑工程用功能性钢与钢材 1) 桥梁钢 2) 耐候钢 3) 耐火钢 4) 厚度方向钢板 5) 低屈服强度钢板 6) 建筑结构用钢板 3. 机械工程结构钢 1) 机械制造用钢（调质结构钢、表面硬化结构钢、易切结构钢、冷塑性成形用钢） 2) 弹簧钢 3) 轴承钢 4. 工具钢 1) 碳素工具钢 2) 合金工具钢 3) 高速工具钢 5. 特殊性能钢 1) 不锈耐酸钢 2) 耐热钢 3) 电热合金钢 4) 耐磨钢 5) 低温用钢 6) 电工用钢 6. 其他专业用钢 1) 船舶用钢 2) 锅炉用钢 3) 压力容器用钢 4) 农机用钢

续表

类别	钢与钢材的种类
按冶炼方法分类	**1. 按炉种分** 1）平炉钢 2）转炉钢 3）电炉钢 **2. 按脱氧程度分** 1）沸腾钢 2）半镇静钢 3）镇静钢 4）特殊镇静钢

二、建筑结构常用的钢种

1. 碳素结构钢（GB/T 700—2006）

碳素结构钢的含碳量约 0.05%～0.70%，本标准中 Q235 钢（含碳量 C≤0.24%）是钢结构工程中最常用的钢种。

2. 低合金高强度结构钢（GB/T 1591—2018）

低合金高强度结构钢是在碳素钢中添加少量成分合金（总量不大于 5%）而成的低合金高强度结构钢，其综合性能优于碳素结构钢。GB/T 1591—2008 版标准中的 Q345 钢是钢结构工程中最常用的钢种。但在 GB/T 1591—2018 版中已被 Q355 钢替代。

3. 耐候结构钢（GB/T 4171—2008）

耐候结构钢是在钢中加入少量铜（Cu）、磷（P）、铬（Cr）、镍（Ni）等合金元素，使其表面形成防护层以提高耐大气腐蚀性能，其抗锈蚀能力是一般钢材的 3～4 倍，适用于桥梁、建筑等工程结构。

4. 铸钢件（GB/T 7659—2010、GB/T 11352—2009）

材质与性能符合国家现行标准《焊接结构用铸钢件》GB/T 7659 和《一般工程用铸造碳钢件》GB/T 11352 规定的铸钢件，是分别适用于焊接结构与非焊接结构的铸钢制品，适用于钢结构工程中构造复杂的整体节点与支座。

三、建筑结构常用的钢材品种

1. 专用性钢板

（1）建筑结构用钢板（GB/T 19879—2015）

简称 GJ 钢板，是专用于重要焊接结构的高性能钢板，其综合性能均优于同级别的低合金结构钢，适用于有抗震设防或动荷载的重要构件。

（2）厚度方向性能钢板（GB/T 5313—2010）

简称 Z 向钢板，因严格控制硫、磷有害杂质，而具有良好厚度方向性能（Z 向抗撕裂性能）的钢板，适用于海洋平台和钢结构工程中的重要构件。

（3）建筑用低屈服强度钢板（GB/T 28905—2012）

是具有低屈服强度并高伸长率特性的板材，适用于要求高延性的钢结构构件。

（4）建筑用压型钢板（GB/T 12755—2008）

是专门用于轻钢屋面与墙面的压型板材，其基板为镀锌（铝锌）板或彩涂板。

（5）冷轧高强度建筑结构用薄钢板（JG/T 378—2012）

为最小屈服强度不小于450MPa，公称厚度为0.30～3.0mm的高强度热镀锌钢板、热镀铝锌钢板、彩涂热镀锌钢板和彩涂热镀铝锌钢板。

（6）《冷弯型钢用热轧钢板及钢带》GB/T 33162—2016

为厚度不大于25.4mm的冷弯型钢用热连轧钢带及由钢带横切的钢板。

（7）《建筑用彩色涂层钢板及钢带》YB/T 4456—2015

为厚度0.2～2.0mm、宽度为700～1600mm的彩色涂层钢板及钢带。

2. 通用性钢板及钢带

（1）连续热镀锌钢板及钢带（GB/T 2518—2008）

为厚度0.30～5.0mm的镀锌钢板与钢带，是钢结构工程中冷弯型钢最常用的板材。

（2）彩色涂层钢板及钢带（GB/T 12754—2006）

为在镀锌（铝锌）基板上涂覆彩色涂层的彩涂钢板，在建筑工程中主要用作围护用压型钢板的基板。

（3）碳素结构钢和低合金结构钢热轧钢板和钢带（GB/T 3274—2017）

为厚度不大于400mm的碳素结构钢和低合金结构钢热轧钢板和钢带，其钢材牌号应符合GB/T 700和GB/T 1591的规定。

（4）碳素结构钢和低合金结构钢热轧钢带（GB/T 3524—2017）

为厚度不大于12mm、宽度不大于600mm的碳素结构钢和低合金结构钢热轧钢带，其标准中规定了建筑结构常用的Q235、Q345、Q390、Q420、Q460钢的化学成分和力学性能。

（5）热轧花纹钢板及钢带（GB/T 33974—2017）

基本厚度为1.4～16.0mm的菱形、扁豆形、圆豆形和组合形的热轧花纹钢板及钢带，适用于工业建筑或船舶的防滑平台、走道。其钢材牌号应符合GB/T 700、GB/T 1591、GB/T 4171的规定。

3. 专用性型钢

（1）结构用高频焊薄壁H型钢（JG/T 137—2007）

为钢结构用焊接薄壁H型钢，最大高度$H=500$mm，腹板厚度2.3～6mm，翼缘厚度3.2～10mm。

（2）建筑结构用冷弯薄壁型钢（JG/T 380—2012）

为钢结构用冷弯薄壁开口型钢，包括等边角钢、不等边角钢、等边卷边角钢、等边槽钢、内卷边槽钢、斜卷边Z形钢6种冷弯薄壁型钢规格。

（3）钢筋桁架楼承板（JG/T 368—2012）

为由钢筋桁架与薄镀锌板点焊组成的钢筋桁架薄板钢制品，专门用作钢-混凝土组合楼盖结构的带钢筋骨架承重模板。

4. 通用性型钢

（1）热轧H型钢和剖分T型钢（GB/T 11263—2017）

热轧H型钢规格系列分为宽翼缘（HW）、中翼缘（HM）、窄翼缘（HN）与薄壁H型钢（HT）4个系列，共130个规格，其最大截面分别为500mm×500mm、600mm×300mm、1000mm×300mm、400mm×200mm；剖分T型钢系列分为宽翼缘（TW）、中翼缘（TM）、窄翼缘（TN）3个系列，共80个规格其最大截面分别为300mm×300mm、

225mm×150mm、450mm×300mm。

（2）焊接 H 型钢（GB/T 33814—2017）

焊接 H 型钢广泛用于工业与民用建筑、构筑物及非标准设备钢结构中。其标准系列包括焊接 H 型钢 300 多个规格，最大截面为 2000mm×850mm×20mm×55mm。

（3）热轧型钢（GB/T 706—2016）

热轧型钢钢材牌号符合 GB/T 700、GB/T 1591 的规定，分为热轧工字钢、槽钢、等边与不等边角钢，其截面规格分别为 I10~I63、[5~ [40、L20×3~L250×35、L25×16×3~L200×125×18。

（4）通用冷弯开口型钢（GB/T 6723—2017）

通用性冷弯开口型钢，包括冷弯等边角钢、不等边角钢、等边槽钢、不等边槽钢、内卷边槽钢、外卷边槽钢、Z 形钢、卷边 Z 型钢、卷等边角钢共 9 种冷弯型钢及其相应的规格。

（5）冷弯型钢通用技术要求（GB/T 6725—2017）

本标准规定是冷弯型钢产品应遵守的通用性技术规定，应作为企业生产、质量管理、用户订货的依据，与新修编的《通用冷弯开口型钢》GB/T 6723—2017 、《结构用冷弯空心型钢》GB/T 6728—2017 配套使用。

5. 专用性钢管

（1）建筑结构用冷弯矩形钢管（JG/T 178—2005）

为冷弯焊接成型的矩形钢管，其中最大方管规格 500mm×22mm，最大矩形管规格 500mm×480mm×22mm，钢材牌号 Q235、Q345、Q390。

（2）建筑结构用冷成型焊接圆钢管（JG/T 381—2012）

为冷弯直缝焊接成型的圆钢管，最大规格（$D×t$）3000mm×120mm，钢材牌号为 Q235、Q345、Q390、Q420。

（3）建筑结构用铸钢管（JG/T 300—2011）

为离心浇制成型的铸钢管，最大规格（$D×t$）1200mm×120mm，钢材牌号为 LX235、LX345、LX390、LX420。

6. 通用性钢管

（1）结构用无缝钢管（GB/T 8162—2018）

本标准热轧无缝钢管适用于一般工程结构，所用材质优质碳素钢牌号为 10、15、20、25、35、45、20Mn、25Mn；低合金钢材牌号为 Q345、Q390、Q420、Q460、Q500、Q550、Q620、Q690 以及合金钢等。

（2）结构用方形和矩形热轧无缝钢管（GB/T 34201—2017）

适用于一般工程结构，钢管采用热轧（扩）方法制造。包括方形和矩形钢管，前者的规格范围为 40mm×40mm~500mm×500mm，壁厚 3.0~60mm；后者的规格范围为 50mm×30mm~600mm×400mm，壁厚 3.0~60mm。钢材牌号为 10、20、35、45；20Mn2；Q195、Q215、Q235、Q345、Q390、Q420、Q460C~E。钢管的壁厚为 3.0~20mm 时，其壁厚公差为±12.5%（普通级）和±10%（高级）；壁厚大于 20mm 时，公差为±10%且不超过±5（普通级）和±8%且不超过±4（高级）。

（3）结构用冷弯空心型钢（GB/T 6728—2017）

本标准包括冷弯圆钢管与冷弯方（矩）钢管，前者最大规格 610mm×16mm，冷弯方钢管最大规格 500mm×500mm×16mm，冷弯矩形钢管最大规格 600mm×400mm×16mm。

（4）直缝电焊钢管（GB/T 13793—2016）

本标准适用于机械、建筑等结构用途和一般流体用管，直径 $D\leqslant711$mm。钢材牌号为 08、10、15、20；Q195，Q215A、B，Q235A、B、C，Q275A、B、C；Q345A、B、C，Q390A、B、C，Q420A、B、C，Q460C、D。有专用标准后，钢结构工程较少用本标准产品。

（5）最终热成型钢管（欧标 Hot finished structural hollow sections EN10210）

为欧洲标准及产品，相当于热处理后的钢管产品，有十分优异的综合性能，钢材牌号 S275，S355，国内目前尚无产品，近年来国内工程应用均为进口。

7. 热轧钢棒尺寸、外形、重量及允许偏差（GB/T 702—2017）

本标准规定了直径为 5.5～380mm 的圆钢；边长为 5.5～200mm 的方钢；厚度为 3～60mm，厚度为 10～200mm 的扁钢；厚度为 10～310mm 的热轧工具扁钢，对边距离为 8～70mm 的热轧六角钢和对边距离为 16～40mm 的热轧八角钢的截面规格及允许偏差等。

8. 钢轨

（1）起重机钢轨（YB/T 5055—2014）

本标准规定了 QU70、QU80、QU100、QU120 轨道的化学成分和力学性能，其规格标准长度为 9m、9.5m、10m、10.5m、11m、11.5m、12m 和 12.5m。

（2）铁路用热轧钢轨（GB 2585—2007）

本标准规定了时速 160km 及以下的热轧钢轨，不适用于全长热处理钢轨。共有五个规格品种（38kg/m、43kg/m、50kg/m、60kg/m 和 75kg/m），其牌号为 U74、U71Mn、U70MnSi、U71MnSiCu、U75V、U76NbRE、U70Mn。

9. 线材、索材与棒材

（1）预应力混凝土用钢丝（GB/T 5223—2014）

为预应力混凝土用冷拉或消除应力的光圆、螺旋肋和刻痕类钢丝。消除应力钢丝包括低松弛和普通松弛两种。光圆钢丝直径范围 4～12mm；螺旋肋钢丝直径范围 4～10mm；三面刻痕钢丝为≤5.0mm 和＞5.0mm。

（2）预应力混凝土用钢绞线（GB/T 5224—2014）

钢绞线按构造分为 8 类，其结构代号为：用两根钢丝捻制的钢绞线 1×2、用三根钢丝捻制的钢绞线 1×3、用三根刻痕钢丝捻制的钢绞线 1×3I、用七根钢丝捻制的标准型钢绞线 1×7、用六根刻痕钢丝和一根光圆中心钢丝捻制的钢绞线 1×7I、用七根钢丝捻制又经模拔的钢绞线（1×7）C、用十九根钢丝捻制的 1+9+9 西鲁式钢绞线 1×19S、用十九根钢丝捻制的 1+6+6/6 瓦林吞式钢绞线 1×19W。

（3）重要用途钢丝绳（GB 8918—2006）

强度级别为 1570MPa、1670MPa、1770MPa、1870MPa 和 1960MPa。

（4）桥梁缆索用热镀锌钢丝（GB/T 17101—2008）

用于桥梁的缆（拉）索、锚固拉力构件、提升和固定用拉力构件。钢丝直径为 5mm（强度级别为 1670MPa、1770MPa、1860MPa）和 7mm（强度级别为 1670MPa、

1770MPa）。

（5）不锈钢丝（GB/T 4240—2009）

钢丝按组织分三类，奥氏体型、铁素体型、马氏体型。直径范围分为：软态 0.05～16.0mm；轻拉 0.30～16.0mm；冷拉 0.10～12.0mm。

（6）高强度低松弛预应力热镀锌-5％铝-稀土合金镀层钢绞线（YB/T 4574—2016）

直径为 12.5mm、12.9mm、15.2mm、15.7mm，强度级别分别为 1770MPa 和 1860MPa，并由 7 根热镀锌圆钢丝组成的低松弛预应力钢绞线。

（7）钢拉杆（GB/T 20934—2016）

本标准适用于土木工程结构用钢拉杆，规定了钢拉杆术语和定义、订货内容、级别与型号及表示方法、结构型号、尺寸、外形及允许偏差、技术要求等。

钢拉杆按杆体强度分为 345MPa、460MPa、550MPa、650MPa、750MPa、850MPa 和 1100MPa7 种强度级别，杆体直径 GLG345 为 20～210mm，GLG460 和 GLG550 为 20～180mm，GLG650 为 20～150mm，GLG750 和 GLG850 为 20～130mm，GLG1100 为 20～80mm；

不锈钢钢拉杆按强度分为 205MPa、400MPa、725MPa、835MPa 和 1080MPa 五种强度级别，杆体直径 BLG205、BLG400 和 BLG725 为 12～100mm，BLG835 为 20～80mm 及 85～100mm，BLG1080 为 20～80mm。

2.3　钢　的　性　能

钢的性能主要包括力学性能和工艺性能，前者指承受外力和作用的能力；后者指经受冷加工、热加工和焊接时的性能表现。

2.3.1　钢的力学性能
一、钢材在单项均匀受拉时的工作性能

1. 钢结构在使用过程中要受到各种形式的外力作用，所以要求钢材必须具有能抵抗外力作用而不会引起破坏，或不超过允许变形的能力，这种能力称为钢材的力学性能（或机械性能）。钢材在外力作用下所表现出来的各种特性参数，如弹性、塑性、韧性、强度等力学性能指标，是结构设计的重要依据。而单向拉伸试验表现出的钢材性能最具有代表性，故亦是测定钢材力学性能指标最常用的基本方法。钢材在单向均匀受拉时的工作特性，通常以静力拉伸试验的应力-应变（或荷载-变形）曲线来表示。低碳钢和低合金钢（二者含碳量相同）一次拉伸时的应力应变曲线示于图 2.3.1（a），其简化的光滑曲线示于图 2.3.1（b），图中纵横坐标分别表示拉伸试件的应力与应变。由图知钢材的工作特性可分为几个阶段：

（1）弹性阶段（OA 段）——弹性阶段的荷载增加时变形也增加，荷载卸载为零（完全卸荷）时则变形也回到原点。故 OA 段是一条斜直线，荷载与伸长成线性关系。A 点相应的应力为比例极限 σ_p（ $\sigma_p = \dfrac{N_p}{A}$；A 为试件截面面积）。严格地说，较 σ_p 略高处尚有弹性极限 σ_e，但二者极为接近，故一般均将 σ_p 视为弹性极限。

（2）屈服阶段（ABC 段）——此阶段亦称为弹塑性阶段。当应力超过弹性极限后，应力与应变不再成线性关系，变形增加很快，实际曲线呈锯齿形波动直至 B 点，AB 段曲

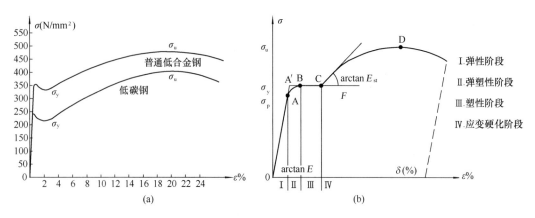

图 2.3-1　钢材的一次拉伸的应力应变曲线

线上下波动表现为钢材对外力的屈服，即进入屈服阶段，相应 B 点的应力 σ_y 即为屈服点（用符号 f_y 表示），其取值为波动部分的最低值为下屈服点，最高值为上屈服点，工程应用一般按钢材标准规定取下屈服点为材料抗力的标准。应力超过 σ_p 后任一点的变形中都包括有弹性变形与塑性变形两部分，卸荷后能恢复的变形为弹性变形，不能恢复而残留的这一部分变形为残余变形（或塑性变形）。

继 B 点以后至 C 点表现出现荷载不增加而应变形仍在继续发展的现象，亦即出现了 BC 段屈服平台的塑性流动阶段，屈服强度从 A 点开始到曲线再度上升，相应的应变幅度称为流幅。钢材不同其流幅也不同，流幅越大，说明钢材的塑性（延性）越好。屈服点和流幅是钢材很重要的两个力学性能指标。

（3）强化阶段（CD 段）

屈服平台之后，钢材内部晶粒重新排列，使抵抗外荷载的能力有所提高，曲线表现为应力应变均继增长而应变增加更快，直至顶点 D。这一 CD 段称为强化或应变硬化阶段，对应于 D 点的最大应力 σ_u 即为抗拉强度（用符号 f_u 表示）亦即极限强度。当应力达到 σ_u 时，试件出现局部横向收缩，截面面积开始显著缩小，塑性变形迅速增大，即出现颈缩现象。此时，荷载不断降低（实际上颈缩处应力仍不断增加并出现复杂应力状态），变形却继续发展，曲线呈下降段直至断裂。颈缩现象的出现和颈缩区的伸长及横向收缩是反应钢材塑性变形性能的重要标志。

2. 工程实践经验表明，钢材有两种性质完全不同的破坏形式，即塑性破坏与脆性破坏。前者通常是由于变形过大构件的应力达到了钢材的抗拉强度 f_u 后发生的，破坏前构件产生较大的塑性变形和明显的颈缩现象，断裂后的断口呈纤维状，色泽发暗。由于在塑性破坏前出现的很大变形，容易及时发现和采取适当补救措施，不致引起严重后果，同时，塑性变形后出现内力重分布，使结构中原先受力不等的部分应力趋于均匀，因而可提高结构的承载能力；后者则相反，破坏前构件变形很小，计算应力可能小于钢材的屈服强点 f_y 时，断裂即从应力集中处开始发生。构件加工或焊接过程中产生的缺陷，特别是缺口或开孔处应力集中的裂纹，常是断裂的发源地，破坏前往往没有任何预兆而突然发生，断口平直并呈有光泽的晶粒状。由于脆性破坏前没有明显的预兆，无法及时觉察和采取补救措施，而且个别构件的断裂常引起整个结构塌毁，后果严重，在设计、施工中更要特别注意采取相应措施，防止出现脆性破坏。所以结构用钢不仅要求较高的强度性能，还需同时要求良好的塑性与韧性性能。

二、钢的力学性能及其性能指标

1. 强度性能及其指标

（1）屈服强度（或屈服点）f_y——是在弹性工作阶段钢材可承受的最大工作应力，也是衡量结构的承载能力和确定强度设计值的重要指标。碳素结构钢和低合金钢在受力达到屈服强度以后，应变急剧增长使结构的变形迅速增加以致不能继续使用。所以钢结构的强度设计值一般都是以钢材屈服强度为依据而确定的。现行标准规定的结构钢的牌号也都以其屈服强度为标志参数，如，Q235 钢、Q345 钢相应的屈服强度即为 235MPa 与 345MPa，此外现行标准还规定了钢材可有上屈服点或下屈服点的不同取值，工程应用中一般均按后者取值。

（2）抗拉强度 f_u——是钢材在强度破坏前能承受的最大应力，为衡量钢材抵抗拉断的性能指标，它不仅是一般强度的指标，而且直接反应钢材内部组织的优劣，并与疲劳强度有着比较密切的关系，同时 f_u 较高时也意味着钢材有较高的安全储备。

2. 塑性性能及其指标

塑性性能是指当应力超过屈服点后，能产生显著的残余变形（塑性变形）而不立即断裂的特性，也是在外力作用下产生永久变形时抵抗断裂的能力，衡量钢材塑性好坏的主要指标是断后伸长率 δ 和断面收缩率 ψ。

（1）断后伸长率 δ——是应力-应变曲线中最大应变值，等于试件拉断后的原标距间长度的伸长值（包括残余塑性变形）和原标距比值的百分率。拉伸试件如图 2.3-2 所示，δ 值可按下式计算：

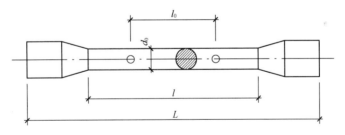

图 2.3-2 静力拉伸试验的试件

$$\delta = \frac{l_1 - l_0}{l_0} \times 100\% \qquad (2.3-1)$$

式中 δ——断后伸长率；

l_0——试样原始标距长度；

l_1——试样拉断后的标距间的长度。

按相关标准规定，试件为比例试件时，l_0 按 $5.65\sqrt{S_0}$ 取值（S_0 为平行长度的原始横截面）；对非比例试件，l_0 可按不同检测要求，取为 $l_0 = 50\text{mm}$ 或 $l_0 = 80\text{mm}$ 的定值。钢结构用钢材的伸长率一般不应低于 15%，主要承重构件钢材的伸长率不宜低于 20%，对有特殊性能要求的钢材，如低屈服、高延伸率钢材，其伸长率应不小于 40%。

（2）断面收缩率 ψ——是试件拉断后，颈缩区的断面面积缩小值与原断面面积比值的百分率，按下式计算：

$$\psi = \frac{A_0 - A_1}{A_0} \times 100\%$$ (2.3-2)

式中　A_0——试件原来的断面面积；

　　　A_1——试件拉断后颈缩区的断面面积。

断面收缩率表示钢材在颈缩区的应力状态（形成同号受拉的立体应力区域）条件下所能产生的最大塑性变形量。由于伸长率是钢材的均匀变形和集中变形（颈缩区）的总和所确定的，所以它还不能代表钢材的最大塑性变形能力。而断面收缩率则是衡量钢材塑性的一个比较真实和稳定的指标，也是衡量钢材厚度方向抗撕裂性能的基本指标。

在实际工程中，结构或构件中的个别区域出现应力集中、个别地方的材料有缺陷或者实际受力与计算假定不相符合等是难以避免的。当钢材具有良好的塑性时，在受力达到一定程度后，个别区域材料屈服而产生塑性变形，构件内部应力可以重新分布而趋于比较均匀，不致因个别区域首先出现裂缝并扩展到全构件而导致破坏。尤其是在动力荷载（包括冲击荷载和振动荷载）作用下的结构或构件，材料的塑性好坏常是决定结构是否安全可靠的主要因素之一。

3. 延性性能

延性是钢材达到屈服产生塑性变形后再到滞后断裂的行为特性，也是防止结构钢材过早脆性破坏的基本性能要求。对抗震设防的承重构件，延性还是钢材变形能量储备和滞后断裂能力的表征。延性的指标值为抗拉强度 f_u 与屈强强度 f_y 的比值，以屈强比（f_y / f_u）表示。钢结构用钢要求 $f_y / f_u \leqslant 0.9$，对抗震设防并可能进入弹塑性工作状态的重要结构，其钢材延性更严格要求为 $f_y / f_u \leqslant 0.85$。

4. 冲击韧性

韧性是钢材抵抗冲击荷载的能力，是钢材的一种动力性能。其指标以材料在断裂时单位体积所吸收的能量来表示。工程中常用冲击韧性来衡量钢材抗脆断的性能和承受动力荷载的性能。因为实际结构中脆性断裂总是发生在有缺槽或裂隙高峰应力处。因此，最有代表性是钢材的缺口冲击韧性。凡直接承受动力荷载的结构所用的钢材均应进行冲击试验并满足相应标准规定的冲击功指标要求。所用夏比缺口试验见图 2.3-3，试件缺口可为 U 形或 V 形，断口处试件折断所需单位面积上的功即为冲击韧性值，其韧性指标用 A_{kv} 表示，单位为焦耳 J。

除钢材的内部组织和成分外，低温对冲击韧性有显著影响，温度低于某值时，冲击值将急剧降低，容易导致钢材的脆性破坏，这种现象称为冷脆。故寒冷地区的重要结构，尤其是受动载作用的结构，不仅要求保证常温（20 ± 5℃）冲击韧性，还要保证负温（-20℃或-40℃）冲击韧性。标准规定承受动力荷载及抗震设防的主要承重构件所用钢材，均应保证合格的冲击功值。

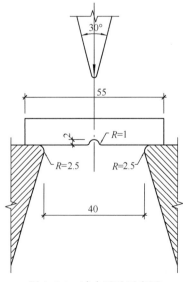

图 2.3-3　冲击试验示意图

5. 冷脆性

钢材在低温动荷载等使用条件下，易产生脆性断裂的特性即为冷脆性，人们对钢材冷脆性的了解与研究，开始于 20 世纪 30 年代一些桥梁冬季脆性断裂的事故，如 1938～1950 年间，比利时 17 座桥梁损坏事故中，有 9 座是在（−14～−40）℃低温条件下发生的。冷脆引起的脆断事故往往是无预兆地突然发生，因而更具有危险性。《钢结构设计标准》GB 50017—2017 专门对防脆断设计作出了选材、构造和施工方面的规定，对特别重要的构件和连接节点，要求采用断裂力学和损伤力学的方法进行抗脆断验算。在工程设计中防脆断的主要措施是选用低温冲击韧性良好并厚度不大的钢材，避免应力集中的构造等。影响钢材冷脆性的因素较多，主要为结构钢材的内部组织、晶粒度和化学成分、钢材生产、加工工艺（沸腾钢或镇静钢、热处理钢等）与钢材厚度、钢材内部的夹渣裂缝等缺陷、加载速度、构件的外形特点（有无槽口）与构件所处的应力状态（应力集中与残余应力）等。工程设计中对寒冷地区的动载构件或厚板构件应注意按标准要求采取防脆断措施。

6. 疲劳性能

钢材在连续反复荷载作用下，虽然应力还低于极限强度，甚至还低于屈服点但也会发生破坏，这种现象称为钢材的疲劳，疲劳破坏均表现为突然发生的脆性破坏。从理论上说，若材料处于完全弹性的工作阶段，反复加载不会引起疲劳破坏，而当材料处于弹塑性阶段工作时，反复加载将引起塑性变形的增长，以致钢材变硬而具有脆性，并逐渐形成微裂纹而产生应力集中，微裂纹的扩展和数量的增加导致应力集中现象急速加剧，最终发生断裂破坏。同时钢材由于不可避免的内部缺陷和残余应力的存在，必将出现局部高峰应力而使材料在局部地区处于弹塑性阶段工作，因此在连续反复加载的作用下，也会发生疲劳破坏。钢材在某一连续反复荷载作用下，经过若干次循环后出现疲劳破坏，相应的最大应力称为疲劳强度。疲劳强度的大小与应力循环次数、应力循环形式和应力集中程度等因素有关。当其他因素为给定且应力循环次数为无限大时的最大应力，称为在某种条件下的疲劳强度极限（即耐劳性），在该条件下当应力低于此值时将不发生疲劳破坏。实际上，在通过 10×10^6 次加载循环后，钢的疲劳强度已接近其极限值，故亦可将连续加载 1000 万次后钢材的疲劳强度作为该钢材的疲劳强度极限。而在加载 2×10^6 次循环后的疲劳强度与极限值的差别亦很小，所以在实用上对重级工作制吊车梁所用钢材的耐劳性试验一般以 200 万次加载循环为判定标准。由于钢材在成型前已存在残余应力，故现行标准规定结构构件的疲劳验算应以容许应力幅的方法进行计算，当其应力循环次数 $n \geqslant 5 \times 10^5$ 时，即应进行疲劳计算。

7. 耐久性

钢材虽然是一种经长期使用仍能保持其性能有良好稳定性的工程材料，但由于溶于钢中的氮和碳元素在长期应用条件下能从钢中缓慢扩散析出，并分布在铁素体颗粒之间或积聚在结晶晶格的各种缺陷之中，使晶体滑动困难，钢质因而变脆。这种钢材性能随长时间使用而恶化的现象称为时效。实际上钢材时效的发生是一个非常缓慢的过程，虽在理论上可用其来评价钢材的耐久性，但对建筑钢结构并无实用意义。钢结构工程中仅特别重要并使用条件恶劣的结构如海洋钻井平台才要求时效性能保证，并采用时效敏感性低（含氮量低）的钢材。亦即经人工时效后，经试验其冲击功仍符合标准规定者为合格的钢材。钢材的人工时效（机械时效）一般采用（10±0.5)%的冷塑性变形，然后加热至（250±10）℃保温1h，再在空气中冷却。

2.3.2 钢的工艺性能

钢的工艺性能表示钢在各种生产加工过程中的行为特性，包括钢的冶炼性能、铸造性能、热加工性能（热轧及热顶锻）、冷加工性能（冷轧、冷弯、冷顶锻）、焊接性能、热处理性能及切削加工性能等等。良好的工艺性能可以保证钢能顺利地通过各种加工过程，成为各种钢材产品。对钢结构工程应用而言，冷弯性能和焊接性能具有重要的实用意义。

一、冷弯性能

钢材的冷弯试验也是其塑性性能的一个重要指标，同时也是衡量钢材质量的一个综合指标。通过冷弯试验，可以检验钢材颗粒组织、结晶情况和非金属夹杂物分布等缺陷，在一定程度上还是鉴定其焊接性能的一个指标。结构在制作过程中要进行冷加工（冷弯、冷卷），以及焊接结构焊后变形的调直校正等工序，都需要较好的冷弯性能。故无论早期或现行的设计标准都规定了对重要承重构件均应具有冷弯试验合格的保证。钢材冷弯性能的优劣是以钢试件在常温下进行冷弯弯曲试验，并以其能承受的弯曲程度来评价的。钢试件的弯曲程度一般用弯曲角度和弯心直径对试件厚度的比值来衡量。弯曲角度越大，弯心直径对试件厚度的比值越小，试件的弯曲程度就越大，钢材的冷弯性能就越好。当试件弯曲到规定角度后，检查试件弯曲部分的外面、里面和侧面，如无裂纹、断裂或分层，即认为试件冷弯试验合格。

二、焊接性能

焊接性能是指在一定的材料、结构构造与焊接工艺条件下，要求钢材在施焊阶段与结构使用期间，均能保证结构有良好焊接接头的一种材质性能，近年来钢结构工程中大量采用了厚板（最大厚度达140mm）与复杂截面的大型焊接构件，故保证钢材的焊接性能对现代钢结构工程有着重要的意义。

钢材焊接性能的优劣首先表现为施焊期间在一定的焊接工艺条件下，焊缝金属和热影响区产生裂纹的敏感性，焊接性能良好者在施焊时，焊缝金属和热影响区均不出现热裂纹或冷裂纹（温度在铁碳合金状态图的GS线，即上临界线以上时所形成的裂纹，称为热裂纹；在此温度以下所发生的裂纹，称为冷裂纹），再是指在结构使用期间，焊接接头和焊缝金属的冲击韧性和热影响区的塑性等。力学性能不低于母材的力学性能，由于施焊时在焊缝周边形成的热影响区（HAZ）晶粒变粗，强度提高而塑性与冲击韧性降低。若焊缝金属的冲击值下降较多或热影响区的脆性化倾向较大，则其焊接性能就较差。从钢材焊接性能试验与产生裂纹的机理分析可知，由钢的材质影响其焊接性能的主要是其化学成分，特别是碳的含量与内部组织的晶粒度。故钢材的焊接性能均以碳当量 CEV 或焊接裂纹敏感指数 Pcm 作为衡量其优劣的指标。现行结构钢的产品标准均规定了成品钢材交货时应保证的碳当量 CEV 限值（低合金钢一般不应大于 0.42～0.48）与焊接裂纹敏感指数 Pcm 的限值（低合金钢一般不应大于 0.24～0.31），CEV 与 Pcm 均按国标统一规定的公式计算，算式中考虑了碳（C）、锰（Mn）、铬（Cr）、钼（Mu）、钒（V）、铌（Ni）、铜（Cu）、硅（Si）及硼（B）等多种元素的不利影响。同时钢及钢材也开发出多种专供焊接结构用的产品，如焊接耐候钢、焊接结构用铸钢件等，还有专供高强度焊接厚板结构用的低焊接裂纹敏感性高强度钢板，各品种、牌号钢的焊接性能应由钢材厂家在产品研发中进行成分设计与焊接性能试验合格性认定来予以保证。

2.4　各种因素对钢材性能的影响

2.4.1　钢材中化学成分对钢材性能的影响

钢是含碳量小于1.67％的铁碳合金，碳大于1.67％时则为铸铁。建筑钢结构用钢主要是碳素结构钢和低合金结构钢。前者由纯铁、碳及杂质元素组成，其中纯铁约占99％，碳及杂质元素约占1％；低合金结构钢中，除上述元素外，还加入合金元素，但其总量通常不超过5％。碳和其他元素虽然所占比重不大，但对钢材性能都有重要影响，现分述如下：

1. 碳（C）是形成钢材强度的主要元素，钢中占绝大部分的铁素体呈多种晶体的状态存在，铁素体的强度和硬度很低，但塑性和韧性很好。而碳和铁的化合物渗碳体（Fe_3C）则几乎没有什么延性，硬度和强度很大。在低碳钢中，渗碳体一般不单独存在，而是和铁素体形成一种混合物——珠光体，它的强度比铁素体高而延性比渗碳体好。珠光体和少量渗碳体形成网络夹杂于铁素体的晶体之间如同混凝土中的砂浆包裹着粗骨料一样，钢的强度主要来自珠光体。含碳量的多少对钢材性能的影响很大，其含量增加，使钢材强度和硬度提高，但同时塑性、韧性、冷弯性能及抗锈能力下降，制作加工困难，尤其是会使钢材的焊接性能显著下降，故焊接结构用钢材要严格限制碳（或碳当量）的含量。含碳量达0.9％以后，强度不再增加反而开始下降。当含碳量在0.8％以内时，每增加0.1％的碳，热轧钢材的抗拉强度提高40～90N/mm²。而含碳量小于0.1％的碳素钢在焊接时易产生重结晶，使钢内晶粒不均，而且施焊时容易吸收气体，影响焊接质量。当含碳量由0.1％增至0.3％时，会使焊缝及其附近区域金属的伸长率降低40％，冲击韧性降低30％。现标准规定建筑结构用碳素结构钢的含碳量一般应控制在0.1％～0.25％；低合金结构钢的碳当量（CEV）一般不大于0.47。

2. 硅（Si）是有益元素，通常作为脱氧剂加入碳素结构钢中，一部分硅使钢脱氧形成氧化硅，而多余的硅主要溶于铁素体中，使之成为含硅的合金铁素体。溶解于铁素体中的硅能使铁的晶格歪扭，从而较大地提高铁素体的硬度和强度。适量的硅（＜0.8％）对钢的塑性、冲击韧性、冷弯性能及可焊性均无显著的不良影响。但若硅含量过高（＞1％），将显著地降低钢材的塑性、冲击韧性、抗锈性和焊接性能，增加冷脆和时效的敏感性，在冲压加工时，容易产生裂纹。

3. 锰（Mn）是有益元素，它能在使钢材的塑性和冲击韧性稍有降低的代价下，较显著地提高钢材的强度。固溶于铁素体和渗碳体中少量（0.8％）的锰能使铁素体晶格细化并略有变形（但晶格的构造并未改变），使珠光体的百分数和分散度增加，起着强化铁素体和珠光体的双重作用。锰又能增加原子间的结合力，所以能在塑性和韧性基本不下降的情况下提高钢材的强度。锰又是弱脱氧剂，还能与硫化合成MnS以消除硫的有害作用，减少钢中的夹杂物，当钢中含硫量较低时，锰还能使面积收缩率（φ）及冲击韧性略有提高，所以锰是一种十分有益的合金元素。如果钢中的含锰量低于标准规定的下限，可能引起强度的降低和热脆性及冷脆性的增加，这是不允许的。但锰含量过高（远远超过消除热脆性所必需的含量），冷裂纹形成倾向将成为主要问题，使焊接性能变坏，抗锈性能下降。所以，含锰量应有所限制，找国碳素结构钢的锰含量为 0.3%~0.8%，低合金结构钢为 1.2%~1.60%。

4. 钒（V）是有益元素，是添加的合金成分，其含量一般在 0.12% 以内。钒能提高钢材的强度、淬硬性和耐磨性而不影响可焊性和冲击韧性，亦不显著降低塑性。钒有时亦可作为脱氧剂，起到细化晶粒的作用。如 l5MnVN 钢即是将钒铁、氮化锰等投入 16Mn 钢而炼成，熔点高而弥散的氮化钒和碳化钒微粒将形成很多晶粒，使钢的晶粒细化，其晶粒度常在 8 级以上，由于其强度主要来自非常稳定的氮化钒和碳化钒对晶体的强化和晶粒的细化，故屈服点随板厚增加而降低的厚度效应并不明显。

5. 铜（Cu）是有益元素，能显著提高钢的抗锈蚀能力。铜一般属于杂质，但耐候钢则以铜作为合金元素。铜含量在约 0.35% 以内时，随着铜含量的增加，对改善碳素钢的抗锈能力效果显著，当铜含量为 0.35%~1% 之间时，虽然抗锈能力仍然继续提高，但增长较缓慢。铜能提高钢材的强度（包括疲劳极限），亦能提高淬硬性且对钢材的塑性、韧性和焊接性能影响不大。当钢中的铜含量超过 0.4% 时，易产生热脆现象，焊接性能亦逐渐变坏，故焊接用钢中的铜含量不宜大于 0.3%。

6. 铝（Al）亦是常用的脱氧剂，既能脱氧又能脱氮并使钢镇静细化晶粒。适量的铝（≤0.20%）能降低冷脆转变温度，提高冲击韧性并减小时效倾向性，所以在重要的建筑用钢中均加入适量的铝来进一步改善钢材的力学性能。如桥梁用钢一般为加金属铝和钛铁脱氧的镇静钢，由氮化铝微粒形成晶核，使其晶粒度达到 6 级及 6 级以上。但过量的铝也会给轧制工艺带来困难。

7. 硫（S）是有害元素，属于杂质，能生成易于熔化的硫化铁，当热加工或焊接的温度达到 800~1200℃ 时，可能出现裂纹，即为热脆（或热裂）。造成热脆的原因是：硫化物共晶体（FeS+Fe）的熔点是 985℃，比钢的熔点低得多，而它在 800~985℃ 范围内又是很脆的，它使钢的晶粒之间的相互结合变弱，因而在热加工时晶界部分较脆，易于断裂，从而引起钢材的裂损。而在 985℃ 以上加热和热加工时，硫化物共晶体熔化后破坏了晶粒之间的结合，而使钢在 985~1200℃ 热加工时沿晶粒界产生裂断。另外，若钢中含硫较高，焊接时焊缝金属的硫将增浓，在冷凝时亦将出现热裂纹，此时宜采用碱性焊条。在轧制过程中，硫化铁将沿轧制方向呈条状伸长，形成夹杂物，促使钢材起层，显著降低钢材厚度方向抗撕裂性能，此外在硫化物夹杂尖端处引起应力集中，会降低钢材的冲击韧性（特别是横向的冲击韧性和塑性），同时亦降低疲劳强度和抗腐蚀能力。硫是偏析最严重的杂质之一，偏析程度越大，危害亦越大。当加入锰后，由于锰和硫的亲和力大，故与之化合成硫化锰 MnS 的夹杂物，其熔点为 1620℃，高于热加工温度（1150~1200℃）且呈颗粒状，且均匀分布，故可消除热脆性。MnS 在轧制时虽亦易被轧成条状分布，但其危害性要比 FeS 小得多。总之，硫是十分有害的杂质，对硫的含量应严加控制，结构用钢中含量一般不得超过 0.045%，对抗层状撕裂的钢，应控制在 0.01% 以下。

8. 磷（P）既是有害元素，也是能利用的合金元素。在碳素结构钢中磷是杂质。存在于铁素体中，室温时的溶解度可达 1.2%，在一般结构钢中，磷几乎全部以固溶体溶解于铁素体中，这种固溶体很脆，主要是由于磷与铁的原子结构有很大区别，加以因偏析而形成的富磷区，因而使铁素体的晶格发生巨大歪扭，促使变脆（即为冷脆），降低钢的塑性、韧性及焊接性能。这种情况在低温时更为严重。这些缺点可用降低含碳量来弥补，加入铝亦能改善含磷钢的韧性。磷是一种易于偏析的元素，比硫的偏析还严重。所以建筑钢中磷含量应限制在 0.045% 以内，在优质钢中控制更严。而且磷和氮对钢的危害作用是互相补充的，如含磷量达 0.06%，则氮的含量必须低于 0.012%，若氮含量增为 0.016%，则磷含量必须降低到 0.045% 以下，否则就会增加钢的时效和脆断倾向。但是，磷亦能提高钢的强度、疲劳极限和淬硬性，更能提高钢的抗锈蚀能力（当加入少量铜后，效果更为显著）。经过合适的冶金工艺，磷亦可作为钢的合金元素。若降低钢的含碳量以提高其塑性，再用磷及铜来使钢强化，便可得到抗腐蚀性能好，延性亦不差的钢种。如低合金钢中的 12 锰磷稀土钒、09 锰铜磷钛钢等，其含磷量分别在 0.07%～0.12% 和 0.05%～0.12% 之间。

9. 氧（O_2）是钢中的有害气体，在冶炼过程中进入钢中时，有一小部分溶解于铁元素中，而大部分则和铁及其脱氧剂形成各种脆性的氧化物夹杂，呈杂乱而零散的点状物分布，能强烈影响钢的力学性能，降低钢的塑性、冲击韧性和可焊性，并促使钢的时效。氧还能使钢热脆，其作用和硫类似。在焊接时，氧亦容易从空气中进入焊缝金属。试验表明，用光焊条焊接时，焊缝中的含氧量将达 0.15%～0.25%，用带药皮的优质焊条焊接时，含氧量为 0.085%，而自动焊则为 0.04%。因此，焊接时也要注意氧的影响，尽量采用自动焊或半自动焊接。一般建筑钢中的氧含量应控制在 0.05% 以下，并宜分析和控制氧化物的类型、数量、形状、大小及分布特征。

10. 氮（N_2）亦是有害气体，由炉料和熔炼时进入钢中。电炉钢中含氮量较多，平炉钢次之。氧气转炉钢最少。在焊接时亦能从空气中进入焊缝金属。例如，用光焊条施焊，焊缝金属的含氮量可达 0.12%，而埋弧自动焊则降为 0.003%。氮和脱氧剂铝、钛有较大的亲和力，形成氮化铝和氮化钛，而在用硅、锰脱氧的镇静钢或沸腾钢中，氮与铁化合成氮化铁，其余的氮则溶解于铁素体中形成固溶体。氮的作用与碳、磷很相似，随着含氮量的增加，钢的强度和硬度均显著提高，而塑性和冲击韧性却急剧下降，且增加时效倾向和冷脆性，增大热脆性，变坏焊接性能。故氮含量必须严加控制，一般应小于 0.008%。

11. 氢（H_2）亦是有害气体，在冶炼时进入钢中。氢能溶于铁，其溶解度随温度降低而减少。由于氢原子的扩散，堆积在金属和夹杂物边界上的氢分子增加，产生很大的压力，把钢从内部撕开，形成近似圆圈状的断裂面，即通常所谓"白点"，使钢变脆，机械性能降低。一般当氢含量超过 0.0005% 后，钢材在轧制后冷却，即会出现白点和内部裂纹，特别是厚度较大的钢材尤为严重（在厚钢材中氢不易逸出）。在碳素钢中，当轧制后缓慢冷却可让氢易于逸出时亦能防止出现白点。故氢对碳素结构钢一般影响不大，而对合金钢则比较敏感。断口有白点的钢一般不能用于建筑结构。

钢中主要化学成分对建筑结构钢性能的影响亦可参见表 2.4-1。

2.4.2 环境温度对钢材性能的影响

当环境温度为高温或较低负温时，钢材的强度、韧性与弹性模量等性能都会有较大变化，正温条件下其变化相关曲线可见图 2.4-1。

钢中主要化学元素对建筑钢性能的影响　　　　　　　　　表 2.4-1

化学元素 / 性能	碳 C	硅 Si	锰 Mn	磷 P	硫 S	镍 Ni	铬 Cr	铜 Cu	钒 V	钼 Mo	钛 Ti	铝 Al
抗拉强度	++	+	+	++	−	+	+	+	+	+	+	0
屈服强度	+	+	+	+		+	+	+	+	+	+	0
伸长率	−−	−	0	−−	0	0	0	0	−	−	0	0
硬度	++	+	+	+	+	+	+	0	+	+	0	0
冲击韧性	−	−	0	−	−	+	+	0	0	0	−	+
疲劳强度	+	0	0	0	0	0	0	0	++	0	0	0
焊接性能												
腐蚀稳定性	0	−	+	+	0	+	+	++	+	0	0	0
冷脆性	+	+	0	++		0	0	0	0	−	0	0
热脆性	0	0	0	0	++	0	0	0	0	0	0	0

注：表中，+ 表示提高；++ 表示提高幅度较大；0 表示影响不显著；
　　− 表示降低；−− 表示降低幅度较大。

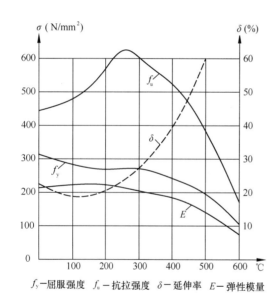

f_y—屈服强度　f_u—抗拉强度　δ—延伸率　E—弹性模量

图 2.4-1　温度对钢材力学性能的影响

一、高温对钢材性能的影响

温度升高的初始阶段钢材强度和弹性模量及塑性的变化不大，但在 250℃ 左右时，钢材表面氧化膜呈现蓝色（即兰脆现象），其抗拉强度提高而塑性和冲击韧性下降。当温度超过 300℃ 以后，屈服点和极限强度显著下降，达到 600℃ 时，则强度基本等于零。亦即一般结构钢的耐火性很差，裸钢的耐火时限仅为 15min。工程应用中应限定其长期环境温度不高于 150℃，需防火设防的钢结构应严格按相应标准采用隔热层或防火涂层等防护。近年来国内外研发生产的耐火钢，通过合金化提高其耐火性能，可保证在 600℃ 环境温度下钢材的屈服强度降低幅度小于 1/3，但在工程中还较少应用。钢结构的耐火性差，故民用建筑与公用建筑钢结构均应按现行国家标准《建筑钢结构防火技术规定》GB 51249 的规定进行隔护层（防火涂料或防火板）防护，或进行个性化抗火设计。

二、低温对钢材的影响

钢结构在负温下特别是同时有动荷载作用下使用时会发生脆性断裂。这是早期国外一些钢桥在冬季严寒中发生事故后人们总结的重要经验。钢的冲击韧性随着温度的下降而下降并导致钢结构冷脆破坏都是突然发生的，具有很大的危害性。韧性的下降开始是缓慢的，当达到某一温度时，韧性突然下降很多，这一开始急剧下降时的温度称为临界脆性温度。此临界温度也被用作限定钢材冲击韧性的温度限值。《低合金高强度结构钢》GB/T 1591—2018 即规定了部分优质钢应保证−40℃（E 级）与−60℃（F 级）冲击功值不得小于 31J 和 27J。在工程应用中对低负温环境中的结构，除应选用负温冲击韧性合格的钢材外，还宜避免选用过厚的板材和承载时过高的应力比。

2.4.3 钢材冶炼、轧制与加工工艺对材质的影响

一、冶炼工艺的影响

1. 氧气转炉钢的综合性能略优于平炉钢，主要是氮含量和氢含量比平炉钢低，塑性和冲击韧性稍好，时效敏感性亦较低。且因产量高其生产成本也较低，目前转炉钢占钢产量的 90% 以上，也已成为结构用钢最主要的钢种。平炉钢因能耗高，产量低且性能略差已很少生产，而电炉钢虽质量更优，但生产成本高，一般不作为建筑用钢。

2. 冶炼和浇注这一冶金过程形成钢的化学成分、金相组织结构及不可避免的冶金缺陷都对钢材性能有重要影响。常见的冶金缺陷有偏析、非金属夹杂，气孔及裂纹等。偏析是指金属结晶后化学成分分布不均，非金属夹杂是指钢中含有如硫化物、氧化物和氮化物等杂质。

冶炼与浇注造成钢中央夹杂与偏析等缺陷，主要表现在平炉炼钢与其注锭冷却工艺生产的平炉沸腾钢中，其在钢锭模中初始时会形成沸腾状态，然后冷却。因冶炼将结束时钢水中含氧量较高，虽在浇注时加入锰等弱脱氧剂脱氧，但脱氧不充分而会形成较重的夹杂与偏析，降低钢材塑性、韧性与焊接性能，不宜作为结构用钢。而当添加铝、硅等强脱氧剂脱氧较充分时，钢锭模中钢水会在较平静状态下冷却为钢锭，即为镇静钢，其夹杂与偏析少，晶粒细化，有良好的塑性和韧性。现国产钢材中仅碳素结构钢标准中规定了 Q235、Q275 等钢，可以以沸腾钢或镇静钢选择订货，故相关标准已规定了钢结构选用 Q235 钢时不应选用沸腾钢。目前工程结构用钢几乎均为氧气转炉钢，其浇注工艺为连续注锭方式，其形成的钢锭亦无沸腾钢工艺所形成的缺陷，故 Q345、Q390 等的合金结构钢亦无沸腾钢与镇静钢之分。

二、钢材热轧过程对其性能的影响

钢坯经过加热轧制成为钢材，热轧过程不仅能改变钢的形状及尺寸，而且也改善了钢的内部组织，从而改善其性能。钢的轧制是在 1200～1300℃ 高温下开始进行的，停轧温度宜在 900～1000℃ 之间，可使钢具有很好的塑性及锻焊（压力焊）性能，在压力作用下，钢锭中的小气泡、裂纹、疏松等缺陷会焊合起来，使金属组织更加致密。此外，钢材的轧制，可以破坏钢坯的铸造组织，细化钢的晶粒，并消除显微组织缺陷。很显然，轧制钢材比铸钢具有更好的力学性能。在轧制钢材中较薄和较小型钢材强度比较高，而且塑性及冲击韧性也比较好，就是由于此类钢材由钢坯到成材的轧制压缩比大，性能改善的程度较充分的缘故。此种钢材因厚度增大而力学性能降低的特性称为厚度效应，这也是钢材强度按厚度分组而列出不同强度指标值的原因。设计选材时宜通过优选截面等措施避免选用板件过厚的钢材。此外，夹层缺陷对结构钢材有严重的不利影响，甚至会造成重大工程事故。故必要时，对厚度方向有抗撕裂性能要求的厚板，宜选用厚度方向钢板（Z 向钢）。

近年来，应用热机械控制轧制方法轧制的 TMCP 钢系在轧制过程中进行精准的轧制控制，而使钢材具有类似热处理钢的优良性能。重要构件可选用此类板材。

三、钢材热处理对其性能的影响

对钢材进行热处理的主要目的是细化晶粒，消减内部残余应力，提高强度和改善其韧性，故热处理是改善结构钢综合性能的有效方法，但其成本也较高。目前工程中所用的 GJ 厚钢板与铸钢件均应按热处理状态交货。对结构钢中进行热处理的类型主要有：

1. 热轧钢材的正火处理

钢的正火是将钢加热到上临界点以上 $30\sim50℃$，保温一定时间，进行完全奥氏体化，然后在空气中冷却，这种工艺即为正火，也叫"常化"。正火钢有较高的强度和硬度，甚至有较大的塑性和韧性。正火只适用于碳素钢及低、中合金钢。正火的目的是细化晶粒，消除热加工造成的过热缺陷，使组织正常化。对热轧后的钢材可以提高强度，但主要是改善塑性和冲击韧性。若热轧后钢材的屈服点和韧性等指标稍差，可以进行正火处理。

2. 热轧钢材的调质（淬火加回火）处理

钢的淬火是将钢材加热至相变临界点以上的温度，保温一定时间，然后在水或油等冷却介质中快速冷却，这种热处理操作称为淬火。淬火的目的是得到高硬度、高强度的马氏体等组织，以便通过随后的回火，最后得到具有高综合力学性能的钢材。

钢的回火时将淬火钢重新加热到相变临界点以下的预定温度，保温预定时间，然后冷却下来，这种热处理操作称为回火。淬火钢回火的目的是：减小淬火所造成的巨大内应力；使淬火所得的不稳定组织得到稳定；减小淬火钢的脆性，使钢达到所要求的力学性能。淬火钢回火后的力学性能，取决于回火温度和时间，其中主要取决于回火温度。回火温度的选择应根据对钢所要求的力学性能而定。在要求有高硬度和高强度时，可选用 $150\sim200℃$ 的低温回火；在要求有高弹性极限和高屈服强度时，选用 $300\sim500℃$ 的中温回火；而当要求有高综合力学性能时，则采用 $500\sim650℃$ 的高温回火。钢材的淬火加高温回火的综合操作称为调质。

3. 焊接件的消除内应力热处理

即焊接件的低温回火处理，其主要目的有两个：

（1）在焊接件中往往存在有高额残余拉应力，且分布不均，呈应力集中现象，在腐蚀性介质作用下，集中的拉应力能大大促进腐蚀的进程，称为应力腐蚀。为此，对需要考虑应力腐蚀的焊接件（如热风炉炉顶），应采取消除应力的热处理。

（2）为保持几何外形尺寸的稳定，焊接件在进行机械加工以前，应热处理消除其焊接残余应力。否则焊接构件在使用时将发生变形。

焊件消除内应力的热处理方法有整体退火和局部退火两种。整体退火是将构件放在加热炉内进行，适用于构件尺寸不大的情况。当结构构件太大，无法在炉内进行时，亦可在结构（容器）外壁包以绝热层而在结构内部用电阻或火焰加热来处理。局部退火是在焊接周围一个局部区域进行加热，因此，其效果不如整体退火。处理的对象亦只限于比较简单的焊接接头。局部处理可用电阻、红外线、火焰或感应加热等方法。

四、冷作硬化的影响

钢结构在制造时进行冷（常温）加工过程中引起的钢材硬化现象，称为冷作硬化。

钢结构的冷加工包括弯、剪、冲、辊、压、折、钻、刨等，这些工作绝大多数是利用各种机床设备和专用工具进行。钢材冷加工会使作用于钢材单位面积上的外力超过屈服强度而产生永久变形，或使作用于钢材单位面积上的外力超过极限强度，促使钢产生断裂。凡是超过屈服强度而产生变形（或断裂）的钢材，其内部组织都会发生冷作硬化现象，该部位的伸长率会大幅降低。即强度（屈服强度和抗拉强度）提高，但降低了钢材的塑性、冲击韧性和焊接性能，增加了结构出现脆性破坏的危险性。冷弯型钢或钢管的拐角部位与径厚比过小的圆钢管管壁部位均存在此种局部硬化现象，其伸长率往往低于 10%，而标准规定钢结构所用钢材伸长率不得小于 15%（一般构件）或 20%（重要构件），故必要时应进行热处理或最终热成型处理，以保证钢材的塑性性能、韧性与焊接性能。同时标准也规定对于重级吊车梁等承受动荷载结构，为了消除因剪切钢板边缘引起局部冷作硬化的不利影响，应将钢板切割边缘刨去 3~5mm，以去掉冷作硬化部分。

五、焊接工艺的影响

焊接是现代钢结构构件制作最主要也几乎是唯一的组接方法，由于其过程是迅速形成高温熔融区再冷却凝固，因而会引起焊缝析入有害气体，加重偏析和晶体变粗，致使该区域的材质劣化，硬度与强度提高，塑性与韧性降低。虽然只是焊缝区局部材质力学性能变差，但其影响程度往往更为严重而成为焊接结构发生裂缝损伤最为敏感（特别是承受动荷载需计算疲劳的构件）的部位，焊接区材质性能变差主要表现为：

1. 在溶化焊接时，焊缝金属的化学成分可以发生重大变化，这是由溶化金属（母材及填充金属—焊条或焊丝）、气体（溶化周围的气体主要是 H_2、O_2、N_2、CO、CO_2、H_2O 以及金属蒸汽）、熔渣（焊条药皮或焊剂在溶化后形成的金属和非金属的复杂盐类）之间的相互作用引起的。而化学成分变化中对焊缝金属性能最有害的是焊接过程中氧、氮、氢的析入。焊缝金属中的氧对其力学性能有极其不良的影响，含氧量的提高，不仅降低塑性及冲击韧性，而且降低屈服强度和极限强度，增加冷脆及时效敏感性；同样含氮量对焊缝金属力学性能也有显著影响，含氮量的提高，虽能提高屈服强度和极限强度，但同时使延伸率及面积缩减率降低。此外，氮也降低冲击韧性，并增加其冷脆及时效倾向，而焊缝金属的含氢量过高可能引起一系列的缺陷。在焊缝中形成气孔，在焊缝及溶合区中形成裂纹，在焊缝中形成宏观裂纹，在近焊缝区形成冷裂纹等。一般来讲，焊缝中的含氢量在0.001% 以上就比较严重。

2. 焊接区钢材组织与材质发生变化，焊缝具有铸造金属组织形成柱状晶粒，若熔渣的保护作用不好，有害气体容易侵入，恶化熔融金属的成分，冷却速度变快，将加速焊缝中杂质的枝晶偏析，容易形成魏氏组织，珠光体数量增加，硬度和强度提高，塑性和韧性下降。而在焊接部位的热影响区，输入线能量较大时，晶粒亦变粗大，致使强度高而塑性、韧性降低（韧性下降 25%~30%），如果输入线能量小，冷却速度增大，将促成淬火组织的出现，其塑性和韧性下降很多，冷却时产生的拉应力经常拉断脆性金属，形成"冷裂纹"（往往与焊缝平行）。当母材含碳量较高（>0.2%），使用沸腾钢或焊件很厚时都能促使冷裂纹出现。

3. 焊接区在焊缝冷却过程中会因环境条件或节点构造等原因阻碍其收缩变形而产生较大的残余应力（焊接约束应力），从而降低构件的耐疲劳性能与稳定承载力，在约束度较大的厚板连接节点，还可能引起板沿厚度方向的撕裂。

针对上述不利影响，在工程设计与施工中应采取的消解措施包括：选用含碳量、含硫量较低的优质钢材，合理的节点构造，优化焊接方法与焊接工艺等。

2.4.4　应力状态对钢材性能的影响
一、应力集中效应的影响

前述的钢材工作性能和力学性能指标，均以单向轴心受拉构件中应力沿截面均匀分布的情况作为基础的。但实际上，在钢结构的构件中不可避免地存在着孔洞、槽口、凹角、裂纹、厚度变化、形状变化、内部缺陷等，此时钢材中的应力不再保持均匀分布，而是在某些区域产生局部高峰应力，在另外一些区域则应力降低，形成如图 2.4-2 的应力集中现象。而如图 2.4-3 所示的三种带槽试件其应力集中的峰值可分别达到 430MPa、520MPa、630MPa，是屈服强度的 1.8 倍、2.3 倍或更高。更严重的是，靠近高峰应力的区域总是存在着同号平面或立体应力场，因而有促使钢材转变为脆性状态的倾向。在其他一些

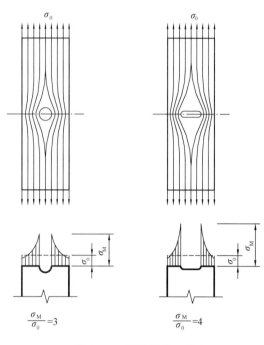

图 2.4-2　开孔处应力集中

区域则常存在异号的平面或立体应力场，这些区域有可能提早出现塑性变形。构件形状变化愈是急剧，高峰应力就愈大，钢的塑性也就降低的愈厉害。构件上的裂纹以及尖锐的凹角等都会出现严重的应力集中。应力集中不仅加重钢的脆性倾向，而且会显著降低其疲劳

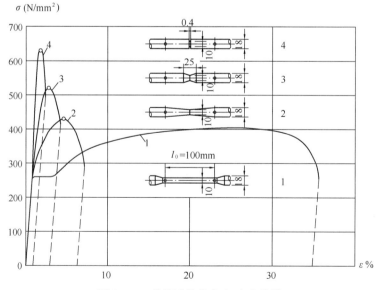

图 2.4-3　带槽试件的应力-应变曲线

强度。故在设计中应尽量避免在应力较大部位开孔、切槽，减少应力集中效应，并注意在需验算疲劳的构件中应选用应力集中效应类别较低的构造。

二、残余应力的影响

钢材在冶炼、轧制、焊接、冷加工等过程中，由于不均匀的冷却过程和组织构造的变化，可能出现很大的残存于内部残余应力，从而引起构件某些区域的应力分布不均匀。残余应力（或称自应力）的特点是应力在钢材的内部（在晶粒之内，或晶粒之间，或是在整个构件内）自相平衡而与外力的作用无关。残余应力可以是一种单向应力状态，也可以是平面或立体应力状态。其最高峰值可达屈服强度。平面或立体的残余应力与外荷载引起的应力在进行不利的组合下，可能使钢材处于危险的脆性状态，有时甚至只存在残余应力时就会引起钢材开裂。残余应力还会明显降低构件的稳定承载力与疲劳强度。现行设计标准中有关稳定与疲劳的计算均已适当地考虑了钢材成品中残余应力的影响，但在钢结构构件节点连接设计构造中还应特别注意焊接残余应力的影响，应避免密集焊缝，封闭围焊、过厚焊缝等引起的过大约束应力。确有必要时，对重要承重构件的残余应力也可采用振动法等措施进行人工消减。

三、复杂应力作用下钢材的工作性能

在单向应力作用下，当应力达到屈服点 f_y 时，钢材屈服而进入塑性状态。但当钢材处于复杂应力作用之下，例如在平面或立体应力作用之下，钢材是否进入塑性状态，当然不能按其中某一项应力是否到达屈服点 f_y 来判定，而应另外找到一个相应于 f_y 而又综合考虑了平面或立体应力的共同工作的强度指标。这就是材料力学中强度理论所研究的课题。实验证明，对结构钢材这种比较理想的弹性-塑性体，采用能量强度理论较为合适。亦即材料由弹性状态转入塑性状态时的综合强度指标，要用变形时单位体积中由于边长比例变化的能量来衡量，即以折算应力 σ_{zs} 作为强度指标。现行设计标准中对有复合应力的梁腹板边缘处，规定了折算应力的算式，即考虑了此种影响。

2.5 常用结构用钢与钢材的标准

钢与钢材的产品标准是钢结构工程选材、订货与验收的重要技术依据，设计人员应重视了解标准，用好标准，并有优化选材的概念。设计文件中应明确注明所用钢材应依据的产品标准与技术要求。

2.5.1 钢与钢材产品标准的类别

一、现行钢与钢材产品的标准分类

1. 国标系列（GB 或 GB/T）为现行国家标准，现多为以 GB/T 为字母代号的推荐性国家标准，其内容几乎包括了所有通用性钢种与钢材，是钢结构工程选材中应用最多的标准系列。同时，随着市场国际化的发展，已有不少钢铁产品国标完全由国际 ISO 标准等效转化编制而成。

2. 建标系列（JG/T）为现行建设部标准，亦多为以 JG/T 为字母代号的推荐性标准。近年来陆续编制了多种建筑钢结构专用的钢材产品标准，形成了专用的系列标准。如《结构用高频焊接薄壁 H 型钢》JG/T 137、《建筑结构用冷成型焊接圆钢管》JG/T 381 等，其技术条件与规格的系列性都更符合钢结构工程应用的专业要求。

3. 冶标系列（YB/T）为原冶金部制定的标准系列，近年来已陆续修订为国标系列标准，仅保留了少量产品的推荐性标准，已很少用于钢结构工程。

二、编写格式

现行钢铁产品标准已有较统一的编写格式，其内容一般包括：前言、范围、规范性引用文件、术语和定义、分类和代号、订货内容、尺寸外形重量与允许偏差、技术要求、试验方法、检验规则、包装、标志和质量证明书及附录等，其中未注明为资料性附录的附录与正文有同样的效力。

三、标准中钢与钢材牌号的表示方法

1. 结构钢或有特殊性能钢材（如 GJ 钢板、镀锌钢板），其牌号一般由代表屈服强度的字母、屈服强度数值、质量等级符号、脱氧方法符号等 4 个部分按顺序组成，以 Q235AF 钢为例可说明如下：

Q—钢材屈服强度"屈"字汉语拼音首位字母；

A、B、C、D—分别表示质量等级；

F—沸腾钢"沸"字汉语拼音首位字母；

Z—镇静钢"镇"字汉语拼音首位字母；

TZ—特殊镇静钢"特镇"两个字汉语拼音首位字母。

在牌号组成表示方法中，"Z"与"TZ"符号可以省略。

2. 部分合金钢标准以含碳量与主要合金组合为牌号代号，如 20MnTiB 表示含碳量 0.2% 并含有锰、钛、硼元素的合金钢。

四、现行常用结构钢材与连接材料的标准名目

钢结构工程用钢材与连接材料标准　　　　　　表 2.5-1

类别	名　称
钢种	1《碳素结构钢》GB/T 700—2006 2《低合金高强度结构钢》GB/T 1591—2018 3《耐候结构钢》GB/T 4171—2008 4《优质碳素结构钢》GB/T 699—2015 5《桥梁用结构钢》GB/T 714—2015
铸钢	1《焊接结构用铸钢件》GB/T7659—2010 2《一般工程用铸造碳钢件》GB/T 11352—2009
板材	1《建筑结构用钢板》GB/T 19879—2015 2《厚度方向性能钢板》GB/T 5313—2010 3《建筑用压型钢板》GB/T 12755—2008 4《连续热镀锌钢板和钢带》GB/T 2518—2008 5《冷弯型钢用热轧钢板及钢带》GB/T 33162—2016

类别	名　称
管材	1《结构用无缝钢管》GB/T 8162—2018 2《建筑结构用冷弯矩形钢管》JG/T 178—2005 3《建筑结构用冷成型焊接圆钢管》JG/T 381—2012 4《建筑结构用铸钢管》JG/T 300—2011 5《结构用方形和矩形热轧无缝钢管》GB/T 34201—2017
型材	1《热轧 H 型钢和剖分 T 型钢》GB/T 11263—2017 2《热轧型钢》GB/T 706—2016 3《焊接 H 型钢》GB/T 33814—2017 4《结构用高频焊接薄壁 H 型钢》JG/T 137—2007 5《圆钢、方钢》GB/T 702—2017 6《铁路用热轧钢轨》GB 2585—2007 7《起重机用钢轨》YB/T 5055—2014 8《建筑结构用冷弯薄壁型钢》JG/T 380—2012
线材与棒材	1《预应力混凝土用钢丝》GB/T 5223—2014 2《预应力混凝土用钢绞线》GB/T 5224—2014 3《重要用途钢丝绳》GB 8918—2006 4《钢拉杆》GB/T 20934—2016 5《桥梁缆索用热镀锌钢丝》GB/T 17101—2008 6《建筑结构用高强度钢绞线》GB/T 33026—2017 7《高强度低松弛预应力热镀锌-5％铝-稀土合金镀层钢绞线》YB/T 4574—2016
紧固件	1《紧固件机械性能螺栓、螺钉和螺柱》GB/T 3098.1—2010 2《六角头螺栓 C 级》GB/T 5780—2016 3《六角头螺栓》GB/T 5782—2016 4《钢结构用高强度大六角头螺栓》GB/T 1228—2006 5《钢结构用高强度大六角螺母》GB/T 1229—2006 6《钢结构用高强度垫圈》GB/T 1230—2006 7《钢结构用高强度大六角螺栓、大六角螺母、垫圈技术条件》GB/T 1231—2006 8《钢结构用扭剪型高强度螺栓连接副》GB/T 3632—2008 9《电弧螺柱焊用圆柱头焊钉》GB/T 10433—2002
焊接材料	1《非合金钢及细晶粒钢焊条》GB/T 5117—2012 2《热强钢焊条》GB/T 5118—2012 3《埋弧焊用非合金钢及细晶粒钢实心焊丝、药芯焊丝和焊丝-焊剂组合分类要求》GB/T 5293—2018 4《埋弧焊用热强钢实心焊丝、药芯焊丝和焊丝-焊剂组合分类要求》GB/T 12470—2018 5《熔化焊用钢丝》GB/T 14957—1994 6《气体保护电弧焊用碳钢、低合金钢焊丝》GB/T 8110—2008 7《非合金钢及细晶粒钢药芯焊丝》GB/T 10045—2018

续表

类别	名 称
焊接材料	8《热强钢药芯焊丝》GB/T 17493—2018 9《埋弧焊和电渣焊用焊剂》GB/T 36037—2018 10《埋弧焊用高强钢实心焊丝、药芯焊丝和焊丝-焊剂组合分类要求》GB/T 36034—2018 11《不锈钢焊条》GB/T 983—2012 12《高强钢焊条》GB/T 32533—2016 13《埋弧焊用不锈钢焊丝-焊剂组合分类要求》GB/T 17854—2018

2.5.2 常用结构钢钢种的标准与性能指标

一、《碳素结构钢》GB/T 700—2006

1. 本标准根据钢材中碳、锰含量及屈服点代号的序列，将碳素结构钢分为 Q195、Q215、Q235、Q275 四种牌号，其强度虽不高但延性及焊接性能均较好。其中 Q235 钢为标准推荐而成为建筑钢结构最常用钢材之一，工程选用时宜选用镇静钢。碳素结构钢适用于各类工程结构钢，供货时一般以热轧、控轧状态交货。

2. 碳素结构钢的化学成分（熔炼分析）应符合表 2.5-2 的规定。

3. 碳素结构钢的力学性能与冷弯性能应符合表 2.5-3、表 2.5-4 的规定。

碳素结构钢的化学成分（熔炼分析）   表 2.5-2

牌号	统一数字代号[a]	等级	厚度（或直径）/mm	脱氧方法	化学成分（质量分数）%，不大于				
					C	Si	Mn	P	S
Q195	U11952	—	—	F、Z	0.12	0.30	0.50	0.035	0.040
Q215	U12152	A	—	F、Z	0.15	0.35	1.20	0.045	0.050
	U12155	B							0.045
Q235	U12352	A	—	F、Z	0.22	0.35	1.40	0.045	0.050
	U12355	B			0.20[b]				0.045
	U12358	C		Z	0.17			0.040	0.040
	U12359	D		TZ				0.035	0.035
Q275	U12752	A	—	F、Z	0.24	0.35	1.50	0.045	0.050
	U12755	B	≤40	Z	0.21			0.045	0.045
			>40		0.22				
	U12758	C	—	Z	0.20			0.040	0.040
	U12759	D		TZ				0.035	0.035

a 表中为镇静钢、特殊镇静钢牌号的统一数字代号，沸腾钢牌号的统一代号如下：

  Q195F—U11950；

  Q215AF—U12150，Q215BF—U12153；

  Q235AF—U12350，Q235BF—U12353；

  Q275AF—U12750；

b 经需方同意，Q235B碳含量可不大于 0.22%。

注：成品钢材化学成分的偏差应符合国家标准《钢的成品化学成分允许偏差》GB/T 222 的规定，但沸腾钢成品钢材和钢坯的化学成分偏差不作保证。

碳素结构钢的力学性能　　　　表 2.5-3

牌号	等级	屈服强度[a] R_{eH}/（N/mm²），不小于						抗拉强度[b] R_m/（N/mm²）	断后伸长率 A/%，不小于					冲击试验（V形缺口）	
		厚度（或直径）/mm							厚度（或直径）/mm					温度/℃	冲击吸收功（纵向）/J 不小于
		≤16	>16~40	>40~60	>60~100	>100~150	>150~200		≤40	>40~60	>60~100	>100~150	>150~200		
Q195	—	195	185	—	—	—		315~430	33	—	—	—	—		
Q215	A	215	215	195	185	175	165	335~450	31	30	29	27	26	—	—
	B													+20	27
Q235	A	235	225	215	215	195	185	370~500	26	25	24	22	21	—	—
	B													+20	27[c]
	C													0	
	D													−20	
Q275	A	275	265	255	245	225	215	410~540	22	21	20	18	17	—	—
	B													+20	27
	C													0	
	D													−20	

a　Q195 的屈服强度值仅供参考，不作交货条件；

b　厚度大于 100mm 的钢材，抗拉强度下限允许降低 20N/mm²。宽带钢（包括剪切钢板）抗拉强度上限不作交货条件；

c　厚度小于 25mm 的 Q235B 级钢材，如供方能保证冲击吸收功值合格，经需方同意，可不作检验。

碳素结构钢的冷弯性能　　　　表 2.5-4

牌号	试样方向	冷弯试验 180°　$B=2a$[a]	
		钢材厚度（或直径）[b]/mm	
		≤60	>60~100
		弯心直径 d	
Q195	纵	0	—
	横	0.5a	
Q215	纵	0.5a	1.5a
	横	a	2a
Q235	纵	a	2a
	横	1.5a	2.5a
Q275	纵	1.5a	2.5a
	横	2a	3a

a　B 为试样宽度，a 为试样厚度（或直径）；

b　钢材厚度（或直径）大于 100mm 时，弯曲试验由双方协商确定。

注　1. 做钢材的拉伸和冷弯试验时，型钢和钢棒取纵向试样；钢板、钢带取横向试样，断后伸长率允许比表 2.5-3 降低 2%（绝对值）。窄带钢取横向试样，如果受宽度限制时，可以取纵向试样；

　　2. 如供方能保证冷弯试验符合本表的规定，可不作检验。A 级钢冷弯试验合格时，抗拉强度上限可以不作为交货条件。

二、《低合金高强度结构钢》GB/T 1591—2018

1. 本标准 2008 版中 Q345、Q390 等牌号钢已是钢结构工程中最常用的钢材，现新修订的 2018 年版（2019 年 2 月 1 日实施）与原 2008 年版相比作了较多修改，包括细致规定了钢生产工艺的分类（热轧、正火与正火轧制、热机械轧制钢等，后两者加注代号 N 及 M），取消了 A 级钢，增加了部分牌号钢的 F 级钢（保证−60℃冲击功不小于 31J），并按分类优化了化学成分含量限值、碳当量限值与伸长率值等。此外，为与欧标一致，将屈服强度取为上屈服，并取消了 Q345 钢而代之以 Q355 钢。现 2018 年版标准规定了一般工程用厚度不大于 400mm 低合金高强度结构钢板、钢带、型钢、钢棒、钢管所用的钢材牌号，包括热轧钢（Q355、Q390、Q420、Q460）、正火及正火轧制钢（Q355N、Q390N、Q420N、Q460N）、热机械轧制及热机械轧制加回火钢（Q355M、Q390M、Q420M、Q460M、Q500M、Q550M、Q620M、Q690M），以及各牌号钢的化学成分、力学性能等，同时在附录 A 中列出了国内外标准牌号对照。

2. 低合金高强度结构钢由转炉或电炉炼钢冶炼，必要时加炉外精炼，供货时以热轧、正火及正火轧制、热机械轧制及热机械轧制加回火状态交货。

3. 低合金高强度热轧钢、正火及正火轧制钢、热机械轧制钢的化学成分（熔炼分析）应符合表 2.5-5a～表 2.5-5c 的规定。

4. 低合金高强度热轧状态交货钢材的碳当量、正火及正火轧制状态交货钢材的碳当量、热机械轧制及热机械轧制加回火状态交货钢材的碳当量及焊接裂纹敏感性指数应分别符合表 2.5-6a～表 2.5-6c 的规定。

碳当量（CEV）应由熔炼分析成分采用公式（2.5-1）计算

$$CEV = C + Mn/6 + (Cr + Mo + V)/5 + (Ni + Cu)/15 \tag{2.5-1}$$

5. 低合金高强度热轧钢材的拉伸性能和伸长率分别符合表 2.5-7a、表 2.5-7b 的规定；正火及正火轧制钢材、热机械轧制（TMCP）钢材的拉伸性能分别符合表 2.5-7c、表 2.5-7d 的规定。

6. 低合金高强度结构钢夏比（V 形缺口）冲击试验温度和冲击吸收能量符合表 2.5-8 的规定；弯曲试验应符合表 2.5-9 的规定。

热轧钢的牌号及化学成分　　　　　　　　　　　表 2.5-5a

钢级	质量等级	化学成分（质量分数）/%												
		C^a		Si	Mn	P^c	S^c	Nb^d	V^e	Ti^e	Cr	Ni	Cu	Mo	N^f	B
		以下公称厚度和直径/mm														
		≤40^b	>40	不大于												
		不大于														
Q355	B	0.24		0.55	1.60	0.035	0.035	—	—	—	0.30	0.30	0.40	—	0.012	
	C	0.20	0.22			0.030	0.030									
	D	0.20	0.22			0.025	0.025								—	
Q390	B	0.20		0.55	1.70	0.035	0.035	0.05	0.13	0.05	0.30	0.50	0.40	0.10	0.015	—
	C					0.030	0.030									
	D					0.025	0.025									

续表

钢级	质量等级	C^a ≤40^b	C^a >40	Si	Mn	P^c	S^c	Nb^d	V^e	Ti^e	Cr	Ni	Cu	Mo	N^f	B
		不大于	不大于	不大于												
Q420^g	B	0.20		0.55	1.70	0.035	0.035	0.05	0.13	0.05	0.30	0.80	0.40	0.20	0.015	—
	C					0.030	0.030									
Q460^g	C	0.20		0.55	1.80	0.030	0.030	0.05	0.13	0.05	0.30	0.80	0.40	0.20	0.015	0.004

a　公称厚度大于 100mm 的型钢，碳含量可由供需双方协商确定。
b　公称厚度大于 30mm 的钢材，碳含量不大于 0.22%。
c　对于型钢和棒材，其磷和硫含量上限值可提高到 0.005%。
d　Q390、Q420 最高可到 0.07%，Q460 最高可到 0.11%。
e　最高可到 0.20%。
f　如果钢中酸溶铝 Als 含量不小于 0.015% 或全铝 Alt 含量不小于 0.020%，或添加了其他固氮合金元素，氮元素含量不作限制，固氮元素应在质量证明书中注明。
g　仅适用于型钢和棒材。

正火、正火轧制钢的牌号及化学成分　表 2.5-5b

钢级	质量等级	C 不大于	Si 不大于	Mn	P^a 不大于	S^a 不大于	Nb	V	Ti^c	Cr 不大于	Ni 不大于	Cu 不大于	Mo 不大于	N 不大于	Als^d 不小于
Q355N	B				0.035	0.035									
	C	0.20			0.030	0.030									
	D		0.50	0.90~1.65	0.030	0.025	0.005~0.05	0.01~0.12	0.006~0.05	0.30	0.50	0.40	0.10	0.015	0.015
	E	0.18			0.025	0.020									
	F	0.16			0.020	0.010									
Q390N	B				0.035	0.035									
	C	0.20	0.50	0.90~1.70	0.030	0.030	0.01~0.05	0.01~0.20	0.006~0.05	0.30	0.50	0.40	0.10	0.015	0.015
	D				0.030	0.025									
	E				0.025	0.020									
Q420N	B				0.035	0.035								0.015	
	C	0.20	0.60	1.00~1.70	0.030	0.030	0.01~0.05	0.01~0.20	0.006~0.05	0.30	0.80	0.40	0.10		0.015
	D				0.030	0.030								0.025	
	E				0.025	0.020									
Q460N^b	C				0.030	0.030								0.015	
	D	0.20	0.60	1.00~1.70	0.030	0.025	0.01~0.05	0.01~0.20	0.006~0.05	0.30	0.80	0.40	0.10		0.015
	E				0.025	0.020								0.025	

钢中应至少含有铝、铌、钒、钛等细化晶粒元素中一种，单独或组合加入时，应保证其中至少一种合金元素含量不小于表中规定含量的下限。

a　对于型钢和棒材，磷和硫含量上限值可提高 0.005%。
b　V+Nb+Ti≤0.22%，　Mo+Cr≤0.30%。
c　最高可到 0.20%。
d　可用全铝 Alt 替代，此时全铝最小含量为 0.020%。当钢中添加了铌、钒、钛等细化晶粒元素且含量不小于表中规定含量的下限值时，铝含量下限值不限。

热机械轧制钢的牌号及化学成分　　　　表 2.5-5c

牌号 钢级	质量等级	化学成分（质量分数）/% C	Si	Mn	P^a	S^a	Nb	V	Ti^b	Cr	Ni	Cu	Mo	N	B	Als^c
					不大于											不小于
Q355M	B				0.035	0.035										
	C				0.030	0.030	0.01	0.01	0.006							
	D	0.14^d	0.50	1.60	0.030	0.025	~	~	~	0.30	0.50	0.40	0.10	0.015	—	0.015
	E				0.025	0.020	0.05	0.10	0.05							
	F				0.020	0.010										
Q390M	B				0.035	0.035										
	C				0.030	0.030	0.01	0.01	0.006							
	D	0.15^d	0.50	1.70	0.030	0.025	~	~	~	0.30	0.50	0.40	0.10	0.015	—	0.015
	E				0.025	0.020	0.05	0.12	0.05							
Q420M	B				0.035	0.035								0.015		
	C				0.030	0.030	0.01	0.01	0.006							
	D	0.16^d	0.50	1.70	0.030	0.025	~	~	~	0.30	0.80	0.40	0.20		—	0.015
	E				0.025	0.020	0.05	0.12	0.05					0.025		
Q460M	C				0.030	0.030	0.01	0.01	0.006					0.015		
	D	0.16^d	0.60	1.70	0.030	0.025	~	~	~	0.30	0.80	0.40	0.20		—	0.015
	E				0.025	0.020	0.05	0.12	0.05					0.025		
Q500M	C				0.030	0.030	0.01	0.01	0.006					0.015		
	D	0.18	0.60	1.80	0.030	0.025	~	~	~	0.60	0.80	0.55	0.20		0.004	0.015
	E				0.025	0.020	0.11	0.12	0.05					0.025		
Q550M	C				0.030	0.030	0.01	0.01	0.006					0.015		
	D	0.18	0.60	2.00	0.030	0.025	~	~	~	0.80	0.80	0.80	0.30		0.004	0.015
	E				0.025	0.020	0.11	0.12	0.05					0.025		
Q620M	C				0.030	0.030	0.01	0.01	0.006					0.015		
	D	0.18	0.60	2.60	0.030	0.025	~	~	~	1.00	0.80	0.80	0.30		0.004	0.015
	E				0.025	0.020	0.11	0.12	0.05					0.025		
Q690M	C				0.030	0.030	0.01	0.01	0.006					0.015		
	D	0.18	0.60	2.00	0.030	0.025	~	~	~	1.00	0.80	0.80	0.30		0.004	0.015
	E				0.025	0.020	0.11	0.12	0.05					0.025		

　　钢中应至少含有铝、铌、钒、钛等细化晶粒元素中一种，单独或组合加入时，应保证其中至少一种合金元素含量不小于表中规定含量的下限。

　　a　对于型钢和棒材，磷和硫含量可以提高 0.005%。

　　b　最高可达到 0.20%。

　　c　可用全铝 Alt 替代，此时全铝最小含量为 0.020%。当钢中添加了铌、钒、钛等细化晶粒元素且含量不小于表中规定含量的下限值时，铝含量下限值不限。

　　d　对于型钢和棒材，Q355M、Q390M、Q420M 和 Q460M 的最大碳含量可提高 0.02%。

热轧状态交货钢材的碳当量（基于熔炼分析）　表 2.5-6a

牌号		碳当量 CEV（质量分数）/% 不大于				
		公称厚度或直径/mm				
钢级	质量等级	≤30	>30～63	>63～150	>150～250	>250～400
Q355[a]	B	0.45	0.47	0.47	0.49[b]	—
	C					—
	D					0.49[c]
Q390	B	0.45	0.47	0.48	—	—
	C					
	D					
Q420[d]	B	0.45	0.47	0.48	0.49[b]	—
	C					
Q460[d]	C	0.47	0.49	0.49	—	—

a　当需对硅含量控制时（如热浸镀锌涂层），为达到抗拉强度要求而增加其他元素如碳和猛的含量，表中最大碳
　　当量值的增加应符合下列规定：
　　对于 Si≤0.030%，碳当量可提高 0.02%；
　　对于 Si≤0.25%，碳当量可提高 0.01%。
b　对于型钢和棒材，其最大碳当量可到 0.54%；
c　只适用于质量等级为 D 的钢板；
d　只适用于型钢和棒材。

正火、正火轧制状态交货钢材的碳当量（基于熔炼分析）　表 2.5-6b

牌号		碳当量 CEV（质量分数）/% 不大于			
		公称厚度或直径/mm			
钢级	质量等级	≤63	>63～100	>100～250	>250～400
Q355N	B、C、D、E、F	0.43	0.45	0.45	协议
Q390N	B、C、D、E	0.46	0.48	0.49	协议
Q420N	B、C、D、E	0.48	0.50	0.52	协议
Q460N	C、D、E	0.53	0.54	0.55	协议

热机械轧制或热机械轧制加回火状态交货钢材的碳当量
及焊接裂纹敏感性指数（基于熔炼分析）　表 2.5-6c

牌号		碳当量 CEV（质量分数）/% 不大于					焊接裂纹敏感性指数 Pcm（质量分数）/% 不大于
		公称厚度或直径/mm					
钢级	质量等级	≤16	>16～40	>40～63	>63～120	>120～150[a]	
Q355M	B、C、D、E、F	0.39	0.39	0.40	0.45	0.45	0.20
Q390M	B、C、D、E	0.41	0.43	0.44	0.46	0.46	0.20
Q420M	B、C、D、E	0.43	0.45	0.46	0.47	0.47	0.20

续表

牌号		碳当量 CEV（质量分数）/% 不大于					焊接裂纹敏感性 指数 Pcm（质量分数） /% 不大于
钢级	质量等级	公称厚度或直径/mm					
		≤16	>16～ 40	>40～ 63	>63～ 120	>120～ 150[a]	
Q460M	C、D、E	0.45	0.46	0.47	0.48	0.48	0.22
Q500M	C、D、E	0.47	0.47	0.47	0.48	0.48	0.25
Q550M	C、D、E	0.47	0.47	0.47	0.48	0.48	0.25
Q620M	C、D、E	0.48	0.48	0.48	0.49	0.49	0.25
Q690M	C、D、E	0.49	0.49	0.49	0.49	0.49	0.25

a　该数据仅适用于棒材。

热轧钢材的拉伸性能 表 2.5-7a

牌号		上屈服强度 R_{eH}[a]/MPa 不小于									抗拉强度 R_m/MPa			
钢级	质量 等级	公称厚度或直径/mm												
		≤16	>16 ～40	>40 ～63	>63 ～80	>80 ～100	>100 ～150	>150 ～200	>200 ～250	>250 ～400	≤100	>100 ～150	>150 ～250	>250 ～400
Q355	B、C	355	345	335	325	315	295	285	275	—	470～ 630	450～ 600	450～ 600	—
	D									265[b]				450～ 600[b]
Q390	B、C、 D	390	380	360	340	340	320	—	—	—	470～ 650	470～ 620		
Q420[c]	B、C	420	410	390	370	370	350	—	—	—	520～ 680	500～ 650		
Q460[c]	C	460	450	430	410	410	390	—	—	—	550～ 720	530～ 700		

a　当屈服不明显时，可用规定塑性延伸强度 $R_{p0.2}$ 代替上屈服强度。
b　只适用于质量等级为 D 的钢板。
c　只适用于型材和棒材。

热轧钢材的伸长率 表 2.5-7b

牌号		断后伸长率　A/% 不小于						
钢级	质量 等级	公称厚度或直径/mm						
		试件方向	≤40	>40～63	>63～100	>100～150	>150～250	>250～400
Q355	B、C、D	纵向	22	21	20	18	17	17[a]
		横向	20	19	18	18	17	17[a]

续表

牌号		断后伸长率 $A/\%$ 不小于						
钢级	质量等级	公称厚度或直径/mm						
		试件方向	≤40	>40~63	>63~100	>100~150	>150~250	>250~400
Q390	B、C、D	纵向	21	20	20	19	—	—
		横向	20	19	19	18	—	—
Q420[b]	B、C	纵向	20	19	19	19	—	—
Q460[b]	C	纵向	18	17	17	17	—	—

a 只适用于质量等级为 D 的钢材。

b 只适用于型钢和棒材。

正火、正火轧制钢材的拉伸性能　表 2.5-7c

牌号		上屈服强度 R_{eH}[a]/ MPa 不小于								抗拉强度 R_m/MPa			断后伸长率　$A/\%$ 不小于					
		公称厚度或直径/mm																
钢级	质量等级	≤16	>16~40	>40~63	>63~80	>80~100	>100~150	>150~200	>200~250	≤100	>100~200	>200~250	≤16	>16~40	>40~63	>63~80	>80~200	>200~250
Q355N	B、C、D、E、F	355	345	335	325	315	295	285	275	470~630	450~600	450~600	22	22	22	21	21	21
Q390N	B、C、D、E	390	380	360	340	340	320	310	300	490~650	470~620	470~620	20	20	20	19	19	19
Q420N	B、C、D、E	420	400	390	370	360	340	330	320	520~680	500~650	500~650	19	19	19	18	18	18
Q460N	C、D、E	460	440	430	410	400	380	370	370	540~720	530~710	510~690	17	17	17	17	17	16

注：正火状态包含正火加回火状态。

a 当屈服不明显时，可用规定塑性延伸强度 $R_{p0.2}$ 代替上屈服强度 R_{eH}。

热机械轧制（TMCP）钢材的拉伸性能　表 2.5-7d

牌号		上屈服强度 R_{eH}^a/MPa 不小于						抗拉强度 R_m/MPa					断后伸长率 $A/$ 不小于
		公称厚度或直径/（mm）											
钢级	质量等级	≤16	>16~40	>40~63	>63~80	>80~100	>100~120[c]	≤40	>40~63	>63~80	>80~100	>100~120[b]	
Q355M	B、C、D、E、F	355	345	335	325	325	320	470~630	450~610	440~600	440~600	430~590	22
Q390M	B、C、D、E	390	380	360	340	340	335	490~650	480~640	470~630	460~620	450~610	20

续表

牌　号		上屈服强度 R_{eH}^{a}/MPa 不小于						抗拉强度 R_m/MPa					断后伸长率 A/不小于
钢级	质量等级			公称厚度或直径/(mm)									
		≤16	>16~40	>40~63	>63~80	>80~100	>100~120	≤40	>40~63	>63~80	>80~100	>100~120[b]	
Q420M	B、C、D、E	420	400	390	380	370	365	520~680	500~660	480~640	470~630	460~620	19
Q460M	C、D、E	460	440	430	410	400	385	540~720	530~710	510~690	500~680	490~660	17
Q500M	C、D、E	500	490	480	460	450	—	610~770	600~760	590~750	540~730	—	17
Q550M	C、D、E	550	540	530	510	500	—	670~830	620~810	600~790	590~780	—	16
Q620M	C、D、E	620	610	600	580	—	—	710~880	690~880	670~860	—	—	15
Q690M	C、D、E	690	680	670	650	—	—	770~940	750~920	730~900	—	—	14

注：热机械轧制(TMCP)状态包括热机械轧制(TMCP)加回火状态。

a　当屈服不明显时,可用规定塑性延伸强度 $R_{p0.2}$ 代替上屈服强度 R_{eH};

b　对于型钢和棒材,厚度或直径不大于150mm。

夏比（V型缺口）冲击试验温度和冲击吸收能量　　　　　表2.5-8

牌号		以下试验温度的冲击吸收收能量最小值 KV_2/J									
钢级	质量等级	20℃		0℃		−20℃		−40℃		−60℃	
		纵向	横向	纵向	横向	纵向	横向	纵向	横向	纵向	横向
Q355、Q390、Q420	B	34	27	—	—	—	—	—	—	—	—
Q355、Q390、Q420、Q460	C	—	—	34	27	—	—	—	—	—	—
Q355、Q390	D	—	—	—	—	34[a]	27[a]	—	—	—	—
Q355N、Q390N、Q420N	B	34	27	—	—	—	—	—	—	—	—
Q355N、Q390N Q420N、Q460N	C	—	—	34	27	—	—	—	—	—	—
	D	55	31	47	27	40[b]	20	—	—	—	—
	E	63	40	55	34	47	27	31[c]	20[c]	—	—
Q355N	F	63	40	55	34	47	27	31	20	27	16
Q355M、Q390M、Q420M	B	34	27	—	—	—	—	—	—	—	—

牌号		以下试验温度的冲击吸收收能量最小值 KV$_2$/J									
钢级	质量等级	20℃		0℃		—20℃		—40℃		—60℃	
		纵向	横向	纵向	横向	纵向	横向	纵向	横向	纵向	横向
Q355M、Q390M Q420M、Q460M	C	—	—	34	27	—	—	—	—		
	D	55	31	47	27	40[b]	20	—	—		
	E	63	40	55	34	47	27	31[c]	20[c]		
Q355M	F	63	40	55	34	47	27	31	20	27	16
Q500M、Q550M Q620M、Q690M	C	—	—	55	34	—	—				
	D	—	—	—	—	47[b]	27				
	E	—	—	—	—	—	—	31[c]	20[c]		

当需方未指定试验温度时，正火、正火轧制和热机械轧制的 C、D、E、F 级钢材分别做 0℃、—20℃、—40℃、—60℃冲击。

冲击试验纵向试样。经供需双方协商，也可取横向试样。

a　仅适用于厚度大于 250mm 的 Q355D 钢板。

b　仅需方指定时，D 级钢可做—30℃冲击试验时，冲击吸收能量纵向不小于 27J。

c　当需方指定时，E 级钢可做—50℃冲击时，冲击吸收能量纵向不小于 27J、横向不小于 16J。

弯曲试验 表 2.5-9

试样方向	180°弯曲试验 D——弯曲压头直径，a——试样厚度（直径）	
	公称厚度或直径/mm	
	≤16	>16~100
对公称宽度不小于 600mm 的钢板及钢带，拉伸试验取横向试样；其他钢材的拉伸试验取纵向试样	D=2a	D=3a

7.《低合金高强度结构钢》GB/T 1591—2018 与 GB/T 1591—2008 牌号对照见表 2.5-10。

GB/T 1591—2018 与 GB/T 1591—2008 牌号对照 表 2.5-10

GB/T 1591—2018	GB/T 1591—2008	GB/T 1591—2018	GB/T 1591—2008	GB/T 1591—2018	GB/T 1591—2008
Q355B(AR)	Q345B(热轧)	Q390ND	Q390D(正火/正火轧制)	Q460ND	Q460D(正火/正火轧制)
Q355C(AR)	Q345C(热轧)	Q390NE	Q390E(正火/正火轧制)	Q460NE	Q460E(正火/正火轧制)
Q355D(AR)	Q345D(热轧)	Q390MB	Q390B(TMCP)	Q460MC	Q460C(TMCP)
Q355NB	Q345B(正火/正火轧制)	Q390MC	Q390C(TMCP)	Q460MD	Q460D(TMCP)
Q355NC	Q345B(正火/正火轧制)	Q390MD	Q390D(TMCP)	Q460ME	Q460E(TMCP)
Q355ND	Q345D(正火/正火轧制)	Q390ME	Q390E(TMCP)	Q500MC	Q500C(TMCP)
Q355NE	Q345E(正火/正火轧制)	Q420B(AR)	Q420B(热轧)	Q500MD	Q500D(TMCP)
Q355NF	—	Q420C(AR)	Q420C(热轧)	Q500ME	Q500E(TMCP)

GB/T 1591—2018	GB/T1591—2008	GB/T 1591—2018	GB/T 1591—2008	GB/T 1591—2018	GB/T 1591—2008
Q355MB	Q345B(TMCP)	Q420NB	Q420B(正火/正火轧制)	Q550MC	Q550C(TMCP)
Q355MC	Q345C(TMCP)	Q420NC	Q420C(正火/正火轧制)	Q550MD	Q550D(TMCP)
Q355MD	Q345D(TMCP)	Q420ND	Q420D(正火/正火轧制)	Q550ME	Q550E(TMCP)
Q355ME	Q345E(TMCP)	Q420NE	Q420E(正火/正火轧制)	Q620MC	Q620C(TMCP)
Q355MF	—	Q420MB	Q420B(TMCP)	Q620MD	Q620D(TMCP)
Q390B(AR)	Q390B(热轧)	Q420MC	Q420C(TMCP)	Q620ME	Q620E(TMCP)
Q390C(AR)	Q390C(热轧)	Q420MD	Q420D(TMCP)	Q690MC	Q690C(TMCP)
Q390D(AR)	Q390D(热轧)	Q420ME	Q420E(TMCP)	Q690MD	Q690D(TMCP)
Q390NB	Q390B(正火/正火轧制)	Q460C(AR)	Q460C(热轧)	Q690ME	Q690E(TMCP)
Q390NC	Q390C(正火/正火轧制)	Q460NC	Q460C(正火/正火轧制)		

三、铸钢件

1. 铸钢件系将钢水注入耐热砂型中铸造而成的特种形状部件。近年来在空间、大跨度钢管结构工程复杂的节点或支座中有较多应用。因小批量生产铸造成型，并以正火或调质状态交货；其价格高于普通钢材4～5倍，且因材料的致密性与匀质性及强度、韧性不如轧制钢材，故选用时宜经技术经济论证比较，避免不合理的过度应用。现行铸钢件标准有《焊接结构用铸钢件》GB/T 7659—2010与《一般工程用铸造碳钢件》GB/T 11352—2009两种，前者适用于焊接钢结构，应用较多。我国焊接结构铸钢件旧标准规定的牌号品种少，强度低，虽已有新修订标准，但近年来工程中已习惯多选用按欧洲标准制造的G17Mn5、G20Mn5牌号铸钢件，现一并列出供应用参考。

2. 《焊接结构用铸钢件》GB/T 7659—2010

本标准准将焊接结构用铸钢件分为 ZG200-400H、ZG230-450H、ZG270-480H、ZG300-500H、ZG340-550H 五种牌号，其化学成分、力学性能应分别符合表2.5-11、表2.5-12的规定。

焊接结构用铸钢件的化学成分（%）　　　　　　　　表 2.5-11

牌号	主要元素					残余元素					
	C	Si	Mn	P	S	Ni	Cr	Cu	Mo	V	总和
ZG200-400H	≤0.20	≤0.60	≤0.80	≤0.025	≤0.025	≤0.40	≤0.35	≤0.40	≤0.15	≤0.05	≤1.0
ZG230-450H	≤0.20	≤0.60	≤1.2	≤0.025	≤0.025						
ZG270-480H	0.17～0.25	≤0.60	0.80～1.20	≤0.025	≤0.025						
ZG300-500H	0.17～0.25	≤0.60	1.00～1.60	≤0.025	≤0.025						
ZG340-550H	0.17～0.25	≤0.80	1.00～1.60	≤0.025	≤0.025						

注：1. 实际碳含量比表中碳上限每减少0.01%，允许实际锰含量超出表中锰上限0.04%，但总超出量不得大于0.2%；

　　2. 残余元素一般不做分析，如需方有要求时，可做按残余元素的分析。

焊接结构用铸钢件的力学性能（室温）　　　　　　表 2.5-12

牌号	拉伸性能			根据合同选择	
	上屈服强度 R_{eH} MPa（min）	抗拉强度 R_m MPa（min）	断后伸长率 A %（min）	断面收缩率 Z %≥（min）	冲击吸收功 A_{KV2} J（min）
ZG200-400H	200	400	25	40	45
ZG230-450H	230	450	22	35	45
ZG270-480H	270	480	20	35	40
ZG300-500H	300	500	20	21	40
ZG340-550H	340	550	15	21	35

注：当无明显屈服时，测定规定非比例延伸强度 $R_{p0.2}$。

3.《一般工程用铸造碳钢件》GB/T 11352—2009

本标准列入了 ZG200-400、ZG230-450、ZG270-500、ZG310-570、ZG340-640 共五种牌号的铸造碳钢件，后四种均为含碳量较高的铸钢件，不宜用于焊接钢结构工程。铸钢件的化学成分、力学性能应符合表 2.5-13、表 2.5-14 的规定。

一般工程用铸造碳钢件的化学成分　　　　　　表 2.5-13

铸钢牌号	C	S	Mn	S	P	残余元素					残余元素总量
						Ni	Cr	Cu	Mo	V	
ZG200-400	≤0.20	≤0.60	≤0.80	≤0.035	≤0.035	≤0.40	≤0.35	≤0.40	≤0.20	≤0.05	≤1.00
ZG230-450	≤0.30										
ZG270-500	≤0.40		≤0.90								
ZG310-570	≤0.50										
ZG340-640	≤0.60										

注：1. 对上限减少 0.01% 的碳，允许增加 0.04% 的锰。对 ZG200-400 的锰最高至 1.0%，其余四个牌号锰最高至 1.2%；

　　2. 除另有规定外，残余元素不作为验收依据。

一般工程用铸造碳钢件的力学性能（最小值）　　　　　　表 2.5-14

铸钢牌号	屈服强度 R_{eH}（$R_{p0.2}$）/MPa	抗拉强度 R_m/MPa	伸长率 A/%	根据合同选择		
				断面收缩率 Z/%	冲击吸收功	
					A_{KV}/J	A_{KU}/J
ZG200-400	200	400	25	40	30	47
ZG230-450	230	450	22	32	25	35
ZG270-500	270	500	18	25	22	27
ZG310-570	310	570	15	21	15	24
ZG340-640	340	640	10	18	10	16

注：1. 表中所列的各牌号性能，适用于厚度为 100mm 以下的铸件。当铸件厚度超过 100mm 时，表中规定的 R_{eH}（$R_{p0.2}$）屈服强度仅供设计使用；

　　2. 表中冲击吸收功 A_{KU} 的试样缺口为 2mm。

4. 牌号 G17Mn5、G20Mn5 铸钢件（欧标 EN10293—2008）

为按欧标生产的焊接结构用铸钢件，也是近年来国内应用最多的铸钢件。其化学成分与力学性能应分别符合表 2.5-15、表 2.5-16 的规定。

G17Mn5、G20Mn5 铸钢件的化学成分   表 2.5-15

铸钢钢种		C	Si≤	Mn≤	P≤	S≤	Ni≤
牌号	材料号						
G17Mn5	1.1131	0.15～0.20	0.60	1.0～1.60	0.020	0.020	—
G20Mn5	1.6220	0.17～0.23					0.8

注：1. 铸件厚度 $t<28$mm 时，可允许 S 含量不大于 0.03%；

　　2. 非经订货同意，不得随意添加本表中未规定的化学元素。

G17Mn5、G20Mn5 铸钢件的力学性能   表 2.5-16

铸钢钢种		热处理条件			铸件壁厚（mm）	室温下			冲击功率值	
牌号	材料号	状态与代号	正火或奥氏体化（℃）	回火（℃）		屈服强度 $R_{p0.2}$（MPa）	抗拉强度 R_m（MPa）	伸长率 A（%）	温度（℃）	冲击功（J）≥
G17Mn5	1.1131	调质 QT	920～980①②	600～700	$t≤50$	≥240	450～600	≥24	室温 −40℃	70 27
G20Mn5	1.6220	正火 N	900～980①	—	$t≤30$	≥300	480～620	≥20	室温 −30℃	50 27
G20Mn5	1.6220	调质 QT	900～980②	610～660	$t≤100$	≥300	500～650	≥22	室温 −40℃	60 27

注：1. 热处理条件下栏内的温度值仅为资料性数据；

　　2. 本表对冲击功列出了室温与负温两种值，由买方按使用要求选用其中的一种，当无约定时，按保证室温冲击功指标供货；

　　3. N 为正火处理的代号，QT 表示淬火（空冷或水冷）加回火；

　　4. ①为空冷；②为水冷。

2.5.3 常用钢板标准与性能及规格

一、《厚度方向性能钢板》GB/T 5313—2010

1. 本标准适用于要求保证厚度方向抗撕裂性能，厚度为 15～400mm 的镇静钢钢板，并分为 Z15、Z25、Z35 三个级别，分别表示其断面收缩率的保证值。本标准是对钢板厚度方向性能的专门规定，选材时应作为附加保证 Z 向性能的技术依据。

2. 厚度方向性能钢板的含硫量极低（0.01% 以下）且夹层缺陷少，因而具有良好的厚度方向抗撕裂性能。钢板的抗层状撕裂性能采用厚度方向拉力试验的断面收缩率（分 Z15、Z25、Z35 三个级别）来评定。其硫含量（熔炼分析）应符合表 2.5-17 的规定，其性能级别与断面收缩率的平均值和单个值应符合表 2.5-18 的规定。

厚度方向性能钢板，钢的含硫量（熔炼分析）   表 2.5-17

Z 向性能	Z15	Z25	Z35
硫含量（质量分数）%不大于	0.01	0.007	0.005

级别	断面收缩率 $I/\%$	
	三个试样最小平均值	单个试样最小值
Z15	15	10
Z25	25	15
Z35	35	25

厚度方向性能钢板的断面收缩率　　　　　　　表 2.5-18

注：Z25、Z35 级别钢板应逐轧制张进行每一张原轧钢板检验。

3. 按本标准订货的钢板，不进行超声波探伤检验，探伤方法和合格级别经供需双方协商在合同中注明。Z25、Z35 级钢板应逐轧制张进行钢板厚度方向性能检验；Z15 级钢板按批进行钢板厚度方向性能检验，每一批钢板由同一牌号、同一炉号、同一厚度、同一交货状态的钢板组成，每批重量不大于 50t。需方有要求时，也可逐张检验。

二、《建筑结构用钢板》GB/T 19879—2015

1. 建筑结构用钢板（简称 GJ 钢板或高建钢板）是参照日本 SN 系列钢性能生产的一种焊接结构用优质钢板。除硫、磷等有害元素含量低外，还具有较低的厚度效应（钢材因厚度增大而强度折减），并以保证屈服强度的稳定性（Q345GJ 钢板变动值在 110MPa 范围内）和较好的延性指标（屈强比≤0.83）为交货条件，综合性能良好，但价格稍高。近年来 Q345GJ 中厚钢板已多用于大跨度或超高层钢结构中，取得较好的技术经济效果。因最早标准名称为"高层建筑结构用钢板"，故牌号后字母用 GJ 作为高层建筑的代号一直沿用至今。

2. 本标准为 2005 年版的修订版，按强度级别共列出了 Q235GJ、Q345GJ、Q390GJ、Q420GJ、Q460GJ 牌号钢，及新增的 Q500GJ、Q550GJ、Q620GJ、Q690GJ 共九个牌号钢，及其化学成分、力学性能与冷弯性能、碳当量与焊接裂纹敏感性指数等。此外，主要优化修改内容尚有屈服强度改为下屈服强度，屈服强度波动幅由 120MPa 改为 110MPa，板厚由 100mm 改为 150mm 或 200mm，板厚折减效应由 20MPa 降低为 10MPa，Q390GJ、Q420GJ、Q460GJ 牌号钢增加了 B 级钢，以及 D 级、E 级钢的硫（S）含量由 0.015% 降为 0.01%（符合 Z15 钢的标准）。各牌号钢化学成分、力学性能与冷弯性能、碳当量与焊接裂纹敏感性指数应分别符合表 2.5-19、表 2.5-20a、表 2.5-20b、表 2.5-21 的规定。

建筑结构用钢板的化学成分　　　　　　　表 2.5-19

牌号	质量等级	化学成分（质量分数）/%											
		C	Si	Mn	P	S	V[b]	Nb[b]	Ti[b]	Als[a]	Cr	Cu	Ni	Mo
		≤					≤			≥	≤			
Q235GJ	B、C	0.20	0.35	0.60~1.50	0.025	0.015	—	—	—	0.015	0.30	0.30	0.30	0.08
	D、E	0.18			0.020	0.010								
Q345GJ	B、C	0.20	0.55	≤1.60	0.025	0.015	0.150	0.070	0.035	0.015	0.30	0.30	0.30	0.20
	D、E	0.18			0.020	0.010								
Q390GJ	B、C	0.20	0.55	≤1.70	0.025	0.015	0.200	0.070	0.030	0.015	0.30	0.30	0.70	0.50
	D、E	0.18			0.020	0.010								
Q420GJ	B、C	0.20	0.55	≤1.70	0.025	0.015	0.200	0.070	0.030	0.015	0.80	0.30	1.00	0.50
	D、E	0.18			0.020	0.010								

续表

牌号	质量等级	化学成分（质量分数）/%												
		C	Si	Mn	P	S	V[b]	Nb[b]	Ti[b]	Als[a]	Cr	Cu	Ni	Mo
		≤			≤					≥	≤			
Q460 GJ	B、C	0.20	0.55	≤1.70	0.025	0.015	0.200	0.110	0.030	0.015	1.20	0.50	1.20	0.50
	D、E	0.18			0.020	0.010								
Q500 GJ	C	0.18	0.60	≤1.80	0.025	0.015	0.120	0.110	0.030	0.015	1.20	0.50	1.20	0.60
	D、E				0.020	0.010								
Q550 GJ[c]	C	0.18	0.60	≤2.00	0.025	0.015	0.120	0.110	0.030	0.015	1.20	0.50	2.00	0.60
	D、E				0.020	0.010								
Q620 GJ[c]	C	0.18	0.60	≤2.00	0.025	0.015	0.120	0.110	0.030	0.015	1.20	0.50	2.00	0.60
	D、E				0.020	0.010								
Q690 GJ[c]	C	0.18	0.60	≤2.20	0.025	0.015	0.120	0.110	0.030	0.015	1.20	0.50	2.00	0.60
	D、E				0.020	0.010								

a　允许用全铝含量（Alt）来代替酸溶铝含量（Als）的要求，此时全铝含量 Alt 应不小于 0.020%，如果钢中添加 V、Nb 或 Ti 任一种元素，且其含量不低于 0.015% 时，最小铝含量不适用；

b　当 V、Nb、Ti 组合加入时，对于 Q235GJ 、Q345GJ，（V＋Nb＋Ti）≤0.15%，对于 Q390GJ、Q420GJ、Q460GJ，（V＋Nb＋Ti）≤0.22%；

c　当添加硼时，Q550GJ、Q620GJ、Q690GJ 及淬火加回火状态钢中的 B≤0.003%。

建筑结构用钢板的力学性能与冷弯性能　　　　　　表 2.5-20a

牌号	质量等级	拉伸试验										断后伸长率 A/%	纵向冲击试验		弯曲试验[a]	
		钢板厚度/mm												冲击吸收能量 KV_2/J	180°弯曲压头直径 D	
		下屈服强度 R_{eL}/MPa					抗拉强度 R_m/MPa			屈强比 R_{eL}/R_m			温度/℃		钢板厚度/mm	
		6~16	>16~50	>50~100	>100~150	>150~200	≤100	>100~150	>150~200	6~150	>150~200	≥		≥	≤16	>16
Q235GJ	B	≥235	235~345	225~335	215~325	—	400~510	380~510	—	≤0.80	—	23	20	47	$D=2a$	$D=3a$
	C												0			
	D												−20			
	E												−40			
Q345GJ	B	≥345	345~455	335~445	325~435	305~415	490~610	470~610	470~610	≤0.80	≤0.8	22	20	47	$D=2a$	$D=3a$
	C												0			
	D												−20			
	E												−40			
Q390GJ	B	≥390	390~510	380~500	370~490	—	510~660	490~640	—	≤0.83		20	20	47	$D=2a$	$D=3a$
	C												0			
	D												−20			
	E												−40			

续表

牌号	质量等级	拉伸试验											纵向冲击试验		弯曲试验[a]	
		钢板厚度/mm 下屈服强度 R_{eL}/MPa					抗拉强度 R_m/MPa			屈强比 R_{eL}/R_m	断后伸长率 A/% ≥		温度/℃	冲击吸收能量 KV_2/J ≥	180°弯曲压头直径 D 钢板厚度/mm	
		6~16	>16~50	>50~100	>100~150	>150~200	≤100	>100~150	>150~200		6~150	>150~200			≤16	>16
Q420GJ	B	≥420	420~550	410~540	400~530	—	530~680	510~660	—	≤0.83	20	—	20	47	D=2a	D=3a
	C												0			
	D												−20			
	E												−40			
Q460GJ	B	≥460	460~600	450~590	440~580	—	570~720	550~720	—	≤0.83	18	—	20	47	D=2a	D=3a
	C												0			
	D												−20			
	E												−40			

a　a 为试样厚度。

建筑结构用钢板的力学性能与冷弯性能　　　　　　表 2.5-20b

牌号	质量等级	拉伸试验					纵向冲击试验		弯曲试验[b]
		下屈服强度 R_{eL}/MPa [a] 厚度/mm		抗拉强度 R_m/MPa	断后伸长率 A/% ≥	屈强比 R_{eL}/R_m ≤	温度/℃	冲击吸收能量 KV_2/J ≥	180° 弯曲压头直径 D
		12~20	>20~40						
Q500GJ	C	≥500	500~640	610~770	17	0.85	0	55	D=3a
	D						−20	47	
	E						−40	31	
Q550GJ	C	≥550	550~690	670~830	17	0.85	0	55	D=3a
	D						−20	47	
	E						−40	31	
Q620GJ	C	≥620	620~770	730~900	17	0.85	0	55	D=3a
	D						−20	47	
	E						−40	31	
Q690GJ	C	≥690	690~860	770~940	14	0.85	0	55	D=3a
	D						−20	47	
	E						−40	31	

a　如果屈服现象不明显，屈服强度取 $R_{p0.2}$；

b　a 为试样厚度。

建筑结构用钢板的碳当量（CEV）与焊接裂纹敏感性指数（Pcm）　　　表 2.5-21

牌号	交货状态[a]	规定厚度（mm）的碳当量 CEV/%				规定厚度（mm）的焊接裂纹敏感性指数 Pcm/%			
		≤50[b]	>50～100	>100～150	>150～200	≤50[b]	>50～100	>100～150	>150～200
		≤				≤			
Q235GJ	WAR、WCR、N	0.34	0.36	0.38	—	0.24	0.26	0.27	—
Q345GJ	WAR、WCR、N	0.42	0.44	0.46	0.47	0.26	0.29	0.30	0.30
	TMCP	0.38	0.40	—		0.24	0.26	—	
Q390GJ	WCR、N、NT	0.45	0.47	0.49		0.28	0.30	0.31	
	TMCP、TMCP+T	0.40	0.43			0.26	0.27	—	
Q420GJ	WCR、N、NT	0.48	0.50	0.52		0.30	0.33	0.34	
	QT	0.44	0.47	0.49		0.28	0.30	0.31	
	TMCP、TMCP+T	0.40	双方协商	—		0.26	双方协商		
Q460GJ	WCR、N、NT	0.52	0.54	0.56		0.32	0.34	0.35	
	QT	0.45	0.48	0.50		0.28	0.30	0.31	
	TMCP、TMCP+T	0.42	双方协商	—		0.27	双方协商		
Q500GJ	QT	0.52	—			双方协商	—		
	TMCP、TMCP+T	0.47				0.28[c]			
Q550GJ	QT	0.54	—			双方协商	—		
	TMCP、TMCP+T	0.47				0.29[c]			
Q620GJ	QT	0.58	—			双方协商	—		
	TMCP、TMCP+T	0.48				0.30[c]			
Q690GJ	QT	0.60	—			双方协商	—		
	TMCP、TMCP+T	0.50				0.30[c]			

a　WAR：热轧；WCR：控轧；N：正火；NT：正火＋回火；TMCP：热机械控制轧制；TMCP＋T：热机械控制轧制＋回火；QT：淬火（包括在线直接淬火）＋回火；

b　Q500GJ、Q550GJ、Q620GJ、Q690GJ 最大厚度为 40mm；

c　仅供参考。

三、《建筑用压型钢板》GB/T 12755—2008

1. 本标准是轻型金属围护结构所用压型钢板的专用产品标准。压型钢板是指在连续式机组上将涂层板或镀层板经辊压冷弯，沿板宽方向形成的波形截面成型钢板，适用于建筑物围护结构（屋面、墙面）及楼盖楼承板等部位的各类波型板。

2. 本标准对各类压型钢板产品的材料、最小厚度、板型与构造设计、质量控制与允许偏差等重要内容进行了规定，可作为轻型金属围护结构设计选材的依据。

3. 建筑用压型钢板分为屋面用板、墙面用板与楼面用板三类，其型号由压型代号 Y、用途代号 W（屋面用）、Q（墙面用）、L（楼面用）及板型尺寸数值（波高与板宽）组成。如：波高为 51mm、覆盖宽度 760mm 的屋面用压型钢板，其代号为 YW51-760。

4. 压型钢板的板型应满足强度、刚度与稳定性的要求，屋面及墙面用压型钢板板型设计应满足防水、承载、抗风及整体连接等功能要求。墙面压型钢板基板的公称厚度不宜小于 0.5mm，屋面压型钢板基板的公称厚度不宜小于 0.6mm，楼盖压型钢板基板的公称厚度不宜小于 0.8mm。各种典型的板型示意如图 2.5-1 所示。

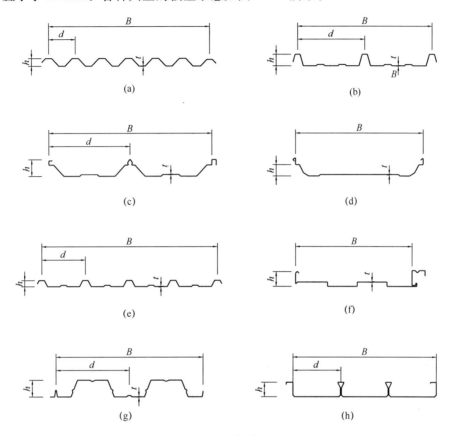

图 2.5-1　压型钢板典型板型图

（a）搭接型屋面板；（b）扣合型屋面板；（c）咬合式屋面板（180°）；（d）咬合式屋面板（360°）（e）搭接型墙面板（紧固件外露）；（f）搭接型墙面板（紧固件隐藏）；（g）楼盖板（开口型）；（h）楼盖板（闭口型）

5. 基板与涂层板均可直接辊压成型为压型板使用，基板钢材性能与技术条件应符合《连续热镀锌钢板及钢带》GB/T 2518、《连续热镀铝锌合金镀层钢板及钢带》GB/T 14978 的规定的 S250 级与 S350 级结构级钢。热镀基板彩涂板的镀层质量与涂层耐久性应符合国家标准《彩色涂层钢板及钢带》GB/T 12754 的规定，建筑用压型钢板不应采用电镀锌钢板或无任何镀层与涂层的钢板及钢带。

6. 建筑用压型钢板的订货内容主要包括镀锌板牌号、热镀层种类（锌、铝锌、锌铝等）、镀层重量、板厚、材质与性能要求；彩色涂层的涂层结构、涂层厚度与涂层的表面状态、面漆种类和颜色等。

四、《热轧花纹钢板及钢带》GB/T 33974—2017

本标准规定了热轧花纹钢板的外形尺寸和技术要求、检验规则、标志等。板上有突起的菱形、扁豆形、圆豆形和组合形的花纹，工程中适用于防滑的钢结构平台铺板。其基本厚度为 1.4～16.0mm；宽度 600～2000mm；长度 2000～16000mm，菱形和扁豆形花纹示意图见图 2.5-2。

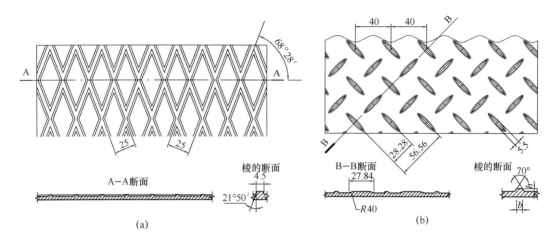

图 2.5-2 花纹钢板示意图
（a）菱形花纹；（b）扁豆形花纹

2.5.4 常用钢管的标准、性能及规格
一、《结构用无缝钢管》GB/T 8162—2018

结构用无缝钢管是各类工程结构常用的管材，在钢结构工程中常用于大跨度的网架或桁架结构中。由于钢管经热顶轧制方法成型，其材质、致密性不如轧制钢板，强度略低而价格较高，近年来在钢结构工程中有逐渐被焊接钢管代替的趋势。本标准为通用性钢管产品标准，规定了钢管可采用的钢材牌号及相应的力学性能、化学成分以及弯曲试验、尺寸偏差等技术要求。选用时应注意钢管壁厚 $t \geqslant 30mm$ 时，其屈服强度降幅稍大，$-40℃$ 冲击功值亦稍低，再因顶头工艺方法制管，其壁厚公差亦较大（$\pm10\% \sim \pm15\%$）。

低合金结构钢无缝钢管的牌号和化学成分和碳当量应符合表 2.5-22、表 2.5-23 的规定，优质碳素结构钢和低合金高强度结构钢钢管的力学性能应符合表 2.5-24 的规定

低合金高强度结构钢无缝钢管的牌号和化学成分　　　　表 2.5-22

牌号		化学成分（质量分数）[a,b,c]/%													
钢级	质量等级	C	Si	Mn	P	S	Nb	V	Ti	Cr	Ni	Cu	N[d]	Mo	B	Als[e]
					不大于											不小于
Q345	A	0.20	0.50	1.70	0.035	0.035	—	—	—	0.30	0.50	0.20	0.012	0.10	—	
	B				0.035	0.035										
	C				0.030	0.030										
	D	0.18			0.030	0.025	0.07	0.15	0.20							0.015
	E				0.025	0.020										
Q390	A	0.20	0.50	1.70	0.035	0.035	0.07	0.20	0.20	0.30	0.50	0.20	0.015	0.10	—	—
	B				0.035	0.035										
	C				0.030	0.030										
	D				0.030	0.025										0.015
	E				0.025	0.020										

续表

牌号		化学成分（质量分数）[a,b,c]/%														
钢级	质量等级	C	Si	Mn	P	S	Nb	V	Ti	Cr	Ni	Cu	N[d]	Mo	B	Al[se]
		不大于														不小于
Q420	A	0.20	0.50	1.70	0.035	0.035	0.07	0.20	0.20	0.30	0.80	0.20	0.015	0.20	—	—
	B				0.035	0.035										
	C				0.030	0.030										
	D				0.030	0.025										0.015
	E				0.025	0.020										
Q460	C	0.20	0.60	1.80	0.030	0.030	0.11	0.20	0.20	0.30	0.80	0.20	0.015	0.20	0.005	0.015
	D				0.030	0.025										
	E				0.025	0.020										
Q500	C	0.18	0.60	1.80	0.025	0.020	0.11	0.20	0.20	0.60	0.80	0.20	0.015	0.20	0.005	0.015
	D				0.025	0.015										
	E				0.020	0.010										
Q550	C	0.18	0.60	2.00	0.025	0.020	0.11	0.20	0.20	0.80	0.80	0.20	0.015	0.30	0.005	0.015
	D				0.025	0.015										
	E				0.020	0.010										
Q620	C	0.18	0.60	2.00	0.025	0.020	0.11	0.20	0.20	1.00	0.80	0.20	0.015	0.30	0.005	0.015
	D				0.025	0.015										
	E				0.020	0.010										
Q690	C	0.18	0.60	2.00	0.025	0.020	0.11	0.20	0.20	1.00	0.80	0.20	0.015	0.30	0.005	0.015
	D				0.025	0.015										
	E				0.020	0.010										

a　除 Q345A、Q345B 牌号外，钢中应至少含有细化晶粒元素 Al、Nb、V、Ti 中的一种。根据需要，供方可添加其中一种或几种细化晶粒元素，最大值应符合表中规定。组合加入时，Nb＋V＋Ti≤0.22%；

b　对于 Q345、Q390、Q420 和 Q460 牌号，Mo＋Cr≤0.30%；

c　各牌号的 Cr、Ni 作为残余元素时，Cr、Ni 含量应各不大于 0.30%；当需要加入时，其含量应符合表中规定或由供需双方协商确定；

d　如供方能保证氮元素含量符合表中规定，可不进行氮含量分析。如果钢中加入 Al、Nb、V、Ti 等具有固氮作用的合金元素，氮元素含量不作限制，固氮元素含量应在质量证明书中注明；

e　当采用全铝时，全铝含量 Alt≥0.020%。

无缝钢管的碳当量　　　　　　　　　　　　　　　表 2.5-23

牌号	碳当量 CEV（质量分数）/%					
	公称壁厚 S≤16mm		公称壁厚 S>16～30mm		公称壁厚 S>30mm	
	热轧＋正火	淬火＋回火	热轧＋正火	淬火＋回火	热轧＋正火	淬火＋回火
Q345	≤0.45	—	≤0.47	—	≤0.48	—
Q390	≤0.46	—	≤0.48	—	≤0.49	—
Q420	≤0.48	—	≤0.50	≤0.48	≤0.52	≤0.48

续表

牌号	碳当量 CEV（质量分数）/%					
	公称壁厚 $S \leqslant 16mm$		公称壁厚 $S>16\sim30mm$		公称壁厚 $S>30mm$	
	热轧＋正火	淬火＋回火	热轧＋正火	淬火＋回火	热轧＋正火	淬火＋回火
Q460	$\leqslant 0.53$	$\leqslant 0.48$	$\leqslant 0.55$	$\leqslant 0.50$	$\leqslant 0.55$	$\leqslant 0.50$
Q500	—	$\leqslant 0.48$	—	$\leqslant 0.50$	—	$\leqslant 0.50$
Q550	—	$\leqslant 0.48$	—	$\leqslant 0.50$	—	$\leqslant 0.50$
Q620	—	$\leqslant 0.50$	—	$\leqslant 0.52$	—	$\leqslant 0.52$
Q690	—	$\leqslant 0.50$	—	$\leqslant 0.52$	—	$\leqslant 0.52$

无缝钢管的力学性能   表 2.5-24

牌号	质量等级	抗拉强度 R_m/MPa	下屈服强度 R_{eL}[a]/MPa			断后伸长率[b] A/%	冲击试验	
			公称壁厚/mm				温度/℃	吸收能量 KV_2/J
			$\leqslant 16mm$	$>16\sim30mm$	$>30mm$			
			不小于					不小于
10	—	$\geqslant 335$	205	195	185	24	—	—
15	—	$\geqslant 375$	225	215	205	22	—	—
20	—	$\geqslant 410$	245	235	225	20	—	—
25	—	$\geqslant 450$	275	265	255	18	—	—
35	—	$\geqslant 510$	305	295	285	17	—	—
45	—	$\geqslant 590$	335	325	315	14	—	—
20Mn	—	$\geqslant 450$	275	265	255	20	—	—
25Mn	—	$\geqslant 490$	295	285	275	18	—	—
Q345	A	$470\sim630$	345	325	295	20	—	
	B						＋20	
	C						0	34
	D					21	－20	
	E						－40	27
Q390	A	$490\sim650$	390	370	350	18	—	
	B						＋20	
	C						0	34
	D					19	－20	
	E						－40	27
Q420	A	$520\sim680$	420	400	380	18	—	
	B						＋20	
	C						0	34
	D					19	－20	
	E						－40	27

续表

牌号	质量等级	抗拉强度 R_m/MPa	下屈服强度 R_{eL}.[a]/MPa			断后伸长率[b] A/%	冲击试验	
			公称壁厚/mm				温度/℃	吸收能量 KV_2/J
			≤16mm	>16～30mm	>30mm			
			不小于					不小于
Q460	C	550～720	460	440	420	17	0	34
	D						−20	
	E						−40	27
Q500	C	610～770	500	480	440	17	0	55
	D						−20	47
	E						−40	31
Q550	C	670～830	550	530	490	16	0	55
	D						−20	47
	E						−40	31
Q620	C	710～880	620	590	550	15	0	55
	D						−20	47
	E						−40	31
Q690	C	770～940	690	660	620	14	0	55
	D						−20	47
	E						−40	31

a　拉伸试验时，如不能测定 R_{eL}，可测定 $R_{p0.2}$ 代替 R_{eL}；

b　如合同中无特殊规定，拉伸试验试样可沿钢管纵向或横向截取。如有分歧时，拉伸试验应以沿钢管纵向截取的试样作为伸裁试样。

二、《建筑结构用冷弯矩形钢管》JG/T 178—2005

1. 本标准为建设部构配件产品标准系列中的冷弯焊接矩形钢管标准，也是建筑工程专用的钢管标准。标准中所列的Ⅰ级钢管适用于建筑、桥梁等结构中主要构件，Ⅱ级钢管适用于次要构件。

2. 本标准规定了钢管钢材为 Q235、Q345、Q390 等牌号钢。标准的最大特点是规定了钢管成品的力学性能指标，而Ⅰ级产品应同时保证制管原板与钢管成品的力学性能符合标准要求，Ⅱ级产品可仅保证原板的性能符合要求。这解决了多年来传统的以原板性能替代钢管性能的供货、验收并应用的不安全隐患问题。

3. 钢管成型工艺分为直接成方与先圆后方两种，后者因冷作硬化效应更显著，故不宜用于承重结构中。钢管规格分为方管与矩形管两类，其规格范围分别为 100mm×4mm～500mm×22mm 与 120mm×80mm×4mm～500mm×480mm×22mm。

4. 冷弯钢管Ⅰ级产品的碳当量与力学性能应分别符合表 2.5-25、表 2.5-26 的规定。

冷弯钢管Ⅰ级产品的碳当量   表 2.5-25

钢材牌号等级	Q235	Q345	Q390
Ceq（%）	≤0.36	≤0.43	≤0.45

注：为改善钢材性能，Q390 可以加入钒、铌、钛、钼、氮等微量元素。

冷弯钢管Ⅰ级产品的力学性能   表 2.5-26

钢材牌号等级	壁厚 mm	屈服强度 MPa	抗拉强度 MPa	伸长率 %	（常温）冲击功 J	屈强比	
						直接成方	先圆后方
Q235B、C、D	4～12	≥235	≥375	≥23	—	—	—
	>12～22				≥27	≤0.8	≤0.9
Q345A、B、C、D	4～12	≥345	≥470	≥21	—	—	—
	>12～22				≥27	≤0.8	≤0.9
Q390A、B、C	4～12	≥390	≥490	≥19	—	—	—
	>12～22				≥27	≤0.85	≤0.9

注：1. 制作钢管的 Q235、Q345 与 Q390 原料钢板，其力学性能应分别符合 GB/T 700 与 GB/T 1591 的规定；

2. 低温冲击功指标由供需双方协商确定；

3. 屈强比指标为外周长≥800mm 时，当外周长<800mm 时，由供需双方协商确定。

4. 本表适用规格范围为（$b×h×t$）：方管：100mm×4mm～500mm×22mm；矩管：120mm×80mm×4mm～500mm×480mm×22mm。

三、《建筑结构用冷成型焊接圆钢管》JG/T 381—2012

1. 本标准为住建部构配件产品标准系列中的冷弯焊接圆钢管标准，亦为建筑工程专用钢管标准。标准中所列圆钢管规格（直径、壁厚）均较通用焊接圆管的规格有大幅度增加，更大的特点也是规定了钢管成品的力学性能，方便工程应用，其力学性能应符合表 2.5-27 的规定。本标准适用于钢结构工程中各类承重结构构件。

2. 钢管的冷成型制造工艺可为卷弯成型工艺、压弯成型工艺或连续冷弯成型工艺。钢管以冷成型状态交货，必要时，也可按热处理状态交货。

3. 钢管原板材料宜采用 Q235 钢、Q345 钢、Q345GJ，也可采用 Q390 钢、Q420 钢或 Q390GJ、Q420GJ 钢板。钢管成品的屈服强度与抗拉强度、断后伸长率应符合表 2.5-27 的规定，钢管的屈强比、冲击功与碳当量等，可按不低于原板的性能指标的原则由供需双方协议商定。

钢管成品力学性能   表 2.5-27

钢管牌号		屈服强度 R_{eL} N/mm²					抗拉强度 R_m N/mm²	断后伸长率 A/%
	厚度分组	$t≤16$	$16<t≤40$	$40<t≤60$	$60<t≤100$	—	—	—
JY Q235	性能指标	≥235	≥225	≥215	≥215		370～500	≥22
	厚度分组	$t≤16$	$16<t≤40$	$40<t≤63$	$63<t≤80$	$80<t≤100$	—	—
JY Q345	性能指标	≥345	≥335	≥325	≥315	≥305	470～630	≥18
JY Q390		≥390	≥370	≥350	≥330	≥330	490～650	≥18
JY Q420		≥420	≥400	≥380	≥360	≥360	520～680	≥17

续表

钢管牌号		屈服强度 R_{eL} N/mm²					抗拉强度 R_m N/mm²	断后伸长率 $A/\%$
厚度分组		$t \leqslant 16$	$16 < t \leqslant 35$	$35 < t \leqslant 50$	—	$50 < t \leqslant 100$	—	—
JY Q235GJ	性能指标	$\geqslant 235$	$\geqslant 235$	$\geqslant 225$	—	$\geqslant 215$	$400 \sim 510$	$\geqslant 22$
JY Q345GJ		$\geqslant 345$	$\geqslant 345$	$\geqslant 335$	—	$\geqslant 325$	$490 \sim 610$	$\geqslant 20$
JY Q390GJ		$\geqslant 390$	$\geqslant 390$	$\geqslant 380$	—	$\geqslant 370$	$490 \sim 650$	$\geqslant 18$
JY Q420GJ		$\geqslant 420$	$\geqslant 420$	$\geqslant 410$	—	$\geqslant 400$	$520 \sim 680$	$\geqslant 17$

注：1. 当钢管壁厚 $t > 40$mm 或径厚比（D/t）< 20 时，其力学性能指标需另行确定；

　　2. 拉伸试样为标距 $5.65\sqrt{S_0}$ 的试样。S_0 为试件的标距；

　　3. 表中 t 为钢管壁厚，单位为 mm。厚度分组应按 GB/T 700、GB/T 1591、GB/T 19879 规定。

4. 钢管规格系列应符合国家标准《焊接钢管尺寸及单位长度重量》GB/T 21835—2008 的规定，本标准按该标准规格系列 1 列出了系列规格与截面特性，可方便选用，其直径范围为 $200 \sim 3000$mm，壁厚范围为 $3 \sim 100$mm。

四、《冷弯型钢通用技术要求》GB/T 6725—2017

本标准为原国标《冷弯型钢》GB/T 6725—2008 的修订版本，主要规定了冷弯型钢产品的通用性技术条件，与新修编的《通用冷弯开口型钢》GB/T 6723—2017、《结构用冷弯空心型钢》GB/T 6728—2017 配套使用，应作为企业生产质量管理和用户订货的依据。适用于冷加工变形的冷轧、热轧或涂层（镀层）钢板及钢带在辊式冷弯机组上生产的冷弯型钢。本次修订主要修改了标准名称、强度等级、牌号及化学成分要求、交货状态、力学性能，增加了镀层的有关要求。本标准的主要技术内容与技术条件如下：

1. 冷弯型钢产品所涉及钢材标准和牌号见表 2.5-28 规定

冷弯型钢产品相关钢材标准和牌号　　　　　　表 2.5-28

序号	标准名称	钢材牌号
1	《优质碳素结构钢》GB/T 699—2015	08、10、15、20、25、30、35、40、45、50、55、60、65、70、75、80、85、15Mn、20Mn、25Mn、30Mn、35Mn、40Mn、45Mn、50Mn、60Mn、65Mn、70Mn
2	《碳素结构钢》GB/T 700—2006	Q195、Q215、Q235、Q275
3	《桥梁用结构钢》GB/T 714—2008	Q235q、Q345q、Q370q、Q420q
4	《低合金高强度结构钢》GB/T 1591—2018	Q355、Q390、Q420、Q460、Q500、Q550、Q620、Q690
5	《耐候结构钢》GB/T 4171—2008	Q295GNH、Q355GNH（热轧）、Q265GNH、Q310GNH（冷轧）高耐候钢和 Q235NH、Q295NH、Q355NH、Q415NH、Q460NH、Q500NH、Q550NH 焊接耐候钢
6	《连续热镀锌钢板及钢带》GB/T 2518—2008	DC57D＋ZF、HX340LAD＋ZF、HX340/690DPD＋Z、S350GD＋Z 钢

续表

序号	标准名称	钢材牌号
7	《不锈钢冷轧钢板及钢带》GB/T 3280—2015	本标准钢材类别包括奥氏体型钢、奥氏体、铁素体型钢、铁素体型钢、马氏体型钢、沉淀硬化型钢，各牌号详见本标准
8	《碳素结构钢和低合金结构钢热轧钢带》GB/T 3524—2015	Q195、Q215、Q235、Q275、Q345、Q390、Q420、Q460 钢
9	《彩色涂层钢板及钢带》GB/T 12754—2006	（TDC51D＋、TDC52D＋、TDC53D＋、TDC54D＋、TS250GD＋、TS280GD＋、TS320GD＋、TS350GD＋、TS550GD＋）；（＋Z、＋ZF、＋AZ、＋ZA、＋ZE）钢
10	《冷弯型钢用热连轧钢板及钢带》GB/T 33162—2016	Q235-LW、Q345-LW、Q390-LW、Q420-LW、Q460-LW、Q500-LW、Q550-LW、Q620-LW、Q690-L 和冷弯耐候 Q355NH-LW、Q420NH-LW、Q460NH-LW、Q500NH-LW、Q550NH-LW 钢

2. 冷弯型钢的分类和代号

冷弯型钢按截面分为冷弯闭口型钢和冷弯开口型钢，冷弯闭口型钢包括冷弯圆形（Y）、方形（F）、矩形（J）、异形（YI）空心型钢；冷弯开口型钢包括等边角钢（JD）、不等边角钢（JB）、等边槽钢（CD）、不等边槽钢（CB）、内卷边槽钢（CN）、外卷边槽钢（CW）、Z 形钢（Z）、卷边 Z 型钢（ZJ）、冷弯异形型钢（YX）。

3. 技术要求

本标准规定了冷弯型钢钢材牌号及化学成分（按所引用的标准执行）、交货状态（加工状态交货、可协议热处理、热浸镀锌、涂塑状态），冷拔加工除外，冷拔钢管见 GB/T 3094。

（1）冷弯型钢的力学性能应符合表 2.5-29 的规定 。

力学性能 表 2.5-29

屈服强度等级	壁厚 $t$mm	下屈服强度[a] R_{eL} MPa	抗拉强度 R_m MPa	断后伸长率 A%
195	—	≥195	315~490	≥30
215	—	≥215	335~510	≥28
235		≥235	370~560	≥24
345		≥345	470~680	≥20
390		≥390	490~700	≥17
420		≥420	520~730	
460	≤19mm	≥460	550~770	
500		≥500	610~820	
550		≥550	670~880	协议
620		≥620	710~940	
690		≥690	770~1000	
750		≥750	750~1010	

a   当屈服不明显时可测量 $R_{p0.2}$。

（2）冷弯型钢的订货内容主要包括标准编号、产品规格、原料牌号及屈服强度等级、交货重量等，其他特殊内容各标准有具体规定。

（3）冷弯型钢的尺寸、外形、重量及允许偏差应分别符合《通用冷弯开口型钢》GB/T 6723—2017、《结构用冷弯空心型钢》GB/T 6728—2017、《汽车用冷弯型钢　尺寸、外形、重量及允许偏差》GB/T 6726—2008 的规定。

2.5.5　常用型钢标准

钢结构工程中常用的型钢包括 H 型钢、工字钢、槽钢、角钢及冷弯型钢等各种型材。型钢的产品仍分为国标系列（GB）与住建部标准系列（JG）两类，其内容一般只规定分类、代号、规格、允许偏差与检验规则等，产品的化学成分、力学性能则应符合所选用钢材牌号标准相应的规定，在各型钢标准中不再列出。

一、《热轧 H 型钢和剖分 T 型钢》GB/T 11263—2017

1. 本标准规定了热轧 H 型钢和剖分 T 型钢（由 H 型钢对开剖分而成）的订货内容、分类、代号、尺寸、外形、重量及允许偏差、技术要求、检验规则、标志与质量证明书等要求。按本标准规定，热轧 H 型钢分为宽翼缘 H 型钢（代号 HW）、中翼缘 H 型钢（代号 HM）、窄翼缘 H 型钢（代号 HN）和薄壁 H 型钢（代号 HT）；剖分 T 型钢分为宽翼缘剖分 T 型钢（代号 TW）、中翼缘剖分 T 型钢（代号 TM）、窄翼缘剖分 T 型钢（代号 TN）。其钢材牌号应符合 GB/T 700、GB/T 712、GB/T 714、GB/T 1591、GB/T 4171、GB/T 19879 的有关规定。

2. 热轧 H 型钢的规格系列

宽翼缘 H 型钢（HW）——型号（高度×宽度）为 100mm×100mm～500mm×500mm，腹板厚度 6～45mm，翼缘厚度 8～70mm，共 29 个规格。

中翼缘 H 型钢（HM）——型号（高度×宽度）为 150mm×100mm～600mm×300mm，腹板厚度 6～14mm，翼缘厚度 9～23mm，共 15 个规格。

窄翼缘 H 型钢（HN）——型号（高度×宽度）为 100mm×50mm～1000mm×300mm，腹板厚度 4.5～21mm，翼缘厚度 7～40mm，共 59 个规格。

薄壁 H 型钢（HT）——型号（高度×宽度）为 100mm×50mm～400mm×200mm，腹板厚度 3.2～6.5mm，翼缘厚度 4.5～9.5mm，共 27 个规格。

3. 剖分 T 型钢的规格系列

宽翼缘 T 型钢（TW）——型号（高度×宽度）为 50mm×100mm～200mm×400mm，腹板厚度 6～21mm，翼缘厚度 8～35mm，共 19 个规格。

中翼缘 T 型钢（TM）——型号（高度×宽度）为 75mm×100mm～300mm×300mm，腹板厚度 6～14mm，翼缘厚度 9～23mm，共 15 个规格。

窄翼缘 T 型钢（TN）——型号（高度×宽度）为 50mm×50mm～450mm×300mm，腹板厚度 4～18mm，翼缘厚度 6～34mm，共 46 个规格。

二、《热轧型钢》GB/T 706—2016

1. 本标准为钢结构常用的通用热轧型材标准，标准规定了工字钢、槽钢、等边角钢、不等边角钢四类型钢的尺寸、允许偏差、技术要求、检验规则、质量要求与系列规格。

2. 热轧型钢的规格尺寸

（1）热轧工字钢

截面宽度范围为 68～180mm，高度范围为 100～630mm，由于宽高比较小（约为 0.3～0.5），其截面力学性能均差于热轧 H 型钢，近年来在钢结构工程应用中已逐渐为热轧 H 型钢所替代。工字钢型号由其截面高度尺寸（cm）表示，型号 20 及以上的有 a、b 型或 a、b、c 型，其中 b 型或 c 型表示厚度较大的截面规格，应用时以选用 a 型较为经济合理。

（2）槽钢

截面宽度范围为 37～104mm，高度范围为 50～400mm，槽钢型号由其截面高度尺寸（cm）表示，型号 14 及以上的有 a、b 型或 a、b、c 型，其中 b 型或 c 型表示厚度较大的截面规格，应用时以选用 a 型较为经济合理。

（3）等边角钢

截面边长范围为 20～250mm，厚度范围为 3～35mm。

（4）不等边角钢

截面边长范围（长边×短边）为 25mm×16mm～200mm×125mm，厚度范围为 3～18mm。

三、《建筑结构用冷弯薄壁型钢》JG/T 380—2012

1. 本标准为住建部构配件系列标准的冷弯薄壁开口型钢标准。薄壁开口型钢按截面形状分为 6 种型材：冷弯等边角钢（截面形状代号 JL-JD）、冷弯不等边角钢（截面形状代号 JL-JB）、冷弯等边卷边角钢（截面形状代号 JL-JJ）、冷弯等边槽钢，（截面形状代号 JL-CD）、冷弯内卷边槽钢（截面形状代号 JL-CN，又称 C 型钢，）、冷弯斜卷边 Z 形钢（截面形状代号 JL-ZJ）。标准中规定了型材的尺寸、允许公差、技术要求、检验规则等。近年来，冷弯 C 型钢、Z 型钢已广泛应用于轻钢围护结构中。

2. 冷弯薄壁型钢宜采用 GB/T 700 中的 Q235 钢或 GB/T 1591 中的 Q345 钢；也可采用 GB/T 1591 中的 Q390 钢、GB/T 4171 中的 Q235NH、Q355NH 焊接耐候钢、GB/T 2518 中的 S250GD＋Z、S350GD＋Z 镀锌钢板及 GB/T 14978 中的 S250GD＋AZ、S350GD＋AZ 镀铝锌钢板。镀锌和镀铝锌冷弯薄壁型钢所用基板的镀锌和镀铝锌技术要求应符合 GB/T 2518 和 GB/T 14978 的规定。双面镀锌量不应小于 180g/m²，双面镀铝锌量不应小于 100g/m²。

3. 本标准中规定了推荐冷弯型钢使用的 5 种钢材牌号，其相应型材成品的力学性能应符合表 2.5-30 的规定。

冷弯薄壁型钢成品力学性能　　　　　　　表 2.5-30

钢材牌号	屈服强度 R/MPa ≥	抗拉强度 R_m/MPa ≥	断后伸长率 A/% ≥
Q235	235	370	24
Q345	345	470	20
Q390	390	490	17
Q235NH	235	360	24
Q355NH	335	490	20

注：力学性能应在成品上未变形的平板部分取样试验。

4. 标准中各类型材的截面尺寸范围如下:

(1) 冷弯等边角钢 (JL-JD)

规格尺寸范围为 50mm×2.0mm～150mm×6.0mm。

(2) 冷弯不等边角钢 (JL-JB)

规格尺寸范围为 50mm×30mm×2.0mm～150mm×120mm×6.0mm。

(3) 冷弯等边卷边角钢 (JL-JJ)

规格尺寸范围为 50mm×15mm×2.0mm～120mm×25mm×6.0mm。

(4) 冷弯等边槽钢,(JL-CD)

规格尺寸范围为 60mm×25mm×2.0mm～250mm×75mm×6.0mm。

(5) 冷弯内卷边槽钢 (JL-CN)

规格尺寸范围为 120mm×50mm×20mm×1.5mm～300mm×80mm×25mm×3.0mm。

(6) 冷弯斜卷边 Z 形钢 (JL-ZJ)

规格尺寸范围为 120mm×50mm×20mm×1.5mm～300mm×80mm×25mm×3.0mm。

2.5.6 棒材与线材标准

一、《热轧钢棒尺寸、外形、重量及允许偏差》GB/T 702—2017

1. 本标准规定了热轧钢棒(圆钢、方钢、扁钢、六角钢、八角钢)的截面形状、截面尺寸、重量及允许偏差、长度及允许偏差、外形等。

2. 本标准钢棒的规格范围:

直径为 5.5～380mm 的热轧圆钢;

边长为 5.5～300mm 的热轧方钢;

厚度为 3～60mm,宽度为 10～200mm 一般用途热轧扁钢;

厚度为 4～100mm,宽度为 10～310mm 热轧工具扁钢;

对边距离为 8～70mm 的热轧六角钢和对边距离为 16～40mm 的热轧八角钢。

二、《钢拉杆》GB/T 20934—2016

1. 本标准为钢结构工程中的钢拉杆专用标准,标准中规定了拉杆类别、型号、尺寸与允许偏差、技术要求、检验规则、质量证明书等要求。钢拉杆共有 UU 型、OO 型、OU 型、D1 型、D2 型、D3 型、S1 型、S2 型和 ZL 型九种型式。

2. 合金钢拉杆的型号表示方法如下:

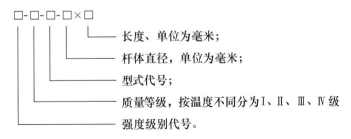

如:强度 460 级,冲击温度为 —20℃时,OU 型,直径为 40mm,长度为 8000mm 的合金钢拉杆标记为:

GB/T 20934 GLG460-Ⅱ-OU-40×8000

合金钢钢拉杆按杆体强度分为 345MPa、460MPa、550MPa、650MPa、750MPa、850MPa 和 1100MPa 七种强度级别，其力学性能应符合表 2.5-31 的规定。

合金钢钢拉杆杆体力学性能　　　　　表 2.5-31

强度级别	质量等级	杆体直径 D mm	屈服强度 R_{eH} MPa	抗拉强度 R_m MPa	断后伸长率 A %	断面收缩率 Z%	冲击吸收能量 KV_2 J	温度 ℃
				不小于				
GLG345	Ⅰ	20～210	345	470	22	50	34	0
	Ⅱ						34	−20
	Ⅲ						27	−40
	Ⅳ						27	−60
GLG460	Ⅰ	20～180	460	610	20	50	34	0
	Ⅱ						34	−20
	Ⅲ						27	−40
	Ⅳ						27	−60
GLG550	Ⅰ	20～180	550	750	18	50	34	0
	Ⅱ						34	−20
	Ⅲ						27	−40
	Ⅳ						27	−60
GLG650	Ⅰ	20～150	650	850	15	45	34	0
	Ⅱ						34	−20
	Ⅲ						27	−40
	Ⅳ						27	−60
GLG750	Ⅰ	20～130	750	950	13	45	34	0
	Ⅱ						34	−20
	Ⅲ						27	−40
	Ⅳ						27	−60
GLG850	Ⅰ	20～130	850	1050	10	45	27	0
	Ⅱ						27	−20
	Ⅲ						20	−40
	Ⅳ						15	−60
GLG1100	Ⅰ	20～80	1100	1230	8	40	20	0
	Ⅱ						20	−20
	Ⅲ						15	−40
	Ⅳ						15	−60

注　1. 当屈服不明显时，可测量 $R_{p0.2}$ 代替上屈服强度；

　　2. −40℃、−60℃冲击吸收能量如有更高要求时，则由供需双方协议规定；

　　3. 随炉试棒长度为 400mm，测定力学性能时取中间 200mm 处。

3. 不锈钢拉杆的型号表示方法如下：

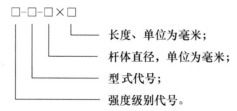

如：强度 400 级，OO 型，直径为 30mm，长度为 4000mm 的不锈钢拉杆标记为：
GB/T 20934 BLG400-OO-30×4000

不锈钢钢拉杆按强度分为 205MPa、400MPa、725MPa、835MPa 和 1080MPa 五种强度级别，其力学性能应符合表 2.5-32 的规定。

不锈钢钢拉杆杆体力学性能 表 2.5-32

强度级别	直径 D mm	规定塑性延伸强度 $R_{p0.2}$ MPa	抗拉强度 R_m MPa	断后伸长率 A %	断面收缩率 Z %
		不小于			
BLG205		205	520	40	60
BLG400	12～100	400	600	25	48
BLG725		725	930	16	50
BLG 835	20～80	835	1030	12	40
	85～100			10	
BLG1080	20～80	1080	1230	10	40

2.6 连 接 材 料

2.6.1 紧固件材料的标准、性能与规格
一、《紧固件机械性能螺栓、螺钉和螺柱》GB/T 3098.1—2010

本标准为工程用紧固件的通用标准，规定了螺栓、螺钉和螺柱的材料与机械性能（力学性能），适用的使用温度为 -50～+150℃。钢结构用 4.6 级和 5.6 级普通螺栓应采用碳钢或添加元素的碳钢制造；8.8 级普通螺栓应采用碳钢、添加元素的碳钢或合金钢淬火并回火制造。其级别首位数字表示螺栓的抗拉强度，第二位数字表示其屈服强度与抗拉强度比值的 10 倍。建筑钢结构使用的普通螺栓，一般为六角头螺栓。根据产品质量和制作公差的不同，分为 A 级、B 级、C 级三种。本标准规定的普通螺栓的机械性能（力学性能）见表 2.6-1。本标准未规定螺栓的可焊性、耐腐蚀性以及耐疲劳性等性能。

普通螺栓的机械和物理性能 表 2.6-1

序号	机械性能和物理性能		性能等级				
			4.6	4.8	5.6	8.8	
						$d\leqslant$ 16mm[a]	$d>$ 16mm[b]
1	抗拉强度 R_m/MPa	公称[c]	400		500	800	
		min	400	420	500	800	830

续表

序号	机械性能和物理性能		性能等级				
			4.6	4.8	5.6	8.8	
						$d\leqslant$ 16mm[a]	$d>$ 16mm[b]
2	下屈服强度 R_{eL} [d]/MPa	公称[c]	240	—	300	—	—
		min	240	—	300	—	—
3	规定非比例延伸 0.2% 的应力 $R_{p0.2}$/MPa	公称[c]	—	—	—	640	640
		min	—	—	—	640	660
4	紧固件实物的规定非比例延伸 0.0048d 的应力 R_{Pf}/MPa	公称[c]	—	320			
		min	—	340[e]			
5	机械加工试件的断后伸长率 A/%	min	22	—	20	12	12
6	机械加工试件的断面收缩率 Z/%	min				52	
7	吸收能量 K_V[l]/J	min	—	—	27	27	27

a　数值不适用于栓接结构；

b　对栓接结构 $d\geqslant$ M12；

c　规定公称值，仅为性能等级标记制度的需要；

d　在不能测定下屈服强度 R_{eL} 的情况下，允许测量规定非比例延伸 0.2% 的应力 $R_{p0.2}$；

e　对性能等级 4.8 和 5.8 的 $R_{pf,min}$ 数值尚在调查研究中。表中数值是按保证荷载比计算给出的，而不是实测值；

k　试验温度在 −20℃下测定；

l　适用于 $d\geqslant$ 16mm。

二、《六角头螺栓》GB/T 5782—2016、《六角头螺栓 C 级》GB/T 5780—2016

1. 钢结构连接最常用的 4.6 级或 4.8 级普通螺栓为 C 级螺栓；而 5.6 级与 8.8 级普通螺栓为 A 级或 B 级螺栓。普通螺栓的材料、化学成分、机械和物理性能、质量标准等均应符合现行国家标准《紧固件机械性能螺栓、螺钉和螺柱》GB/T 3098.1—2010 的规定。

2. A 级、B 级普通螺栓属精制螺栓，工程中较少采用，其规格系列应符合现行国家标准《六角头螺栓》GB/T 5782—2016 的规定，螺纹规格 M1.6～M64。A 级螺栓适用于 d=1.6～24mm 和长度 $l\leqslant$10d 或 $l\leqslant$150mm（取较小值）的规格；B 级螺栓适用于 $d>$24mm 或长度 $l>$10d 或 $l>$150mm（取较小值）的规格。

3. C 级普通螺栓在钢结构工程中有广泛的应用，其规格系列应符合现行国家标准《六角头螺栓 C 级》GB/T 5780—2016 的规定，螺纹规格 M5～M64。C 级全螺纹螺栓的规格系列应符合现行国家标准《六角头螺栓全螺纹 C 级》GB/T 5781—2016 的规定。各级螺栓的直径（mm）宜按 M5、M6、M8、M10、M12、（M14）M16、（M18）M20、（M22）M24、（M27）M30、（M33）、M36、（M39）、M42、（M45）、M48、（M52）、M56、（M60）、M64 系列规格选用，其中带括号者为非优选螺纹规格，不带括号者为优选的螺纹规格，应用时宜优先选用。当所用螺栓直径大于 39mm 时，仍可按使用条件与性能要求，参照 GB/T 3098.1 的技术要求选材、订货。六角头螺栓 C 级图例见图 2.6-1。

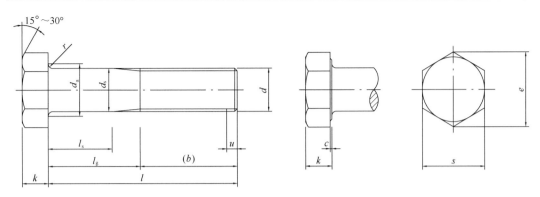

图 2.6-1　六角头螺栓 C 级

三、《钢结构用高强度大六角头螺栓》GB/T 1228—2006、《钢结构用高强度大六角螺母》　GB/T 1229、《钢结构用高强度垫圈》GB/T 1230—2006、《钢结构用高强度大六角头螺栓、大六角螺母、垫圈技术条件》GB/T 1231—2006

1. 本组标准分别规定了大六角高强度螺栓、螺母及垫圈的尺寸规格，技术要求与检验规则等。其螺纹规格为 M12、M16、M20、（M22）、M24、（M27）、M30，应用时宜优先选用不带括号的规格。钢结构用高强度大六角头螺栓见图 2.6-2。螺栓适用于铁路和公路桥梁、锅炉钢结构、工业厂房、高层民用建筑、塔桅结构、起重机械等工程结构用高强度螺栓连接。其施拧需采用专用的计力扳手。

2. 标准《钢结构用高强度大六角头螺栓、大六角螺母、垫圈技术条件》GB/T 1231—2006 规定了大六角高强螺栓材料的性能等级、技术要求与检验规则，螺栓性能等

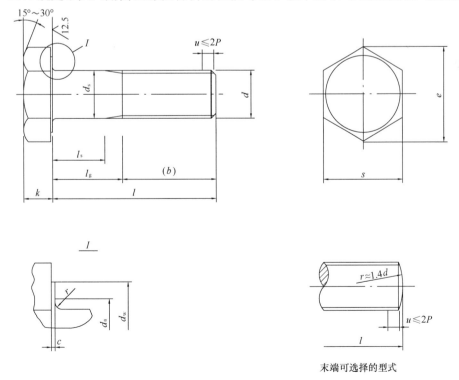

末端可选择的型式

图 2.6-2　钢结构用高强度大六角头螺栓

级有 8.8 级和 10.9 级两种。螺栓、螺母、垫圈的性能等级和推荐材料及使用配套见表 2.6-3 和表 2.6-4，其性能等级前首位数字表示螺栓的抗拉强度，第二位数值表示屈服强度与抗拉强度的比值（×10）。

　　3.8.8 级、10.9 级高强度大六角头螺栓的螺栓、螺母、垫圈的性能等级和材料符合表 2.6-2、表 2.6-3 的规定。

螺栓、螺母、垫圈的性能等级和材料　　　　　表 2.6-2

类别	性能等级	推荐材料	标准编号	适用规格
螺栓	10.9S	20MnTiB	GB/T 3077	≤M24
		ML20MnTiB	GB/T 6478	
		35VB		≤M30
	8.8S	45、35	GB/T 699	≤M20
		20MnTiB、40Cr	GB/T 3077	≤M24
		ML20MnTiB	GB/T 6478	
		35CrMo	GB/T 3077	≤M30
		35VB		
螺母	10H	45、35	GB/T 699	
	8H	ML35	GB/T 6478	
垫圈	35HRC～45HRC	45、35	GB/T 699	

螺栓、螺母、垫圈的使用配套　　　　　表 2.6-3

类别	螺栓	螺母	垫圈
型式尺寸	按 GB/T 1228 规定	按 GB/T 1229 规定	按 GB/T 1230 规定
性能等级	10.9S	10H	35HRC～45HRC
	8.8S	8H	35HRC～45HRC

　　4. 螺栓试件机械性能，其结果应符合表 2.6-4 的规定。

螺栓试件机械性能　　　　　表 2.6-4

性能等级	抗拉强度 R_m/MPa	规定非比例延伸强度 $R_{p0.2}$/MPa	断后伸长率 A/%	断面收缩率 Z/%	冲击吸收功 A_{KV2}/J
		不小于			
10.9S	1040～1240	940	10	42	47
8.8S	830～1030	660	12	45	63

四、《钢结构用扭剪型高强度螺栓连接副》GB/T 3632—2008

　　1. 本标准为钢结构工程的专用紧固件标准，螺纹规格为 M16、M20、（M22）、M24、（M27）、M30，应用时宜优先选用不带括号的规格。适用于工业与民用建筑、桥梁、塔桅结构、锅炉钢结构、起重机械等工程结构用的高强度螺栓连接，其施拧需用可将一端梅花头拧脱的专用扳手。扭剪型高强度螺栓可见图 2.6-3。

　　2. 扭剪型高强度螺栓的性能等级仅有 10.9 S 级，其首位数字 10 表示螺栓的抗拉强

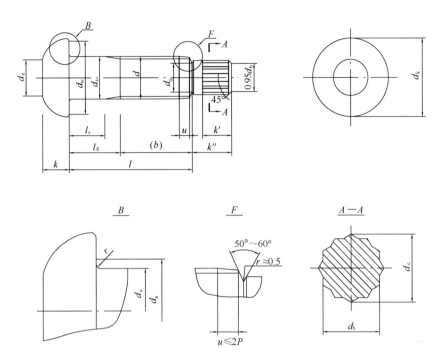

图 2.6-3　钢结构用扭剪型高强度螺栓

度，第二位数字 9 表示螺栓的屈强比（×10），螺栓、螺母、垫圈的性能等级和推荐材料见表 2.6-5 的规定。

螺栓、螺母、垫圈的性能等级和材料　　　　表 2.6-5

类别	性能等级	推荐材料	标准编号	适用规格（mm）
螺栓	10.9S	20MnTiB	GB/T 3077	≤M24
		ML20MnTiB	GB/T 6478	
		35VB	（见 GB/T 3632 附录 A）	M27、M30
		35CrMo	GB/T 3077	
螺母	10H	45、35	GB/T 699	≤M30
		ML35	GB/T 6478	
垫圈	—	45、35	GB/T 699	

3. 螺栓原材料的机械（力学）性能与螺栓实物的机械（力学）性能应分别符合表 2.6-6、表 2.6-7 的规定。

螺栓原材料试件机械性能　　　　表 2.6-6

性能等级	抗拉强度 R_m/MPa	规定非比例延伸强度 $R_{p0.2}$/MPa	断后伸长率 A/%	断面收缩率 Z/%	冲击吸收功 A_{KV2}/J（−20℃）
			不小于		
10.9S	1040~1240	940	10	42	27

螺栓实物的机械性能 表 2.6-7

螺纹规格 d		M16	M20	M22	M24	M27	M30
公称应力截面积 A_s/ mm²		157	245	303	353	459	561
10.9S	拉力载荷/kN	163~195	255~304	315~376	367~438	477~569	583~696

五、《电弧螺柱焊用圆柱头焊钉》GB/T 10433—2002

1. 焊钉（栓钉）适用于土木建筑工程中各类结构的抗剪件、埋设件及锚固件。本标准规定了公称直径为 10～25mm 的电弧螺柱焊用圆柱头焊钉的尺寸、材料、机械（力学）性能、焊接性能、试验与验收等要求，其用材和机械（力学）性能见表 2.6-8。

圆柱头焊钉材料及机械（力学）性能 表 2.6-8

材料	标准	机械性能
ML15、ML15AI	GB/T 6478	$\sigma_b \geqslant 400\text{N}/\text{mm}^2$ σ_s 或 $\sigma_{p0.2} \geqslant 320\text{N}/\text{mm}^2$ $\delta_5 \geqslant 14\%$

注：σ_b 为抗拉强度，σ_s 或 $\sigma_{p0.2}$ 为屈服强度或名义屈服强度，δ_5 为断后伸长率。

2. 焊钉（栓钉）的外形见图 2.6-4，其直径规格为 10mm、13mm、16mm、19mm、22mm、25mm。

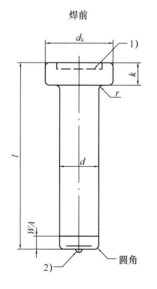

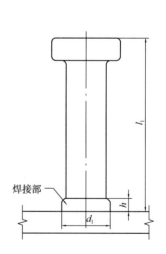

焊前　　　　　　　　　　焊后

$l=l_1+WA$ js17

1) 由制造者选择可制成凹穴型式。

2) 引弧结由制造者确定。

图 2.6-4　圆柱头焊钉

2.6.2 焊接材料的分类、标准与性能

一、焊条与焊丝的分类

1. 焊条

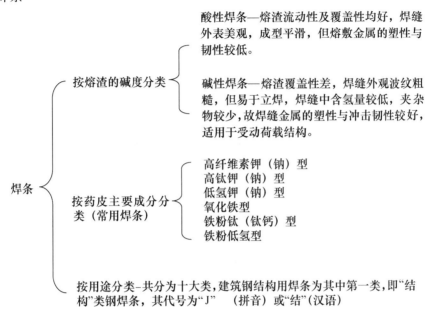

酸性焊条——熔渣流动性及覆盖性均好，焊缝外表美观，成型平滑，但熔敷金属的塑性与韧性较低。

碱性焊条——熔渣覆盖性差，焊缝外观波纹粗糙，但易于立焊，焊缝中含氢量较低，夹杂物较少，故焊缝金属的塑性与冲击韧性较好，适用于受动荷载结构。

按熔渣的碱度分类

焊条

按药皮主要成分分类（常用焊条）
- 高纤维素钾（钠）型
- 高钛钾（钠）型
- 低氢钾（钠）型
- 氧化铁型
- 铁粉钛（钛钙）型
- 铁粉低氢型

按用途分类-共分为十大类，建筑钢结构用焊条为其中第一类，即"结构"类钢焊条，其代号为"J"（拼音）或"结"（汉语）

2. 焊丝

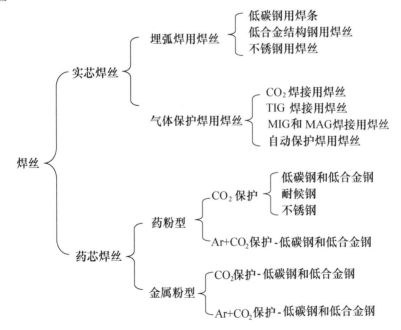

焊丝

实芯焊丝

埋弧焊用焊丝
- 低碳钢用焊条
- 低合金结构钢用焊丝
- 不锈钢用焊丝

气体保护焊用焊丝
- CO_2 焊接用焊丝
- TIG 焊接用焊丝
- MIG和MAG焊接用焊丝
- 自动保护焊用焊丝

药芯焊丝

药粉型

CO_2 保护
- 低碳钢和低合金钢
- 耐候钢
- 不锈钢

Ar+CO_2保护-低碳钢和低合金钢

金属粉型
- CO_2保护-低碳钢和低合金钢
- Ar+CO_2保护-低碳钢和低合金钢

二、焊条与焊丝的标准与母材的匹配关系

1. 手工焊接所用的焊条，应符合现行国家标准《非合金钢及细晶粒钢焊条》GB/T 5117 或《热强钢焊条》GB/T 5118 的规定；埋弧焊用焊丝和焊剂应符合国家现行标准《埋弧焊用非合金钢及细晶粒钢实心焊丝、药芯焊丝和焊丝-焊剂》GB/T 5293—2018、《埋弧焊用热强钢实心焊丝、药芯焊丝和焊丝-焊剂组合分类要求》GB/T 12470—2018 的

规定；自动焊或半自动焊用焊丝应符合国家现行标准《熔化焊用钢丝》GB/T 14957—1994、《气体保护电弧焊用碳钢、低合金钢焊丝》GB/T 8110—2008、《非合金钢及细晶粒钢药芯焊丝》GB/T 10045—2018 及《热强钢药芯焊丝》GB/T 17493—2018 的规定。

2. 所选用焊条与焊丝型号应与主体金属力学性能相适应。各类焊条、焊丝与母材的选配应遵守现行国家标准《钢结构焊接规范》GB 50661 与表 2.6-9 的规定。

表 2.6-9

焊接材料与钢材的匹配

结构母材				焊接材料			
GB/T 700 和 GB/T 1591	GB/T 19879	GB/T 4171	GB/T 7659	焊条电弧焊 SMAW	实心焊丝气体保护焊 GMAW	药芯焊丝气体保护焊 FCAW	埋弧焊 SAW
Q235 Q275	Q235GJ	Q235NH Q265GNH Q295NH Q295GNH	ZG275-485H	GB/T 5117： E43XX E50XX GB/T 5118： E50XX-X	GB/T 8110： ER49-X ER50-X	GB/T 17493： E43XTX-X E50XTX-X	GB/T 5293： F4XX-H08A GB/T 12470： F48XX-H08MnA
Q345 Q390	Q345GJ Q390GJ	Q310GNH Q355NH Q355GNH	—	GB/T 5117： E5015、16 GB/T 5118： E5015、16-X	GB/T 8110： ER50-X ER55-X	GB/T 17493： E50XTX-X	GB/T 12470： F48XX-H08MnA F48XX-H10Mn2 F48XX-H10Mn2A
Q420	Q420GJ	Q415NH	—	GB/T 5118： E5515、16-X	GB/T8110 ER55-X	GB/T 17493： E55XTX-X	GB/T 12470： F55XX-H10Mn2A F55XX-H08MnMoA
Q460	Q460GJ	Q460NH	—	GB/T 5118： E5515、16-X E6015、16-X	GB/T8110 ER55-X	GB/T 17493： E55XTX-X E60XTX-X	GB/T 12470： F55XX-H08MnMoA F55XX-H08Mn2MoVA

注：1. 被焊母材有冲击要求时，熔敷金属的冲击功不应低于母材规定；
    2. 表中 X 对应各焊材标准中的相应规定。

三、《非合金钢及细晶粒钢焊条》GB/T 5117—2012

1. 本标准是原《碳素钢焊条》标准的新修订版本，标准规定了抗拉强度低于 570MPa 的非合金钢及细晶粒钢焊条的型号、技术要求、试验方法、检验规则等，适用于与碳素结构钢母材匹配的焊条材料。

2. 焊条型号按熔敷金属力学性能、药皮类型、焊接位置、电流类型、熔敷金属化学成分和焊后状态等进行划分，常用的 E43 型焊条表示方法如下：

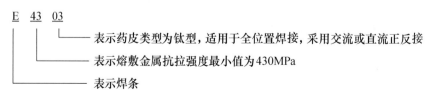

E 43 03
　　　　└── 表示药皮类型为钛型，适用于全位置焊接，采用交流或直流正反接
　　　└── 表示熔敷金属抗拉强度最小值为430MPa
　└── 表示焊条

3. E43 型焊条熔敷金属力学性能指标应符合表 2.6-10 的规定。

E43 型焊条熔敷金属力学性能指标　　　　表 2.6-10

焊条型号	抗拉强度[a] R_m MPa	屈服强度 R_{eL} MPa	断后伸长率 A %	冲击试验温度 ℃
E4303	≥430	≥330	≥20	0
E4310	≥430	≥330	≥20	-30
E4311	≥430	≥330	≥20	-30
E4312	≥430	≥330	≥16	—
E4313	≥430	≥330	≥16	—
E4315	≥430	≥330	≥20	-30
E4316	≥430	≥330	≥20	-30
E4318	≥430	≥330	≥20	-30
E4319	≥430	≥330	≥20	-20
E4320	≥430	≥330	≥20	—
E4324	≥430	≥330	≥16	—
E4327	≥430	≥330	≥20	-30
E4328	≥430	≥330	≥20	-20
E4340	≥430	≥330	≥20	0

a　当屈服发生不明显时，应测定规定塑性延伸强度 $R_{p0.2}$。

4. E50 型焊条焊接熔敷金属的力学性能指标应符合表 2.6-11 的规定。

E50 型焊条焊接熔敷金属的力学性能指标　　　　表 2.6-11

焊条型号	抗拉强度[a] R_m MPa	屈服强度 R_{eL} MPa	断后伸长率 A %	冲击试验温度 ℃
E5003	≥490	≥400	≥20	0
E5010	490~650	≥400	≥20	-30
E5011	490~650	≥400	≥20	-30
E5012	≥490	≥400	≥16	—
E5013	≥490	≥400	≥16	—
E5014	≥490	≥400	≥16	—
E5015	≥490	≥400	≥20	-30
E5016	≥490	≥400	≥20	-30
E5016-1	≥490	≥400	≥20	-45
E5018	≥490	≥400	≥20	-30
E5018-1	≥490	≥400	≥20	-45
E5019	≥490	≥400	≥16	—
E5024	≥490	≥400	≥16	—
E5024-1	≥490	≥400	≥16	-20
E5027	≥490	≥400	≥20	-30
E5028	≥490	≥400	≥20	-20
E5048	≥490	≥400	≥20	-30

a　当屈服发生不明显时，应测定规定塑性延伸强度 $R_{p0.2}$。

四、《热强钢焊条》GB/T 5118—2012

1. 本标准是原《低合金钢焊条》标准的新修订版本，标准规定了电弧焊用热强钢焊条的型号、技术要求、试验方法、检验规则等。适用于与低合金结构钢母材匹配的焊条材料。

2. 焊条型号由熔敷金属力学性能、药皮类型、焊位与电源类型等组成，常用的 E55 型焊条型号表示方法示例如下：

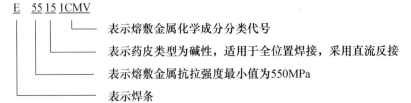

E　55　15　1CMV

表示熔敷金属化学成分分类代号

表示药皮类型为碱性，适用于全位置焊接，采用直流反接

表示熔敷金属抗拉强度最小值为550MPa

表示焊条

3. E55 焊条焊接熔敷金属的力学性能指标应符合表 2.6-12 的规定。

E55 型焊条焊接熔敷金属的力学性能指标　　　　　　表 2.6-12

焊条型号[a]	抗拉强度 R_m MPa	屈服强度[b] R_{eL} MPa	断后伸长率 $A\%$	预热和道间温度℃	焊后热处理	
					热处理温度℃	保温时间 min
E55XX-CM	≥550	≥460	≥17	160～190	675～705	60
E5540-CM	≥550	≥460	≥14	160～190	675～705	60
E5503-CM	≥550	≥460	≥14	160～190	675～705	60
E55XX-C1M	≥550	≥460	≥17	160～190	675～705	60
E55XX-1CM	≥550	≥460	≥17	160～190	675～705	60
E5513-1CM	≥550	≥460	≥14	160～190	675～705	60
E5540-1CMV	≥550	≥460	≥14	250～300	715～745	120
E5515-1CMV	≥550	≥460	≥15	250～300	715～745	120
E5515-1CMVNb	≥550	≥460	≥15	250～300	715～745	300
E5515-1CMWV	≥550	≥460	≥15	250～300	715～745	300
E55XX-2C1ML	≥550	≥460	≥15	160～190	675～705	60
E55XX-2CML	≥550	≥460	≥15	160～190	675～705	60
E5540-2CMWVB	≥550	≥460	≥14	250～300	745～775	120
E5515-2CMWVB	≥550	≥460	≥15	320～360	745～775	120
E5515-2CMVNb	≥550	≥460	≥15	250～300	715～745	240
E55XX-5CM	≥550	≥460	≥17	175～230	725～755	60
E55XX-5CML	≥550	≥460	≥17	175～230	725～755	60
E55XX-5CMV	≥550	≥460	≥14	175～230	740～760	240
E55XX-7CM	≥550	≥460	≥17	175～230	725～755	60
E55XX-7CML	≥550	≥460	≥17	175～230	725～755	60

a　焊条型号中 XX 代表药皮类型 15、16 或 18；

b　当屈服发生不明显时，应测定规定塑性延伸强度 $R_{p0.2}$。

2.7　国外结构用钢

2.7.1　概述

1. 随着建筑钢结构应用技术国内外交流的增多，以及钢结构工程海外市场的开拓与实施，在工程中应用与了解国外钢材的需求也明显增加，而近年来国内结构用钢品种的研发与产品标准的制定也开始多参照外国或国际技术标准，如现行国家标准《低合金高强度结构钢》GB1591即主要参考了EN10025-2《非合金结构钢交货技术条件》，《建筑结构用钢板》GB 19879—2015主要参考了JIS GB 3136—2008 SN系列钢标准。虽然2008年我国钢结构用钢已基本实现了国产化的目标，但由于供货时限或国外设计主导选材等原因，部分重点工程仍选用了进口钢材。如北京新保利大厦选用了按美标ASTM供货的厚壁（翼缘125mm）热轧H型钢；上海环球贸易中心部分钢板选用了按美标ASTM供货的A572Gr50级钢；北京首都博物馆与广州白云机场因工程需要进口了按EN10210供货的最终热成型矩形钢管。鉴于上述情况，钢结构设计人员有必要对国外常用结构钢材的标准与性能有基本的了解，本节对美国、日本及欧洲的结构用钢的分类、标准与材性进行了概要的介绍，可供参考。因国外钢材标准也常有修订，若在工程中需作为设计依据具体应用时，尚应查用其最新的有效版本。

2. 国外钢材标准的表达方法与特点

国外结构用钢和钢材标准一般分为两个层次：

（1）第一层次为通用的钢材产品交货条件，规定了供应方的钢材从冶炼、产品质量、成品化学成分偏差、成品尺寸偏差、产品标识、包装运输等的一般要求。如《结构用轧制钢板、型钢、钢桩、棒材的一般标准要求》ASTM A6、《结构钢热轧产品‐第1部分总交货技术条件》EN 10025-1：2004及《钢和钢制品的一般交货技术条件》JIS G 0404—2014等。

（2）第二层次为特定钢种或钢材产品标准，规定了钢材的牌号、化学成分、力学指标等。如《碳素结构钢》ASTM A36、《建筑结构用轧制钢》JISG3136等。

3. 应用国外钢材标准时的注意事项

（1）各国钢与钢材牌号的编排表示方法有较大差异，对钢种的名称定义也不相同。如中国的Q345钢为低合金钢，按EN欧标规定的牌号为S355，却定义为非合金钢；美国同类钢的牌号则为A572Gr50级钢，定义为高强度低合金铌钒钢，而日本则将此类钢以抗拉强度为牌号标志，并按不同的系列分别表示为SS490钢、SM490和SN490钢。故查用时应注意认清各种牌号各字符的准确定义。

（2）当选用和等效代用国外钢材时，应注意各性能指标的等效性，包括屈服强度、抗拉强度、屈强比、伸长率、断面收缩率、冲击功、冷弯、碳当量、抗撕裂性能等，对屈服强度应注意是上屈服（欧洲EN标准规定）或下屈服（我国钢材标准规定）的差异，对伸长率应注意其标距不同的差异。

（3）选用国外钢材进行工程设计时，不应套用我国设计标准规定的钢材抗力分项系数。因我国规定的该系数是反映钢材强度波动与缺陷，经概率统计分析而对材料强度的折减系数，而国外则是对构件不同承载条件下考虑承载力风险而予以折减的一个工作条件系数，两者概念、定义完全不同。

（4）设计选用国外钢材时，亦宜比选优化，不宜要求过多的品种规格，不宜不合理地提高技术指标要求或交货状态要求，应仔细了解并确认国外标准中交货、运输、验收等条款的规定，约定的合同条款应严谨并注意保护订货方的权益。

（5）涉外钢结构工程项目中钢材及连接件的选用是非常重要的基础性工作。因供货程序不同故应与业主多作沟通，在基本设计阶段设计单位应明确设计所采用钢材的牌号和材性要求，并尽可能提供产品规格清单，方便国外业主询价采购。实际工程中，宜协商并尽可能由业主先期提供可供货的材料清单，并按清单上的牌号规格设计选材，可避免后期材料与设计变更的麻烦。

2.7.2　美国结构用钢

一、ASTM A6 通用标准简介

1. 美国国家标准学会和美国钢结构协会联合颁布的《钢结构建筑设计规范》ANSI/AISC 360-16，该规范推荐的结构用钢，主要引自美国材料实验学会（ASTM）颁布的材料标准，涉及热轧型材、结构钢管、热浸锌导管、钢板、棒材、薄钢板 6 个类别。

2. ASTM 系列材料标准体系是由通用标准及产品标准组成，亦有部分自成体系钢材标准，如 ASTM A500、ASTM A501 等自成体系，无对应的通用标准。结构用钢的通用标准包括《结构用轧制钢板、型钢、钢桩、棒材的一般标准要求》ASTM A6、《热轧、冷轧碳钢和高强度低合金薄钢板的一般要求》ASTM A568、《热轧、冷轧碳钢和高强度低合金钢带的一般要求》ASTM A749。

3. ASTM A6-14 不是一个具体的材质标准，该标准适用于 ASTM 发布的轧制钢板、型钢、钢板桩和棒材从冶炼、产品质量、成品化学成分偏差、成品尺寸偏差、产品标识、包装运输等的一般要求。该标准由以下几部分组成：

（1）适用范围

（2）引用标准

（3）名词术语

（4）订货资料

（5）材料与制造

（6）热处理

（7）化学成分

（8）金相组织

（9）产品质量

（10）试验方法

（11）拉伸试验

（12）尺寸、重量允许偏差

（13）产品复验

（14）试验报告

（15）检验和试验

（16）重新处理

（17）拒收

（18）产品标识

（19）包装、标志和装运

（20）附加要求

4. 用户可根据工程需要，提出上述一般要求之外的附加要求。根据供需双方协议也可进行其他试验，这些附加要求仅当订单中规定时才适用。在此情况下，规定的试验应由生产厂或加工厂在材料交货前进行。附加要求包括：

（1）真空处理

（2）成品分析

（3）力学试验试样模拟焊后热处理

（4）附加拉伸试验

（5）夏比 V 形缺口冲击试验

（6）落锤试验

（7）超声波检验

（8）断面收缩率测量

（9）最大抗拉强度

（10）含铜钢（改善大气耐腐蚀性）

（11）切分材料

（12）特定的钢板平直度

（13）细晶粒处理

（14）细化奥氏体晶粒度

（15）结构型钢夏比 V 形缺口冲击试验

（16）可焊性的最大碳当量

（17）同炉捆扎

5. ASTM A6-14 适用范围

ASTM　标准号标准名称

A36/A36M　碳素结构钢

A131/A131M　船用结构钢

A242/A242M　高强度低合金结构钢

A283/A283M　低中抗拉强度碳素钢板

A328/A328M　钢板桩

A514/A514M　焊接用高屈服强度、淬火和回火合金钢板

A529/A529M　高强度碳锰结构钢

A572/A572M　高强度低合金铌钒钢

A573/A573M　高韧性碳素结构钢板

A588/A588M　最小屈服强度为 50ksi（345MPa），厚度≤4in.（100mm）的高强度低合金结构钢

A633/A633M　正火高强度低合金结构钢板

A656/A656M　热轧结构钢，高强度低合金改进成形性钢板

A678/A678M　淬火加回火碳素和高强度低合金结构钢板

A690/A690M　海洋环境用高强度低合金 H 钢桩和板桩

A709/A709M　碳素和高强度低合金结构钢型钢、钢板和钢棒及桥梁用淬火加回火合金结构钢板

A710/A710M　时效硬化低碳镍-铜-铬-钼-铌合金结构钢板

A769/A769M　碳素和高强度电阻焊接钢结构型钢

A786/A786M　轧制地板用钢板

A808/A808M　高韧性结构级高强度低合金碳、锰、铌、钒钢

A827/A827M　供锻造及类似用途碳素钢钢板

A829/A829M　结构级合金钢钢板

A830/A830M　按化学成分交货的结构级碳素钢板

A852/A852M　最小屈服强度为 70ksi（485MPa）、厚度≤4in.（100mm）的淬火和回火低合金结构钢钢板

A857/A857M　轻型冷成形钢板桩

A871/A871M　耐大气腐蚀高强度低合金结构钢板

A913/A913M　淬火和回火工艺生产的结构级高强度低合金型钢

A945/A945M　改善焊接性、成形性、韧性的低碳和限硫的高强度低合金结构钢板规范

A992/A992M　建筑结构用 H 型钢

6. ASTM A6 引用的相关标准

（1）ASTM　标准

A370 钢产品力学试验方法及定义

A673/A673M　结构钢冲击试验的取样方法

A700 国内发货钢材包装、标志、装运方法

A751 钢产品化学分析的试验方法、规程和术语

A829 结构级合金钢板

E 29 用实验数据有效位数确定符合标准的方法

E112 测定平均晶粒度的试验方法

E208 测定铁素体钢的零延伸性转折温度的落锤试验的试验方法

（2）美国焊接协会标准

A5.1　包履低碳钢的电弧焊焊条

A5.5　包履低合金钢的电弧焊焊条

（3）美国军用标准

MLL-STD-129 装运和储存标志

MLL-STD-163 轧制钢材装运和储存准备 5

（4）美国联邦标准

Fed. Std. No. 123 装运标志（民间机构）

（5）AIAG 标准

B-1 棒材标记代号标准

7. 产品术语

"W"型钢——双对称、宽翼缘 H 型钢，内翼缘表面大体上平行。

"HP"型钢——宽翼缘 H 型钢，通常用于钢桩，其翼缘和腹板的公称厚度相同，高度和宽度基本相同。

"S"型钢——双对称工字钢，内缘表面略有斜度。

"M"型钢——双对称型钢，不属于"W""S""HP"型钢。

"C"型钢——槽钢，内翼缘表面略有斜度。

"MC"型钢——槽钢，不属于"C"型钢。

"L"型钢——等边和不等边角钢。

钢板桩——由可以联锁的轧制型钢组成，各个轧制型钢的边与边相套时形成连续的墙。

棒材——各种尺寸的圆钢、方钢、和六角钢；

8. 钢材订货合同应包括以下资料，以适当说明所需要的材料：

(1) ASTM 标准号和发布年代号；

(2) 材料名称（钢板、型钢、棒材或钢板桩）；

(3) 型钢代号或尺寸、厚度、直径；

(4) 钢级、分类和形式代号（如可能）；

(5) 状态（非轧制材料）；

(6) 质量（重量或件数）；

(7) 长度；

(8) 如可能，要将板卷中的建筑材和板材中的异形剪切钢板排除在外；

(9) 热处理要求（如需要）；

(10) 奥氏体细化晶粒试验；

(11) 力学性能试验报告要求（如需要）；

(12) 特殊的包装、标志、装运要求（如需要）；

(13) 补充要求（如需要），包括附加要求中的附加内容；

(14) 最终用途（如有特殊的最终用途要求）；

(15) 特殊要求（如需要）；

(16) 补焊要求（如需要）。

二、ASTM A36 钢

1. A36 钢是用于桥梁、房屋及许多其他结构的最主要的碳素钢，可供应几乎所有型钢、钢板和钢棒，适用于螺栓连接和焊接的桥梁和建筑结构，以及一般用途结构，厚度在 8in（203.2mm）以内的钢材最小屈服强度为 36ksi（248N/mm²）。

2. A36 钢是唯一厚度可以超过 8in（203.2mm）的钢材，详见表 2.7-2。

3. A36 钢制成的型钢、钢板、钢棒，其化学成分和力学性能有所不同，冲击功不作为交货条件，详见 ASTM A36 Standard Specification for Carbon Structural Steel。

三、A572、A588、A242 钢

1. A572、A588、A242 钢等为高强度低合金结构用钢，均可供应型钢、钢板和棒材，均适用于螺栓连接或焊接的建筑结构和除桥梁以外的其他结构中。

2. A588 和 A242 钢被称为耐候钢，其抗大气腐蚀能力至少为一般碳素结构钢 A36 的

4 倍，可直接用于普通的大气环境而不需进行涂装，减少了钢结构的维护费用。当暴露于工业浓烟和海洋环境中，即盐离子可以通过烟雾或者水雾的形式沉淀在钢表面，或当埋在地下、浸入水中时，不推荐使用没有涂层的耐候钢。

3. 相关标准

ASTM A572 Standard Specification for High-Strength Low-Alloy Columbium-Vanadium Structural Steel

ASTM A588 Standard Specification for High-Strength Low-Alloy Structural Steel，up to 50 ksi［345MPa］Minimum Yield Point，with Atmospheric Corrosion Resistance

ASTM A242 Standard Specification for High-Strength Low-Alloy Structural Steel

四、ASTM A992 钢

1. A992 钢是 1998 年引入的一种用于建筑框架、桥梁，或一般结构的轧制宽翼缘结构 H 型钢的新规格，是 H 型钢的首选材料标准。该钢材标准规定对最大碳当量、磷硫含量的要求较一般钢材标准更严格，且规定了最小、最大屈服强度分别为 50ksi（345N/mm^2）和 65ksi（450N/mm^2），最大屈强比为 0.85，这些限值的规定提高了焊接性能和延性，是抗震设计或有动力荷载要求时所期望的。

2. A992 钢详细的信息见 ASTM A992 Standard Specification for Structural Steel Shapes。

五、A514 钢

1. A514 钢是调质低合金钢，适用于焊接高层建筑、电视塔、焊接桥、蓄水箱等要求高强比的结构，不用于生产型钢。焊接时，必须采用另外的防范措施防止破坏钢材特殊的热致性能。

2. A514 钢详细的信息见 ASTM A514 Standard Specification for High-Yield-Strength，Quenched and Tempered Alloy Steel Plate，Suitable for Welding。

六、ASTM 钢管 （A500 / A53）

1. A500 钢管适用于冷成形、焊接、和无缝碳素钢管、包括方形、矩形或异形截面。可用于桥梁及建筑物的焊接、螺栓连接的结构。

2. A500 钢管分 A、B、C、D 共 4 个等级，其中 D 级钢管需作热处理。

3. A53 钢管为无镀层及热浸镀锌焊接与无缝钢管，分 3 种类型，结构常用 B 组钢管。

F 型——炉内连续对接焊接，即炉焊管，只有 A 组。

E 型——电阻焊管，有 A 组和 B 组。

S 型——无缝钢管，有 A 组和 B 组。

4. A500 钢管详细信息见 ASTM A500 Standard Specification for Cold-Formed Welded and Seamless Carbon Steel Structural Tubing in Rounds and Shapes。

5. A53 钢管详细信息见 ASTM A53 Standard Specification for Pipe，Steel，Black and Hot-Dipped，Zinc-Coated，Welded and Seamless。

七、ASTM A913 钢

1. A913 钢是高强度低合金钢型材结构钢，通过淬火和自回火工艺生产。需订货生产，产品一般为轧制 H 型钢，用于超大跨度、超高层钢结构。

2. A913 钢具有较高的强度、良好的抗冷裂性能、Z 向性能。可根据供需协议，提出最大屈服点、屈强比、硫含量限值、冲击功等附加要求。

3. A913 钢详细的信息见 ASTM A913 Standard Specification for High-Strength Low-Alloy Steel Shapes of Structural Quality，Produced by Quenching and Self-Tempering Process（QST）。

八、美国常用结构用钢的选用表

《Steel Construction Manual》（第 13 版）列出了美国常用结构用钢的选用表，适当精简后，省略原文中的注释，保留英制单位，列于表 2.7-1 和表 2.7-2 中。使用时，应与最新版设计手册核对。表中"√"为推荐采用，"—"为订货生产，"×"为不生产。

ASTM 标准中适用的各种结构型钢　　　　表 2.7-1

类型	ASTM 名称		屈服强度（ksi）	抗拉强度（ksi）	适用的型钢系列									
					W	M	S	HP	C	MC	L	方形	圆形	钢管
碳素钢	A36		36	58-80	—	√	√	—	√	√	√	×	×	×
	A53 Gr. B		35	60	×	×	×	×	×	×	×	×	×	√
	A500	Gr. B	42	58	×	×	×	×	×	×	×	×	√	×
			46	58	×	×	×	×	×	×	×	√	×	×
		Gr. C	46	62	×	×	×	×	×	×	×	×	—	×
			50	62	×	×	×	×	×	×	×	—	×	×
	A501		36	58	×	×	×	×	×	×	×	×	×	×
	A529	Gr. 50	50	65-100	—	—	—	—	—	—	—	×	×	×
		Gr. 55	55	70-100	—	—	—	—	—	—	—	×	×	×
高强度低合金钢	A572	Gr. 42	42	60	—	—	—	—	—	—	—	×	×	×
		Gr. 50	50	65	—	—	—	√	—	—	—	×	×	×
		Gr. 55	55	70	—	—	—	—	—	—	—	×	×	×
		Gr. 60	60	75	—	—	—	—	—	—	—	×	×	×
		Gr. 65	65	80	—	—	—	—	—	—	—	×	×	×
	A618	Gr. Ⅰ Ⅱ	50	70	×	×	×	×	×	×	×	×	×	×
		Gr. Ⅲ	50	65	×	×	×	×	×	×	×	×	×	×
	A913	50	50	60	—	—	—	—	—	—	—	×	×	×
		60	60	75	—	—	—	—	—	—	—	×	×	×
		65	65	80	—	—	—	—	—	—	—	×	×	×
		70	70	90	—	—	—	—	—	—	—	×	×	×
	A992		50-65	65	√	—	—	—	—	—	—	×	×	×

续表

类型	ASTM名称	屈服强度(ksi)	抗拉强度(ksi)	适用的型钢系列							HSS		钢管
				W	M	S	HP	C	MC	L	方形	圆形	
耐腐蚀钢	A242	42	63	—	×	×	×	×	×	×	×	×	×
		46	67	—	×	×	—	×	×	—	×	×	×
		50	70	—	—	—	—	—	—	—	×	×	×
	A588	50	70	—	—	—	—	—	—	—	×	×	×
	A847	50	70	×	×	×	×	×	×	×	—	—	×

注：本表引自《Steel Construction Manual》Thirteenth Edition 表2-3。

ASTM 标准中适用的钢板和棒材　　　　表 2.7-2

类型	ASTM名称		屈服强度(ksi)	抗拉强度(ksi)	钢板和棒材 in									
					≤0.75	0.75~1.25	1.25~1.5	1.5~2	2~2.5	2.5~4	4~5	5~6	6~8	>8
碳素钢	A36		32	58~80	×	×	×	×	×	×	×	×	×	√
			36	58~80	√	√	√	√	√	√	√	√	√	×
	A529	Gr.50	50	70~100	—	*	*	*	*	×	×	×	×	×
		Gr.55	55	70~100	—	*	*	×	×	×	×	×	×	×
高强度低合金钢	A572	Gr.42	42	60	—	—	—	—	—	—	—	—	×	×
		Gr.50	50	65	—	—	—	—	—	—	×	×	×	×
		Gr.55	55	70	—	—	—	—	×	×	×	×	×	×
		Gr.60	60	75	—	—	—	×	×	×	×	×	×	×
		Gr.65	65	80	—	—	—	×	×	×	×	×	×	×
防腐蚀钢	A242		42	63	×	×	×	—	—	—	×	×	×	×
			46	67	×	—	—	×	×	×	×	×	×	×
			50	70	—	×	×	×	×	×	×	×	×	×
	A588		42	63	×	×	×	×	×	×	×	—	—	×
			46	67	×	×	×	×	×	×	—	×	×	×
			50	70	—	—	—	—	—	—	×	×	×	×
淬火回火合金钢 A514			90	100~130	×	×	×	×	×	—	—	—	×	×
			100	110~130	—	—	—	—	—	×	×	×	×	×
淬火回火低合金钢 A852			70	90~110	—	—	—	—	—	—	×	×	×	×

注：本表引自《Steel Construction Manual》Thirteenth Edition 表2-4。表中"＊"只适用于直径大于1 in 的棒材；A514 和 A852 仅用于钢板。

九、中美结构用钢材对比

中美钢材牌号体系、产品体系均有所不同，不能够做到一一对应。中国钢材标准更多地参照国际化标准 ISO 和欧洲标准 EN 或日本标准，只有耐腐蚀钢材参照美国 ASTM 标准，如 GB/T 4171—2008 中 Q355NH 相当于 ASTMA588M-05 Grade K，Q355GNH 相当于 ASTMA242M-04 Type1，见表 2.7-3。

中美结构用钢材对比表　　　　　　　　　　　　　　　　　　　　　表 2.7-3

类型	中国标准	美国 ASTMA 标准	
耐腐蚀钢	GB/T 4171—2008 中 Q355NH	A588M-05 Grade K 组	
	GB/T 4171—2008 中 Q355GNH	A242M-04 Type 1 组	
碳素钢	GB/T 700 中 Q235	A36	
高强度 低合金钢	GB/T 1591 中 Q345	A572 Gr. 50	A992 （H 型钢首选材料） 屈服强度（345-448）MPa
	GB/T 1591 中 Q390	A572 Gr. 55	
	GB/T 1591 中 Q420	A572 Gr. 60	
	GB/T 1591 中 Q460	A572 Gr. 65	

2.7.3　日本结构用钢

一、钢材标准及牌号表示方法

1. JIS（Japanese Industrial Standard）标准是由日本工业标准调查会（Japanese Industrial Standard Committee 缩写 JISC）制定的。按行业分类，冠以不同的字首：

JIS G 钢铁

JIS F 船用

JIS M 矿业

JIS T 医用

2. 建筑结构用钢的材料标准有：

JIS G3101—2015 一般结构用轧制钢材，钢材牌号冠以"SS"字首

JIS G3106—2008 焊接结构用轧制钢材，钢材牌号冠以"SM"字首

JIS G3136—2012 建筑结构用轧制钢，钢材牌号冠以"SN"字首

JIS G3114—2008 耐候钢板，钢材牌号冠以"SMA"字首

JIS G3444—2015 一般结构用碳素钢管，钢材牌号冠以"STK"字首

JIS G3466—2015 一般结构用方形和矩形碳钢管，钢材牌号冠以"STKR"字首

JIS G3475—2008 建筑结构用碳素钢管，钢材牌号冠以"STKN"字首

JIS G3138—2005 建筑结构用轧制棒材，钢材牌号冠以"SNR"字首

JIS G0404—2014 钢和钢制品的一般交货技术条件

JIS G0415—2014 钢和钢产品——检验文件

JIS G0416—2014 钢和钢产品——力学性能试验用试样的取样位置及试样制备

JIS G0901—2010 建筑用宽扁钢和热轧结构钢板超声波检验分类

JIS G3108—2004 冷光拉钢棒用轧制钢材

JIS G3125—2015 高级耐人气腐蚀轧制钢材

JIS G3191—2012 热轧钢棒及盘条的尺寸、质量及允许误差

JIS G3192—2014 热轧型钢的尺寸、质量及其允许误差

JIS G3193—2008 热轧钢板、薄板及钢带的尺寸、质量及允许误差

JIS G3194—1998 热轧扁钢的尺寸、质量及允许偏差

JIS G3199—2009 钢板和宽扁钢的厚度方向性能

JIS G0320—2009 钢产品熔炼分析试验方法

JIS Z2201—1998 金属材料拉伸试验用试样

JIS Z2241—2011 金属材料拉伸试验方法

JIS Z2248—2006 金属材料弯曲试验方法

JIS G3350—2009 普通结构用轻型钢材

JIS G3353—2011 一般结构用工字型轻型焊接钢材

JIS G3459—2012 不锈钢管

JIS G3474—2014 钢塔结构用高强度钢管

JIS G4317—2013 热轧不锈钢等边角钢

JIS G4321—2000 建筑结构用不锈钢

JIS G5101—1991 碳素钢铸件

JIS G5102—1991 焊接结构用铸钢件

JIS G7101—2000 耐大气腐蚀性的结构钢

JIS G7601—2000 耐热钢和合金

JIS G7821—2000 一般工程用铸造碳钢

JIS A5525—2014 钢管桩

3. 钢材牌号分类见表 2.7-4。

日本 JIS 标准建筑业常见钢材牌号分类表

表 2.7-4

分类	名　称	符号	备　注
结构用钢	一般结构用轧制钢材	SS	S：Steel；S：Strueture C：Cold forning（冷成型）
	一般结构用轻型型钢	SSC	
	一般结构用焊接轻型 H 型钢	SWH	W：Weld；H：H形
	焊接结构用轧制钢材	SM	S：Steel；M：Marine A：Atmospheric
	焊接结构用耐大气腐蚀的轧制钢材	SMA	
	抗震用高性能钢材	SN	S：Steel；N：New
	高耐大气腐蚀的轧制钢材	SPA-H、SPA-C	P：Plate；H：hot；C：cold
	铆钉用圆钢	SV	V：Rivet
	钢筋混凝土用钢棒	SR、SD	R：Roll；D：Detormed；字尾 R： Rerolled；B：Bar
	钢筋混凝土用改轧钢棒	SRR、SDR	
	改轧钢棒	SRB	

分类	名 称	符号	备 注
钢管	一般结构用碳素钢管	STK	T：Tube；K：结构
	结构用不锈钢钢管	SUS	S：Steel；U：Use；S：Stainless
	一般结构用矩形钢管	STKR	R：Rectangular
	钢管桩	SKK	
铸钢	碳素钢铸件	SC	S：Steel；C：Casting
	焊接结构用铸件	SCW	W：Weld；
	结构用高强度碳素钢及低合金铸件	SCC SCMn、SCSiMn	S：Steel；C：Casting；C：Carbon Mn：锰
特殊用途钢	耐热钢棒、耐热钢板	SUHB、SUHP	S：Steel；U：Use；H：Heat Resisting；B：Bar；P：Plate

4. 日本 JIS 标准钢牌号由三部分组成：

第 1 部分：表示材质种类；

第 2 部分：表示材料种类的特征数字；

第 3 部分：表示质量等级。

例如 SM 490B，SM 表示 steel Marine，最低抗拉强度为 490MPa，质量等级为 B。

房屋建筑最常用的钢材牌号有 SS 系列、SM 系列、SN 系列。大气腐蚀环境时，可选用 SMA 系列。

二、一般结构用钢（SS 系列）

1. JISG 3101—2015《一般结构用轧制钢材》纳入 SS330、SS400、SS490、SS540 等牌号。SS330 无型钢产品。SS400、SS490 抗拉强度分别为 400MPa、490MPa 以上，屈服强度为 235MPa、275MPa 以上。"SS" 为 "Steel Structure" 缩写，泛指一般钢结构。此种材质化学成分对磷、硫的含量有所限制，而对碳、锰等含量无限制，适用于螺栓连接的钢结构。

2. 适用范围。

钢产品应划分为四个等级，表 2.7-5 给出了牌号以及适用尺寸。

SS 系列钢材牌号及适用范围 表 2.7-5

等级牌号	钢产品	适用尺寸
SS330	钢板、薄板、带钢卷、扁钢和钢棒	—
SS400	钢板、薄板、带钢卷、型钢、扁钢和钢棒	—
SS490 SS540	钢板和薄板、带钢卷、型钢和扁钢	厚度 $T \leqslant 40mm$
	钢棒	直径、边长或对边距离 $D \leqslant 40mm$

注：钢棒包括盘条。

3. 化学成分见表 2.7-6。

SS 系列钢材化学成分表（%）   表 2.7-6

等级牌号	碳	锰	磷	硫
SS330				
SS400	—	—	最大量 0.050	最大量 0.050
SS490				
SS540	最大量 0.30	最大量 1.60	最大量 0.040	最大量 0.040

注：可以根据需要，添加本表未列举的合金元素。

4. 屈服点或屈服强度、拉伸强度、延伸率和弯曲性见表 2.7-7。

SS 系列钢材力学性能表   表 2.7-7

牌号	服点或屈服强度 N/mm²				抗张强度 N/mm²	厚度 mm	拉张试验试样	延伸率% （最小值）	弯曲试验	
	$T \leqslant 16$	$16 < T \leqslant 40$	$40 < T \leqslant 100$	$T > 100$					内半径	式样
SS330	最小量 205	最小量 195	最小量 175	最小量 165	330～430	$T \leqslant 5$	5 号	26	厚度 0.5 倍	1 号
						$5 < T \leqslant 16$	1A 号	21		
						$16 < T \leqslant 50$	1A 号	26		
						$T > 40$	4 号	28		
						直径 $D \leqslant 25$	2 号	25	直径 0.5 倍	2 号
						直径 $D > 25$	14A 号	28		
SS400	最小量 245	最小量 235	最小量 215	最小量 205	400～510	$T \leqslant 5$	5 号	21	厚度 1.5 倍	1 号
						$5 < T \leqslant 16$	1A 号	17		
						$16 < T \leqslant 50$	1A 号	21		
						$T > 40$	4 号	23		
						直径 $D \leqslant 25$	2 号	20	直径 1.5 倍	2 号
						直径 $D > 25$	14A 号	22		
SS490	最小量 285	最小量 275	最小量 255	最小量 245	490～610	$T \leqslant 5$	5 号	19	厚度 2.0 倍	1 号
						$5 < T \leqslant 16$	1A 号	15		
						$16 < T \leqslant 50$	1A 号	19		
						$T > 40$	4 号	21		
						直径 $D \leqslant 25$	2 号	18	直径 2.0 倍	2 号
						直径 $D > 25$	14A 号	20		
SS540	最小量 400	最小量 390	—	—	最小量 540	$T \leqslant 5$	5 号	16	厚度 2.0 倍	1 号
						$5 < T \leqslant 16$	1A 号	13		
						$16 < T \leqslant 40$	1A 号	17		
						直径 $D \leqslant 25$	2 号	13	直径 2.0 倍	2 号
						直径 $25 < D \leqslant 40$	14A 号	16		

注：1. 弯曲试验弯曲角度为 180°；
2. 有关型钢的术语"钢产品的厚度"，是指试样选区位置的厚度。对此，在钢棒的情况下，是指圆棒的直径、方棒边长（或边宽）以及六角棒对边距离；
3. 有关厚度超过 90mm 钢板的 4 号试样的延伸率，按照每增加 25mm 从该表中给出的延长率数值中减 1，或者厚度分数。但是，减数的极限值应为 3；
4. 对于厚度为 5mm 的钢产品，可以采用 3 号试样进行弯曲试验。

三、焊接结构用钢（SM）

1. JIS G 3106—2008《焊接结构用轧制钢材》纳入 SM400、SM490 等牌号，其抗拉强度分别为 400MPa、490MPa 以上，屈服强度为 235MPa、275MPa 以上。牌号中的"SM"为"Steel Marine"缩写，原属造船专用焊接钢板。此种材质化学成分对磷、硫、碳、锰等的含量有明确限制，适用于焊接连接的钢结构。

2. SM 系列钢材牌号及适用范围见表 2.7-8。

SM 系列钢材牌号及适用范围 　　　　　　　　　　　　　　表 2.7-8

牌号	适用厚度/mm
SM400A	钢板、钢带、型钢及扁钢不大于 200
SM400B	钢板、钢带、型钢及扁钢不大于 200
SM400C	钢板、钢带及型钢不大于 100，扁钢不大于 50
SM490A	钢板、钢带、型钢及扁钢不大于 200
SM490B	钢板、钢带、型钢及扁钢不大于 200
SM490C	钢板、钢带及型钢不大于 100，扁钢不大于 50
SM490YA	钢板、钢带、型钢及扁钢不大于 100
SM490YB	钢板、钢带、型钢及扁钢不大于 100
SM520B	钢板、钢带、型钢及扁钢不大于 100
SM520C	钢板、钢带及型钢不大于 100，扁钢不大于 40
SM570	钢板、钢带及型钢不大于 100，扁钢不大于 40

注：1. 根据供需双方协议各种牌号的钢材适用厚度可放宽

3. 化学成分见表 2.7-9。

SM 系列钢材化学成分（%）　　　　　　　　　　　　　　表 2.7-9

牌号	C		Si	Mn	P	S
SM400A	厚度≤50mm， ＞50～200mm，	≤0.23 ≤0.25	—	≥2.5×（11）	≤0.035	≤0.035
SM400B	厚度≤50mm， ＞50～200mm，	≤0.20 ≤0.22	≤0.35	0.60～1.50	≤0.035	≤0.035
SM400C	厚度≤100mm，	≤0.18	≤0.35	0.60～1.50	≤0.035	≤0.035
SM490A	厚度≤50mm， ＞50～200mm，	≤0.20 ≤0.22	≤0.55	≤1.65	≤0.035	≤0.035
SM490B	厚度≤50mm， ＞50～200mm，	≤0.18 ≤0.20	≤0.55	≤1.65	≤0.035	≤0.035
SM490C	厚度≤100mm，	≤0.18	≤0.55	≤1.65	≤0.035	≤0.035
SM490YA	厚度≤100mm，	≤0.20	≤0.55	≤1.65	≤0.035	≤0.035
SM490YB	厚度≤100mm，	≤0.20	≤0.55	≤1.65	≤0.035	≤0.035

牌号	C		Si	Mn	P	S
SM520B	厚度≤100mm， ≤0.20		≤0.55	≤1.65	≤0.035	≤0.035
SM520C						
SM570	厚度≤100mm， ≤0.18		≤0.55	≤1.70	≤0.035	≤0.035

注：1. 如有需要，可以添加表中以外的合金元素。C 的值适用于实际的熔炼分析值；

  2. 牌号为 SM520B、SM520C 及 SM570，厚度大于 100mm 不大于 150mm 的钢板的化学成分，应由供需双方协商确定。

4. 碳当量及焊接裂纹敏感性指数

（1）SM570 的碳当量及焊接裂纹敏感性指数

碳当量（Ceq）及焊接裂纹敏感性指数（Pcm）按公式（2.7-1）、公式（2.7-2）计算，其值应符合表 2.7-10 的规定。

$$Ceq(\%) = C + \frac{Mn}{6} + \frac{Si}{24} + \frac{Ni}{40} + \frac{Cr}{5} + \frac{Mo}{4} + \frac{V}{14} \qquad (2.7-1)$$

$$Pcm(\%) = C + \frac{Si}{30} + \frac{Mn}{20} + \frac{Cu}{20} + \frac{Ni}{60} + \frac{Cr}{20} + \frac{Mo}{15} + \frac{V}{10} + 5B \qquad (2.7-2)$$

SM570 碳当量及焊接裂纹敏感性指数 表 2.7-10

钢材的厚度，mm	≤50	>50～100	>100
碳当量，Ceq（%）	≤0.44	≤0.47	根据供需双方协议
焊接裂纹敏感性指数，Pcm（%）	≤0.28	≤0.30	根据供需双方协议

（2）控轧控冷钢板的碳当量及焊接裂纹敏感性指数

根据供需双方协议，控轧控冷钢板的碳当量（Ceq），根据供需双方协议可以用焊接裂纹敏感性指数（Pcm）代替碳当量（Ceq），其值应符合表 2.7-11 的规定。

SM470、SM490、SM520 碳当量及焊接裂纹敏感性指数 表 2.7-11

牌号		SM490A 、SM490YA、SM470B、SM490YB、SM490C	SM520B、SM520C
钢板厚度（mm）	≤50mm	Ceq≤0.38（Pcm≤0.24）	Ceq≤0.40（Pcm≤0.26）
	>50～100mm	Ceq≤0.40（Pcm≤0.26）	Ceq≤0.42（Pcm≤0.27）

注：1. 厚度大于 100mm 的钢板的碳当量，应根据供需双方协议；

  2. 厚度大于 100mm 的钢板的焊接裂纹敏感性成分当量，应根据供需双方协议。

5. 夏比冲击吸收功

厚度大于 12mm 的钢材，其夏比冲击吸收功应符合表 2.7-12 规定。此时，夏比冲击吸收功为 3 个试样的平均值。

6. 屈服点或屈服强度，抗拉强度及伸长率见表 2.7-13。

SM 系列夏比冲击功表　　　　　　　　　　　　　　　表 2.7-12

牌号	试验温度，℃	夏比冲击吸收功，J	试样
SM400B	0	≥27	
SM400C	0	≥47	
SM490B	0	≥27	
SM490C	0	≥47	
SM490YB	0	≥27	沿轧制方向的 V 形缺口试样
SM520B	0	≥27	
SM520C	0	≥47	
SM570	−5	≥47	

SM 系列力学性能　　　　　　　　　　　　　　　　表 2.7-13

牌号	屈服点或屈服强度，N/mm²						抗拉强度，N/mm²		伸长率		
	钢材厚度，mm						钢材厚度 mm		钢材的厚	试样	%
	≤16	>16～40	>40～75	>75～100	>100～160	>160～200	≤100	>100～200	度（2）mm		
SM400A SM400B	≥245	≥235	≥215	≥215	≥205	≥195	400～510	400～510	≤5	5 号	≥23
									>5～16	1A 号	≥18
SM400C					—	—			>16～50	1A 号	≥22
									>40	4 号	≥24
SM490A SM490B	≥325	≥315	≥295	≥295	≥285	≥275	490～610	490～610	≤5	5 号	≥22
									>5～16	1A 号	≥17
SM490C					—	—			>16～50	1A 号	≥21
									>40	4 号	≥23
SM490YA SM490YB	≥365	≥355	≥335	≥325	—	—	490～610	—	≤5	5 号	≥19
									>5～16	1A 号	≥15
									>16～50	1A 号	≥19
									>40	4 号	≥21
SM520B SM520C	≥365	≥355	≥335	≥325	—	—	520～640	—	≤5	5 号	≥19
									>5～16	1A 号	≥15
									>16～50	1A 号	≥19
									>40	4 号	≥21
SM570	≥460	≥450	≥430	≥420	—	—	570～720	—	≤16	5 号	≥19
									>16	5 号	≥26
									>20	4 号	≥20

注：1. 型钢时，钢材厚度为 JIS G 3106—2004《焊接结构用轧制钢材》附录 1；

　　2. 厚度大于 100mm 钢材使用 4 号试样的伸长率，厚度每增加 25mm 或不足 25mm，伸长率的数值减少 1%。但最大为 3%；

四、建筑结构用高性能钢（SN）

1. 一般材料标准规定屈服强度最低值，钢厂为了提高合格率，产品的屈服强度都存在较材料标准偏高的现象，造成屈服强度与抗拉强度过于接近，进而降低了材料的韧性。抗震设计与传统设计的主要差别在于要利用钢材从屈服后到断裂为止塑性区域内的变形能力，吸收地震所带来的能量。一般规定屈服强度与抗拉强度之比不大于80%。

2. JIS G3136—2012《建筑结构用轧制钢》"SN"为"Steel New"缩写，1994年首次发布，主要用于地震区的建筑结构用钢，设置400MPa、490MPa两个强度等级。按质量等级，本标准设A、B、C三个质量等级。常用牌号有SN400B、SN490B等，其抗拉强度分别为400MPa、490MPa以上，但其屈服强度有最高值的限制，分别不能超过235MPa、275MPa。牌号及适用范围见表2.7-14。

SN系列建筑结构用钢适用范围 表2.7-14

钢种符号	产品形状	适用厚度 mm
SN400A	钢板，卷材，型钢和扁钢	6～100
SN400B		6～100
SN400C		16～100
SN490B		6～100
SN490C		16～100

注：当供需双方同意对钢板和扁钢进行超声波检验时，在钢种符号的后面应加上"-UT"。例如：SN400B-UT、SN490B-UT。检测标准见JIS G 0901《建筑用宽扁钢和热轧结构钢板超声波检验分类》。

3. 只有400MPa的钢材设置A级，它以JISG3101的SS400为基础，未考虑保证其焊接性能。B级是以制造抗震主要结构部件为主要用途的产品，用以替代SM400A、B和SM490A、B。C级是在B级性能基础上对板厚方向性性能加以规定的产品，是以制造对厚度方向性能有高要求的箱形柱等构件为主要用途的。

4. 碳当量和焊接裂纹敏感性指数

（1）碳当量应采用熔炼分析值用公式（2.7-1）计算。在这种情况下，不管这些元素是否是有意添加的，公式（2.7-1）中标出的所有元素都应用于计算。焊接裂纹敏感性指数见公式（2.7-2）。

SN系列建筑结构用钢碳当量和焊接裂纹敏感性指数 表2.7-15

钢种符号	碳当量 Ceq（%）		焊接裂纹敏感性指数 Pcm（%）
	≤40mm	>40mm～100mm	
SN400B	最大 0.36	最大 0.36	最大 0.26
SN400C			
SN490B	最大 0.44	最大 0.46	最大 0.29
SN490C			

（2）SN490采用热机械控制工艺制造钢板时，碳当量和焊接裂纹敏感性指数见表2.7-16。

5. 夏比吸收能冲击功

厚度大于12mm的钢产品夏比冲击功应符合表2.7-17的规定。在这种情况下，夏比吸收能应采用三个试样测量值的平均值来表示。单个测试结果中的一个结果可能低于27J，但应大于等于19J。

热机械控制工艺制造钢板（SN490）碳当量和焊接裂纹敏感性指数 表 2.7-16

钢种符号	碳当量 Ceq（%）		焊接裂纹敏感性指数 Pcm（%）	
	≤50mm	>50～100mm	≤50mm	>50～100mm
SN490B	最大 0.38	最大 0.40	最大 0.24	最大 0.26
SN490C				

SN 系列建筑结构用钢夏比冲击功 表 2.7-17

钢种符号	试验温度，℃	夏比吸收能，J	试样
SN400B	0	≥27	V 形缺口，沿轧制方向
SN400C			
SN490B			
SN490C			

6. C 级钢厚度方向性能

对 C 级，将厚度方向性能作为必保证项目，规定了厚度方向拉伸试验的断面收缩率值应不小于 25%。

SN400C、SN490C 钢厚度方向性能 表 2.7-18

钢种符号	钢产品厚度 mm	收缩率，%	
		三个试验值的平均值	单个试验值
SN400C	16～100	≥25	≥15
SN490C			

7. 超声波检测

为保证建筑用钢的内部质量，规定 B 级钢材在供需双方有协定时，可进行超声波检验。对 C 级钢为必保项目。

厚度大于等于 16mm 的 SN400C 和 SN490C 钢板和扁钢都应进行超声波检测。对于厚度大于等于 13mm 的 SN400B 和 SN490B 钢板和扁钢，超声波检测可以经供需双方协商。

SN400C、SN490C 钢超声波检测 表 2.7-19

钢种符号	钢板和扁钢厚度，mm	验收标准
SN400B	13～100	根据在 JISG0901 中规定的验收标准，Y 级
SN400C	16～100	
SN490B	13～100	
SN490C	16～100	

8. 用户可提出来的"不得造成截面不足""产品厚度平均值接近其公称厚度值"的要求。负偏差统一规定为 0.3mm。

9. 热处理

必要时，钢产品可以进行正火或回火处理。当供需双方达成一致时，钢产品可以进行热机械控制工艺或适当的热处理。当钢产品进行热处理时，表示热处理的符号规定如下：

当钢板正火处理时，加：N；

当钢板回火处理时，加：T；

当钢板热机械控制处理时，加：TMC；

当其他的热处理时，协商。

10. SN 系列化学成分见表 2.7-20。

（1）SN 系列除了对碳含量作细微调整外，主要根据质量等级对 S、P 含量作了较大的变动，如 C 级钢的硫含量不大于 0.008%。

SN 系列建筑结构用钢化学成分（%）　　　　　　表 2.7-20

钢种符号	厚度/mm	C	Si	Mn	P	S
SN400A	6~100	最大 0.24	—	—	最大 0.050	最大 0.050
SN400B	6~50	最大 0.20	最大 0.35	0.60 至 1.50	最大 0.030	最大 0.015
	>50~100	最大 0.22				
SN400C	16~50	最大 0.20	最大 0.35	0.60 至 1.50	最大 0.020	最大 0.008
	>50~100	最大 0.22				
SN490B	6~50	最大 0.18	最大 0.55	最大 1.65	最大 0.030	最大 0.015
	>50~100	最大 0.20				
SN490C	16~50	最大 0.18	最大 0.55	最大 1.65	最大 0.020	最大 0.008
	>50~100	最大 0.20				

注：根据需要，可以添加表中未列出的合金元素。

（2）在计算碳当量或焊接裂纹敏感性指数时，对计算式中所列入的各元素，不论炼钢时是否添加，其含量均应参加计算，并且要将这些元素含量写入质量保证书。

11. SN 系列力学性能见表 2.7-21。

（1）对 B 级厚度不小于 12mm 以及 C 级的产品增设了屈服点的上限值，波动范围控制在 120MPa 以内；

（2）对 B 级厚度不小于 12mm 以及 C 级的产品增设了屈强比的上限值；

（3）对 B 级和 C 级冲击功的规定值取 JIG3106 的 B 级水平。

SN 系列建筑结构用钢力学性能　　　　　　表 2.7-21

牌号	屈服点或屈服强度 N/mm²					抗拉强度 N/mm²	屈强比%					伸长率,%		
	钢产品厚度，mm						钢产品厚度，mm					1A 号试样	1A 号试样	4 号试样
												钢产品厚度，mm		
	6~<12	12~<16	16	>16~40	>40~100		6~<12	12~<16	16	>16~40	>40~100	6~16	>16~40	>40~100
SN400A	≥235	≥235	≥235	≥235	≥215	400~510	—	—	—	—	—	≥17	≥21	≥23
SN400B	≥235	235~355	235~355	235~355	215~335		—	≤80	≤80	≤80	≤80	≥18	≥22	≥24
SN400C	不适用	不适用	235~355	235~355	215~335		不适用	不适用	≤80	≤80	≤80			

续表

牌号	屈服点或屈服强度 N/mm²					抗拉强度 N/mm²	屈强比 %					伸长率,%		
	钢产品厚度，mm						钢产品厚度，mm					1A号试样	1A号试样	4号试样
												钢产品厚度，mm		
	6～<12	12～<16	16	>16～40	>40～100		6～<12	12～<16	16	>16～40	>40～100	6～16	>16～40	>40～100
SN490B	≥325	325～445	325～445	325～445	295～415	490～610	—	≤80	≤80	≤80	≤80	≥17	≥21	≥23
SN490C	不适用	不适用	325～445	325～445	295～415		不适用	不适用	≤80	≤80	≤80			

五、钢管与矩形管

1. 日本 JIS 标准钢管和矩形管标准见表 2.7-22。

日本 JIS 标准钢管和矩形管标准清单 表 2.7-22

标准名称	牌号	使用范围
一般结构用碳素钢管 JIS G3444—2015	STK290、STK400、STK490、STK500、STK540	一般钢结构工程
一般结构用碳素方管和矩形管 JIS G3466—2015	STKR400、STKR490	一般钢结构工程
建筑结构用碳素钢管 JIS G3475—2008	STKN400W、STKN400B、STKN490B	抗震区的建筑钢结构
钢管桩 JIS A5525—2014	SKK41、SKK50	基础工程，最小规格为 $\phi318\times6.9$，最大规格为 $\phi2000\times25$
钢塔结构用高强度钢钢管 JIS G3474—2014	STKT590	最小规格为 $\phi139.8\times3.5$，最大规格为 $\phi508.0\times12$

注：钢管或矩形管采用无缝制造或电阻焊、炉焊或电弧焊（直焊缝）方法制造。成形方法有热成形、冷成形等。

2. 产品标示

（1）种类代号

（2）钢厂检验批号

（3）制造方法代号

热加工无缝钢管：-S-H

冷加工无缝钢管：-S-C

热加工电阻焊钢管：-E-H

冷加工电阻焊钢管：-E-C

对接焊焊管：-B

电弧焊管-A

（4）尺寸：外径×壁厚

（5）制造厂名称或其代码

3. 一般结构用碳素钢管 JIS G3444—2015

（1）该标准共5个牌号钢管，冠以"STK"字首，适用于一般钢结构工程。最小规格为 $\phi21.7 \times 2.0$，最大规格为 $\phi1016.0 \times 22.0$。

（2）化学成分和力学性能见表 2.7-23 和表 2.7-24。

一般结构用碳素钢管化学成分表 JIS G3444—2015（%）　　　表 2.7-23

牌号	C	Si	Mn	P	S
STK290	—	—	—	≤0.050	≤0.050
STK400	≤0.25	—	—	≤0.040	≤0.040
STK490	≤0.18	≤0.55	≤1.65	≤0.035	≤0.035
STK500	≤0.24	≤0.35	0.3~1.30	≤0.040	≤0.040
STK540	≤0.23	≤0.55	≤1.50	≤0.040	≤0.040

注：1. 可根据需要，添加表中以外的合金元素；

　　2. STK540牌号的钢管，壁厚超过12.5时，化学成分可按供需协议确定。

一般结构用碳素钢管力学性能表 JIS G3444—2015　　　表 2.7-24

牌号	抗拉强度 MPa	屈服强度 MPa	焊接部位抗拉强度 MPa	压扁性能平板间的距离 H	弯曲角度	弯曲半径
STK290	≥290	—	≥290	2/3 D		6D
STK400	≥400	≥235	≥400	2/3 D		6D
STK490	≥490	≥315	≥490	7/8 D	90°	6D
STK500	≥500	≥355	≥500	7/8 D		8D
STK540	≥540	≥390	≥540	7/8D		8D

4. 一般结构用碳素方管和矩形管 JIS G3466—2015

（1）该标准方管和矩形管共2个牌号（STKR400、STKR490），冠以"STKR"字首，适用于一般钢结构工程。方管最小规格为 $40 \times 40 \times 1.6$，最大规格为 $350 \times 350 \times 12.0$。矩形管最小规格为 $50 \times 20 \times 1.6$，最大规格为 $400 \times 200 \times 12.0$。

（2）化学成分和力学性能见表 2.7-25。

一般结构用碳素方管和矩形管化学成分和力学指标表 JIS G3466—2015　　表 2.7-25

牌号	C %	Si %	Mn %	P %	S %	抗拉强度 MPa	屈服强度 MPa	伸长率 %
STKR400	≤0.25	—	—	≤0.040	≤0.040	≥400	≥245	≥23
STKR490	≤0.18	≤0.55	≤1.5	≤0.040	≤0.040	≥490	≥325	≥23

注：测试伸长率时，采用5号试验片。

5. 建筑结构用碳素钢管 JIS G3475—2008

（1）该标准以 STKN 为字首，共 STKN400W、STKN400B、STKN490B 3个牌号。该标准大幅度降低S、P含量，限制了碳当量、规定屈强比及抗拉强度的变化幅度、冲击功等，适用于地震区的建筑结构。

（2）钢管负公差统一为 0.5mm。最小规格为 $\phi 60.5 \times 3.2$，最大规格为 $\phi 1574.8 \times 40.0$。

（3）化学成分、碳当量、焊接裂纹敏感性组分等信息见表 2.7-26。

建筑结构用碳素钢管化学成分 JIS G3475—2008（%） 表 2.7-26

牌号	C	Si	Mn	P	S	N	Ceq	Pcm
STKN400W	≤0.25	—	—	≤0.030	≤0.030	≤0.006	≤0.36	≤0.26
STKN400B	≤0.25	≤0.35	≤1.40	≤0.030	≤0.015	≤0.006	≤0.36	≤0.26
STKN490B	≤0.22	≤0.55	≤1.60	≤0.030	≤0.015	≤0.006	≤0.44	≤0.29

注：1. 可根据需要，添加表中以外的合金元素；
　　2. 氮的规定，是以冷成形钢管为对象。添加铝等可以固定氮元素，如果固溶氮在 0.006% 以下，总氮量可以到 0.009%。

（4）力学性能见表 2.7-27。

建筑结构用碳素钢管力学性能-JIS G3475—2008 表 2.7-27

牌号	抗拉强度 MPa	壁厚 mm	屈服强度 MPa	屈强比 %	伸长率 %	压扁性能 平板间的距离（H）	焊接部位 抗拉强度 MPa	夏比冲击功 J（0℃）
STKN400W	≥400，≤540	≤100	≥235	无要求		(2/3) D	≥400	无要求
STKN400B	≥400，≤540	<12	≥235	无要求	≥23	(2/3) D	≥400	≥27
		≥12，≤40	≥235，≤385	≤80				
		>40，≤100	≥215，≤365	≤80				
STKN490B	≥490，≤640	<12	≥325	无要求		(7/8) D	≥490	≥27
		≥12，≤40	≥325，≤475	≤80				
		>40，≤100	≥295，≤445	≤80				

注：1. 焊接钢管的屈强比为不大于 85%；
　　2. 夏比冲击功适用于外径 40mm 以上，壁厚大于 12mm 的钢管；
　　3. 外径大于 300mm 的钢管的压扁性能，适用于电阻焊钢管。这种情况可用焊缝部位的拉伸试验代替压扁试验。外径大于 350mm 或者壁厚大于 30mm 的钢管，根据供需双方的协议，可省略压扁试验；
　　4. 可不进行外径不大于 350mm 的钢管焊缝部位的拉伸试验。

2.7.4 欧洲结构用钢

一、欧洲设计规范体系

1. 欧洲规范是一套关于建筑设计以及其他土木工程和建筑产品的标准（EN），全面覆盖了结构设计基础、结构作用、主要建筑材料等。欧洲标准化委员会负责欧洲规范的维护、纠正错误、技术修订、编辑改进等。

　　EN1990　Eurocode 0：建筑设计基础

　　EN1991　Eurocode 1：作用在结构上的荷载

　　EN1992　Eurocode 2：混凝土结构设计

　　EN1993　Eurocode 3：钢结构设计

　　EN1994　Eurocode 4：钢-混凝土组合结构设计

EN1995　Eurocode 5：木结构设计

EN1996　Eurocode 6：圬工结构设计

EN1997　Eurocode 7：岩土工程设计

EN1998　Eurocode 8：抗震结构设计

EN1999　Eurocode 9：铝结构设计

2. 欧洲规范承认每个会员国管理机构的责任，并保证其有权确定本国与安全事项有关的数值，这些数值在各国均不同。欧洲各国可根据欧洲规范提供的各组推荐数值进行选择，并用本国数代替。本国参数考虑到不同的地区、气候状况（如雪、风）或生活方式。

3. 欧洲规范于2007年颁布，可以和国家标准并行使用至2010年。采纳欧洲规范的国家标准将主要由欧洲规范文本组成，位于国家附件之前。国家附件可包含相关国家的参数信息、应用信息性附件以及和欧洲标准非矛盾性补充信息。

4. EN1993 Eurocode 3 钢结构设计由以下规范族组成：

（1）EN1993-1-1　钢结构设计：钢结构建筑设计一般规定

（2）EN1993-1-2　钢结构设计：结构耐火性设计

（3）EN1993-1-3　钢结构设计：冷弯成形构件和薄板补充规定

（4）EN1993-1-4　钢结构设计：不锈钢的补充规定

（5）EN1993-1-5　钢结构设计：板结构构件

（6）EN1993-1-6　钢结构设计：壳体结构的强度与稳定

（7）EN1993-1-7　钢结构设计：受平面外荷载的板结构

（8）EN1993-1-8　钢结构设计：连接设计

（9）EN1993-1-9　钢结构设计：疲劳强度

（10）EN1993-1-10　钢结构设计：钢材厚板方向性能

（11）EN1993-1-11　钢结构设计：钢拉杆设计

（12）EN1993-1-12　钢结构设计：S700级的高强度钢的附加规定

（13）EN1993-2　钢桥设计

（14）EN1993-3-1　高耸钢结构-塔，桅杆

（15）EN1993-3-2　高耸钢结构-烟囱

（16）EN1993-4-1　特种钢结构-筒仓

（17）EN1993-4-2　特种钢结构-水箱

（18）EN1993-4-3　特种钢结构-管道

（19）EN1993-5　钢桩设计

（20）EN1993-6　吊车梁系统设计

二、欧洲材料基础性标准

EN 10020：2000　钢种的定义和分类

EN 10021：2006　钢铁产品总的交货技术要求

EN 10025-1：2004　结构钢热轧产品—第1部分：总交货技术条件

EN 10025-2：2004　结构钢热轧产品—第2部分：非合金结构钢交货技术条件

EN 10025-3：2004　结构钢热轧产品—第3部分：正火/正火轧制焊接用细晶粒结构钢交货技术条件

EN 10025-4：2004　结构钢热轧产品—第 4 部分：热机械轧制焊接用细晶粒结构钢交货技术条件

EN 10025-5：2004　结构钢热轧产品—第 5 部分：耐大气腐蚀结构钢交货技术条件

EN 10025-6：2004　结构钢热轧产品—第 6 部分：调质高屈服强度结构钢扁平材产品交货技术条件

EN 10164：2004 厚度方向性能钢产品—交货技术条件

三、欧洲钢材常用牌号

Eurocode 3 钢结构设计规范第一部分（EN1993-1-1）纳入的结构用钢牌号见表 2.7-28。

欧洲钢结构设计结构用钢牌号表

表 2.7-28

牌号	强度指标				标准号及名称
	$t \leqslant 40mm$		$40mm < t \leqslant 80\ mm$		
	屈服强度	抗拉强度	屈服强度	抗拉强度	
	MPa	MPa	MPa	MPa	
S 235	235	360	215	360	EN 10025-2 非合金结构钢
S 275	275	430	255	410	
S 355	355	510	335	470	
S 450	440	550	410	550	
S 275 N//NL	275	390	255	370	EN 10025-3 正火/正火轧制焊接用细晶粒结构钢
S 355 N/NL	355	490	335	470	
S 420 N/NL	420	520	390	520	
S 460 N/NL	460	540	430	540	
S 275 M/ML	275	370	255	360	EN 10025-4 热机械轧制焊接用细晶粒结构钢
S 355 M/ML	355	470	335	450	
S 420 M/ML	420	520	390	500	
S 460 M/ML	460	540	430	530	
S 235 W	235	360	215	340	EN 10025-5 耐大气腐蚀结构钢
S 355 W	355	510	335	490	
S 460 Q/QL/QL1	460	570	440	550	EN 10025-6 调质高屈服强度结构钢
S 235 H	235	360	215	340	EN 10210-1 非合金和细晶粒钢热成型钢管
S 275 H	275	430	255	410	
S 355 H	355	510	335	490	
S 275 NH/NLH	275	390	255	370	
S 355 NH/NLH	355	490	335	470	
S 420 NH/NHL	420	540	390	520	
S 460 NH/NLH	460	560	430	550	

续表

牌号	强度指标				标准号及名称
	$t \leqslant 40\text{mm}$		$40\text{mm} < t \leqslant 80\text{ mm}$		
	屈服强度	抗拉强度	屈服强度	抗拉强度	
	MPa	MPa	MPa	MPa	
S 235 H	235	360			
S 275 H	275	430			
S 355 H	355	510			EN 10219-1 非合金钢
S 275 NH/NLH	275	370			和细晶粒结构钢冷成型
S 355 NH/NLH	355	470			焊接空心钢管
S 460 NH/NLH	460	550			
S 275 MH/MLH	275	360			
S 355 MH/MLH	355	470			
S 420 MH/MLH	420	500			
S 460 MH/MLH	460	530			

四、EN10025-1：2004 总交货技术条件简介

1. EN 10025-1：2004 适用于除结构空心型材和管线外的热轧型钢、扁平材和长材的要求。该标准纳入了欧洲主要的材料标准，包括三大类：基础性标准、尺寸和公差标准、试验方法标准。

（1）基础性标准

EN 10027-1 钢的命名体系 - 第 1 部分：钢名称、符号

EN 10027-2 钢的命名体系 - 第 2 部分：钢号

EN 10052 钢铁产品热处理术语

EN 10079 钢产品定义

EN 10168 钢产品 - 检验标准 - 资料和说明清单

EN 10204 金属产品 - 检验标准类型

CR 10260 钢产品名称体系 - 增加的符号

EN ISO 9001 质量管理体系 - 要求

EN10020 钢的分类

EN 10021 总的交货技术要求

EN 10052 热处理术语

EN 10079 产品形式

（2）尺寸和公差标准

EN 10017 拉拔和/或冷轧的棒材尺寸和公差

EN 10024 热轧工字钢形状和尺寸公差

EN 10029 3mm 或以上厚度热轧钢板尺寸和形状及质量公差

EN 10034H 型钢形状和尺寸公差

EN 10048 热轧窄带钢尺寸和形状公差

EN 10051 非合金钢和合金钢的连续热轧无镀层钢板、薄板和带钢尺寸和形状公差

EN 10055 带圆弧 T 型钢尺寸和形状及尺寸公差

EN 10056-1 结构用等边和不等边角钢　第 1 部分：尺寸

EN 10056-2 结构用等边和不等边角钢　第 2 部分：形状和尺寸公差

EN 10058 一般用热轧扁平钢棒材尺寸和形状及尺寸公差

EN 10059 一般用热轧方形钢棒材尺寸和形状及尺寸公差

EN 10060 一般用热轧圆钢棒材尺寸和形状及尺寸公差

EN 10061 一般用热轧六角形钢棒材尺寸和形状及尺寸公差

EN 10067 热轧球扁钢尺寸、形状及质量公差

EN 10162 冷轧型钢交货技术条件尺寸和断面公差

EN 10279 热轧槽钢形状、尺寸和质量公差

（3）试验方法标准

EN 10002-1 金属材料——拉伸试验　第 1 部分：室温试验方法

EN 10045-1 金属材料——夏比冲击试验　第 1 部分：试验方法

EN 10160 等于或大于 6mm 厚的扁平钢产品的超声检验（反射方法）

EN 10306 H 型钢梁和 IPE 梁的超声检验

EN 10308 无损检验—棒材超声检验

EN ISO 377 钢和钢产品—机械试验的样品和试样的取样位置和试样制备

EN ISO 643 钢—表观晶粒度的显微测定方法

EN ISO 2566-1 钢延伸率值换算—第 1 部分：碳钢和低合金钢

EN ISO 14284 钢铁产品化学成份试样的取样和制备

EN ISO 17642-1 金属材料焊缝的破坏性试验—焊缝的冷裂试验 - 电弧焊接工艺第 1 部分：概述

EN ISO 17642-2 金属材料焊缝的破坏性试验—焊缝的冷裂试验 - 电弧焊接工艺第 2 部分：自限制试验

EN ISO 17642-3 金属材料焊缝的破坏性试验—焊缝的冷裂试验 - 电弧焊接工艺第 3 部分：外部负荷试验

2. 订货时由买方提供给制造商的资料：

（1）交货数量；

（2）产品形式；

（3）本标准相关部分标准号；

（4）钢的名称或钢号（见 EN 10025-2 到 EN 10025-6）；

（5）尺寸和形状的标准尺寸和公差；

（6）附加要求；

（7）按 EN 10025-2 到 EN 10025-6 中规定的检验和试验及检验标准的其他要求。

3. 买方还可提出附加要求：

（1）向买方报告相关品种的冶炼方法；

（2）进行成品分析；试样数和要被确定的元素将按协议进行；

（3）品种的冲击性能将按同意的温度进行试验；

（4）相关品种的产品应符合 EN 10164 中规定的厚度方向性能之一的要求；

（5）产品将适用于热浸镀锌的要求；

（6）对于≥6mm 厚度的扁平材产品，将按 EN 10160 证明内部无缺陷；

（7）对于 H 型钢和 IPE 梁，将按 EN 10306 证明内部无缺陷；

（8）对于棒材，将按 EN 10308 证明内部无缺陷；

（9）表面质量和尺寸的检验应由购买方在制造商的车间进行检查；

（10）要求的标记类型。

4. 碳当量的计算与《钢结构焊接规范》GB 50661—2011 一样，采用 IIW（国际焊接协会）公式：

$$CEV(\%) = C + \frac{Mn}{6} + \frac{Cr + Mo + V}{5} + \frac{Ni + Cu}{15} \tag{2.7-3}$$

5. 制造工艺、化学成分、力学性能（抗拉强度、屈服强度、冲击功和延伸率、冲击功、厚度方向性能）、技术性能（焊接性、成形性、机械加工性能、表面质量、内部完整性、尺寸、尺寸和形状及质量公差）、检验、样品和试样的制备、试验方法、标示包装、争议、合格评定等见 EN10025-1：2004 相关规定。

参　考　文　献

[1]　钢结构设计标准：GB 50017—2017[S]. 北京：中国建筑工业出版社，2018.

[2]　钢结构焊接规范：GB 50661—2011[S]. 北京：中国建筑工业出版社，2012.

[3]　钢结构工程施工质量验收规范：GB 50205—2001[S]. 北京：中国标准出版社，2002.

[4]　钢结构钢材选用与检验技术规程：CECS 300—2011[S]. 北京：中国计划出版社，2012.

[5]　铸钢节点应用技术规程：CECS 235—2008[S]. 北京：中国计划出版社，2008.

[6]　碳素结构钢：GB/T 700—2006[S]. 北京：中国标准出版社，2007.

[7]　低合金高强度结构钢：GB/T 1591—2018[S]. 北京：中国标准出版社，2018.

[8]　耐候结构钢：GB/T 4171—2008[S]. 北京：中国标准出版社，2009.

[9]　建筑结构用钢板：GB/T 19879—2015[S]. 北京：中国标准出版社，2016.

[10]　建筑用压型钢板：GB/T 12755—2008[S]. 北京：中国标准出版社，2009.

[11]　厚度方向性能钢板：GB/T 5313—2010[S]. 北京：中国标准出版社，2011.

[12]　钢的成品化学成分允许偏差：GB/T 222—2006[S]. 北京：中国标准出版社，2006.

[13]　金属材料拉伸试验第1部分：室温试验方法：GB/T 228.1—2010[S]. 北京：中国标准出版社，2011.

[14]　金属材料弯曲试验方法：GB/T 232—2010[S]. 北京：中国标准出版社，2011.

[15]　金属材料夏比摆锤冲击试验方法：GB/T 229—2007[S]. 北京：中国标准出版社，2007.

[16]　一般工程用铸造碳钢件：GB/T 11352—2009[S]. 北京：中国标准出版社，2009.

[17]　焊接结构用铸钢件：GB/T 7659—2010[S]. 北京：中国标准出版社，2011.

[18]　钢结构用高强度大六角头螺栓、大六角螺母、垫圈技术条件：GB/T 1231—2006[S]. 北京：中国标准出版社，2006.

[19]　钢结构用扭剪型高强度螺栓副：GB/T 3632—2008[S]. 北京：中国标准出版社，2008.

[20]　电弧螺柱焊用圆柱头焊钉：GB/T 10433—2002[S]. 北京：中国质检出版社，2003.

[21]　结构用无缝钢管：GB/T 8162—2008[S]. 北京：中国标准出版社，2008.

[22]　热轧型钢：GB/T 706—2016[S]. 北京：中国标准出版社，2017.

[23]　连续热镀锌钢板及钢带：GB/T 2518—2008[S]. 北京：中国标准出版社，2009.

[24]　非合金钢及细晶粒钢焊条：GB/T 5117—2012[S]. 北京：中国标准出版社，2013.

[25]　热强钢焊条：GB/T 5118—2012[S]. 北京：中国标准出版社，2013.

［26］ 埋弧焊用非合金钢及细晶粒钢实心焊丝、药芯焊丝和焊丝-焊剂组合分类要求：GB/T 5293—2018 ［S］. 北京：中国标准出版社，2018.

［27］ 埋弧焊用热强钢实心焊丝、药芯焊丝和焊丝-焊剂组合分类要求：GB/T 12470—2018［S］. 北京：中国标准出版社，2018.

［28］ 气体保护电弧焊用碳钢、低合金钢焊丝 GB/T 8110—2008［S］. 北京：中国标准出版社，2008.

［29］ 非合金钢及细晶粒钢药芯焊丝：GB/T 10045—2018［S］. 北京：中国标准出版社，2018.

［30］ 热强钢药芯焊丝：GB/T 17493—2018［S］. 北京：中国标准出版社，2018.

［31］ 建筑结构用冷弯矩形钢管：JG/T 178—2005［S］. 北京：中国标准出版社，2006.

［32］ 建筑结构用冷成型焊接圆钢管：JG/T 381—2012［S］. 北京：中国标准出版社，2013.

［33］ 建筑结构用冷弯薄壁型钢：JG/T 380—2012［S］. 北京：中国标准出版社，2013.

［34］ 钢筋桁架楼承板：JG/T 368—2012［S］. 北京：中国标准出版社，2012.

［35］ 赵熙元，柴昶，武人岱等编著. 建筑钢结构设计手册［M］. 北京：冶金工业出版社，1995.

［36］ 赵熙元，张嘉六，但泽义等编著. 钢结构材料手册［M］. 北京：中国建筑工业出版社，1994.

［37］ 中国钢结构协会编著. 建筑钢材手册［M］. 北京：人民交通出版社，2005.

［38］ 宝山钢铁股份有限公司. 宝钢建筑用彩涂钢板应用指南. 2008.

［39］ 中冶建筑设计研究总院有限公司编著. 热轧 H 型钢设计手册［M］北京：中国计划出版社，1998.

［40］ 柴昶. 我国建筑钢结构用钢材的现状与展望［J］. 钢结构. 2001(1)，vol. 16，No. 51.

［41］ 柴昶，刘迎春. 高性能钢材在钢结构工程中的应用与展望［J］. 钢结构. 2009 年增刊.

［42］ 柴昶. 在钢结构工程设计中正确合理地选用钢材［J］. 钢结构. 2001 年第 6 期第 16 卷.

［43］ 柴昶. 关于彩涂压型钢板构件设计中的选材问题［J］. 钢结构. 2002 年第 6 期第 17 卷.

［44］ 柴昶. 继续深化和推动热轧 H 型钢在钢结构工程中的应用［J］. 钢结构. 2007(9)，vol. 22，No. 99

［45］ 柴昶，何文汇. 钢结构用厚壁钢管［J］. 建筑钢结构进展. 第 9 卷第 4 期 2007 年 8 月.

［46］ 刘迎春，柴昶. 关于钢管结构中合理选材的探讨［J］. 建筑结构. 第 40 卷第 5 卷.

［47］ 柴昶，刘迎春. 钢结构工程中方矩钢管的应用及其材性特点［J］. 钢结构 2007(11)，vol. 24，No. 126.

［48］ 柴昶，刘迎春. 冷成型焊接圆钢管径厚比限值合理取值的讨论［J］. 建筑结构第 45 期第 3 期.

［49］ 柴昶. 厚板钢材在钢结构工程中的应用及其材性选用［J］. 钢结构. 2004(5)，vol. 19，No. 74.

［50］ 柴昶. 关于波纹腹板 H 型钢在工程中合理应用问题的讨论［J］. 钢结构. 2014 年第 6 期第 29 卷.

［51］ 柴昶，刘迎春. 钢结构常用钢材标准的修订情况及其应用建议［J］. 建筑钢结构进展. 第 13 卷第 5 期 2011 年 10 月.

［52］ 柴昶，陈禄如. 钢结构用钢材新标准及其应用［J］. 钢结构. 2008 年第 12 期第 23 卷.

［53］ 姜德进，陈绍藩. 关于钢材工作温度和质量等级的探讨［J］. 钢结构 2009 年增刊.

［54］ Eurocode 3：Design of steel structures-part 1-10：Material toughness and through-thickness properties BS EN 1993-1-10：2005.

第3章 设 计 基 本 规 定

3.1 钢结构工程设计一般规定

3.1.1 工程结构设计的基本原则与基本要求

一、基本原则

钢结构工程设计的基本原则、基本要求与基本方法应符合国家现行标准《建筑结构可靠性设计统一标准》GB 50068 与《工程结构可靠性设计统一标准》GB 50153 的规定。应在保证结构安全可靠的基础上，做到经济合理、技术先进、确保质量，和在规定的设计使用年限内，以适当的可靠度且经济的方式满足设计预定的各项功能要求，同时尚应在以下各方面符合可持续发展的要求。

1. 技术经济方面——钢结构工程设计应采取全寿命成本分析的经济评估方法并采用相应的技术措施，尽量减少工程规划、设计、建造、使用和维修等各阶段费用的总和。而不是单纯以初期建设某一阶段的费用进行经济性评估与决策。钢结构的选材、结构体系与构件的选型以及构件的防护措施，都应按建造与使用整个周期的性价比来优化确定设计方案。工程结构设计宜优先选用国家标准或通用设计图。

2. 环境协调方面——钢结构工程施工与构、配件生产要减少原材料和能源的消耗、减少污染。工程结构宜优先选用通用或标准化的构（配）件，结构施工宜提高工业化生产和装配化安装的程度，结构钢材宜选用高性能钢材与冷弯薄壁及封闭截面等高效型材。

3. 社会效益方面——结构应具有良好的性能与使用功能，并能满足使用者日益提高的要求。钢结构公用建筑、写字楼与住宅应保护使用者的健康，并具有必要的舒适度；标志性钢结构宜体现结构美学的意境，并具有艺术文化的价值。

二、基本要求

1. 钢结构的设计、施工和维修应使结构在规定的设计使用年限内，以适当的可靠度且经济的方式满足以下规定的各项功能要求：

（1）能承受在施工和使用期间可能出现的各种荷载与作用；

（2）能保持良好的使用性能；

（3）应具有足够的耐久性能；

（4）当发生火灾时，在规定的时间内可保持足够的承载力；

（5）当发生爆炸、撞击、人为错误等偶然事件时，结构能保持必需的整体稳固性，不出现与起因不相称的破坏后果，并防止结构的连续倒塌。

2. 工程结构的设计，应使结构不出现或少出现可能的损坏；并采取适当的措施使结构符合下列使用要求：

（1）避免、消除或减少结构可能受到的危害；

（2）采用对可能受到的危害反应不敏感的结构类型；

（3）采用当单个构件或结构的有限部分被意外移除，或结构出现可接受的局部损坏时，结构的其他部分仍能保存的结构类型；

（4）不宜采用无破坏预兆的结构体系；

（5）使用中结构具有整体稳固性。

3. 为满足结构的基本使用要求，宜采取以下措施：

（1）正确、合理地选用结构钢材、连接材料及防火、防腐等防护材料；

（2）优化设计方案，选用合理的结构体系，按安全可靠，经济合理，技术先进，确保质量的要求进行结构设计并采用妥善的构造措施；

（3）对结构设计、制作、施工和使用等制定相应的监测、检查与验收措施。

3.1.2 设计使用年限和耐久性

1. 钢结构工程设计采用以概率理论为基础的极限状态设计方法，并应在设计文件中注明所规定的结构设计使用年限。设计使用年限是按所设计结构使用性质的不同而规定的一个时期。在此时期内，只需进行正常的维护而不需进行大修即可按预期目的使用并完成预定的功能。亦即房屋结构在正常设计、正常施工、正常使用与维护条件下，满足其使用功能所应达到的使用年限。按概率理论概念，当结构的使用年限超过设计使用年限后，结构的失效概率可能较设计预期值逐渐增大，而不是立即损坏或失效，故不应将其与设计基准期、结构使用寿命等用语相混淆。房屋建筑结构的设计使用年限应按表3.1-1采用。

房屋建筑结构的设计使用年限　　　　　　　　　　　　　　表 3.1-1

类别	设计使用年限（年）	示例
1	5	临时性建筑结构
2	25	易于替换的结构构件
3	50	普通房屋和构筑物
4	100	标志性建筑和特别重要的建筑结构

2. 为确定可变荷载作用及与时间有关的材料性能等随机变量的取值，应规定统计确定此类取值的时间区段参数，亦即设计基准期。与设计使用年限不同，它仅是概率统计分析所用的时间参数，在极限状态设计中，为确定有关可变作用等参数进行统计分析时，所依据的设计基准期均按50年取值。如现行国家标准《建筑荷载设计规范》GB 50009统一按重现期为50年确定风、雪荷载的取值（标准值），若对特别重要的建筑结构需按荷载重现期为100年考虑时，则应按该规范的规定将荷载值乘以增大系数增大。

3. 工程结构应具有足够的耐久性能。当工作环境可能存在对结构不利的各种机械的、物理的或化学的不利影响时，它会引起结构材料性能的劣化或有效截面的削弱，从而降低结构的安全性和耐久性。必要时，应在设计时对环境影响进行评估，并根据不同环境类别，采用相应的措施，包括合理地结构选形、布置与材料选用、优化结构的防腐蚀与防火设计与构造、严格工程防护措施施工质量的要求与管控等。同时要求使用者制定使用期间的定期健康检测与维护制度，进行长效管理。

对在轻度、中度腐蚀环境中的钢结构，在设计文件中应有防护设计专项内容。应按腐蚀性介质环境分类相关标准，确定环境腐蚀作用的分类与级别。并按预防为主，防护结合的原则，综合考虑介质腐蚀性，建筑结构的重要性及维护条件，在建筑全寿命经济分析的基础上，采取优化结构选型、选材，完善节点构造，严格要求较高的设防标准与施工质量，以及长效防腐涂装构造等综合措施进行防护。原则上耐久性评估与大修时段的确定应以防护涂层失效为限定条件，不宜考虑以增加构件钢材厚度来保证其使用寿命。

在重度腐蚀环境中不宜采用钢结构。

3.1.3 结构的安全等级和可靠性

1. 为了合理地确定结构的使用功能要求和承载设防标准，结构设计时应根据其破坏可能产生的后果（危及人的生命、造成经济损失、对社会或环境产生影响等）的严重性，采用不同的安全等级。建筑结构安全等级的划分应符合表 3.1-2 的规定。

房屋结构的安全等级　　　　　　　　　　　　　　表 3.1-2

安全等级	破坏后果	示例
一级	很严重：对人的生命、经济、社会或环境影响很大	大型的公共建筑等
二级	严重：对人的生命、经济、社会或环境影响较大	普通的住宅和办公楼等 一般工业建筑
三级	不严重：对人的生命、经济、社会或环境影响较小	小型的或临时性贮存建筑等

注：房屋建筑结构抗震设计中的甲类建筑和乙类建筑，其安全等级宜规定为一级；丙类建筑，其安全等级宜规定为二级；丁类建筑，其安全等级宜规定为三级。

2. 工程结构中的各种结构构件的安全等级，宜与结构的安全等级相同，对其中部分结构构件的安全等级，可根据其重要程度和综合经济效果进行适当调整。但不得低于三级。

3. 结构在规定的设计使用年限内应具有足够可靠性。可靠性是结构在规定的时间内与规定的条件下，完成预定功能的能力，其内涵包括结构的安全性、适用性与耐久性要求。可靠度 p_s 是可靠性的量化表述，是结构在规定的时间内与规定的条件下完成预定功能的概率。结构的可靠指标 β 是度量结构可靠度 p_s 的指标。结构的设计应设置并依据相应的可靠度，其设置水平应根据结构构件的安全等级，失效模式和经济因素等确定。对结构的安全性和适用性可采取不同的可靠度水平。

4. 当有充分的统计数据时，结构构件的可靠度宜采用可靠指标 β 来度量。β 既是度量结结构件可靠性大小的尺度，亦是各分项系数取值的基本依据。β 的理论计算公式可见式（3.1-1）。

$$\beta = \frac{\mu_R - \mu_S}{\sqrt{\sigma_R^2 + \sigma_S^2}} \tag{3.1-1}$$

式中 　β——结构或构件的可靠指标；

　μ_S、σ_S——结构或构件作用效应的平均值和标准差；

　μ_R、σ_R——结构或构件抗力的平均值和标准差。

实际工程设计时，β 可根据对现有结构构件的可靠度分析，并结合使用经验和经济因素等确定。我国各现行结构设计规范所依据的可靠指标 β 值可见表 3.1-3。工程设计中，钢结构构件的可靠指标一般按 $\beta = 3.2$ 取值。

5. 按概率法的概念，结构设计总是存在一定风险，不能保证绝对安全。这种风险可以结构的失效概率 p_f 来评价，其与构件可靠度 p_s 的关系式可见式（3.1-2）：

$$p_s = 1 - p_f \tag{3.1-2}$$

当结构的使用年限超过设计使用年限后，结构的失效概率可能较设计预期值逐渐增大，而不是立即损坏或失效。合理的结构设计就是在规定的时间内与条件下，可将失效概率控制在足够小并安全使用范围内。同时，按可靠性分析可知可靠指标 β 与失效概率运算值 p_f 的关系如表 3.1-4 所示。由表知，钢结构构件设计的可靠指标 β 按 3.2 取值时，其预期失效概率 p_f 为 $6.9 \times 10^{-4} = 1/1449$，若设计错误使 p_f 比预期值加大 100 倍，则 50 年内 p_f 增大为 $1/14.49$，仅有可靠度为 $13.49/14.49 = 0.93$，显然这一设计是极不安全的。

结构构件承载能力极限状态的可靠指标 β 表 3.1-3

破坏类型	安全等级		
	一级	二级	三级
延性破坏	3.7	3.2	2.7
脆性破坏	4.2	3.7	3.2

注：1. 延性破坏是指结构构件在破坏前有明显的变形或其他预兆；脆性破坏是指结构构件在破坏前无明显的变形或其他预兆；

2. 结构构件承受偶然作用时，其可靠指标应符合专门规范的规定。

可靠指标 β 与失效概率运算值 p_f 的关系 表 3.1-4

β	2.7	3.2	3.7	4.2
p_f	3.5×10^{-3}	6.9×10^{-4}	1.1×10^{-4}	1.3×10^{-5}

6. 结构的可靠性不但要设计合理，还应对原材料和施工过程进行必要的质量控制和管理，并在使用中合理地保护和进行必要的维修管理，这样才能达到全面质量管理的要求。这些可靠性的管理措施要求应包括：

（1）工程结构的设计必须由具有相应资质的单位和人员担任，设计应符合国家现行有关规范的规定，设计方案应优化比选确定。

（2）在设计中应正确、合理地选用钢材等工程材料，并进行有效的管理；工程的施工制作与安装应按相关施工规范精心施工，严格保证质量，并按国家有关工程质量验收规范的规定进行验收。

（3）工程结构应按设计规定的用途使用，并按制度规定定期检查结构状况和进行必要的维护和维修；当需变更使用用途时，应进行设计复核和采取必要的安全措施。对重要的建筑物，必要时可设置全使用期内的结构健康检测措施与管理制度。

7. 工程结构在使用期内应满足对其预定可靠性的下列各项功能性要求：

（1）安全性要求，即结构在下列条件下的强度与稳定承载力要求：

1）在正常的施工和使用条件下，结构应可靠地承受各种工况下可能出现的各种荷载与组合的作用；

2）在发生地震、火灾等灾害性条件下，结构应在规定的时间内保持足够的承载力；

3）当发生爆炸、撞击等偶然事件时，结构能保持必要的整体稳固性，不致出现与起因不相称的破坏后果，防止出现结构的连续倒塌。

（2）适用性要求，即在正常使用条件下，结构应保持良好的使用性能与适用性、舒适性。结构的各类变形、振幅、加速度或裂缝等不应超过正常使用极限状态规定的限值。

（3）耐久性要求，即在正常使用与维护条件下，结构应保证其正常使用的期限达到规定的设计使用年限。亦即结构在规定的工作环境中及预定时期内，其材料性能的劣化不致导致结构出现不可接受的失效概率。

8. 为满足结构使用期的可靠性要求，钢结构工程设计中应采取下列主要措施：

（1）优化选用技术经济性能良好并安全储备较高的结构体系与结构形式。如框架结构、超静定空间结构、钢-混凝土组合结构、箱形截面或管结构等，不宜采用无破坏预兆的结构体系。

（2）正确合理地选用结构计算模型、计算软件与计算方法，严格按照各类标准或规范进行结构与连接节点的设计计算与构造。必要时，对大跨空间钢结构或高层钢结构，应按实际施工安装工况条件，进行结构强度与稳定性的验算；对大型复杂的钢结构可进行抗震、抗风及抗火的性能化设计。

（3）按照国家现行标准《建筑结构荷载规范》GB 50009 与《建筑抗震设计规范》GB 50011 等相关规范正确计算确定各种荷载与作用。必要时，对复杂体型结构应进行风洞实验，以确定风荷载体型系数；对高烈度区抗震设防的高层钢结构应按时程分析法进行抗震验算。

（4）在钢结构工程设计中，应按各相应设计规范、规程综合考虑结构的重要性、荷载特征、应力状态、加工条件、连接方法、板件厚度与工作环境以及市场供应条件与成本价格等多种因素，正确合理地选用钢材与连接材料。

（5）应按各相应设计规范、规程，妥善作好钢结构的防护设计。钢结构的防腐涂装工程设计应按照预防为主、防护结合的原则进行设防。应合理地确定腐蚀环境类别，并综合考虑介质环境的腐蚀性与建筑物的重要性和维护条件，在建筑使用全寿命分析的基础上采取长效的防腐涂装措施；钢结构的防火防护设计应严格依据防火规范规定的标准进行设防，应妥善确定建筑结构的耐火等级，选用性能良好和合理的防火涂料与构造，并严格要求保证施工质量。必要时，对大型场馆或高层写字楼可进行抗火设计等防护的性能化设计。

3.2   结构上的荷载与作用

3.2.1   荷载与作用的分类

1. 结构设计应正确地考虑各类荷载与作用。荷载是指结构上承受的直接作用如风荷载、雪荷载、吊车荷载等；作用一般指可能产生结构内力、应力与变形等的间接作用，如温度变化、地面运动与基础沉降的变形等。荷载的分类与计算取值地震作用的计算取值应分别符合国家现行标准《建筑结构荷载规范》GB 50009 与《建筑抗震设计规范》GB 50011 的规定。

2. 结构上荷载按作用时间频度的变化，可分为永久荷载、可变荷载（如各类活荷载）和偶然荷载（如火灾作用），其分类示例可见表 3.2-1。

各类荷载作用的分类示例　　　　　　表 3.2-1

永久荷载作用	可变荷载作用	偶然荷载作用
1）结构自重	1）作用时人员、物件等荷载	1）撞击
2）土压力	2）施工时结构的某些自重	2）爆炸
3）水位不变的水压力	3）安装荷载	3）地震作用
4）预应力	4）车辆荷载	4）龙卷风
5）地基变形	5）吊车荷载	5）火灾
6）混凝土收缩	6）风荷载	6）极严重的侵蚀
7）钢材焊接变形	7）雪荷载	7）洪水作用
8）引起结构外加变形或约束变形的各种施工因素	8）冰荷载	
	9）地震作用	
	10）撞击	
	11）水位变化的水压力	
	12）扬压力	
	13）波浪力	
	14）温度变化	

注：地震作用和撞击可以认为是规定的条件下的可变作用或偶然作用。

3.2.2　荷载与作用的计算与取值

1. 工程结构设计时，对不同荷载应采用下列不同的代表值。

（1）对永久荷载应采用标准值作为代表值；对可变荷载应根据设计要求采用标准值、或以标准值乘以不大于 1 的组合系数 ψ_c、频遇系数 ψ_f 或准永久系数 ψ_q 组成的组合值以及频偶值或准永久值作为代表值。在确定代表值时，应采用 50 年设计基准期。对偶然荷载应按建筑结构使用的特点以其设计值为代表值。

（2）承载能力极限状态设计或正常使用极限状态按标准组合设计时，对可变荷载应按规定的荷载组合采用荷载的组合值或标准值作为其荷载代表值；可变荷载的组合值，应为可变荷载的标准值乘以荷载组合值系数。

（3）正常使用极限状态按频遇组合设计时，应采用可变荷载的频遇值或准永久值作为其荷载代表值；按准永久组合设计时，应采用可变荷载的准永久值作为其荷载代表值。可变荷载的频遇值，应为可变荷载标准值乘以频遇值系数；可变荷载准永久值，应为可变荷载标准值乘以准永久值系数。

2. 结构上直接作用的荷载计算与取值所遵循的设计基准期为 50 年。对风、雪荷载取值的重现期均按 50 年考虑。当有必要对临建结构或重要结构分别考虑 10 年重现期或 100年重现期时，可按荷载规范规定考虑调整系数确定风压或雪压的取值。

3. 计算环境温差引起结构的内应力或变形时，温度作用的计算应符合以下规定：

（1）环境温度的年平均最高或最低气温应按当地气象资料数据采用。计算温差时，结构的起始环境温度宜按结构安装、合龙形成结构体系时的环境气温采用，一般应按施工实际情况，并考虑适中的合龙时期对温度取值，避免过大的计算温差。

（2）对大跨度空间网格结构，在安装过程中已产生不可逆的温度内应力与变形时，宜在最终计算温差作用时予以叠加考虑。

（3）对柱间支撑与螺栓连接檩条或墙梁组成的纵向柱列结构，计算其温度作用时，宜考虑螺栓连接的构造消减影响予以适当的折减。

（4）为消减温度作用而采用构件端部的滑动连接构造时，其温度作用一般可按作用于节点连接的摩擦力计算。

（5）对有较大热辐射工艺设备附近的结构，应按其操作时与检修时的实际温差计算温度作用，并宜采取防护构造等措施减小温度作用的影响。

4. 按相关规范计算荷载效应时，对雪荷载、风荷载、吊车荷载等的计算取值应符合以下要求：

（1）风荷载

1）风荷载的标准值 w_k 按下列多系数表达式计算时，应注意风振系数 β_z、体型系数 μ_s、风压高度系数 μ_z、阵风系数 β_{gz} 及局部体型系数 μ_{sl} 等各系数正确合理的取值。

计算主要承重结构时 $\qquad\qquad w_k = \beta_z \mu_s \mu_z w_0$ $\qquad\qquad$ (3.2-1)

计算围护结构时 $\qquad\qquad\qquad w_k = \beta_{gz} \mu_{sl} \mu_z w_0$ $\qquad\qquad$ (3.2-2)

式中 w_0 为基本风压

2）风振系数 β_z 是考虑对刚度较小的高柔房屋，因风引起的结构振动与附加效应比较明显而确定的风压增大系数，故仅限于高度大于 30m 且高宽比大于 1.5 的房屋和跨度大于 36m 的大跨度屋盖结构（包括悬挂挑篷屋盖，但不包括索结构屋盖），以及自振周期 T_1 大于 0.25s 的各种高耸结构与构筑物。同时，对烟囱等圆形截面高耸结构还应按规范规定校核其横向风振的附加效应，此时，风荷载的总效应按横风向风荷载效应 S_c 与顺风风荷载效应 S_A 向量和叠加计算。

3）体型系数 μ_s 与 μ_{sl} 分别是因建筑物表面形状不同引起风荷载值变异，而考虑的风荷载与局部风荷载的修正系数。一般可按荷载规范取值。但对压型钢板等围护的门式刚架轻钢建筑，其体型系数应按现行国家标准《门式刚架轻型房屋钢结构技术规范》GB 51022 的规定取值；对体型较复杂的高层钢结构或大跨度屋盖（包括挑篷屋盖），则宜进行风洞试验（包括模拟风洞试验软件分析）确定相应的体型系数。同时，还应注意结构设计进行框（排）架整体计算分析时，体型系数应按 μ_s 采用；进行围护结构的墙架柱、檩条、墙梁、压型钢板等承载能力计算时，则应按墙面、檐口等的局部体型系数 μ_{sl} 采用，其绝对值一般不应小于 1.0。若墙面开有较多门窗孔洞时，则应选用考虑墙面半敞开影响的 μ_s 值。

4）阵风系数 β_{gz} 是因瞬时风压较平均风压增大而考虑的增大系数，仅用于设计刚性幕墙（石材、玻璃等）构件的风荷载计算，对低层建筑压型钢板等非幕墙围护结构构件可不予考虑。

5）基本风压值 w_0 是按 B 类地面粗糙度地区距地面 10m 高度处风压取值的。工程结构设计时应按实际场地区粗糙度类别与建筑物高度，对风压高度变化系数 μ_s 予以修正，同时对山区或远海海岛的建筑物尚需再乘以系数 η 对风荷载进行修正。

6）门式刚架轻型房屋钢结构风荷载的计算应符合现行国家标准《门式刚架轻型房屋钢结构技术规范》GB 51022 的规定，其风荷载标准值 w_k 应按式（3.2-3）计算。

近年来一些风灾事故表明，对金属板材的轻型屋面围护结构与屋盖结构应特别注意负风压的正确计算与取值；对墙面门窗较多的建筑结构，宜按半敞开式建筑确定其风荷载体型系数。

$$w_k = \beta \mu_w \mu_z w_0 \tag{3.2-3}$$

式中　w_k——风荷载标准值（kN/m^2）；

$\quad\quad w_0$——基本风压（kN/m^2），按现行国家标准《建筑结构荷载规范》GB 50009 的规定值采用；

$\quad\quad \mu_z$——风压高度变化系数，按现行国家标准《建筑结构荷载规范》GB 50009 的规定采用；当高度小于 10m 时，应按 10m 高度处的数值采用；

$\quad\quad \mu_w$——风荷载系数，考虑内、外风压最大值的组合，按现行国家标准《门式刚架轻型房屋钢结构技术规范》GB 51022 的规定采用；

$\quad\quad \beta$——系数，计算主刚架时取 $\beta = 1.1$；计算檩条、墙梁、屋面板和墙面板及其连接时，取 $\beta = 1.5$。

（2）雪荷载

1）建筑物屋面的雪荷载标准值 s_k 按下式计算：

$$s_k = \mu_r s_0 \tag{3.2-4}$$

式中　μ_r——积雪分布系数；

$\quad\quad s_0$——基本雪压。

μ_r 与 s_0 均可按现行国家标准《建筑结构荷载规范》GB 50009 选用，当基本雪压 s_0 重现期不是 50 年而需按 10 年或 100 年考虑时，则应按该规范规定考虑调整系数后取值。

2）设计大雪地区的金属板材轻型屋面围护结构与屋盖构件时，应注意雪荷载不均匀分布的工况。对屋面板、檩条等屋面构件应按积雪不均匀分布的最不利情况采用；对屋盖桁架或网格结构应进行仅半跨积雪均匀分布工况的验算；对易积雪的女儿墙侧、天窗侧的轻型屋面上雪压宜适当加大其取值，并应避免采用有较大落差的屋面构造，如高天窗架，高女儿墙等。

3）门式刚架轻型房屋钢结构雪荷载的计算取值应符合现行国家标准《门式刚架轻型房屋钢结构技术规范》GB 51022 的规定。其基本雪压应按现行国家标准《建筑结构荷载规范》GB 50009 规定的重现期 100 年的数值取值。

（3）吊车荷载及荷载动力系数

1）计算吊车荷载所需的吊车数据资料应由业主提供，其内容应包括跨间内的吊车台数与布置，各吊车的工作级别、外形尺寸、起重量、吊车总重量与小车重量，最大与最小轮压及一侧车轮总数中刹车车轮的数量与轨道型号等。吊车工作级别与结构设计中吊车轻、重级别的分类关系可按以下对应关系确定。

工作级别：A1～A3 级时为轻级工作制吊车

$\quad\quad\quad\quad\quad$ A4～A5 级时为中级工作制吊车

$\quad\quad\quad\quad\quad$ A6～A7 级时为重级工作制吊车

$\quad\quad\quad\quad\quad$ A8 级时为特重级工作制吊车（含各类硬钩吊车）

2）吊车大车与小车刹车时，由车轮作用于轨道的纵向与横向制动力应按现行国家标准《建筑结构荷载规范》GB 50009 计算取值，但重级吊车行驶工作时，作用于吊车梁及制动结构上的摇摆力（卡轨力），应按《钢结构设计标准》GB 50017—2017 的规定计算，并注意在选用最不利荷载组合时，此摇摆力不应与横向制动力同时考虑。

3）计算吊车梁的强度、稳定及其连接时，吊车的竖向轮压荷载应乘以动力系数 1.05（对悬挂吊车与 A1～A5 级吊车），或 1.1（对 A6～A8 级吊车），但计算梁的疲劳与变形时，不考虑动力系数。

4）计算框（排）架考虑多台吊车（竖向）荷载时，应按现行国家标准《建筑结构荷载规范》GB 50009 规定，确定同一工况时组合的吊车台数并考虑多台吊车荷载作用时相应的折减系数。

5）在计算吊车梁与制动梁的疲劳时，吊车荷载取标准值不考虑动力系数，并只按其跨间内荷载效应最大的一台重级吊车的轮压计算取值；计算吊车梁挠度时，吊车荷载亦取标准值，不考虑动力系数，并只按其跨内荷载效应最大的一台吊车的轮压计算取值。

6）搬运和装载重物以及车辆起动和刹车的动力系数，可按实际情况在 1.1～1.3 范围内采用，且此动力荷载只考虑受直接作用的楼板与楼盖梁。

3.2.3　荷载与作用的组合

1. 工程设计应根据在结构上可能同时出现的荷载工况，按承载能力极限状态和正常使用极限状态分别考虑荷载（效应）组合的作用，并应取各自的最不利的组合进行设计。

对承载能力极限状态，应按下列荷载的基本组合或偶然组合表达式进行设计：

$$\gamma_0 S_d \leqslant R_d \tag{3.2-5}$$

式中　γ_0 ——结构重要性系数，应按各有关结构设计规范的规定采用；

S_d ——荷载组合的效应设计值（构件的轴力、弯矩、剪力等内力）；

R_d ——结构构件抗力的设计值（按截面特性计算所得的构件承载力）。

2. 荷载基本组合的效应设计值 S_d ，应从下列荷载组合值中取用最不利的效应设计值确定。

（1）对由可变荷载控制的效应设计值 S_d ，应按下式计算：

$$S_d = \sum_{j=1}^{m} \gamma_{G_j} S_{G_j k} + \gamma_{Q_1} \gamma_{L_1} S_{Q_1 k} + \sum_{i=2}^{n} \gamma_{Q_i} \gamma_{L_i} \psi_{c_i} S_{Q_i k} \tag{3.2-6}$$

式中　γ_{G_j} ——第 j 个永久荷载的分项系数；

γ_{Q_i} ——第 i 个可变荷载的分项系数，其中 γ_{Q_1} 为主导可变荷载 Q_1 的分项系数；

γ_{L_i} ——第 i 个可变荷载考虑设计使用年限的调整系数，其中 γ_{L_1} 为主导可变荷载 Q_1 考虑设计使用年限的调整系数；

$S_{G_j k}$ ——按第 j 个永久荷载标准值 G_{jk} 计算的荷载效应值；

$S_{Q_i k}$ ——按第 i 个可变荷载标准值 Q_{ik} 计算的荷载效应值，其中 $S_{Q_1 k}$ 为诸可变荷载效应中起控制作用者；

ψ_{c_i} ——第 i 个可变荷载 Q_i 的组合值系数；

m ——参与组合的永久荷载数；

n ——参与组合的可变荷载数。

（2）对由永久荷载效应控制的组合，S_d 应按下式计算：

$$S_d = \sum_{j=1}^{m} \gamma_{G_j} S_{G_j k} + \sum_{i=1}^{n} \gamma_{Q_i} \gamma_{L_i} \psi_{c_i} S_{Q_i k} \tag{3.2-7}$$

注：1. 基本组合中的效应设计值仅适用于荷载与荷载效应为线性的情况；

　　2. 当对 $S_{Q_1 k}$ 无法明显判断时，应轮次以各可变荷载效应作为 $S_{Q_1 k}$，并选取其中最不利荷载组合的效应设计值。

（3）基本组合的荷载分项系数应按下列规定采用：

1）永久荷载的分项系数：当其效应对结构不利时，对由可变荷载效应控制的组合，应取 1.2；对由永久荷载效应控制的组合，应取 1.35；当其效应对结构有利时，不应大于 1.0。

2）可变荷载的分项系数：对标准值大于 $4kN/m^2$ 的工业房屋楼面结构的活荷载应取 1.3；其他情况下应取 1.4。

3）对结构的倾覆、滑移或漂浮验算，荷载的分项系数应满足有关的建筑结构设计规范的规定。

3. 对由偶然荷载效应控制的组合，S_d 应分别按式（3.2-8）和式（3.2-9）计算：

（1）用于承载能力极限状态计算的效应设计值，应按下式进行计算：

$$S_d = \sum_{j=1}^{m} S_{G_j k} + S_{A_d} + \psi_{f_1} S_{Q_1 k} + \sum_{i=2}^{n} \psi_{q_i} S_{Q_i k} \tag{3.2-8}$$

式中　S_{A_d}——按偶然荷载标准值 A_d 计算的荷载效应值；

　　　ψ_{f_1}——第 1 个可变荷载的频遇值系数；

　　　ψ_{q_i}——第 i 个可变荷载的准永久值系数。

（2）用于偶然事件发生后受损结构整体稳固性验算的效应设计值 S_d，应按下式计算：

$$S_d = \sum_{j=1}^{m} S_{G_j k} + \psi_{f_1} S_{Q_1 k} + \sum_{i=2}^{n} \psi_{q_i} S_{Q_i k} \tag{3.2-9}$$

注：组合中设计值仅适用于荷载与荷载效应为线性的情况。

（3）计算荷载的偶然组合时，荷载效应组合设计值中的偶然荷载的代表值不乘分项系数。

4. 对于正常使用极限状态，应根据不同的设计要求，采用荷载的标准组合、频遇组合或准永久组合，并应按下式进行设计。

$$S_d \leqslant C \tag{3.2-10}$$

式中　C——结构或结构构件达到正常使用要求的规定限值，例如变形、裂缝、振幅、加速度、应力等的限值，应按各有关建筑结构设计规范的规定采用；

　　　S_d——荷载标准组合的效应设计值，按式（3.2-11）～式（3.2-13）计算。

标准组合　　$$S_d = \sum_{j=1}^{m} S_{G_j k} + S_{Q_1 k} + \sum_{i=2}^{n} \psi_{c_i} S_{Q_i k} \tag{3.2-11}$$

注：组合中的设计值仅适用于荷载与荷载效应为线性的情况。

频遇组合　　$$S_d = \sum_{j=1}^{m} S_{G_j k} + \psi_{f_1} S_{Q_1 k} + \sum_{i=2}^{n} \psi_{q_i} S_{Q_i k} \tag{3.2-12}$$

注：组合中的设计值仅适用于荷载与荷载效应为线性的情况

准永久组合
$$S_{d} = \sum_{j=1}^{m} S_{G_{j}k} + \sum_{i=1}^{n} \psi_{q_i} S_{Q_{i}k}$$
(3.2-13)

注：组合中的设计值仅适用于荷载与荷载效应为线性的情况。

3.2.4　地震作用的计算

1. 地震作用及其组合的计算应符合现行国家标准《建筑抗震设计规范》GB 50011 的规定。应正确的选定抗震设防烈度与地震作用计算方法，以及可变荷载组合值系数、顶部附加地震作用系数、屋面突出物的地震作用增大系数、楼层最小地震剪力系数、竖向地震影响系数和地震作用组合时的分项系数等各项参数；当进行时程分析时，应合理地选用输入的典型地震波型。

2. 各类建筑结构的地震作用，应符合下列规定：

（1）一般情况下，应至少在建筑结构的两个主轴方向分别计算水平地震作用，各方向的水平地震作用应由该方向抗侧力构件承担。

（2）有斜交抗侧力构件的结构，当相交角度大于 15°时，应分别计算各抗侧力构件方向的水平地震作用。

（3）质量和刚度分布明显不对称的结构，应计入双向水平地震作用下的扭转影响；其他情况，应允许采用调整地震作用效应的方法计入扭转影响。

（4）8、9 度时的大跨度和长悬臂结构及 9 度时的高层建筑，应计算竖向地震作用。

（5）8、9 度时采用隔震设计的建筑结构，应按有关规定计算竖向地震作用。

3. 计算地震作用时，建筑的重力荷载代表值应取结构和构配件自重标准值和各可变荷载组合值之和。各可变荷载的组合值系数应按表 3.2-2 采用。

组合值系数   表 3.2-2

可变荷载种类		组合值系数
雪荷载		0.5
屋面积灰荷载		0.5
屋面活荷载		不计入
按实际情况计算的楼面活荷载		1.0
按等效均布荷载计算的楼面活荷载	藏书库、档案库	0.8
	其他民用建筑	0.5
起重机悬吊物重力	硬钩吊车	0.3
	软钩吊车	不计入

注：硬钩吊车的吊重较大时，组合值系数应按实际情况采用。

4. 结构构件的地震作用效应和其他荷载效应的基本组合，应按下式计算：
$$S = \gamma_G S_{GE} + \gamma_{Eh} S_{Ehk} + \gamma_{Ev} S_{Evk} + \psi_w \gamma_w S_{wk}$$
(3.2-14)

式中　　S——结构构件内力组合的设计值，包括组合的弯矩、轴向力和剪力设计值等；

　　　　γ_G——重力荷载分项系数，一般情况应采用 1.2，当重力荷载效应对构件承载能力

有利时,不应大于 1.0;

γ_{Eh}、γ_{Ev}——分别为水平、竖向地震作用分项系数,应按表 3.2-3 取值;

γ_w——风荷载分项系数,应采用 1.4;

S_{GE}——重力荷载代表值的效应;

S_{Ehk}——水平地震作用标准值的效应,尚应乘以相应的增大系数或调整系数;

S_{Evk}——竖向地震作用标准值的效应,尚应乘以相应的增大系数或调整系数;

S_{wk}——风荷载标准值的效应;

ψ_w——风荷载组合值系数,一般结构取 0.0,风荷载起控制作用的建筑应采用 0.2。

地震作用分项系数 表 3.2-3

地震作用	γ_{Eh}	γ_{Ev}
仅计算水平地震作用	1.3	0.0
仅计算竖向地震作用	0.0	1.3
同时计算水平与竖向地震作用(水平地震为主)	1.3	0.5
同时计算水平与竖向地震作用(竖向地震为主)	0.5	1.3

3.3 极限状态设计

3.3.1 一般规定

1. 极限状态可分为承载能力极限状态和正常使用极限状态,前者为结构构件在荷载作用下,达到最大承载力的状态;后者为结构构件在荷载作用下,达到预定功能允许的某一限值的状态。各临界状态的判定应符合下表的要求:

各临界状态的判定条件 表 3.3-1

类别	达到并超过极限状态的结构状况
承载能力极限状态	当结构或结构构件出现下列状态之一时,应认为超过了承载能力极限状态: 1)结构构件或连接因超过材料强度而破坏,或因过度变形而不适于继续承载; 2)整个结构或其一部分作为刚体失去平衡; 3)结构转变为机动体系; 4)结构或结构构件丧失稳定; 5)结构因局部破坏而发生连续倒塌; 6)地基丧失承载力而破坏; 7)结构或结构构件的疲劳破坏
正常使用极限状态	当结构或结构构件出现下列状态之一时,应认为超过了正常使用极限状态: 1)影响正常使用或外观的变形; 2)影响正常使用或耐久性能的局部损坏; 3)影响正常使用的振动; 4)影响正常使用的其他特定状态

2. 对结构的各种极限状态，均应规定明确的标志或限值。结构设计时应对结构的不同极限状态分别进行计算或验算；若仅为某一极限状态的计算或验算起控制作用时，可仅对该极限状态进行计算或验算。同时对每一种作用组合均应采用最不利的效应设计值进行设计。

3. 工程结构设计时，应考虑持久状况、短暂状况、偶然状况与地震状况等不同的设计状况。应针对不同的状况，合理地采用相应的结构体系、可靠度水平和作用组合等设计技术条件，并按表 3.3-2 的分类分别进行相应的极限状态设计。

4. 进行极限状态设计时，应按表 3.3-3 规定对不同的设计状况采用相应的荷载作用组合。

5. 结构构件宜根据规定的可靠指标采用由作用的代表值、材料性能的标准值，以及几何参数的标准值和各相应的分项系数所构成的极限状态设计表达式进行设计。

结构设计状况与相应极限状态设计分类 表 3.3-2

结构设计状况	进行承载力极限状态设计	进行正常使用极限状态设计
（1）持久设计状况，适用于结构使用时的正常情况	√	√
（2）短暂设计状况，适用于结构出现的临时情况，包括结构施工和维修时的情况等	√	必要时
（3）偶然设计状况，适用于结构出现的异常情况，包括结构遭受火灾、爆炸、撞击时的情况等	√	—
（4）地震设计状况，适用于结构遭受地震时的情况	√	必要时

极限状态设计的相应作用组合 表 3.3-3

极限状态类别	选用作用组合
承载能力极限状态设计	（1）基本组合，用于持久设计状况或短暂设计状况 （2）偶然组合，用于偶然设计状况 （3）地震组合，用于地震设计状况
正常使用极限状态设计	（1）标准组合，宜用于不可逆的正常使用极限状态设计 （2）频遇组合，宜用于可逆的正常使用极限状态设计 （3）准永久组合，宜用于长期效应为决定性因素的正常使用极限状态设计

3.3.2   承载能力极限状态设计

1. 进行承载能力极限状态的设计时，应控制结构或构件避免出现下列的结构失效状态：

（1）结构或结构构件破坏或过度变形，此时结构的材料强度起控制作用；

（2）整个结构或其一部分作为刚体失去静力平衡，此时结构材料的强度并不起控制作用；

（3）地基的破坏或过度变形，此时岩土的强度起控制作用；

（4）结构或结构构件疲劳破坏，此时结构的材料疲劳应力幅起控制作用。

2. 结构或结构构件的承载能力极限状态设计应符合下列规定：

（1）结构或结构构件强度不足破坏或过度变形时的承载能力极限状态设计，应符合下式要求：

$$\gamma_0 S_d \leqslant R_d \tag{3.3-1}$$

式中　γ_0 ——结构重要性系数。结构安全等为一级、二级或三级时，γ_0 分别按 1.1、1.0 或 0.9 采用；当为偶然作用或地震作用时，γ_0 按 1.0 采用；

S_d ——作用组合的效应（如轴力、弯矩等）设计值；

R_d ——结构或结构构件的抗力（即承载力）设计值。

（2）整个结构或其一部分作为刚体失去静力平衡时的承载能力极限状态设计，应符合下式要求：

$$\gamma_0 S_{d,dst} \leqslant S_{d,stb} \tag{3.3-2}$$

式中　$S_{d,dst}$ ——不平衡作用效应的设计值；

$S_{d,stb}$ ——平衡作用效应的设计值。

（3）结构或结构构件的疲劳强度不足的破坏应按容许应力设计原则及容许应力幅的方法进行设计。

3. 承载能力极限状态设计表达式中的作用组合，应符合下列规定：

（1）作用组合应为可能同时出现的组合；

（2）每个作用组合中应包括一个主导可变作用或一个偶然作用或一个地震作用；

（3）当永久作用位置的变异对静力平衡或类似的极限状态设计结果很敏感时，该永久作用的有利部分和不利部分应分别作为单个作用；

（4）当一种作用产生的几种效应非全相关时，对产生有利效应的作用，其分项系数的取值应予降低。

4. 对不同的设计工况，应采用不同的作用组合。

（1）对持久设计状况和短暂设计状况，应采用作用的基本组合，其效应设计值可按下式确定：

$$S_d = S\left(\sum_{i \geqslant 1} \gamma_{G_i} G_{ik} + \gamma_P P + \gamma_{Q_1} \gamma_{L1} Q_{1k} + \sum_{j > 1} \gamma_{Q_j} \psi_{cj} \gamma_{Lj} Q_{jk}\right) \tag{3.3-3}$$

式中　$S(\cdot)$ ——作用组合的效应函数；

G_{ik} ——第 i 个永久作用的标准值；

P ——预应力作用的有关代表值；

Q_{1k} ——第 1 个可变作用（主导可变作用）的标准值；

Q_{jk} ——第 j 个可变作用的标准值；

γ_{G_i} ——第 i 个永久作用的分项系数；

γ_P ——预应力作用的分项系数；

γ_{Q_1} ——第 1 个可变作用（主导可变作用）的分项系数；

γ_{Q_j} ——第 j 个可变作用的分项系数；

γ_{L1}、γ_{Lj} ——第 1 个和第 j 个考虑结构使用年限的荷载调整系数，应按有关规定采用，对设计使用年限与设计基准期相同的结构，应取 $\gamma_L = 1.0$；

ψ_{cj} ——第 j 个可变作用的组合值系数，应按有关规范的规定采用。

注：在作用组合的效应函数 $S(\cdot)$ 中，符号"Σ"和"$+$"均表示组合，即同时考虑所有作用对结

构的共同影响，而不代表代数相加。

（2）对偶然设计状况，应采用作用的偶然组合，其效应设计值可按下式确定：

$$S_d = S\Big[\sum_{i \geqslant 1} G_{ik} + P + A_d + (\psi_{f1} \text{ 或 } \psi_{q1})Q_{1k} + \sum_{j > 1} \psi_{qj}Q_{jk} \Big] \tag{3.3-4}$$

式中 A_d ——偶然作用的设计值；

ψ_{f1} ——第1个可变作用的频遇值系数；

ψ_{q1}、ψ_{qj} ——第1个和第 j 个可变作用的准永久值系数。

（3）对地震设计状况，应采用作用的地震组合。地震组合的效应设计值，宜根据重现期为475年的地震作用（基本烈度）确定，并按下式计算：

$$S_d = S\Big(\sum_{i \geqslant 1} G_{ik} + P + \gamma_I A_{Ek} + \sum_{j \geqslant 1} \psi_{qj}Q_{jk} \Big) \tag{3.3-5}$$

式中 γ_I ——地震作用重要性系数；

A_{Ek} ——根据重现期为475年的地震作用（基本烈度）确定的地震作用标准值。

注：1. 地震组合的效应设计值，也可根据重现期大于或小于475年的地震作用确定，其效应设计值应符合有关的抗震设计规范的规定。

2. 当永久作用效应或预应力作用效应对结构构件承载力起有利作用时，式中永久作用分项系数 γ_G 和预应力作用分项系数 γ_P 的取值不应大于1.0。

3.3.3   正常使用极限状态设计

1. 结构或结构构件按正常使用极限状态设计时，应符合下式要求：

$$S_d \leqslant C \tag{3.3-6}$$

式中 S_d ——作用组合的效应（如变形、裂缝等）设计值；

C ——设计对变形、裂缝等规定的相应限值，应按相关结构设计规范的规定采用。

2. 按正常使用极限状态设计时，可根据不同情况采用作用的标准组合、频遇组合或准永久组合。标准组合宜用于不可逆正常使用极限状态；频遇组合宜用于可逆正常使用极限状态；准永久组合宜用于当长期效应是决定性因素时的正常使用极限状态。设计计算时，对正常使用极限状态的材料性能的分项系数，除各结构设计规范有专门规定外，应取为1.0。

3. 各组合的效应设计值可分别按以下各式确定：

标准组合 $$S_d = S\Big(\sum_{i \geqslant 1} G_{ik} + P + Q_{1k} + \sum_{j > 1} \psi_{cj}Q_{jk} \Big) \tag{3.3-7}$$

频遇组合 $$S_d = S\Big(\sum_{i \geqslant 1} G_{ik} + P + \psi_{f1}Q_{1k} + \sum_{j > 1} \psi_{qj}Q_{jk} \Big) \tag{3.3-8}$$

准永久组合 $$S_d = S\Big(\sum_{i \geqslant 1} S_{ik} + P + \sum_{j \geqslant 1} \psi_{qj}Q_{jk} \Big) \tag{3.3-9}$$

3.4   材料选用与设计指标

3.4.1   材料标准

1. 钢结构工程所用钢材与连接材料的牌号、性能与质量要求，均应符合表2.5-1所列相应现行国家标准的规定。

2. 钢材标准应提供各项力学性能与工艺性能指标的保证。力学性能基本指标应包括屈服强度（R_e）、抗拉强度（R_m）、伸长率（A）与冲击功（A_{kv}）等各项；附加性能指标包括屈强比（钢材实物实测值）、断面收缩率（Ψ）等项；工艺性能指标应包括冷弯试验、含碳量（碳当量）或焊接裂纹敏感指数等项。交货时，钢材实物的各项指标均应在钢材产品质量保证书中标明。冲击功一般为纵向冲击功值，当设计要求横向冲击功时，应在设计文件中注明。

碳当量的计算公式应符合现行国家标准《低合金高强度结构钢》GB/T 1591 的规定。

3. 当设计对钢材的晶粒度、厚度方向性能及耐候性有要求时，晶粒度的指标限值应符合设计文件的规定；厚度方向性能要求的含硫量限值与断面收缩率等指标应符合现行国家标准《厚度方向性能钢板》GB/T 5313 的规定。

4. 钢材的屈服强度应按钢材标准中的屈服强度取值，并应考虑厚度分组不同而进行折减。对现行国家标准《建筑结构用钢板》GB/T 19879 规定的钢板（GJ 钢板），其屈服强度的波动幅应符合相应限值的规定。

5. 各钢材标准中的断后伸长率 A 均规定为由标距 $5.65\sqrt{A_0}$ 的试件进行抗拉试验所得值（A_0 为试件原始截面积）。当设计对试件标距有不同要求时，应在设计文件或钢材订货文件中提出。（国外钢材标准中对标距为 50mm 或 80mm 的试件分别以 S_{50}、S_{80} 表示）。

3.4.2　材料选用

1. 结构钢材的选用应遵循技术可靠、经济合理的原则，综合考虑结构的重要性、荷载特征、结构形式、应力状态、连接方法、工作环境、钢材厚度和价格等因素，选用合适的钢材牌号和性能保证项目。

2. 结构所用钢材应保证良好的力学性能与工艺性能，其力学性能、化学成分含量及碳当量与冷弯试验等指标均应符合相关国家标准的规定。承重结构所用的钢材应具有屈服强度、抗拉强度、断后伸长率和硫、磷含量的合格保证，对焊接结构尚应具有含碳量与碳当量或焊接裂纹敏感指数的合格保证。焊接承重结构以及重要的非焊接承重结构采用的钢材应具有冷弯试验的合格保证；对直接承受动力荷载或需验算疲劳的构件所用钢材尚应具有冲击功的合格保证。

3. 钢材质量等级的选用应符合下列规定：

（1）Q235A 级钢仅可用于结构工作温度高于 0℃ 的非焊接次要构件。选用 Q235A 级或 B 级钢时应选用镇静钢。

（2）选用现行国家标准《低合金高强度结构钢》GB/T 1591 中各牌号钢时，不应选用 A 级钢（新修订并于 2019 年 2 月 1 日实施的该标准 2018 版已取消了 A 级钢）。

（3）需验算疲劳的焊接结构用钢材应符合下列规定：

1）当工作温度高于 0℃ 时其质量等级不应低于 B 级；

2）当工作温度不高于 0℃ 但高于 −20℃ 时，Q235、Q345 钢不应低于 C 级，Q390、Q420 及 Q460 钢不应低于 D 级；

3）当工作温度不高于 −20℃ 时，Q235 钢和 Q345 钢不应低于 D 级，Q390 钢、Q420 钢、Q460 钢应选用 E 级；要求超低温（−60℃）工作环境温度下的冲击功保证时，应选用 F 级。

（4）需验算疲劳的非焊接结构，其钢材质量等级要求可较上述焊接结构降低一级，但不应低于 B 级。

（5）吊车起重量不小于 50t 的中级工作制吊车梁，其质量等级要求应与需要验算疲劳的构件相同。

4. 工作温度不高于－20℃的受拉构件及承重构件的受拉板材应符合下列规定：

（1）所用钢材厚度或直径不大于 40mm 时，质量等级不宜低于 C 级；

（2）当钢材厚度或直径大于 40mm 时，其质量等级不宜低于 D 级；

（3）重要承重结构的受拉板材的质量性能，宜符合现行国家标准《建筑结构用钢板》GB/T 19879 中 C 级钢的要求。

5. 在 T 形、十字形和角形焊接的连接节点中，当其板件厚度不小于 40mm 且沿板厚方向有较高撕裂拉力作用时（包括较高的焊接约束拉应力作用），该部位板件钢材宜具有厚度方向抗撕裂性能（Z 向性能）的合格保证。其沿板厚方向断面收缩率应不小于按现行国家标准《厚度方向性能钢板》GB/T 5313 规定的 Z15 级允许限值。钢板 Z 向性能的等级应根据节点形式、板厚、熔深或焊缝尺寸、焊接时节点拘束度以及预热、后热情况等综合确定。

6. 采用塑性设计的结构及进行弯矩调幅的构件，所采用的钢材应符合下列规定：

（1）实物的屈强比不应大于 0.85；

（2）钢材应有明显的屈服台阶，且伸长率不应小于 20%。

7. 钢管结构中的无加劲直接焊接相贯节点，其管材的屈强比不宜大于 0.8；与受拉构件焊接连接的钢管，当管壁厚度大于 25mm 且沿厚度方向承受较大拉应力时，应采取措施防止层状撕裂。

8. 高层建筑钢结构中按抗震设防设计的框架梁、柱和抗侧力支撑等主要承重构件，其钢材性能要求尚应符合以下规定：

（1）钢材抗拉性能应有明显的屈服台阶，其伸长率应不小于 20%；

（2）钢材实物的实测屈强比应不大于 0.85；

（3）抗震设防等级为三级及三级以上的高层钢结构房屋，其主要构件所用钢材应具有与其工作环境温度相适应的冲击功合格保证。

9. 冷弯型钢选材应符合以下规定：

（1）用于承重结构的冷弯型钢和钢管所用的钢板或钢带，宜采用 Q235 钢与 Q345 钢、Q390 钢，对重要承重构件也可采用 Q235GJ 钢板、Q345GJ 钢板及 Q390GJ 钢板，其质量与性能应分别符合国家现行标准《碳素结构钢》GB/T 700、《低合金高强度结构钢》GB/T 1591 及《建筑结构用钢板》GB/T 19879 的规定。有镀锌要求的薄壁构件所用钢板或钢带，宜选用 S280、S350 或 S550（LQ550）结构级钢板，其质量、性能应符合国家现行标准《连续热镀锌钢板及钢带》GB/T 2518 、《连续热镀铝锌合金镀层钢板及钢带》GB/T 14978 的规定。

（2）对冷成型型材、管材的选用，应注意其冷弯成型过程中的冷作硬化使材质脆化、劣化的影响。框架、桁架等承重结构所用冷弯矩形钢管宜选用直接成方工艺成型的钢管，成型后钢管的材质、性能应符合现行标准《建筑结构用冷弯矩形钢管》JG/T 178 中 I 级产品的规定。冷弯焊接圆钢管不应选用径厚比过小的规格，其成型后钢管的材质、性能应符合现行标准《建筑结构用冷成型焊接圆钢管》JG/T 381 的规定。

对需要计算疲劳或承受动荷载的重要构件所用冷弯矩形钢管，可要求进行热处理或直接选用最终热成型的钢管。

(3) 结构用压型钢板和彩色涂层钢板的及钢带质量、性能应分别符合国家现行标准《建筑用压型钢板》GB/T 12755 和《彩色涂层钢板》GB/T 12754 的规定。

10. 钢结构工程中选用铸钢节点或铸钢管时，宜对其必要性与技术经济合理性进行比较论证，合理确定选材要求。焊接结构或非焊接结构用铸钢件的材质和材料性能应分别符合国家现行标准《焊接结构用铸钢件》GB/T 7659 或《一般工程用铸造碳钢件》GB/T 11352 的规定。

11. 工作环境需严格防腐或防火的钢结构，经比选有技术经济依据时，可选用耐候钢或耐火钢。其性能应符合国家现行标准《耐候结构钢》GB/T 4171。与《耐火结构用钢板及钢带》GB/T 28415 的规定

12. 抗震耗能构件宜选用伸长率较大的低屈服强度钢板制作，其材质、性能应符合现行国家标准《建筑用低屈服强度钢板》GB/T 28905 的规定。

13. 钢结构所用焊接材料的选用应符合以下要求：

(1) 手工焊焊条或自动焊焊丝和焊剂的性能应与构件钢材性能相匹配，其熔敷金属的力学性能不应低于母材的性能。当两种强度级别的钢材焊接时，宜选用与强度较低钢材相匹配的焊接材料。

(2) 对直接承受动力荷载或需要验算疲劳的结构，以及低温环境下工作的厚板结构等主要承重结构，及其节点连接或拼接连接的焊缝宜采用低氢型焊条。

(3) 焊条的材质和性能应符合国家现行标准《非合金钢及细晶粒钢焊条》GB/T 5117 与《热强钢焊条》GB/T 5118 的规定。焊丝的材质和性能应符合国家现行标准《熔化焊用钢丝》GB/T 14957、《气体保护电弧焊用碳钢、低合金钢焊丝》GB/T 8110 及《非合金钢及细晶粒钢药芯焊丝》GB/T 10045、《热强钢药芯焊丝》GB/T 17493 的规定。

(4) 埋弧焊用焊丝和焊剂的材质和性能应符合国家现行标准《埋弧焊用非合金钢及细晶粒钢实心焊丝、药芯焊丝和焊丝-焊剂组合》GB/T 5293、《埋弧焊用热强钢实心焊丝、药芯焊丝和焊丝-焊剂组合分类要求》GB/T 12470 的规定。

14. 钢结构所用螺栓紧固件材料应符合以下要求：

(1) 普通螺栓宜采用 4.6 或 4.8 级 C 级螺栓，其性能与尺寸规格应符合国家现行标准《紧固件机械性能　螺栓、螺钉和螺柱》GB/T 3098.1、《六角头螺栓 C 级》GB/T 5780 和《六角头螺栓》GB/T 5782 的规定。

(2) 高强度螺栓可选用大六角高强度螺栓或扭剪型高强度螺栓，其材质、材料性能、级别和规格应分别符合国家现行标准《钢结构用高强度大六角头螺栓》GB/T 1228、《钢结构用高强度大六角螺母》GB/T 1229、《钢结构用高强度垫圈》GB/T 1230、《钢结构用高强度大六角头螺栓、大六角螺母、垫圈技术条件》GB/T 1231 的规定和《钢结构用扭剪型高强度螺栓连接副》GB/T 3632 的规定。

(3) 组合结构所用圆柱头焊钉（栓钉）应符合现行国家标准《电弧螺柱焊用圆柱头焊钉》GB/T 10433 的规定。其屈服强度不应小于 $320N/mm^2$，抗拉强度不应小于 $400N/$

mm²，伸长率不应小于14%。

（4）锚栓钢材可采用国家现行标准《碳素结构钢》GB/T 700 规定的 Q235 钢或《低合金高强度结构钢》GB/T 1591 中规定的 Q345 钢、Q390 钢，其质量等级不应低于 B 级，工作温度不高于－20℃且直径不小于 40mm 时，质量等级不宜低于 C 级。

（5）连接薄钢板采用的自攻螺钉、抽芯铆钉、射钉等应符合有关现行国家标准的规定。

3.4.3 设计指标

一、材料的抗力分项系数

1. 按照极限状态设计原则，所用钢材的强度设计值 f 应按其屈服强度标准值 f_y 除以抗力分项系数 γ_R 取值，如式（3.4-1）

$$f = f_y/\gamma_R \tag{3.4-1}$$

2. 抗力分项系数 γ_R 应按现行国家标准《建筑结构可靠性设计统一标准》GB50068 相关规定经大数据统计分析确定。在编制 88 版《钢结构设计规范》GBJ 17—88 时，确定的抗力分项系数：对 3 号钢、16Mn 钢（新钢材标准分别标识为 Q235 钢、Q345 钢），γ_R 为 1.087；对 15MnV 钢（新钢材标准标识为 Q390 钢），γ_R 为 1.111。在后来的工程实践中陆续发现 γ_R 取 1.087 对于 16Mn 钢不够安全，在 03 版《钢结构设计规范》GB 50017—2003 中将此 γ_R 调整为 1.111。

3. 《钢结构设计规范》GBJ 17—88 应用时期，3 号钢是钢结构材料主力品种，16Mn 应用不多，15MnV 钢使用经验更少；《钢结构设计规范》GB 50017—2003 应用时期，Q345 钢成为主力品种，而 Q390 钢、Q420 钢工程经验相对欠缺，实际上因为条件不足未对 Q390 钢、Q420 钢的抗力分项系数 γ_R 取值进行论证，只是直接沿用和借用 $\gamma_R = 1.111$，有判断曾经认为对低合金高强度结构钢 $\gamma_R = 1.111$ 偏于保守，但 Q345 钢的实践并不支持这种判断。新修订的现行国家标准《钢结构设计标准》GB 50017—2017 给出的低合金高强度结构钢抗力分项系数：对 Q345 钢和 Q390 钢取 1.125，对 Q420 钢和 Q460 钢取 1.125（$t \leqslant 40mm$）、1.180（$t > 40 \sim 100mm$），取值均大于 1.111。

4. 国内开发、生产、研究、应用按现行国家标准《建筑结构用钢板》GB/T 19879 生产的优质钢板（GJ 钢板）接近二十年，Q345GJ 已列入《钢结构设计标准》GB 50017—2017，其抗力分项系数 γ_R 按钢板厚度不同分别取值为 1.059（6mm＜t≤50mm）及 1.12（50mm＜t≤100mm）。

还必须指出，本节的表 3.4-2、表 3.4-5 分别出自《钢结构设计标准》GB 50017—2017 第 4 章表 4.4.2 和表 4.4.5，值得注意的是《钢结构设计标准》GB 50017—2017 里的表 4.4.2 与表 4.4.5 对于 GJ 钢的相关设计规定并不一致！而现行行业标准《高层民用建筑钢结构技术规程》JGJ 99—2015 中，涉及 GJ 钢的相同内容条文则不存在这样的问题！

二、热轧或热成型钢材及其连接的设计指标

《钢结构设计标准》GB 50017—2017 首次发布时，钢材的设计用强度指标主要是基于国家标准《低合金高强度结构钢》GB/T 1591—2008 的规定并经统计分析确定。而其后发布的《低合金高强度结构钢》GB/T 1591—2018 进行了多项重大修改，如：增加了交

货类别、屈服强度改为上屈服、原 Q345 改为 Q355 等等。按《钢结构设计标准》GB 50017—2017 局部修订更正后的钢材的设计用强度指标见表 3.4-1。

1. 钢材的设计用强度指标，应根据钢材牌号、厚度或直径按表 3.4-1 采用。

钢材的设计用强度指标（N/mm²）　　　　　　　　　表 3.4-1

钢材牌号		钢材厚度或直径（mm）	强度设计值			钢材强度	
			抗拉、抗压、抗弯 f	抗剪 f_v	端面承压（刨平顶紧） f_{ce}	屈服强度 f_y	抗拉强度 f_u
碳素结构钢	Q235	≤16	215	125	320	235	370
		>16，≤40	205	120		225	
		>40，≤100	200	115		215	
低合金高强度结构钢	Q355	≤16	305	175	400	355	470
		>16，≤40	295	170		345	
		>40，≤63	290	165		335	
		>63，≤80	280	160		325	
		>80，≤100	270	155		315	
	Q390	≤16	345	200	415	390	490
		>16，≤40	330	190		380	
		>40，≤63	310	180		360	
		>63，≤100	295	170		340	520
	Q420	≤16	375	215	440	420	
		>16，≤40	355	205		410	
		>40，≤63	320	185		390	
		>63，≤100	305	175		370	
	Q460	≤16	410	235	470	460	550
		>16，≤40	390	225		450	
		>40，≤63	355	205		430	
		>63，≤100	340	195		410	

注：表中直径指实芯棒材，厚度系指计算点的钢材或钢管壁厚度，对轴心受拉和轴心受压构件系指截面中较厚板件的厚度；

2. 建筑结构用钢板（GJ 钢板）的设计用强度指标，可根据钢材牌号、厚度或直径按表 3.4-2 采用。

建筑结构用钢板的设计用强度指标（N/mm²）　　　　表 3.4-2

建筑结构用钢板	钢材厚度或直径（mm）	强度设计值			钢材强度	
		抗拉、抗压、抗弯 f	抗剪 f_v	端面承压（刨平顶紧） f_{ce}	屈服强度 f_y	抗拉强度 f_u
Q345GJ	>16，≤50	325	190	415	345	490
	>50，≤100	300	175		335	

3. 结构用无缝钢管的强度指标应按表 3.4-3 采用。

结构设计用无缝钢管的强度指标（N/mm²）　　　　表 3.4-3

钢管钢材牌号	壁厚（mm）	强度设计值			钢管强度	
		抗拉、抗压和抗弯 f	抗剪 f_v	端面承压（刨平顶紧）f_{ce}	钢材屈服强度 f_y	抗拉强度 f_u
Q235	≤16	215	125	320	235	375
	>16，≤30	205	120		225	
	>30	195	115		215	
Q345	≤16	305	175	400	345	470
	>16，≤30	290	170		325	
	>30	260	150		295	
Q390	≤16	345	200	415	390	490
	>16，≤30	330	190		370	
	>30	310	180		350	
Q420	≤16	375	220	445	420	520
	>16，≤30	355	205		400	
	>30	340	195		380	
Q460	≤16	410	240	470	460	550
	>16，≤30	390	225		440	
	>30	355	205		420	

4. 铸钢件的强度设计值应按表 3.4-4 采用。

铸钢件的强度设计值（N/mm²）　　　　表 3.4-4

类别	钢号	铸件厚度（mm）	抗拉、抗压和抗弯 f	抗剪 f_v	端面承压（刨平顶紧）f_{ce}
非焊接结构用铸钢件	ZG230-450	≤100	180	105	290
	ZG270-500		210	120	325
	ZG310-570		240	140	370
焊接结构用铸钢件	ZG230-450H	≤100	180	105	290
	ZG270-480H		210	120	310
	ZG300-500H		235	135	325
	ZG340-550H		265	150	355

注：表中强度设计值仅适用于本表规定的厚度。

5. 焊缝的强度设计指标应按表 3.4-5 采用，并符合以下规定：

（1）手工焊用焊条、自动焊和半自动焊所采用的焊丝和焊剂，应保证其熔敷金属的力学性能不低于母材的性能。

（2）焊缝质量等级应符合现行国家标准《钢结构焊接规范》GB50661 的规定，其检验方法应符合现行国家标准《钢结构工程施工质量验收规范》GB 50205 的规定。其中厚度小于 6mm 钢材的对接焊缝，不应采用超声波探伤确定焊缝质量等级。

焊缝强度设计指标（N/mm²）　　　　　　　　　　　表 3.4-5

焊接方法和焊条型号	构件钢材		对接焊缝强度设计值				角焊缝强度设计值	对接焊缝抗拉强度 f_u^w	角焊缝抗拉、抗压和抗剪强度 f_u^f
	牌号	厚度或直径（mm）	抗压 f_c^w	焊缝质量为下列等级时，抗拉 f_t^w		抗剪 f_v^w	抗拉、抗压和抗剪 f_f^w		
				一级、二级	三级				
自动焊、半自动焊和 E43 型焊条手工焊	Q235	≤16	215	215	185	125	160	415	240
		>16，≤40	205	205	175	120			
		>40，≤100	200	200	170	115			
自动焊、半自动焊和 E50、E55 型焊条手工焊	Q345	≤16	305	305	260	175	200	480(E50) 540(E55)	280(E50) 315(E55)
		>16，≤40	295	295	250	170			
		>40，≤63	290	290	245	165			
		>63，≤80	280	280	240	160			
		>80，≤100	270	270	230	155			
	Q390	≤16	345	345	295	200	200(E50) 220(E55)		
		>16，≤40	330	330	280	190			
		>40，≤63	310	310	265	180			
		>63，≤100	295	295	250	170			
自动焊、半自动焊和 E55、E60 型焊条手工焊	Q420	≤16	375	375	320	215	220(E55) 240(E60)	540(E55) 590(E60)	315(E55) 340(E60)
		>16，≤40	355	355	300	205			
		>40，≤63	320	320	270	185			
		>63，≤100	305	305	260	175			
自动焊、半自动焊和 E55、E60 型焊条手工焊	Q460	≤16	410	410	350	235	220(E55) 240(E60)	540(E55) 590(E60)	315(E60) 340(E60)
		>16，≤40	390	390	330	225			
		>40，≤63	355	355	300	205			
		>63，≤100	340	340	290	195			
自动焊、半自动焊和 E50、E55 型焊条手工焊	Q345GJ	>16，≤35	310	310	265	180	200	480(E50) 540(E55)	280(E50) 315(E55)
		>35，≤50	290	290	245	170			
		>50，≤100	285	285	240	165			

注：表中厚度系指计算点的钢材厚度，对轴心受拉和轴心受压构件系指截面中较厚板件的厚度。

（3）对接焊缝在受压区的抗弯强度设计值取 f_c^w，在受拉区的抗弯强度设计值取 f_t^w。

（4）计算下列情况的连接时，表 3.4-5 规定的强度设计值应乘以相应的折减系数；几种情况同时存在时，其折减系数应连乘。

1）施工条件较差的高空安装焊缝乘以系数 0.9；

2）进行无垫板的单面施焊对接焊缝的连接计算应乘以系数 0.85。

6. 螺栓连接的强度指标应按表 3.4-6 采用。

7. 铆钉连接的强度设计值应按表 3.4-7 采用，并应按下列规定乘以相应的折减系数，当下列几种情况同时存在时，其折减系数应连乘。

螺栓连接的强度指标（N/mm²）　　　　　　　　表 3.4-6

螺栓的性能等级、锚栓和构件钢材的牌号		强度设计值										高强度螺栓的抗拉强度 f_u^b
		普通螺栓						锚栓	承压型连接或网架用高强度螺栓			
		C 级螺栓			A 级、B 级螺栓							
		抗拉 f_t^b	抗剪 f_v^b	承压 f_c^b	抗拉 f_t^b	抗剪 f_v^b	承压 f_c^b	抗拉 f_t^a	抗拉 f_t^b	抗剪 f_v^b	承压 f_c^b	
普通螺栓	4.6 级、4.8 级	170	140	—	—	—	—	—	—	—	—	—
	5.6 级	—	—	—	210	190	—	—	—	—	—	—
	8.8 级	—	—	—	400	320	—	—	—	—	—	—
锚栓	Q235	—	—	—	—	—	—	140	—	—	—	—
	Q345	—	—	—	—	—	—	180	—	—	—	—
	Q390	—	—	—	—	—	—	185	—	—	—	—
承压型连接高强度螺栓	8.8 级	—	—	—	—	—	—	—	400	250	—	830
	10.9 级	—	—	—	—	—	—	—	500	310	—	1040
螺栓球节点用高强度螺栓	9.8 级	—	—	—	—	—	—	—	385	—	—	—
	10.9 级	—	—	—	—	—	—	—	430	—	—	—
构件钢材牌号	Q235	—	—	305	—	—	405	—	—	—	470	—
	Q345	—	—	385	—	—	510	—	—	—	590	—
	Q390	—	—	400	—	—	530	—	—	—	615	—
	Q420	—	—	425	—	—	560	—	—	—	655	—
	Q460	—	—	450	—	—	595	—	—	—	695	—
	Q345GJ	—	—	400	—	—	530	—	—	—	615	—

注：1. A 级螺栓用于 $d \leqslant 22$mm 和 $L \leqslant 10d$ 或 $L \leqslant 150$mm（按较小值）的螺栓；B 级螺栓用于 $d > 24$mm 和 $L > 10d$ 或 $L > 150$mm（按较小值）的螺栓；d 为公称直径，L 为螺栓公称长度；

2. A、B 级螺栓孔的精度和孔壁表面粗糙度，C 级螺栓孔的允许偏差和孔壁表面粗糙度，均应符合现行国家标准《钢结构工程施工质量验收规范》GB 50205 的要求；

3. 用于螺栓球节点的网架的高强度螺栓，M12～M36 为 10.9 级，M39～M64 为 9.8 级。

（1）施工条件较差的铆钉连接乘以系数 0.9；

（2）沉头和半沉头铆钉连接乘以系数 0.8。

铆钉连接的强度设计值（N/mm²）　　　　　　　　表 3.4-7

铆钉钢号和构件钢材牌号		抗拉（钉头拉脱）f_t^r	抗剪 f_v^r		承压 f_c^r	
			Ⅰ类孔	Ⅱ类孔	Ⅰ类孔	Ⅱ类孔
铆钉	BL2 或 BL3	120	185	155	—	—
构件钢材牌号	Q235	—	—	—	450	365
	Q345	—	—	—	565	460
	Q390	—	—	—	590	480

注：1. 属于下列情况者为Ⅰ类孔：

（1）在装配好的构件上按设计孔径钻成的孔；

（2）在单个零件和构件上按设计孔径分别用钻模钻成的孔；

（3）在单个零件上先钻成或冲成较小的孔径，然后在装配好的构件上再扩钻至设计孔径的孔。

2. 在单个零件上一次冲成或不用钻模钻成设计孔径的孔属于Ⅱ类孔。

8. 钢材和铸钢件的物理性能指标应按表 3.4-8 采用。

钢材和铸钢件的物理性能指标　　　　表 3.4-8

弹性模量 E （N/mm²）	剪变模量 G （N/mm²）	线膨胀系数 α （以每℃计）	质量密度 ρ （kg/m³）
206×10^3	79×10^3	12×10^{-6}	7850

三、冷弯及冷成型钢材及其连接的设计指标

我国现行国家标准《冷弯薄壁型钢结构技术规范》GB 50018 正在修订中，其内容已扩大涵盖了壁厚 20mm 以下的型材。据其（报批稿）规定，对 Q390 钢抗力分项系数 γ_R 取为 1.125；对 Q235 钢与 Q345 钢取为 1.165。有关设计指标见以下各表。

1. 钢材的强度设计值应按表 3.4-9 采用

钢材的强度设计值（N/mm²）　　　　表 3.4-9

牌号	钢材厚度 mm	屈服强度 f_y	抗拉、抗压和抗弯 f	抗剪 f_v	端面承压 （刨平顶紧） f_{ce}
Q235	$2 \leqslant t \leqslant 16$	235	205	120	310
	$16 < t \leqslant 20$	225	195	115	
Q345	$2 \leqslant t \leqslant 16$	345	300	175	400
	$16 < t \leqslant 20$	335	290	170	
Q390	$2 \leqslant t \leqslant 16$	390	345	200	415
	$16 < t \leqslant 20$	370	330	190	
S280	$0.6 \leqslant t \leqslant 2.0$	280	240	135	320
S350	$0.6 \leqslant t \leqslant 2.0$	350	300	175	400
LQ550	$t \leqslant 0.6$	530	455	260	—
	$0.6 < t \leqslant 0.9$	500	430	250	
	$0.9 < t \leqslant 1.2$	460	400	230	
	$1.2 < t \leqslant 1.5$	420	360	210	

注：计算全截面有效的受拉或受弯构件的强度时，可采用考虑冷弯强化效应的强度设计值。

2. 焊缝的强度设计值应按表 3.4-10 采用

焊缝的强度设计值（N/mm²）　　　　表 3.4-10

构件钢材		对接焊缝			角焊缝
牌号	厚度或直径 （mm）	抗压 f_c^w	抗拉 f_t^w	抗剪 f_v^w	抗拉、抗压和抗弯 f_f^w
Q235	$2 \leqslant t \leqslant 16$	205	175	120	140
	$16 < t \leqslant 20$	195	175	115	140
Q345	$2 \leqslant t \leqslant 16$	300	255	175	195
	$16 < t \leqslant 20$	290	250	170	195
Q390	$2 \leqslant t \leqslant 16$	345	295	200	200
	$16 < t \leqslant 20$	320	280	190	200

注：1. 当 Q235 钢、Q345 钢、Q390 钢不同等级对接焊接时，焊缝的强度设计值应按表 3.4-9 中低强度钢材对应栏的数值采用；

2. 经探伤检查符合一、二级焊缝质量标准的对接焊缝的抗拉强度设计值采用抗压强度设计值。

3. C 级普通螺栓连接的强度设计值应按表 3.4-11 采用。

C 级普通螺栓连接的强度设计值   表 3.4-11

类别	性能等级	构件钢材的牌号（t 为钢材厚度）		
	4.6 级、4.8 级	Q235 钢	Q345 钢	Q390 钢
抗拉 f_t^b	165	—	—	—
抗剪 f_v^b	125	—	—	—
承压 f_c^b	—	290（$t \leqslant 6$mm） 305（$t > 6$mm）	370（$t \leqslant 6$mm） 385（$t > 6$mm）	380（$t \leqslant 6$mm） 400（$t > 6$mm）

4. 冷弯及冷成型钢材的物理性能指标应按表 3.4-8 采用。

3.5 结构容许变形与舒适度限值

3.5.1 一般规定

1. 根据正常使用极限状态设计的要求，结构设计应保证结构在正常使用条件下避免出现以下状态：

（1）影响正常使用与外观的结构变形（挠度、位移等）；

（2）影响正常使用的振动（振幅、频率）；

（3）影响正常使用的其他特定状态（风的加速度）。

正常使用极限状态设计时应对构件的上述变形、振幅、舒适度等进行验算，其量值不应超过《钢结构设计标准》GB 50017—2017、《高层民用建筑钢结构技术规程》JGJ 99—2015、《建筑抗震设计规范》GB 50011—2010（2016 年版）及《空间网格结构技术规程》JGJ 7—2010 等国家现行标准中相应限值的规定。

2. 进行正常使用极限状态设计的变形计算时，其荷载作用应按《建筑结构荷载规范》GB 50009—2012 分别采用下列各作用组合：

（1）标准组合，宜用于不可逆正常使用极限状态设计；

（2）频遇组合，宜用于可逆正常使用极限状态设计；

（3）准永久组合，宜用于长期效应是决定性因素的正常使用极限状态设计。

3. 计算直接承受动力荷载的结构（如吊车梁或吊车桁架等）的变形时，其荷载作用应按标准值计算，并不再乘以动力系数；同时计算吊车荷载作用时，在下列情况下吊车均只按一台自重与起重量最大的吊车取值：

（1）计算吊车梁或吊车桁架的挠度时；

（2）计算 A7、A8 级吊车车间内吊车梁制动结构在水平荷载作用下的挠度时；

（3）计算 A7、A8 级吊车车间厂房柱在吊车水平荷载作用下，柱在吊车梁顶标高处的位移时。

4. 梁、桁架等受弯构件有预起拱时，其挠度计算值应扣除预拱值，对钢-混凝土组合梁，其最终挠度值应计入钢梁在施工阶段已产生并不可恢复的挠度。

5. 对抗震设防的多（高）层钢结构，应按多遇地震或罕遇地震的不同条件分别验算其弹性层间位移角与弹塑性层间位移角；对多（高）层钢-混凝土混合结构，应按现行协会标准《高层建筑钢-混凝土混合结构设计规程》CECS 230 规定进行层间位移角的验算。

3.5.2　结构的变形与位移容许限值

一、梁、桁架、墙架与网格结构的容许挠度

1. 吊车梁、楼盖梁、屋盖梁、工作平台梁以及墙架构件的挠度不宜超过表 3.5-1 所列的容许值。

梁、桁架与墙架构件的挠度容许值　　表 3.5-1

项次	构　件　类　别	挠度容许值	
		$[v_T]$	$[v_Q]$
1	吊车梁和吊车桁架（按自重和起重量最大的一台吊车计算挠度） （1）手动起重机和单梁起重机（含悬挂起重机） （2）轻级工作制桥式起重机 （3）中级工作制桥式起重机 （4）重级工作制桥式起重机	$l/500$ $l/750$ $l/900$ $l/1000$	—
2	手动或电动葫芦的轨道梁	$l/400$	—
3	有重轨（重量等于或大于 38kg/m）轨道的工作平台梁 有轻轨（重量等于或大于 24kg/m）轨道的工作平台梁	$l/600$ $l/400$	
4	楼（屋）盖梁或桁架、工作平台梁（第 3 项除外）和平台板 （1）主梁或桁架（包括设有悬挂起重设备的梁和桁架） （2）仅支承压型金属板屋面和冷弯型钢檩条 （3）除支承压型金属板屋面和冷弯型钢檩条外，尚有吊顶 （4）抹灰顶棚的次梁 （5）除（1）～（4）项外的其他梁（包括楼梯梁） （6）屋盖檩条 　支承压型金属板屋面者 　支承其他屋面材料者 　有吊顶 （7）平台板	$l/400$ $l/180$ $l/240$ $l/250$ $l/250$ $l/150$ $l/200$ $l/240$ $l/150$	$l/500$ $l/350$ $l/300$
5	墙架构件（风荷载不考虑阵风系数） （1）支柱（水平方向） （2）抗风桁架（作为连续支柱的支承时，水平位移） （3）砌体墙的横梁（水平方向） （4）支承压型金属板的横梁（水平方向） （5）支承其他墙面材料的横梁（水平方向） （6）带有玻璃窗的横梁（竖直和水平方向）	— — — — — $l/200$	$l/400$ $l/1000$ $l/300$ $l/100$ $l/200$ $l/200$

注：1. l 为受弯构件的跨度（对悬臂梁和伸臂梁为悬臂长度的 2 倍）；
　　2. $[v_T]$ 为永久和可变荷载标准值产生的挠度（如有起拱应减去拱度的容许值）；$[v_Q]$ 为可变荷载标准值产生的挠度的容许值；
　　3. 当吊车梁或吊车桁架跨度大于 12m 时，其挠度容许值 $[v_T]$ 应乘以 0.9 的系数；
　　4. 当墙面采用延性材料或与结构采用柔性连接时，墙架构件的支柱水平位移容许值可采用 $l/300$，抗风桁架（作为连续支柱的支承时）水平位移容许值可采用 $l/800$。

2. 设有工作级别为 A7、A8 级起重机的车间，其跨间每侧吊车梁或吊车桁架的制动结构，出一台最人起重机横向水平荷载（按荷载规范取值）所产生的挠度不宜超过制动结构跨度的 $l/2200$。

3. 钢-混凝土组合楼盖梁、板的容许挠度应符合以下规定：

（1）组合楼板使用阶段的挠度不应大于板跨 L 的 $1/200$，施工阶段其下部楼承板的挠度不应大于板跨 L 的 $1/180$，且不应大于 20mm。

（2）组合梁的挠度应符合表 3.5-2 的规定。

钢-混凝土组合楼盖梁的容许挠度

表 3.5-2

构件类别		施工阶段钢梁容许挠度	组合梁容许挠度
屋盖梁、楼盖梁	$l_0 \leqslant 7m$ 时	$l/200$ 且不大于 25mm	$l/200$（$l/250$）
	$7m < l_0 \leqslant 9m$ 时		$l/250$（$l/300$）
	$l_0 > 9m$ 时		$l/300$（$l/400$）

注：1. l_0 为梁的计算跨度；

2. 验算施工阶段钢梁挠度时，其荷载（标准值）可采用组合梁自重与施工荷载 $1.5kN/m^2$ 的组合值；

3. 组合梁最终挠度为施工阶段钢梁挠度与使用阶段组合梁挠度的叠加值，表中括号中的值适用于对挠度有较严格限制的构件；

4. 当构件预起拱时，计算挠度应减去起拱值。

4. 大跨度钢结构位移限值宜符合下列规定：

（1）永久荷载与可变荷载标准组合时，结构挠度宜符合下列规定：

1）结构的最大挠度值不宜超过表 3.5-3 中的容许挠度值。

2）网架与桁架可预先起拱，起拱值可取不大于短向跨度的 $1/300$。当仅为改善外观条件时，结构挠度可取永久荷载与可变荷载标准值作用下的挠度计算值减去起拱值。但结构在可变荷载下的挠度不宜大于结构跨度的 $1/400$。

3）对于设有悬挂起重设备的屋盖结构，其最大挠度值不宜大于结构跨度的 $1/400$，在可变荷载下的挠度不宜大于结构跨度的 $1/500$。

非地震作用组合时大跨度钢结构容许挠度值

表 3.5-3

结构类型		跨中区域	悬挑结构
受弯为主的结构	桁架、网架、斜拉结构、张弦结构等	$L/250$（屋盖） $L/300$（楼盖）	$L/125$（屋盖） $L/150$（楼盖）
受压为主的结构	双层网壳	$L/250$	$L/125$
	拱架、单层网壳	$L/400$	—
受拉为主的结构	单层单索屋盖	$L/200$	
	单层索网、双层索系以及横向加劲索系的屋盖、索穹顶屋盖	$L/250$	

注：1. 表中 L 为短向跨度或悬挑跨度。

2. 索网结构的挠度为预应力之后的挠度。

（2）在重力荷载代表值与多遇竖向地震作用标准值下的组合最大挠度值不宜超过表 3.5-4 规定的容许值。

5. 空间网格结构在恒荷载与活荷载标准值作用下的容许挠度值应符合表 3.5-5 的

规定。

地震作用组合时大跨度钢结构容许挠度值 表 3.5-4

结构类型		跨中区域	悬挑结构
受弯为主的结构	桁架、网架、斜拉结构、张弦结构等	$L/250$（屋盖） $L/300$（楼盖）	$L/125$（屋盖） $L/150$（楼盖）
受压为主的结构	双层网壳、弦支穹顶	$L/300$	$L/150$
	拱架、单层网壳	$L/400$	—

注：表中 L 为短向跨度或悬挑跨度。

空间网格结构在恒荷载与活荷载标准值作用下的容许挠度值 表 3.5-5

结构体系	屋盖跨度（短向跨度）	楼盖跨度（短向跨度）	悬挑结构（悬挑跨度）
网架	$l/250$	$l/300$	$l/125$
单层网壳	$l/400$	—	$l/200$
双层网壳 立体桁架	$l/250$	—	$l/125$

二、框架、排架结构位移的容许值

1. 单层钢结构柱顶水平位移限值宜符合下列规定：

（1）在风荷载标准值作用下，单层钢结构柱顶水平位移宜符合下列规定：

1）单层钢结构柱顶水平位移不宜超过表 3.5-6 的数值。

2）无桥式起重机时，当围护结构采用砌体墙，柱顶水平位移不应大于 $H/240$；当围护结构采用轻型钢墙板且房屋高度不超过 18m，柱顶水平位移可放宽至 $H/60$。

3）有桥式起重机时，当房屋高度不超过 18m，采用轻型屋盖，吊车起重量不大于 20t 工作制级别为 A1～A5 且吊车由地面控制时，柱顶水平位移可放宽至 $H/180$。

风荷载作用下单层钢结构柱顶水平位移容许值 表 3.5-6

结构体系	吊车情况	柱顶水平位移
排架、框架	无桥式起重机	$H/150$
	有桥式起重机	$H/400$

注：H 为柱高度，当围护结构采用轻型墙板时，柱顶水平位移要求可适当放宽。

（2）在冶金厂房或类似车间中设有 A7、A8 级吊车的厂房柱和设有中级和重级工作制吊车的露天栈桥柱，在吊车梁或吊车桁架的顶面标高处，由一台最大吊车水平荷载（按荷载规范取值）所产生的计算变形值，不宜超过表 3.5-7 所列的容许值。

吊车水平荷载作用下柱水平位移（计算值）容许值 表 3.5-7

项次	位移的种类	按平面结构图形计算	按空间结构图形计算
1	厂房柱的横向位移	$H_c/1250$	$H_c/2000$
2	露天栈桥柱的横向位移	$H_c/2500$	
3	厂房和露天栈桥柱的纵向位移	$H_c/4000$	

注：1. H_c 为基础顶面至吊车梁或吊车桁架的顶面的高度；

2. 计算厂房或露天栈桥柱的纵内位移时，可假定吊车的纵向水平制动力分配在温度区段内所有的柱间支撑或纵向框架上；

3. 在设有 A8 级吊车的厂房中，厂房柱的水平位移（计算值）容许值不宜大于表中数值的 90%；

4. 在设有 A6 级吊车的厂房柱的纵向位移宜符合表中的要求。

2. 多层钢结构层间位移角限值宜符合下列规定：

（1）在风荷载标准值作用下，有桥式起重机时，多层钢结构的弹性层间位移角不宜超过 $l/400$。

（2）在风荷载标准值作用下，无桥式起重机时，多层钢结构的弹性层间位移角不宜超过 3.5-8 的数值。

多层钢框架层间位移角容许值　　　　　　　　　　表 3.5-8

结构体系			层间位移角
框架、框架-支撑			1/250
框-排架	侧向框-排架		1/250
	竖向框-排架	排架	1/150
		框架	1/250

注：1. 对室内装修要求较高的建筑，层间位移角宜适当减小；无墙壁的建筑，层间位移角可适当放宽；

　　2. 当围护结构可适应较大变形时，层间位移角可适当放宽；

　　3. 在多遇地震作用下多层钢结构的弹性层间位移角不宜超过 1/250。

3. 高层建筑钢结构层间位移角限值应符合以下规定：

（1）在风荷载或多遇地震标准值作用下，按弹性方法计算的楼层层间最大水平位移与层高之比不宜大于 1/250。

（2）在罕遇地震作用下，表 3.5-9 所列的各类高层钢结构应采用静力弹塑性方法或弹塑性时程分析方法进行薄弱层弹塑性变形验算，计算所得薄弱层或薄弱部位弹塑性层间位移值不应大于层高的 1/50。

薄弱层弹塑性变形验算的结构类别　　　　　　　　表 3.5-9

应验算的结构	宜验算的结构
1. 甲类建筑或 9 度抗震设防的乙类建筑； 2. 采用隔震或消能减震设计的建筑结构； 3. 房屋高度大于 150m 的结构	1. 高度超过 100m（8 度Ⅰ、Ⅱ类场地和 7 度）或超过 80m（8 度Ⅲ、Ⅴ类场地）或超过 60m（9 度）竖向不规则的乙、丙类高层民用建筑钢结构； 2. 7 度Ⅲ、Ⅳ类场地或 8 度乙类建筑

4. 高层钢-混凝土混合结构的层间位移角限值应符合以下规定：

（1）在风荷载和多遇地震作用下，最大弹性层间位移角不宜大于表 3.5-10 规定的限值。

弹性层间位移角限值　　　　　　　　　　　　　　表 3.5-10

结构类型	混合框架结构		其他结构	
	钢梁	钢骨混凝土梁	$H{\leqslant}150m$	$H{\geqslant}250m$
层间位移角限值	1/400	1/500	1/800	1/500

注：房屋高度 H 介于 150~250m 时，层间位移角限值可采用线性插值。

（2）在罕遇地震作用下，高层建筑混合结构的弹塑性层间位移角，对于混合框架结构不应大于 1/50；其余结构不应大于 1/100。

三、门式刚架与低层冷弯薄壁型钢（龙骨）房屋结构的变形限值

1. 门式刚架受弯构件的容许挠度限值应符合表 3.5-11 的规定。

受弯构件的挠度与跨度比限值（mm）　　　　　　表 3.5-11

构件类别			构件挠度限值
竖向挠度	门式刚架斜梁	仅支承压型钢板屋面和型钢檩条	$l/180$
		尚有吊顶	$l/240$
		有悬挂起重机	$l/400$
	夹层	主梁	$l/400$
		次梁	$l/250$
	檩条	仅支承压型钢板屋面	$l/150$
		尚有吊顶	$l/240$
	压型钢板屋面板		$l/150$
水平挠度	墙板		$l/100$
	抗风柱或抗风桁架		$l/250$
	墙梁	仅支承压型钢板墙	$l/100$
		支承砌体墙	$l/180$ 且 $\leqslant 50$mm

注：1. 表中 l 为构件跨度；

　　2. 对门式刚架斜梁，l 取全跨；

　　3. 对悬臂梁，按悬伸长度的 2 倍作为受弯构件的计算跨度。

2. 在风荷载或多遇地震标准值作用下的单层门式刚架的柱顶位移值不应大于表 3.5-12 规定的限值。夹层处柱顶水平位移限值为 $H/250$，H 为夹层处柱高度。

刚架柱顶位移的限值（mm）　　　　　　表 3.5-12

吊车情况	其他情况	柱顶位移限值
无吊车	当采用轻型钢墙板时	$h/60$
	当采用砌体墙时	$h/240$
有桥式吊车	当吊车有驾驶室时	$h/400$
	当吊车由地面操作时	$h/180$

注：表中 h 为刚架柱高度；

3. 低层冷弯薄壁型钢（龙骨）房屋结构在风荷载或多遇地震标准值作用下的层间位移角不应大于 1/300；其墙体立柱在风荷载作用下顺风方向的挠度不得大于立柱长度的 1/250；其受弯构件的容许挠度应符合表 3.5-13 的规定。

受弯构件的挠度限值　　　　　　表 3.5-13

构件类别	构件挠度限值
楼层梁：	
全部荷载作用时	$L/250$
仅活荷载作用时	$L/500$
门、窗过梁	$L/350$
屋架	$L/250$
结构板	$L/200$

注：1. 表中 L 为构件跨度。

　　2. 对悬臂梁按悬伸长度的 2 倍计算受弯构件的跨度。

四、房屋结构的舒适度限值

1. 房屋高度不小于 150mm 的高层民用建筑钢结构及混合结构应满足风振舒适度要求。按现行国家标准《建筑结构荷载规范》GB 50009 规定的 10 年一遇的风荷载标准值计算的，或通过风洞试验结果判断确定的结构顶点顺风向和横风向振动的最大加速度，应分别不大于表 3.5-14 中限值 α_{lim} 和 α_{max}。结构顶点的顺风向和横风向振动最大加速度计算，钢结构可按现行国家标准《建筑结构荷载规范》GB 50009 的有关规定进行，计算时钢结构阻尼比宜取 0.01～0.015；混合结构可按协会标准《高层建筑钢—混凝土混合结构设计规程》CECS 230 进行计算。

结构顶点最大加速度限值　　　　　　　　　　　　　表 3.5-14

使用功能	钢结构 α_{lim}	混合结构 α_{max}
住宅、公寓	0.20m/s²	0.15m/s²
办公、旅馆	0.28m/s²	0.25m/s²

2. 组合楼盖在正常使用时，其自振频率 f_n 不宜小于 3Hz，亦不宜大于 9Hz，且振动峰值加速度 α_p 与重力加速度 g 之比不宜大于表 3.5-15 规定的限值。

振动峰值加速度限值　　　　　　　　　　　　　　表 3.5-15

房屋功能	住宅、办公	商场、餐饮
α_p/g	0.005	0.015

注：当 $f_n < 3Hz$、$f_n > 8Hz$ 或其他房间时应做专门研究。

3.6　结　构　分　析

3.6.1　一般规定

1. 结构分析应妥善的确定结构与作用的计算模型，选用合理的计算方法与软件，正确地计算荷载作用于结构上的作用效应（包括构件内力轴力、剪力、扭矩等）以及变形、振幅等。同时，在结构分析中，尚应考虑环境条件变化（如高温、低温等）对材料、构件和结构性能的影响。

2. 结构分析应根据结构类型、材料性能和受力特点等因素，采用线性、非线性或试验分析方法。一般钢结构及其构筑物始终处于弹性工作状态，宜采用弹性理论进行结构分析，其内力和变形分析计算，可采用线性静力方法或线性动力方法。

当根据使用条件或技术经济性能要求，在非重复荷载作用下，允许结构在达到极限状态前能产生足够的塑性变形时，其内力与变形关系均为非线性的，此时，宜采用弹塑性或塑性理论进行结构分析。《钢结构设计标准》GB 50017—2017 专门规定了连续梁、框架和钢-混凝土组合梁的塑性设计方法。但结构承受动力荷载作用，或其承载力由脆性破坏或稳定控制时，不应采用塑性理论进行分析。

3. 对吊车荷载与风振作用的动力影响，一般可采用静荷载考虑等效动力系数的方法计算，当动力作用使结构产生较大加速度时，应对结构进行动力响应分析。

4. 对扭曲的箱形截面杆件节点或多杆交汇的铸钢节点等复杂构造节点，宜采用有限元方法进行分析计算。

5. 应用计算软件进行结构分析时应注意以下各点：

（1）计算软件仅为设计辅助工具，设计人员应对选用计算软件及其运算的正确性负责，并对将计算结果用于工程设计的正确性负有法定责任。

（2）所用计算软件应经鉴定认可或专门机构的认证。应用时应对软件的适用范围、依据规范、假定条件、分析模型与方法、输入数据要求与输出数据的条件及判定方法等有详细的了解。防止不求甚解，概念不清而导致错用错判或计算数据错误。

（3）设计人员应注意强化设计概念，在输入计算数据与计算结果的判定中，应保证数据的正确与结果数据的正确选用。输入数据前应先经一定的审核确认后，再进行程序计算。

3.6.2 结构模型与作用模型

一、结构模型

1. 结构分析采用的基本假定和计算模型应能合理描述所考虑的极限状态下的结构反应，并与结构的性状，构造相一致。

2. 根据结构的具体情况，可采用一维、二维或三维的计算模型进行结构分析。

结构分析所采用的各种简化或近似假定，应具有理论或试验依据，或经工程验证可行。

3. 当结构的变形可能使作用的影响显著增大时，应在结构分析中考虑结构变形的影响。梁柱刚性点的计算模型应与实际结构构造相一致，并符合受力过程中交角不变的刚性要求。

4. 结构计算模型的不定性应在极限状态方程中采用一个或几个附加基本变量来考虑。附加基本变量的概率分布类型和统计参数，可通过按计算模型的计算结果与按精确方法的计算结果或实际的观测结果相比较，经统计分析确定，或根据工程经验判断确定。

二、荷载与作用模型

1. 对与时间无关的或不计累积效应的静力分析，可只考虑发生在设计基准期内作用的最大值和最小值。当动力性能起控制作用时，应有比较详细的过程描述。

2. 在不能准确确定作用参数时，应对作用参数给出上下限范围，并进行比较以确定不利的作用效应。

3. 当结构承受自由作用（如吊车荷载）时，应根据每一自由作用可能出现的空间位置、大小和方向，分析确定对结构最不利的荷载布置。

4. 当考虑地基与结构相互作用时，土工作用可采用适当的等效弹簧或阻尼器来模拟。

5. 当动力作用可被认为是拟静力作用时，可通过把动力作用分析结果包括在静力作用中或对静力作用以等效力放大系数等方法，来考虑动力作用效应。

6. 当动力作用引起的振幅、速度或加速度，使结构有可能超过正常使用极限状态的限值时，应根据实际情况对结构进行正常使用极限状态验算。

3.6.3 结构抗震分析计算

一、结构抗震分析

1. 抗震设防的结构应按现行国家标准《建筑抗震设计规范》GB 50011 的规定进行结构分析，设防烈度为 6 度以上地区的结构必须进行结构截面的抗震验算，结构应进行多遇地震作用下的内力和变形分析，此时，可假定结构与构件处于弹性工作状态，内力和变形分析可采用线性静力方法或线性动力方法。

2. 不规则且具有明显薄弱部位并可能导致重大地震破坏的建筑结构，应进行罕遇地震作用下的弹塑性变形分析。此时，可根据结构特点采用静力弹塑性分析或弹塑性时程分析方法。

3. 结构抗震分析时，应按照楼（屋）盖的平面形状和平面内变形情况确定为刚性、分块刚性、半刚性、局部弹性和柔性等类别的横隔板，再按抗侧力系统的布置确定抗侧力构件间的共同工作，并进行各构件间的地震内力分析。质量和侧向刚度分布接近对称且楼（屋）盖可视为刚性横隔板的结构，可采用平面结构模型进行抗震分析。其他情况，应采用空间结构模型进行抗震分析。

4. 当结构在地震作用下的重力附加弯矩大于初始弯矩的 10% 时，应计入重力二阶效应的影响。重力附加弯矩是指任一楼层以上全部重力荷载与该楼层地震平均层间位移的乘积；初始弯矩是指该楼层地震剪力与楼层层高的乘积。

5. 利用计算机进行结构抗震分析时，应符合下列要求：

（1）计算模型的建立和必要的简化计算与处理，应符合结构的实际工作状况，计算中应考虑楼梯构件的影响。

（2）计算软件的技术条件应符合相关规范及标准的规定，并应说明特殊处理的内容和依据。

（3）复杂结构在多遇地震作用下的内力和变形分析时，应采用不少于两个适用的不同力学模型，并对其计算结果进行分析比较。

（4）所有计算机计算结果，应经分析判断确认其合理、有效后方可用于工程设计。

二、结构抗震性能化设计

1. 对建设场地条件特殊（如发生地震断裂避让区）或很重要且复杂的高层钢结构等，必要时，可进行结构的抗震性能化设计。抗震性能化设计时，应根据其设防类别、设防烈度、场地条件、结构类型和不规则性、建筑使用功能和附属设施功能的要求、投资大小、震后损失和修复难易程度等，对选用的抗震性能目标进行技术和经济可行性综合分析及论证。

2. 建筑结构的抗震性能化设计，应根据实际需要和明确的针对性分别选定针对整个结构、结构的局部部位或关键部位、结构的关键部件、重要构件等的性能目标。

3. 建筑结构的抗震性能化设计应符合下列要求：

（1）正确的选定地震动水准。对设计使用年限 50 年的结构，可按抗震规范选用多遇地震、设防地震和罕遇地震地震作用。其中，设防地震的加速度应按设计基本地震加速度采用；设防地震的地震影响系数最大值，当设防烈度 6 度、7 度（0.1g）、7 度（0.15g）、8 度（0.2g）、8 度（0.3g）、9 度时，可分别采用 0.12、0.23、0.34、0.45、0.68 和 0.90。

对设计使用年限超过 50 年的结构，宜考虑实际需要和可能，经专门研究后对地震作用适当调整，对地处发震断裂两侧 10km 以内的结构，地震动参数应计入近场影响。5km 以内宜乘以增大系数 1.5，5km 以外宜乘以不小于 1.25 的增大系数。

（2）妥善的选定性能目标。抗震规范规定对应于不同地震动水准的预期损坏状态或使用功能，结构的基本抗震设防目标应是：当遭受低于本地区抗震设防烈度的多遇地震影响时，主体结构不受损坏或不需修理可继续使用；当遭受相当于本地区抗震设防烈度的设防地震影响时，可能发生损坏，但经一般性修理仍可继续使用；当遭受高于本地区抗震设防烈度的罕遇地震影响时，不致倒塌或发生危及生命严重破坏。对使用功能或其他方面有专门要求的建筑，当采用抗震性能化设计时，应具有更具体或高于基本设防目标的抗震设防目标。

（3）合理的选定性能设计指标。设计应选定分别提高结构或其关键部位的抗震承载力、变形能力或同时提高抗震承载力和变形能力的具体指标，尚应计及不同水准地震作用取值的不确定性而留有余地。设计宜确定在不同地震动水准下结构不同部位的水平和竖向构件承载力的要求（含不发生脆性剪切破坏、形成塑性铰、达到屈服值或保持弹性等）；宜选择在不同地震动水准下结构不同部位的预期弹性或弹塑性变形状态，以及相应的构件延性构造的高、中或低要求，当构件的承载力明显提高时，相应的延性构造要求可适当降低。

4. 结构抗震性能化设计的计算应符合下列要求：

（1）分析模型应正确、合理地反映地震作用的传递途径和楼盖在不同地震动水准下是否整体或分块处于弹性工作状态。

（2）弹性分析可采用线性方法，弹塑性分析可根据性能目标所预期的结构弹塑性状态，分别采用增加阻尼的等效线性化方法以及静力或动力非线性分析方法。

（3）结构非线性分析模型相对于弹性分析模型可有所简化，但二者在多遇地震下的线性分析结果应基本一致；应计入重力二阶效应，合理确定弹塑性参数，应依据构件的实际截面特性计算承载力，可通过与理想弹性假定计算结果的对比分析，着重发现构件可能破坏的部位及其弹塑性变形程度。

5. 结构及其构件抗震性化设计的参考目标和计算方法，可按现行国家标准《建筑抗震设计规范》GB 50011 的规定采用。

6. 对采用压型钢板轻型屋盖的单层钢结构厂房结构，当其抗震设防烈度为 8 度（0.2g）及以下，但地震作用组合并不控制其框（排）架截面设计时，可按性能化设计的要求，即高弹性承载力允许相应低延性的原则，进行框（排）架梁地震作用效应（S_E）与其弹性抗力（R）比较，以放宽柱、梁板件的宽厚比限值，合理的减少构件用钢量。其比较判定方法如下：

（1）当构件的强度和稳定的承载力均为不小于 2 倍多遇地震作用效应 S（按式（3.6-1）计算）的高承载力状态时，可按《钢结构设计标准》GB 500017—2017 中弹性设计阶段的板件宽厚比限值控制设计，而不必遵守现行国家标准《建筑抗震设计规范》更严格的板件宽厚比限值规定。

（2）当强度和稳定性的承载力均为不大于 2 倍且不小于 1.5 倍多遇地震作用效应 S（按式（3.6-2）计算）的中等承载力状态时，梁柱板件的宽厚比可按表 3.6-1 中的 B 类限值采用；

（3）其他情况则按表 3.6-1 中 A 类限值采用。

$$S = \gamma_G S_{GE} + \gamma_{Eh} 2 S_{Ehk} + \gamma_{Ev} 2 S_{Evk} \leqslant R / \gamma_{RE} \tag{3.6-1}$$

$$S = \gamma_G S_{GE} + \gamma_{Eh} 1.5 S_{Ehk} + \gamma_{Ev} 1.5 S_{Evk} \leqslant R / \gamma_{RE} \tag{3.6-2}$$

式中　　γ_G ——重力荷载分项系数；

γ_{Eh}、γ_{Ev} ——分别为水平、竖向地震作用的分项系数；

S_{GE} ——重力荷载代表值的效应；

S_{Ehk}、S_{Evk} ——分别为水平、竖向地震作用标准值的效应；

R、γ_{RE} ——分别为结构承载力设计值与承载力抗震调整系数。

柱、梁构件的板件宽厚比限值 　　　　表 3.6-1

构件	板件名称		A 类	B 类
柱	I 形截面	翼缘 b/t	10	12
		腹板 h_0/t_w	44	50
	箱形截面	壁板、腹板间翼缘 b/t	33	37
		腹板 h_0/t_w	44	48
	圆形截面	外径壁厚比 D/t	50	70
梁	I 形截面	翼缘 b/t	9	11
		腹板 h_0/t_w	65	72
	箱形截面	腹板间翼缘 b/t	30	36
		腹板 h_0/t_w	65	72

注：表列数值适用于 Q235 钢，当材料为其他钢时，应乘以 $\sqrt{235/f_y}$ 折减，但对圆钢管的径（外径）厚比，应乘以 $235/f_y$ 折减。f_y 为所用钢材的屈服强度。

3.7　结构检验与加固设计

3.7.1　结构检验

1. 因工程或材料质量事故，或经一定使用期后，需对在建结构或现有结构的承载能力作评估时，应由业主或项目设计单位委托专门单位进行结构的检测工作。当有必要进行结构补强加固设计时，检测结果报告应作为加固设计的依据。

2. 钢结构的检测工作应符合现行国家标准《钢结构现场检测技术标准》GB/T 50621 的规定。钢结构的现场检测报告应为结构质量的评定或结构性能的鉴定提供真实、可靠、有效的检测数据和检测结论。

3. 对在建钢结构，当遇到下列情况之一时，应委托进行结构检测：

（1）对施工质量或材料质量有怀疑或争议，在钢结构材料检查或施工验收过程中需了解质量真实状况；

（2）对工程事故，需要通过检测，分析事故的原因以及对结构可靠性的影响。

4. 对已建成使用的现有钢结构，当遇到下列情况之一时，应委托进行结构检测：

（1）结构在使用中产生变形、连接损伤等缺陷，需进行安全鉴定；

（2）因设防条件变化，结构需进行抗震安全性鉴定；

（3）钢结构大修前的可靠性鉴定；

（4）建筑改变用途，需改造、加层或扩建前的鉴定；

（5）结构受到灾害、环境侵蚀等损伤影响的鉴定；

（6）对既有钢结构的可靠性有怀疑或争议。

5. 检测工作应委托有专门资质的专业单位承担，提出委托的设计单位应提出委托检测的技术条件要求。根据不同的要求，可委托进行以下内容的检测：

（1）结构外观质量检测，包括结构钢材表面或切口处的裂纹、夹层、夹渣情况，焊缝附近焊渣、焊缝尺寸及偏差情况，以及涂层的表面质量等情况；

（2）焊缝与焊接区的表面质量与内部缺陷；

（3）高强度螺栓抗滑移系数与终拧扭矩检测；

（4）钢材力学性能与化学成分；

（5）钢材表面锈蚀情况及钢材实际厚度；

（6）防腐涂层与防火涂层厚度；

（7）构件变形；

（8）构件节点连接的刚性约束程度及残余应力；

（9）构件工作的实际环境条件（风、雪荷载、高温、低温）；

（10）相关结构与设备的影响（地基不均匀沉降、设备振动）；

（11）构件实物非破坏性承载力检测；

（12）结构构件的动力特性（吊车梁的疲劳试验）。

检测报告结论应对不需加固补强的结构，提出继续使用寿命评估的意见；对需加固补强的结构提出加固处理的建议。

3.7.2 结构的加固补强设计

1. 根据结构检测或鉴定报告，当结构的强度、刚度或稳定性及连接的强度不能满足使用要求时，则应进行结构的修复或加固，结构的加固设计与施工应符合现行协会标准《钢结构加固技术规范》CECS 77：96 的规定，并由有资质的专业单位承担。

2. 结构的加固应按其不同的损坏原因与部位针对性地进行修复或加固。引起加固的原因可按本手册 19.4.1 节，进行分析判定。

3. 重要或复杂的工程加固设计宜先提出加固方案设计，经审定后再进行加固设计。加固后结构的安全等级应根据结构破坏后果的严重程度、结构的重要性和下一个使用周期的具体要求，由相关设计单位与业主按实际使用要求情况商定。

4. 钢结构的加固设计应综合考虑其技术经济效果的合理性。应不损伤原结构，避免不必要的拆除或更换，对生产车间应考虑不停产进行补强加固的方案，并采取相应的施工安全措施。

5. 结构加固设计时所考虑的荷载或作用，应经一定调查论证合理取值。除工艺设备、吊车荷载、操作活荷载等按业主提供的资料取值外，一般活荷载与风、雪荷载原则上仍按现行国家标准《建筑结构荷载规范》GB 50009 的规定取值，对地方有按小气候环境专门规定者，如暴风雪或超强台风等，则宜按该地区的相应规定取值。

6. 钢结构加固设计应按下列原则进行承载能力及正常使用极限状态验算；

（1）结构的计算模型应根据结构和荷载作用的实际状况确定；

（2）结构的计算截面应采用实际有效截面积，并按是否卸载加固或带负荷加固条件，考虑结构在加固时的实际受力状况。即考虑原结构的应力超前和加固部分应变滞后特点，确定加固部分与原结构共同工作的程度。

（3）加固后如改变传力路线或使地基负荷增大，应对相关结构构件及地基基础进行验算。

7. 钢结构加固设计应与实际施工方法紧密结合；应采取有效措施，保证新增截面、构件和部件与原结构连接可靠，形成整体共同工作；并避免对未加固的部分或构件造成不利的影响。

8. 对较复杂的结构加固，如托梁抽柱、顶升卸荷等，加固设计内容尚应包括施工临时技术措施中相关构件与节点连接的设计验算。

9. 钢结构加固的计算原则

（1）结构加固设计计算时，其安全度、荷载作用及结构计算等原则上均应符合各相关的现行规范的规定。

（2）结构构件与节点连接加固的计算模型应与实际构造相一致，必要时应对结构（框架、排梁）整体、相邻构件甚至柱脚、基础部位进行验算。

（3）结构加固计算应包括以下两类校核验算：

1）经加固补强后，结构构件或节点连接的强度、刚度及变形的校核验算；

2）在加固施工过程中采用各种施工技术措施状态下（如卸荷、顶升、临时支撑等），结构与节点连接的校核验算。

（4）在负荷状态下补强或加固时，应先根据加固时的实际荷载设计值，按强度和稳定验算原构件承载力，仅当承载力富余 20% 或以上时，才允许在负荷状态下进行加固。此时，加固计算可分别按下列两种工况进行：

1）补强加固后，对承受静荷载（或间接承受动荷载），且整体和局部稳定有可靠保证的构件，可按原有构件和加固零部件之间产生塑性内力重分布的原则进行计算。其广义表达式见本手册公式（19.4-1）。

2）补强加固后，对直接承受动荷载，或不符合（1）条中要求的构件，应按弹性阶段进行计算，其广义表达式见本手册公式（19.4-2）。

3.8 结 构 防 护 设 计

3.8.1 钢结构防腐涂装设计

1. 钢结构的防腐涂装设计应符合国家现行标准《工业建筑防腐蚀设计规范》GB 50046、《冷弯型钢结构技术规范》GB 50018 和协会标准《钢结构防腐蚀涂装技术规程》CECS 343 的规定。应遵循预防为主、防护结合、安全可靠、经济合理的原则，并综合考虑介质环境的腐蚀性、建筑物的重要性和维护条件等因素，在建筑全寿命经济分析的基础上采取长效防腐蚀涂装措施进行防护。

在强腐蚀介质环境中不宜采用钢结构，若需采用时，应对其必要性及技术经济合理性进行论证。

2. 结构的防腐设计应符合以下要求：

（1）应根据工作环境介质的腐蚀性级别与结构的重要性及技术经济要求，确定合理的防腐蚀设防标准与涂装方案。除有特殊要求外，不应因考虑锈蚀损伤而加大构件截面厚度。

（2）腐蚀性介质环境中钢结构的布置应符合材料集中使用的原则，框（排）架或桁架结构宜采用较大的柱距或跨度。

（3）构件截面宜选用实腹截面或闭口（钢管）截面；开口薄壁型钢或薄壁板件截面的构件宜仅用于微腐蚀或轻侵蚀环境中。

（4）钢材截面除锈等级不应低于 Sa2 $\frac{1}{2}$ 级，表面涂层应选用合理配套的复合涂层，即以与基层表面有较好附着力和长效防腐性能的涂料为底漆，有优异屏蔽功能的涂料为中间漆，以耐候性能好的涂料为面漆组成的复合涂层。对有特殊要求的环境条件并有技术经济论证依据时，可采用金属热喷涂与封闭层及涂层组合的长效复合涂层。

（5）构件及连接节点的构造应避免易于积尘、积潮并便于涂装作业与检查维护。

（6）设计文件中应提出结构在使用期间的检查、维护要求。

3.8.2 钢结构的隔热防护

1. 处于高温工作环境中的钢结构，应考虑高温作用对结构的影响。高温作用为可变荷载，其设计状况为持久状况，并应按承载力极限状态和正常使用极限状态进行设计。

2. 钢结构的环境温度超过 100℃ 时，其承载力和变形验算应考虑长期高温作用对结构和连接性能的影响，并根据不同情况可采取以下防护措施：

（1）以耐热涂料（板）隔护；

（2）结构短时间内可能受到火焰直接作用或长时间受高温作用时，应采用有效的隔热降温措施（如加隔热层或水套等）。

3. 当钢结构可能受到炽热熔化金属或玻璃的侵害时，应采用厚重的耐热砌块围护加以保护。

4. 钢结构的隔热保护措施在相应的工作环境下应具有耐久性，并与钢结构的防腐、防火保护措施相兼容。

5. 高强度螺栓连接长期受辐射热（环境温度）达 150℃ 以上，或可能短时间受火焰作用时，应采取隔热降温措施予以保护。构件采用防火涂料进行防火保护时，其高强度螺栓连接处的涂层厚度不应小于相连接构件的涂料厚度。

3.8.3 钢结构的防火设计

1. 钢结构的防火设计应符合国家现行标准《钢结构设计标准》GB 50017、《高层民用建筑钢结构技术规程》JGJ 99 和《建筑钢结构防火技术规范》GB 51249 及《钢结构防火涂料应用技术规范》CECS 24 的规定，其防火保护措施及构造应根据建筑物的类别与使用条件，综合考虑结构类型、耐火极限要求、工作环境等条件，按照安全可靠、经济合理的原则确定。

2. 在钢结构设计文件中应有防火设计专项内容，应注明建筑结构的耐火等级、构件的设计耐火极限、所需防火保护材料的性能要求与防火措施及构造要求。

3. 需防火设防建筑中的压型钢板组合楼板结构，其下层的压型钢板不宜因兼作受力钢筋而进行防火涂层防护，仅适于作为施工阶段的模板使用。

4. 必要时对大跨度、大空间及超高层建筑结构，可采用性能化抗火设计方法，模拟实际火灾升温条件，验算分析结构的抗火性能，采取合理有效地防火保护措施。

5. 单、多层建筑和高层建筑中的各类钢构件，应根据防火设防要求，采取外包防火涂料或其他有效防火隔热措施，保证各类构件的耐火极限应符合现行国家标准《建筑设计防火规范》GB 50016 的规定。

参 考 文 献

[1]　建筑结构可靠度设计统一标准：GB 50068—2001[S]. 北京：中国建筑工业出版社，2001

[2]　工程结构可靠性设计统一标准：GB 50153—2008[S]. 北京：中国建筑工业出版社，2008

[3]　钢结构设计标准：GB 50017—2017[S]. 北京：中国建筑工业出版社，2018

[4]　冷弯薄壁型钢结构技术规范：GB 50018—2002[S]. 北京：中国计划出版社，2002

[5]　建筑抗震设计规范：GB 50011—2010(2016 年版)[S]. 北京：中国建筑工业出版社，2016

[6]　钢结构工程施工规范：GB 50775—2012[S]. 北京：中国建筑工业出版社，2013

[7]　钢结构焊接规范：GB 50661—2011[S]. 北京：中国建筑工业出版社，2011

[8]　建筑结构荷载规范：GB 50009—2012[S]. 北京：中国建筑工业出版社，2012

[9]　高层民用建筑钢结构技术规程：JGJ 99—2015[S]. 北京：中国建筑工业出版社，2015

[10]　门式刚架轻型房屋钢结构技术规范：GB 51022—2015[S]. 北京：中国建筑工业出版社，2015

[11]　空间网格结构技术规范：JGJ 7—2010[S]. 北京：中国建筑工业出版社，2010

[12]　钢结构钢材选用与检验技术规程：CECS 300：2011[S]. 北京：中国计划出版社，2012

[13]　钢结构防腐涂装技术规程：CECS 343：2013[S]. 北京：中国工程建设标准化协会，2013

[14]　魏明钟著. 钢结构设计新规范应用讲评. 北京：中国建工出版社，1991

[15]　陈绍蕃著. 钢结构设计原理(第三版). 北京：科学出版社，2005

第4章 结 构 体 系

4.1 概 述

钢结构体系主要包含单层厂房钢结构、多高层钢结构以及大跨度钢结构。

1. 钢结构体系的选用应符合下列原则：

（1）在满足建筑及工艺需求前提下，应综合考虑结构合理性、环境条件（包括地质条件及其他）、节约投资和资源、材料供应、制作安装便利性等因素；

（2）当采用非常规的结构体系时，应充分论证其可行性。

2. 多高层钢结构结构布置应符合以下要求：

（1）建筑平面宜简单、规则，结构平面布置宜对称，水平荷载的合力作用线宜接近抗侧力结构的刚度中心；高层钢结构两个主轴方向动力特性宜相近；

（2）结构竖向体形宜规则、均匀，结构竖向布置宜使侧向刚度和抗剪承载力沿竖向均匀变化；

（3）高层建筑不应采用单跨框架结构，多层建筑不宜采用单跨框架结构；

（4）支撑布置平面上宜均匀、分散，沿竖向宜连续布置，设置地下室时，支撑应延伸至基础或在地下室相应位置设置剪力墙。支撑无法连续时应适当增加错开支撑并加强错开支撑之间的上下楼层水平刚度。

3. 大跨度钢结构结构布置应符合下列要求：

（1）大跨度钢结构的设计应结合工程的平面形状、体型、跨度、支承情况、荷载大小、建筑功能综合分析确定。

（2）结构布置和支承形式应保证结构具有合理的传力途径和整体稳定性。

（3）平面结构应设置平面外的支撑体系。

4.2 单 层 钢 结 构

4.2.1 常见结构体系类型

一、排架

单层钢结构（厂房或房屋）主要由横向抗侧力体系和纵向抗侧力体系组成。排架是单层厂房钢结构中常采用的横向抗侧力体系（包括屋架或屋面梁、柱、当有天窗架时，亦包括天窗架），是单层钢结构的主要承重结构，承受作用在厂房或房屋上的竖向荷载和横向水平荷载并把荷载传递到基础上。对应的纵向抗侧力体系一般采用柱间支撑结构（包括柱、柱顶压杆、托架或托梁、墙梁、当厂房内有吊车时，还有吊车梁、辅助桁架、制动结构、柱间支撑等），当条件受限时，也可以采用框架结构。单层钢结构厂房的横向和纵向抗侧力体系见图 4.2-1。单层厂房钢结构设计见本手册第 11 章。

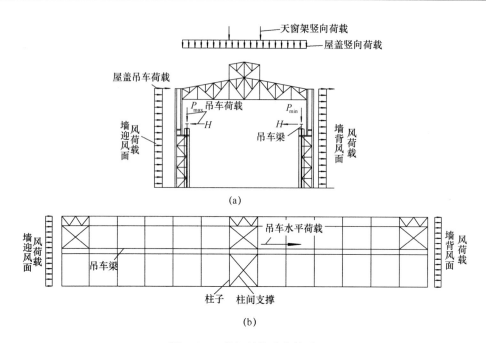

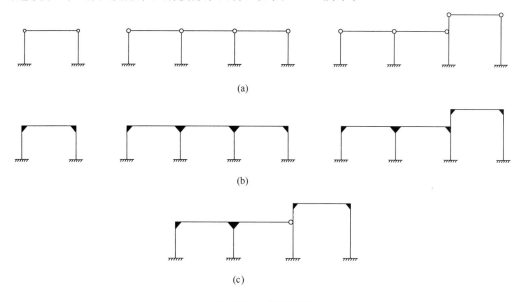

图 4.2-1　排架结构受力体系

（a）横向抗侧力体系；（b）纵向抗侧力体系

　　根据建筑功能和生产工艺流程的要求，有单跨和多跨排架。按屋架（或屋面梁）与柱的连接形式，有铰接排架和刚接排架两种，如图 4.2-2 所示。

图 4.2-2　排架形式

（a）铰接排架；（b）刚接排架；（c）刚接和铰接排架

二、门式刚架

　　刚架结构是梁、柱单元构件的组合体。门式刚架结构为平面结构体系，其形式种类多样，在单层工业和民用房屋的结构中，应用较多的为单跨、多跨或多跨的单、双坡门式刚架，如图 4.2-3 所示。根据通风、采光的需要，这种刚架厂房可设置通风口、采光带和天窗架等。

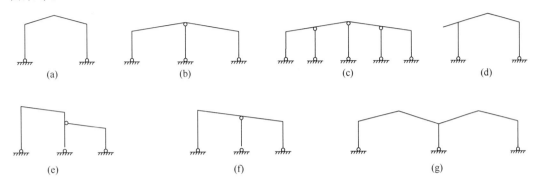

图 4.2-3　门式钢架形式

（a）单跨双坡；（b）双跨双坡；（c）四跨双坡；（d）单跨双坡带挑檐；
（e）双跨单坡（毗屋）；（f）双跨单坡；（g）双跨四坡

门式刚架的结构形式是多种多样的。按构件体系分，有实腹式和格构式；按截面形式分，有等截面和变截面；按结构选材分，有普通型钢、薄壁型钢、钢管或钢板焊成的。实腹式刚架的截面一般为工字形；格构式刚架的截面为矩形或三角形。

门式刚架的横梁与柱为刚接，柱脚与基础宜采用铰接，当有较大吊车荷载作用或檐口较高时，宜为刚接。门式刚架设计见本手册第 10 章。

4.2.2　柱间支撑

一、柱间支撑作用

为确保房屋承重结构的正常工作，一般需要沿房屋纵向柱之间设置柱间支撑，其作用是：

（1）用以保证房屋骨架的纵向稳定和纵向刚度；

（2）确定柱的排架平面外的计算长度；

（3）承受房屋端部山墙风力、吊车纵向水平荷载、温度作用和地震作用，并将上述荷载传至基础上。

二、柱间支撑的组成

（1）在吊车梁以上至屋架下弦间设置的上段柱的柱间支撑，以及当为双阶柱时，上下两层吊车梁之间设置中段柱的柱间支撑；

（2）在吊车梁以下至柱脚处设置的下段柱的柱间支撑；

（3）屋架端部的垂直支撑和屋架端部上下弦标高处的纵向系杆、吊车梁、辅助桁架等都是柱间支撑体系的组成部分，见图 4.2-1 中的纵向抗侧力体系的各构件。单层钢结构厂房的柱间支撑设计见本手册第 11.1.6 节。

4.2.3　屋盖结构

屋盖结构由檩条、屋架或屋面梁、托架或托梁以及天窗架构成，承担屋盖荷载，并由屋盖支撑连成整体。

屋盖支撑系统包括横向支撑、纵向支撑、垂直支撑、系杆和隅撑。其作用是提高屋盖结构的整体刚度，充分发挥结构的空间作用，保证结构的几何稳定性和受压杆件中的侧向稳定以及结构安装时的安全。

屋盖支撑和柱间支撑共同构成厂房的支撑系统,其作用是将单独的平面结构体系连成空间整体。在一个独立的温度区段内,保证厂房结构必要的刚度和稳定性,同时承受竖向和水平荷载作用。屋面支撑体系见图4.2-4。屋盖结构设计见本手册11.2节。

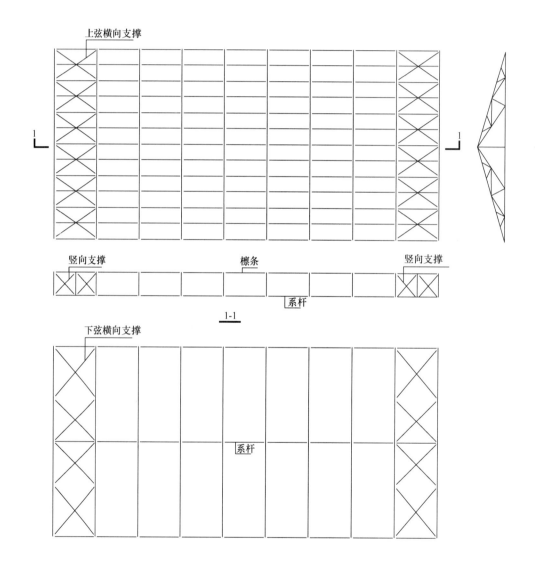

图4.2-4 屋盖支撑体系

4.3 多高层钢结构

4.3.1 框架结构体系

框架体系是指沿纵横方向均由框架作为承重和抵抗水平抗侧力的主要构件组成的结构体系。框架的梁柱宜采用刚性连接。

　　框架体系由钢柱和钢梁组成,在地震区框架的纵、横梁与柱一般采用刚性连接,纵横两方向形成空间体系,有较强的侧向刚度和延性,可承担两个主轴方向的地震作用。

4.3.2　框架支撑体系

　　框架支撑体系是在框架体系中的部分框架柱之间设置竖向支撑,形成若干榀带竖向支撑的支撑框架如图4.3-1所示,周边则为刚接框架。此类结构水平荷载主要由支撑来承担,在水平荷载作用下,通过刚性楼板或者弹性楼板的变形协调与刚接框架共同工作,形成双重抗侧力结构的结构体系。

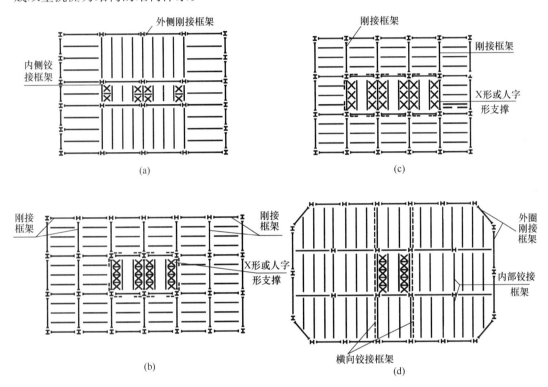

图4.3-1　框架支撑体系

　　支撑形式有中心支撑、偏心支撑和嵌入式钢板及其他消能支撑。当用一般的偏心支撑满足不了结构的抗侧要求时,可用嵌入式钢板等其他消能支撑。

一、中心支撑

　　中心支撑的每个节点处,各杆件的轴心线要交汇于一点,中心支撑根据斜杆的不同布置,可形成十字交叉斜杆、单斜杆、人字形斜杆、K形斜杆,以及V形斜杆等支撑类型。见图4.3-2。

二、偏心支撑

　　所谓偏心支撑是指在构造上使支撑轴线偏离梁和柱轴线的支撑。一般在框架中支撑斜杆的两端,应至少有一端与梁相交(不在柱节点处),另一端交在梁与柱交点处,或偏离梁柱一段长度与另一根梁连接,在支撑斜杆杆端与柱之间构成一耗能梁段叫偏心支撑。见图4.3-3。

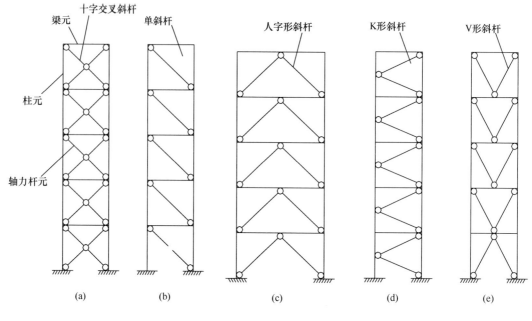

图 4.3-2　中心支撑类型

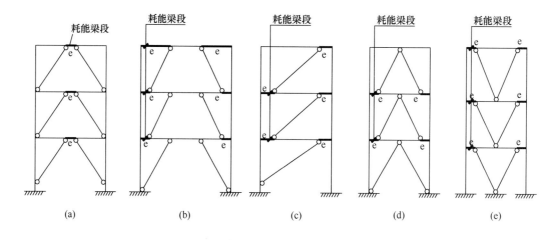

图 4.3-3　偏心支撑类型

（a）门架式1；（b）门架式2；（c）单斜杆式；（d）人字形式；（e）V字式

三、钢板剪力墙

钢板剪力墙采用钢板或带加劲肋的钢板制成，一般需采用厚钢板，见图4.3-4。抗震设防烈度为7度或者7度以上的抗震建筑需在钢板的两侧焊接纵向或横向加劲肋，以增强钢板的稳定性和刚度。水平加劲肋和竖向加劲肋分别焊于墙板的正面和反面沿其高度或宽度的三分点处。

钢板剪力墙和框架共同工作时有很大的侧向刚度，而且重量轻、安装方便，但用钢量较大，一般用于40层左右抗震设防烈度小于等于8度的高层建筑。对非抗震的钢板剪力墙，当有充分根据时，可考虑其材料屈曲后的强度，但应使钢板的张力能传递给楼板梁和柱。

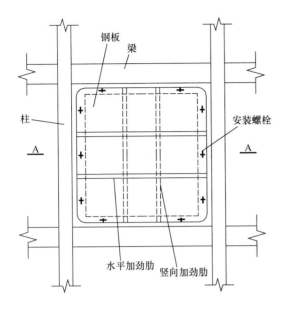

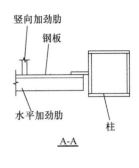

图 4.3-4　钢板剪力墙

4.3.3　框架-核心筒体系

一、受力特点

框架核心筒体系是结合建筑使用要求形成的，是以核心筒作为主要的抗侧结构体系，
常用于办公建筑。建筑使用核心筒作为电梯间和楼梯间等公用设施服务区，并在沿核心筒外侧周边形成办公区，结构上也相应地布置一圈外框架。这种核心筒具有较大的侧向刚度，核心筒与外框架的组合则构成框架-核心筒结构体系。在这一体系中，核心筒是主要的抗侧力结构。框架-核心筒体系也是双重抗侧力结构的结构体系。框架-核心筒结构示意图见图 4.3-5。

二、工程实例

武汉中心总建筑面积 34 万 m^2，地上 88 层，地下 4 层，高 438m，平面尺寸为 52.6m×52.6m，整个结构采用"稀柱框架-核心筒-伸臂桁架体系"，见图 4.3-6。

天津于家堡 03-08，地块建筑面积 21 万 m^2，地上 62 层，地下 4 层，高 297m，平面尺寸为 51m×51m，整个结构采用"巨型框架-核心筒-伸臂桁架体系"，见图 4.3-7。

4.3.4　筒体结构

一、框筒结构

1. 受力特点

框筒结构是由布置在建筑周边的小柱距、高梁截面的密柱深梁组成。楼层剪力主要由与水平力方向平行的腹板框架来承担，而楼层倾覆力矩则由腹板框架与垂直于

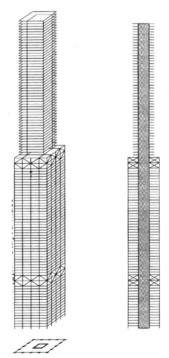

图 4.3-5　框架-核心筒结构示意图
（图片引自：Mark Sarkisian. Design
Tall Buildings Structure as
Architecture［M］）

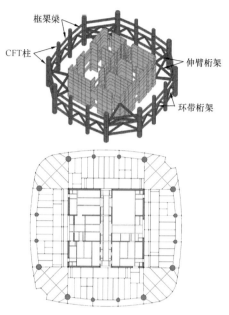

图 4.3-6 武汉中心
(图片由 ECADI 提供)

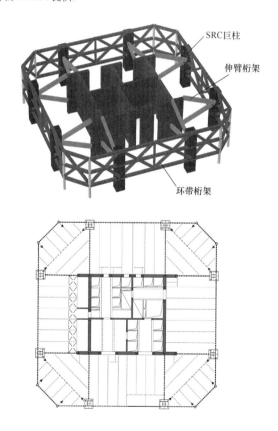

图 4.3-7 天津于家堡 03-08 地块
(图片由 ECADI 提供)

水平力方向的翼缘框架共同承担。平行于侧向荷载的框架起着多孔筒体的"腹板"作用，而垂直于侧向荷载的框架则起着"翼缘"的作用。竖向重力部分由外框架承担，部分由内柱或内筒承担。框筒结构示意图见图 4.3-8。

2. 工程实例

框筒结构体系最早是由美国的 Fazlur Khan 提出的。他设计了第一个框筒结构，43 层的芝加哥的 Dewitt-Chestnut 公寓，1965 年竣工。前纽约世界贸易中心大厦，由两幢 110 层、高 417m 的钢框筒结构组成。平面尺寸为 63.5m×63.5m，标准层高 3.66m，柱距 1.02m，裙梁高 1.32m。每 32 层设置一道 7m 高的钢板圈梁用以减小剪力滞后效应（图 4.3-9）。

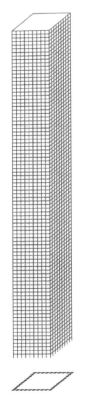

图 4.3-8　框筒
　　结构示意图
（图片引自：Mark
Sarkisian，Design
Tall Buildings
Structure as
Architecture）

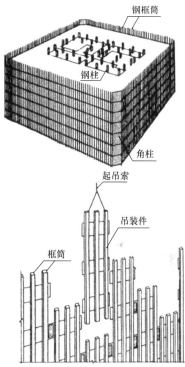

图 4.3-9　前纽约世界贸易中心大厦
（图片来源于网络）

二、支撑框筒结构

1. 受力特点

为了给使用者提供无遮挡的开阔视野和明朗的外观，要求建筑周边采用较大的柱距和较浅的框架梁，即"稀柱浅梁"外框。但此种结构体系剪力滞后效应明显，不能形成筒体的空间作用,结构的抗侧效率很低。为此,通过在"稀柱浅梁"的各个立面上设置大型交叉支撑,各个平面的支撑斜杆在框筒转角处与角柱相交于一点,确保了支撑传力路线的连续,从而使结构形成了一个整体受力且空间作用良好的悬臂结构,此结构体系被称之为支撑框筒。支撑框筒结构示意图见图4.3-10。

2. 工程实例

图4.3-11为1970年美国芝加哥建成的John Hancock Center,100层,332m,它是一幢集办公、公寓和酒店为一体的多功能建筑。考虑上部公寓的进深不能太大,因此整个建筑体形采用了下大上小的四棱台体。底层平面尺寸为79.9m×46.9m,顶层平面尺寸为48.6m×30.4m,底层最大柱距达到13.2m,远大于框筒结构要求的4.5m。

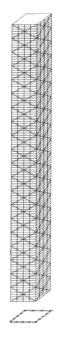

图4.3-10　支撑框筒结构示意图
(图片引自:Mark Sarkisian, Design Tall
Buildings Structure as Architecture)

图4.3-11　芝加哥John Hancock Center
(图片来源于网络)

三、斜交网格筒结构

1. 受力特点

斜交网格筒是一种没有一般意义上的"柱",而以网状相交的斜杆作为同时承受垂直和水平荷载的结构体系。与一般框筒结构不同之处在于,交叉布置的斜柱替代了常规结构中的垂直柱系统,使其具备同时承受结构竖向和侧向荷载的高效机制。斜交网格结构单元见图4.3-12。

2. 工程实例

2004年建成的瑞士再保险总部大楼,见图4.3-13,位于英国伦敦"金融城"圣玛丽斧街30号,共40层,180m高,它是一幢办公建筑。大楼采用圆形周边放射平面,外形像一颗子弹，为螺旋型，每层平面的直径随大厦的曲度而改变，直径由底部50m变化至56m（17楼）之后续渐收窄。

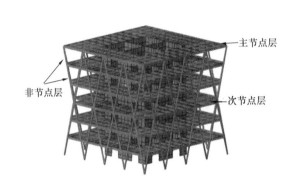

图 4.3-12　斜交网格结构单元

（图片引自：张浩，斜交网格筒标准
单元子结构抗震性能研究）

图 4.3-13　瑞士再保险总部大楼

（图片来源于网络）

4.3.5　束筒结构

1. 受力特点

两个或两个以上的框筒紧靠在一起成"束"状排列，称为束筒。与框筒相比，束筒的腹板框架数量要多，也就使得翼缘框架与腹板框架相交的角柱增多，这样就大大减小了筒体剪力滞后效应。

因此束筒结构与框筒结构相比，具有更大的刚度，且可以组成较复杂的建筑平面形状，特别是针对外框筒边长过大，或平面狭长采用束筒更为有效。

2. 工程实例

最著名的束筒结构为芝加哥 Wills 大厦，见图 4.3-14，高 443m，共 110 层，是世界上最高的钢结构建筑。底层平面尺寸为 68.6m×68.6m，50 层以下为 9 个框筒，51~66 层为 7 个框筒，67~91 层为 5 个框筒，91 层以上为 2 个框筒，并在 35 层、66 层和 90 层沿框架外周各设置一道环形桁架，用以提高结构的整体性和抗侧刚度。通过采用束筒的结构形式，整个结构的抗侧效率从 61% 提高到了 78%。

4.3.6　巨型结构

巨型结构，是把常规尺寸的框架或桁架结构按照相似原理成比例放大而成。与常规的框架与桁架的杆件截面相比，巨型结构的构件截面尺寸要大得多。一般巨型梁会采用桁架的形式，巨型柱与支撑可以是由钢构件组合成的立体桁架，也可以是由钢与混凝土组成的巨型组合构件。

一、巨型框架

1. 受力特点

巨型框架是由巨型框架柱（由多根柱通过水平杆及斜撑形成的筒体或钢筋混凝土实腹筒）及巨型框架梁（大多为空间水平桁架）形成巨型结构体系，巨型梁隔若干层设置一根，巨型梁之间设置次要结构，结构整体抗侧刚度由巨型梁柱提供。巨型结构示意图见图4.3-15。

图 4.3-14　芝加哥 Wills 大厦
（图片来源于网络）

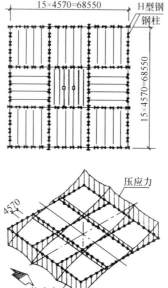

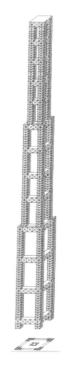

图 4.3-15　巨型结构示意图
（图片引自：Mark Sarkisian，
Design Tall Buildings Structure
as Architecture）

该体系受力明确，使用功能灵活且强度及刚度均较大，并且能很好地解决竖向构件的差异变形，因而是超高层建筑中很有前途的一种新的结构体系。

2. 工程实例

该体系的典型工程有台北 101 大厦，见图 4.3-16，总建筑面积为 37.4 万 m^2。地上 101 层，地下 5 层，高 508m，底层平面尺寸为 45.5m×45.5m，是一幢以办公为主的超高层建筑。整个塔楼的结构体系采用井字形布置的巨型框架，它由每八层楼设置一或两层楼高的水平桁架、巨型外柱及内部的巨型格构柱组成的 11 层高巨型框架单元所组成。

二、巨型桁架

1. 受力特点

与巨型框架相似，当整个建筑采用巨型柱、巨型梁以及巨型支撑组成的巨型桁架

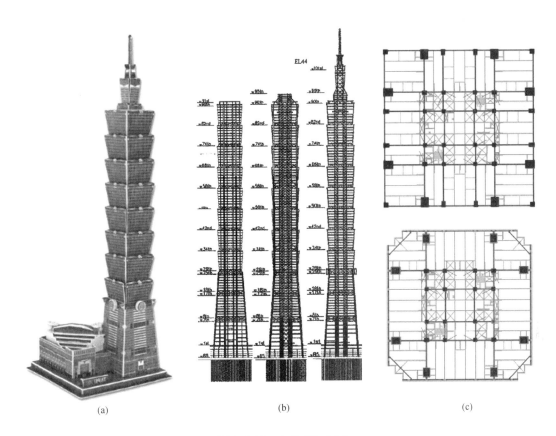

(a) (b) (c)

图 4.3-16　台北 101 大厦

（a）效果图；（b）立面图；（c）低、高区平面布置图

（图片来源于网络）

作为结构抗侧力体系被称为巨型桁架结构。实际设计时，常将周边各个面内的巨型桁架的斜腹杆交汇在角柱，围成一个巨型桁架筒以提高结构的整体性和抗侧刚度。在巨型桁架结构中巨型桁架是主结构，往往要跨越多个楼层，承担着主要的水平荷载与竖向荷载；而在每个桁架单元内，也会设置一些次结构，用于传递桁架单元内楼层的竖向荷载。

与巨型框架相比，巨型桁架的层间剪力主要通过桁架斜腹杆的轴向力来传递，且巨柱均集中布置在结构平面的角部，最大限度利用了结构材料，是一种非常高效且经济的抗侧力体系。

2. 工程实例

上海环球金融中心是典型的巨型桁架结构，图 4.3-17，建筑面积为 38 万 m²，地上 101 层，地下 3 层，高 492m，底层平面尺寸为 57.6m×57.6m，它是一幢集办公、商贸、酒店和观光为一体的超高层建筑。整个结构外框采用由巨型柱、巨型斜撑和水平环形桁架构成的巨型桁架结构。

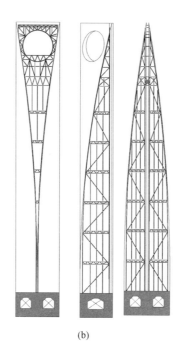

(a)　　　　　　　　　(b)　　　　　　　　　(c)

图 4.3-17　上海环球金融中心

(a) 效果图；(b) 立面图；(c) 低、高区平面布置图

(图片由 ECADI 提供)

4.4　大跨度钢结构

4.4.1　大跨钢结构形式与分类

大跨钢结构类型繁多，往往具有大跨度、大柱网、大开间的特点。大跨钢结构形式呈现千姿百态，个体结构个性强烈、鲜明，主要体现在丰富多彩的水平跨越构件形式，以及水平跨越构件与竖向支承构件的有机结合上，想给以一个合理的统一分类较为困难，按照针对性的不同，分类方法有多种，可按结构形式分类，也可按其组成的基本单元进行分类，也可按其受力或传力特点进行划分，还可根据结构刚度差异进行区分。

一、按大跨钢结构的形式分类

大跨钢结构按形式分类可划分为两大类，平面大跨钢结构和空间大跨钢结构，平面桁架、空腹桁架、单向受力立体桁架、单向拱结构及张弦梁等为平面受力模式，属于大跨平面钢结构；空间网格结构、空间张拉结构等，形体呈三维空间状并具有三维受力特性，呈立体工作状态，为大跨空间钢结构，见表 4.4-1。

大跨钢结构形式分类　　　　　　　　　　　　　　表 4.4-1

体系分类	常见形式	
大跨平面钢结构	平面桁架、空腹桁架、单向受力立体桁架、单向拱结构及张弦梁等	
大跨空间钢结构	空间网格结构	网架结构、网壳结构
	空间张拉结构	悬索结构、索网结构、索桁结构、索穹顶等

二、按组成的基本单元分类

常规大跨钢结构的基本受力单元大致有梁单元、杆单元、索单元，从结构理论的观点来看，一种单元或多种单元的集成便可构成各种具体形式的大跨钢结构，见表4.4-2。

大跨钢结构受力单元分类   表 4.4-2

体系分类	常见形式
梁单元体系	单层网壳、空腹网架、空腹网壳、树状结构、弦支穹顶等
杆单元体系	网架结构、立体桁架、双层网壳等
索单元体系	悬索结构、索网结构、索桁结构、张弦梁、索穹顶等

三、按结构刚度差异分类

不同类型大跨钢结构整体刚度存在较大的差别，按刚度差异区分，可分为刚性空间结构、柔性空间结构和组合空间结构三大类，见表4.4-3。

大跨钢结构刚度差异分类   表 4.4-3

体系分类	常见形式
刚性结构体系	网架结构、网壳结构、网格梁、空间拱结构、空间桁架结构等
柔性结构体系	悬索结构、索网结构、索桁结构、张弦梁、索穹顶等
组合结构体系	组合网架结构、张拉网架结构、张拉网壳结构等

四、按结构受力或传力特点分类

从整体上看，大跨空间钢结构是由一整块连续空间体构成，或者是由许多杆件扩展而成，不管何种构成方式，空间结构都是以整个结构形体来抵抗外荷载的。从宏观角度上看，整体的空间结构也就如单个结构构件一样，或是受弯，或是受压，或是受拉，以此分类见表4.4-4。

大跨钢结构受力状况分类   表 4.4-4

体系分类	常见形式
以整体受弯为主的结构	平面桁架、立体桁架、空腹桁架、网架、组合网架钢结构以及与钢索组合形成的各种预应力钢结构
以整体受压为主的结构	实腹钢拱、平面或立体桁架形式的拱形结构、网壳、组合网壳钢结构以及与钢索组合形成的各种预应力钢结构
以整体受拉为主的结构	悬索结构、索桁架结构、索穹顶等

4.4.2 常见大跨钢结构体系

一、梁桁类大跨钢结构

梁桁类大跨钢结构主要受力构件为大跨实腹（含腹板开洞）钢梁、平面桁架、空腹桁架或是立体桁架，由钢梁或桁架充当楼盖或屋盖大跨度受弯构件。

1. 基本原理

梁桁截面抗弯类结构是单向传力结构，主要受力构件宏观上都属于平面受力构件，其受力模式简单明了，靠构件截面来抗弯，因此，不管是梁截面还是桁架截面都需要一定的高度，常见典型梁的弯矩图见图4.4-1。

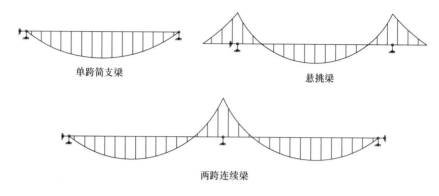

图 4.4-1　梁的弯矩图

　　梁桁结构受力原理简单，为最基本结构力学受弯概念，但在实际工程应用中却可演变出千变万化的结构形式。梁桁截面抗弯类结构通常可分为梁式、桁架式、张弦式等三类。桁架、张弦式结构均可以看作是由实腹梁演变而来，见图 4.4-2。

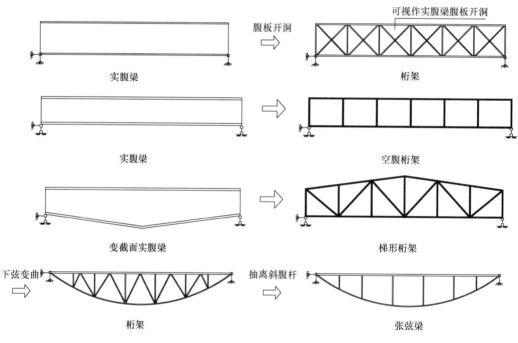

图 4.4-2　梁桁截面抗弯类结构示意图

2. 梁式结构

梁式结构简图

表 4.4-5

梁式结构	简图	备注说明
基本形式——直线梁		简支梁
		刚接梁

续表

梁式结构	简图	备注说明
立面演变——曲线梁		高度方向适应建筑立面造型而变化
平面演变——分叉梁	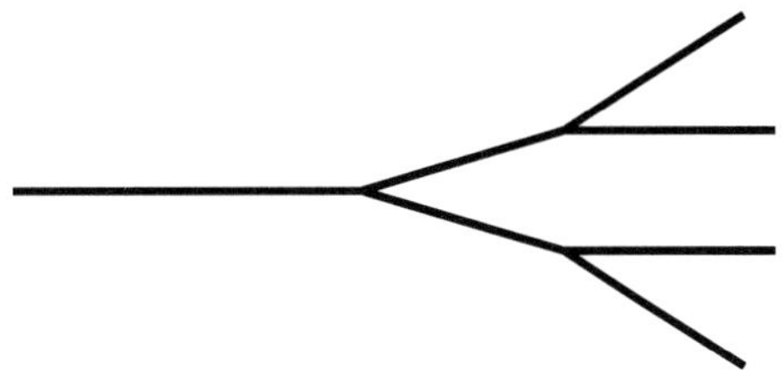	平面方向适应建筑效果而变化
		可适应建筑平面及立面效果

直线实腹梁大量应用于厂房结构屋盖，可为单跨或多跨连续梁，梁端与竖向支承构件铰接或刚接，截面高度可由弯矩大小确定。

立面变化的曲线梁，通过设置中间若干摇摆柱增加跨中竖向支承点，形成连续的曲线梁，可跨越更大的平面范围。截面高度随弯矩大小变化而变化，在满足承载力要求前提下提高结构经济性，异型处理的梁横截面可以满足建筑造型要求。

平面上中部或端部分叉的梁系结构，可满足建筑天窗造型要求，或扩大梁承载面积以解决荷载过于集中，或次级构件跨度过大的问题。

梁式大跨结构能够比较方便地通过梁立面的变化来满足建筑灵活立面效果，通过梁的弯曲来实现屋面的波浪起伏，通过分叉实现一定的平面造型，解决次构件的跨度问题，还可以采用多样化的截面形式达到特定的建筑效果。

两端简支的梁式结构跨中结构高度较大，连续结构支座及跨中部位结构高度相对较高，通常可结合建筑空间关系形成所需的结构高度。由于梁式结构主要是利用截面的抗弯能力，因此对结构高度的要求较高，一般适用于较小跨度屋面，或作为次级跨越结构使用，一般支点距离约在 40m 以内可得到较为合理的经济性，随着跨度的增加将趋于不经济。

3. 桁架式及其衍生形式

桁架式及其衍生形式简图　　　　　表 4.4-6

形式	简图	备注说明
基本形式	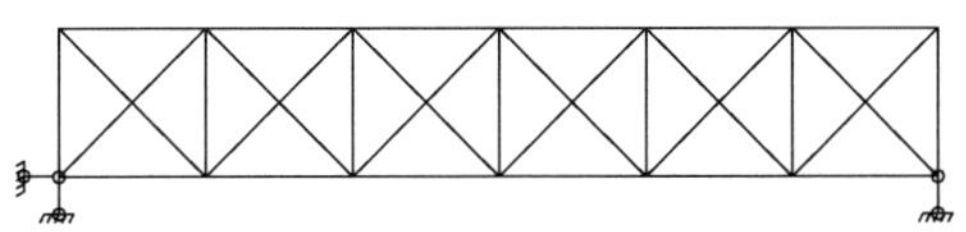	——

形式	简图	备注说明
腹杆演变	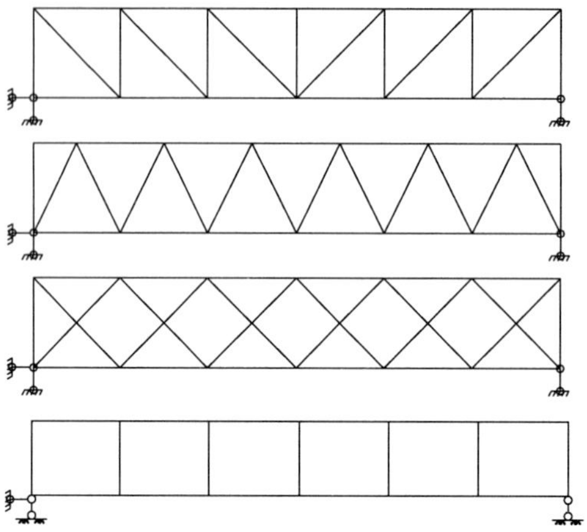	带斜杆或空腹
弦杆演变	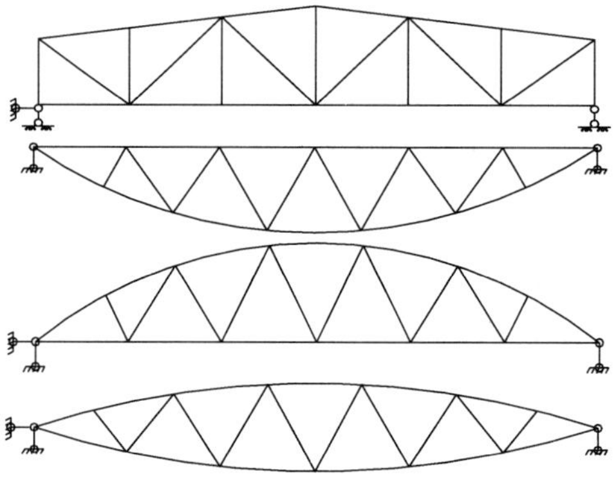	上承或下承式
跨数演变	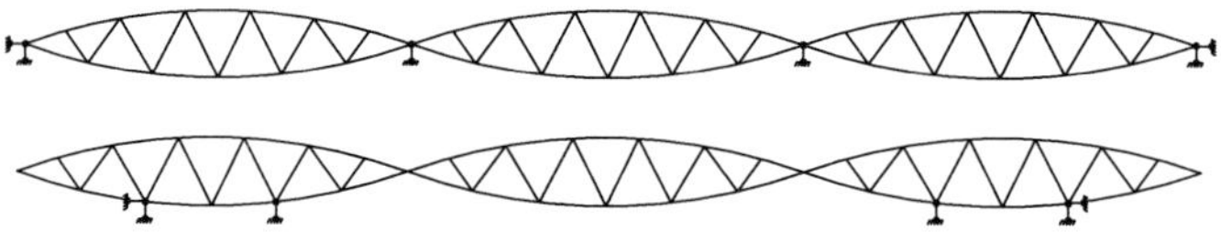	连续多跨
立体演变	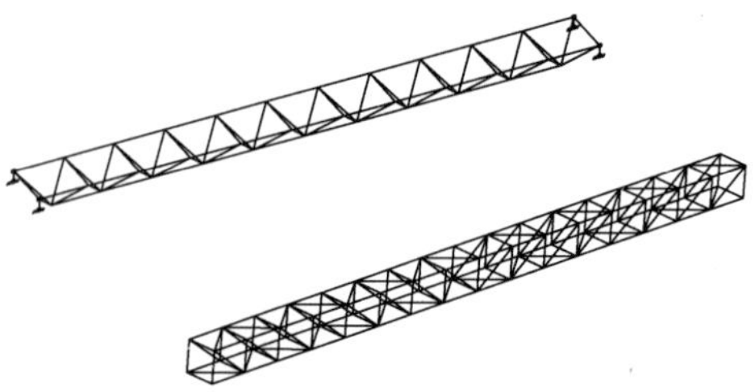	立体桁架自身具有较好平面外刚度

续表

形式	简图	备注说明
曲面演变	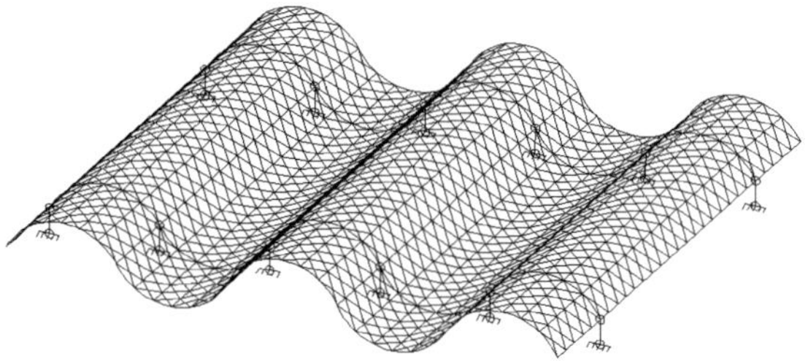	平面结构 空间化
折板演变	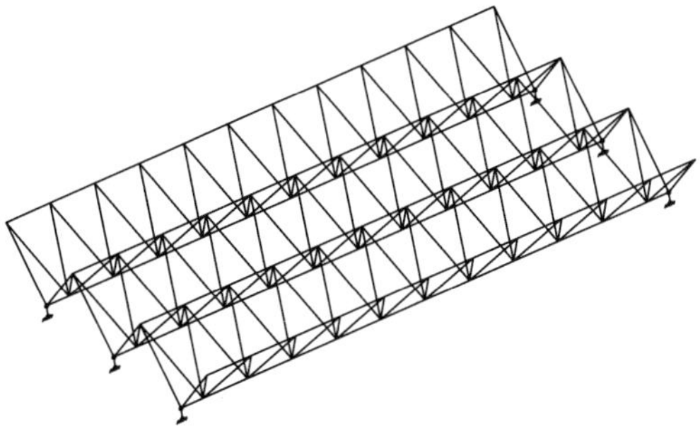 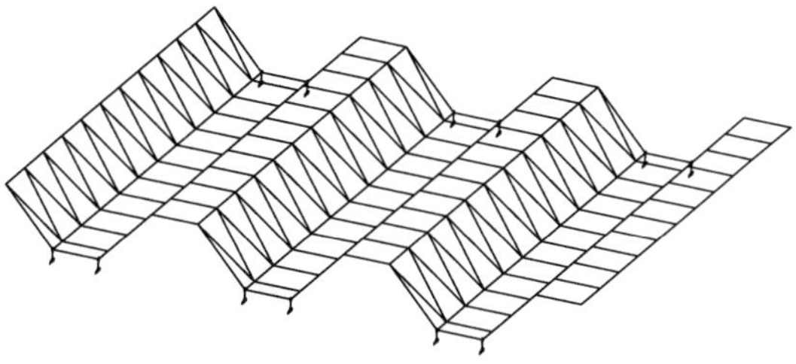	平面结构 空间化
圆柱体 演变	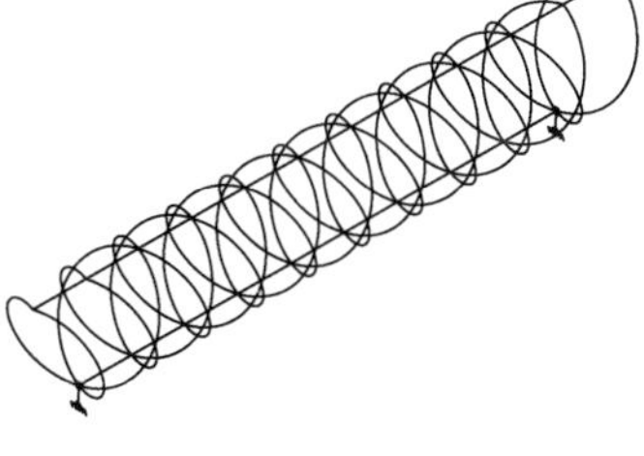	满足特定 建筑效果

  桁架式大跨结构为最常见且应用最多的跨越结构形式，两边或多列竖向构件支承的中大跨度屋面或廊桥，可用于各种建筑造型。

  桁架可以是平面的、立体的、折板型的甚至波浪型的；桁架轴线方向也可以是曲线型的，因此，结构造型可以比较丰富，满足一定的建筑外观要求。

  桁架中受拉构件和受压构件区分一般比较明确，受拉构件可以采用高强度的拉索、钢棒等构件形式，使得结构显得更为轻巧。

  整个桁架是个受弯的构件组，因此桁架需要有一定的空间结构高度才能满足抗弯要求。桁架的高度可以随着弯矩大小渐变。

　　4. 张弦式及其衍生形式

张弦结构是一种由刚性构件上弦、柔性拉索（杆）及中间撑杆组成的混合结构体系。见表 4.4-7。

张弦式及其衍生形式的特征及简图　　　　　表 4.4-7

类型	特征		简图
A	基本型	上弦梁＋撑杆＋下弦拉索	
B	根据上弦布置方式	B1：上弦梁交叉布置	
		B2：上弦梁平行布置	
		B3：上弦梁椭圆布置	
		B4：上弦梁双曲布置	
		B5：上弦梁桁架布置	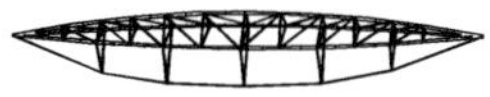
C	根据撑杆形式	C1：平面 V 型	
		C2：立体 V 型	
		C3：U 型	
D	根据下弦索布置	D1：基本型	同 A、B3、B5、C1、C3
		D2：中间合并、两端分叉	同 B1、B2、B4、C2
		D3 下弦双曲线布置	

续表

类型	特征	简图
E	双向或 空间布置	E1：双向布置 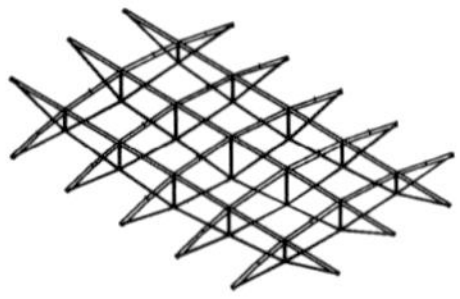
		E2：空间布置 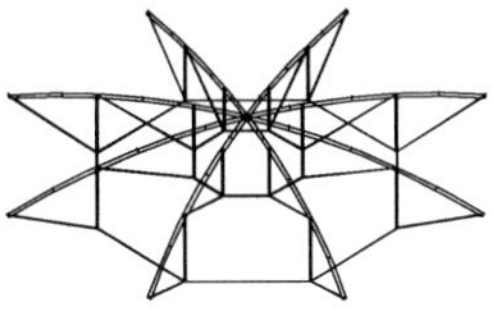
F	张弦布置 在外侧	F1：弯矩图形 
		F2：斜拉＋张弦 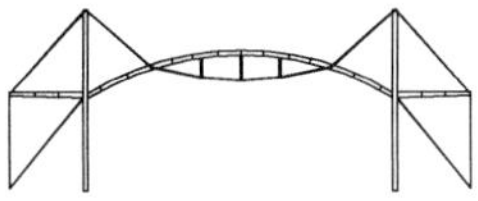
G	张弦上 凸布置 减小推力	G1：下弦分离布置 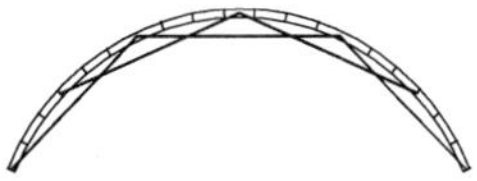
		G2：下弦交汇于一点 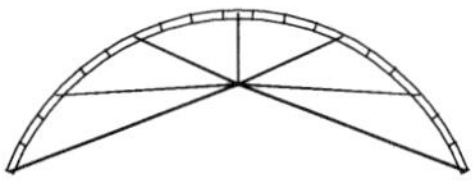
		G3：下弦上凸 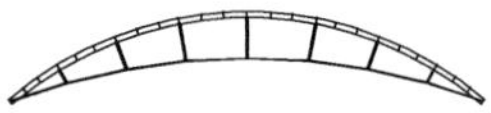

张弦梁结构的受力机理为通过在下弦拉索中施加预应力使上弦压弯构件产生反挠度，结构在荷载作用下的最终挠度得以减少，而撑杆对上弦的压弯构件提供弹性支撑，改善结构的受力性能。一般上弦的压弯构件采用拱梁或桁架拱，在荷载作用下拱的水平推力由下弦的抗拉构件承受，减轻拱对支座产生的负担，减少滑动支座的水平位移。由此可见，张弦梁结构可充分发挥高强索的强抗拉性能改善整体结构受力性能，使压弯构件和抗拉构件取长补短，协同工作，达到自平衡，充分发挥了每种结构材料的作用。

张弦结构是以拉杆代替桁架的下弦的大跨度跨越结构，常用于会展、机场、车站、体育馆等大跨度建筑或中庭、人行桥等，有条件在室内屋面以下（或室外屋面以上）设置外露的下弦拉杆中小建筑。张弦杆件外露，与桁架相比可达到同样的结构性能但显得简洁轻巧。可形成平直或拱形两种外形的单跨屋面，也可连续多跨形成连续曲面形状的屋面。上弦、下弦、撑杆都可变换布置方式，整体形式活泼多样。与桁架类似，在需要的部位要有足够的结构高度，适用于矩形、圆形较规则建筑平面。

二、拱壳类及其衍生形式大跨钢结构

1. 基本原理

拱是具有一定曲率的水平跨越结构。竖向荷载作用下，沿曲线切向的轴力能够降低杆件弯矩，增加结构跨越能力。按构造形式和受力特点，可分为无铰拱、两铰拱和三铰拱等。如图 4.4-3 所示。

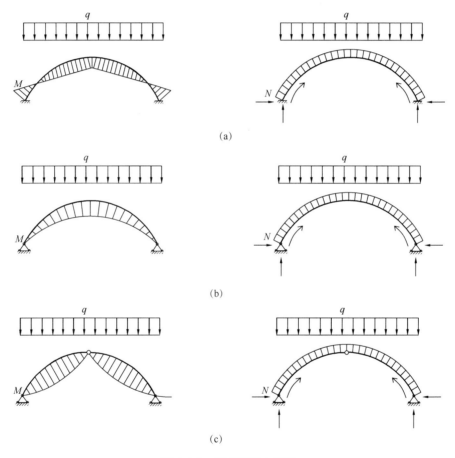

图 4.4-3 拱壳类受力简图
（a）竖向荷载作用下无铰拱受力简图（左为弯矩图，右为轴力图）；
（b）竖向荷载作用下两铰拱受力简图（左为弯矩图，右为轴力图）；
（c）竖向荷载作用下三铰拱受力简图（左为弯矩图，右为轴力图）

由弯矩图显示，关键点在于：无铰拱，支座处截面高度；双铰拱：跨中截面高度；三铰拱：每段拱的跨中截面高度。

由轴力图显示，无论拱结构的类型如何，支座处均存在水平推力，且推力的大小与拱的曲率密切相关。

除了解决推力问题外，主要受压的拱形结构还需要解决稳定性的问题，主要是平面外的稳定。

2. 无铰拱结构

无铰拱的拱脚与支座刚性连接，所以本身有一定的平面外稳定性。但当拱脚刚度较小或者跨度很大时，需要采取其他措施提高其稳定性。

根据无铰拱的不同形式、保证其平面外稳定的措施等可将其分为以下几类，见图4.4-4。

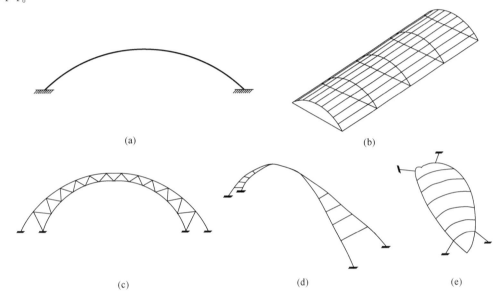

图 4.4-4　无铰拱结构形式示意图
(a) 自身稳定式；(b) 平面拱平行成组；(c) 桁架式；(d) 拱脚分叉式；(e) 拱顶分叉式

此结构两拱倾斜相交于拱脚，支座处设置斜撑相当于刚性支座，提高平面外的稳定性。

总体而言，无铰拱结构形式变化多样，采用较小矢高的小曲率扁平拱，能充分体现空间弧线的美感，采用实体截面、空腹桁架等截面形式可增强结构的适应性。相比之下，此类拱结构，支座处截面较大，体现结构受力特征，拱体中部相对轻盈、通透，可满足简洁的屋面效果。

无铰拱结构具有较好的跨越能力，通过采用合理截面、增大截面尺寸、多拱组合等方法可提高拱体自身的稳定性，可适用于对跨度有较大要求的建筑，也可适用于要求跨中截面尽量小的建筑。由于无铰拱结构会对支座产生较大的水平推力，要求更高的支座刚性约束，对拱脚支座要求会较高。

3. 两铰拱及其衍生形式

单榀两铰拱本身没有平面外的抗侧能力，因此需要采用其他措施来实现其稳定性，或者多榀拱成组布置来提高其整体稳定性，又或者网格化发展成壳体。

根据两铰拱（壳）类的布置形式，可分为以下几类，见图4.4-5。

第一类：单榀平行布置及其演变（a）、（b）

第二类：两榀或多榀交叉布置（c）、（d）、（e）

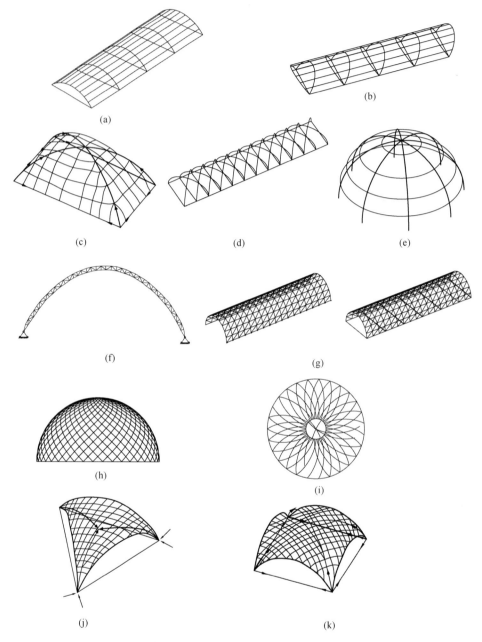

图 4.4-5 两铰拱及其衍生形式示意图

(a) 单榀平行布置形；(b) 拱顶分叉形；(c) 两拱交叉型；(d) 多拱斜交型；

(e) 环形阵列交叉型；(f) 格构式拱；(g) 推力支座型柱面网壳以及带拉索的柱面网壳；

(h) 半球面壳；(i) 球冠面壳；(j) 三角形平面的球冠面壳演变形式；

(k) 四边形平面的球冠面壳演变形式

第三类：格构式拱（f）

第四类：柱面网壳（g）

第五类：球（冠）面网壳及其演变形式（h）、（i）、（j）、（k）

三、空间网格结构

空间网格结构通常可以分为双层（也可以多层）平板形网格结构（简称网架结构）和单层或双层的曲面形网格结构（简称网壳结构），如图 4.4-6 所示：

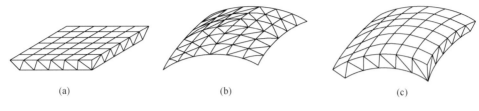

图 4.4-6　空间网格结构示意图

（a）网架；（b）单层网壳；（c）双层网壳

1. 网架结构

网架结构是由许多杆件按照一定规律布置，通过节点连接成的网格状结构体系。它具有空间受力的性能，是高超静定的空间铰接杆系结构体系。网架结构用钢量省、刚度大、抗震性能好、施工安装方便、产品可标准化生产。网架结构适用于各种建筑平面，常用的平面形式有方形、矩形、多边形、圆形，也可采用不规则的建筑平面。

网架结构一般由三种基本单元组成，即（a）平面桁架，（b）四角锥体，（c）三角锥体，利用这几种基本单元构成三大类多种不同的网架结构方案，如图 4.4-7、表 4.4-8。结构设计宜根据建筑平面布置、使用要求、安装方法、荷载情况、刚度要求等因素，经过结构优化以及用钢量和造价比较后确定网架的选型。

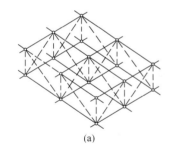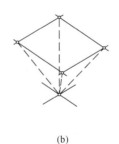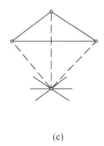

图 4.4-7　网架结构基本单元示意图

（a）平面桁架；（b）四角锥体；（c）三角锥体

网架结构类型及特点　　　　　　　　　表 4.4-8

构成类型	网架类型（图号）	结构特点
由平面桁架组成	两向正交正放网架（a）	图形与节点连接简单，两个平面内所有弦杆长度相同并以 90° 相交，网格空间无斜杆阻挡，便于布置穿屋面的管道，空间效果好，但抗扭刚度差，周边宜设水平支撑
	两向正交斜放网架（b）	网格斜放，与周边以 45° 相交，两个方向跨度可不同，刚度随其跨度而变，较短跨的桁架可视为长跨的支点
	三向网架（c）	所有弦杆均依 60° 相交形成等边三角形，刚度较强，适用于多边形、圆形的平面，但汇于一个节点的杆件太多，节点构造较为复杂

续表

构成类型	网架类型（图号）	结构特点
由四角锥体组成	正放四角锥网架（d）	四角锥底边与边界垂直或平行，上弦与下弦的网格错开半格，除上下弦杆长相等外，当腹杆与弦杆平面夹角为45°时，则所有杆件均等长。适用于接近方形的中等跨度网架，宜采用周边支撑
由四角锥体组成	正放抽空四角锥网架（e）	正放四角锥交替地抽去内部的一些四角锥单元，形成下弦较大的网格，减轻了重量。由于周边网格不宜抽杆，两个方向网格数宜取奇数
由四角锥体组成	棋盘形四角锥网架（f）	上弦正放，下弦斜放，上下两个平面以45°斜交，上弦短杆受压，下弦长杆受拉。适用于小跨度周边支承情况
由四角锥体组成	斜放四角锥网架（g）	由倒置斜放的四角锥体连接组成，上、下弦的水平投影轴线互成45°交角，下弦杆与边界垂直或平行，在节点交汇的杆件较少，节点构造相对简单。适用于中小跨度周边支承，或周边支承与点支承相结合的矩形平面
由三角锥体组成	三角锥网架（h）	上、下弦网格均为三角形，上弦的三角网格与下弦的网格错开，当网架高度为弦长的$\sqrt{2/3}$，则所有杆件等长。适用于平面为多边形的大中跨度建筑
由三角锥体组成	抽空三角锥网架（i）	在三角锥网架内部交替地抽去一些三角锥单元，上弦形成三角形网格，下弦形成六角形网格。空间美观、轻巧。适用于平面为多边形的中小跨度建筑

注：按跨度来分，大跨为60m以上；中跨为30～60m；小跨为30m以下。

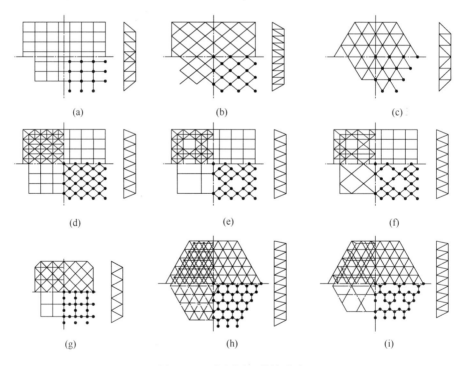

图 4.4-8　常用网架结构形式

网架的支承可采用以下几种方式：

（1）周边支承。网架四周全部或部分边界节点直接支承在周边的柱上，这时网架的网格布置应和柱距相匹配，也可支承在由柱子或外墙支承的圈梁上。

（2）多点支承。将网架支承在若干个独立的柱子上，柱子数量一般为4～8根。此时网架周边宜有适当的悬挑，以减小跨中的杆件内力和挠度。悬挑长度一般取跨度的1/4～1/3。当四点支承时，不宜将柱子设置在四角。

（3）三边支承，一边自由。由于使用要求（如设大门），或以后扩建需要，一些矩形网架需要采取这种支承方式。此时应采取措施加强其开口边的刚度，可采取以下措施：

1）设置边桁架；

2）局部加大杆件截面；

3）跨度较大或平面比较狭长时，可增加开口边附近的几榀网架的层数，形成多层网架；

4）跨度较小时，可适当加大整个网架的高度。

网架结构较为经济的适用跨度为20～100m。网架结构的优点和特点，大致可以归纳如下：

1）空间工作，传力途径简捷，是一种较好的大跨度、大柱网屋盖结构。

2）重量轻，经济指标好。与同等跨度的平面钢屋架相比，当跨度在30m以下时，可节省用钢量5%～10%；当跨度在30m以上时，可节省10%～20%。跨度越大，节省的用钢量也越多。

3）刚度大，抗震性能好。

4）施工安装简便，网架杆件和节点便于定型化、商品化，可在工厂中成批生产，有利于提高生产效率。

5）网架平面布置灵活，屋盖平整，有利于吊顶、安装管道和设备。网架建筑造型轻巧、美观、大方，便于建筑处理和装饰。

常用的网架节点有球节点和板节点两种，球节点又分螺栓球节点和焊接球节点两种。当采用角钢杆件时，应采用板节点。板节点整体性好、刚度大、构造简单、用钢量低。当采用钢管杆件时，应采用球节点。这种节点传力明确、轻巧美观，适用于各种类型的网架。螺栓球节点可以系列化并适合在工厂加工，安装拆卸方便，但构造复杂、加工精度要求高、用钢量大。焊接球结点能连接各个方向的杆件，不产生偏心，但加工需要专门设备，用钢量大（占整个网架用钢量的20%～25%）。当网架的跨度大于70m或悬挂有10t以上的吊车时，宜采用焊接球节点。

2. 网壳结构

由离散的杆件组成的曲面形网格结构，其表面形状为曲面并具有壳体的特性时即为网壳结构。网壳结构分为单层及双层两大类，可提供各种优美的造型，满足建筑设计和使用功能的要求。单层网壳应采用刚接节点，双层网壳可采用铰接节点。网壳结构的优点和缺点，大致可以归纳如下：

（1）网壳结构兼有杆系结构和薄壳结构的主要特性，杆件比较单一，受力比较合理。

（2）网壳结构的刚度大、跨越能力大，往往跨度超过100m时，很少采用网架结构，而较多的采用网壳结构。

（3）网壳结构可以用小型构件组装成大型空间，小型构件和连接节点可以在工厂预制，走工业化生产的道路，现场安装简便，不需要大型的机具设备，因而综合技术经济指标较好。

（4）网壳结构的分析计算借助于通用程序和计算机辅助设计，现已相当成熟，不会有多大难度。

（5）网壳结构造型丰富多彩，不论是建筑平面还是空间曲面外形，都可以根据创作要求任意选取。

常用的网壳结构类型见图4.4-9。

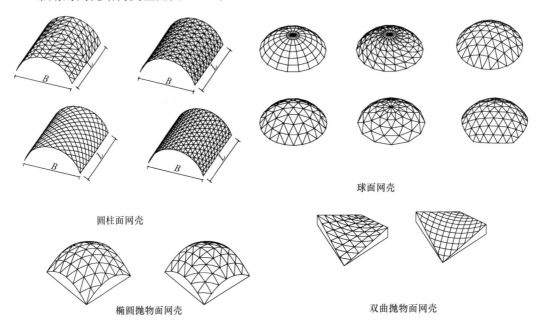

球面网壳

圆柱面网壳

椭圆抛物面网壳

双曲抛物面网壳

图4.4-9　网壳结构类型图

网壳结构的稳定性是网壳分析设计中的一个关键问题，单层网壳和厚度较小的双层网壳都存在失稳的可能性。随着网壳结构的发展，跨度不断增大，稳定问题显得更为突出。网壳结构的稳定分析不仅包括临界荷载的确定，还应对其屈曲后性能进行考察，因为网壳的稳定承载能力与其后屈曲行为密切相关。因此，对网壳结构除分析其失稳模态和相应的临界荷载之外，有必要研究临界点周围的前后屈曲路径，即对网壳结构的整个平衡路径进行跟踪分析。

四、张拉整体结构

1. 悬索结构

悬索结构是以受拉钢索为主要承重构件的结构体系，通常由按一定规律组成不同形式的钢索系统、屋面系统和支承系统组成。悬索屋盖结构是用拉力构件，强力拉紧而成屋面系统。为了获得稳定的屋面，必须施加相当大的拉力才能绷紧，跨度越大所需的拉力就越大。其特点是钢索只承受拉力，因而能充分发挥钢材的优越性，减轻自重。它适用于不超过300m跨度、多种多样的平面和立面图形的建筑，并能充分满足建筑造型的要求。圆形边缘构件较省，其他平面形式边缘构件相对用料较多，宜优先采用圆形或椭圆形见图4.4-10。

（1）悬索结构的力学特性为：

1）该结构属大变位、小应变问题，其几何方程以至整个结构的控制方程是非线性的。

因此，常规结构分析中的叠加原理将失效，计算变得复杂，特别是动力问题到目前为止还没有一个高效的求解方法。

2）悬索屋盖对局部荷载很敏感，在局部荷载作用下，在荷载作用的位置将产生很大的变形。这就要求覆盖层具有足够的变形能与其适应。如果覆盖层刚度较大（如采用钢筋混凝土预制板、檩条等），它们将不可避免地要参与索系的工作，成为索系的分布结构。这对索系来讲可能并不重要，但对覆盖层就可能由于附加内力而提前破坏。

3）悬索屋盖的水平力处理复杂，拱和壳体等结构也会产生较大的水平力，但与悬索结构相比，它的处理要容易得多，其主要原因是悬索结构中水平力作用点都很高，在空间不便于布置相应的抗水平力的构件。

（2）悬索屋盖具有如下特点：

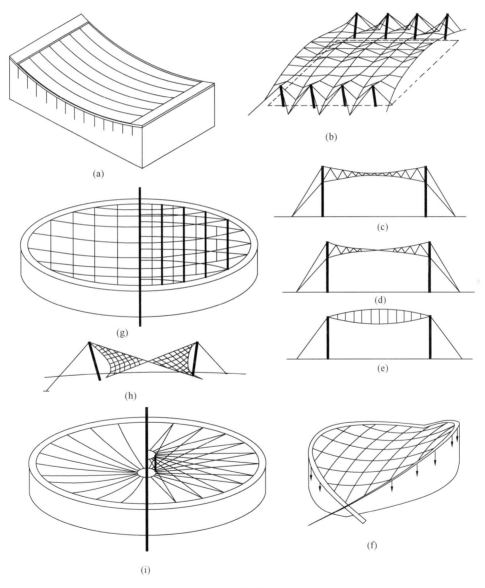

图 4.4-10　悬索结构图

1）屋盖造型活泼新颖，更能发挥建筑师、结构工程师才能。

2）自重轻、节约钢材。但是也由于屋盖轻，抗风问题很重要，不同建筑形态的风力分布系数差别很大，通常需要通过风洞实验来确定，风荷载体型系数。

3）运输及施工方便。不需要大型起重设备，也不需要大量脚手架，索的张拉类似预应力混凝土构件施工时的张拉方法，已为一般工地所熟悉，在安装屋面构件时可利用已张拉好的索系作为脚手的支承结构，不需要专门为此搭脚手架。

4）悬索屋盖的面内强度和刚度比面外的要高很多，屋盖本身而言抗震没有什么问题。但就整体而言，抗震就需要仔细设计，特别是当钢索的水平拉力是处理在支承结构顶部时，下部应设计成能抵抗地震和风力等水平力的结构。

（3）屋盖上常用的悬索结构体系有四大类：单层索系、双层索系、横向加劲索系和索网。

1）单层索系（图4.4-11）。当平面为矩形时，单层索系由许多平行的单层索构成，形成一个单曲面下凹屋面，悬索挂在水平刚度较大的横梁上，见图4.4-11（a），也可以直接支承在柱上。当为圆形平面时，拉索按辐射状布置，形成一碟形屋面，拉索的周边支承在受压圈梁上，中心或设受拉环，见图4.4-11（b），或设中柱，形成扇形悬索结构，见图4.4-11（c）。

2）双层索系（图4.4-12）。其特点是除单层索系所具有的承重索外，还有曲率与之相反的稳定索，两索之间用拉索或受压撑杆相连，其优点是可以对上下索施加预应力，从而提高屋盖的刚度。此索系同样可用于矩形平面，见4.4-12（a）和圆形平面，见4.4-12（b），屋面可上凸或下凹。

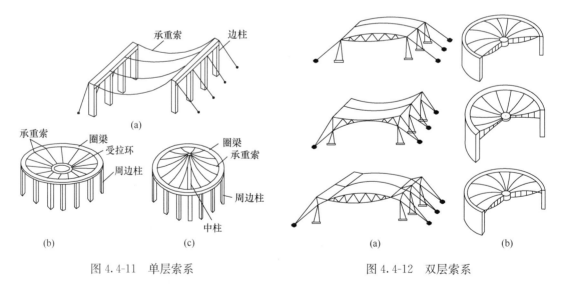

图 4.4-11　单层索系　　　　　图 4.4-12　双层索系

3）横向加劲索系。为了加强单层索系的屋面刚度，以承受不对称荷载或动荷载，可在单层悬索上设置横向加劲构件（桁架或梁），加劲构件与索垂直相交。安装时，先将桁架浮搁在索上，两端支座与下面支承柱空开一些距离，然后将其向下压产生强迫位移，从而在索中建立预应力。这种体系特别适合于纵向两端支承结构的水平刚度大，而横向两端支承结构的刚度弱的情况。

4) 索网也称鞍形悬索。由两组正交的、曲率相反的拉索直接叠交而成，其中下凹的一组是承重索，上凸的一组是稳定索。通常对稳定索施加预应力，从而使承重索张紧，提高屋面刚度。其曲面大都是双曲抛物面，适用于各种形状的建筑平面，为了锚固索网，沿屋盖周边应设置强大的边缘构件。

2. 索穹顶结构

索穹顶结构是支承在圆形、椭圆形，或多边形刚性周边构件上，由脊索、环索、撑杆及斜索组成的结构体系。索穹顶结构是一种受力合理、结构效率高的空间结构体系，它同时集新材料、新技术、新工艺和高效率于一体，被认为是代表当今国际空间结构发展最高水平的结构形式。该体系不但形体优美，而且具有良好的受力性能。因此索穹顶结构非常适合于体育文化建筑。加之计算机技术以及新材料、新工艺的不断革新，使得复杂空间结构的分析、设计、建造成为可能，所以空间结构在国内外呈现出一种蓬勃发展的趋势。历届奥运会世博会等国际大型文体活动的召开往往都会催生一批优秀的建筑代表作。索穹顶结构曾多次得到奥运会的青睐，1988 年汉城奥运会的体操馆，该馆的屋盖为 120m 的索穹顶结构，这是世界上第一个采用张拉整体概念的大型工程，由美国著名结构工程师盖格设计。到了 1996 年亚特兰大奥运会，美国工程师李维进一步改进了索穹顶体，设计建造了主场馆佐治亚穹顶并被评为当年全美最佳设计。

索穹顶结构与一般传统结构的最大区别是结构内部存在自应力模态和机构位移。结构体系可以通过施加预应力得到刚化，此时结构体系内部存在一阶无穷小机构，但它仍能像传统结构一样，承受一定的荷载而变形不大。根据几何拓扑形式的不同，索穹顶结构分为 Geiger 型、Levy 型、Kiewitt 型、鸟巢型、混合型等多种形式。索穹顶结构示意图见图 4.4-13。

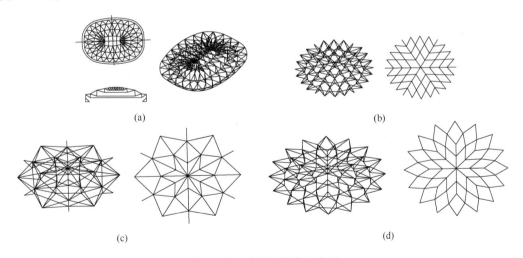

(a)　　　　　　　　　　　　　　　　　(b)

(c)　　　　　　　　　　　　　　　　　(d)

图 4.4-13　索穹顶结构示意图

(a) Lovy 设计的乔治亚穹顶；(b) Kiewitt 型；(c) 混合 I 型（肋环型和葵花型的重叠式组合）；
(d) 混合 II 型（Kiewitt 型和葵花型的重叠式组合）

Kiewitt 型穹顶（图 4.4-13）(b) 和混合型穹顶在综合考虑结构构造、几何拓扑和受力机理的基础上提出新型索穹顶结构形式。其中混合 I 型（图 4.4-13）(c) 为肋环型和葵花型的重叠式组合，混合 II 型（图 4.4-13）(d) 为 Kiewitt 型和葵花型的内外式组合。这些新型穹顶脊索划分较为均匀，可望刚度分布均匀和较低的预应力水平，同时使薄膜的制作和铺设更为简便可行，均匀划分的脊索网格同样为刚性屋面材料如压型钢板、铝板的使用提供了更大空间。

索穹顶是一种受力合理、结构高效的结构体系，它由连续的拉索和不连续的压杆组成，完全体现了 Euller 关于"压杆的孤岛存在于拉杆的海洋中"的思想，其主要特点如下：

（1）全张力状态。张拉整体索穹顶结构由连续的拉索和不连续的压杆组成，连续的拉索构成了张力的海洋，使整个结构处于连续的张力状态，即全张力态。

（2）预应力提供刚度。索穹顶结构中的索在未施加预应力前几乎没有自然刚度，它的刚度完全由预应力提供。索穹顶结构的刚度与预应力的分布和大小有密切关系。

（3）力学性能与形状有关。索穹顶结构的工作机理和力学性能依赖于其自身的拓扑形状。只有合理的结构形状，才能有良好的工作性能。

（4）力学性能与施工方法有关。索穹顶结构的力学性能很大程度上取决与预应力状态，而预应力的形成又与施工过程有直接关系，所以选择合理、有效的施工方法是实现结构良好力学性能的保证。

（5）自平衡体系。无论在成形态还是受荷态，它都是压力和拉力的有效自平衡体系。

五、组合空间结构

组合空间结构可定义为用不同的结构单元或不同的材料组合而成的一种空间结构。结构单元有柔性索、刚性杆、板壳等；不同材料有钢筋混凝土、钢材、复合物、薄膜等。由各种结构因素组合的各种组合空间结构示于下图。由于组合空间结构是利用原有空间结构"杂交"而成，充分发挥原有空间结构的优点，降低其缺陷，取长补短，因而结构的性能大大改善，见图 4.4-14。

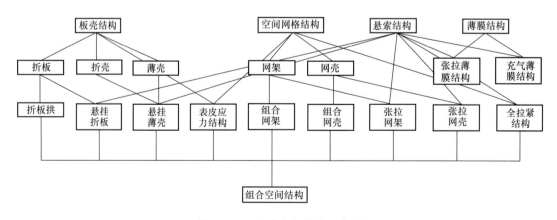

图 4.4-14 组合空间结构组合图

1. 张拉网架结构

按布索形式可分为放射式、竖琴式、扇式、星式等数种（图 4.4-15a～d）。放射式的特点为塔柱高度不变，斜拉索倾角随着索的位置不同而改变。竖琴式的塔柱较高，位于同一竖直平面的斜拉索倾角相同。星式的斜拉索下端呈直线布索，而上端则分两层锚固于柱顶。

图 4.4-15 所示为几种斜拉网架结构示意图。当有附房可锚固斜拉索时，可选用图

4.4-15a 的方案，图 4.4-15b 为无附房的情况。当建筑上允许室内设立柱子，则可用图 4.4-15c 方案。

当结构为开敞式时，必须考虑风吸力的作用，斜拉索应加预应力，使网架向上掀时索不至于退出工作。图 4.4-15d 方案增加了下面的拉索，以抵抗风掀力，这时网架高度也可适当减小。

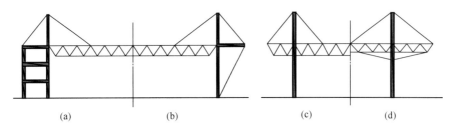

图 4.4-15 几种斜拉网架结构形式

2. 悬索网架结构

图 4.4-16 所示为两种悬索网架结构方案。图 4.4-16a 方案竖杆均为拉杆，图 4.4-16b 方案竖杆有部分压杆，显然 b 方案较 a 方案柱子矮。悬索的布索也有两个方案。一为平行走向，二为交叉走向，交叉索的吊点布置较平行走向方便。悬索的吊点对网架不产生水平分力，因而网架的用钢量比斜拉网架和张弦网架小。

悬索结构的缺点在于屋面刚度较差，为了保证屋面有足够的刚度，需要较大的索力，也就增大了水平力的处理困难。如与网架组合则可克服此缺点，这是由于悬索网架结构索的垂跨比较大，因而索力不必太大，索的截面就较小。

3. 张弦网架结构

图 4.4-17 所示为几种张弦网架方案，斜拉网架和悬索网架的索及部分杆件暴露于屋面外部，对防腐和屋面防水要求高。张弦网架是将索置于室内，同时可取消伸出屋面的塔柱，而由于弦索产生的水平力则由网架平衡，为了不使上弦产生太大的附加压力，弦索的预应力度不宜过高，显然垂跨比较大的图 4.4-17b 方案要经济一些，但它却降低了建筑净空。经分析表明图 4.4-17c 方案与普通网架相比可省钢 25% 以上。

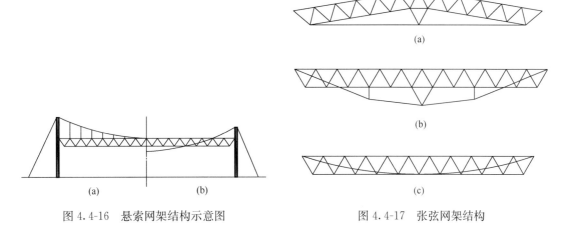

图 4.4-16 悬索网架结构示意图

图 4.4-17 张弦网架结构

张弦网架如拉紧弦索，则产生与屋面荷载方向相反的垂直分力以抵消屋面荷载向下的力，如果在设计上采取措施，不使网架自平衡掉这些水平分力，而由下部结构来平衡，则弦索拉力可增大至抵消掉大部分屋面荷载的程度。这时的张弦网架将达到最经济的效果。

可以把上列各种结构统称为张拉式组合空间结构。很显然，经过这样的组合，要比单一的空间结构经济。

4. 组合网架结构

在网架结构中，由于建筑要求等原因，常用钢筋混凝土屋面板，这时，屋面板仅起传递外荷载作用，而板的自重也作为一种荷载加于网架节点上，板本身并不参与网架结构的工作。但是，钢筋混凝土板却可能参与网架结构的工作，如把板代替网架的上弦，这样，就形成了由钢筋混凝土板和钢腹杆及下弦的组合结构，称为组合网架。

组合网架由于钢筋混凝土板有一定的抗弯刚度，面内刚度很大，因此组合网架在荷载作用下的挠度比相同条件下网架要小很多，现场测试表明，钢腹杆和弦杆的内力也小许多，因此组合网架设计存在与网架不同的技术问题。

（1）由于组合网架的刚度大，在相同荷载条件下，应比网架矮；或可承受更大的荷载；或可建更大跨度的结构。

（2）在板的设计中，肋高很重要，不同的荷载应取相应的肋高。即板的抗弯刚度与荷载大小有关。设计时应根据结构所受荷载和跨度的大小，选用合理的板厚、肋高、网架高，应使钢筋混凝土板与钢腹杆及下弦等强。

组合网架具有刚度大，自重轻（与钢筋混凝土结构相比），更适宜于建造活荷载较大的大跨度楼层结构，例如仓库、厂房、百货公司、展览厅等建筑。近几年来组合网架在我国发展迅速，已有20余个工程建成。如南京特殊示范学校阶梯教室屋盖18m×18m两向正交网格，网架高1.8m；江西抚州市体育馆屋盖为45m×55m斜放四角锥网格，网架高3.2m；河南新乡市百货大楼市场楼盖34m×34m斜放四角锥网格，网架高2.5m，共4层；湖南长沙市司门口商业大厦共11层，楼盖全部采用组合网架，其网格尺寸为12m×7.5m和12m×10m两种，网架高1m，正放四角锥形式等。

组合网架的施工和网架相似，如网格选型得当，不会增加施工困难。

面板可选用平板或带肋板（沿四边为主肋，中间辅助有田字格和交叉格两种），面板可现浇或预制。

当楼层活荷载较大（10～20kN/m²以上）时，可以设计成现浇板，这时钢腹杆和下弦杆可作为模板的支撑。

当面板采用预制板时，预制板间的连接有两种做法。一是按整体板考虑，即要求板与板间连接牢固，能传递一切内力（弯矩、扭矩和压力、剪力），这时，在内力分析时，板内弯矩、扭矩不能忽略。二是按铰接考虑，板与板之间不能传递弯矩和扭矩，这时，计算内力时可忽略板内弯矩和扭矩。

5. 组合网壳结构

单层网壳在自重荷载作用下，即使铰接节点也是稳定的，但在不对称荷载作用下，即使刚接节点，其整体稳定问题也不容忽视，单层网壳的屈曲是较复杂的，特别在模型试验时，由于设备条件的限制，对随机出现的屈曲点不易跟踪到，因而目前工程型模型的试验仍较困难。

如果把屋面板适当加强，并与网壳的杆件连成整体，即形成组合网壳，可以比较准确地验算其临界荷载。

一般来说，即使单层网壳的稳定验算方法在工程上应用很成熟，仍然不会比组合网壳节省钢材，这是因为组合网壳是一种薄壳结构，大部分区域以钢筋混凝土板来承担压力，而在边界效应区，可适当地用钢杆件加强。另外，组合网壳克服了钢筋混凝土薄壳的自重大和施工麻烦的缺点。但是，当跨度小于 40m 时，普通钢筋混凝土薄壳会更经济。

参 考 文 献

[1]　高层民用建筑钢结构技术规程：JGJ 99—2015[S]. 北京：中国建筑工业出版社，2015

[2]　钢结构设计标准：GB 50017—2017[S]. 北京：中国建筑工业出版社，2018

[3]　建筑抗震设计规范：GB 50011—2010(2016 年修订版)[S]. 北京：中国建筑工业出版社，2016

[4]　建筑结构荷载规范：GB 50009—2012[S]. 北京：中国建筑工业出版社，2012

[5]　空间网格结构技术规范：JGJ 7—2010[S]. 北京：中国建筑工业出版社，2010

[6]　高层建筑钢-混凝土混合结构设计规程：DG/T J08-015—2004[S]. 上海：中国建筑工业出版社，2003

[7]　高层建筑钢结构设计规程：DG/T J08-32—2008[S]. 上海：中国建筑工业出版社，2008

[8]　李国强著. 多高层建筑钢结构设计. 北京：中国建筑工业出版社，2004

[9]　赵熙元主编. 建筑钢结构设计手册 GB 51022—2015. 北京：中国冶金出版社，1995

[10]　蓝天，张毅刚著. 大跨度屋盖结构抗震设计. 北京：中国建筑工业出版社，2000

[11]　陈志华著弦支穹顶结构. 北京：中国科学出版社 2010

[12]　张文福主编. 空间结构. 北京：中国科学出版社，2005

[13]　世界建筑结构设计精品选——中国篇. 北京：中国建筑工业出版社，2001

[14]　大跨度钢结构工程设计方法. 北京：中国科学出版社，2005

第 5 章　结构分析与稳定性计算

5.1　有限元法简介

有限单元法最早可上溯到 20 世纪 40 年代。Courant 第一次应用定义在三角区域上的分片连续函数和最小位能原理来求解 St. Venant 扭转问题。现代有限单元法的第一个成功的尝试是在 1956 年，Turner、Clough 等人在分析飞机结构时，将刚架的矩阵位移法推广应用于弹性力学平面问题，给出了用三角形单元求得平面应力问题的正确答案。1960 年，Clough 进一步处理了平面弹性问题，并第一次提出了"有限单元法"，使人们认识到它的功效。

20 世纪 50 年代末 60 年代初，中国的计算数学刚起步不久，在对外隔绝的情况下，冯康带领一个小组的科技人员走出了从实践到理论，再从理论到实践的发展中国计算数学的成功之路。当时的研究解决了大量的有关工程设计应力分析的大型椭圆方程计算问题，积累了丰富而有效的经验。冯康对此加以总结提高，作出了系统的理论结果。1965 年冯康在《应用数学与计算数学》上发表的论文《基于变分原理的差分格式》，是中国独立于西方，系统地创始了有限元法的标志。

有限元法的基本原理是：将连续的求解域离散为一组单元的组合体，用在每个单元内假设的近似函数来分片的表示求解域上待求的未知场函数，近似函数通常由未知场函数及其导数在单元各节点的数值插值函数来表达。从而使一个连续的无限自由度问题变成离散的有限自由度问题。基本步骤：

步骤 1：剖分：

将待解区域进行分割，离散成有限个元素的集合，元素（单元）的形状原则上是任意的。二维问题一般采用三角形单元或矩形单元，三维空间可采用四面体或多面体等。每个单元的顶点称为节点（或结点）。

步骤 2：单元分析：

进行分片插值，即将分割单元中任意点的未知函数用该分割单元中形状函数及离散网格点上的函数值展开，即建立一个线性插值函数。

步骤 3：求解近似变分方程：

用有限个单元将连续体离散化，通过对有限个单元作分片插值求解各种力学、物理问题的一种数值方法。有限元法把连续体离散成有限个单元：杆系结构的单元是每一个杆件；连续体的单元是各种形状（如三角形、四边形、六面体等）的单元体。每个单元的场函数是只包含有限待定节点参量的简单场函数，这些单元场函数的集合就能近似代表整个连续体的场函数。根据能量方程或加权参量方程可建立有限个待定参量的代数方程组，求解此离散方程组就得到有限元法的数值解。有限元法已被用于求解线性和非线性问题，并建立了各种有限元模型，如协调、不协调、混合、杂交、拟协调元等。有限元法十分有效、通用性强、应用广泛，已有许多大型或专用程序系统供工程设计使用。结合计算机辅助设计技术，有限元法也被用于计算机辅助制造中。

在杆系结构中，有限元法即为矩阵位移法。

5.2 单 元 介 绍

5.2.1　梁柱单元

1. 二力杆单元：只承受拉力或压力的单元；单元只产生简单的拉伸或压缩变形。

2. 平面梁单元：只在一个平面内受力的单元，单元承受的力有：拉（压）力、弯矩和剪力。单元要考虑的变形是：拉（压）变形，剪切变形，弯曲变形，节点位移未知量是：节点位移和节点弯曲转角。剪切变形引起的节点转角必须利用杆件内部的平衡方程消去。工字形截面构件应采用考虑剪切变形影响的杆单元。

3. 空间梁单元：即在构件的两个主轴平面内均受荷载和产生变形，并且还有绕纵轴线的扭转变形。整体分析一般不考虑薄壁构件的翘曲变形。

5.2.2　薄膜单元

薄膜单元为平面应力单元，钢板剪力墙可以采用平面应力单元。

5.2.3　板壳单元

既考虑板件的平面内应力，又考虑板件弯曲变形的单元。

楼板在结构整体分析模型中，根据需要，可以采用膜单元模拟，此时仅仅是模拟了楼板作为横隔膜（diaphragm，保持建筑物的平面形状不变）的功能。也可以采用板壳单元模拟，此时楼板的弯曲变形也考虑在内了。

5.2.4　不承担竖向荷载的剪切膜单元

在钢板剪力墙的设计原则中，经常出现不宜承担重力荷载的要求。这就要求有专门的只提供抗剪刚度的单元。这种单元在 ANSYS 中是 SHELL28。普通的薄膜应力单元，将拉压刚度进行一定程度甚至是大幅度的折减，也可以实现相同的目的。

5.3　抗侧力体系的有限元模型

5.3.1　各类支撑架（含只拉支撑）

1. 支撑架中的梁和柱，采用梁单元模拟。其中有楼板的梁，可以采用平面梁单元模拟。

2. 工业厂房中的支撑，相当多的是长细比很大，按照拉杆来设计的支撑，此时只需用二力杆模拟它们；并且模拟为只拉支撑。

3. 民用建筑上的支撑，或者重型厂房和大型构筑物中的支撑，长细比较小，允许承受一定的压力，可以采用二力杆单元。根据支撑端部与梁柱节点的构造也允许模拟成可以承受弯矩和剪力的单元。

4. 偏心支撑体系（Eccentrically Braced Frame，EBF），偏心支撑体系中的支撑，可以模拟成梁单元或二力杆单元。

5.3.2   各类钢板剪力墙

1. 非加劲钢板剪力墙，宜采用无拉压刚度或拉压刚度被大幅度折减的单元，并在施工时采取先就位后固定的措施；

2. 对于加劲钢板剪力墙，可以采用具有正常固定的正交异性板单元，也可以根据竖向荷载的分担情况，对竖向刚度进行适度的折减。或根据施工时的先就位后固定安排，进行施工模拟分析。

5.3.3   带竖缝钢筋混凝土剪力墙

带竖缝的钢筋混凝土剪力墙，是与钢框架配套使用的一种抗侧力结构，宜采用仅有剪切刚度的膜单元进行等效的内力分析。

5.3.4   钢板支撑剪力墙

钢板支撑剪力墙应采用支撑模型。

5.3.5   预制填充墙结构

钢框架内填钢筋混凝土实体剪力墙模型，应考虑其参与承受竖向荷载和抗倾覆弯矩，计算模型中，其混凝土的弹性模量应取 $0.5E_c$ 参与计算，剪切刚度也进行相同的折减。

5.4   钢结构建模及其内力的修正

1. 建筑结构的内力和变形可按结构静力学方法进行弹性或弹塑性分析，采用弹性分析结果进行设计时，截面板件宽厚比等级为 S1、S2、S3 级的构件可有塑性变形发展。

2. 结构稳定性设计应在结构分析或构件设计中考虑二阶效应。

3. 结构的计算模型和基本假定应与构件连接的实际性能相符合。

4. 框架结构的梁柱连接宜采用刚接或铰接。梁柱采用半刚性连接时，应计入梁柱交角变化的影响，在内力分析时，应假定连接的弯矩-转角曲线，并在节点设计时，保证节点的构造与假定的弯矩-转角曲线符合，否则应进行非线性弹塑性分析。

5. 进行桁架杆件内力计算时，应符合下列规定：

（1）计算桁架杆件轴力时可采用节点铰接假定；

（2）采用节点板连接的桁架腹杆及荷载作用于节点的弦杆，其杆件截面为单角钢、双角钢或 T 形钢时，可不考虑节点刚性引起的弯矩效应；

（3）直接相贯连接的钢管结构节点（无斜腹杆的空腹桁架除外），当符合《钢结构设计标准》GB 50017—2017 第 13 章各类节点的几何参数适用范围且主管节间长度与截面高度或直径之比不小于 12、支管杆间长度与截面高度或直径之比不小于 24 时，可视为铰接节点；

（4）杆件截面为 H 形或箱形的桁架，应计算节点刚性引起的弯矩。在轴力和弯矩共同作用下，杆件端部截面的强度计算可考虑塑性应力重分布，杆件的稳定计算应按压弯构件进行。

当截面满足《钢结构设计标准》GB 50017—2017 表 3.5.1 压弯构件 S2 级截面要求时，截面强度宜按下列公式计算：

$$当 \varepsilon = \frac{M_x A}{N W_x} \leqslant 0.2 时： \qquad \frac{N}{A} \leqslant f \qquad\qquad (5.4\text{-}1)$$

当 $\varepsilon > 0.2$ 时：
$$\frac{N}{A} + \alpha \frac{M_x}{W_{px}} \leqslant \beta f \tag{5.4-2}$$

式中　W_x、W_{px} ——分别为弹性截面模量和塑性截面模量；

　　　　M_x ——为杆件在节点处的次弯矩；

　　　　α、β ——系数，按表 5.4-1 的规定采用。

系数 α 和 β　　　　　　　　表 5.4-1

杆件截面形式	α	β
H 形截面，腹板位于桁架平面内	0.85	1.15
H 形截面，腹板垂直于桁架平面	0.60	1.08
正方箱形截面	0.80	1.13

6. 框架梁和连续梁弯矩的调幅

框架梁和连续梁允许对竖向荷载产生的弯矩进行调幅，端部弯矩（负弯矩）下降，跨中弯矩相应增加。采用调幅后的弯矩进行荷载效应组合，然后进行截面强度验算。具体参照本手册第 14 章。

7. 性能设计法（机构控制设计法）需要的调整，例如强柱弱梁的要求。参见抗震设计部分。

5.5　结构分析与结构分类

5.5.1　结构分类

结构分为侧移不敏感结构和侧移敏感结构。

1. 一个结构（框架结构，剪力墙结构，框架-支撑结构等），根据其二阶效应的大小，划分成侧移敏感结构和侧移不敏感结构。

2. 二阶效应系数 θ 是二阶分析得到的侧移与一阶分析得到的侧移的比值减去 1 得到的值。

3. 当一个结构的二阶效应系数大于 0.1 时，称为侧移敏感结构。小于等于 0.1 时为侧移不敏感结构。

4. 结构体系如满足：

剪切型结构
$$\frac{V_i}{S_i h_i} \leqslant 0.1 \quad i = 1, 2, \cdots\cdots n \tag{5.5-1}$$

弯曲型结构
$$\frac{4 V_{0.7} H^2}{\sum \pi^2 EI_{B0.33}} \leqslant 0.1 \tag{5.5-2}$$

弯剪型结构
$$\theta = \frac{1}{\eta_{cr}} \leqslant 0.1 \tag{5.5-3}$$

则这个结构为侧移不敏感结构。

式中　V_i ——第 i 层及其以上各层的竖向荷载总和；

　　　　S_i ——第 i 层的层抗侧刚度，是各片剪切型结构层抗剪刚度之和；

　　　　h_i ——第 i 层的层高；

　　　$V_{0.7}$ ——离地面 $0.7H$ 处楼层（称为荷载代表层）以上的总竖向荷载；

$EI_{B0.33}$——1/3 高度处各片弯曲型支撑架截面的抗弯刚度；

η_{cr}——整体结构最低阶弹性临界屈曲荷载与荷载设计值的比值。

5. 采用刚重比的概念换算二阶效应系数的方法如下

框架支撑结构，设刚重比为 $\dfrac{EJ_d}{H^2\sum\limits_{i=1}^{n} G_i} = \alpha$，则二阶效应系数是

$$\theta = \frac{0.14}{\alpha} \tag{5.5-4}$$

对框架结构，设软件输出的刚重比是 $\dfrac{D_i}{\sum\limits_{j=i}^{n} G_j/h_i} = \alpha$

$$\theta = \frac{1}{\alpha} \tag{5.5-5}$$

5.5.2　关于线性分析和二阶分析及其稳定性计算

1. 侧移不敏感结构可以只进行一阶线弹性分析，此时，框架柱稳定设计时采用计算长度系数法。

2. 侧移敏感结构必须采用以下四种方法之一考虑二阶效应的影响：

（1）框架柱计算长度法，此时内力采用线性弹性分析。其中纯框架结构参考本章 5.6 节，带支撑的结构参考本章 5.7 节。

（2）放大系数法：对水平力（包括假想水平力）产生的线性分析内力以及结构和荷载不对称性产生的侧移对应的线性分析内力乘以如下的放大系数以考虑二阶效应的影响：

1）框架结构和框架-剪切型支撑结构，将上述内力（框架梁柱的弯矩，支撑架立柱的轴力，支撑斜杆的轴力）和侧移乘以如下的系数：

$$\frac{1}{1-\theta_i} \tag{5.5-6}$$

2）单纯由弯曲型支撑架组成的结构，框架-弯曲型和弯剪型支撑结构，将上述内力和位移乘以如下的系数：

$$\frac{1}{1-\theta} \tag{5.5-7}$$

3）对无支撑框架结构，杆件杆端的弯矩 M_Δ^{II} 也可采用下列近似公式进行计算：

$$M_\Delta^{\text{II}} = M_q + \alpha_i^{\text{II}} M_H \tag{5.5-8}$$

$$\alpha_i^{\text{II}} = \frac{1}{1-\theta_i^{\text{II}}} \tag{5.5-9}$$

式中　M_q——结构在竖向荷载作用下的一阶弹性弯矩；

M_Δ^{II}——仅考虑 $P\text{-}\Delta$ 效应的二阶弯矩；

M_H——结构在水平荷载作用下的一阶弹性弯矩；

θ_i^{II}——二阶效应系数，$\theta_i^{\text{II}} = \dfrac{V_i}{S_i h_i}$；

α_i^{II}——第 i 层杆件的弯矩增大系数；当 $\alpha_i^{\text{II}} > 1.33$ 时，宜增大结构的侧移刚度。

采用放大系数法，柱子计算长度可以取层高。此时必须加上（5.5-10）式规定的假想

水平力。

（3）按照本章 5.5.5 条进行二阶 P-Δ 分析和设计。

（4）同时考虑 P-Δ 和 P-δ 效应的直接分析设计法。

5.5.3　二阶分析时假想荷载的取值

1. 当采用内力放大系数法、近似的二阶弹性分析或精确的二阶弹性分析时，必须在每层柱顶附加考虑如下的假想水平力设计值。

$$H_{\mathrm{n}i} = \frac{G_i}{250}\alpha_{\mathrm{n}} \tag{5.5-10}$$

式中　G_i——第 i 楼层的总重力荷载设计值；

$$\frac{2}{3} \leqslant \alpha_{\mathrm{n}} = \sqrt{0.2 + \frac{1}{n_{\mathrm{s}}}} \leqslant 1$$

　　　　n_{s}——框架的总层数。

当采用更加精确的（同时考虑 P-Δ 和 P-δ 效应）二阶弹性分析时，尚应考虑构件层次的初始弯曲。

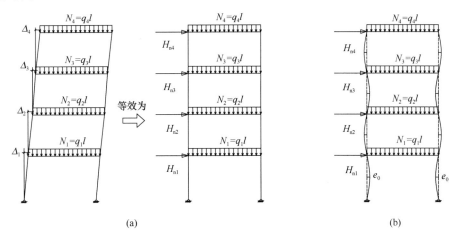

图 5.5-1　框架结构整体初始几何缺陷代表值及等效水平力
（a）框架整体初始几何缺陷代表值；（b）框架结构等效水平力

5.5.4　二阶分析时初始缺陷的取值

1. 结构整体初始几何缺陷模式可按最低阶整体屈曲模态采用，见图 5.5-1。框架及支撑结构整体初始几何缺陷代表值可按公式（5.5-11）确定（图 5.5-2）；或可通过在每层柱顶施加假想水平力 $H_{\mathrm{n}i}$ 等效考虑，假想水平力可按公式（5.5-10）计算，施加方向应考虑荷载的最不利组合（图 5.5-2）。

$$\Delta_i = \alpha_{\mathrm{n}}\frac{h_i}{250} \tag{5.5-11}$$

式中　Δ_i——所计算 i 楼层的初始几何缺陷代表值；

　　　　n_{s}——结构总层数，当 $\alpha_{\mathrm{n}} = \sqrt{0.2 + \dfrac{1}{n_{\mathrm{s}}}} < \dfrac{2}{3}$ 时取此根号值为 $\dfrac{2}{3}$；当 $\alpha_{\mathrm{n}} = \sqrt{0.2 + \dfrac{1}{n_{\mathrm{s}}}} > 1.0$ 时，取此根号值为 1.0；

h_i——所计算楼层的高度。

图 5.5-2   框架结构计算模型

2. 构件（含支撑构件）的初始缺陷代表值可按公式（5.5-12）计算确定，该缺陷值包括了残余应力的影响（图 5.5-3a）。构件（含支撑构件）的初始缺陷也可采用假想均布荷载进行等效简化计算，假想均布荷载可按公式（5.5-13）确定（图 5.5-3b）。

$$\delta_0 = e_0 \sin \frac{\pi x}{l} \tag{5.5-12}$$

$$q_0 = \frac{8Ne_0}{l^2} \tag{5.5-13}$$

式中 e_0——构件中点处的初始变形值；

x——离构件端部的距离；

l——构件的总长度；

q_0——等效分布荷载；

N——构件承受的轴力设计值。

在整体结构中施加了 q_0 后，应在两个杆端反向施加 $0.5q_0l$。

3. 构件初始弯曲缺陷值 $\frac{e_0}{l}$，当采用直接分析不考虑材料弹塑性发展时，可按表 5.5-1 取构件综合缺陷代表值，参考本章第 5.5.6 条进行。

构件综合缺陷代表值   表 5.5-1

柱子曲线	二阶分析采用的 $\frac{e_0}{l}$ 值	柱子曲线	二阶分析采用的 $\frac{e_0}{l}$ 值
a 类	1/400	c 类	1/300
b 类	1/350	d 类	1/250

图 5.5-3   构件的初始缺陷

（a）等效几何缺陷；（b）假想均布荷载

4. 当采用直接分析且考虑材料弹塑性发展时，构件的初始缺陷取值应按不小于 1/

1000 的出厂加工精度考虑构件的初始几何缺陷，并参照本章第 5.5.7 条考虑初始残余应力。

5.5.5 二阶弹性 *P-Δ* 效应分析与设计

1. 采用仅考虑 *P-Δ* 效应的二阶弹性分析时，应按第 5.5.4 条第 1 款考虑结构的整体初始缺陷，或者加上（5.5-10）式规定的假想水平力，计算结构在各种荷载设计值（作用）下的内力和标准值（作用）下位移，并应按《钢结构设计标准》GB 50017—2017 第 6 章～第 8 章的有关规定进行各结构构件的设计。计算构件轴心受压稳定承载力时，构件计算长度系数 μ 可取 1.0。

2. 梁端截面强度计算和平面外稳定计算，在上述第 1 种计算长度系数法和第 2 种的弯矩放大系数法中，允许采用式（5.5-6～9）放大后的弯矩计算，也允许采用不放大的弯矩计算。梁跨中弯矩不放大。

3. 两个正交方向的结构体系不一样时，宜采用相同的考虑二阶效应的方法。

4. 考虑假想荷载的组合是：

$1.2D_k + 1.4L_k + H_n$

$1.2D_k + 1.4L_k \pm (0.6 \times 1.4W_k + H_n)$

$1.2D_k + 0.7 \times 1.4L_k \pm (1.4W_k + H_n)$

$1.2(D_k + 0.5L_k) \pm (1.3E_k + H_n)$

这里 D_k、L_k、W_k 分别是恒载、活载和风载标准值，E_k 是地震作用标准值。

5.5.6 弹性直接分析设计

1. 直接分析设计法应采用考虑二阶 *P-Δ* 和 *P-δ* 效应，按第 5.5.4 条同时考虑结构和构件的初始缺陷（或者结构的初始缺陷用 5.5.3 条的假想荷载来代表，构件的初始缺陷采用 5.5.4 条）、节点连接刚度和其他对结构稳定性有显著影响的因素，获得各种荷载设计值（作用）下的内力和标准值（作用）下位移，并应按《钢结构设计标准》GB 50017—2017 第 6、7、8 章的有关规定进行各结构构件的设计，但不需要按计算长度法进行构件轴心受压稳定承载力验算。空间分析时，初始缺陷施加方法：一个方向 100%，垂直方向 85%。

2. 直接分析法不考虑材料弹塑性发展时，结构分析应限于第一个塑性铰的形成，对应的荷载水平应不低于荷载设计值，不允许进行内力重分布。

3. 结构和构件采用直接分析设计法进行分析和设计时，计算结果可直接作为承载能力极限状态和正常使用极限状态下的设计依据，应按下列公式进行构件截面承载力验算：

（1）当构件有足够侧向支撑以防止侧向失稳时：

$$\frac{N}{Af} + \frac{M_x^{\text{II}}}{M_{cx}} + \frac{M_y^{\text{II}}}{M_{cy}} \leqslant 1.0 \qquad (5.5\text{-}14)$$

（2）直接分析法不考虑材料弹塑性发展，截面板件宽厚比等级不符合 S2 级要求时

$$M_{cx} = \gamma_x W_x f \qquad (5.5\text{-}15)$$

$$M_{cy} = \gamma_y W_y f \qquad (5.5\text{-}16)$$

（3）按弹塑性分析，截面板件宽厚比等级符合 S2 级要求时

$$M_{cx} = W_{px} f \qquad (5.5\text{-}17)$$

$$M_{cy} - W_{py}f \tag{5.5-18}$$

（4）当构件可能产生侧向失稳时

$$\frac{N}{Af} + \frac{M_x^{II}}{\varphi_b\gamma_x W_x f} + \frac{M_y^{II}}{M_{cy}} \leqslant 1.0 \tag{5.5-19}$$

式中　　M_x^{II}、M_y^{II}——分别为绕 x 轴、y 轴的二阶弯矩设计值，可由结构分析直接得到；

　　　　　　A——构件的毛截面面积；

　　　M_{cx}、M_{cy}——分别为绕 x 轴、y 轴的受弯承载力设计值；

　　　W_x、W_y——构件绕 x 轴、y 轴的毛截面模量（S1、S2、S3、S4 级）或有效截面模量（S5 级）；

　　W_{px}、W_{py}——构件绕 x 轴、y 轴的塑性毛截面模量；

　　　γ_x、γ_y——截面塑性发展系数，应按《钢结构设计标准》GB 50017—2017 第 6.1.2 条的规定采用；

　　　　　　φ_b——梁的整体稳定性系数，应按《钢结构设计标准》GB 50017—2017 附录 C 采用。

5.5.7　弹塑性分析

1. 直接分析法考虑材料弹塑性发展时（以下称为二阶弹塑性分析）宜采用塑性铰法或塑性区法。塑性铰形成的区域，构件和节点应有足够的延性以便内力重分布，允许一个或者多个塑性铰产生，构件的极限状态应根据设计目标及构件在整个结构中的作用来确定。

2. 按二阶弹塑性分析时，钢材的应力-应变关系可为理想弹塑性，屈服强度可取《钢结构设计标准》GB 50017—2017（以下简称标准）规定的强度设计值，弹性模量应取标准值，当涉及到混凝土时，混凝土弹性模量取标准值的 0.8 倍。

3. 按二阶弹塑性分析时，钢结构构件截面应为双轴对称截面或单轴对称截面以对称截面受弯为主，塑性铰处截面板件宽厚比等级应为 S1、S2 级，其出现的截面或区域应保证有足够的转动能力。

4. 结构进行连续倒塌分析时，结构材料的应力-应变关系宜考虑应变率的影响；进行抗火分析时，应考虑结构材料在高温下的应力-应变关系对结构和构件内力产生的影响。

5. 采用塑性铰法进行二阶弹塑性分析时，除应按本章第 5.5.4 条第 4 款考虑初始缺陷外，当受压构件所受轴力大于 $0.5Af$ 时，其弯曲刚度应乘刚度折减系数 0.8。

6. 弹塑性分析作为设计手段，需要输出：

（1）使用极限状态荷载水平下的挠度和侧移，并与标准的变形限值进行比较；

（2）荷载达到设计值时的变形和承载力状态；

（3）加载到荷载的设计值后进行卸载，输出卸载后的残余变形。残余变形的限值应为：残余挠度是跨度的 1/1000，侧移是高度的 1/1000。

5.5.8　大跨度钢结构的直接分析法

大跨度钢结构体系的稳定性分析宜采用直接分析法。结构整体初始几何缺陷模式可按最低阶整体屈曲模态采用，最大缺陷值取 $L/300$，L 为结构跨度。构件的初始缺陷可按表 5.5-1 采用。

5.6 内力采用线性弹性分析时框架柱的稳定

5.6.1 计算长度系数法

框架柱稳定性设计的方法有如下几种：

1. 框架柱的平面内稳定采用如下的公式

$$\frac{P}{\varphi A} + \frac{\beta_{mx} M_x}{\gamma_x W_x (1 - 0.8 P/P'_{Ex})} \leqslant f \tag{5.6-1}$$

式中　P ——框架柱承担的轴力；

$\quad\quad M_x$ ——框架柱承担的弯矩；

$\quad\quad W_x$ ——截面受压最大边缘的截面模量；

$\quad\quad \gamma_x$ ——截面塑性开展系数；

$\quad\quad \beta_{mx}$ ——等效弯矩系数；

$\quad\quad A$ ——截面面积。

$$P'_{Ex} = \frac{P_{Ex}}{1.1}, P_{Ex} = \frac{\pi^2 EI}{(\mu l)^2} \tag{5.6-2}$$

式中　μ ——框架柱计算长度系数；

$\quad\quad l$ ——框架柱的长度；

$\quad\quad I$ ——截面惯性矩；

$\quad\quad \varphi$ ——压杆弹塑性稳定系数。

稳定系数 φ 和欧拉临界荷载 P_{Ex} 的计算中用到计算长度系数 μ。

2. 纯框架的平面内发生有侧移屈曲，框架柱的计算长度系数 μ 的计算公式是

$$\mu = \sqrt{\frac{7.5 K_1 K_2 + 4(K_1 + K_2) + 1.52}{7.5 K_1 K_2 + K_1 + K_2}} \tag{5.6-3}$$

式中　$K_1 = \dfrac{i_{b1} + i_{b2}}{i_{c1} + i_{c2}}$, $K_2 = \dfrac{i_{b3} + i_{b4}}{i_{c2} + i_{c3}}$ ——汇交于柱端的梁线刚度之和与柱线刚度之和的比值。

（1）如果与正在计算的柱子相连的梁的远端出现如下情况，则在计算 K_1 或 K_2 时，梁的线刚度必须首先进行修正：

1）当梁的远端铰接时，梁的线刚度乘以 0.5 后再参与 K_1 或 K_2 的计算；

2）当梁的远端固支时，梁的线刚度乘以 $\dfrac{2}{3}$ 后再进行 K_1 或 K_2 的计算；

3）当梁近端和柱子铰接时，则不考虑这根横梁的作用，线刚度取为 0。

（2）对底层框架柱，K_1 的计算有如下的规定：

1）当柱子和基础铰接，且具有明确的自由转动可能时，$K_1 = 0$；

2）当柱子和基础连接采用平板式铰支座时 $K_1 = 0.1$；

3）当柱子和基础刚接时，$K_1 = 10$。

（3）当与柱子刚接的横梁承受的轴力很大时，横梁线刚度应进行折减，折减系数为：

1）横梁远端和相邻柱子刚接：$\alpha = 1 - \dfrac{N_b}{4N_{Eb}}$；

2）横梁远端为铰接：$\alpha = 1 - \dfrac{N_b}{N_{Eb}}$；

3）横梁远端为固定时：$\alpha = 1 - \dfrac{N_b}{2N_{Eb}}$。

式中　$N_{Eb} = \dfrac{\pi^2 EI}{l_b^2}$，$I_b$ 是横梁截面惯性矩，l_b 是横梁的跨度。

3. 如果框架发生的是无侧移屈曲，则框架柱计算长度系数为

$$\mu_b = \sqrt{\frac{(1 + 0.41K_1)(1 + 0.41K_2)}{(1 + 0.82K_1)(1 + 0.82K_2)}} \tag{5.6-4}$$

式中 K_1，K_2 的意义同（5.6-3）式。见图 5.6-1。

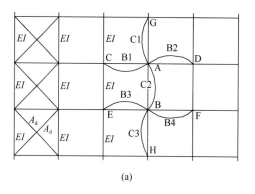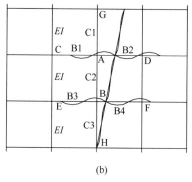

图 5.6-1　多层多跨框架的屈曲：七杆模型

（a）无侧移屈曲；（b）有侧移屈曲

（1）如果与正在计算的柱子相连的梁的远端出现如下情况，则在计算 K_1 或 K_2 时，梁的线刚度必须首先进行修正：

1）当梁的远端铰接时，梁的线刚度乘以 1.5 后再进行 K_1 或 K_2 的计算；

2）当梁的远端固支时，梁的线刚度乘以 2 后再进行 K_1 或 K_2 的计算；

3）当梁近端和柱子铰接时，则不考虑这根横梁的作用，线刚度取为 0。

（2）对底层框架柱，K_1 的计算有如下的规定：

1）当柱子和基础铰接，且具有明确的自由转动可能时，$K_1 = 0$；

2）当柱子和基础连接采用平板式铰支座时，$K_1 = 0.1$；

3）当柱子和基础刚接时，$K_1 = 10$。

（3）当与柱子刚接的横梁承受的轴力很大时，横梁线刚度应进行折减，折减系数为：

1）横梁远端和相邻柱子刚接：$\alpha = 1 - \dfrac{N_b}{N_{Eb}}$；

2）横梁远端为铰接：$\alpha = 1 - \dfrac{N_b}{N_{Eb}}$；

3）横梁远端为固定时：$\alpha = 1 - \dfrac{N_b}{2N_{Eb}}$。

N_{Eb} 同上款。

4. 纯框架结构，当设有摇摆柱时，由（5.6-3）式计算得到的计算长度系数应乘以下面的放大系数

$$\eta = \sqrt{1 + \frac{\sum P_k}{\sum P_j}} \qquad (5.6\text{-}5)$$

式中　$\sum P_k$——本层所有摇摆柱的轴力之和；

　　　　$\sum P_j$——本层所有框架柱（即提供抗侧刚度的柱子）的轴力之和。

摇摆柱本身的计算长度系数为 1.0。

5. 多层纯框架结构的顶层，当出现抽柱的情况时，即使屋面梁与框架柱是刚接，屋面梁对柱子的约束参数 K_2 仍应取为 0。

5.6.2 框架有侧移失稳：一个简单的判定准则

1. 框架每一层的抗侧刚度可以从结构的线性分析直接得到。例如某一层的总剪力是 Q_i，而这一层的层间侧移 $\delta_i = \Delta_i - \Delta_{i-1}$ 也可以在线性分析后得到，得到层抗侧刚度为

$$K_i = \frac{Q_i}{\delta_i} \qquad (5.6\text{-}6)$$

2. 竖向重力荷载是一种负刚度。设某层柱子轴力为 P_j，竖向重力荷载的抗侧负刚度计算式为

$$K_P = -\alpha_j \frac{P_j}{h_i} \qquad (5.6\text{-}7)$$

式中　α_j——压杆弯曲影响系数；

　　　　h_i——该层的层高。

$$\alpha_j = 1 + (\frac{12}{\pi^2} - 1)\frac{(1+3K_1)(1+3K_2)K_1K_2 + 4(K_2-K_1)^2}{5[1+2(K_1+K_2)+3K_1K_2]^2} \approx 1 \sim 1.216 \qquad (5.6\text{-}8)$$

3. 框架的物理正刚度与荷载的负刚度抵消时，框架发生屈曲。这样框架有侧移屈曲的简单准则为

$$K_i - \chi \frac{1}{h_i} \left(\sum_{j=1}^{n} \alpha_j P_j \right)_i = 0 \qquad (5.6\text{-}9)$$

式中　P_j——这一层的第 j 个柱子的轴力，$\alpha_j = 1 \sim 1.216$。χ 是屈曲因子，即实际的荷载必须增加到 χ 倍，框架才真的会发生屈曲。

4. 通过多跨框架的算例验证发现，通过每一个柱子的传统的计算长度系数，可以用下式计算框架的层抗侧刚度

$$K_i \approx \sum_{j=1}^{n} \alpha_j \frac{\pi^2 EI_j}{\mu_j^2 h_i^{~3}} \qquad (5.6\text{-}10)$$

5.6.3 修正计算长度系数法

1. 实际框架屈曲时，轴力大的柱子失稳倾向大，将得到受力小的柱子的支援，受力大的柱子的计算长度系数将比传统的方法得到的小见图 5.6-2，对于同层各柱的这种相互作用，可以得到框架柱修正的计算长度系数为：

$$\mu'_{\text{k}} = \sqrt{\frac{I_{\text{ck}}}{P_{\text{k}}} \frac{\sum\limits_{j=1}^{n} \alpha_j P_j}{\sum\limits_{j=1}^{n}(\alpha_j I_{\text{cj}}/\mu_j^2)}} \approx \sqrt{\frac{I_{\text{ck}}}{P_{\text{k}}} \cdot \frac{1}{\sum\limits_{j=1}^{n}(I_{\text{cj}}/\mu_j^2)}\sum\limits_{j=1}^{n} P_j} \qquad (5.6\text{-}11)$$

或

$$\mu'_{\text{k}} = \sqrt{\frac{\pi^2 E I_{\text{ck}}}{P_{\text{k}} h_i^3} \cdot \frac{1}{K_i}\sum\limits_{j=1}^{n}(\alpha_j P_j)} \qquad (5.6\text{-}12)$$

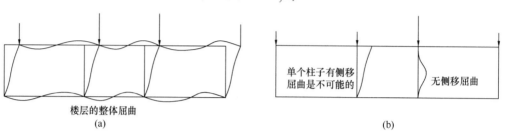

图 5.6-2   框架的失稳模式

(a) 层整体屈曲；(b) 单个柱子的屈曲

2. 某些受力较大的柱子，得到其他受力小的柱子对它提供的支撑作用。当这种支撑作用足够大时，按照公式计算求得的计算长度就小于 1.0，此时应取 1.0 计算。

3. 采用修正的计算长度系数遇到的困难及其解决：

（1）对某些轴力非常小的柱子（例如风荷载工况下），按照修正计算长度系数公式计算，因为它为其他柱子提供了约束，计算长度系数非常大。设计时柱子的长细比（刚度指标）仍应按照传统的计算长度系数计算并与限值进行比较；柱子的稳定系数则采用修正后的计算长度系数，计算长细比，然后按照欧拉公式进行稳定系数的计算。

（2）如果是某根柱子出现了拉力，则该柱子的平面内稳定无需计算。

5.6.4   框架整体屈曲分析方法应用

1. 整体屈曲分析是这样进行的：

（1）对给定的荷载组合，例如 $1.2D + 1.4L$，采用线性分析方法对框架结构进行分析，得到所有框架柱子和梁的轴力；

（2）以这一荷载工况的组合轴力 P_j 作为标准，乘以荷载因子 χ；

（3）形成有限元分析的刚度矩阵，进行特征值分析，得到临界荷载因子 χ_{cr}；

（4）求得的第 j 个柱子的临界荷载为 $\chi_{\text{cr}} P_j$，从下式求得计算长度系数 μ''

$$\chi_{\text{cr}} P_j = \frac{\pi^2 E I_j}{(\mu''_j h_j)^2} \qquad (5.6\text{-}13)$$

2. 整体屈曲分析求得的各个柱子的计算长度系数之间存在如下的关系：

$$\mu''_{\text{k}} = \mu''_j \frac{h_j}{h_{\text{k}}} \sqrt{\frac{P_j I_{\text{k}}}{P_{\text{k}} I_j}} \qquad (5.6\text{-}14)$$

3. 整体屈曲分析反映的是最薄弱层（对图 5.6-3 是底层）的屈曲。薄弱层的判定是：屈曲变形最大的层。对于薄弱层，整体屈曲分析求得的计算长度系数可以用于设计。

4. 对其他层，特别是屈曲变形带有明显的随动性质的（即不是自身主动的位移，而

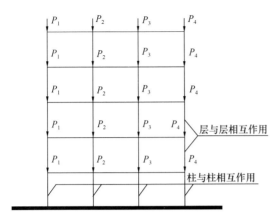

图 5.6-3　多层框架屈曲的整体分析

是由于其他层的主动位移带动该层产生位移），整体屈曲分析得到的计算长度系数，不宜用于设计。

5. 框架的高阶屈曲模态对应的屈曲因子，因为不能正确反映梁对柱子的约束作用，不宜用于框架柱的稳定性设计。

6. 一个单层的结构，可以应用整体屈曲分析得到的计算长度系数进行设计。

5.6.5　计算实例

算例：设四层三跨框架，采用 Q235B 钢材，两边柱截面为 $H490 \times 300 \times 10/16$（$I = 0.61928 \times 10^9$ mm^4），两中柱截面是 $H400 \times 300 \times 8/12$（$I = 0.3064 \times 10^9$ mm^4），楼层梁为 $H600 \times 240 \times 8/12$（$I = 0.6252 \times 10^9$ mm^4），屋顶梁 $H440 \times 240 \times 6/10$（$I = 0.2589 \times 10^9$ mm^4），边柱柱脚固定，中柱柱脚铰接。跨度为 8+6+8=22m，高为 4.5+4+4+4=16.5m。平面外采用较强的支撑体系。下面三层恒载 30kN/m，活载 21kN/m，屋顶层恒载 20kN/m，活载 6kN/m。

这个算例的中柱较小，边柱较大，以考察弹塑性阶段柱与柱之间的相互作用。底层总的轴力 5246kN。其中第一层的抗侧刚度是 19338N/mm，四根柱子的总面积 48776mm^2，层通用长细比 0.362，层稳定系数为 0.923，第一层按照（5.6-1）式的平面内稳定计算公式的轴力项为 116.58N/mm^2。边柱的弯矩为 139kN·m，弯矩项的应力为 54.96N/mm^2，合计是 171.5N/mm^2，应力比 0.80，而设计软件 STS 计算的平面内稳定计算的应力比为 0.59，即考虑柱与柱相互作用后，边柱因为向中柱提供稳定性的支持而应力比增大。中柱的弯矩仅 32.62kN·m，（5.6-1）式的弯矩项应力为 21.29N/mm^2，与轴力项相加后的应力为 137.9N/mm^2，应力比为 0.64，而 STS 软件的平面内计算结果为 0.98，已经用足。由计算结果可见中柱因为受到边柱的支持而应力比比 STS 软件计算显示的值要小。中柱的无侧移失稳验算公式（5.6-1）的第 1 项为 179.9N/mm^2，应力比达到了 0.837，因此中柱的无侧移失稳比框架整体的有侧移失稳更早发生（实际可能是平面外的弯扭失稳最早发生）。

5.7　双重抗侧力结构的稳定性

5.7.1　框架分类

一、强支撑框架和弱支撑框架、纯框架

当内力采用线性弹性分析，采用计算长度法计算框架柱的稳定性时，对框架进行如下的分类：

1. 强支撑框架：当框架-支撑结构体系中，支撑的抗侧刚度足够强大（这里的强大，是强度和刚度综合的意义上理解的强大），使得框架以无侧移的模式失稳时，这个框架称为强支撑框架；

2. 弱支撑框架是支撑架的抗侧刚度不足以使框架发生无侧移失稳的框架；

3. 纯框架是未设置任何支撑的框架结构，纯框架的整体失稳是有侧移失稳，见图 5.7-1。

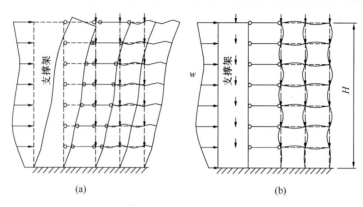

图 5.7-1 框架失稳模式的判定

（a）整体有侧移失稳；（b）框架无侧移失稳

二、重力荷载框架和抗侧力框架

对于双重抗侧力结构体系中的框架，根据其水平力的分担比例，进行如下的分类：

1. 在双重抗侧力结构中，框架承受的总水平力小于等于总剪力的 20%，则这个框架可以看作为重力荷载框架。

2. 不满足上述规定的框架-支撑结构体系中的框架，是抗侧力框架。

3. 纯框架是抗侧力框架。

5.7.2　支撑架的分类

平面和竖向规则的双重抗侧力结构体系中的支撑架根据其侧向变形的形态分为弯曲型、弯剪型和剪切型支撑；

1. 当支撑架的截面的性质满足下式时

$$\frac{\pi^2 E I_{B0.33}}{4\gamma_{PS} H^2 S_{B1} h_1} \leqslant 0.1 \tag{5.7-1}$$

支撑架是弯曲型的；

2. 当支撑架的截面的性质满足下式时

$$\frac{\pi^2 E I_{B0.33}}{4\gamma_{PS} H^2 S_{B1} h_1} \geqslant \frac{2.5}{(r_s - 1/n_s)^{0.7}} \tag{5.7-2}$$

支撑架是剪切型的；

3. 当支撑架的截面性质处于以下范围时

$$0.1 < \frac{\pi^2 E I_{B0.33}}{4\gamma_{PS} H^2 S_{B1} h_1} < 10 \tag{5.7-3}$$

支撑架是弯剪型的。其中

$$\gamma_{PS} = \frac{0.3 + 0.7/n_s}{1 - 0.4(r_s - 1/n_s)^{0.7}} \tag{5.7-4}$$

式中　r_s——支撑架顶层抗侧刚度与底层抗侧刚度的比值，计算抗侧刚度时应扣除本层弯曲变形和本层刚体位移的影响；

n_s ——楼层数；

S_{Bl} ——底层的层抗侧刚度，计算层抗侧刚度时要消除整体弯曲变形的影响，即在顶部施加水平力（或其他均布的水平力），在柱子上施加上下的力偶，以抵消水平力产生的弯矩（图5.7-2）；

h_1 ——其层高；

$EI_{B0.33}$ ——离地$\frac{1}{3}H$处楼层（称为刚度代表层）的支撑架截面的抗弯刚度；

H ——结构的总高度。

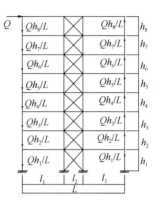

图5.7-2　层抗侧刚度的求算

5.7.3　设有支撑架的结构中框架柱的稳定

设有支撑架的结构，采用线性分析设计时，框架柱的计算长度系数按照如下规定：

1. 当不考虑支撑架对框架稳定性的支持作用时，框架柱计算长度按照（5.6-3）式计算。

2. 当框架的计算长度系数取1.0时，应保证支撑架能够对框架的侧向稳定提供支撑作用。

3. 当组成支撑架的各构件（包括立柱和斜支撑）的承载力的利用比小于式（5.7-5）比值时，可以被认为是能够对框架提供充分支持。式中θ是与验算框架柱同层的二阶效应系数。

$$\rho \leqslant 1-3\theta \qquad (5.7\text{-}5)$$

4. 对多层框架-支撑结构，支撑的剪力分担率较小，支撑架各构件的应力比应比（5.7-5）式更加严格，才能确保框架柱部分的计算长度系数可以取1.0设计，一般可以按照下式控制：

$$\rho \leqslant \left(1-\frac{K_F}{K_F+K_B}\right)(1-2.25\theta) \qquad (5.7\text{-}6)$$

式中　K_F、K_B ——分别是框架和支撑架的抗侧刚度。

5. 除（5.7-5）式外，还可以采用以下式子判定结构的屈曲模式：当支撑架是剪切型的时候，如果支撑架的抗侧刚度满足

$$\frac{K_{ith}}{K_i}+\frac{Q_i}{Q_{iy}} \leqslant 1 \qquad (5.7\text{-}7)$$

则这个双重抗侧力结构中的框架是强支撑框架。式中Q_i是第i层承受的总水平力，Q_{iy}是第i层支撑能够承受的总水平力，计算Q_{iy}时要扣除竖向荷载在支撑架构件内产生的内力$N_{br,gravity}$消耗掉的部分承载力，但是拉压力可以抵消：

$$Q_{yi} = \Sigma(\varphi_j A_{bj} f - N_{brj,gravity})\cos\alpha_j \qquad (5.7\text{-}8)$$

式中　K_i ——支撑架在第i层的层抗侧刚度。

$$K_{ith} = \frac{2.2}{h_i}\left[\left(1+\frac{100}{f_y}\right)\sum_{j=1}^{m}N_{jb}-\sum_{j=1}^{m}N_{ju}\right]_i \quad i=1,2,\cdots\cdots,n \qquad (5.7\text{-}9)$$

式中　N_{jb}——框架柱按照无侧移失稳的计算长度系数决定的压杆弹塑性承载力，含摇摆柱；

　　　N_{ju}——框架柱按照有侧移失稳的计算长度系数决定的压杆弹塑性承载力，如果是摇摆柱则取为 $N_{ju}=0$；

　　　h_i——所计算楼层的层高；

　　　m——本层的柱子数量，含摇摆柱。

5.8　双重抗侧力框架柱稳定性计算算例

某八层医院，长度 8@7.2＝57.6m，三跨 8.1m＋3.8m＋8.1＝20m，底层层高 4m，其余层高 3.6m，总高 29.2m。横向结构体系是框架，纵向是支撑架，采用八字支撑。

恒载：含楼板自重 3kN/m²，内隔墙 1kN/m²，吊顶和管道及外墙分摊到每平方米上 1kN/m²，总计 5kN/m²。活载 2.5kN/m²。风荷载：基本风压 0.55kN/m²。非地震区。

框架构件截面参数　　　　　表 5.8-1

楼层	钢柱	横向钢框架梁	纵向框架梁	有侧移屈曲计算长度系数	绕弱轴回转半径（mm）	无侧移失稳计算长度系数
8	H440×260×8/12	H480×200×6/10	H400×220×6/10	1.10	60.61	0.62
7	H440×280×8/12	H480×200×8/10	H400×220×6/10	1.15	66.1	0.67
6	H480×300×8/12	H480×200×8/12	H400×220×6/10	1.18	70.55	0.7
5	H480×300×8/14	H480×210×8/12	H400×220×6/10	1.20	72.41	0.71
4	H480×300×10/14	H480×220×8/12	H400×220×6/10	1.23	69.83	0.73
3	H480×330×10/14	H480×230×8/12	H400×220×6/10	1.28	78.06	0.75
2	H480×330×10/18	H480×240×8/12	H400×220×6/10	1.35	81.28	0.79
1	H480×365×10/18	H480×250×8/12	H400×220×6/10	1.20	91.09	0.66

结构平面布置如图 5.8-1 所示。各构件参数见表 5.8-1～表 5.8-3。纵向有支撑，所以涉及到框架柱在纵向稳定性计算时的计算长度系数的取值问题。经过计算机分析，纵向自振周期 1.7961s，根据这个自振周期，计算风振系数，考虑高度系数，得到纵向风剪力，支撑和框架各自分担的剪力在表 5.8-3 中给出。表 5.8-2 给出了支撑的承载力，承载力 1 表示一根支撑按照拉杆计算，一根按照压杆计算的层承载力。如果按照这个计算，则要求八字支撑的上梁能够承受拉杆和压杆承载力在竖向的不平衡分量，并要求两侧的柱子也要能够承受这个力产生的竖向力和弯矩。本设计因为不考虑抗震，未进行这样的验算，所以又提供了承载力 2，它是将两根支撑均按照压杆计算，且扣除了竖向荷载产生的轴力的影响的层承载力，（即认为受压支撑失稳了就认为支撑架达到了承载力的极限状态）。

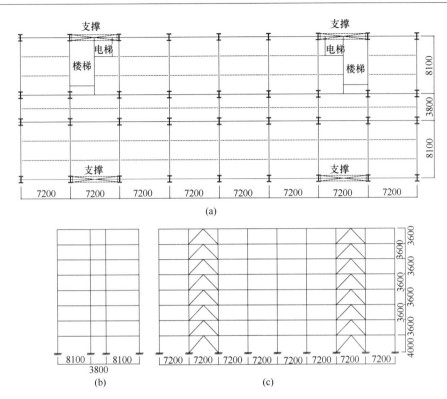

图 5.8-1 八层框架算例

（a）平面图；（b）横向框架；（c）支撑框架

框架构件物理参数 表 5.8-2

楼层	柱面积 （mm^2）	φ_{ns}	φ_{sw}	$2.2（1.29\varphi_{ns}-\varphi_{sw}）$	K_{th} （N/mm）	支撑层抗侧刚度 K_B（N/mm）	$\dfrac{K_{Bth}}{K_B}$
8	9658	0.880	0.693	0.972	29090.88	352787.7	0.082
7	10048	0.882	0.714	0.930	28969.9	371404.2	0.078
6	10848	0.885	0.733	0.901	30283.54	390259.1	0.078
5	12016	0.888	0.737	0.897	33426.73	411763	0.081
4	12920	0.876	0.708	0.927	37116.23	430057.5	0.086
3	13760	0.891	0.742	0.897	38264.21	447865	0.085
2	16320	0.889	0.736	0.904	43517.31	468453.8	0.093
1	17580	0.917	0.786	0.873	40753.43	421658.8	0.097

支撑构件参数 表 5.8-3

支撑	回转 半径 （mm）	支撑 长度 （mm）	长细比	稳定 系数	支撑 面积 （mm^2）	受拉 承载力 （kN）	受压承 载力 （kN）	层承 载力1 （kN）	层承 载力2 （kN）
Φ102×4	34.7	5091	146.7	0.2298	1232	381.92	87.78	1328.517	553.29
Φ108×4	36.8	5091	138.3	0.2548	1306	404.86	103.18	1436.945	614.13
Φ114×4	38.9	5091	130.9	0.2801	1382	428.42	120.02	1551.221	713.92

续表

支撑	回转半径 (mm)	支撑长度 (mm)	长细比	稳定系数	支撑面积 (mm²)	受拉承载力 (kN)	受压承载力 (kN)	层承载力1 (kN)	层承载力2 (kN)
Φ121×4	41.4	5091	123.0	0.3111	1470	455.7	141.78	1689.924	857.59
Φ127×4	43.5	5091	117.0	0.3378	1546	479.26	161.89	1813.437	995.65
Φ133×4	45.6	5091	111.6	0.3644	1621	502.51	183.10	1939.197	1141.04
Φ140×4	47.9	5091	106.3	0.3931	1709	529.79	208.24	2087.45	1325.40
Φ146×4	50.1	5381	107.4	0.3867	1784	553.04	213.96	2280.616	1351.44

参照图 5.8-2，八字支撑的层抗侧刚度为：

$$K_{\mathrm{B}} = \frac{4EA_{\mathrm{b}}A_{\mathrm{d}}\cos^3\alpha}{L(A_{\mathrm{b}} + A_{\mathrm{d}}\cos^3\alpha)} \tag{5.8-1}$$

推导抗侧刚度时，柱子内的轴力是不考虑的，这是因为，柱子内的拉压力对应的是支撑架整体弯曲刚度。按照上式计算的支撑架层抗侧刚度在表 5.8-1 中给出。

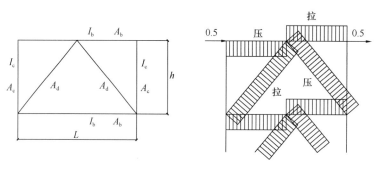

图 5.8-2   八字支撑抗侧刚度的计算

表 5.8-4 最后一栏给出了按照剪切型支撑架得到的判断。对应每一层均成立，因此框架柱的计算长度系数可以按照无侧移失稳的计算长度系数取用。

在表 5.8-4 的判断中，扣除了框架柱承受的剪力。如果要简化计算，不考虑框架分担的剪力，另外一个方面，也不考虑斜支撑本身承受的竖向荷载产生的轴力的影响（这样考虑是为了便于手工计算），则得到表 5.8-5 所示的判断结果。

纵向框架柱失稳模式的判定   表 5.8-4

楼层	纵向风载下的层剪力标准值 (kN)	框架柱承受的部分 (kN)	支撑承受的部分 (kN)	支撑分担的百分比	恒载下支撑轴力 (kN)	支撑层剪力设计值 (kN)	$\dfrac{Q}{Q_{yi}}$	$\dfrac{Q}{Q_{yi}} + \dfrac{K_{\mathrm{B}th}}{K_{\mathrm{B}i}}$
8	142	62	80	56.3%	9.8	112	0.202	0.285
7	277	99	178	64.2%	13.9	249.2	0.406	0.484
6	399	135	264	66.2%	16.2	369.6	0.518	0.595
5	508	164	344	67.7%	18.2	481.6	0.562	0.643
4	604	172	432	71.5%	19.7	604.8	0.607	0.694
3	686	198	488	71.1%	21.3	683.2	0.599	0.684

续表

楼层	纵向风载下的层剪力标准值（kN）	框架柱承受的部分（kN）	支撑承受的部分（kN）	支撑分担的百分比	恒载下支撑轴力（kN）	支撑层剪力设计值（kN）	$\dfrac{Q}{Q_{yi}}$	$\dfrac{Q}{Q_{yi}}+\dfrac{K_{Bith}}{K_{Bi}}$
2	756	203	553	73.1%	22.4	774.2	0.584	0.677
1	820	280	540	65.8%	23.7	756	0.559	0.656

简化判断方法的结果   表 5.8-5

楼层	支撑层剪力设计值（kN）	支撑按照压杆计算的承载力（kN）	Q/Q_{yi}	$\dfrac{Q}{Q_{yi}}+\dfrac{K_{ith}}{K_i}$
8	198.8	702.2547	0.283	0.366
7	387.8	825.4132	0.470	0.548
6	558.6	960.1566	0.582	0.659
5	711.2	1134.226	0.627	0.708
4	845.6	1295.094	0.653	0.739
3	960.4	1464.797	0.656	0.741
2	1058.4	1665.881	0.635	0.728
1	1148	1711.681	0.671	0.767

参 考 文 献

[1] 童根树. 钢结构的平面内稳定. 北京：中国建筑工业出版社，2015

[2] 童根树. 钢结构设计方法. 北京：中国建筑工业出版社，2007

[3] Eurocode 3，Design of Steel Structures，Part 1-1：General rules and rules for buildings，European Committee for Standardisation，2003

[4] 陈绍蕃. 钢结构稳定设计指南. 北京：中国建筑工业出版社，2004

第6章 基本构件设计与计算

6.1 受 弯 构 件

6.1.1 受弯构件计算内容

1. 强度包括正应力、剪应力、局部压应力和折算应力；

2. 整体稳定性；

3. 局部稳定性；

4. 挠度；

5. 疲劳计算（仅对个别构件，详见本章6.6节）。

为使计算与实际相符，尚需满足本手册基本构造和各章具体构件及连接的构造要求。各项的计算公式见6.1-1～6.1-40。

6.1.2 受弯构件强度计算

在主平面内受弯的实腹式构件（考虑腹板屈曲后强度按《钢结构设计标准》GB 50017—2017 第6.4节计算），其强度按表6.1-1所列公式计算。

受弯构件强度计算公式 表 6.1-1

项次	计算内容		计算公式		说 明
1	正应力	单向受弯	$\dfrac{M_x}{\gamma_x W_{nx}} \leqslant f$	(6.1-1)	
		双向受弯	$\dfrac{M_x}{\gamma_x W_{nx}} + \dfrac{M_y}{\gamma_y W_{ny}} \leqslant f$	(6.1-2)	
2	剪应力		$\tau = \dfrac{VS}{It_w} \leqslant f_v$	(6.1-3)	
3	局部压应力		$\sigma_c = \dfrac{\psi F}{t_w l_z} \leqslant f$	(6.1-4)	当梁上翼缘受有沿腹板平面作用的集中荷载，且该荷载又未设置支承加劲肋时，应作此项计算。 支座处当不设置支撑加劲肋时，应作此项计算，但 ψ 取1.0，支座集中反力的假定分布长度 l_z 按式(6.1-6)计算
			$l_z = 3.25\sqrt[3]{\dfrac{I_R + I_f}{t_w}}$	(6.1-5)	
			简化式：$l_z = a + 5h_y + 2h_R$	(6.1-6)	
4	折算应力		$\sqrt{\sigma^2 + \sigma_c^2 - \sigma\sigma_c + 3\tau^2} \leqslant \beta_1 f$	(6.1-7)	在梁的腹板计算高度 h_0 边缘处，若同时承受较大的正应力 σ、剪应力 τ 和局部压应力 σ_c，或同时承受较大的正应力 σ 和剪应力 τ 时，应作此项计算
			$\sigma = \dfrac{M}{I_n} y_1$	(6.1-8)	

注：项次1为考虑正截面局部塑性发展的强度计算。当考虑构件全截面内塑性发展及内力重分配时的塑性设计见本手册第14章。

在表 6.1-1 的公式中：

M_x、M_y ——同一截面处绕 x 轴和 y 轴的弯矩设计值（N·mm）；

W_{nx}、W_{ny} —— 对 x 轴和 y 轴的净截面模量（mm^3），当截面板件宽厚比等级为 S1 级、S2 级、S3 级或 S4 级时，应取全截面模量，当截面板件宽厚比等级为 S5 级时，应取有效截面模量，均匀受压翼缘有效外伸宽度与其厚度之比可取 $15\varepsilon_k$，腹板有效截面可按《钢结构设计标准》GB 50017—2017 第 8.4.2 条的规定采用；

γ_x、γ_y —— 截面塑性发展系数；其值按下列规定采用：

（1）对工字形和箱形截面，当截面板件宽厚比等级为 S4 或 S5 级时，截面塑性发展系数应取为 1.0，当截面板件宽厚比等级为 S1 级、S2 级及 S3 级时，截面塑性发展系数应按下列规定取值：

1）工字形截面（x 轴为强轴，y 轴为弱轴）：$\gamma_x = 1.05$，$\gamma_y = 1.2$；

2）箱形截面：$\gamma_x = \gamma_y = 1.05$。

（2）其他截面根据其受压板件的内力分布情况确定其截面板件宽厚比等级，当截面板件宽厚比等级不满足 S3 级要求时，取 1.0，满足 S3 级要求时，可按《钢结构设计标准》GB 50017—2017 表 8.1.1 采用。

（3）对需要计算疲劳的梁，宜取 $\gamma_x = \gamma_y = 1.0$。

f —— 钢材的抗弯、抗压、抗拉强度设计值（N/mm^2）；

V —— 计算截面沿腹板平面作用的剪力设计值（N）；

S —— 计算剪应力处以上（或以下）毛截面对中和轴的面积矩（mm^3）；

I —— 构件的毛截面惯性矩（mm^4）；

t_w —— 构件的腹板厚度（mm）；

f_v —— 钢材的抗剪强度设计值（N/mm^2）；

F —— 集中荷载设计值（N），对动力荷载应考虑动力系数；

ψ —— 集中荷载的增大系数；对重级工作制吊车梁，$\psi = 1.35$；对其他梁，$\psi = 1.0$；

l_z —— 集中荷载在腹板计算高度上边缘的假定分布长度（mm）；宜按式（6.1-5）计算，也可采用简化式（6.1-6）计算；

I_R —— 轨道绕自身形心轴的惯性矩（mm^4）；

I_f —— 安装轨道的上翼缘绕翼缘中面的惯性矩（mm^4）；

a —— 集中荷载沿梁跨度方向的支承长度（mm），对钢轨上的轮压可取 50mm；

h_y —— 自梁顶面至腹板计算高度上边缘的距离（mm）；对焊接梁为上翼缘厚度，对轧制工字形截面梁，是梁顶面到腹板过渡完成点的距离；

h_R —— 轨道的高度（mm），对梁顶无轨道的梁 $h_R = 0$；

σ、τ、σ_c —— 腹板计算高度边缘同一点上同时产生的正应力、剪应力和局部压应力（N/mm^2），σ 和 σ_c 以拉应力为正值，压应力为负值；τ、σ_c、σ 应分别按表 6.1-1 中的公式（6.1-3）、（6.1-4）、（6.1-8）计算。

I_n —— 梁净截面惯性矩（mm^4）；

y_1 —— 所计算点至梁中和轴的距离（mm）；

β_1 —— 强度增大系数；当 σ 与 σ_c 异号时，取 $\beta_1 = 1.2$；当 σ 与 σ_c 同号或 $\sigma_c = 0$ 时，取 $\beta_1 = 1.1$。

6.1.3 受弯构件整体稳定验算

1. 符合下列情况之一时，可不计算梁的整体稳定：

（1）当铺板密铺在梁的受压翼缘上并与其牢固相连，能阻止梁受压翼缘的侧向位移时。

（2）当箱形截面简支梁截面尺寸（图 6.1-1）满足 $h/b_0 \leqslant 6$，$l_1/b_0 \leqslant 95\varepsilon_k^2$ 时，l_1 为受压翼缘侧向支承点间的距离（梁的支座处视为有侧向支承）。

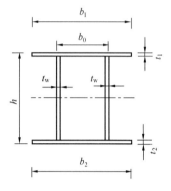

图 6.1-1 箱形截面

2. 受压翼缘的自由长度 l_1 应按下列规定采用：

（1）跨中无侧向支承点时，l_1 为受弯构件的跨度；

（2）跨中有侧向支承点时，l_1 为受压翼缘侧向支承点间的距离，当简支梁仅腹板与相邻构件相连，钢梁稳定性计算时侧向支承点距离应取实际距离的 1.2 倍。在支座处应采取构造措施以防止端部截面发生扭转。

3. 用作减小梁受压翼缘自由长度的侧向支撑，其支撑力应将梁的受压翼缘视为轴心压杆按《钢结构设计标准》GB 50017—2017 第 7.5.1 条计算。

4. 不能满足第 1 条的要求时，应按表 6.1-2 所列公式计算整体稳定。

受弯构件整体稳定计算公式　　　　　　　　　表 6.1-2

项次	受力情况	计算公式	说明
1	仅在最大刚度主平面内受弯的构件	$\dfrac{M_x}{\varphi_b W_x f} \leqslant 1.0$ （6.1-9）	在支座处应采取构造措施以防止端部截面发生扭转
2	在两个主平面受弯的 H 型钢截面或工字形截面构件	$\dfrac{M_x}{\varphi_b W_x f} + \dfrac{M_y}{\gamma_y W_y f} \leqslant 1.0$ （6.1-10）	

表 6.1-2 中：

M_x、M_y ——绕强轴和弱轴作用的最大弯矩设计值（N·mm）；

W_x、W_y ——按受压最大纤维确定的对强轴和弱轴梁毛截面模量（mm³）；

　　γ_y ——截面塑性发展系数，按表 6.1-1 中的规定；

　　φ_b ——梁的整体稳定性系数，应按《钢结构设计标准》GB 50017—2017 附录 C 确定。

5. 支座承担负弯矩且梁顶有混凝土楼板时，框架梁下翼缘的稳定性计算应符合下列规定：

（1）当 $\lambda_{n,b} \leqslant 0.45$ 时，可不计算框架梁下翼缘的稳定性。

（2）当不满足本条第（1）款时，框架梁下翼缘的稳定性应按下列公式计算：

$$\frac{M_x}{\varphi_d W_{1x} f} \leqslant 1.0 \tag{6.1-11}$$

$$\lambda_e = \pi \lambda_{n,b} \sqrt{\frac{E}{f_y}} \tag{6.1-12}$$

$$\lambda_{n,b} = \sqrt{\frac{f_y}{\sigma_{cr}}} \tag{6.1-13}$$

$$\sigma_{cr} = \frac{3.46 b_1 t_1^3 + h_w t_w^3 (7.27\gamma + 3.3)\varphi_1}{h_w^2 (12 b_1 t_1 + 1.78 h_w t_w)} E \tag{6.1-14}$$

$$\gamma = \frac{b_1}{t_w} \sqrt{\frac{b_1 t_1}{h_w t_w}} \qquad (6.1\text{-}15)$$

$$\varphi_1 = \frac{1}{2}\left(\frac{5.436\gamma h_w^2}{l^2} + \frac{l^2}{5.436\gamma h_w^2}\right) \qquad (6.1\text{-}16)$$

式中　　b_1 ——受压翼缘的宽度（mm）；

$\quad\quad t_1$ ——受压翼缘的厚度（mm）；

$\quad\quad W_{1x}$ ——弯矩作用平面内对受压最大纤维的毛截面模量（mm³）；

$\quad\quad \varphi_d$ ——稳定系数，根据换算长细比 λ_e 按《钢结构设计标准》GB 50017—2017 附录 D 表 D.0.2 采用；

$\quad\quad \lambda_{n,b}$ ——正则化长细比；

$\quad\quad \sigma_{cr}$ ——畸变屈曲临界应力（N/mm²）；

$\quad\quad l$ ——当框架主梁支承次梁且次梁高度不小于主梁高度一半时，取次梁到框架柱的净距；除此情况外，取梁净距的一半（mm）。

（3）当不满足本条（1）、（2）款时，在侧向未受约束的受压翼缘区段内，应设置隅撑或沿梁长设间距不大于 2 倍梁高并与梁等宽的横向加劲肋。

6.1.4　受弯构件局部稳定计算（不考虑腹板屈曲后强度）

1. 焊接截面梁腹板配置加劲肋，应符合表 6.1-3 中的规定。

腹板配置加劲肋的规定　　　　　　　　　　　　　　　　　　表 6.1-3

项次	加劲肋配置规定		说明
1	$h_0/t_w \leqslant 80\varepsilon_k$ 时	（1）局部压应力较小的梁，可不配置加劲肋	
2		（2）有局部压应力的梁，宜按构造配置横向加劲肋	见表 6.1-6 项次 1
3	$80\varepsilon_k < h_0/t_w \leqslant 170\varepsilon_k$ 时	应配置横向加劲肋	设加劲肋间距后应按表 6.1-3 的公式计算
4	$h_0/t_w > 170\varepsilon_k$（受压翼缘扭转受到约束）或 $h_0/t_w > 150\varepsilon_k$（受压翼缘扭转未受到约束）	应配置： （1）横向加劲肋 （2）弯曲应力较大区格的受压区设纵向加劲肋 （3）局部压应力很大的梁，宜在受压区配置短加劲肋	设加劲肋间距后应按表 6.1-4 的公式计算

注：1. h_0/t_w 不应超过 250；

　　2. 梁的支座处和上翼缘受有较大固定集中荷载处，宜设置支承加劲肋。

表 6.1-3 中：

h_0 ——腹板的计算高度（mm），对轧制型钢梁，为腹板与上、下翼缘相接处两内弧起点间的距离；对焊接截面梁，为腹板高度；对高强度螺栓连接（或铆接）梁，为上、下翼缘与腹板连接的高强度螺栓（或铆钉）线间最近距离（见图 6.1-2）；（对单轴对称梁，当确定是否要配置纵向加劲肋时，h_0 应取腹板受压区高度 h_c 的 2 倍）；

t_w ——腹板的厚度（mm）；

σ_c ——局部压应力（N/mm²）。

2. 仅配置横向加劲肋的腹板（图 6.1-2a），其各区格局部稳定性应按表 6.1-4 计算。

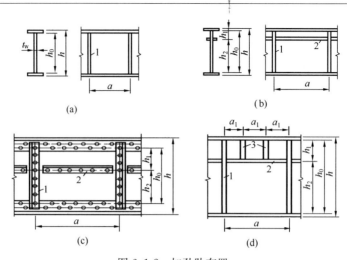

图 6.1-2　加劲肋布置

1—横向加劲肋；2—纵向加劲肋；3—短加劲肋

仅配置横向加劲肋的腹板局部稳定计算公式　　　　　　　　表 6.1-4

项次	计算公式	说明
1	$$\left(\frac{\sigma}{\sigma_{cr}}\right)^2 + \left(\frac{\tau}{\tau_{cr}}\right)^2 + \frac{\sigma_c}{\sigma_{c,cr}} \leqslant 1.0 \qquad (6.1\text{-}17)$$ $$\sigma = \frac{Mh_0}{I}, \ \tau = \frac{V}{h_w t_w}, \ \sigma_c = \frac{F}{t_w l_z}$$	σ —计算腹板区格内，由平均弯矩产生的腹板计算高度边缘的弯曲压应力（N/mm²）；
2	σ_{cr} : $$\lambda_{n,b} \leqslant 0.85, \ \sigma_{cr} = f \qquad (6.1\text{-}18a)$$ $$0.85 < \lambda_{n,b} \leqslant 1.25, \ \sigma_{cr} = [1 - 0.75(\lambda_{n,b} - 0.85)]f \quad (6.1\text{-}18b)$$ $$\lambda_{n,b} > 1.25, \ \sigma_{cr} = 1.1f/\lambda_{n,b}^2 \qquad (6.1\text{-}18c)$$ 当梁受压翼缘扭转受到约束时： $$\lambda_{n,b} = \frac{2h_c/t_w}{177} \cdot \frac{1}{\varepsilon_k} \qquad (6.1\text{-}18d)$$ 当梁受压翼缘扭转未受到约束时： $$\lambda_{n,b} = \frac{2h_c/t_w}{138} \cdot \frac{1}{\varepsilon_k} \qquad (6.1\text{-}18e)$$	τ —所计算腹板区格内，由平均剪力产生的腹板平均剪应力（N/mm²）； σ_c —腹板计算高度边缘的局部压应力（N/mm²）； h_w —为腹板高度（mm）；
3	τ_{cr} : $$\lambda_{n,s} \leqslant 0.8, \ \tau_{cr} = f_v \qquad (6.1\text{-}19a)$$ $$0.8 < \lambda_{n,s} \leqslant 1.2, \ \tau_{cr} = [1 - 0.59(\lambda_{n,s} - 0.8)]f_v \quad (6.1\text{-}19b)$$ $$\lambda_{n,s} > 1.2, \ \tau_{cr} = 1.1f_v/\lambda_{n,s}^2 \qquad (6.1\text{-}19c)$$ $$a/h_0 \leqslant 1.0, \ \lambda_{n,s} = \frac{h_0/t_w}{37\eta\sqrt{4 + 5.34(h_0/a)^2}} \cdot \frac{1}{\varepsilon_k} \quad (6.1\text{-}19d)$$ $$a/h_0 > 1.0, \ \lambda_{n,s} = \frac{h_0/t_w}{37\eta\sqrt{5.34 + 4(h_0/a)^2}} \cdot \frac{1}{\varepsilon_k} \quad (6.1\text{-}19e)$$	σ_{cr}、τ_{cr}、$\sigma_{c,cr}$ —各种应力单独作用下的临界应力（N/mm²）； $\lambda_{n,b}$ —梁腹板受弯计算的正则化宽厚比； h_c —梁腹板弯曲受压区高度，对双轴对称截面 $2h_c = h_0$（mm）。
4	$\sigma_{c,cr}$: $$\lambda_{n,c} \leqslant 0.9, \ \sigma_{c,cr} = f \qquad (6.1\text{-}20a)$$ $$0.9 < \lambda_{n,c} \leqslant 1.2, \ \sigma_{c,cr} = [1 - 0.79(\lambda_{n,c} - 0.9)]f \qquad (6.1\text{-}20b)$$ $$\lambda_{n,c} > 1.2, \ \sigma_{c,cr} = 1.1f/\lambda_{n,c}^2 \qquad (6.1\text{-}20c)$$ $$0.5 \leqslant a/h_0 \leqslant 1.5, \ \lambda_{n,c} = \frac{h_0/t_w}{28\sqrt{10.9 + 13.4(1.83 - a/h_0)^3}} \cdot \frac{1}{\varepsilon_k} \qquad (6.1\text{-}20d)$$ $$1.5 < a/h_0 \leqslant 2.0, \ \lambda_{n,c} = \frac{h_0/t_w}{28\sqrt{18.9 - 5a/h_0}} \cdot \frac{1}{\varepsilon_k} \qquad (6.1\text{-}20e)$$	$\lambda_{n,s}$ —梁腹板受剪计算的正则化宽厚比； η —简支梁取 1.11，框架梁梁端最大应力区取 1； $\lambda_{n,c}$ —梁腹板受局部压力计算时的正则化宽厚比。

注：轻、中级工作制吊车梁计算腹板的稳定时，吊车轮压设计值 F 可乘以折减系数 0.9。

3. 同时配置横向加劲肋和纵向加劲肋加强的腹板（图 6.1-2b、c），其各区格的局部稳定性应按表 6.1-5 计算。

同时配置横向加劲肋和纵向加劲肋的腹板局部稳定计算公式 　　表 6.1-5

项次	计算公式	说明
1	受压翼缘与纵向加劲肋之间的区格：$$\frac{\sigma}{\sigma_{cr1}} + \left(\frac{\sigma_c}{\sigma_{c,cr1}}\right)^2 + \left(\frac{\tau}{\tau_{cr1}}\right)^2 \leqslant 1.0 \qquad (6.1\text{-}21)$$	
2	σ_{cr1} 按公式（6.1-18）计算：但式中的 $\lambda_{n,b}$ 改用下列 $\lambda_{n,b1}$ 代替 当梁受压翼缘扭转受到约束时：　$\lambda_{n,b1} = \dfrac{h_1/t_w}{75\varepsilon_k}$ 　　(6.1-22a) 当梁受压翼缘扭转未受到约束时：　$\lambda_{n,b1} = \dfrac{h_1/t_w}{64\varepsilon_k}$ 　　(6.1-22b)	
3	τ_{cr1} 按公式（6.1-19）计算，但将式中的 h_0 改为 h_1	
4	$\sigma_{c,cr1}$ 按公式（6.1-18）计算：但式中的 $\lambda_{n,b}$ 改用下列 $\lambda_{n,c1}$ 代替 当梁受压翼缘扭转受到约束时：　$\lambda_{n,c1} = \dfrac{h_1/t_w}{56\varepsilon_k}$ 　　(6.1-23a) 当梁受压翼缘扭转未受到约束时：　$\lambda_{n,c1} = \dfrac{h_1/t_w}{40\varepsilon_k}$ 　　(6.1-23b)	h_1 —纵向加劲肋至腹板计算高度受压边缘的距离（mm）; σ_2 —所计算区格内由平均弯矩产生的腹板在纵向加劲肋处的弯曲压应力（N/mm²）; σ_{c2} —腹板在纵向加劲肋处的横向压应力，取 $0.3\sigma_c$（N/mm²）。
5	受拉翼缘与纵向加劲肋之间的区格：$$\left(\frac{\sigma_2}{\sigma_{cr2}}\right)^2 + \left(\frac{\tau}{\tau_{cr2}}\right)^2 + \frac{\sigma_{c2}}{\sigma_{c,cr2}} \leqslant 1.0 \qquad (6.1\text{-}24)$$	
6	σ_{cr2} 按公式（6.1-18）计算：但式中的 $\lambda_{n,b}$ 改用 $\lambda_{n,b2}$ 代替$$\lambda_{n,b2} = \frac{h_2/t_w}{194\varepsilon_k} \qquad (6.1\text{-}25)$$	
7	τ_{cr2} 按公式（6.1-19）计算，但将式中的 h_0 改为 $h_2(h_2 = h_0 - h_1)$	
8	$\sigma_{c,cr2}$ 按公式（6.1-20）计算，但式中的 h_0 改为 h_2，当 $a/h_2 > 2$ 时，取 $a/h_2 = 2$	
9	在受压翼缘与纵向加劲肋之间设有短加劲肋的区格（图 6.1-2d），其局部稳定性应按公式（6.1-21）计算。该式中的 σ_{cr1} 仍按本表项次 6 计算；τ_{cr1} 按公式（6.1-19）计算，但将 h_0 和 a 改为 h_1 和 a_1（a_1 为短加劲肋间距）；$\sigma_{c,cr1}$ 按公式（6.1-18）计算，但式中 $\lambda_{n,b}$ 改用下列 $\lambda_{n,c1}$ 代替。 当梁受压翼缘扭转受到约束时：$\lambda_{n,c1} = \dfrac{a_1/t_w}{87\varepsilon_k}$ 　　(6.1-26a) 当梁受压翼缘扭转未受到约束时：$\lambda_{n,c1} = \dfrac{a_1/t_w}{73\varepsilon_k}$ 　　(6.1-26b) 对 $a_1/h_1 > 1.2$ 的区格，式（6.1-26）右侧应乘以 $\dfrac{1}{\sqrt{0.4 + 0.5a_1/h_1}}$	

注：同表 6.1-4。

4. 加劲肋的构造规定

加劲肋的截面尺寸和间距见表 6.1-6。

加劲肋的截面尺寸和间距

表 6.1-6

项次	加劲肋情况			截面尺寸和间距	说明
1	横向加劲肋	无纵向加劲肋	在腹板两侧成对配置	外伸宽度：　　$b_s \geqslant \dfrac{h_0}{30} + 40\,(mm)$　　(6.1-27a) 厚度： 承压加劲肋 $t_s \geqslant \dfrac{b_s}{15}$，不受力加劲肋 $t_s \geqslant \dfrac{b_s}{19}$ (6.1-28a) 间距：　　　　$a = (0.5 \sim 2.0)h_0$　　　(6.1-29a) 当 $\sigma_c = 0$，$\dfrac{h_0}{t_w} \leqslant 100$ 时，$a = (0.5 \sim 2.5)h_0$ (6.1-29b)	I_z —横向加劲肋截面惯性矩（mm^4）； I_y —纵向加劲肋截面惯性矩（mm^4）。
			在腹板一侧配置时（支承加劲肋、重级工作制吊车梁的加劲肋不允许）	外伸宽度大于按式（6.1-27a）算得的 1.2 倍；厚度应符合式（6.1-28a）的规定	
		有纵向加劲肋		按公式（6.1-27a）、（6.1-28a）计算，且 $I_z \geqslant 3h_0 t_w^3$　　　　　　(6.1-30)	
2	纵向加劲肋			当 $a/h_0 \leqslant 0.85$ 时： 　　　　$I_y \geqslant 1.5h_0 t_w^3$　　　　(6.1-31a) 当 $a/h_0 > 0.85$ 时： $I_y \geqslant \left(2.5 - 0.45\dfrac{a}{h_0}\right)\left(\dfrac{a}{h_0}\right)^2 h_0 t_w^3$ (6.1-31b) 至腹板计算高度受压边缘的距离：$h_1 = h_c/2.5 \sim h_c/2$	
3	短加劲肋			间距：　　　$a_{min} = 0.75h_1$　　　(6.1-29c) 外伸宽度：　$b_{ss} = 0.7b_s \sim b_s$　　(6.1-27b) 厚度：　　　$t_{ss} \geqslant \dfrac{b_{ss}}{15}$　　　　(6.1-28b)	

注：1. 用型钢（H 型钢、工字钢、槽钢、肢尖焊于腹板的角钢）做成的加劲肋，其截面惯性矩不得小于相应钢板加劲肋的惯性矩；

　　2. 在腹板两侧成对配置的加劲肋，其截面惯性矩应按梁腹板中心线为轴线进行计算；

　　3. 在腹板一侧配置的加劲肋，其截面惯性矩应按加劲肋相连的腹板边缘为轴线进行计算；

　　4. 焊接梁的横向加劲肋与翼缘板、腹板相接处应切角，当作为焊接工艺孔时，切角宜采用半径 $R = 30mm$ 的 1/4 圆弧。

5. 梁支承加劲肋的计算

（1）梁的支承加劲肋，应按承受梁支座反力或固定集中荷载的轴心受压构件计算其在腹板平面外的稳定性。此受压构件的截面应包括加劲肋和加劲肋每侧 $15t_w \varepsilon_k$ 范围内的腹板面积，计算长度取 h_0。

（2）当梁支承加劲肋的端部为刨平顶紧时，应按其所承受的支座反力或固定集中荷载计算其端面承压应力；突缘支座的突缘加劲肋的伸出长度不得大于其厚度的 2 倍；当端部为焊接时，应按传力情况计算其焊缝应力。

（3）支承加劲肋与腹板的连接焊缝，应按传力需要进行计算。

6.1.5　焊接截面梁腹板考虑屈曲后强度的计算

腹板仅配置支承加劲肋且较大荷载处尚有中间横向加劲肋，同时考虑屈曲后强度的工字形焊接截面梁（图 6.1-2a），应按表 6.1-7 计算。

腹板考虑屈曲后强度的计算公式　　　　　　　　表 6.1-7

项次	计算公式	说明
1	$$\left(\frac{V}{0.5V_{\mathrm{u}}}-1\right)^2+\frac{M-M_{\mathrm{f}}}{M_{\mathrm{eu}}-M_{\mathrm{f}}}\leqslant 1.0 \quad (6.1\text{-}32)$$ $V<0.5V_{\mathrm{u}}$ 取 $V=0.5V_{\mathrm{u}}$；$M<M_{\mathrm{f}}$，取 $M=M_{\mathrm{f}}$； $$M_{\mathrm{f}}=\left(A_{\mathrm{f1}}\frac{h_{\mathrm{m1}}^2}{h_{\mathrm{m2}}}+A_{\mathrm{f2}}h_{\mathrm{m2}}\right)f \quad (6.1\text{-}33)$$	M、V —所计算同一截面上梁的弯矩设计值（N・mm）和剪力设计值（N）； M_{f} —梁两翼缘所能承担的弯矩设计值（N・mm）； A_{f1}、h_{m1} —较大翼缘的截面积（mm²）及其形心至梁中和轴的距离（mm）； A_{f2}、h_{m2} —较小翼缘的截面积（mm²）及其形心至梁中和轴的距离（mm）； α_{e} —梁截面模量考虑腹板有效高度的折减系数； W_{x} —按受拉或受压最大纤维确定的梁毛截面模量（mm³）； I_{x} —按梁截面全部有效算得的绕 x 轴的惯性矩（mm⁴）； h_{c} —按梁截面全部有效算得的腹板受压区高度（mm）； γ_{x} —梁截面塑性发展系数； ρ —腹板受压区有效高度系数； $\lambda_{\mathrm{n,b}}$ —用于腹板受弯计算时的正则化宽厚比，按公式（6.1-18d、e）计算； $\lambda_{\mathrm{n,s}}$ —用于腹板受剪计算时的正则化宽厚比，按公式（6.1-19d、e）计算。当焊接截面梁仅配置支座加劲肋时，取公式（6.1-19e）中的 $h_0/a=0$； h_{w} —腹板高度（mm）； τ_{cr} —按公式（6.1-19）计算（N/mm²）； F —作用于中间支承加劲肋上端的集中压力（N）。
2	梁受弯承载力设计值 M_{eu} 应按下列公式计算： $$M_{\mathrm{eu}}=\gamma_{\mathrm{x}}\alpha_{\mathrm{e}}W_{\mathrm{x}}f \quad (6.1\text{-}34)$$ $$\alpha_{\mathrm{e}}=1-\frac{(1-\rho)h_{\mathrm{c}}^3 t_{\mathrm{w}}}{2I_{\mathrm{x}}} \quad (6.1\text{-}35)$$ $\lambda_{\mathrm{n,b}}\leqslant 0.85 \quad \rho=1.0 \quad (6.1\text{-}36a)$ $0.85<\lambda_{\mathrm{n,b}}\leqslant 1.25 \quad \rho=1-0.82(\lambda_{\mathrm{n,b}}-0.85)$ $\quad (6.1\text{-}36b)$ $\lambda_{\mathrm{n,b}}>1.25 \quad \rho=\frac{1}{\lambda_{\mathrm{n,b}}}\left(1-\frac{0.2}{\lambda_{\mathrm{n,b}}}\right) \quad (6.1\text{-}36c)$	
3	梁受剪承载力设计值 V_{u} 应按下列公式计算： $\lambda_{\mathrm{n,s}}\leqslant 0.8 \quad V_{\mathrm{u}}=h_{\mathrm{w}}t_{\mathrm{w}}f_{\mathrm{v}} \quad (6.1\text{-}37a)$ $0.8<\lambda_{\mathrm{n,s}}\leqslant 1.2 \quad V_{\mathrm{u}}=h_{\mathrm{w}}t_{\mathrm{w}}f_{\mathrm{v}}[1-0.5(\lambda_{\mathrm{n,s}}-0.8)]$ $\quad (6.1\text{-}37b)$ $\lambda_{\mathrm{n,s}}>1.2 \quad V_{\mathrm{u}}=h_{\mathrm{w}}t_{\mathrm{w}}f_{\mathrm{v}}/\lambda_{\mathrm{n,s}}^{1.2} \quad (6.1\text{-}37c)$	
4	当仅配置支座加劲肋不能满足公式（6.1-32）的要求时，应在两侧成对配置中间横向加劲肋。中间横向加劲肋和上端受有集中压力的中间支承加劲肋，其截面尺寸除应满足公式（6.1-27a）和公式（6.1-28a）的要求外，尚应按轴心受压构件计算其在腹板平面外的稳定性，轴心压力应按下式计算： $$N_{\mathrm{s}}=V_{\mathrm{u}}-\tau_{\mathrm{cr}}h_{\mathrm{w}}t_{\mathrm{w}}+F \quad (6.1\text{-}38)$$	
5	当腹板在支座旁的区格 $\lambda_{\mathrm{n,s}}>0.8$ 时，支座加劲肋除承受梁的支座反力外，尚应承受拉力场的水平分力 H，应按压弯构件计算其强度和在腹板平面外的稳定，水平分力 H 应按下式计算： $$H=(V_{\mathrm{u}}-\tau_{\mathrm{cr}}h_{\mathrm{w}}t_{\mathrm{w}})\sqrt{1+(a/h_0)^2} \quad (6.1\text{-}39)$$ 对设中间横向加劲肋的梁，a 取支座端区格的加劲肋间距；对不设中间加劲肋的腹板，a 取梁支座至跨内剪力为零点的距离（mm）。 H 的作用点在距腹板计算高度上边缘 $h_0/4$ 处。此压弯构件的截面和计算长度同一般支座加劲肋。当支座加劲肋采用图 6.1-3 的构造形式时，可按下述简化方法进行计算：加劲肋 1 作为承受支座反力 R 的轴心压杆计算，封头肋板 2 的截面积不应小于按下式计算的数值： $$A_{\mathrm{c}}=\frac{3h_0 H}{16ef} \quad (6.1\text{-}40)$$	

注：1. 腹板高厚比不应大于 250；
　　2. 考虑腹板屈曲后强度的梁，可按构造需要设置中间横向加劲肋；
　　3. $a>2.5h_0$ 和不设中间横向加劲肋的腹板，当满足公式（6.1-21）时，可取 $H=0$。

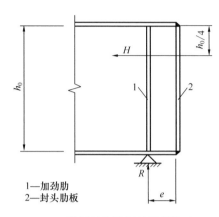

1—加劲肋
2—封头肋板

6.1-3　设置封头肋板的梁端构造
1—加劲肋；2—封头肋板

6.1.6　腹板开孔要求

1. 腹板开孔梁应满足整体稳定及局部稳定要求，并应进行下列计算：

（1）实腹及开孔截面处的受弯承载力验算。

（2）开孔处顶部及底部 T 形截面受弯剪承载力验算。

2. 腹板开孔梁，当孔型为圆形或矩形时，应符合下列规定：

（1）圆孔孔口直径不宜大于 0.7 倍梁高，矩形孔口高度不宜大于梁高的 0.5 倍，矩形孔口长度不宜大于梁高及 3 倍孔高。

（2）相邻圆形孔口边缘间的距离不宜小于梁高的 0.25 倍，矩形孔口与相邻孔口的距离不宜小于梁高及矩形孔口长度。

（3）开孔处梁上下 T 形截面高度均不宜小于 0.15 倍梁高，矩形孔口上下边缘至梁翼缘外皮的距离不宜小于梁高的 0.25 倍。

（4）开孔长度（或直径）与 T 形截面高度的比值不宜大于 12。

（5）不应在距梁端相当于梁高范围内设孔，抗震设防的结构不应在隔撑与梁柱连接区域范围内设孔。

（6）开孔腹板补强原则如下：

1）圆形孔直径小于或等于 1/3 梁高时，可不予补强。当大于 1/3 梁高时，可用环形加劲肋加强（图 6.1-4a），也可用套管（图 6.1-4b）或环形补强板（图 6.1-4c）加强；

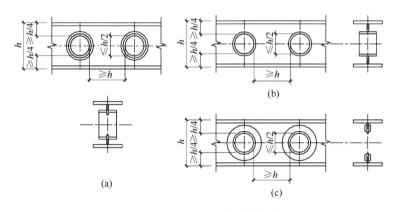

(a)

(b)

(c)

图 6.1-4　钢梁圆形孔口的补强

2）圆形孔口加劲肋截面不宜小于 100mm×10mm，加劲肋边缘至孔口边缘的距离不宜大于 12mm。圆形孔口用套管补强时，其厚度不宜小于梁腹板厚度。用环形板补强时，若在梁腹板两侧设置，环形板的厚度可稍小于腹板厚度，其宽度可取 75～125mm；

3）矩形孔口的边缘宜采用纵向和横向加劲肋加强。矩形孔口上下边缘的水平加劲肋端部宜伸至孔口边缘以外单面加劲肋宽度的 2 倍，当矩形孔口长度大于梁高时，其横向加劲肋应沿梁全高设置；

4）矩形孔口加劲肋截面总宽度不宜小于翼缘宽度的 1/2，厚度不宜小于翼缘厚度。当孔口长度大于 500mm 时，应在梁腹板两面设置加劲肋。

（7）腹板开孔梁材料的屈服强度不应大于 420N/mm²。

6.1.7 梁的构造要求

1. 当弧曲杆沿弧面受弯时宜设置加劲肋，在强度和稳定计算中应考虑其影响。

2. 焊接梁的翼缘宜采用一层钢板，当采用两层钢板时，外层钢板与内层钢板厚度之比宜为 0.5～1.0。不沿梁通长设置的外层钢板，其理论截断点处的外伸长度 l_1 应符合表 6.1-8 的要求。

外层钢板理论截断点外伸长度 l_1 （mm）　　　　　表 6.1-8

项次	端部角焊缝情况	公式	说明
1	端部有正面角焊缝	$h_f \geqslant 0.75t$　$l_1 \geqslant b$ $h_f < 0.75t$　$l_1 \geqslant 1.5b$	b—外层翼缘板的宽度； t—外层翼缘板的厚度；
2	端部无正面角焊缝	$l_1 \geqslant 2b$	h_f—侧面角焊缝和正面角焊缝的焊脚尺寸

6.2　轴心受力构件

6.2.1　轴心受力构件设计的基本要求

本节主要包括轴心受拉和轴心受压两类基本构件。轴心受拉构件应进行强度和刚度的计算，轴心受压构件应进行强度、整体稳定、局部稳定和刚度的计算。刚度计算属于正常使用极限状态要求，主要是指构件的长细比 $\lambda = l_0/i$（l_0 为构件的计算长度；i 为构件截面的回转半径）不应超过规定的容许长细比，其他各项均属于承载能力极限状态。

6.2.2　轴心受力构件的截面强度计算

轴心受拉和轴心受压构件均应进行截面强度计算，以确保构件截面的承载能力符合设计要求。当构件端部的节点连接并非使全部板件直接传力时，还应计及剪切滞后的影响。

一、构件各板件直接传力时的计算

对于轴心受拉构件，制造和安装产生的初弯曲和残余应力不会降低其承载力，因为初弯曲会在构件受拉后拉直，而残余应力在截面上总是相互平衡，当外力使整个截面达到屈服后，拉、压应力会自行抵消。但此时，构件变形会增大，刚度会有所降低。

对于有孔洞的轴心受拉构件，孔洞附近会出现如图 6.2-1a 所示的应力集中现象。在弹性阶段，随着孔洞形状的不同，孔壁边缘的最大应力 σ_{max} 可能达到构件毛截面平均应力 σ_0 的 3～4 倍。当孔壁边缘的最大应力达到屈服强度后，应力不再增加而塑性变形持续发展，最终应力分布逐渐平缓，净截面应力均匀地达到屈服强度，如图 6.2-1b 所示。此时，轴心受拉构件达到承载能力极限状态，和没有应力集中的情况相同。与应力集中类似，残余应力也会使构件截面上应力分布不均匀，但通过应力重分布，截面最终也会均匀地屈服。残余应力和应力集中不会降低轴心受拉构件的静力强度，都是基于钢材具有良好的塑性性能。

轴心受拉构件的极限状态包括"毛截面屈服"和"净截面断裂"，应分别满足下列规定：

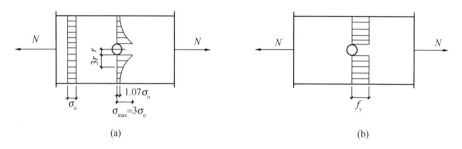

图 6.2-1 轴心受拉构件孔洞处截面的应力分布

(a) 弹性状态应力；(b) 极限状态应力

$$\sigma = \frac{N}{A} \leqslant \frac{f_y}{\gamma_R} = f \tag{6.2-1}$$

$$\sigma = \frac{N}{A_n} \leqslant \frac{f_u}{\gamma_{Ru}} \approx 0.7 f_u \tag{6.2-2}$$

式中　N——所计算截面处的拉力设计值（N）；

　　　A——构件的毛截面面积（mm^2）；

　　　A_n——构件的净截面面积，当构件多个截面有孔时，取最不利的截面（mm^2）；

　　　f——钢材抗拉强度设计值（N/mm^2）；

　　　f_u——钢材抗拉强度最小值（N/mm^2）；

　　　γ_R——钢材的抗力分项系数；

　　　γ_{Ru}——净截面断裂的抗力分项系数，考虑断裂的后果比屈服严重，使 γ_R/γ_{Ru} $=0.8$。

采用高强度螺栓摩擦型连接的轴心受拉构件，在计算净截面强度时，应考虑截面上每个螺栓所传之力的一部分已由摩擦力在孔前传走，净截面上所受内力应扣除该部分传走的力。此时，其截面强度计算除应满足毛截面强度式（6.2-1）外，其净截面强度应按下式计算：

$$\sigma = \left(1 - 0.5\frac{n_1}{n}\right)\frac{N}{A_n} \leqslant 0.7 f_n \tag{6.2-3}$$

式中　n——在节点或拼接处，构件一端连接的高强度螺栓数目；

　　　n_1——所计算截面（最外列螺栓处）高强度螺栓数目。

当构件为沿全长用铆钉或螺栓连接而成的组合构件时，应以"净截面屈服"作为其承载能力极限状态，以免构件变形过大，则有：

$$\sigma = \frac{N}{A_n} \leqslant f \tag{6.2-4}$$

轴心受压构件的承载能力大多由其稳定条件决定，截面强度计算一般不起控制作用。若构件截面没有孔洞削弱，可不必计算其截面强度。当有孔洞削弱时，若孔洞压实（实孔，如螺栓孔或铆钉孔），截面无削弱，则可仅按毛截面公式（6.2-1）计算；若孔洞为没有紧固件的虚孔，则还应对孔心所在截面按净截面公式（6.2-2）计算。

二、构件各板件非全部直接传力时的计算

如图 6.2-2a 所示的平板受拉构件在端部仅用侧面角焊缝连接时，板在 A-A 截面上的应力分布是不均匀的，但只要角焊缝足够长，则通过应力重分布可以达到全截面屈服的极限状态。但当单根 T 形截面受拉构件在端部采用翼缘两侧角焊缝和节点板相连接时（如图 6.2-2b 所示），情况则有所相同。此时由于腹板没有与节点板连接，其内力需要通过剪切变形传至翼缘（剪切滞后效应），再传递到连接焊缝，在 A-A 截面的应力分布不均匀现象十分突出，截面并非全部有效，在达到全截面屈服之前就会出现裂缝，进而发生强度破坏。

　　因此，《钢结构设计标准》GB 50017—2017（以下简称标准）规定轴心受拉构件当其组成板件在节点或拼接处为非全部直接传力时，对危险截面面积应进行折减，乘以如表 6.2-1 所示的有效截面系数 $\eta(<1)$。若构件受压，危险截面（如图 6.2-2a、b 所示的 A-A 截面）同样也难以达到均匀屈服的状态，虽然没有被拉断的危险，但标准规定也宜同受拉构件一样，对危险截面面积乘以有效截面系数 η 进行强度验算。

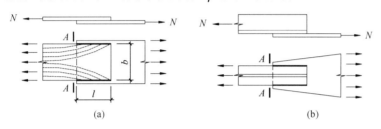

图 6.2-2　端部部分连接的构件

（a）平板受拉构件；（b）T 形截面受拉构件

轴心受力构件节点或拼接处危险截面的有效截面系数　　　　表 6.2-1

构件截面形式	连接形式	η	图　例
角钢	单边连接	0.85	
工字形、H 形	翼缘连接	0.90	
	腹板连接	0.70	

6.2.3　轴心受压构件的稳定性计算

一、实腹式轴心受压构件的整体稳定性计算

1. 轴心受压构件的整体稳定性计算

理想的轴压细长直杆，杆端铰接时在弹性范围的临界力可由欧拉（Euler）公式给出：

$$N_{cr} = \frac{\pi^2 EI}{l^2} \tag{6.2-5}$$

其临界应力为：

$$\sigma_{cr} = \frac{\pi^2 E}{\lambda^2} \tag{6.2-6a}$$

式中　E——钢材的弹性模量（N/mm²）；

　　　I——杆件的截面惯性矩（mm⁴）；

　　　l——杆件的长度（mm）；

　　　λ——杆件的长细比，$\lambda = l/i$，其中 i 为杆件截面回转半径（mm）。

对于长细比不很大的轴心受压构件，构件应力往往在到达欧拉临界应力之前已超过比例极限，此时必须考虑材料的非弹性性能，可采用切线模量公式计算：

$$\sigma_{cr} = \frac{\pi^2 E_t}{\lambda^2} \tag{6.2-6b}$$

式中　E_t——切线模量（N/mm²）。

实际的轴心受压构件和理想构件的受力性能是有很大差别的，因为实际工程中的构件都不可避免地存在着各种各样的缺陷，包括几何缺陷和力学缺陷。几何缺陷可能是初始弯曲和初始扭曲，同时构件截面也不是完全对称，制造偏差和构件安装偏差都可以使荷载作用线偏离构件轴线而形成初始偏心。力学缺陷包括屈服点在整个截面上并非均匀以及存在残余应力。上述缺陷中，对轴心受压构件受力性能影响最大的是残余应力、初弯曲和初偏心。

为保证轴心压杆的整体稳定，应使截面上的平均应力不超过稳定计算的临界应力（考虑缺陷影响），即：

$$\sigma = \frac{N}{A} \leqslant \frac{\sigma_{cr}}{\gamma_R} = \frac{\sigma_{cr}}{f_y} \frac{f_y}{\gamma_R} = \varphi f \tag{6.2-7}$$

式中　φ——轴心受压构件的稳定系数，为临界应力与钢材屈服强度之比，$\varphi = \sigma_{cr}/f_y$；

　　　A——构件毛截面面积（mm²）。

由式（6.2-7）可推导得出标准关于轴心受压构件的稳定性计算公式：

$$\frac{N}{\varphi A f} \leqslant 1.0 \tag{6.2-8}$$

式中　φ——轴心受压构件的稳定系数（取截面两主轴稳定系数中的较小者），根据构件的长细比（或换算长细比）、钢材屈服强度和表 6.2-2、表 6.2-3 的截面分类，按《钢结构设计标准》GB 50017—2017 附录 D 采用。

实际的轴心受压构件不可避免地存在着几何缺陷和力学缺陷，一经压力作用就产生挠度。按照概率设计理论，影响轴心受压构件承载力的几个不利因素，其最大值同时出现的可能性是极小的。理论分析表明，确定实用的轴心受压构件稳定系数，可只考虑影响最大的两种缺陷。由热轧钢板和型钢制作的钢结构，其轴心受压构件的稳定系数 φ 是计入残余应力和初弯曲效应，采用极限承载力理论确定的。由于各类钢构件截面上的残余应力分布情况有很大差异，其影响随构件的屈曲方向有所不同，而初弯曲的影响也与截面形式和屈曲方向有关，因此形成了相当宽的各种不同截面和不同屈曲方向的稳定系数 φ 分布带。

标准给出了四类截面的稳定系数 φ，截面分类列于表 6.2-2 和表 6.2-3。

轴心受压构件的截面分类（板厚 $t < 40$mm）　　表 6.2-2

截面形式		对 x 轴	对 y 轴
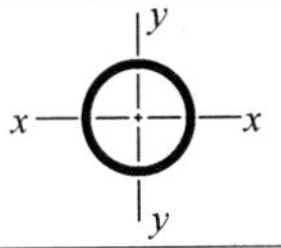 轧制		a 类	a 类
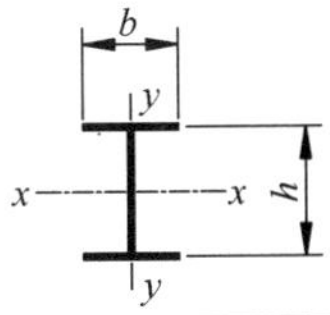 轧制	$b/h \leqslant 0.8$	a 类	b 类
	$b/h > 0.8$	a* 类	b* 类
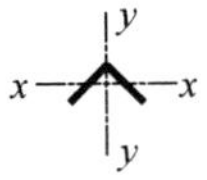 轧制等边角钢		a* 类	a* 类
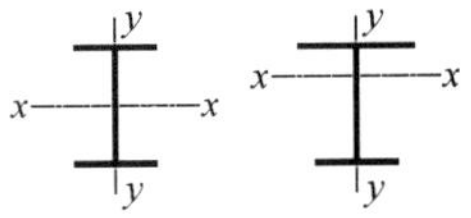 焊接、翼缘为焰切边	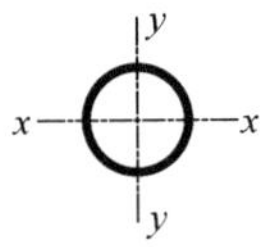 焊接	b 类	b 类
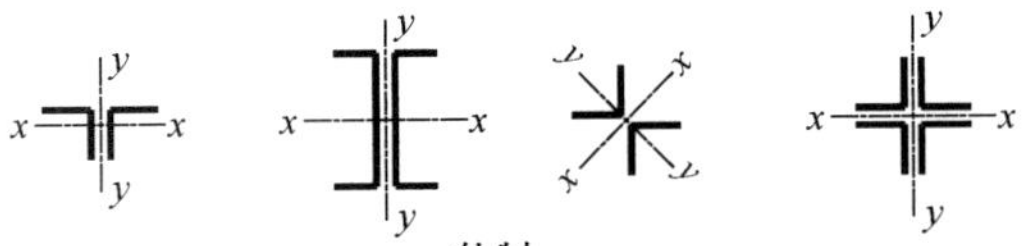 轧制			
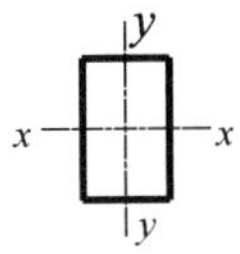 轧制、焊接（板件宽厚比 >20）	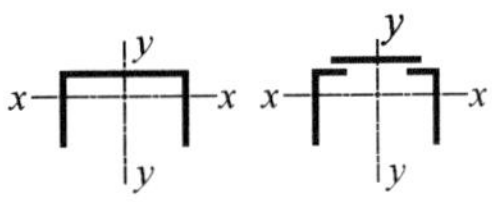 轧制或焊接		
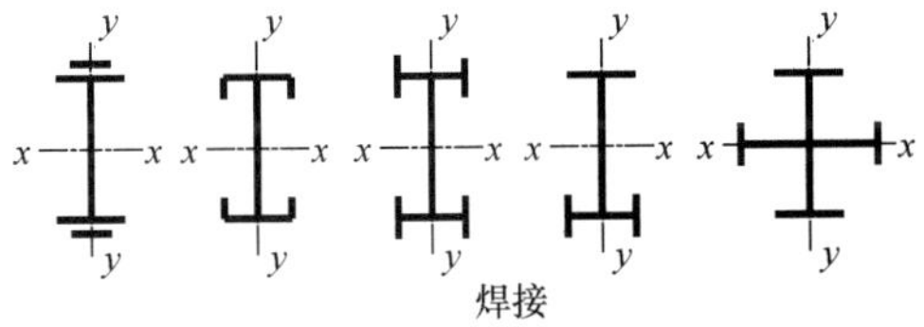 焊接	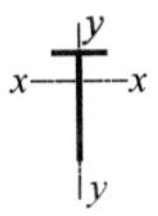 轧制截面和翼缘为焰切边的焊接截面		
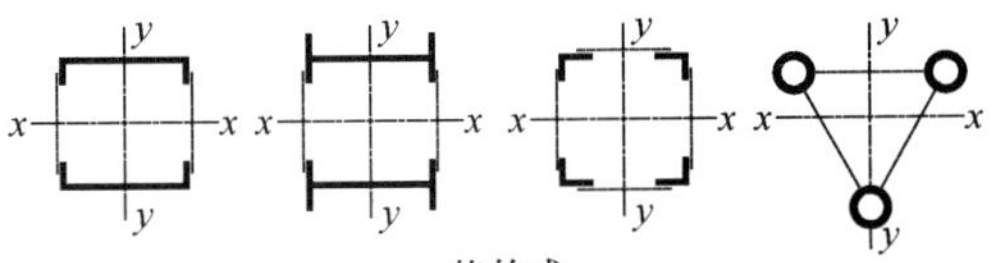 格构式	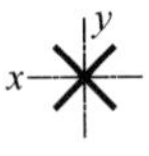 焊接，板件边缘焰切		
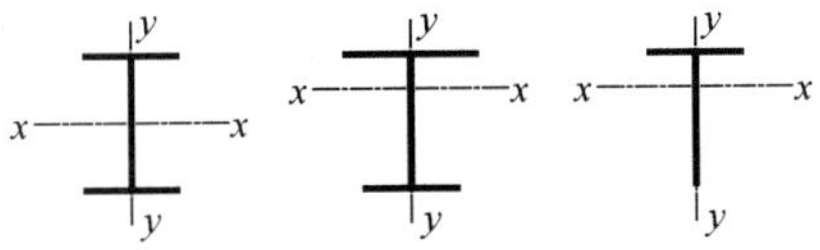 焊接，翼缘为轧制或剪切边		b 类	c 类

续表

截面形式		对 x 轴	对 y 轴
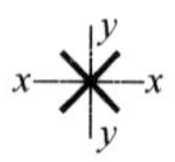 焊接，板件边缘轧制或剪切	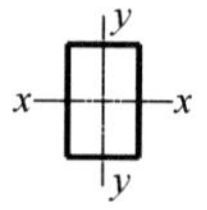 轧制、焊接（板件宽厚比≤20）	c 类	c 类

注：1. a* 类含义为 Q235 钢取 b 类，Q345、Q390、Q420 和 Q460 钢取 a 类；b* 类含义为 Q235 钢取 c 类，Q345、Q390、Q420 和 Q460 钢取 b 类；

2. 无对称轴且剪心和形心不重合的截面，其截面分类参照有对称轴的类似截面确定，如不等边角钢采用等边角钢的类别；当无可参考截面时，可取 c 类。

轴心受压构件的截面分类（板厚 $t \geqslant 40\text{mm}$）　　　　表 6.2-3

截面形式		对 x 轴	对 y 轴
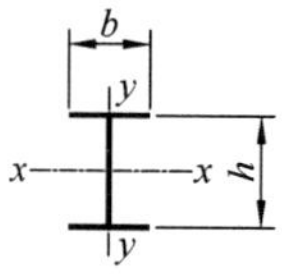 轧制工字形或H形截面	$t < 80\text{mm}$	b 类	c 类
	$t \geqslant 80\text{mm}$	c 类	d 类
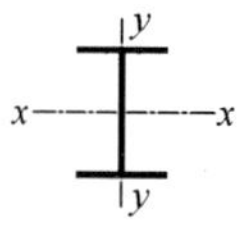 焊接工字形截面	翼缘为焰切边	b 类	b 类
	翼缘为轧制或剪切边	c 类	d 类
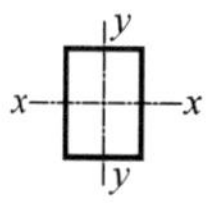 焊接箱形截面	板件宽厚比>20	b 类	b 类
	板件宽厚比≤20	c 类	c 类

大多数常用截面都属于 b 类；a 类含轧制工字钢之宽高比不超过 0.8 者绕强轴屈曲和轧制钢管对任意轴屈曲，相比 03 规范，a 类还增加了高强度钢材的 H 型钢（$b/h > 0.8$）和等边角钢，这主要是因为热轧型钢的残余应力峰值和钢材强度无关，它的不利影响随钢材强度的提高而减弱；c 类则包括大多数单轴对称截面绕对称轴屈曲，无对称轴的截面和板件厚度大于 40mm 的焊接实腹截面；d 类主要针对板件厚度大于 40mm 的 H 形截面（残余应力较高）绕弱轴屈曲。

2. 实腹式轴心受压构件长细比的确定

轴心受压构件的稳定系数 φ 是以弯曲失稳为依据而确定的，可是绕截面主轴弯曲失稳并不是轴心受压构件失稳的惟一形式。双轴对称截面的轴心受压构件可能发生扭转屈曲；单轴对称截面轴心受压构件绕截面对称轴失稳时，由于截面剪心和形心不重合而发生弯扭屈曲。标准考虑扭转屈曲和弯扭屈曲的计算方法是按弹性稳定理论算得的临界力换算成长细比较大的弯曲屈曲构件，再按换算长细比确定相应的稳定系数 φ。因此，标准给出了不同截面形式实腹式构件的换算长细比计算公式：

（1）截面形心与剪心重合的构件

1）当计算弯曲屈曲时

$$\begin{cases} \lambda_x = \dfrac{l_{0x}}{i_x} \\[2mm] \lambda_y = \dfrac{l_{0y}}{i_y} \end{cases} \tag{6.2-9}$$

式中　l_{0x}、l_{0y}——分别为构件对截面主轴 x 和 y 的计算长度（mm）；

　　　i_x、i_y——分别为构件截面对主轴 x 和 y 的回转半径（mm）。

2）当计算扭转屈曲时

$$\lambda_z = \sqrt{\dfrac{I_0}{I_t/25.7 + I_\omega/l_\omega^2}} \tag{6.2-10}$$

式中　I_0、I_t、I_ω——分别为构件毛截面对剪心的极惯性矩（mm^4）、自由扭转常数（mm^4）和扇性惯性矩（mm^6），对十字形截面可近似取 $I_\omega = 0$；

　　　l_ω——扭转屈曲的计算长度（mm），两端铰支且端截面可自由翘曲者取几何长度 l，两端嵌固且端部截面的翘曲完全受到约束者取 $0.5l$。

对于双轴对称十字形截面，当取 $I_\omega = 0$ 时其扭转屈曲临界应力与板的局部屈曲临界应力等价，因此只要板件满足局部稳定要求，可不计算扭转屈曲。

（2）截面为单轴对称的构件

1）当计算绕非对称主轴的弯曲屈曲时，长细比应由式（6.2-9）、（6.2-10）确定。

2）当计算绕对称主轴的弯扭屈曲时

$$\lambda_{yz} = \left[\dfrac{(\lambda_y^2 + \lambda_z^2) + \sqrt{(\lambda_y^2 + \lambda_z^2)^2 - 4\left(1 - \dfrac{y_s^2}{i_0^2}\right)\lambda_y^2 \lambda_z^2}}{2} \right]^{1/2} \tag{6.2-11}$$

式中　y_s——截面形心至剪心的距离（mm）；

　　　i_0——截面对剪心的极回转半径（mm），单轴对称截面 $i_0^2 = y_s^2 + i_x^2 + i_y^2$；

　　　λ_z——扭转屈曲换算长细比，由式（6.2-10）确定。

3）等边单角钢轴心受压构件当绕两主轴弯曲的计算长度相等时，可不计算弯扭屈曲，这主要是由于等边单角钢轴心受压构件当两端铰支且没有中间支点时，绕强轴弯扭屈曲的承载力总是高于绕弱轴弯曲屈曲的承载力。

4）常用的双角钢组合 T 形截面可采用下列简化公式计算其绕对称轴的换算长细比 λ_{yz}：

① 等边双角钢（如图 6.2-3a 所示）

当 $\lambda_y \geqslant \lambda_z$ 时

$$\lambda_{yz} = \lambda_y \left[1 + 0.16 \left(\dfrac{\lambda_z}{\lambda_y} \right)^2 \right] \tag{6.2-12a}$$

当 $\lambda_y < \lambda_z$ 时

$$\lambda_{yz} = \lambda_y \left[1 + 0.16 \left(\dfrac{\lambda_y}{\lambda_z} \right)^2 \right] \tag{6.2-12b}$$

其中

$$\lambda_z = 3.9 \dfrac{b}{t} \tag{6.2-12c}$$

② 长肢相并的不等边双角钢（如图 6.2-3b 所示）

当 $\lambda_y \geqslant \lambda_z$ 时

$$\lambda_{yz} = \lambda_y \left[1 + 0.25 \left(\frac{\lambda_z}{\lambda_y} \right)^2 \right] \tag{6.2-13a}$$

当 $\lambda_y < \lambda_z$ 时

$$\lambda_{yz} = \lambda_y \left[1 + 0.25 \left(\frac{\lambda_y}{\lambda_z} \right)^2 \right] \tag{6.2-13b}$$

其中

$$\lambda_z = 5.1 \frac{b_2}{t} \tag{6.2-13c}$$

③ 短肢相并的不等边双角钢（如图 6.2-3c 所示）

当 $\lambda_y \geqslant \lambda_z$ 时

$$\lambda_{yz} = \lambda_y \left[1 + 0.06 \left(\frac{\lambda_z}{\lambda_y} \right)^2 \right] \tag{6.2-14a}$$

当 $\lambda_y < \lambda_z$ 时

$$\lambda_{yz} = \lambda_y \left[1 + 0.06 \left(\frac{\lambda_y}{\lambda_z} \right)^2 \right] \tag{6.2-14b}$$

其中

$$\lambda_z = 3.7 \frac{b_1}{t} \tag{6.2-14c}$$

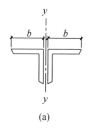 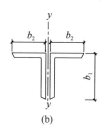 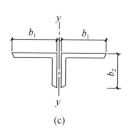

图 6.2-3　双角钢组合 T 形截面

(a) 等边双角钢；(b) 长肢相并的不等边双角钢；(c) 短肢相并的不等边双角钢

b—等边角钢肢宽度；b_1—不等边角钢长肢宽度；b_2—不等边角钢短肢宽度

（3）截面无对称轴且剪心和形心不重合的构件

$$\lambda_{xyz} = \pi \sqrt{\frac{EA}{N_{xyz}}} \tag{6.2-15}$$

$$(N_x - N_{xyz})(N_y - N_{xyz})(N_z - N_{xyz}) - N_{xyz}^2 (N_x - N_{xyz}) \left(\frac{y_s}{i_0} \right)^2 - N_{xyz}^2 (N_y - N_{xyz}) \left(\frac{x_s}{i_0} \right)^2 = 0$$
$$\tag{6.2-16}$$

$$i_0^2 = i_x^2 + i_y^2 + x_s^2 + y_s^2 \tag{6.2-17}$$

$$N_x = \frac{\pi^2 EA}{\lambda_x^2} \tag{6.2-18}$$

$$N_y = \frac{\pi^2 EA}{\lambda_y^2} \tag{6.2-19}$$

$$N_z = \frac{1}{i_0^2} \left(\frac{\pi^2 EI_\omega}{l_\omega^2} + GI_t \right) \tag{6.2-20}$$

式中　　N_{xyz}——弹性完善轴心受压构件的弯扭屈曲临界力（N），由式（6.2-16）确定；

　　　　x_s、y_s——截面剪心相对于形心的坐标（mm）；

　　　　i_0——截面对剪心的极回转半径（mm）；

N_x、N_y、N_z——分别为绕 x 轴与 y 轴的弯曲屈曲临界力和扭转屈曲临界力（N）；

　　　　E、G——分别为钢材弹性模量和剪变模量（N/mm²）。

（4）不等边角钢轴心受压构件可采用下列简化公式计算其换算长细比 λ_{xyz}（x 轴为角钢的主轴，如图 6.2-4 所示）：

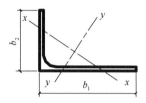

图 6.2-4　不等边角钢

当 $\lambda_x \geqslant \lambda_z$ 时

$$\lambda_{xyz} = \lambda_x \left[1 + 0.25 \left(\frac{\lambda_z}{\lambda_x} \right)^2 \right] \tag{6.2-21a}$$

当 $\lambda_x < \lambda_z$ 时

$$\lambda_{xyz} = \lambda_z \left[1 + 0.25 \left(\frac{\lambda_x}{\lambda_z} \right)^2 \right] \tag{6.2-21b}$$

其中

$$\lambda_z = 4.21 \frac{b_1}{t} \tag{6.2-21c}$$

二、格构式轴心受压构件的稳定性计算

轴心受压构件整体弯曲后，沿构件长度各截面将存在弯矩和剪力，剪力使挠度增加，导致屈曲临界力降低。理想弹性轴心受压构件当考虑剪力影响时的临界力为：

$$N_{cr} = \frac{N_E}{1 + N_E / S} \tag{6.2-22}$$

式中　　N_E——构件作为实腹构件看待时的欧拉临界力（N）；

　　　　S——缀材体系的抗剪刚度，即产生单位剪切角所需的剪力（N）。

实腹式轴心受压构件的腹板抗剪刚度较大，剪切变形对临界力的影响不到 1%，可忽略不计。但对格构式构件，当绕虚轴发生弯曲失稳时，由于剪力要由比较柔弱的缀材负担，剪切变形较大，它对构件临界力的降低作用不应忽略。因此，标准用换算长细比来考虑此不利影响，即将格构式轴心受压构件绕虚轴的临界力换算成为临界力相同的实腹式构件，而换算长细比的计算公式是按弹性稳定理论公式，经简化而得的。对格构式轴心受压构件绕实轴的稳定性计算，同实腹式构件。

1. 格构式轴心受压构件对虚轴的换算长细比

（1）双肢组合构件（如图 6.2-5a 所示）

当缀材为缀板时

$$\lambda_{0x} = \sqrt{\lambda_x^2 + \lambda_1^2} \tag{6.2-23a}$$

当缀材为缀条时

$$\lambda_{0x} = \sqrt{\lambda_x^2 + 27 \frac{A}{A_{1x}}} \tag{6.2-23b}$$

式中　　λ_x——整个构件对 x 轴的长细比；

　　　　λ_1——分肢对最小刚度轴 1-1 的长细比，焊接时计算长度取为相邻两缀板的净距离，螺栓连接时计算长度取为相邻两缀板边缘螺栓的距离；

　　　　A_{1x}——构件截面中垂直于 x 轴的各斜缀条毛截面面积之和（mm²）。

（2）四肢组合构件（如图 6.2-5b 所示）

当缀材为缀板时

$$\begin{cases} \lambda_{0x} = \sqrt{\lambda_x^2 + \lambda_1^2} \\ \lambda_{0y} = \sqrt{\lambda_y^2 + \lambda_1^2} \end{cases} \tag{6.2-24a}$$

当缀材为缀条时

$$\begin{cases} \lambda_{0x} = \sqrt{\lambda_x^2 + 40\dfrac{A}{A_{1x}}} \\ \lambda_{0y} = \sqrt{\lambda_y^2 + 40\dfrac{A}{A_{1y}}} \end{cases} \tag{6.2-24b}$$

式中　λ_y ——整个构件对 y 轴的长细比；

A_{1y} ——构件截面中垂直于 y 轴的各斜缀条毛截面面积之和（mm^2）。

（3）缀件为缀条的三肢组合构件（如图 6.2-5c 所示）

$$\begin{cases} \lambda_{0x} = \sqrt{\lambda_x^2 + \dfrac{42A}{A_1(1.5 - \cos^2\theta)}} \\ \lambda_{0y} = \sqrt{\lambda_y^2 + \dfrac{42A}{A_1\cos^2\theta}} \end{cases} \tag{6.2-25}$$

式中　A_1 ——构件截面中各斜缀条毛截面面积之和（mm^2）；

θ ——构件截面内缀条所在平面与 x 轴的夹角。

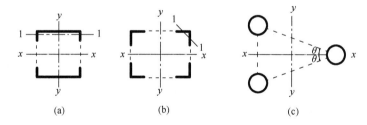

图 6.2-5　格构式组合构件

（a）双肢组合构件；（b）四肢组合构件；（c）三肢组合构件

2. 格构式轴心受压构件的剪力计算

对于如图 6.2-6a 所示的两端铰支轴心受压构件，若假设其在未受力前有初始挠度 v_0，在轴压力 N 作用下挠度增大为 $\dfrac{v_0}{1 - N/N_E}$。若设挠曲线为正弦曲线 $y = v\sin\dfrac{\pi z}{l}$，则易知剪力是余弦分布（如图 6.2-6b 所示），最大值在杆端，其值为 $V = \dfrac{\pi}{l}\cdot\dfrac{Nv_0}{1 - N/N_E}$，由此可得剪力 V 和轴力 N 之间的关系。标准将剪力 V 的计算公式简化为：

$$V = \frac{Af}{85\varepsilon_k} \tag{6.2-26}$$

并认为剪力 V 值沿构件全长不变（如图 6.2-6c 所示），结果略偏安全。在格构式构件中，缀板、缀条及其连接的受力都按此剪力计算。

3. 格构式轴压柱的分肢验算

为保证组成格构式轴压柱的分肢失稳不先于构件的整体失稳发生，应对分肢的稳定性进行验算。传统的观点从理想构件出发，认为只要分肢长细比不超过构件整体长细比时，就能满足要求。但实际上，轴压柱由于初始缺陷的影响，受压后会发生弯曲，分肢受力是不相等的。若仍设挠曲线为半个波的正弦曲线，在轴压力 N 作用下产生弯矩 M 和剪力 V，此时弯矩 M 按正弦曲线变化（构件中央最大、两端为零），剪力 V 按余弦曲线分布（构件两端最大、中央为零）。因此，从理论上说，对分肢验算应在构件中央和端部分别进行。

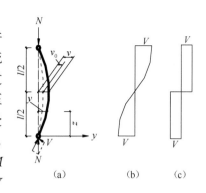

图 6.2-6 轴心受压构件的剪力计算
(a) 两端铰支轴心受压构件；
(b) 剪力余弦分布；
(c) 剪力沿构件全长不变

标准通过实际计算，提出了格构式轴压柱分肢长细比 λ_1 的限值要求，就是为了保证分肢不先于构件整体失去稳定。对缀条柱，其分肢长细比应满足 $\lambda_1 \leqslant 0.7\lambda_{max}$（$\lambda_{max}$ 为构件两方向长细比的较大值，若对虚轴则取换算长细比）；对缀板柱，其分肢长细比应满足 $\lambda_1 \leqslant 40\varepsilon_k$ 以及 $\lambda_1 \leqslant 0.5\lambda_{max}$（当 $\lambda_{max} < 50$ 时，取 $\lambda_{max} = 50$），且应保证缀板柱中同一截面处缀板（或型钢横杆）的线刚度之和不得小于柱较大分肢线刚度的 6 倍。

此外，由于缀条柱在缀材平面内的抗剪与抗弯刚度比缀板柱好，故标准建议对缀材面宽度（剪力）较大的格构式柱宜采用缀条柱，斜缀条与构件轴线间的夹角应在 40°～70° 范围内。对于格构式柱和大型实腹式柱，在受有较大水平力处和运送单元的端部应设置横隔，从而增加构件的抗扭刚度，横隔的间距不宜大于柱截面长边尺寸的 9 倍和 8m。

4. 用填板连接的组合构件

用填板连接的双角钢构件或双槽钢构件是缀板式组合构件的一种极端情况。此时，虽然两肢相距很近，填板的线刚度很大，但绕虚轴弯曲时，分肢变形和两肢受力不等的问题仍然存在。因此，标准对此类构件的填板间距进行了规定，对受压构件填板间距不应超过 $40i$ 且两个侧向支承点之间的填板数不应少于 2 个，对受拉构件不应超过 $80i$，i 为单肢回转半径（当为图 6.2-7a、b 所示的双角钢或双槽钢截面时，取一个角钢或一个槽钢对与填板平行的形心轴的回转半径；当为图 6.2-7c 所示的十字形截面时，取一个角钢的最小回转半径）。

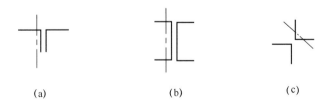

(a)   (b)   (c)

图 6.2-7 计算截面回转半径时的轴线示意
(a) 双角钢 T 形截面；(b) 双槽钢截面；(c) 双角钢十字形截面

填板的设置实际上是为了保证一个角钢或一个槽钢的稳定（对受压构件），或保证两个角钢和两个槽钢共同工作并受力均匀（对受拉构件），当满足上述填板设置间距时，构件可按实腹式构件进行计算，不必对虚轴采用换算长细比。但是，用普通螺栓和填板连接的构件，因连接变形而达不到实腹式构件水平，仍需按格构式构件计算。

三、梭形截面轴心受压构件的稳定性计算

钢结构中的轴心受压构件多为等截面构件，即构件横截面沿着构件长度方向是相同的，标准的相关计算公式都是基于等截面构件得出的。但当前由于建筑、经济等方面的原因，出现越来越多的变截面构件，其中承受轴压力的梭形截面构件最具代表性，其应用也越来越广泛。

1. 两端铰支梭形圆管或方管状截面轴心受压构件的稳定性计算

标准针对两端铰支梭形圆管或方管状截面轴心受压构件的整体稳定性计算方法仍采用换算长细比的思路，基于等截面轴心受压构件的稳定系数 φ 通过式（6.2-8）进行计算。在换算长细比的计算中，考虑了初始缺陷的不利影响，楔率的变化范围在 $0 \sim 1.5$ 之间。

两端铰支梭形圆管或方管状截面轴心受压构件的换算长细比可通过下式计算：

$$\lambda_e = \frac{l_0/i_1}{(1+\gamma)^{\frac{3}{4}}} \tag{6.2-27}$$

式中 l_0 ——构件的计算长度（mm），$l_0 = \frac{l}{2}\left[1 + (1 + 0.853\gamma)^{-1}\right]$；

i_1 ——构件端截面的回转半径（mm）；

γ ——构件楔率，$\gamma = \frac{(D_2 - D_1)}{D_1}$ 或 $\gamma = \frac{(b_2 - b_1)}{b_1}$；

D_1、D_2 ——分别为圆钢管端截面和中央截面的外径（mm）；

b_1、b_2 ——分别为方钢管端截面和中央截面的边长（mm）。

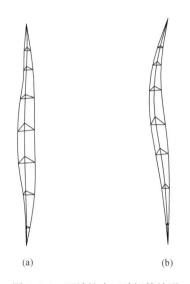

图 6.2-8 两端铰支三肢钢管梭形
格构式柱的屈曲变形
（a）对称屈曲；（b）反对称屈曲

当采用式（6.2-8）进行稳定性计算时，截面面积 A 取端截面。

2. 两端铰支三肢钢管梭形格构式柱的稳定性计算

理论和试验研究结果表明，两端铰支的理想挺直钢管梭形格构式柱的屈曲变形模态依据其几何及截面尺寸可能发生单波形的对称屈曲和反对称屈曲（如图 6.2-8 所示），但当考虑几何初始缺陷的影响后，其破坏变形模式则表现为单波形、非对称"S"形及反对称三种，这主要取决于理想挺直钢管梭形格构式柱的屈曲模态及初始几何缺陷的分布形式和幅值大小。

标准同样沿用了换算长细比的思路，基于等截面轴心受压构件的稳定系数 φ 可通过式（6.2-8）对两端铰支三肢钢管梭形格构式柱（如图 6.2-9 所示）进行稳定性计算，其换算长细比的计算公式为：

$$\lambda_0 = \pi \sqrt{\frac{3A_s E}{N_{cr}}} \tag{6.2-28}$$

式中　　A_s ——单个分肢的截面面积（mm²）；

　　　N_{cr} ——钢管梭形格构式柱的屈曲临界力（N），$N_{cr} = \min(N_{cr,s}, N_{cr,a})$；

　　　$N_{cr,s}$ ——钢管梭形格构式柱与对称屈曲模态相对应的屈曲临界力（N），$N_{cr,s} = \dfrac{N_{cr0,s}}{1 + \dfrac{N_{cr0,s}}{K_{v,s}}}$，$N_{cr0,s} = \dfrac{\pi^2 E I_0}{L^2}(1 + 0.72\eta_1 + 0.28\eta_2)$；

　　　$N_{cr,a}$ ——钢管梭形格构式柱与反对称屈曲模态相对应的屈曲临界力（N），$N_{cr,a} = \dfrac{N_{cr0,a}}{1 + \dfrac{N_{cr0,a}}{K_{v,a}}}$，$N_{cr0,a} = \dfrac{4\pi^2 E I_0}{L^2}(1 + 0.48\eta_1 + 0.12\eta_2)$；

　I_0、I_m、I_1 ——分别为钢管梭形格构式柱柱端（小头）、1/4 高度处以及中央（大头）截面对应的惯性矩（mm⁴），$I_0 = 3I_s + 0.5b_0^2 A_s$，$I_m = 3I_s + 0.5b_m^2 A_s$，$I_1 = 3I_s + 0.5b_1^2 A_s$；

　$K_{v,s}$、$K_{v,a}$ ——分别为对称屈曲与反对称屈曲对应的截面抗剪刚度（N），$K_{v,s} = \left(\dfrac{l_{s0}b_0}{18EI_d} + \dfrac{5l_{s0}^2}{144EI_s}\right)^{-1}$，$K_{v,a} = \left(\dfrac{l_{s0}b_m}{18EI_d} + \dfrac{5l_{s0}^2}{144EI_s}\right)^{-1}$；

　　η_1、η_2 ——与截面惯性矩有关的计算系数，$\eta_1 = \dfrac{4I_m - I_1 - 3I_0}{I_0}$，$\eta_2 = \dfrac{2(I_0 + I_1 - 2I_m)}{I_0}$；

　b_0、b_m、b_1 ——分别为钢管梭形格构式柱柱端（小头）、1/4 高度处以及中央（大头）截面的边长（mm）；

　　　l_{s0} ——钢管梭形格构式柱的节间高度（mm）；

　　　L ——钢管梭形格构式柱的总高度（mm）；

　　I_d、I_s ——分别为横缀杆和单肢弦杆的惯性矩（mm⁴）。

基于大挠度弹塑性分析及试验研究结果表明，按照式（6.2-28）计算获得的换算长细比并采用 b 类截面确定两端铰支三肢钢管梭形格构式柱的整体稳定系数 φ 是比较合适的，且偏于安全。

钢管梭形格构式柱的中央（大头）截面应设置横隔，横隔设置可采用水平放置的钢板且与周边缀杆焊接，或采用水平放置的钢管并使中央截面成为稳定截面。

6.2.4　实腹式轴心受压构件的局部稳定和屈曲后强度

钢结构构件大多由板件焊接而成，为了用料经济，板件宜用得宽而薄。若组成板件过薄，则

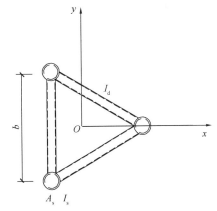

图 6.2-9　三肢钢管梭形格构式柱

在面内压力作用下，有可能发生屈曲而失去稳定，进而会加速构件整体失稳，降低构件的承载能力。保证板件局部失稳不先于整体失稳的办法，是对其宽厚比加以限制。板件的容许宽厚比通常按不同情况采用两种方法之一进行确定：一是等稳原则，即使"板件稳定临界应力等于构件整体稳定临界应力"；二是屈服原则，即使"板件稳定临

界应力等于钢材的屈服强度"。

一、实腹式轴心受压构件的板件宽厚比要求

针对实腹式轴心受压构件,标准采用了屈服准则和等稳准则综合运用的方法,并充分考虑相邻板件的相互约束关系,给出了有关轴心受压构件板件宽厚比的限值要求。

1. H形截面腹板

$$h_0/t_w \leqslant (25+0.5\lambda)\varepsilon_k \tag{6.2-29}$$

式中 λ ——构件的较大长细比,当 $\lambda < 30$ 时取 30,当 $\lambda > 100$ 时取 100;

ε_k ——钢号修正系数,$\varepsilon_k = \sqrt{235/f_y}$;

h_0、t_w ——分别为腹板计算高度和厚度。

2. H形、T形截面翼缘

$$b/t_f \leqslant (10+0.1\lambda)\varepsilon_k \tag{6.2-30}$$

式中 b、t_f ——分别为翼缘板自由外伸宽度和厚度。

3. 箱形截面壁板

$$b/t \leqslant 40\varepsilon_k \tag{6.2-31}$$

式中 b ——壁板的净宽度,当箱形截面设有纵向加劲肋时,为壁板与加劲肋之间的净宽度。

4. T形截面腹板

热轧剖分T形钢

$$h_0/t_w \leqslant (15+0.2\lambda)\varepsilon_k \tag{6.2-32a}$$

焊接T形截面

$$h_0/t_w \leqslant (13+0.17\lambda)\varepsilon_k \tag{6.2-32b}$$

对焊接构件,h_0 取为腹板高度 h_w;对热轧构件,h_0 取腹板平直段长度,简要计算可取 $h_0 = h_w - t_f$,但不小于(h_w-20)mm。

5. 等边角钢肢件

当 $\lambda \leqslant 80\varepsilon_k$ 时

$$w/t \leqslant 15\varepsilon_k \tag{6.2-33a}$$

当 $\lambda > 80\varepsilon_k$ 时

$$w/t \leqslant 5\varepsilon_k + 0.125\lambda \tag{6.2-33b}$$

式中 λ ——按角钢绕非对称主轴回转半径计算的长细比;

w、t ——分别为角钢的平板宽度和厚度,w 可取为 $b-2t$(b 为角钢宽度)。

不等边角钢由于没有对称轴,失稳时总为弯扭屈曲,在其整体稳定计算中已考虑了肢件宽厚比的影响,因此标准并未对其局部稳定进行规定。

6. 圆钢管

$$D/t \leqslant 100\varepsilon_k^2 \tag{6.2-34}$$

式中 D ——圆钢管的外径;

t ——圆钢管的壁厚。

二、实腹式轴心受压构件的屈曲后强度利用

实际工程中的轴心受压构件可能由刚度(长细比)控制,其轴压力较小,由此根据等稳准则确定板件宽厚比限值往往不经济,同时板件失稳后还存在屈曲后强度,因此设计中有时允许板件先于构件失稳。

当构件的实际压力 N 低于其稳定承载力 $\varphi A f$ 时，相应的局部屈曲临界力可适当降低，从而放宽板件的宽厚比限值，此时标准规定其宽厚比限值为式（6.2-29～6.2-34）算得的结果乘以放大系数 $\alpha = \sqrt{\varphi A f / N}$。与此相反，若板件宽厚比限值超过式（6.2-29～6.2-34）所得结果，即考虑板件屈曲后强度时，轴心受压构件的强度和稳定性应按下列公式计算：

强度计算

$$\frac{N}{A_{\mathrm{ne}}} \leqslant f \tag{6.2-35a}$$

稳定性计算

$$\frac{N}{\varphi A_{\mathrm{e}} f} \leqslant 1.0 \tag{6.2-35b}$$

$$A_{\mathrm{ne}} = \sum \rho_i A_{\mathrm{n}i} \tag{6.2-35c}$$

$$A_{\mathrm{e}} = \sum \rho_i A_i \tag{6.2-35d}$$

式中　A_{ne}、A_{e}——分别为有效净截面面积和有效毛截面面积（mm^2）；

　　　$A_{\mathrm{n}i}$、A_i——分别为各板件净截面面积和毛截面面积（mm^2）；

　　　　　φ——稳定系数，可按毛截面计算；

　　　　　ρ_i——各板件有效截面系数，应根据截面形式按下列规定计算：

1. 箱形截面的壁板、H 形或工字形的腹板

当 $b/t \leqslant 42\varepsilon_{\mathrm{k}}$ 时

$$\rho = 1.0 \tag{6.2-36a}$$

当 $b/t > 42\varepsilon_{\mathrm{k}}$ 时

$$\rho = \frac{1}{\lambda_{\mathrm{n,p}}} \left(1 - \frac{0.19}{\lambda_{\mathrm{n,p}}} \right) \tag{6.2-36b}$$

$$\lambda_{\mathrm{n,p}} = \frac{b/t}{56.2\varepsilon_{\mathrm{k}}} \tag{6.2-36c}$$

式中　b、t——分别为壁板或腹板的净宽度和厚度。

当 $\lambda > 52\varepsilon_{\mathrm{k}}$ 时，由式（6.2-36b）计算所得的 ρ 值不应小于 $(29\varepsilon_{\mathrm{k}} + 0.25\lambda)\dfrac{t}{b}$。

2. 单角钢

当 $w/t > 15\varepsilon_{\mathrm{k}}$ 时

$$\rho = \frac{1}{\lambda_{\mathrm{n,p}}} \left(1 - \frac{0.1}{\lambda_{\mathrm{n,p}}} \right) \tag{6.2-37a}$$

$$\lambda_{\mathrm{n,p}} = \frac{w/t}{16.8\varepsilon_{\mathrm{k}}} \tag{6.2-37b}$$

当 $\lambda > 80\varepsilon_{\mathrm{k}}$ 时，由式（6.2-37a）计算所得的 ρ 值不应小于 $(5\varepsilon_{\mathrm{k}} + 0.13\lambda)\dfrac{t}{w}$。

H 形、工字形和箱形截面轴心受压构件的腹板，当用纵向加劲肋加强以满足宽厚比限值时，加劲肋宜在腹板两侧成对配置，其一侧外伸宽度不应小于 $10t_{\mathrm{w}}$，厚度不应小于 $0.75t_{\mathrm{w}}$。

6.2.5 轴心受力构件的计算长度和容许长细比

一、轴心受压构件的计算长度

轴心受压构件的稳定承载力计算主要来源于两端铰支的情况，实际上构件节点往往具

有一定刚性，构件受压发生失稳时会受到其他构件约束，因此轴心受压构件的计算长度往往小于其几何长度。

1. 桁架杆件的计算长度

桁架腹杆刚度通常要比弦杆小得多，不能考虑其对弦杆的约束作用，因而弦杆在桁架平面内可视为铰支的连续杆件，其计算长度系数 $\mu=1.0$。桁架平面外弦杆的计算长度应取为侧向支承点间的距离，不考虑节点处的约束。

单系腹杆（非交叉杆腹杆）受压时的桁架平面内计算长度系数随腹杆与受拉弦杆线刚度比值的增加而增大，理论结果表明其计算长度系数 μ 略小于 0.8，标准直接取为常数 $\mu=0.8$。但对于支座斜杆和支座竖杆，由于其下端只与下弦的一端相连，且其线刚度较大，不一定小于弦杆的线刚度，因此不能考虑杆端约束，取 $\mu=1.0$。在桁架平面外，节点板刚度很小，对腹杆端部向平面外转动的约束作用可忽略不计，认为铰接，因此腹杆在桁架平面外的计算长度系数统一取 $\mu=1.0$。而对于单角钢或双角钢十字形截面腹杆，其两个主轴既不在桁架平面内，也不在垂直于桁架平面的平面外，其端部约束可认为介于两者之间，因此标准对此情况取 $\mu=0.9$（0.8 与 1.0 的平均数）。

桁架弦杆和单系腹杆（用节点板与弦杆连接）的计算长度 l_0 可按表 6.2-4 采用。

桁架弦杆和单系腹杆的计算长度 l_0　　　　　　　　　表 6.2-4

弯曲方向	弦杆	腹杆	
		支座斜杆和支座竖杆	其他腹杆
桁架平面内	l	l	$0.8l$
桁架平面外	l_1	l	l
斜平面	—	l	$0.9l$

注：1. l 为构件的几何长度（节点中心间距离），l_1 为桁架弦杆侧向支承点之间的距离。

2. 斜平面系指与桁架平面斜交的平面，适用于构件截面两主轴均不在桁架平面内的单角钢腹杆和双角钢十字形截面腹杆。

采用相贯焊接连接的钢管桁架，立体桁架杆件的端部约束通常比平面桁架强。对于弦杆在平面内的计算长度系数取值，考虑到平面桁架与立体桁架对杆件面外约束差别不大，故均取 $\mu=0.9$。对于支座斜杆和支座竖杆，由于其受力较大，受周边构件的约束较弱，其计算长度系数取 $\mu=1.0$。采用相贯焊接连接的钢管桁架，其构件计算长度 l_0 可按表 6.2-5 采用。

钢管桁架构件的计算长度 l_0　　　　　　　　　表 6.2-5

桁架类别	弯曲方向	弦杆	腹杆	
			支座斜杆和支座竖杆	其他腹杆
平面桁架	平面内	$0.9l$	l	$0.8l$
	平面外	l_1	l	l
立体桁架		$0.9l$	l	$0.8l$

注：1. l_1 为平面外无支撑长度，l 是杆件的节间长度；

2. 对端部缩头或压扁的圆管腹杆，其计算长度取 l；

3. 对于立体桁架，弦杆平面外的计算长度取 $0.9l$，同时尚应以 $0.9l_1$ 按格构式压杆验算其稳定性。

2. 交叉腹杆的计算长度

交叉腹杆在桁架平面内的计算长度应取节点中心到交叉点的距离，而对于其在桁架平面外的计算长度，标准规定了对拉杆应取 $l_0 = l$，对压杆则给出了当两交叉腹杆长度相等且在中点相交时的计算公式：

1）相交另一杆受压，两杆截面相同并在交叉点均不中断

$$l_0 = l \sqrt{\frac{1}{2}\left(1 + \frac{N_0}{N}\right)} \tag{6.2-38a}$$

2）相交另一杆受压，此另一杆在交叉点中断但以节点板搭接

$$l_0 = l \sqrt{1 + \frac{\pi^2}{12} \cdot \frac{N_0}{N}} \tag{6.2-38b}$$

3）相交另一杆受拉，两杆截面相同并在交叉点均不中断

$$l_0 = l \sqrt{\frac{1}{2}\left(1 + \frac{3}{4} \cdot \frac{N_0}{N}\right)} \geqslant 0.5l \tag{6.2-38c}$$

4）相交另一杆受拉，此拉杆在交叉点中断但以节点板搭接

$$l_0 = l \sqrt{1 - \frac{3}{4} \cdot \frac{N_0}{N}} \geqslant 0.5l \tag{6.2-38d}$$

式中　l——桁架节点中心间距离（交叉点不作为节点考虑）；

　　N、N_0——分别为所计算杆的内力及相交另一杆的内力，均为绝对值，当两杆均受压时，取 $N_0 \leqslant N$（两杆截面应相同）。

对相交另一杆受拉的情况，当此拉杆连续而压杆在交叉点中断但以节点板搭接，若 $N_0 \geqslant N$ 或拉杆在桁架平面外的抗弯刚度 $EI_y \geqslant \dfrac{3N_0 l^2}{4\pi^2}\left(\dfrac{N_0}{N} - 1\right)$ 时，取 $l_0 = 0.5l$。

应注意的是，当确定交叉腹杆中单角钢杆件在斜平面内的长细比时，计算长度应取节点中心至交叉点的距离，若为单边连接单角钢，在计算其受压稳定性时，尚应按式（6.2-49）确定杆件等效长细比，考虑非全部直接传力造成端部连接偏心的影响。

3. 变轴力弦杆的平面外计算长度

桁架弦杆侧向支承点之间相邻两节间的压力不等时（如图 6.2-10 所示），通常按较大压力计算其在桁架平面外的稳定性，这比实际受力情况有利。通过理论分析并加以简化，可采用下式对该弦杆在桁架平面外的计算长度进行折减，来考虑此有利影响：

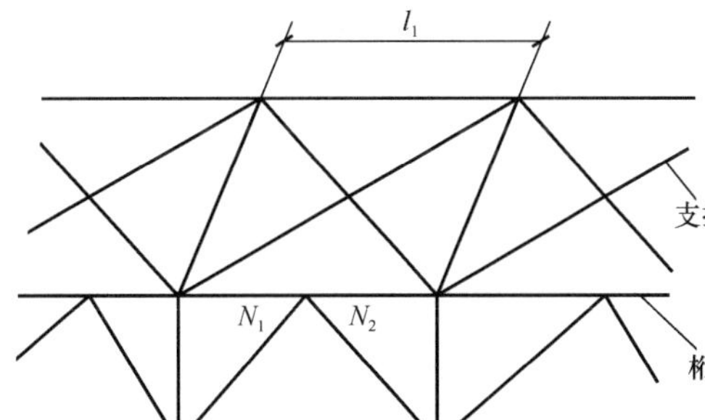

图 6.2-10　变轴力弦杆的桁架简图

$$l_0 = l_1\left(0.75 + 0.25\frac{N_2}{N_1}\right) \geqslant 0.5l_1$$

$$\tag{6.2-39}$$

式中　N_1——较大的压力，计算时取正值；

　　N_2——较小的压力或拉力，计算时压力取正值，拉力取负值。

桁架再分式腹杆体系的受压主斜杆及 K 形腹杆体系的竖杆等，在桁架平面外的计算

长度也应按式（6.2-39）确定（受拉土斜杆仍取 l_1）。但出于此类杆件的上段与受压弦杆相连，端部约束作用较差，在桁架平面内的计算长度则取节点中心间距离，即计算长度系数取 $\mu = 1.0$。

4. 塔架单角钢主杆的计算长细比

当采用单角钢作为塔架主杆时，两个侧面腹杆体系的节点全部重合者（如图 6.2-11a 所示），主杆绕非对称主轴（即最小轴）屈曲；节点部分重合者（如图 6.2-11b 所示）绕平行轴屈曲并伴随着扭转，计算长度因扭转因素而增大；节点全部不重合者（如图 6.2-11c 所示）同时绕两个主轴弯曲并伴随着扭转，计算长度增大得更多。因此，标准规定塔架的单角钢主杆，应按所在两个侧面的节点分布情况，采用下列长细比来确定稳定系数 φ：

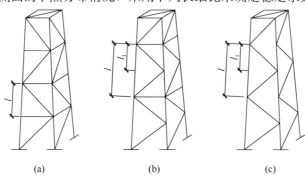

图 6.2-11　不同腹杆体系的塔架

当两个侧面腹杆体系的节点全部重合时

$$\lambda = l/i_y \tag{6.2-40a}$$

当两个侧面腹杆体系的节点部分重合时

$$\lambda = 1.1l/i_x \tag{6.2-40b}$$

当两个侧面腹杆体系的节点全部都不重合时

$$\lambda = 1.2l/i_x \tag{6.2-40c}$$

式中　　l ——较大的节间长度；

i_y ——截面绕非对称主轴的回转半径；

i_x ——角钢绕平行轴的回转半径。

当角钢宽厚比超过式（6.2-33a、b）时，主杆的承载力可按式（6.2-35a、b）确定。

5. 考虑柱脚构造的轴压柱计算长度

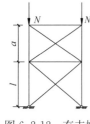

图 6.2-12　有支撑的两段柱

上端与梁或桁架铰接且不能侧向移动的轴心受压柱，其计算长度系数应根据柱脚构造情况采用，段轴柱脚应取 1.0。平板柱脚在柱压力作用下有一定转动刚度，刚度大小和底板厚度有关，当底板厚度不小于柱翼缘厚度的两倍时，柱的计算长度系数可取 0.8。

由侧向支撑分为多段的柱，当柱发生屈曲时，上、下柱段会相互约束，当各段长度相差 10% 以上时，宜根据相关屈曲的原则确定柱在支撑平面内的计算长度，充分利用材料的潜力。当柱分为两段时（如图 6.2-12 所示），其计算长度可由下式确定：

$$l_0 = \mu l \qquad\qquad (6.2\text{-}41a)$$
$$\mu = 1 - 0.3\,(1-\beta)^{0.7} \qquad\qquad (6.2\text{-}41b)$$

式中 β——短段与长段长度之比，$\beta = a/l$。

二、轴心受力构件的容许长细比

构件容许长细比的规定，主要是为了避免构件柔度太大，在自重作用下产生过大挠度和在运输、安装过程中造成弯曲，以及在动力荷载作用下发生较大振动。受压构件的容许长细比要比受拉构件严格，原因是细长构件的初弯曲容易受压增大，有损于构件的稳定承载能力，即刚度不足对受压构件产生的不利影响远比受拉构件严重。调查表明，主要受压构件的容许长细比取为150，一般的支撑压杆取为200，能满足正常使用的要求。内力不大于承载能力50%的受压构件，参考国外资料，其长细比可放宽到200。

1. 验算容许长细比时，可不考虑扭转效应，计算单角钢受压构件的长细比时，应采用角钢的最小回转半径，但计算在交叉点相互连接的交叉杆件平面外的长细比时，可采用与角钢肢边平行轴的回转半径。轴心受压构件的容许长细宜符合下列规定：

（1）跨度等于或大于60m的桁架，其受压弦杆、端压杆和直接承受动力荷载的受压腹杆的长细比不宜大于120。

（2）轴心受压构件的长细比不宜超过表6.2-6规定的容许值，但当杆件内力设计值不大于承载能力的50%时，容许长细比值可取200。

受压构件的容许长细比	表 6.2-6
构件名称	容许长细比
轴心受压柱、桁架和天窗架中的压杆	150
柱的缀条、吊车梁或吊车桁架以下的柱间支撑	150
支撑（吊车梁或吊车桁架以下的柱间支撑除外）	200
用以减小受压构件计算长度的杆件	200

2. 验算容许长细比时，在直接或间接承受动力荷载的结构中，计算单角钢受拉构件的长细比时，应采用角钢的最小回转半径，但计算在交叉点相互连接的交叉杆件平面外的长细比时，可采用与角钢肢边平行轴的回转半径。受拉构件的容许长细宜符合下列规定：

（1）除对腹杆提供面外支点的弦杆外，承受静力荷载的结构受拉构件，可仅计算竖向平面内的长细比。

（2）中、重级工作制吊车桁架下弦杆的长细比不宜超过200。

（3）在设有夹钳或刚性料耙等硬钩起重机的厂房中，支撑的长细比不宜超过300。

（4）受拉构件在永久荷载与风荷载组合作用下受压时，其长细比不宜超过250。

（5）跨度等于或大于60m的桁架，其受拉弦杆和腹杆的长细比，承受静力荷载或间接承受动力荷载时不宜超过300，直接承受动力荷载时不宜超过250。

（6）受拉构件的长细比不宜超过表6.2-7规定的容许值，柱间支撑按拉杆设计时，竖向荷载作用下柱子的轴力应按无支撑时考虑。

受拉构件的容许长细比　　　　　　表 6.2-1

构件名称	承受静力荷载或间接承受动力荷载的结构			直接承受动力荷载的结构
	一般建筑结构	对腹杆提供面外支点的弦杆	有重级工作制起重机的厂房	
桁架的构件	350	250	250	250
吊车梁或吊车桁架以下柱间支撑	300	—	200	—
除张紧的圆钢外的其他拉杆、支撑、系杆等	400	—	350	—

6.2.6　轴心受压构件的支撑

设置支撑是减小轴心受压构件计算长度，提高其承载能力的有效方法。易知，若在两端铰支轴心受压构件高度中央设置一水平支撑，则其计算长度减小一半，其弹性承载能力将提高四倍。即使计算长度减半后成为非弹性屈曲，承载能力也会有很大提高。水平支撑相当于一个弹性支座，若其刚度很弱，则所起作用不大，构件的承载能力提高不多，因此应保证支撑有足够的刚度，能起刚性支座作用。

一、轴心受力构件（柱）的支撑

1. 单根柱的水平支撑力

通过对理想直杆进行稳定分析，将水平支撑看作弹性支座，可获得理想轴心受压柱水平支撑（等间距布置）起刚性支座作用的刚度条件：

$$k \geqslant \frac{4N}{l} \tag{6.2-42}$$

式中　k——理想轴心受压柱水平支撑的弹性刚度；

　　　N——柱的轴压力；

　　　l——柱在水平支撑间的长度。

理想轴心受压柱的水平支撑在构件屈曲前是不受力的，但实际上，轴心受压柱有初始缺陷，通过平衡条件易得其要求的支撑刚度 k_1 为理想轴心受压柱要求的 k 的 $\left(\dfrac{v_0}{v} + 1\right)$ 倍（v_0 为初始挠度，v 为因荷载而产生的挠度）。若要求 $v \to 0$，显然有 $k_1 \to \infty$，不符合工程实际，因此建议取 $v = v_0 = \dfrac{L}{500}$（L 为柱的总长度）并进行适当修正来计算支撑力 $F = k_1 v$。上述推导思想是根据单根柱中部设置一道支撑推导而得的，若有多道支撑，再考虑初始挠度缺陷，情况将更加复杂。

标准根据理论推导并结合相关试验研究成果，给出了用作减小单根柱自由长度的水平支撑力计算方法：

（1）长度为 l 的单根柱设置一道支撑时，支撑力 F_{b1} 为：

当支撑杆位于柱高度中央时

$$F_{b1} = N/60 \tag{6.2-43a}$$

当支撑杆位于距柱端 αl 处（$0 < \alpha < 1$）时

$$F_{b1} = \frac{N}{240\alpha(1-\alpha)} \tag{6.2-43b}$$

（2）长度为 l 的单根柱设置 m 道等间距（或间距不等但与平均间距相比相差不超过 20%）支撑时，各支承点的支撑力 F_{bm} 为：

$$F_{bm} = \frac{N}{42\sqrt{m+1}} \tag{6.2-43c}$$

式中　N——被撑构件的最大轴心压力设计值。

2. 多根柱的水平支撑力

当有多根柱组成柱列时，水平支撑要对多根柱起减小计算长度的作用，往往承受较大的支撑力，标准给出了相应的计算公式：

$$F_{bm} = \frac{\sum N_i}{60}\left(0.6 + \frac{0.4}{n}\right) \tag{6.2-44}$$

式中　n——柱列中被撑柱的根数；

$\sum N_i$——被撑柱同时存在的轴心压力设计值之和。

上式是对单根柱的水平支撑力计算公式（6.2-43a）的延伸，其实际含义是多根柱的水平支撑力 F_{bn} 与单根柱的水平支撑力 F_{b1} 有如下关系：

$$\frac{F_{bn}}{F_{b1}} = 0.6n + 0.4 \tag{6.2-45}$$

由此可见，所撑柱数越多，水平支撑力 F_{bn} 越大，因此标准建议一道支撑架在一个方向所撑柱数不宜超过 8 根。

除了上述的支撑力计算外，还须注意若支撑同时承担结构上其他作用的效应时，应按实际可能发生的情况与支撑力组合。另外，支撑的构造应使被撑构件在撑点处既不能平移，又不能扭转。

二、桁架受压弦杆的横向支撑

桁架受压弦杆的横向支撑系统（如图 6.2-13 所示）中系杆和支承斜杆所承受的节点支撑力，实际可看作式（6.2-43c）和（6.2-44）情况的组合，因此有：

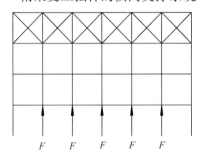

$$F = \frac{\sum N}{42\sqrt{m+1}}\left(0.6 + \frac{0.4}{n}\right) \tag{6.2-46}$$

图 6.2-13　桁架受压弦杆横向支撑系统的节点支撑

式中　$\sum N$——被撑各桁架受压弦杆轴心压力设计值之和；

m——纵向系杆道数（支撑系统节间数减 1）；

n——支撑系统所撑桁架数。

三、塔架主杆与主斜杆之间的辅助杆

塔架主杆与主斜杆之间的辅助杆（如图 6.2-14 所示）应能承受下列公式给出的节点支撑力：

当节间数不超过 4 时

$$F - N/80 \tag{6.2-47a}$$

当节间数大于 4 时

$$F = N/100 \tag{6.2-47b}$$

式中 N ——主杆压力设计值。

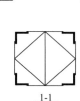

式（6.2-47a、b）也可用于两主斜杆之间的辅助杆，此时 N 应取两主斜杆压力之和。

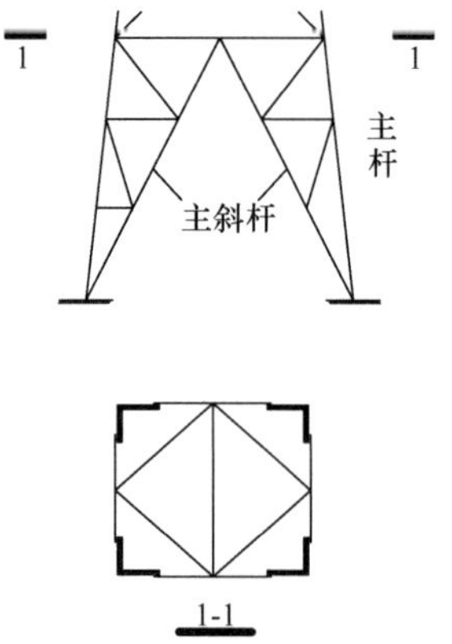

6.2.7　单边连接的单角钢

一、截面强度和稳定性计算

桁架（或塔架）的单角钢腹杆，当以一个肢连接于节点板时，本质上属于拉弯或压弯构件，除非弦杆亦为单角钢，并在节点板同侧，偏心可以忽略（如图 6.2-15 所示）。

图 6.2-14　塔架下端示意图

为简化设计，标准对单边连接单角钢（如图 6.2-16 所示，但对图 6.2-15 情况除外）提出了近似按轴心受力构件处理的方法：

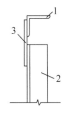

图 6.2-15　腹板与弦杆的同侧连接
1—弦杆；2—腹杆；3—节点板

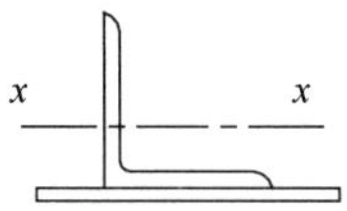

图 6.2-16　单边连接角钢

1. 截面强度仍按式（6.2-1）和（6.2-2）计算，但计算时对强度设计值应乘以折减系数 0.85。同时，还应考虑构件端部连接各板件可能非全部直接传力时的剪切滞后影响。

2. 受压构件的稳定性可按下列公式计算：

$$\frac{N}{\eta \varphi A f} \leqslant 1.0 \tag{6.2-48}$$

等边角钢

$$\eta = 0.6 + 0.0015\lambda \leqslant 1.0 \tag{6.2-48a}$$

短边相连的不等边角钢

$$\eta = 0.5 + 0.0025\lambda \leqslant 1.0 \tag{6.2-48b}$$

长边相连的不等边角钢

$$\eta = 0.7 \tag{6.2-48c}$$

式中 λ ——长细比，对中间无联系的单角钢压杆，应按最小回转半径计算，当 $\lambda < 20$ 时，取 $\lambda = 20$。

3. 当受压斜杆用节点板和桁架弦杆（塔架主杆）相连接时，节点板厚度不宜小于斜杆肢宽的 1/8。

二、交叉斜杆中压杆的平面外稳定

单边连接单角钢的交叉斜压杆，其平面外稳定承载力既要考虑杆与杆（两杆截面相同且在交叉点均不中断）的约束作用，又要考虑端部偏心和约束的影响。端部偏心的状况随

主杆截面的不同会有所区别，其稳定系数 φ 应按下列等效长细比确定：

$$\lambda_0 = \alpha_e \mu_x \lambda_e \geqslant \frac{l_1}{l} \lambda_x \tag{6.2-49}$$

当 $20 \leqslant \lambda_x \leqslant 80$ 时

$$\lambda_e = 80 + 0.65 \lambda_x \tag{6.2-49a}$$

当 $80 < \lambda_x \leqslant 160$ 时

$$\lambda_e = 52 + \lambda_x \tag{6.2-49b}$$

当 $\lambda_x > 160$ 时

$$\lambda_e = 20 + 1.2 \lambda_x \tag{6.2-49c}$$

$$\lambda_x = \frac{l}{i_x} \cdot \frac{1}{\varepsilon_k} \tag{6.2-49d}$$

$$\mu_x = l_0/l \tag{6.2-49e}$$

式中　α_e —— 系数，应按表 6.2-8 的规定取值；

　　　μ_x —— 计算长度系数；

　　　l_1 —— 交叉点至节点间的较大距离（图 6.2-17）；

　　　λ_e —— 换算长细比；

　　　λ_x —— 考虑钢材强度的单边连接单角钢绕平行轴（图 6.2-16）的长细比；

　　　l_0 —— 计算长度，当相交另一杆受压，应按式（6.2-38a）计算，当相交另一杆受拉，应按式（6.2-38c）计算。对于在非中点相交的杆，在该二式中用 l_1/l 代替 $1/2$（l_1 见图 6.2-17）。

<table>
<tr><td colspan="2" align="center">系数 α_e 取值</td><td align="right">表 6.2-8</td></tr>
</table>

主杆截面	另杆受拉	另杆受压	另杆不受力
单角钢	0.75	0.90	0.75
双轴对称截面	0.90	0.75	0.90

三、局部稳定和屈曲后强度

单边连接的单角钢受压后，不仅呈现弯曲，还同时呈现扭转。为保证杆件具有一定的扭转刚度，以免过早失稳，须要限制其肢件宽厚比。标准给出了单边连接单角钢受压构件的肢件宽厚比限值：

$$\frac{w}{t} \leqslant 14 \varepsilon_k \tag{6.2-50}$$

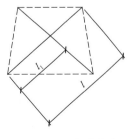

图 6.2-17　在非中点相交的斜杆

对于高强度钢材，式（6.2-50）的限值有时很难达到，因此标准同时规定了超过该限值时，由式（6.2-8）和式（6.2-49）确定的稳定承载力还应乘以以下折减系数：

$$\rho_e = 1.3 - \frac{0.3w}{14t\varepsilon_k} \tag{6.2-51}$$

6.3　拉弯和压弯构件

6.3.1　拉弯和压弯构件设计的基本要求

本节主要包括拉弯和压弯两类基本构件。拉弯构件应进行强度和刚度的计算，压弯构件应进行强度、整体稳定（弯矩作用平面内稳定、弯矩作用平面外稳定）、局部稳定和刚度的计算。拉弯和压弯构件的刚度计算亦属于正常使用极限状态要求，其构件长细比也应满足轴心受力构件容许长细比的规定。

6.3.2　拉弯和压弯构件的截面强度计算

拉弯和压弯构件既承受轴力又承受弯矩，兼起柱和梁的双重作用。压弯构件的承载能力极限状态通常由丧失整体稳定性来确定，但当构件端弯矩大于跨中弯矩时，有可能和拉弯构件一样，因弯矩最大截面出现塑性铰而达到强度极限。在轴力 N 和弯矩 M 的共同作用下，当截面出现塑性铰时，截面上 N/N_p 和 M/M_p 的相关曲线是凸曲线（N_p 为无弯矩作用时全截面屈服的应力，M_p 是无轴力作用时截面的塑性铰弯矩），其承载力极限值大于按直线公式计算所得的结果。因此，标准在对不同截面形式的 N/N_p 和 M/M_p 关系进行分析的基础上，偏于安全的采用了线性相关公式，并考虑部分塑性，得出了弯矩作用在两个主平面内拉弯和压弯构件的截面强度验算公式：

对非圆形截面

$$\frac{N}{A_n} \pm \frac{M_x}{\gamma_x W_{nx}} \pm \frac{M_y}{\gamma_y W_{ny}} \leqslant f \tag{6.3-1}$$

对圆形截面

$$\frac{N}{A_n} + \frac{\sqrt{M_x^2 + M_y^2}}{\gamma_m W_n} \leqslant f \tag{6.3-2}$$

式中　　N ——同一截面处轴心压力设计值（N）；

M_x、M_y ——分别为同一截面处对 x 轴和 y 轴的弯矩设计值（N·mm）；

γ_x、γ_y ——与净截面模量 W_{nx}、W_{ny} 相应的截面塑性发展系数，根据其受压板件的内力分布情况确定其截面板件宽厚比等级，当截面板件宽厚比等级不满足 S3 级要求时，取 1.0，满足 S3 级要求时可按表 6.3-1 采用；需要验算疲劳强度的拉弯、压弯构件，宜取 1.0；

γ_m ——圆形构件的截面塑性发展系数，对于实腹圆形截面取 1.2，当圆管截面板件宽厚比等级不满足 S3 级要求时取 1.0，满足 S3 级要求时取 1.15；需要验算疲劳强度的拉弯、压弯构件，宜取 1.0；

A_n ——构件的净截面面积（mm²）；

W_n ——构件的净截面模量（mm³）。

塑性发展系数值与截面形式、塑性发展深度、翼缘与腹板截面积比值以及应力状态有关。标准给出的塑性发展系数（表 6.3-1）相当于单轴受弯时塑性发展深度不超过截面高度的 1/8。对格构式构件的虚轴，不能考虑塑性深入截面，取 1.0；对压弯构件受压翼缘的自由外伸宽度与厚度之比不满足 S3 级要求者，受压翼缘在进入塑性时可能已失去局部稳定，因此不应考虑截面塑性，取 1.0。

截面塑性发展系数 γ_x、γ_y

表 6.3-1

项次	截　面　形　式	γ_x	γ_y
1	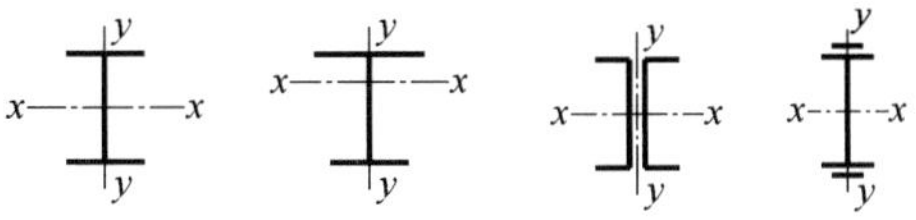		1.2
2	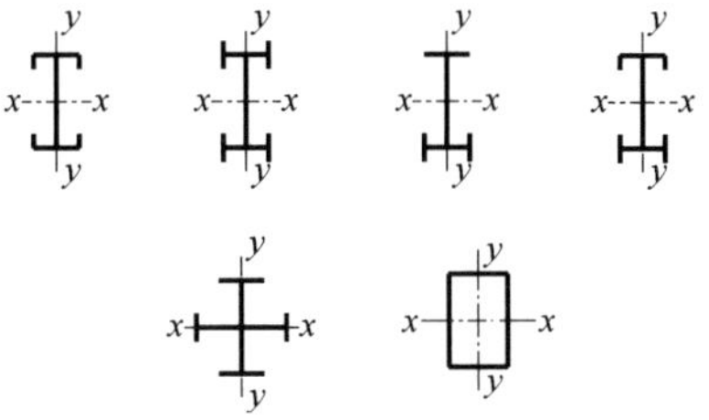	1.05	1.05
3	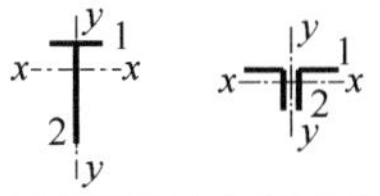	$\gamma_{x1}=1.05$	1.2
4	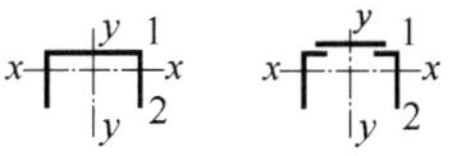	$\gamma_{x2}=1.2$	1.05
5	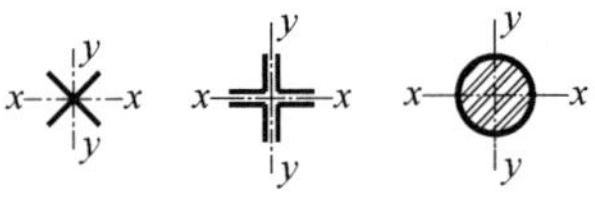	1.2	1.2
6	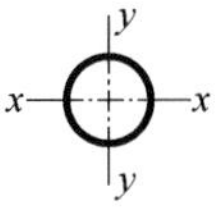	1.15	1.15
7	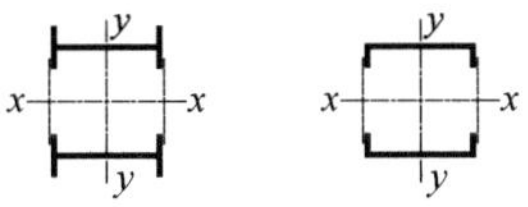	1.0	1.05
8	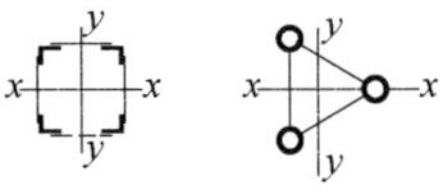		1.0

对轴拉力很小而弯矩相对很大的拉弯构件，截面一侧出现的压应力可能会导致其发生类似受弯构件一样的侧弯扭转屈曲，此时除需计算受拉最大一侧的强度外，还宜用下式计算受压侧的整体稳定性：

$$-\frac{N}{A}+\frac{M_x}{\gamma_x W_{nx}} \leqslant \varphi_b f \tag{6.3-3}$$

式中　A——毛截面面积（mm^2）；

$\quad\quad W_x$——弯矩受压侧的毛截面抵抗矩（mm^3）；

$\quad\quad \varphi_b$——受弯构件的整体稳定系数。

6.3.3　压弯构件的稳定计算

绕一个主轴受弯的压弯构件有两种可能的失稳形式，即弯矩作用平面内的弯曲失稳（平面形式失稳）和弯矩作用平面外的弯扭失稳（空间形式失稳）。双轴受弯的压弯构件则总是呈既弯又扭的空间失稳形式。平面失稳和空间失稳属于两种不同性质的问题，应分别进行分析和计算。

一、实腹式压弯构件的整体稳定性计算

1. 弯矩作用平面内的稳定计算

（1）失稳性质和计算公式

设作用在压弯构件上的轴压力 N 和端弯矩 M 按比例增大（如图 6.3-1a 所示），荷载施加以后出现挠度 v，并造成附加弯矩 Nv，v 和 M 之间的关系是非线性的（即存在几何

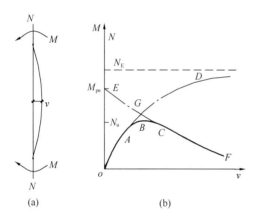

图 6.3-1　压弯构件的平面内失稳
（a）压弯构件；（b）荷载-变形曲线

非线性）。若材料始终保持弹性，则如图 6.3-1b 所示的荷载-变形曲线为趋近于欧拉临界力 N_E 的 $OAGD$ 曲线。但实际上，曲线到达 A 点后材料有一部分开始屈服，使构件的刚度降低，从 A 点起曲线转向 $ABCF$ 曲线，最高点为 B 点。荷载达到 B 点后，继续维持构件平衡所需要的荷载将下降，到 C 点出现塑性铰。由此可见，压弯构件的平面内失稳属于几何和物理双重非线性问题，荷载-挠度曲线的最高点 B 点表示构件失稳的临界状态，其所对应的荷载即为临界荷载或称为构件的极限承载力。

由于涉及几何和物理双重非线性，并且实际构件还存在残余应力和几何缺陷，因此对压弯构件平面内稳定问题的分析需要应用数值计算法来进行，国际上比较通行的设计公式是和强度计算类似的 N 和 M 之间的相关关系式。相关的分析计算结果可整理成 N/N_p 和 M/M_p 之间的相关曲线族（对应于每一个长细比 λ_x 值有一条曲线，如图 6.3-2a 所示），或也可以整理成 N/N_{cr} 和 M/M_p 之间的相关

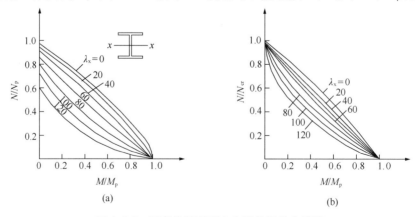

图 6.3-2　压弯构件平面内失稳的相关曲线族
（a）N/N_p 和 M/M_p 相关曲线族；（b）N/N_{cr} 和 M/M_p 相关曲线族

曲线族（如图 6.3-2b 所示，N_{cr} 为轴心受压构件的临界荷载）。标准基于最大强度理论，并根据如图 6.3-2b 所示的相关曲线，给出了压弯构件平面内稳定计算的相关公式：

$$\frac{N}{\varphi_x A f} + \frac{\beta_{mx} M_x}{\gamma_x W_{1x} \left(1 - 0.8 \dfrac{N}{N'_{Ex}}\right) f} \leqslant 1.0 \tag{6.3-4}$$

式中　N、M_x——分别为所计算构件范围内轴心压力设计值（N）和最大弯矩设计值（N·mm）；

　　　　φ_x——弯矩作用平面内轴心受压构件的稳定系数；

　　　　β_{mx}——等效弯矩系数；

　　　　γ_x——塑性发展系数，取值与截面强度计算相同；

　　　　W_{1x}——在弯矩作用平面内对受压最大纤维的毛截面模量（mm³）；

　　　　N'_{Ex}——考虑抗力分项系数的欧拉临界力（N），$N'_{Ex} = \dfrac{\pi^2 EA}{1.1 \lambda_x^2}$。

（2）等效弯矩系数 β_{mx}

式（6.3-4）的建立基础是承受均匀弯矩的压弯构件（此时 $\beta_{mx} = 1.0$），因此需引入等效弯矩系数 β_{mx} 来使该式适用于各种不同的弯矩图形，其物理意义是把变化的弯矩转化为等效的均匀弯矩。所谓等效，是指对压弯构件平面内失稳的效应相同，标准给出的有关计算公式实际上是按照二阶弹性分析的最大弯矩进行等效，并经过简化和考察非弹性范围的适用性后得出的，同时考虑了轴心压力的影响。

对无侧移框架柱和两端支承的构件，等效弯矩系数 β_{mx} 的计算可分为以下三种情况：

1）当无横向荷载作用时，取：

$$\beta_{mx} = 0.6 + 0.4 \frac{M_2}{M_1} \tag{6.3-5}$$

式中　M_1、M_2——分别为构件端弯矩（N·mm），使构件产生同向曲率（无反弯点）时取同号，使构件产生反向曲率（有反弯点）时取异号，且有 $|M_1| \geqslant |M_2|$。

2）当无端弯矩但有横向荷载作用时，分以下两种荷载形式考虑：

跨中单个集中荷载

$$\beta_{mx} = 1 - 0.36 \frac{N}{N_{cr}} \tag{6.3-6a}$$

全跨均布荷载

$$\beta_{mx} = 1 - 0.18 \frac{N}{N_{cr}} \tag{6.3-6b}$$

式中　N_{cr}——构件的弹性临界力（N），$N_{cr} = \dfrac{\pi^2 EI}{(\mu l)^2}$；

　　　　μ——构件的计算长度系数。

3）当有端弯矩和横向荷载同时作用时，取上述两种情况等效弯矩的代数和，即 $\beta_{mx} M_x = \beta_{mqx} M_{qx} + \beta_{m1x} M_1$，$M_{qx}$ 为横向荷载产生的最大弯矩设计值（N·mm），β_{m1x} 由式（6.3-5）计算确定，β_{mqx} 由式（6.3-6a）或式（6.3-6b）计算确定。

对有侧移框架柱和悬臂构件，有横向荷载作用的柱脚铰接的单层框架柱和多层框架的底层柱，应计入柱上竖向荷载对柱顶侧移产生的二阶效应，取 $\beta_{mx}=1.0$，其他情况可按式（6.3-6a）计算。对自由端作用有弯矩的悬臂柱，还应对式（6.3-6a）进行修正，按下式计算等效弯矩系数 β_{mx}：

$$\beta_{mx} = 1 - 0.36(1-m)\frac{N}{N_{cr}} \tag{6.3-7}$$

式中　m——自由端弯矩与固定端弯矩之比，当弯矩图无反弯点时取正号，有反弯点时取负号。

当框架内力采用二阶弹性分析时，柱弯矩由无侧移弯矩和放大的侧移弯矩组成，此时可对两部分弯矩分别乘以无侧移柱和有侧移柱的等效弯矩系数。

（3）单轴对称截面的补充计算

对单轴对称截面压弯构件，应使弯矩作用在对称轴平面内，否则标准规定的所有公式都不适用。当弯矩使该类截面的较大翼缘受压时，可能较小翼缘一侧会首先屈服，使塑性深入截面，构件刚度削弱，承载力急剧降低。理论计算结果表明，单轴对称截面压弯构件当弯矩作用在对称轴平面内且使翼缘受压时，除应按式（6.3-4）计算外，还应按下式补充计算：

$$\left| \frac{N}{Af} - \frac{\beta_{mx}M_x}{\gamma_x W_{2x}\left(1 - 1.25\frac{N}{N'_{Ex}}\right)f} \right| \leqslant 1.0 \tag{6.3-8}$$

式中　W_{2x}——对无翼缘端的毛截面模量（mm^3）；

　　　γ_x——与 W_{2x} 相应的塑性发展系数。

式（6.3-8）中的常数 1.25 是经过与理论计算结果相比较而得出的最优值。

2. 弯矩作用平面外的稳定计算

（1）弹性弯扭屈曲

压弯构件在轴心压力 N 和弯矩 M 作用下，通常是绕截面的强轴受弯，如果侧向没有足够支承以阻止其产生侧向位移和扭转时，构件往往达不到面内失稳的极限荷载，而是在此之前以侧向弯曲和扭转的形式丧失稳定，发生弯扭屈曲。在压弯构件中，即使是双轴对称截面，也会产生弯扭失稳。

根据弹性稳定理论，受均匀弯矩的双轴对称工字形截面，如果忽略弯矩作用平面内挠度的影响，其弯扭屈曲相关公式为：

$$\left(1 - \frac{N}{N_{Ey}}\right)\left(1 - \frac{N}{N_z}\right) - \left(\frac{M}{M_0}\right)^2 = 0 \tag{6.3-9}$$

式中　N_{Ey}——轴心受压构件对弱轴的弯曲屈曲临界力，按欧拉公式计算，$N_{Ey}=\dfrac{\pi^2 EI_y}{l^2}$；

　　　N_z——轴心受压构件的扭转屈曲临界力，$N_z=\dfrac{1}{i_0^2}\left(GI_t + \dfrac{\pi^2 EI_\omega}{l_\omega^2}\right)$；

　　　M_0——纯弯曲梁的临界弯矩，$M_0=\sqrt{i_0^2 N_{Ex} N_z}$；

　　　i_0——截面的极回转半径，$i_0^2 = i_x^2 + i_y^2$；

　　　I_t——自由扭转惯性矩，$I_t=\dfrac{1}{3}\sum b_i t_i^3$，$b_i$、$t_i$ 分别为截面板件的宽度和厚度；

　　　I_ω——翘曲惯性矩，对工字形截面 $I_\omega = I_y\left(\dfrac{h}{2}\right)^2$，$h$ 为工字形截面高度；

       l_ω——扭转屈曲的计算长度。

    对于一般钢构件如热轧工字形、H 形和焊接工字形构件，N_z 都大于 N_{Ey}，因此可偏于安全地取 $N_z = N_{Ey}$，则由式（6.3-9）可得线性相关公式：

$$\frac{N}{N_{Ey}} + \frac{M}{M_0} = 1 \tag{6.3-10}$$

    对于单轴对称的工字形截面，其形心与剪心不重合，若设它们之间的距离为 y_0，则由稳定理论可得该类压弯构件弹性弯扭屈曲临界力的计算公式：

$$\left(N_{Ey} - N\right)\left(N_z - N - \frac{2\beta_y M}{i_0^2}\right) - \left(\frac{M - N y_0}{i_0}\right)^2 = 0 \tag{6.3-11}$$

式中 i_0——截面对剪心的极回转半径，$i_0^2 = i_x^2 + i_y^2 + y_0^2$；

       β_y——截面系数，$\beta_y = \dfrac{1}{2I_x} \displaystyle\int_A \left(x^2 + y^2\right) y dA - y_0$。

    当 $M = 0$ 时，式（6.3-11）中相应的 N 即为轴心压力作用下弯扭屈曲临界力 N_0，其表达式为：

$$\left(N_{Ey} - N\right)\left(N_z - N_0\right) - \left(\frac{N y_0}{i_0}\right)^2 = 0 \tag{6.3-12}$$

    同理，当 $N = 0$ 时，由式（6.3-11）可得单轴对称截面梁受纯弯曲作用时的临界弯矩 M_0 表达式：

$$M_0^2 + 2\beta_y N_{Ey} M_0 - i_0^2 N_{Ey} N_z = 0 \tag{6.3-13}$$

    由式（6.3-11）～式（6.3-13）即可求出 N/N_0 和 M/M_0 的相关关系。偏安全地，也可将单轴对称截面压弯构件的 N/N_0 和 M/M_0 关系写作线性相关形式：

$$\frac{N}{N_0} + \frac{M}{M_0} = 1 \tag{6.3-14}$$

    计算分析表明，上式与当窄翼缘受压最大时比较吻合，但当宽翼缘受压最大时，会显得过于保守。

    （2）弹塑性弯扭屈曲

    实际工程中，压弯构件的长细比不大，发生弯扭屈曲时通常属于弹塑性范围，此时可引入切线模量的概念，采用数值法进行分析和计算。分析计算和试验资料表明，双轴对称截面的压弯构件在非弹性范围内，仍可采用线性相关公式（6.3-10），不过其中的 N_{Ey} 应修改为按切线模量计算的轴心受压构件弯曲屈曲临界力。

    单轴对称截面压弯构件处在弹性范围内时，弯矩使宽翼缘受压比使窄翼缘受压有利。但当在弹塑性范围内发生弯扭屈曲时，弯矩使翼缘受压往往反而不利，原因是翼缘受压部分进入塑性，整个截面绕对称轴的弯曲刚度大为削弱。试验资料表明，单轴对称截面压弯构件发生弯扭屈曲临界状态的 N 和 M 相关关系可采用式（6.3-14）的直线式表达。

    （3）弯矩作用平面外的稳定计算公式

    标准给出的压弯构件弯矩作用平面外的稳定计算公式，主要是利用了线性相关公式（6.3-10）、（6.3-14），并引入抗力分项系数后得到：

$$\frac{N}{\varphi_y A f} + \eta \frac{\beta_{tx} M_x}{\varphi_b W_{1x} f} \leqslant 1.0 \tag{6.3-15a}$$

式中 φ_y——弯矩作用平面外的轴心受压构件稳定系数（对单轴对称截面，应按轴心受

压构件弯扭屈曲的换算长细比确定);

η——截面影响系数,闭口截面 $\eta = 0.7$,其他截面 $\eta = 1.0$;

M_x——所计算构件段范围内的最大弯矩设计值;

φ_b——均匀弯曲的受弯构件整体稳定系数,按《钢结构设计标准》GB 50017—2017 附录 C 计算,其中工字形和 T 形截面的非悬臂构件,可按本条第(5)款确定;对闭口截面,$\varphi_b = 1.0$;

β_{tx}——等效弯矩系数。

(4) 等效弯矩系数 β_{tx}

1) 在弯矩作用平面外有支承的构件,应根据两相邻支承间构件段内的荷载和内力情况确定:

① 无横向荷载作用时,β_{tx} 应按下式计算:

$$\beta_{tx} = 0.65 + 0.35 \frac{M_2}{M_1} \tag{6.3-15b}$$

② 端弯矩和横向荷载同时作用时,β_{tx} 应按下列规定取值:

使构件产生同向曲率时,$\beta_{tx} = 1.0$;

使构件产生反向曲率时,$\beta_{tx} = 0.85$。

③ 无端弯矩有横向荷载作用时,$\beta_{tx} = 1.0$。

2) 弯矩作用平面外为悬臂的构件,$\beta_{tx} = 1.0$。

(5) 整体稳定系数 φ_b 的近似计算

为简化计算,标准对工字形(含 H 形)和 T 形截面的均匀弯曲受弯构件($\lambda_y \leqslant 120\varepsilon_k$),给出了整体稳定系数 φ_b 的近似计算公式:

1) 工字形和 H 形截面

双轴对称时

$$\varphi_b = 1.07 - \frac{\lambda_y^2}{44000\varepsilon_k^2} \tag{6.3-16a}$$

单轴对称时

$$\varphi_b = 1.07 - \frac{W_x}{(2\alpha_b + 0.1)Ah} \cdot \frac{\lambda_y^2}{14000\varepsilon_k^2} \tag{6.3-16b}$$

2) 弯矩作用在对称轴平面,绕 x 轴的 T 形截面

① 弯矩使翼缘受压时

双角钢 T 形截面

$$\varphi_b = 1 - 0.0017 \frac{\lambda_y}{\varepsilon_k} \tag{6.3-16c}$$

剖分 T 型钢和两板组合 T 形截面

$$\varphi_b = 1 - 0.0022 \frac{\lambda_y}{\varepsilon_k} \tag{6.3-16d}$$

② 弯矩使翼缘受压且腹板宽厚比不大于 $18\varepsilon_k$ 时

$$\varphi_b = 1 - 0.0005 \frac{\lambda_y}{\varepsilon_k} \tag{6.3-16e}$$

当按公式(6.3-16a～6.3-16e)算得的 φ_b 值大于 1.0 时,取 $\varphi_b = 1.0$。

二、格构式压弯构件的整体稳定性计算

根据作用于构件的压力和弯矩以及使用要求，格构式压弯构件可以设计成双轴对称或单轴对称的截面形式，通常截面在弯矩作用平面内的宽度应较大。

1. 弯矩绕虚轴作用

一般的格构式压弯构件都是使弯矩绕虚轴作用的，此时应保证弯矩作用平面内构件的整体稳定和分肢的稳定。

（1）弯矩作用平面内的整体稳定

由于截面中部空心，不能考虑塑性的深入发展，故格构式压弯构件在弯矩作用平面内的整体稳定宜采用边缘屈服准则进行计算，标准给出了验算公式：

$$\frac{N}{\varphi_x A f} + \frac{\beta_{mx} M_x}{W_{1x}\left(1 - \frac{N}{N'_{Ex}}\right)f} \leqslant 1.0 \tag{6.3-17a}$$

$$W_{1x} = \frac{I_x}{y_0} \tag{6.3-17b}$$

式中 I_x——对虚轴（x 轴）的毛截面惯性矩；

    y_0——由虚轴（x 轴）到压力较大分肢腹板外边缘的距离（如图 6.3-3a 所示）或者到压力较大分肢的轴线距离（如图 6.3-3b 所示），二者取较大者（mm）；

  φ_x、N'_{Ex}——分别为弯矩作用平面内的轴心受压构件稳定系数和考虑抗力分项系数的欧拉临界力，由换算长细比 λ_{0x} 确定；

    β_{mx}——等效弯矩系数，其取法与实腹式压弯构件相同。

（2）分肢的稳定性

标准规定，格构式压弯构件在弯矩作用平面外的整体稳定性可不计算，但应计算分肢的稳定性。分肢的轴心力计算可将构件看作是一个平行弦桁架，分肢作为桁架的弦杆，因此分肢的轴力可按图 6.3-4 的计算简图来确定，可得：

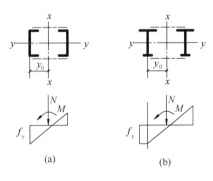

分肢 1

$$N_1 = \pm\frac{M_x}{a} + \frac{N y_2}{a} \tag{6.3-18a}$$

分肢 2

$$N_2 = N - N_1 \tag{6.3-18b}$$

图 6.3-3 格构式压弯构件截面简图

式中 a——两分肢轴线间的距离；

    y_2——虚轴（x 轴）到分肢 2 轴线的距离。

式（6.3-18a）中，弯矩使分肢 1 受压时取"＋"号，否则取"－"号。

缀条式压弯构件的分肢可按轴心受压构件进行计算，分肢的计算长度在缀材平面内取缀条体系的节间长度，平面外取构件平面外支承点之间的距离。对缀板式压弯构件的分肢尚应考虑由剪力引起的局部弯矩。只要分肢的稳定性有了保证，就不必计算整体构件在弯矩作用平面外的稳定性。

压弯构件发生整体弯曲后，轴心力会产生附加弯矩，使截面的弯矩比一阶分析的弯矩

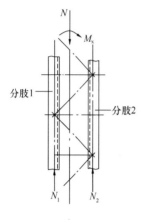

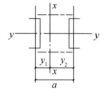

图 6.3-4   分肢轴力
计算简图

大。但由式（6.3-18a、b）给出的分肢轴力却没有考虑附加弯矩的影响，因此设计时最好使分肢的承载力留有一定余地，避免分肢先于整体失稳。

2. 弯矩绕实轴作用

弯矩绕实轴作用的格构式压弯构件，其弯矩作用平面内和平面外的稳定性计算均与实腹式构件相同，但在计算弯矩作用平面外的整体稳定性时，长细比应取换算长细比。此类截面抗扭刚度通常较好，可取 $\varphi_{\mathrm{b}} = 1.0$。

三、双向压弯构件的整体稳定性计算

双向压弯构件在开始受力后，不仅绕截面的两个主轴弯曲，同时还会发生扭转，失稳时呈现既弯又扭的空间失稳形式，属于极限承载能力问题，计算非常复杂，需要考虑几何非线性和物理非线性。标准仅给出了圆管以及弯矩作用在两个主平面内的双轴对称实腹式工字形（含 H 形）和箱形（闭口）截面、双肢格构式构件的计算公式。这些公式实际上是在单向弯曲压弯构件计算公式的延伸和线性组合的基础上，经适当修正得出的，偏于安全。

1. 双向压弯圆管

对双向压弯圆管，当沿构件长度分布的弯矩主矢量不在一个方向上时，采用适合于开口截面构件和箱形截面构件的线性叠加公式在许多情况下有较大误差，并可能偏于不安全。因此，根据圆管截面特征，在单向压弯计算公式的基础上，考虑两个弯曲方向的弯矩分布（等效弯矩系数），并通过大量计算分析，得到了双向压弯圆管的整体稳定计算公式（仅适用于没有很大横向力或集中弯矩作用在构件段内时）：

$$\frac{N}{\varphi A f} + \frac{\beta M}{\gamma_{\mathrm{m}} W \left(1 - 0.8 \dfrac{N}{N'_{\mathrm{E}}}\right) f} \leqslant 1.0 \qquad (6.3\text{-}19\mathrm{a})$$

$$M = \max \left(\sqrt{M_{\mathrm{xA}}^2 + M_{\mathrm{yA}}^2}, \sqrt{M_{\mathrm{xB}}^2 + M_{\mathrm{yB}}^2}\right) \qquad (6.3\text{-}19\mathrm{b})$$

$$\beta = \beta_{\mathrm{x}} \beta_{\mathrm{y}} \qquad (6.3\text{-}19\mathrm{c})$$

$$\beta_{\mathrm{x}} = 1 - 0.35 \sqrt{\frac{N}{N_{\mathrm{E}}}} + 0.35 \sqrt{\frac{N}{N_{\mathrm{E}}}} \left(\frac{M_{2\mathrm{x}}}{M_{1\mathrm{x}}}\right) \qquad (6.3\text{-}19\mathrm{d})$$

$$\beta_{\mathrm{y}} = 1 - 0.35 \sqrt{\frac{N}{N_{\mathrm{E}}}} + 0.35 \sqrt{\frac{N}{N_{\mathrm{E}}}} \left(\frac{M_{2\mathrm{y}}}{M_{1\mathrm{y}}}\right) \qquad (6.3\text{-}19\mathrm{e})$$

$$N_{\mathrm{E}} = \frac{\pi^2 E A}{\lambda^2} \qquad (6.3\text{-}19\mathrm{f})$$

式中　　　　　　　　φ ——轴心受压构件的整体稳定系数，按构件最大长细比取值；

　　　　　　　　　　M ——双向压弯圆管的计算弯矩值（N·mm）；

M_{xA}、M_{yA}、M_{xB}、M_{yB} ——分别为构件 A 端关于 x、y 轴的弯矩和 B 端关于 x、y 轴的弯矩（N·mm）；

　　　　　　　　　　β ——双向压弯圆管的等效弯矩系数；

$M_{1\mathrm{x}}$、$M_{2\mathrm{x}}$、$M_{1\mathrm{y}}$、$M_{2\mathrm{y}}$ ——分别为构件两端关于 x 轴的最大、最小弯矩和关于 y 轴的最大、

最小弯矩，同曲率（无反弯点）时取同号，异曲率（有反弯点）时取负号；$|M_{1x}|\geqslant|M_{2x}|$，$|M_{1y}|\geqslant|M_{2y}|$；

N_E——按构件最大长细比计算的欧拉临界力；

N'_E——考虑抗力分项系数的欧拉临界力，$N'_E=\dfrac{N_E}{1.1}$。

2. 实腹式双向压弯构件

弯矩作用在两个主平面内的双轴对称实腹式工字形（含 H 形）和箱形（闭口）截面的压弯构件，标准采用了与单向弯曲相衔接的相关公式，引入抗力分项系数和等效弯矩系数，并考虑截面塑性部分深入，得到其稳定性的实用计算公式：

$$\frac{N}{\varphi_x Af}+\frac{\beta_{mx}M_x}{\gamma_x W_x\left(1-0.8\dfrac{N}{N'_{Ex}}\right)f}+\eta\frac{\beta_{ty}M_y}{\varphi_{by}W_y f}\leqslant 1.0 \tag{6.3-20a}$$

$$\frac{N}{\varphi_y Af}+\eta\frac{\beta_{tx}M_x}{\varphi_{bx}W_x f}+\frac{\beta_{my}M_y}{\gamma_y W_y\left(1-0.8\dfrac{N}{N'_{Ey}}\right)f}\leqslant 1.0 \tag{6.3-20b}$$

$$N'_{Ey}=\frac{\pi^2 EA}{(1.1\lambda_y^2)} \tag{6.3-20c}$$

式中　φ_x、φ_y——对强轴（x 轴）和弱轴（y 轴）的轴心受压构件整体稳定系数；

φ_{bx}、φ_{by}——均匀弯曲的受弯构件整体稳定系数（对工字形（含 H 型钢）截面非悬臂构件的 φ_{bx}，可按近似公式（6.3-16a～6.3-16e）计算，φ_{by} 可取为 1.0；对闭合截面，取 $\varphi_{bx}=\varphi_{by}=1.0$；

M_x、M_y——所计算构件段范围内对强轴（x 轴）和弱轴（y 轴）的最大弯矩设计值（N·mm）；

W_x、W_y——对强轴（x 轴）和弱轴（y 轴）的毛截面模量（mm³）；

β_{mx}、β_{my}——等效弯矩系数，按弯矩作用平面内的稳定计算有关规定采用；

β_{tx}、β_{ty}——等效弯矩系数，按弯矩作用平面外的稳定计算有关规定采用。

3. 双肢格构式压弯构件

对于双肢格构式压弯构件，当弯矩作用在两个主平面内时，应分两次计算构件的稳定性。

首先计算整体稳定，在式（6.3-17a）的基础上增加 M_y 项，按下式计算：

$$\frac{N}{\varphi_x Af}+\frac{\beta_{mx}M_x}{W_{1x}\left(1-\dfrac{N}{N'_{Ex}}\right)f}+\frac{\beta_{ty}M_y}{W_{1y}f}\leqslant 1.0 \tag{6.3-21}$$

式中　W_{1y}——在 M_y 作用下，对较大受压纤维的毛截面模量（mm³）。

其次计算分肢稳定。在 N 和 M_x 作用下，将分肢作为平行弦桁架的弦杆按式（6.3-18a、b）计算其轴力，M_y 则根据平衡条件和变形协调按下列公式分配给两分肢（如图6.3-5 所示）：

分肢 1

$$M_{y1}=\frac{I_1/y_1}{I_1/y_1+I_2/y_2}\cdot M_y \tag{6.3-22a}$$

分肢 2

$$M_{y2} = \frac{I_2/y_2}{I_1/y_1 + I_2/y_2} \cdot M_y \qquad (6.3\text{-}22b)$$

式中　I_1、I_2 ——分肢 1、分肢 2 对 y 轴的惯性矩（mm^4）；

　　　y_1、y_2 —— M_y 作用的主轴平面至分肢 1、分肢 2 的轴线距离（mm）。

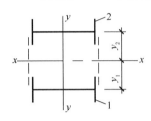

图 6.3-5　双肢格构式压
弯构件截面
1—分肢 1；2—分肢 2

分肢的稳定性计算应分别按承受 N_1 和 M_{y1} 与 N_2 和 M_{y2} 的单向弯曲实腹式压弯构件进行，即按式（6.3-4）和（6.3-15a）进行计算。

四、缀件和支撑计算

格构式压弯构件的缀材计算所取用的剪力值，从理论上看应该是实际剪力和由构件初弯曲导出的剪力相叠加的结果，但考虑到这样叠加的几率很小，因此标准规定按构件的实际剪力和式（6.2-26）所计算的剪力取两者中的较大值进行计算。

用作减小压弯构件弯矩作用平面外计算长度的支撑，应将压弯构件的受压翼缘（对实腹式构件）或受压分肢（对格构式构件）视为轴心受压构件，按本章 6.2.6 节关于轴心受压构件支撑的有关规定计算各自的支撑力。应当注意，弯矩较小的压弯构件往往两侧翼缘或两侧分肢均受压，而对于框架柱和墙架柱等压弯构件，弯矩有正反两个方向，两侧翼缘或两侧分肢都有受压的可能，此时 N 应取为两侧翼缘或两侧分肢的轴压力之和。理想情况是设置双片支撑，则每片支撑可按各自翼缘或分肢的轴压力进行计算。

6.3.4　框架柱的计算长度

一、等截面框架柱的平面内计算长度

框架柱的计算长度应根据整个框架到达其临界状态的条件来确定。框架的失稳形式有无侧移失稳和有侧移失稳两种。当框架结构中的抗剪体系（如支撑、剪力墙、抗剪筒体等）的侧移刚度较大时，可认为是无侧移失稳，而未设置抗剪体系的纯框架则属于有侧移失稳。

确定框架柱计算长度时，主要采用了以下基本假定：

1）材料是线弹性的；

2）框架只承受作用在节点上的竖向荷载；

3）框架中的所有柱子是同时丧失稳定的，即各柱同时达到其临界荷载；

4）当柱子开始失稳时，相交于同一节点的横梁对柱子提供的约束弯矩，按柱子的线刚度之比分配给柱子，且仅考虑直接与该柱相连的横梁约束作用，略去不直接与该柱连接的横梁约束影响；

5）在无侧移失稳时，横梁两端的转角大小相等方向相反；在有侧移失稳时，横梁两端的转角大小相等方向相同。

等截面框架柱在框架平面内的计算长度应等于该层柱的高度乘以计算长度系数 μ。框架应分为无支撑框架和有支撑框架。当采用二阶弹性分析方法计算内力且在每层柱顶附加考虑假想水平力 H_{ni} 时，框架柱的计算长度系数可取 1.0 或其他认可的值。当采用一阶弹性分析方法计算内力时，框架柱的计算长度系数 μ 应按下列规定确定：

1. 无支撑框架

(1) 框架柱的计算长度系数 μ 按附表 6.3-2 所列有侧移框架柱的计算长度系数确定，也可按下列简化公式计算：

$$\mu = \sqrt{\frac{7.5K_1K_2 + 4(K_1 + K_2) + 1.52}{7.5K_1K_2 + K_1 + K_2}} \qquad (6.3\text{-}23)$$

式中　K_1、K_2——分别为相交于柱上端、柱下端的横梁线刚度之和与柱线刚度之和的比值，K_1、K_2 的修正见附录 6.3 第二小节。

(2) 多跨框架可以把一部分柱和梁组成刚（框）架来抵抗侧向力，而把其余的柱制作成两端铰接，不参与承受侧向力的摇摆柱。摇摆柱截面较小，连接构造简单，可降低造价，其计算长度系数可取 $\mu = 1.0$。但摇摆柱的设置必然使其由于承受荷载所产生的倾覆作用由其他刚（框）架来抵抗，使刚（框）架柱的计算长度增大，标准规定框架柱的计算长度系数因有摇摆柱时应乘以放大系数 η：

$$\eta = \sqrt{1 + \frac{\sum(N_1/h_1)}{\sum(N_f/h_f)}} \qquad (6.3\text{-}24)$$

式中　$\sum(N_f/h_f)$——本层各框架柱轴心压力设计值与柱高度比值之和；

　　　$\sum(N_1/h_1)$——本层各摇摆柱轴心压力设计值与柱高度比值之和。

(3) 当有侧移框架同层各柱的 N/I 不相同（特别是相差悬殊）时，可利用层刚度概念，考虑各柱之间的相互支撑作用，此时柱的计算长度系数宜按下列公式计算：

$$\mu_i = \sqrt{\frac{N_{Ei}}{N_i} \cdot \frac{1.2}{K} \sum \frac{N_i}{h_i}} \qquad (6.3\text{-}25)$$

当框架设有摇摆柱时，框架柱的计算长度系数由下式确定：

$$\mu_i = \sqrt{\frac{N_{Ei}}{N_i} \cdot \frac{1.2\sum(N_i/h_i) + \sum(N_j/h_j)}{K}} \qquad (6.3\text{-}26)$$

式中　N_i——第 i 根柱轴心压力设计值（N）；

　　　N_{Ei}——第 i 根柱的欧拉临界力（N），$N_{Ei} = \dfrac{\pi^2 EI_i}{h_i^2}$；

　　　h_i——第 i 根柱的高度（mm）；

　　　K——框架层侧移刚度，即产生层间单位侧移所需的力（N/mm）；

　　　N_j——第 j 根摇摆柱轴心压力设计值（N）；

　　　h_j——第 j 根摇摆柱的高度（mm）。

当框架的个别柱截面较小而所承轴心压力却较大，从而使按式（6.3-25）或式（6.3-26）计算所得的 $\mu_i < 1.0$ 时，应取 $\mu_i = 1.0$（即将此柱作为摇摆柱看待）。

(4) 计算单层框架和多层框架底层柱的计算长度系数时，K 值宜按柱脚的实际约束情况进行计算，也可按理想情况（铰接或刚接）确定 K 值，并对计算得出的计算长度系数 μ 进行修正。

(5) 当多层单跨框架的顶层采用轻型屋面，或多跨多层框架的顶层抽柱形成较大跨度时，顶层框架柱的计算长度系数 μ 应忽略屋面梁对柱子的转动约束。

(6) 柱脚刚性连接的单层大跨度框架，柱的计算长度除考虑框架有侧移失稳外，还应计及无侧移失稳的影响。对单跨对称框架，梁和柱的计算长度系数可分别按式（6.3-27a）和式（6.3-27c）计算：

$$\mu_{\mathrm{b}} = \frac{1 + 0.41 G_0}{1 + 0.82 G_0} \tag{6.3-27a}$$

$$G_0 = \frac{2 I_{\mathrm{c}} l}{I_{\mathrm{b}} h \cos\alpha} \left(1 - \frac{N_{\mathrm{c}}}{2 N_{\mathrm{Ec}}}\right) \tag{6.3-27b}$$

$$\mu_{\mathrm{c}} = \frac{l}{h} \sqrt{\frac{N_{\mathrm{b}} I_{\mathrm{c}}}{N_{\mathrm{c}} I_{\mathrm{b}}}} \mu_{\mathrm{b}} \tag{6.3-27c}$$

式中　I_{c}、I_{b} ——分别为框架柱和梁的惯性矩（mm^4）；

　　　h、l ——分别为框架柱高度和框架跨度（mm）；

　　　α ——框架梁的倾角（不超过10°）；

　　N_{c}、N_{b} ——分别为框架柱和梁的轴心压力（N）；

　　　N_{Ec} ——框架柱的欧拉临界力（N）。

2. 有支撑框架

(1) 当支撑系统满足下式要求时，为强支撑框架，否则为弱支撑框架。

$$S_{\mathrm{b}} \geqslant 4.4 \left[\left(1 + \frac{100}{f_{\mathrm{y}}}\right) \sum N_{\mathrm{b}i} - \sum N_{0i} \right] \tag{6.3-28}$$

式中　S_{b} ——支撑系统的层侧移刚度（N），即施加于结构上的水平力与其产生的层间位移角的比值；

$\sum N_{\mathrm{b}i}$、$\sum N_{0i}$ ——分别为第 i 层层间所有框架柱用无侧移框架和有侧移框架柱计算长度系数算得的轴压杆件稳定承载力之和（N）。

(2) 强支撑框架柱的计算长度系数 μ 按附表 6.3-1 所列无侧移框架柱的计算长度系数确定，也可按下列简化公式计算：

$$\mu = \sqrt{\frac{(1 + 0.41 K_1)(1 + 0.41 K_2)}{(1 + 0.82 K_1)(1 + 0.82 K_2)}} \tag{6.3-29}$$

式中　K_1、K_2 ——分别为相交于柱上端、柱下端的横梁线刚度之和与柱线刚度之和的比值，K_1、K_2 的修正见附录 6.3 第一小节。

(3) 弱支撑框架柱的稳定系数 φ 可按下列公式计算（新建工程不推荐采用弱支撑框架，本款内容可供有需要时参考）：

对两端刚接的框架柱：

$$\varphi = \varphi_0 + (\varphi_1 - \varphi_0) \frac{(1 - \rho) S_{\mathrm{b}}}{3 K_0} \tag{6.3-30a}$$

对一端铰接的框架柱：

$$\varphi = \varphi_0 + (\varphi_1 - \varphi_0) \frac{(1 - \rho) S_{\mathrm{b}}}{5 K_0} \tag{6.3-30b}$$

式中　φ_0、φ_1 ——分别为框架柱按附表 6.3-2 和附表 6.3-1 得出的计算长度系数算得的稳定系数；

　　　K_0 ——多层框架柱的层侧移刚度（N）；

　　　ρ ——支撑系统的荷载水平，$\rho = \dfrac{H_i}{H_{ip}}$；

　　H_i、H_{ip} ——分别为第 i 层支撑在结构设计中所承担的最大水平力和所能抵抗的水平力。

二、单层厂房带牛腿等截面柱的平面内计算长度

如图 6.3-6 所示的带牛腿的等截面柱属于变轴力的压弯构件，按照全柱都承受 $N_1 + N_2$ 来计算其稳定性，偏于保守。标准给出了单层厂房框架下端刚性固定的带牛腿等截面柱在框架平面内计算长度的计算公式：

$$H_0 = \alpha_N \left[\sqrt{\frac{4 + 7.5 K_b}{1 + 7.5 K_b}} - \alpha_K \left(\frac{H_1}{H} \right)^{1 + 0.8 K_b} \right] H \tag{6.3-31a}$$

$$K_b = \frac{\sum (I_{bi}/l_i)}{I_c/H} \tag{6.3-31b}$$

当 $K_b < 0.2$ 时

$$\alpha_K = 1.5 - 2.5 K_b \tag{6.3-31c}$$

当 $0.2 \leqslant K_b < 2.0$ 时

$$\alpha_K = 1.0 \tag{6.3-31d}$$

$$\gamma = \frac{N_1}{N_2} \tag{6.3-31e}$$

当 $\gamma \leqslant 0.2$ 时

$$\alpha_N = 1.0 \tag{6.3-31f}$$

当 $\gamma > 0.2$ 时

$$\alpha_N = 1 + \frac{H_1}{H_2} \frac{(\gamma - 0.2)}{1.2} \tag{6.3-31g}$$

式中　H_1、H ——分别为柱在牛腿表面以上的高度和柱总高度（如图 6.3-6 所示）；

　　K_b ——与柱连接的横梁线刚度之和和柱线刚度之比；

　　α_K ——和比值 K_b 有关的系数；

　　α_N ——考虑压力变化的系数；

　　γ ——柱上下段压力比；

　N_1、N_2 ——分别为上、下段柱的轴心压力设计值（N）；

　I_{bi}、l_i ——分别为第 i 根梁的截面惯性矩（mm⁴）和跨度（mm）；

　　I_c ——为柱的截面惯性矩（mm⁴）。

三、单层厂房阶形柱的平面内计算长度

单层厂房框架下端刚性固定的阶形柱，在框架平面内的计算长度分单阶柱和双阶柱两种情况考虑。

1. 单阶柱

（1）下段柱的计算长度系数 μ_2：

当柱上端与横梁铰接时，应按附表 6.3-3 所得数值乘以表 6.3-2 的折减系数；当柱上端与桁架型横梁刚接时，应按附表 6.3-4 所得数值乘以表 6.3-2 的折减系数；当柱上端与实腹梁刚接时，应按下列公式计算的系数 μ_2^1 乘以表 6.3-2 的折减系数，系数 μ_2^1 不应大于按柱上端与横梁铰接计算时得到的 μ_2 值，且不小于按柱上端与桁架型横梁刚接计算时得到的 μ_2 值。

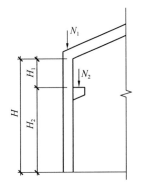

图 6.3-6　单层厂房
框架示意

$$K_b = \frac{I_b H_1}{l_b I_1} \tag{6.3-32a}$$

$$K_c = \frac{I_1 H_2}{H_1 I_2} \tag{6.3-32b}$$

$$\mu_2^1 = \frac{\eta_1^2}{2(\eta_1 + 1)} \cdot \sqrt[3]{\frac{\eta_1 - K_b}{K_b} + (\eta_1 - 0.5)K_c + 2} \tag{6.3-32c}$$

$$\eta_1 = \frac{H_1}{H_2}\sqrt{\frac{N_1}{N_2} \cdot \frac{I_2}{I_1}} \tag{6.3-32d}$$

式中　　K_b——横梁线刚度与上段柱线刚度的比值；

　　　　K_c——阶形柱上段柱线刚度与下段柱线刚度的比值；

　　　　η_1——参数，根据式（6.3-32d）计算；

　　I_b、l_b——分别为实腹钢梁的惯性矩（mm^4）和跨度（mm）；

　　I_1、H_1——分别为阶形柱上段柱的惯性矩（mm^4）和柱高（mm）；

　　I_2、H_2——分别为阶形柱下段柱的惯性矩（mm^4）和柱高（mm）。

（2）上段柱的计算长度系数μ_1，应按下式计算：

$$\mu_1 = \frac{\mu_2}{\eta_1} \tag{6.3-33}$$

单层厂房阶形柱计算长度的折减系数　　　　　表6.3-2

厂房类型				折减系数
单跨或多跨	纵向温度区段内一个柱列的柱子数	屋面情况	厂房两侧是否有通长的屋盖纵向水平支撑	
单跨	等于或少于6个	—	—	0.9
	多于6个	非大型混凝土屋面板的屋面	无纵向水平支撑	
			有纵向水平支撑	0.8
		大型混凝土屋面板的屋面	—	
多跨	—	非大型混凝土屋面板的屋面	无纵向水平支撑	
			有纵向水平支撑	0.7
		大型混凝土屋面板的屋面	—	

2. 双阶柱

（1）下段柱的计算长度系数μ_3

当柱上端与横梁铰接时，应按附表6.3-5（柱上端为自由的双阶柱）所得数值乘以表6.3-2的折减系数；当柱上端与横梁刚接时，应按附表6.3-6（柱上端可移动但不转动的双阶柱）所得数值乘以表6.3-2的折减系数。

（2）上段柱和中段柱的计算长度系数μ_1和μ_2，应按下列公式计算：

$$\mu_1 = \frac{\mu_3}{\eta_1} \tag{6.3-34a}$$

$$\mu_2 = \frac{\mu_3}{\eta_2} \tag{6.3-34b}$$

式中　　η_1、η_2——参数，根据式（6.3-32d）计算；计算η_1时，H_1、N_1、I_1分别为上柱的柱

高（mm）、轴心压力设计值（N）和惯性矩（mm⁴），H_2、N_2、I_2 分别为下柱的柱高（mm）、轴心压力设计值（N）和惯性矩（mm⁴）；计算 η_2 时，H_1、N_1、I_1 分别为中柱的柱高（mm）、轴心压力设计值（N）和惯性矩（mm⁴），H_2、N_2、I_2 分别为下柱的柱高（mm）、轴心压力设计值（N）和惯性矩（mm⁴）。

四、截面惯性矩的折减

由于缀材或腹杆变形的影响，格构式柱和桁架式横梁的变形比具有相同截面惯性矩的实腹式构件大，因此当计算框架的格构式柱和桁架式横梁的线刚度时，所用截面惯性矩要根据上述变形增大影响进行折减。对于截面高度变化的横梁或柱，计算线刚度时习惯采用截面高度最大处的截面惯性矩，同样应对其数值进行折减。

五、框架柱的平面外计算长度

单层和多层框架柱在框架平面外一般设置支撑和系杆以减小其计算长度，支撑和系杆与柱的连接通常为铰接，而柱为连续构件。标准忽略了相邻柱段的约束作用，偏于安全地取框架柱面外支撑点之间的距离作为其平面外计算长度。

6.3.5 压弯构件的局部稳定和屈曲后强度

一、压弯构件的板件宽厚比要求

1. 压弯构件腹板的宽厚比

压弯构件的腹板在压力、弯矩和剪力联合作用下的弹性屈曲条件可表示为：

$$\left(\frac{\tau}{\tau_0}\right)^2 + \left[1 - \left(\frac{\alpha_0}{2}\right)^5\right]\frac{\sigma}{\sigma_0} + \left(\frac{\alpha_0}{2}\right)^5 \left(\frac{\sigma}{\sigma_0}\right)^2 = 1 \tag{6.3-35}$$

式中　τ——压弯构件在剪力作用下腹板的平均剪应力；

σ——压弯构件在弯矩和轴力共同作用下腹板边缘的最大压应力；

α_0——与腹板上下边缘的最大压应力和最小压应力有关的应力梯度，$\alpha_0 = \dfrac{\alpha_{max} - \alpha_{min}}{\alpha_{max}}$；

τ_0——腹板仅受剪应力作用时的屈曲剪应力，$\tau_0 = k_\tau \dfrac{\pi^2 E}{12(1-\upsilon^2)}\left(\dfrac{t_w}{h_0}\right)^2$；

k_τ——弹性剪切屈曲系数；

σ_0——腹板仅受弯矩和轴力共同作用时的屈曲应力，$\sigma_0 = k_\sigma \dfrac{\pi^2 E}{12(1-\upsilon^2)}\left(\dfrac{t_w}{h_0}\right)^2$；

k_σ——弹性屈曲系数，与应力梯度 α_0 有关。

对给定尺寸的腹板，若 τ 和 σ 的关系及应力梯度 α_0 已知，则可由上式求得压、弯、剪共同作用下的 σ 临界值，可表示为：

$$\sigma = k_e \frac{\pi^2 E}{12(1-\upsilon^2)}\left(\frac{t_w}{h_0}\right)^2 \tag{6.3-36}$$

实际应用时，常假定 $\tau = 0.3\sigma_m$（σ_m 为弯曲正应力，$\sigma_m = \dfrac{\alpha_{max} - \alpha_{min}}{2}$），因此上式的弹性屈曲系数 k_e 主要随着应力梯度 α_0 而变化。当压弯构件截面的受压较大处有一部分进入塑性时，弹塑性屈曲系数 k_p 比 k_e 小，也是 α_0 的函数。对应于一定的塑性区深度，k_p 可由塑性理论算得,由此可求出腹板高厚比 h_0/t_w 限值和 α_0 的关系。标准规定实腹压弯构件腹板宽厚比应符合 S4 级截面要求。

对于压弯构件截面由弯矩作用平面内稳定控制的情况,截面受压较大处出现塑性和构件长细比关系不大,因此标准给出的腹板宽厚比限值不随构件长细比发生变化。对 H 形截面腹板,以及箱形截面梁及单向受弯箱形截面柱的腹板,其宽厚比应满足:

$$h_0/t_w \leqslant (45 + 25\alpha_0^{1.66})\varepsilon_k \tag{6.3-37}$$

式中 h_0、t_w——分别为腹板净高度和厚度。

2. 压弯构件翼缘的宽厚比

压弯构件中翼缘板的容许宽厚比应介于轴心受压构件和受弯构件之间,标准规定实腹压弯构件翼缘宽厚比应符合 S4 级截面要求。但由于其到达极限状态时截面总有一部分进入塑性,因此也常控制在 S3 级。对悬伸翼缘板(S4 级):

$$b/t_f \leqslant 15\varepsilon_k \tag{6.3-38}$$

式中 b、t_f——分别为翼缘板自由外伸宽度和厚度。

箱形截面翼缘板应满足下式要求:

$$b_0/t \leqslant 45\varepsilon_k \tag{6.3-39}$$

式中 b_0——壁板(腹板)间的距离。

3. 纵向加劲肋设置

当压弯构件腹板不能满足高厚比要求时,可采用纵向加劲肋加强,使加强后的腹板其在受压较大翼缘与纵向加劲肋之间的宽(高)厚比满足要求。纵向加劲肋宜在板件两侧成对配置,其一侧外伸宽度不应小于板件厚度 $10t_w$,厚度不应小于 $0.75t_w$。

二、压弯构件的屈曲后强度利用

当压弯构件的腹板不能满足高厚比要求时,应采用有效截面计算构件的强度和稳定性。

1. 腹板有效宽度的确定

(1)腹板受压区有效宽度应按下式计算:

$$h_e = \rho h_c \tag{6.3-40}$$

式中 h_c、h_e——分别为腹板受压区宽度和有效宽度,当腹板全部受压时,$h_c = h_w$;

ρ——有效宽度系数,按下列公式计算:

当 $\lambda_{n,p} \leqslant 0.75$ 时

$$\rho = 1.0 \tag{6.3-41a}$$

当 $\lambda_{n,p} > 0.75$ 时

$$\rho = \frac{1}{\lambda_{n,p}}\left(1 - \frac{0.19}{\lambda_{n,p}}\right) \tag{6.3-41b}$$

其中:

$$\lambda_{n,p} = \frac{h_w/t_w}{28.1\sqrt{k_\sigma}} \cdot \frac{1}{\varepsilon_k} \tag{6.3-42}$$

$$k_\sigma = \frac{16}{2 - \alpha_0 + \sqrt{(2-\alpha_0)^2 + 0.112\alpha_0^2}} \tag{6.3-43}$$

式（6.3-43）仅适用于计算工字形和 H 形截面腹板的有效宽度，对于箱形截面壁板可直接取 $k_\sigma = 4.0$ 进行计算。

（2）腹板有效宽度的分布

当截面全部受压，即 $\alpha_0 \leqslant 1$ 时（如图 6.3-7a 所示）：

$$h_{e1} = \frac{2h_e}{4 + \alpha_0} \tag{6.3-44a}$$

$$h_{e2} = h_e - h_{e1} \tag{6.3-44b}$$

当截面部分受拉，即 $\alpha_0 > 1$ 时（如图 6.3-7b 所示）：

$$h_{e1} = 0.4h_e \tag{6.3-45a}$$

$$h_{e1} = 0.6h_e \tag{6.3-45b}$$

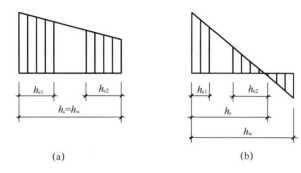

图 6.3-7　有效宽度的分布

（a）截面全部受压；（b）截面部分受压

式（6.3-44a、b）和式（6.3-45a、b）仅适用于确定工字形和 H 形截面腹板的有效宽度分布，对于箱形截面壁板可认为有效宽度分布在两侧均等。

2. 压弯构件腹板屈曲后的承载力计算

（1）截面强度计算

$$\frac{N}{A_{ne}} \pm \frac{M_x + Ne}{W_{nex}} \leqslant f \tag{6.3-46}$$

（2）弯矩作用平面内稳定计算

$$\frac{N}{\varphi_x A_e f} + \frac{\beta_{mx} M_x + Ne}{W_{elx}\left(1 - 0.8\dfrac{N}{N'_{Ex}}\right)f} \leqslant 1.0 \tag{6.3-47}$$

（3）弯矩作用平面外稳定计算

$$\frac{N}{\varphi_y A_e f} + \eta\frac{\beta_{tx} M_x + Ne}{\varphi_b W_{elx} f} \leqslant 1.0 \tag{6.3-48}$$

式中　A_{ne}、A_e——分别为有效净截面面积和有效毛截面面积（mm^2）；

　　　W_{nex}——有效截面的净截面模量（mm^3）；

　　　W_{elx}——有效截面对较大受压纤维的毛截面模量（mm^3）；

e ——有效截面形心至原截面形心的距离（mm）。

式（6.3-46～6.3-48）的计算中除了采用有效截面的截面特性外，还考虑了由于有效截面形心偏离原截面形心而产生的偏心效应。

应当注意，当压弯构件的弯矩效应在占主要，且最大弯矩出现在构件端部截面时，强度计算显然应针对该截面，即 A_{ne} 和 W_{nex} 都取自该截面。但在构件稳定计算也取此截面的 A_e 和 W_{elx} 则将低估构件的承载力，其原因是各截面的有效面积并不相同。此时，平面内稳定计算可偏于安全的取弯矩最大处的有效截面特性，而平面外稳定计算宜取计算段中间 1/3 范围内弯矩最大截面的有效截面特性。

6.3.6　承受次弯矩的桁架杆件

分析桁架杆件内力时，可将节点视为铰接。但当杆件截面刚度较大且杆件较为短粗时，应考虑节点刚性引起的次弯矩，从工程实际看，弯曲次应力不宜超过主应力的 20%，否则桁架变形会过大。另外，压杆在次弯矩和轴力共同作用下，杆端可能会出现塑性铰，对其稳定性不利，即使是次应力相对较小，也不能忽视。标准规定对用节点板连接的桁架，当杆件为 H 形或箱形等刚度较大的截面，且在桁架平面内的杆件截面高度与其几何长度（节点中心间的距离）之比大于 1/10（对弦杆）或大于 1/15（对腹杆）时，应考虑节点刚性所引起的次弯矩。

对只承受节点荷载的杆件截面为 H 形或箱形的桁架，当节点具有刚性连接的特征时，应按刚接桁架计算杆件的次弯矩。此时，截面强度计算宜考虑形成塑性铰后的内力重分布，按下列公式进行：

当 $\varepsilon = \dfrac{MA}{NW} \leqslant 0.2$ 时

$$\frac{N}{A} \leqslant f \tag{6.3-49a}$$

当 $\varepsilon = \dfrac{MA}{NW} > 0.2$ 时

$$\frac{N}{A} + \alpha \frac{M}{W_p} \leqslant \beta f \tag{6.3-49b}$$

式中　W、W_p ——分别为弹性截面模量和塑性截面模量（mm³）；

　　　M ——杆件在节点处的次弯矩（N·mm）；

　　　α、β ——系数，按表 6.3-3 采用。

系数 α 和 β

表 6.3-3

杆件截面形式	α	β
H 形截面，腹板位于桁架平面内	0.85	1.15
H 形截面，腹板垂直于桁架平面	0.60	1.08
正方箱形截面	0.80	1.13

考虑次弯矩的桁架压杆，其稳定性计算可仍采用压弯构件的有关计算公式进行。但应当注意，若桁架压杆的截面是由截面强度计算决定，则杆件截面可能会发展较大的塑性，

其板件宽厚比限值应控制得更严，不应低于压弯构件 S2 级截面的要求。

附录 6.3　柱的计算长度系数

一、无侧移框架柱的计算长度系数 μ 应按附表 6.3-1 取值，同时符合下列规定：

1. 当横梁与柱铰接时，取横梁线刚度为零。

2. 对低层框架柱，当柱与基础铰接时，应取 $K_2 = 0$，当柱与基础刚接时，应取 $K_2 = 10$，平板支座可取 $K_2 = 0.1$。

3. 当与柱刚接的横梁所受轴心压力 N_b 较大时，横梁线刚度的折减系数 α_N 应按下列公式计算：

横梁远端与柱刚接和横梁远端与柱铰接时：

$$\alpha_N = 1 - N_b/N_{Eb} \tag{F6.3-1a}$$

横梁远端嵌固时：

$$\alpha_N = 1 - N_b/(2N_{Eb}) \tag{F6.3-1b}$$

$$N_{Eb} = \pi^2 EI_b/l^2 \tag{F6.3-1c}$$

式中　I_b——横梁截面惯性矩（mm^4）；

　　　l——横梁长度（mm）。

无侧移框架柱的计算长度系数 μ　　　　　　　　　附表 6.3-1

K_2 ＼ K_1	0	0.05	0.1	0.2	0.3	0.4	0.5	1	2	3	4	5	≥10
0	1.000	0.990	0.981	0.964	0.949	0.935	0.922	0.875	0.820	0.791	0.773	0.760	0.732
0.05	0.990	0.981	0.971	0.955	0.940	0.926	0.914	0.867	0.814	0.784	0.766	0.754	0.726
0.1	0.981	0.971	0.962	0.946	0.931	0.918	0.906	0.860	0.807	0.778	0.760	0.748	0.721
0.2	0.964	0.955	0.946	0.930	0.916	0.903	0.891	0.846	0.795	0.767	0.749	0.737	0.711
0.3	0.949	0.940	0.931	0.916	0.902	0.889	0.878	0.834	0.784	0.756	0.739	0.728	0.701
0.4	0.935	0.926	0.918	0.903	0.889	0.877	0.866	0.823	0.774	0.747	0.730	0.719	0.693
0.5	0.922	0.914	0.906	0.891	0.878	0.866	0.855	0.813	0.765	0.738	0.721	0.710	0.685
1	0.875	0.867	0.860	0.846	0.834	0.823	0.813	0.774	0.729	0.704	0.688	0.677	0.654
2	0.820	0.814	0.807	0.795	0.784	0.774	0.765	0.729	0.686	0.663	0.648	0.638	0.615
3	0.791	0.784	0.778	0.767	0.756	0.747	0.738	0.704	0.663	0.640	0.625	0.616	0.593
4	0.773	0.766	0.760	0.749	0.739	0.730	0.721	0.688	0.648	0.625	0.611	0.601	0.580
5	0.760	0.754	0.748	0.737	0.728	0.719	0.710	0.677	0.638	0.616	0.601	0.592	0.570
≥10	0.732	0.726	0.721	0.711	0.701	0.693	0.685	0.654	0.615	0.593	0.580	0.570	0.549

注：表中的计算长度系数 μ 值系按下式计算得出：

$$\left[\left(\frac{\pi}{\mu}\right)^2 + 2(K_1 + K_2) - 4K_1K_2\right]\frac{\pi}{\mu} \cdot \sin\frac{\pi}{\mu} - 2\left[(K_1 + K_2)\left(\frac{\pi}{\mu}\right)^2 + 4K_1K_2\right]\cos\frac{\pi}{\mu} + 8K_1K_2 = 0$$

式中，K_1、K_2 分别为相交于柱上端、柱下端的横梁线刚度之和与柱线刚度之和的比值。当梁远端为铰接时，应将横梁线刚度乘以 1.5；当梁远端为嵌固时，则将横梁线刚度乘以 2.0。

二、有侧移框架柱的计算长度系数 μ 应按附表6.3-2取值，同时符合下列规定：

1. 当横梁与柱铰接时，取横梁线刚度为零。

2. 对低层框架柱，当柱与基础铰接时，应取 $K_2 = 0$，当柱与基础刚接时，应取 $K_2 = 10$，平板支座可取 $K_2 = 0.1$。

3. 当与柱刚接的横梁所受轴心压力 N_b 较大时，横梁线刚度的折减系数 α_N 应按下列公式计算：

横梁远端与柱刚接时：

$$\alpha_N = 1 - N_b / (4N_{Eb}) \tag{F6.3-2a}$$

横梁远端与柱铰接时：

$$\alpha_N = 1 - N_b / N_{Eb} \tag{F6.3-2b}$$

横梁远端嵌固时：

$$\alpha_N = 1 - N_b / (2N_{Eb}) \tag{F6.3-2c}$$

有侧移框架柱的计算长度系数 μ 附表 6.3-2

K_2＼K_1	0	0.05	0.1	0.2	0.3	0.4	0.5	1	2	3	4	5	≥10
0	∞	6.02	4.46	3.42	3.01	2.78	2.64	2.33	2.17	2.11	2.08	2.07	2.03
0.05	6.02	4.16	3.47	2.86	2.58	2.42	2.31	2.07	1.94	1.90	1.87	1.86	1.83
0.1	4.46	3.47	3.01	2.56	2.33	2.20	2.11	1.90	1.79	1.75	1.73	1.72	1.70
0.2	3.42	2.86	2.56	2.23	2.05	1.94	1.87	1.70	1.60	1.57	1.55	1.54	1.52
0.3	3.01	2.58	2.33	2.05	1.90	1.80	1.74	1.58	1.49	1.46	1.45	1.44	1.42
0.4	2.78	2.42	2.20	1.94	1.80	1.71	1.65	1.50	1.42	1.39	1.37	1.37	1.35
0.5	2.64	2.31	2.11	1.87	1.74	1.65	1.59	1.45	1.37	1.34	1.32	1.32	1.30
1	2.33	2.07	1.90	1.70	1.58	1.50	1.45	1.32	1.24	1.21	1.20	1.19	1.17
2	2.17	1.94	1.79	1.60	1.49	1.42	1.37	1.24	1.16	1.14	1.12	1.12	1.10
3	2.11	1.90	1.75	1.57	1.46	1.39	1.34	1.21	1.14	1.11	1.10	1.09	1.07
4	2.08	1.87	1.73	1.55	1.45	1.37	1.32	1.20	1.12	1.10	1.08	1.08	1.06
5	2.07	1.86	1.72	1.54	1.44	1.37	1.32	1.19	1.12	1.09	1.08	1.07	1.05
≥10	2.03	1.83	1.70	1.52	1.42	1.35	1.30	1.17	1.10	1.07	1.06	1.05	1.03

注：表中的计算长度系数 μ 值系按下式计算得出：

$$\left[36K_1K_2 - \left(\frac{\pi}{\mu}\right)^2 \right] \cdot \sin\frac{\pi}{\mu} + 6(K_1 + K_2)\frac{\pi}{\mu} \cdot \cos\frac{\pi}{\mu} = 0$$

式中，K_1、K_2 分别为相交于柱上端、柱下端的横梁线刚度之和与柱线刚度之和的比值。当梁远端为铰接时，应将横梁线刚度乘以0.5，当梁远端为嵌固时，则将横梁线刚度乘以2/3。

三、柱上端为自由的单阶柱下段的计算长度系数 μ_2 应按附表6.3-3取值。

四、柱上端可移动但不转动的单阶柱下段的计算长度系数 μ_2 应按附表6.3-4取值。

五、柱上端为自由的双阶柱下段的计算长度系数 μ_3 应按附表6.3-5取值。

六、柱顶可移动但不转动的双阶柱下段的计算长度系数 μ_3 应按附表6.3-6取值。

附表 6.3-3

柱上端为自由的单阶柱下段的计算长度系数 μ_2

η_1 \ K_1	0.06	0.08	0.10	0.12	0.14	0.16	0.18	0.20	0.22	0.24	0.26	0.28	0.3	0.4	0.5	0.6	0.7	0.8
0.2	2.00	2.01	2.01	2.01	2.01	2.01	2.01	2.02	2.02	2.02	2.02	2.02	2.02	2.03	2.04	2.05	2.06	2.07
0.3	2.01	2.02	2.02	2.02	2.03	2.03	2.03	2.04	2.04	2.05	2.05	2.05	2.06	2.08	2.10	2.12	2.13	2.15
0.4	2.02	2.03	2.04	2.04	2.05	2.06	2.07	2.07	2.08	2.09	2.09	2.10	2.11	2.14	2.18	2.21	2.25	2.28
0.5	2.04	2.05	2.06	2.07	2.09	2.10	2.11	2.12	2.13	2.15	2.16	2.17	2.18	2.24	2.29	2.35	2.40	2.45
0.6	2.06	2.08	2.10	2.12	2.14	2.16	2.18	2.19	2.21	2.23	2.25	2.26	2.28	2.36	2.44	2.52	2.59	2.66
0.7	2.10	2.13	2.16	2.18	2.21	2.24	2.26	2.29	2.31	2.34	2.36	2.38	2.41	2.52	2.62	2.72	2.81	2.90
0.8	2.15	2.20	2.24	2.27	2.31	2.34	2.38	2.41	2.44	2.47	2.50	2.53	2.56	2.70	2.82	2.94	3.06	3.16
0.9	2.24	2.29	2.35	2.39	2.44	2.48	2.52	2.56	2.60	2.63	2.67	2.71	2.74	2.90	3.05	3.19	3.32	3.44
1.0	2.36	2.43	2.48	2.54	2.59	2.64	2.69	2.73	2.77	2.82	2.86	2.90	2.94	3.12	3.29	3.45	3.59	3.74
1.2	2.69	2.76	2.83	2.89	2.95	3.01	3.07	3.12	3.17	3.22	3.27	3.32	3.37	3.59	3.80	3.99	4.17	4.34
1.4	3.07	3.14	3.22	3.29	3.36	3.42	3.48	3.55	3.61	3.66	3.72	3.78	3.83	4.09	4.33	4.56	4.77	4.97
1.6	3.47	3.55	3.63	3.71	3.78	3.85	3.92	3.99	4.07	4.12	4.18	4.25	4.31	4.61	4.88	5.14	5.38	5.62
1.8	3.88	3.97	4.05	4.13	4.21	4.29	4.37	4.44	4.52	4.59	4.66	4.73	4.80	5.13	5.44	5.73	6.00	6.26
2.0	4.29	4.39	4.48	4.57	4.65	4.74	4.82	4.90	4.99	5.07	5.14	5.22	5.30	5.66	6.00	6.32	6.63	6.92
2.2	4.71	4.81	4.91	5.00	5.10	5.19	5.28	5.37	5.46	5.54	5.63	5.71	5.80	6.19	6.57	6.92	7.26	7.58
2.4	5.13	5.24	5.34	5.44	5.54	5.64	5.74	5.84	5.93	6.03	6.12	6.21	6.30	6.73	7.14	7.52	7.89	8.24
2.6	5.55	5.66	5.77	5.88	5.99	6.10	6.20	6.31	6.41	6.51	6.61	6.71	6.80	7.27	7.71	8.13	8.52	8.90
2.8	5.97	6.09	6.21	6.33	6.44	6.55	6.67	6.78	6.89	6.99	7.10	7.21	7.31	7.81	8.28	8.73	9.16	9.57
3.0	6.39	6.52	6.64	6.77	6.89	7.01	7.13	7.25	7.37	7.48	7.59	7.71	7.82	8.35	8.86	9.34	9.80	10.24

简图

$K_1 = \dfrac{I_1}{I_2} \cdot \dfrac{H_2}{H_1}$

$\eta_1 = \dfrac{H_1}{H_2} \sqrt{\dfrac{N_1}{N_2} \cdot \dfrac{I_2}{I_1}}$

N_1——上段柱的轴心力;

N_2——下段柱的轴心力

注: 表中的计算长度系数 μ_2 值系按下式计算得出:

$$\eta_1 K_1 \cdot \mathrm{tg}\,\frac{\pi}{\mu_2} \cdot \mathrm{tg}\,\frac{\pi\eta_1}{\mu_2} - 1 = 0$$

柱上端可移动但不转动的单阶柱下段的计算长度系数 μ_2

附表 6.3-4

简图	K_1 / η_1	0.06	0.08	0.10	0.12	0.14	0.16	0.18	0.20	0.22	0.24	0.26	0.28	0.3	0.4	0.5	0.6	0.7	0.8
	0.2	1.96	1.94	1.93	1.91	1.90	1.89	1.88	1.86	1.85	1.84	1.83	1.82	1.81	1.76	1.72	1.68	1.65	1.62
	0.3	1.96	1.94	1.93	1.92	1.91	1.89	1.88	1.87	1.86	1.85	1.84	1.83	1.82	1.77	1.73	1.70	1.66	1.63
	0.4	1.96	1.95	1.94	1.92	1.91	1.90	1.89	1.88	1.87	1.86	1.85	1.84	1.83	1.79	1.75	1.72	1.68	1.66
	0.5	1.96	1.95	1.94	1.93	1.92	1.91	1.90	1.89	1.88	1.87	1.86	1.85	1.85	1.81	1.77	1.74	1.71	1.69
	0.6	1.97	1.96	1.95	1.94	1.93	1.92	1.91	1.90	1.90	1.89	1.88	1.87	1.87	1.83	1.80	1.78	1.75	1.73
	0.7	1.97	1.97	1.96	1.95	1.94	1.94	1.93	1.92	1.92	1.91	1.90	1.90	1.89	1.86	1.84	1.82	1.80	1.78
	0.8	1.98	1.98	1.97	1.96	1.96	1.95	1.95	1.94	1.94	1.93	1.93	1.93	1.92	1.90	1.88	1.87	1.86	1.84
	0.9	1.99	1.99	1.98	1.98	1.98	1.97	1.97	1.97	1.97	1.96	1.96	1.96	1.96	1.95	1.94	1.93	1.92	1.92
	1.0	2.00	2.00	2.00	2.00	2.00	2.00	2.00	2.00	2.00	2.00	2.00	2.00	2.00	2.00	2.00	2.00	2.00	2.00
	1.2	2.03	2.04	2.04	2.05	2.06	2.07	2.07	2.08	2.08	2.09	2.10	2.10	2.11	2.13	2.15	2.17	2.18	2.20
	1.4	2.07	2.09	2.11	2.12	2.14	2.16	2.17	2.18	2.20	2.21	2.22	2.23	2.24	2.29	2.33	2.37	2.40	2.42
	1.6	2.13	2.16	2.19	2.22	2.25	2.27	2.30	2.32	2.34	2.36	2.37	2.39	2.41	2.48	2.54	2.59	2.63	2.67
	1.8	2.22	2.27	2.31	2.35	2.39	2.42	2.45	2.48	2.50	2.53	2.55	2.57	2.59	2.69	2.76	2.83	2.88	2.93
	2.0	2.35	2.41	2.46	2.50	2.55	2.59	2.62	2.66	2.69	2.72	2.75	2.77	2.80	2.91	3.00	3.08	3.14	3.20
	2.2	2.51	2.57	2.63	2.68	2.73	2.77	2.81	2.85	2.89	2.92	2.95	2.98	3.01	3.14	3.25	3.33	3.41	3.47
	2.4	2.68	2.75	2.81	2.87	2.92	2.97	3.01	3.05	3.09	3.13	3.17	3.20	3.24	3.38	3.50	3.59	3.68	3.75
	2.6	2.87	2.94	3.00	3.06	3.12	3.17	3.22	3.27	3.31	3.35	3.39	3.43	3.46	3.62	3.75	3.86	3.95	4.03
	2.8	3.06	3.14	3.20	3.27	3.33	3.38	3.43	3.48	3.53	3.58	3.62	3.66	3.70	3.87	4.01	4.13	4.23	4.32
	3.0	3.26	3.34	3.41	3.47	3.54	3.60	3.65	3.70	3.75	3.80	3.85	3.89	3.93	4.12	4.27	4.40	4.51	4.61

简图

$K_1 = \dfrac{I_1}{I_2} \cdot \dfrac{H_2}{H_1}$

$\eta_1 = \dfrac{H_1}{H_2} \sqrt{\dfrac{N_1}{N_2} \cdot \dfrac{I_2}{I_1}}$

N_1——上段柱的轴心力;

N_2——下段柱的轴心力

注: 表中的计算长度系数 μ_2 值系按下式计算得出:

$$\mathrm{tg}\frac{\pi\eta_1}{\mu_2} + \eta_1 K_1 \cdot \mathrm{tg}\frac{\pi}{\mu_2} = 0$$

附表 6.3-5

柱上端为自由的双阶柱下段的计算长度系数 μ_3

简图：

$$K_1 = \frac{I_1}{I_3} \cdot \frac{H_3}{H_1}$$
$$K_2 = \frac{I_2}{I_3} \cdot \frac{H_3}{H_2}$$
$$\eta_1 = \frac{H_1}{H_3}\sqrt{\frac{N_1}{N_3} \cdot \frac{I_3}{I_1}}$$
$$\eta_2 = \frac{H_2}{H_3}\sqrt{\frac{N_2}{N_3} \cdot \frac{I_3}{I_2}}$$

N_1——上段柱的轴心力；
N_2——中段柱的轴心力；
N_3——下段柱的轴心力

η_1	K_2	$K_1=0.05,\ \eta_2=0.2$	0.3	0.4	0.5	0.6	0.7	0.8	0.9	1.0	1.1	1.2	$K_1=0.10,\ \eta_2=0.2$	0.3	0.4	0.5	0.6	0.7	0.8	0.9	1.0	1.1	1.2
0.2	0.2	2.02	2.03	2.04	2.05	2.05	2.06	2.07	2.08	2.09	2.10	2.10	2.03	2.03	2.04	2.05	2.06	2.07	2.08	2.08	2.09	2.10	2.11
	0.4	2.08	2.11	2.15	2.19	2.22	2.25	2.29	2.32	2.35	2.39	2.42	2.09	2.12	2.16	2.19	2.23	2.26	2.29	2.33	2.36	2.39	2.42
	0.6	2.20	2.29	2.37	2.45	2.52	2.60	2.67	2.73	2.80	2.87	2.93	2.21	2.30	2.38	2.46	2.53	2.60	2.67	2.74	2.81	2.87	2.93
	0.8	2.42	2.57	2.71	2.83	2.95	3.06	3.17	3.27	3.37	3.47	3.56	2.44	2.58	2.71	2.84	2.95	3.07	3.17	3.28	3.37	3.47	3.56
	1.0	2.75	2.95	3.13	3.30	3.45	3.60	3.74	3.87	4.00	4.13	4.25	2.76	2.96	3.14	3.30	3.46	3.60	3.74	3.88	4.01	4.13	4.25
	1.2	3.13	3.38	3.60	3.80	4.00	4.18	4.35	4.51	4.67	4.82	4.97	3.15	3.39	3.61	3.81	4.00	4.18	4.35	4.52	4.68	4.83	4.98
0.4	0.2	2.04	2.05	2.05	2.06	2.07	2.08	2.09	2.09	2.10	2.11	2.12	2.07	2.07	2.08	2.08	2.09	2.10	2.11	2.12	2.12	2.13	2.14
	0.4	2.10	2.14	2.17	2.20	2.24	2.27	2.31	2.34	2.37	2.40	2.43	2.14	2.17	2.20	2.23	2.24	2.30	2.33	2.36	2.39	2.42	2.46
	0.6	2.24	2.32	2.40	2.47	2.54	2.62	2.68	2.75	2.82	2.88	2.94	2.28	2.36	2.43	2.50	2.57	2.64	2.71	2.77	2.84	2.90	2.96
	0.8	2.47	2.60	2.73	2.85	2.97	3.08	3.19	3.29	3.38	3.48	3.57	2.53	2.65	2.77	2.88	3.00	3.10	3.21	3.31	3.40	3.50	3.59
	1.0	2.79	2.98	3.15	3.32	3.47	3.62	3.75	3.89	4.02	4.14	4.26	2.85	3.02	3.19	3.34	3.49	3.64	3.77	3.91	4.03	4.16	4.28
	1.2	3.18	3.41	3.62	3.82	4.01	4.19	4.36	4.52	4.68	4.83	4.98	3.24	3.45	3.65	3.85	4.03	4.21	4.38	4.54	4.70	4.85	4.99
0.6	0.2	2.09	2.09	2.10	2.10	2.11	2.12	2.12	2.13	2.14	2.15	2.15	2.22	2.19	2.18	2.17	2.18	2.18	2.19	2.19	2.20	2.20	2.21
	0.4	2.17	2.19	2.22	2.25	2.28	2.31	2.34	2.38	2.41	2.44	2.47	2.31	2.30	2.30	2.33	2.35	2.38	2.41	2.44	2.47	2.49	2.52
	0.6	2.32	2.38	2.45	2.52	2.59	2.66	2.72	2.79	2.85	2.91	2.97	2.48	2.49	2.54	2.60	2.66	2.72	2.78	2.84	2.90	2.96	3.02
	0.8	2.56	2.67	2.79	2.90	3.01	3.11	3.22	3.32	3.41	3.50	3.60	2.72	2.78	2.87	2.97	3.07	3.17	3.27	3.36	3.46	3.55	3.64
	1.0	2.88	3.04	3.20	3.36	3.50	3.65	3.78	3.91	4.04	4.16	4.26	3.04	3.15	3.28	3.42	3.56	3.70	3.83	3.95	4.08	4.20	4.31
	1.2	3.26	3.46	3.66	3.86	4.04	4.22	4.38	4.55	4.70	4.85	5.00	3.40	3.56	3.74	3.91	4.09	4.26	4.42	4.58	4.73	4.88	5.03
0.8	0.2	2.29	2.24	2.22	2.21	2.21	2.22	2.22	2.22	2.23	2.23	2.24	2.63	2.49	2.43	2.40	2.38	2.37	2.37	2.36	2.36	2.37	2.37
	0.4	2.37	2.34	2.34	2.36	2.38	2.40	2.43	2.45	2.48	2.51	2.54	2.71	2.59	2.55	2.54	2.54	2.55	2.57	2.59	2.61	2.63	2.65
	0.6	2.52	2.52	2.56	2.61	2.67	2.73	2.79	2.85	2.91	2.96	3.02	2.86	2.76	2.76	2.78	2.82	2.86	2.91	2.96	3.01	3.07	3.12
	0.8	2.74	2.79	2.88	2.98	3.08	3.17	3.27	3.36	3.46	3.55	3.63	3.06	3.02	3.06	3.13	3.20	3.29	3.37	3.46	3.54	3.63	3.71
	1.0	3.04	3.15	3.28	3.42	3.56	3.69	3.82	3.95	4.07	4.19	4.31	3.33	3.35	3.44	3.55	3.67	3.79	3.90	4.03	4.15	4.26	4.37
	1.2	3.39	3.55	3.73	3.91	4.08	4.25	4.42	4.58	4.73	4.88	5.02	3.65	3.73	3.86	4.02	4.18	4.34	4.49	4.64	4.79	4.94	5.08
1.0	0.2	2.69	2.57	2.51	2.48	2.46	2.45	2.45	2.44	2.44	2.44	2.44	3.18	2.95	2.84	2.77	2.73	2.70	2.68	2.67	2.66	2.65	2.65
	0.4	2.75	2.64	2.64	2.59	2.59	2.59	2.60	2.62	2.63	2.65	2.67	3.24	3.03	2.93	2.88	2.85	2.84	2.84	2.84	2.85	2.86	2.87
	0.6	2.86	2.78	2.77	2.79	2.83	2.87	2.91	2.96	3.01	3.06	3.10	3.36	3.16	3.09	3.07	3.08	3.09	3.12	3.15	3.19	3.23	3.27
	0.8	3.04	3.01	3.05	3.11	3.19	3.27	3.35	3.44	3.52	3.61	3.69	3.52	3.37	3.34	3.36	3.41	3.46	3.53	3.60	3.67	3.75	3.82
	1.0	3.29	3.32	3.41	3.52	3.64	3.76	3.89	4.01	4.13	4.24	4.35	3.74	3.64	3.67	3.74	3.83	3.93	4.03	4.14	4.25	4.35	4.46
	1.2	3.60	3.69	3.83	3.99	4.15	4.31	4.47	4.62	4.77	4.92	5.06	4.00	3.97	4.05	4.17	4.31	4.45	4.59	4.73	4.87	5.01	5.14
1.2	0.2	3.16	3.00	2.92	2.87	2.82	2.81	2.80	2.79	2.78	2.77	2.77	3.77	3.47	3.32	3.23	3.17	3.12	3.09	3.07	3.05	3.04	3.03
	0.4	3.21	3.05	2.98	2.94	2.90	2.90	2.90	2.90	2.90	2.91	2.92	3.82	3.53	3.39	3.31	3.26	3.22	3.20	3.19	3.19	3.19	3.19
	0.6	3.30	3.15	3.10	3.08	3.08	3.10	3.12	3.15	3.18	3.22	3.26	3.91	3.64	3.51	3.45	3.43	3.42	3.42	3.43	3.45	3.48	3.50
	0.8	3.43	3.32	3.30	3.33	3.37	3.43	3.49	3.56	3.63	3.71	3.78	4.04	3.80	3.71	3.68	3.69	3.72	3.76	3.81	3.86	3.92	3.98
	1.0	3.62	3.57	3.60	3.68	3.77	3.87	3.98	4.08	4.20	4.31	4.42	4.21	4.00	3.97	3.99	4.04	4.12	4.20	4.29	4.39	4.48	4.58
	1.2	3.88	3.88	3.98	4.11	4.25	4.39	4.54	4.68	4.83	4.97	5.10	4.43	4.30	4.31	4.38	4.48	4.60	4.72	4.85	4.98	5.11	5.24
1.4	0.2	3.66	3.46	3.36	3.29	3.25	3.23	3.20	3.19	3.18	3.17	3.16	4.37	4.01	3.82	3.71	3.63	3.58	3.54	3.51	3.49	3.47	3.45
	0.4	3.70	3.50	3.40	3.35	3.31	3.29	3.27	3.26	3.26	3.26	3.26	4.41	4.06	3.88	3.77	3.70	3.66	3.63	3.60	3.59	3.58	3.57
	0.6	3.77	3.58	3.49	3.45	3.43	3.42	3.42	3.43	3.45	3.47	3.49	4.48	4.15	3.98	3.89	3.83	3.80	3.79	3.78	3.79	3.80	3.81
	0.8	3.87	3.70	3.64	3.63	3.64	3.67	3.73	3.75	3.81	3.86	3.92	4.59	4.28	4.13	4.07	4.04	4.04	4.06	4.08	4.12	4.16	4.21
	1.0	4.02	3.89	3.87	3.90	3.96	4.04	4.12	4.22	4.31	4.41	4.51	4.74	4.45	4.35	4.32	4.34	4.38	4.43	4.50	4.58	4.66	4.74
	1.2	4.23	4.15	4.19	4.27	4.39	4.51	4.64	4.77	4.91	5.04	5.17	4.92	4.69	4.63	4.65	4.72	4.80	4.90	5.10	5.13	5.24	5.36

续表

简图	K_1	K_2	η_2＝0.20											η_2＝0.30										
	η_1	K_1=→	0.2	0.3	0.4	0.5	0.6	0.7	0.8	0.9	1.0	1.1	1.2	0.2	0.3	0.4	0.5	0.6	0.7	0.8	0.9	1.0	1.1	1.2
	0.2	0.2	2.04	2.04	2.05	2.06	2.07	2.08	2.08	2.09	2.10	2.11	2.12	2.05	2.05	2.06	2.07	2.08	2.09	2.09	2.10	2.11	2.12	2.13
		0.4	2.10	2.13	2.17	2.20	2.24	2.27	2.30	2.34	2.37	2.40	2.43	2.12	2.15	2.18	2.21	2.25	2.28	2.31	2.35	2.38	2.41	2.44
		0.6	2.23	2.31	2.39	2.47	2.54	2.61	2.68	2.75	2.82	2.88	2.94	2.23	2.33	2.41	2.48	2.56	2.63	2.69	2.76	2.83	2.89	2.95
		0.8	2.46	2.60	2.73	2.85	2.97	3.08	3.18	3.29	3.38	3.48	3.57	2.49	2.62	2.75	2.87	2.98	3.09	3.20	3.30	3.39	3.49	3.58
		1.0	2.79	2.98	3.15	3.32	3.47	3.61	3.75	3.89	4.02	4.14	4.26	2.79	3.00	3.17	3.33	3.48	3.63	3.76	3.90	4.02	4.15	4.27
		1.2	3.18	3.41	3.62	3.82	4.01	4.19	4.36	4.52	4.68	4.83	4.98	3.18	3.43	3.64	3.83	4.02	4.20	4.37	4.53	4.69	4.84	4.99
	0.4	0.2	2.15	2.13	2.13	2.14	2.14	2.15	2.15	2.16	2.16	2.17	2.18	2.26	2.21	2.20	2.19	2.19	2.20	2.20	2.21	2.21	2.22	2.23
		0.4	2.24	2.24	2.26	2.29	2.32	2.35	2.38	2.41	2.44	2.47	2.50	2.36	2.33	2.35	2.38	2.41	2.44	2.47	2.49	2.49	2.51	2.54
		0.6	2.40	2.44	2.50	2.56	2.63	2.69	2.76	2.82	2.88	2.94	3.00	2.54	2.54	2.60	2.66	2.69	2.76	2.82	2.88	2.93	2.99	3.06
		0.8	2.66	2.74	2.84	2.95	3.05	3.15	3.25	3.35	3.44	3.53	3.62	2.79	2.84	2.93	3.05	3.18	3.29	3.30	3.39	3.48	3.57	3.66
		1.0	2.98	3.12	3.25	3.40	3.54	3.68	3.81	3.94	4.07	4.19	4.30	3.11	3.20	3.35	3.48	3.63	3.75	3.89	3.94	4.10	4.22	4.33
		1.2	3.35	3.53	3.71	3.90	4.08	4.25	4.41	4.57	4.73	4.87	5.02	3.47	3.53	3.71	3.90	4.08	4.26	4.42	4.57	4.73	4.90	5.04
	0.6	0.2	2.57	2.42	2.37	2.34	2.33	2.32	2.32	2.32	2.32	2.32	2.33	2.68	2.57	2.52	2.49	2.49	2.47	2.46	2.45	2.45	2.45	2.45
		0.4	2.67	2.54	2.50	2.50	2.51	2.53	2.54	2.56	2.58	2.61	2.63	2.79	2.67	2.67	2.67	2.66	2.66	2.67	2.69	2.70	2.72	2.74
		0.6	2.83	2.74	2.73	2.76	2.80	2.85	2.90	2.96	3.01	3.06	3.12	2.98	2.93	2.93	2.93	2.95	2.98	3.02	3.07	3.11	3.16	3.21
		0.8	3.06	3.01	3.05	3.12	3.20	3.29	3.38	3.46	3.55	3.63	3.72	3.24	3.21	3.23	3.27	3.33	3.41	3.48	3.56	3.64	3.72	3.80
		1.0	3.34	3.35	3.44	3.56	3.68	3.80	3.92	4.04	4.15	4.27	4.38	3.56	3.56	3.60	3.69	3.79	3.90	4.01	4.12	4.23	4.34	4.45
		1.2	3.67	3.74	3.88	4.03	4.19	4.35	4.50	4.65	4.80	4.94	5.08	3.92	3.94	4.02	4.15	4.29	4.43	4.58	4.73	4.87	5.01	5.14
	0.8	0.2	3.25	2.96	2.82	2.74	2.69	2.66	2.64	2.62	2.61	2.61	2.60	3.38	3.25	3.18	3.06	2.98	2.93	2.89	2.86	2.84	2.83	2.82
		0.4	3.33	3.05	2.93	2.87	2.84	2.83	2.83	2.83	2.84	2.85	2.87	3.47	3.33	3.28	3.18	3.12	3.09	3.07	3.06	3.06	3.06	3.06
		0.6	3.45	3.21	3.12	3.09	3.10	3.13	3.18	3.23	3.30	3.33	3.36	3.61	3.44	3.46	3.39	3.36	3.35	3.36	3.38	3.41	3.44	3.47
		0.8	3.63	3.44	3.39	3.44	3.51	3.59	3.67	3.75	3.85	3.92	3.91	3.82	3.73	3.70	3.67	3.68	3.72	3.76	3.82	3.88	3.94	4.01
		1.0	3.86	3.73	3.73	3.80	3.92	4.04	4.16	4.26	4.34	4.45	4.50	4.07	4.01	4.01	4.03	4.08	4.16	4.24	4.33	4.43	4.52	4.62
		1.2	4.13	4.07	4.13	4.24	4.36	4.48	4.60	4.73	4.82	4.88	5.02	4.38	4.38	4.44	4.52	4.64	4.78	4.90	4.96	5.03	5.16	5.29
	1.0	0.2	4.00	3.60	3.39	3.26	3.18	3.13	3.08	3.05	3.03	3.01	3.00	4.15	3.86	3.69	3.57	3.49	3.43	3.38	3.35	3.32	3.30	3.30
		0.4	4.06	3.67	3.48	3.37	3.30	3.23	3.21	3.21	3.21	3.20	3.20	4.21	3.94	3.79	3.69	3.61	3.54	3.51	3.50	3.51	3.50	3.45
		0.6	4.15	3.79	3.63	3.54	3.50	3.48	3.49	3.51	3.51	3.54	3.57	4.33	4.08	3.94	3.84	3.87	3.83	3.80	3.80	3.80	3.81	3.81
		0.8	4.29	3.97	3.84	3.80	3.79	3.81	3.85	3.90	3.95	4.01	4.07	4.49	4.28	4.17	4.18	4.14	4.13	4.14	4.17	4.20	4.25	4.29
		1.0	4.48	4.21	4.13	4.13	4.17	4.23	4.31	4.39	4.48	4.57	4.66	4.70	4.53	4.48	4.48	4.48	4.51	4.56	4.62	4.70	4.77	4.85
		1.2	4.70	4.49	4.47	4.52	4.60	4.71	4.82	4.94	5.07	5.19	5.31	4.95	4.84	4.83	4.83	4.88	4.96	5.05	5.15	5.26	5.37	5.48
	1.2	0.2	4.76	4.01	3.72	3.56	3.46	3.39	3.34	3.30	3.27	3.25	3.23	4.93	4.57	4.35	4.20	4.10	4.01	3.95	3.90	3.85	3.86	3.85
		0.4	4.81	4.12	3.82	3.62	3.63	3.48	3.42	3.39	3.63	3.50	3.45	4.98	4.64	4.43	4.29	4.19	4.12	4.07	4.03	4.03	4.01	3.98
		0.6	4.89	4.32	3.98	3.77	3.79	3.62	3.62	3.89	3.89	3.90	3.91	5.08	4.75	4.56	4.44	4.37	4.32	4.29	4.29	4.27	4.26	4.28
		0.8	5.00	4.59	4.36	4.26	4.21	4.20	4.23	4.31	4.26	4.65	4.67	5.21	4.91	4.75	4.66	4.61	4.59	4.59	4.62	4.60	4.62	4.74
		1.0	5.14	4.89	4.59	4.53	4.69	4.55	4.60	4.66	4.73	4.80	4.88	5.38	5.21	5.12	5.00	4.95	4.94	4.95	4.99	5.03	5.09	5.15
		1.2	5.34	5.14	4.88	4.87	4.91	4.98	5.07	5.17	5.27	5.38	5.49	5.59	5.38	5.36	5.31	5.30	5.33	5.39	5.46	5.54	5.63	5.73
	1.4	0.2	5.53	4.94	4.62	4.42	4.29	4.19	4.06	4.02	4.02	3.98	3.95	5.72	5.30	5.03	5.03	4.85	4.72	4.62	4.54	4.48	4.43	4.38
		0.4	5.57	4.99	4.68	4.49	4.36	4.27	4.21	4.16	4.13	4.10	4.08	5.77	5.35	5.10	5.10	4.93	4.80	4.71	4.64	4.59	4.55	4.51
		0.6	5.64	5.07	4.78	4.60	4.49	4.42	4.38	4.35	4.33	4.32	4.32	5.85	5.45	5.21	5.21	5.05	4.95	4.87	4.82	4.78	4.76	4.74
		0.8	5.74	5.19	4.92	4.77	4.69	4.64	4.62	4.62	4.63	4.65	4.67	5.96	5.58	5.37	5.37	5.24	5.15	5.10	5.08	5.06	5.06	5.07
		1.0	5.86	5.35	5.12	5.00	4.95	4.94	4.96	4.99	5.03	5.09	5.15	6.10	5.76	5.59	5.58	5.48	5.43	5.41	5.41	5.44	5.47	5.51
		1.2	6.02	5.55	5.36	5.29	5.28	5.31	5.37	5.44	5.52	5.61	5.71	6.28	5.98	5.84	5.84	5.78	5.76	5.79	5.83	5.89	5.95	6.05

$K_1 = \dfrac{I_1}{I_3} \cdot \dfrac{l_3}{l_1}$

$K_2 = \dfrac{I_2}{I_3} \cdot \dfrac{l_3}{l_2}$

$\eta_1 = \dfrac{H_1}{H_3} \sqrt{\dfrac{N_1}{N_3} \cdot \dfrac{I_3}{I_1}}$

$\eta_2 = \dfrac{H_2}{H_3} \sqrt{\dfrac{N_2}{N_3} \cdot \dfrac{I_3}{I_2}}$

N_1——上段柱的轴心力;

N_2——中段柱的轴心力;

N_3——下段柱的轴心力;

注：表中的计算长度系数 μ_3 值按下式算得：

$$\frac{\eta_1 K_1}{\eta_2 K_2} \cdot \frac{\pi\eta_1}{\mu_3} \cdot \mathrm{tg}\frac{\pi\eta_1}{\mu_3} + \eta_1 K_1 \cdot \mathrm{tg}\frac{\pi}{\mu_3} + \eta_2 K_2 \cdot \frac{\pi\eta_2}{\mu_3} \cdot \mathrm{tg}\frac{\pi\eta_2}{\mu_3} \cdot \mathrm{tg}\frac{\pi}{\mu_3} - 1 = 0$$

附表 6.3-6

柱顶可移动但不转动的双阶柱下段的计算长度系数 μ_3

简图：

$$K_1 = \frac{I_1}{I_3} \cdot \frac{H_3}{H_1}$$

$$K_2 = \frac{I_2}{I_3} \cdot \frac{H_3}{H_2}$$

$$\eta_1 = \frac{H_1}{H_3}\sqrt{\frac{N_1}{N_3} \cdot \frac{I_3}{I_1}}$$

$$\eta_2 = \frac{H_2}{H_3}\sqrt{\frac{N_2}{N_3} \cdot \frac{I_3}{I_2}}$$

N_1——上段柱的轴心力；

N_2——中段柱的轴心力；

N_3——下段柱的轴心力

η_1	K_2	0.05											0.10										
		0.2	0.3	0.4	0.5	0.6	0.7	0.8	0.9	1.0	1.1	1.2	0.2	0.3	0.4	0.5	0.6	0.7	0.8	0.9	1.0	1.1	1.2
0.2	0.2	1.99	1.99	2.00	2.00	2.01	2.02	2.02	2.03	2.04	2.05	2.06	1.96	1.96	1.97	1.97	1.98	1.98	1.99	2.00	2.00	2.01	2.02
	0.4	2.06	2.06	2.09	2.12	2.16	2.19	2.22	2.25	2.29	2.32	2.35	2.00	2.02	2.05	2.08	2.11	2.14	2.17	2.20	2.23	2.26	2.29
	0.6	2.12	2.20	2.28	2.36	2.43	2.50	2.57	2.64	2.71	2.77	2.83	2.07	2.14	2.22	2.29	2.36	2.43	2.50	2.56	2.63	2.69	2.75
	0.8	2.28	2.43	2.57	2.70	2.82	2.94	3.04	3.15	3.25	3.34	3.43	2.20	2.35	2.48	2.61	2.73	2.84	2.94	3.05	3.14	3.24	3.33
	1.0	2.53	2.76	2.96	3.13	3.29	3.44	3.59	3.72	3.85	3.98	4.10	2.41	2.64	2.83	3.01	3.18	3.32	3.46	3.59	3.72	3.85	3.97
	1.2	2.86	3.15	3.39	3.61	3.80	3.99	4.16	4.33	4.49	4.64	4.79	2.70	2.99	3.23	3.45	3.65	3.84	4.01	4.18	4.34	4.49	4.64
0.4	0.2	1.99	1.99	2.00	2.01	2.01	2.02	2.03	2.04	2.04	2.05	2.06	1.96	1.97	1.97	1.98	1.98	1.99	2.00	2.00	2.01	2.02	2.03
	0.4	2.06	2.06	2.09	2.13	2.16	2.19	2.23	2.26	2.29	2.32	2.35	2.00	2.03	2.06	2.09	2.12	2.15	2.18	2.21	2.24	2.27	2.30
	0.6	2.12	2.20	2.28	2.36	2.44	2.51	2.58	2.64	2.71	2.77	2.84	2.08	2.15	2.23	2.30	2.37	2.44	2.51	2.57	2.64	2.70	2.76
	0.8	2.29	2.44	2.58	2.71	2.83	2.95	3.05	3.15	3.25	3.35	3.44	2.21	2.36	2.49	2.62	2.75	2.85	2.95	3.05	3.15	3.24	3.34
	1.0	2.54	2.77	2.96	3.14	3.30	3.45	3.59	3.73	3.85	3.98	4.10	2.43	2.65	2.84	3.02	3.18	3.33	3.47	3.60	3.73	3.86	3.97
	1.2	2.87	3.15	3.40	3.62	3.81	3.99	4.17	4.33	4.49	4.65	4.79	2.71	3.00	3.24	3.46	3.66	3.85	4.02	4.19	4.34	4.50	4.64
0.6	0.2	1.99	1.98	2.00	2.01	2.02	2.03	2.04	2.04	2.05	2.06	2.07	1.97	1.98	1.98	1.99	2.00	2.00	2.01	2.02	2.02	2.03	2.04
	0.4	2.06	2.07	2.10	2.14	2.17	2.20	2.23	2.27	2.30	2.33	2.36	2.01	2.04	2.07	2.10	2.13	2.16	2.19	2.22	2.26	2.29	2.32
	0.6	2.13	2.20	2.29	2.37	2.45	2.52	2.59	2.65	2.72	2.78	2.84	2.09	2.17	2.24	2.32	2.39	2.46	2.52	2.59	2.65	2.71	2.76
	0.8	2.30	2.45	2.59	2.72	2.84	2.95	3.06	3.16	3.27	3.35	3.44	2.23	2.38	2.51	2.64	2.75	2.86	2.97	3.07	3.16	3.26	3.35
	1.0	2.54	2.78	2.97	3.15	3.31	3.46	3.60	3.73	3.86	3.99	4.11	2.45	2.68	2.86	3.03	3.19	3.34	3.48	3.61	3.74	3.86	3.98
	1.2	2.89	3.17	3.41	3.63	3.82	4.00	4.17	4.34	4.50	4.65	4.80	2.74	3.02	3.26	3.48	3.67	3.86	4.03	4.20	4.35	4.50	4.65
0.8	0.2	2.00	2.01	2.02	2.03	2.03	2.04	2.05	2.05	2.06	2.07	2.08	1.99	1.99	2.00	2.01	2.01	2.02	2.03	2.04	2.04	2.05	2.06
	0.4	2.06	2.08	2.11	2.15	2.18	2.21	2.25	2.28	2.31	2.34	2.37	2.03	2.06	2.09	2.12	2.15	2.19	2.22	2.25	2.28	2.31	2.34
	0.6	2.15	2.23	2.31	2.39	2.46	2.53	2.60	2.67	2.73	2.79	2.85	2.12	2.19	2.27	2.34	2.41	2.48	2.55	2.61	2.67	2.73	2.79
	0.8	2.32	2.47	2.61	2.73	2.85	2.96	3.07	3.17	3.27	3.36	3.45	2.27	2.41	2.54	2.66	2.78	2.89	2.99	3.09	3.18	3.28	3.37
	1.0	2.59	2.80	2.99	3.16	3.32	3.47	3.61	3.74	3.87	3.99	4.11	2.49	2.70	2.89	3.06	3.21	3.36	3.50	3.63	3.76	3.88	4.00
	1.2	2.92	3.19	3.42	3.63	3.83	4.01	4.18	4.35	4.51	4.66	4.81	2.78	3.05	3.29	3.50	3.69	3.88	4.05	4.21	4.37	4.52	4.66
1.0	0.2	2.02	2.02	2.03	2.04	2.05	2.05	2.06	2.07	2.08	2.09	2.09	2.01	2.02	2.03	2.04	2.04	2.05	2.06	2.07	2.08	2.08	2.09
	0.4	2.06	2.08	2.14	2.17	2.20	2.23	2.26	2.30	2.33	2.36	2.39	2.06	2.10	2.13	2.16	2.19	2.22	2.25	2.28	2.31	2.34	2.37
	0.6	2.17	2.26	2.33	2.41	2.48	2.55	2.62	2.68	2.75	2.81	2.87	2.16	2.24	2.31	2.38	2.45	2.51	2.58	2.64	2.70	2.76	2.82
	0.8	2.36	2.50	2.63	2.76	2.87	2.98	3.08	3.19	3.28	3.38	3.47	2.32	2.46	2.58	2.70	2.81	2.92	3.02	3.12	3.21	3.30	3.39
	1.0	2.62	2.83	3.01	3.18	3.34	3.48	3.62	3.75	3.88	4.01	4.12	2.55	2.75	2.93	3.09	3.25	3.39	3.53	3.66	3.78	3.90	4.02
	1.2	2.95	3.21	3.44	3.65	3.82	4.02	4.20	4.36	4.52	4.67	4.81	2.84	3.10	3.32	3.53	3.72	3.90	4.07	4.23	4.39	4.54	4.68
1.2	0.2	2.04	2.05	2.06	2.06	2.07	2.08	2.09	2.09	2.14	2.15	2.15	2.07	2.08	2.08	2.09	2.09	2.10	2.11	2.11	2.12	2.13	2.13
	0.4	2.07	2.13	2.17	2.20	2.23	2.26	2.29	2.32	2.35	2.38	2.41	2.13	2.16	2.18	2.21	2.24	2.27	2.30	2.33	2.35	2.38	2.41
	0.6	2.22	2.29	2.37	2.44	2.51	2.58	2.64	2.71	2.77	2.83	2.89	2.24	2.30	2.37	2.43	2.50	2.56	2.63	2.68	2.74	2.80	2.86
	0.8	2.41	2.54	2.67	2.78	2.90	3.00	3.11	3.20	3.30	3.39	3.50	2.41	2.53	2.64	2.75	2.86	2.96	3.06	3.15	3.24	3.33	3.42
	1.0	2.68	2.87	3.04	3.21	3.36	3.50	3.64	3.79	3.92	4.04	4.15	2.64	2.82	2.98	3.14	3.29	3.43	3.56	3.69	3.81	3.93	4.04
	1.2	3.00	3.25	3.47	3.67	3.86	4.04	4.21	4.37	4.55	4.70	4.84	2.92	3.16	3.37	3.57	3.76	3.93	4.10	4.26	4.41	4.56	4.70
1.4	0.2	2.10	2.10	2.10	2.11	2.11	2.12	2.13	2.13	2.14	2.15	2.15	2.20	2.18	2.17	2.17	2.17	2.18	2.18	2.19	2.19	2.20	2.20
	0.4	2.17	2.19	2.21	2.24	2.27	2.30	2.33	2.36	2.39	2.41	2.44	2.26	2.26	2.27	2.29	2.32	2.34	2.37	2.39	2.42	2.44	2.47
	0.6	2.29	2.35	2.41	2.48	2.55	2.61	2.67	2.74	2.80	2.86	2.91	2.37	2.41	2.46	2.51	2.57	2.63	2.68	2.74	2.80	2.85	2.91
	0.8	2.48	2.60	2.71	2.82	2.93	3.03	3.13	3.23	3.32	3.41	3.50	2.53	2.62	2.72	2.82	2.93	3.01	3.11	3.20	3.29	3.37	3.46
	1.0	2.74	2.92	3.08	3.24	3.39	3.53	3.66	3.79	3.92	4.04	4.15	2.75	2.90	3.05	3.20	3.34	3.47	3.60	3.72	3.84	3.96	4.07
	1.2	3.06	3.29	3.50	3.70	3.89	4.06	4.23	4.39	4.55	4.70	4.84	3.02	3.23	3.43	3.62	3.80	3.97	4.13	4.29	4.44	4.59	4.73

续表

简图：

$$K_1 = \frac{I_1}{I_3} \cdot \frac{H_3}{H_1}$$

$$K_2 = \frac{I_2}{I_3} \cdot \frac{H_3}{H_2}$$

$$\eta_1 = \frac{H_1}{H_3}\sqrt{\frac{N_1}{N_3} \cdot \frac{I_3}{I_1}}$$

$$\eta_2 = \frac{H_2}{H_3}\sqrt{\frac{N_2}{N_3} \cdot \frac{I_3}{I_2}}$$

N_1——上段柱的轴心力;
N_2——中段柱的轴心力;
N_3——下段柱的轴心力。

η_1	K_2	0.20											0.30										
		0.2	0.3	0.4	0.5	0.6	0.7	0.8	0.9	1.0	1.1	1.2	0.2	0.3	0.4	0.5	0.6	0.7	0.8	0.9	1.0	1.1	1.2
0.2	0.2	1.94	1.93	1.93	1.93	1.93	1.93	1.94	1.94	1.95	1.95	1.96	1.92	1.91	1.90	1.89	1.89	1.89	1.90	1.90	1.90	1.90	1.91
	0.4	1.96	1.98	1.99	2.02	2.04	2.07	2.09	2.12	2.15	2.17	2.20	1.95	1.95	1.96	1.97	1.99	2.01	2.04	2.06	2.08	2.11	2.13
	0.6	2.02	2.07	2.13	2.19	2.26	2.32	2.38	2.44	2.50	2.56	2.62	1.99	2.03	2.08	2.13	2.18	2.24	2.29	2.35	2.41	2.46	2.52
	0.8	2.12	2.23	2.35	2.47	2.58	2.68	2.78	2.88	2.98	3.07	3.15	2.07	2.16	2.27	2.39	2.47	2.57	2.66	2.75	2.86	2.93	3.01
	1.0	2.28	2.47	2.65	2.82	2.97	3.12	3.26	3.39	3.51	3.63	3.75	2.20	2.37	2.53	2.69	2.83	2.97	3.10	3.23	3.35	3.46	3.57
	1.2	2.50	2.77	3.01	3.22	3.42	3.60	3.77	3.93	4.09	4.23	4.38	2.39	2.63	2.85	3.05	3.24	3.42	3.58	3.74	3.89	4.03	4.17
0.4	0.2	1.93	1.93	1.93	1.93	1.94	1.93	1.95	1.95	1.96	1.96	1.97	1.92	1.91	1.91	1.90	1.90	1.90	1.91	1.91	1.92	1.92	1.92
	0.4	1.97	1.98	2.00	2.03	2.05	2.08	2.11	2.13	2.16	2.19	2.22	1.95	1.96	1.97	1.99	2.01	2.03	2.05	2.08	2.10	2.12	2.15
	0.6	2.03	2.08	2.14	2.21	2.27	2.33	2.40	2.46	2.52	2.58	2.63	2.00	2.04	2.09	2.14	2.20	2.26	2.31	2.37	2.42	2.48	2.53
	0.8	2.13	2.25	2.37	2.48	2.59	2.70	2.80	2.90	2.99	3.08	3.16	2.08	2.18	2.28	2.39	2.49	2.59	2.68	2.77	2.86	2.95	3.03
	1.0	2.29	2.49	2.67	2.83	2.99	3.13	3.27	3.40	3.53	3.64	3.76	2.22	2.39	2.55	2.71	2.85	2.99	3.12	3.24	3.36	3.48	3.59
	1.2	2.52	2.79	3.02	3.23	3.43	3.61	3.78	3.94	4.10	4.24	4.39	2.41	2.65	2.87	3.07	3.26	3.43	3.60	3.75	3.90	4.04	4.18
0.6	0.2	1.95	1.95	1.95	1.95	1.96	1.96	1.97	1.97	1.98	1.98	1.99	1.93	1.93	1.92	1.92	1.93	1.93	1.93	1.94	1.94	1.95	1.95
	0.4	1.98	2.00	2.02	2.05	2.08	2.10	2.13	2.16	2.19	2.21	2.26	1.96	1.97	1.99	2.01	2.03	2.06	2.08	2.11	2.13	2.16	2.18
	0.6	2.04	2.10	2.17	2.23	2.30	2.36	2.42	2.48	2.54	2.60	2.66	2.02	2.06	2.12	2.17	2.23	2.29	2.35	2.40	2.46	2.51	2.57
	0.8	2.15	2.27	2.39	2.51	2.62	2.72	2.82	2.92	3.01	3.10	3.19	2.11	2.21	2.32	2.42	2.52	2.62	2.71	2.80	2.89	2.98	3.06
	1.0	2.32	2.52	2.70	2.86	3.01	3.16	3.29	3.42	3.55	3.66	3.78	2.25	2.42	2.59	2.74	2.88	3.02	3.15	3.27	3.39	3.50	3.61
	1.2	2.55	2.82	3.05	3.26	3.45	3.63	3.80	3.96	4.11	4.26	4.40	2.44	2.69	2.91	3.11	3.29	3.46	3.62	3.78	3.93	4.07	4.20
0.8	0.2	1.97	1.97	1.98	1.98	1.99	1.99	2.00	2.01	2.01	2.02	2.03	1.96	1.95	1.96	1.96	1.97	1.97	1.98	1.98	1.99	1.99	2.00
	0.4	2.00	2.03	2.06	2.08	2.11	2.14	2.17	2.20	2.22	2.24	2.28	1.99	2.01	2.03	2.05	2.08	2.10	2.13	2.15	2.18	2.21	2.23
	0.6	2.08	2.14	2.21	2.27	2.34	2.40	2.46	2.52	2.58	2.64	2.69	2.05	2.10	2.16	2.22	2.27	2.34	2.40	2.45	2.51	2.56	2.61
	0.8	2.19	2.32	2.44	2.55	2.66	2.76	2.86	2.96	3.05	3.13	3.22	2.15	2.26	2.37	2.47	2.57	2.67	2.76	2.85	2.94	3.02	3.10
	1.0	2.37	2.57	2.74	2.90	3.05	3.19	3.33	3.45	3.58	3.69	3.81	2.30	2.48	2.64	2.79	2.93	3.07	3.19	3.31	3.43	3.54	3.65
	1.2	2.61	2.87	3.09	3.30	3.49	3.66	3.83	3.99	4.14	4.29	4.42	2.50	2.74	2.96	3.15	3.33	3.50	3.66	3.81	3.96	4.10	4.23
1.0	0.2	2.01	2.02	2.03	2.03	2.04	2.05	2.05	2.06	2.07	2.07	2.08	2.01	2.02	2.02	2.03	2.04	2.04	2.05	2.06	2.06	2.07	2.07
	0.4	2.06	2.09	2.11	2.14	2.17	2.20	2.23	2.25	2.28	2.31	2.33	2.04	2.08	2.10	2.13	2.16	2.18	2.21	2.23	2.26	2.28	2.31
	0.6	2.14	2.21	2.27	2.34	2.40	2.46	2.52	2.58	2.63	2.69	2.74	2.13	2.19	2.25	2.30	2.36	2.42	2.47	2.53	2.58	2.63	2.68
	0.8	2.26	2.39	2.51	2.62	2.72	2.82	2.91	3.00	3.09	3.18	3.26	2.24	2.35	2.45	2.55	2.65	2.74	2.83	2.92	3.00	3.08	3.16
	1.0	2.46	2.64	2.81	2.96	3.10	3.24	3.37	3.50	3.61	3.73	3.84	2.40	2.57	2.72	2.86	3.00	3.13	3.25	3.37	3.48	3.59	3.70
	1.2	2.69	2.94	3.15	3.35	3.53	3.71	3.87	4.02	4.17	4.32	4.46	2.60	2.83	3.03	3.22	3.39	3.56	3.71	3.86	4.01	4.14	4.28
1.2	0.2	2.13	2.12	2.12	2.13	2.13	2.14	2.14	2.15	2.15	2.16	2.16	2.17	2.16	2.16	2.16	2.16	2.16	2.17	2.17	2.18	2.18	2.19
	0.4	2.18	2.21	2.21	2.24	2.26	2.29	2.31	2.34	2.36	2.38	2.41	2.22	2.22	2.24	2.26	2.28	2.30	2.32	2.34	2.36	2.39	2.41
	0.6	2.28	2.32	2.37	2.43	2.49	2.54	2.60	2.65	2.70	2.76	2.81	2.29	2.33	2.38	2.43	2.48	2.53	2.58	2.62	2.67	2.72	2.77
	0.8	2.41	2.50	2.60	2.70	2.80	2.89	2.98	3.07	3.15	3.23	3.32	2.41	2.49	2.58	2.67	2.75	2.84	2.92	3.00	3.08	3.16	3.23
	1.0	2.59	2.74	2.89	3.04	3.17	3.30	3.43	3.55	3.66	3.78	3.89	2.56	2.69	2.83	2.96	3.09	3.21	3.33	3.44	3.55	3.66	3.76
	1.2	2.81	3.03	3.23	3.42	3.59	3.76	3.92	4.07	4.22	4.36	4.49	2.74	2.94	3.13	3.30	3.47	3.63	3.78	3.92	4.06	4.20	4.33
1.4	0.2	2.35	2.31	2.29	2.28	2.27	2.27	2.27	2.27	2.28	2.28	2.28	2.45	2.40	2.37	2.35	2.35	2.34	2.34	2.34	2.34	2.34	2.34
	0.4	2.40	2.37	2.37	2.38	2.39	2.41	2.43	2.45	2.47	2.49	2.51	2.48	2.45	2.44	2.44	2.45	2.46	2.48	2.49	2.51	2.53	2.55
	0.6	2.48	2.49	2.52	2.56	2.61	2.65	2.70	2.75	2.80	2.85	2.89	2.55	2.54	2.56	2.60	2.63	2.67	2.71	2.75	2.80	2.84	2.88
	0.8	2.60	2.66	2.73	2.82	2.90	2.98	3.07	3.15	3.23	3.31	3.38	2.64	2.68	2.74	2.81	2.89	2.96	3.04	3.11	3.18	3.25	3.33
	1.0	2.77	2.88	3.01	3.14	3.26	3.38	3.50	3.62	3.73	3.84	3.94	2.77	2.87	2.98	3.09	3.20	3.32	3.43	3.53	3.64	3.74	3.84
	1.2	2.97	3.15	3.33	3.50	3.67	3.83	3.98	4.13	4.27	4.41	4.54	2.94	3.09	3.26	3.41	3.57	3.72	3.86	4.00	4.13	4.26	4.39

注：表中的计算长度系数 μ_3 值系按下式计算得：

$$\frac{\eta_1 K_1}{\eta_2 K_2} \cdot \frac{\pi \eta_1}{\mu_3} \cdot \text{ctg}\frac{\pi \eta_1}{\mu_3} \cdot \text{ctg}\frac{\pi \eta_2}{\mu_3} + \frac{\eta_1 K_1}{(\eta_2 K_2)^2} \cdot \frac{\pi \eta_2}{\mu_3} \cdot \text{ctg}\frac{\pi \eta_2}{\mu_3} + \frac{\pi \eta_1}{\mu_3} \cdot \text{ctg}\frac{\pi}{\mu_3} + \frac{1}{K_2} \cdot \frac{\pi \eta_2}{\mu_3} \cdot \text{ctg}\frac{\pi}{\mu_3} - 1 = 0$$

6.4 冷弯型钢构件

6.4.1 冷弯型钢构件设计的基本要求

冷弯型钢是主要以热轧或冷轧带钢为坯料，在常温条件下经轧辊、冲压、折弯等加工手段弯曲成型，制作成各种截面形状尺寸的型钢。冷弯型钢的截面形状可根据需要设计，做得既宽又薄，型钢壁板不再受类似热轧钢材的宽厚比限制，材料利用率高，有利于节约钢材，广泛应用于轻型工业与民用钢结构建筑中。用于承重构件的冷弯型钢，壁厚一般在1.5～25mm（压型钢板除外）之间。

冷弯型钢由于其成型过程和截面特性与普通热轧、焊接钢构件不同，其设计方法也有所差异。虽然冷弯型钢构件的计算公式大多与普通钢构件相近，但由于冷弯型钢常常利用板件屈曲后强度，因此有效截面计算就成了其分析计算的重要内容之一。另外，冷弯构件通常壁薄，且其形心和弯心（剪心）往往不重合，因此容易受扭，当其受压时大多发生弯扭屈曲，在设计时应予以足够重视。

本节主要包括冷弯型钢轴心受力（轴心受拉、轴心受压）构件、受弯构件、压弯构件的截面强度和稳定性计算，以及受压板件的有效宽度计算。

6.4.2 轴心受力构件计算

轴心受力构件包括轴心受拉和轴心受压两类基本构件，均应进行截面强度计算，以确保构件截面的承载能力符合设计要求。除截面强度计算外，轴心受压构件还应进行稳定性计算，对某些特殊截面，还应考虑畸变屈曲的影响。

一、轴心受力构件的截面强度计算

1. 轴心受拉构件

轴心受拉构件的截面强度应按下式计算：

$$\sigma = \frac{N}{A_n} \leqslant f \tag{6.4-1}$$

式中　N——所计算截面的拉力设计值（N）；

　　A_n——构件的净截面面积（mm²），当构件多个截面有孔时，取最不利的截面；

　　f——钢材抗拉强度设计值（N/mm²）。

高强度螺栓摩擦型连接处的截面强度，应考虑孔前传力的影响，按下列公式计算：

$$\sigma = \left(1 - 0.5\frac{n_1}{n}\right)\frac{N}{A_n} \leqslant f \tag{6.4-2a}$$

$$\sigma = \frac{N}{A} \leqslant f \tag{6.4-2b}$$

式中　n——在节点或拼接处，构件一端连接的高强度螺栓数；

　　n_1——所计算截面（最外列螺栓处）处高强度螺栓数；

　　A——构件的毛截面面积（mm²）。

当计算开口截面轴心受拉构件的截面强度时，若轴心拉力不通过截面剪心（或不通过Z形截面的扇性零点），则受拉构件将处于拉、扭组合的复杂受力状态，应考虑双力矩的影响，其截面强度按下式计算：

$$\sigma = \frac{N}{A_\mathrm{n}} \pm \frac{B}{W_\omega} \leqslant f \tag{6.4-3}$$

式中 B ——所计算截面的双力矩（N·mm²）；

W_ω ——构件毛截面的扇性模量（mm⁴）。

式（6.4-3）的双力矩 B 及扇性模量 W_ω 的计算比较繁冗，为简化计算，对闭口截面、双轴对称开口截面等轴心受拉构件，可不计双力矩的影响，仅按式（6.4-1）进行截面强度计算。

2. 轴心受压构件

轴心受压构件的截面强度应按下式计算：

$$\sigma = \frac{N}{A_\mathrm{en}} \leqslant f \tag{6.4-4}$$

式中 A_en ——构件的有效净截面面积（mm²）。

式（6.4-4）适用于截面有削弱（如开孔或缺口等）的轴心受压构件，若构件截面无削弱，则仅需计算构件稳定性而无需计算其截面强度。构件的有效净截面面积 A_en 与截面应力分布有关，若孔洞或缺口位于截面的无效部位，则 $A_\mathrm{en} = A_\mathrm{e}$，否则 A_en 应扣除位于有效部位的孔洞或缺口面积。

二、轴心受压构件的整体稳定性计算

1. 轴心受压构件的整体稳定性计算

基于边缘纤维屈服准则，轴心受压构件的整体稳定性应按下式计算：

$$\frac{N}{\varphi A_\mathrm{e}} \leqslant f \tag{6.4-5}$$

式中 φ ——轴心受压构件的稳定系数，应根据构件的长细比 λ、钢号修正系数 ε_k 按表 6.4-1 查得；

A_e ——构件的有效截面面积（mm²）。

冷弯型钢轴心受压构件的稳定系数 φ　　　　　　　　　表 6.4-1

$\lambda/\varepsilon_\mathrm{k}$	0	1	2	3	4	5	6	7	8	9
0	1.000	0.997	0.995	0.992	0.989	0.987	0.984	0.981	0.979	0.976
10	0.974	0.971	0.968	0.966	0.963	0.960	0.958	0.955	0.952	0.949
20	0.947	0.944	0.941	0.938	0.936	0.933	0.930	0.927	0.924	0.921
30	0.918	0.915	0.912	0.909	0.906	0.903	0.899	0.896	0.893	0.889
40	0.886	0.882	0.879	0.875	0.872	0.868	0.864	0.861	0.858	0.855
50	0.852	0.849	0.846	0.843	0.839	0.836	0.832	0.829	0.825	0.822
60	0.818	0.814	0.810	0.806	0.802	0.797	0.793	0.789	0.784	0.779
70	0.775	0.770	0.765	0.760	0.755	0.750	0.744	0.739	0.733	0.728
80	0.722	0.716	0.710	0.704	0.698	0.692	0.686	0.680	0.673	0.667
90	0.661	0.654	0.648	0.641	0.634	0.626	0.618	0.611	0.603	0.595
100	0.588	0.580	0.573	0.566	0.558	0.551	0.544	0.537	0.530	0.523
110	0.516	0.509	0.502	0.496	0.489	0.483	0.476	0.470	0.464	0.458

λ/ε_k	0	1	2	3	4	5	6	7	8	9
120	0.452	0.446	0.440	0.434	0.428	0.423	0.417	0.412	0.406	0.401
130	0.396	0.391	0.386	0.381	0.376	0.371	0.367	0.362	0.357	0.353
140	0.349	0.344	0.340	0.336	0.332	0.328	0.324	0.320	0.316	0.312
150	0.308	0.305	0.301	0.298	0.294	0.291	0.287	0.284	0.281	0.277
160	0.274	0.271	0.268	0.265	0.262	0.259	0.256	0.253	0.251	0.248
170	0.245	0.243	0.240	0.237	0.235	0.232	0.230	0.227	0.225	0.223
180	0.220	0.218	0.216	0.214	0.211	0.209	0.207	0.205	0.203	0.201
190	0.199	0.197	0.195	0.193	0.191	0.189	0.188	0.186	0.184	0.182
200	0.180	0.179	0.177	0.175	0.174	0.172	0.171	0.169	0.167	0.166
210	0.164	0.163	0.161	0.160	0.159	0.157	0.156	0.154	0.153	0.152
220	0.150	0.149	0.148	0.146	0.145	0.144	0.143	0.141	0.140	0.139
230	0.138	0.137	0.136	0.135	0.133	0.132	0.131	0.130	0.129	0.128
240	0.127	0.126	0.125	0.124	0.123	0.122	0.121	0.120	0.119	0.118
250	0.117									

2. 实腹式轴心受压构件长细比的确定

表 6.4-1 所列出的稳定系数 φ 是以弯曲失稳为依据而确定的，但单轴对称截面轴心受压构件绕截面对称轴失稳时，由于截面剪心和形心不重合而发生弯扭屈曲。因此，《冷弯薄壁型钢结构技术规范》GB 50018（以下简称"冷弯规范"）将弯扭屈曲计算得到的临界力换算成弯曲屈曲情况，再按换算长细比确定相应的稳定系数 φ，同样采用式（6.4-5）进行构件的整体稳定性计算。

（1）闭口截面、双轴对称的开口截面和截面全部有效的不卷边等边单角钢构件

$$\begin{cases} \lambda_x = \dfrac{l_{0x}}{i_x} \\ \lambda_y = \dfrac{l_{0y}}{i_y} \end{cases} \tag{6.4-6}$$

式中　l_{0x}、l_{0y}——分别为构件对截面主轴 x 轴和 y 轴的计算长度；

　　i_x、i_y——分别为构件毛截面对其主轴 x 轴和 y 轴的回转半径。

实际上，不卷边等边单角钢属于单轴对称截面形式，其在轴心压力作用下，有可能发生弯扭屈曲。但若能保证等边单角钢各外伸肢截面全部有效，则在轴心压力作用下该类构件的扭转失稳承载力比弯曲失稳承载力降低不多。同时，单角钢通常多用于支撑等次要构件。鉴于此，为简化计算，截面全部有效的不卷边等边单角钢构件也近似看作发生弯曲失稳。

（2）单轴对称开口截面构件

$$\begin{cases} \lambda_\omega = \lambda_x \sqrt{\dfrac{s^2 + i_0^2}{2s^2} + \sqrt{\left(\dfrac{s^2 + i_0^2}{2s^2}\right)^2 - \dfrac{i_0^2 - \alpha e_0^2}{s^2}}} \\ \lambda_y = \dfrac{l_{0y}}{i_y} \end{cases} \tag{6.4-7}$$

式中 $s^2 = \dfrac{\lambda_x^3}{A}\left(\dfrac{I_\omega}{l_\omega^2} + 0.039 I_t\right)$;

$i_0^2 = e_0^2 + i_x^2 + i_y^2$;

e_0——构件毛截面的剪心在对称轴上的坐标（mm，如图6.4-1所示）；

I_ω——构件的毛截面扇性惯性矩（mm^6）；

I_t——构件的毛截面抗扭惯性矩（mm^4）；

l_ω——扭转屈曲的计算长度（mm），$l_\omega = \beta l$;

l——无缀板时，为构件的几何长度（mm）；有缀板时，取两相邻缀板中心线的最大间距（mm）；

α、β——约束系数，按表6.4-2采用。

开口截面轴心受压和压弯构件的约束系数　　　　　　　表6.4-2

项次	构件两端的支承情况	无缀板		有缀板	
		α	β	α	β
1	两端铰接，端部截面可以自由翘曲	1.00	1.00	—	—
2	两端嵌固，端部截面的翘曲完全受到约束	1.00	0.50	0.80	1.00
3	两端铰接，端部截面的翘曲完全受到约束	0.72	0.50	0.80	1.00

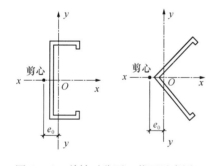

图6.4-1　单轴对称开口截面示意图

式（6.4-7）第一式代表构件发生弯扭屈曲，第二式代表构件发生弯曲屈曲，当确定稳定系数 φ 时，应取两者算得长细比的较大值。

填板连接的单轴对称开口截面轴心受压构件，其弯扭屈曲的换算长细比仍按式（6.4-7）第一式进行计算，但扭转屈曲的计算长度取 $l_\omega = \beta a$（a 为缀板中心线的最大间距）。此类构件两支承点间至少应设置2块填板（不包括构件支承点处的填板或封头板在内）。

3. 格构式轴心受压构件长细比的确定

（1）格构式轴心受压构件

实腹式轴心受压构件因剪切所产生的附加弯曲对其临界力影响很小，可忽略不计。但对格构式轴心受压构件，当其绕截面虚轴弯曲时，由于剪力要由比较柔弱的缀材负担，剪切变形较大，对构件弯曲屈曲临界力有显著影响，而绕实轴弯曲则无此效应。为考虑剪切变形的影响，冷弯规范对格构式构件绕虚轴采用换算长细比，绕实轴则取与实腹式构件相同。

1) 缀板连接的双肢格构式构件（如图6.4-2a所示）

$$\lambda_{0y} = \sqrt{\lambda_y^2 + \lambda_1^2} \tag{6.4-8}$$

式中 λ_y——整个构件对虚轴（y 轴）的长细比；

λ_1——单肢对其自身主轴（1轴）的长细比，计算长度取缀板间的净距离。

2) 缀条连接的双肢格构式构件（如图6.4-2b所示）

$$\lambda_{0y} = \sqrt{\lambda_y^2 + 27\frac{A}{A_1}}\qquad(6.4\text{-}9)$$

式中　A——构件所有单肢的毛截面面积之和（mm^2）；

$\qquad A_1$——构件横截面所截各斜缀条毛截面面积之和（mm^2）。

3）缀条连接的三肢格构式构件（如图 6.4-2c 所示）

$$\begin{cases}\lambda_{0x} = \sqrt{\lambda_x^2 + \dfrac{42A}{A_1(1.5 - \cos^2\theta)}}\\[4mm]\lambda_{0y} = \sqrt{\lambda_y^2 + \dfrac{42A}{A_1\cos^2\theta}}\end{cases}\qquad(6.4\text{-}10)$$

式中　θ——构件截面内缀条所在平面与 x 轴的夹角。

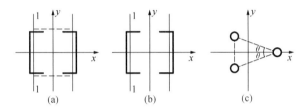

图 6.4-2　格构式构件截面示意图

（2）格构式轴心受压构件的分肢

为保证组成格构式轴心受压构件的分肢不先于构件发生失稳，冷弯规范对分肢长细比 λ_1 进行了规定：当缀材为缀条时，分肢长细比 λ_1 应满足 $\lambda_1 \leqslant 0.7\lambda_{max}$（$\lambda_{max}$ 为构件两方向长细比的较大值，若对虚轴则取换算长细比）；当缀材为缀板时，分肢长细比 λ_1 应满足 $\lambda_1 \leqslant 40\varepsilon_k$ 以及 $\lambda_1 \leqslant 0.5\lambda_{max}$（当 $\lambda_{max} \leqslant 50$ 时，取 $\lambda_{max} = 50$）。满足上述要求即可不计算单肢的截面强度和稳定性。

4. 格构式轴心受压构件的剪力计算

格构式轴心受压构件由于在制作、运输及安装过程中会产生初始弯曲，以及在承受轴压力时不可避免地存在偏心，因此会产生剪力。以受力最大截面边缘纤维屈服作为临界条件，可得格构式轴心受压构件的剪力计算公式，并认为剪力 V 沿构件全长不变：

$$V = \frac{Af}{80} \cdot \frac{1}{\varepsilon_k}\qquad(6.4\text{-}11)$$

式中　A——构件所有单肢毛截面面积之和；

$\qquad \varepsilon_k$——钢号修正系数。

格构式构件的缀板或缀条及其连接应能承担由式（6.4-11）计算所得的剪力 V。

6.4.3　受弯构件计算

受弯构件计算主要包括截面强度和稳定性两部分内容。对冷弯构件，由于截面形心和剪心往往不重合，构件受荷初期即处于弯、扭组合的受力状态，因此计算时应考虑扭转（双力矩）的影响。对某些特殊截面，还应考虑畸变屈曲的影响。

一、受弯构件的截面强度计算

由于冷弯构件通常壁薄，因此对受弯构件的截面强度计算按截面边缘纤维屈服准则进行，不考虑构件截面的塑性发展。

1. 横向荷载通过截面剪心并与主轴平行的受弯构件（如图 6.4-3 所示）

$$\sigma = \frac{M_{max}}{W_{enx}} \leqslant f \tag{6.4-12}$$

$$\tau = \frac{V_{max}S}{It} \leqslant f_v \tag{6.4-13}$$

式中　M_{max} ——受弯构件的最大弯矩（绕 x 轴）设计值（N·mm）；

　　　　V_{max} ——受弯构件的最大剪力设计值（N）；

　　　　W_{enx} ——构件对主轴（x 轴）的较小有效净截面模量（mm³）；

　　　　S ——计算剪应力处以上截面对中和轴的面积矩（mm³）；

　　　　I ——构件的毛截面惯性矩（mm⁴）；

　　　　t ——构件腹板厚度之和（mm）；

　　f、f_v ——分别为钢材的抗拉、抗剪强度设计值（N/mm²）。

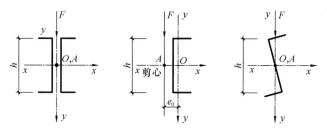

图 6.4-3　横向荷载通过截面剪心并与主轴平行的受弯构件截面示意图

2. 横向荷载偏离截面剪心但与主轴平行的受弯构件（如图 6.4-4 所示）

$$\sigma = \frac{M_{max}}{W_{enx}} + \frac{B}{W_\omega} \leqslant f \tag{6.4-14}$$

式中　B ——与所取弯矩同一截面的双力矩（N·mm²），按附录 6.4.1 计算，但当受弯构件的受压翼缘上有铺板，且与受压翼缘牢固相连并能阻止受压翼缘侧向变位和扭转时，可取 $B = 0$，此时可不验算受弯构件的稳定性；

　　　　W_ω ——与弯矩引起的应力同一验算点处的构件毛截面扇性模量（mm⁴）。

该情况的剪应力计算仍按式（6.4-13）进行。

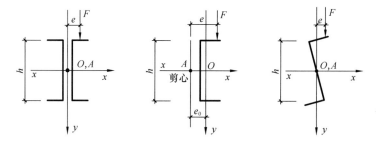

图 6.4-4　横向荷载偏离截面剪心但与主轴平行的受弯构件截面示意图

3. 横向荷载偏离截面剪心且与主轴倾斜的受弯构件（如图 6.4-5 所示）

$$\sigma = \frac{M_x}{W_{enx}} + \frac{M_y}{W_{eny}} + \frac{B}{W_\omega} \leqslant f \tag{6.4-15}$$

式中　W_{enx}、W_{eny}——分别为构件对两个主轴（x、y轴）的有效净截面模量（mm³）。

　　该情况的剪应力计算应沿两个主轴方向按式（6.4-13）分别进行。

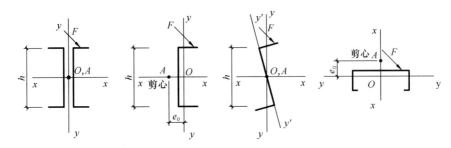

图 6.4-5　横向荷载偏离截面剪心且与主轴倾斜的受弯构件截面示意图

二、受弯构件的整体稳定性计算

1. 横向荷载通过截面剪心并与主轴平行的受弯构件（如图 6.4-3 所示）

$$\frac{M_{max}}{\varphi_{bx}W_{ex}} \leqslant f \qquad (6.4\text{-}16)$$

式中　φ_{bx}——受弯构件的整体稳定系数，按附录 6.4.2 的规定计算；

　　　W_{ex}——对绕截面主轴（x轴）的受压边缘的有效截面模量（mm³）。

2. 横向荷载偏离截面剪心但与主轴平行的受弯构件（如图 6.4-4 所示）

$$\frac{M_{max}}{\varphi_{bx}W_{ex}} + \frac{B}{W_{\omega}} \leqslant f \qquad (6.4\text{-}17)$$

3. 横向荷载偏离截面剪心且与主轴倾斜的受弯构件（如图 6.4-5 所示）

$$\frac{M_x}{\varphi_{bx}W_{ex}} + \frac{M_y}{W_{ey}} + \frac{B}{W_{\omega}} \leqslant f \qquad (6.4\text{-}18)$$

式中　W_{ey}——对绕截面主轴（y轴）的受压边缘的有效截面模量（mm³）。

三、受弯构件支座处的腹板计算

　　受弯构件支座处的腹板，当有加劲肋时应按轴心受压构件式（6.4-5）进行其平面外的稳定性计算，计算长度取受弯构件截面的高度，截面积取加劲肋截面积及加劲肋两侧各 $15t_w\varepsilon_k$ 宽度范围内的腹板截面积之和（t_w 为腹板厚度）。若支座处无加劲肋，则应验算腹板的局部受压承载力。

6.4.4　拉弯和压弯构件计算

　　拉弯构件通常只进行截面强度计算，压弯构件除截面强度计算外，还应进行稳定性计算。同受弯构件一样，拉弯和压弯构件的计算也应考虑扭转（双力矩）的影响。对某些特殊截面，还应考虑畸变屈曲的影响。

一、拉弯和压弯构件的截面强度计算

　　同受弯构件一样，拉弯和压弯构件的截面强度计算也按截面边缘纤维屈服准则进行，不考虑构件截面的塑性发展，其截面强度计算应按下式进行：

$$\sigma = \frac{N}{A_{en}} \pm \frac{M_x}{W_{enx}} \pm \frac{M_y}{W_{eny}} \pm \frac{B}{W_{\omega}} \leqslant f \qquad (6.4\text{-}19)$$

式中　A_{en}——构件的有效净截面面积（mm²）；

　　　W_{enx}、W_{eny}——分别为构件对两个主轴（x、y轴）的有效净截面模量（mm³）。

对拉弯构件，若构件截面没有出现受压区，或受压板件全部有效时，式（6.4-19）中的截面特性可由净截面面积 A_n 和净截面模量 W_{nx}、W_{ny} 代替。应当注意，式（6.4-19）中的弯矩 M_x、M_y 和双力矩 B 应取自同一截面，且正负号选取应该使 σ 的绝对值最大。若产生弯矩的横向荷载通过截面剪心，则有 $B=0$。

二、压弯构件的整体稳定性计算

1. 双轴对称截面压弯构件

（1）弯矩作用平面内

双轴对称截面压弯构件，当弯矩作用在对称轴平面内时，应按下式计算弯矩作用平面内的稳定性：

$$\frac{N}{\varphi_x A_e} + \frac{\beta_{mx} M_x}{\left(1 - \dfrac{N}{N'_{Ex}}\varphi_x\right)W_{ex}} \leqslant f \qquad (6.4\text{-}20)$$

式中　N、M_x——分别为所计算构件范围内轴心压力设计值（N）和最大弯矩设计值（N·mm）；

φ_x——弯矩作用平面内轴心受压构件的稳定系数；

W_{ex}——在弯矩作用平面内对受压最大纤维的有效截面模量（mm³）；

N'_{Ex}——考虑抗力分项系数的欧拉临界力，$N'_{Ex} = \dfrac{\pi^2 EA}{\gamma_R \lambda_x^2}$（对 Q390，$\gamma_R$ 取 1.125；对其他钢材 γ_R 取 1.165）；

β_{mx}——等效弯矩系数，当构件端部无侧移且无中间横向荷载时取 $\beta_{mx} = 0.6 + 0.4\dfrac{M_2}{M_1}$（其中 M_1、M_2 分别为绝对值较大和较小的端弯矩，使构件产生同向曲率时取同号，使构件产生反向曲率时取异号），当构件端部无侧移但有中间横向荷载，或构件端部有侧移时取 $\beta_{mx} = 1.0$。

（2）弯矩作用平面外

双轴对称截面压弯构件，弯矩常作用在最大刚度平面内，以充分发挥构件的承载能力。此时除按式（6.4-20）进行弯矩作用平面内的稳定性计算外，还应按下式计算构件在弯矩作用平面外的稳定性：

$$\frac{N}{\varphi_y A_e} + \frac{\eta M_x}{\varphi_{bx} W_{ex}} \leqslant f \qquad (6.4\text{-}21)$$

式中　φ_y——弯矩作用平面外的轴心受压构件稳定系数；

η——截面系数，闭口截面 $\eta = 0.7$，其他截面 $\eta = 1.0$；

M_x——所计算构件段范围内的最大弯矩设计值（N·mm）；

φ_{bx}——受弯构件的整体稳定系数，按附录6.4.2的规定计算，对闭口截面 $\varphi_{bx} = 1.0$。

2. 单轴对称开口截面压弯构件

（1）弯矩作用在对称平面内

单轴对称开口截面压弯构件，当弯矩作用在对称平面内时，应按式（6.4-20）和式（6.4-21）分别计算构件在弯矩作用平面内和平面外的稳定性，但应注意在式（6.4-21）中，轴心受压构件的稳定系数 φ_y 应按弯扭屈曲的换算长细比来确定。单轴对称开口截面当计算弯矩作用平面外稳定性时，其弯扭屈曲换算长细比也可参照式（6.4-7）进行，但应考虑横向荷载作用位置对构件平面外稳定性的影响，对式（6.4-7）的有关参数进行修正（除注明外，其他参数意义不变）：

$$\lambda_\omega = \lambda_x \sqrt{\frac{s^2+a^2}{2s^2} + \sqrt{\left(\frac{s^2+a^2}{2s^2}\right)^2 - \frac{a^2-\alpha(e_0-e_x)^2}{s^2}}} \qquad (6.4\text{-}22)$$

式中 $a^2 = e_0^2 + i_x^2 + i_y^2 + 2e_x\left(\dfrac{U_y}{2I_y} - e_0 - \xi_2 e_a\right)$；

$U_y = \displaystyle\int_A x(x^2+y^2)\,dA$；

e_0 ——构件截面剪心到形心的距离；

e_x ——等效偏心距，$e_x = \pm\dfrac{\beta_{mx}M}{N}$（当偏心在截面剪心一侧时 e_x 为负，当偏心在截面剪心相对的另一侧时 e_x 为正），M 取计算构件段范围内的最大弯矩；

ξ_2 ——横向荷载作用位置影响系数，查附表 6.4.2-1 获得；

e_a ——横向荷载作用点到剪心的距离，对偏心压杆或当横向荷载作用在剪心上时取 $e_a = 0$；当荷载不作用在剪心且荷载方向指向剪心时 e_a 为负，而离开剪心时 e_a 为正。

理论计算和试验研究表明，对于常用的单轴对称开口截面压弯构件，若作用在对称轴平面内的弯矩所得的等效偏心距位于截面剪心一侧，且其绝对值不小于 $e_0/2$ 时，构件将不会发生弯扭屈曲，可不计算其在弯矩作用平面外的稳定性。

当弯矩作用在对称轴平面内且使截面在剪心一侧受压时（如图 6.4-1 所示），可能会使受拉侧首先屈服，因此还应按下式进行补充计算：

$$\left|\frac{N}{A_e} - \frac{\beta_{my}M_y}{\left(1-\dfrac{N}{N'_{Ey}}\right)W'_{ey}}\right| \le f \qquad (6.4\text{-}23)$$

式中 β_{my} ——等效弯矩系数，同式（6.4-20）中 β_{mx} 的取值规定；

W'_{ey} ——构件对 y 轴的较小有效净截面模量（mm^3）；

N'_{Ey} ——考虑抗力分项系数的欧拉临界力，$N'_{Ey} = \dfrac{\pi^2 EA}{\gamma_R \lambda_y^2}$。

（2）弯矩作用在非对称主平面内

单轴对称开口截面压弯构件，若弯矩作用在非对称主平面内时，应考虑扭转（双力矩）对其稳定性的影响，分别按下列公式计算其在弯矩作用平面内和平面外的稳定性：

$$\frac{N}{\varphi_x A_e} + \frac{\beta_{mx}M_x}{\left(1-\dfrac{N}{N'_{Ex}}\varphi_x\right)W_{ex}} + \frac{B}{W_\omega} \le f \qquad (6.4\text{-}24)$$

$$\frac{N}{\varphi_y A_e} + \frac{\eta M_x}{\varphi_{bx}W_{ex}} + \frac{B}{W_\omega} \le f \qquad (6.4\text{-}25)$$

应当注意，在使用式（6.4-24）计算构件在弯矩作用平面内稳定性时，轴心受压构件稳定系数 φ_x 的确定应按弯扭屈曲的换算长细比来确定，换算长细比可由式（6.4-7）算得。

3. 双轴对称截面双向压弯构件

双轴对称截面双向压弯构件在弯矩作用平面内和平面外的稳定性计算应分别按下列公式进行：

$$\frac{N}{\varphi_x A_e} + \frac{\beta_{mx} M_x}{\left(1 - \frac{N}{N'_{Ex}} \varphi_x\right) W_{ex}} + \frac{\eta M_y}{\varphi_{by} W_{ey}} \leqslant f \qquad (6.4\text{-}26)$$

$$\frac{N}{\varphi_y A_e} + \frac{\eta M_x}{\varphi_{bx} W_{ex}} + \frac{\beta_{my} M_y}{\left(1 - \frac{N}{N'_{Ey}} \varphi_y\right) W_{ey}} \leqslant f \qquad (6.4\text{-}27)$$

4. 格构式压弯构件

格构式压弯构件，当弯矩绕实轴（x 轴）作用时，其弯矩作用平面内和平面外的整体稳定性计算均与实腹式构件相同，但在计算弯矩作用平面外稳定性时，稳定系数 φ_y 应根据格构式构件缀材情况按式（6.4-8）、（6.4-9）和（6.4-10）计算所得的换算长细比 λ_{0y} 来确定，且取 $\varphi_b = 1.0$。

当弯矩绕虚轴（y 轴）作用时，其弯矩作用平面内的整体稳定性应按下式计算：

$$\frac{N}{\varphi_y A_e} + \frac{\beta_{my} M_y}{\left(1 - \frac{N}{N'_{Ey}} \varphi_y\right) W_{ey}} \leqslant f \qquad (6.4\text{-}28)$$

应当注意，式（6.4-28）中 φ_y、N'_{Ey} 均应按换算长细比 λ_{0y} 来确定。弯矩作用平面外的整体稳定性通常可不计算，但应计算分肢的稳定性，保证分肢不先于整体构件发生破坏。

格构式压弯构件的缀材承受构件的横向剪力，从理论上看应该是实际剪力和由构件初弯曲导出的剪力式（6.4-11）相叠加的结果，但考虑到这样叠加的几率很小，因此冷弯规范规定按构件的实际剪力和式（6.4-11）所计算的剪力取两者中的较大值计算。

6.4.5　构件中的受压板件

为发挥冷弯型钢的经济效益，在冷弯型钢构件设计中通常利用了板件的屈曲后强度，使构件截面做得宽而薄。冷弯规范针对板件的边缘约束情况，分加劲板件、部分加劲板件和非加劲板件三种情况考虑。加劲板件即为两纵边均与其他板件相连接的板件；部分加劲板件即为一纵边与其他板件相连接，另一纵边由符合刚度要求的卷边加劲的板件；非加劲板件即为一纵边与其他板件相连接，另一纵边为自由边的板件。例如，箱形截面构件的腹板和翼缘均为加劲板件；槽形截面构件的腹板是加劲板件，翼缘是非加劲板件；卷边槽形截面构件的腹板是加劲板件，翼缘是部分加劲板件。

一、受压板件的有效宽度

受压板件的有效宽厚比除与板件的宽厚比、所受应力的大小和分布情况、板件纵边的支承类型等因素有关外，还与邻接板件对它的约束程度有关，冷弯规范给出了加劲板件、部分加劲板件和非加劲板件有效宽厚比的计算公式：

当 $\dfrac{b}{t} \leqslant 18\alpha\rho$ 时

$$\frac{b_e}{t} = \frac{b_c}{t} \qquad (6.4\text{-}29a)$$

当 $18\alpha\rho < \dfrac{b}{t} < 38\alpha\rho$ 时

$$\frac{b_{\mathrm{e}}}{t} = \left(\sqrt{\dfrac{21.8\alpha\rho}{\dfrac{b}{t}}} - 0.1 \right) \frac{b_{\mathrm{c}}}{t} \tag{6.4-29b}$$

当 $\dfrac{b}{t} \geqslant 38\alpha\rho$ 时

$$\frac{b_{\mathrm{e}}}{t} = \frac{25\alpha\rho}{\dfrac{b}{t}} \cdot \frac{b_{\mathrm{c}}}{t} \tag{6.4-29c}$$

式中　b——板件宽度；

　　　t——板件厚度；

　　　b_{e}——板件有效宽度；

　　　α——计算系数，$\alpha = 1.15 - 0.15\psi$，当 $\psi < 0$ 时，取 $\alpha = 1.15$；

　　　ψ——应力分布不均匀系数，$\psi = \dfrac{\sigma_{\min}}{\sigma_{\max}}$（$\sigma_{\max}$ 为受压板件边缘的最大压应力，取正值；$\sigma_{\min}$ 为受压板件另一边缘的应力，以压应力为正，拉应力为负），应力值按毛截面强度计算，不考虑双力矩的影响；

　　　b_{c}——板件受压区宽度，当 $\psi \geqslant 0$ 时，取 $b_{\mathrm{c}} = b$；当 $\psi < 0$ 时，取 $b_{\mathrm{c}} = \dfrac{b}{1-\psi}$；

　　　ρ——计算系数，$\rho = \sqrt{\dfrac{205k_1 k}{\sigma_1}}$；

　　　σ_1——受压板件边缘的最大控制应力，对轴心受压构件，取 $\sigma_1 = \varphi_{\min} f$（$\varphi_{\min}$ 为按构件最大长细比确定的轴心受压构件稳定系数）；对压弯构件，取最大压应力板件 $\sigma_1 = f$，其他板件根据 σ_1、ψ 推算；对拉弯构件，各板件的 σ_1 值可按构件毛截面强度的计算结果，不考虑双力矩的影响；

　　　k——板件的受压稳定系数，与板件纵边的支承类型和板件所受应力的分布情况有关；

　　　k_1——板组约束系数，与邻接板件的约束程度有关，若不计相邻板件的约束作用，可取 $k_1 = 1.0$。

宽厚比很大的受压板件，在板件中部设置加劲肋能提高板件的承载能力，提高幅度与加劲肋刚度直接相关。对此类中间加劲板件，其有效宽度可按"等效板件"法确定（如图 6.4-6 所示），此时板件的等效厚度可按下式计算：

$$t_{\mathrm{s}} = \sqrt[3]{\frac{12 I_{\mathrm{sp}}}{b}} \tag{6.4-30}$$

式中　I_{sp}——中间加劲板件对中和轴的惯性矩（mm^4）；

　　　b——中间加劲板件的总宽度（mm）。

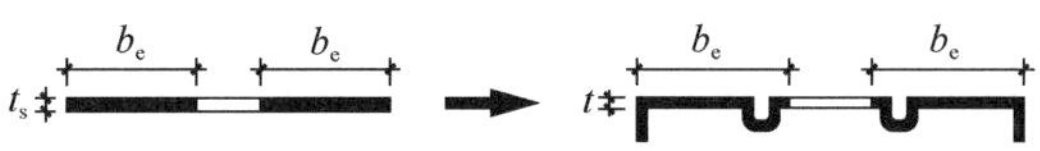

图 6.4-6　采用"等效板件"法确定中间加劲板件的有效宽度

二、受压板件的稳定系数 k

1. 加劲板件

当 $1 \geqslant \psi > 0$ 时

$$k = 7.8 - 8.15\psi + 4.35\psi^2 \tag{6.4-31a}$$

当 $0 \geqslant \psi \geqslant -1$ 时

$$k = 7.8 - 6.29\psi + 9.78\psi^2 \tag{6.4-31b}$$

2. 部分加劲板件

（1）最大压应力作用于支承边（如图 6.4-7a 所示）

当 $-1 \leqslant \psi \leqslant -\dfrac{1}{3 + 12a/b}$ 时

$$k = 2(1-\psi)^3 + 2(1-\psi) + 4 \tag{6.4-32a}$$

当 $-\dfrac{1}{3 + 12a/b} \leqslant \psi \leqslant 1$ 时

$$k = \frac{\dfrac{(b/\lambda)^2}{3} + 0.142 + 10.92\dfrac{Ib}{\lambda^2 t^3}}{0.083 + (0.25 + a/b)\psi} \leqslant 2(1-\psi)^3 + 2(1-\psi) + 4 \tag{6.4-32b}$$

（2）最大压应力作用于部分加劲边（如图 6.4-7b 所示）

当 $\psi \geqslant -1$ 时

$$k = \frac{\dfrac{(b/\lambda)^2}{3} + 0.142 + 10.92\dfrac{Ib}{\lambda^2 t^3}}{\psi/12 + a/b + 0.25} \leqslant 2(1-\psi)^3 + 2(1-\psi) + 4 \tag{6.4-32c}$$

式中 λ ——畸变屈曲半波长和构件计算长度的最小值，畸变屈曲半波长 λ_d 可按下列公式计算：

$$\frac{\lambda}{\lambda_d} = \pi \left[\frac{b^2 h_w}{3(3 - \psi_w)}\left(b + \frac{32.8I}{t^3}\right) \right]^{0.25} \tag{6.4-33}$$

　　b ——带卷边板件的宽度；

　　a ——卷边高度；

　　t ——板件厚度；

　　I ——卷边相对于卷边和带卷边板件形心轴的惯性矩，可按 $I = a^3 t\dfrac{1 + 4b/a}{12(1 + b/a)}$ 近

　　　　似计算；

　　h_w ——构件腹板高度；

3. 非加劲板件

（1）最大压应力作用于支承边（如图 6.4-7c 所示）

当 $1 \geqslant \psi > 0$ 时

$$k = 1.70 - 3.025\psi + 1.75\psi^2 \tag{6.4-34a}$$

当 $0 \geqslant \psi > -0.4$ 时

$$k = 1.70 - 1.75\psi + 55\psi^2 \tag{6.4-34b}$$

当 $-0.4 \geqslant \psi > -1$ 时

$$k = 6.07 - 9.51\psi + 8.33\psi^2 \tag{6.4-34c}$$

（2）最大压应力作用于自由边（如图6.4-7d所示）

当 $\psi \geqslant -1$ 时

$$k = 0.567 - 0.213\psi + 0.071\psi^2 \tag{6.4-34d}$$

应当注意，当 $\psi < -1$ 时，上述各式的 k 值按 $\psi = -1$ 计算。

三、板组约束系数 k_1

板组约束系数 k_1 与构件截面形式、截面几何尺寸以及所受应力的大小和分布情况等有关。不同的截面形式和不同的受力状况，板组约束系数有所区别，但对于常用的冷弯型钢构件，其截面形式和尺寸变化幅度不大，且构件有效截面特性与板组约束系数的关系并不十分敏感，为了使用上的方便，对厚度小于2mm的受压板件，其有效宽度计算应考虑相邻板件的约束作

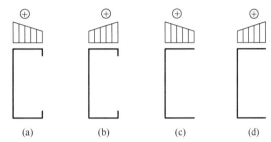

图6.4-7　部分加劲板件和非加劲板件的
应力分布示意图

用，并统一给出了加劲板件、部分加劲板件和非加劲板件的板组约束系数计算公式如下：

当 $\xi \leqslant 1.1$ 时

$$k_1 = \frac{1}{\sqrt{\xi}} \tag{6.4-35a}$$

当 $\xi > 1.1$ 时

$$k_1 = 0.11 + \frac{0.93}{(\xi - 0.05)^2} \tag{6.4-35b}$$

式中　$\xi = \dfrac{c}{b}\sqrt{\dfrac{k}{k_c}}$；

　　　b——计算板件的宽度；

　　　c——与计算板件邻接的板件的宽度，如果计算板件两边均有邻接板件，即计算板件为加劲板件时，取压应力较大一边的邻接板件的宽度；

　　　k——计算板件的受压稳定系数；

　　　k_c——邻接板件的受压稳定系数。

板组约束系数 k_1 不可能无限大，有上限值 k_1'，对加劲板件 $k_1' = 1.7$，对部分加劲板件 $k_1' = 2.4$，对非加劲板件 $k_1' = 3.0$。若按式（6.4-35a、b）计算所得 $k_1 > k_1'$，则应取 $k_1 = k_1'$。当计算板件只有一边有邻接板件，即计算板件为非加劲板件或部分加劲板件，且邻接板件受拉时，应取 $k_1 = k_1'$。

四、开圆孔的均匀受压加劲板件有效宽度

开洞对受压板件的承载性能不利，在设计中应予以考虑，实际操作中是对开洞受压板件的有效宽度进行折减。对开圆孔的均匀受压加劲板件，其有效宽度 b_e' 的计算公式如下：

当 $\dfrac{d_0}{b} \leqslant 0.1$ 时

$$b_e' = b_e \tag{6.4-36a}$$

当 $0.1 < \dfrac{d_0}{b} \leqslant 0.5$ 时

$$b'_e = b_e - \frac{0.91d_0}{\lambda_c^2} \tag{6.4-36b}$$

当 $0.5 < \dfrac{d_0}{b} \leqslant 0.7$ 时

$$b'_e = b_e - \frac{1.11d_0}{\lambda_c^2} \tag{6.4-36c}$$

$$\lambda_c = 0.53\,\frac{b}{t}\sqrt{\frac{f_y}{E}}$$

式中　d_0——圆孔直径；

　　　b_e——相应未开孔均匀受压加劲板件的有效宽度；

　　　b、t——分别为加劲板件的宽度和厚度。

五、部分加劲板件的卷边高厚比

作为部分加劲板件边加劲的卷边除应具有一定的刚度外，还应不先于板件发生失稳破坏。为此，冷弯规范给出了部分加劲板件的卷边最小高厚比要求，见表 6.4-3。另外，卷边的高厚比通常不宜大于 12。

卷边的最小高厚比　　　　　　　　　　　　　　　　表 6.4-3

b/t	15	20	25	30	35	40	45	50	55	60
a/t	5.4	6.3	7.2	8.0	8.5	9.0	9.5	10.0	10.5	11.0

注：b 为带卷边板件的宽度；a 为卷边高度；t 为板件厚度。

六、受压板件的有效截面

当受压板件的宽厚比超过式（6.4-29a、b、c）计算所得的有效宽厚比时，受压板件的有效截面应在截面的受压部分按图 6.4-8 所示位置扣除其超出部分来确定（即图中带斜线部分），截面的受拉部分全部有效。

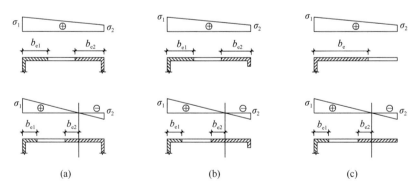

图 6.4-8　受压板件的有效截面

(a) 加劲板件；(b) 部分加劲板件；(c) 非加劲板件

图 6.4-8 中的 b_{e1} 和 b_{e2} 应按下列规定计算：

1. 加劲板件

当 $\psi \geqslant 0$ 时

$$\begin{cases} b_{e1} = \dfrac{2b_e}{5-\psi} \\ b_{e2} = b_e - b_{e1} \end{cases} \tag{6.4-37a}$$

当 $\psi < 0$ 时

$$\begin{cases} b_{e1} = 0.4b_e \\ b_{e2} = 0.6b_e \end{cases} \tag{6.4-37b}$$

2. 部分加劲板件和非加劲板件的 b_{e1} 和 b_{e2} 按式（6.4-37b）计算。

应当注意，对圆管截面，当其外径与壁厚之比不大于 100（对 Q235 钢）或 68（对 Q345 钢）时，可认为其截面全部有效。

6.4.6　畸变屈曲对开口截面构件承载力的影响

冷弯型钢构件的各个板件之间是相互约束的，相邻的强板会对弱板屈曲起支承作用，截面各板件具有屈曲相关性。开口截面构件除了发生整体屈曲和局部屈曲以外，还有可能发生所谓的畸变屈曲，此时板件相交的棱线不再保持直线，整个截面发生畸变。例如如图 6.4-9 所示的卷边槽钢截面，分别发生局部屈曲和畸变屈曲。畸变屈曲的临界应力可用弹性稳定理论求解，但计算比较复杂。本节给出的计算公式主要是以 Lau 和 Hancock 所提出的计算模型为基础，经适当简化得出的。

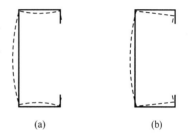

图 6.4-9　卷边槽钢的局部
屈曲和畸变屈曲
(a) 局部屈曲；(b) 畸变屈曲

一、不考虑畸变屈曲的构造要求

冷弯型钢开口截面构件不考虑畸变屈曲对其承载力影响的构造要求（满足下列情况之一即可）：

1）构件受压翼缘有可靠的限制畸变屈曲变形的约束；

2）构件自由长度小于构件畸变屈曲半波长 λ_d 的一半；

3）构件截面采取了其他有效抑制畸变屈曲发生的措施。

二、考虑畸变屈曲的轴心受压构件

1. 带卷边的开口截面

带卷边的开口截面轴心受压构件，当需要考虑畸变屈曲对其承载力影响时，应按下列公式进行计算：

$$\frac{N}{A_{cd}} \leqslant f \tag{6.4-38}$$

当 $\lambda_{cd} \leqslant 1.414$ 时

$$A_{cd} = A_g \left[1 - \frac{\lambda_{cd}^2}{4} \right] \tag{6.4-39a}$$

当 $1.414 < \lambda_{cd} \leqslant 3.6$ 时

$$A_{cd} = A_g \left[0.55 \left(\lambda_{cd} - 3.6 \right)^2 + 0.237 \right] \tag{6.4-39b}$$

式中　A_g——构件的毛截面面积；

A_{cd}——轴心受压构件畸变屈曲的有效截面面积；

λ_{cd} ——无量纲长细比，$\lambda_{cd} = \sqrt{\dfrac{f_y}{\sigma_{cd}}}$；

σ_{cd} ——轴心受压构件的畸变屈曲应力，按附录 6.4.3 计算。

2. 拼合截面

拼合截面的轴心受压构件，当需要考虑畸变屈曲对其承载力影响时，其稳定性应按下式计算：

$$N \leqslant N_{Ru} \tag{6.4-40}$$

式中　N_{Ru} ——拼合截面轴心受压构件的稳定承载力设计值，按下列规定计算：

1）对 x 轴，一般情况可取单个开口截面构件的稳定承载力乘以截面个数。

2）对 y 轴，对如图 6.4-10a、b 所示截面，其拼合连接符合相关构造要求时，可按整体截面计算；对如图 6.4-10c 所示的抱合箱形截面，其拼合处有可靠连接且构件长细比大于 50 时，可取单个开口截面对自身形心 y 轴的弯曲稳定承载力乘以截面个数的 1.2 倍。

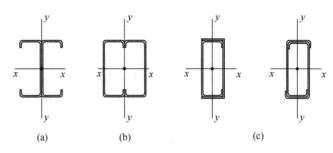

图 6.4-10　常用的冷弯型钢拼合截面构件

（a）工字形截面；（b）箱形截面；（c）抱合箱形截面

三、考虑畸变屈曲的受弯构件

1. 卷边槽形截面

绕对称轴受弯的卷边槽形截面受弯构件，当需要考虑畸变屈曲对其承载力影响时，应按下列公式进行计算：

当 $k_\phi \geqslant 0$ 时

$$M \leqslant M_{Rd} \tag{6.4-41a}$$

当 $k_\phi < 0$ 时

$$M \leqslant \frac{W_e}{W} M_{Rd} \tag{6.4-41b}$$

式中　k_ϕ ——系数，按附录 6.4.3 计算；

W ——构件的截面模量；

W_e ——构件的有效截面模量，当计算板件有效宽厚比时，截面的应力分布按全截面承受 $\gamma_R M_{Rd}$ 弯矩值计算；

M_{Rd} ——受弯构件畸变屈曲抗弯承载力设计值，按下列规定计算：

（1）畸变屈曲的模态为卷边槽形和 Z 形截面的翼缘绕翼缘与腹板的交线转动

当 $\lambda_{md} \leqslant 0.673$ 时

$$M_{Rd} = Wf \tag{6.4-42a}$$

当 $\lambda_{md} > 0.673$ 时

$$M_{Rd} = \frac{Wf}{\lambda_{md}}\left(1 - \frac{0.22}{\lambda_{md}}\right) \qquad (6.4\text{-}42b)$$

（2）畸变屈曲的模态为竖直腹板横向弯曲且受压翼缘发生横向位移

当 $\lambda_{md} \leqslant 1.414$ 时

$$M_{Rd} = Wf\left(1 - \frac{\lambda_{md}}{4}\right) \qquad (6.4\text{-}43a)$$

当 $\lambda_{md} > 1.414$ 时

$$M_{Rd} = \frac{Wf}{\lambda_{md}^2} \qquad (6.4\text{-}43b)$$

式中　　λ_{md}——无量纲长细比，$\lambda_{md} = \sqrt{\dfrac{f_y}{\sigma_{md}}}$；

　　　　σ_{md}——受弯构件的畸变屈曲应力，按附录 6.4-3 计算。

2. 拼合截面

如图 6.4-10 所示的拼合截面受弯构件，当计算其截面强度和稳定性时，其截面几何特性可取各单个开口截面绕本身形心主轴几何特性之和。对抱合箱形截面，当截面拼合连接处有可靠保证时，将构件翼缘部分作为部分加劲板件按照叠加后的厚度来考虑组合后截面的有效宽厚比。

四、考虑畸变屈曲的压弯构件

当需要考虑畸变屈曲对压弯构件承载力影响时，应按下列公式进行计算：

$$\frac{N}{N_R} + \frac{\beta_m M}{M_R} \leqslant 1 \qquad (6.4\text{-}44)$$

式中　　N_R——轴心受压承载力设计值，$N_R = \min(N_{RC}, N_{RA})$；

　　　　M_R——抗弯承载力设计值，$M_R = \min(M_{RC}, M_{RA})$；

　　　　N_{RC}——整体屈曲时轴心受压承载力设计值，$N_{RC} = \varphi A_e f$；

　　　　N_{RA}——畸变屈曲时轴心受压承载力设计值，$N_{RA} = A_{cd} f$；

　　　　M_{RC}——考虑轴力影响的整体屈曲抗弯承载力设计值，$M_{RC} = \left(1 - \dfrac{N}{N_E'}\varphi\right)W_e f$；

　　　　M_{RA}——考虑轴力影响的畸变屈曲抗弯承载力设计值，$M_{RA} = \left(1 - \dfrac{N}{N_E'}\varphi\right)M_{Rd}$；

　　　　φ——轴心受压构件的稳定系数；

　　　　A_e——有效截面面积，当受压板件宽厚比大于 60 时，有效宽度应进行折减，按
　　　　　　　$b_{es} = b_e - 0.1t\left(\dfrac{b}{t} - 60\right)$ 计算；

　　　　N_E'——考虑抗力分项系数的欧拉临界力，$N_E' = \dfrac{\pi^2 EA}{\gamma_R \lambda^2}$；

　　　　β_m——等效弯矩系数。

附录 6.4.1　简支梁双力矩的计算

简支梁的双力矩 B 可根据荷载情况按附表 6.4.1-1 中所列公式计算。

简支梁双力矩 B 的计算公式　　　　　　　　　　　附表 6.4.1-1

序号	I	II	III
荷载简图			
任意截面处	$B = \dfrac{Fe}{2k} \cdot \dfrac{\text{sh}kz}{\text{ch}\dfrac{kl}{2}}$	当 $z = z_1$ 时 $B = \dfrac{F \cdot e}{k} \cdot \dfrac{\text{ch}\dfrac{kl}{6}}{\text{ch}\dfrac{kl}{2}} \cdot \text{sh}kz_1$ 当 $z = z_2$ 时 $B = \dfrac{F \cdot e}{k} \cdot \dfrac{\text{sh}\dfrac{kl}{3}}{\text{ch}\dfrac{kl}{2}}\text{ch}k\left(\dfrac{l}{2} - z_2\right)$	$B = \dfrac{q \cdot e}{k^2}\left[1 - \dfrac{\text{ch}k\left(\dfrac{l}{2} - z\right)}{\text{ch}\dfrac{kl}{2}}\right]$
跨中	$B_{\max} = 0.02\delta \cdot F \cdot e \cdot l$	$B_{\max} = 0.02\delta \cdot F \cdot e \cdot l$	$B_{\max} = 0.01\delta \cdot q \cdot e \cdot l^2$

注：k 为弯扭特性系数，$k = \sqrt{GI_t/EI_\omega}$；$G$ 为钢材的剪变模量，$G = 0.79 \times 10^5\,\text{N}/\text{mm}^2$；$\delta$ 为 $B_{\max}$ 的计算系数，由附图 6.4.1-1 查得。

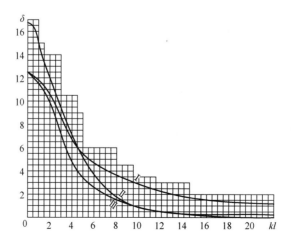

附图　6.4.1-1　δ-kl 图

由双力矩 B 所产生的正向应力符号按附表 6.4.1-2 采用。

由双力矩 B 所引起的正应力符号　　　　　　　　　附表 6.4.1-2

荷载与 截面简图 截面 上的点				
1	$-$	$+$	$+$	
2	$+$	$+$	$-$	$+$
3	$+$	$-$	$+$	$-$
4	$-$	$+$	$+$	$+$

注：1. 表中正应力符号"$+$"代表压应力，"$-$"代表拉应力；

2. 表中外荷载 F 绕截面剪心 A 顺时针方向旋转；如外荷载 F 绕截面剪心 A 逆时针方向旋转，则表中所有符号均应反号。

附录 6.4.2　受弯构件的整体稳定系数

1. 对如图 6.4-3 所示的单轴或双轴对称截面（包括反对称截面）简支梁，当绕对称轴（x 轴）弯曲时，其整体稳定系数应按下列公式计算：

$$\varphi_{bx} = \frac{4320Ah}{\lambda_y^2 W_x} \xi_1 \left(\sqrt{\eta^2 + \zeta} + \eta \right) \varepsilon_k^2 \tag{F6.4.2-1}$$

$$\eta = \frac{2\xi_2 e_a}{h} \tag{F6.4.2-2}$$

$$\zeta = \frac{4I_\omega}{h^2 I_y} + \frac{0.156I_t}{I_y} \left(\frac{l_0}{h} \right)^2 \tag{F6.4.2-3}$$

式中　λ_y ——梁在弯矩作用平面外的长细比；

　　　A ——毛截面面积（mm^2）；

　　　h ——梁截面高度（mm）；

　　　l_0 ——梁的侧向计算长度（mm），$l_0 = \mu_b l$；

　　　μ_b ——梁的侧向计算长度系数，按附表 6.4.2-1 采用；

　　　l ——梁的跨度（mm）；

　ξ_1、ξ_2 ——系数，按附表 6.4.2-1 采用；

　　　e_a ——横向荷载作用点到剪心的距离，对偏心压杆或当横向荷载作用在剪心时取 $e_a = 0$；当荷载不作用在剪心且荷载方向指向剪心时 e_a 为负，而离开剪心时 e_a 为正；

　　　W_x ——对 x 轴的受压边缘毛截面模量（mm^3）；

　　　ε_k ——钢号修正系数；

　　　I_ω ——毛截面扇性惯性矩（mm^6）；

　　　I_y ——对 y 轴的毛截面惯性矩（mm^4）；

　　　I_t ——扭转惯性矩（mm^4）。

若按式（F6.4.2-1）算得的 φ_{bx} 值大于 0.7，则应以 φ'_{bx} 值代替 φ_{bx}，φ'_{bx} 值应按下式计算：

$$\varphi'_{bx} = 1.091 - \frac{0.274}{\varphi_{bx}} \qquad (F6.4.2-4)$$

两端及跨间侧向均为简支的受弯构件的 ξ_1、ξ_2 和 μ_b 值　　　　附表 6.4.2-1

序号	弯矩作用平面内的荷载及支承情况	跨间无侧向支承 $\mu_b = 1.00$			跨中设一道侧向支承 $\mu_b = 0.50$			跨间有不少于两个等距离布置的侧向支承 $\mu_b = 0.33$		
		ξ_1	ξ_2	ξ_3	ξ_1	ξ_2	ξ_3	ξ_1	ξ_2	ξ_3
1	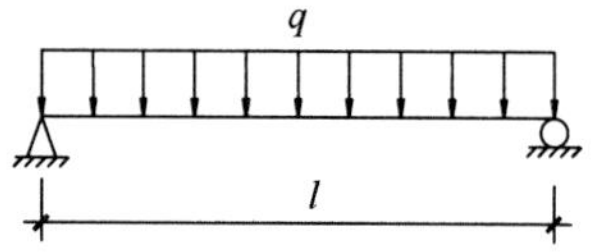	1.13	0.46	0.53	1.35	0.14	0.83	1.37	0.06	0.88
2	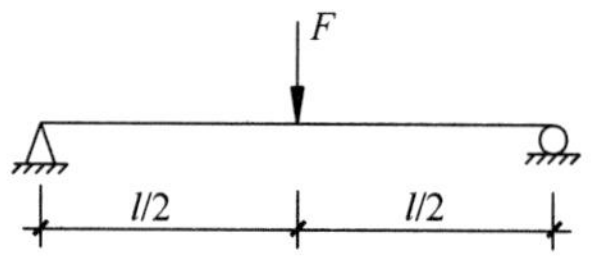	1.35	0.55	0.41	1.83	0	0.94	1.68	0.08	0.80
3	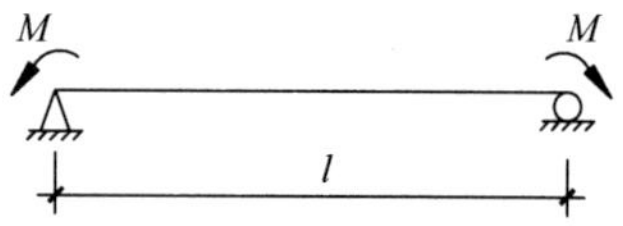	1.00	0	1.00	1.00	0	1.00	1.00	0	1.00
4	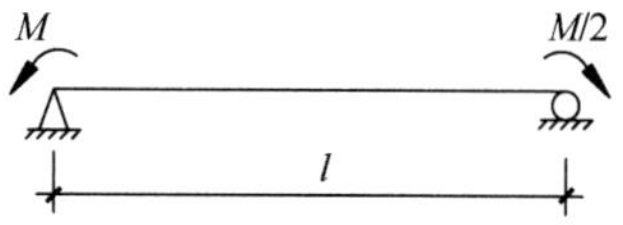	1.32	0	0.99	1.31	0	0.98	1.31	0	0.98
5	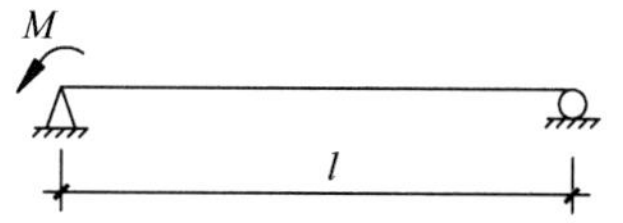	1.83	0	0.94	1.77	0	0.88	1.75	0	0.87
6	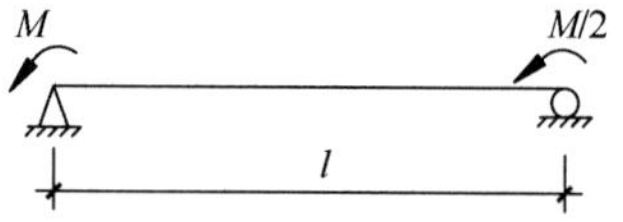	2.39	0	0.68	2.13	0	0.53	2.03	0	0.59
7	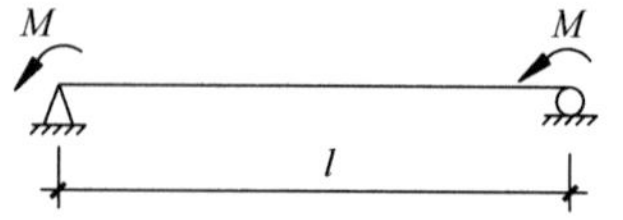	2.24	0	0	1.89	0	0	1.77	0	0

2. 对于如附图 6.4.2-1 所示单轴对称截面简支梁，x 轴（强轴）为不对称轴，当绕 x 轴弯曲时，其整体稳定系数仍可按式（F6.4.2-1）计算，但需以下式代替式（F6.4.2-2）：

$$\eta = \frac{2(\xi_2 e_a + \xi_3 \beta_y)}{h} \tag{F6.4.2-5}$$

$$\beta_y = \frac{U_x}{2I_x} - e_{0y} \tag{F6.4.2-6}$$

$$U_x = \int_A y(x^2 + y^2)\mathrm{d}A \tag{F6.4.2-7}$$

式中　I_x——对 x 轴的毛截面惯性矩；

　　　e_{0y}——弯心的 y 轴坐标；

　　　ξ_3——系数，按附表 6.4.2-1 采用。

3. 对如图 6.4-3 所示的单轴或双轴对称截面的简支梁，当绕 y 轴（弱轴）弯曲时（如附图 6.4.2-2 所示），其整体稳定系数 φ_{by} 应按下列公式计算：

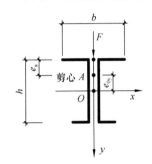

附图 6.4.2-1　单轴对称
截面示意图

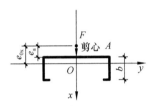

附图 6.4.2-2　单轴对称卷
边槽钢

$$\varphi_{by} = \frac{4320Ah}{\lambda_x^2 W_y} \xi_1 \left(\sqrt{\eta^2 + \zeta} + \eta\right) \varepsilon_k^2 \tag{F6.4.2-8}$$

$$\eta = \frac{2\xi_2 e_a + \xi_3 \beta_x}{b} \tag{F6.4.2-9}$$

$$\zeta = \frac{4I_\omega}{b^2 I_x} + \frac{0.156I_t}{I_x}\left(\frac{l_0}{b}\right)^2 \tag{F6.4.2-10}$$

当 y 轴为对称轴时

$$\beta_x = 0 \tag{F6.4.2-11a}$$

当 y 轴为非对称轴时

$$\beta_x = \frac{U_y}{2I_y} - e_{0x} \tag{F6.4.2-11b}$$

$$U_y = \int_A x(x^2 + y^2)\mathrm{d}A \tag{F6.4.2-11c}$$

式中　b——截面宽度（mm）；

　　　λ_x——弯矩作用平面外的长细比（对 x 轴）；

　　　W_y——对 y 轴的受压边缘毛截面模量（mm³）；

　　　e_{0x}——剪心的 x 轴坐标。

当 $\varphi_{by} > 0.7$ 时，也应以 φ'_{by} 代替 φ_{by}，φ'_{by} 按下式计算：

$$\varphi'_{by} = 1.091 - \frac{0.274}{\varphi_{by}} \tag{F6.4.2-12}$$

附录6.4.3　构件畸变屈曲应力计算

1. 卷边槽形截面构件的轴心受压畸变屈曲应力 σ_{cd} 可按下式计算：

$$\sigma_{cd} = \frac{E}{2A} \left\{ (\alpha_1 + \alpha_2) - \sqrt{(\alpha_1 + \alpha_2)^2 - 4\alpha_3} \right\} \tag{F6.4.3-1}$$

其中：

$$\alpha_1 = \frac{\eta}{\beta_1} (I_x b^2 + 0.039 J \lambda^2) + \frac{k_\phi}{\beta_1 \eta E} \tag{F6.4.3-2}$$

$$\alpha_2 = \eta \left(I_y + \frac{2}{\beta_1} \bar{y} b I_{xy} \right) \tag{F6.4.3-3}$$

$$\alpha_3 = \eta \left(\alpha_1 I_y + \frac{\eta}{\beta_1} I_{xy}^2 b^2 \right) \tag{F6.4.3-4}$$

$$\beta_1 = \bar{x}^2 + \frac{(I_x + I_y)}{A} \tag{F6.4.3-5}$$

$$\lambda = 4.80 \left(\frac{I_x b^2 h}{t^3} \right)^{0.25} \tag{F6.4.3-6}$$

$$\eta = \left(\frac{\pi}{\lambda} \right)^2 \tag{F6.4.3-7}$$

$$k_\phi = \frac{Et^3}{5.46(h + 0.06\lambda)} \left[1 - \frac{1.11\sigma'_{cd}}{Et^2} \left(\frac{h^2 \lambda}{h^2 + \lambda^2} \right)^2 \right] \tag{F6.4.3-8}$$

上式中的 σ'_{cd} 可由式（F6.4.3-1）计算，但其中 α_1 应改用下式计算：

$$\alpha_1 = \frac{\eta}{\beta_1} (I_x b^2 + 0.039 J \lambda^2) \tag{F6.4.3-9}$$

卷边受压翼缘的 A、$\bar{x}$、$\bar{y}$、J、I_x、I_y、I_{xy} 可通过下列公式确定：

$$A = (b + a)t \tag{F6.4.3-10}$$

$$\bar{x} = \frac{b^2 + 2ba}{2(b + a)} \tag{F6.4.3-11}$$

$$\bar{y} = \frac{a^2}{2(b + a)} \tag{F6.4.3-12}$$

$$J = \frac{t^3(b + a)}{3} \tag{F6.4.3-13}$$

$$I_x = \frac{bt^3}{12} + \frac{ta^3}{12} + bt\bar{y}^2 + at \left(\frac{a}{2} - \bar{y} \right)^2 \tag{F6.4.3-14}$$

$$I_y = \frac{tb^3}{12} + \frac{at^3}{12} + at(b - \bar{x})^2 + bt \left(\bar{x} - \frac{b}{2} \right)^2 \tag{F6.4.3-15}$$

$$I_{xy} = bt \left(\frac{b}{2} - \bar{x} \right)(-\bar{y}) + at \left(\frac{b}{2} - \bar{y} \right)(b - \bar{x}) \tag{F6.4.3-16}$$

式中　h ——腹板高度；

　　　b ——翼缘宽度；

　　　a ——卷边高度；

　　　t ——截面壁厚。

2. 卷边槽形和Z形截面构件绕对称轴弯曲时，畸变屈曲应力 σ_{md} 可按式（F6.4.3-1）

计算，但其中参数 λ、k_ϕ 应改用下列公式计算：

$$\lambda = 4.80 \left(\frac{I_x b^2 h}{2t^3}\right)^{0.25} \quad (\text{F}6.4.3\text{-}17)$$

$$k_\phi = \frac{2Et^3}{5.46(h + 0.06\lambda)}\left[1 - \frac{1.11\sigma'_{md}}{Et^2}\left(\frac{h^4\lambda^2}{12.56\lambda^4 + 2.192h^2 + 13.39\lambda^2 h^2}\right)\right]$$

$$(\text{F}6.4.3\text{-}18)$$

若 k_ϕ 为负值，则 k_ϕ 按式（F6.4.3-18）计算时，应取 $\sigma'_{md} = 0$。

如完全约束带卷边翼缘在畸变屈曲时的转动支撑间距小于由式（F6.4.3-17）计算得到的 λ 时，λ 应取支撑间距。

式（F6.4.3-18）中的 σ'_{md} 可由式（F6.4.3-1）、（F6.4.3-9）、（F6.4.3-3）、（F6.4.3-4）、（F6.4.3-5）、（F6.4.3-17）、（F6.4.3-7）和（F6.4.3-18）计算。

6.5 钢板剪力墙

6.5.1 钢板剪力墙的类别与适用范围

一、钢板剪力墙的分类

钢板剪力墙结构单元由内嵌钢板及边缘构件（梁、柱）组成，其内嵌钢板与框架的连接一般由鱼尾板过渡，即预先将鱼尾板与框架焊接，内嵌钢板再与鱼尾板焊接或栓接。当内嵌钢板沿结构某跨连续布置时，即形成钢板剪力墙体系。钢板剪力墙抵抗水平荷载主要通过墙板的拉力带和邻接柱子的抗倾覆力，整体受力特性类似于底端固接的竖向悬臂板梁：竖向边缘构件相当于翼缘，内嵌钢板相当于腹板；水平边缘构件则可近似等效为横向加劲肋。因为钢板是嵌入框架来参与抗侧移，一般不能脱离框架而独立地做成剪力墙，所以钢板剪力墙可被视为填充墙的范畴。

钢板剪力墙的平面布置宜规则、对称；竖向宜连续布置，材料强度与刚度宜自下而上逐渐减小，避免其侧向刚度与承载力突变。同一楼层内同方向抗侧力构件宜采用同一类型的钢板剪力墙。

钢板剪力墙结构的形式和种类很多，分类方法也各异。根据内嵌墙板抵抗屈曲的能力，可概括性的分为非加劲钢板剪力墙（图 6.5-1a、b）、加劲钢板剪力墙（图 6.5-1c）、防屈曲钢板剪力墙（图 6.5-1d）、钢板组合剪力墙（图 6.5-1e）及开缝钢板剪力墙（图 6.5-1f）。根据内嵌钢板与框架柱是否连接，钢板剪力墙结构还可以分为四边连接和两边连接两种形式，四边连接钢板剪力墙的内嵌墙板四边均与周边框架连接，两边连接钢板剪力墙的内嵌墙板仅上下边与框架梁连接，与框架柱不连接。《钢结构设计标准》GB 50017—2017 建议钢板剪力墙可使用纯钢板剪力墙、防屈曲钢板剪力墙和组合剪力墙三种，其中纯钢板剪力墙包括非加劲钢板剪力墙和加劲钢板剪力墙。

非加劲钢板剪力墙是仅由框架内嵌钢板构成的钢板剪力墙。非加劲且高厚比较大的墙板承担水平荷载时，沿墙板的对角方向产生受压屈曲后形成拉力带，其在提供水平强度和刚度上是一种经济的选择；承担竖向荷载时，能力较差宜按不承受竖向荷载进行设计计算，实际工程中通过采用连接构造和施工措施予以实现这种假定。

非加劲钢板剪力墙的高厚比，应满足下式要求：

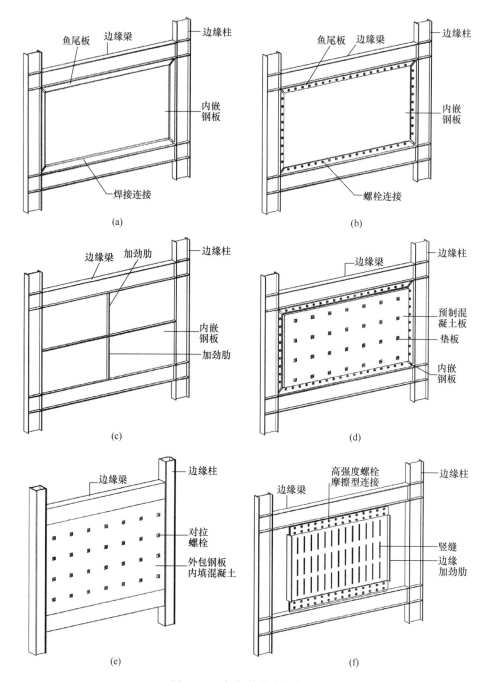

图 6.5-1　钢板剪力墙的类型

（a）非加劲钢板剪力墙之一；（b）非加劲钢板剪力墙之二；（c）加劲钢板剪力墙；
（d）防屈曲钢板剪力墙；（e）钢板组合剪力墙；（f）开缝钢板剪力墙

$$\lambda \leqslant 600 \qquad (6.5\text{-}1a)$$

$$\lambda = \frac{H_e}{t_w} \cdot \frac{1}{\varepsilon_k} \qquad (6.5\text{-}1b)$$

式中　λ——钢板剪力墙的相对高厚比；

f_y——钢材的屈服强度;

H_e——钢板剪力墙的净高度;

t_w——钢板剪力墙的厚度。

非加劲钢板剪力墙可利用其屈曲后强度承担剪力,在结构中不宜承担竖向荷载,与周边框架的连接宜在主体结构封顶后进行。当非加劲钢板剪力墙承受竖向荷载时,计算中应考虑竖向应力对剪力墙承载力的影响,即当钢板剪力墙与主体结构同步安装,必须考虑后期施工对钢板墙受力性能带来的不利影响,在结构计算中采用墙板厚度折减的方法来考虑二者同步施工的影响,折减系数 ψ 按下式计算:

$$\psi = 1 - \chi \tag{6.5-2}$$

式中 χ——主体结构在钢板剪力墙所在楼层的层间竖向压缩变形 Δ 与层高 H 比值的 100 倍, $\chi = 100\Delta/H$。

加劲钢板剪力墙是在内嵌钢板上加设加劲肋以抑制平面外屈曲的钢板剪力墙。如同梁腹板一样,通过引入加劲肋来减少腹板的高厚比从而提高强度。加劲钢板剪力墙的加劲肋与内嵌钢板可采用焊接或螺栓连接。加劲肋的布置形式取决于荷载作用形式,布置形式主要有图 6.5-2 中的几种:加劲肋仅水平布置(图 6.5-2a);加劲肋仅竖向布置(图 6.5-2b);加劲肋水平与竖向混合布置(图 6.5-2c);加劲肋斜向交叉布置(图 6.5-2d)。

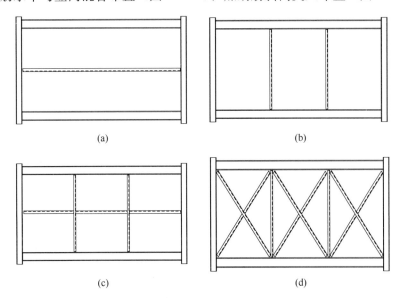

图 6.5-2 加劲肋的布置形式

(a) 加劲肋仅水平布置;(b) 加劲肋仅竖向布置;

(c) 加劲肋水平与竖向混合布置;(d) 加劲肋斜向交叉布置

加劲钢板剪力墙的加劲肋可采用单板、热轧型钢或冷弯薄壁型钢等加劲构件,并可采用开口或闭口形式截面,如图 6.5-3 和图 6.5-4。

防屈曲钢板剪力墙是在内嵌钢板面外设置约束构件以抑制平面外屈曲的钢板剪力墙。防止钢板屈曲的构件可采用混凝土板,也可以采用型钢或密肋格板;混凝土板等仅起到限制钢板平面外屈曲的目的,其与钢板剪力墙之间按无粘结作用考虑,并且不考虑其对钢板抗侧刚度和承载力的贡献。防屈曲钢板剪力墙的高厚比宜满足公式(6.5-1)的要求。

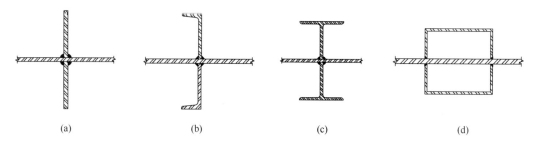

(a)　　　　　　　(b)　　　　　　　(c)　　　　　　　(d)

图 6.5-3　焊接加劲肋

（a）单板加劲肋；（b）热轧型钢加劲肋（角钢）；（c）热轧型钢加劲肋（T 型截面）；

（d）焊接钢板闭口加劲肋（修改）

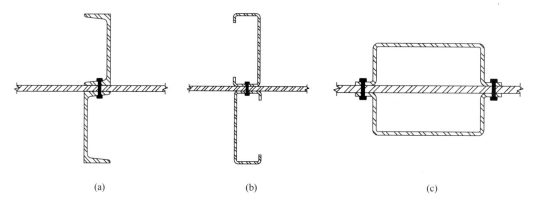

(a)　　　　　　　　　(b)　　　　　　　　　(c)

图 6.5-4　栓接加劲肋

（a）热轧型钢加劲肋；（b）冷弯薄壁型钢加劲肋；（c）冷弯薄壁型钢闭口加劲肋

采用混凝土盖板时，盖板与边缘框架之间应预留间隙，每侧间隙 a 应满足下式要求：

$$a \geqslant \Delta \tag{6.5-3a}$$

$$\Delta = H_e[\theta_p] \tag{6.5-3b}$$

式中　$[\theta_p]$——弹塑性层间位移角限值，可取 1/50，其他参数如图 6.5-5。

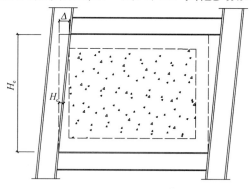

图 6.5-5　混凝土板与框架缝隙

防屈曲钢板剪力墙与周边框架可采用图 6.5-6 中的连接方式。

内嵌钢板与两侧混凝土盖板可通过螺栓连接。内嵌钢板的螺栓孔直径应比连接螺栓直径大 2.0～2.5mm。防屈曲钢板剪力墙中单侧混凝土盖板厚度不宜小于 80mm，混凝土盖板在两个方向的配筋率均不应小于 0.25%，且钢筋最大间距不宜大于 250mm，钢筋的保

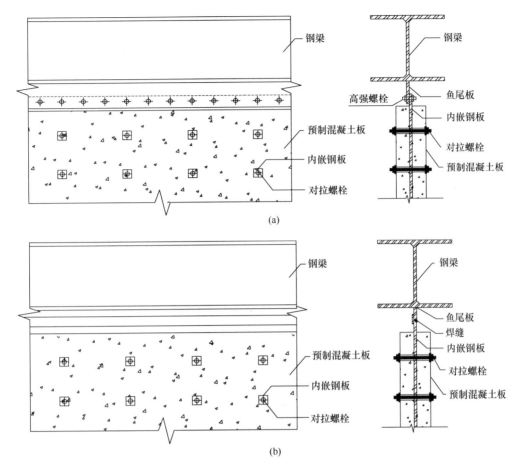

图 6.5-6 防屈曲钢板剪力墙与周边框架的连接方式
(a) 螺栓连接方式; (b) 焊接连接方式

护层厚度不小于 15mm。同时，应在混凝土盖板的双层双向钢筋网之间设置联系钢筋，并应在板边缘处加强，混凝土盖板四周宜设置直径不小于 10mm 的 2 根周边钢筋。

相邻螺栓中心距离 d 与内嵌钢板厚度的比值不宜超过 100。作为约束钢板平面外屈曲的混凝土板一般两面设置，单侧混凝土板的约束刚度比 η_c 应满足下式要求：

$$\eta_c \geqslant \begin{cases} 1.15 & \lambda \leqslant 200 \\ 0.454 + 0.44\lambda & \lambda > 200 \end{cases} \tag{6.5-4a}$$

$$\eta_c = \frac{1.48 k_s E_c t_c^3}{f t_w H_e^2} \tag{6.5-4b}$$

$$k_s = 4.0 + 5.34 (H_e/L_e)^2, \ H_e/L_e \geqslant 1.0 \tag{6.5-4c}$$

$$k_s = 5.34 + 4.0 (H_e/L_e)^2, \ H_e/L_e < 1.0 \tag{6.5-4d}$$

式中　η_c——混凝土板的面外约束刚度比；

E_c——混凝土的弹性模量，按现行国家标准《混凝土结构设计规范》GB 50010 确定；

t_c——单侧混凝土盖板厚度；

k_s——四边连接简支板的弹性抗剪屈曲系数。

防屈曲钢板剪力墙安装完毕后，混凝土盖板与框架之间的间隙宜用隔音的弹性材料填充，并宜用轻型金属架及耐火板材覆盖。

钢板组合剪力墙是由两侧外包钢板和中间内填混凝土组合为整体，共同承担荷载的钢板剪力墙。墙体外包钢板和内填混凝土之间的连接构造可采用栓钉、对拉螺栓或 T 形加劲肋，也可以混合采用上述几种连接方式，如图 6.5-7 所示。

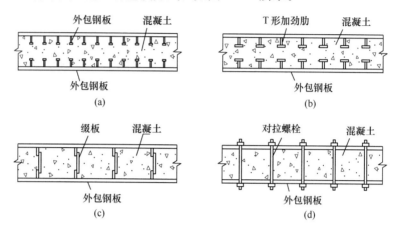

图 6.5-7   钢板组合剪力墙构造

钢板组合剪力墙的墙体钢板的厚度不宜小于 10mm，墙体厚度与墙体钢板厚度的比值满足如下规定：

$$25 \leqslant t_{wc}/t_{sw} \leqslant 100 \tag{6.5-5}$$

式中 t_{wc} ——钢板剪力墙墙体的厚度；

t_{sw} ——剪力墙墙体单片钢板的厚度。

当钢板组合剪力墙的墙体连接构造采用栓钉或对拉螺栓时，栓钉或对拉螺栓的间距与外包钢板厚度的比值应符合以下规定：

$$t_{sw} \leqslant 40\varepsilon_k \tag{6.5-6}$$

式中 s_{st} ——墙体栓钉（或对拉螺栓）间距；

f_y ——钢材的屈服强度。

当钢板组合剪力墙的墙体连接构造采用 T 形加劲肋时，加劲肋的间距与外包钢板厚度的比值应符合下列规定：

$$t_{sw} \leqslant 60\varepsilon_k \tag{6.5-7}$$

式中 s_{ri} ——钢板组合剪力墙加劲肋的间距。

在进行结构内力和变形分析时，钢板组合剪力墙的刚度可按下列规定计算：

$$EI = E_s I_s + E_c I_c \tag{6.5-8a}$$

$$EA = E_s A_s + E_c A_c \tag{6.5-8b}$$

$$GA = G_s A_s + G_c A_c \tag{6.5-8c}$$

式中 EI、EA、GA ——钢板组合剪力墙的截面抗弯刚度、轴向抗压刚度和抗剪刚度；

$E_s I_s$、$E_s A_s$、$G_s A_s$ ——钢板组合剪力墙钢板部分的截面抗弯刚度、轴向抗压刚度和抗剪刚度；

E_cI_c、E_cA_c、G_cA_c——钢板组合剪力墙混凝土部分的截面抗弯刚度、轴向抗压刚度和抗剪刚度。

开缝钢板剪力墙是在内嵌钢板上开设具有一定间距缝隙的钢板剪力墙。因建筑布局或功能要求，采用其他抗侧力构件难以布置时，可采用开缝钢板剪力墙。开缝钢板剪力墙的布置比较灵活，仅与框架梁连接，沿竖向可不连续或者错位布置，有利于建筑中门窗洞口的开设，可满足丰富建筑立面的需要。竖缝的开设对钢板剪力墙的刚度削弱较大，因此从经济角度出发，不建议使用在 18 层以上对侧向刚度要求较高的建筑中，而使用在 18 层以下、已具有较高刚度的钢框架或组合框架中，不仅可补充结构刚度的不足，而且还可大大增强结构的延性和耗能能力。

通过对竖缝的合理设计，在遭遇小震及风荷载作用时，开缝钢板剪力墙可为结构提供部分抗侧刚度；而在结构遭遇罕遇地震作用时，墙肢缝端部分会形成塑性铰来耗能，缝端进入塑性也使墙板的抗侧刚度逐渐降低，从而减弱地震对建筑物的进一步破坏作用。

与开缝钢板剪力墙相连的上下框架梁的抗弯、抗剪承载力设计值应大于内力设计值的 1.5 倍。结构中任一方向开缝钢板剪力墙的极限承载力之和不大于所有柱在该方向的塑性剪力之和。一根柱子的塑性剪力按下式计算：

$$V_{uc} = \frac{2W_{pc}}{H_c} f_y \tag{6.5-9}$$

式中　W_{pc}——柱在剪力墙平面方向的截面塑性模量；

　　　H_c——柱高，按上下梁间轴线距离计算；

　　　f_y——钢材的屈服强度。

二、钢板剪力墙的适用范围

钢板剪力墙的墙板宽度和高度之比介于 0.8 和 2.5 之间，各类钢板剪力墙的适用最大高度见表 6.5-1。

各类剪力墙的适用最大高度（m）　　　　　　　表 6.5-1

剪力墙类型	非抗震设计	抗震设防烈度					
		6 度	7 度		8 度		9 度
			0.10g	0.15g	0.20g	0.30g	0.40g
非加劲钢板剪力墙	240	220		200	180	150	120
加劲钢板剪力墙							
防屈曲钢板剪力墙							
钢板组合剪力墙	360	300		260	240	220	180
开缝钢板剪力墙	110	110		90	90	70	50

各类钢板剪力墙的变形限值，在风荷载和多遇地震作用下的抗震变形验算时，钢板剪力墙的弹性层间位移角限值宜满足以下要求：

加劲钢板剪力墙、防屈曲钢板剪力墙和开缝钢板剪力墙：1/250；

非加劲钢板剪力墙：1/350；

钢板组合剪力墙：1/400。

在罕遇地震作用下的抗震弹塑性变形验算时，钢板剪力墙的弹塑性层间位移角限值宜满足以下要求：

非加劲钢板剪力墙、加劲钢板剪力墙、防屈曲钢板剪力墙和开缝钢板剪力墙：1/50；

钢板组合剪力墙：1/80。

6.5.2 钢板剪力墙的设计原则与内力分析模型

一、钢板剪力墙的设计原则

1. 非加劲钢板剪力墙

典型的非加劲钢板剪力墙的墙板高厚比较大，能抵抗较大拉力但不能抵抗压力。为了清楚了解非加劲钢板剪力墙的受力性质，可将其类似于仅设置拉力支撑的框架-支撑结构，拉力支撑依靠承受压力的梁来将支撑力的水平部分传递给其下一层的支撑，此时，柱子承担倾覆力矩。图6.5-8给出了支撑框架各隔离体的内力图，图中支撑仅抵抗拉力，柱子抵抗倾覆力矩，支撑力的竖向部分传递倾覆力矩，梁将上层支撑力中的水平部分传递给下层支撑的连接节点处。支撑受较大拉力，梁承受较大的压力。这种行为类似于板梁中的横向加劲肋，腹板中的拉力场需要横向压力支撑以使其沿着构件的长度方向来进行传递。

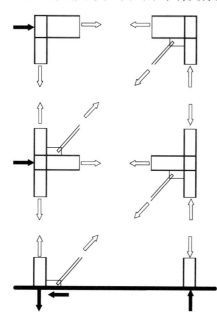

图6.5-8 拉力支撑及梁柱的内力图

钢板剪力墙受力机理与仅承受拉力的支撑并不完全相同，钢板剪力墙中的柱子为竖向边缘构件（VBE），梁为水平边缘构件（HBE），内嵌墙板上的拉力不仅作用在梁柱节点处，而且沿着边缘构件全长均有作用，但钢板剪力墙和仅承受拉力支撑结构相同的是在边缘构件上会产生较大的内力。

为了使墙板的抗拉强度得到充分利用，设计钢板剪力墙的周边柱和梁时需提供足够的刚度，抵抗以一定角度作用的墙板拉力，此角度由框架尺寸和构件截面性质决定。梁柱铰接时墙板拉力带倾角按式6.5-10a计算，刚接时按6.5-10b计算：

$$\tan^4\alpha = \frac{1+\dfrac{t_wL}{2A_c}}{1+t_wh\left[\dfrac{1}{A_b}+\dfrac{h^3}{360I_cL}\right]} \tag{6.5-10a}$$

$$\tan^4\alpha = \frac{1+t_wL\left[\dfrac{1}{2A_c}+\dfrac{L^3}{120I_bh}\right]}{1+t_wh\left[\dfrac{1}{A_b}+\dfrac{h^3}{360I_cL}\right]} \tag{6.5-10b}$$

式中 h ——梁中心线间的距离；

     A_b ——梁的横截面积；

     A_c ——柱的横截面积；

     I_c ——柱的抵抗矩；

I_b ——梁的抵抗矩；

L ——柱中心线间的距离；

t_w ——墙板的厚度。

VBE 和 HBE 通过弯曲来抵抗内力。假定水平荷载能充分引起钢板剪力墙的拉力带完全屈服，且墙板上的拉力分布一致，基于此，图 6.5-9 给出了墙板、边缘构件隔离体的内力图，图中省略了梁柱连接及柱底部弯矩。

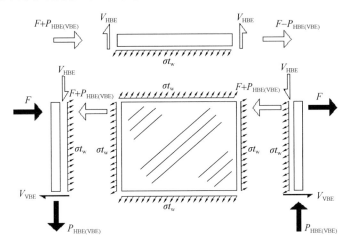

图 6.5-9 墙板、边缘构件隔离体内力图

图 6.5-9 中的符号如下：

F 代表施加在墙板上的水平力；

$P_{HBE(VBE)}$ 代表内嵌墙板（以下简称墙板）作用于柱在梁端产生的轴力；

P_{VBE} 代表柱子的轴力；

V_{HBE} 代表由墙板拉力带所产生的梁剪力；

V_{VBE} 代表由墙板拉力带所产生的柱剪力；

t_w 代表墙板厚度；

σ 代表墙板拉应力。

基于上述模型，可将墙板上的斜向拉应力进行分解。图 6.5-10 给出了作用在墙板截

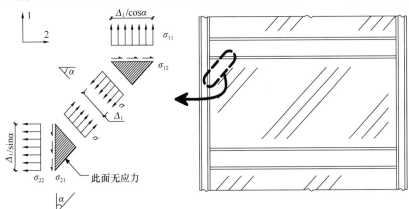

图 6.5-10 墙板完全屈服时边缘构件的应力分布

面上的竖直和水平方向的应力分量。在应力分析中，假定墙板处于纯拉力状态，在隔离体上不存在剪应力和压应力。基于上述假定，可由墙板完全受拉屈服来设计确定墙板与周边构件所需的连接强度，由墙板中的拉应力和重力荷载共同来设计确定边缘构件所需的强度，从而完成钢板剪力墙结构的初步设计。

图 6.5-10 中的符号如下：

α 代表拉力带倾角（与竖向的夹角）；

Δ_1 代表所考虑分割部分的墙板的宽度；

σ_{11} 代表水平边缘主应力；

σ_{12} 代表水平边缘剪应力；

σ_{22} 代表竖向边缘主应力；

σ_{21} 代表竖向边缘剪应力；

σ 代表墙板拉应力。

接触面应力是墙板应力和墙板拉力带倾角的函数。这些应力方程由三角函数求解如下：

$$\sigma_{11} = \sigma \cos^2(\alpha)$$

$$\sigma_{12} = \sigma \sin(\alpha)\cos(\alpha) = 1/2\sigma\sin(2\alpha)$$

$$\sigma_{22} = \sigma \sin^2(\alpha)$$

$$\sigma_{21} = \sigma \sin(\alpha)\cos(\alpha) = 1/2\sigma\sin(2\alpha)$$

墙板的拉力带使柱弯曲，同时还使柱产生轴力。梁抵抗压力和由墙板的拉力带所形成的弯曲。若柱的横向刚度很小，在墙板上不会形成统一的拉力带，结构的强度显著降低，故应限定柱的横向刚度。梁上的内力，在很大程度上被相邻层墙板上的拉力互相中和，顶梁和基础上不存在拉力的相互抵消，设计时必须注意。

2. 加劲钢板剪力墙

加劲钢板剪力墙除了会产生类似于非加劲钢板剪力墙的拉力，还会在墙板上产生明显的压力。故边缘构件设计时，不会产生较大的横向荷载。实际设计中，墙体具有足够加劲肋时，内部力不会施加在边缘构件上，墙板可由边界面受纯剪力来设计。若墙体上设有较低程度的加劲肋，要根据剪力屈曲和拉力场的共同作用来设计墙板。

对于达到完全剪切屈曲的墙板的高厚比限值可以通过剪切屈曲等于剪切屈服获得，按下式计算：

$$t_{\lim} = \sqrt{\frac{12(1-\upsilon)\dfrac{f_y}{\sqrt{3}}}{\pi^2 E\left[\dfrac{5.34}{s_1^2} + \dfrac{4.0}{s_2^2}\right]}} \qquad (6.5\text{-}11)$$

式中　s_1——较小的加劲肋间距；

　　　s_2——较大的加劲肋间距；

　　$t_{\lim}$——剪切屈服先于剪切屈曲发生的墙板厚度限值；

　　　υ——泊松比。

二、钢板剪力墙的内力分析模型

结构模型首先用来确定结构构件承担的荷载，获得边缘构件承担的横向荷载和轴力以及墙板承担的拉力,从而设计构件尺寸;模型的第二个目的是估计结构的水平位移,过大的侧移可能造成无法接受的变形,在某些情况下,结构刚度可能控制设计。

设计手册介绍了两种对结构师最为有用的非加劲钢板剪力墙的简化分析模型,分别为杆系模型和正交薄膜模型。杆系模型的墙板由一系列的斜向杆件来代替。正交薄膜模型利用各向非同性薄膜来模拟墙板中的压力和拉力。模型推复分析是确定边缘构件真实设计荷载的最好方法,通过这种方法所计算的横向荷载和轴力一般小于通过承载力设计法确定的结果。

1. 杆系模型

(1) 四边连接非加劲钢板剪力墙简化分析模型

四边连接非加劲钢板剪力墙方案设计阶段进行弹塑性内力与变形计算或弹塑性内力分析时,可采用三拉杆模型近似模拟钢板剪力墙的静力性能和滞回性能,即采用双向各三根倾斜杆代替非加劲钢板剪力墙,其中一个拉杆对角设置,另外两个拉杆设置于梁柱中点连线上,三杆均为只拉杆(图 6.5-11)。四边连接非加劲钢板剪力墙最终进行弹塑性内力与变形或弹塑性内力校核时,可采用混合杆系模型(图 6.5-12)。

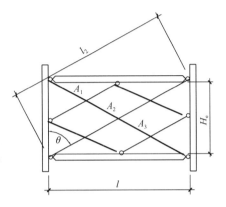

图 6.5-11 双向三拉杆模型

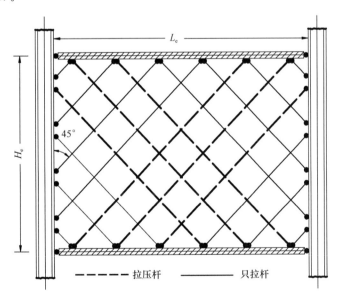

图 6.5-12 混合杆系模型

四边连接非加劲钢板剪力墙三拉杆简化模型中各拉杆对应的截面面积按下式确定:

$$A_1 = A_3 = \frac{2H_e \cdot t_w \cdot \sin^3\alpha \cdot \cos\alpha}{3\sin^2\theta \cdot \cos\theta} \tag{6.5-12a}$$

$$A_2 = \frac{H_e \cdot t_w \cdot \sin2\alpha}{\sin2\theta}\left(\frac{\sin2\alpha}{2\cos\theta} - \frac{2\sin^2\alpha}{3\sin\theta}\right) \tag{6.5-12b}$$

$$\tan\theta = \frac{L_e}{H_e} \qquad\qquad (6.5\text{-}12c)$$

式中 t_w ——钢板剪力墙的厚度；

　　　　H_e ——钢板剪力墙的净高度；

　　　　L_e ——钢板剪力墙的净跨度；

　　　　α ——可取为 $45°$，上式可简化为：

$$A_1 = A_3 = \frac{H_e \cdot t_w}{6\,\sin^2\theta \cdot \cos\theta} \qquad\qquad (6.5\text{-}12d)$$

$$A_2 = \frac{H_e \cdot t_w}{\sin 2\theta}\left(\frac{1}{2\cos\theta} - \frac{1}{3\sin\theta}\right) \qquad\qquad (6.5\text{-}12e)$$

　　四边连接非加劲钢板剪力墙混合杆系模型采用一系列倾斜、正交杆代替非加劲钢板剪力墙，单向倾斜的杆条数量不应少于 10 道。四边连接非加劲钢板剪力墙中只拉杆、拉压杆的弹性模量取钢材的弹性模量 E，只拉杆的屈服强度取钢材的抗拉强度设计值，拉压杆的屈服强度取钢材的抗剪强度设计值，建议拉压杆和只拉杆数量的比值为 $2:8$。混合杆系简化模型中各杆条对应的截面面积按下式确定：

$$A_1 = \frac{t_w\sqrt{L_e^2 + H_e^2}}{n_2}\cos\left(45° - \arctan(H_e/L_e)\right) \qquad\qquad (6.5\text{-}13)$$

式中 t_w ——钢板剪力墙的厚度；

　　　　H_e ——钢板剪力墙的净高度；

　　　　L_e ——钢板剪力墙的净跨度；

　　　　n_2 ——钢板剪力墙单向划分的条带数。

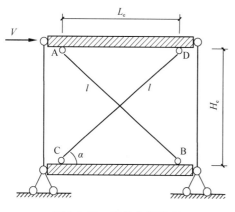

图 6.5-13   简化分析模型

（2）两边连接非加劲钢板剪力墙简化分析模型

　　两边连接非加劲钢板剪力墙进行结构体系的弹性内力与变形计算时，可采用交叉杆模拟钢板剪力墙（图 6.5-13），杆件为拉压杆，拉压杆的倾角 α 按下式计算：

$$\alpha = \arctan(H_e/L_e) \qquad (6.5\text{-}14)$$

式中 L_e ——钢板剪力墙的净跨度；

　　　　H_e ——钢板剪力墙的净高度。

　　两边连接非加劲钢板剪力墙初始刚度 K_1 的计算公式为：

$$K_1 = \gamma K_0 \qquad\qquad (6.5\text{-}15a)$$

$$K_0 = \frac{E \cdot t_w}{1/(L_e/H_e)^3 + 2.4(1+\upsilon)/(L_e/H_e)} \qquad\qquad (6.5\text{-}15b)$$

$$\gamma = 0.014\ln(L_e/H_e) - 0.118\ln(\lambda) + 1.24 \qquad\qquad (6.5\text{-}15c)$$

式中 E ——钢材的弹性模量，N/mm^2；

　　　　γ ——钢板剪力墙的刚度折减系数；

υ——钢材的泊松比，通常取 0.3。

两边连接非加劲钢板剪力墙等效交叉杆的应力-应变关系如图 6.5-14 所示，两根支撑的截面均相同，支撑截面面积 A_1 与拉、压屈服强度 σ_{y1} 和 σ_{y2} 的计算公式如下：

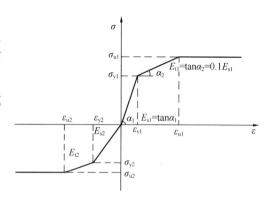

图 6.5-14　等效杆的应力-应变关系曲线

$$A_1 = \frac{K_0 \cdot L_e \cdot \beta}{(1+\beta) \cdot E \cdot \cos^3\alpha} \tag{6.5-16a}$$

$$\sigma_{y1} = \frac{V_y \cdot E \cdot \cos^2\alpha}{K_0 \cdot L_e} \tag{6.5-16b}$$

$$V_y = \left[0.18\ln(L_e/H_e) - 0.065\ln(\lambda) + 0.77\right]f_v t_w L_e \tag{6.5-16c}$$

$$\sigma_{y2} = \frac{\sigma_{y1}}{\beta} \tag{6.5-16d}$$

$$\sigma_{u1} = \frac{V_u \cdot E \cdot \cos^2\alpha}{K_0 \cdot L_e} \tag{6.5-16e}$$

$$\sigma_{u2} = \frac{\sigma_{u1}}{\beta} \tag{6.5-16f}$$

$$\varepsilon_{y1} = \varepsilon_{y2} = \frac{\Delta_y \cdot E \cdot \cos^2\alpha}{L_e} \tag{6.5-16g}$$

$$\varepsilon_{u1} = \varepsilon_{u2} = \frac{\Delta_u \cdot E \cdot \cos^2\alpha}{L_e} \tag{6.5-16h}$$

$$\Delta_y = V_y/K_0 \tag{6.5-16i}$$

$$\Delta_u = V_y/K_0 + (V_u - V_y)/0.1K_0 \tag{6.5-16j}$$

$$\beta = (0.03\lambda - 2.28) \cdot L/H + 0.70 \tag{6.5-16k}$$

$$E_{s1} = E \tag{6.5-16m}$$

$$E_{s2} = E_{s1}/\beta \tag{6.5-16n}$$

$$E_{t1} = \frac{\sigma_{u1} - \sigma_{y1}}{\varepsilon_{u1} - \varepsilon_{y1}} \tag{6.5-16p}$$

$$E_{t2} = \frac{E_{t1}}{\beta} \tag{6.5-16q}$$

式中　A_1——单向杆的截面面积，mm^2；

σ_{y1}——杆受拉时的屈服强度，N/mm^2；

σ_{y2}——杆受压时的屈服强度，N/mm^2；

σ_{u1}——杆受拉时的极限抗拉强度，N/mm^2；

σ_{u2}——杆受压时的极限抗压强度，N/mm^2；

ε_{y1}——杆受拉时的屈服应变；

ε_{y2}——杆受压时的屈服应变；

ε_{u1}——杆受拉达到极限抗拉强度时对应应变；

ε_{u2}——杆受压达到极限抗压强度时对应应变；

β——杆拉压强度比（计算时不考虑拉压强度的正负号）。

2. 正交薄膜模型

薄膜构件可以用来模拟墙板的性能。为了模拟高厚比较大的构件在抵抗拉力和压力时的区别，需要正交构件。由于拉力沿着斜线方向，必须保持薄膜构件的局部坐标轴方向与所计算的拉力带倾角 α 相一致。倾角 α 轴线方向的材料性能才是材料的真正性能。假设拉力的正交方向的刚度为零，即斜向压力方向所计算出来的应力为零，有可靠依据时，可输入受压刚度。

此外，薄膜构件的面内剪切刚度应假设为零。否则，分析中会将一部分倾覆弯矩转变为墙板中的竖向应力，但实际墙板不会抵抗这部分竖向应力。薄膜模型在本质上就是拉力带模型，墙板上只计算纯拉力。薄膜应有足够的网格从而获得边缘构件的横向荷载。这种方法相对于传统的拉力带模型有自己的优点，设计迭代仅需要重新计算拉力带倾角 α 和重新定位薄膜构件的局部坐标轴。

6.5.3 非加劲钢板剪力墙的计算

一、四边连接钢板剪力墙

钢板剪力墙的设计，首先需要选择墙板、柱和梁的初始尺寸。确定初始尺寸可以采用两种方法：一种是通过墙板完全屈服后内力在构件上的分配来完成；另一种是使用等效分析模型来确定。非加劲钢板剪力墙设计可以通过以下的设计步骤来完成。

1. 初步设计

(1) 选择墙板初始尺寸。

通过力在构件上分配的方法进行初步设计时，假定墙板抵抗结构承担的全部剪力。由于内嵌墙板拉力带的倾角依赖于框架梁、柱截面尺寸和墙板尺寸，故初步设计时需要假定拉力带倾角，拉力带倾角变化范围一般在 $30°\sim 55°$ 之间。对于初步设计，一般可假定倾角 $\alpha=45°$。墙板抗剪承载力，可按下式计算：

$$V_u = 0.5\gamma f t_w L_e \sin(2\alpha) \tag{6.5-17}$$

式中　V_u——钢板剪力墙的抗剪承载力；

　　　f——钢材的抗拉、抗压和抗弯强度设计值；

　　　γ——应力不均匀弹性分布折减系数，可取 0.84；

　　　L_e——钢板剪力墙的净跨度。

所需墙板的厚度按下式计算：

$$t_w \geqslant \frac{V}{\phi V_u} \tag{6.5-18}$$

式中　V——钢板剪力墙所需要的剪力设计值；

　　　V_u——钢板剪力墙的抗剪承载力；

　　　ϕ——抵抗系数，可取 0.9。

钢板剪力墙的墙板宽度和高度之比介于 0.8 和 2.5 之间，若宽高比很小可以通过引进中间支撑来提高。

(2) 确定墙板后，根据下式刚度要求，初步选取柱截面：

$$I_c \geqslant (1-\kappa) \cdot I_{cr} \tag{6.5-19a}$$

$$I_{cr} = \frac{0.0031 \cdot t_w H^4}{L} \tag{6.5-19b}$$

$$\kappa = \begin{cases} 1.0 & \lambda_{n0} \leqslant 0.8 \\ 1 - 0.88(\lambda_{n0} - 0.8) & 0.8 < \lambda_{n0} \leqslant 1.2 \\ 0.94/\lambda_{n0} & \lambda_{n0} > 1.2 \end{cases} \tag{6.5-19c}$$

$$\lambda_{n0} = \frac{1}{37\sqrt{k_r}} \cdot \left(\frac{H}{t_w}\right) \cdot \sqrt{\frac{f_y}{235}} \tag{6.5-19d}$$

$$k_r = 8.98 + 5.6\,(l_{min}/l_{max})^2 \tag{6.5-19e}$$

式中　I_c ——边缘柱截面惯性矩；

　　　I_{cr} ——薄板的边缘柱截面临界惯性矩；

　　　H ——钢板剪力墙的高度；

　　　L ——钢板剪力墙的宽度；

　　　t_w ——钢板剪力墙的厚度；

　　　κ ——剪切力分配系数；

　　　λ_{n0} ——非加劲钢板剪力墙的正则化高厚比；

　　　f_y ——钢材的屈服强度；

　　　k_r ——四边固接板的弹性抗剪屈曲系数；

　　　l_{min} ——钢板剪力墙短边长度；

　　　l_{max} ——钢板剪力墙长边长度。

（3）初步选取梁截面：

对于梁的初步设计，墙板施加在梁上的力可以由角度 α 来确定。梁的上下墙板施加在梁上的力与墙板的应力和厚度成比例。梁上产生的竖向荷载来源于图 6.5-10 所示的三角函数关系，假设在每层墙板上的应力与所施加的荷载成正比。框架梁承担的横向荷载由梁上下墙板拉力带不同而产生，按下式计算：

$$w_r = \left[\frac{V}{L_{cf}\tan(\alpha)}\right]_i - \left[\frac{V}{L_{cf}\tan(\alpha)}\right]_{i+1} \tag{6.5-20}$$

式中　w_r ——表示墙板拉力在梁上所产生的分布荷载的强度要求；

　　　V ——表示钢板剪力墙所需要的剪力设计值；

　　　L_{cf} ——表示墙板净宽；

　　　$[\ ]_i$ ——表示第 i 层墙板的作用；

　　　$[\ ]_{i+1}$ ——表示第 $i+1$ 层墙板的作用。

如果初步设计时，假设所有楼层的倾角 α 为 $45°$，L_{cf} 也相同，由于框架的水平荷载而产生的作用在梁上的荷载可以简化为：

$$w_r = \frac{V_{(i)} - V_{(i+1)}}{L_{cf}} \tag{6.5-21}$$

同时，梁应满足与柱相似的最小刚度要求，按下式计算：

$$I_{HBE} \geqslant 0.0031 \frac{(\Delta t_w)L^4}{h} \tag{6.5-22}$$

式中　Δt_w ——梁的上下墙板厚度差。

选取的梁截面应能抵抗由公式 6.5-21 计算出来的荷载与重力荷载的组合值，并能满足公式 6.5-22 的刚度要求，满足上述条件可以完成初步设计。

如果层与层之间作用在梁上的重力荷载不相等，可能会在墙板上产生竖向拉力。然而，只要拉力带倾角的改变较小，墙板的剪切强度不会有大幅度的降低。满足式 6.5-22 的要求时，可忽略掉竖向荷载的影响。

当梁的跨度较大时，由墙板拉力带在底层和顶层梁上所产生的横向荷载较大。特别是底部，由于墙板厚度较大会相应在底部梁上产生较大荷载。顶梁拉力较大时，可通过设置竖向加劲构件来抵抗；底部梁拉力较大时，可在两柱中间设置一个或两个桩来减少底部梁所需要的抗弯强度。

2. 最终设计

墙板和边缘构件初步选取后，可组建框架模型验算。由于墙板厚度的改变会对梁柱的强度和刚度产生重大影响，如果想获得最佳结构，需要迭代完成，一般可由计算模型完成。

（1）连接设计

墙板与边界构件的连接设计基于墙板完全屈服时的应力，设计结果较保守。连接设计也可基于模型分析获得连接处应力，来确定连接所需的强度。采用模型分析时，杆系模型杆中的拉应力由拉力带分摊区域确定，正交薄膜模型可直接获得拉应力。

每单位长度上作用在墙板与梁的连接荷载，按下式计算：

$$r_{\mathrm{HBE}} = f_y \cos(\alpha) t_w \tag{6.5-23a}$$

每单位长度上作用在墙板与柱的连接荷载，按下式计算：

$$r_{\mathrm{VBE}} = f_y \sin(\alpha) t_w \tag{6.5-23b}$$

墙板与梁和柱连接时，应满足上述两者中的较大值。

非加劲钢板剪力墙与框架梁、框架柱可采用鱼尾板过渡的方式连接。鱼尾板与边缘构件之间宜采用全熔透焊缝连接，鱼尾板厚度宜大于钢板厚度，鱼尾板角部处理方法见图 6.5-15。

在通常情况下，鱼尾板厚度小于墙板厚度的 2 倍，搭接尺寸小于焊脚尺寸的 4 倍时，斜向拉力由焊缝 A 和 B 平分，如图 6.5-16 所示。为防止墙板屈曲引起的旋转，如图 6.5-16 所示 A 和 B 都应有焊缝，若设计的角焊缝"A"能阻止整个力，角焊缝"B"可断续焊接。对于小于 3.5mm 的薄板，由于墙板可能烧穿，焊缝"A"在实际中可能不起作用。在这些情况下，焊缝"B"必须承担墙板完全屈服所需的强度。

由于钢板剪力墙在受荷后期产生拉力带，拉力带内的应变较大，应力超过屈服强度，当采用螺栓连接时，为保守起见在设计过程中高强螺栓所能够承担的最大剪力应能使其分担的钢板条带（图 6.5-17 所示的阴影部分）达到极限抗拉强度，即：$N_v = f_u A_0$，其中 A_0 为钢板条带的截面面积，$A_0 = \sqrt{2} \cdot t_w \cdot L / n$，$n$ 为螺栓列数，因此在设计中考虑取钢板的极限抗拉强度为钢材屈服强度的 1.2 倍，即取 $N_v = 1.2 f_v \cdot A_0$。

对栓接节点的研究表明，钢板对框架梁的面外作用力能够达到其屈服强度的 10%，若不考虑该力的影响，螺栓处的钢板将容易发生滑移现象，因此在设计时每个螺栓所承受的拉力 N_t 为：$N_t = 0.1 f_y \cdot A_0$。当设置单排螺栓难于满足上述要求时，可考虑设置多排螺栓，且在施工过程中应保证对螺栓施加足够的预拉力。钢板与鱼尾板采用高强螺栓连接时，高强螺栓所能承担的最大剪力能使其分担的钢板条带达到其屈服强度（式 6.5-23）

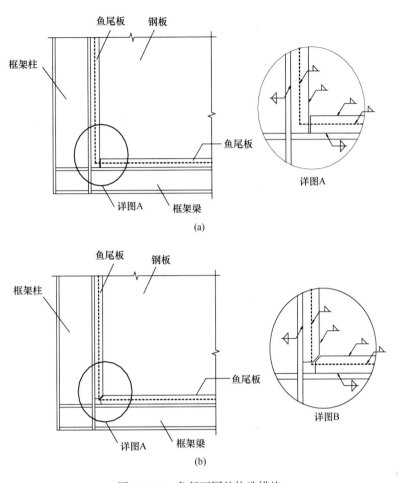

图 6.5-15 角部不同的构造措施

（a）第一种构造措施；（b）第二种构造措施

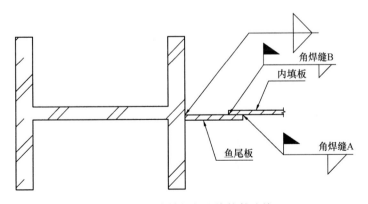

图 6.5-16 内填板与边缘构件连接

的 1.2 倍且不低于钢材的极限抗拉强度。

（2）梁设计

水平边缘构件（梁）可根据墙板达到完全屈服进行设计，其承担轴力和弯矩。梁中的

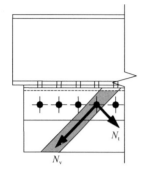

图 6.5-17 螺栓受力简图

轴力大部分取决于墙板在竖向边缘构件中拉力的水平分量。弯曲应力取决于墙板中拉力的竖向分量，出现在相邻层墙板厚度或材料强度发生变化的位置，墙板在水平边缘构件上产生的荷载按下式计算。

$$\omega_b = f_y(t_i - t_{i+1})\cos^2(\alpha) \tag{6.5-24}$$

式中　ω_b——墙板拉力在梁上所产生的分布荷载；

f_y——钢材的屈服强度；

t_i——表示第 i 层墙板的厚度；

t_{i+1}——表示第 $i+1$ 层墙板的厚度。

同时，设计梁时应满足组合的最不利层间剪力（式 6.5-20）的要求。在结构底层钢板下部应设置钢梁，或者可设计一个混凝土梁用来充当柱脚之间的连续基础梁，此处可不满足"强柱弱梁"的原则。

梁腹板厚度应满足下式要求：

$$t_{w(HBE)} = \frac{f_y t_w}{f_{y(HBE)}} \tag{6.5-25}$$

式中　$t_{w(HBE)}$——梁的腹板最小厚度；

f_y——墙板屈服强度；

t_w——墙板厚度；

$f_{y(HBE)}$——梁材料的屈服强度。

框架变形产生的横向荷载也必须由梁来承受。横向荷载最终以梁端形成塑性铰来处理，在设计梁时，如果按照简支梁设计且能抵抗墙板的完全屈服强度，则由框架变形导致的弯曲荷载可以忽略。此时，梁跨中的弯矩按下式计算：

$$M_u = \frac{(w_b + w_g)L_h^2}{8} + \frac{PL_h}{4} \tag{6.5-26}$$

式中　M_u——梁跨中设计弯矩；

w_b——墙板拉力在梁上所产生的分布荷载的竖向分量；

w_g——分配到梁的重力荷载；

P——梁跨中集中荷载；

L_h——梁塑性铰之间的距离，可取梁净跨度。

跨中弯矩 $PL_h/4$ 可根据框架体系中梁的布置，做适当调整。

梁轴力有两个来源：其一为墙板在竖向边缘构件上产生水平分量的反作用力；其二为墙板在水平边缘构件上产生的水平分量的合力，主要源于相邻上下两层板厚度和材质的差异。图 6.5-18 阐述了由于墙板内部张拉和变形在边缘构件上产生的屈服机理。

墙板完全屈服时在竖向边缘构件上产生的水平分量，假定由该层的层顶梁和层底梁平均分担，故竖向边缘构件上的水平分量在梁上产生的轴力，可按下式计算：

$$P_{HBE(HBE)} = \Sigma \frac{1}{2}\sigma\sin^2(\alpha)t_w h_c \tag{6.5-27a}$$

由墙板完全屈服在梁上产生的轴力，按下式计算：

$$P_{HBE(IP)} = \frac{1}{2}\left[\sigma_i t_i \sin(2\alpha_i)L_{cfi} - \sigma_{i+1}t_{i+1}\sin(2\alpha_{i+1})L_{cfi+1}\right] \tag{6.5-27b}$$

框架梁承担的轴力，为上述二者之和：

$$P_{HBE} = P_{HBE(VBE)} \pm \frac{1}{2} P_{HBE(IP)}$$

(6.5-27c)

式中 t_w——墙板厚度；

h_c——墙板高度。

上式给出了水平荷载作用时梁的轴力，应与弯矩等荷载组合，按照压弯构件进行验算。

梁应进行抗剪计算，梁承担的剪力按下式计算：

$$V_u = \frac{2M_{pr}}{L_h} + \frac{P_u L_u}{2} + \frac{w_g + w_b}{2} L_h$$

(6.5-28)

式中 $M_{pr} = f_y W_p$；

W_p——梁截面塑性抵抗矩；

L_h——梁塑性铰之间的距离；

w_g——分配到梁的重力荷载；

w_b——墙板拉力在梁上所产生的分布荷载的竖向分量。

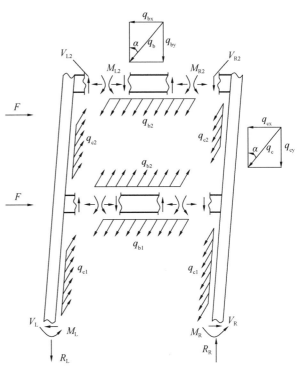

图 6.5-18 边缘构件屈服机理

（3）柱设计

墙板周边的框架柱承担轴力包括倾覆弯矩产生的轴力和墙板上的拉应力产生轴力。同时还承担两种因素产生的弯矩：第一种因素是由于不均匀的层间变形导致的柱变形；第二种因素是墙板上的拉应力产生的弯矩。框架柱应抵抗墙板达到完全屈服强度时产生的荷载。

墙板周边的框架柱承担墙板完全屈服时拉力的竖向分量，为变轴力问题，利用现行标准有一定的分析难度。若将柱中力等效到柱顶，将变轴力问题转化为常轴力问题，便可查无侧移框架柱计算长度系数表，不考虑变轴力作用的影响，墙板周边的框架柱的稳定校核可按《钢结构设计标准》GB 50017—2017进行。框架柱的轴力，按下式计算：

$$E = \frac{1}{2} \eta_e \sigma \sin(\alpha) t_w h_c + \Sigma V_u$$

(6.5-29)

式中 ΣV_u——表示计算层柱以上所有各层梁的剪力之和；

η_e——钢板墙边缘柱的变轴力等效系数，按附录6.5.1取值。

柱子承担的弯矩是墙板拉力带和框架作用的总和。

$$M_u = M_{VBE(frame)} + M_{VBE(IP)}$$

(6.5-30a)

其中，墙板拉力带产生的弯矩，按下式计算：

$$M_{VBE(IP)} = \sigma \sin^2(\alpha) t_w \left(\frac{h_c^2}{12}\right)$$

(6.5-30b)

为了将弯曲的两种因素区分开，需要单独的框架模型。梁端产生的弯矩，按下式计算：

$$M_{\text{VBE(frame)}} = \sum \frac{1}{2} M_{\text{pr}} \tag{6.5-30c}$$

柱承担的剪力包括两部分：墙板拉力带作用产生的水平分量和没有被墙板所抵抗的水平荷载产生的剪力，墙板周边框架柱承担总剪力为：

$$V_{\text{u}} = V_{\text{VBE(frame)}} + V_{\text{VBE(IP)}} \tag{6.5-31a}$$

其中，墙板拉力带作用在框架上产生的剪力，按下式计算：

$$V_{\text{VBE(IP)}} = \frac{1}{2} \sigma \sin^2(\alpha) t_{\text{w}} h_{\text{c}} \tag{6.5-31b}$$

没有被墙板所抵抗的剪力，假定由墙板周边两个框架柱平均承担，按下式计算：

$$V_{\text{VBE(frame)}} = \frac{\sum \frac{1}{2} M_{\text{pr}}}{h_{\text{c}}} \tag{6.5-31c}$$

二、两边连接钢板剪力墙

考虑到实际工程应用的两边连接钢板剪力墙尺寸要求，确定跨高比的变化范围为 0.5 到 2.0，相对高厚比的变化范围为 100 到 600。两边连接非加劲钢板剪力墙的抗剪承载力，按下式计算：

当 $0.5 \leqslant L_{\text{e}}/H_{\text{e}} \leqslant 2.0$ 时，

$$V \leqslant V_{\text{u}} \tag{6.5-32a}$$

$$V_{\text{u}} = \tau_{\text{u}} L_{\text{e}} t_{\text{w}} \tag{6.5-32b}$$

$$\tau_{\text{u}} = [0.22\ln(L_{\text{e}}/H_{\text{e}}) - 0.054\ln(\lambda) + 0.75] \cdot f_{\text{v}} \tag{6.5-32c}$$

$$\lambda = \frac{H_{\text{e}}}{t_{\text{w}}} \frac{1}{\varepsilon_{\text{k}}} \tag{6.5-32d}$$

式中　τ_{u}——钢板极限抗剪强度；

　　　f_{v}——钢材抗剪强度设计值；

　　　λ——钢板剪力墙的相对高厚比。

两边连接钢板剪力墙的两侧自由边在受力过程中易过早出现平面屈曲变形，建议在两自由边设置加劲肋。两边连接钢板剪力墙宜在钢板两自由边设置加劲肋，加劲肋厚度不宜小于剪力墙钢板厚度，加劲肋刚度比宜满足下式要求：

$$\psi = \frac{(1-\upsilon^2) t_{\text{f}} h_{\text{f}}^3}{t_{\text{w}}^3 L_{\text{e}}} \geqslant 1 \text{ 且 } \frac{(b_{\text{f}} - t_{\text{f}})}{2 t_{\text{f}}} \leqslant 13 \varepsilon_{\text{k}} \tag{6.5-33}$$

式中　ψ——加劲肋刚度比；

　　　ν——钢材的泊松比；

　　　b_{f}——加劲肋的宽度；

　　　t_{f}——加劲肋的厚度。

6.5.4　仅设置竖向加劲钢板剪力墙的计算

仅设置竖向加劲钢板剪力墙的加劲肋可采用单板、热轧型钢或冷弯薄壁型钢等加劲构件，并可采用开口或闭口形式截面，加劲钢板剪力墙承载力计算以钢板剪力墙屈曲为其承载力极限状态或适当考虑屈曲后强度。利用钢板剪力墙屈曲后强度时，其边缘柱的截面惯性矩应满足公式（6.5-19）的要求。

　　竖向加劲肋宜双面或交替双面设置，本节适用于不考虑屈曲后强度的钢板剪力墙，且仅考虑钢板承担纯剪力，如若考虑墙板承担弯矩和轴力，按附录 6.5.2 进行计算。

1. 竖向加劲肋不承担竖向力

加劲构件刚度参数 η_y 应按下列公式计算：

$$\eta_y = \frac{EI_{sy}}{Dl_1} \tag{6.5-34a}$$

$$\eta_{\tau th} = 6\eta_k(7\beta^2 - 5) \geqslant 10 \tag{6.5-34b}$$

$$\eta_k = 0.42 + \frac{0.58}{\left[1 + 5.42\,(J_{sy}/I_{sy})^{2.6}\right]^{0.77}} \tag{6.5-34c}$$

$$0.8 \leqslant \beta = \frac{H_e}{l_1} \leqslant 5 \tag{6.5-34d}$$

$$D = \frac{Et_w^3}{12(1-\upsilon^2)} \tag{6.5-34e}$$

式中　E——钢材的弹性模量；

　　　I_{sy}——竖直方向加劲肋的截面惯性矩，可考虑加劲肋与钢板剪力墙有效宽度组合截面，单侧钢板剪力墙的有效宽度取 15 倍的钢板厚度；

　　　l_1——墙板区格宽度；

　　　H_e——钢板剪力墙的净高度；

　　　J_{sy}——竖向加劲肋自由扭转常数；

　　　D——单位宽度钢板剪力墙的抗弯刚度；

　　　υ——钢材的泊松比。

当 $\eta_y \geqslant \eta_{\tau th}$ 时，弹性剪切屈曲临界应力 τ_{cr} 应按下列公式计算：

$$\tau_{cr} = \tau_{crp} = k_{\tau p} \frac{\pi^2 D}{l_1^2 t_w} \tag{6.5-35a}$$

当 $\dfrac{H_e}{l_1} \geqslant 1$ 时：

$$k_{\tau p} = \chi\left[5.34 + \frac{4}{(H_e/l_1)^2}\right] \tag{6.5-35b}$$

当 $\dfrac{H_e}{l_1} < 1$ 时：

$$k_{\tau p} = \chi\left[4 + \frac{5.34}{(l_1/H_e)^2}\right] \tag{6.5-35c}$$

式中　t_w——钢板剪力墙的厚度；

　　　χ——采用闭口加劲肋时取 1.23，开口加劲肋时取 1.0。

当 $\eta_y < \eta_{\tau th}$ 时，弹性剪切屈曲临界应力 τ_{cr} 应按下列公式计算：

$$\tau_{cr} = k_{ss} \frac{\pi^2 D}{l_1^2 t_w} \tag{6.5-36a}$$

$$k_{ss} = k_{ss0}\left(\frac{l_1}{L_e}\right)^2 + \left[k_{\tau p} - k_{ss0}\left(\frac{l_1}{L_e}\right)^2\right]\left(\frac{\eta_y}{\eta_{\tau th}}\right)^{0.6} \tag{6.5-36b}$$

当 $\dfrac{H_e}{l_1} \geqslant 1$ 时：

$$k_{ss0} = 6.5 + \frac{5}{(H_e/L_e)^2} \tag{6.5-36c}$$

当 $\dfrac{H_e}{l_1} < 1$ 时：

$$k_{ss0} = 5 + \frac{6.5}{(L_e/H_e)^2} \tag{6.5-36d}$$

式中　L_e ——钢板剪力墙的净跨度。

2. 竖向加劲肋承担竖向力

为减少梁所需强度可在每层钢板剪力墙的跨中设置一系列竖向支撑，支撑于框架梁应铰接。任意层支撑承担本层以上所有层支撑的轴力和本层梁所承担的墙板荷载的竖向分量。竖向支撑的面外惯性矩，满足下式的要求：

$$I_{sy} \geqslant at_w^3 j \tag{6.5-37a}$$

$$j = 2.5 (H_e/a)^2 - 2 \geqslant 0.5 \tag{6.5-37b}$$

式中　a ——表示加劲肋的间距；

H_e ——表示墙板净高度。

板完全屈服时在梁上产生的竖向分量反作用在支撑中产生轴力，竖向支撑应根据承担的轴力进行设计。顶层支撑用来抵抗顶部墙板向下的拉力，其他每层梁上下墙板中拉力不等产生的向下拉力由梁下层的支撑构件承担。对于任意层支撑的轴向力按照下式计算：

$$P_{(i)} = \frac{V_{(i)}}{2\tan(\alpha)} \tag{6.5-38}$$

式中　$V_{(i)}$ ——表示每层钢板剪力墙所需要的剪力设计值，为地震荷载效应与其他荷载效应的组合。

对于大跨度框架，竖向支撑的使用非常有利，因为框架跨度增大将会加大梁截面，为保持"强柱弱梁"的要求，柱截面也将会增加，如此便降低了钢板剪力墙的经济性。

6.5.5　设置水平和竖向加劲钢板剪力墙的计算

当水平加劲肋与竖向加劲肋混合布置时，考虑到竖向加劲肋需为拉力带提供锚固刚度，竖向加劲肋宜通长布置，且竖向加劲肋宜双面或交替双面设置，水平加劲肋可单面、双面或交替双面设置。

加劲钢板剪力墙承载力计算以钢板剪力墙屈曲为其承载力极限状态或适当考虑屈曲后强度。利用钢板剪力墙屈曲后强度时，其边缘柱的截面惯性矩应满足公式（6.5-19）的要求。同样，本节未特殊注明的加劲钢板剪力墙的计算适用于不考虑屈曲后强度的钢板剪力墙。

加劲肋与边缘构件不宜直接连接。如果加劲肋与边缘构件直接焊接或采用其他方式直接连接，宜考虑边缘构件对加劲肋的不利影响，或在结构分析时考虑加劲肋、钢板剪力墙与边缘构件之间的相互作用，竖向加劲肋在构造上采取不承受竖向力的措施。

同时设置水平和竖向加劲肋的钢板剪力墙，纵横加劲肋划分的剪力墙板区格的宽高比宜接近1，剪力墙板区格的宽厚比符合下列规定：

采用开口加劲肋时：

$$\frac{a_1 + h_1}{t_w} \leqslant 220\varepsilon_k \tag{6.5-39a}$$

采用闭口加劲肋时:

$$\frac{a_1 + h_1}{t_w} \leqslant 250\varepsilon_k \qquad (6.5\text{-}39\text{b})$$

式中　a_1 —— 剪力墙板区格宽度;

　　　h_1 —— 剪力墙板区格高度;

　　　ε_k —— 钢号修正系数;

　　　t_w —— 钢板剪力墙的厚度。

同时设置水平和竖向加劲肋的钢板剪力墙,加劲肋的刚度参数符合下列公式的要求。

$$\eta_x = \frac{EI_{sx}}{Dh_1} \geqslant 33 \qquad (6.5\text{-}40\text{a})$$

$$\eta_y = \frac{EI_{sx}}{Da_1} \geqslant 50 \qquad (6.5\text{-}40\text{b})$$

$$D = \frac{Et_w^3}{12(1-\upsilon^2)} \qquad (6.5\text{-}40\text{c})$$

式中　η_x、η_y —— 分别为水平、竖向加劲肋的刚度参数;

　　　E —— 钢材的弹性模量;

　　I_{sx}、I_{sy} —— 分别为水平、竖向加劲肋的惯性矩,可考虑加劲肋与钢板剪力墙有效宽度组合截面,单侧钢板加劲剪力墙的有效宽度取 15 倍的钢板厚度;

　　　D —— 单位宽度的弯曲刚度;

　　　υ —— 钢材的泊松比。

加劲钢板剪力墙的加劲肋与内嵌钢板可采用焊接或螺栓连接两种。

设置加劲的钢板剪力墙,应根据下列规定计算其稳定性,正则化宽厚比 $\lambda_{n,s}$、$\lambda_{n,\sigma}$、$\lambda_{n,b}$ 应根据下列公式计算:

$$\lambda_{n,s} = \sqrt{\frac{f_{yv}}{\tau_{cr}}} \qquad (6.5\text{-}41\text{a})$$

$$\lambda_{n,\sigma} = \sqrt{\frac{f_{yv}}{\sigma_{cr}}} \qquad (6.5\text{-}41\text{b})$$

$$\lambda_{n,b} = \sqrt{\frac{f_{yv}}{\sigma_{bcr}}} \qquad (6.5\text{-}41\text{c})$$

式中　f_{yv} —— 钢材的屈服抗剪强度,取钢材屈服强度的 0.58 倍;

　　　f_y —— 钢材屈服强度;

　　　τ_{cr} —— 弹性剪切屈曲临界应力,按本手册附录 6.5.2 的规定计算;

　　　σ_{cr} —— 竖向受压弹性屈曲临界应力,按本手册附录 6.5.2 的规定计算;

　　　σ_{bcr} —— 竖向受弯弹性屈曲临界应力,按本手册附录 6.5.2 的规定计算。

弹塑性稳定系数 φ_s、φ_σ、φ_{bs} 应根据下列公式计算:

$$\varphi_s = \frac{1}{\sqrt[3]{0.738 + \lambda_{n,s}^6}} \leqslant 1.0 \qquad (6.5\text{-}42\text{a})$$

$$\varphi_\sigma = \frac{1}{\left[1 + \lambda_{n,\sigma}^{2.4}\right]^{5/6}} \leqslant 1.0 \qquad (6.5\text{-}42\text{b})$$

$$\varphi_{bs} = \frac{1}{\sqrt[3]{0.738 + \lambda_{n,b}^6}} \leqslant 1.0 \qquad (6.5\text{-}42c)$$

稳定性计算应符合下列公式要求:

$$\frac{\sigma_b}{\varphi_{bs}f} \leqslant 1.0 \qquad (6.5\text{-}43a)$$

$$\frac{\tau}{\varphi_s f_v} \leqslant 1.0 \qquad (6.5\text{-}43b)$$

$$\frac{\sigma_G}{0.35\varphi_\sigma f} \leqslant 1.0 \qquad (6.5\text{-}43c)$$

$$\left(\frac{\sigma_b}{\varphi_{bs}f}\right)^2 + \left(\frac{\tau}{\varphi_s f_v}\right)^2 + \frac{\sigma_G}{\varphi_\sigma f} \leqslant 1.0 \qquad (6.5\text{-}43d)$$

式中　　σ_b ——由弯矩产生的弯曲压应力设计值;

　　　　τ ——钢板剪力墙的剪应力设计值;

　　　　σ_G ——竖向重力荷载产生的应力设计值;

　　　　f_v ——钢板剪力墙的抗剪强度设计值;

　　　　f ——钢板剪力墙的抗压和抗弯强度设计值。

按照考虑加劲钢板剪力墙屈曲后强度设计且加劲肋为钢板条时,加劲肋宽厚比应满足 $6 \leqslant \lambda_s \leqslant 12$。

1) 对于十字加劲的钢板剪力墙,其抗剪承载力应按下式进行验算:

$$\tau \leqslant C_0 \cdot \alpha_1 f_v \qquad (6.5\text{-}44a)$$

$$\alpha_1 = \begin{cases} 1 - 0.02(\lambda_{n0} - 0.7) & \lambda_{n0} \leqslant 2.1 \\ 1.21/\lambda_{n0}^{0.29} & \lambda_{n0} > 2.1 \end{cases} \qquad (6.5\text{-}44b)$$

2) 对于交叉加劲钢板剪力墙,其抗剪承载力应按下式进行验算:

$$\tau \leqslant C_0 \cdot C_1 \cdot \alpha_2 f_v \qquad (6.5\text{-}45a)$$

$$\alpha_2 = 1.68 + 0.0085(\eta - 30) - 1.15e^{-\lambda_{n0}} \qquad (6.5\text{-}45b)$$

$$\eta = \frac{EI_s}{Dl_{1max}} \qquad (6.5\text{-}45c)$$

式中　　τ ——外荷载作用下钢板剪力墙产生的剪应力;

　　　　f_v ——钢材的抗剪强度设计值;

　　　　C_0 ——边缘柱刚度相关的折减系数,取 0.87;

　　　　C_1 ——加劲肋折减系数,当加劲肋为平钢板时取 $C_1 = 1.21 - 0.07(\lambda_s - 6)$,当加劲肋为其他形式时取 $C_1 = 1.0$;考虑到平钢板作为加劲肋时容易发生局部屈曲进而丧失对钢板剪力墙的面外约束能力,引入折减系数 C_1;

α_1、α_2 ——分别为十字加劲与交叉加劲情况下考虑屈曲后强度的极限承载力系数;

　　　　λ_{n0} ——非加劲钢板剪力墙的正则化高厚比,按公式(6.5-19d)计算。

　　　　η ——肋板抗弯刚度比;

　　　　EI_s ——加劲肋抗弯刚度;

l_{1max} ——钢板剪力墙区格宽度 l_1 与区格高度 h_1 的较大值。

加劲钢板剪力墙中的型钢加劲肋与内嵌钢板之间的连接可采用高强螺栓连接，其螺栓连接强度的计算应满足现行国家标准《钢结构设计标准》GB 50017 的要求。热轧型钢或冷弯薄壁型钢用作栓接加劲钢板剪力墙的加劲肋时，双列螺栓连接时可适当考虑加劲肋抗扭刚度对约束内嵌钢板屈曲的贡献。螺栓连接加劲钢板剪力墙的计算，参见附录 6.5.2。

为运输方便，当设置水平加劲肋时，可采用横向加劲肋贯通钢板剪力墙水平切断的形式。加劲钢板剪力墙与边缘构件的连接应符合下列要求：

① 钢板剪力墙与钢柱连接可采用角焊缝，焊缝强度应满足等强连接要求；

② 钢板剪力墙的周边梁腹板厚度不应小于钢板剪力墙厚度，翼缘可采用加劲肋代替，其截面不应小于所需要梁截面。

6.5.6　工程实例

一、节点设计与连接构造

钢板剪力墙与周边构件可直接连接或采用鱼尾板作为过渡连接。一般多采用鱼尾板过渡连接，鱼尾板与钢柱、钢梁采用熔透焊缝焊接，且厚度不小于钢板剪力墙厚度。钢板剪力墙与周边构件（或鱼尾板）连接可采用焊接或螺栓连接。

1. 钢板剪力墙与周边构件螺栓连接

钢板剪力墙与周边构件的螺栓连接应符合现行国家标准《钢结构设计标准》GB 50017 的要求。非加劲钢板剪力墙与周边构件如采用螺栓连接，则需采取有效措施避免螺栓受力集中发生逐个失效。钢板剪力墙宜通过鱼尾板与周边构件螺栓连接，鱼尾板厚度应不小于钢板剪力墙厚度（图 6.5-19）。螺栓连接应根据钢板剪力墙的不同类型采用相应的计算方法，除满足小震和风荷载作用下的承载力和刚度要求，同时也需满足大震需求。

2. 钢板剪力墙与周边构件焊接连接

根据鱼尾板所发挥的作用不同要求不同，当直接焊接连接时，鱼尾板作为安装及垫板的作用，只要满足安装要求即可，不一定要求与钢板剪力墙等厚；若鱼尾板作为过渡板，则要求其厚度不小钢板剪力墙的厚度见图 6.5-20。钢板剪力墙与周边构件直接焊接时应符合下列要求：

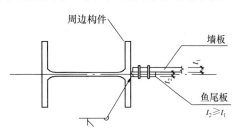

图 6.5-19　与周边构件的螺栓连接

1）鱼尾板仅当连接垫板使用时，鱼尾板与钢板剪力墙的安装，可采用水平槽孔，鱼尾板的厚度及宽度尚需满足安装要求，与周边构件采用全熔透焊接。

2）钢板剪力墙与柱的焊接，采用与钢板等强对接焊缝，对接焊缝质量等级不应低于二级，鱼尾板尾部与钢板剪力墙采用角焊缝现场焊接。

3）钢板剪力墙钢板厚度大于等于 22mm 时，钢板与钢梁连接宜采用 K 形熔透焊。

钢板剪力墙与周边梁柱采用鱼尾板过渡连接时应符合下列要求：

1）鱼尾板与钢板剪力墙的安装，可采用水平槽孔。通过计算确定连接板的厚度，且应考虑安装螺栓开孔后的削弱见图 6.5-21。

2）鱼尾板与钢板剪力墙采用角焊缝的连接形式，通过计算确定的焊脚高度，同时尚应考虑内侧焊缝的施工可行性。

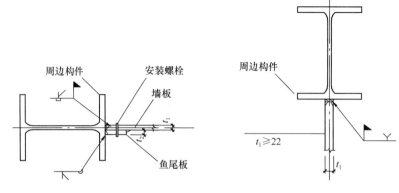

图6.5-20　与周边构件直接焊接连接

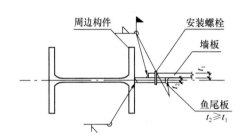

图6.5-21　与周边构件用鱼尾
板过渡的焊接连接

与钢板剪力墙相连的钢梁腹板，其厚度应不小于钢板剪力墙厚度，其翼缘可采用加劲肋代替，但此处的加劲肋的截面，应不小于所需要的钢梁截面。加劲肋与柱子的焊缝质量等级按梁柱节点的焊缝要求执行。

加劲肋与钢板剪力墙的焊缝，横向加劲肋与柱的焊缝，横向加劲肋与竖向加劲肋的焊缝，根据加劲肋的厚度可选择双面角焊缝或坡口全熔透焊缝，达到与加劲肋等强，熔透焊缝质量等级为二级。

3. 连接构造要求

钢板剪力墙洞口构造应符合下列要求：

设计中应尽量减少钢板剪力墙开洞，减少对结构的不利影响。当出现建筑门洞而无法避免时，通过设置边缘构件进行补强，此时当门洞顶钢梁截面较小时，钢板剪力墙实际已接近于两段独立墙体，门顶钢梁按连梁设计。在钢板剪力墙上开设门洞时，应在门两侧及门顶按等强原则设置边缘构件。

在非加劲钢板剪力墙上开设洞口时，应避开拉力带区域。在防屈曲钢板剪力墙上开设洞口时，混凝土盖板需对应预留洞口，且应对盖板进行强度、刚度复核。设备管线穿过洞口的连接构造应保证盖板与钢板剪力墙间实现自由滑动。在加劲钢板剪力墙上开设洞口时，洞口不应打断加劲肋，计算钢板剪力墙的水平受剪承载力时，不应计算洞口水平投影部分。门洞口边应设置加劲肋，且符合下列规定：

1）加劲肋的刚度参数 η_x、η_y 不应小于150；

2）竖向边加劲肋应延伸至整个楼层高度，门洞上边的边缘加劲肋延伸的长度不宜小于600mm。

钢板剪力墙上开设洞口的边长（或直径）≤300mm 时可不做补强。设计中需要根据洞口的数量、分布、洞口尺寸，考虑是否需要在整体计算中予以反映。当出现多个≤300mm 的小洞密集开洞时，必要时也应采取补强措施。300mm＜洞口的边长（或直径）≤700mm 时，应采取补强措施。

钢板剪力墙底脚构造应符合下列要求：

钢板剪力墙与基础的连接，宜采用锚栓与分布式抗剪键组合使用、二次灌浆调平的连接形式，锚栓承担墙底拉力，抗剪键承担水平剪力，并应验算墙底及抗剪键连接处混凝土局部承压能力。

钢板剪力墙的墙脚底板应通过计算确定厚度，且不宜小于 20mm。当钢板剪力墙设计工况出现很大拉力时，需专门设计抗拉的柱脚。

二、制作与安装

钢板剪力墙施工详图设计可创建 BIM 模型，进行施工全过程仿真模拟分析。通过创建 BIM 模型，对施工进行全程动态模拟分析，可预测施工中可能出现的最大应力及变形的部位或阶段，建议该部位或过程的关键控制阶段，以期为保证实际施工过程的安全。钢板剪力墙工程施工详图设计应符合现行国家标准《钢结构工程施工规范》GB 50755 的相关规定，并满足现行国家标准《高层民用建筑钢结构技术规程》JG J99 的有关要求。

1. 制作

由于钢板均为热轧钢板，在轧制过程中存在一定的轧制应力；并在储运过程中因应力的释放导致钢板发生波浪变形。为此，在钢板剪力墙下料前需对钢板进行矫平；同时矫平加工还有助于提高钢材表面的致密性，保证焊接质量。

切割应满足下列规定：

1）钢材切割应符合国家现行标准《钢结构工程施工规范》GB 50755、《高层民用建筑钢结构技术规程》JGJ 99 中的相关规定。

2）开缝剪力墙钢板上竖缝宽度约 10mm，可采用激光或等离子切割，切割起始位置应在缝高一半处，缝端部应圆弧过渡。

组装应按照制作工艺规定的顺序进行，并符合现行国家标准《钢结构工程施工规范》GB 50755 中的相关规定。分段后的钢板剪力墙墙单元一般设有暗柱、暗梁，各组成部分需进行组装焊接。

1）组装前应对钢板剪力墙墙身布置的栓钉、钢筋连接器进行划线，栓钉、钢筋连接器划线必须不同颜色的油漆记号笔、钢印号表达清楚。钢板剪力墙单元组装的尺寸偏差，应控制在工艺文件和现行国家标准《钢结构工程施工质量验收规范》GB 50205 附录 C 要求的组装偏差允许范围内。

2）组装用的平台和胎架应符合构件装配的精度要求，具有足够的强度和刚度，经验收合格后方可使用。

3）组装焊接钢板剪力墙应预放焊接收缩量，并对各部件进行合理的焊接收缩分配，宜进行工艺性试验确定焊接收缩量。组装焊接应在钢构件拼装检验合格后进行。

4）将钢板剪力墙单元细分为钢板、暗柱、钢筋连接板等分别组装、焊接、矫正合格后，进行总装焊接。

剪力墙钢板的焊接工艺和焊接顺序应使最终钢板的变形和收缩最小为原则，且焊接工艺能够减小焊接残余应力。对其首次采用的钢材、焊接材料、焊接方法、焊后热处理等，应进行焊接工艺评定试验，焊接工艺评定试验应按照国家现行标准《钢结构焊接规范》GB 50661、《钢结构工程施工规范》GB 50755、《高层民用建筑钢结构技术规程》JGJ99

中的有关规定和设计文件的要求执行；焊接工艺方案应以合格的焊接工艺评定试验、企业设备和资源状况为依据进行编制。焊接施工前应根据焊接工艺编制作业指导书，并结合工程特点对焊工进行培训；焊接作业应按正确的焊接工艺参数进行。

钢板剪力墙的矫正应符合国家现行标准《钢结构工程施工规范》GB 50755 中的相关规定以及《高层民用建筑钢结构技术规程》JGJ 99 中的规定。

制孔应满足下列规定：

1）钢板剪力墙的制孔应符合现行国家标准《钢结构工程施工规范》GB 50755 中的相关规定。

2）采用高强螺栓连接的钢板剪力墙螺栓孔比较多，制孔时需与连接板配合制孔或数控钻孔。

3）当连接板与夹板采用螺栓连接时，在确保结构安全的前提下，夹板可进行分段，以提高高强螺栓的一次性穿孔率。

钢板剪力墙摩擦面的处理应符合现行国家标准《高层民用建筑钢结构技术规程》JGJ 99 中的规定。

钢板剪力墙单元的质量控制措施包括：

1）每个剪力墙单元组成部件宜分别组装、焊接，经检验合格后，再进行单元总装焊接；

2）合理制定焊接工艺，根据焊接工艺制定焊接顺序，尽可能减少焊接变形及残余应力；

3）剪力墙单元运输过程中，宜采用专用胎架，防止运输变形；

4）装卸车过程及吊装时，应采用合理的绑扎方式，吊点设置应以保证钢板剪力墙变形最小为宜。

内嵌钢板角部宜切割成圆角或倒角形式，连接板与内嵌钢板采用夹板连接时，连接夹板的拼接点应远离角部。

2. 安装

当钢板剪力墙主要承受水平剪力，不承担竖向压力时，宜采用后固定法施工；当钢板剪力墙即承受水平剪力，又承担竖向压力时，可以与结构框架同步施工；当钢板剪力墙受力不明确时，按设计要求进行。后固定法施工，即先作临时固定，对高强螺栓和不影响竖向荷载的焊缝进行施工、焊接，待主结构封顶或大部分竖向荷载施加完毕后，再进行钢板剪力墙的最后固定焊接工作。对于既承担水平剪力又承担竖向压力的钢板剪力墙，可与主体结构同时施工。

钢板剪力墙的安装应考虑对称性和整体稳定性，合理划分施工区域，控制安装尺寸，防止焊接和安装误差的积累。

钢板剪力墙的吊装应满足下列规定：

1）吊装顺序：平面吊装按照中心单元向四周单元的顺序进行；

2）初步就位及临时固定：钢板剪力墙由于横截面较小，在墙单元吊装就位后应先采取可靠的临时固定措施；

首单元钢板剪力墙安装时，可拉设双向缆风绳对其进行临时固定，缆风绳沿墙体方向成对布设，缆风绳上端直接与剪力墙吊装耳板连接，下端可设置倒链与预埋地锚相连。

为保证就位的钢板剪力墙的稳定性，在各单元之间拉设临时支撑；板间临时支撑分为角撑和对撑。支撑加设主要综合考虑钢板剪力墙受力特点、结构形式及与土建施工的位置关系等因素灵活布置。

为了减小钢板剪力墙在焊接过程中的收缩变形，钢板剪力墙在焊接前需要在焊缝两侧设置临时连接板固定，待焊接完成并在焊缝冷却至环境温度后将连接板割除。安装临时连接板根据现场焊接形式与临时连接位置灵活布置，但要确保临时连接的可靠性。横焊缝临时连接板宜布设在钢板剪力墙暗柱处，每片钢板剪力墙至少布置两道。立焊缝临时连接板宜布设在钢板剪力墙上下两端，并留出足够的操作空间。

对同一层有高强螺栓和焊接连接时，应先进行高强螺栓施工，再进行焊接施工。对栓焊的钢板剪力墙，当高强螺栓紧固完成后，对该片剪力墙进行测量，根据测量的偏差值大小及偏差方向，进行局部尺寸调整，再确定焊接顺序及焊接方向。

整体焊接顺序：纵向应自下而上逐楼层焊接；平面上应以中心单元为基点，自内向外逐块进行焊接；单个单元的焊接顺序为先焊接立焊缝再焊接横焊缝。钢板厚度大于30mm，宜采用双面坡口，横焊缝宜采用 K 形坡口，立焊缝宜采用 X 形坡口；在厚板焊接过程中，应采用多层多道焊缝；焊接顺序为先正面焊一半，然后反面清根，进行反面焊接，反面焊接完成后，再焊接完成正面余下的焊缝。

焊接顺序遵循以下要求：先焊接收缩量大的焊缝；同类焊缝对称、同时、同向焊接；为减少焊接变形，原则上单块剪力墙相邻两个接头不要同时开焊，先焊接一端焊缝，同时对另一端焊缝临时固定，待焊缝冷却到常温后，再进行另一端的焊接；先焊钢板之间的纵向焊缝，再焊与钢柱连接的焊缝。

钢板剪力墙的超长焊缝变形控制措施应满足下列规定：

1）控制焊接能量密度，减少热输入，严格控制焊接坡口间隙；

2）严格控制焊接速度，通过试验确定最适宜的焊接速度；

3）采用刚性固定法和增加约束度，必要时采取反变形。

焊后消除应力的处理应符合现行国家标准《钢结构工程施工规范》GB 50755 中的相关规定。对焊接应力较为集中的焊缝首尾、各角位置、焊缝间距离较近区域、对应加劲肋部位的焊缝，宜留应力释放孔、不焊或少焊。

三、设计实例

例题：建筑布置、尺寸以及标准平面图示于图 6.5-22 中。墙板的材料选用 Q235，梁和柱的材料采用 Q345。建筑物周边有四片钢板剪力墙，核心墙体为钢板剪力墙。为了分析钢板剪力墙，不考虑复杂的双重抗侧力体系，例题取出了钢板剪力墙 1，正立面图示于图 6.5-23。由地震作用在每层结构中产生的水平分布力如表 6.5-2 所示。由于风荷载的强度相似，为了简化忽略了它的控制作用。

钢板剪力墙的设计公式以墙板完全屈服为依据。梁和柱分别简称为 HBE 和 VBE，它们是根据剪力墙拉应力平均值来设计。

（1）初步设计

在初步设计中，由于不知道 HBE 和 VBE 的截面尺寸，可假定由剪力墙承担所有的地震剪力，确定墙板厚度。由于剪力墙的拉力带倾角依赖于梁和柱的截面尺寸以及墙板几何尺寸，初步设计时要假定拉力带倾角，拉力带倾角（主应力与竖向力的夹角）变化范围在 $30°\sim55°$ 之间，本例倾角 α 保守地假定为 $32°$。

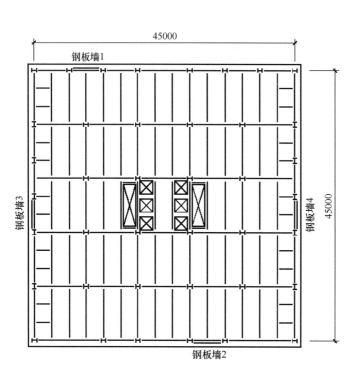

图 6.5-22   标准层平面图（mm）

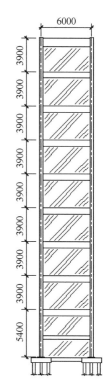

图 6.5-23   钢板墙立面图（mm）

每层钢板剪力墙的分布力和剪力　　　　　　表 6.5-2

楼层	分布力（kN）	剪力（kN）
顶层	467.04	467.04
第九层	362.07	827.33
第八层	317.63	1143.14
第七层	270.59	1410.02
第六层	222.40	1632.42
第五层	176.14	1810.34
第四层	132.11	1943.78
第三层	89.40	2032.74
第二层	49.37	2081.67

通过假定角度就可以利用公式（6.5-18）初步选择每层的墙板尺寸，如表 6.5-3
所示。

Q235 钢内嵌板初步设计　　　　　　表 6.5-3

楼层	板厚 t_w（mm）	需要的抗剪承载力 V_u（kN）	设计的抗剪承载力 ϕV_n（kN）	需求力与承载力比值 $\dfrac{V_u}{\phi V_n}$
第九层	1.6	467.1	694.3	0.67
第八层	1.7	827.3	737.6	1.12

楼层	板厚 t_w (mm)	需要的抗剪承载力 V_n (kN)	设计的抗剪承载力 ϕV_n (kN)	需求力与承载力比值 $\dfrac{V_u}{\phi V_n}$
第七层	2.7	1143.1	1171.5	0.98
第六层	3.2	1410.0	1388.5	1.02
第五层	3.2	1632.4	1388.5	1.18
第四层	3.4	1810.3	1475.2	1.23
第三层	4.8	1943.8	2082.7	0.94
第二层	4.8	2032.7	2082.7	0.98
第一层	4.8	2081.7	2082.7	1.00

框架柱的设计必须满足强度和刚度要求。柱平面内的弯曲刚度要求，可确保墙板能沿着柱高度形成充分的拉力场。公式（6.5-19）给定了柱的抗弯刚度要求，每层柱所需的抗弯刚度示于表 6.5-4。初步设计时，可假定所有各层梁的高度都相同。

需要注意的是，第一层柱需要设计一个中间梁来减少柱的高度。通过需求的抗弯刚度对框架柱进行初步设计。强度需求或许起控制作用，但强度的计算依赖于框架分析以及与重力荷载的组合值。

梁柱刚接时，梁的设计依赖于框架分析中的横向荷载。应当注意的，梁的弯曲要求基于梁上下剪力墙拉力带不同的作用。墙板作用在框架梁上的荷载可以估算为：

$$w_u = \frac{V_{u(i)} - V_{u(i+1)}}{L_{cf} \tan(\alpha)}$$

框架柱所需的抗弯刚度　　　　　　　　　　　　表 6.5-4

楼层	板厚 t_w (mm)	内嵌板尺寸		要求的柱抗弯刚度 I_c (×10⁶ mm⁴)
		h (mm)	L (mm)	
第九层	1.6	3900	6000	198.63
第八层	1.7	3900	6000	211.05
第七层	2.7	3900	6000	335.19
第六层	3.2	3900	6000	397.26
第五层	3.2	3900	6000	397.26
第四层	3.4	3900	6000	422.09
第三层	4.8	3900	6000	595.89
第二层	4.8	3900	6000	595.89
第一层	4.8	2700	6000	1089.10

初步设计时，顶梁的截面尺寸是 H750×270×15×20，其他层梁的截面尺寸是 H530×200×10×14。需要注意的是，均匀分布的荷载是基于拉力带倾斜角为 32°计算，大多数情况下，拉力带倾角会显著大于 32°。剪力墙板周边构件的初步截面尺寸列于表 6.5-5。

初选边缘构件截面   表 6.5-5

楼层	柱截面	梁截面
顶层	—	H750×270×15×20
第九层	H320×310×14×22	H530×200×10×14
第八层	H320×310×14×22	H530×200×10×14
第七层	H330×310×18×28	H530×200×10×14
第六层	H330×310×18×28	H530×200×10×14
第五层	H330×310×18×28	H530×200×10×14
第四层	H330×310×18×28	H530×200×10×14
第三层	H350×320×22×36	H530×200×10×14
第二层	H350×320×22×36	H530×200×10×14
第一层	H350×320×22×36	H260×200×10×16

拉力带倾斜角 α 的确定依赖于框架的几何尺寸、墙板周边构件的截面尺寸和墙板厚。初步选好了墙板周边框架构件的截面尺寸，就可利用公式（6.5-10）更精确地计算拉力带的倾角，可以利用新确定的墙板倾角，结合公式（6.5-18）重新验算墙板厚度。表 6.5-6 给出了拉力带倾角的初始值以及利用公式（6.5-18）重新修改的剪力墙厚度。

拉力带倾角和修订后的内填板厚度   表 6.5-6

楼层	角度 α (°)	内嵌板厚度 t_w (mm)
第九层	41.3	1.6
第八层	41.2	1.6
第七层	40.1	2.7
第六层	40.1	2.7
第五层	39.5	3.2
第四层	39.5	3.4
第三层	38.6	4.8
第二层	38.6	4.8
第一层	41.1	4.8

由表 6.5-6 的结果，可进一步精细的计算剪力墙板厚和周边框架构件的截面尺寸，进行一、两次的结构迭代分析就可以使构件在保证强度要求下截面尺寸达到最优（如果侧移起控制作用，则结构的迭代分析并不会使构件的截面设计有效）。

在初步设计阶段，可以很容易地进行上述迭代，设计应由框架分析所得内力基础上进行修正。此阶段对设计进行改善的目的在于提供合理初始值来减少设计中所需的迭代次数。这种设计程序可用结构分析软件完成。

（2）模型分析

为了完成梁与柱的设计，需要设计荷载。在初步设计中，假定结构的全部层剪力由内嵌板来抵抗。实际中，框架也会参与层剪力的抵抗。墙板所需强度将减少，从而导致板厚减小。同时，墙板对周边框架构件的强度和刚度需求将减少，周边框架构件尺寸发生改变后需对结构再次分析以确认或修改剪力在墙板和框架柱的分配关系，同时也要再次计算墙板的拉力带倾角。

采用计算模型进行多次的迭代分析以优化钢板剪力墙的设计。

对如图 6.5-24 所示的模型进行分析，分析过程中每一个迭代步都用来更新电子数据表，更新的数据表用于以下计算：

a）验算由分析所确定的板所承担的水平荷载比例相对应的墙板强度（若是强度控制，则需重新调整板厚）。

b）基于墙板、周边框架梁和柱改变后的尺寸再次计算拉力带倾角 α。

同时满足侧移和强度需求的尺寸如表 6.5-7 所示。利用墙板周边框架梁、柱构件尺寸及墙板厚就可以计算每层拉力带的倾角 α，倾角 α 用于建立模型和接下来的承载力设计计算，倾角列于表 6.5-8 中。每层由墙板所承担的水平地震剪力百分比列于表 6.5-9 中，在墙板和柱设计中将会考虑剪力分配。

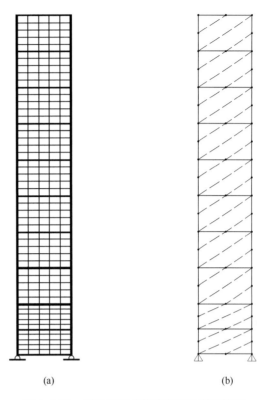

(a)   (b)

图 6.5-24 钢板墙正交薄膜和杆系模型简图
(a) 正交薄膜模型；(b) 三拉杆模型

最终边缘构件截面和墙板尺寸   表 6.5-7

楼层	内嵌板厚度（mm）	柱截面	梁截面	内嵌板尺寸			
				h (mm)	h_c (mm)	L (mm)	L_{cf} (mm)
顶层	—	—	H750×260×14×20	—	—	—	—
第九层	1.6	H370×370×16×26	H600×230×12×20	3900	3300	6000	5600
第八层	1.6	H370×370×16×26	H600×230×12×20	3900	3300	6000	5600
第七层	2.7	H400×400×28×44	H600×230×12×20	3900	3300	6000	5600
第六层	2.7	H400×400×28×44	H600×230×12×20	3900	3300	6000	5600
第五层	3.2	H400×400×28×44	H600×230×12×20	3900	3300	6000	5600
第四层	3.4	H400×400×28×44	H600×230×12×20	3900	3300	6000	5600
第三层	4.8	H460×420×42×66	H600×230×12×20	3900	3300	6000	5600
第二层	4.8	H460×420×42×66	H600×230×12×20	3900	3300	6000	5600
第一层	4.8	H460×420×42×66	H260×200×10×16	2700	2100	6000	5600

拉应力角度　表 6.5-8　　　　内嵌板参与抵抗层间剪力所占的百分比　表 6.5-9

楼层	α (°)
第九层	42.6
第八层	42.6
第七层	41.6
第六层	41.6
第五层	41.2
第四层	41.0
第三层	40.0
第二层	40.0
第一层	39.9

楼层	内嵌板抵抗层间剪力所占的百分比	内嵌板中的平均拉应力（MPa）
第九层	87.2%	90.4
第八层	78.6%	143.4
第七层	85.1%	129.7
第六层	83.4%	156.5
第五层	85.4%	155.9
第四层	83.2%	156.5
第三层	91.0%	133.8
第二层	18.0%	136.6
第一层	68.1%	107.6

（3）最终设计

1）下面阐述第九层墙板周边框架梁 H600×230×12×20（Q345）的设计。

由于墙板拉力带对周边框架柱的作用，墙板周边框架梁将承担较大轴力。对于上下墙板厚不相同（或者一边不存在墙板，例如：顶层梁）的框架梁承受横向荷载。另外，框架梁也必须抵抗重力荷载及结构变形所产生的剪力和弯矩。

利用公式（6.5-26）中定义的荷载就可以计算出墙板屈服时产生的横向荷载，计算中用 L_{cf} 代替 L_h，采用内嵌钢板上的平均拉应力计算如下：

$$M_u = \frac{w_u L_{cf}^2}{8} + \frac{P_u L_{cf}}{4}$$

$$w_u = \sigma_8 t_8 \cos^2(\alpha_8) - \sigma_9 t_9 \cos^2(\alpha_9) = 46.00 \text{N/m}$$

$$L_{cf} = L - d_c = 5600 \text{mm}$$

跨中次梁上的荷载：　　　　$P_u = 155.68 \text{kN}$

故：　　　　　　　　　　$M_u = 398.27 \text{kN} \cdot \text{m}$

框架梁上的剪力：

$$V_u = 201.62 \text{kN}$$

框架梁的轴力：

$$P_{HBE} = P_{HBE(VBE)} \pm \frac{1}{2} P_{HBE(IP)}$$

$$P_{HBE(IP)} = \frac{1}{2} [\sigma_i t_i \sin(2\alpha_i) L_{cfi} - \sigma_{i+1} t_{i+1} \sin(2\alpha_{i+1}) L_{cfi+1}] = 236.60 \text{kN}$$

墙板产生的轴力可认为平均分配在框架梁的两端，因此，设计时只使用一半。在梁的左边（靠近受拉框架柱），其连接力为：$P_u = 335.87 \text{kN}$；在梁的右边（靠近受压框架柱），其连接力为：$P_u = 99.27 \text{kN}$，两边的都是压力，设计时采用 $P_u = 335.87 \text{kN}$。

验算框架梁的稳定性如下：

框架梁截面尺寸为 H600×230×12×20，计算得截面特性：$A = 159.2 \text{cm}^2$，$I_x = $

94933.60cm^4，$i_x = 24.42\text{cm}$，$W_x = 3164.45\text{cm}^3$；

翼缘厚度 20mm>16mm，故取 $f = 295\text{N/mm}^2$。

$\lambda_x = l_x/i_x = 22.93$，按照《钢结构设计标准》GB 50017—2017 中 b 类截面查表得 $\varphi_x = 0.960$

$N'_{Ex} = \pi EA/(1.1\lambda_x^2) = 55964.06\text{kN}$，$N = 335.87\text{kN}$。

近似取 $\beta_{mx} = 1.0$

$$\frac{N}{\varphi_x A f} + \frac{\beta_{mx} M_x}{\gamma_x W_{1x}(1 - 0.8N/N'_{Ex})f} = 0.48 < 1.0$$

注意，此处省略了强度和平面外稳定的验算。

2）下面阐述第八层框架柱 H370×370×16×26（Q345）的设计。

框架柱的轴力包括第 8 和 9 层墙板产生的拉力带的影响以及第 9 层和顶层框架梁上剪力。产生的轴力为：

$$E = \frac{1}{2}\eta_e \sigma \sin(\alpha) t_w h_c + \Sigma V_u$$

地震剪力求和项 ΣV_u 应包括计算层柱以上所有各层梁的剪力。墙板周边框架梁所受的剪力为：

$$V_u = \frac{w_u}{2} L_{cf}$$

因此，框架柱所受的压力为：

$$E = \Sigma \frac{1}{2}\eta_e f_y \sin(2\alpha) t_w h_c + \Sigma\left[\frac{w_u}{2} L_{cf}\right]$$

其中 η_e 由附录 6.5.1 获得 8 层为 0.782，9 层为 0.812 计算得到的框架柱轴压力为：

$E = [0.5 \times (0.782 + 0.812) \times 235 \times \sin(2 \times 42.6°) \times 1.6 \times 3300]/$

$\qquad 1000 + (0.5 \times (46.0 + 78.37) \times 5600)/1000$

$\qquad = 1333.67\text{kN}$

柱中的整体放大重力荷载是 458.1kN。故 $P_u = 1276\text{kN}$。

弯矩是墙板拉力带和框架作用的总和。

墙板拉力带产生的弯矩

$$M_{VBE(IP)} = \sigma \sin^2(\alpha) t_w\left(\frac{h_c^2}{12}\right) = 95.40\text{kN} \cdot \text{m}$$

由于柱变形而产生的弯矩来自于模型。为了将弯曲的两种因素区分开，需要单独的框架模型。

$$M_{VBE(frame)} = 170.60\text{kN} \cdot \text{m}$$

$$M_u = M_{VBE(frame)} + M_{VBE(IP)} = 266.0\text{kN} \cdot \text{m}$$

柱中的剪力是墙板拉力带作用和没有被墙板所抵抗的剪力之和。

$$C_{VBE(IP)} = \frac{1}{2}\sigma \sin^2(\alpha) t_w h_c = 173.45\text{kN}$$

分析表明78.6%的剪力由墙板抵抗（如表6.5-9所示）。假定剩下的水平地震荷载则由墙板周边两个框架柱平均承担：

$$V_{\text{VBE(frame)}} = 23.61\text{kN}$$

墙板周边框架柱总剪力为：

$$V_{\text{u}} = V_{\text{VBE(frame)}} + V_{\text{VBE(IP)}} = 197.06\text{kN}$$

框架柱截面尺寸为 H370×370×16×26，计算截面特性如下：

$A = 243.28\text{cm}^2$，$I_x = 61207.27\text{cm}^4$，$i_x = 15.86\text{cm}$，$W_x = 3308.50\text{cm}^3$，$I_y = 21949.63\text{cm}^4$，$i_y = 9.5\text{cm}$；

翼缘厚度 26mm＞16mm，故取 $f = 295\text{N/mm}^2$。

（4）平面内稳定验算

梁柱线刚度比 $k_1 = 0.54$，$k_2 = 0.368$，查表得框架柱计算长度系数 $\mu = 0.867$，

$l_{0x} = \mu l = 338.1\text{cm}$，$\lambda_x = l_{0x}/i_x = 21.3$，按照《钢结构设计标准》GB 50017—2017 中 b 类截面查表得 $\varphi_x = 0.966$

$$N'_{\text{Ex}} = \pi^2 EA/(1.1\lambda_x^2) = 42451.51\text{kN}$$

近似取 $\beta_{\text{mx}} = 1.0$。

$$\frac{N}{\varphi_x Af} + \frac{\beta_{\text{mx}} M_x}{\gamma_x W_{1x}(1 - 0.8N/N'_{\text{Ex}})f} = 0.46 < 1.0$$

（5）平面外稳定验算

近似取 $l_{0y} = i_{0x} = 338.1\text{cm}$，则 $\lambda_y = l_{0y}/i_y = 35.6$。

按照《钢结构设计标准》GB 50017—2017 中 b 类截面查表得 $\varphi_y = 0.916$。

取 $\beta_{\text{tx}} = 1.0$。

$$\varphi_{\text{b}} = 1.07 - \frac{\lambda_y^2}{44000}\frac{f_y}{235} = 1.04$$

故取为 1.0。

$$\frac{N}{\varphi_y Af} + \eta\frac{\beta_{\text{tx}} M_x}{\varphi_{\text{b}} W_{1x} f} = 0.48 < 1.0$$

柱的整体稳定性满足要求。注意，此处省略了强度和局部稳定的验算。

附录6.5.1 钢板墙边缘柱的变轴力等效系数

钢板剪力墙边缘柱的变轴力等效系数 η_e 附表6.5.1-1

K_2 \ K_1	0	0.05	0.2	0.5	1	3	5	8	≥10
0	0.598	0.768	0.777	0.794	0.818	0.878	0.904	0.918	0.920
0.05	0.597	0.767	0.776	0.792	0.816	0.876	0.902	0.916	0.918
0.2	0.595	0.762	0.771	0.787	0.811	0.870	0.896	0.910	0.912
0.5	0.591	0.753	0.762	0.778	0.800	0.858	0.884	0.898	0.900
1	0.584	0.738	0.746	0.761	0.783	0.839	0.864	0.877	0.879
3	0.557	0.676	0.683	0.695	0.714	0.761	0.784	0.796	0.799

续表

K_2＼K_1	0	0.05	0.2	0.5	1	3	5	8	≥10
5	0.530	0.615	0.620	0.630	0.644	0.683	0.703	0.715	0.718
8	0.488	0.523	0.526	0.531	0.540	0.567	0.582	0.593	0.598
≥10	0.461	0.461	0.463	0.466	0.470	0.489	0.502	0.512	0.517

注：1. 系数 η_e 取值按照下列公式取值并插值获得：

　　柱底刚接时：

$$\eta_e = 0.461 \qquad\qquad (K_1 = 0) \qquad\qquad (F6.5.1\text{-}1)$$

$$\eta_e = 2.71K_1^{0.03} - 2.04K_1^{0.02} - 0.21 \qquad (0 < K_1 \leqslant 1) \qquad (F6.5.1\text{-}2)$$

$$\eta_e = 1.01K_1^{-0.04} - 2.04K_1^{-0.04} + 1.7K_1^{-0.02} - 0.21K_1^{-0.1} \quad (0 < K_1 \leqslant 10) \quad (F6.5.1\text{-}3)$$

　　柱底铰接时：

$$\eta_e = 0.598 \qquad\qquad (K_1 = 0) \qquad\qquad (F6.5.1\text{-}4)$$

$$\eta_e = 0.038e^{-0.28K_1} - 0.18 \times 0.69^{K_1} + 0.907 \qquad (K_1 \neq 0) \qquad (F6.5.1\text{-}5)$$

　　式中 e 为自然常数；

　　表中：K_1 为柱上端横梁线刚度之和与柱线刚度之比；K_2 为柱下端横梁线刚度之和与柱线刚度之比。当 $K > 10$ 时，取 $K = 10$ 进行计算。当横梁远端铰接时，应将横梁线刚度乘以 1.5；当横梁远端嵌固时，则将横梁线刚度乘以 2。

　2. 当横梁与柱铰接时，取横梁线刚度为零。

　3. 当与柱刚性连接的横梁所受轴压力 N_b 较大时，横梁线刚度应乘以折减系数 α_N：

　　横梁远端与柱刚接和横梁远端铰接时：$\alpha_N = 1 - N_b/N_{Eb}$

　　横梁远端嵌固时：$\alpha_N = 1 - N_b/(2N_{Eb})$

　　式中，$N_{Eb} = \pi^2 EI_b/l^2$，I_b 为横梁截面惯性矩，l 为横梁长度。

附录6.5.2　加劲钢板剪力墙的弹性屈曲临界应力

同时设置水平和竖向加劲肋的钢板剪力墙（附图 6.5.2-1），其弹性剪切屈曲临界应力 τ_{cr} 的计算应符合下列规定：

当加劲肋的刚度满足本手册式 6.5-40 要求时，其弹性剪切屈曲临界应力 τ_{cr} 应按下列公式计算：

$$\tau_{cr} = \tau_{crp} = k_{ss}^1 \frac{\pi^2 D}{a_1^2 t_w} \qquad (F6.5.2\text{-}1)$$

当 $\frac{a_1}{h_1} \geqslant 1$ 时：

$$k_{ss}^1 = 6.5 + \frac{5}{(h_1/a_1)^2} \qquad (F6.5.2\text{-}2)$$

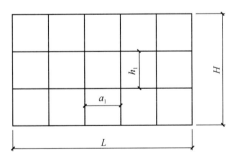

附图 6.5.2-1　带加劲肋的钢板剪力墙

当 $\frac{a_1}{h_1} < 1$ 时：

$$k_{ss}^1 = 5 + \frac{6.5}{(a_1/h_1)^2} \qquad\qquad (F6.5.2\text{-}3)$$

当加劲肋的刚度不满足本手册式 6.5-40 要求时，其弹性剪切屈曲临界应力 τ_{cr} 应按下列公式计算：

$$\tau_{cr} = \tau_{cr0} + (\tau_{crp} - \tau_{cr0})\left(\frac{\eta_{av}}{33}\right)^{0.7} \leqslant \tau_{crp} \qquad (F6.5.2\text{-}4)$$

$$\tau_{cr0} = k_{ss0}\frac{\pi^2 D}{L_n^2 t_w} \qquad (F6.5.2\text{-}5)$$

$$\eta_{av} = \sqrt{0.66\frac{EI_{sx}}{Da_1} \cdot \frac{EI_{sy}}{Dh_1}} \qquad (F6.5.2\text{-}6)$$

式中　τ_{crp}——小区格的剪切屈曲临界应力；

τ_{cr0}——未加劲板的剪切屈曲临界应力。

同时设置水平和竖向加劲肋的钢板剪力墙，其竖向受压弹性屈曲临界应力 τ_{cr} 的计算应符合下列规定：

当加劲肋的刚度满足本手册式 6.5-40 要求时，其竖向受压弹性屈曲临界应力 τ_{cr} 应按下列公式计算：

$$\sigma_{cr} = k_{\sigma0}^1\frac{\pi^2 D}{a_1^2 t_w} \qquad (F6.5.2\text{-}7)$$

$$k_{\sigma0}^1 = \chi\left(\frac{a_1}{h_1} + \frac{h_1}{a_1}\right)^2 \qquad (F6.5.2\text{-}8)$$

当加劲肋的刚度不满足本手册式 6.5-40 的要求时，其竖向受压弹性屈曲临界应力 τ_{cr} 的计算应符合下列规定：

1) 参数 D_x、D_y、D_{xy} 应按下列公式计算：

$$D_x = D + \frac{EI_{sx}}{h_1} \qquad (F6.5.2\text{-}9)$$

$$D_y = D + \frac{EI_{sy}}{a_1} \qquad (F6.5.2\text{-}10)$$

$$D_{xy} = D + \frac{1}{2}\left[\frac{GI_{t,sx}}{a_1} + \frac{GI_{t,sy}}{h_1}\right] \qquad (F6.5.2\text{-}11)$$

式中　G——加劲肋的剪变模量。

2) 竖向临界应力应按下列公式计算：

当 $\dfrac{H_n}{L_n} \leqslant \left(\dfrac{D_x}{D_y}\right)^{0.25}$ 时：

$$\sigma_{cr} = \frac{\pi^2}{L_n^2 t_w}\left[\left(\frac{H_n}{L_n}\right)^2 D_x + \left(\frac{L_n}{H_n}\right)^2 D_y + 2D_{xy}\right] \qquad (F6.5.2\text{-}12)$$

当 $\dfrac{H_n}{L_n} > \left(\dfrac{D_x}{D_y}\right)^{0.25}$ 时：

$$\sigma_{cr} = \frac{2\pi^2}{L_n^2 t_w}\left[\sqrt{D_x D_y} + D_{xy}\right] \qquad (F6.5.2\text{-}13)$$

同时设置水平和竖向加劲肋的钢板剪力墙，其竖向抗弯弹性屈曲临界应力 σ_{bcr} 应按下列公式计算：

当 $\dfrac{H_n}{L_n} \leqslant \dfrac{2}{3}\left(\dfrac{D_x}{D_y}\right)^{0.25}$ 时：

$$\sigma_{cr} = \frac{6\pi^2}{L_n^2 t_w}\left[\left(\frac{H_n}{L_n}\right)^2 D_x + \left(\frac{L_n}{H_n}\right)^2 D_y + 2D_{xy}\right] \qquad (F6.5.2\text{-}14)$$

当 $\dfrac{H_n}{L_n} > \dfrac{2}{3}\left(\dfrac{D_x}{D_y}\right)^{0.25}$ 时：

$$\sigma_{cr} = \frac{12\pi^2}{L_n^2 t_w}\left[\sqrt{D_x D_y} + D_{xy}\right] \qquad (F6.5.2\text{-}15)$$

6.6 构件的疲劳计算与防脆断设计

6.6.1 设计一般规定

一、适用范围

1. 直接承受动力荷载重复作用的钢结构构件及其连接，当应力变化的循环次数 n 等于或大于 5×10^4 次时，应进行疲劳计算。

2. 重级工作制吊车梁和重、中级工作制吊车桁架，应进行疲劳计算。吊车梁及吊车桁架的疲劳计算与构造详见本手册 11.3.5、11.3.6、11.3.8 节的相关内容。

3. 对非焊接的构件和连接，其应力循环中不出现拉应力的部位可不计算疲劳强度。

4. 下列条件下本节规定的结构构件及其连接的疲劳计算不适用：构件表面温度高于 150℃；处于海水腐蚀环境；焊后经热处理消除残余应力；构件处于低周-高应变疲劳状态。

对直接承受动力荷载重复作用的高强度螺栓连接，抗剪摩擦型连接可不进行疲劳验算，但其连接处开孔主体金属应进行疲劳计算；栓焊并用连接应力应按全部剪力由焊缝承担的原则，对焊缝进行疲劳计算。

5. 需计算疲劳构件所用钢材应具有冲击韧性的合格保证，钢材质量等级的选用应符合《钢结构设计标准》GB 50017—2017 第 4.3.3 条的规定。

二、应力幅计算

1. 计算疲劳时，应采用荷载的标准值。

2. 对于直接承受动力荷载重复作用的结构，在计算疲劳应力时，动力荷载标准值不乘动力系数。

3. 计算吊车梁或吊车桁架及其制动结构的疲劳时，吊车荷载应按作用在跨间内荷载效应最大的一台吊车确定。

三、防脆断设计要求

在低温（等于或低于−20℃）下工作或制作安装的钢结构构件，应进行防脆断设计。

1. 钢结构防脆断设计时应符合下列基本要求：

（1）钢结构连接构造和加工工艺的选择应减少结构的应力集中和焊接约束应力，焊接构件宜采用较薄的板件组成；

（2）应避免现场低温焊接；

（3）减少焊缝的数量和减小焊缝尺寸，同时避免焊缝过分集中或多条焊缝交汇。

2. 在工作温度等于或低于−30℃的地区，焊接构件宜采用实腹式构件，避免采用手工焊接的格构式构件。

3. 在工作温度等于或低于−20℃的地区，结构设计及施工应符合下列要求：

（1）承重构件和节点的连接宜采用螺栓连接，施工临时安装连接应避免采用焊缝连接；

（2）受拉构件的钢材边缘宜为轧制边或自动气割边。对厚度大于 10mm 的钢材采用手工气割或剪切边时，应沿全长刨边；

（3）板件制孔应采用钻成孔或先冲后扩钻成孔；

（4）受拉构件或受弯构件的拉应力区，不宜使用角焊缝；

（5）对接焊缝的质量等级不得低于二级。

4. 对于特别重要或特殊的结构构件和连接节点，可采用断裂力学和损伤力学的方法对其进行抗脆断验算。

6.6.2　疲劳计算

疲劳计算采用容许应力幅法，应力按弹性状态计算，容许应力幅按构件和连接类别、应力循环次数以及计算部位的板件厚度确定。疲劳计算根据结构在使用期间荷载的应力幅是否保持不变，分为常幅疲劳与变幅疲劳。疲劳计算可先进行快速验算，不满足时再根据设计条件按照常幅疲劳或变幅疲劳进行计算。

一、疲劳强度快速验算

在结构使用寿命期间，当常幅疲劳或变幅疲劳的最大应力幅符合下列公式条件时，则疲劳强度满足要求。

1. 正应力幅的疲劳计算：

$$\Delta\sigma \leqslant \gamma_{\mathrm{t}}[\Delta\sigma_{\mathrm{L}}]_{1\times10^{8}} \tag{6.6-1}$$

对焊接部位

$$\Delta\sigma = \sigma_{\max} - \sigma_{\min} \tag{6.6-2}$$

对非焊接部位

$$\Delta\sigma = \sigma_{\max} - 0.7\sigma_{\min} \tag{6.6-3}$$

2. 剪应力幅的疲劳计算：

$$\Delta\tau \leqslant [\Delta\tau_{\mathrm{L}}]_{1\times10^{8}} \tag{6.6-4}$$

对焊接部位

$$\Delta\tau = \tau_{\max} - \tau_{\min} \tag{6.6-5}$$

对非焊接部位

$$\Delta\tau = \tau_{\max} - 0.7\tau_{\min} \tag{6.6-6}$$

3. 板厚（或直径）修正系数 γ_{t}，应按下列规定采用：

（1）对于横向角焊缝连接和对接焊缝连接，当连接板厚 t（mm）超过 25mm 时，应按式（6.6-7a）计算。对于无连接的母材、螺栓连接的母材、纵向传力焊接的母材及非传力焊缝连接，均不需考虑板厚度修正。

$$\gamma_{\mathrm{t}} = \left(\frac{25}{t}\right)^{0.25} \tag{6.6-7a}$$

（2）对于螺栓轴向受拉连接，当螺栓的公称直径 d（mm）大于 30mm 时，应按下式计算；

$$\gamma_{\mathrm{t}} = \left(\frac{30}{d}\right)^{0.25} \tag{6.6-7b}$$

（3）其余情况取 $\gamma_{\mathrm{t}}=1.0$。

式中　$\Delta\sigma$——构件或连接计算部位的正应力幅；

　　　σ_{max}——计算部位应力循环中的最大拉应力（取正值）；

　　　σ_{min}——计算部位应力循环中的最小拉应力或压应力，拉应力取正值，压应力取负值；

　　　$\Delta\tau$——构件或连接计算部位的剪应力幅；

　　　τ_{max}——计算部位应力循环中的最大剪应力；

　　　τ_{min}——计算部位应力循环中的最小剪应力；

　$[\Delta\sigma_L]_{1\times10^8}$——正应力幅的疲劳截止限（N/mm²），根据附录 6.6 规定的构件和连接类别按表 6.6-1 采用；

　$[\Delta\tau_L]_{1\times10^8}$——剪应力幅的疲劳截止限（N/mm²），根据附录 6.6 规定的构件和连接类别按表 6.6-2 采用。

正应力幅的疲劳计算参数　　　　　　　　　　表 6.6-1

构件与连接类别	构件与连接相关系数		循环次数 n 为 2×10^6 次的容许正应力幅 $[\Delta\sigma]_{2\times10^6}$ (N/mm²)	循环次数 n 为 5×10^6 次的容许正应力幅 $[\Delta\sigma]_{5\times10^6}$ (N/mm²)	疲劳截止限 $[\Delta\sigma_L]_{1\times10^8}$ (N/mm²)
	C_Z	β_Z			
Z1	192×10^{12}	4	176	140	85
Z2	861×10^{12}	4	144	115	70
Z3	3.91×10^{12}	3	125	92	51
Z4	2.81×10^{12}	3	112	83	46
Z5	2.00×10^{12}	3	100	74	41
Z6	1.46×10^{12}	3	90	66	36
Z7	1.02×10^{12}	3	80	59	32
Z8	0.72×10^{12}	3	71	52	29
Z9	0.50×10^{12}	3	63	46	25
Z10	0.35×10^{12}	3	56	41	23
Z11	0.25×10^{12}	3	50	37	20
Z12	0.18×10^{12}	3	45	33	18
Z13	0.13×10^{12}	3	40	29	16
Z14	0.09×10^{12}	3	36	26	14

注：构件和连接的分类见附录 6.6。

剪应力幅的疲劳计算参数　　　　　　　　　　表 6.6-2

构件与连接类别	构件与连接相关系数		循环次数 n 为 2×10^6 次的容许正应力幅 $[\Delta\tau]_{2\times10^6}$ (N/mm²)	疲劳截止限 $[\Delta\tau_L]_{1\times10^8}$ (N/mm²)
	C_J	β_J		
J1	4.10×10^{11}	3	59	16
J2	2.00×10^{16}	5	100	46
J3	8.61×10^{21}	8	90	55

注：构件和连接的分类见附录 6.6。

二、常幅疲劳计算

当常幅疲劳计算不能满足式（6.6-1）、式（6.6-4）要求时，应按下列规定进行计算：

1. 正应力幅的疲劳计算应符合下列规定：

$$\Delta\sigma \leqslant \gamma_t [\Delta\sigma] \tag{6.6-8}$$

当 $n \leqslant 5 \times 10^6$ 时：

$$[\Delta\sigma] = \left(\frac{C_Z}{n}\right)^{1/\beta_Z} \tag{6.6-9a}$$

当 $5 \times 10^6 \leqslant n \leqslant 1 \times 10^8$ 时：

$$[\Delta\sigma] = \left(([\Delta\sigma]_{5\times10^6})^2 \frac{C_Z}{n}\right)^{1/(\beta_Z+2)} \tag{6.6-9b}$$

当 $n > 1 \times 10^8$ 时：

$$[\Delta\sigma] = [\Delta\sigma_L]_{1\times10^8} \tag{6.6-9c}$$

2. 剪应力幅的疲劳计算应符合下列规定：

$$\Delta\tau \leqslant [\Delta\tau] \tag{6.6-10}$$

当 $n \leqslant 1 \times 10^8$ 时：

$$[\Delta\tau] = \left(\frac{C_J}{n}\right)^{1/\beta_J} \tag{6.6-11a}$$

当 $n > 1 \times 10^8$ 时：

$$[\Delta\tau] = [\Delta\tau_L]_{1\times10^8} \tag{6.6-11b}$$

式中　$[\Delta\sigma]$——常幅疲劳的容许正应力幅（N/mm²）；

$\qquad n$——应力循环次数；

$\quad C_Z$、β_Z——构件和连接的相关参数，应根据附录6.6规定的构件和连接类别，按表6.6-1采用；

$[\Delta\sigma]_{5\times10^6}$——循环次数 n 为 5×10^6 次的容许正应力幅（N/mm²），应根据附录6.6规定的构件和连接类别，按表6.6-1采用；

$\quad [\Delta\tau]$——常幅疲劳的容许剪应力幅（N/mm²）；

$\quad C_J$、β_J——构件和连接的相关系数，应根据附录6.6规定的构件和连接类别，按表6.6-2采用。

三、变幅疲劳计算

当变幅疲劳的计算不能满足式（6.6-1）、式（6.6-4）要求，若能预测结构在使用寿命期间各种荷载的频率分布、应力幅水平以及频次分布总和所构成的设计应力谱时，可按下列规定计算：

1. 正应力幅的疲劳计算应符合下列规定：

$$\Delta\sigma_e \leqslant \gamma_t [\Delta\sigma]_{2\times10^6} \tag{6.6-12}$$

$$\Delta\sigma_e = \left[\frac{\sum n_i(\Delta\sigma_i)^{\beta_Z} + ([\Delta\sigma]_{5\times10^6})^{-2}\sum n_j(\Delta\sigma_j)^{\beta_Z+2}}{2\times10^6}\right]^{1/\beta_Z} \tag{6.6-13}$$

2. 剪应力幅的疲劳计算应符合下列规定：

$$\Delta\tau_e \leqslant [\Delta\tau]_{2\times10^6} \tag{6.6-14}$$

$$\Delta\tau_e = \left[\frac{\sum n_i(\Delta\tau_i)^{\beta_j}}{2\times10^6}\right]^{1/\beta_j} \tag{6.6-15}$$

式中　$\Delta\sigma_e$——由变幅疲劳预期使用寿命（总循环次数 $n=\sum n_i+\sum n_j$）折算成循环次数 n 为 2×10^6 次的等效正应力幅（N/mm²）；

$[\Delta\sigma]_{2\times10^6}$——循环次数 n 为 2×10^6 次的容许正应力幅（N/mm²），应根据附录 6.6 规定的构件和连接类别，按表 6.6-1 采用；

$\Delta\sigma_i$、n_i——应力谱中在 $\Delta\sigma_i \geqslant [\Delta\sigma]_{5\times10^6}$ 范围内的正应力幅及其频次；

$\Delta\sigma_j$、n_j——应力谱中在 $[\Delta\sigma_L]_{1\times10^8} \leqslant \Delta\sigma_j < [\Delta\sigma]_{5\times10^6}$ 范围内的正应力幅及其频次；

$\Delta\tau_e$——由变幅疲劳预期使用寿命（总循环次数 $n=\sum n_i$）折算成循环次数 n 为 2×10^6 次常幅疲劳的等效剪应力幅；

$[\Delta\tau]_{2\times10^6}$——循环次数 n 为 2×10^6 次的容许剪应力幅（N/mm²），应根据附录 6.6 规定的构件和连接类别，按表 6.6-2 采用；

$\Delta\tau_i$、n_i——应力谱中在 $\Delta\tau_i \geqslant [\Delta\tau_L]_{1\times10^8}$ 范围内的剪应力幅及其频次。

6.6.3　钢管节点的疲劳计算与构造

一、计算方法

1. 钢管节点疲劳计算采用基于名义应力幅的容许应力幅法。容许应力幅应按钢管节点分类及其疲劳计算参数（表 6.6-4）、应力循环次数以及计算部位的管壁厚度确定。

2. 疲劳计算的名义应力应按杆系结构对结构进行线弹性分析计算。当分析桁架结构各杆件内力时，可假定主管连续，支管两端与主管铰接或刚接。

3. 对于 K 形和 N 形节点，当分析桁架内力时，可假设支管为铰接，节点支管和主管内由轴力产生的名义应力幅应乘以放大系数 η，η 应按表 6.6-3 取值。疲劳计算时，节点的支管和主管应分别计算。

4. 在结构使用寿命期间内，当预期最大的名义应力幅 $\Delta\sigma$ 满足式 6.6-16 要求时，可不进行疲劳计算：

K、N 形节点的名义应力幅放大系数 η　　　　　表 6.6-3

节点类型			主管	与主管正交的支管	与主管斜交的支管
圆管节点	间隙节点	K 形节点	1.50	—	1.30
		N 形节点	1.50	1.80	1.40
	搭接节点	K 形节点	1.50	—	1.20
		N 形节点	1.50	1.65	1.25
矩形管节点	间隙节点	K 形节点	1.50	—	1.50
		N 形节点	1.50	2.20	1.60
	搭接节点	K 形节点	1.50	—	1.30
		N 形节点	1.50	2.00	1.40

$$\Delta\sigma \leqslant \frac{[\Delta\sigma_D]}{1.15} \tag{6.6-16}$$

$[\Delta\sigma_D]$ 根据不同节点类型按表 6.6-4 采用，或按下式计算：

$$[\Delta\sigma_D] = [\Delta\sigma]_{2\times10^6} \left(\frac{2}{5}\right)^{1/m} \tag{6.6-17}$$

式中　$[\Delta\sigma_D]$ ——计算部位的常幅疲劳极限应力幅（N/mm²）；

$[\Delta\sigma]_{2\times10^6}$ ——200 万循环次数时的容许应力幅（N/mm²），根据构件和连接分类按表 6.6-4 采用；

m ——参数，根据不同节点类型按表 6.6-4 采用。

5. 常幅疲劳应按下式进行计算：

$$\Delta\sigma \leqslant \frac{[\Delta\sigma_R]}{1.15} \tag{6.6-18}$$

$$[\Delta\sigma_R] = [\Delta\sigma]_{2\times10^6} \left(\frac{2\times10^6}{n}\right)^{1/m} \tag{6.6-19}$$

式中　$[\Delta\sigma_R]$ ——计算部位的常幅疲劳的容许应力幅（N/mm²）；

n ——应力循环次数用。

6. 对于变幅（应力循环中的应力幅随机变化）疲劳，当能预测结构在使用寿命期间内由各种荷载所产生的设计应力幅谱（应力幅水平及频次分布）时，其疲劳强度应按下式进行验算：

$$D \leqslant 1 \tag{6.6-20}$$

$$D = \Sigma\frac{n_i}{N_i} \tag{6.6-21}$$

式中　D ——疲劳损伤累积值；

n_i ——结构使用寿命期内，各名义应力幅水平 $\Delta\sigma_i$ 的循环次数；

N_i ——各名义应力幅 $\Delta\sigma_i$ 所对应的常幅疲劳寿命。

常幅疲劳寿命按下列情况进行计算：

（1）当 $\Delta\sigma_i \geqslant [\Delta\sigma_D]$ 时：

$$N_i = 5\times10^6 \left(\frac{\Delta\sigma_D}{K\Delta\sigma_i}\right)^m \tag{6.6-22}$$

（2）当 $[\Delta\sigma_L] \leqslant \Delta\sigma_i < [\Delta\sigma_D]$ 时：

$$N_i = 5\times10^6 \left(\frac{\Delta\sigma_D}{K\Delta\sigma_i}\right)^5 \tag{6.6-23}$$

$[\Delta\sigma_L]$ ——变幅疲劳应力幅截止限，可根据不同节点类型按表 6.6-4 采用，或按下式进行计算：

$$[\Delta\sigma_L] = 0.549[\Delta\sigma_D] \tag{6.6-24}$$

（3）当 $\Delta\sigma_i < [\Delta\sigma_L]$ 时，不考虑该应力幅的循环次数对疲劳损伤的影响。

表 6.6-4

钢管节点分类及其疲劳计算参数

项次	构造细节	说明	m	$[\Delta\sigma]_{2\times10^6}$	$[\Delta\sigma_D]$	$[\Delta\sigma_L]$
1	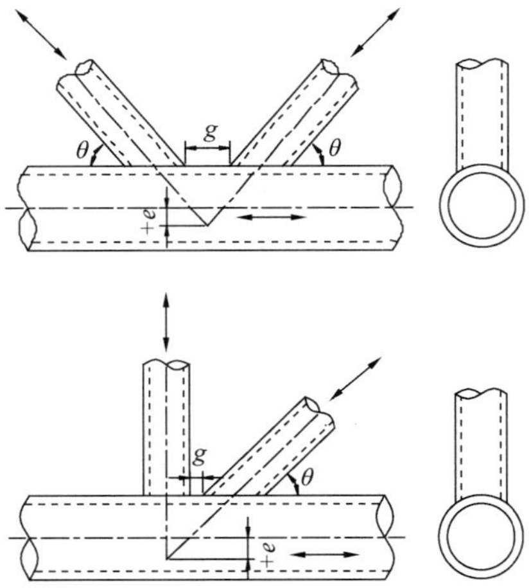	K 和 N 形圆管管同隙焊接节点，节点焊缝附近支管和主管的主体金属 $t\leq8mm$，$t_i\leq8mm$ $t/t_i\geq1.0$ $35°\leq\theta\leq50°$ $d/t_i\leq25$ $0.25\leq\beta\leq1.0$ $d\leq300mm$ $-0.5d\leq e\leq0.25d$ 平面外偏心不大于 $0.02d$	5	$t/t_i\geq2$ 时：90 $t/t_i=1$ 时：45 其他 t/t_i 值，采用线性插值	$t/t_i\geq2$ 时：75 $t/t_i=1$ 时：37 其他 t/t_i 值，按式 (6.6-17) 计算	$t/t_i\geq2$ 时：41 $t/t_i=1$ 时：21 其他 t/t_i 值，按式 (6.6-24) 计算
2	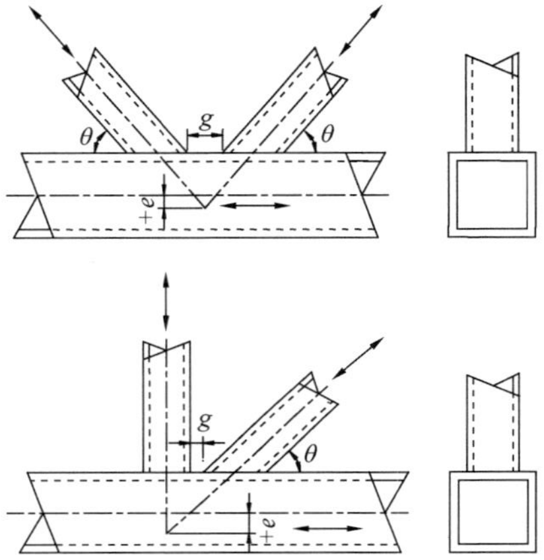	K 和 N 形矩形管同隙焊接节点，节点焊缝附近支管和主管的主体金属 $t\leq8mm$，$t_i\leq8mm$ $t/t_i\geq1.0$ $35°\leq\theta\leq50°$ $b/t_i\leq25$ $0.4\leq\beta\leq1.0$ $b\leq200mm$ $-0.5h\leq e\leq0.25h$ $0.5(b-b_i)\leq g\leq1.1(b-b_i)$ $g\geq2t$ 平面外偏心不大于 $0.02b$	5	$t/t_i\geq2$ 时：71 $t/t_i=1$ 时：36 其他 t/t_i 值，采用线性插值	$t/t_i\geq2$ 时：59 $t/t_i=1$ 时：30 其他 t/t_i 值，按式 (6.6-17) 计算	$t/t_i\geq2$ 时：32 $t/t_i=1$ 时：16 其他 t/t_i 值，按式 (6.6-24) 计算

续表

项次	构造细节	说明	m	$[\Delta\sigma]_2\times10^6$	$[\Delta\sigma_D]$	$[\Delta\sigma_L]$
3	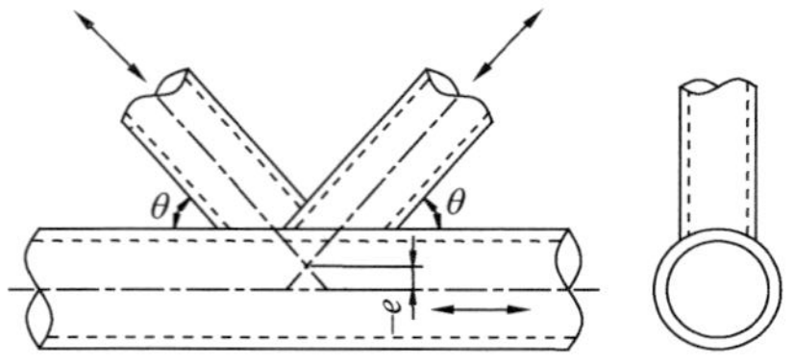	K形圆管搭接焊接节点，节点焊缝附近支管和主管的主体金属 $t\leq8\text{mm}$, $t_i\leq8\text{mm}$ $t/t_i\geq1.0$ $30°\leq O_v\leq100\%$ $35°\leq\theta\leq50°$ $d/t_i\leq25$ $0.4\leq\beta\leq1.0$ $d\leq300\text{mm}$ $-0.5d\leq e\leq0.25d$ 平面外偏心不大于$0.02d$	5	$t/t_i\geq1.4$时：71 $t/t_i=1$时：56 其他 t/t_i 值，采用线性插值	$t/t_i\geq1.4$时：59 $t/t_i=1$时：47 其他 t/t_i 值，按式(6.6-17)计算	$t/t_i\geq1.4$时：32 $t/t_i=1$时：26 其他 t/t_i 值，按式(6.6-24)计算
4	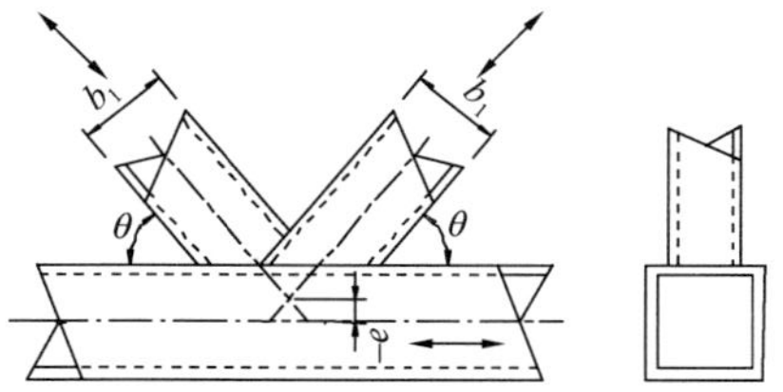	K形矩形管搭接焊接节点，节点焊缝附近支管和主管的主体金属 $t\leq8\text{mm}$, $t_i\leq8\text{mm}$ $t/t_i\geq1.0$ $30°\leq O_v\leq100\%$ $35°\leq\theta\leq50°$ $b/t_i\leq25$ $0.4\leq\beta\leq1.0$ $b\leq200\text{mm}$ $-0.5h\leq e\leq0.25h$ $g\geq2t$ 平面外偏心不大于$0.02b$	5	$t/t_i\geq2$时：71 $t/t_i=1$时：56 其他 t/t_i 值，采用线性插值	$t/t_i\geq2$时：59 $t/t_i=1$时：47 其他 t/t_i 值，按式(6.6-17)计算	$t/t_i\geq2$时：32 $t/t_i=1$时：26 其他 t/t_i 值，按式(6.6-24)计算

续表

项次	构造细节	说明	m	$[\Delta\sigma]_{2\times10^6}$	$[\Delta\sigma_D]$	$[\Delta\sigma_L]$
5	（N形圆管搭接焊接节点构造图）	N形圆管搭接焊接节点，节点焊缝附近支管和主管的主体金属 $t\leqslant8\text{mm}$，$t_i\leqslant8\text{mm}$ $t/t_i\geqslant1.0$ $30°\leqslant O_v\leqslant100\%$ $35°\leqslant\theta\leqslant50°$ $d/t_i\leqslant25$ $0.25\leqslant\beta\leqslant1.0$ $d\leqslant300\text{mm}$ $-0.5d\leqslant e\leqslant0.25d$ 平面外偏心不大于$0.02d$	5	$t/t_i\geqslant1.4$时：71 $t/t_i=1$时：50 其他 t/t_i 值，采用线性插值	$t/t_i\geqslant1.4$时：59 $t/t_i=1$时：42 其他 t/t_i 值，按式（6.6-17）计算	$t/t_i\geqslant1.4$时：32 $t/t_i=1$时：23 其他 t/t_i 值，按式（6.6-24）计算
6	（N形矩形管搭接焊接节点构造图）	N形矩形管搭接焊接节点，节点焊缝附近支管和主管的主体金属 $t\leqslant8\text{mm}$，$t_i\leqslant8\text{mm}$ $t/t_i\geqslant1.0$ $30°\leqslant O_v\leqslant100\%$ $35°\leqslant\theta\leqslant50°$ $b/t_i\leqslant25$ $0.4\leqslant\beta\leqslant1.0$ $b\leqslant200\text{mm}$ $-0.5h\leqslant e\leqslant0.25h$ $g\geqslant2t$ 平面外偏心不大于$0.02b$	5	$t/t_i\geqslant2$时：71 $t/t_i=1$时：50 其他 t/t_i 值，采用线性插值	$t/t_i\geqslant2$时：59 $t/t_i=1$时：42 其他 t/t_i 值，按式（6.6-17）计算	$t/t_i\geqslant2$时：32 $t/t_i=1$时：23 其他 t/t_i 值，按式（6.6-24）计算

二、构造要求

1. 在需要进行疲劳计算的构件和连接中，焊缝的质量等级应按以下原则选用：

（1）对接焊缝或焊透的对接与角接组合焊缝，当作用力为拉力且垂直于焊缝长度方向时，焊缝质量应为一级，其余情况下的应为二级。

（2）角焊缝或部分焊透的对接与角接组合焊缝的外观质量标准应符合二级。部分焊透的对接与角接组合焊缝，应按角焊缝的连接分类进行疲劳计算。

2. 支管与主管的相贯接头焊缝，当支管壁厚 $t>8$mm 时，宜采用部分焊透焊缝或完全焊透焊缝；支管壁厚 $t\leqslant8$mm 时，可采用角焊缝，此时角焊缝的计算厚度 h_e 不应小于支管壁厚 t。

3. 直接承受动力荷载的多个支管交汇的钢管桁架节点，被搭接管的隐藏部位必须焊接。

4. 支管与主管焊接时，宜采用图 6.6-1 所示顺序施焊。焊缝的起弧点和落弧点应避开应力集中的位置，对圆管节点，不宜放在冠点、鞍点处；对于方管或矩形管节点，不宜放在支管角部处。

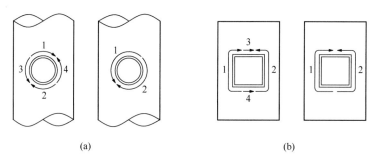

(a)　　　　　　　　　　　　(b)

图 6.6-1　管节点施焊顺序

（a）圆管；（b）方管或矩形管

6.6.4　疲劳计算实例

【例题 6.6-1】双角钢截面及板式连接节点的疲劳计算

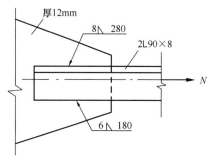

图 6.6-2　板式连接节点

1. 设计资料

双角钢轴心受拉杆截面由 2L90×8 组成（$A=27.88\text{cm}^2$），角钢与厚为 12mm 的节点板用两条侧面角焊缝连接，焊缝尺寸如图 6.6-2 所示。钢材为 Q345-B。拉杆承受等幅循环荷载作用，预期寿命为循环次数 $n=2.4\times10^6$ 次。最大荷载设计值为 $N_{max}=750$kN，最大荷载标准值为 $N_{max}=590$kN，最小荷载标准值 $N_{min}=500$kN。需验算此轴心受拉杆及其连接焊缝是否安全。

2. 在荷载设计值作用下的强度验算

（1）构件的强度

$$\sigma=\frac{N_{max}}{A_n}=\frac{750\times10^3}{27.88\times10^2}=269.0\text{N/mm}^2<f=305\text{N/mm}^2，满足$$

（2）角钢背的角焊缝强度

$$\tau_f = \frac{0.7N_{\max}}{2 \times 0.7 h_{f1} l_{w1}} = \frac{0.7 \times 750 \times 10^3}{2 \times 0.7 \times 8 \times (280 - 2 \times 8)} = 177.6\text{N/mm}^2 < f_f^w = 200\text{N/mm}^2,$$

满足

（3）角钢趾的角焊缝强度

$$\tau_f = \frac{0.3N_{\max}}{2 \times 0.7 h_{f2} l_{w2}} = \frac{0.3 \times 750 \times 10^3}{2 \times 0.7 \times 6 \times (180 - 2 \times 6)} = 159.4\text{N/mm}^2 < f_f^w = 200\text{N/mm}^2$$

静强度全部满足要求。

3. 按常幅疲劳进行疲劳计算

（1）侧面角焊缝端部主体金属的疲劳

由附表 6.6 项次 11，查得本情况在疲劳计算时属 Z10 类；由表 6.6-1 查得查得 $C_Z = 0.35 \times 10^{12}$，$\beta_z = 3$，$[\Delta\sigma_L]_{1 \times 10^8} = 23\text{N/mm}^2$。

应力幅 $\Delta\sigma = \sigma_{\max} - \sigma_{\min} = \dfrac{(590 - 500) \times 10^3}{27.88 \times 10^2} = 32.3\text{N/mm}^2 > [\Delta\sigma_L]_{1 \times 10^8} = 23\text{N/mm}^2$

快速验算不满足，需进行进一步的计算。

求容许应力幅为

$$[\Delta\sigma] = \left(\frac{C_Z}{n}\right)^{1/\beta_z} = \left(\frac{0.35 \times 10^{12}}{2.4 \times 10^6}\right)^{1/3} = 52.6\text{N/mm}^2 > \Delta\sigma = 32.3\text{N/mm}^2,$$ 满足

（2）角钢背角焊缝的疲劳

由附表 6.6 项次 36，查得本情况在疲劳计算时属 J1 类；由表 6.6-2 查得查得 $C_J = 4.1 \times 10^{11}$，$\beta_j = 3$，$[\Delta\sigma_L] = 16\text{N/mm}^2$。

角焊缝应按有效截面上的剪应力幅计算。

$$\Delta\tau = \tau_{\max} - \tau_{\min} = \frac{0.7 \times (590 - 500) \times 10^3}{2 \times 0.7 \times 8(280 - 2 \times 8)} = 21.3\text{N/mm}^2 > [\Delta\tau_L]_{1 \times 10^8} = 16\text{N/mm}^2$$

快速验算不满足，需进行进一步的计算。

$$[\Delta\tau] = \left(\frac{C_J}{n}\right)^{1/\beta_J} = \left(\frac{4.1 \times 10^{11}}{2.4 \times 10^6}\right)^{1/3} = 55.5\text{N/mm}^2 > \Delta\tau = 21.3\text{N/mm}^2$$

（3）角钢趾部角焊缝的疲劳

$$\Delta\tau = \tau_{\max} - \tau_{\min} = \frac{0.3 \times (590 - 500) \times 10^3}{2 \times 0.7 \times 6(240 - 2 \times 6)} = 14.1\text{N/mm}^2 < [\Delta\tau] = 55.5\text{N/mm}^2,$$

满足

本例题疲劳计算全部满足要求，且不控制设计。

【例题 6.6-2】钢板对接焊缝的疲劳计算

1. 设计资料

承受轴心拉力的钢板，截面为 $450 \times 30\text{mm}$，Q345B 钢，钢板两侧为自动切割边。因长度不够而用横向对接焊缝接长如图 6.6-3 所示。焊缝质量为一级，但表面未进行磨平加工。钢板承受常幅循环荷载，预期寿命为循环次数 $n = 1.2 \times 10^6$

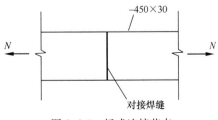

图 6.6-3　板式连接节点

次；荷载标准值 $N_{kmax} = 2000kN$，$N_{kmin} = 200kN$；荷载设计值 $N_{max} = 3012kN$。需进行静力和疲劳验算。

2. 验算荷载设计值下的强度：

$$\sigma = \frac{N_{max}}{A_n} = \frac{3012 \times 10^3}{450 \times 30} = 223.1N/mm^2 < f = 295N/mm^2，满足$$

3. 钢板无连接部分母材疲劳计算

由附表6.6项次2，计算疲劳时属Z2类。由表6.6-1，查得 $C_Z = 861 \times 10^{12}$，$\beta_Z = 4$，$[\Delta\sigma_L] = 70N/mm^2$。

$$\Delta\sigma = \sigma_{max} - 0.7\sigma_{min} = \frac{(2000 - 0.7 \times 200) \times 10^3}{450 \times 30} = 137.8N/mm^2 > [\Delta\sigma_L] = 70N/mm^2$$

快速验算不满足，需进行进一步的计算。

$$[\Delta\sigma] = \left(\frac{C_Z}{n}\right)^{1/\beta_Z} = \left(\frac{861 \times 10^{12}}{1.2 \times 10^6}\right)^{1/4} = 163.7N/mm^2 > \Delta\sigma = 137.8N/mm^2，满足$$

4. 横向对接焊缝附近的主体金属疲劳计算

由附表6.6项次12，当焊缝表面未经加工但质量等级为一级时，计算疲劳时属Z4类。由表6.6-1，查得 $C_Z = 2.81 \times 10^{12}$，$\beta_Z = 3$，$[\Delta\sigma_L] = 46N/mm^2$。

当 $n = 1.2 \times 10^6$ 次时的容许应力幅为：

$$[\Delta\sigma] = \left(\frac{C_Z}{n}\right)^{1/\beta_Z} = \left(\frac{2.81 \times 10^{12}}{1.2 \times 10^6}\right)^{1/3} = 132.8N/mm^2$$

横向传力的对接焊缝连接，当连接板厚超过25mm时，应考虑厚度修正：

$$\gamma_t = \left(\frac{25}{t}\right)^{0.25} = \left(\frac{25}{30}\right)^{0.25} = 0.955$$

$$\gamma_t[\Delta\sigma] = 0.955 \times 132.8 = 126.8N/mm^2$$

应力幅 $\Delta\sigma = \sigma_{max} - \sigma_{min} = \frac{(2000 - 200) \times 10^3}{450 \times 30} = 133.3N/mm^2 > [\Delta\sigma_L] = 126.8N/mm^2$

不满足要求，属不安全。

5. 若对焊缝表面进行加工磨平，则计算疲劳时属于附表6.6中第12项的Z2类；如果采用带垫板的横向对接焊缝，但未达到一级焊缝要求，则计算疲劳时属于附表6.6中第15项的Z8类；疲劳计算结果见下表。

横向对接焊缝在不同质量情况下的疲劳计算对比表 表 6.6-5

焊缝情况	连接类别	C_Z	β_Z	$[\Delta\sigma]$ N/mm²	γ_t	$\gamma_t[\Delta\sigma]$ N/mm²	是否满足
一级焊缝，且经加工、磨平	Z2	861×10^{12}	4	163.4	0.955	156.3	是
一级焊缝	Z4	2.81×10^{12}	3	132.8	0.955	126.8	否
带垫板的横向对接焊缝，且垫板宽出母板距离大于10mm	Z8	0.72×10^{12}	3	84.3	0.955	80.5	否

以上计算说明：横向对接焊缝在不同焊缝质量情况下的疲劳强度相差很大，本例题中

的钢板拼接截面是由疲劳所控制，焊缝表面必须满足一级焊缝要求，且须进行加工磨平。

【例题 6.6-3】圆钢管 K 形间隙节点的疲劳计算

1. 设计资料

某 36m 跨度的平面桁架（见图 6.6-4），作用荷载为 0 到图示的常幅振动荷载，预期寿命为循环次数 $n=2.5\times10^5$，需要计算桁架下弦中间节点的疲劳强度。杆件尺寸如下：

上弦杆：$\phi219\times8$，$A_0=5303\text{mm}^2$，$W_0=2.699\times10^5\text{mm}^3$；

腹杆：$\phi89\times7$，$A_0=1803\text{mm}^2$，$W_0=3.431\times10^4\text{mm}^3$；

下弦杆：$\phi168\times8$，$A_0=3157\text{mm}^2$，$W_0=1.536\times10^5\text{mm}^3$；

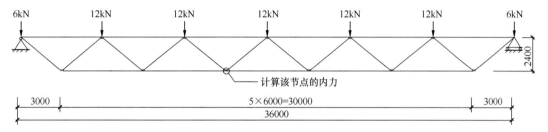

图 6.6-4　平面桁架计算简图

2. 判断杆件及节点计算参数是否处于公式适用范围

$t_0=8\text{mm}$，$t_i=7\text{mm}$，t_0、$t_i\leqslant8\text{mm}$

$t_0/t_i=8/7=1.14$

$\theta=\arctan(2.4/3.0)=38.7°$

$d_0=168\text{mm}$

$d_0/t_i=168/7=24$

$\beta=d_i/d_0=89/168=0.53$

以上参数均处于表 6.6-4 第 1 项所列的有效范围内。

3. 结构分析

由于主杆和腹杆的长度与钢管直径之比均大于 24，可以采用弦杆连续、腹杆两端铰接的桁架计算模型。下弦中间节点的轴力和弯矩示于图 6.6-5。

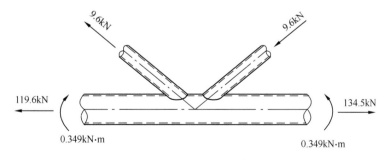

图 6.6-5　节点内力示意图

4. 支管应力幅

$$\Delta\sigma=\eta_i\frac{N_i}{A_i}=1.3\times\frac{9.6\times10^3}{1803}=6.9\text{N/mm}^2$$

5. 下弦杆应力幅

$$\Delta\sigma = \eta_0 \frac{N_0}{A_0} + \frac{M_0}{W_0} = 1.5 \times \frac{134.5 \times 10^3}{3157} + \frac{0.349 \times 10^3}{1.536 \times 10^5} = 66.2 \text{N/mm}^2$$

因此，最大应力幅出现在下弦杆，$\Delta\sigma_{\max} = 66.2 \text{N/mm}^2$

6. 确定 $\Delta\sigma_R$

根据表 6.6-5 中的第 1 项，$m=5$，由 $t_0/t_i = 1.14$ 插值

$$[\Delta\sigma]_{2 \times 10^6} = 45 + (90 - 45) \times \frac{1.14 - 1}{2 - 1} = 51.3 \text{N/mm}^2$$

$$[\Delta\sigma_R] = [\Delta\sigma]_{2 \times 10^6} \left(\frac{2 \times 10^6}{n}\right)^{1/m} = 51.3 \times \left(\frac{2 \times 10^6}{2.5 \times 10^5}\right)^{1/5} = 77.8 \text{N/mm}^2$$

$$\Delta\sigma_{\max} \leqslant \frac{[\Delta\sigma_R]}{1.15} = \frac{77.8}{1.15} = 67.7 \text{N/mm}^2，满足。$$

附录 6.6　疲劳计算的构件和连接分类

一、非焊接的构件和连接分类应符合附表 6.6-1 的规定。

非焊接的构件和连接分类　　　　　　　　　　　　　　　　附表 6.6-1

项次	构 造 细 节	说　　明	类别
1	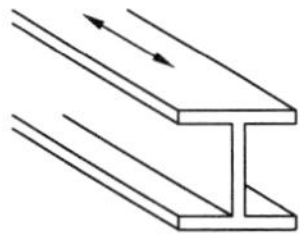	• 无连接处的母材 轧制型钢	Z1
2	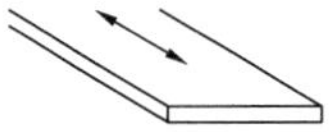	• 无连接处的母材 钢板 (1) 两边为轧制边或刨边 (2) 两侧为自动、半自动切割边（切割质量标准应符合现行国家标准《钢结构工程施工质量验收规范》GB 50205)	Z1 Z2
3	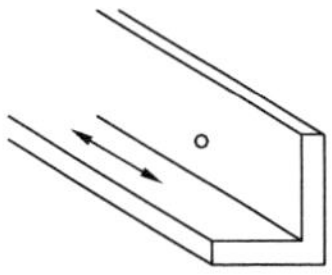	• 联系螺栓和虚孔处的母材 应力以净截面面积计算	Z4
4	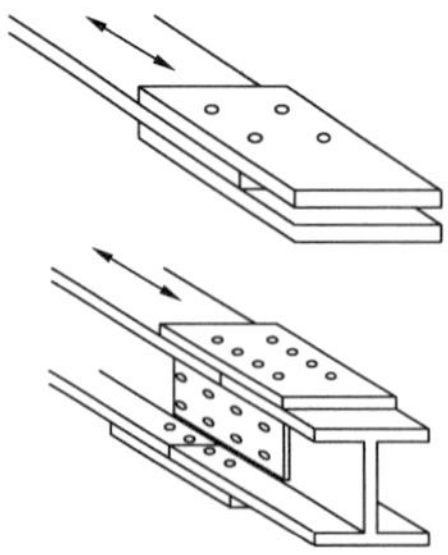	• 螺栓连接处的母材 高强度螺栓摩擦型连接应力以毛截面面积计算；其他螺栓连接应力以净截面面积计算 • 铆钉连接处的母材 连接应力以净截面面积计算	Z2 Z4

项次	构 造 细 节	说 明	类别
5	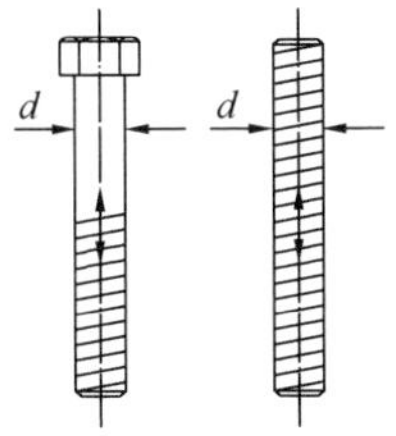	• 受拉螺栓的螺纹处母材 连接板件应有足够的刚度，保证不产生撬力。否则受拉正应力应考虑撬力及其他因素产生的全部附加应力 对于直径大于 30mm 螺栓，需要考虑尺寸效应对容许应力幅进行修正，修正系数 γ_t： $$\gamma_t = \left(\frac{30}{d}\right)^{0.25}$$ d——螺栓直径，单位为 mm	Z11

注：箭头表示计算应力幅的位置和方向。

二、纵向传力焊缝的构件和连接分类应符合附表 6.6-2 的规定。

纵向传力焊缝的构件和连接分类   附表 6.6-2

项次	构 造 细 节	说 明	类别
6	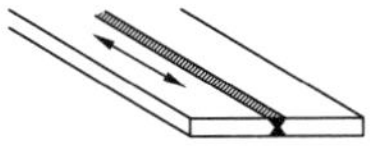	• 无垫板的纵向对接焊缝附近的母材 焊缝符合二级焊缝标准	Z2
7	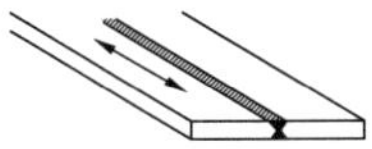	• 有连续垫板的纵向自动对接焊缝附近的母材 (1) 无起弧、灭弧 (2) 有起弧、灭弧	Z4 Z5
8	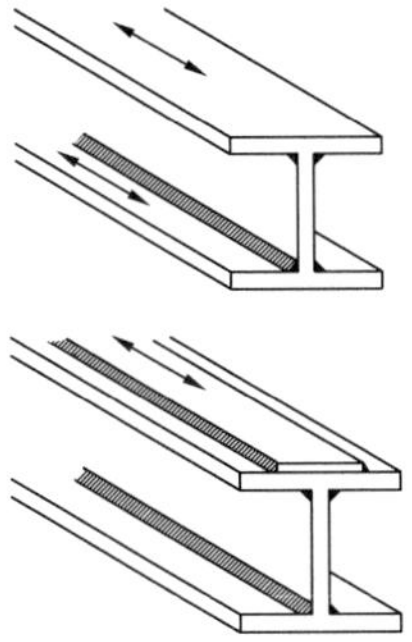	• 翼缘连接焊缝附近的母材 翼缘板与腹板的连接焊缝 自动焊，二级 T 形对接与角接组合焊缝 自动焊，角焊缝，外观质量标准符合二级 手工焊，角焊缝，外观质量标准符合二级 双层翼缘板之间的连接焊缝 自动焊，角焊缝，外观质量标准符合二级 手工焊，角焊缝，外观质量标准符合二级	Z2 Z4 Z5 Z4 Z5
9	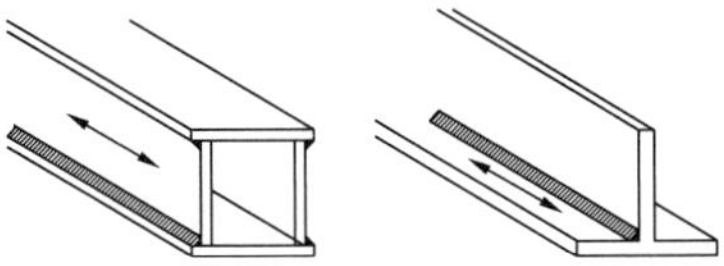	• 仅单侧施焊的手工或自动对接焊缝附近的母材，焊缝符合二级焊缝标准，翼缘与腹板很好贴合	Z5
10	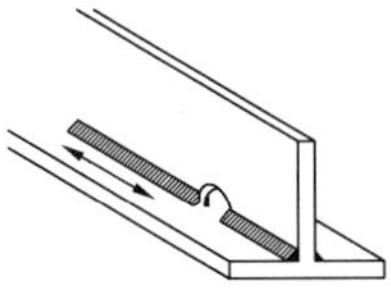	• 开工艺孔处焊缝符合二级焊缝标准的对接焊缝、焊缝外观质量符合二级焊缝标准的角焊缝等附近的母材	Z8

项次	构 造 细 节	说 明	类别
11		• 节点板搭接的两侧面角焊缝端部的母材	Z10
		• 节点板搭接的三面围焊时两侧角焊缝端部的母材	Z8
		• 三面围焊或两侧面角焊缝的节点板母材（节点板计算宽度按应力扩散角 θ 等于 30°考虑）	Z8

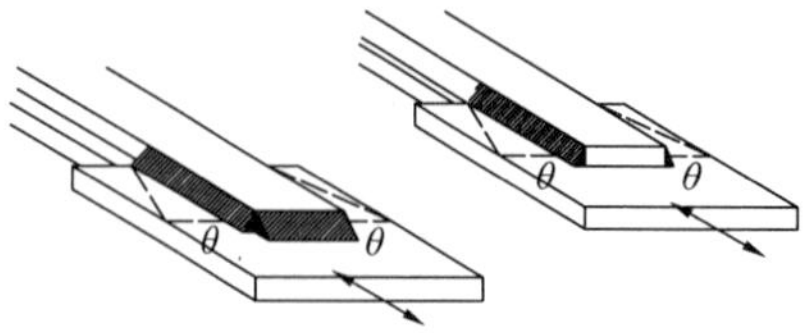

注：箭头表示计算应力幅的位置和方向。

三、横向传力焊缝的构件和连接分类应符合附表 6.6-3 的规定。

横向传力焊缝的构件和连接分类 附表 6.6-3

项次	构 造 细 节	说 明	类别
12		• 横向对接焊缝附近的母材，轧制梁对接焊缝附近的母材 符合国标《钢结构工程施工质量验收规范》GB 50205 的一级焊缝，且经加工、磨平	Z2
		符合现行国家标准《钢结构工程施工质量验收规范》GB 50205 的一级焊缝	Z4
13		• 不同厚度（或宽度）横向对接焊缝附近的母材 符合现行国家标准《钢结构工程施工质量验收规范》GB 50205 的一级焊缝，且加工、磨平	Z2
		符合现行国家标准《钢结构工程施工质量验收规范》GB 50205 的一级焊缝	Z4
14	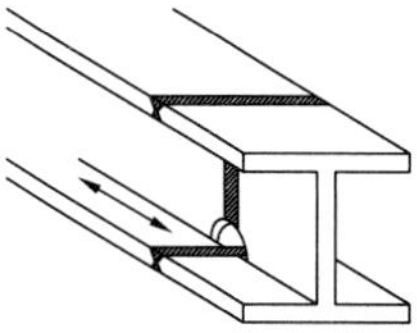	• 有工艺孔的轧制梁对接焊缝附近的母材，焊缝加工成平滑过渡并符合一级焊缝标准	Z6
15	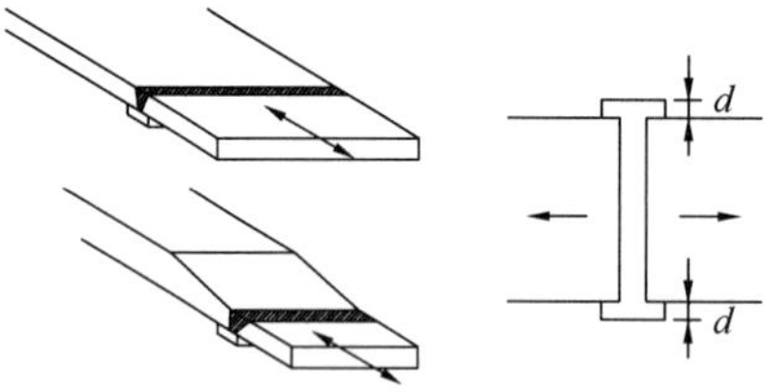	• 带垫板的横向对接焊缝附近的母材 垫板端部超出母板距离 d $d \geq 10mm$ $d < 10mm$	 Z8 Z11
16	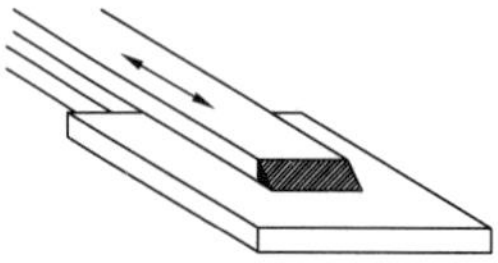	• 节点板搭接的端面角焊缝的母材	Z7

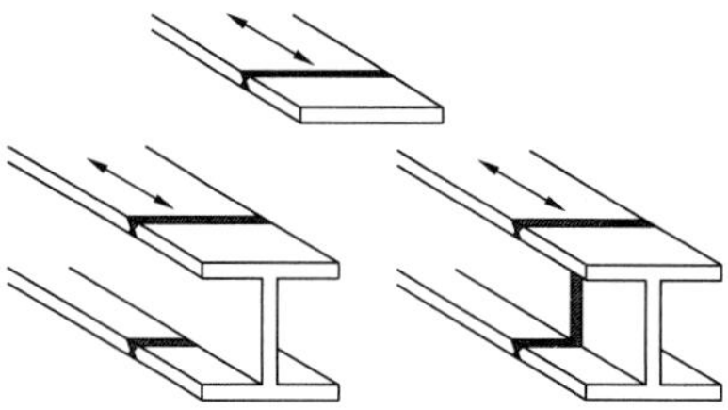

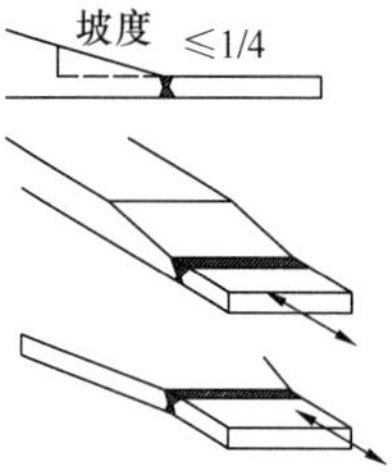

续表

项次	构 造 细 节	说 明	类别
17	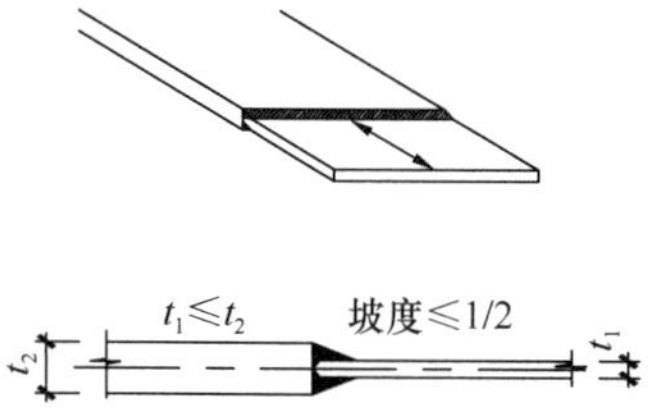	• 不同厚度直接横向对接焊缝附近的母材，焊缝等级为一级，无偏心	Z8
18	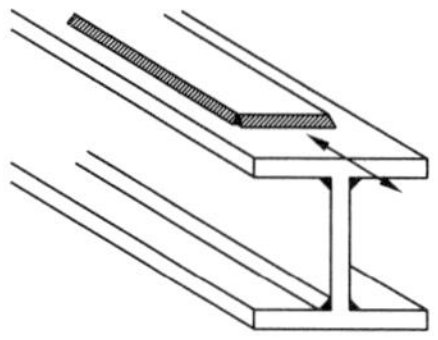	• 翼缘盖板中断处的母材（板端有横向端焊缝）	Z8
19	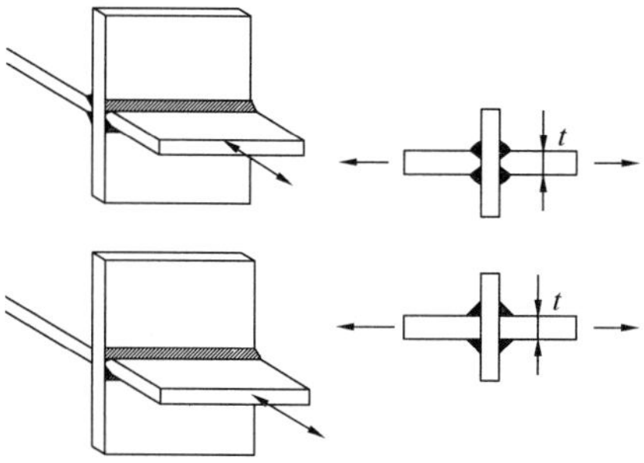	• 十字形连接、T形连接 （1）K形坡口、T形对接与角接组合焊缝处的母材，十字形连接两侧轴线偏离距离小于 $0.15t$，焊缝为二级，焊趾角 $\alpha \leqslant 45°$ （2）角焊缝处的母材，十字形连接两侧轴线偏离距离小于 $0.15t$	Z6 Z8
20	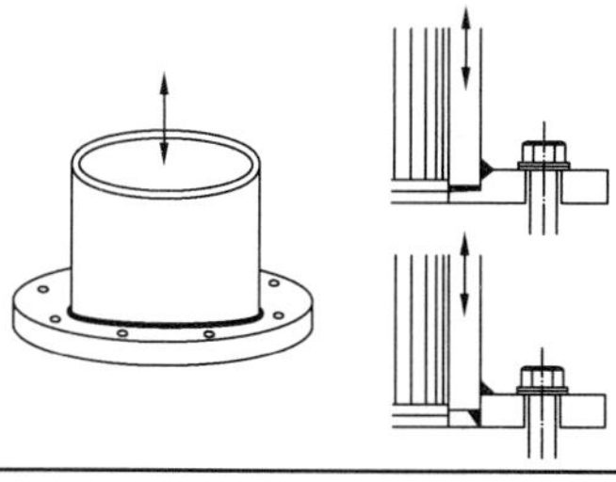	• 法兰焊缝连接附近的母材 （1）采用对接焊缝，焊缝为一级 （2）采用角焊缝	 Z8 Z13

注：箭头表示计算应力幅的位置和方向。

四、非传力焊缝的构件和连接分类应符合附表 6.6-4 的规定。

非传力焊缝的构件和连接分类　　　　　　　附表 6.6-4

项次	构 造 细 节	说 明	类别
21	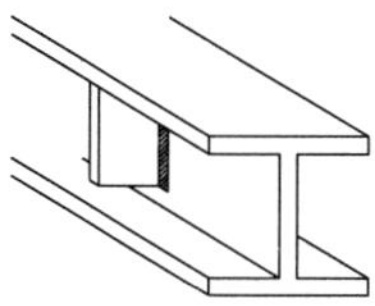	• 横向加劲肋端部附近的母材 肋端焊缝不断弧（采用回焊） 肋端焊缝断弧	 Z5 Z6
22	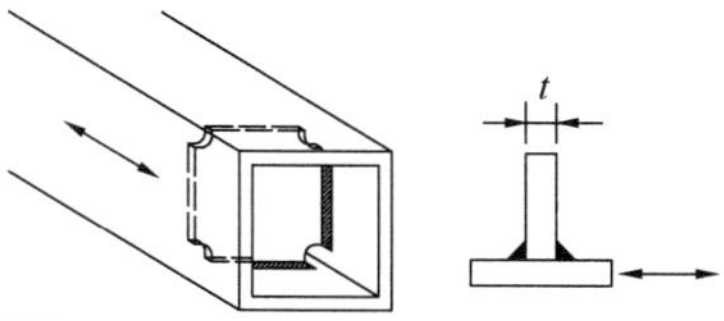	• 横向焊接附件附近的母材 （1）$t \leqslant 50mm$ （2）$50 < t \leqslant 80mm$ t 为焊接附件的板厚	 Z7 Z8

续表

项次	构 造 细 节	说　明	类别
23		• 矩形节点板焊接于构件翼缘或腹板处的母材（节点板焊缝方向的长度 $L>150\text{mm}$）	Z8
24		• 带圆弧的梯形节点板用对接焊缝焊于梁翼缘、腹板以及桁架构件处的母材，圆弧过渡处在焊后铲平、磨光、圆滑过渡，不得有焊接起弧、灭弧缺陷	Z6
25		• 焊接剪力栓钉附近的钢板母材	Z7

注：箭头表示计算应力幅的位置和方向。

五、钢管截面的构件和连接分类应符合附表 6.6-5 的规定。

钢管截面的构件和连接分类 附表 6.6-5

项次	构 造 细 节	说　明	类别
26		• 钢管纵向自动焊缝的母材 (1) 无焊接起弧、灭弧点 (2) 有焊接起弧、灭弧点	Z3 Z6
27		• 圆管端部对接焊缝附近的母材，焊缝平滑过渡并符合现行国家标准《钢结构工程施工质量验收规范》GB 50205 的一级焊缝标准，余高不大于焊缝宽度的 10% (1) 圆管壁厚 $8<t\leqslant12.5\text{mm}$ (2) 圆管壁厚 $t\leqslant8\text{mm}$	 Z6 Z8
28		• 矩形管端部对接焊缝附近的母材，焊缝平滑过渡并符合一级焊缝标准，余高不大于焊缝宽度的 10% (1) 方管壁厚 $8<t\leqslant12.5\text{mm}$ (2) 方管壁厚 $t\leqslant8\text{mm}$	 Z8 Z10

续表

项次	构 造 细 节	说 明	类别
29	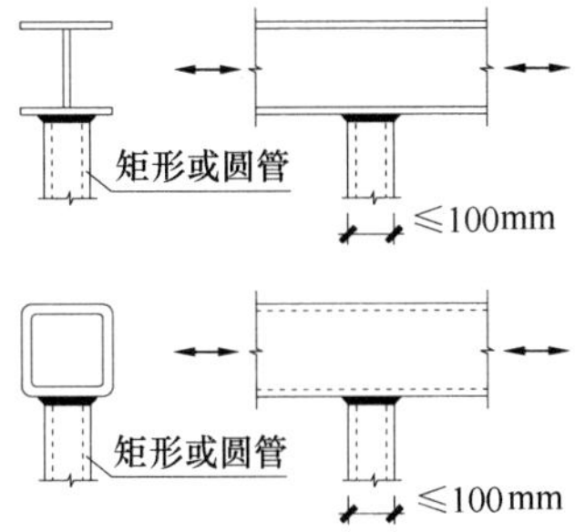	• 焊有矩形管或圆管的构件，连接角焊缝附近的母材，角焊缝为非承载焊缝，其外观质量标准符合二级，矩形管宽度或圆管直径不大于100mm	Z8
30	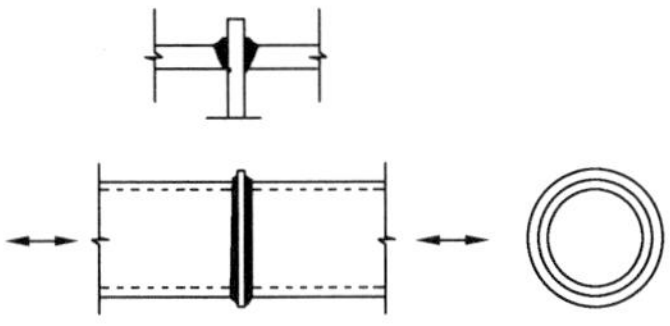	• 通过端板采用对接焊缝拼接的圆管母材，焊缝符合一级质量标准 （1）圆管壁厚 $8<t\leqslant12.5$mm （2）圆管壁厚 $t\leqslant8$mm	Z10 Z11
31	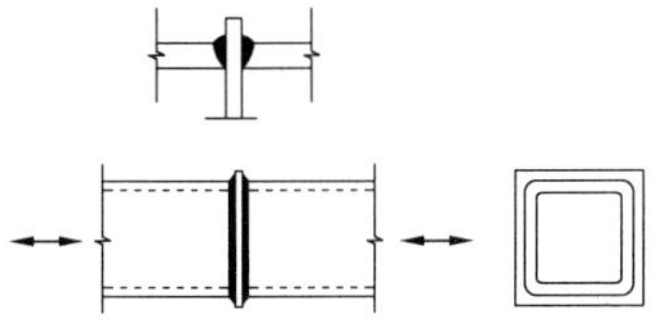	• 通过端板采用对接焊缝拼接的矩形管母材，焊缝符合一级质量标准 （1）方管壁厚 $8<t\leqslant12.5$mm （2）方管壁厚 $t\leqslant8$mm	Z11 Z12
32	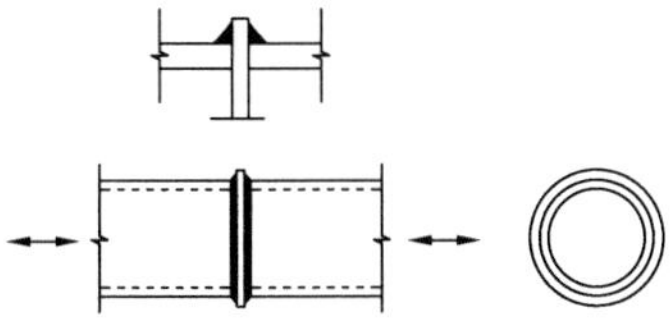	• 通过端板采用角焊缝拼接的圆管母材，焊缝外观质量标准符合二级，管壁厚度 $t\leqslant8$mm	Z13
33	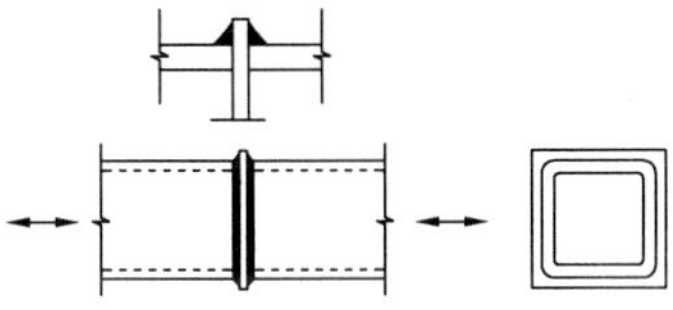	• 通过端板采用角焊缝拼接的矩形管母材，焊缝外观质量标准符合二级，管壁厚度 $t\leqslant8$mm	Z14
34	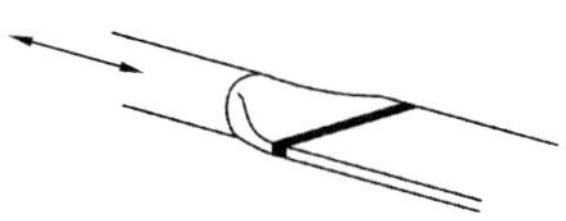	• 钢管端部压偏与钢板对接焊缝连接（仅适用于直径小于200mm的钢管），计算时采用钢管的应力幅	Z8
35	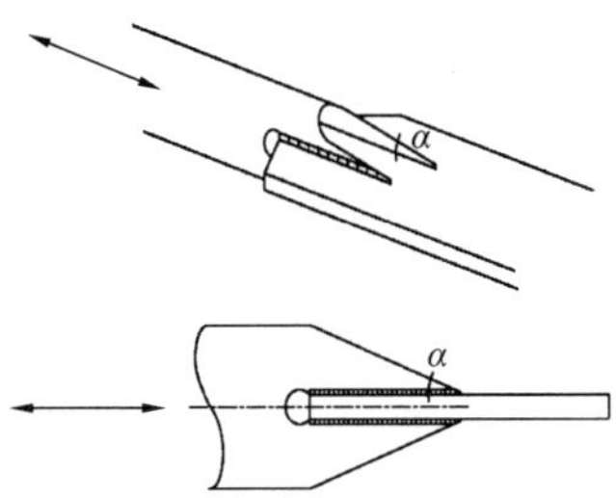	• 钢管端部开设槽口与钢板角焊缝连接，槽口端部为圆弧，计算时采用钢管的应力幅 （1）倾斜角 $\alpha\leqslant45°$ （2）倾斜角 $\alpha>45°$	Z8 Z9

注：箭头表示计算应力幅的位置和方向。

六、剪应力作用下的构件和连接分类应符合附表6.6-6的规定。

剪应力作用下的构件和连接分类　　　　　　　　　　　附表6.6-6

项次	构 造 细 节	说　明	类别
36		• 各类受剪角焊缝 剪应力按有效截面计算	J1
37		• 受剪力的普通螺栓 采用螺杆截面的剪应力	J2
38		• 焊接剪力栓钉 采用栓钉名义截面的剪应力	J3

注：箭头表示计算应力幅的位置和方向。

参 考 文 献

[1]　钢结构设计标准：GB 50017—2017[S]．北京：中国建筑工业出版社，2018

[2]　陈绍蕃主编．现代钢结构设计手册(上册)．北京：中国电力出版社，2006

[3]　崔佳，魏明钟，赵熙元，但泽义编著．钢结构设计规范理解与应用．北京：中国建筑工业出版社，2004

[4]　陈绍蕃著．钢结构设计原理(第三版)．北京：科学出版社，2005

[5]　陈绍蕃著．钢结构稳定设计指南(第二版)．北京：中国建筑工业出版社，2004

[6]　童根树著．钢结构的平面内稳定．北京：中国建筑工业出版社，2005

[7]　包头钢铁设计研究院编著．钢结构设计与计算．北京：机械工业出版社，2004

[8]　陈绍蕃．厂房框架柱平面外稳定计算的几个问题．工业建筑．2003，33(5)：1-4,5

[9]　陈绍蕃．厂房框架带牛腿柱的计算长度．建筑结构学报．2007，28(5)：54-60

[10]　陈绍蕃．钢构件容许长细比刍议．建筑结构．2009，39(2)：113-115，60

[11]　陈绍蕃．钢压弯构件面内等效弯矩系数取值的改进(上)——两端支承的构件．建筑钢结构进展．2010，12(5)：1-7

[12]　陈绍蕃，申红侠，冉红东等．钢压弯构件面内等效弯矩系数取值的改进(下)——端部有侧移的构件．建筑钢结构进展．2010，12(5)：8-12

[13]　钢管结构技术规程 CECS280：2010．北京：中国计划出版社，2010

[14]　吴耀华、何文汇．中轻级工作制钢吊车梁疲劳计算的探讨．建筑结构．2013，43(6)：17-21

[15]　陈骥编著．钢结构稳定理论与设计(第五版)．北京：科学出版社，2011

[16]　陈绍蕃．桁架受压腹杆的面外稳定和支撑体系．工程力学．1996，13(1)：16-25

[17]　陈绍蕃．单层房屋钢支撑体系的内力和杆件计算．建筑结构．2007，37(11)：89-91，110

[18]　陈绍蕃．单边连接单角钢压杆的计算与构造．建筑科学与工程学报．2008，25(2)：72-78

［19］　陈绍蕃．平板柱脚的转动刚度和柱的计算长度．建筑钢结构进展．2009，11(1)：1-8，27

［20］　陈绍蕃．轴心压杆板件宽厚比限值的统一分析．建筑钢结构进展．2009，11(5)：1-7

［21］　陈绍蕃．焊接薄壁箱形截面轴心压杆的承载力计算．建筑钢结构进展．2009，11(6)：1-7

［22］　陈绍蕃．塔架辅助杆的支撑力．西安建筑科技大学学报(自然科学版)．2009，41(4)：445-449

［23］　陈绍蕃．塔架压杆的稳定承载力．西安建筑科技大学学报(自然科学版)．2010，42(3)：305-314

［24］　陈绍蕃，王先铁．单角钢压杆的肢件宽厚比限值和超限杆的承载力．建筑结构学报．2010，31(9)：70-77

［25］　陈绍蕃．塔架交叉斜杆考虑屈曲相关性的稳定承载力．土木工程学报．2011，44(1)：19-28

［26］　郭彦林，邓科，林冰．梭形柱的稳定性能及设计方法研究．工业建筑．2007，37(7)：92-95，119

［27］　董柏平，陈以一．圆钢管双向压弯构件的整体稳定性计算．工业建筑．2010，40(1)：107-111

［28］　冷弯薄壁型钢结构技术规范：GB 50018—2002［S］．北京：中国计划出版社，2002

［29］　Australian/New Zealand Standard 4600：2005，Cold-formed Steel Structures，2005

［30］　Lau S. C. W. and Hancock G. J.，Distortional Buckling Formulas for Channel Columns，Struct. Engrg.，1987，113(5)：1063-1078

［31］　姚行友．冷弯薄壁型钢开口截面构件畸变屈曲性能与设计方法研究．同济大学博士学位论文，2012

［32］　钢板剪力墙技术规程 JGJ/T 380—2015．北京：中国建筑工业出版社，2016［2］

［33］　CAN/CSA-S16.1—2001．Limit States Design of Steel Structures［S］．Canadian Standard Association，2002.

［34］　AISC (2005c)，ANSI/AISC 341-05．Seismic Provisions for Structural Steel Buildings［S］．American institute of Steel Construction，Chicago，IL，2005.

［35］　RAFAEL SABELLI，MICHEL BRUNEAU．GUIDE20 _ Steel Plate Shear Walls．American institute of steel construction，Inc，2007.

［36］　王迎春，郝际平，李峰．钢板剪力墙力学性能研究．西安建筑科技大学学报(自然科学版)，2005，39(2)：181-186.

［37］　曹春华，郝际平，杨丽．钢板剪力墙弹塑性分析．建筑结构，2007，32(10)：40-43.

［38］　曹春华，郝际平，王迎春．钢板剪力墙简化模型研究．建筑钢结构进展，2009，11(1)：28-32.

［39］　郝际平，曹春华，王迎春．开洞薄钢板剪力墙低周反复荷载试验研究．地震工程与工程振动，2009，29(2)：39-43.

［40］　郝际平，郭宏超，解琦．半刚性连接钢框架-钢板剪力墙结构抗震性能试验研究．建筑结构学报，2011，21(3)：33-40.

［41］　郭宏超，郝际平，李峰．半刚接框架-斜加劲钢板剪力墙低周反复荷载试验研究．土木工程学报，2011，31(1)：54-60.

［42］　田炜烽．变轴力框架与框架-钢板剪力墙结构的稳定分析．西安：西安建筑科技大学博士论文，2012.

［43］　于金光，郝际平．半刚性连接钢框架-非加劲钢板剪力墙结构性能研究．土木工程学报，2012，45(8)：74-82.

［44］　郝际平，于金光，王先铁．半刚性节点钢框架-十字加劲钢板剪力墙结构的数值分析．西安建筑科技大学学报(自然科学版)，2012，44(2)：153-158.

［45］　于金光，郝际平，崔阳阳．半刚性框架-防屈曲钢板墙结构的抗震性能试验研究．土木工程学报，2014，47(6)：18-25.

［46］　郭昭，郝际平，房晨．纵横加劲防屈曲低屈服点钢板剪力墙结构抗震性能试验研究．建筑结构，2015，45(10)：5-9.

[47] 郝际平，樊春雷，钟炜辉. 钢框架-钢板剪力墙基于中震的性能化设计方法. 建筑结构，2015，45 (3)：1-7.

[48] 郭彦林，董全利，周明. 防屈曲钢板剪力墙滞回性能理论与试验研究. 建筑结构学报，2009，30 (1)：31-39.

[49] 马欣伯，张素梅，郭兰慧. 两边连接钢板剪力墙试验与理论分析. 天津大学学报，2010，43(8)：697-704. [23]李然，郭慧兰，张素梅. 钢板剪力墙滞回性能分析与简化模型. 天津大学学报，2010，43(10)：919-927.

[50] 郭兰慧，马欣伯，张素梅. 两边连接钢板混凝土组合剪力墙端部构造措施试验研究. 工程力学，2012(8)：150-158

[51] 聂建国，樊健生，黄远. 钢板剪力墙的试验研究. 建筑结构学报，2010，31(9)：1-8.

[52] 郭彦林，董全利. 钢板剪力墙的发展与研究现状. 钢结构，2005，20(1)：1-6.

[53] 郭彦林，周明. 钢板剪力墙的分类及性能. 建筑科学与工程学报，2009，26(3)：1-13.

[54] 郭彦林，周明，董全利. 防屈曲钢板剪力墙弹塑性抗剪极限承载力与滞回性能研究. 工程力学，2009，26(2)：108-114.

第7章 连接设计与计算

7.1 焊 接 连 接

7.1.1 设计一般规定

1. 钢结构建筑系由各种钢构件，通过一定的安装连接而形成的整体结构，钢结构的各种构件是由钢板、型钢通过连接方式组合而成。选定合适的连接方案是钢结构设计中的重要环节，将直接影响结构的质量、安全、造价和使用寿命。

2. 钢结构零部件及构件的连接，应根据作用力的性质和施工环境条件选择合理的连接方法、构造。工厂加工构件的连接应宜用焊接连接，现场连接或拼接可采用焊接、高强度螺栓连接或同一接头中同时采用焊接与高强度螺栓连接的栓焊并用与栓焊混用连接。

3. 焊接连接是钢结构最主要、应用最广泛的连接方法，其优点是构造简单、节约钢材、加工方便、易于采用自动化操作、连接的密闭性好、刚度大。缺点是焊接残余应力和焊接残余变形对结构有不利影响，同时焊接结构的低温冷脆问题比较突出。目前除少数直接承受动载结构的某些连接不宜采用焊接外，焊接可以广泛用于工业与民用建筑钢结构。

4. 钢结构中一般采用的焊接方法有焊条电弧焊、气体保护电弧焊、药芯焊丝自保护焊、埋弧焊、气电立焊、电渣焊、电阻焊、栓钉焊及其组合。

5. 钢结构设计施工图中应标明下列焊接技术要求：

(1) 明确规定构件采用钢材的牌号和焊接材料的型号、性能要求及相应的国家现行标准。

(2) 明确规定结构构件相交节点的焊接部位、焊接方法、焊缝长度、焊缝坡口形式、焊脚尺寸、部分焊透焊缝的焊透深度、焊前预热或焊后热处理要求等特殊措施。

(3) 明确规定焊缝质量等级，有特殊要求时，应标明无损检测的方法和抽查比例。

(4) 明确规定工厂制作单元及构件拼装节点的允许范围，必要时应提出结构设计应力图。

6. 钢结构施工详图应标明下列焊接技术要求：

(1) 应对设计施工图中所有焊接技术要求进行详细标注，明确钢结构构件相交节点的焊接部位、焊接方法、有效焊缝长度、焊缝剖口形式、焊脚尺寸、部分焊透焊缝的焊透深度、焊后热处理要求。

(2) 应明确标注焊缝坡口详细尺寸，如有钢衬垫，应标注钢衬垫尺寸。

(3) 对于重型、大型钢结构，应明确工厂制作单元和工地拼装焊接的位置，标注工厂制作或工地安装焊缝。

(4) 应根据运输条件、安装能力、焊接可操作性和设计允许范围确定构件分段位置和拼装节点，按国家现行标准《钢结构设计标准》GB 50017 和《钢结构焊接规范》GB 50661 有关规定进行焊缝设计并满足设计施工图要求。

7. 焊缝设计应根据结构的重要性、荷载特性、焊缝形式、工作环境以及应力状态等情况，按下述原则分别选用不同的焊缝质量等级：

（1）在承受动荷载且需要进行疲劳验算的构件中，凡要求与母材等强连接的焊缝应予焊透，其质量等级为：

作用力垂直于焊缝长度方向的横向对接焊缝或 T 形对接与角接组合焊缝，受拉时应为一级，受压时应为二级；作用力平行于焊缝长度方向的纵向对接焊缝应为二级。

（2）不需要疲劳计算的构件中，凡要求与母材等强的对接焊缝宜予焊透，其质量等级当受拉时应不低于二级，受压时宜为二级。

（3）重级工作制（A6～A8）和起重量 $Q \geqslant 50t$ 的中级工作制（A4、A5）吊车梁的腹板与上翼缘之间以及吊车桁架上弦杆与节点板之间的 T 形接头焊缝均要求焊透，焊缝形式宜为对接与角接的组合焊缝，其质量等级不应低于二级。

（4）部分焊透的对接焊缝，不要求焊透的 T 形接头采用的角焊缝或部分焊透的对接与角接组合焊缝，以及搭接连接采用的角焊缝，其质量等级为：

对直接承受动荷载且需要验算疲劳的构件和起重机起重量等于或大于 50t 的中级工作制吊车梁以及梁柱、牛腿等重要节点，焊缝的质量等级应符合二级；

对其他结构，焊缝的外观质量等级可为三级。

8. 在工作温度等于或低于 $-20℃$ 的地区，构件对接焊缝的质量不得低于二级。

9. 焊接工程中，首次采用的新钢种应进行焊接性能试验，合格后应根据现行国家标准《钢结构焊接规范》GB 50661 的规定进行焊接工艺评定。

7.1.2　焊接形式和焊缝种类

一、焊接形式

焊接连接形式是按被连接件间的相互位置划分的，一般分为平接、搭接、T 形连接和角接四种，其基本形式见表 7.1-1 所示。

焊缝形式　　　　　　　　　　　　　　　表 7.1-1

连接形式	简　图	说　明
平接连接	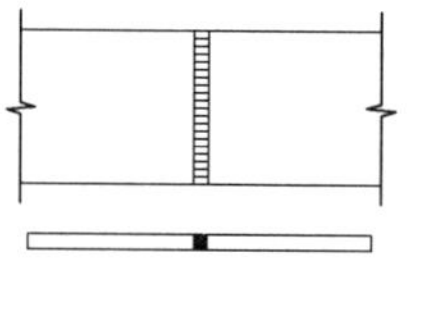	采用对接焊缝的平接连接，构造简捷，可全厚度焊透，当保证焊接质量时焊缝可与母材等强
	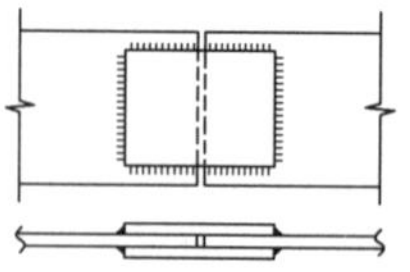	用拼接板和角焊缝的平接连接，易于拼装，对焊件尺寸的偏差范围要求较宽，传力不匀，用料较多
	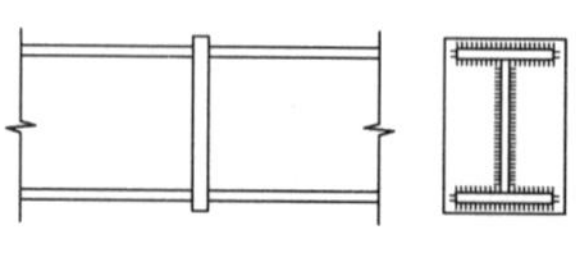	用顶板和角焊缝的平接连接，施工简单，用于受压构件较好

续表

连接形式	简 图	说 明
搭接连接		用角焊缝的搭接连接，易于拼装，焊缝有应力集中现象，传力不匀，简单搭接时接头处产生偏心弯矩，用料较费
		用槽焊搭接的连接，沿槽边用角焊缝，可避免搭接板件产生较大的焊接变形，并可减少搭接长度
		用塞焊或点焊搭接连接，常用于组合搭接杆件，以免压曲和分离
T形连接	(a)　(b)	图 a 为角焊缝连接，构造简单，但受力性能较差，不宜用于受拉或直接承受动力荷载的连接；图 b 为焊透的 T 形连接焊缝，其性能和对接焊缝相同
角接	(a)　(b)	用角焊缝或剖口焊缝

二、焊缝种类

1. 对接焊缝

对接焊缝，即在两焊件接触面之间的间隙内用焊缝金属填塞，传递内力，这种焊缝统称为对接焊缝。其形式有平接、顶接和角接。根据焊缝填充情况，又可以分为焊透的对接焊缝和不焊透的对接焊缝，如图 7.1-1 所示。

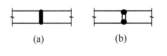

图 7.1-1　平接连接的对接焊缝
(a) 焊透的对接焊缝；(b) 不焊透的对接焊缝

2. 角焊缝

一般用于传递剪力。角焊缝的形式有：

(1) 直角角焊缝（图 7.1-2 中 a、b、c）

(2) 斜角角焊缝（图 7.1-2 中 d、e、f）

3. 焊缝根据施焊时的空间位置，可分为平焊、立焊、横焊和仰焊，如图 7.1-3 所示。平焊操作容易，生产效率高，质量最容易保证；横焊的操作条件较差；立焊时金属容易向下流淌，操作较困难；仰焊操作最困难，不易保证质量，不宜用于重要受力

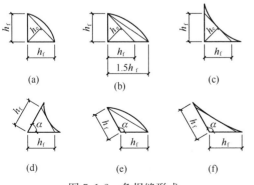

图 7.1-2　角焊缝形式

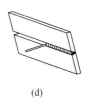

(a)　　　　　　　(b)　　　　　　　(c)　　　　　　　(d)

图 7.1-3　焊缝的施焊位置

(a) 平焊；(b) 立焊；(c) 横焊；(d) 仰焊

焊缝。

7.1.3　焊接连接的构造

一、一般规定

1. 钢结构受力和构造焊缝可采用对接焊缝、角接焊缝、对接角接组合焊缝、塞焊焊缝、槽焊焊缝、圆孔或槽孔内角焊缝；对接焊缝包括熔透对接焊缝和部分熔透对接焊缝，重要接头或有等强要求的对接焊缝应为全熔透焊缝；较厚板件或无需焊透时可采用部分熔透焊缝。

2. 焊缝金属强度应与基本金属强度相对应。当不同强度钢材相连接时，可采用与低强度钢材相适应的焊接材料。

3. 为了便于焊接操作，除尽可能选用平焊或横焊外，在布置焊缝时，应使焊接设备的调整次数和构件的翻转次数最少。两焊缝相交时应避免形成锐角，设法使角度变缓。

4. 尽量减少焊缝的数量及厚度。焊缝长度和焊脚尺寸应由计算确定，不得随意增大。不宜采用短而厚的角焊缝或小范围全封闭的焊缝。

5. 焊缝位置应避开高应力区。

6. 节点区留有足够空间，便于焊接操作和焊后检测。

7. 为减少焊接变形，应采取下列措施：

(1) 焊缝布置合理，宜对称于构件截面的形心轴，或接近对称于中和轴布置。

(2) 采用侧焊缝的搭接连接中，当板件较薄且宽度较大时，可在侧焊缝之间增加槽焊或塞焊，以防止焊件因焊缝收缩而引起拱曲。

(3) 在薄壁结构中，宜采用接触点焊（电阻焊）代替电弧焊。

8. 为减少焊接应力和应力集中应注意以下几点：

(1) 采用刚性较小的接头形式。

(2) 焊缝间应有一定的距离，避免焊缝密集。

(3) 采用拼接板的平接接头中，拼接板的侧面角焊缝与母材拼接点之间的距离不宜小于 25mm。

(4) 尽量避免焊缝密集和双向、三向焊缝相交，为此可使次要焊缝中断，主要焊缝贯通。如梁翼缘与腹板横向加劲肋连接处，应将加劲肋切角，使翼缘焊缝贯通。

(5) 在接头处应尽量使应力平缓过度，勿使接头处断面有突变。

9. 钢结构焊接连接构造设计时，应根据不同焊接工艺方法合理选用坡口形状和尺寸。

10. 焊接接头位置、接头形式、坡口形式、焊缝类型及管结构节点形式代号，应符合现行国家标准《钢结构焊接规范》GB 50661 的规定。

11. 焊接连接的构造，其优劣比较见表 7.1-2。

焊接连接构造优劣比较示例　　　　　　　　　　　　　　　　表 7.1-2

焊接连接构造			
正确	不正确	正确	不正确
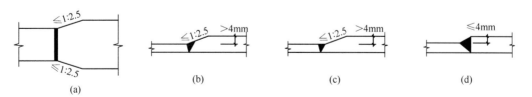			

12. 各种焊接方法推荐使用的材料见现行国家标准《钢结构焊接规范》GB 50661。

二、对接焊缝

1. 对接焊缝的坡口形式，宜根据板厚和施工条件按现行国家标准《钢结构焊接规范》GB 50661 要求选用。

2. 在焊透的对接焊缝拼接处，当焊件的宽度不同或厚度在一侧相差 4mm 以上时，为了传力平缓，减少应力集中，应分别在宽度方向或厚度方向，从一侧或两侧做成坡度不大于 1：2.5 的斜角（图 7.1-4、图 7.1-5）；若板厚相差不大于 4mm 时，可不做斜坡。直接承受动力荷载且需要进行疲劳计算的结构，斜角坡度不应大于 1：4。当焊件厚度不同时，焊缝的计算厚度等于较薄板件的厚度。

图 7.1-4　不同宽度或厚度钢板的拼接
（a）不同宽度对接；（b）、（c）不同厚度对接；（d）不同厚度对接，不做斜坡

3. 钢板的拼接当采用对接焊缝时，要求焊缝与母材等强和承受动荷载的对接接头，

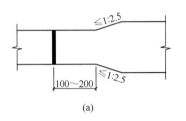
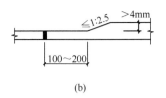

图 7.1-5　不同宽度或厚度铸钢件的拼接

（a）不同宽度对接；（b）不同厚度对接

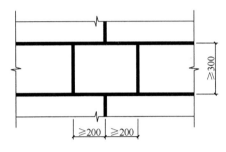

图 7.1-6　钢板的拼接焊缝示意图

其纵横两方向的对接焊缝，宜采用 T 形交叉；交叉点的距离不宜小于 200mm，且拼接料的长度和宽度不宜小于 300mm，如图 7.1-6 所示。

4. 对母材等强焊透的对接焊缝，为了避免因引弧时由于焊接热量不足而引起的焊接裂纹，或熄弧时产生焊缝缩孔和裂纹，消除焊接时可能产生的未熔透焊口和弧坑的影响，施焊时应在焊缝两端设置焊缝引弧板、引出板，使焊缝在提供的延长段上引弧和终止，焊后切除，并用砂轮将表面磨平。

5. 在直接承受动力荷载的结构中，为消除疲劳的影响应将对接焊缝的表面用砂轮磨平，打磨方向应与应力方向平行。承受动荷载且需要疲劳验算的接头，当拉应力与焊缝轴线垂直时焊缝应采用焊透的对接焊缝，严禁采用部分焊透的对接焊缝。

三、角焊缝

1. 角焊缝一般用于搭接连接和 T 形连接，根据其受力的方向分为两种：垂直于力作用方向的为正面角焊缝，如图 7.1-7a 所示；平行于力作用方向的为侧面角焊缝，如图 7.1-7b 所示。

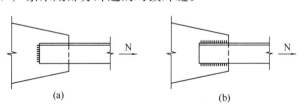

图 7.1-7　所示角焊缝

（a）正面角焊缝；（b）侧面角焊缝

2. 结构中杆件与节点板连接的角焊缝，一般宜采用两侧焊缝，也可采用三面围焊，对角钢杆件亦可采用 L 形围焊，所有围焊的转角处必须连续施焊，如图 7.1-8a、8b 所示。为减少应力集中，侧焊缝的端部转角处可作长度为 $2h_f$ 的绕角焊，此时转角处必须连续施

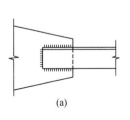
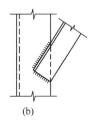
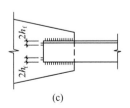

图 7.1-8　杆件与节点板的焊缝连接

（a）三面围焊；（b）L 型焊；（c）绕角焊

焊，如图 7.1-8c 所示。

3. 只采用侧面角焊缝连接型钢杆件端部时，型钢杆件的宽度不应大于 200mm，当宽度大于 200mm 时，应加正面角焊缝或中间槽焊或塞焊；型钢杆件每一侧纵向角焊缝的长度不应小于型钢杆件的宽度。

4. 当板件端部仅用两条侧面焊缝连接时，为避免传力过分不均匀，每条侧面角焊缝长度不宜小于两侧面角焊缝之间的距离（即 $l \geqslant a$）；同时两侧面角焊缝之间的距离不宜大于 16t（当 $t > 12mm$）或 200mm（当 $t \leqslant 12mm$），t 为较薄焊件的厚度。当 a 不满足此要求时，应加正面角焊缝或中间槽焊或塞焊，以避免焊缝横向收缩引起板件拱曲。

5. 角焊缝的尺寸应符合下列要求：

（1）为了防止焊缝金属由于冷却过快产生裂纹，角焊缝的焊脚尺寸 h_f（mm）不得小于 $1.5\sqrt{t}$，t（mm）为较厚焊件厚度（当采用低氢型碱性焊条施焊时，t 可采用较薄焊件的厚度）。但对埋弧自动焊，最小焊脚尺寸可减小 1mm；对 T 形连接的单面角焊缝，应增加 1mm。当焊件厚度等于或小于 4mm 时，最小焊脚尺寸应与焊件厚度相同。

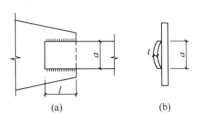

图 7.1-9　板端连接

（2）为避免施焊时板件过热造成较大的焊接变形和残余应力，角焊缝的焊脚尺寸不宜大于较薄焊件厚度的 1.2 倍（钢管结构除外）。另外，为避免施焊时产生咬边现象，板件（厚度为 t）边缘的角焊缝最大焊脚尺寸尚应符合下列要求：当 $t \leqslant 6mm$ 时，$h_f \leqslant t$；当 $t > 6mm$ 时，$h_f \leqslant t - (1 \sim 2)$ mm。

（3）角焊缝的两焊脚尺寸一般为相等。当焊件的厚度相差较大，用等焊角尺寸无法满足最大、最小焊缝厚度要求时，可采用不等焊脚尺寸，与较薄焊件接触的焊脚边应符合本条第 2 款的要求；与较厚焊件接触的焊脚边应符合第 1 款的要求。

（4）为了避免角焊缝过短，应力集中较大和起落弧坑太近可能产生不利的影响，受力角焊缝的计算长度不得小于 $8h_f$ 和 40mm，小于 $8h_f$ 或 40mm 时不应用作受力焊缝。焊缝计算长度应为扣除引弧、收弧长度后的焊缝长度。

（5）角焊缝的有效面积应为焊缝计算长度与计算厚度（h_e）的乘积。对任何方向的荷载，角焊缝上的应力应视为作用在这一有效面积上。

（6）被焊构件中较薄板件板厚度不小于 25mm 时，宜采用开局部坡口的角焊缝。角焊缝的 h_f 一般不大于 16mm。

（7）采用角焊缝焊接接头，不宜将厚板焊接到较薄板上．

（8）为保证焊缝质量，在圆孔或槽孔内的角焊缝焊脚尺寸不宜大于圆孔直径或槽孔短径的 1/3。

（9）承受动载时，严禁采用焊脚尺寸小于 5mm 的角焊缝。

（10）断续角焊缝焊段的计算长度不应小于最小计算长度。

6. 在次要构件或次要焊接连接中，可采用断续角焊缝。断续角焊缝焊段的长度不得小于 $10h_f$ 或 50mm，其净距不应大于 15t（对受压构件）或 30t（对受拉构件），t 为较薄焊件厚度。腐蚀环境中不宜采用断续角焊缝。

7. 在搭接连接中，为减少收缩应力以及偏心弯矩产生的次应力，搭接长度不得小于

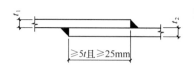

图 7.1-10 板端连接

(t 为 t_1、t_2 中较小者)

焊件较小厚度的 5 倍，并不得小于 25mm，并应施焊纵向或横向双角焊缝，如图 7.1-10 所示。

四、对接与角接组合焊缝

1. 对接与角接组合焊缝的坡口形式，宜根据板厚和施工条件按现行国家标准《钢结构焊接规范》GB 50661 要求选用。

2. 在 T 形、十字形及角接接头设计中，当翼缘板厚度不小于 20mm 时，为防止板材产生层状撕裂，应避免或减少使母材板厚方向承受较大的焊接收缩应力，并宜采取下列节点构造设计（图 7.1-11）。

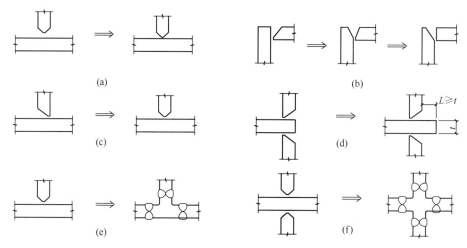

图 7.1-11 T 形、十字形及角接接头防止层状撕裂的节点构造设计

（1）在满足焊透深度要求和焊缝致密性条件下，宜采用较小的焊接坡口角度及间隙；

（2）在角接接头中，宜采用对称坡口或偏向于侧板的坡口；

（3）宜采用双面坡口对称焊接代替单面坡口非对称焊接；

（4）在 T 形或角接接头中，板厚方向承受焊接拉应力的板材端头宜伸出接头焊缝区；

（5）在 T 形、十字形接头中，宜采用铸钢或锻钢过渡段，并宜以对接接头取代 T 形、十字形接头；

（6）宜改变厚板接头受力方向，以降低厚度方向的应力，如图 7.1-12 所示。

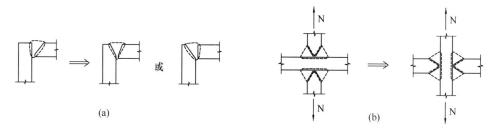

图 7.1-12 T 形、十字形及角接接头防止层状撕裂的节点构造设计

（7）承受静荷载的节点，在满足接头强度计算要求的条件下，宜用部分熔透的对接与角接组合焊缝代替全焊透坡口焊缝，如图 7.1-13 所示。

3. 直接承受动力荷载作用的对接与角接组合焊缝、T 形对接焊缝（如吊车梁的上翼缘与腹板的连接），为了传递集中动力荷载，应采用焊透的对接焊缝，且应采用角焊缝加强，加强焊角尺寸不应小于接头较薄焊件厚度的 1/2，但最大值不得超过 10mm。焊缝金属如图 7.1-14 所示。

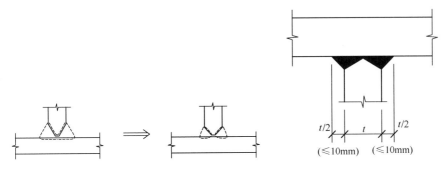

图 7.1-13　采用部分熔透对接与角接组合　　　图 7.1-14　焊透 T 形对接焊缝
焊缝代替全焊透坡口焊缝

五、塞焊与槽焊

1. 塞焊或槽焊是将被连接件开圆孔或长槽孔，然后在孔中焊接并填满孔形的一种连接方式。

2. 塞焊和槽焊焊缝的尺寸、间距、焊缝高度应符合下列规定（如图 7.1-15）：

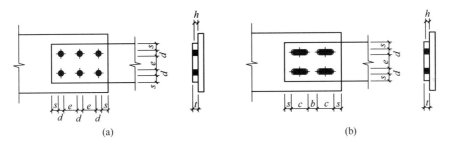

图 7.1-15　塞焊与槽焊

(a) 孔径：$t+11mm$ 与 $2.25t$ 的较大者 $\geqslant d \geqslant t+8mm$；

间距：$e \geqslant 4d$

焊缝高度：$t \leqslant 16mm$ 时，$h=t$；$t > 16mm$ 时，$h > t/2$ 且 $\geqslant 16mm$。

(b) 孔径：$t+11mm$ 与 $2.25t$ 的较大者 $\geqslant d \geqslant t+8mm$；$10t \geqslant c \geqslant t+8mm$；

间距：$e \geqslant 4d$；$b \geqslant 2c$；

焊缝高度：$t \leqslant 16mm$ 时，$h=t$；$t > 16mm$ 时，$h > t/2$ 且 $\geqslant 16mm$。

（1）塞焊和槽焊的有效面积应为贴合面上圆孔或长槽孔的标称面积；

（2）塞焊焊缝的最小中心间隔应为孔径的 4 倍，槽焊焊缝的最纵向小间距应为槽孔长度的 2 倍，垂直于槽孔长度方向的两排槽孔的最小间距应为槽孔宽度的 4 倍；

（3）塞焊孔的最小直径不得小于开孔板厚度加 8mm，最大直径应为最小直径值加 3mm 和开孔件厚度的 2.25 倍的两值中较大者。槽孔长度不应超过开孔件厚度的 10 倍，最小及最大槽宽规定应与塞焊孔的最小及最大孔径规定相同；

（4）塞焊和槽焊的焊缝高度应符合下列规定：当母材厚度不大于 16mm 时，应与母材厚度相同；当母材厚度大于 16mm 时，不应小于母材厚度的一半和 16mm 两者较大值。

（5）塞焊焊缝和槽焊焊缝的尺寸应根据贴合面上承受的剪力计算确定。

3. 直接承受动载作用并需要进行疲劳验算的焊接连接，严禁使用塞焊或槽焊。承受动载不需要进行疲劳验算的构件，采用塞焊、槽焊时，孔或槽的边缘到构件边缘在垂直于应力方向上的间距不应小于此构件厚度的 5 倍，且不应小于孔或槽宽度的 2 倍。

六、钢结构构件制作与工地安装焊接构造设计要求

1. 钢结构构件制作焊接节点形式应符合下列要求：

（1）桁架和支撑的杆件与节点板的连接节点宜采用图 7.1-16 的形式；当杆件承受拉力时，焊缝应在搭接杆件节点板的外边缘处提前终止，间距 a 不应小于 h_f。

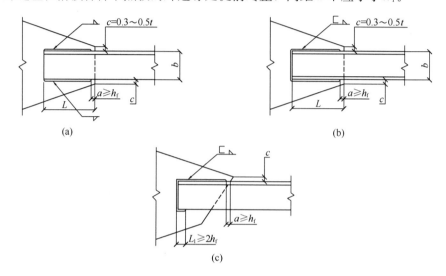

图 7.1-16　桁架和支撑杆件与节点板连接节点

(a) 两面侧焊；(b) 三面围焊；(c) L形围焊

（2）型钢与钢板搭接，其搭接位置应符合图 7.1-17 的要求。

（3）搭接接头上的角焊缝应避免在同一搭接接触面上相交（图 7.1-18）。

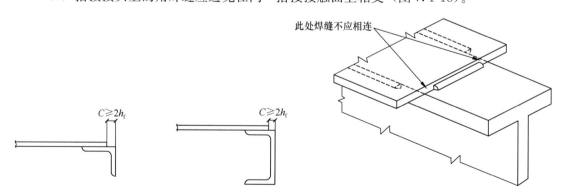

图 7.1-17　型钢与钢板搭接节点

h_f——焊脚尺寸

图 7.1-18　在搭接接触面上避免相交的角焊缝

（4）角焊缝作纵向连接的部件，如在局部荷载作用区采用一定长度的对接与角接组合焊缝来传递载荷，在此长度以外坡口深度应逐步过渡至零，且过渡长度不应小于坡口深度的 4 倍。

（5）焊接组合箱形梁、柱的纵向焊缝，宜采用全焊透或部分焊透的对接焊缝（图7.1-19）。采用全焊透时，应采用衬垫单面焊（图7.1-19b）。

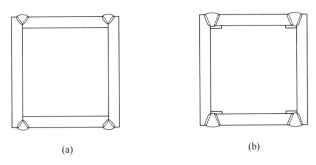

（a）   （b）

图 7.1-19　箱形组合柱的纵向组装焊缝

（a）部分焊透焊缝；（b）全焊透焊缝

（6）只承受静载荷的焊接组合 H 形梁、柱的纵向连接焊缝，当腹板厚度大于 25mm 时，宜采用全焊透焊缝或部分焊透焊缝（图7.1-20b、c）。

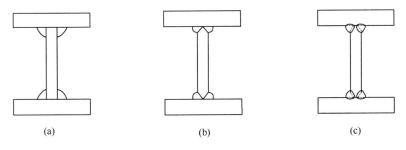

（a）   （b）   （c）

图 7.1-20　角焊缝、全焊透及部分焊透对接与角接组合焊

（a）角焊缝；（b）全焊透对接与角接组合焊缝；（c）部分焊透对接与角接组合焊缝

（7）箱形柱在与梁翼缘对应位置设置隔板的焊接，应采用全焊透焊缝[图7.1-21(a)]；对无法进行电弧焊焊接的焊缝，宜采用电渣焊焊接，且焊缝宜对称布置[图7.1-21(b)]。

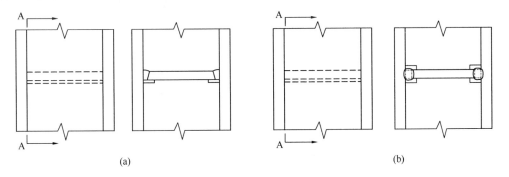

（a）   （b）

图 7.1-21　箱形柱与隔板的焊接接头形式

（a）电弧焊；（b）电渣焊

（8）钢管混凝土组合柱的纵向和横向焊缝，应采用双面或单面全焊透接头形式（高频焊除外），纵向焊缝接头形式见图7.1-22。

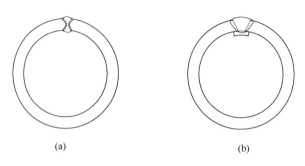

图 7.1-22 钢管柱纵缝焊接接头形式

(a) 全焊透双面焊；(b) 全焊透单面焊

（9）管-球结构中，对由两个半球焊接而成的空心球，采用不加肋和加肋两种形式时，其构造见图 7.1-23。

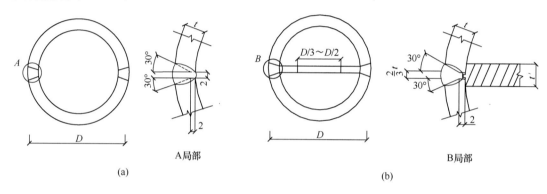

图 7.1-23 空心球制作焊接接头形式

(a) 不加肋的空心球；(b) 加肋的空心球

2. 钢结构工地安装焊接节点形式应符合下列要求：

（1）H 形框架柱安装拼接接头宜采用高强度螺栓和焊接组合节点或全焊接节点（图 7.1-24a、b）。采用高强度螺栓和焊接组合节点时，腹板应采用高强度螺栓连接，翼缘板应采用单 V 形坡口加衬垫全焊透焊缝连接（图 7.1-24c）。采用全焊接节点时，翼缘板应采用单 V 形坡口加衬垫全焊透焊缝，腹板宜采用 K 形坡口双面部分焊透焊缝，反面不应

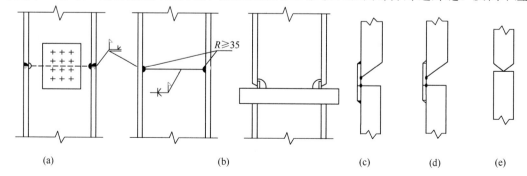

图 7.1-24 H 形框架柱安装拼接节点及坡口形式

(a) 栓焊组合节点；(b) 全焊接节点形式；(c) 翼板焊接坡口；

(d) 腹板单 V 形焊接坡口；(e) 腹板 K 形焊接坡口

清根；设计要求腹板全焊透时，如腹板厚度不大于20mm，宜采用单V形坡口加衬垫焊接，见图7.1-24d，如腹板厚度大于20mm，宜采用K形坡口，应反面清根后焊接（图7.1-24e）。

（2）钢管及箱形框架柱工地安装拼接应采用全焊接头，并应根据设计要求采用全焊透焊缝或部分焊透焊缝。全焊透焊缝坡口形式应采用单V形坡口加衬垫，见图7.1-25。

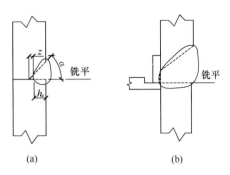

图 7.1-25 箱形及钢管框架柱
安装拼接接头坡口形式
（a）部分焊透焊缝；（b）全焊透焊缝

（3）桁架或框架梁中，焊接组合H形、T形或箱形钢梁的安装拼接采用全焊连接时，翼缘板与腹板拼接截面形式见图7.1-26，工地安装纵焊缝焊接质量要求应与两侧工厂制作焊缝质量要求相同。

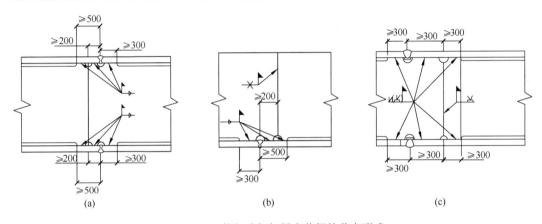

图 7.1-26 桁架或框架梁安装焊接节点形式
（a）H形梁；（b）T形梁；（c）箱形梁

（4）框架柱与梁刚性连接时，应采用下列连接节点形式：

1）柱上有悬臂梁时，梁的腹板与悬臂梁腹板宜采用高强螺栓连接。梁翼缘板与悬臂梁翼缘板的连接宜采用V形坡口加衬垫单面全焊透焊缝（图7.1-27a），也可采用双面焊全焊透焊缝。

2）柱上无悬臂梁时，梁的腹板与柱上已焊好的承剪板宜采用高强螺栓连接，梁翼缘板与柱身的连接应采用单边V形坡口加衬垫单面全焊透焊缝（图7.1-27b）。

3）梁与H形柱弱轴方向刚性连接时，梁的腹板与柱的纵筋板宜采用高强螺栓连接。梁翼缘板与柱横隔板的连接应采用V形坡口加衬垫单面全焊透焊缝（图7.1-27c）。

（5）管材与空心球工地安装焊接节点应采用下列形式：

1）钢管内壁加套管作为单面焊接坡口的衬垫时，坡口角度、根部间隙及焊缝加强应符合图7.1-28b的要求。

2）钢管内壁不用套管时，宜将管端加工成30°～60°折线形坡口，预装配后应根据间隙尺寸要求，进行管端二次加工［图7.1-28（c）］。要求全焊透时，应进行焊接工艺评定试验和接头的宏观切片检验以确认坡口尺寸和焊接工艺参数。

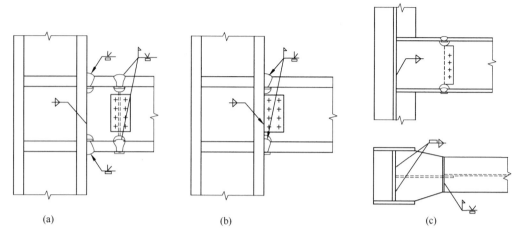

(a)   (b)   (c)

图 7.1-27　框架柱与梁刚性连接节点形式

（a）梁翼缘板与悬臂梁翼缘板的连接；（b）梁翼缘板与柱身的连接；

（c）梁翼缘板与柱横隔板的连接

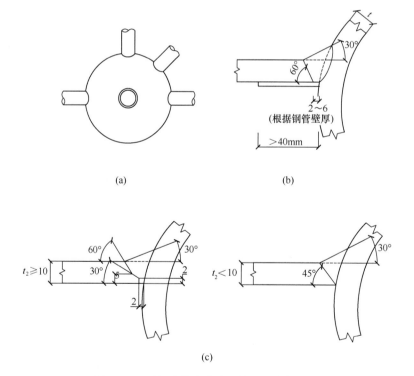

(a)   (b)

(c)

图 7.1-28　管-球节点形式及坡口形式与尺寸

（a）空心球节点示意；（b）加套管连接；（c）不加套管连接

（6）管-管连接的工地安装焊接节点形式应符合下列要求：

1）管-管对接：在壁厚不大于 6mm 时，可采用 I 形坡口加衬垫单面全焊透焊缝（图 7.1-29a）；在壁厚大于 6mm 时，可采用 V 形坡口加衬垫单面全焊透焊缝（图 7.1-29b）；

2）管-管 T、Y、K 形相贯接头：应按现行国家标准《钢结构焊接规范》GB 50661 要求在节点各区分别采用全焊透焊缝和部分焊透焊缝，其坡口形式及尺寸应符合该规范相关规定的要求；设计要求采用角焊缝时，其坡口形式及尺寸应符合现行国家标准《钢结构焊接规范》GB 50661 的要求。

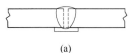 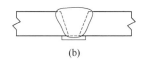

图 7.1-29 管-管对接连接节点形式
(a) I 形坡口对接；(b) V 形坡口对接

七、钢结构承受动载与抗震的焊接构造设计要求

1. 直接承受动载作用时，角焊缝、对接接头应符合下列要求：

（1）构件端部搭接接头的纵向角焊缝长度不应小于两侧焊缝间距 a，且在无塞焊、槽焊等其他措施时，间距 a 不应大于较薄板件厚度 t 的 16 倍，如图 7.1-30 所示。

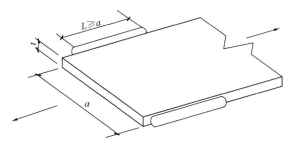

a—不应大于 $16t$（中间有塞焊焊缝或槽焊焊缝时除外）
图 7.1-30 承受动载不需进行疲劳验算时构件端部纵向角焊缝长度及间距要求

（2）严禁采用焊脚尺寸小于 5mm 的角焊缝。

（3）严禁采用断续坡口焊缝和断续角焊缝。

（4）对接与角接组合焊缝和 T 形对接接头的全焊透焊缝应采用角焊缝加强，加强焊角尺寸不应小于接头较薄焊件厚度的 1/2，但最大值不得超过 10mm。

（5）承受动载需经疲劳验算的接头，当拉应力与焊缝轴线垂直时，严禁采用部分熔透对接焊缝、背面不清根的无衬垫焊缝。

（6）除横焊位置外，不宜采用 L 形和 J 形坡口。

（7）不同板厚的对接接头承受动载时，应按本节相关规定做成平缓过渡。

2. 承受动载构件的组焊节点形式应符合下列要求：

（1）有对称横截面的部件组合节点，应以构件轴线对称布置焊缝，当应力分布不对称时应作相应调整；

（2）用多个部件组叠成构件时，应沿构件纵向采用连续焊缝连接；

（3）承受动载荷需经疲劳验算的桁架，其弦杆和腹杆与节点板的搭接焊缝应采用围焊，杆件焊缝间距不应小于 50mm。节点板连接形式应符合图 7.1-31 的要求；

（4）实腹吊车梁横向加劲板与翼缘板之间的焊缝应避免与吊车梁纵向主焊缝交叉。其焊接节点构造宜采用图 7.1-32 的形式。

3. 抗震结构框架柱与梁的刚性连接节点焊接时，应符合下列要求：

（1）梁的翼缘板与柱之间的对接与角接组合焊缝的加强焊脚尺寸应不小于翼缘板厚的 1/4，但最大值不得超过 10mm；

（2）梁下翼缘板与柱之间宜采用 L 或 J 形坡口无衬垫单面全焊透焊缝，并应在反面清根后封底焊成平缓过渡形状；采用 L 形坡口加衬垫单面全焊透焊缝时，焊接完成后应去除全部长度的衬垫及引弧板、引出板，打磨清除未熔合或夹渣等缺陷后，再封底焊成平缓过渡形状。

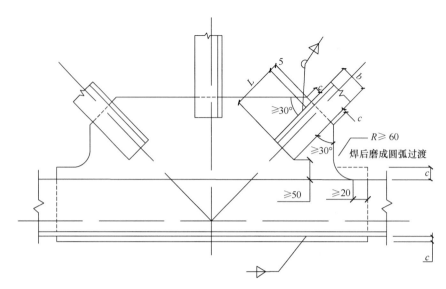

图 7.1-31   桁架弦杆、腹杆与节点板连接形式

$L > b$；$c \geqslant 2h_f$

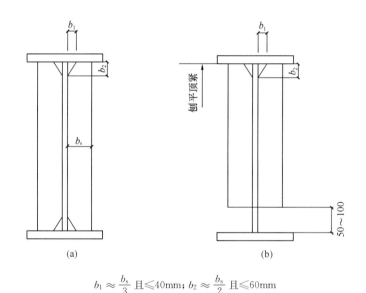

$b_1 \approx \dfrac{b_s}{3}$ 且 $\leqslant 40\text{mm}$；$b_2 \approx \dfrac{b_s}{2}$ 且 $\leqslant 60\text{mm}$

图 7.1-32   实腹吊车梁横向加劲肋板连接构造

(a) 支座加劲肋；(b) 中间加劲肋

4. 柱连接焊缝引弧板、引出板、衬垫应符合下列要求：

（1）引弧板、引出板、衬垫均应去除；

（2）去除时应沿柱－梁交接拐角处切割成圆弧过渡，且切割表面不得有大于 1mm 的缺棱；

（3）下翼缘衬垫沿长度去除后必须打磨清理接头背面焊缝的焊渣等缺欠，并应补焊至焊缝平缓过渡。

5. 梁柱连接处梁腹板的过焊孔应符合下列要求：

（1）腹板上的过焊孔宜在腹板-翼缘板组合纵焊缝焊接完成后切除引弧板、引出板时一起加工，且应保证加工的过焊孔圆滑过渡；

（2）下翼缘处腹板过焊孔高度应为腹板厚度且不应小于 20mm，过焊孔边缘与下翼板相交处与柱-梁翼缘焊缝熔合线间距应大于 10mm。腹板-翼缘板组合纵焊缝不应绕过过焊孔处的腹板厚度围焊；

（3）腹板厚度大于 40mm 时，过焊孔热切割应预热 65℃以上，必要时可将切割表面磨光后进行磁粉或渗透探伤；

（4）不应采用堆焊方法封堵过焊孔。

八、焊缝坡口形状及尺寸

1. 在建筑钢结构中常用的坡口形式有：

（1）I 型（不开坡口）。当焊件厚度很小（手工焊 $t \leqslant 6mm$，自动埋弧焊 $t \leqslant 10mm$）时，采用如图 7.1-33a 所示的形式。

（2）V 形坡口。对于中等厚度的焊件宜采用 V 形坡口（图 7.1-33b、d、e），V 形坡口加工简单。

（3）K 形坡口。当焊件为 T 形连接而又要求焊透时，常采用 K 形坡口（图 7.1-33f）。

（4）X 形坡口。当焊件较厚时，采用 V 形坡口会因焊缝金属体积大，不但费焊条而且焊件变形较大，宜采用 X 形坡口（图 7.1-33c）。

（5）当焊件较厚不小于 50mm 时，为减小焊缝金属的体积，尚可用 U 形剖口和 J 形剖口等。

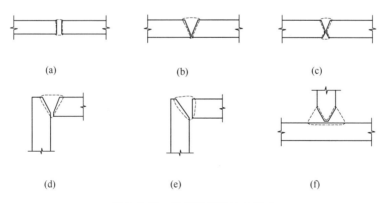

图 7.1-33　常用的焊缝坡口形式
（a）I 形；（b）V 形；（c）X 形；（d）V 形；（e）单边 V 形；（f）K 形

2. 部分熔透的对接焊缝和其与角接焊缝的组合焊缝坡口形式如图 7.1-34 所示。在设计图中应注明坡口形式和尺寸。

3. 常用焊接方法的标准焊缝坡口形式与尺寸应按现行国家标准《钢结构焊接规范》GB 50661 要求选用。

7.1.4　焊缝的质量检验及其质量要求

1. 焊缝应根据结构所承受的荷载特性、施工详图及技术文件规定的质量等级，按国家现行标准《钢结构焊接规范》GB 50661、《钢结构工程施工质量验收规范》GB 50205

规定的要求进行质量检验。

2. 焊缝质量检验应包括以下内容：

（1）外观质量与外形尺寸检查：一般结构焊缝均需进行外观质量与外形尺寸检查，即检查实际尺寸是否符合设计要求和有无看得见的缺陷，如咬肉、气孔、裂纹、夹渣、烧穿、焊瘤、弧坑等缺陷，焊接区是否有飞溅物，焊缝表面焊波是否均匀，是否具有平滑的细鳞形，无折皱间断和未焊满的凹槽，与基本金属是否平滑过渡。所有焊缝应冷却到环境温度后方可进行外观检测。

（2）无损检测：对重要结构或要求焊缝金属与母材等强的对接焊缝必须在外观检查的基础上进行无损检测，如用超声波、X射线等方法检查焊缝内部缺陷，用磁粉探伤、着色检验等进行焊缝表面裂纹的检查。对重要部位如需检查焊缝的熔合情况等宜用X射线检验。无损检测应在外观检测合格后进行。

3. 经检查的焊缝质量应达到设计所要求的质量等级，达不到要求时，对检出的不合格焊接部位应按现行国家标准《钢结构焊接规范》GB 50661的规定进行返修处理，直至检查合格。

7.1.5 焊接连接的计算

一、全熔透对接焊缝和对接与角接组合焊缝的计算

全熔透对接焊缝的计算公式 表 7.1-3

序号	受力方式	计算简图	计算公式	说明
1	轴心受拉或轴心受压	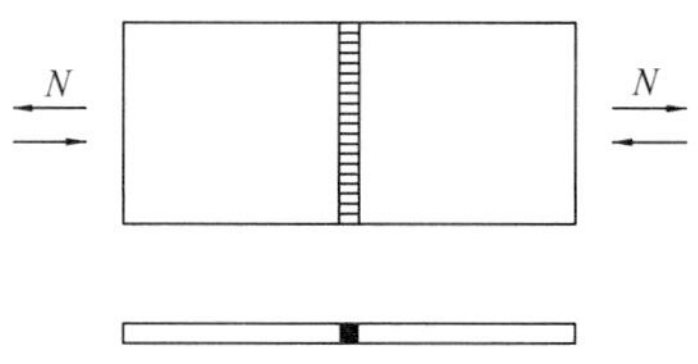	正应力 $$\sigma = \frac{N}{l_w h_e} \leqslant f_t^w \text{ 或 } f_c^w$$	l_w——焊缝计算长度； h_e——连接件的较小厚度
2	轴心受拉或轴心受压	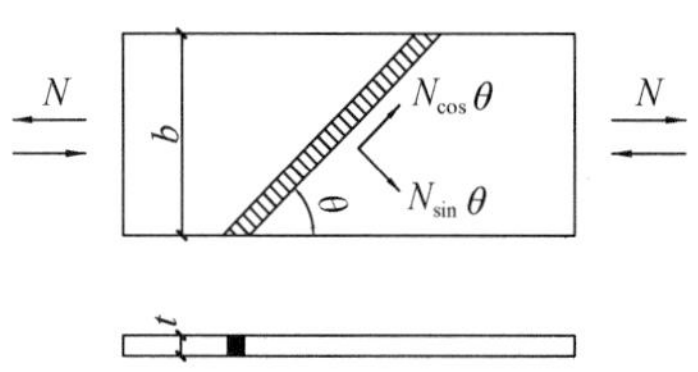	正应力 $$\sigma = \frac{N\sin\theta}{l_w h_e} \leqslant f_t^w \text{ 或 } f_c^w$$ 剪应力 $$\tau = \frac{N\cos\theta}{l_w h_e} \leqslant f_v^w$$	当 $tg\theta \leqslant 1.5$ 且 $b \geqslant 50mm$ 时可不进行计算； l_w——斜焊缝计算长度； h_e——连接件的较小厚度
3	弯矩和剪力共同作用	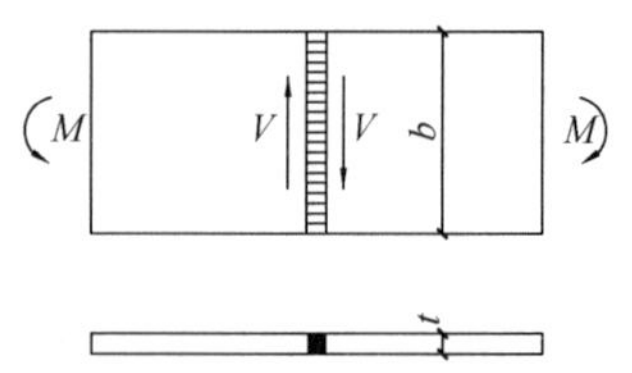	最大正应力 $$\sigma = \frac{6M}{l_w^2 h_e} \leqslant f_t^w \text{ 或 } f_c^w$$ 最大剪应力 $$\tau = \frac{VS_w}{I_w h_e} \leqslant f_v^w$$	

续表

序号	受力方式	计算简图	计算公式	说明
4	轴力、弯矩和剪力共同作用	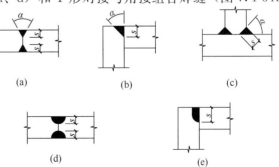	最大正应力 $\sigma = \dfrac{N}{A_w} + \dfrac{M}{W_w} \leqslant f_t^w$ 或 f_c^w 最大剪应力 $\tau = \dfrac{VS_w}{I_w h_e} \leqslant f_v^w$ 折算应力 $\sqrt{\sigma_1^2 + 3\tau_1^2} \leqslant 1.1 f_t^w$ 式中 $\sigma_1 = \dfrac{\sigma h_0}{h}$，$\tau_1 = \dfrac{VS_{w1}}{t_w I_w}$	S_w——焊缝计算截面的毛截面面积矩; S_{w1}——焊缝计算截面在点"1"处的毛截面面积矩; A_w——焊缝截面面积; I_w——焊缝计算截面的惯性矩; t_w——腹板厚度

1. 在对接接头和 T 形接头中，垂直于轴心拉力或轴心压力的对接焊接或对接与角接组合焊缝，应进行强度计算；承受弯矩和剪力共同作用的对接焊缝或对接与角接组合焊缝，其正应力和剪应力应分别进行计算。且在同时受有较大正应力和剪应力处（例如梁腹板横向对接焊缝的端部）还应进行折算应力计算。计算公式见表 7.1-3。

2. 焊缝质量等级为一、二级焊缝时，$f_t^w = f_c^w = f$，焊缝质量等级为三级焊缝时，$f_t^w = 0.85f$，$f_c^w = f$。

3. 焊缝的计算长度，当采用引弧板和引出板施焊时，取焊缝实际长度；当未采用引弧板和引出板施焊时，每条焊缝的计算长度为实际长度减去 $2t$（t 为较薄焊件的厚度）。

二、部分熔透对接焊缝和对接与角接组合焊缝的计算

1. 部分熔透的对接焊缝和对接与角接组合焊缝主要用于板件较厚但板件间连接受力较小时，或采用角焊缝焊角尺寸过大时，一般用于承受压力的钢柱接头、H 形或箱型构件的组合焊缝。当在垂直于焊缝长度方向受力时，由于未焊透处的应力集中会带来不利影响，对直接承受动力荷载的连接一般不宜采用部分熔透的对接焊缝。但当平行于焊缝长度方向受力时，可以采用。

2. 部分熔透的对接焊缝（图 7.1-34a、d）和 T 形对接与角接组合焊缝（图 7.1-34b、c、e）的强度，应按《钢结构设计标准》GB 50017—2017 中角焊缝的计算公式（11.2.2-1）至公式（11.2.2-3）计算，在垂直于焊缝长度方向的压力作用下，取 $\beta_f = 1.22$，其他情况取 $\beta_f = 1.0$，其计算厚度应采用：

V 形坡口（图 7.1-34a）：当 $\alpha \geqslant 60°$ 时，$h_e = s$；当 $\alpha < 60°$ 时，$h_e = 0.75s$。

图 7.1-34 部分熔透的对接焊缝和 T 形对接与角接焊缝的组合焊缝截面

单边 V 形和 K 形坡口（图 7.1-34b、c）：当 $\alpha=45°\pm5°$ 时，$h_e=s-3$。

U 形和 J 形坡口（图 7.1-34d、e）：当 $\alpha=45°\pm5°$ 时，$h_e=s$。

注：s 为坡口深度，即根部至焊缝表面（不考虑余高）的最短距离（mm）；α 为 V 形、单边 V 形或 K 形坡口角度。

3. 当熔合线处焊缝截面边长等于或接近于最短距离 s 时，抗剪强度设计值应按角焊缝的强度设计值乘以 0.9。

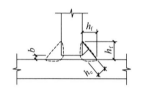

图 7.1-35 搭接角焊缝及
直角角焊缝计算厚度

三、角焊缝连接的计算

1. 角焊缝的形式及焊脚尺寸的取值见图 7.1-35。

对搭接角焊缝及直角角焊缝，有效计算厚度 h_e 应按下列公式计算：

（1）当两焊件间隙 $b\leqslant1.5mm$ 时：$h_e=0.7h_f$；

（2）当两焊件间隙 $1.5mm<b\leqslant5mm$ 时：$h_e=0.7(h_f-b)$；

对于斜角角焊缝（图 7.1-36），有效计算厚度 h_e 应根据两面角 α 按下列公式计算：

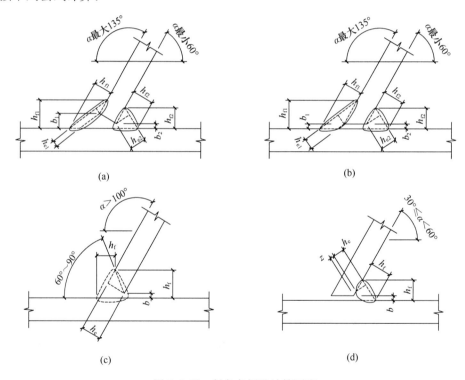

图 7.1-36 斜角角焊缝计算厚度

（1）$\alpha=60°\sim135°$（图 7.1-36a、b、c）：

当两焊件间隙 b、b_1 或 $b_2\leqslant1.5mm$ 时：$h_e=h_f\cos\dfrac{\alpha}{2}$

当两焊件间隙 $1.5mm<b$、b_1 或 $b_2\leqslant5mm$ 时：$h_e=\left[h_f-\dfrac{b（或\,b_1、b_2）}{\sin\alpha}\right]\cos\dfrac{\alpha}{2}$

式中 α——两面角（°）；

h_f——焊脚尺寸（mm）；

b、b_1 或 b_2——焊缝坡口根部间隙（mm）；

（2）$30°\leqslant \alpha<60°$（图 7.1-36d）：

将公式所计算的焊缝计算厚度 h_e 减去折减值 z，不同焊接条件的折减值 z 应符合表 7.1-4 的规定。

（3）$\alpha<30°$：必须进行焊接工艺评定，确定焊缝计算厚度。

$30°\leqslant \alpha<60°$时的焊缝计算厚度折减值 z　　表 7.1-4

两面角 α	焊接方法	折减值 z（mm）	
		焊接位置 V 或 O	焊接位置 F 或 H
$45°\leqslant \alpha<60°$	焊条电弧焊	3	3
	药芯焊丝自保护焊	3	0
	药芯焊丝气体保护焊	3	0
	实芯焊丝气体保护焊	3	0
$30°\leqslant \alpha<45°$	焊条电弧焊	6	6
	药芯焊丝自保护焊	6	3
	药芯焊丝气体保护焊	10	6
	实芯焊丝气体保护焊	10	6

2. 受力角焊缝有效截面上作用的应力可以归结为三种（见图 7.1-37）：垂直于焊角 BC 和 BA 的应力 σ_{fx} 和 σ_{fy} 以及沿焊缝长度方向的剪应力 τ_f，三者应满足下式的强度要求：

$$\sqrt{\sigma_{fx}^2+\sigma_{fy}^2+\tau_f^2}\leqslant f_f^w \tag{7.1-1}$$

式中　f_f^w——角焊缝的强度设计值；

　　　σ_{fx}——角焊缝有效截面垂直于焊角 BC（同时垂直于焊缝长度）的应力，受拉时取正值，反之取负值；

　　　σ_{fy}——角焊缝有效截面垂直于焊角 BA（同时垂直于焊缝长度）的应力，受拉时取正值，反之取负值；

　　　τ_f——角焊缝有效截面平行于焊缝长度的应力。

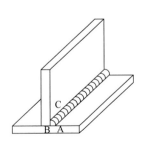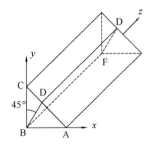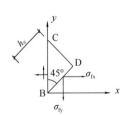

图 7.1-37　角焊缝应力

3. 当只有平行和垂直于焊缝长度方向的力同时作用于焊缝时，二者者应满足下式的强度要求：

$$\sqrt{\left(\frac{\sigma_f}{\beta_f}\right)^2 + \tau_f^2} \leqslant f_f^w \tag{7.1-2}$$

式中 σ_f ——角焊缝有效截面垂直于焊缝长度（同时垂直于某一焊脚边）的应力；

τ_f ——角焊缝有效截面平行于焊缝长度的应力；

β_f ——正面角焊缝的强度设计值增大系数：对承受静力荷载和间接承受动力荷载的直角角焊缝，$\beta_f = 1.22$；对直接承受动力荷载的角焊缝，$\beta_f = 1.0$。

4. 直角角焊缝的强度计算。

在通过焊缝形心的拉力、压力或剪力作用下：

正面角焊缝（作用力垂直于焊缝长度方向）：

$$\sigma_f = \frac{N}{h_e l_w} \leqslant \beta_f f_f^w \tag{7.1-3}$$

侧面角焊缝（作用力平行于焊缝长度方向）：

$$\tau_f = \frac{N}{h_e l_w} \leqslant f_f^w \tag{7.1-4}$$

式中 h_e ——角焊缝的计算厚度，对直角角焊缝等于 $0.7h_f$，h_f 为焊脚尺寸（图 7.1-35）；

l_w ——角焊缝的计算长度，对每条焊缝取其实际长度减去 $2h_f$。

5. 对斜角角焊缝，两焊脚边夹角 $60° \leqslant \alpha \leqslant 135°$ 的 T 形接头，其斜角角焊缝（如图 7.1-36）的强度应按公式（7.1-2）至公式（7.1-4）计算，但取 $\beta_f = 1.0$；

6. 角接焊缝的搭接接头中，当焊缝计算长度 l_w 超过 $60 h_f$ 时，焊缝的承载力设计值应乘以折减系数 α_f，$\alpha_f = 1.5 - \frac{l_w}{120 h_f}$ 并不小于 0.5。

7. 组合工字梁翼缘与腹板的双面角焊缝，其强度应按下式计算。

$$\frac{1}{2h_e}\sqrt{\left(\frac{VS_f}{I}\right)^2 + \left(\frac{\psi F}{\beta_f l_z}\right)^2} \leqslant f_f^w \tag{7.1-5}$$

式中 S_f ——所计算翼缘毛截面对梁中和轴的面积矩；

I ——梁的毛截面惯性矩；

F ——集中荷载设计值，对动力荷载应考虑动力系数；

ψ ——集中荷载增大系数；对重级工作制吊车梁，$\psi = 1.35$；对其他梁，$\psi = 1.0$；

l_z ——集中荷载在腹板计算高度上边缘的假定分布长度，$l_z = 3.25 \sqrt[3]{\frac{I_R + I_f}{t_w}}$；也

可采用简化公式 $l_z = a + 5h_y + 2h_R$ 计算；

I_R ——轨道绕自身形心轴的惯性矩；

I_f ——安装轨道的上翼缘绕翼缘中面的惯性矩。

a ——集中荷载沿梁跨度方向的支承长度，对钢轨上的轮压可取 50mm；

h_y ——自梁顶面至腹板计算高度上边缘的距离；对焊接梁为上翼缘厚度，对轧制工字形截面梁，是梁顶面到腹板过度完成点的距离；

h_R ——轨道的高度，对梁顶无轨道的梁 $h_R = 0$。

注：1. 当梁上翼缘受有固定集中荷载时，宜在该处设置顶紧上翼缘的支承加劲肋，此时取 $F=0$；

2. 当腹板与翼缘的连接焊缝采用焊透的 T 形对接与角接组合焊缝时，其强度可不计算。

8. 常用连接方式、受力状态下角焊缝的计算公式见表 7.1-5。

角焊缝的计算公式

表 7.1-5

序号	受力方式	计算简图	计算公式	说明
1	轴心受拉或轴心受压		(1) 直接承受动力荷载时： $$\tau_f = \frac{N}{h_e \sum l_w} \leqslant f_f^w$$ (2) 承受静力荷载和间接承受动力荷载时： $$\tau_f = \frac{N}{h_e(\sum l_w + \sum \beta_f l_{wi})} \leqslant f_f^w$$	$\sum l_w$——连接件一端的焊缝总计算长度； h_e——角焊缝计算厚度； β_f——正面角焊缝的强度设计值增大系数
2	轴心受拉或轴心受压		(1) 直接承受动力荷载时： $$\tau_f = \frac{N}{h_e \sum l_w} \leqslant f_f^w$$ (2) 承受静力荷载和间接承受动力荷载时： $$\tau_f = \frac{N}{h_e(\sum l_{w1} + \sum \beta_{f\theta} l_{w2} + \sum \beta_f l_{w3})} \leqslant f_f^w$$	当正面角焊缝长度较小时，为简化计算，可忽略正面角焊缝及斜焊缝的 β_f 增大系数，取 $\beta_f = \beta_{f\theta} = 1$
3	搭接角焊缝轴心受拉或轴心受压		$$\sigma_f = \frac{N}{0.7(h_{f1} + h_{f2})l_w} \leqslant 1.22 f_f^w$$	仅适用于承受静力荷载和间接承受动力荷载的结构
4	扭矩作用		$$\tau_f = \frac{TD}{2I_p} \leqslant f_f^w$$	I_p——焊缝有效截面的极惯性矩，$I_p = 2\pi h_e \left(\frac{D}{2}\right)^3$
5	角焊缝承受拉力、剪力和弯矩共同作用		$$\sigma_N^A = \frac{N}{h_e \sum l_w}$$ $$\tau_V^A = \frac{V}{h_e \sum l_w}$$ $$\sigma_M^A = \frac{M}{W_w}$$ $$\sqrt{\left(\frac{\sigma_N^A + \sigma_M^A}{\beta_f}\right)^2 + \tau_V^{A2}} \leqslant f_f^w$$	直接承受动力荷载时 $\beta_f = 1$。 $M = V_e$

续表

序号	受力方式	计算简图	计算公式	说明
6	弯矩和剪力共同作用		A 点焊缝强度验算： $$\sigma_{fA} = \frac{My_1}{I_{wx}} \leqslant \beta_f f_f^w$$ B 点焊缝强度验算： $$\sqrt{\left(\frac{\sigma_{fB}}{\beta_f}\right)^2 + \tau_f^2} \leqslant f_f^w$$ 式中 $\sigma_{fB} = \dfrac{My_2}{I_{wx}}$ ；$\tau_f = \dfrac{V}{h_e \sum l_w}$ C 点焊缝强度验算： $$\sqrt{\left(\frac{\sigma_{fC}}{\beta_f}\right)^2 + \tau_f^2} \leqslant f_f^w ;$$ 式中 $\sigma_{fC} = \dfrac{My_3}{I_{wx}}$	I_{wx} ——焊缝有效截面的惯性矩
7	轴心力、扭矩和剪力共同作用		A 点的焊缝强度验算： $$\sqrt{\left(\frac{\tau_V + \sigma_M}{\beta_f}\right)^2 + (\tau_N + \tau_M)^2} \leqslant f_f^w$$ 式中：$\tau_V = \dfrac{V}{h_e \sum l_w}$ $\tau_N = \dfrac{N}{h_e \sum l_w}$ $\sigma_M = \dfrac{Mr_x}{I_x + I_y}$ $\tau_M = \dfrac{Mr_y}{I_x + I_y}$	I_x、I_y ——分别为焊缝有效截面对 x 和 y 轴的惯性矩； r ——焊缝最外一点 A 点至焊缝形心 O 点的距离
8	弯矩和剪力共同作用		翼缘上边缘焊缝验算： $$\sigma_{fA} = \frac{M}{W_f} \leqslant \beta_f f_f^w$$ 腹板最高点焊缝验算： $$\sqrt{\left(\frac{\sigma_{fB}}{\beta_f}\right)^2 + \tau_f^2} \leqslant f_f^w$$ 式中 $\sigma_{fB} = \dfrac{M}{I_f} \cdot \dfrac{h_2}{2}$ ；$\tau_f = \dfrac{V}{2h_{e2}l_{w2}}$	$2h_{e2}l_{w2}$ ——腹板焊缝有效面积之和

续表

序号	受力方式	计算简图	计算公式	说明
9	轴心受拉或轴心受压		$N_3 = 0.7 h_{\mathrm{f}} \sum l_{\mathrm{w}3} \beta_{\mathrm{f}} f_{\mathrm{f}}^{\mathrm{w}}$ $N_1 = K_1 N - \dfrac{N_3}{2}$ $N_2 = K_2 N - \dfrac{N_3}{2}$ $\dfrac{N_1}{h_{\mathrm{e}1} \sum l_{\mathrm{w}1}} \leqslant f_{\mathrm{f}}^{\mathrm{w}}$ $\dfrac{N_2}{h_{\mathrm{e}2} \sum l_{\mathrm{w}2}} \leqslant f_{\mathrm{f}}^{\mathrm{w}}$	K_1——角钢背棱的分配系数; K_2——角钢肢尖的分配系数; (1) 等边角钢: $K_1 = 0.7$, $K_2 = 0.3$; (2) 不等边角钢: 当短肢相连时 $K_1 = 0.75$, $K_2 = 0.25$; 当长肢相连时 $K_1 = 0.65$, $K_2 = 0.35$
10	轴心受拉或轴心受压		$N_1 = K_1 N$ $N_2 = K_2 N$ $\dfrac{N_1}{h_{\mathrm{e}1} \sum l_{\mathrm{w}1}} \leqslant f_{\mathrm{f}}^{\mathrm{w}}$ $\dfrac{N_2}{h_{\mathrm{e}2} \sum l_{\mathrm{w}2}} \leqslant f_{\mathrm{f}}^{\mathrm{w}}$	
11	轴心受拉或轴心受压		$N_3 = 0.7 h_{\mathrm{f}} \sum l_{\mathrm{w}3} \beta_{\mathrm{f}} f_{\mathrm{f}}^{\mathrm{w}}$ $N_1 = N - N_3$ $\dfrac{N_1}{h_{\mathrm{e}1} \sum l_{\mathrm{w}1}} \leqslant f_{\mathrm{f}}^{\mathrm{w}}$	

四、圆形塞焊或槽焊焊缝的计算

圆形塞焊或槽焊焊缝的抗剪强度应按下式计算。

$$\tau_{\mathrm{f}} = \frac{N}{A_{\mathrm{w}}} \leqslant f_{\mathrm{f}}^{\mathrm{w}} \tag{7.1-6}$$

式中　A_{w}——塞焊或槽焊孔面积。

五、圆孔或槽孔内角焊缝的计算

圆孔或槽孔内角焊缝的抗剪强度应按下式计算。

$$\tau_{\mathrm{f}} = \frac{N}{h_{\mathrm{e}} l_{\mathrm{w}}} \leqslant f_{\mathrm{f}}^{\mathrm{w}} \tag{7.1-7}$$

式中　l_{w}——圆孔内或槽孔角焊缝的计算长度，取有效厚度中心线实际长度;

六、组合焊缝连接的计算（水平双焊缝、竖向双焊缝、槽型焊缝）

1. 组合焊缝（水平双焊缝、竖向双焊缝、槽形焊缝）连接的计算公式见表 7.1-5。

2. 计算实例

（1）【例 7.1-1】如图 7.1-38 所示的连接中，已知板宽 $b = 400\mathrm{mm}$，厚度 16mm，承受轴向拉力为 $N = 1500\mathrm{kN}$，两块拼接盖板宽 300mm，厚度 12mm，钢材材质为 Q345B，采用两侧面角焊缝连接，连接采用 E50 系列型焊条，手工焊接，试确定焊缝及拼接盖板尺寸。

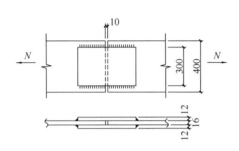

图 7.1-38　板件的焊接拼接
连接图示（两面侧焊）

解：

1）设 $h_f = 10\text{mm}$，侧面角焊缝所需的长
度为：

$$\sum l_w = \frac{N}{h_e f_f^w} = \frac{1500 \times 10^3}{0.7 \times 10 \times 200} = 1071.4\text{mm}$$

一条侧面角焊缝的长度为：

$$l = \frac{1071.4}{4} + 10 = 277.85\text{mm}，取 300\text{mm}$$

考虑板件端部仅用两条侧面焊缝连接，为避
免传力过分不均匀，每条侧面角焊缝长度不宜小
于两侧面角焊缝之间的距离（即 $l \geqslant 300$）

2）拼接板总长度：

$$L = 2l + 10 = 2 \times 300 + 10 = 610\text{mm}$$

拼接板用两块 $12 \times 300 \times 610$ 钢板。

因两侧面角焊缝之间的距离大于 $16t = 16 \times 12 = 192\text{mm}$，为避免焊缝横向收缩引起板件拱曲，应构造增加正面角焊缝或中间槽焊或塞焊。

（2）**【例 7.1-2】**与**【例 7.1-1】**相同，但采用三面围焊角焊缝连接，如图 7.1-39 所示，试确定焊缝及拼接盖板尺寸。

解：

1）设 $h_f = 10\text{mm}$，侧面角焊缝所需的长
度为：

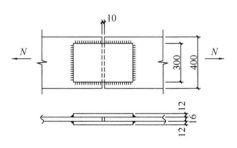

图 7.1-39　板件的焊接拼接
连接图示（三面围焊）

正面角焊缝承担的拉力为：

$$N_1 = 2 \times 0.7 \times 10 \times 300 \times 1.22 \times 200 = 1024.8\text{kN}$$

$$\sum l_w = \frac{N - N_1}{h_e f_f^w} = \frac{1500 \times 10^3 - 1024.8 \times 10^3}{0.7 \times 10 \times 200} = 339.5\text{mm}$$

一条侧面角焊缝的长度为：

$$l = \frac{339.5}{4} + 10 = 94.9\text{mm}，取 100\text{mm}$$

2）拼接板总长度：

$$L = 2l + 10 = 2 \times 100 + 10 = 210\text{mm}$$

拼接板用两块 $12 \times 300 \times 210$ 钢板，由此可见，当采用三面围焊时，拼接板尺寸减小，节约材料。

（3）**【例 7.1-3】**计算如图 7.1-40 所示节点板和钢柱间的角焊缝，钢材材质为 Q345B，采用两侧面角焊缝连接，连接采用 E50 系列型焊条，手工焊接，承受轴向拉力为 $P = 800\text{kN}$。

解：

1）将偏心力 P 沿焊缝轴线和垂直于焊缝轴线分解为：

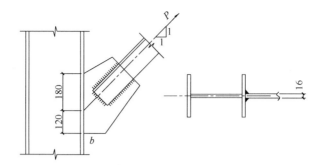

图 7.1-40　节点板和钢柱连接图示

水平力：$N = \dfrac{600}{\sqrt{2}} = 424.3\text{kN}$　竖向力：$V = \dfrac{600}{\sqrt{2}} = 424.3\text{kN}$

偏心弯矩：$M = N \cdot e = 424.3 \times 0.03 = 12.73\text{kN} \cdot \text{m}$

2）设 $h_\text{f} = 12\text{mm}$，角焊缝最下端点的应力为：

$$\sigma_\text{N} = \frac{N}{2 \times 0.7 \times h_\text{f} \times l_\text{w}} = \frac{424.3 \times 10^3}{2 \times 0.7 \times 12 \times (300 - 2 \times 12)} = 91.5\text{N/mm}^2$$

$$\tau_\text{V} = \frac{N}{2 \times 0.7 \times h_\text{f} \times l_\text{w}} = \frac{424.3 \times 10^3}{2 \times 0.7 \times 12 \times (300 - 2 \times 12)} = 91.5\text{N/mm}^2$$

$$\sigma_\text{M} = \frac{M}{W} = \frac{12.73 \times 10^6 \times 6}{2 \times 0.7 \times 12 \times (300 - 2 \times 12)^2} = 59.7\text{N/mm}^2$$

3）b 点的应力验算：

$$\sqrt{\left(\frac{\sigma_\text{N} + \sigma_\text{M}}{\beta_\text{f}}\right)^2 + \tau_\text{V}^2} = \sqrt{\left(\frac{91.5 + 59.7}{1.22}\right)^2 + 91.5^2} = 154.1\text{N/mm}^2 < 200\text{N/mm}^2$$

焊缝满足强度要求。

（4）【例 7.1-4】如图 7.1-41 所示一支托板与柱搭接连接，支托板厚 12mm，高 400mm，承受竖向力设计值为 $F = 200\text{kN}$，轴向拉力 $N = 150\text{kN}$，竖向力距柱边缘的距离 $e = 300\text{mm}$，钢材材质为 Q345B，连接采用 E50 系列型焊条，手工焊接角焊缝，三面围焊，施焊时转角处连续施焊，没有起弧落弧所引起的焊缝缺陷，试验算焊缝。

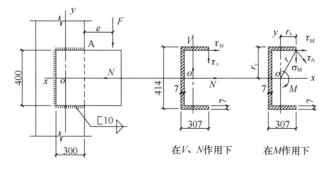

图 7.1-41　支托板与柱焊接连接图示

解：

1）焊缝有效截面形心轴计算：

$$\overline{x} = \frac{2 \times 0.7 \times 10 \times 307 \times 153.5 + 0.7 \times 10 \times 400 \times 3.5}{2 \times 0.7 \times 10 \times 307 + 0.7 \times 10 \times 400} = 94.3 \text{mm}$$

$$r_x = 307 - 94.3 = 212.7 \text{mm}$$

2）焊缝有效截面的惯性矩：

$$I_{wx} = \frac{307 \times 414^3}{12} - \frac{300 \times 400^3}{12} = 2.153 \times 10^8 \text{mm}^4$$

$$I_{wy} = \frac{2 \times 7 \times 307^3}{12} + 2 \times 7 \times 307 \times 59.2^2 + \frac{400 \times 7^3}{12} + 7 \times 400 \times 90.8^2 = 7.192 \times 10^7 \text{mm}^4$$

$$I_{wx} + I_{wy} = 2.153 \times 10^8 + 7.192 \times 10^7 \text{mm}^4 = 2.872 \times 10^8 \text{mm}^4$$

竖向力 F 在焊缝形心处产生的剪力 $V = 200 \text{kN}$，扭矩 $T = 200 \times (300 + 212.7) = 102.5 \text{kN} \cdot \text{m}$。

3）A 点由扭矩所产生的应力：

$$\tau_M = \frac{Tr_y}{I_{wx} + I_{wy}} = \frac{102.5 \times 10^6 \times 207}{2.872 \times 10^8} = 73.9 \text{N/mm}^2$$

$$\sigma_M = \frac{Tr_x}{I_{wx} + I_{wy}} = \frac{102.5 \times 10^6 \times 212.7}{2.872 \times 10^8} = 75.9 \text{N/mm}^2$$

4）A 点剪力及轴力所产生的应力：

$$\tau_V = \frac{V}{h_e \sum l_w} = \frac{200 \times 10^3}{7 \times (400 + 2 \times 307)} = 28.1 \text{N/mm}^2$$

$$\tau_N = \frac{N}{h_e \sum l_w} = \frac{150 \times 10^3}{7 \times (400 + 2 \times 307)} = 21.1 \text{N/mm}^2$$

5）A 点的应力：

$$\sqrt{\left(\frac{\tau_V + \sigma_M}{\beta_f}\right)^2 + (\tau_N + \tau_M)^2} = \sqrt{\left(\frac{28.1 + 75.9}{1.22}\right)^2 + (21.1 + 73.9)^2} = 127.6 \text{N/mm}^2 < 200 \text{N/mm}^2$$ 焊缝满足强度要求。

七、T形截面牛腿托座焊缝连接的计算及计算实例

1. T 形截面牛腿托座焊缝连接的计算公式见表 7.1-3、表 7.1-5。

2. 计算实例

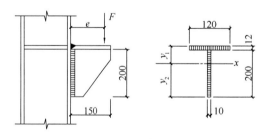

图 7.1-42　T 形截面牛腿与
钢柱熔透焊接连接图示

（1）【例 7.1-5】如图 7.1-42 所示，已知 T 形截面牛腿的翼缘宽度 $b = 120 \text{mm}$，厚度为 12mm，腹板高度 $h = 200 \text{mm}$，厚度为 10mm，牛腿承受竖向力设计值为 $F = 150 \text{kN}$，$e = 150 \text{mm}$，牛腿与钢柱焊接连接，钢材材质为 Q345B，连接采用 E50 系列型焊条，手工焊接全熔透焊缝，施焊时用引弧板，焊缝质量等级为 Ⅱ 级，试验算焊缝。

解：

1）焊缝有效截面形心轴计算：

$$y_1 = \frac{120 \times 12 \times 6 + 200 \times 10 \times 112}{120 \times 12 + 200 \times 10} = 67.63 \text{mm}$$

$$y_2 = 200 + 12 - 67.63 = 144.37 \text{mm}$$

2）焊缝有效截面的惯性矩：

$$I_\mathrm{w} = \frac{10 \times 200^3}{12} + 10 \times 200 \times 44.37^2 + \frac{120 \times 12^3}{12} + 12 \times 120 \times 61.63^2 = 1.609 \times 10^7 \mathrm{mm}^4$$

3）腹板焊缝的面积：

$$A_\mathrm{w} = 200 \times 10 = 2000 \mathrm{mm}^2$$

竖向力 F 在焊缝形心处产生的剪力 $V = 150\mathrm{kN}$，弯矩 $M = 150 \times 0.15 = 22.5 \mathrm{kN \cdot m}$。假定剪力仅由牛腿腹板焊缝承担，弯矩由全部焊缝承担。焊缝的有效面积如上图所示。

4）在弯矩作用下翼缘焊缝最外边缘的应力：

$$\sigma_\mathrm{a} = \frac{My_1}{I_\mathrm{w}} = \frac{22.5 \times 10^6 \times 67.63}{1.609 \times 10^7} = 94.6 \mathrm{N/mm}^2 < 310 \mathrm{N/mm}^2$$

5）在弯矩作用下腹板焊缝最下端的应力：

$$\sigma_\mathrm{b} = \frac{My_2}{I_\mathrm{w}} = \frac{22.5 \times 10^6 \times 144.37}{1.609 \times 10^7} = 201.9 \mathrm{N/mm}^2 < 310 \mathrm{N/mm}^2$$

$$\tau = \frac{V}{A_\mathrm{w}} = \frac{150 \times 10^3}{2000} = 75 \mathrm{N/mm}^2$$

6）腹板焊缝最下端的折算应力：

$$\sigma = \sqrt{\sigma_\mathrm{b}^2 + 3\tau^2} = \sqrt{201.9^2 + 3 \times 75^2} = 240.1 \mathrm{N/mm}^2 \leqslant 1.1 \times 310 \mathrm{N/mm}^2 = 341 \mathrm{N/mm}^2$$

焊缝满足强度要求。

（2）【例 7.1-6】如图 7.1-43 所示，已知 T 形截面牛腿的翼缘宽度 $b = 120\mathrm{mm}$，厚度为 12mm，腹板高度 $h = 200\mathrm{mm}$，厚度为 10mm，牛腿承受竖向力设计值为 $F = 150\mathrm{kN}$，$e = 150\mathrm{mm}$，牛腿与钢柱焊接连接，钢材材质为 Q345B，连接采用 E50 系列型焊条，手工焊接角焊缝，施焊时转角处连续施焊，没有起弧落弧所引起的焊缝缺陷，试验算焊缝。

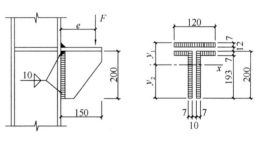

图 7.1-43　T 形截面牛腿与钢柱角焊缝接连接图示

解：

1）焊缝有效截面形心轴计算：

$$y_1 = \frac{120 \times 7 \times 3.5 + 110 \times 7 \times 22.5 + 2 \times 193 \times 7 \times 122.5}{120 \times 7 + 110 \times 7 + 2 \times 193 \times 7} = 81.46 \mathrm{mm}$$

$$y_2 = 200 + 12 + 7 - 81.46 = 137.54 \mathrm{mm}$$

2）焊缝有效截面的惯性矩：

$$I_\mathrm{w} = \frac{2 \times 7 \times 193^3}{12} + 2 \times 7 \times 193 \times 41.04^2 + \frac{120 \times 7^3}{12} + 7 \times 120 \times 77.96^2 + \frac{110 \times 7^3}{12} +$$

$$7 \times 110 \times 58.96^2$$

$$= 2.073 \times 10^7 \mathrm{mm}^4$$

3）腹板焊缝的面积：

$$A_\mathrm{w} = 200 \times 7 \times 2 = 2800 \mathrm{mm}^2$$

竖向力 F 在焊缝形心处产生的剪力 $V = 150\mathrm{kN}$，弯矩 $M = 150 \times 0.15 = 22.5 \mathrm{kN \cdot m}$。

假定剪力仅由牛腿腹板焊缝承担，弯矩由全部焊缝承担。角焊缝的有效面积如上图所示。

4）在弯矩作用下翼缘角焊缝最外边缘的应力：

$$\sigma_{a} = \frac{My_{1}}{I_{w}} = \frac{22.5 \times 10^{6} \times 81.46}{2.073 \times 10^{7}} = 88.4 \text{N/mm}^{2} < \beta_{f}f_{f}^{w} = 1.22 \times 200 = 244 \text{N/mm}^{2}$$

5）在弯矩作用下腹板角焊缝最下端的应力：

$$\sigma_{b} = \frac{My_{2}}{I_{w}} = \frac{22.5 \times 10^{6} \times 137.54}{2.073 \times 10^{7}} = 149.3 \text{N/mm}^{2} < \beta_{f}f_{f}^{w} = 1.22 \times 200 = 244 \text{N/mm}^{2}$$

$$\tau = \frac{V}{A_{w}} = \frac{150 \times 10^{3}}{2800} = 53.6 \text{N/mm}^{2}$$

6）腹板焊缝最下端的折算应力：

$$\sigma = \sqrt{\left(\frac{\sigma_{b}}{\beta_{f}}\right)^{2} + \tau^{2}} = \sqrt{\left(\frac{149.3}{1.22}\right)^{2} + 53.6^{2}} = 133.6 \text{N/mm}^{2} < 200 \text{N/mm}^{2}$$

焊缝满足强度要求。

八、H形钢梁端受有弯矩、剪力与轴力的焊接接头的计算及计算实例

1. H形钢梁（或牛腿）端受有弯矩、剪力与轴力的焊接接头的计算公式见表 7.1-3、表 7.1-5。

2. 计算实例

（1）【例 7.1-7】如图 7.1-44 所示，H型钢梁与钢柱焊接连接，钢材材质为 Q345B，构件截面、连接尺寸如图所示，已知钢梁轴向拉力 $N=600$kN，弯矩 $M=850$kN·m，剪力 $V=550$kN，连接采用 E50 系列型焊条，手工焊接全熔透焊缝，施焊时用引弧板，焊缝质量等级为 Ⅱ级，试验算焊缝。

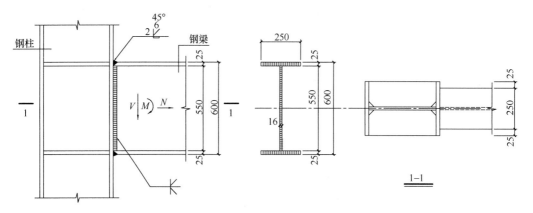

图 7.1-44　H形钢梁与钢柱熔透焊接连接图示

解：

1）焊缝的截面几何特性：

焊缝的面积：

$$A_{w} = 250 \times 25 \times 2 + 550 \times 16 = 2.13 \times 10^{4} \text{mm}^{2}$$

焊缝的截面惯性矩和抵抗矩：

$$I_{w} = \frac{1}{12}[bh^{3} - (b - t_{w})h_{w}^{3}] = \frac{1}{12}[250 \times 600^{3} - (250 - 16) \times 550^{3}] = 1.256 \times 10^{9} \text{mm}^{4}$$

$$W_w = \frac{1.256 \times 10^9}{300} = 4.186 \times 10^6 \, \text{mm}^3$$

$$S_1 = 250 \times 25 \times 287.5 = 1.8 \times 10^6 \, \text{mm}^3$$

2）上翼缘顶面连接焊缝的应力：

$$\sigma_N = \frac{N}{A_w} = \frac{600 \times 10^3}{2.13 \times 10^4} = 28.2 \, \text{N/mm}^2$$

$$\sigma_M = \frac{M}{W_w} = \frac{850 \times 10^6}{4.186 \times 10^6} = 203.1 \, \text{N/mm}^2$$

$$\sigma = 28.2 + 203.1 = 231.3 \, \text{N/mm}^2 \leqslant 295 \, \text{N/mm}^2 \,（可以）$$

3）腹板最高点焊缝的应力：

$$\sigma_{M1} = \frac{M}{W_w} \cdot \frac{h_0}{h} = \frac{850 \times 10^6}{4.186 \times 10^6} \times \frac{550}{600} = 186.1 \, \text{N/mm}^2$$

$$\sigma_1 = 28.2 + 186.1 = 214.3 \, \text{N/mm}^2$$

$$\tau_1 = \frac{VS_1}{I_w t_w} = \frac{550 \times 10^3 \times 1.8 \times 10^6}{1.256 \times 10^9 \times 16} = 49.3 \, \text{N/mm}^2$$

$$\sigma = \sqrt{\sigma_1^2 + 3\tau_1^2} = \sqrt{214.3^2 + 3 \times 49.3^2} = 230.7 \, \text{N/mm}^2 \leqslant 1.1 \times 295 \, \text{N/mm}^2 \,（可以）$$

焊缝满足强度要求。

（2）【例 7.1-8】如图 7.1-45 所示，H 形钢牛腿与钢柱焊接连接，所用钢材材质为 Q345B，构件截面、连接尺寸如图所示，已知 $F = 1200$ kN，偏心距 $e = 500$ mm，连接采用 E50 系列型焊条，手工焊接角焊缝，施焊时转角处连续施焊，没有起弧落弧所引起的焊缝缺陷，试验算焊缝。

解： F 在焊缝形心处产生的剪力 $V = 1200$ kN，弯矩 $M = 1200 \times 0.5 = 600$ kN·m，假定剪力仅由牛腿腹板焊缝承担，弯矩由全部焊缝承担。角焊缝的有效面积如上图所示。

1）焊缝的截面几何特性：

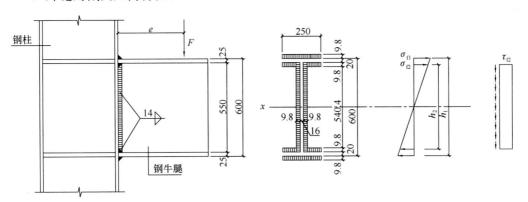

图 7.1-45　H 形钢梁与钢柱角焊缝焊接连接图示

牛腿腹板竖向焊缝的面积：

$$A_w = 2 \times 0.7 \times 14 \times 560 = 10976 \, \text{mm}^2$$

全部焊缝对 x 轴的惯性矩：

$$I_w = \frac{1}{12}\left[250 \times (619.6^3 - 600^3)\right] + \frac{1}{12}\left[234 \times (560^3 - 540.4^3)\right] + 2 \times \frac{1}{12} \times 9.8 \times$$

$540.4^3 = 1.06 \times 10^9 \, \text{mm}^4$

焊缝最外边缘的抵抗矩：

$$W_{w1} = \frac{1.06 \times 10^9}{309.8} = 3.42 \times 10^6 \, \text{mm}^3$$

焊缝在翼缘和腹板连接处的抵抗矩：

$$W_{w2} = \frac{1.06 \times 10^9}{280} = 3.79 \times 10^6 \, \text{mm}^3$$

2）在弯矩作用下角焊缝最外边缘的应力：

$$\sigma_{f1} = \frac{M}{W_{w1}} = \frac{600 \times 10^6}{3.42 \times 10^6} = 175.4 \text{N/mm}^2 < \beta_f f_f^w = 1.22 \times 200 = 244 \text{N/mm}^2 \, (\text{可以})$$

3）在弯矩、剪力共同作用下牛腿翼缘与腹板交接处角焊缝的应力：

$$\sigma_{f2} = \frac{M}{W_{w1}} = \frac{600 \times 10^6}{3.79 \times 10^6} = 158.3 \text{N/mm}^2$$

$$\tau_{f2} = \frac{V}{A_w} = \frac{1200 \times 10^3}{10976} = 109.3 \text{N/mm}^2$$

$$\sqrt{\left(\frac{\sigma_{f2}}{\beta_f}\right)^2 + \tau_{f2}{}^2} = \sqrt{\left(\frac{158.3}{1.22}\right)^2 + 109.3^2} = 169.7 \text{N/mm}^2 < 200 \text{N/mm}^2 \, (\text{可以})$$

焊缝满足强度要求。

7.2 紧 固 件 连 接

7.2.1 概述
一、适用范围及标准

各种紧固件连接的优缺点及适用范围 表 7.2-1

连接方法		优缺点	适用范围
铆接		1. 韧性和塑性较好，传力可靠，质量易于检查； 2. 构造复杂，用钢量多，制造时需号孔、钻孔、扩孔、打铆等工序，施工复杂	过去多用于直接承受动力荷载结构的连接和一些不宜采用焊接连接部位，现已极少采用
普通螺栓	C 级	1. 施工简单，结构拆装方便； 2. 适于承受拉力	1. 宜用于沿杆轴方向受拉的连接。 2. 受剪连接限于： ——承受静力荷载或间接承受动力荷载结构中的次要连接； ——承受静力荷载可拆卸结构的连接； ——临时固定构件用的安装螺栓
	A 级、B 级	1. 适于承受拉力和剪力； 2. 杆径与孔径间孔隙很小，制作和安装都较复杂，安装时需要扩孔，费工费料	其材质应采用等于或大于8.8级的材料制成，常用于机械设备行业。工业与民用建筑钢结构中较少采用，一般采用摩擦型高强度螺栓代用

续表

连接方法		优缺点	适用范围
高强度螺栓	摩擦型	1. 连接紧密，节点能弹性地整体工作； 2. 传力均匀，抗疲劳能力强； 3. 施工条件好，安装简单迅速； 4. 便于检测、养护和加固	1. 广泛使用于桥梁结构，工业与民用建筑钢结构的连接中； 2. 为各种连接中最适于承受直接动力荷载的连接方式； 3. 凡不宜采用焊接连接的结构，均可用高强度螺栓代替
	承压型	1. 连接紧密，承载能力较摩擦型高； 2. 螺栓达到最大承载力时，连接产生微量滑移； 3. 施工条件好，安装简单迅速； 4. 便于检测、养护和加固	1. 适用于容许连接处有微量滑移的承载静力荷载或间接动力荷载的结构； 2. 不应用于直接动力荷载的结构
螺栓球节点用高强度螺栓		钢网架螺栓球节点的专用螺栓	详见《钢网架螺栓球节点用高强度螺栓》GB/T 16939

1. 紧固件主要包括普通螺栓、高强度螺栓、圆柱头焊钉、锚栓和铆钉等。高强度螺栓按产品可分高强度大六角螺栓连接副、扭剪型高强度螺栓连接副、螺栓球节点用高强度螺栓。高强度螺栓连接按受力特点可分为承压型连接和摩擦型连接。各种连接方法的优缺点及适用范围见表 7.2-1。

2. 紧固件材料标准见表 7.2-2。

常用紧固件材料标准　　　　　　　　　　　　　　　　　　　表 7.2-2

紧固件		性能等级或材质	中国标准	参考标准
普通螺栓	六角头螺栓 C 级	4.6S	《六角头螺栓 C 级》GB/T 5780	ISO 4016：1999
		4.8S		
	六角头螺栓 A 级、B 级	5.6S	《六角头螺栓》GB/T 5782	ISO 4014：1999
		8.8S		
高强度大六角螺栓连接副[1]	螺栓	8.8S	《钢结构用高强度大六角头螺栓》GB/T 1228	ISO 7414：1984
		10.9S		
	螺母	10H	《钢结构用高强度大六角头螺母》GB/T 1229	ISO 7414：1984
		8H		
	垫圈	35HRC～45HRC	《钢结构用高强度垫圈》GB/T 1230	ISO 7416：1984
扭剪型高强度螺栓连接副[2]	螺栓	10.9S	《合金结构钢》GB/T 3077	DINEN10083-1-1991
			《冷镦和冷挤压用钢》GB/T 6478	ISO 4954：1993
	螺母	10H	GB/T 699 或 GB/T 6478	
	垫圈	35 钢或 45 钢	《优质碳素结构钢》GB/T 699	

续表

紧固件	性能等级或材质	中国标准	参考标准
锚栓	Q235 钢	《碳素结构钢》GB/T 700	ISO 630：1995
	Q345 钢	《低合金高强度结构钢》GB/T 1591	EN10025：2004
圆柱头焊钉（栓钉）	ML15 ML15A1	《电弧螺柱焊用圆柱头焊钉》GB/T 10433	ISO 13918：1998 JISB1198-1995
铆钉	BL2	《标准件用碳素钢热轧圆钢及盘条》YB/T 4155—2006	JISG3101-1995
	BL3		JISG3191-2002

注：1. GB/T 1228、GB/T 1229、GB/T 1230 为摩擦型高强度螺栓连接副螺栓、螺母、垫圈，包括螺纹规格 M12~M30，其技术条件见《钢结构用高强度大六角头螺栓、大六角头螺母、垫圈技术条件》GB/T 1231；

2.《钢结构用扭剪型高强度螺栓连接副》GB/T 3632 合并了原《钢结构用扭剪型高强度螺栓连接副》GB/T 3632 及《钢结构用扭剪型高强度螺栓连接副技术条件》GB/T 3633；

3. GB/T 5782 包括螺纹规格 M1.6~M64、5.6 级、8.8 级、9.8 级、10.9 级等，产品等级为 A 级、B 级的六角头螺栓；

4. GB/T 5780 包括螺纹规格 M5~M64，3.6 级、4.6 级、4.8 级，产品等级为 C 级的六角头螺栓；

5. GB/T 10433 包括公称直径为 10~25mm 的电弧螺柱焊用圆柱头焊钉，适用于土建工程的剪切件、埋设件、锚固件；

6. YB/T 4155—2006 为《标准件用碳素钢热轧圆钢及盘条》，代替了《标准件用碳素钢热轧圆钢》GB/T 715。

二、紧固件规格表

紧固件规格见表 7.2-3。

紧固件规格表　　　　　　　　　　　　　　表 7.2-3

螺栓种类	性能等级	常用规格
C 级普通螺栓	4.6S、4.8S	M5、M6、M8、M10、M12、M16、M20、M24、M30、M36、M42、M48、M56、M64
高强度大六角螺栓	8.8S、10.9S	M12、M16、M20、M24、M30
扭剪型高强度螺栓	10.9S	
螺栓球节点用高强度螺栓	10.9S	M12、M14、M16、M20、M22、M24、M27、M30、M33、M36
	9.8S	M39、M42、M45、M48、M52、M56×4、M60×4、M64×4

注：M56×4 指螺距为 4mm。

三、螺栓螺纹处的有效截面积

螺纹是斜方向的，普通螺栓和承压型高强度螺栓受拉或承压型高强度螺纹处受剪时，应采用有效直径 d_e，取：

$$d_e = d - \frac{13}{24}\sqrt{3t} \tag{7.2-1}$$

式中 t 为螺距。

由螺栓杆的有效直径 d_e 算得的有效截面面积 A_e 见表 7.2-4。

螺栓螺纹处的有效截面积　　　　　　　　　　　　　　　表 7.2-4

公称直径	12	14	16	18	20	22	24	27	30
有效截面积 A_e（cm²）	0.84	1.15	1.57	1.92	2.45	3.03	3.53	4.59	5.61
公称直径	33	36	39	42	45	48	52	56	60
有效截面积 A_e（cm²）	6.94	8.17	9.76	11.2	13.1	14.7	17.6	20.3	23.6
公称直径	64	68	72	76	80	85	90	95	100
有效截面积 A_e（cm²）	26.8	30.6	34.6	38.9	43.4	49.5	55.9	62.7	70.0

四、螺栓排列间距及孔径

1. 螺栓孔的孔径与孔型应符合下列规定：

1）C 级普通螺栓表面不经特别加工，螺栓孔的直径一般比螺栓杆直径大 1.0～1.5mm。

2）高强度螺栓承压型连接采用标准圆孔时，其孔径 d_0 可按表表 7.2-5 采用。

3）高强度螺栓摩擦型连接可采用标准孔、大圆孔和槽孔，孔型尺寸可按表 7.2-5 采用。采用扩大孔连接时，同一连接面只能在盖板和芯板其中之一的板上采用大圆孔或槽孔，其余仍采用标准孔。

高强度螺栓连接的孔型尺寸匹配（mm）　　　　　　　　表 7.2-5

螺栓公称直径			M12	M16	M20	M22	M24	M27	M30
孔形	标准孔	直径	13.5	17.5	22	24	26	30	33
	大圆孔	直径	16	20	24	28	30	35	38
	槽孔	短向	13.5	17.5	22	24	26	30	33
		长向	22	30	37	40	45	50	55

4）高强度螺栓摩擦型连接盖板按大圆孔、槽孔制孔时，应增大垫圈厚度或采用连续型垫板，其孔径与标准垫圈相同，厚度对 M24 及以下的螺栓，不宜小于 8mm；对 M24 以上的螺栓，不宜小于 10mm。

2. 螺栓（铆钉）连接宜采用紧凑布置，其连接中心宜与被连接构件截面的重心相一致。

3. 确定螺栓中心距和端距的原则是：

（1）在垂直于作用力方向的最小边距的取值：

1）应使毛截面屈服先于净截面的破坏；

2）应使构件净截面承载力不小于构件孔壁的承压承载力；

3）受力时避免孔洞周围产生过大的应力集中；

4）应满足施工要求所需要的净空尺寸。

（2）顺内力方向的最小端距，是按母材端部抗撕裂剪脱和孔前挤压等强的原则确定的。

（3）任意方向的最小中心距是从限制应力集中和塑性区发展深度，以及施工要求考虑的。

（4）螺栓的最大中心距和最大边距，主要取决于叠合板面的紧密贴合条件，对顺内力方向的受压构件，还考虑了板件的稳定性。

4. 螺栓或铆钉的间距、边距和端距容许值应符合表 7.2-6 的规定，见图 7.2-1。

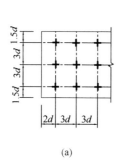

(a)

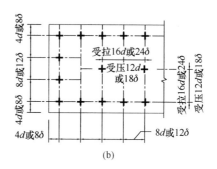

(b)

图 7.2-1 螺栓的最大间距和最小间距

螺栓或铆钉的孔距、边距和端距容许值　　表 7.2-6

名称	位置和方向			最大容许间距（取两者的较小值）	最小容许间距
中心间距	外排（垂直内力方向或顺内力方向）			$8d_0$ 或 $12t$	$3d_0$
	中间排	垂直内力方向		$16d_0$ 或 $24t$	
		顺内力方向	构件受压力	$12d_0$ 或 $18t$	
			构件受拉力	$16d_0$ 或 $24t$	
	沿对角线方向			/	
中心至构件边缘距离	顺内力方向				$2d_0$
	垂直内力方向	剪切边或手工切割边		$4d_0$ 或 $8t$	$1.5d_0$
		轧制边、自动气割或锯割边	高强度螺栓		
			其他螺栓或铆钉		$1.2d_0$

注：1. d_0 为螺栓或铆钉的孔径，对槽孔为短向尺寸，t 为外层较薄板件的厚度；
　　2. 钢板边缘与刚性构件（如角钢，槽钢等）相连的高强度螺栓的最大间距，可按中间排的数值采用；
　　3. 计算螺栓孔引起的截面削弱时可取 $d+4mm$ 和 d_0 的较大者。

五、型钢的规线距离

1. 热轧角钢规线距离

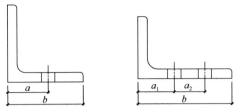

热轧角钢规线距离 表 7.2-7

边宽 b (mm)	单行排列		交错排列			双行排列		
	a (mm)	孔的最大直径 (mm)	a_1 (mm)	a_2 (mm)	孔的最大直径 (mm)	a_1 (mm)	a_2 (mm)	孔的最大直径 (mm)
45	25	11	—	—	—	—	—	—
50	30	13	—	—	—	—	—	—
56	30	15	—	—	—	—	—	—
63	35	17	—	—	—	—	—	—
70	40	19	—	—	—	—	—	—
75	45	21.5	—	—	—	—	—	—
80	45	21.5	—	—	—	—	—	—
90	50	23.5	—	—	—	—	—	—
100	55	23.5	—	—	—	—	—	—
110	60	25.5	—	—	—	—	—	—
125	70	25.5	55	35	23.5	—	—	—
140	—	—	60	45	23.5	55	60	19.0
160	—	—	60	65	25.5	60	70	23.5
180	—	—	65	80	25.5	65	80	25.5
200	—	—	80	80	25.5	80	80	25.5

2. 热轧工字钢规线距离

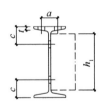

热轧工字钢规线距离 表 7.2-8

普通工字钢						轻型工字钢					
型号	翼缘			腹板		型号	翼缘			腹板	
	a	t	孔的最大直径	c	h_1		a	t	孔的最大直径	c	h_1
	(mm)						(mm)				
10	36	7.6	11	35	63	9	10	32	7.1	9	35	70	9
12.6	42	8.2	11	35	89	11	12	36	7.2	11	35	88	11
14	44	9.2	13	40	103	13	14	40	7.4	13	40	107	13
16	44	10.2	15	45	119	15	16	46	7.7	13	40	125	15
18	50	10.7	17	50	137	17	18	50	8	15	45	143	15
20a 20b	54	11.5	17	50	155	17	18a	54	8.2	17	45	142	15
22a 22b	54	12.8	19	50	171	19	20 20a	54 60	8.3 8.5	17 19	50 50	161 160	17 17
25a 25b	64	13.0	21.5	60	197	21.5	22	60	8.6	19	55	178	21.5

续表

普通工字钢						轻型工字钢					
型号	翼缘			腹板		型号	翼缘			腹板	
	a	t	孔的最大直径	c	h_1	孔的最大直径		a	t	孔的最大直径	c	h_1	孔的最大直径
	(mm)							(mm)					
28a	64	13.9	21.5	60	226	21.5	22a	64	8.8	21.5	55	178	21.5
28b							24	60	9.5	19	55	196	21.5
32a	70	15.3	21.5	65	260	21.5	24a	70	9.5	21.5	55	195	21.5
32b													
32c							27	70	9.5	21.5	60	224	21.5
36a	74	16.1	23.5	65	298	23.5	27a	70	9.9	23.5	60	222	23.5
36b													
36c							30	70	9.9	23.5	65	251	23.5
40a	80	16.5	23.5	70	336	23.5	30a	80	10.4	23.5	65	248	23.5
40b							33	80	10.8	23.5	65	277	23.5
40c							36	80	12.1	23.5	65	302	23.5
45a	84	18.1	25.5	75	380	25.5	40	80	12.8	23.5	70	339	25.5
45b													
45c							45	90	13.9	23.5	70	384	25.5
50a	94	19.6	25.5	75	424	25.5	50	100	14.9	25.5	75	430	25.5
50b							55	100	16.2	28.5	80	475	28.5
50c													
56a	104	20.1	25.5	80	480	25.5	60	110	17.2	28.5	80	518	28.5
56b							65	110	19	28.5	85	561	28.5
56c							70	120	20.2	28.5	90	604	28.5
63a	110	21.0	25.5	80	546	25.5	70a	120	23.5	28.5	100	598	28.5
63b													
63c							70b	120	27.8	28.5	100	591	28.5

注：表中 t——翼缘在轨线处的厚度；h_1——连接件的最大高度。

3. 热轧槽钢规线距离

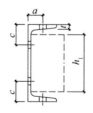

热轧槽钢规线距离　　　　　　　　　　　　　　　　　表 7.2-9

普通槽钢						轻型槽钢					
型号	翼缘			腹板		型号	翼缘			腹板	
	a	t	孔的最大直径	c	h_1	孔的最大直径		a	t	孔的最大直径	c	h_1	孔的最大直径
	(mm)							(mm)					
5	20	7.1	11	—	26	—	5	20	6.8	9	—	22	—
6.3	22	7.5	11	—	32	—	6.5	20	7.2	11	—	37	—

续表

型号	普通槽钢						型号	轻型槽钢					
	翼缘			腹板				翼缘			腹板		
	a	t	孔的最大直径	c	h_1	孔的最大直径		a	t	孔的最大直径	c	h_1	孔的最大直径
	(mm)							(mm)					
8	25	7.9	13	—	47	—	8	25	7.1	11	—	50	—
10	28	8.4	13	35	63	11	10	30	7.1	13	30	68	9
12.6	30	8.9	17	45	85	13	12	30	7.6	17	40	86	13
14a	35	9.4	17	45	99	17	14	35	7.7	17	45	104	15
14b							14a	35	8.5	17	45	102	15
16a	35	10.1	21.5	50	117	21.5	16	40	7.8	19	45	122	17
16b							16a	40	8.6	19	45	120	17
18a	40	10.5	21.5	55	135	21.5	18	40	8	21.5	50	140	19
18b							18a	45	8.8	23.5	50	138	19
20a	45	10.7	21.5	55	153	21.5	20	45	8.6	23.5	55	158	21.5
20b							20a	50	9	23.5	55	156	21.5
22a	45	11.4	21.5	60	171	21.5	22	50	8.9	25.5	60	175	23.5
22b							22a	50	9.8	25.5	60	173	23.5
25a	50	11.7	21.5	60	197	21.5	24	50	9.8	25.5	65	192	25.5
25b													
25c							24a	60	9.7	25.5	65	190	25.5
28a	50	12.4	25.5	65	225	25.5	27	60	9.6	25.5	65	220	25.5
28b													
28c							30	60	10.3	25.5	65	247	25.5
32a	50	14.2	25.5	70	260	25.5	33	60	11.3	25.5	70	273	25.5
32b													
32c							36	70	11.5	25.5	70	300	25.5
36a	60	15.7	25.5	75	291	25.5	40	70	12.7	25.5	70	335	25.5
36b													
36c													
40a	60	17.9	25.5	75	323	25.5							
40b													
40c													

注：表中 t——翼缘在轨线处的厚度；h_1——连接件的最大高度。

六、高强度螺栓安装净空

布置高强度螺栓时，应考虑工地专用施工工具的可操作空间要求。常用扳手操作空间尺寸可参见表 7.2-10。

施工扳手可操作空间参考尺寸

表 7.2-10

扳手种类		参考尺寸（mm）		示意图
		a	b	
手动定扭矩扳手		$1.5d_0$ 且不小于 45	$140+c$	
扭剪型电动扳手		65	$530+c$	
大六角电动扳手	M24 及以下	50	$450+c$	
	M24 以上	60	$500+c$	

7.2.2 设计基本要求

1. 螺栓连接的强度指标应按本手册表 3.4-6 采用，铆钉连接的强度设计值应按本手册表 3.4-7 采用。

2. 紧固件的选用原则除本节内容外，还应按本手册第 2 章的相关规定选用。

3. 高强度螺栓连接应按其不同类型分别考虑下列极限状态：

（1）摩擦型连接在荷载设计值下，连接件之间产生相对滑移，作为其承载能力极限状态；

（2）承压型连接在荷载设计值下，螺栓或连接件达到最大承载能力，作为其承载能力极限状态；在荷载标准值下，连接件间产生相对滑移，作为其正常使用极限状态。

4. 受轴心力作用的杆件在节点相连接时，各杆件的轴线应交于一点，连接用的螺栓群的合力作用线应和杆件的形心轴相一致。若杆件形心线不交于一点时，应计算由此而产生的偏心影响。对由双角钢组成的 T 形截面杆件，可采用靠近形心轴的螺栓准线作为轴线。

5. 螺栓连接宜按构件的内力设计值进行设计，且不低于构件承载力设计值的 50%。必要时（如需与构件等强度连接），也可按构件的承载力设计值进行设计。抗震设防地区，抗震节点尚需满足现行国家标准《建筑抗震设计规范》GB 50011 强节点的要求。

抗震节点指需要传递地震作用的重要节点，主要包括框架主梁和框架柱节点、框架柱与基础节点、柱间支撑与框架梁柱节点、屋面桁架与柱的连接节点。

抗震节点不包括次梁与主梁连接节点、吊杆、摇摆柱、梁支柱等次结构。

6. 直接承受动力荷载构件的螺栓连接应符合下列要求：

（1）抗剪连接时应采用摩擦型高强度螺栓；

（2）普通螺栓受拉连接应采用双螺帽或其他能防止螺帽松动的有效措施。

7. 高强度螺栓连接设计应符合下列规定：

（1）本章的高强度螺栓连接均应按本手册表 7.2-15 施加预拉力；

（2）采用承压型连接时，连接处构件接触面应清除油污及浮锈，仅承受拉力的高强度螺栓连接，不要求对接触面进行抗滑移处理；

（3）高强度螺栓承压型连接不应用于直接承受动力荷载的构件连接；抗剪承压型连接在正常使用极限状态下应符合摩擦型连接的设计要求；

（4）当高强度螺栓连接的环境温度为 100~150℃时，其承载力应降低 10%。环境温度高于 150℃时，应采取隔热的措施予以防护。

（5）对壁厚小于 4mm 的冷弯薄壁型钢，不宜采用高强度螺栓承压型连接。其连接摩擦面处理宜采用清除油垢或钢丝刷清除浮锈的方法，高强度螺栓直径不宜大于 16mm。

8. 当型钢构件拼接采用高强度螺栓连接时，其拼接件宜采用钢板。

9. 螺栓连接或拼接节点中，每一杆件一端的永久性的螺栓数不宜少于 2 个。对组合构件的缀条，其端部连接可采用 1 个螺栓。

10. 沿杆轴方向受拉的螺栓连接中的端板，应适当加大其刚度（如加设加劲肋），以减少撬力对螺栓抗拉承载力的不利影响。

11. 钢管法兰连接法兰板可采用环状板或整板，并宜设置加劲肋。法兰板上螺孔应均匀分布，螺栓宜采用较高强度等级。当钢管内壁不作防腐蚀处理时，管端部法兰应作气密性焊接封闭。当钢管用热浸镀锌作内外防腐蚀处理时，热浸镀锌前管端不应封闭。

12. 在下列情况的连接中，螺栓或铆钉的数目应予增加：

（1）一个构件借助填板或其他中间板与另一构件连接的螺栓（摩擦型连接的高强度螺栓除外）或铆钉数目，应按计算增加 10%。

（2）当采用搭接或拼接板的单面连接传递轴心力，因偏心引起连接部位发生弯曲时，螺栓（摩擦型连接的高强度螺栓除外）数目，应按计算增加 10%。

（3）在构件的端部连接中，当利用短角钢连接型钢（角钢或槽钢）的外伸肢以缩短连接长度时，在短角钢两肢中的一肢上，所用的螺栓或铆钉数目应按计算增加 50%。

（4）当铆钉连接的铆合总厚度超过铆钉孔径的 5 倍时，总厚度每超过 2mm，铆钉数目应按计算增加 1%（至少应增加 1 个铆钉），但铆合总厚度不得超过铆钉孔径的 7 倍。

13. 在构件连接节点的一端，当螺栓沿轴向受力方向的连接长度 l_1 大于 $15d_0$ 时（d_0 为孔径），应将螺栓的承载力设计值乘以折减系数 $\left(1.1-\dfrac{l_1}{150d_0}\right)$，当大于 $60d_0$ 时，折减系数取为定值 0.7。

14. 用螺栓连接的轴心受拉和受压构件的计算，应验算构件净截面强度。

7.2.3 普通螺栓连接

一、连接构造

1. 普通螺栓分 C 级螺栓和 A 级、B 级螺栓。A 级、B 级螺栓常用于机械设备行业，工业与民用建筑行业多采用 C 级螺栓，见《六角头螺栓 C 级》GB/T 5780。GB/T 5780 与《Hexagon head bolts—Product grade C》ISO 4016 为等效关系，常用普通螺栓规格见表 7.2-3。

2. 钢板的拼接形式见表 7.2-11。

钢板连接形式　　　　　　　　　　　　　　　　　　　　　表 7.2-11

连接种类	形式	说明
平接接头		双面拼接板，力的传递不偏心，一般用于主要受力构件
		单面拼接板，力的传递有偏心，使连接产生弯曲，对螺栓工作不利，螺栓数量应按计算增加 10%，一般用于受力较小或构造决定的构件

续表

连接种类	形式	说明
平接接头		厚度不同的杆件拼接，须增加填板，并应延伸至拼接板外，用螺栓将填板与构件连接，同时连接填板的螺栓数量，应按计算值增加 10%
搭接接头		传力有偏心，一般用于受力较小或构造决定的杆件中，螺栓数量应按计算值增加 10%

3. 槽钢和工字钢的拼接，其拼接板截面的总面积应不小于被拼接杆件的截面积，并且拼接板面积的分布亦与原构件截面面积的分布大致相对应，如图 7.2-2 所示。

4. 角钢的拼接，一般用截面相同的角钢拼接，如图 7.2-3a 所示。为了使拼接角钢和被拼接角钢紧密贴合，必须把拼接角钢的棱角铲去。大号角钢也可用钢板拼接，但拼接板上不得少于两排螺栓，如图 7.2-3b。

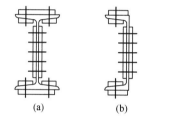

图 7.2-2　槽钢和工字钢的拼接

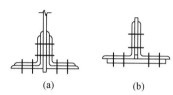

图 7.2-3　角钢的拼接

5. 螺栓的排列和间距见表 7.2-6，在角钢、槽钢、工字钢等型钢上排列和选用螺栓规格时，还应满足孔规线的要求，见表 7.2-7～表 7.2-9。设计基本要求见第 7.2.2 节。

二、单个普通螺栓承载力设计值

普通螺栓在拉力和剪力作用下的计算公式，见表 7.2-12。

单个普通螺栓承载力设计值计算公式　　　　　　表 7.2-12

受力状态		一个螺栓的承载力设计值	备注
普通螺栓连接	受剪	抗剪 $N_v^b = n_v \dfrac{\pi d^2}{4} f_v^b$	取 N_v^b 与 N_c^b 中较小值
		承压 $N_c^b = d \sum t f_c^b$	
	受拉	$N_t^b = \dfrac{\pi d_e^2}{4} f_t^b$	
	兼受剪拉	$\sqrt{\left(\dfrac{N_v}{N_v^b}\right)^2 + \left(\dfrac{N_t}{N_t^b}\right)^2} \leqslant 1.0$ $N_v \leqslant N_c^b$	根号无数学含义，但不能省略，便于明确计算结果的余量和不足量

注　f_v^b、f_c^b——螺栓的抗剪和承压强度设计值；
　　f_t^b、f_t^a、f_t^r——普通螺栓、锚栓和铆钉的抗拉强度设计值；
　　N_v、N_t——某个普通螺栓或锚栓所承受的剪力和拉力；
　　N_v^b、N_t^b、N_c^b——一个普通螺栓的抗剪、抗拉和承压承载力设计值；
　　n_v——受剪面数目；
　　d——螺杆直径；
　　d_e——螺栓或锚栓在螺纹处的有效直径；
　　$\sum t$——在不同受力方向中一个受力方向承压构件总厚度的较小值。

三、普通螺栓群承载力设计值

1. 普通螺栓群轴心受剪

（1）当连接长度 $l_1 \leqslant 15d_0$（d_0 为螺栓孔直径）时，螺栓数 n 为：

$$n = \frac{N}{N_{\min}^{b}} \tag{7.2-2}$$

式中 $N_{\min}^{b}$ ——一个螺栓抗剪承载力设计值与承压承载力设计值的较小值。

（2）当连接长度 $l_1 > 15d_0$ 时，需考虑剪力不均匀分布的影响，螺栓数 n 为：

$$n = \frac{N}{\eta N_{\min}^{b}} \tag{7.2-3}$$

式中 η 为折减系数，$\eta = 1.1 - \dfrac{l_1}{150d_0} \geqslant 0.7$。

2. 普通螺栓群偏心受剪

图 7.2-4 为普通螺栓群受偏心受剪的情形，剪力 F 的作用线至螺栓群中心线的距离为 e，故螺栓群偏心受剪可分解为轴心剪力 F 和扭矩 $T = F \cdot e$。轴心剪力 F 由所有的螺栓平均受力。假设连接板件绕螺栓群形心旋转，各螺栓所受剪力大小与该螺栓至形心距离 r_i 成正比，其方向与连接 r_i 垂直。

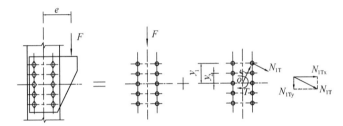

图 7.2-4 普通螺栓群偏心受剪计算简图

（1）受力最大的螺栓 1 所受合力为：

$$\sqrt{\left(\frac{T \cdot y_1}{\sum x_i^2 + \sum y_i^2}\right)^2 + \left(\frac{T \cdot x_1}{\sum x_i^2 + \sum y_i^2} + \frac{F}{n}\right)^2} \leqslant N_{\min}^{b} \tag{7.2-4}$$

（2）当螺栓群布置在一个狭长带，即 $y_1 > 3x_1$ 时，令 $x_1 = 0$，受力最大的螺栓 1 所受合力可简化为：

$$\sqrt{\left(\frac{T \cdot y_1}{\sum y_i^2}\right)^2 + \left(\frac{F}{n}\right)^2} \leqslant N_{\min}^{b} \tag{7.2-5}$$

式中 $N_{\min}^{b}$ ——一个螺栓抗剪承载力设计值与承压承载力设计值的较小值。

工程设计时，通常按构造要求排好螺栓，再按上式验算受力最大的螺栓。由于计算是由受力最大的螺栓的承载力控制，而此时其他螺栓受力较小，不能充分发挥作用。因此这是一种偏于安全的弹性设计。

3. 普通螺栓群轴心受拉

（1）普通螺栓群轴心受拉常见于单轨吊轨道梁的连接中，设计时，在构造上应设置加劲肋减小撬力的影响。《钢结构设计标准》GB 50017—2017 将普通螺栓抗拉设计强度值 f_t^{b} 取为螺栓钢材抗拉强度设计值 f 的 0.8 倍，即 $f_t^{b} = 0.8f$，用于考虑撬力的影响，假定每个螺栓平均受力。

$$n = \frac{N}{N_{\mathrm{t}}^{\mathrm{b}}} \qquad (7.2\text{-}6)$$

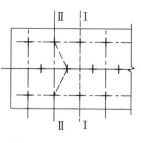

图 7.2-5　构件净截面
强度计算部位

式中　$N_{\mathrm{t}}^{\mathrm{b}}$——一个螺栓抗拉设计值，按表 7.2-12 计算。

（2）用螺栓连接的轴心受拉和受压构件的计算，应验算构件净截面强度，见图 7.2-5 中 Ⅰ—Ⅰ 和 Ⅱ—Ⅱ 剖面。

4. 普通螺栓群弯矩受拉

（1）螺栓群承受弯矩时的计算假定为：

1）被连接的构件为绝对刚性，并不考虑受力作用时的变形；

2）弯矩使螺栓绕普通螺栓群最下外排螺栓轴旋转，因而各螺栓所受拉力大小与距离中和轴 y 成正比；

（2）图 7.2-6 为螺栓群在弯矩作用下的抗拉连接，设计中常设置承托板传递剪力 V，弯矩 M 由螺栓群抗拉平衡。假设中和轴在最下外排螺栓的位置，受力最大的最外排螺栓 1 的拉力不超过一个螺栓的抗拉承载力设计值。

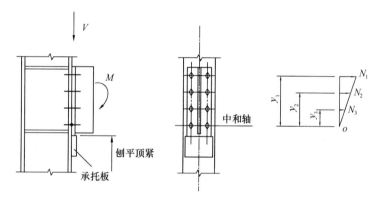

图 7.2-6　普通螺栓群在弯矩作用下的计算简图

剪力 V 由承托板传递，螺栓群不传递剪力。最外排螺栓 1 的内力计算公式为：

$$N_1 = \frac{M y_1}{\sum y_i^2} \leqslant N_{\mathrm{t}}^{\mathrm{b}} \qquad (7.2\text{-}7)$$

5. 普通螺栓群偏心受拉

图 7.2-7a 所示，剪力 V 由承托板传递，螺栓群不传递剪力。普通螺栓群偏心受拉相

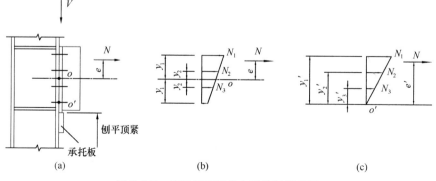

　　(a)　　　　　　　　　　　(b)　　　　　　　　　　　(c)

图 7.2-7　普通螺栓群偏心受拉计算简图

当于连接承受轴心拉力 N 和弯矩 $M = N \cdot e$ 的联合作用。

按弹性设计法，可能出现小偏心受拉和大偏心受拉两种情况，判别式为：

$$N_{\min} = \frac{N}{n} - \frac{My_1}{\sum y_i^2} \qquad (7.2\text{-}8)$$

当 $N_{\min} \geqslant 0$ 时，所有螺栓受拉，为小偏心受拉，中和轴为螺栓群形心轴，见图 7.2-7b；

$$N_{\max} = \frac{N}{n} + \frac{My_1}{\sum y_i^2} \leqslant N_t^b \qquad (7.2\text{-}9)$$

当 $N_{\min} < 0$ 时，端板底部出现受压区，为大偏心受拉，参照纯受弯计算方法，中和轴近似取最下排螺栓位置，见图 7.2-7c；

$$N_1 = \frac{Ne' \cdot y_1'}{\sum y_i'^2} \leqslant N_t^b \qquad (7.2\text{-}10)$$

式中　　e' 为相对于最下排螺栓的偏心矩。

6. 普通螺栓群兼受剪拉

图 7.2-8，普通螺栓群承受剪力 V 和偏心拉力 N（即轴心拉力 N 和弯矩 $M = N \cdot e$）的联合作用。承受剪力和拉力联合作用的普通螺栓应考虑两种破坏模式：一是螺杆受剪兼受拉破坏；二是孔壁承压破坏。

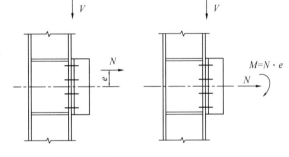

图 7.2-8　普通螺栓群兼受剪拉简图

$$\sqrt{\left(\frac{N_V}{N_V^b}\right)^2 + \left(\frac{N_t}{N_t^b}\right)^2} \leqslant 1 \qquad (7.2\text{-}11)$$

$$N_V \leqslant N_c^b \qquad (7.2\text{-}12)$$

式中　　N_V——1 个螺栓承担的剪力设计值，取 $N_V = \dfrac{V}{n}$；

　　　　N_t——偏心拉力引起的螺栓最大拉力，按式（7.2-9）、式（7.2-10）计算。

四、普通螺栓群连接设计实例

图 7.2-9 为短横梁与柱翼缘的连接，剪力 $V = 250\text{kN}$，$e = 120\text{mm}$，螺栓为 C 级，梁端竖板下有承托板。钢材为 Q235-B，手工焊，焊条 E43 型，试按考虑承托传递全部剪力 V 和不承受 V 两种情况设计此连接。

1. 承托传递全部剪力 $V = 250\text{kN}$，螺栓群只承受由偏心力引起的弯矩 $M = V \cdot e = 250 \times 0.12 = 30\text{kN} \cdot \text{m}$。按弹性设计法，可假定螺栓群旋转中心在弯矩指向的最下排螺栓的轴线上。设螺栓为 M20（$A_e = 244.8\text{mm}^2$），则受拉螺栓数 $n_t = 8$，连接中为双列螺栓，用 m 表示，一个螺栓的抗拉承载力设计

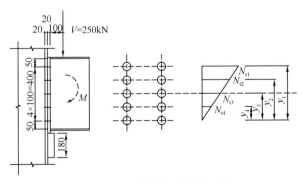

图 7.2-9　短横梁与柱翼缘连接

值为：

$$N_t^b = A_e f_t^b = 2.448 \times 170 \times 10^{-1} = 41.62\text{kN}$$

螺栓的最大拉力：

$$N_t = \frac{My_1}{m \sum y_i^2} = \frac{30 \times 10^2 \times 40}{2 \times (10^2 + 20^2 + 30^2 + 40^2)} = 20\text{kN} < N_t^b = 41.62\text{kN}$$

设承托与柱翼缘连接角焊缝为两面侧焊，并取焊脚尺寸 $h_f = 10\text{mm}$，焊缝应力为：

$$\tau_f = \frac{1.35V}{h_e \sum l_w} = \frac{1.35 \times 250 \times 10}{0.7 \times 1 \times 2 \times 17} = 141\text{ N/mm}^2 < f_f^w = 160\text{ N/mm}^2$$

式中的常数 1.35 是考虑剪力 V 对承托与柱翼缘连接角焊缝的偏心影响。

2. 不考虑承托板承受剪力 V，螺栓群同时承受剪力 $V = 250\text{kN}$ 和弯矩 $M = 30\text{kN·m}$ 作用。则一个螺栓承载力设计值为：

$$N_v^b = n_v \frac{\pi d^2}{4} f_v^b = 1 \times \frac{3.14 \times 2^2}{4} \times 140 \times 10^{-1} = 44.0\text{kN}$$

$$N_c^b = d \sum t f_c^b = 2 \times 2 \times 305 \times 10^{-1} = 122\text{kN}$$

$$N_t^b = 41.62\text{kN}$$

一个螺栓的最大拉力 $N_t = 20\text{kN}$

一个螺栓的剪力 $N_v = \dfrac{V}{n} = \dfrac{250}{10} = 25\text{kN} < N_c^b = 122\text{kN}$

剪力和拉力联合作用下：

$$\sqrt{\left(\frac{N_v}{N_v^b}\right)^2 + \left(\frac{N_t}{N_t^b}\right)^2} = \sqrt{\left(\frac{25}{44.0}\right)^2 + \left(\frac{20}{41.61}\right)^2} = 0.744 < 1$$

所设计连接满足承载力要求。

7.2.4　高强度螺栓计算

一、连接构造

1. 我国主要有两种高强度螺栓连接副：高强度大六角螺栓连接副、扭剪型高强度螺栓连接副。这两种高强度螺栓的性能都是可靠的，在设计中可以通用。高强度大六角螺栓有 8.8S、10.9S 两种性能等级，扭剪型高强度螺栓只有 10.9S 一种性能等级。

2. 在抗剪连接中，根据受力特性不同可分为：

(1) 高强度螺栓摩擦型连接：通过连接的板层间的抗滑力来传递剪力，按板层间出现滑移作为其承载力的极限状态。这种螺栓称为摩擦型高强度螺栓，适用于重要结构、承受动力荷载和需要验算疲劳的结构，其孔径有标准孔、扩大孔、长圆孔等。

(2) 高强度螺栓承压型连接：以荷载标准值作用下，连接板层间出现滑移作为的正常使用极限状态；以荷载设计值作用下，连接的破坏（螺栓剪切破坏或板件挤压破坏）作为其承载力极限状态。其计算方法和构造要求与普通螺栓基本相同，可用于允许产生少量滑移的静载结构或间接承受动力荷载的构件。当允许在某一方向产生较大滑移时，也可以采用长圆孔。

这两种螺栓，除了上述在设计准则、孔型、接触面的处理、施工工具等有所不同外，其他在材料、预拉力、施工要求等方面均无差异。

3. 高强度螺栓的施工要求和施工质量验收要求见《钢结构高强度螺栓连接技术规程》JGJ 82—2011。

4. 必要时，高强度螺栓摩擦型连接可与焊缝共同受力，形成混合连接。高强度螺栓摩擦型连接可与焊缝形成的混合连接，应注意：

（1）焊缝的破坏强度应高于高强度螺栓连接的抗滑移极限强度，其比值宜控制在1～3之间。

（2）不能用于需要验算疲劳的连接中。

（3）其施工顺序，应根据板件厚度、施焊时能否反变形措施等具体条件分析决定，一般采用先栓后焊的方式。此时高强度螺栓的强度应计及焊接影响，作一定的折减。当采取先焊后栓且板层间又不夹紧时，宜采用大直径螺栓，并需将螺栓的抗剪承载力设计值乘以折减系数。

二、单个摩擦型高强度螺栓承载力设计值

单个摩擦型高强度螺栓承载力设计值计算公式见表7.2-13。

单个摩擦型高强度螺栓承载力设计值计算公式　　　　表 7.2-13

受力状态		一个螺栓的承载力设计值	备注
摩擦型高强度螺栓	受剪	$N_v^b = 0.9 k n_f \mu P$	无需承压计算
	受拉	$N_t^b = 0.8P$	
	兼受剪拉	$\dfrac{N_v}{N_v^b} + \dfrac{N_t}{N_t^b} \leqslant 1.0$ 或：$N_v^b = 0.9 n_f \mu (P - 1.25 N_t)$ $N_t \leqslant 0.8P$	

注：N_v^b、N_t^b——一个高强度螺栓的抗剪、抗拉承载力设计值；

　　　k——孔型系数，标准孔取1.0；大圆孔取0.85；内力与槽孔长向垂直时取0.7；内力与槽孔长向平行时取0.6；

　　　n_f——传力摩擦面数目；

　　　μ——摩擦面的抗滑移系数，可按表7.2-14取值；

　　　P——一个高强度螺栓的预拉力设计值，按表7.2-15取值；

　　N_v、N_t——分别为某个高强度螺栓所承受的剪力和拉力。

钢材摩擦面的抗滑移系数 μ　　　　表 7.2-14

连接处构件接触面的处理方法	构件的钢材牌号		
	Q235 钢	Q345 钢或 Q390 钢	Q420 钢或　　Q460 钢
喷硬质石英砂或铸钢棱角砂	0.45	0.45	0.45
抛丸（喷砂）	0.40	0.40	0.40
钢丝刷清除浮锈或未经处理的干净轧制面	0.30	0.35	—

注：1. 钢丝刷除锈方向应与受力方向垂直；

　　2. 当连接构件采用不同钢材牌号时，μ 按相应较低强度者取值；

　　3. 采用其他方法处理时，其处理工艺及抗滑移系数值均需经试验确定。

一个高强度螺栓的预拉力设计值 P（kN）　　　　表 7.2-15

螺栓的承载性能等级	螺栓公称直径（mm）					
	M16	M20	M22	M24	M27	M30
8.8 级	80	125	150	175	230	280
10.9 级	100	155	190	225	290	355

三、单个承压型高强度螺栓承载力计算

1. 承压型高强度螺栓连接受剪时，允许接触面滑动并以连接达到破坏的极限状态作为设计准则，接触面的摩擦力只起到延缓滑动的作用。连接达到极限承载力时，由于螺杆伸长，预拉力几乎全部消失，故高强度螺栓承压连接的计算方法与普通螺栓连接相同，只是应采用承压型连接螺栓的强度设计值。当剪切面在螺纹处，承压型连接高强度螺栓的抗剪承载力应按螺纹处有效截面计算。对普通螺栓，其抗剪强度设计值是根据连接的试验数据统计而定的，试验时不区分剪切面是否在螺纹处，故计算抗剪强度时用公称直径。

2. 承压型高强度螺栓连接受剪时，若滑移可能影响正常使用极限状态时，尚需验算荷载标准值作用下，连接板层间出现滑移的正常使用极限状态。

3. 承压型高强度螺栓连接受拉时，N_t^b 按普通螺栓相同的计算方法，但强度设计值按高强度螺栓取值，其计算结果与 $0.8P$ 相差不大。

4. 承压型高强度螺栓连接兼受剪拉时，与普通螺栓相同的计算方法。当承压型连接高强度螺栓受有杆轴拉力时，板层间压紧力随外拉力的增加而减小，其承压强度设计值随之降低。我国钢结构设计标准规定，只要外拉力存在，就将承压强度除以 1.2 予以降低，见表 7.2-16。

5. 承压型连接的高强度螺栓预拉力 P 的施拧工艺和设计值取值应与摩擦型连接高强度螺栓相同。

6. 单个承压型高强度螺栓设计值计算公式见表 7.2-16。

单个承压型高强度螺栓设计值计算公式   表 7.2-16

受力状态		一个螺栓的承载力设计值	备注
承压型高强度螺栓	受剪	抗剪：$N_v^b = n_v \dfrac{\pi d^2}{4} f_v^b$	1. 当剪切面在螺纹处时，$N_v^b = n_v \dfrac{\pi d_e^2}{4} f_v^b$；
		承压 $N_c^b = d \sum t f_c^b$	2. 取 N_v^b 与 N_c^b 中较小值
	受拉	$N_t^b = \dfrac{\pi d_e^2}{4} f_t^b$	其值与 $0.8P$ 相差不大
	兼受剪拉	$\sqrt{\left(\dfrac{N_v}{N_v^b}\right)^2 + \left(\dfrac{N_t}{N_t^b}\right)^2} \leqslant 1.0$ $N_v \leqslant \dfrac{N_c^b}{1.2}$	

表中　f_v^b、f_c^b——螺栓的抗剪和承压强度设计值；

f_t^b、f_t^a、f_t^r——普通螺栓、锚栓和铆钉的抗拉强度设计值；

N_v、N_t——为某个普通螺栓或锚栓所承受的剪力和拉力；

N_v^b、N_t^b、N_c^b——一个普通螺栓的抗剪、抗拉和承压承载力设计值；

n_v——受剪面数目；

d——螺杆直径；

d_e——螺栓或锚栓在螺纹处的有效直径；

$\sum t$——在不同受力方向中一个受力方向承压构件总厚度的较小值。

四、高强度螺栓群连接计算

1. 高强度螺栓群抗剪连接

（1）高强度螺栓群（摩擦型或承压型）轴心抗剪连接所需螺栓数量的计算方法与普通螺栓群相同（包括剪力不均匀系数），为总荷载设计值除以单个螺栓的承载力设计值，并考虑第 7.2.2 节的螺栓数量调整。

（2）高强度螺栓群（摩擦型或承压型）轴心偏心抗剪连接计算方法与普通螺栓群相同，均假定偏心剪力产生的扭矩绕形心旋转。

（3）与普通螺栓抗剪计算不同的是，应采取高强度螺栓承载力设计值进行计算，并注意剪切面位置。

2. 高强度螺栓群抗拉连接

（1）轴心拉力作用

高强度螺栓群（摩擦型或承压型）轴心抗拉连接与普通螺栓群相同，但应采取高强度螺栓承载力设计值进行计算。

（2）弯曲受拉作用

高强度螺栓（摩擦型或承压型）的外拉力总是小于预拉力 P，接触面一直保持紧密贴合，可认为中和轴在螺栓群的形心轴上，最外排螺栓受力最大，见图 7.2-10。

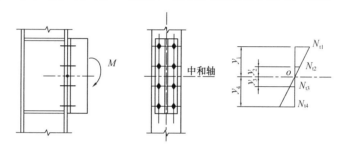

图 7.2-10　高强度螺栓群（摩擦型或承压型）弯矩受拉计算简图

最外排螺栓受力计算公式见 7.2-13。

$$N_1 = \frac{My_1}{\sum y_i^2} \leqslant N_t^b \tag{7.2-13}$$

（3）偏心受拉作用

高强度螺栓（摩擦型或承压型）偏心受拉时，螺栓的最大拉力不得超过 $0.8P$，能够保证紧密贴合，端板不会拉开。因此，可按小偏心受拉计算，中和轴取在螺栓群的形心轴上。

$$N_{max} = \frac{N}{n} + \frac{My_1}{\sum y_i^2} \leqslant N_t^b \tag{7.2-14}$$

（4）拉力、弯矩、剪力共同作用

1）摩擦型连接高强度螺栓群

图 7.2-11 所示为摩擦型连接高强度螺栓承受拉力、弯矩和剪力共同作用的情况。

螺栓群中的最大拉力应满足：

$$N_{ti} \leqslant N_t^b \tag{7.2-15}$$

接头抗剪强度应满足：

$$V \leqslant 0.9n_f\mu(nP - 1.25\sum N_{ti}) \tag{7.2-16}$$

式中　N_{ti}——螺栓最大拉力；

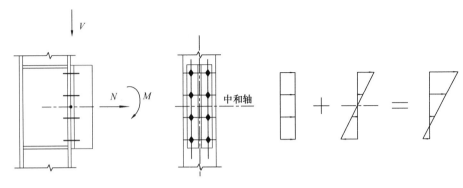

图 7.2-11   计算简图

n ——连接螺栓总数，包括受压的螺栓数量；

$\sum N_{ti}$ ——螺栓承受拉力的总和。

2）承压型连接高强度螺栓群

与普通螺栓类似，应验算高强度螺栓杆兼受拉剪的强度和孔壁承压强度。中和轴取螺栓群形心。与普通螺栓计算不同的是，孔壁承压强度应除以 1.2。

五、高强度螺栓群连接计算实例

1. 试设计一双盖板拼接的钢板拼接。钢材 Q235-B，高强度螺栓为 8.8 级的 M20，连接处构件接触面用喷砂处理，作用在螺栓群形心处的轴心拉力设计值 $N=800\text{kN}$，试设计此连接。

（1）采用摩擦型连接时

查表 7.2-15 得每个 8.8 级的 M20 高强度螺栓的预拉力 $P=125\text{kN}$。查表 7.2-14 得对于 Q235 钢材接触面做喷砂处理时，$\mu=0.45$。

一个螺栓的承载力设计值为：

$$N_v^b = 0.9 n_f \mu P = 0.9 \times 2 \times 0.45 \times 125 = 101.3 \text{kN}$$

所需螺栓数：

$$n = \frac{N}{N_v^b} = \frac{800}{101.3} = 7.9 \text{，取 9 个}$$

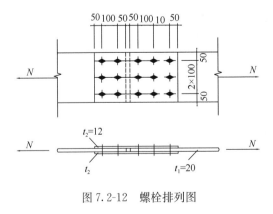

图 7.2-12   螺栓排列图

螺栓排列如图 7.2-12 右边所示。

（2）采用承压型连接时

一个螺栓的承载力设计值：

$$N_v^b = n_v \frac{\pi d^2}{4} f_v^b = 2 \times \frac{3.14 \times 20^2}{4} \times 250$$
$$= 15700\text{N} = 157\text{kN}$$

$$N_c^b = d \sum t f_c^b = 20 \times 20 \times 470 = 188\text{kN}$$

则所需螺栓数：

$$n = \frac{N}{N_{min}^b} = \frac{800}{157} = 5.1 \text{，取 6 个}$$

螺栓排列如图 7.2-12 左边所示。

2. 图 7.2-13 为高强度螺栓摩擦型连接，被连接构件的钢材为 Q235-B。螺栓为 10.9

级，直径 20mm，接触面采用喷砂处理。试验算此连接的承载力。图中内力均为设计值。

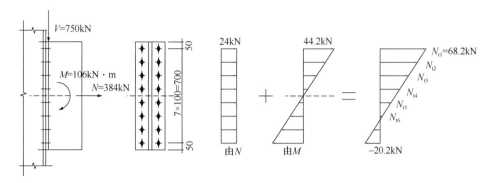

图 7.2-13　高强度螺栓摩擦型连接

由表 7.2-14、15 查得抗滑移系数 $\mu=0.45$，预拉力 $P=155\mathrm{kN}$。

一个螺栓的最大拉力：

$$N_{t1} = \frac{N}{n} + \frac{My_1}{m\sum y_i^2} = \frac{384}{16} + \frac{106 \times 10^2 \times 35}{2 \times 2 \times (35^2 + 25^2 + 15^2 + 5^2)}$$

$$= 24 + \frac{106 \times 10^2 \times 35}{8400} = 68.2\mathrm{kN} < 0.8P = 124\mathrm{kN}$$

连接的受剪承载力设计值应按式 7.2-15 计算：

$$\sum N_v^b = 0.9 n_f \mu (nP - 1.25 \sum N_{ti})$$

式中 n 为螺栓总数；$\sum N_{ti}$ 为螺栓所受拉力之和。按比例关系可求得：

$N_{t2} = 55.6\mathrm{kN}$

$N_{t3} = 42.9\mathrm{kN}$

$N_{t4} = 30.3\mathrm{kN}$

$N_{t5} = 17.7\mathrm{kN}$

$N_{t6} = 5.1\mathrm{kN}$

故有 $\sum N_{ti} = (68.2 + 55.6 + 42.9 + 30.3 + 17.7 + 5.1) \times 2 = 440\mathrm{kN}$

验算受剪承载力设计值：

$$\sum N_v^b = 0.9 n_f \mu (nP - 1.25 \sum N_{ti})$$

$$= 0.9 \times 1 \times 0.45 \times (16 \times 155 - 1.25 \times 440) = 781.7\mathrm{kN} > V = 750\mathrm{kN}$$

7.2.5　螺栓群连接设计注意事项

1. 一个工程项目中，结构用连接螺栓的规格不宜过多，并应采取表 7.2-3 的常用规格。一个节点中，只采用一种规格的螺栓。

2. 设计图中应说明螺栓规格、性能等级、标准。高强度螺栓连接尚应明确螺栓孔的大小、摩擦面的处理、连接形式（摩擦型或承压型）。

3. 作用螺栓群中的荷载取值，需根据节点的性质确定。

（1）一般性节点，按构件的内力设计值进行设计，且不低于构件承载力设计值的 50%。

（2）主要构件的拼接或现场连接节点，可采取与构件等强度设计原则。

（3）抗震节点要求按现行国家标准《建筑抗震设计规范》GB 50011 的相关要求。

4. 螺栓群（普通螺栓群和高强度螺栓群）受拉时，应采取增加加劲肋或加大板件厚度的构造措施，减小撬力影响。普通螺栓群纯受弯时，中和轴取最下排螺栓；偏心受拉时，需根据大偏心和小偏心采取不同的中和轴位置。高强度螺栓群（承压型和摩擦型），因接触面紧密，均假定形心轴为中和轴。

5. 螺栓群的设计步骤为：

（1）根据使用性质的不同，选择紧固件种类（普通螺栓或高强度螺栓），并确定连接类型（承压型连接或摩擦型连接）。

（2）确定作用于螺栓群的荷载设计值。承压型高强度螺栓连接滑移会影响结构正常使用时，尚应确定荷载标准值。

（3）连接节点放样。按构造要求和设计经验初步布置螺栓群。

（4）求解螺栓群（普通螺栓群和承压型高强度螺栓群）中最大单个螺栓的内力设计值和螺栓群接头抗剪强度（摩擦型高强度螺栓群）并与承载力设计值比较，校核是否满足要求。

（5）调整螺栓数量及布置。偏心连接、填板间接传力等需要按 7.2.2 节调整螺栓的数量。

6. 螺栓节点也可按《钢结构高强度螺栓连接技术规程》计算。

7. 为方便查阅，一个螺栓的承载力设计值计算公式列于表 7.2-17。

一个螺栓的承载力设计值计算公式　　　　　　　　　　　　表 7.2-17

受力状态		一个螺栓的承载力设计值	备注
普通螺栓连接	受剪	抗剪 $N_v^b = n_v \dfrac{\pi d^2}{4} f_v^b$	取 N_v^b 与 N_c^b 中较小值
		承压 $N_c^b = d \sum t f_c^b$	
	受拉	$N_t^b = \dfrac{\pi d_e^2}{4} f_t^b$	
	兼受剪拉	$\sqrt{\left(\dfrac{N_v}{N_v^b}\right)^2 + \left(\dfrac{N_t}{N_t^b}\right)^2} \leqslant 1.0$ $N_v \leqslant N_c^b$	根号无数学含义，但不能省略，便于明确计算结果的余量和不足量
摩擦型高强度螺栓	受剪	$N_v^b = 0.9 k n_f \mu P$	无需承压计算
	受拉	$N_t^b = 0.8 P$	
	兼受剪拉	$\dfrac{N_v}{N_v^b} + \dfrac{N_t}{N_t^b} \leqslant 1.0$ 或：$N_v^b = 0.9 n_f \mu (P - 1.25 N_t), N_t \leqslant 0.8 P$	
承压型高强度螺栓	受剪	抗剪：$N_v^b = n_v \dfrac{\pi d^2}{4} f_v^b$	1. 当剪切面在螺纹处时，$N_v^b = n_v \dfrac{\pi d_e^2}{4} f_v^b$；2. 取 N_v^b 与 N_c^b 中较小值
		承压 $N_c^b = d \sum t f_c^b$	
	受拉	$N_t^b = \dfrac{\pi d_e^2}{4} f_t^b$	其值与 0.8P 相差不大
	兼受剪拉	$\sqrt{\left(\dfrac{N_v}{N_v^b}\right)^2 + \left(\dfrac{N_t}{N_t^b}\right)^2} \leqslant 1.0$ $N_v \leqslant \dfrac{N_c^b}{1.2}$	外拉力存在，承压强度除以 1.2 予以降低。用于考虑板层间压紧力随外拉力的增加而减小的不利影响

7.2.6 销轴

1. 销轴连接适用于铰接柱脚或拱脚以及拉索、拉杆端部的连接，销轴与耳板宜采用 Q345、Q390 与 Q420，必要时也可采用 45 号钢、35CrMo 或 40Cr 等钢材。

当销孔和销轴表面要求机加工时，其质量要求应符合相应的机械零件加工标准的规定。当销轴直径大于 120mm 时，宜采用锻造加工工艺制作。

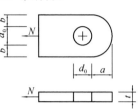

图 7.2-14 销轴连接耳板

2. 销轴连接的构造应符合下列要求（图 7.2-14）

（1）销轴孔中心应位于耳板的中心线上，其孔径与直径相差应不大于 1mm；

（2）耳板两侧宽厚比 b/t 不宜大于 4，几何尺寸应符合下列规定：

$$a \geqslant \frac{4}{3}b_e \tag{7.2-17}$$

$$b_e = 2t + 16 \leqslant b \tag{7.2-18}$$

式中　b——连接耳板两侧边缘与销轴孔边缘净距（mm）；

　　　t——耳板厚度（mm）；

　　　a——顺受力方向，销轴孔边距板边缘最小距离（mm）。

（3）销轴表面与耳板孔周表面宜进行机加工。

3. 连接耳板应按下列公式进行抗拉、抗剪强度的计算：

（1）耳板孔净截面处的抗拉强度

$$\sigma = \frac{N}{2tb_1} \leqslant f \tag{7.2-19}$$

$$b_1 = \min\left(2t + 16, b - \frac{d_0}{3}\right) \tag{7.2-20}$$

（2）耳板端部截面抗拉（劈开）强度

$$\sigma = \frac{N}{2t\left(a - \frac{2d_0}{3}\right)} \leqslant f \tag{7.2-21}$$

（3）耳板抗剪强度

$$\tau = \frac{N}{2tZ} \leqslant f_v \tag{7.2-22}$$

$$Z = \sqrt{(a + d_0/2)^2 - (d_0/2)^2} \tag{7.2-23}$$

式中　N——杆件轴向拉力设计值；

　　　b_1——计算宽度（mm）；

　　　d_0——销轴孔径（mm）；

　　　f——耳板抗拉强度设计值（N/mm²）；

　　　Z——耳板端部抗剪截面宽度（如图 7.2-15 所示）（mm）；

　　　f_v——耳板钢材抗剪强度设计值（N/mm²）。

4. 销轴应按下列公式进行承压、抗剪与抗弯强度的计算：

（1）销轴承压强度

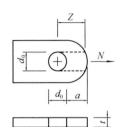

$$\sigma_{c} = \frac{N}{dt} \leqslant f_{c}^{b} \quad\quad\quad (7.2\text{-}24)$$

（2）销轴抗剪强度

$$\tau_{b} = \frac{N}{n_{v}\pi\dfrac{d^{2}}{4}} \leqslant f_{v}^{b} \quad\quad (7.2\text{-}25)$$

（3）销轴的抗弯强度

图 7.2-15　销轴连接耳
板受剪面示意图

$$\sigma_{b} = \frac{M}{1.5\dfrac{\pi d^{3}}{32}} \leqslant f^{b} \quad\quad (7.2\text{-}26)$$

$$M = \frac{N}{8}(2t_{e} + t_{m} + 4s) \quad\quad (7.2\text{-}27)$$

（4）计算截面同时受弯受剪时组合强度应按下式验算：

$$\sqrt{\left(\frac{\sigma_{b}}{f^{b}}\right)^{2} + \left(\frac{\tau_{b}}{f_{v}^{b}}\right)^{2}} \leqslant 1.0 \quad\quad (7.2\text{-}28)$$

式中　　d——销轴直径；

　　　　f_{c}^{b}——销轴连接中耳板的承压强度设计值；

　　　　n_{v}——受剪面数目；

　　　　f_{v}^{b}——销轴的抗剪强度设计值；

　　　　M——销轴计算截面弯矩设计值；

　　　　f^{b}——销轴的抗弯强度设计值；

　　　　t_{e}——两端耳板厚度；

　　　　t_{m}——中间耳板厚度；

　　　　s——端耳板和中间耳板间间距。

7.3　栓焊并用连接与栓焊混用连接

7.3.1　栓焊并用连接

一、一般规定

1. 栓焊并用连接是指在一个连接接头中，同时采用贴角焊缝和摩擦型高强度螺栓连接承担同一剪力进行设计的连接接头形式。在同一连接接头中，铆钉、普通螺栓或用于承压型连接中的高强度螺栓，不应看成是与焊缝共同分担应力，如采用焊缝，则焊缝应承受连接中的全部应力。

2. 栓焊并用连接接头宜用于改造、加固的工程。在对结构进行焊接改造时，可利用现存的铆钉和适当上紧的高强度螺栓来承受现存永久荷载引起的应力，而焊接只需要足以承受所有的附加应力即可。

3. 栓焊并用连接的施工顺序对节点的受力性能有一定的影响，其施工顺序应根据板厚、施焊时能否采取反变形措施等具体条件分析决定，一般采用先栓后焊的方式，先进行高强度螺栓紧固，后实施焊接，此时高强度螺栓的强度应考虑焊接对螺栓预拉力的影响，作一定折减；当采用先焊后栓且板层间又夹不紧时，宜采用大直径螺栓，并需要将螺栓的抗剪承载力设计值作一定折减。

4. 当栓焊并用连接采用先栓后焊的施工工序时，应在焊接24h后对离焊缝100mm范围内的高强度螺栓补拧，补拧扭矩应为施工终拧扭矩值；或将螺栓数量增加10%。

5. 栓焊并用连接的焊缝形式应为贴角焊缝。焊缝的破坏强度宜高于高强度螺栓连接的抗滑移极限强度，高强度螺栓直径和焊缝尺寸应按栓、焊各自受剪承载力设计值相差不超过3倍的要求进行匹配。

6. 摩擦型高强度螺栓连接不宜与垂直受力方向的贴角焊缝（端焊缝）单独并用连接。

7. 栓焊并用连接不得用于需要验算疲劳的连接中。

二、连接计算与构造

1. 栓焊并用连接的连接构造应符合下列规定（图7.3-1）：

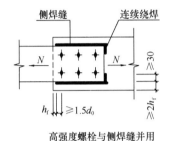 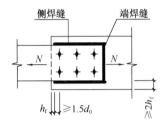

高强度螺栓与侧焊缝并用　　　高强度螺栓与侧焊缝及端焊缝并用

图 7.3-1　栓焊并用连接接头

（1）平行于受力方向的侧焊缝端部起弧点距板边不应小于 h_f，且与最外端的螺栓距离应不小于 $1.5d_0$；同时侧焊缝末端应连续绕焊不小于 $2h_f$ 长度；

（2）栓焊并用连接的连接板边缘与焊件边缘距离不应小于30mm。

2. 栓焊并用连接的受剪承载力应分别按下列公式计算：

（1）高强度螺栓与侧焊缝并用连接

$$N_{wb} = N_{fs} + 0.75N_{bv} \qquad (7.3\text{-}1)$$

式中　N_{wb}——栓焊并用连接接头的受剪承载力设计值；

　　　N_{fs}——栓焊并用连接接头中侧焊缝受剪承载力设计值；

　　　N_{bv}——栓焊并用连接接头中高强度螺栓摩擦型连接受剪承载力设计值；

（2）高强度螺栓与侧焊缝及端焊缝并用连接

$$N_{wb} = 0.85N_{fs} + N_{fe} + 0.25N_{bv}$$

$$(7.3\text{-}2)$$

式中　N_{fe}——栓焊并用连接接头中端焊缝的受剪承载力设计值；

三、计算实例

【例7.3-1】 如图7.3-2所示的板件拼接连接中，采用贴角焊缝和摩擦型高强度螺栓并用连接，已知主板截面为 16mm × 400mm，承受轴向力设计值 $N = 1728$kN，

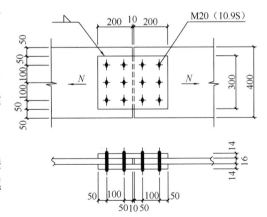

图 7.3-2　板件拼接的栓焊并用连接图示

两块拼接板截面为 14mm×300mm，钢材材质为 Q345B，角焊缝采用 E50 型焊条，手工焊接，螺栓采用性能等级为 10.9 级的 M20 高强度螺栓，连接处构件接触面采用喷砂处理，摩擦面的抗滑移系数 $\mu=0.5$，高强度螺栓预拉力 $P=155$kN，剪切面数 $n_f=2$，在焊接 24h 后对高强度螺栓进行补拧。试确定角焊缝尺寸。

解：

1）高强度螺栓群抗剪承载力设计值

一个摩擦型高强度螺栓的抗剪承载力设计值为：
$$N_v^b = 0.9n_f\mu P = 0.9 \times 2 \times 0.5 \times 155 = 139.5\text{kN}$$

高强度螺栓群抗剪承载力设计值：$N_{bv} = nN_v^b = 6 \times 139.5 = 837$kN

2）当采用高强度螺栓与侧面角焊缝并用连接时，由角焊缝承担的轴向力设计值：

$N_1 = N - 0.75N_{bv} = 1728 - 0.75 \times 837 = 1100.25$kN

角焊缝抗剪强度设计值 $f_f^w = 200\text{N/mm}^2$

设 $h_f = 14\text{mm} - 1\text{mm} = 13\text{mm}$，所需焊缝长度：$l_{w1} = \dfrac{N_1}{0.7 \times h_f \times f_f^w} = \dfrac{1100250}{0.7 \times 13 \times 200} = 604.5\text{mm}$

每条焊缝长度：$l_{w1} = 604.5 \div 4 = 151.1\text{mm}$

设侧面角焊缝端部起弧点距板边距离为 15mm$>h_f$，与最外端的螺栓距离为 35mm$>$ 1.5d_0=33mm，同时侧焊缝末端连续绕焊不小于 2h_f长度；

每条焊缝实际长度：$l_w = 200 - 15 - 13 = 172\text{mm}$

$N_{wb} = N_{fs} + 0.75N_{bv} = 4 \times 172 \times 0.7 \times 13 \times 200 + 0.75 \times 837 = 1879.9\text{kN} > 1728\text{kN}$

3）当采用高强度螺栓与侧面角焊缝及端焊缝并用连接时，由角焊缝承担的轴向力设计值：
$$N_2 = N - 0.25N_{bv} = 1728 - 0.25 \times 837 = 1518.75\text{kN}$$

角焊缝抗剪强度设计值 $f_f^w = 200\text{N/mm}^2$

设 $h_f = 8\text{mm}$，端焊缝承担剪力为：

$N_{fe} = 2 \times l_{w2} \times 0.7 \times h_f \times \beta_f \times f_f^w = 2 \times 300 \times 0.7 \times 8 \times 1.22 \times 200 = 819.8\text{kN}$

侧面角焊缝承担剪力为：$N_3 = N_2 - N_{fe} = 1518.75 - 819.8 = 699\text{kN}$

所需侧面角焊缝长度：$l_{w1} = \dfrac{N_3 \div 0.85}{0.7 \times h_f \times f_f^w} = \dfrac{699000 \div 0.85}{0.7 \times 8 \times 200} = 734\text{mm}$

每条焊缝长度：$l_{w2} = 734 \div 4 = 183.5\text{mm}$

设侧面角焊缝端部起弧点距板边距离为 8mm$=h_f$，与最外端的螺栓距离为 42mm$>$ 1.5d_0=33mm；

每条焊缝实际长度：$l_w = 200 - 8 - 8 = 184\text{mm}$

$N_{wb} = 0.85N_{fs} + N_{fe} + 0.25N_{bv} = 0.85 \times 4 \times 184 \times 0.7 \times 8 \times 200 + 819.8 + 0.25 \times 837 = 1729.7\text{kN} > 1728\text{kN}$

7.3.2 栓焊混用连接

一、一般规定

1. 栓焊混用连接是指在梁、柱、支撑等构件及其相互间的连接节点中，翼缘采用熔透焊缝连接，腹板采用摩擦型高强度螺栓连接的连接接头形式。一般多用于 H 形构件的连接或拼接。

2. 根据连接的荷载—变形特征，焊接的极限变形大约相当于有预拉力的高强度螺栓摩擦型连接滑动结束时的变形。因此，当焊接和摩擦型高强度螺栓一起使用时，连接所能承受的极限荷载可以按焊接的极限荷载加上螺栓连接的抗滑移荷载之和确定。

3. 栓焊混用连接施工时可先用螺栓安装定位然后对翼缘施焊，施工十分方便且受力合理连接可靠，是工地现场安装常用的连接方法，常用于框架梁柱的现场连接和构件拼接。

4. 栓焊混用连接的施工顺序对节点的受力性能有一定的影响，一般采用先栓后焊的方式，宜在高强度螺栓初拧后进行进行翼缘的焊接，然后再进行高强度螺栓终拧；当采用先终拧螺栓再进行翼缘焊接的施工工序时，应考虑翼缘焊接对螺栓预拉力的影响，此时腹板拼接高强度螺栓宜采取补拧措施或增加螺栓数量10%。

二、连接计算与构造

1. 框架梁、柱、支撑等构件的现场连接和构件拼接连接承载力应分别按下列规定进行：

（1）当结构处于非抗震设防区时，接头可按最大内力值进行弹性设计，当接头处内力较小时，接头承载力不应小于被连接构件截面承载力的一半；

$$M = M_{\mathrm{f}} + M_{\mathrm{w}} \geqslant M_{\mathrm{j}} \tag{7.3-3}$$

$$M_{\mathrm{f}} \geqslant \left(1 - \frac{I_{\mathrm{w}}}{I_{\mathrm{o}}}\right) M_{\mathrm{j}} \tag{7.3-4}$$

$$M_{\mathrm{w}} \geqslant \frac{I_{\mathrm{w}}}{I_{\mathrm{o}}} M_{\mathrm{j}} + Ve \tag{7.3-5}$$

式中　　M_{f}——拼接处构件翼缘的弯矩设计值；

M_{w}——拼接处构件腹板的弯矩设计值；

M_{j}——拼接处构件的弯矩设计值；

I_{w}——梁腹板的截面惯性矩；

I_{o}——梁的截面惯性矩；

（2）当结构处于抗震设防区时，应进行接头连接极限承载力的验算。

2. 按等强方法计算拼接接头时，腹板净截面宜考虑锁口孔的折减影响；

3. 梁、柱、支撑等构件的栓焊混用连接接头中，腹板连（拼）接的高强度螺栓的计算及构造，应符合本手册7.2节的相关规定。

4. 处于抗震设防区且由地震作用组合控制截面设计的框架梁柱栓焊混用连接接头，当梁翼缘的塑性截面模量小于梁全截面塑性截面模量的70%时，梁腹板与柱的连接螺栓不得小于2列，且螺栓总数不得小于计算值的1.5倍。

三、计算实例

【**例7.3-2**】如图7.3-3所示，钢框架梁与钢柱现场栓焊混用连接。框架梁截面为H600×300×12×25，上下翼缘与柱采用全熔透焊缝焊接连接，施焊时加引弧引出板，焊缝质量等级为二级，腹板采用高强度螺栓与柱上连接板摩擦型连接，螺栓采用性能等级为10.9级的M24高强度螺栓，连接处构件接触面采用喷砂处理，摩擦面的抗滑移系数 $\mu = 0.5$，高强度螺栓预拉力 $P = 225\mathrm{kN}$，剪切面数 $n_{\mathrm{f}} = 2$，钢材材质为Q345B，梁端弯矩设计

值 $M=813.5\mathrm{kN\cdot m}$，剪力 $V=488.9\mathrm{kN}$。试验算连接承载力。

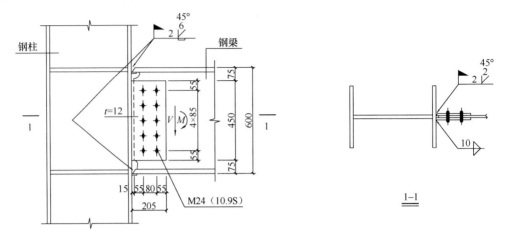

图 7.3-3　钢框架梁与钢柱现场栓焊混用连接图示

解：

1）钢梁的截面几何特性：

钢梁的截面惯性矩：

$$I_\mathrm{o} = \frac{1}{12}\big[bh^3 - (b-t_\mathrm{w})h_\mathrm{w}^3\big] = \frac{1}{12}\big[300\times600^3 - (300-12)\times550^3\big] = 1.407\times10^9\,\mathrm{mm}^4$$

钢梁翼缘截面惯性矩和抵抗矩：

$$I_\mathrm{f} = \frac{1}{12}b(h^3 - h_\mathrm{w}^3) = \frac{1}{12}\times300\times(600^3 - 550^3) = 1.241\times10^9\,\mathrm{mm}^4$$

$$W_\mathrm{f} = \frac{b}{6}\cdot\frac{(h^3 - h_\mathrm{w}^3)}{h} = 4.137\times10^6\,\mathrm{mm}^3$$

钢梁腹板截面惯性矩：$I_\mathrm{w} = \dfrac{1}{12}t_\mathrm{w}h_\mathrm{w}^3 = \dfrac{1}{12}\times12\times550^3 = 1.66\times10^8\,\mathrm{mm}^4$

2）翼缘拼接焊缝的强度验算

钢梁翼缘承担的弯矩：$M_\mathrm{f} = M\dfrac{I_\mathrm{f}}{I_0} = 813.5\times\dfrac{1.241}{1.407} = 717.5\mathrm{kN\cdot m}$

翼缘焊缝处最大弯曲应力：$\sigma = \dfrac{M_\mathrm{f}}{W_\mathrm{f}} = 173.4\mathrm{N/mm}^2 < 295\mathrm{N/mm}^2$

3）腹板高强度螺栓抗剪强度验算

一个摩擦型高强度螺栓的抗剪承载力设计值为：

$$N_\mathrm{v}^\mathrm{b} = 0.9n_\mathrm{f}\mu P = 0.9\times2\times0.5\times225 = 202.5\mathrm{kN}$$

钢梁腹板分担的弯矩：$M_\mathrm{w} = M\dfrac{I_\mathrm{w}}{I_0} = 813.5\times\dfrac{0.166}{1.407} = 96\mathrm{kN\cdot m}$

偏心弯矩：$Ve = 488.9\times0.11 = 53.8\mathrm{kN\cdot m}$

螺栓群受的总弯矩：$M_\mathrm{w} + V_\mathrm{e} = 149.8\mathrm{kN\cdot m}$

在腹板弯矩作用下螺栓群中角点栓产生的最大水平剪力和竖向剪力设计值：

$$N_\mathrm{Mx}^\mathrm{b} = \frac{(M_\mathrm{w}+Ve)\cdot y_\mathrm{max}}{\sum(x_i^2 + y_i^2)} = \frac{149.8\times10^3\times170}{4\times(85^2 + 170^2) + 10\times40^2}$$

$$= \frac{149.8 \times 10^3 \times 170}{160500} = 158.7 \text{kN}$$

$$N_{\text{My}}^{\text{b}} = \frac{(M_{\text{w}} + Ve) \cdot x_{\max}}{\sum(x_i^2 + y_i^2)} = \frac{149.8 \times 10^3 \times 40}{4 \times (85^2 + 170^2) + 10 \times 40^2}$$

$$= \frac{149.8 \times 10^3 \times 40}{160500} = 37.3 \text{kN}$$

在剪力作用下螺栓群中产生的单个螺栓剪力设计值：$N_{\text{vy}}^{\text{b}} = \dfrac{V}{n} = \dfrac{488.9}{10} = 48.9 \text{kN}$

受力最大的单个螺栓总剪力设计值：

$$N_{\text{v}} = \sqrt{N_{\text{Mx}}^2 + (N_{\text{My}}^2 + N_{\text{vy}}^{\text{b}})} = \sqrt{158.7^2 + (37.3 + 48.9)^2}$$

$$= 180.6 \text{kN} < N_{\text{v}}^{\text{b}} = 202.5 \text{kN}$$

4）腹板连接板的强度验算

两块腹板连接板的净面积：$A_{\text{n}} = 2 \times 12 \times (450 - 5 \times 26) = 7680 \text{mm}^2$

两块连接板上螺栓孔的惯性矩：

$$I_{\text{h}} = 2 \times \frac{1}{12} \times 12 \times [26^3 + (196^3 - 144^3) + (366^3 - 314^3)] = 4.53 \times 10^7 \text{mm}^4$$

腹板连接板的净截面惯性矩：$I_{\text{n}} = 2 \times \dfrac{1}{12} \times 12 \times 450^3 - I_{\text{h}} = 1.37 \times 10^8 \text{mm}^4$

连接板边缘的弯曲应力：$\sigma = \dfrac{M_{\text{w}}}{W_{\text{n}}} = \dfrac{96 \times 10^6 \times 450 \div 2}{1.37 \times 10^8} = 157.7 \text{N/mm}^2 < 300 \text{N/mm}^2$

连接板上的平均剪应力：$\tau = \dfrac{V}{A_{\text{n}}} = \dfrac{488900}{7680} = 63.7 \text{N/mm}^2 < 175 \text{N/mm}^2$

5）钢梁净截面的强度验算

钢梁的净截面惯性矩：$I_{\text{on}} = I_{\text{o}} - \dfrac{I_{\text{h}}}{2} = 1.407 \times 10^9 - 4.53 \times 10^7 = 1.362 \times 10^9 \text{mm}^4$

钢梁腹板净截面面积：$A_{\text{on}} = 12 \times (600 - 2 \times 25 - 5 \times 26) = 5040 \text{mm}^2$

钢梁净截面的弯曲应力：$\sigma = \dfrac{M}{W_{\text{on}}} = \dfrac{813.5 \times 10^6 \times 600 \div 2}{1.362 \times 10^9} = 179.2 \text{N/mm}^2 <$

295N/mm^2

钢梁腹板净截面的平均剪应力：$\tau = \dfrac{V}{A_{\text{on}}} = \dfrac{488900}{5040} = 97 \text{N/mm}^2 < 175 \text{N/mm}^2$

6）腹板连接板与柱连接焊缝的强度验算

共两块连接板，其中一块连接板与柱采用双面角焊缝工厂连接，焊角高度 $h_{\text{f1}} = 12 \text{mm}$；另一块连接板与柱采用部分熔透的对接焊缝现场连接，不加引弧、引出板，焊缝质量等级为三级。现考虑两块连接板各自承担一半剪力和弯矩：

$$V_1 = \frac{V}{2} = 244.5 \text{kN} \cdot \text{m}, \quad M_1 = \frac{M_{\text{w}}}{2} = 48 \text{kN} \cdot \text{m}$$

角焊缝的计算长度：$l_{\text{w1}} = 2 \times (450 - 2 \times 12) = 852 \text{mm}$

角焊缝的计算厚度：$h_{\text{e1}} = 12 \times 0.7 = 8.4 \text{mm}$

对接焊缝的计算长度：$l_{\text{w2}} = 450 - 2 \times 12 = 426 \text{mm}$

对接焊缝的计算厚度：$h_{\text{e2}} = 12 - 3 = 9 \text{mm}$

由于部分熔透的对接焊缝的设计计算与角焊缝一致，且在本例题中部分熔透的对接焊缝的应力远大于角焊缝，因此，以下仅对部分熔透的对接焊缝进行验算。

对接焊缝的截面模量：$W_2 = \dfrac{1}{6} \times 9 \times 426^2 = 272214 \text{mm}^3$

焊缝的最大弯曲应力：$\sigma = \dfrac{M_1}{W_2} = 176.3 \text{N/mm}^2 < 0.9 \times 200 \text{N/mm}^2$，按施工条件较差的高空安装焊缝乘以折减系数 0.9。

焊缝的平均剪应力：$\tau = \dfrac{V_1}{l_{w2} h_{e2}} = \dfrac{244.5 \times 1000}{426 \times 9} = 63.8 \text{N/mm}^2 < 0.9 \times 0.9 \times 200 \text{N/mm}^2$

当熔合线处焊缝截面边长等于或接近于最短距离 S 时，抗剪强度设计值应按角焊缝的强度设计值乘以 0.9。

折算应力：$\sqrt{\sigma^2 + \tau^2} = \sqrt{176.3^2 + 63.8^2} = 187.5 \text{N/mm}^2 > 0.9 \times 200 \text{N/mm}^2$，不满足要求，需要加大焊缝尺寸。

参 考 文 献

[1]　建筑抗震设计规范：GB 50011—2010(2016 年局部修订版)[S]. 北京：中国建筑工业出版社，2010
[2]　钢结构设计标准：GB 50017—2017[S]. 北京：中国建筑工业出版社，2018
[3]　高层民用建筑钢结构技术规程：JGJ 99—2015[S]. 北京：中国建筑工业出版社，2016
[4]　钢结构焊接规范：GB 50661—2011[S]. 北京：中国建筑工业出版社，2012
[5]　赵熙元主编. 建筑钢结构设计手册. 上册. 北京：冶金工业出版社，1995
[6]　陈绍蕃主编. 现代钢结构设计师手册. 上册. 北京：中国电力出版社，2005
[7]　柴昶主编. 钢结构设计与计算. 第二版. 北京：机械工业出版社，2006
[8]　陈富生主编. 高层建筑钢结构设计. 第二版. 北京：中国建筑工业出版社，2005
[9]　李星荣等编著. 钢结构连接节点设计手册. 第二版. 北京：中国建筑工业出版社，2005

第8章 钢结构抗震性能化设计

8.1 结构体系的延性类别

1. 结构体系可根据其受力和变形特点、梁柱节点连接形式和塑性铰区构件截面类别分为表 8.1-1 规定的四个延性类别。

结构体系的延性类别 表 8.1-1

延性类别	结构体系	梁柱节点连接形式	塑性铰区构件截面类别	抗侧力体系类别
Ⅰ类	普通框架	传统形式	C	单重
	普通中心支撑框架	传统形式	C	单重
	普通框架-钢筋混凝土剪力墙结构	传统形式	C	单重
	普通框筒、普通桁架筒	传统形式	C	单重
Ⅱ类	延性框架	传统改进形式	B	单重
	延性中心支撑框架	传统改进形式	B	双重
	延性框架-钢筋混凝土剪力墙结构	传统改进形式	B	双重
	普通框架-内藏钢板混凝土墙板结构	传统改进形式	B	单重或双重
	铰接框架-防屈曲支撑（防屈曲钢板墙）结构	传统改进形式	B	单重
	延性框筒、延性桁架筒	传统改进形式	B	单重
	普通筒中筒、普通束筒	传统形式	C	双重
Ⅲ类	高延性中心支撑框架	传统改进形式	B	双重
	延性偏心支撑框架	传统改进形式	B	单重
	延性防屈曲支撑框架	传统形式、传统改进形式	B	单重
	延性框架-内藏钢板混凝土墙结构	改进形式	B	单重或双重
	延性框架-防屈曲钢板墙结构	传统改进形式	B	单重或双重
	高延性框筒	改进形式	B	单重
	延性筒中筒、延性束筒	传统改进形式	B	双重
Ⅳ类	高延性框架	改进形式，半刚性连接	A	单重
	高延性偏心支撑框架	改进形式	A	单重或双重
	高延性防屈曲支撑框架	改进形式	A	单重或双重
	高延性框架-防屈曲钢板墙结构	改进形式	A	单重或双重
	高延性筒中筒、高延性束筒	改进形式	A	双重

2. 作为双重抗侧力体系，框架-支撑结构和框架-剪力墙板结构，应满足下列要求：
(1) 小震下框架各层总剪力应满足式（8.1-1）要求；

$$V_f \geqslant 0.25 V_0 \tag{8.1-1}$$

式中　V_0——对于框架柱从下到上基本不变的规则结构，取地震作用下的结构底部总剪力；对于框架柱从下到上有变化的结构，取地震作用下的每变化段最下一层结构的总剪力。

（2）框架各层总剪力不满足式8.1-1要求时，框架各层总剪力应按$0.25 V_0$采用。

各层框架的地震总剪力按上述规定调整后，应按调整前、后总剪力的比值调整每根框架柱和与之相连框架梁的剪力及端部弯矩，框架柱的轴力可不予调整。

3. 框架－支撑结构和框架－剪力墙板结构不满足上述两款要求时，应当作单重抗侧力体系。

4. 塑性铰区构件截面类别可按表8.1-2确定，其中参数α_0应按下式计算：

$$\alpha_0 = \frac{\sigma_{max} - \sigma_{min}}{\sigma_{max}} \tag{8.1-2}$$

式中　σ_{max}——腹板计算边缘的最大压应力；

σ_{min}——腹板计算高度另一边缘相应的应力，压应力取正值，拉应力取负值。

塑性铰区构件截面类别　　　　　　　　　　　　　　　　表 8.1-2

构件截面类别			A	B	C
压弯构件 （框架柱）	H形截面	翼缘 b/t	$9\varepsilon_k$	$11\varepsilon_k$	$15\varepsilon_k$
		腹板 h_0/t_w	$(33+13\alpha_0^{1.3})\varepsilon_k$	$(38+13\alpha_0^{1.39})\varepsilon_k$	$(45+25\alpha_0^{1.66})\varepsilon_k$
	箱形截面	壁板（腹板）间翼缘 b_0/t	$30\varepsilon_k$	$35\varepsilon_k$	$45\varepsilon_k$
	圆钢管截面	径厚比 D/t	$50\varepsilon_k^2$	$70\varepsilon_k^2$	$100\varepsilon_k^2$
受弯构件 （梁）	工字形截面	翼缘 b/t	$9\varepsilon_k$	$11\varepsilon_k$	$15\varepsilon_k$
		腹板 h_0/t_w	$65\varepsilon_k$	$72\varepsilon_k$	$124\varepsilon_k$
	箱形截面	壁板（腹板）间翼缘 b_0/t	$25\varepsilon_k$	$32\varepsilon_k$	$42\varepsilon_k$

注　1. ε_k为钢号修正系数，其值为235与钢材牌号中屈服点数值的比值的平方根；

　　2. b为工字形、H形截面的翼缘外伸宽度，t、h_0、t_w分别是翼缘厚度、腹板净高和腹板厚度。对轧制型截面，不包括翼缘腹板过渡处圆弧段；对于箱型截面b_0、t分别为壁板间的距离和壁板厚度；D为圆管截面外径；

　　3. 箱形截面梁及单向受弯的箱形截面柱，其腹板限值可根据H截面腹板采用；

　　4. 腹板的宽厚比，可通过设置加劲肋减小。

5. Ⅲ类及Ⅳ类延性类别的结构体系中，所有全熔透坡口焊缝的填充金属，其－20℃夏比冲击功应不小于27J；消能构件材料的屈服强度超强系数不得超过1.2；厚度大于36mm的热轧型钢和厚度大于48mm的钢板在－20℃的夏比冲击功应不小于27J。

8.2　梁柱节点连接形式类别

8.2.1　连接形式

1. 梁柱连接节点的传统形式可采用栓焊连接（图8.2-1），传统改进形式可采用栓焊连接现场腹板补焊（图8.2-2）或工厂全焊外伸段（图8.2-3），改进形式指梁端加强型（图8.2-4）或狗骨式削弱型（图8.2-5）。

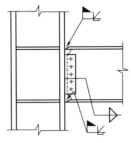
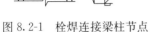

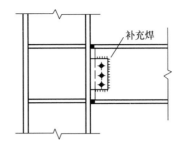

图 8.2-1　栓焊连接梁柱节点　　　　图 8.2-2　栓焊连接现场腹板补焊梁柱节点

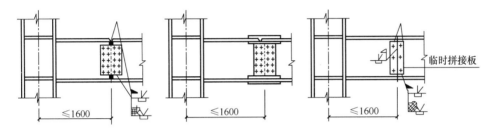

图 8.2-3　工厂全焊外伸端梁柱节点

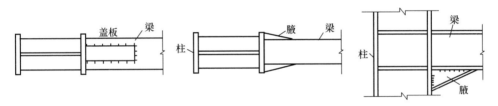

图 8.2-4　梁端加强型梁柱节点

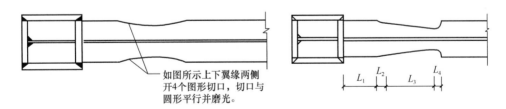

图 8.2-5　狗骨式削弱型梁柱节点

2. Ⅰ类延性类别结构体系中的框架梁柱节点的转动能力不应小于 0.015rad；Ⅱ类延性类别结构体系中的框架梁柱节点的转动能力不应小于 0.02rad；Ⅲ、Ⅳ类延性类别结构体系中的框架梁柱节点的转动能力不应小于 0.03rad。

3. 上述 1 款的梁柱连接形式，一般可以满足上述两项中各类延性结构对梁柱节点的转动能力要求。对于其他形式的梁柱节点，应依据节点低周反复荷载试验结果确定所采用的梁柱节点形式的转动能力。试件的材料性能、焊接工艺和节点构造形式应与实际设计相同。

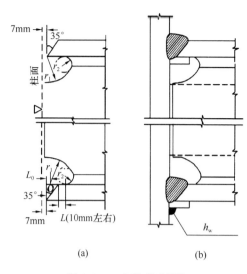

图 8.2-6　改进型过焊孔

（a）坡口和焊接孔加工；（b）全熔透焊缝

$r_1 = 35mm$ 左右；$r_2 = 10mm$ 以上；

O 点位置：$t_f < 22mm$；L_0（mm）$= 0$

$t_f \geqslant 22mm$：L_0（mm）$= 0.75t_f - 15$，

t_f 为下翼缘板厚 $h_w \approx 5$ 长度等于翼缘总宽度

8.2.2　连接构造

1. 梁柱现场栓焊连接节点应符合下列规定：

（1）梁翼缘与柱翼缘焊接时，应采用全熔透焊缝；

（2）在梁翼缘上下各 600mm 的节点范围内，柱翼缘与柱腹板间或箱形柱壁板间的连接焊缝，应采用全熔透焊缝。在梁上下翼缘标高处设置的柱水平加劲肋或隔板的厚度应不小于梁翼缘厚度；

（3）梁腹板的过焊孔应使其端部与梁翼缘和柱翼缘间的全熔透坡口焊缝完全隔开，并宜采用改进型过焊孔（图 8.2-6）或采用自由翼缘节点，亦可采用常规型过焊孔（图 8.2-7）。

（4）梁翼缘和柱翼缘焊接工艺孔下焊接衬板长度不应小于翼缘宽度加 50mm 和翼缘宽度加两倍翼缘厚度；与柱翼缘的焊接构造（图 8.2-8）应满足下列要求：

1）上翼缘的焊接衬板可采用角焊缝，引弧部分应采用绕角焊；

2）下翼缘衬板应采用从上部往下熔透的焊缝与柱翼缘焊接。

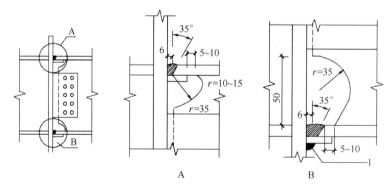

图 8.2-7　常规型过焊孔

$1—h_w \approx 5$ 长度等于翼缘总宽度

2. 狗骨式削弱型梁柱节点时，应符合下列规定（图 8.2-9）：

（1）内力分析模型按未削弱截面计算时，无支撑框架结构侧移限值应乘以 0.95；钢梁的挠度限值应乘以 0.9；

（2）削弱截面的受弯承载力可按梁端弯矩的 0.8 倍进行验算；

（3）梁的线刚度可按等截面计算的数值乘以 0.9 倍计算；

（4）强柱弱梁应满足下式要求：

$$\Sigma W_{pc}(f_{yc} - N/A_c) \geqslant \eta \Sigma W_{pb} f_{yb} \tag{8.2-1}$$

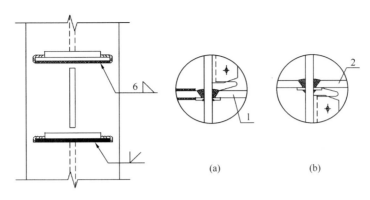

图 8.2-8　衬板与柱翼缘的焊接构造
(a) 下翼缘；(b) 上翼缘

式中　　W_{pc}、W_{pb}——分别为柱和梁的塑性截面模量；

　　　　　N——柱轴力设计值；

　　　　　A_c——柱截面面积；

　　　f_{yc}、f_{yb}——分别为柱和梁的钢材屈服强度；

　　　　　η——强柱系数，超过 6 层的钢框架，6 度场地和 7 度时可取 1.0，8 度时可取 1.05，9 度时可取 1.15。

(5) 骨形削弱段应采用自动切割，可按图 8.2-9 设计，尺寸 a、b、c 可按下列公式计算：

$$a = (0.5 \sim 0.75) b_f \quad (8.2\text{-}2)$$
$$b = (0.65 \sim 0.85) h_b$$
$$(8.2\text{-}3)$$
$$c = (0.15 \sim 0.25) b_f$$
$$(8.2\text{-}4)$$

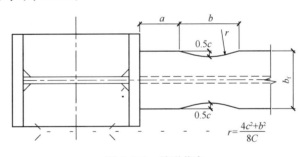

图 8.2-9　骨形节点

式中　　b_f——框架梁翼缘宽度；

　　　　　h_b——框架梁截面高度。

3. 加强型梁柱节点，应符合下列要求：

(1) 加强段的塑性弯矩的变化宜与梁端形成塑性铰时的弯矩图相接近；

(2) 采用盖板加强节点时，盖板的计算长度应以离开柱子表面 50mm 处为起点；

(3) 采用翼缘加宽的方法时，翼缘边的斜角不应大于 1:2.5；加宽的起点和柱翼缘间的距离宜为 $0.3 \sim 0.4 h_b$，h_b 为梁截面高度；翼缘加宽后的宽厚比不应超过 $13\varepsilon_k$；

(4) 当柱子为箱形截面时，宜增加翼缘厚度。

8.3　结构的性能目标类别

1. 结构抗震性能化设计应根据结构方案的特殊性、选用适宜的结构抗震性能目标，并采取满足预期的抗震性能目标的措施。

2. 结构抗震性能目标应综合考虑抗震设防类别、设防烈度、场地条件、结构的特殊性、建造费用、震后损失和修复难易程度等各项因素选定。结构抗震性能目标可分为 A、B、C、D 四个等级，结构抗震性能可分为 1、2、3、4、5 五个水准（表 8.3-1），每个性能目标均与一组在指定地震地面运动下的结构抗震性能水准相对应。

结构抗震性能水准与性能目标及地震水准的关系　　　　　表 8.3-1

性能目标 性能水准 地震水准	A	B	C	D
多遇地震	1	1	1	1
设防烈度地震	1	2	3	4
预估的罕遇地震	2	3	4	5

3. 结构抗震性能水准可按表 8.3-2 进行宏观判别。

各性能水准结构预期的震后性能状况的要求　　　　　表 8.3-2

结构抗震 性能水准	宏观损坏 程度	损坏部位			继续使用的可能性
		关键构件	普通竖向构件	耗能构件	
第1水准	完好、无损坏	无损坏	无损坏	无损坏	一般不需修理 即可继续使用
第2水准	基本完好、 轻微损坏	无损坏	无损坏	轻微损坏	稍加修理即可 继续使用
第3水准	轻度损坏	轻微损坏	轻微损坏	轻度损坏、 部分中度损坏	一般修理后 才可继续使用
第4水准	中度损坏	轻度损坏	部分构件 中度损坏	中度损坏、部分 比较严重损坏	修复或加固 后才可继续使用
第5水准	比较严重损坏	中度损坏	部分构件 比较严重损坏	比较严重损坏	需排险大修

注："关键构件"是指该构件的失效可能引起结构的连续破坏或危及生命安全的严重破坏；"普通竖向构件"是指"关键构件"之外的竖向构件；"耗能构件"包括框架梁、消能梁段、延性墙板及屈曲约束支撑等。

4. 关键构件及普通竖向构件"无损坏"，应符合下式要求：

$$\gamma_G S_{GE} + \gamma_{Eh} S^*_{Ehk} + \gamma_{Ev} S^*_{EVk} \leqslant R_d / \gamma_{RE} \tag{8.3-1}$$

式中　R_d——分别为构件承载力设计值；

γ_{RE}——构件承载力抗震调整系数。结构构件和连接强度计算时取 0.75；柱和支撑稳定计算时取 0.8；当仅计算竖向地震作用时取 1.0；

S_{GE}——重力荷载代表值的效应；

S^*_{Ehk}——水平地震作用标准值的构件内力，不需考虑与抗震等级有关的增大系数；

S^*_{Evk}——竖向地震作用标准值的构件内力，不需考虑与抗震等级有关的增大系数；

γ_G、γ_{Eh}、γ_{Ev}——分别为上述各相应荷载或作用的分项系数；

关键构件及普通竖向构件"轻微损坏"，应同时符合下面两式要求：

$$S_{GE} + S_{Ehk}^{*} + 0.4S_{EVk}^{*} \leqslant R_{k} \tag{8.3-2}$$

式中　R_{k}——截面极限承载力，按钢材的屈服强度计算；

$$S_{GE} + 0.4S_{Ehk}^{*} + S_{EVk}^{*} \leqslant R_{k} \tag{8.3-3}$$

竖向关键构件及普通竖向构件"轻度损坏"，应符合下式要求：

$$u/h \leqslant 1/150 \tag{8.3-4}$$

式中　u——构件两端相对于两端截面轴线的变形，h 为构件高度，如图 8.3-1 所示。可按下式计算：$u = u_0 - \theta_1 h$；

　　　u_0——构件两端相对水平变形；θ_1 为构件下端相对水平转角。

斜向轴向受力关键构件"轻度损坏"，应符合下式要求：

$$\delta/l \leqslant \sin^2\alpha/150 \tag{8.3-5}$$

式中　δ——构件两端的轴向变形，l 为构件的长度，如图 8.3-2 所示。

竖向关键构件及普通竖向构件"中度损坏"，应符合下式要求：

$$u/h \leqslant 1/80 \tag{8.3-6}$$

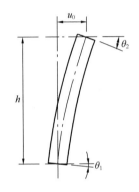　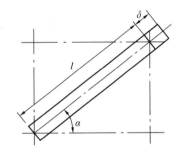

图 8.3-1　竖向构件的变形　　　　图 8.3-2　斜向轴向构件的变形

斜向关键构件"中度损坏"，应符合下式要求

$$\delta/l \leqslant \sin^2\alpha/80 \tag{8.3-7}$$

竖向关键构件及普通竖向构件"比较严重损坏"，应符合下式要求

$$u/h \leqslant 1/50 \tag{8.3-8}$$

斜向关键构件"比较严重损坏"，应符合下式要求

$$\delta/l \leqslant \sin^2\alpha/50 \tag{8.3-9}$$

8.4　抗震性能化计算

1. 进行结构抗震性能化设计时，多遇地震下可将结构当作弹性体计算。设防烈度地震和预估的罕遇地震下，结构可能进入弹塑性状态，抗震计算时应考虑结构的弹塑性特性。

2. 进行结构抗震性能化计算时，多遇地震下可采用反应谱法，设防烈度地震下可采用反应谱法或时程分析法，罕遇地震下宜采用时程分析法。

3. 采用反应谱法进行结构抗震计算时，可考虑结构体系延性不同，结构的耗能能力将不同，从而对结构抗震承载力的需求不同。抵抗—定的地震，结构需消耗—定的能量，结构延性变形能力差时，需利用弹性变形能耗能，结构承载力需求高；结构延性变形能力好时，可利用塑性变形耗能，结构承载力需求可降低（图 8.4-1）。

4. 进行结构抗震性能化设计时，如采用反应谱法进行结构抗震计算，可利用结构体系延性耗能的特性，对结构地震作用进行折减，等效地降低结构承载力需求。地震作用结构体系延性调整系数可按表 8.4-1 采用。

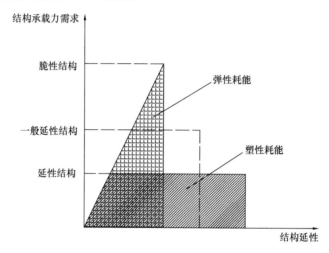

图 8.4-1   结构延性与结构承载力需求的关系

地震作用结构体系延性调整系数   表 8.4-1

结构体系延性类别	Ⅰ类	Ⅱ类	Ⅲ类	Ⅳ类
γ_{RS}	1.0	0.85	0.70	0.60

参 考 文 献

[1] 高层民用建筑钢结构技术规程：JGJ 99—2015[S]. 北京：中国建筑工业出版社，2016.
[2] 高层建筑钢结构设计规程：DG/TJ 08—32—2008[S]. 北京：中国建筑工业出版社，2008.
[3] 建筑抗震设计规范：GB 50011—2001[S]. 北京：中国建筑工业出版社，2001.
[4] 钢结构设计标准：GB 50017—2017[S]. 北京：中国建筑工业出版社，2018.
[5] 李国强. 多高层建筑钢结构设计. 北京：中国建筑工业出版社，2004.

第9章 压型钢板轻钢围护结构

9.1 概 述

9.1.1 轻钢围护结构的技术经济特点

大型钢结构工程，如工业建筑、民用建筑、公共场馆建筑等绝大多数是采用压型钢板围护结构体系：以压型钢板为面层，以轻型冷弯薄壁型钢构件为支承骨架，屋面（墙面可有可无）设有轻质保温材料所组成的结构体系，其主要技术经济特点如下：

1. 外观新颖、美观大气、色彩丰富装饰性强，具有现代化气息。

2. 围护结构自重轻，15～25kg/m² 不到传统钢筋混凝土大板屋盖重量的 10%，有利于结构抗震，地基基础工程量可大幅度减少。

3. 符合装配式建筑特点：设计标准化、制作工厂化、施工装配化，可缩短工期，极大地减少了传统建筑施工对环境的污染。

4. 适用于各种大体量的建筑外围结构，具有较好的经济效益和社会效益，已有大量成熟的工程经验，国家现行标准《压型金属板工程应用技术规范》GB 50896、《建筑用压型钢板》GB/T 12755 可作为轻钢围护结构的技术标准使用。

9.1.2 围护结构的基本构造与材料

一、基本构造概述

压型钢板轻钢围护结构通常由压型钢板作为外围板，中间铺设不锈钢丝网支持轻质保温纤维材料，与承重的冷弯薄壁型钢檩条和墙梁共同组成，其中保温材料也可采用定形的硬质材料，由内外两层金属面板粘接成金属面夹芯板，金属面夹芯板具有较大的刚度，可以有更大的跨度。

除上述的基本构造外，尚需配合各种泛水板、包边板、防水堵头等密封材料共同组成一个完整的、满足建筑最基本功能的压型钢板轻型围护结构体系。

此外，为满足建筑功能要求，尚需某些专门的构造设计，可参见图 9.1-1～图 9.1-3。

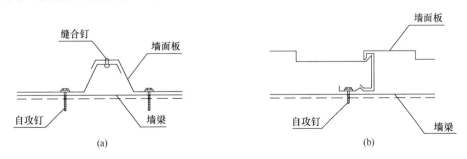

图 9.1-1 压型钢板墙面构造

（a）普通压型钢板墙面构造；（b）自攻钉隐藏压型钢板墙面构造

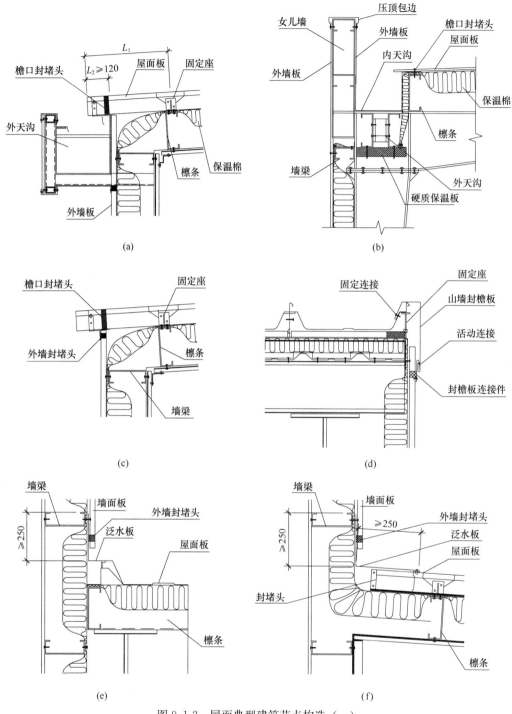

图 9.1-2　屋面典型建筑节点构造（一）

（a）外天沟檐口构造；（b）内天沟檐口构造；

（c）自由排水檐口构造；（d）山墙屋檐构造；

（e）平行屋面坡度墙体泛水构造；（f）垂直屋面坡度墙体泛水构造；

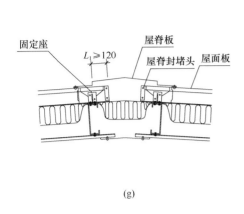

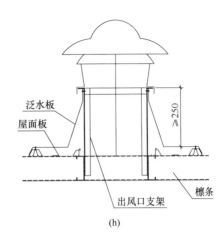

(g)　　　　　　　　　　　　　(h)

图 9.1-2　屋面典型建筑节点构造（二）

（g）屋脊节点构造；（h）出风口构造

二、围护结构的材料

1. 常用的压型金属板主要是镀锌或镀铝锌彩涂钢板，当屋面板不考虑色彩时可选用镀铝锌本色板，根据建筑或防腐耐久性特殊要求也可能选用其他材料，如铝合金、铝镁锰、钛合金、不锈钢、铜板等。镀锌或镀铝锌彩涂钢板的性能要求应符合现行国家现行标准《压型金属板工程应用技术规范》GB 50896、《建筑用压型钢板》GB/T 12755 及《彩色涂层钢板及钢带》GB/T 12754 的规定。

2. 制造压型钢板用的镀锌或镀铝锌彩涂板由钢基材、正反面镀锌或镀铝锌层、正反面油漆涂层组成，满足使用功能的防腐耐久性取决于镀锌或镀铝锌层的厚度；各类油漆涂层的耐久性由低到高可分为聚酯（RMP）→硅改性聚酯（SMP）→高温耐久性聚酯（HDP）→聚偏氟乙烯（PVDF）。正常环境条件下暴露在室外的压型钢板油漆涂层不产生（龟）裂纹或起皮的耐久年限为5～25 年。

3. 常用的镀锌或镀铝锌彩涂板的牌号表示方法是：前面的数字表示屈服强度，"＋"后面的 Z、AZ、ZA 分别表示镀锌、镀铝锌、镀锌铝，各牌号所对应的基材力学性能见表9.1-1。

基材的力学性能　　　　　　　　　　　　　　　表 9.1-1

牌　　号	屈服强度	抗拉强度	延伸率（$l_0=80mm$，$b=20mm$)%不小于	
	不小于	不小于	公称厚度（mm）	
	MPa	MPa	≤0.70	＞0.70
TS250GD＋Z、TS250GD＋ZF、TS250GD＋AZ、TS250GD＋ZA	250	330	17	19
TS280GD＋Z、TS280GD＋ZF、TS280GD＋AZ、TS280GD＋ZA	280	360	16	18
TS300GD＋AZ	300	330	16	18

续表

牌　　号	屈服强度	抗拉强度	延伸率（$l_0=80mm$，$b=20mm$）% 不小于	
	不小于	不小于	公称厚度（mm）	
	MPa	MPa	$\leqslant0.70$	>0.70
TS320GD+Z、TS320GD+ZF、TS320GD+AZ、TS320GD+ZA	320	390	15	17
TS350GD+Z、TS350GD+ZF、TS350GD+AZ、TS350GD+ZA	350	420	14	16
TS550GD+Z、TS550GD+ZF、TS550GD+AZ、TS550GD+ZA	550	560	—	—

注：1. 拉伸试验试样的方向为纵向（沿轧制方向）；

　　2. 当屈服现象不明显时采用 $R_{p0.2}$。

4. 普通压型钢板由自攻钉固定，宜选用屈服强度较低的材料，扣合式压型钢板和咬合式压型钢板由其自身公、母肋相互的扣合或咬合固定，宜选用屈服强度较高的材料，一般要按照压型钢板辊压机所规定的技术参数来选用材料；镀铝锌钢板的抗腐蚀性强于镀锌钢板，故用于墙面板可选用镀锌钢板；由于屋面板可选用镀铝锌钢板。各类镀层材料的双面镀层重量宜根据表9.1-2的大气环境分类，按照表9.1-3的规定确定镀层重量。

5. 压型钢板轻钢围护结构体系中常用的保温材料主要为玻璃纤维棉、纤维岩棉、岩棉毡、聚苯乙烯泡沫、聚氨酯泡沫等，前二者直接铺设在压型钢板下面用于保温，后三者常粘接在里、外彩钢板面层之间组成金属面夹芯板，选用保温材料应考虑材料的热工性能，保温材料的热工性能见表9.1-4。

6. 常用的檩条和墙梁宜选用镀锌钢板采用辊压冷弯成型技术制造，采用镀锌钢板制造的薄壁冷弯型钢构件选用的镀层重量参考表9.1-3。

7. 纤维类保温棉通常由直径为 1.0mm 的不锈钢丝支撑。

8. 泛水板、包边板一般采用与压型钢板相同的材料，由辊压机或折边机制作。

外界环境对冷弯型钢构件的侵蚀作用分类　　　　表 9.1-2

序号	地区环境	相对湿度	对钢结构的侵蚀作用		
		（%）	室内（有采暖）	室内（无采暖）	露天
1	农村、一般城市的商业区和住宅区	干燥，<60	微侵蚀性	微侵蚀性	弱侵蚀性
2		普通，60～75	微侵蚀性	弱侵蚀性	中等侵蚀性
3		潮湿，>75	弱侵蚀性	弱侵蚀性	中等侵蚀性
4	工业区和沿海区	干燥，<60	弱侵蚀性	中等侵蚀性	中等侵蚀性
5		普通，60～75	弱侵蚀性	中等侵蚀性	中等侵蚀性
6		潮湿，>75	中等侵蚀性	中等侵蚀性	中等侵蚀性

注：表中的相对湿度系指当地的年平均相对湿度。

各类侵蚀环境中推荐使用的最小镀层重量（g/m²）　　　　表 9.1-3

基板类型	使用环境的腐蚀性		
	低	中	高
热镀锌基板（Z）	90/90	125/125	140/140

续表

基板类型	使用环境的腐蚀性		
	低	由	高
热镀铝锌合金基板（AZ）	50/50	60/60	75/75
热镀锌铝合金基板（ZA）	65/65	90/90	110/110

注：1. 表中分子、分母值分别表示正面、反面的公称镀层重量；

2. 使用环境腐蚀性很高时，镀层重量由供需双方在订货时协商。

保温材料热工性能　　　　表 9.1-4

材料名称	干密度 (kg/m³)	导热系数 W/(m·K)	蓄热系数 W/(m²·K)	厚度 (mm)	热阻 (m²·K)/W	传热系数 W/(m²·K)	热惰性指标
玻璃棉	≤20	0.050	0.58	50	1.00	1.00	0.58
岩棉	≤100	0.045	0.77	50	1.10	0.90	0.86
聚苯乙烯泡沫	30	0.012	0.36	50	1.19	0.84	0.43
聚氨酯泡沫	35	0.033	0.36	50	1.52	0.56	0.55

注：聚苯乙烯材料阻燃性差，火灾时产生有毒气体会造成人身伤害，在有防火要求的建筑中不可使用。

9. 与压型钢板体系配套的各种紧固件主要有：

（1）自攻螺钉用于固定压型钢板；

（2）抽芯拉铆钉用于固定各种泛水板、包边板等。紧固件需要穿透檩条和墙梁，也需要穿透某种类型的压型板或固定座底板，不同的金属材料之间穿透会发生电极腐蚀反应，选用紧固件材料时应避免材料之间发生电极腐蚀反应。

10. 用于围护系统的防水密封材料主要有：

（1）柔性盖片，用在压型钢板的开洞处封闭较大的建筑间隙；

（2）防水胶条（双面胶条）或堵头＋防水胶条，用在压型钢板之间的搭接处、压型钢板与泛水包边板之间的连接处、泛水包边板之间的搭接处；

（3）硅胶或其他有机类材料防水胶（膏），用在各种建筑明缝隙处（如门框、窗框、需加强防水的自攻钉头和抽芯铆钉头等）；

（4）在寒冷冰冻地区，节点构造复杂的金属板之间的防水密封胶条容易被冰冻破坏，需要考虑采用专门的防水措施，如三涂一布或五涂一布防水涂料等。见图 9.1-3。

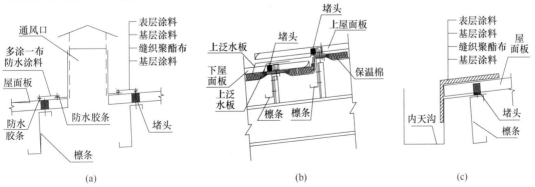

图 9.1-3　屋面特殊防水构造

（a）屋面出风口；（b）金属屋面板伸缩缝；（c）内天沟

9.2　压型钢板围护结构的设计

9.2.1　设计一般规定

1. 压型钢板围护结构工程的设计，应由建筑师与结构工程师依据现行国家现行标准《冷弯型钢结构技术规范》GB 50018、《压型金属板工程应用技术规范》GB 50896、《建筑用压型钢板》GB/T 12755、《彩色涂层钢板与钢带》GB/T 12754 等协调配合共同完成。建筑设计应保证围护结构有良好的防水、防渗、保温（隔热）、防热桥、通风、采光、隔音等建筑功能；由结构设计保证围护结构工程能安全承受自重、施工荷载、风压、风揭、雪压包括局部积雪荷载等。

2. 钢结构工程设计文件中应有压型钢板围护结构设计的专项内容，一般应包括以下内容：

（1）屋面和墙面压型钢板或金属面夹芯板的布置及细部构造。

（2）根据防水、保温（隔热）、防腐、抗风、隔音、抗腐蚀等使用要求确定的板型、板厚、钢板材质、钢材牌号、镀层、彩涂层等技术条件要求。

（3）根据排水计算与通风要求确定的天沟、落水管、通风器的布置与选用的材质、规格或型号。

（4）根据采光及建筑美观要求确定的屋面采光带、门窗布置、选用的类型、规格等。

（5）屋面檩条与墙梁的选型、布置及根据围护结构抗风、抗雪、施工荷载等承载力计算选用的檩条和墙梁的材质、规格等。

（6）对建筑物的使用规定其检查与维护要求。

3. 根据使用压型钢板的强度和刚度要求，压型钢板基板的厚度（含镀层）不宜小于 0.6mm（对于屋面板）或 0.5mm（对于墙面板）。对普通压型钢板，其牌号一般选用强度级别为 250MPa 或 280MPa 的材料；对扣合式压型板和咬合式压型板应根据板型辊压机所要求的技术性能，其强度级别一般高于普通压型板材料，常用级别为 350～550MPa 的材料。

4. 对压型钢板和檩条及墙梁的镀层量要求宜根据表 9.1-2 环境侵蚀作用分类，按表 9.1-3 要求选用，彩涂层根据油漆涂层材料的耐久性能选用。

5. 压型钢板的选型（见图 9.2-3）按以下规则：

（1）屋面板宜采用咬合式板或扣合式板，在台风地区不应采用扣合式板以防风揭破坏，应采用咬合式板；当排水长度不大且坡度不小于 1/10 时，可采用自攻钉外露的搭接式压型钢板。

（2）墙面板一般选用紧固件外露的搭接式压型板，对外观及耐腐蚀性要求较高时，可采用自攻钉隐藏的扣合式压型钢板。

6. 压型钢板、包边板、泛水板等尽量采用长尺寸板以减少接缝，当建筑面积较大时，可采用现场直接开卷压制提供长尺寸板。应考虑压型钢板温度伸缩引起的问题，由自攻钉直接固定的搭接式压型钢板单板长度不宜超过 36m；有随温度变化滑移连接构造的咬合式板或扣合式板长度不宜超过 75m。

7. 屋面板的坡度应根据泄水面长度、屋面结构形式、屋面板型与构造等，经排水设计计算后确定，宜符合以下要求：

（1）屋面坡度不应小于 1/20，当采用紧固件连接的搭接式板时，不宜小于 1/10，采用咬合式板和扣合式板但泄水坡面较长时，屋面坡度不宜小于 1/15。

（2）当为中度或强腐蚀环境时，屋面坡度宜分别不小于 1/12 和 1/10。

8. 对台风地区建筑或建筑形状复杂的公共建筑，尤其对围护结构的边缘和角部区域，应加强围护板的连接构造，可采用加压条等方式，应按边缘风荷载系数计算风揭力，并应进行 1∶1 试件的抗风揭试验，可采用气囊加载试验模拟风揭力作用。

9. 为防止内天沟渗漏，宜尽量设计成单脊双坡屋面形式，采用轻型外挂式彩钢板天沟（见图 9.1-2 (a)）和自由排水方式（见图 9.1-2 (c)），无需考虑天沟渗漏问题。

10. 在寒冷积雪冰冻地区屋面围护结构体系的设计宜按如下原则考虑：

（1）尽量不做内天沟，防止积雪反复冻融破坏建筑密封胶造成渗漏，外天沟宜采用轻型外挂式，外挂在屋面板下面和墙板外面，方便维修更换；如做内天沟，则需另外在屋面板与天沟交接处增加铺设三涂一布或五涂一布的防水涂料（参见图 9.1-3），或其他专门的防反复冻融渗漏的措施。

（2）高低屋面不应有过大的落差，减少积雪，易积雪方向的女儿墙高度不宜超过 1.2m。

（3）屋面檐口处宜设置阻挡冰雪下滑的安全护栏。

（4）当采用纤维类的保温棉时，对保温有较高要求的建筑应在檩条和墙梁处铺设防热桥的定形（硬质）保温材料，图 9.2-1，有更严格保温要求时，对自攻钉应加设隔热帽头以切断热桥。

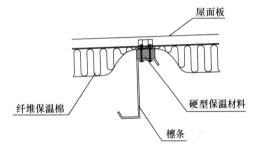

图 9.2-1　檩条上的保温设计

11. 围护压型钢板纵向宜按 50m 左右设置温度伸缩缝，（自攻钉直接固定的搭接式压型钢板宜按 36m 左右设置温度伸缩缝）图 9.1-3 (b)，压型钢板横向本身具有温度伸缩性能，无需考虑温度伸缩缝问题，但遇有主体钢结构伸缩缝时，则需设置满足温度伸缩缝要求的盖板，图 9.2-2 (a)、(b)。

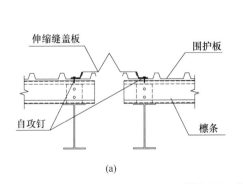

(a)

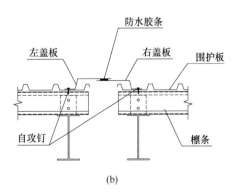

(b)

图 9.2-2　温度伸缩缝盖板

（a）整体式伸缩缝盖板；（b）分离式伸缩缝盖板

12. 当屋面坡度不大于 1/10 时，屋面压型钢板搭接长度不宜小于 250mm；当屋面坡度大于 1/10 时，搭接长度不宜小于 200m。

13. 墙面压型钢板搭接长度不宜小于 100mm。

14. 泛水板应采用与压型板相同的材料，有条件时，宜采用辊压成型的制造技术。

15. 所有室外的压型钢板与压型钢板之间、压型钢板与泛水板之间、泛水板与泛水板之间、压型板肋配套的金属阴堵头和阳堵头的四条边均应粘贴防水密封胶条，其中，对于屋面板与内天沟的搭接处和采光带的端头搭接处等易渗漏处尚需要设置二道防水密封胶条。

9.2.2　压型钢板的构造与选型

一、压型钢板的一般构造

压型钢板板型按其连接受力特性可分为三大类：

（1）搭接式板：见图 9.2-3（a）～（c），板与板之间按板肋上下搭接，板与檩条或墙梁之间用自攻钉直接穿透固定，压型钢板在反复温度热胀冷缩作用下，自攻钉受剪切作用，钉孔容易扩大产生渗漏，故搭接式压型钢板主要适用于墙面，其连接强度主要取决于压型钢板面材的抗撕拉强度。

（2）扣合式板：见图 9.2-3（f）～（h），与扣合板形状配合的支架夹在屋面压型钢板

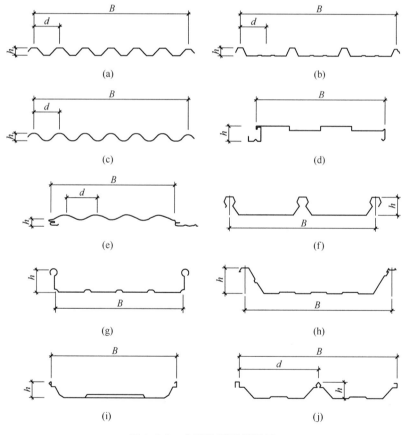

图 9.2-3　典型的压型板图示

（a）搭接式普通肋型板；（b）搭接式带防水腔肋型板；（c）搭接式波浪压型板；
（d）扣合式肋型墙面板；（e）扣合式波浪墙面板；（f）扣合式屋面板；（g）扣合式屋面板；
（h）扣合式屋面板；（i）咬合式屋面板；（j）咬合式屋面板

的公母肋内，由自攻钉固定内部的支架，以此固定压型钢板，见图 9.2-4（f）～（h）。此种构造适用于做屋面板；也有不带固定座的，由压型板两侧边的公母肋中相互扣合固定，钉子打在公肋上不外露，以免腐蚀淌锈水，分别见图 9.2-3（d）、（e）和图 9.2-4（d）、（e），此两种构造适用于做墙面板。扣合板的连接强度取决于压型钢板公母肋之间的扣合力，其扣合力的抗风揭能力一般较弱，故不适用于大风地区。

（3）咬合式板：见图 9.2-3（i）、（j），板与板之间公母肋相扣合及公母肋中间夹有固定座的滑移片，见图 9.2-4（i）、（j）。采用专门的咬合机械将公母肋 180°～360°咬合，咬合式板型仅适用于做屋面板，屋面压型钢板的温度伸缩滑移通过固定座中滑移片的滑移实现，咬合式屋面压型板通常是两边高肋中间为一大底盘形状，排水、防渗漏和抗风揭性能均很好，是一种较完善的产品，适用于各种环境下使用。

上述各种压型钢板的连接构造分别见对应的图 9.2-4（a）～（j）。

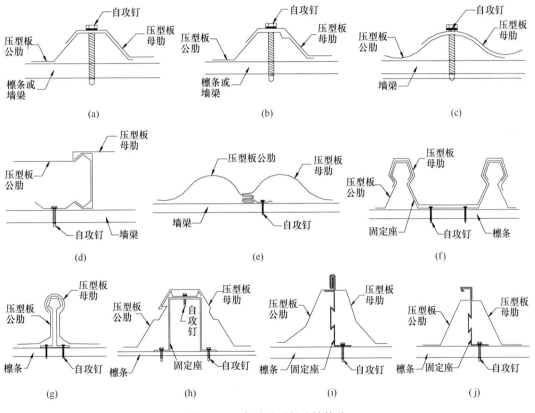

图 9.2-4　各种压型板连接构造

（a）搭接式普通构造；（b）搭接式带防水腔构造；（c）搭接式波浪形构造；
（d）扣合式墙面构造；（e）扣合式墙面构造；（f）扣合式屋面构造；
（g）扣合式屋面构造；（h）扣合式屋面构造；（i）咬合式屋面构造；（j）咬合式屋面构造

配合咬合式屋面板有温度滑移功能的固定座构造见图 9.2-5 所示，其中（a）图为可滑移片卡在固定座槽内，固定座采用两颗自攻钉连接檩条；（b）图为可滑移片裹住固定座中的棱形杆，此种固定座不能施工自攻钉，采用一颗螺栓连接檩条，需要在檩条上预钻螺栓孔，故对檩条冲孔定位等制作精度要求很高，需要配有专门定型的标准化设计与

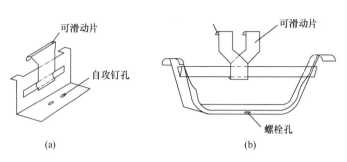

图 9.2-5　咬合式屋面板的固定座

（a）卡槽式；（b）包裹式

制作。

二、金属面夹芯板的一般构造

金属面夹芯板是将定形的硬质保温材料聚苯乙烯泡沫、聚氨酯泡沫等粘接在里、外金属面层之间组成复合式金属面夹芯板，金属面夹芯板的抗弯刚度远大于金属压型板抗弯刚度，因此，可以跨越更大的檩条间距，按其连接受力特性可分为三大类：

（1）搭接式：外层金属面板搭接，主要用于屋面，见图 9.2-6（a）。

（2）扣合式：自攻钉隐藏在内，外层金属面母肋卡住公肋，主要用于屋面，见图 9.2-6（b）。

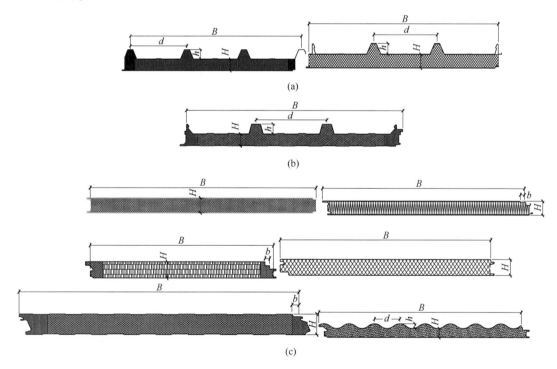

图 9.2-6　金属面夹芯板

（a）搭接式夹芯板；（b）扣合式夹芯板；（c）插入式夹芯板

（3）插入式：板边缘的公肋插在母肋内相互扣合，自攻钉固定公肋，主要用于墙面，图 9.2-6（c），其固定方式见图 9.2-7。

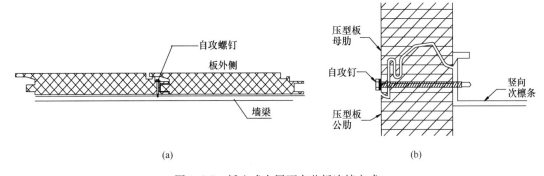

图 9.2-7　插入式金属面夹芯板连接方式
（a）金属面夹芯板竖排式连接；（b）金属面夹芯板横排式连接

三、压型钢板的选型

1. 屋面板：通常选用咬合式压型钢板，具有温度伸缩功能，有极好的防渗漏性能和抗风揭强度。也可选用扣合式压型板，防渗漏性能佳，但抗风揭能力较差，不可用在台风地区或另行设计有抗风夹具方可使用。对于坡长不大的屋面，也可选用搭接式普通压型板或金属面夹芯板。对于弧形屋面，可选用普通压型钢板，也可选用扣合式压型钢板，此时，压型钢板需要经过二次加工成所需要的弧形；不能选用咬合式压型钢板和金属面夹芯板，前者很难进行咬合式机械施工，后者制成弧形极不方便。

2. 外墙面板：通常选用搭接式压型钢板，为避免钉子外露锈蚀淌锈水，可选用扣合式压型钢板。用作墙面板的压型钢板既可以竖向铺设，也可以横向铺设，如横向铺设，需增加布置竖向次檩条，见图 9.2-7（b），还需要在门、窗边框处增加堵头和防水胶条等构造措施，工程成本有所增加。

3. 内隔墙板：宜采用金属面夹芯板，可以不用立柱子、梁及檩条等，在墙板与墙板、墙板与天花板的直角相交处直接加设轻型角铝（合金）条用拉铆钉连接，图 9.2-8，可以得到整齐简洁的内部空间

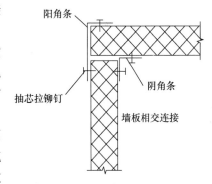

图 9.2-8　内隔墙板连接

用房，金属面夹芯板下端插入地面槽钢内，槽钢采用膨胀螺栓固定在混凝土地面上，施工极为简单方便。

9.2.3　压型钢板的设计计算

一、一般说明

1. 屋面压型钢板承担自重、雪荷载及施工荷载作用，是垂直向下的作用力；承担的风压力和风揭（吸）力荷载，作用力与斜屋面正交方向，一般情况下，压型钢板及其连接的强度计算，需考虑施工等活荷载的正向作用和风揭（吸）力负向作用，无需考虑风压力作用，在屋面可能形成堆积雪的部位应按照最不利堆积雪荷载考虑。

2. 墙面压型钢板主要承受水平风荷载，一般情况下，墙面压型钢板及其连接的强度计算，无需考虑风压力作用只需考虑风揭（吸）力作用。

3. 压型钢板的板件宽厚比很大，在各种荷载作用下极易发生板件的平面外弹性大变

形，卸载后板件即可恢复原状，应按有效截面法计算压型板的应力和挠度。

4. 压型钢板的蒙皮效应使平面受力体系的门式刚架具有良好的空间结构效应，尤其对于提高檩条和墙梁的整体稳定有重要效果，但压型钢板有很多种不同的类型，细部构造也是多样化，其蒙皮作用的大小相差很大，难以统一量化，在设计中很难直接计算蒙皮效应，企业可以通过适当的试验研究论证后在设计中直接利用蒙皮效应。在《门式刚架轻型房屋钢结构技术规程》中针对檩条和墙梁的稳定计算已考虑蒙皮效应的作用，但设计者应注意使用蒙皮效应时压型钢板及其连接应满足的各项技术条件。一般情况下，蒙皮效应宜作为钢结构的一种安全储备来考虑。

5. 压型钢板的连接细部构造复杂，其几何特性计算复杂，精确计算尤其困难，设计的压型钢板板型一旦确定，其材料的力学性能与厚度的选用受到该板型的辊压机器的技术性能条件所限，故压型钢板是一种工业化标准产品，需要正规钢构企业通过产品的试验认证后，锁定技术参数，制定产品的技术标准，编制相应的产品技术手册，给出产品的各项性能指标，直接用于结构设计中。

二、荷载作用

（1）施工活荷载按现行国家标准《建筑结构荷载规范》GB 50009 的规定值采用。

（2）风荷载的作用按垂直于围护板表面的单位面积计算，其标准值按下式计算：

$$\omega_k = \beta \mu_w \mu_z \omega_o \qquad (9.2-1)$$

式中　ω_k——风荷载标准值（kN/m²）；

　　　ω_o——基本风压（kN/m²），按现行国家标准《建筑结构荷载规范》GB 50009 的规定值采用；

　　　μ_z——风压高度变化系数，按现行国家标准《建筑结构荷载规范》GB 50009 的规定值采用；当高度小于 10m 时，按 10m 高度处的数值采用；

　　　μ_w——风荷载系数，按表 9.2-1 和表 9.2-2 的规定采用，包含体形系数和阵风效应等，无需再考虑阵风系数和风振系数；

　　　β——修正系数，计算围护结构以及连接时，取 $\beta = 1.5$。

（3）堆积雪荷载的计算按第 10 章的规定。

墙面围护结构的风荷载系数 μ_w　　　　　　　　　　　　　　表 9. 2-1

分区	有效风荷载面积 A（m²）	封闭式房屋	部分封闭式房屋
角部 ⑤	$A \leqslant 1$	$-1.58/+1.18$	$-1.95/+1.55$
	$1 < A < 50$	$+0.353\log A - 1.58/-0.176\log A + 1.18$	$+0.353\log A - 1.95/-0.176\log A + 1.55$
	$A \geqslant 50$	$-0.98/+0.88$	$-1.35/+1.25$
中间区 ④	$A \leqslant 1$	$-1.28/+1.18$	$-1.65/+1.55$
	$1 < A < 50$	$+0.176\log A - 1.28/-0.176\log A + 1.18$	$+0.176\log A - 1.65/-0.176\log A + 1.55$
	$A \geqslant 50$	$-0.98/+0.88$	$-1.35/+1.25$

注：1. 本表给出围护板的负向风揭作用和正向风压作用，数值前面"－"表示风揭力作用；数值前面"＋"表示正向风压作用；

　　2. 分区按图 9.2-9。

常规屋面围护结构的风荷载系数 μ_w 　　　　　　　　表 9.2-2

屋面形状	分区	有效受风面积（m²）	封闭式建筑	部分封闭式建筑
双坡	角部区③	$A<1$	$-2.98/+0.48$	$-3.35/+0.85$
		$1<A<10$	$+1.70\log A-2.98/-0.10\log A+0.48$	$+1.70\log A-3.35/-0.10\log A+0.85$
		$A\geqslant10$	$-1.28/+0.38$	$-1.65/+0.75$
	边缘区②	$A\leqslant1$	$-1.98/+0.48$	$-2.35/+0.85$
		$1<A<10$	$+0.70\log A-1.98/-0.10\log A+0.48$	$+0.70\log A-2.35/-0.10\log A+0.85$
		$A\geqslant10$	$-1.28/+0.38$	$-1.65/+0.75$
	中间区①	$A\leqslant1$	$-1.18/+0.48$	$-1.55/+0.85$
		$1<A<10$	$+0.10\log A-1.18/-0.10\log A+0.48$	$+0.10\log A-1.55/-0.10\log A+0.85$
		$A\geqslant10$	$-1.08/+0.38$	$-1.45/+0.75$
单坡	高区角部③*	$A\leqslant1$	$-2.78/+0.48$	$-3.15/+0.85$
		$1<A<10$	$+1.01\log A-2.78/-0.10\log A+0.48$	$+1.0\log A-3.15/-0.10\log A+0.85$
		$A\geqslant10$	$-1.78/+0.38$	$-2.15/+0.75$
	低区角部③	$A\leqslant1$	$-1.98/+0.48$	$-2.35/+0.85$
		$1<A<10$	$+0.60\log A-1.98/-0.10\log A+0.48$	$+0.60\log A-2.35/-0.10\log A+0.85$
		$A\geqslant10$	$-1.38/+0.38$	$-1.75/+0.75$
	高区边缘②*	$A\leqslant1$	$-1.78/+0.48$	$-2.15/+0.85$
		$1<A<10$	$+1.0\log A-1.78/-0.10\log A+0.48$	$+0.10\log A-2.15/-0.10\log A+0.85$
		$A\geqslant10$	$-1.68/0.38$	$-2.05/+0.75$
	低区边缘②	$A\leqslant1$	$-1.48/+0.48$	$-1.85/+0.85$
		$1<A<10$	$+1.0\log A-1.48/-0.10\log A+0.48$	$+0.10\log A-1.85/-0.10\log A+0.85$
		$A\geqslant10$	$-1.38/+0.38$	$-1.75/+0.75$
	中间区①	全部面积	$-1.28/+0.38$	$-1.65/+0.75$
挑檐	角部区	$A\leqslant1$	-2.8	同左
		$1<A<10$	$+2.00\log A-2.80$	
		$A\geqslant10$	-0.80	
	边缘区和中间区	$A\leqslant1$	-1.7	
		$1<A\leqslant10$	$+0.10\log A-1.70$	
		$10<A<50$	$+0.715\log A-2.32$	
		$A\geqslant50$	-1.10	

注：1. 本表给出围护板的负向风揭作用和正向风压作用，数值前面"—"表示风揭力作用；数值前面"＋"表示正向风压作用；

　　2. 分区按图 9.2-9；

　　3. 本表适用屋面坡度不大于 10°。

三、压型板的构造计算

设计压型钢板时，应考虑其展开宽度符合钢板卷材的标准宽度 1000mm 或 1200mm 的模数，即常规压型板的展开宽度有 600mm、1000mm、1200mm 三种，一般成型后的压

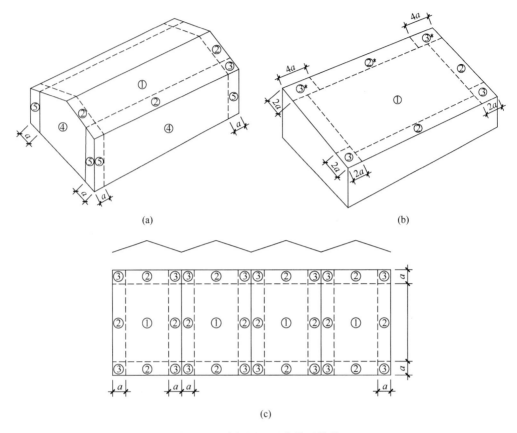

图 9.2-9　常规屋面风荷载系数分区

（a）双坡屋面；（b）单坡屋面；（c）多脊多坡屋面

注：边缘带宽度 a 值取房屋最小水平尺寸的 10% 和檐口高度的 40% 之中的较小值

型板有效覆盖宽度不低于展开宽度的 65%。压型板板件的宽厚比不宜大于 600，常规压型板板材的厚度为 0.5~0.8mm，设置加劲肋可有效地减小板件的宽厚比。常规屋面压型钢板的波高不宜小于 50mm，常规墙面压型钢板波高不宜大于 40mm。可按以下原则设计压型钢板（参见图 9.2-10）：

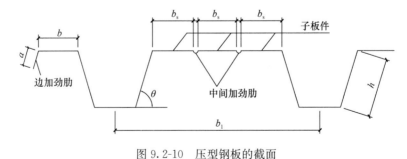

图 9.2-10　压型钢板的截面

（1）压型板边缘卷边高度宜符合下式要求

$$0.20 \leqslant a/b \leqslant 0.33 \qquad (9.2-2)$$

式中　a——卷边的高度；

b——被卷边加劲的受压板件（不限于翼缘）的宽度。

注：上式是为考虑获得板件的最佳力学性能而设定，如因建筑设计或板件的构造设计另有考虑，则不受此限制。

（2）腹板与翼缘的夹角 θ 不应大于 $135°$。

（3）压型钢板受压板件（不限于翼缘）的纵向加劲肋刚度应满足以下条件：

边加劲肋（或卷边）：$I_{es} \geq 1.83t^4\sqrt{\left(\dfrac{b}{t}\right)^2 - \dfrac{27100}{f_y}}$，且 $I_{es} \geq 9t^4$ (9.2-3a)

中间加劲肋：$I_{is} \geq 3.66t^4\sqrt{\left(\dfrac{b_s}{t}\right)^2 - \dfrac{27100}{f_y}}$，且 $I_{is} \geq 18t^4$ (9.2-3b)

$$I_{es} = a^3 t \sin^2\theta/12 \tag{9.2-3c}$$

式中 I_{es}——边加劲肋截面对平行于被加劲板件截面之形心轴的惯性矩；

       I_{is}——中间加劲肋截面对平行于被加劲板件截面之形心轴的惯性矩；

       a——卷边的高度；

       θ——加劲肋与被加劲板之间的夹角；

       b——边加劲板件的宽度；

       b_s——子板件的宽度；

       t——板件的厚度；

       f_y——材料的屈服强度。

四、有效截面的计算

1. 卷边可定义为非加劲板件；与卷边相连的板件，当卷边刚度符合式（9.2-3a）时可定义为加劲板件，否则，为部分加劲板件；板件中间加劲肋刚度满足式（9.2-3b）时，以加劲肋距离作为计算宽度的板件可定义为加劲板件。各种板件的有效宽厚比应按下列公式计算：

$$\text{当}\frac{b}{t} \leq 18\alpha\rho \text{ 时,}\frac{b_e}{t} = \frac{b_c}{t} \tag{9.2-4a}$$

$$\text{当}18\alpha\rho < \frac{b}{t} < 38\alpha\rho \text{ 时,}\frac{b_e}{t} = \left(\sqrt{\frac{21.8\alpha\rho}{\frac{b}{t}}} - 0.1\right)\frac{b_c}{t} \tag{9.2-4b}$$

$$\text{当}\frac{b}{t} \geq 38\alpha\rho \text{ 时,}\frac{b_e}{t} = \frac{25\alpha\rho}{\frac{b}{t}} \cdot \frac{b_c}{t} \tag{9.2-4c}$$

式中 b——板件宽度；

       t——板件厚度；

       b_e——板件有效宽度；

       α——计算系数，$\alpha = 1.15 - 0.15\psi$，当 $\psi < 0$ 时，取 $\alpha = 1.15$；

       ψ——压应力分布不均匀系数，$\psi = \dfrac{\sigma_{min}}{\sigma_{max}}$；

     σ_{max}——受压板件边缘的最大压应力（N/mm^2），取正值；

     σ_{min}——受压板件另一边缘的应力（N/mm^2），以压应力为正，拉应力为负；

       b_c——板件受压区宽度，当 $\psi \geq 0$ 时，$b_c = b$；当 $\psi < 0$ 时，$b_c = \dfrac{b}{1-\psi}$；

ρ——计算系数，$\rho = \sqrt{\dfrac{205 k_1 k}{\sigma_1}}$，其中 σ_1 为所计算板件的最大压应力；

k——板件受压稳定系数，按公式（9.2-6a）～（9.2-6i）计算确定；

k_1——板组约束系数，按公式（9.2-7a）～（9.2-7c）计算确定；若不计相邻板件的约束作用，令 $k_1 = 1$。

2. 卷边的有效高厚比计算，当卷边高厚比大于 12 时，取有效高厚比为 12；当卷边高度小于 12 时，有效高度取为卷边实际高度。

3. 符合中间加劲肋条件的板件之有效宽度可按等效板件的有效宽度采用，其有效宽度可按"等效板件"法计算，等效板件的厚度（图 9.2-11）可按下式计算：

$$t_{eq} = \sqrt[3]{12 I_{is}/b} \tag{9.2-5}$$

式中　t_{eq}——等效板件厚度；

I_{is}——加劲板件对中和轴的惯性矩；

b——加劲板件宽度。

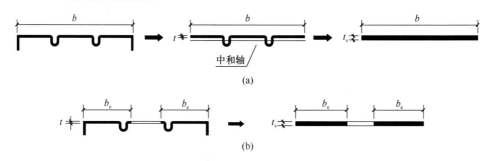

图 9.2-11　多加劲板件有效宽度计算

（a）等效厚度示意；（b）有效宽度示意

对于两纵向边均与腹板相连且中间有加劲肋的翼缘计算有效截面时，该翼缘加劲肋的作用通过等效板件厚度计入，此时，可仅考虑两边腹板的加劲作用计算腹板之间翼缘的稳定性。

4. 受压板件的稳定系数可按下列公式计算：

（1）加劲板件

$$\text{当} \ 1 \geqslant \psi > 0 \ \text{时：} k = 7.8 - 8.15\psi + 4.35\psi^2 \tag{9.2-6a}$$

$$\text{当} \ 0 \geqslant \psi \geqslant -1 \ \text{时：} k = 7.8 - 6.29\psi + 9.78\psi^2 \tag{9.2-6b}$$

（2）部分加劲板件（带卷边翼缘）

1）最大压应力作用于支承边

$$\text{当} -1 \leqslant \psi \leqslant -\frac{1}{3 + 12a/b} \ \text{时：} \quad k = 2(1-\psi)3 + 2(1-\psi) + 4 \tag{9.2-6c}$$

$$\text{当} -\frac{1}{3 + 12a/b} \leqslant \psi \leqslant 1 \ \text{时：} \quad k = \frac{(b/\lambda)^2/3 + 0.142 + 10.92 Ib/(\lambda^2 t^3)}{0.083 + (0.25 + a/b)\psi} \tag{9.2-6d}$$

按（9.2-6d）算得的 k 值不得大于按（9.2-6c）算得的 k 值。

2）最大压应力作用于部分加劲边时：

$$k = \frac{(b/\lambda)^2/3 + 0.142 + 10.92 Ib/(\lambda^2 t^3)}{\psi/12 + a/b + 0.25} \tag{9.2-6e}$$

按 (9.2-6e) 算得的 k 值不得大于按 (9.2-6c) 算得的 k 值。

（3）非加劲板件（卷边）

1）最大压应力作用于支承边

$$当 1 \geqslant \psi > 0 \text{ 时}, k = 1.70 - 3.025\psi + 1.75\psi^2 \tag{9.2-6f}$$

$$当 0 \geqslant \psi > -0.4 \text{ 时}, k = 1.70 - 1.75\psi + 55\psi^2 \tag{9.2-6g}$$

$$当 -0.4 \geqslant \psi \geqslant -1 \text{ 时}, k = 6.07 - 9.51\psi + 8.33\psi^2 \tag{9.2-6h}$$

2）最大压应力作用于自由边

$$k = 0.567 - 0.213\psi + 0.071\psi^2 \tag{9.2-6i}$$

注：当 $\psi < -1$ 时，以上各式 k 的计算按 $\psi = -1$ 采用。

式中　b——带卷边板件的宽度；

　　　a——卷边的高度；

　　　t——板件的厚度；

　　　I——卷边相对于卷边和带卷边板件形心轴的惯性矩，可近似按下式计算：

$$I = a^3 t(1 + 4b/a)/[12(1 + b/a)] \tag{9.2-6j}$$

　　　λ——畸变屈曲半波长和构件计算长度的最小值，畸变屈曲半波长 λ_d 可按下式计算：

$$\lambda_d = \pi\sqrt[4]{\frac{b^2 h}{3(3 - \psi)}(b + 32.8 I/t^3)} \tag{9.2-6k}$$

　　　h——构件截面高度。

5. 受压板件的板组约束系数应按下列公式计算：

$$当 \xi \leqslant 1.1 \text{ 时} \qquad k_1 = \frac{1}{\sqrt{\xi}} \tag{9.2-7a}$$

$$当 \xi > 1.1 \text{ 时} \qquad k_1 = 0.11 + \frac{0.93}{(\xi - 0.05)^2} \tag{9.2-7b}$$

$$\xi = \frac{c}{b}\sqrt{\frac{k}{k_c}} \tag{9.2-7c}$$

式中　b——计算板件的宽度；

　　　c——与计算板件邻接的板件的宽度，如果计算板件两边均有邻接板件时，即计算板件为加劲板件时，取压应力较大一边的邻接板件的宽度；

　　　k——计算板件的受压稳定系数，由本节第 4 款确定；

　　　k_c——邻接板件的受压稳定系数，由本节第 4 款确定。

当 $k_1 > k_1'$ 时，取 $k_1 = k_1'$，k_1' 为 k_1 的上限值。对于加劲板件 $k_1' = 1.7$；对于部分加劲板件 $k_1' = 2.4$；对于非加劲板件 $k_1' = 3.0$。

当计算板件只有一边有邻接板件，即计算板件为非加劲板件或部分加劲板件，且邻接板件受拉时，取 $k_1 = k_1'$。

6. 当受压板件的宽厚比大于第 1 款计算的有效宽厚比时，受压板件的有效截面应自截面的受压部分按图 9.2-12 所示位置扣除，截面的受拉部分全部有效。

图 9.2-12 中的 b_{e1} 和 b_{e2} 按下列规定计算：

对于加劲板件

$$当 \psi \geqslant 0 \text{ 时}, b_{e1} = \frac{2b_e}{5 - \psi}, b_{e2} = b_e - b_{e1} \tag{9.2-8a}$$

当 $\psi < 0$ 时，$b_{e1} = 0.4b_e$，$b_{e2} = 0.6b_e$　　　　　　　　　　　　（9.2-8b）

对于部分加劲板件及非加劲板件 $b_{e1} = 0.4b_e$ $b_{e2} = 0.6b_e$　　　　（9.2-8c）

式中 b_e 按第 1 款确定。

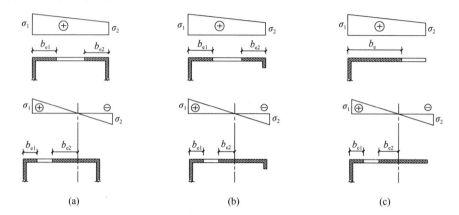

图 9.2-12　受压板件的有效截面图

（a）加劲板件；（b）部分加劲板件；（c）非加劲板件

7. 大底盘压型钢板（参见图 9.2-3（f）～图 9.2-3（j））尚需考虑大底面卷曲效应的有效宽度折减计算和剪力滞后效应的有效宽度折减计算。

（1）大底面卷曲效应的有效宽度折减计算

1）当无加劲肋的大底面板受拉时：

$$b_e = \frac{53.3 \times 10^{10} e_0^2 t^3 t_{eq}}{h_0 L b^3}　　　　　　　　　（9.2-9a）$$

式中　b_e——受拉大底面板的有效宽度；

　　　b——受拉底面板的宽度；

　　　t——板材的厚度；

　　　t_{eq}——受拉底面板的等效厚度；

　　　e_0——毛截面中性轴到受压翼缘中性轴的距离；

　　　h_0——压型钢板的性能高度（受拉翼缘中心至受压翼缘中心的距离）；

　　　L——压型钢板的跨度。

也可近似计算，直接取大底板有效面积与受压翼缘有效面积相等，有效宽度为：

$$b_e = A_{ce}/t　　　　　　　　　　　（9.2-9b）$$

式中　A_{ce}——受压翼缘的有效面积。

2）当无加劲肋的大底面板受压时，按照前面第 1 款～第 5 款的方法计算有效宽度之后，再按下式进行折减：

$$b'_e = b_e - 0.1(b/t - 60)t　　　　　　　（9.2-9c）$$

（2）大底盘压型钢板，考虑剪力滞后效应的有效宽度应按下式计算：

大底面板件受拉时　　　$b_{eff} = \beta_i b$　　　　　　　　　　　（9.2-10a）

大底面板件受压时　　　$b_{eff} = \beta_i^\eta b'_e$　　　　　　　　　　（9.2-10b）

式中　b_{eff}——考虑剪力滞后折减的有效宽度；

　　　b——压型钢板的大底面宽度；

b_e——压型钢板大底面受压时的有效宽度；

β_i——考虑剪力滞后效应的折减系数，按表9.2-3计算；

η——对应翼缘类型的系数：

无加劲肋时 $\qquad \eta = 0.5b/L_m$ (9.2-10c)

有加劲肋时 $\qquad \eta = 0.5b/(L_m\delta)$ (9.2-10d)

$$\delta = \frac{b}{t}\sqrt{\frac{f_y}{E}}$$ (9.2-10e)

式中　L_m——简支梁模式的跨度或连续梁模式的弯矩为零点之间的距离。

注：当大底面板受拉时，取式（9.2-9a）和式（9.2-10a）两者中的较小值。

剪力滞后折减系数 β_i 的计算　　　　　　　　表 9.2-3

模式	弯矩图	计算公式
跨中弯矩		当 $b/L_m < 0.1$ 时 $\qquad \beta_1 = 1.0$ 当 $b/L_m \geq 0.1$ 时 $\qquad \beta_1 = \dfrac{1}{1+1.6\ (b/L_m)^2}$
支座弯矩		当 $b/L_m < 0.04$ 时： $\qquad \beta_2 = 1.0$ 当 $0.04 \leq b/L < 0.1$ 时： $\qquad \beta_2 = 1.155 - 3.88b/L_m$ 当 $b/L_1 \geq 0.1$ 时： $\qquad \beta_2 = \dfrac{1}{1+3.0b/L_m + 0.4\ (b/L_m)^2}$

五、构件承载力验算

1. 单跨檩条或墙梁由跨中弯矩控制计算，由檩条或墙梁支承的压型板通常为多跨连续梁模式，且檩条或墙梁按等距离布置，故仅需考虑压型板端跨的跨中弯矩和第二个支座处的负向弯矩作为控制内力计算。在重力或正向风压作用下，跨中弯矩为正向弯矩，压型钢板的大底面受拉，加劲肋翼缘受压；支座处弯矩为负向弯矩，压型钢板的大底面受压，加劲肋翼缘受拉。反之，在风揭力作用下，前述的弯矩改变符号。因此，需要分别计算压型钢板在正向弯矩作用下和负向弯矩作用下两种情况的有效截面。在均布荷载作用下，不同支承条件下的弯矩按以下公式计算，对于多跨连续压型钢板宜根据实际情况考虑活荷载不利分布：

悬臂压型钢板固端弯矩 $\qquad\qquad M_z = \dfrac{ql^2}{2}$ (9.2-11a)

简支压型钢板跨中弯矩 $\qquad\qquad M_c = \dfrac{ql^2}{8}$ (9.2-11b)

多跨连续压型钢板最大跨中弯矩：$\qquad M_c = \dfrac{ql^2}{10.6}$　　　　　　(9.2-11c)

多跨连续压型钢板最大支座弯矩：$\qquad M_z = \dfrac{ql^2}{9.5}$　　　　　　(9.2-11d)

式中　M_c——跨中弯矩设计值；

　　　M_z——支座弯矩设计值；

　　　q——均布荷载设计值；

　　　l——压型钢板的跨度。

2. 压型钢板的抗弯承载力应满足以下要求：

$$\frac{M_c}{W_{emin}} \leqslant f \qquad\qquad\qquad (9.2\text{-}12a)$$

$$\frac{M_z}{W_{emin}} \leqslant f \qquad\qquad\qquad (9.2\text{-}12b)$$

式中　W_{emin}——有效截面较小抗弯模量；

　　　f——压型钢板的设计强度值。

3. 压型钢板的强度可取一个波距或整块压型钢板的有效截面，按受弯构件计算。压型钢板腹板的剪应力应符合下列要求：

当 $\dfrac{h}{t} < 100\sqrt{\dfrac{235}{f_y}}$ 时：$\qquad \tau \leqslant \tau_{cr} = \dfrac{8550}{(h/t)}\sqrt{\dfrac{f_y}{235}}\ \tau \leqslant f_v$　　　(9.2-13a)

当 $h/t \geqslant 100\sqrt{\dfrac{235}{f_y}}$ 时：$\qquad \tau \leqslant \tau_{cr} = \dfrac{855000}{(h/t)^2}$　　　　　(9.2-13b)

式中　τ——腹板的平均剪应力（N/mm²）；

　　　τ_{cr}——腹板的临界剪应力（N/mm²）；

　　　h/t——腹板的高厚比。

4. 压型钢板同时承受弯矩 M 和剪力 V 的截面，应满足以下要求：

$$(M/M_u)^2 + (V/V_u)^2 \leqslant 1 \qquad\qquad (9.2\text{-}14)$$

式中　V_u——腹板的抗剪承载力设计值，$V_u = (ht \cdot \sin\theta)\tau_{cr}$，$\tau_{cr}$ 按第 3 款的规定计算。

5. 承受集中荷载或支座反力的压型钢板腹板，应按以下公式验算其局部受压承载力：

$$R \leqslant R_w = \alpha t^2 \sqrt{fE}(1 - 0.1\sqrt{r/t})(0.5 + \sqrt{0.02l_c/t})[2.4 + (\theta/90)^2] \qquad (9.2\text{-}15)$$

式中　R——一块腹板承担的集中荷载或支座反力；

　　　R_w——一块腹板的局部受压承载力设计值；

　　　α——系数，按表 9.2-4 选取；

　　　r——腹板与翼缘处内弯角半径，如无资料可取 $1.5\,t$（对应 90°）或 $2.5\,t$（对应 45°），其余角度线性插值；

　　　t——腹板厚度（mm）；

　　　f——压型钢板的设计强度；

　　　l_c——支座处的支承长度（$10\text{mm} \leqslant l_c \leqslant 200\text{mm}$），按表 9.2-4 选取；

　　　θ——腹板倾角（$45° \leqslant \theta \leqslant 90°$）。

压型钢板腹板局部受压承载力的计算系数取值 表 9.2-4

集中荷载或支座反力位置	α	l_c (mm)
集中荷载或支座反力距悬臂端 $\leqslant 1.5h_w$ 时 集中荷载距最近支座 $\leqslant 1.5h_w$ 时	0.04	10
集中荷载或支座反力距悬臂端 $> 1.5h_w$ 时 集中荷载距最近支座 $> 1.5h_w$ 时 中间支座处支座反力时	0.08	实际支承长度

注：h_w 为压型钢板高度。

6. 压型钢板同时承受弯矩 M 和集中荷载或支座反力 R 的截面，应满足下列要求：

$$M/M_u \leqslant 1.0 \tag{9.2-16a}$$

$$R/R_w \leqslant 1.0 \tag{9.2-16b}$$

$$M/M_u + R/R_w \leqslant 1.25 \tag{9.2-16c}$$

式中　M_u——截面的极限抗弯承载力设计值，$M_u = W_e f$，用于檩条计算时，当为双檩条嵌套搭接按双檩条计算时，应乘以 0.8 的折减系数；

　　　R_w——腹板的局部受压承载力设计值，用于檩条计算时，当为双檩条嵌套搭接按双檩条计算时，应乘以 0.8 的折减系数；

7. 当压型钢板开洞时，可按下列公式计算压型钢板的有效厚度 t_e 来代替原厚度 t 进行相关计算：

(1) 截面特性计算（当 $0.2 \leqslant \dfrac{d}{a} \leqslant 0.9$ 时）：

计算毛截面时　　　$t_e = 1.18t\left(1 - 0.9\dfrac{d}{a}\right)$ （9.2-17a）

计算有效截面时　　$t_e = t\left[\sqrt{1.18(1-d/a)}\right]^{1/3}$ （9.2-17b）

(2) 计算腹板局部受压承载力　$t_e = t\left[1 - \left(\dfrac{d}{a}\right)^2 \dfrac{h_p}{h}\right]^{\frac{3}{2}}$ （9.2-17c）

式中　d——开洞直径；

　　　a——两开洞中心间距；

　　　h_p——开洞腹板的斜高；

　　　h——开洞腹板处的截面高度。

8. 仅作模板使用的压型钢板上的荷载，除自重外，尚应计入湿钢筋混凝土重和可能出现的施工荷载。如施工中采取了必要的支撑措施，可不考虑浇筑混凝土的冲击力，可不做挠度计算。

六、压型钢板的变形计算及规定

1. 压型钢板的挠度应采用有效截面计算，当等距离布置檩条或墙梁支承连续压型板时，则由端跨控制挠度的验算。在均布荷载作用下，不同支承条件压型板的挠度分别按以下公式计算：

悬臂压型钢板构件端头挠度　　　$v_{max} = \dfrac{q_k L^4}{8EI_e}$ （9.2-18a）

简支压型钢板构件跨中挠度　　　$v_{max} = \dfrac{5q_k L^4}{384EI_e}$ （9.2-18b）

多跨连续压型钢板构件最大跨中挠度　$v_{\max} = \dfrac{2.6 q_k L^4}{384 E I_e}$　　　　(9.2-18c)

式中　q_k ——均布荷载标准值；

　　　L ——跨度或悬臂长度；

　　　E ——压型钢板基材的弹性模量；

　　　I_e ——跨中压型钢板有效截面惯性矩。

2. 压型钢板的挠度与跨度之比不宜超过下列限值：

屋面板：屋面坡度 $<1/20$ 时 $1/250$，屋面坡度 $\geqslant 1/20$ 时 $1/200$；

墙板：$1/100$；

楼板：$1/200$。

七、连接强度计算

不同的类型的压型钢板有不同的连接强度验算内容和方法，应包括紧固件的材料强度，紧固件的连接强度，压型板钢板在连接处的局部强度等，验算应符合以下要求：

（1）在风揭荷载作用下，一个自攻钉的轴向受拉设计值：

$$N = \beta k \mu_z \mu_w \omega_o A_1 \tag{9.2-19a}$$

式中　N ——一个自攻钉承受的风荷载设计值（kN）；

　　　β ——同一节点有 2 个及以上自攻钉时，单个自攻钉不均匀受力分配系数，取 1.2；

　　　k ——荷载分项系数，取 1.4；

　　　μ_z ——风荷载高度变化系数，按现行国家标准《建筑结构荷载规范》GB 50009 的规定采用；

　　　μ_w ——风荷载系数，按表 9.2-1 和表 9.2-2 采用，无需再考虑风振系数和阵风系数；

　　　ω_o ——基本风压，按现行国家标准《建筑结构荷载规范》GB 50009 的规定值乘以 1.5 采用；

　　　A_1 ——一个自攻钉的有效受风面积（m²）。

（2）一个自攻钉受轴向拉力应不大于按下式计算的抗拉承载力设计值：

$$N_t = A_e f \times 10^{-3} \tag{9.2-19b}$$

式中　N_t ——一个自攻钉抗拉承载力设计值（kN），也可直接采用厂家提供的数据；

　　　A_e ——一个自攻钉的有效截面积（mm²）；

　　　f ——自攻钉材料的设计强度值（N/mm²）。

（3）一个自攻钉打在檩条上所受的拔出力应不大于按下式计算的抗拔拉承载力设计值：

$$N_t = 0.75 \times 10^{-3} t_c d f \tag{9.2-19c}$$

式中　t_c ——檩条或墙梁的厚度（mm）；

　　　d ——一个自攻钉的公称直径（mm）；

　　　f ——檩条或墙梁的设计强度值（N/mm²）。

（4）搭接式压型钢板的抗拔脱撕裂强度验算

由自攻钉固定的搭接式压型钢板的抗拔脱撕裂极限强度主要取决于压型钢板材的厚度

和自攻钉头或垫圈的直径，压型钢板的抗风揭气囊试验表明：材料强度低延性高的压型钢板趋向塑性拔拉撕裂破坏，材料强度高延性低的压型钢板趋向脆性剪切断裂破坏，计算压型钢板抗拔脱承载力设计值可按下式计算：

当只承受静荷载作用时 $N_t = 1.2 \times 10^{-3} t d_w f$ 　　　　　　　　　（9.2-19d）

当含有风荷载的组合荷载作用时 $N_t = 0.6 \times 10^{-3} t d_w f$ 　　　　（9.2-19e）

式中　　N_t——被自攻钉固定的压型钢板抗拔脱撕裂承载力设计值（kN）；

　　　　t——压型钢板的厚度（mm）；

　　　　d_w——自攻钉帽头的直径或垫圈（如有）的直径（mm）；

　　　　f——压型钢板材料的抗拉强度设计值，当材料屈服强度大于 Q235 钢材时，取与 Q235 相同的强度设计值 205N/mm²。

（5）扣合式屋面板和咬合式屋面板的抗风揭扣合力强度应通过模拟风荷载试验来确定，其所受的风荷载不应大于试验所确定的承载力设计值，确定设计值时，其安全系数不应小于 3.0。自攻钉抗拉强度和抗拔出强度按式（9.2-19b）和式（9.2-19c）验算。固定支座所受的拉力不大于按下式计算的抗拉承载力设计值：

$$N_t = A_{emin} f \times 10^{-3}$$ 　　　　　　　　　　　（9.2-19f）

式中　　N_t——一个固定支座的抗拉承载力设计值（kN）；

　　　　A_{emin}——固定支座受拉部位的最小断面面积（mm²）；

　　　　f——固定支座的强度设计值（N/mm²）。

注：计算公式（9.2-19f）仅是对简单的固定支座的一个参考计算方法，实际上，扣合式板和咬合式板的抗风揭承载力与其细部构造紧密相关，各厂家生产的这类压型板细部构造有较大差别，固定支座的构造差别则更大，无法给出一个统一的计算公式，故需要生产厂家按标准产品的方法，对其生产的压型钢板、配套的固定支座及其连接强度等进行抗风揭模拟试验，为压型钢板在工程上的安全使用提供保障，厂家在生产压型钢板及配套的固定支座时，应锁定试验时的技术参数，给出产品技术应用手册，直接供设计人员使用。

八、压型钢板设计计算例题

设计计算一轻钢结构建筑的屋面压型钢板，建筑平面尺寸为 120m×80m，檐口高度为 9m，单脊双坡，屋面板采用大底面咬合式大底盘压型钢板，板形截面见图 9.2-13，压型钢板基材厚度为 0.6mm，材料屈服强度为 $f_y = 350$ N/m²，材料设计强度为 $f = 300$ N/m²，压型钢板自重标准值 0.06kN/m²；活荷载标准值为 0.50kN/m²，雪荷载标准值均为 0.30kN/m²，最大风揭力荷载标准值按《建筑结构荷载规范》GB 50009—2012 取值为 0.55kN/m²，需乘以 $\beta = 1.5$ 的修正系数，檩条间距即是压型钢板跨度为 1.5m，由风荷载控制压型钢板承载力计算，采用恒载加活荷载验算其挠度。

1. 内力计算

（1）恒载＋风揭荷载设计值

由边缘区压型板的端头跨内力控制设计计算，边缘带宽度 $a = \min\{80 \times 0.1, 9 \times 0.4\}, = 3.6$m，端跨压型钢板的受风面积为 $A = 0.475 \times 1.5 = 0.712$m² < 1.0m²，角部最大风荷载体型系数按表 9.2-2 取为 −2.9，恒载＋活荷载作用于一块压型钢板的标准值为 $q_k = (0.50 + 0.06) \times 0.475 = 0.266$kN/m；风揭荷载＋恒载作用于一块压型钢板的设计值为 $q_w = -(0.55 \times 1.5 \times 1.4 \times 2.9 - 1.0 \times 0.06) \times 0.475 = -1.56$kN/m。

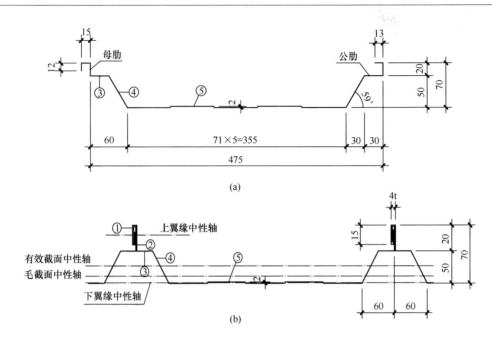

图 9.2-13　压型钢板截面图

（a）咬合前截面形状；（b）咬合后截面形状

（2）风揭力作用下压型钢板内力计算（查《实用建筑结构静力计算手册》做近似计算）：

跨中弯矩设计值 $M_c = 0.078q_w l^2 = -0.078 \times 1.56 \times 1.5^2 = -0.274 \text{kN} \cdot \text{m}$；

支座弯矩设计值 $M_Z = 0.105q_w l^2 = 0.105 \times 1.56 \times 1.5^2 = 0.368 \text{kN} \cdot \text{m}$；

支座处一块腹板剪力设计值 $0.5V = 0.5 \times 0.606q_w l = 0.5 \times 0.606 \times 1.56 \times 1.5 = 0.71 \text{kN}$；

一块腹板承受支座反力设计值 $0.5R = 0.5 \times 1.132q_w l = 0.5 \times 1.132 \times 1.56 \times 1.5 = 1.32 \text{kN}$。

2. 有效截面几何特性计算

（1）毛截面几何特性

按压型钢板 360°咬合成形后的几何形状计算，压型钢板的公、母肋咬合重叠，局部分别有 2 块板和 4 块板重叠情况，简化成 5 种板件单元进行计算，毛截面几何特性计算过程见表 9.2-5。

毛截面几何特性计算（mm）　　　　　　　　　　　　　　　　　表 9.2-5

单元	长度 L	距底板中性轴距离 y	$L \times y$	$L \times y^2$	板件自身惯性矩 I_{x1}/t
①	$15 \times 4 = 60$	59	3540	208860	1125
②	$5 \times 2 = 10$	51.5	515	26522	21
③	$30 \times 2 = 60$	49	2940	144060	0
④	$58 \times 2 = 116$	24	2784	66816	23893
⑤	355	0	0	0	341
Σ	601	—	9779	446258	25380

毛截面中性轴坐标：$\overline{y} = \Sigma L \times y / \Sigma L = 9779/601 = 16.3 \text{mm}$；

毛截面主惯性矩：

$I_x = (\Sigma L \times y^2 + \Sigma I_{x1}/t - \overline{y}^2 \times \Sigma L) \cdot t = (446258 + 25380 - 16.3^2 \times 601) \times 0.6 = 187175 \text{ mm}^4$

毛截面抗弯模量：$W_{\pm} = I_x/y_{\pm} = 187175/(70-1-16.3) = 3552 \text{ mm}^3$；

$W_{\mp} = I_x/y_{\mp} = 187175/(16.3+1) = 10820 \text{ mm}^3$。

（2）有效截面计算

1）对应上翼缘受压时的有效截面计算

上翼缘受压时的最大弯矩在支座处：$M_z = 0.368 \text{kN} \cdot \text{m}$。板件①和板件②为叠合板，宽厚比远小于12，故全截面有效，需计算板件③～⑤的有效截面，其中板件⑤受拉，属于大底盘压型钢板，需考虑卷曲和剪力传递滞后引起的有效截面折减。

$$\sigma_{max} = \frac{M_z}{W_{\pm}} = \frac{368000}{3552} = 104 \text{N/mm}^2, \sigma_{min} = \frac{M_z}{W_{\mp}} = -\frac{368000}{10820} = -34 \text{ N/mm}^2$$

①板件③有效截面计算

$$\sigma_f = \frac{M_z y_{\pm}}{I_x} = \frac{368000 \times (50-1-16.3)}{187175} = 64.3 \text{N/mm}^2$$

$$\psi = 1.0, \alpha = 1.15 - 0.15\psi = 1.0, k = 7.8 - 8.15\psi + 4.35\psi^2 = 4.0$$

$$\xi = \frac{c}{b}\sqrt{\frac{k}{k_c}} = \frac{58}{30}\sqrt{\frac{4.0}{13.9}} = 1.04, k_1 = \frac{1}{\sqrt{\xi}} = \frac{1}{\sqrt{1.04}} = 0.98$$

$$\rho = \sqrt{\frac{205k_1k}{\sigma_f}} = \sqrt{\frac{205 \times 0.98 \times 4}{64.3}} = 3.54$$

$$\frac{b}{t} = \frac{30}{0.6} = 50 < 18\alpha\rho = 18 \times 1.0 \times 3.54 = 63.7, \frac{b_e}{t} = \frac{b_c}{t}$$

板件③全截面有效。

②板件④有效截面计算

$\psi = \sigma_{min}/\sigma_{max} = -34.0/64.3 = -0.529$，当$\psi < 0$时，取$\alpha = 1.15$

$k = 7.8 - 6.29\psi + 9.78\psi^2 = 7.8 - (-6.29 \times 0.529) + 9.78 \times (-0.529)^2 = 13.9$

$$\xi = \frac{c}{b}\sqrt{\frac{k}{k_c}} = \frac{30}{58}\sqrt{\frac{13.9}{4.0}} = 0.964, k_1 = \frac{1}{\sqrt{\xi}} = \frac{1}{\sqrt{0.964}} = 1.02$$

$$\rho = \sqrt{\frac{205k_1k}{\sigma_f}} = \sqrt{\frac{205 \times 1.02 \times 13.9}{64.3}} = 6.72$$

$$\frac{b}{t} = \frac{58}{0.6} = 97 < 18\alpha\rho = 18 \times 1.15 \times 6.72 = 139, \frac{b_e}{t} = \frac{b_c}{t}$$

板件④全截面有效。

③板件⑤有效截面计算

板件⑤受拉，考虑大底面板卷曲效应，按（9.2-9a）式计算有效截面宽度：

计算板件⑤的等效厚度 $t_{eq} = (12I_{is}/b)^{1/3} = (12 \times 341 \times 0.6/355)^{1/3} = 1.905 \text{mm}$

受压翼缘的中性轴距压型钢板顶部的距离 $y_c' = \dfrac{60 \times 7.5 + 10 \times 17.5 + 60 \times 20}{60+10+60} =$

14.0

压型钢板的性能高度 $h_0 = h - y'_c = 70 - 14 = 56$mm

受压翼缘的中性轴距压型钢板中性轴的距离 $e_0 = h_0 - 16.3 = 56 - 16.3 = 39.7$mm

板件有效宽度 $b_e = \dfrac{53.3 \times 10^{10} e_0^2 t^3 t_{eq}}{h_0 L b^3} = \dfrac{53.3 \times 10^{10} \times 39.7^2 \times 0.6^3 \times 1.905}{56 \times 1500 \times 355^3} = 92$mm。

板件⑤受拉，考虑小跨度剪力滞后效应，按（9.2-10a）式计算有效截面宽度：

端跨第二支座处的零点弯矩距离 $L_m = 0.488L = 0.488 \times 1500 = 732$mm，$b/L_m = 355/732 = 0.485 > 0.1$，按表9.2-3

$$\beta_2 = \frac{1}{1 + 3b/L_m + 0.4(b/L_m)^2} = \frac{1}{1 + 3 \times 355/732 + 0.4 \times (355/732)^2} = 0.392$$

$$b_e = \beta_2 b = 0.392 \times 355 = 139\text{mm}$$

取二者中的较小值，板件⑤的有效宽度为92mm。

有效截面计算过程见表9.2-6。

上翼缘受压的有效截面几何特性计算（mm）

表 9.2-6

单元	长度 L	距底板中性轴距离 y	$L \times y$	$L \times y^2$	板件自身惯性矩 I_{x1}/t
①	$15 \times 4 = 60$	59	3540	208860	1125
②	$5 \times 2 = 10$	51.5	515	26522	21
③	$30 \times 2 = 60$	49	2940	144060	0
④	$58 \times 2 = 116$	24	2784	66816	23893
⑤	92	0	0	0	89
Σ	338	—	9779	446258	25128

有效截面中性轴坐标：$\bar{y} = \Sigma L \times y / \Sigma L = 9779/338 = 28.9$mm；

有效截面主惯性矩：

$$I_{ex} = (\Sigma L \times y^2 + \Sigma I_{x1}/t - \bar{y}^2 \times \Sigma L) \cdot t = (446258 + 25128 - 28.9^2 \times 338) \times 0.6 = 113451 \text{ mm}^4$$

有效截面抗弯模量：$W_{e\pm} = I_{ex}/y_{\pm} = 113451/(70 - 1 - 28.9) = 2829 \text{ mm}^3$；

$$W_{e\mp} = I_{ex}/y_{\mp} = 113451/(28.9 + 1) = 3794 \text{ mm}^3 \text{ 。}$$

2）对应上翼缘受拉时的有效截面计算

此时大底面板受压，其最大弯矩在跨中，仅需计算板件④和⑤的有效截面：

① 板件④有效截面计算

$$\sigma_{max} = \frac{M_c}{W_{\mp}} = \frac{274000}{10820} = 25.3 \text{N/mm}^2$$

$$\sigma_{min} = \frac{M_{\mp} y_{\pm}}{I_x} = \frac{274000 \times (-50 + 1 + 16.3)}{187175} = -47.9 \text{ N/mm}^2$$

$\psi = \sigma_{min}/\sigma_{max} = -47.9/25.3 = -1.89$，当 $\psi < 0$ 时，取 $\alpha = 1.15$，$k = 7.8 - 6.29\psi + 9.78\psi^2 = 7.8 - 6.29 \times (-1.0) + 9.78 \times (-1.0)^2 = 23.9$

（注：当 $\psi < -1$ 时，计算 k 值按 $\psi = -1$ 的值采用）

$$\xi = \frac{c}{b}\sqrt{\frac{k}{k_c}} = \frac{355}{58}\sqrt{\frac{23.9}{4.0}} = 15.0, k_1 = 0.11 + \frac{0.93}{(\xi - 0.05)^2} = 0.114$$

$$\rho = \sqrt{\frac{205 k_1 k}{\sigma_f}} = \sqrt{\frac{205 \times 0.114 \times 23.9}{25.3}} = 4.70$$

$$\frac{b}{t} = \frac{58}{0.6} = 97 < 18\alpha\rho = 18 \times 1.15 \times 4.7 = 97.3, \frac{b_e}{t} = \frac{b_c}{t}$$

板件④全截面有效。

② 板件⑤有效截面计算

$$\psi = \sigma_{\min}/\sigma_{\max} = 1.0 \text{ , } \alpha = 1.15 - 0.15\psi = 1.0 \text{ , } k = 7.8 - 8.15\psi + 4.35\psi^2 = 4.0$$

$$\xi = \frac{c}{b}\sqrt{\frac{k}{k_c}} = \frac{58}{355}\sqrt{\frac{4.0}{23.9}} = 0.0668 \text{ , } k_1 = \frac{1}{\sqrt{\xi}} = \frac{1}{\sqrt{0.0668}} = 3.87$$

$$\rho = \sqrt{\frac{205 k_1 k}{\sigma_f}} = \sqrt{\frac{205 \times 3.87 \times 4}{25.3}} = 11.2, \frac{b}{t} = \frac{355}{0.6} = 592 > 38\alpha\rho = 38 \times 1.0 \times 11.2 = 426$$

$$b_e = \frac{25\alpha\rho}{b/t} \cdot b_c = \frac{25 \times 1.0 \times 11.2}{355/0.6} \times 355 = 168\text{mm}$$

板件⑤宽比大于60，尚需按公式（9.2-9c）计算再折减：

$$b'_e = b_e - 0.1(b/t - 60)t = 168 - 0.1 \times (355/0.6 - 60) \times 0.6 = 136\text{mm}$$

考虑小跨度剪力滞后效应，端跨跨中弯矩为零点的距离

$$L_m = 0.788L = 0.788 \times 1500 = 1182\text{mm} \text{ , } b/L_m = 355/1182 = 0.3 > 0.1$$

需按照式（9.2-9b）计算剪力滞后效应的有效宽度折减：

$$\delta = \frac{b}{t}\sqrt{f_y/E} = \frac{355}{0.6}\sqrt{350/206000} = 24.4$$

$$\eta = 0.5b/(L_m\delta) = 0.5 \times 355/(1182 \times 24.4) = 0.00615$$

$$\beta = \frac{1}{1 + 1.6\,(b/L_m)^2} = \frac{1}{1 + 1.6 \times (355/1182)^2} = 0.874$$

$$b'_{\text{eff}} = \beta^\eta b'_e = 0.874^{0.00615} \times 136 \approx 136\text{mm}$$

二个计算公式结果相同，取有效宽度为136mm。

有效截面计算过程见表9.2-7。

上翼缘受拉的有效截面几何特性计算（mm）　　　表 9.2-7

单元	长度 L	距底板中性轴距离 y	$L \times y$	$L \times y^2$	板件自身惯性矩 I_{x1}/t
①	$15 \times 4 = 60$	59	3540	208860	1125
②	$5 \times 2 = 10$	51.5	515	26522	21
③	$30 \times 2 = 60$	49	2940	144060	0
④	$58 \times 2 = 116$	24	2784	66816	23893
⑤	136	0	0	0	131
Σ	382		9779	446258	25170

有效截面中性轴坐标：$\overline{y} = \Sigma L \times y / \Sigma L = 9779/382 = 25.6\text{mm}$;

有效截面主惯性矩：

$$I_{ex} = (\Sigma L \times y^2 + \Sigma I_{x1}/t - \overline{y^2} \times \Sigma L) \cdot t$$
$$= (446258 + 25170 - 25.6^2 \times 382) \times 0.6 = 132648\text{mm}^4$$

有效截面抗弯模量：$W_{e上} = I_{ex}/y_上 = 132648/(70 - 1 - 25.6) = 3056\text{mm}^3$;

$$W_{e下} = I_{ex}/y_下 = 132648/(25.6 + 1) = 4987\text{mm}^3 。$$

3) 对应支座上翼缘受压极限承载力弯矩的有效截面计算

计算支座反力与弯矩同时作用时极限承载力弯矩的有效截面，根据前面的计算，毛截面的中性轴距大底面板件（下翼缘中心）为 16.3mm，按极限弯矩时，最大板件应力为 300N/mm^2，可求出极限弯矩作用下各验算板件处的应力为：

板件③压应力 $\sigma_3 = 300 \dfrac{50 - 1 - 16.3}{70 - 1 - 16.3} = 186 \text{ N/mm}^2$

板件⑤拉应力 $\sigma_5 = 300 \dfrac{0 - 1 - 16.3}{70 - 1 - 16.3} = -98.5 \text{ N/mm}^2$。

① 板件③的有效截面计算：

根据前面 d 第 1) 项第①段的计算，已知 $k = 4.0$，$k_1 = 0.98$，

$$\rho = \sqrt{\frac{205k_1 k}{\sigma_f}} = \sqrt{\frac{205 \times 0.98 \times 4}{186}} = 2.08$$

$\because 18\alpha\rho = 18 \times 1.0 \times 2.08 = 37 < \dfrac{b}{t} = \dfrac{30}{0.6} = 50 < 38\alpha\rho = 38 \times 1.0 \times 2.08 = 79$，

$\therefore b_e = \left[\sqrt{\dfrac{21.8\alpha\rho}{b/t}} - 0.1\right]b_c = \left[\sqrt{\dfrac{21.8 \times 1.0 \times 2.08}{30/0.6}} - 0.1\right] \times 30 = 26\text{mm}$。

② 板件④的有效截面计算：

板件④受压区宽度，$b_c = h \dfrac{186}{(186 + 98.5)} = 58 \dfrac{186}{186 + 98.5} = 38\text{mm}$

根据前面第 1 项第②段的计算，已知 $k = 13.9$，$k_1 = 1.02$

$$\rho = \sqrt{\frac{205k_1 k}{\sigma_f}} = \sqrt{\frac{205 \times 1.02 \times 13.9}{186}} = 3.95$$

$18\alpha\rho = 18 \times 1.15 \times 3.95 = 82 < \dfrac{b}{t} = \dfrac{58}{0.6} = 97 < 38\alpha\rho = 38 \times 1.15 \times 3.95 = 173$，

$b_e = \left[\sqrt{\dfrac{21.8\alpha\rho}{b/t}} - 0.1\right]b_c = \left[\sqrt{\dfrac{21.8 \times 1.15 \times 3.95}{58/0.6}} - 0.1\right] \times 39 = 35\text{mm}$

$b_{e1} = 0.4b_e = 35 \times 0.4 = 14\text{mm}$，$b_{e1} = 0.6b_e = 35 \times 0.6 = 21\text{mm}$

板件④上部有效宽度为 14mm，下部有效宽度为 21+（58－39）=40mm。

③ 板件⑤受拉，根据前面的计算可知 $b'_e = 92$mm

与 M_u 对应的有效截面几何特性计算见表 9.2-8。

极限弯矩对应的有效截面几何特性计算（mm） 表 9.2-8

单元	长度 L	距底板中性轴距离 y	L×y	L×y²	板件自身惯性矩 I_{x1}/t
①	15×4=60	59	3540	208860	1125
②	5×2=10	51.5	515	26522	21
③	26×2=52	49	2548	124852	0
④上	14×2=28	43.7	1224	53471	336
④下	40×2=80	17.1	1368	23392	7837
⑤	92	0	0	0	89
Σ	322	—	9195	437097	9408

毛截面中性轴坐标：$\bar{y} = \Sigma L \times y / \Sigma L = 9195/322 = 28.6\text{mm}$ ；

毛截面主惯性矩：

$I_x = (\Sigma L \times y^2 + \Sigma I_{x1}/t - \bar{y}^2 \times \Sigma L) \cdot t = (437097 + 9408 - 28.6^2 \times 339) \times 0.6 =$
109873 mm^4

毛截面抗弯模量：$W_{e\text{上}} = I_x/y_{\text{上}} = 109873/(70 - 1 - 28.6) = 2720\text{ mm}^3$ ；

$$W_{e\text{下}} = I_x/y_{\text{下}} = 109873/(28.6 + 1) = 3712\text{ mm}^3$$

各种不同的有效截面几何特性汇总见表 9.2-9。

3. 承载能力验算

（1）压型钢板的抗弯承载力计算按式（9.2-12）

不同情况下的几何特性汇总　　　　　　　　　　　　　　　　表 9.2-9

几何特性	毛截面	上翼缘受压有效截面	大底面受压有效截面	极限弯矩有效截面
I_x （mm^4）	187175	113451	132648	109873
$W_{\text{上}}$ （mm^3）	3552	2829	3056	2720
$W_{\text{下}}$ （mm^3）	10820	3794	4987	3712

跨中处：$\dfrac{M_c}{W_{e\min}} = \dfrac{0.274 \times 10^6}{3056} = 90\text{ N/mm}^2 < f = 300\text{ N/mm}^2$

支座处：$\dfrac{M_z}{W_{e\min}} = \dfrac{0.368 \times 10^6}{2829} = 130\text{ N/mm}^2 < f = 300\text{ N/mm}^2$

验算通过。

（2）腹板抗剪强度计算按式（9.2-13b）：

高厚比条件 $\dfrac{h}{t} = \dfrac{58}{0.6} = 96.7 > 100\sqrt{\dfrac{235}{f_y}} = 100\sqrt{\dfrac{235}{350}} = 82.5$ ，

$\tau = \dfrac{0.5V}{ht\sin\theta} = \dfrac{0.5 \times 1420}{58 \times 0.6\sin59} = 24\text{ N/mm}^2 < \tau_{cr} = \dfrac{855000}{(h/t)^2} = \dfrac{855000}{(58/0.6)^2} =$
91.5 N/mm^2

验算通过。

（3）压型钢板在支座处同时承受弯矩 M 及剪力 V 的验算，按照式（9.2-16）：

$M_u = W_e f = 2720 \times 300 = 0.816\text{kN} \cdot \text{m}$

$V_u = (ht\sin\theta)\tau_{cr} = (58 \times 0.6\sin59) \times 91.5 = 2729\text{N} \cdot \text{mm}$

验算 $\left(\dfrac{M_z}{M_u}\right)^2 + \left(\dfrac{V}{V_u}\right)^2 = \left(\dfrac{0.368}{0.816}\right)^2 + \left(\dfrac{710}{2729}\right)^2 = 0.271 < 1.0$

验算通过。

（4）支座局部承压验算

本例题为咬合式压型屋面板，是通过固定支座中的滑动片夹在压型钢板的公、母肋之间 360°咬合而成，压型钢板的大底面（下翼缘）不与檩条接触传力，重力作用下压型钢板的腹板受拉，风揭力作用下腹板受压，由此控制支座处腹板局部承压能力验算。压型钢板承压长度 l_c 按固定座滑移片宽度 50mm 加 45°传力线计算，取 $l_c = 50 + 2 \times 20\tan(\pi/4)$ $= 90\text{mm}$ ，腹板倾角 $\theta = \arctan（50/30）= 59°$，局部承压能力 R_w 按照（9.2-15）式计算：

$$R_w = \alpha t^2 \sqrt{fE}(1-0.1\sqrt{r/t})(0.5+\sqrt{0.02l_c/t})[2.4+(\theta/90)^2] = 0.08 \times 0.6^2 \times$$

$$\sqrt{300 \times 206000} \times (1-0.1\sqrt{1.2/0.6}) \times (0.5+\sqrt{0.02 \times 90/0.6}) \times [2.4+(59/90)^2] =$$

$$1230N = 1.23kN$$

一块腹板最大承受压力为 $1.32kN > R_w = 1.23kN$。

验算不通过。

(5) 支座处同时承受弯矩 M 及局部承压反力 R，按照（9.2-16c）式验算：

$$\frac{M_z}{M_u} + \frac{R}{R_w} = \frac{0.368}{0.816} + \frac{1.32}{1.23} = 1.52 > 1.25$$

验算不通过。

调整设计，将固定座滑移片宽度 50mm 改为 150mm，则有：

$$R'_w = \alpha t^2 \sqrt{fE}(1-0.1\sqrt{r/t})(0.5+\sqrt{0.02l_c/t})[2.4+(\theta/90)^2]$$

$$= 0.08 \times 0.6^2 \times \sqrt{300 \times 206000} \times (1-0.1\sqrt{1.2/0.6})$$

$$\times (0.5+\sqrt{0.02 \times 190/0.6}) \times [2.4+(59/90)^2] = 1.66kN$$

一块腹板最大承受压力为 $1.32kN < R'_w = 1.62kN$

$$\frac{M_z}{M_u} + \frac{R}{R_w} = \frac{0.368}{0.816} + \frac{1.32}{1.66} = 1.246 < 1.25$$

也可将压型钢板厚度由 0.6mm 改为 0.8mm，以上验算也能通过（计算略）。

4. 压型钢板挠度验算

端跨最大挠度计算按（9.2-18c）式：

$$v_{max} = \frac{2.6q_k L^4}{384EI_e} = \frac{2.6 \times 0.266 \times 1.5^4 \times 10^{12}}{384 \times 2.06 \times 10^5 \times 113451} = 0.39mm < L/250 = 1500/250 = 6mm$$

验算通过。

5. 连接强度验算

本例题为咬合式压型钢板，通过固定座中的滑移片夹在压型钢板的公、母肋之间 360°卷边咬合而成，压型钢板以及配套的固定座的抗风揭承载力由生产厂家通过抗风揭模拟试验认证来保证，本例题仅验算自攻钉的连接强度。已知檩条间距为 1.5m，檩条厚度为 1.6mm，檩条的强度设计值为 $300N/mm^2$，自攻钉直径为 5.5mm，有效截面积取 $16mm^2$，自攻钉强度设计值为 400N/mm，验算自攻钉连接强度。

(1) 一个自攻钉的承受拉力设计值

支座反力设计值 $R=2.64kN$，每个固定座有两个自攻钉，考虑不均匀受力，每个自攻钉受力应乘以 1.2 的增大系数为：

$$N_1 = 1.2 \times 0.5R = 1.2 \times 0.5 \times 2.64 = 1.58kN。$$

(2) 一个自攻钉抗拉强度验算，按（9.2-19b）：

$$N_t = A_e f \times 10^{-3} = 16 \times 400 \times 10^{-3} = 6.4kN > N_1 = 1.58kN$$

验算通过。

(3) 自攻钉抗拔出强度验算，按（9.2-19c）：

$$N_t = 0.75 \times 10^{-3}t_c df = 0.75 \times 10^{-3} \times 1.6 \times 5.5 \times 300 = 1.98kN > N_1 = 1.58kN$$

验算通过。

6. 固定座本身的抗拉强度以及压型钢板 360°卷边咬合强度按风荷载模拟试验确定（可采用气囊试验方法）。

9.3　冷弯薄壁型钢檩条与墙梁的设计

9.3.1　一般说明

1. 轻钢结构屋面板为轻型材料，檩条宜采用冷弯薄壁型钢构件，其截面形式主要有 Z 形卷边和 C 形卷边两种，图 9.3-1（a）、（b）；当檩条跨度大于 10m 或屋面荷载较大时，宜采用轻型桁架式檩条或高频焊 H 型构件。

2. 檩条可设计成单跨简支构件，实腹式檩条也可设计成连续构件，宜采用 Z 形斜卷边构件，用嵌套的方式实现部分或完全连续，高频焊 H 型构件也可采用多跨静定梁模式，见图 9.3-2。

3. 冷弯开口薄壁型钢檩条的侧向抗弯能力很弱，其稳定性差，需设置拉条增强檩条侧向刚度。采用轻型屋面体系时，风揭荷载大于屋面板体系的自重，因此，无论檩条的上翼缘还

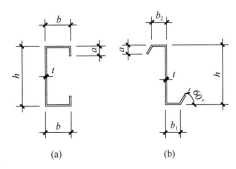

图 9.3-1　檩条截面

是下翼缘均会受压应力作用，并可能导致檩条的弯扭失稳或畸变失稳，故应分别进行上翼缘和下翼缘的稳定验算。

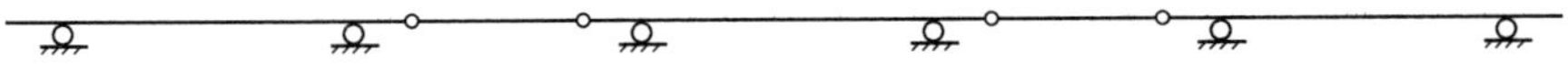

图 9.3-2　多跨静定梁模式

4. 檩条的受力模式及计算很复杂，在考虑受压区按有效截面计算后，其几何特性计算更为复杂，此外，屋面板传递给檩条的荷载通常不能通过檩条的剪切中心，且不与檩条的主惯性轴平行，如图 9.3-3，故荷载和内力按照主形心惯性轴两个方向分解，又有附加的偏心扭矩，偏心扭矩等效于在上下翼缘附加一对力偶，此力偶使上下翼缘产生翘曲应力，当设有靠近上下翼缘的拉条（间距不大于 3.0m）时，可不考虑翘曲应力。檩条的精确计算极为困难，故在设计时应尽量采用拉条、撑杆等构造措施消除檩条的翘曲应力，保障檩条的稳定性，拉条、撑杆的间距不宜大于 3.0m。

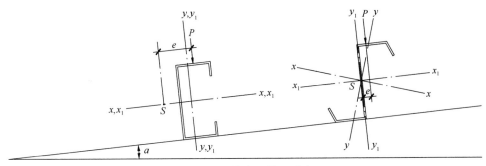

图 9.3-3　檩条的偏心受力

5. 当檩条或墙梁与金属压型钢板连接在一起时，可形成蒙皮结构，由于压型钢板有较大的面内刚度，具有良好的整体性，压型钢板约束檩条上翼缘（或墙梁的外翼缘）转动的效果，对消除檩条或墙梁的翘曲应力和提高檩条或墙梁的整体稳定性极为有利，但蒙皮结构效应因各种压型钢板的板型构造不同，连接方式不同，难以量化，在工程实践中对蒙皮效应的作用可作如下考虑：

（1）当蒙皮效应较强，压型钢板能约束檩条或墙梁的侧向位移又能约束其扭转时，檩条或墙梁的翘曲应力及上（外）翼缘的受压稳定性均可不作考虑。

（2）当压型钢板仅能一定程度约束檩条或墙梁的扭转时，在有适当拉条体系的情况下，可不考虑檩条或墙梁的翘曲应力及上（外）翼缘的受压稳定性。

（3）当围护板不能约束檩条或墙梁的侧向位移，基本不能约束其扭转时，应当计算檩条或墙梁上（外）翼缘受压时的稳定性及翘曲应力，有间距不大于 3.0m 的拉条时，可不计算翘曲应力。

（4）当檩条或墙梁下（内）翼缘有内衬板连接时，可不考虑檩条或墙梁下（内）翼缘受压时的稳定性及翘曲应力；当檩条或墙梁下（内）翼缘无内衬板连接时，应考虑檩条或墙梁下（内）翼缘受压时的稳定性。

（5）当屋面压型钢板厚度不小于 0.5mm，由自攻钉直接连接在檩条上，且屋面板之间有缝合钉连接成整体蒙皮结构，可以认为能够约束檩条上翼缘的侧移和扭转；当采用咬合式压型钢板，板厚不小于 0.5mm，固定座由二个自攻钉连接在檩条上，参与咬合的固定座滑移片厚度不小于 1.0mm，可认为能够约束檩条上翼缘的扭转。

6. 通常流行的可滑移式屋面板不能约束檩条的侧向位移，但可约束其扭转，故檩条的偏心扭矩及其翘曲应力不必计算，仅计算弯矩作用即可。檩条侧向的荷载分量和弯矩 M_y 将使檩条具有向屋脊方向倾覆和弯曲的趋势（当屋面坡度较大时，也可能向檐口方向倾覆和弯曲），可考虑使一部分檩条口朝下坡方向，见图 9.3-4 所示，以减小其倾覆效应。拉条系统可承受檩条的倾覆力并将其传递至檩条的支座处。

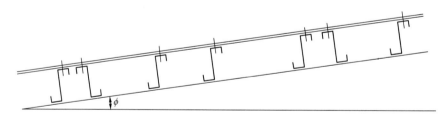

图 9.3-4　檩条的抗倾覆布置

7. 当檩条和墙梁由挠度控制设计时，宜选用 Q235 钢，由强度和稳定控制时宜选用 Q345 钢。

8. 在檩条支座宜设置檩托板，采用螺栓连接在檩条腹板上传递支座反力，檩托板应能约束檩条的扭转，如果通过檩条下翼缘直接传力，则需要按照（9.3-5）式验算其局部受压承载力。

9. 与屋面梁下翼缘（或柱子外翼缘）连接的隅撑，宜连接在靠近檩条的上翼缘（或墙梁的外翼缘）腹板处，计算檩条时，不宜将隅撑作为檩条的支承点。

10. 冷弯薄壁型钢檩条和墙梁构件的防腐蚀不适宜采用喷砂抛丸（会造成檩条严重变

形）涂油漆的方法，宜采用防腐性能良好的热镀锌钢卷材制作檩条，当处于潮湿或有侵蚀性介质环境中时，钢卷材的热镀锌量不宜少于 125g/m^2。

11. 不宜在屋面檩条的下翼缘直接吊挂较重荷载，应在檩条之间加设扁担将荷载作用在檩条的腹板上（图 9.3-5）。

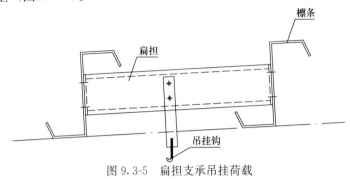

图 9.3-5　扁担支承吊挂荷载

12. 檩条在垂直于屋面板方向的容许挠度与其跨度之比，可按下列规定采用：

（1）压型钢板 1/150；

（2）钢丝网水泥瓦和其他水泥制品瓦材屋面 1/200；

（3）尚有吊顶 1/240。

9.3.2　冷弯薄壁型钢檩条和墙梁的类型与构造

1. 实腹式冷弯薄壁型钢檩条和墙梁适用跨度不宜大于 10m，跨度大于 10m 时，宜采用桁架式轻型檩条或高频焊 H 构件等。Z 形和 C 形檩条和墙梁的构造按如下要求：

（1）板厚 t 取 1.5～3.0mm，截面高度 h 宜取 150～300mm，宽度 b 宜取 50～90mm。卷边高厚比不宜大于 13，卷边宽度与翼缘宽度之比不宜小于 0.25，不宜大于 0.326。

卷边高度可采用下式的近似值：

$$a = 15 + (b - 50) \times 0.2 \tag{9.3-1}$$

式中　a——卷边高度（mm）；

　　　b——翼缘宽度（mm）。

（2）C 形构件应采用 90°的卷边，Z 形构件宜采用 60°左右的斜卷边（图 9.3-1）以方便嵌套搭接构成连续檩条及叠合打包运输。

（3）应在靠近上下翼缘的腹板处冲孔以连接上下两层的拉条系统。

2. 简支檩条和墙梁

（1）当檩条和墙梁跨度小于 6m 时，宜做成简支梁，可采用卷边 Z 形构件或卷边 C 形构件。在檩条跨中设置一道拉条体系，当檩条跨度小于 3.5m 时，可不设拉条体系。

（2）兼做窗框和门框的墙梁，应采用 C 形构件，当此墙梁跨度较大时，可用双 C 形卷边构件合并成矩形用喇叭焊缝连接而成（图 9.3-6），组合焊缝可采用连续喇叭形焊缝，也可采用间断喇叭形焊。

3. 连续檩条和墙梁

（1）当檩条和墙梁跨度较大或荷载较大时，宜设计成连

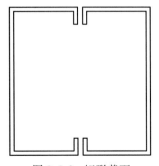

图 9.3-6　矩形截面

续梁，以减少内力增强刚度，此时，宜采用斜卷边 Z 形构件嵌套搭接而成，其搭接长度以 10% 的构件跨度或 4 倍的构件截面高度为宜（图 9.3-7），端跨的搭接长度宜向第二跨方向再延伸增加，增加的长度为 5%～10% 构件的跨度。

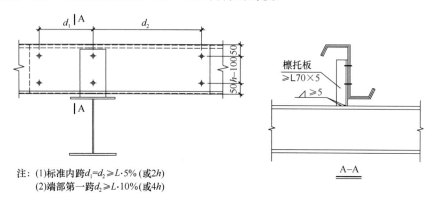

注：(1)标准内跨 $d_1 = d_2 \geqslant L \cdot 5\%$（或 $2h$）
　　(2)端部第一跨 $d_2 \geqslant L \cdot 10\%$（或 $4h$）

图 9.3-7   檩条的嵌套搭接构造

（2）为方便现场施工嵌套搭接成连续梁，构件的上、下（外、内）翼缘宜做成不等宽形式，宽度以相差 6mm 为宜，设计计算时可取上、下翼缘宽度的平均值作为等效宽度计算。

4. 双檩条

当采用檩条兼做屋面横向水平支撑的直腹杆或纵向系杆时，为增强檩条刚度，可采用双檩条构造形式（图 9.3-8）。双檩条当中的主檩条与屋面板连接做成统一标准，辅檩条不与屋面板连接，计算时辅檩条不承担风荷载。双檩条之间的连接缀件采用比檩条略小规格的冷弯型钢制作，其间距宜满足 $l_o \leqslant 40i$（i 为单檩条截面较小的回转半径）。兼做直腹杆或纵向系杆的檩条长细比不宜大于 200。

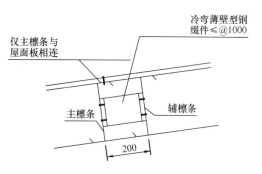

图 9.3-8   双檩条构造

5. 檐口檩条

檐口檩条同时支承屋面板和墙面板，可做成异形檩条（图 9.3-9），图中檩条式样 b 和 c 由标准 Z 形构件与异形附加件组合用喇叭焊缝连接而成。檐口檩条在水平和竖向两个方向均有较大的刚度，且两方向分别与屋面板和墙面板连接，无需考虑檩条的稳定性。

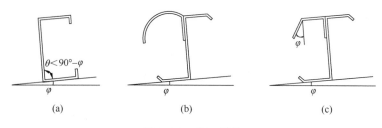

图 9.3-9   檐口檩条

6. 多跨静定檩条

（1）当檩条跨度大于 10m 或有较大悬挂荷载时，可考虑采用多跨静定檩条，多跨静定檩条长短相间布置，按照支座处弯矩 M_1 大约等于跨中弯矩 M_2 的原则，则跨内短檩条的长度 x 宜取 0.7 倍的跨度，图 9.3-10，截面形式可采用冷弯卷边 Z 形构件或卷边 C 形构件，也可采用高频焊 H 形构件。

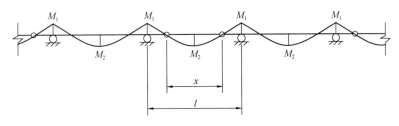

图 9.3-10 多跨静定檩条的弯矩分布

（2）多跨静定檩条的稳定计算长度取跨中短跨的长度 x，图 9.3-10，檩条之间的连接节点按照简支条件，应满足抗扭转约束条件，可采用嵌套搭接措施以保证节点的抗扭性能，如图 9.3-11。

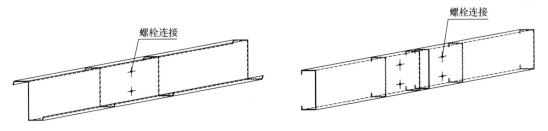

图 9.3-11 多跨静定檩条的节点连接

7. 雨篷梁构造

（1）小型雨篷悬臂梁可采用冷弯薄壁型钢构件，较大型雨篷悬臂梁宜采用焊接 H 形构件或热轧型钢。

（2）较大型雨篷悬臂梁应固定在柱子上，可以螺栓连接也可焊接；小型雨篷悬臂梁可由墙梁（檩）支承，为避免墙梁（檩）承受扭矩作用，宜在墙梁（檩）之间增加竖向构件，雨篷悬臂梁连接在竖向构件上（图 9.3-12），墙梁和竖向构件承受弯矩作用。竖向构件可采用冷弯薄壁型钢构件，在雨篷悬臂的螺栓连接处，可围焊垫板局部加厚竖向构件的翼缘，或加设一对横向加劲肋增大竖向构件连接处的刚度。

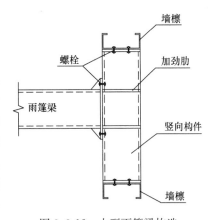

图 9.3-12 小型雨篷梁构造

9.3.3 墙架的布置与构造

1. 对于不支承吊车梁，且高度不大于 9m 的山墙面端框架，其框架柱、抗风柱、屋面梁、雨篷梁等构件均可采用冷弯薄壁型钢或轻型高频焊 H 形构件，冷弯薄壁型钢可采用 C 形卷边构件背靠背组合成 H 形，用喇叭焊缝连接而成，图 9.3-14，当门式刚架的间距超过 10m 时，可设置由纵墙面抗风柱和纵向水平支撑组成的纵向墙架以减少墙梁的跨度，得到较好的经济效益，图 9.3-13。

2. 山墙端框架柱（包括抗风柱）的柱脚和柱顶均可采用铰接，抗风柱顶由屋面横向水平支撑体系支承，山墙平面内的荷载由框架柱间支撑传递，当山墙面有永久性且开洞较少的墙面压型钢板时，可考虑其蒙皮效应而不设柱间支撑，但施工时应有临时措施保证柱的稳定性。计算抗风柱的外翼缘受压稳定性时，其墙梁（檩）作为侧向支撑点，计算长度可取墙梁（檩）的间距；计算抗风柱的内翼缘受压稳定性时，加设隅撑连接抗风柱的内翼缘和墙梁（檩），其计算长度取隅撑的间距。

3. 抗风柱的挠度宜符合下列要求：

玻璃幕墙面   1/400；

砖石墙面   1/240；

金属板墙面   1/100。

4. 纵向墙架体系见图 9.3-13，纵向墙面抗风柱的柱脚宜采用铰接，柱顶与横向悬臂构件的连接应采用刚接，纵向交叉水平支撑可采用张紧的 $\varphi 12$ 圆钢，两边的纵向系杆应按压杆设计，可考虑由檩条或天沟支架兼作，按压弯构件设计。

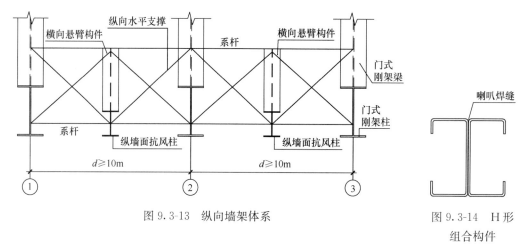

图 9.3-13   纵向墙架体系   图 9.3-14   H 形
                                                    组合构件

9.3.4   拉条体系的构造

1. 设置拉条体系是保证檩条稳定的重要措施，当围护板不能有效约束檩条的侧向位移和扭转时，应设置拉条为檩条提供侧向支撑，以提高檩条的稳定性。重力荷载和风揭力荷载为两个相反方向的作用，因此檩条的上、下翼缘都会受压应力作用，所以需要考虑设置上、下两层拉条体系，翼缘上不便连接拉条，可将拉条设置在靠近上下翼缘处。如果屋面板由自攻钉穿透直接固定于檩条，此时屋面板直接约束檩条的侧移，可以替代上层拉条体系，但在施工安装屋面板时，尚无蒙皮效应，檩条容易发生倾覆，故仍需设置上层拉条，除非设有足够的临时木撑，见图 9.3-15 所示。

如果在檩条下翼缘连接有内衬板，并采用自攻钉直接固定方式，内衬板足以约束下翼缘的侧移，此时可不必设置下层拉条体系。

2. 应在檐口和屋脊处对称设置由斜拉条、撑杆与檩条共同组成一个单向受力桁架，重力荷载作用于檩条的屋面坡向分力由檐口处的受力桁架承受；风揭力荷载作用于檩条的屋面坡向分力由屋脊处的受力桁架承受。当屋面单坡长度 L 超过 50m 时，宜增加一对对

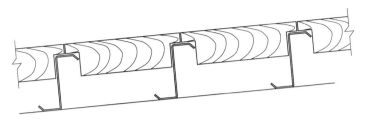

图 9.3-15　檩条上的临时木撑

称的单向受力桁架，见图 9.3-16 的中间受力桁架布置。

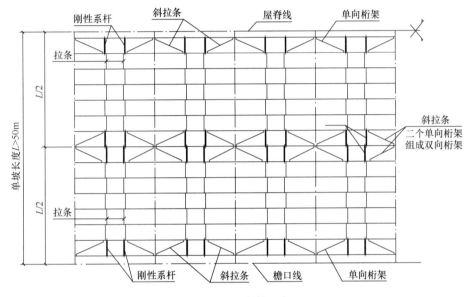

图 9.3-16　拉条体系布置

3. 拉条宜采用直径为 12mm 圆钢或不小于 L25×2 的轻型小角钢，如采用圆钢，可用标准攻丝的螺母张紧固定；如采用轻型角钢，端头切肢现场敲击打弯直接扣住檩条腹板，图 9.3-17，刚性系杆（参考图 9.3-16）可在圆钢拉条外套上一个直径不小于 32mm 的钢圆管。

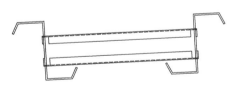

图 9.3-17　小角钢拉条

4. 也可用冷弯卷边 C 形或 Z 形构件在端部切除部分翼缘，再弯折腹板作为刚性系杆用螺栓或自攻钉连接在相邻檩条的腹板上构成稳定结构体系，替代双层拉条功能，使相邻檩条相互约束不发生扭转，图 9.3-18。

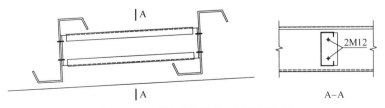

图 9.3-18　刚性系杆替代双层拉条作用

5. 当屋面坡度不大于10%，拉条受力可按所负担的区域屋面荷载的5%计算，拉条上的荷载由檐口或屋脊单向受力桁架将拉条荷载传至屋面梁上的檩托板。需要根据拉条系统的传力路径，验算檐口、屋脊处及其他设有单向受力桁架中的檩条的檩托板顺屋面坡度方向的剪切强度及连接强度，其剪力为负担区域屋面荷载的5%。

6. 墙梁的拉条体系可参考屋面檩条的拉条体系做法，在顶部设置斜拉条和撑杆构造

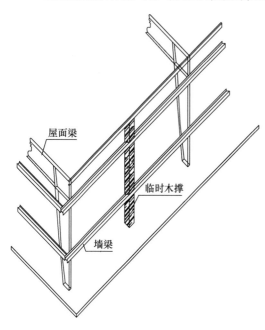

单向受力桁架，如遇通长的条形窗洞，则在窗框下增设一道单向受力桁架。为方便施工时调节檩条下挠度，应分别在靠近墙梁外翼缘和内翼缘设置拉条。为保证兼做窗框的墙梁平直，安装墙梁时宜设置临时木撑（图9.3-19），待墙板安装完成后再拆除临时木撑。

9.3.5　荷载与内力计算

一、荷载计算

1. 风荷载按现行国家标准《建筑结构荷载规范》GB 50009取值，计算门式刚架围护结构时风荷载应乘以1.5系数，风荷载系数按第9.2.3节的规定取值，不再考虑风振效应系数；雪荷载按现行国家标准《建筑结构荷载规范》GB 50009取值，对于女儿墙及高低跨的积雪荷载按第10章的规定计算。

图9.3-19　墙梁的临时木撑

2. 屋面檩条的活荷载按0.5kN/m^{2}计算，雪荷载按现行国家标准《建筑结构荷载规范》GB 50009取值，吊挂荷载按活荷载考虑，但与风荷载组合时取值为0，当确定吊挂荷载为永久性荷载时，与风荷载组合时，荷载分项系数取0.9；恒荷载与风荷载组合时，荷载分项系数取1.0或0.9。

3. 对于高低跨及女儿墙处的檩条应计算堆积雪荷载，按本手册第10章10.3.2节第四条规定。

4. 当采用轻型围护结构体系时，对檩条和墙梁无需考虑地震力作用。

二、内力计算

1. 连续墙梁的风荷载按均匀满跨计算；连续檩条的活荷载按不利荷载布置考虑，可取一半的活荷载按最不利布置，另一半的活荷载按均匀满布分布；也可仅取一跨活荷载作为不利活荷载分布计算该跨的最大弯矩；计算最大剪力时取均匀满布。

2. 双檩条构造仅有一根主檩条与屋面板相连接，另一根辅助檩条仅与屋面梁相连，在内力计算时，重力荷载产生的效应可由两根檩条共同承担，风揭力组合荷载产生的内力仅由其中的一根主檩条承担，纵向荷载产生的轴向力由两根檩条共同承担。

3. 满足第9.3.2节构造条件的嵌套搭接组成的连续檩条，应考虑嵌套松动引起搭接双檩条段的刚度减小和弯矩释放，在无试验数据的情况下，可按连续梁模式计算弯矩，对支座处的弯矩释放10%，加在跨中截面处，挠度的计算按均匀单根檩条计算之后再乘以

1.4 增大系数。多跨连续梁最大内力在端跨的跨中和第二支座处，所设计的檩条厚度大于其他跨的檩条，其他跨按统一的标准跨控制设计，按均匀连续梁模式，跨中弯矩为 $M_c = ql^2/24$，支座为 $M_z = ql^2/12$，但应考虑搭接嵌套松动支座释放弯矩释放 10% 增加到跨中，则跨中弯矩大于支座弯矩的 1/2，按照搭接长度不小于跨度的 10%，可保证搭接区端头处的弯矩不大于跨中弯矩，搭接区段具有双檩条强度，因此，只需按跨中的单檩条控制设计计算即可。

9.3.6　檩条和墙梁的承载力计算

一、一般说明

1. 本节的檩条和墙梁承载力计算方法仅针对按照本章方式设计的压型钢板轻钢围护结构体系，檩条和墙梁均为 C 形或 Z 形卷边冷弯薄壁构件，符合 9.3.2 节的构造要求，且设有按 9.3.4 节规定的拉条系统。

2. 檩条和墙梁的截面惯性轴见图 9.3-3，重力荷载作用垂直于地面，风揭力作用在垂直于翼缘的平面内（与腹板平面平行）。

3. 考虑到金属压型钢板和拉条对檩条的约束作用，不计算檩条的侧向弯矩作用，也不计算荷载偏心引起的双力矩作用，仅计算檩条腹板平面内的弯矩和变形。

4. 当墙梁的自重不由其底端承重时，需计算墙梁在重力荷载作用下的侧向弯矩。

5. 檩条和墙梁支承金属围护板时的挠度与跨度的比值不宜大于 1/150；支承混凝土或砌体类围护材料时，挠度与跨度的比值不宜大于 1/240。

二、有效截面的计算

1. 设计实腹式冷弯薄壁型钢檩条和墙梁时，应采用有效净截面计算强度，采用有效截面计算稳定应力和构件的变形；采用毛截面计算稳定系数。当 C 形或 Z 形檩条和墙梁符合 9.3.2 节构造要求，在计算有效截面时檩条和墙梁受压板件的屈曲系数可按下面的规定：

（1）腹板取 23.9；

（2）翼缘取 3.0；

（3）卷边取 0.425。

2. 有效截面的具体计算方法按照 9.2.3 第四条。

三、檩条的承载力计算

檩条应满足以下要求：

1）抗弯强度：
$$\frac{M_{x1}}{W_{enx1}} \leqslant f \tag{9.3-2a}$$

2）抗剪强度：
$$\frac{3V_{max}}{2h_0 t} \leqslant f_v \tag{9.3-2b}$$

3）整体稳定：上翼缘受压时：$\dfrac{M_{x1}}{\varphi_{bx} W_{ex1}} \leqslant f \tag{9.3-2c}$

下翼缘受压时：$\dfrac{1}{\chi} \dfrac{M_{x1}}{W_{ex1}} + \dfrac{M'_y}{W_{fly}} \leqslant f \tag{9.3-2d}$

式中　M_{x1}——跨中绕 $x_1 - x_1$ 轴的最大弯矩；

$\qquad W_{enx1}$——关于 $x_1 - x_1$ 轴的最小有效净截面抗弯模量；

$\qquad V_{max}$——最大剪力，对于嵌套搭接的双檩条段，取总剪力的 60% 值分配在单檩条上；

t ——单檩条厚度；

h_0 ——腹板高度；

φ_{bx} ——在重力荷载作用下檩条上翼缘受压时的整体稳定系数，屋面板能约束檩条上翼缘的扭转时，可取 $\varphi_{bx} = 0.9$，否则，按 9.3.8 节的 （9.3-8a） 式计算；

f ——钢材的抗拉、抗压和抗弯强度设计值；

f_v ——钢材的抗剪强度设计值；

M'_y ——垂直荷载引起的檩条自由下翼缘的侧向弯矩，按本章的 9.3.8 节 （9.3-9b） 式计算。当自由下翼缘受拉时 $M'_y = 0$；

W_{ex1} ——绕 x_1-x_1 轴的受压翼缘有效截面抗弯模量；

χ ——风揭力作用下，屋面板约束檩条上翼缘扭转时的檩条稳定系数，按本章的 9.3.8 节 （9.3-10a） 式计算；当有内衬板约束下翼缘的侧向位移或扭转，或下翼缘受拉应力时，$\chi = 1.0$；

W_{fly} ——自由翼缘加 1/5 腹板高度的截面模量。

四、兼做纵向系杆的檩条承载力计算

1) 抗弯强度

$$\frac{N}{A_{en}} + \frac{M_{x1}}{W_{enx1}} \leqslant f \qquad (9.3\text{-}3a)$$

2) 抗剪强度

$$\frac{3V_{max}}{2h_0 t} \leqslant f_v \qquad (9.3\text{-}3b)$$

3) 整体稳定性

$$\frac{M_{x1}}{\varphi_{bx} W_{ex1}} + \frac{N}{\varphi_{min} A_e} \leqslant f \qquad (9.3\text{-}3c)$$

$$\frac{1}{\chi}\left(\frac{N}{A_e} + \frac{M_{x1}}{W_{ex1}}\right) + \frac{M'_y}{W_{fly}} \leqslant f \qquad (9.3\text{-}3d)$$

式中 N ——檩条的轴向力；

A_e、A_{en} ——分别为檩条的有效截面积、有效净截面积；

φ_{min} ——檩条较大长细比对应的轴压稳定系数。

注：当为双檩条时，上述公式中的几何特性按双檩条计算，可不用计算稳定性。

五、墙梁的承载力计算

通常墙面板可以约束墙梁的外翼缘侧向位移和扭转，稳定计算仅需考虑墙梁内翼缘受压时的情况，当设有内衬板，墙梁内翼缘也受到约束，无需验算墙梁的稳定性。

1. C 形或 Z 形冷弯薄壁型钢构件

1) 抗弯强度

$$\frac{M_{x1}}{W_{enx1}} + \frac{M_{y1}}{W_{eny1}} \leqslant f \qquad (9.3\text{-}4a)$$

2) 抗剪强度

$$\frac{3V_{y,max}}{2h_0 t} \leqslant f_v \qquad (9.3\text{-}4b)$$

$$\frac{3V_{x,max}}{4b_0 t} \leqslant f_v \qquad (9.3\text{-}4c)$$

3) 稳定性

$$\frac{1}{\chi}\frac{M_{x1}}{W_{ex1}} + \frac{M_{y1}}{W_{eny1}} + \frac{M'_y}{W_{fly}} \leqslant f \qquad (9.3\text{-}4d)$$

式中 M_{y1} ——竖向荷载产生的弯矩，当墙板由下端自承重墙梁不受力时，$M_{y1} = 0$；

M_y' ——水平荷载引起的墙梁自由内翼缘的侧向弯矩，按本章的 9.3.8 节（9.3-9b）式计算。当内翼缘受拉时，$M_y' = 0$；

$V_{x,max}$、$V_{y,max}$ ——分别为竖向荷载和水平荷载产生的最大剪力，当墙板由下端自承重墙梁不受力时，$V_{x,max} = 0$；

b_0 ——墙梁的翼缘宽度；

W_{eny1} ——绕 $y_1 - y_1$ 轴的有效净截面抗弯模量。

其余符号定义见公式（9.3-2）。

对于矩形组合截面墙梁无需验算整体稳定性，强度验算参考本条的相关公式。

六、檩条的局部承压计算

1. 当檩条腹板高厚比大于 200 时，应设置檩托板连接檩条腹板传力；当腹板高厚比不大于 200 时，也可不设置檩托板，由翼缘支承传力，但应按下列公式计算檩条的局部屈曲承压能力，当不满足下列规定时，对腹板应采取局部加强措施。

$$P_n = 4t^2 f(1 - 0.4\sqrt{R/t})(1 + 0.35\sqrt{l_c/t})(1 - 0.02\sqrt{h_0/t}) \qquad (9.3\text{-}5)$$

式中　P_n ——檩条的局部屈曲承压能力；

t ——檩条的壁厚（mm）；

f ——檩条钢材的强度设计值（N/mm）；

R ——檩条冷弯的内表面半径（mm），可取 $1.5t$；

l_c ——檩条传力的支承长度（mm），不应小于 20mm；

h_0 ——檩条腹板扣除冷弯半径后的平直段高度（mm）。

2. 对于连续檩条在支座处，尚应按下式计算檩条的弯矩和局部承压组合作用：

$$\left(\frac{V_y}{P_n}\right)^2 + \left(\frac{M_{x1}}{M_n}\right)^2 \leqslant 1.0 \qquad (9.3\text{-}6)$$

式中　V_y ——檩条支座反力（N）；

P_n ——檩条的局部屈曲承压能力，式（9.3-5）得到的檩条局部屈曲承压能力，当为双檩条时，取两者之和；

M_{x1} ——檩条支座处的弯矩；

M_n ——檩条的抗弯承载能力，当为双檩条时，取两者之和乘以折减系数 0.9。

注：公式中有关几何关系见图 9.3-3。

9.3.7 节点连接的构造和计算

一、连接构造

1. 檩条和墙梁与刚架构件的连接

（1）檩条或墙梁与屋盖梁或柱子的连接采用 M12 的螺栓连接，简支檩条或墙梁的檩托板需要开 4 个孔，图 9.3-20，檩托板宜设加劲板，檩托板和加劲板厚度不宜小于 6mm，其连接焊缝可采用单面焊，焊脚高度宜等同板厚度；连续檩条或墙梁宜采用 Z 形构件嵌套搭接构成，此时檩托板居中开 2 个螺栓连接孔，宜改用角钢做檩托板。

（2）屋面端头处的檩条兼做屋盖横向水平支撑体系的直腹杆时，该檩条每端头宜设置 4 个 M12 的普通螺栓或 2 个 M12 的高强度螺栓（对应的檩托板改用角钢打两个孔），参考图 9.3-7。

2. 檩条与拉条的连接

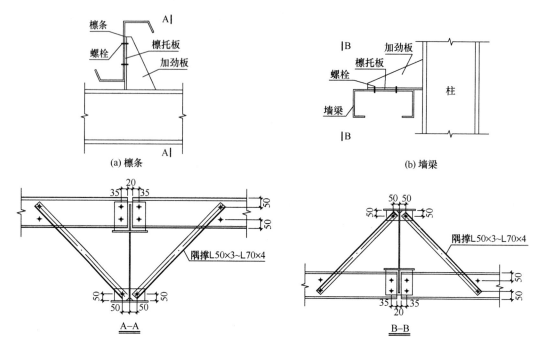

图 9.3-20 檩条和墙梁与檩托板连接

（1）所有檩条和墙梁的螺栓或其他紧固件的连接，均应连接在腹板上，檩条的吊挂荷载及拉条均应连接在腹板上，为方便连接的标准化，对应 $\phi12$ 的拉条和 M12 的螺栓，可在靠近檩条上、下翼缘约 50mm 处统一冲 $\phi16\times20$ 的椭圆连接孔，对应 $\phi16\times20$ 的椭圆连接孔，应采用加大加强型的螺栓垫圈。

（2）檩条腹板同一受力点相接拉条的间距，宜按照水平 50mm 间距布置，不计算因传力偏心引起的效应，否则，要考虑偏心传力引起的附加弯矩效应。

3. 隅撑与檩条或墙梁的连接可采用单个螺栓连接，其连接孔宜靠近檩条上翼缘和墙梁的外翼缘。

4. 连续檩条的搭接段螺栓连接，在连续檩条的搭接段中共 3 对 6 个螺栓连接，搭接段的端头各采用 2 个 M12 的螺栓连接，见图 9.3-7。

二、连接强度计算

1. 除圆钢拉条的连接强度按照一个螺栓受拉模式验算外，其余的螺栓连接强度均按照螺栓受剪模式验算，考虑两个螺栓受力不均，每个螺栓受力可乘以 1.2 的增大系数。

2. 连续檩条的节点连接螺栓，图 9.3-7，应满足下列要求

檩托板上的一个螺栓 $\qquad N = \dfrac{kR}{2} \leqslant \min(N_v^b, N_c^b)$ （9.3-7a）

$$N_v^b \leqslant \frac{\pi d_e^2}{4} f_v^b \tag{9.3-7b}$$

$$N_c^b \leqslant d \cdot t \cdot f_c^b \tag{9.3-7c}$$

搭接区段端头一个螺栓 $\qquad N = \dfrac{k}{2} \dfrac{M_z}{(d_1 + d_2)} \leqslant \min(N_v^b, N_c^b)$ （9.3-7d）

式中 $\quad N$ ——一个螺栓承受的剪力设计值；

N_v^b、N_c^b ——分别为一个螺栓的抗剪强度设计值和承压强度设计值;

d_e ——普通螺栓螺纹处的有效直径;

d ——普通螺栓杆直径;

t ——单件檩条的厚度,如为嵌套搭接双檩条,则取 $2t$,但应乘以不均匀受力折减系数 0.8;

f_v^b ——普通螺栓的抗剪强度设计值;

f_c^b ——单檩条孔口的承压强度设计值;

d_1、d_2 ——分别为从檩托中心至搭接段左、右两边端螺栓的距离;

M_z ——檩条支座处弯矩;

k ——螺栓不均匀受力增大系数,可取 1.2。

9.3.8 有围护板连接的檩条和墙梁稳定计算

1. 当围护板不能约束檩条和墙梁所连接的翼缘侧向位移和扭转时,檩条和墙梁的整体稳定系数按下式计算:

$$\varphi_{bx} = \frac{4320Ah}{\lambda_y^2 W_x}\xi_1 \left(\sqrt{\eta^2 + \zeta} + \eta\right) \cdot \left(\frac{235}{f_y}\right) \tag{9.3-8a}$$

$$\eta = 2\xi_2 e_a/h \tag{9.3-8b}$$

$$\zeta = \frac{4I_\omega}{h^2 I_y} + \frac{0.156I_t}{I_y}\left(\frac{l_0}{h}\right)^2 \tag{9.3-8c}$$

式中 λ_y ——梁在弯矩作用平面外的长细比;

A ——毛截面面积;

h ——截面高度;

l_0 ——梁的侧向计算长度,$l_0 = \mu_b l$;

μ_b ——梁的侧向计算长度系数,按表 9.3-1 采用;

l ——梁的跨度,对于连续檩条取 0.7 倍的跨度;

ξ_1,ξ_2 ——系数,按表 9.3-1 采用;

e_a ——横向荷载作用点到弯心的距离:对于偏心压杆或当横向荷载作用在弯心时 $e_a = 0$;当荷载不作用在弯心且荷载方向指向弯心时 e_a 为负,而离开弯心时 e_a 为正;

W_x ——对 x 轴的受压边缘毛截面截面模量;

I_ω ——毛截面扇性惯性矩;

I_y ——对 y 轴的毛截面惯性矩;

I_t ——扭转惯性矩。

如按上列公式算得的 φ_{bx} 值大于 0.7,则应以 φ'_{bx} 值代替 φ_{bx},φ'_{bx} 值应按下式计算:

$$\varphi'_{bx} = 1.091 - \frac{0.274}{\varphi_{bx}} \tag{9.3-8d}$$

计算檩条稳定的系数 表 9.3-1

序号	荷载情况	跨间无侧向支承		跨中设一道侧向支承		跨间设二道侧向支承	
		$\mu_b = 1.00$		$\mu_b = 0.50$		$\mu_b = 0.33$	
		ξ_1	ξ_2	ξ_1	ξ_2	ξ_1	ξ_2
1	均布荷载	1.13	0.46	1.35	0.14	1.37	0.06
2	跨中一个集中荷载	1.35	0.55	1.83	0	1.68	0.08

2. 当围护板能约束檩条和墙梁受拉翼缘的扭转时，在风揭力作用下檩条和墙梁受压翼缘的稳定性按下式计算：

$$\frac{1}{\chi}\frac{M_{x1}}{W_{ex1}} + \frac{M'_y}{W_{fly}} \leqslant f \tag{9.3-9a}$$

$$M'_y = \eta M'_{y0} \tag{9.3-9b}$$

$$q'_{x1} = k_h q_{y1} \tag{9.3-9c}$$

$$R = K l_y^4 / (\pi^4 E I_{fly}) \tag{9.3-9d}$$

式中　M_{x1} ——腹板平面内（图9.3-21）的弯矩设计值；

　　　W_{ex1} ——有效截面对 $x_1 - x_1$ 轴的截面模量，有效截面按第9.2.3节计算；

　　　M'_y ——垂直荷载引起的檩条自由翼缘（下翼缘）的侧向弯矩，当自由翼缘受拉时，$M'_y = 0$；

　　　W_{fly} ——自由翼缘加1/5腹板高度对形心轴 $y - y$ 的截面模量，见图9.3-21；

　　　χ ——自由翼缘压弯屈曲时的稳定系数，按第3条的规定计算；

　　　M'_{y0} ——忽略弹性约束影响的自由下翼缘侧向弯矩，按表9.3-2的规定计算；

　　　η ——考虑自由翼缘弹性约束的修正系数，按表9.3-2的规定计算；

　　　q'_{x1} ——由于截面扭转引起的作用于自由（下）翼缘的虚拟侧向荷载；

　　　q_{y1} ——垂直于翼缘的荷载设计值；

　　　R ——参数；

　　　k_h ——系数，按表9.3-3的规定计算；

　　　l_y ——拉条间的距离或拉条与檩条支座之间距离，无拉条时取檩条跨长；

　　　I_{fly} ——自由翼缘加1/5腹板高度的截面对主轴 $y - y$ 的惯性矩；

　　　K ——围护板对连接的翼缘侧向约束的弹簧刚度，按第4条的规定计算。

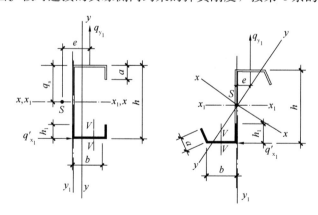

图9.3-21　檩条截面几何定义

系数 η 和 M'_{y0} 的计算公式　　　　　　　　　　　　　　　　表9.3-2

拉条数量	M'_{y0}	η
0	$q'_{x1} l_y^2 / 8$	$\dfrac{1 + 0.0225R}{1 + 1.013R}$
1	$-q'_{x1} l_y^2 / 8$	$\dfrac{1 + 0.0314R}{1 + 0.396R}$

拉条数量	M'_{y0}	η
2	$q'_{x1} l_y^2 / 24$	$\dfrac{1-0.0125R}{1+0.198R}$
3	$-q'_{x1} l_y^2 / 12$	$\dfrac{1+0.0178R}{1+0.191R}$

注：下翼缘侧向弯矩 M'_{y0} 以翼缘与腹板相交处受压应力为正。

系数 k_h 的计算公式　　　　　表 9.3-3

截面类型和荷载	k_h 值

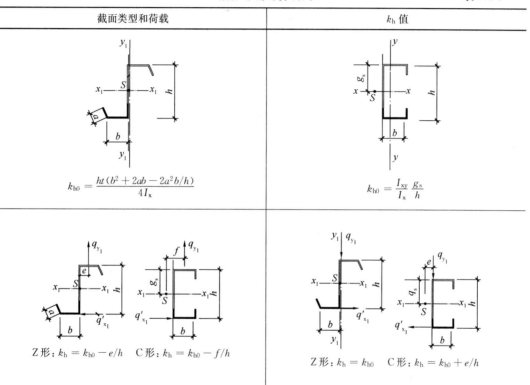

$$k_{h0} = \frac{ht(b^2 + 2ab - 2a^2b/h)}{4I_x}$$

$$k_{h0} = \frac{I_{xy}}{I_x} \frac{g_s}{h}$$

Z形：$k_h = k_{h0} - e/h$　　C形：$k_h = k_{h0} - f/h$

Z形：$k_h = k_{h0}$　　C形：$k_h = k_{h0} + e/h$

注：1. 表图中 I_x 为主形心惯性矩；I_{xy} 为惯性积，参见图 9.3-21；

　　2. 当 $k_h < 0$ 时，表图中虚拟力 q'_{x1} 的方向改变。

3. 檩条下翼缘或墙梁内翼缘压弯屈曲时的稳定系数 χ 应按下列规定计算：

$$\chi = 1/[\varphi + \sqrt{\varphi^2 - \lambda_n^2}] \text{ 且 } \chi \leqslant 1.0 \qquad (9.3\text{-}10a)$$

$$\varphi = 0.5[1 + 0.34(\lambda_n - 0.2) + \lambda_n^2] \qquad (9.3\text{-}10b)$$

$$\lambda_n = \lambda_{fly}/\lambda_1 \qquad (9.3\text{-}10c)$$

$$\lambda_{fly} = l_{fly}/i_{fly} \qquad (9.3\text{-}10d)$$

$$l_{fly} = \eta_1 l_y (1 + \eta_2 R^{\eta_3})^{\eta_4}, 0 \leqslant R \leqslant 200 \qquad (9.3\text{-}10e)$$

$$i_{fly} = \sqrt{I_{fly}/A_{fly}} \qquad (9.3\text{-}10f)$$

$$\lambda_1 = \pi \sqrt{E/f_y} \qquad (9.3\text{-}10g)$$

式中　R——由式（9.3-9d）计算得到；

λ_n —— 自由翼缘的相对长细比；

λ_fly —— 自由翼缘绕主轴 $y—y$（见图 9.3-21）的长细比；

A_fly —— 自由翼缘的截面面积加 1/5 腹板截面积；

l_fly —— 自由翼缘的计算长度；

i_fly —— 自由翼缘加 1/5 腹板高度对其主轴 $y—y$ 的回转半径；

$\eta_1 \sim \eta_4$ —— 根据拉条数量确定的系数，风揭力荷载作用下按表 9.3-4 取值。

注：以上公式（9.3-10a）～（9.3-10g）均采用构件的毛截面计算。

风揭力荷载作用下参数 $\boldsymbol{\eta_1 \sim \eta_4}$ 的取值　　　　　　　　　表 9.3-4

类型	拉条道数	η_1	η_2	η_3	η_4
简支梁		0.694	5.45	1.27	−0.168
端跨	0	0.515	1.26	0.868	−0.242
中间跨		0.306	0.232	0.742	−0.279
简支梁和端跨	1	0.800	6.75	1.49	−0.155
中间跨		0.515	1.26	0.868	−0.242
简支梁	2	0.902	8.55	2.18	−0.111
端跨和中间跨		0.800	6.75	1.49	−0.155
简支梁和端跨	3 和 4	0.902	8.55	2.18	−0.111
中间跨		0.800	6.75	1.49	−0.155

4. 对上翼缘或外翼缘受面板约束的檩条，其下翼缘或内翼缘受压时的侧向弹簧刚度 K 应按下列公式计算：

$$\frac{1}{K} = \frac{4(1-\nu^2)h^2(h+e)}{Et^3} + \frac{h^2}{C_\mathrm{t}} \tag{9.3-11}$$

式中　e —— 荷载作用的偏心距，表 9.3-3 的图中假想力 q'_x1 使檩条的翼缘与腹板相交处与屋面板相接触时取 d，为自攻钉中心至腹板中心的距离；假想力 q'_x1 使檩条翼缘的卷边与屋面板相接触时取 $2d + b$，见图 9.3-22。

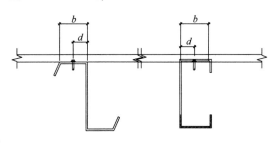

图 9.3-22　自攻钉位置

h —— 檩条截面高度（mm）；

t —— 檩条厚度（mm）；

ν —— 泊松比，取 0.3；

C_t —— 抗扭弹簧刚度（Nm/m/rad），可按第 5 条的规定计算。

5. 围护板对屋面或墙面檩条的抗扭弹簧刚度系数 C_t 可按以下方式估算：

（1）由自攻钉直接钉住的普通压型板（屋面或墙面）

$$C_\mathrm{t} = C_{100} k_\mathrm{ba} k_\mathrm{t} k_\mathrm{bR} k_\mathrm{bT} \tag{9.3-12a}$$

$$k_\mathrm{ba} = (b_\mathrm{a}/100)^2 \tag{9.3-12b}$$

$$k_t = (t/0.75)^{1.5} \tag{9.3-12c}$$

$$k_{bR} = \min\{185/b_R, 1.0\} \tag{9.3-12d}$$

$$k_{bT} = \min\{\sqrt{40/b_T}, 1.0\} \tag{9.3-12e}$$

式中 C_t——围护板对檩条的抗扭弹簧刚度系数（Nm/m/rad）；

         C_{100}——当檩条翼缘的宽度为 100mm 时，屋面板与檩条连接的抗扭系数，每个波肋均连接时取 2600Nm/m/rad，隔一个波肋连接时取 1700Nm/m/rad；

k_{ba}、k_t、k_{bR}、k_{bT}——与压型钢板刚度相关的系数；

         b_a——檩条的翼缘宽度（mm）；

         t——围护板的基材厚度（mm），包括镀层厚度；

         b_R——围护板的波距（mm），图 9.3-23；

         b_T——围护板的波峰或波谷宽度（mm），图 9.3-23。

采用公式（9.3-12a）时应符合下列 4 个条件：

1）压型板为梯形肋；

2）自攻钉直径不小于 6.3mm；

3）自攻钉打在屋面板的波谷处，如打在波峰处，则应对波峰采取鞍形加强垫片（见图 9.3-24 所示），垫片厚度不小于 1.0mm；

4）围护板与檩条间不夹有保温类柔性材料。当不符合上述条件时，应根据样品实测确定屋面板对檩条的抗扭弹簧刚度。

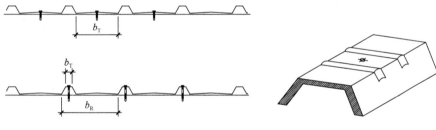

图 9.3-23   压型板的几何定义   图 9.3-24   鞍形加强垫片

（2）扣合式屋面板

通常扣合式屋面板不能保证对檩条的侧向位移约束，也不能保证对檩条的扭转约束，可令 $C_t = 0$。

（3）咬合式屋面板

咬合式屋面板通过固定座约束檩条上翼缘的扭转，其抗扭刚度由实测确定，如无实测数据，可按下式估算：

$$\frac{1}{C_t} = \frac{1}{C_{t1}} + \frac{1}{C_{t2}} \tag{9.3-13a}$$

$$C_{t1} = 0.1232\left(\frac{10}{b}\right)^{0.55} Et_1(1+3t_1) \tag{9.3-13b}$$

$$C_{t2} = \frac{E}{236}t_z^{2.57} \tag{9.3-13c}$$

式中　C_t ——屋面板系统对檩条的抗扭弹簧刚度系数（Nm/m/rad）；

$\quad\quad\quad C_{t1}$ ——屋面板局部弯曲提供的抗扭刚度系数（Nm/m/rad）；

$\quad\quad\quad C_{t2}$ ——固定座弯曲提供的抗扭刚度系数（Nm/m/rad）；

$\quad\quad\quad E$ ——钢材的弹性模量（N/mm²）；

$\quad\quad\quad t_1$ ——屋面板的厚度（mm）；

$\quad\quad\quad t_z$ ——固定座底座的厚度（mm）；

$\quad\quad\quad b$ ——压型板的上肋宽度（mm）。

以上公式的适用条件是：

1）固定座由两个自攻钉固定，自攻钉间距不小于 30mm；

2）自攻钉距滑移片的垂直水平距离不大于 15mm；

3）固定座中滑移片宽度不小于 50mm。

9.3.9　檩条的计算实例

某库房钢结构建筑宽度 60m，长度 150m，檐高 8m，屋面坡度 1/10（倾角 $\alpha = 5.71^{o}$），B 类场地，屋面用连续檩条，跨度 7.5m，檩距 1.5m，二道拉条间距为 2.5m，檩条采用 60°斜卷边 Z 形冷弯薄壁型钢 Z180×70×20×1.6，钢材为 Q345，强度设计值为 300N/mm²。基本风压为 0.50kN/m²，施工活荷载取值 0.50kN/m²，雪荷载取值 0.50kN/m²，恒载取值为 0.15kN/m²，验算屋面中间标准跨檩条及其连接的承载力，验算拉条系统的强度。

连续檩条构造符合 9.3.2 节的规定，支座处承载力按双檩条强度考虑，跨中截面按单檩条强度考虑，连续檩条支座处嵌套搭接段松动弯矩释放 10% 转移到跨中，搭接段长度取檩条跨度的 10%，搭接段端头的弯矩不大于跨中弯矩，因此，抗弯强度和稳定由跨中弯矩控制计算，抗剪强度和节点连接强度由支座处内力控制计算。

采用咬合式压型钢板，板形见图 9.2-13，压型板上肋宽度为 60mm，通过固定座连接在檩条上翼缘，固定座连接构造符合 9.3.8 节第 5 款（3）规定，固定座的滑移片厚度为 1.2mm，固定座底板厚度为 2.0mm。咬合式屋面板厚度为 0.6mm，不能约束檩条侧向位移，能约束檩条的扭转，跨中三分点处设上下二层拉条，由于屋面板的蒙皮效应，可不计算双力矩作用，可按腹板平面内的内力进行计算。无实测抗扭转弹簧刚度，按公式（9.3-13a）～式（9.3-13c）计算屋面板对檩条的抗扭弹簧刚度 C_t，按公式（9.3-11）计算上翼缘受屋面板约束的檩条其下翼缘受压时的侧向弹簧刚度 K。

1. 几何特性计算

几何定义参见图 9.3-25，檩条截面特性参数如下：

$b = 70mm$，$h = 180mm$，$a = 20mm$，$t = 1.6mm$，主轴与腹板夹角 $\theta = 21.86°$，

$A = 558.4\ mm^2$，

$I_x = 3253200\ mm^4$，

$I_{x1} = 2838200\ mm^4$，

$W_{x1} = 31530\ mm^3$，

$I_{y1} = 676600\ mm^4$，

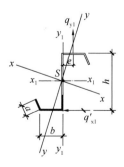

图 9.3-25　截面的
几何定义

$i_{y1} = 34.8\text{mm}$,

$I_y = 262020 \text{ mm}^4$,

$I_\omega = 3.472 \times 10^9 \text{ mm}^6$,

$E = 206000 \text{ N/mm}^2$,

$\nu = 0.3$,

拉条间距 $l_y = 2500\text{mm}$,

风荷载距腹板距离 $e = 35\text{mm}$。

2. 内力计算

屋面压型钢板能约束檩条的扭转，且设有二层二道拉条，故可仅按檩条腹板平面内计算内力及验算强度和稳定性。

（1）荷载计算

1）恒载标准值 $q_{dk} = 0.15 \times 1.5 = 0.225\text{kN/m}$。

2）活载标准值 $q_{lk} = 0.5 \times 1.5 = 0.75\text{kN/m}$。

3）恒＋活荷载设计值 $q_Q = 1.2q_{dk} + 1.4q_{lk} = 1.2 \times 0.225 + 1.4 \times 0.75 = 1.32\text{kN/m}$。

恒＋活荷载在平行腹板平面的分量值

$q_{Qy1} = q_Q \cos(\theta - \alpha) = 1.32 \times \cos(21.86° - 5.71°) = 1.27\text{kN/m}$。

4）风揭力荷载（与腹板面平行）标准值

檩条受风面积 $A = 1.5 \times 7.5 = 11.25\text{m}^2 > 10\text{m}^2$，按屋面边缘区取风荷载系数 -1.28，风揭力荷载标准值为 $\omega_k = \beta\mu_s\mu_z\omega_0 s = 1.5 \times 1.28 \times 1.0 \times 0.5 \times 1.5 = 1.44\text{kN/m}$。

5）风揭力组合荷载设计值：

$q_w = 1.4\omega_k - 1.0q_{dk}\cos\alpha = 1.4 \times 1.44 - 1.0 \times 0.225 \times \cos 5.71° = 1.79\text{kN/m}$。

（2）控制弯矩计算

1）支座处内力按荷载均匀满布计算（弯矩释放 10%）：

弯矩 $M_{zx1} = \dfrac{0.9q_w l^2}{12} = \dfrac{0.9 \times 1.79 \times 7.5^2}{12} = 7.55\text{kN} \cdot \text{m}$

剪力 $V_z = 0.5q_w l = 0.5 \times 1.79 \times 7.5 = 6.71\text{kN}$

支座反力 $R = q_w l = 1.79 \times 7.5 = 13.42\text{kN}$。

2）跨中弯矩计算，活荷载按不利荷载分布，一半的活荷载按最不利分布，另一半的活荷载按均布，按《建筑结构静力计算手册》，可由单跨活荷载作用近似计算（附加支座处释放 10% 的弯矩）：

$M_{Qx1} = (0.1 \times 0.054 + 0.072)q_{y1}l^2 = (0.1 \times 0.054 + 0.072) \times 1.27 \times 7.5^2 = 5.53\text{kN} \cdot \text{m}$

稳定计算由风揭力作用使下翼缘受压控制：

$M_{wx1} = (0.1/12 + 1/24)q_w l^2 = (0.1/12 + 1/24) \times 1.79 \times 7.5^2 = 5.03\text{kN} \cdot \text{m}$。

3. 强度验算

（1）支座为双檩条强度，由跨中单檩条控制计算，有效截面计算

1）计算翼缘的有效宽度

$$\sigma_{max} = \frac{M_{qx1}}{W_{x1}} = \frac{5.53 \times 10^6}{31530} = 175 \text{ N/mm}^2$$

$$\sigma_{min} = \frac{M_{qx1}}{W_{x1}} = \frac{5.53 \times 10^6}{31530} = 175 \text{ N/mm}^2$$

$$\xi = \frac{c}{b}\sqrt{\frac{k}{k_c}} = \frac{180}{70}\sqrt{\frac{3.0}{23.9}} = 0.911$$

$$k_1 = 1/\sqrt{\xi} = 1/\sqrt{0.911} = 1.048$$

$$\rho = \sqrt{205k_1k/\sigma_1} = \sqrt{205 \times 1.048 \times 3.0/175} = 1.92$$

$$\psi = \sigma_{min}/\sigma_{max} = 175/175 = 1.0 \ , \alpha = 1.15 - 0.15\psi = 1.15 - 0.15 \times 1.0 = 1.0$$

$$38\alpha\rho = 38 \times 1.0 \times 1.92 = 73.0 > \frac{b}{t} = \frac{70}{1.6} = 43.8 > 18\alpha\rho = 18 \times 1.0 \times 1.92 = 34.6$$

受压翼缘有效宽度为

$$b_e = \left(\sqrt{\frac{21.8\alpha\rho}{b/t}} - 0.1\right)b_c = \left(\sqrt{\frac{21.8 \times 1.0 \times 1.92}{70/1.6}} - 0.1\right) \times 70 = 61.5\text{mm}_{\circ}$$

2）计算腹板的有效宽度

$$\xi = \frac{c}{b}\sqrt{\frac{k}{k_c}} = \frac{70}{180}\sqrt{\frac{23.9}{3.0}} = 1.098$$

$$k_1 = 1/\sqrt{\xi} = 1/\sqrt{1.098} = 0.954$$

$$\rho = \sqrt{205k_1k/\sigma_1} = \sqrt{205 \times 0.954 \times 23.9/175} = 5.17$$

$$\psi = \sigma_{min}/\sigma_{max} = -1.0 < 0 \ , \ 取 \ \alpha = 1.15$$

$$38\alpha\rho = 38 \times 1.15 \times 5.17 = 226 > \frac{h}{t} = \frac{180}{1.6} = 112.5 > 18\alpha\rho = 18 \times 1.15 \times 5.17 = 107$$

腹板受压区有效宽度为

$$b_e = \left(\sqrt{\frac{21.8\alpha\rho}{h/t}} - 0.1\right)b_c = \left(\sqrt{\frac{21.8 \times 1.15 \times 5.17}{180/1.6}} - 0.1\right) \times 90 = 87.6\text{mm}_{\circ}$$

3）计算卷边的有效宽度

$$\xi = \frac{c}{b}\sqrt{\frac{k}{k_c}} = \frac{70}{20}\sqrt{\frac{0.425}{3.0}} = 1.317$$

$$k_1 = 0.11 + \frac{0.93}{(\xi - 0.05)^2} = 0.11 + \frac{0.93}{(1.317 - 0.05)^2} = 0.689$$

$$\rho = \sqrt{205k_1k/\sigma_1} = \sqrt{205 \times 0.689 \times 0.425/175} = 0.586$$

$$\psi = \frac{\sigma_{min}}{\sigma_{max}} = \frac{90 - 20\sin 60°}{90} = 0.808$$

取 $\alpha = 1.15 - 0.15\psi = 1.15 - 0.15 \times 0.808 = 1.03$

$$38\alpha\rho = 38 \times 1.03 \times 0.586 = 22.9 > \frac{a}{t} = \frac{20}{1.6} = 12.5 > 18\alpha\rho = 18 \times 1.03 \times 0.586$$
$$= 10.9$$

受压卷边有效宽度为

$$b_e = \left(\sqrt{\frac{21.8\alpha\rho}{a/t}} - 0.1\right)b_c = \left(\sqrt{\frac{21.8 \times 1.03 \times 0.586}{20/1.6}} - 0.1\right) \times 20 = 19.0\text{mm}_{\circ}$$

$$0.4b_e = 0.4 \times 87.5 = 35\text{mm} \quad 0.6b_e = 0.6 \times 87.5 = 53\text{mm}_{\circ}$$

4）有效截面几何特性计算

有效截面见图 9.3-26，计算中性轴位置：

$$y_c = \frac{20 \times 10\sin 60° + 143 \times 143/2 + 35 \times (180 - 17.5) + 61.5 \times 180 + 19 \times (180 - 9.5\sin 60°)}{20 + 70 + 143 + 35 + 61.5 + 19}$$

$$= 87\text{mm}$$

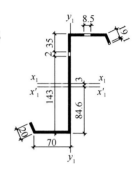

$$\begin{aligned} I_{exl} &= I_{xl} + A(90 - y_c)^2 - t\Sigma(b_i - b_{ei})d_{yi}^2 \\ &= 2838200 + 558.4 \times (90 - 87)^2 - 1.6 \times [(2 \times 57^2 + 8.5 \\ &\quad \times 93^2 + 1 \times (93 - 19.5\sin 60°)^2] = 2705933 \text{ mm}^4 \end{aligned}$$

$$W_{exl} = I_{exl}/h_c = 2705933/93 = 29096 \text{ mm}^3 \text{。}$$

（2）验算强度，考虑腹板开孔，有效截面折减 0.9

$$\frac{M_{Qxl}}{0.9W_{exl}} = \frac{5530000}{0.9 \times 29096} = 211 \text{ N/mm}^2 < f = 300\text{N/mm}^2$$

支座处抗剪验算按双檩条计算，内力乘以 1.2 的增大系数：

$$\frac{1.2 \times 0.5 \times 3V_{yl,max}}{0.9 \times 2h_0 t} = \frac{1.2 \times 0.5 \times 3 \times 6710}{0.9 \times 2 \times 180 \times 1.6}$$

图 9.3-26 有效截面

$$= 23\text{N/mm}^2 < f_v = 180 \text{ N/mm}^2$$

强度验算通过。

4. 整体稳定验算

（1）恒载+风吸力荷载作用时，檩条跨中下翼缘受压有效截面计算：

$$\sigma_{max} = \frac{M_{wxl}}{W_{xl}} = \frac{5030000}{31530} = 160 \text{ N/mm}^2 \text{。}$$

1）计算受压翼缘的有效宽度

$$\rho = \sqrt{205 k_1 k/\sigma_1} = \sqrt{205 \times 1.048 \times 3.0/160} = 2.0$$

$$38\alpha\rho = 38 \times 1.0 \times 2.0 = 76 > \frac{b}{t} = \frac{70}{1.6} = 43.8 > 18\alpha\rho = 18 \times 1.0 \times 2.0 = 36$$

受压翼缘有效截面计算

$$b_e = \left(\sqrt{\frac{21.8\alpha\rho}{b/t}} - 0.1\right)b_c = \left(\sqrt{\frac{21.8 \times 1.0 \times 2}{70/1.6}} - 0.1\right) \times 70 = 63\text{mm} \text{。}$$

2）计算腹板的有效宽度

$$\rho = \sqrt{205 k_1 k/\sigma_1} = \sqrt{205 \times 0.954 \times 23.9/160} = 5.40$$

$$\frac{h}{t} = \frac{180}{1.6} = 112.5 \approx 18\alpha\rho = 18 \times 1.15 \times 5.4 = 112$$

腹板全截面有效。

3）计算卷边的有效宽度

$$\rho = \sqrt{205 k_1 k/\sigma_1} = \sqrt{205 \times 0.689 \times 0.425/160} = 0.612$$

$$\psi = \frac{\sigma_{min}}{\sigma_{max}} = \frac{90 - 20\sin 60°}{90} = 0.808$$

取 $\alpha = 1.15 - 0.15\psi = 1.15 - 0.15 \times 0.808 = 1.03$

$$38\alpha\rho = 38 \times 1.03 \times 0.612 = 24 > \frac{a}{t} = \frac{20}{1.6} = 12.5 > 18\alpha\rho = 18 \times 1.03 \times 0.612 = 11.3$$

受压卷边有效宽度为：

$$b_e = \left(\sqrt{\frac{21.8\alpha\rho}{a/t}} - 0.1 \right) b_c = \left(\sqrt{\frac{21.8 \times 1.03 \times 0.612}{20/1.6}} - 0.1 \right) \times 20 = 20.0 \text{mm}$$

受压卷边全截面有效，整个全截面有效。

4）有效截面计算

$$y_c = \frac{20 \times 10\sin 60° + 180 \times 90 + 63 \times 180 + 20 \times (180 - 10\sin 60°)}{20 \times 2 + 70 + 180 + 63} = 88 \text{mm}$$

$$\begin{aligned} I_{ex1} &= I_{x1} + A(90 - y_c)^2 - t(b - b_e)h_c^2 = 2838200 + 558.4 \times (90 - 88)^2 \\ &\quad - 1.6 \times (70 - 63) \times 92^2 = 2745637 \text{ mm}^4 \end{aligned}$$

$W_{ex1} = I_{ex1}/h_c = 2745637/92 = 29840 \text{ mm}^3$。

（2）验算稳定

1）计算屋面板对檩条上翼缘的抗扭弹簧刚度按照公式（9.3-13a）～式（9.3-13c）：

$$\begin{aligned} C_{t1} &= 0.1232 \left(\frac{10}{b} \right)^{0.55} Et_1(1 + 3t_1) = 0.1232 \times \left(\frac{10}{60} \right)^{0.55} \times 206000 \times 0.6 \times (1 + 3 \times 0.6) \\ &= 15915 \text{Nm/m/rad} \end{aligned}$$

$$C_{t2} = \frac{E}{236}t_z^{2.57} = \frac{206000}{236} \times 2.0^{2.57} = 5183 \text{Nm/m/rad}$$

$$C_t = \left(\frac{1}{C_{t1}} + \frac{1}{C_{t2}} \right)^{-1} = \left(\frac{1}{15915} + \frac{1}{5183} \right)^{-1} = 3910 \text{Nm/m/rad}。$$

2）计算自由翼缘的侧向弯矩

A）计算自由翼缘的几何特性

自由翼缘加 1/5 腹板高度绕轴 $y-y$ 的惯性矩 I_{fly}，可近似取 Z 形截面绕轴 $y-y$ 的惯性矩 I_y 减去中间 3/5 截面高度的腹板绕轴 $y-y$ 的惯性矩 I_a 之差的一半（图9.3-25）。

$$I_a = \frac{t}{12} \left(\frac{3h}{5} \right) \left[\left(\frac{3h}{5} \right)^2 \sin^2\theta \right] = \frac{1.6}{12} \times \left(\frac{3 \times 180}{5} \right) \times \left[\left(\frac{3 \times 180}{5} \right)^2 \times \sin^2 21.86° \right] = 23286 \text{ mm}^4$$

$$I_{fly} = \frac{I_y - I_a}{2} = \frac{262020 - 23286}{2} = 119367 \text{ mm}^4。$$

B）对主轴 $y-y$ 的弯矩计算（侧向弯矩按 $q'_x l_y^2/24$ 考虑），按表9.3-3有

$$\begin{aligned} k_h &= \frac{ht(b^2 + 2ab - 2a^2b/h)}{4I_x} - \frac{e}{h} \\ &= \frac{180 \times 1.6 \times (70^2 + 2 \times 20 \times 70 - 2 \times 20^2 \times 70/180)}{4 \times 3253200} - \frac{35}{180} = -0.0309。 \end{aligned}$$

根据 $k_h < 0$，檩条下翼缘虚拟侧向力方向反号，即虚拟侧向力与下翼缘伸出方向相反，檩条的卷边处与屋面板相接触，此时 $e = 2d + b = 2 \times 35 + 70 = 140 \text{mm}$，按式（9.3-11）

$$\begin{aligned} K &= \left[\frac{4(1 - \nu^2)h^2(h + e)}{Et^3} + \frac{h^2}{C_t} \right]^{-1} = \left[\frac{4 \times (1 - 0.3^2) \times 180^2 \times (180 + 140)}{206000 \times 1.6^3} + \frac{180^2}{3910} \right]^{-1} \\ &= 0.0189 \end{aligned}$$

按式（9.3-9d）有 $R = \frac{Kl_y^4}{\pi^4 EI_{fly}} = \frac{0.0189 \times 2500^4}{\pi^4 \times 206000 \times 119367} = 0.308$

按表9.3-2，有 $\eta = \frac{1 - 0.0125R}{1 + 0.198R} = \frac{1 - 0.0125 \times 0.308}{1 + 0.198 \times 0.308} = 0.939$

按式（9.3-9c），有 $q'_{\mathrm{x1}} = k_{\mathrm{h}}q_{\mathrm{w}} = 0.0309 \times 1.79 = 0.0553\mathrm{kN/m}$

按表 9.3-2，有 $M'_{\mathrm{y0}} = q'_{\mathrm{x1}}l_{\mathrm{y}}^2/24 = 0.0553 \times 2.5^2/24 = 14.4\mathrm{N \cdot m}$

按式（9.3-9b），有 $M'_{\mathrm{y}} = \eta M'_{\mathrm{y0}} = 0.939 \times 14.4 = 13.5\mathrm{N \cdot m}$。

3）自由翼缘验算点的抗弯模量

根据 $k_{\mathrm{h}} < 0$，卷边处控制应力验算，卷边与翼缘交点离主轴 $y-y$ 的距离 $d = b - 0.5h\tan\theta = 70 - 0.5 \times 180 \times \tan 21.86° = 33.9\mathrm{mm}$，对应的抗弯模量为 $W_{\mathrm{fly}} = I_{\mathrm{fly}}/d = 119367/33.9 = 3521\ \mathrm{mm}^3$。

4）稳定系数 χ 的计算

按式（9.3-10g）：$\lambda_1 = \pi/\sqrt{E/f_{\mathrm{y}}} = \pi\sqrt{206000/345} = 76.8$

按式（9.3-10f）：

$$i_{\mathrm{fly}} = \sqrt{\frac{I_{\mathrm{fly}}}{A_{\mathrm{fly}}}} = \sqrt{\frac{119367}{1.6 \times (180/5 + 20 + 70)}} = 24.3\mathrm{mm}$$

按（9.3-10e）式，查表 9.3-4，有

$l_{\mathrm{fly}} = \eta_1 l_{\mathrm{y}}(1 + \eta_2 R^{\eta_3})^{\eta_4} = 0.8 \times 2500 \times (1 + 6.75 \times 0.308^{1.49})^{-0.155} = 1774\mathrm{mm}$

按式（9.3-10d）：$\lambda_{\mathrm{fly}} = l_{\mathrm{fly}}/i_{\mathrm{fly}} = 1774/24.33 = 72.91$

按式（9.3-10c）：$\lambda_{\mathrm{n}} = \lambda_{\mathrm{fly}}/\lambda_1 = 72.91/76.8 = 0.949$

按式（9.3-10b）：$\varphi = 0.5[1 + 0.34(\lambda_{\mathrm{n}} - 0.2) + \lambda_{\mathrm{n}}^2]$
$$= 0.5 \times [1 + 0.34 \times (0.949 - 0.2) + 0.949^2] = 1.078$$

按式（9.3-10a）：$\chi = \dfrac{1}{\varphi + \sqrt{\varphi^2 - \lambda_{\mathrm{n}}^2}} = \dfrac{1}{1.078 + \sqrt{1.078^2 - 0.949^2}} = 0.629$。

5）稳定应力验算

$$\frac{1}{\chi}\frac{M_{\mathrm{wx1}}}{W_{\mathrm{ex1}}} + \frac{M'_{\mathrm{y}}}{W_{\mathrm{fly}}} = \frac{1}{0.629}\frac{5030000}{29840} + \frac{13500}{3521} = 272\ \mathrm{N/mm}^2 \leqslant f = 300\ \mathrm{N/mm}^2$$

验算通过。

5. 由螺栓固定檩条的腹板在檩托板上，无需验算檩条的局部承压屈曲承载力。

6. 节点连接强度验算

连续檩条嵌套搭接而成，在嵌套搭接段共设有 3 对 6 个 M12 的普通螺栓，参考图 9.3-7，本例题 $d_1 = d_2 = 0.05l = 0.05 \times 7500 \approx 380\mathrm{mm}$，支座弯矩对应的搭接段端头一个螺栓承受剪力按公式（9.3-7d）：

$$N_1 = \frac{k}{2}\frac{M_{\mathrm{zx1}}}{(d_1 + d_2)} = \frac{1.2 \times 7.55}{2 \times (0.380 + 0.380)} = 5.96\mathrm{kN}$$

檩条的支座反力 R 对应的檩托板一个螺栓承受剪力，按公式（9.3-7a）：

$$N_2 = \frac{k}{2}R = \frac{1.2}{2} \times 13.42 = 8.05\mathrm{kN}$$

$$N = \max\{N_1, N_2\} = 8.05\mathrm{kN}$$

一个螺栓抗剪承载力 $N_{\mathrm{v}}^{\mathrm{b}} = \dfrac{\pi d_{\mathrm{e}}^2}{4}f_{\mathrm{v}}^{\mathrm{b}} = \dfrac{\pi \times 10.106^2}{4} \times 140 = 11.23\mathrm{kN} > N = 8.05\mathrm{kN}$

搭接段双檩条孔壁承压承载力（考虑不均匀受力折减系数 $\eta = 0.8$）：$N_{\mathrm{c}}^{\mathrm{b}} = \eta d \cdot 2t \cdot f_{\mathrm{c}}^{\mathrm{b}} = 0.8 \times 12 \times 2 \times 1.6 \times 385 = 11.83\mathrm{kN} > N = 8.05\mathrm{kN}$

验算通过。

7. 挠度计算

取恒载和活荷载组合标准值的一半按最不利分布，另一半按均布，按照《实用建筑结构静力计算手册》近似计算：

（1）恒载和活荷载组合标准值：

$q_{Qk} = (q_{dk} + q_{lk})\cos(\theta - 5.71) = (0.225 + 0.750)\cos(21.86° - 5.71°) = 0.936\text{kN/m}$。

（2）计算有效截面

1）受压翼缘有效截面

弯矩 $M_{Qk} = \dfrac{1}{2}(0.046 + 0.085) \times 0.936 \times 7.5^2 = 3.45\text{kN} \cdot \text{m}$

受压翼缘应力 $\sigma_f = \dfrac{M_k}{W_{x1}} = \dfrac{3.45 \times 10^6}{31530} = 109 \text{ N/mm}^2$

根据本节前面第3条的计算，$\rho = \sqrt{205k_1k/\sigma_1} = \sqrt{205 \times 1.048 \times 3.0/109} = 2.43$

$\dfrac{b}{t} = \dfrac{70}{1.6} = 43.75 \approx 18\alpha\rho = 18 \times 1.0 \times 2.43 = 43.74$

受压翼缘全部有效。

2）腹板有效截面

根据本节前面第3条的计算，$\rho = \sqrt{205k_1k/\sigma_1} = \sqrt{205 \times 0.954 \times 23.9/109} = 6.55$

$\dfrac{h}{t} = \dfrac{180}{1.6} = 112.5 < 18\alpha\rho = 18 \times 1.15 \times 6.55 = 135.6$

腹板全部有效。

檩条全截面有效，$I_{ex1} = I_{x1} = 2838200\text{mm}^4$。

$\delta = \dfrac{0.5 \times (0.315 + 0.809)q_{Qk}l^4}{100EI_{ex1}} = \dfrac{0.5(0.315 + 0.809) \times 0.936 \times 7.5^4 \times 10^{12}}{100 \times 2.06 \times 10^5 \times 2.838 \times 10^6} = 28.5\text{mm}$

考虑连续檩条嵌套松动，挠度应乘以增大系数1.4，

$\delta' = 1.4\delta = 1.4 \times 28.5 = 40\text{mm} < l/150 = 7500/150 = 50\text{mm}$

验算通过。

8. 拉条系统验算

檩条间距为1.5m，拉条间距为2.5m，屋面坡长30m，一根拉条负担的区域屋面荷载为

$W_q = 2.5 \times 30 \times (1.2 \times 0.15 + 1.4 \times 0.5) = 66\text{kN}$

（1）直拉条验算：

$P = 0.05W_q = 0.05 \times 66 = 3.3\text{kN} < N_t^b = 14.3\text{kN}$

（2）斜拉条验算：

$P_x = P\dfrac{\sqrt{1.5^2 + 2.5^2}}{1.5} = 6.4\text{kN} < N_t^b = 14.3\text{kN}$

（3）刚性系杆为 $\phi12$ 的拉条外套 $\phi32 \times 2.5$ 的钢管套筒，钢管套筒按压杆验算：

$A_1 = 232 \text{ mm}^2$，$i = 10.5\text{mm}$，$\lambda = d/i = 1500/10.5 = 143 < [\lambda] = 150$，$\varphi = 0.333$

$\sigma = \dfrac{P}{\varphi A_1} = \dfrac{3300}{0.333 \times 232} = 43 \text{ N/mm}^2 < f = 215 \text{ N/mm}^2$

验算通过。

参 考 文 献

［1］　Eurocode3. Design of Steel Structures. Cold-formed Members and Sheeting. EC3-1-3. NV1993-1-3：2006

［2］　冷弯型钢结构技术规范：GB 50018—2002［S］. 北京：中国计划出版社，2002

［3］　门式刚架轻型房屋钢结构技术防范：GB 51022—2015［S］. 北京：中国建筑工业出版社，2015

［4］　Y. Q. Chen. Calculation of the Buckling of Cold-formed Thin Gauge Purlins Connected to Sheeting. Advances in Steel Structures. ICASS'. Nanjing：Southeast Universi-ty. 2012

［5］　杜慧琳. 立缝支架屋面体系对檩条的约束作用. 浙江大学硕士论文. 杭州：2013

［6］　陈友泉. 魏潮文. 门式刚架轻型房屋钢结构设计与施工疑难问题释义. 北京：中国建筑工业出版社，2007。

［7］　李元齐等. 冷弯薄壁型钢自攻钉连接抗拉性能试验研究. 建筑结构学报，Vol. 36No. 12，Dce，2015。

［8］　国振喜. 张树义主编. 实用建筑结构静力计算手册. 北京：机械工业出版社，2009

［9］　吴华英. 陈友泉. 大底盘压型钢板抗弯承载力计算. 钢结构，Vol. 33No. 237 sep，2018.

第10章 门式刚架结构

10.1 概　　述

10.1.1 门式刚架结构的类别

一、结构分类

1. 门式刚架是一种平面受力体系结构，仅承受刚架平面内的各种荷载，平面外方向的荷载靠支撑体系承担，门式刚架适用于较大跨度的单层房屋建筑，也可推广用于有局部夹层的情况，按结构受力特征可做如下分类（见图 10.1-1 所示）：

（1）山形门式刚架；

（2）矩形门式刚架；

（3）拱形或折线形门式刚架；

（4）带系杆山形门式刚架；

（5）斜柱门式刚架。

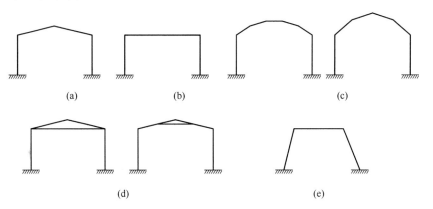

图 10.1-1　门式刚架的分类

（a）山形门式刚架；（b）矩形门式刚架；（c）拱形或折线形门式刚架；

（d）带系杆山形门式刚架；（e）斜柱门式刚架

2. 门式刚架轻钢结构的应用范围大致如下：

（1）具有轻型屋盖的、单层大跨度结构，如大型仓库、大型场馆建筑等，跨度不宜大于 48m，檐口高度不宜大于 18m。

（2）各类工业厂房，一般吊车起重量不宜大于 20t，桥式吊车工作级别为 A1～A5，悬挂吊车起重量不宜大于 3t。

（3）不符合上述条件的建筑结构，可参照本章的设计理念推广使用，但需甄别各具体设计规定和计算公式的适用范围进行必要的调整。

二、结构的建筑技术特点

门式刚架结构由柱子和屋面构件组成，其边柱与屋面构件的连接构造应是刚接形式，一般情况下，依靠这种刚接形式足可得到整个刚架所需的抗侧移刚度。其建筑技术特点如下：

（1）山形门式刚架：其屋面斜坡适应排水的需要，也适应在屋面安装其他辅助构筑物的需要，因而得到最为广泛的应用。其抗侧移刚度依赖于梁—柱节点的抗弯能力和柱底的连接形式。

（2）矩形门式刚架：不能适应屋面排水的需要，故仅适用于做各类工作平台。

（3）拱形或折线形门式刚架：不方便配合轻型彩钢板屋面体系，也不方便安装其他辅助构筑物，拱形构件的制作不如直线段构件简便，故其应用极少。

（4）带系杆山形门式刚架：系杆使房屋内部的使用空间受到一定限制，由于屋面材料轻，在风吸力作用下，屋盖有向上的荷载，此时系杆受压，稳定性差，结构上没有优势。如果改用三角形屋架，则与柱子铰接，不为门式刚架，抗侧刚度依赖于柱脚刚接及柱子本身的抗侧刚度；但在跨中局部布置系杆有助于降低山形门式刚架的内力，在跨度较大时可以考虑采用。

（5）斜柱门式刚架：结构受力形式较好，但不能适应屋面排水的需要，墙面防雨水渗漏麻烦，内部空间使用不充分，故一般不采用。

10.1.2　门式刚架结构形式与布置

一、结构形式

门式刚架结构为平面结构体系，由边柱与斜梁采用刚接（或近似刚接）方式组成，一般情况下，柱底宜为铰接，尤其是在软土地基上建造厂房时。当有较大吊车或有局部夹层或檐口高度较高时，则宜为刚接；中柱与斜梁可以刚接（或近似刚接）也可铰接，承载有吊车的中柱与屋面梁应采用刚接。垂直于门式刚架的方向应布置屋面的横向水平支撑和柱间支撑构成桁架式结构体系，与平面门式刚架共同组成空间稳定结构体系。支撑体系宜采用交叉支撑较为经济，当柱间支撑不能采用交叉支撑时，可采用梁—柱组成门式支撑。在门式刚架主体结构上布置屋面檩条和墙梁用来承受围护体系上的各种荷载，其结构组成见图 10.1-2 所示。

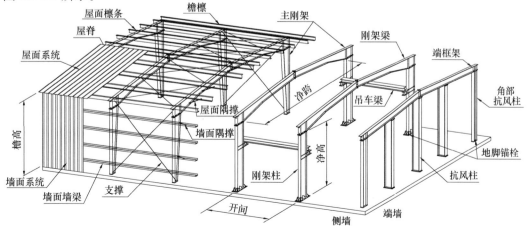

图 10.1-2　门式刚架轻钢结构体系

1. 主体结构柱和屋面梁可设计为实腹式 H 形构件或格构式构件,为节省用钢量,构件可根据弯矩图分布设计成变截面形式,柱底根据建筑物刚度的需要可设计成刚接或铰接,实腹式构件虽然用钢量稍多一点,但其制作简单方便,应用广泛。

2. 次结构屋面檩条、墙梁可采用冷弯薄壁型钢构件为宜,当柱距大于 12m 时,采用桁架式檩条较为经济,作为受弯构件组成的次结构,通过螺栓连接于主体刚架,用来承受围护板传来的各种荷载,并将其传给主体结构;主体结构支承次结构,但次结构对主体结构有侧向支撑作用,可提高主体结构的整体稳定性。

3. 围护体系围护板由辊压成型的金属薄板或其他轻型材料复合构成,通过一定的方式连接于次结构,用来承受风、雪、施工等荷载;次结构支承围护板,但围护板对次结构有侧向支撑作用,在一定程度上可提高次结构的整体稳定性。

4. 围护板与次结构连接在一起,故而在围护板平面内具有较强的抗剪刚度,或称作蒙皮效应,此蒙皮效应使得平面受力体系的门式刚架具有一定的空间结构性能。参见图 10.1-3

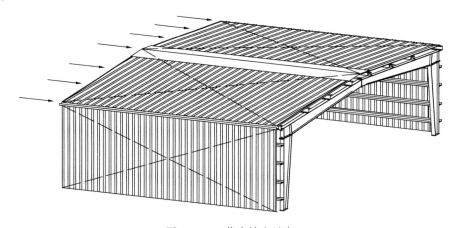

图 10.1-3　蒙皮效应示意

5. 屋面支撑和柱间支撑宜按拉杆设计,宜采用张紧的交叉圆钢支撑;当结构含有 5t 以上吊车时,柱间支撑应采用角钢或其他型钢支撑;夹层结构部分的柱间支撑应采用角钢支撑或其他型钢支撑。

6. 将不同尺寸的门式刚架元素按照建筑需要进行排列组合,可得到如下各种结构形式,见图 10.1-4:(a)带局部夹层;(b)带气楼、带女儿墙、带披屋;(c)单斜坡;(d)带挑檐;(e)多跨单脊双坡;(f)多跨多脊多坡;(g)高低跨组合;(h)桁架式门式刚架,可以满足各种单层建筑结构的需要。

7. 跨中柱子上、下端为铰接的摇摆柱,连续布置不宜超过 3 根,见图 10.1-4 (e);当屋面梁跨度大于 24m 时,摇摆柱连续布置不宜超过 2 根;当屋面梁跨度大于 36m 时,不宜做成摇摆柱。

8. 当刚架单跨超过 60m 时,采用桁架式门式刚架较为经济,见图 10.1-4 (h)。

二、结构布置

1. 柱网布置与建筑的生产工艺或使用需要密切相关,对建筑物的造价有直接的影响,一般情况下:柱网尺寸较小时用钢量少,但总的基础造价会增加;柱网尺寸大,使用较方

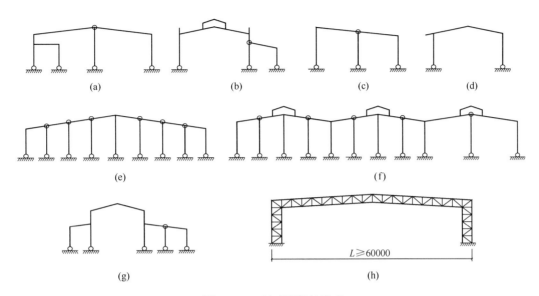

图 10.1-4 门式刚架的形式

(a) 带局部夹层；(b) 带气楼、带女儿墙；(c) 单斜坡；(d) 带挑檐；(e) 多跨单脊双坡；

(f) 多跨多脊多坡；(g) 高低跨组合；(h) 桁架式门式刚架

便，但用钢量较大，故需综合考虑，从结构方面考虑有以下原则：

(1) 跨度以 21～27m 较为经济；

(2) 柱距以 6～10m 为宜，以适合选用冷弯薄壁型钢檩条；

(3) 屋面坡度常取 3%～12%，在雨水较多的地区宜取较大值。

2. 建筑定位轴线宜按以下定义：

(1) 门式刚架的高度，应取地坪至柱轴线与斜梁轴线交点的距离，高度应根据使用要求的室内净高确定，有吊车的厂房应根据轨顶标高和吊车净空要求确定；

(2) 檐口高度取地坪至檐口檩条上表面的距离；

(3) 柱的轴线可取通过柱下端（较小端）中心的竖向轴线；工业建筑边柱的定位轴线宜取柱外皮。斜梁的轴线可取通过变截面梁段最小端中心与斜梁上表面平行的轴线；

(4) 门式刚架的宽度，可取房屋侧墙墙梁外皮之间的距离，当边柱宽度不等时，其外侧应对齐；

(5) 门式刚架的长度，应取两端山墙墙梁外皮之间的距离。

3. 满足以下条件，可不设结构的温度伸缩缝且免于计算结构的温度应力：

(1) 横向温度区间不大于 150m；

(2) 当纵向构件采用螺栓连接，纵向温度区间不大于 300m；

(3) 当纵向构件采用焊缝连接，纵向温度区间不大于 120m；

(4) 带有吊车的结构，纵向温度区间不大于 120m；

(5) 对于钢筋混凝土夹层结构，纵向温度区间不大于 60m。

4. 不满足以上条件需设置温度伸缩缝或计算温度应力，伸缩缝构造可采用两种做法：对简单的门式刚架结构，使檩条的连接采用螺栓长形孔，且在该处均设置允许胀缩的防水包边板。对于带钢筋混凝土夹层结构和或带有吊车的结构，应尽量减小下柱支撑的间距，当需设置温度伸缩缝时，宜设置双柱。厂房横向总宽度较大的，采用高低跨的布置，可显著降低温度应力。

5. 支撑布置应符合以下要求：

（1）在温度区段或分期建设的区段中，应设立能独立构成空间稳定结构的支撑体系。

（2）夹层结构部分应按地震力作用点，尽量对称布置柱间支撑，避免结构发生扭转。

（3）柱间支撑不必每个柱列都布置，但带柱间支撑的柱列间距不宜超过 60m；同一柱列的柱间支撑间距不宜超过 45m，见图 10.1-5，同一柱列不宜布置刚度相差较大的柱间支撑。

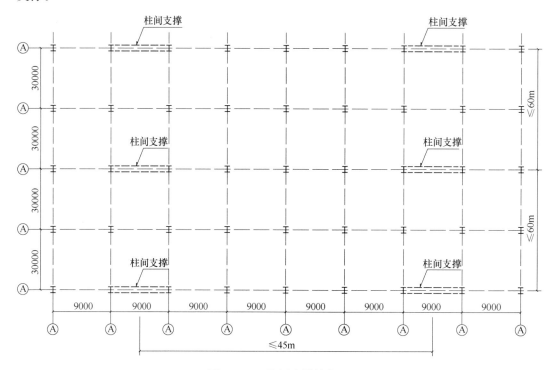

图 10.1-5　柱间支撑的布置

（4）一般情况下，无需设置纵向水平支撑，但对以下情况应设置屋盖纵向水平支撑：

1）当有空中驾驶室的桥式吊车时；

2）当有抽柱时，在抽柱区段及两端向外延伸一个柱间设置屋面纵向水平支撑；

3）当有高低跨相连时。

（5）当以下情况中有两种同时出现时，宜在边柱位置设置通长的屋盖纵向水平支撑与横向水平支撑共同形成封闭式支撑体系：

1）檐口高度超过 15m；

2）在海边或陆地大风地区；

3）建筑平面为非矩形，但独立结构体系没有按矩形划分，是连为一个整体受力的结构体系；

4）刚架柱距大于 10m。

6. 墙架结构

(1) 山墙可设置由斜梁、抗风柱和墙面檩条组成的山墙墙架，抗风柱可直接铰接支承斜梁，利用墙面板蒙皮效应可将山墙架按无侧移刚架计算，如墙面有通长开洞，不便利用蒙皮效应，则应设置柱间交叉拉杆支撑，仍按无侧移刚架计算，或将边柱与屋盖梁刚接形成门式刚架，按门式刚架设计。

(2) 当抗震设防烈度不高于 8 度时，外墙可采用金属压型板材或砌体结构；但外墙不宜采用嵌砌方式；当为 9 度时，外墙宜采用金属压型墙板或其他柔性材料组成的轻质墙板。

10.1.3 设计依据与应用软件

一、设计依据

门式刚架钢结构的荷载取值主要按照现行国家标准《建筑结构荷载规范》GB 50009，但风荷载体型系数的取值尚应参考现行国家标准《门式刚架轻型房屋钢结构技术规范》GB 51022，结构设计主要按照国家现行标准《钢结构设计标准》GB 50017、《冷弯薄壁型钢结构技术规范》GB 50018 及《门式刚架轻型房屋钢结构技术规范》GB 51022。国内标准（规范）没有给出相应计算方法的，例如，风吸力作用下檩条的稳定计算、斜屋面上檩条倾覆力计算、圆钢支撑端部的连接强度计算等，可参考欧美规范 AISI、EC31-1-3 等；超常规截面的屋面梁构件在檩条加隅撑约束体系下的平面外计算长度，也不能套用现有的标准（规范）来计算，需参考国内外有关研究成果，其文献资料见本章节的参考文献。

二、应用软件

门式刚架设计计算的应用软件主要有中国建筑设计研究院的 PKPM 中的 STS 及包含的工具箱、同济大学建筑设计院编制的 3D3S、国外的 STAAD/Pro 软件等，其中关于风吸力作用下檩条稳定计算应用目前的商业软件计算与实际工程相差较大，宜根据相关设计标准进行验算。不同的计算软件各有其适用范围和适用条件，其参数的选用与确定应尽量符合实际工程情况。

10.2 设计一般规定

1. 单层门式刚架轻型房屋钢结构自重小，当抗震设计烈度为不超过 7 度时，一般不需要考虑抗震设计；当为 8 度及以上时，横向刚架和纵向框架需进行抗震验算；当设有夹层或 20t 及以上吊车时，应进行抗震验算。

2. 需要进行抗震设计的结构应符合现行国家标准《建筑抗震设计规范》GB50011 的规定，可采用底部剪力法计算结构的地震力，抗震构件承载力应满足下式要求：

$$S_E \leqslant R/\gamma_{RE} \tag{10.2-1}$$

式中　S_E ——考虑多遇地震作用时，荷载和地震作用效应组合的设计值；

　　R ——结构构件的承载力设计值；

　　γ_{RE} ——承载力抗震调整系数，取 0.85；计算柱子和支撑的稳定时，取 0.9。

需要考虑结构抗震设计时，应按 GB 50011 采取相应的抗震构造措施。

3. 门式刚架的变形计算，可不考虑螺栓孔引起的截面削弱，其柱顶侧移限制宜符合表 10.2-1 的规定；受弯构件的挠度与跨度比限制宜符合表 10.2-2 的规定。

刚架的柱顶位移限值　　　　　　　　　　表 10.2-1

吊车情况	其他情况	柱顶位移限值
不设吊车	当采用轻型钢板墙时	$h/60$
	当采用砌体墙时	$h/100$
设有桥式吊车时	当吊车有驾驶室时	$h/400$
	当吊车由地面操作时	$h/180$

注：1. 表中 h 为刚架柱高度；

　　2. 对于设有悬挂和壁式悬臂吊车时，位移限值可较设有地面操作的桥式吊车时适当放宽。

受弯构件的挠度与跨度比限值　　　　　　　　表 10.2-2

	构件类别	挠度限值
竖向挠度	门式刚架斜梁	
	仅支承压型金属板屋面和冷弯型钢檩条（活荷载或雪荷载）	1/180
	有悬挂吊车	1/400
	尚有吊顶	1/240
	有吊顶且抹灰	1/360
	檩条	
	仅支承压型金属板屋面（活荷载或雪荷载）	1/150
	尚有吊顶	1/240
	有吊顶且抹灰	1/360
水平挠度	墙梁	
	仅支承压型金属墙板	1/100
	支承砌体墙	1/180 且 ≤50mm
	支承玻璃幕墙	1/360
	抗风柱	1/180

注：1. 对于悬臂梁，按悬伸长度的 2 倍计算受弯构件的跨度；

　　2. 斜梁的挠度尚需满足排水坡度的改变不超过设计坡度的 1/3。

4. 为方便施工，门式刚架构件的连接（包括柱底节点），宜设计成端板式连接，边柱与屋面梁应设计成刚接，中柱与屋盖梁可以刚接也可铰接，均采用施加预拉力的高强度螺栓；柱底宜采用普通锚栓连接，可以设计为刚接，也可设计为铰接。由于端板式连接很难达到理想的刚接条件，也很难达到理想的铰接条件，因此，按照理想模式所计算的结构变形，对于按刚接模式计算的结果可放大 25%；对于按铰接模式计算的结果可减小 25%。

5. 结构构件的受拉强度应按净截面计算，受压强度应按有效净截面计算，稳定性应按有效截面计算，变形和各种稳定系数均可按毛截面计算。

6. 一般情况下，土建的容许偏差较大，轻钢结构构件在制作时的焊接变形较大，因此，在设计锚栓和螺栓孔定位及孔径时，应考虑这两个因素，针对不同的构件及不同的受力状况，设计不同的锚栓和螺栓孔标准，以方便现场安装施工。

10.3　荷载与作用

10.3.1　一般规定

1. 门式刚架轻钢结构采用的设计荷载包括永久荷载、吊挂荷载、风荷载、雪荷载、屋面活荷载、吊车荷载、积灰荷载、地震作用和温度作用。

2. 吊挂荷载是除永久荷载以外的其他任何材料的自重，包括机械通道、管道、喷淋设施、电气设施、顶棚等。一般可取 $0.1 \sim 0.5 \text{kN/m}^2$。此类荷载应按实际作用可一并计入恒载考虑，但当风吸力为主导作用效应时，对作用位置和（或）作用时间具有不确定性的吊挂荷载不应考虑其参与组合。

10.3.2 荷载计算

一、恒荷载

恒荷载由建筑结构的自重（但可包括永久吊挂荷载）组成，因门式刚架钢结构自重轻，一般约 0.3kN/mm^2，故需要考虑风吸力作用下的荷载组合工况，此时恒荷载的分项系数应取 1.0 或 0.9。

二、活荷载

1. 不上人的屋面活荷载取值为 0.5kN/m^2，当计算单元的刚架负荷面积超过 60m^2 时，活荷载可按 0.3kN/m^2 取值。

2. 对于刚架的计算，活荷载分布宜按屋面满布和半边（一坡）屋面满布两种状况分别计算。

3. 屋面檩条活荷载应按 0.5kN/m^2 计算，对于嵌套搭接组成的连续檩条，活荷载分布应适当考虑不利分布情况，可取仅一跨作用有活荷载计算其跨中最大弯矩。

三、风荷载

1. 门式刚架轻钢结构计算时，风荷载作用面积应取垂直于风向的最大投影面积，垂直于建筑物表面的单位面积风荷载标准值应按下式计算：

$$w_k = \beta \mu_s \mu_z w_0 \tag{10.3-1}$$

式中　w_k——风荷载标准值（kN/m^2）；

$\quad\quad w_0$——基本风压，按现行国家标准《建筑结构荷载规范》GB 50009 的规定值采用；

$\quad\quad \mu_z$——风荷载高度变化系数，按现行国家标准《建筑结构荷载规范》GB 50009 的规定值采用；当高度小于 10m 时，应按 10m 高度处的数值采用；

$\quad\quad \mu_s$——风荷载体系系数，考虑内、外风压最大值的组合，且含阵风系数。

$\quad\quad \beta$——系数，计算主刚架时取 1.1；计算檩条，墙梁、屋面板和墙面板及其连接时，取 $\beta = 1.5$。

2. 对于门式刚架轻型房屋，当屋面坡度 α 不大于 $10°$、屋面平均高度不大于 18m、房屋高宽比不大于 1.0、檐口高度不大于房屋的最小水平尺寸时，风荷载体系系数应针对建筑结构的不同部件分别按表 10.3-1~表 10.3-5 的规定采用。不符合上述条件的建筑类型和体型，风荷载体型系数及相应的基本风压和阵风系数可按现行国家标准《建筑结构荷载规范》GB 50009 的规定采用。

刚架的风荷载体型系数　　　　　　　　　　　　表 10.3-1

厂房类别	屋面坡度	荷载工况	端区系数				中间区系数				山墙
			1E	2E	3E	4E	1	2	3	4	
封闭式	$0 \leqslant \theta \leqslant 5°$	(+i)	0.43	−1.25	−0.71	−0.60	0.22	−0.87	−0.55	−0.47	−0.63
		(−i)	0.79	−0.89	−0.35	−0.25	0.58	−0.51	−0.19	−0.11	−0.27
	$\theta = 10.5°$	(+i)	0.49	−1.25	−0.76	−0.67	0.26	−0.87	−0.58	−0.51	−0.63
		(−i)	0.85	−0.89	−0.40	−0.31	0.62	−0.51	−0.22	−0.15	−0.27

续表

厂房类别	屋面坡度	荷载工况	端区系数				中间区系数				山墙
			1E	2E	3E	4E	1	2	3	4	
部分封闭	$0°{\leqslant}\theta{\leqslant}5°$	（＋i）	0.06	−1.62	−1.08	−0.98	−0.15	−1.24	−0.92	−0.84	−1.00
		（−i）	1.16	−0.52	0.02	0.12	0.95	−0.14	0.18	0.26	0.10
	$\theta{=}10.5°$	（＋i）	0.12	−1.62	−1.13	−1.04	−0.11	−1.24	−0.95	−0.88	−1.00
		（−i）	1.22	−0.52	−0.03	0.06	0.99	−0.14	0.15	0.22	0.10
敞开式	$0°{\leqslant}\theta{\leqslant}10°$	平衡	0.75	−0.50	−0.50	−0.75	同端区				−0.75
		不平衡	0.75	−0.20	−0.60	−0.75					
	$10°{<}\theta{\leqslant}25°$	平衡	0.75	−0.50	−0.50	−0.75					
		不平衡	0.75	0.50	−0.50	−0.75					
		不平衡	0.75	0.15	−0.65	−0.75					

注：1. 定义为开敞式建筑的：每个墙面至少有80%敞开的建筑；定义为部分封闭式建筑的需同时满足两个条件：（1）受外部风正压力的墙面上孔口总面积超过该建筑物其余外包面（墙面和屋面）上孔口面积的总和的10%及以上，（2）该建筑物其余外包面（墙面和屋面）的开孔率不超过20%；定义为封闭式建筑的：无符合部分封闭式建筑或开敞式建筑定义的那类孔口的建筑；

2. 封闭式和部分封闭式房屋的荷载工况中，（＋i）表示内压为压力，迎风面的内压指向房屋外，（−i）表示内压为吸力，迎风面的内压力与外压力同方向；

3. 表中，正号（压力）表示风力由外朝向表面；负号（吸力）表示风力由表面向外离开；

4. 敞开式房屋荷载工况中的平衡表示2和3区，2E和3E区风压系数相同，不平衡表示这两区风压系数不同；

5. 未给出角度的屋面的体型系数，可以插值；

6. 当2区的屋面压力系数为负时，该值适用于2区从屋面边缘算起、垂直于檐口方向延伸宽度为最小（房屋最小水平尺寸0.5倍，2.5倍檐口高度）的范围。2区的其余面积，直到屋脊线，应采用3区的系数。

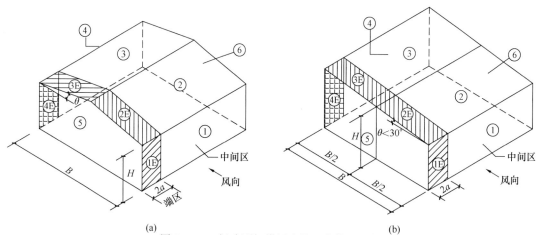

图 10.3-1　门式刚架横风向的风载体型系数

（a）双坡刚架；（b）单坡刚架

图中①、②、③、④、⑤、⑥，1E、2E、3E、4E 为分区编号

注：θ——屋面与水平的夹角；

　　B——建筑宽度；

　　H——屋面至地面的平均高度，可近似取檐口高度；

　　a——计算围护结构构件时的房屋边缘带宽度，取建筑最小水平尺寸的10%或0.4H之中的较小值，但不得小于建筑最小尺寸的4%或1.0m（图 10.3-1～图 10.3-3）；计算刚架时的房屋端区宽度取 a（纵向）和 2a（横向）。

主刚架纵向风荷载系数（各种坡度角）　　　表 10.3-2

房屋类型	荷载工况	端区系数				中间区系数				侧墙
		1E	2E	3E	4E	1	2	3	4	5
封闭式	(+i)	0.43	−1.25	−0.71	−0.61	0.22	−0.87	−0.55	−0.47	−0.63
	(−i)	0.79	−0.89	−0.35	−0.25	0.58	−0.51	−0.19	−0.11	−0.27
部分封闭	(+i)	0.06	−1.62	−1.08	−0.98	−0.15	−1.24	−0.92	−0.84	−1.00
	(−i)	1.16	−0.52	0.02	0.12	0.95	−0.14	0.18	0.26	0.10
敞开	参考图 10.3-2c									

注：1. 敞开式房子中的 0.75 风荷载体型系数，适用于房屋表面的任何覆盖面；

　　2. 敞开式屋面在垂直于屋脊的平面上，刚架投影实腹区最大面积应乘以 1.3N 系数，采用该系数时，应满足如下条件：$0.1 \leqslant \varphi \leqslant 0.3$，$\frac{1}{6} \leqslant \frac{h}{B} \leqslant 6$，$\frac{S}{B} \leqslant 0.5$，中 φ 是刚架实腹部分与山墙毛面积之比，N 是横向刚架的数量；

　　3. 开敞式建筑墙面被墙板覆盖的区域的体型系数取：迎风面 1.05，背风面 −1.05，在设计纵向受力系统时，尚应考虑附加纵向风荷载 F_d：
$$F_d = 1.8N \cdot A_{fr} \cdot w_k$$
　　式中　N——横向刚架的榀数；

　　　　　　A_{fr}——最大横向刚架的迎风面积。

　　4. 屋面以上的周边伸出部位，对 1 区和 5 区可取 +1.3，对 4 区和 6 区可取 −1.3，这些系数包括了迎风面和背风面的影响；

　　5. 当端部柱距不小于端区时，端区风荷载超过中间区的部分，宜直接由端刚架承受；

　　6. 单坡房屋的风荷载体型系数，可按双坡屋面的两个半坡处理（图 10.3-1b）

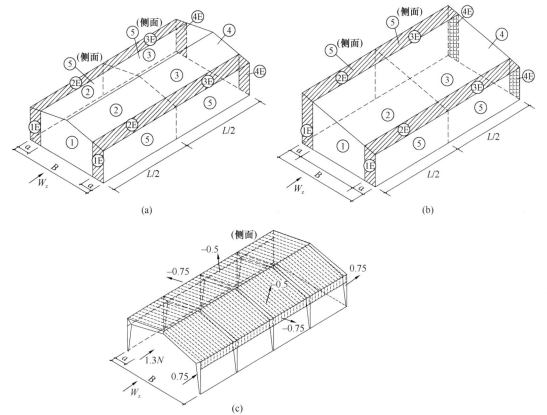

图 10.3-2　纵向风荷载体型系数

（a）双坡屋面，纵向；（b）单坡屋面，纵向；（c）敞开式房屋，纵向

图中①、②、③、④、⑤，1E、2E、3E、4E 为分区编号，W_z 为纵向来风。

外墙风吸力系数 μ_w（用于围护构件和外墙板）   表 10.3-3

	分区	有效风荷载面积 （m²）	封闭式房屋	部分封闭式
吸力	角部（5）	$A \leqslant 1$ $1 < A < 50$ $A \geqslant 50$	-1.58 $-1.58 + 0.353\log A$ -0.98	-1.95 $-1.95 + 0.353\log A$ -1.35
吸力	中间区（4）	$A \leqslant 1$ $1 < A < 50$ $A \geqslant 50$	-1.28 $-1.28 + 0.176\log A$ -0.98	-1.65 $-1.65 + 0.176\log A$ -1.35
压力	各区	$A \leqslant 1$ $1 < A < 50$ $A \geqslant 50$	1.18 $1.18 - 0.176\log A$ 0.88	1.55 $1.55 - 0.176\log A$ 1.25

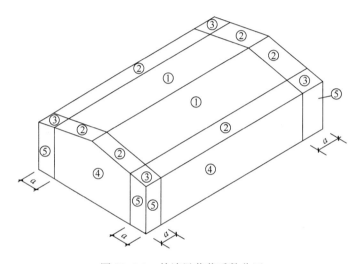

图 10.3-3　外墙风荷载系数分区

①、②、③、④、⑤为外墙分区编号

屋面风荷载系数 μ_w（$0° \leqslant \theta \leqslant 10°$，用于围护构件和屋面板）   表 10.3-4

	分区	有效风荷载面积（m²）	封闭式房屋	部分封闭式
吸力	角部（3）	$A \leqslant 1$ $1 < A < 10$ $A \geqslant 10$	-2.98 $-2.98 + 1.70\log A$ -1.28	-3.35 $-3.35 + 1.70\log A$ -1.65
吸力	边区（2）	$A \leqslant 1$ $1 < A < 10$ $A \geqslant 10$	-1.98 $-1.98 + 0.70\log A$ -1.28	-2.35 $-2.35 + 0.70\log A$ -1.65
吸力	中间区（1）	$A \leqslant 1$ $1 < A < 10$ $A \geqslant 10$	-1.18 $-1.18 + 0.10\log A$ -1.08	-1.55 $-1.55 + 0.10\log A$ -1.45
压力	各区	$A \leqslant 1$ $1 < A < 10$ $A \geqslant 10$	0.48 $0.48 - 0.10\log A$ 0.38	0.85 $0.85 - 0.10\log A$ 0.75

续表

	分区	有效风荷载面积（m²）	封闭式房屋	部分封闭式
挑檐风吸力	角部（3）	$A \leqslant 1$	-2.80	
		$1 < A < 10$	$-2.80 + 2.00 \log A$	
		$A \geqslant 10$	-0.80	
	边区（2）	$A \leqslant 1$	-1.70	
		$1 < A < 10$	$-1.70 + 0.10 \log A$	
	中间区	$10 < A < 50$	$-2.32 + 0.715 \log A$	
		$A \geqslant 50$	-1.10	

注：挑檐的系数包括风荷载对上表面和下表面作用之和。

3. 门式刚架轻型房屋的有效受风面积应按下列规定确定

（1）构件有效受风面积 A 可按下列公式计算：

$$A = l \cdot c \tag{10.3-2}$$

式中　l——所考虑构件的跨度；

　　　c——所考虑构件的受风宽度，应大于 $(a+b)/2$ 或 $l/3$；

　　a、b——分别为所考虑构件（墙架柱、墙梁、檩条等）在左、右侧或上、下侧与相邻试件的距离。

（2）无确定宽度的外墙和其他板式构件采用 $c = l/3$。

（3）紧固件的有效受风面积 A_1 取对所考虑的外力起作用的表面面积。

四、屋面雪荷载

1. 雪荷载除按本节规定外，应按现行国家标准《建筑结构荷载规范》GB50009 的规定采用。

2. 对于刚架可按全跨积雪的均匀分布情况采用；对于屋面板和檩条应按积雪不均匀分布的最不利情况采用。对于高低屋面及女儿墙，当满足 $(h_r - h_b)/h_b > 0.2$ 时，应按以下规定计算不均匀分布积雪：

（1）高低跨屋面按图 10.3-4 考虑低屋面雪荷载堆积分布，积雪高度按公式（10.3-3a）及式（10.3-3b）计算，取其中较大值。

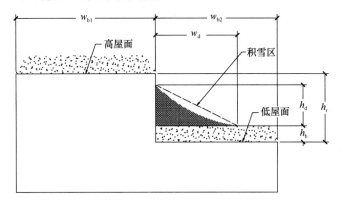

图 10.3-4　高低跨堆积雪

（2）当相邻建筑的间距小于 6m 时，应按图 10.3-5 考虑低屋面雪荷载堆积分布。

（3）当屋面坡度大于 10° 且未采取防止雪下滑的措施时，需考虑高屋面的下滑雪因

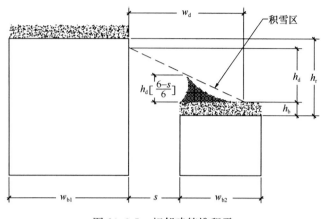

图 10.3-5   相邻建筑堆积雪

素，积雪高度应按图 10.3-6 所示计算后增加 40%，但最大取 $h_r - h_b$；当相邻建筑的间距大于 h_r 或 6m 时，不考虑高屋面的下滑雪。

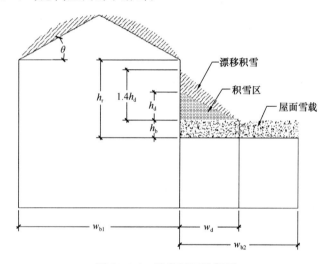

图 10.3-6   坡度屋面堆积雪

（4）当计算所得 $h_d > h_r - h_b$ 时，w_d 取 $4h_d^2/(h_r - h_b)$ 但不大于 $8(h_r - h_b)$；其他情况 w_d 取 $4h_d$。

$$h_{d1} = 0.416\sqrt[3]{w_{b1}}\sqrt[4]{S_0 + 0.479} - 0.457 \leqslant h_r - h_b \qquad (10.3\text{-}3a)$$

$$h_{d2} = 0.75(0.416\sqrt[3]{w_{b2}}\sqrt[4]{S_0 + 0.479} - 0.457) \leqslant h_r - h_b \qquad (10.3\text{-}3b)$$

式中 h_d ——堆积雪高度（m）见图 10.3-4、图 10.3-5；

h_{d1} ——背风时的堆积雪高度（m）；

h_{d2} ——迎风时的堆积雪高度（m）；

h_b ——按屋面基本雪压标准值确定的雪荷载高度（m），$h_b = \dfrac{S_0}{\rho}$，ρ 为积雪平均密度（kN/m³）；

h_r ——相邻屋面高差（m）；

w_{b1}、w_{b2} ——分别为高屋面和低屋面长度或宽度，最小值取 7.5m，见图 10.3-4、图 10.3-5；

S_0——建筑所在地基本雪压（kN/m^2）；

s——相邻高低建筑物的净间距见图10.3-4，图10.3-5（m）；

w_d——堆积雪区域宽度见图10.3-4、图10.3-5（m）。

注：堆积雪高度等于雪压值除以雪容重2.30kN，各地积雪平均密度ρ：东北/新疆1.80kN/m³；华北/西北1.60kN/m³；淮河/秦岭以南1.80kN/m³；浙江/江西2.30kN/m³。

（5）三角形堆积雪载（指超出平屋面雪载的附加部分）最大值为：

$$S_{max} = h_d \times \rho \tag{10.3-4}$$

五、温度作用

设置温度区间可按本章第10.1.2条的规定，符合其设置条件者，可不计算温度应力，否则，应计算温度应力；当工程实际施工时，用焊接替代了原设计的螺栓连接，应按照焊接结构的规定条件计算温度应力。

1. 当厂房总跨度或长度超出温度区段规定的最大长度时，应采取释放温度应力的措施或计算温度应力。

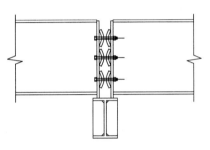

说明：（1）厂房纵向释放温度应力的措施是采用长槽孔；

（2）吊车轨道采用斜切留缝的措施；

（3）吊车梁与吊车梁端部连接采用蝶形弹簧。

（4）有意设置高低跨可显著降低温度应力。

图10.3-7　蝶形弹簧，削减温度应力

（5）厂房横向，没有吊车的跨可以在屋面梁支承处采用椭圆孔或可以滑动的支座释放温度应力。

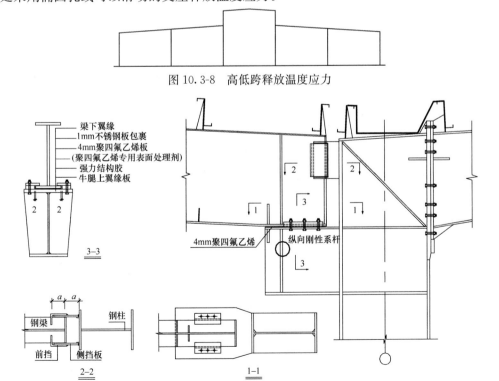

图10.3-8　高低跨释放温度应力

图10.3-9　无吊车时，横向也可以设滑动支座

2. 计算温度应力时，参照荷载规范，温度取值是月平均最高气温和月平均最低气温（作为基本气温），温度效应的荷载系数是 1.4。

3. 厂房纵向结构，当能够确保采用全螺栓连接时，允许对温度效应进行折减，折减系数取 0.35。

六、地震作用

1. 对于普通门式刚架结构，当抗震设防烈度小于 8 度；或吊车吨位不超过 20t 且设防烈度不大于 7 度时，可不考虑抗震设计。

2. 当含有钢筋混凝土夹层结构时，应按照现行国家标准《建筑抗震设计规范》GB50011 进行抗震设计。

对于有局部钢筋混凝土楼板的夹层情况，可仅考虑局部夹层钢结构部分按抗震规范设计，对其他结构部分如扩大一倍地震力内力组合仍不控制设计时，可不考虑抗震设计。

3. 一般情况下，可按房屋的两个主轴方向分别计算水平地震作用，应考虑偶然偏心的影响，每层质心沿垂直于地震作用方向的偏移值可按下式采用：

矩形平面：

$$e_i = \pm 0.05 L_i \tag{10.3-5a}$$

其他平面：

$$e_i = \pm 0.172 r_i \tag{10.3-5b}$$

式中　e_i——第 i 层的质心偏移量，各楼层质心偏移方向相同；

L_i——第 i 层垂直于地震作用方向的建筑物长度；

r_i——第 i 层相应质量所在楼层平面的回转半径。

七、荷载效应组合

1. 屋面均布活荷载不与雪荷载同时考虑，应取两者中的较大值。

2. 风荷载不与地震作用同时考虑。

3. 各种荷载效应组合在以下公式中选用：

(1) 活（或雪）荷载控制之一　$S = 1.2 S_{Gk} + 1.4 S_{Qk}$ (10.3-6a)

(2) 活（或雪）荷载控制之一　$S = 1.35 S_{Gk} + 0.7 \times 1.4 S_{Qk}$ (10.3-6b)

(3) 活（或雪）荷载控制之二　$S = 1.2 S_{Gk} + 1.4 S_{Qk} + 0.6 \times 1.4 S_{wk}$ (10.3-6c)

(4) 活（或雪）荷载控制之二　$S = 1.2 S_{Gk} + 0.7 \times 1.4 S_{Qk} + 1.4 S_{wk}$ (10.3-6d)

(5) 风荷载控制之一　$S = 1.0 S_{Gk} + 1.4 S_{wk}$ (10.3-6e)

(6) 水平地震作用控制　$S = 1.2 S_{GE} + 1.3 S_{Ehk} + (0.5 \times 1.3 S_{Evk})$ (10.3-6f)

(7) 竖向地震作用控制　$S = 1.2 S_{GE} + 0.5 \times 1.3 S_{Ehk} + 1.3 S_{Evk}$ (10.3-6g)

(8) 竖向地震作用控制　$S = 1.0 S_{GE} + 1.3 S_{Ehk}$ (10.3-6h)

(9) 温度作用组合之一　$S = 1.0 S_{Gk} + 1.4 S_{Tk}$ (10.3-6i)

(10) 温度作用组合之一　$S = 1.2 S_{Gk} + 1.4 S_{Tk} + 0.7 \times 1.4 S_{Qk}$ (10.3-6j)

式中　　　　S——结构构件的内力组合标准值（用于计算变形）或设计值（用于计算承载能力）；

S_{Gk}、S_{Qk}、S_{wk}、S_{Tk}——分别为永久荷载标准值效应、活荷载标准值效应、风荷载标准值效应和温度作用标准值效应；

S_{GE}——考虑地震作用时的重力荷载代表值的效应；

S_{Ehk}、S_{Evk}——分别为多遇地震时水平作用标准值效应和竖向作用标准值效应；

注：1. 应尽量采取措施，削减温度效应；

    2. 温度效应是一种结构内部自相平衡的内力，对温度效应可以进行折减。例如厂房纵向全螺栓连接时，可以乘以折减系数 0.35；也可以对强度设计值提高 25%，例如横向框架计算时；

    3. 轻钢厂房，竖向地震仅在跨度大于 36m 时才需要考虑。

10.4 主 刚 架 的 设 计

10.4.1 主体刚架与纵向受力体系的计算简图

一、横向刚架的计算模式

门式刚架由柱和梁组成，是平面受力结构体系，需依靠支撑等相互联系构成一个空间稳定的建筑结构。横向刚架仅承受自身平面内各种荷载并将其作用传递到基础上去，刚架平面外方向的荷载由支撑体系承受。横向刚架的受力计算模型是：柱底与基础刚接或铰接，边柱与屋面梁刚接，中柱与屋面梁可为铰接，也可刚接，如中柱上下为铰接则成为摇摆柱，由边柱构成的刚架提供抗侧移刚度，一榀刚架承受其单元分布面积内的竖向和水平荷载，即：对该榀计算刚架单元两边各按照柱距的一半作为负荷面积计算。

二、纵向受力体系的计算模式

1. 与横向刚架垂直方向的支撑体系由屋面横向水平支撑和柱间支撑共同组成，承受所有纵向的各种荷载，如风力、吊车制动力、地震荷载等，其传力路径为：建筑的端部山墙面直接承受纵向风力作用，山墙面的抗风柱承受由墙梁（檩）传来的水平力，由自身的抗弯将山墙面一半的纵向荷载直接传给柱底基础，另一半荷载传到柱顶，由屋面交叉支撑形成的横向水平支撑（桁架）承受，由横向水平支撑（桁架）传给柱间支撑，再传到基础上。

2. 图 10.4-1 为一个跨度为 2L 的屋面横向水平支撑桁架和柱间支撑组成的体系，令交叉支撑中的压杆退出工作后，转化为静定结构体系。

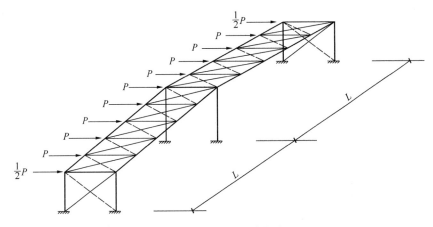

图 10.4-1 支撑体系计算模型

3. 屋面横向水平支撑和柱间支撑可以有多道，其纵向力由多道支撑共同承受，计算方法是：假定纵向力由各道支撑平均分担，将两端墙面的风力（同一个方向）相加后除以支撑道数，即得到每一道支撑所需传递的风力，有了这个假定则可将该超静定体系转化为静定体系，方便计算。考虑支撑传力滞后效应，当支撑道数超过 4 道时，仅按 4 道支撑受力计算。

三、内力组合

横向刚架的计算内力与纵向受力体系的内力无需进行叠加，但计算有柱间支撑的基础反力时，需要考虑这两者的叠加，对纵向荷载产生的内力可考虑乘上组合系数 0.6。

10.4.2　刚架梁、柱截面形式与尺寸选择

1. 一般情况下，刚架梁与柱均采用双轴对称的 H 截面形式，根据弯矩图采用楔形变截面或等截面，如图 10.4-2 所示，当柱底刚接时，宜采用等截面形式，否则，宜采用变截面；中柱宜为等截面柱；屋面梁宜采用变截面形式，为简便制作，对跨中区段的屋面梁，可采用等截面形式。变截面构件宜采用腹板变高度方式，两构件相接处的截面高度应相同，翼缘的宽度和厚度可以不相同。

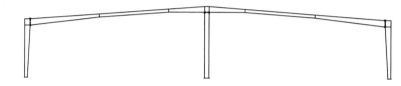

图 10.4-2　刚架构件形式

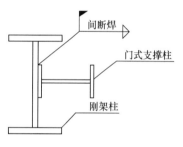

图 10.4-3　T 形组合柱

2. 当柱间支撑不允许采用交叉支撑体系时，需设置门式支撑，门式支撑柱与刚架柱可组合成 T 形柱，图 10.4-3，采用现场间断焊连接，方便制作、运输与安装。

3. 屋面梁与柱子相连处为变截面构件的大头，高度宜取跨度的 1/30 左右，小头高度宜为大头高度的 0.40～0.60；构件大头翼缘宽度宜为截面高度的 1/2.5～1/5，柱子的截面宽度大于或等于所连接的屋面梁宽度；边柱顶部的截面抗弯模量宜与所相连的梁端抗弯模量大致相等。

10.4.3　变截面构件的几何特性计算

1. 内力计算时变截面门式刚架可采用有限单元法计算，宜将构件分为若干段，每段视为等截面；也可采用楔形单元。

2. 采用合适的专业软件计算，可直接输入构件的实际尺寸即可计算，变形内力分析，采用毛截面。应力验算采用大头和小头的截面几何特性，当需要考虑利用屈曲后强度的计算时，采用有效截面方法计算。

10.4.4　变截面刚架梁的计算与构造

本节的计算方法仅适用于屋面梁坡度不大于 1:5，梁的轴向力忽略不计。凡计算强度采用有效净截面，计算稳定性采用有效截面，变形和各种稳定系数采用毛截面。

一、强度计算

一般情况下，针对变截面构件的大头和小头按照弹性理论进行强度验算，不做塑性设计计算，但可进行屈曲后强度利用的设计。剪应力作用下考虑屈曲后强度的计算见本节五。

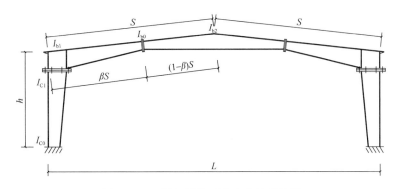

图 10.4-4　刚架梁截面分布和长度计算

构件截面的强度计算应按下式：

（1）正应力计算
$$\frac{M_{\mathrm{x}}}{\gamma_{\mathrm{x}} W_{\mathrm{enx}}} \leqslant f \qquad (10.4\text{-}1)$$

（2）剪应力验算
$$\frac{V_{\mathrm{y}} S}{I_{\mathrm{x}} t_{\mathrm{w}}} \leqslant f_{\mathrm{v}} \qquad (10.4\text{-}2)$$

式中　M_{x}、V_{y}——分别为验算截面处的弯矩和剪力；

　　　W_{enx}——有效净截面抗弯模量；

　　　γ_{x}——塑性发展系数，根据翼缘和腹板的宽厚比，H形构件取 1.0 或 1.05；

　I_{x}、S、t_{w}——分别为截面惯性矩、验算剪应力处以上截面对中和轴的面积矩、腹板厚度；

　　　f、f_{v}——分别为钢材的抗弯设计值和抗剪设计值。

（3）在剪力 V_{y} 和弯矩 M_{x} 共同作用下的强度应符合下列要求：

当　　　$V_{\mathrm{y}} \leqslant 0.5 V_{\mathrm{d}}$ 时 $M_{\mathrm{x}} \leqslant M_{\mathrm{e}}$ 　　　　　　　　　　　　（10.4-3a）

当　　$0.5 V_{\mathrm{d}} < V_{\mathrm{y}} \leqslant V_{\mathrm{d}}$ 时 $M_{\mathrm{x}} \leqslant M_{\mathrm{f}} + (M_{\mathrm{e}} - M_{\mathrm{f}})\left[1 - \left(\dfrac{V_{\mathrm{y}}}{0.5 V_{\mathrm{d}}} - 1\right)^{2}\right]$ 　（10.4-3b）

式中　　　　V_{d}——腹板抗剪承载力设计值，按公式（10.4-14）计算；

　　　　　M_{e}——构件有效截面所能承担的弯矩值，$M_{\mathrm{e}} = W_{\mathrm{ex}} f$；

　　　　　M_{f}——构件两翼缘所能承担的弯矩值，$M_{\mathrm{f}} = \left(A_{\mathrm{f1}} y_{\mathrm{e,c}} + A_{\mathrm{f2}} \dfrac{y_{\mathrm{e,t}}^{2}}{y_{\mathrm{e,c}}}\right) f$；

W_{ex}、h_{w}、A_{f1}、A_{f2}——分别为构件有效截面抗弯模量、腹板高度、受压和受拉翼缘截面积；

　　$y_{\mathrm{e,c}}$、$y_{\mathrm{e,t}}$——分别为有效截面形心到受压翼缘和受拉翼缘中心的距离。

梁腹板应在与中柱连接处、较大集中荷载作用处和翼缘转折处设置横向加劲肋。

二、变截面梁整体稳定计算

上下翼缘均为侧向自由的变截面钢梁，如图 10.4-6，平面外稳定应按下式计算：
$$\frac{M_{\mathrm{x1}}}{\gamma_{\mathrm{x}} \varphi_{\mathrm{b}} W_{\mathrm{ex1}}} \leqslant f \qquad (10.4\text{-}4)$$

式中　M_{x1}——所计算构件段大头截面的弯矩；

　　　W_{ex1}——构件大头有效截面最大受压纤维的截面模量；

$$\varphi_{\mathrm{b}} = \frac{1}{(1 - \lambda_{\mathrm{b0}}^{2n} + \lambda_{\mathrm{b}}^{2n})^{1/n}} \qquad (10.4\text{-}5a)$$

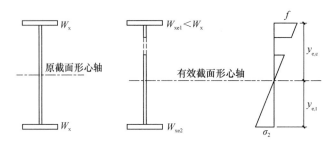

图 10.4-5 有效截面

$$n = \frac{1.51}{\lambda_b^{0.1}} \sqrt[3]{\frac{b_1}{h_1}} \tag{10.4-5b}$$

$$\lambda_{b0} = \frac{0.55 - 0.25 k_\sigma}{(1 + \gamma)^{0.2}} \tag{10.4-5c}$$

截面楔率 $\quad \gamma = (h_1 - h_0)/h_0 \tag{10.4-5d}$

k_σ 是小端截面压应力除以大端截面压应力 $\quad k_\sigma = k_M \dfrac{W_{x1}}{W_{x0}} \tag{10.4-5e}$

k_M 弯矩比，是较小弯矩除以较大弯矩 $\quad k_M = \dfrac{M_0}{M_1} \tag{10.4-5f}$

λ_b 正则化长细比 $\quad \lambda_b = \sqrt{\dfrac{\gamma_x M_y}{M_{cr}}} \tag{10.4-5g}$

γ_x——截面塑性开展系数，按照现行国家标准《钢结构设计标准》GB 50017 取值。

$$M_{cr} = C_1 \frac{\pi^2 E I_y}{L^2} \left[\beta_{x\eta} + \sqrt{\beta_{x\eta}^2 + \frac{I_{\omega\eta}}{I_y} \left(1 + \frac{G J_\eta L^2}{E \pi^2 I_{\omega\eta}} \right)} \right] \tag{10.4-6}$$

L——梁段平面外计算长度。

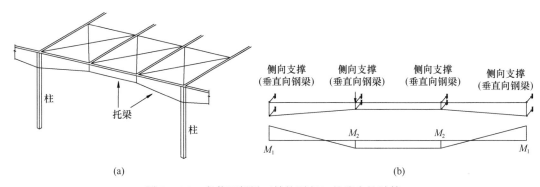

图 10.4-6 变截面托梁（抽柱引起）的稳定性计算

（a）抽柱处的托梁；（b）计算模型

C_1 等效弯矩系数：

$$C_1 = 0.46 k_M^2 \eta^{0.346} - 1.32 k_M \eta^{0.132} + 1.86 \eta^{0.023} \leqslant 2.75 \tag{10.4-7a}$$

η 是受拉翼缘惯性矩与受压翼缘惯性矩之比：

$$\eta_i = \frac{I_{yB}}{I_{yT}} \tag{10.4-7b}$$

$\beta_{x\eta}$ 是截面不对称系数

$$\beta_{x\eta} = 0.45(1+\gamma\eta)h_0 \frac{I_{yT} - I_{yB}}{I_y} \quad (10.4\text{-}7c)$$

$$\eta = 0.55 + \frac{0.04}{\sqrt[3]{\eta_i}} \cdot (1 - k_\sigma) \quad (10.4\text{-}7d)$$

绕弱轴惯性矩：

$$I_y = I_{y0}, I_{y0} = \frac{1}{12}t_T b_T^3 + \frac{1}{12}t_B b_B^3 \quad (10.4\text{-}7e)$$

扇形惯性矩

$$I_{\omega\eta} = I_{\omega 0} \cdot (1+\gamma\eta)^2 \quad (10.4\text{-}7f)$$

$$I_{\omega 0} = I_{yT} \cdot h_{sT0}^2 + I_{yB} \cdot h_{sB0}^2 \quad (10.4\text{-}7g)$$

圣维南常数：

$$J_\eta = J_0 + \frac{1}{3}(h_0 - t_f)t_w^3 \gamma\eta \quad (10.4\text{-}7h)$$

$$J_0 = \frac{1}{3}b_T t_T^3 + \frac{1}{3}b_B t_B^3 + \frac{1}{3}h_0 t_w^3 \quad (10.4\text{-}7i)$$

式中　　h_{sT0}, h_{sB0}——分别是小端截面上下翼缘的中面到剪切中心的距离；

　　　　I_{yT}, I_{yB}——分别是小端截面上下翼缘绕弱轴的惯性矩；

　　　　h_0——小端截面高度；

　　　　b_1, h_1——大端截面宽度和高度；

b_T, t_T, b_B, t_B——翼缘的宽度和厚度。

三、一个翼缘侧向有支撑的变截面梁整体稳定计算

本节是指门式刚架的变截面梁，上翼缘有均匀布置的檩条，檩条上安装着屋面板，此时可以认为梁上翼缘的侧向位移无法产生，但是整个截面还可以发生绕上翼缘侧向支承点的扭转失稳。在下翼缘受压时，这种钢梁可能发生绕定点轴的扭转失稳。

这种钢梁的临界弯矩为：

$$M_{cr} = \frac{1}{2(e_1 - \beta_x)}\left[GJ + \frac{\pi^2}{L^2}(EI_y e_1^2 + EI_\omega)\right] \quad (10.4\text{-}8)$$

式中　　e_1——梁截面的剪切中心到檩条形心线的距离；

　　　　$\beta_x = 0.45h\dfrac{I_1 - I_2}{I_y}$；

　　　　I_1——下翼缘（未连接檩条的翼缘）绕弱轴的惯性矩；

　　　　I_2——与檩条连接的翼缘的绕弱轴的惯性矩；

　　　　J——自由扭转常数，以大端截面计算；

　　　　I_ω——截面的翘曲惯性矩，以大端截面计算；

　　　　I_y——截面绕弱轴的惯性矩；

　　　　L——刚性系杆之间的距离。

求得 M_{cr} 后，由（10.4-5g）计算正则化长细比 λ_b，由（10.4-5d，e，f）计算计算长度范围内的 γ, k_M, k_σ，由（10.4.5a，b，c）计算稳定系数 φ_b，代入式（10.4-4）验算变截面梁段的稳定。

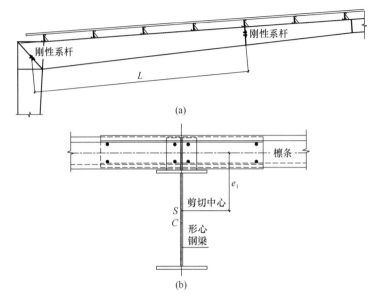

图 10.4-7   一个翼缘有侧向支撑的变截面梁段的稳定

（a）两刚性系杆之间的变截面梁；（b）檩条与梁的关系：未设置隔撑

四、隔撑-檩条体系支撑的变截面梁整体稳定计算

1. 屋面梁和檩条之间设置的隔撑，满足以下条件时，下翼缘受压的屋面梁的平面外计算长度可以考虑隔撑的作用：

a）当斜梁的负弯矩区每一道檩条处都布置隔撑时，在屋面梁的两侧均设置隔撑；

b）隔撑的上支承点的位置不低于檩条形心线；

c）符合对隔撑的设计要求：即隔撑能够承受被支撑翼缘局限轴力设计值的 $1/60$ 的压力，该压力由左右两隔撑共同承受，并分解到隔撑方向。

符合上述条件时，隔撑支撑斜梁的临界弯矩计算公式是：

$$M_{cr} = \frac{GJ + 2e\sqrt{k_b(EI_y e_1^2 + EI_\omega)}}{2(e_1 - \beta_x)} \tag{10.4-9}$$

$$k_b = \frac{1}{l_{kk}}\left[\frac{(1-2\beta)l_p}{2EA_p} + \frac{(3-4\beta)e}{6EI_p}\beta l_p^2 \tan\alpha + \frac{l_k^2}{\beta l_p EA_k \cos\alpha}\right]^{-1} \approx \frac{6EI_p}{(3-4\beta)e^2 l_p l_{kk}}$$

$$\tag{10.4-10}$$

式中 $e = e_1 + e_2$，e_2——剪切中心到下翼缘中心的距离；

α——隔撑和檩条轴线的夹角；

β——隔撑与檩条的连接点离开主梁的距离与檩条跨度的比值；

l_p——檩条的跨度；

I_p——檩条截面绕强轴的惯性矩；

A_p——檩条的截面面积；

A_k——隔撑杆的截面面积；

l_k——隔撑杆的长度；

l_{kk}——隔撑的间距；

J,I_y,I_ω——大端截面的自由扭转常数；绕弱轴惯性矩，翘曲惯性矩。

求得 M_{cr} 后，由式（10.4-5g）计算正则化长细比 λ_b，由式（10.4-5d，e，f）计算计算长度范围内的 γ，k_M，k_σ，由式（10.4.5a，b，c）计算稳定系数 φ_b，代入式（10.4-4）验算隔撑支撑的变截面梁段的稳定。其中

k_σ——大小端应力比，取三倍隔撑间距范围内的梁段的应力比；或偏安全地取 1.0；

γ——楔率，取三倍隔撑间距计算；或偏安全地取 1.0。

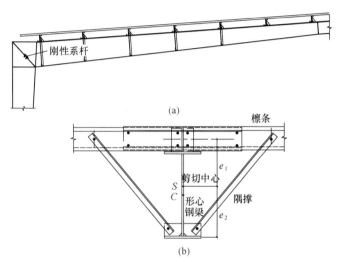

(a)

(b)

图 10.4-8　檩条-隔撑体系支撑的屋面梁

（a）负弯矩区连续布置隔撑的梁；（b）檩条-隔撑支撑的梁

2. 隔撑-檩条体系对屋盖梁的平面外稳定的作用，以前是取计算长度来表示，现在是直接计算临界弯矩。这样如果梁比较小，檩条-隔撑体系的约束作用相对比较大，临界弯矩相对比较大，等效换算的计算长度可能小于两倍檩距，甚至小于 1 倍檩距。如果梁截面大，檩条－隔撑体系对钢梁的侧向支撑作用相对较弱，按照式（10.4-9）计算的临界弯矩，其等效换算的计算长度可能大于两倍檩距。直接采用式（10.4-9）计算檩距弯矩，避免了需要确定计算长度的问题。

3. 应用式（10.4-9）的前提是在每一道檩条处都布置了隔撑，这是将隔撑对梁受压翼缘的约束进行连续化处理的一个先决条件。如果每隔一根檩条布置一根隔撑，假设 3m 一根，这么大的距离进行连续化处理，则梁的跨度应在 9m 以上。此时由式（10.4-9）计算得到的

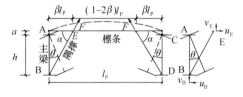

图 10.4-9　隔撑对梁的侧向支撑作用

临界弯矩还应与取两倍檩距作为计算长度，按照式（10.4-8）计算得到的临界弯矩进行比较，取较小值进行弹塑性稳定系数的计算。

五、梁受压板件的局部稳定与屈曲后强度计算

1. 梁的受压翼缘自由外伸宽度 b 与其厚度 t 之比，应符合下式要求：

$$\frac{b}{t} \leqslant 15\sqrt{\frac{235}{f_y}} \tag{10.4-11}$$

梁的腹板的高度 h_w 与其厚度 t_w 之比，应符合下式要求：

$$\frac{h_w}{t_w} \leqslant 250\sqrt{\frac{235}{f_y}} \tag{10.4-12}$$

2. 当腹板高厚比满足下面条件时，可不设置横向加劲肋：

$$\frac{h_w}{t_w} \leqslant \sqrt{\frac{789600}{\tau}}(\tau \leqslant 70 \text{ N/mm}^2) \tag{10.4-13}$$

3. 当腹板不满足式（10.4-13）条件时，需设置横向加劲肋，且加劲肋间距与腹板板幅大端高度之比小于等于 3，并进行屈曲后强度计算。

（1）腹板高度变化的区格，其抗剪承载力设计值应按下列公式计算：

$$V_d = \chi_{tap}\varphi_{ps}h_{w1}t_w f_v \leqslant h_{w0}t_w f_v (h_{w0}/t_w \leqslant 80\sqrt{235/f_y}) \tag{10.4-14}$$

$$\varphi_{ps} = \min\left[1.0, \frac{1}{(0.51 + \lambda_s^{3.2})^{1/2.6}}\right] \tag{10.4-15}$$

式中　f_v——抗剪强度设计值；

h_{w1}、h_{w0}——楔形腹板大端和小端腹板高度，小端宜满足 $h_{w0}/t_w \leqslant 80\sqrt{235/f_y}$；

λ_s——与板件抗剪屈曲有关的参数，按式（10.4-17）计算；

χ_{tap}——腹板屈曲后抗剪强度的楔率折减系数；

$$\chi_{tap} = 1 - 0.35\alpha^{0.2}\gamma_p^{2/3} \tag{10.4-16}$$

γ_p——区格的楔率，$\gamma_p = h_{w1}/h_{w0} - 1$；

$\alpha = a/h_{w1}$ 区格的长度与高度之比；

a——加劲肋间距。

（2）参数 λ_w 应按下式计算：

$$\lambda_s = \frac{h_{w1}/t_w}{37\sqrt{k_\tau}\sqrt{235/f_y}} \tag{10.4-17a}$$

当 $\dfrac{a}{h_{w1}} \leqslant 1.0$ 时　$k_\tau = 4 + 5.34/(a/h_{w1})^2 \tag{10.4-17b}$

当 $\dfrac{a}{h_{w1}} \geqslant 1.0$ 时　$k_\tau = \eta_s[5.34 + 4/(a/h_{w1})^2] \tag{10.4-17c}$

$$\eta_s = 1 + \gamma_p^{0.25}\frac{0.25\sqrt{\gamma_p} + \alpha - 1}{\alpha^{2-0.25\sqrt{\gamma_p}}} \tag{10.4-17d}$$

式中　k_τ——受剪板件的凸曲系数，当不设加劲肋时，取 $k_\tau = 5.34$；

h_{w1}——腹板区格大端高度。

α	χ_{tap}						
	γ_p						
	0	0.05	0.1	0.15	0.2	0.25	0.3
1	1	0.952	0.925	0.901	0.880	0.861	0.843
1.25	1	0.950	0.921	0.897	0.875	0.855	0.836
1.5	1	0.948	0.918	0.893	0.870	0.849	0.830

表 10.4-1

续表

α	γ_p						
	0	0.05	0.1	0.15	0.2	0.25	0.3
1.75	1	0.947	0.916	0.889	0.866	0.845	0.825
2	1	0.945	0.913	0.886	0.863	0.840	0.820
2.25	1	0.944	0.911	0.884	0.859	0.837	0.816
2.5	1	0.943	0.909	0.881	0.856	0.833	0.812
2.75	1	0.942	0.908	0.879	0.853	0.830	0.808
3	1	0.941	0.906	0.877	0.851	0.827	0.805

楔形区格屈曲增大系数 η_s　　　　　表 10.4-2

α	γ_p									
	0	0.1	0.2	0.3	0.4	0.5	1	1.5	2	3
1	1	1.044	1.075	1.101	1.126	1.149	1.250	1.339	1.420	1.570
1.5	1	1.149	1.190	1.221	1.248	1.272	1.369	1.449	1.521	1.650
2	1	1.160	1.201	1.231	1.257	1.280	1.372	1.447	1.514	1.637
2.5	1	1.153	1.191	1.220	1.244	1.265	1.352	1.423	1.488	1.605
3	1	1.142	1.177	1.204	1.227	1.247	1.329	1.397	1.459	1.573
3.5	1	1.131	1.164	1.189	1.210	1.229	1.307	1.372	1.431	1.542
4	1	1.121	1.152	1.175	1.195	1.213	1.287	1.350	1.407	1.515
6	1	1.091	1.116	1.135	1.151	1.166	1.228	1.282	1.333	1.431
8	1	1.073	1.094	1.110	1.124	1.136	1.191	1.239	1.285	1.376

4. 梁腹板利用屈曲后强度时，其中间加劲肋除承受集中荷载和翼缘转折产生的压力外，还应承受拉力场产生的压力，该压力应按下式计算：

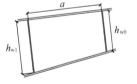

$$N_s = V - 0.9\varphi_s h_w t_w f_v \qquad (10.4\text{-}18)$$

$$\varphi_s = \min\left(1.0, \frac{1}{\sqrt[3]{0.738 + \lambda_s^6}}\right) \qquad (10.4\text{-}19)$$

图 10.4-10　变截面梁加横向加劲肋

式中　N_s——拉力场产生的压力；

　　　φ_s——考虑拉力场作用后的腹板剪切稳定系数；

　　　λ_s——参数，按本节（10.4-17a）采用；

　　　h_w——加劲肋的高度；

　　　V——荷载产生的截面剪力。

当验算加劲肋稳定性时，其截面应包括每侧 $15t_w\sqrt{235/f_y}$ 宽度范围内的腹板面积，计算长度取 h_w。

六、构造要求

1. 设计构件的尺寸和细部构造，需综合考虑钢结构制作和运输的方便，并结合考虑焊接变形控制的技术条件，才能达到较好的结果。

2. 根据跨度、高度和荷载不同，门式刚架的梁采用变截面或等截面实腹焊接 H 形截面。变截面构件通常改变腹板的高度，做成楔形见图 10.4-2 和图 10.4-4；必要时也可改变腹板厚度，结构构件在安装单元内一般不改变翼缘截面，当必要时，可改变翼缘厚度或宽度；邻接的安装单元可采用不同的翼缘截面，两单元相接处的截面高度应相等。

3. 梁大头截面高度约为跨度的 1/30，小头截面高度约为大头高度的 2/5～3/5，翼缘的宽度约为梁高度的 1/5～2/5，构件大头处腹板的高厚比不宜大于 150，当控制焊接变形技术较高时，可适当提高腹板高厚比。

4. 斜梁可根据运输条件划分为若干个单元。一个单元构件本身采用焊接，单元构件之间通过端板以高强度螺栓连接。用高强度螺栓满足充分预张拉条件以保证节点刚度，螺栓直径与端板厚度通过计算确定，端板厚度不宜小于高强度螺栓的直径，端板可布置加劲肋以提高节点连接刚度，减小螺栓连接的杠杆撬力。端板加劲肋的长度宜不小于其宽度的 1.5 倍，加劲肋的端头宜切有不小于 10mm 的边以方便绕焊。翼缘处的加劲肋厚度宜不小于翼缘厚度，腹板处的加劲肋厚度宜比腹板厚度大 2mm。

5. 梁腹板应在与柱子连接处、较大集中荷载作用处和翼缘转折处设置横向加劲肋，横向加劲肋的宽度和厚度应与梁、柱翼缘尺寸配备相同。其余处如需设置横向加劲肋，宜在腹板两侧成对配置，其尺寸应符合下列要求：

外伸宽度： $$b_s \geqslant \frac{h_w}{30} + 40 \tag{10.4-20}$$

厚度： $$t_s \geqslant b_s/15 \tag{10.4-21}$$

6. 屋盖梁的上翼缘受压应力作用时，其侧向稳定性依靠屋面系统中的檩条起支撑作用；梁的下翼缘受压应力作用时，其侧向稳定性依靠连接在檩条上的隅撑起支撑作用。在梁柱节点处宜加密布置隅撑，宜在节点的每一边至少连续布置 2 道隅撑，正弯矩区可以每隔一根檩条布置隅撑。

10.4.5 变截面柱的计算与构造

凡计算强度采用有效净截面，计算稳定性采用有效截面，变形计算和各种稳定系数计算采用毛截面。

一、强度计算

一般情况下，变截面构件的大头和小头按照弹性理论进行强度验算，不做塑性设计计算，但可进行屈曲后强度利用的设计。

构件截面的强度计算应按下式：

(1) 正应力计算 $$\frac{N}{A_{en}} + \frac{M_x}{W_{enx}} \leqslant f \tag{10.4-22}$$

(2) 剪应力验算 $$\frac{V_y S}{I_x t_w} \leqslant f_v \tag{10.4-23}$$

式中　N、M_x、V_y——分别为验算截面处的轴向力、弯矩和剪力；

A_{en}、W_{enx}——分别为有效净截面积和有效抗弯模量；

I_x、S、t_w——分别为截面惯性矩、验算剪应力处以上截面对中和轴的面积矩、腹板厚度；

f、f_v——分别为钢材的抗弯设计值和抗剪设计值。

(3) 在剪力 V_y、弯矩 M_x 和轴力 N 共同作用下的强度，应符合下列要求：

当 $V_y \leqslant 0.5V_d$ 时
$$\frac{N}{A_e} + \frac{M_x}{W_{ex}} \leqslant f \qquad (10.4\text{-}24a)$$

当 $0.5V_d < V_y \leqslant V_d$ 时
$$M_x \leqslant M_f^N + (M_e^N - M_f^N)\left[1 - \left(\frac{V_y}{0.5V_d} - 1\right)^2\right]$$
$$(10.4\text{-}24b)$$

式中　V_d——腹板抗剪承载力设计值，按公式（10.4-14）计算；

　　M_e^N——兼承轴力时，有效截面所能承担的弯矩值；
$$M_e^N = M_e - \frac{N}{A_e}W_{ex} \qquad (10.4\text{-}24c)$$

　　M_f^N——兼承轴力时，两翼缘所能承担的弯矩值；
$$M_f^N = \left(A_{f1}y_{e,c} + A_{f2}\frac{y_{e,t}^2}{y_{e,c}}\right)\left(f - \frac{N}{A_e}\right) \qquad (10.4\text{-}24d)$$

　　A_e——轴力和弯矩共同作用下的有效截面面积；
$$\frac{M}{M_e} \leqslant \left(1 - \frac{N}{A_e f}\right)\left\{\frac{M_f}{M_e} + \left(1 - \frac{M_f}{M_e}\right)\left[1 - \left(\frac{V}{0.5V_d} - 1\right)^2\right]\right\} \qquad (10.4\text{-}25)$$

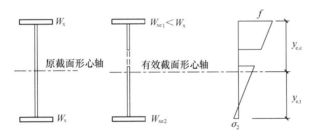

图 10.4-11　工字钢截面的有效截面

二、变截面柱的计算长度

1. 小头铰接的变截面门式刚架柱有侧移弹性屈曲临界荷载及计算长度系数由如下公式计算：
$$N_{cr} = \frac{\pi^2 EI_1}{(\mu H)^2} \qquad (10.4\text{-}26)$$

$$\mu = 2\kappa\left(\frac{I_1}{I_0}\right)^{0.145}\sqrt{1 + \frac{0.38}{K}} \qquad (10.4\text{-}27a)$$

$$K = \frac{K_z}{6i_{cl}}\left(\frac{I_1}{I_0}\right)^{0.29} \qquad (10.4\text{-}27b)$$

式中　μ——变截面柱换算成以大端截面为准的等截面柱的计算长度系数；

　　I_0——立柱小端截面的惯性矩；

　　I_1——立柱大端截面惯性矩；

　　H——楔形变截面柱的高度；

　　K_z——梁对柱子的转动约束；

　　i_{cl}——线刚度，$i_{cl} = EI_1/H$；

　　κ——铰接柱脚嵌固系数，取值：销轴式的铰支，$\kappa = 1.0$；

　　　　平板式铰支 $\kappa = 1 - 0.15\left(\frac{h_0}{h_1}\right)^{0.75}$ 　　　(10.4-28)

h_0，h_1——分别是小端和大端截面的高度。

如果柱脚固支（柱脚固支时柱子一般应等截面），则应采用（10.4-54）计算。

计算长度系数 μ（未含嵌固系数）　　　　　　　表 10.4-3

$\dfrac{I_0}{I_1}$	K							
	0.1	0.2	0.3	0.5	0.75	1	2	10
0.01	5.514	4.776	4.503	4.272	4.151	4.090	3.996	3.919
0.02	5.257	4.476	4.184	3.934	3.803	3.736	3.633	3.548
0.03	5.124	4.320	4.016	3.755	3.617	3.547	3.438	3.348
0.05	4.974	4.140	3.821	3.546	3.400	3.325	3.209	3.113
0.07	4.884	4.031	3.704	3.419	3.267	3.189	3.067	2.967
0.1	4.796	3.924	3.587	3.292	3.135	3.053	2.926	2.820
0.2	4.645	3.739	3.383	3.069	2.899	2.811	2.672	2.556
0.3	4.569	3.643	3.277	2.952	2.775	2.682	2.536	2.413
0.4	4.519	3.580	3.207	2.874	2.691	2.596	2.445	2.317
0.5	4.482	3.534	3.156	2.816	2.630	2.532	2.377	2.246
0.6	4.454	3.498	3.115	2.771	2.582	2.482	2.324	2.189
0.7	4.431	3.469	3.083	2.734	2.542	2.440	2.279	2.142
0.8	4.412	3.445	3.055	2.703	2.509	2.406	2.242	2.102
0.9	4.396	3.424	3.032	2.677	2.480	2.376	2.210	2.068
1	4.382	3.406	3.011	2.653	2.455	2.349	2.182	2.038

2. 在确定框架梁对框架柱的转动约束时：

（1）在梁的两端都与柱子刚接时，假设梁的变形形式使得反弯点出现在梁的跨中，取出半跨梁，远端铰支，在近端施加弯矩，求出近端的转角，由下式计算转动约束：

$$K_z = \frac{M}{\theta} \tag{10.4-29}$$

（2）如果刚架梁本身是远端简支，或刚架梁的远端是摇摆柱的情况下，则取全跨梁计算。

（3）刚架梁近端与柱子简支，转动约束为0。

3. 楔形变截面梁对框架柱的转动约束：

（1）刚架梁形式一（图10.4-12）：

$$K_{z1} = 3i_1 \left(\frac{I_0}{I_1} \right)^{0.2} \tag{10.4-30}$$

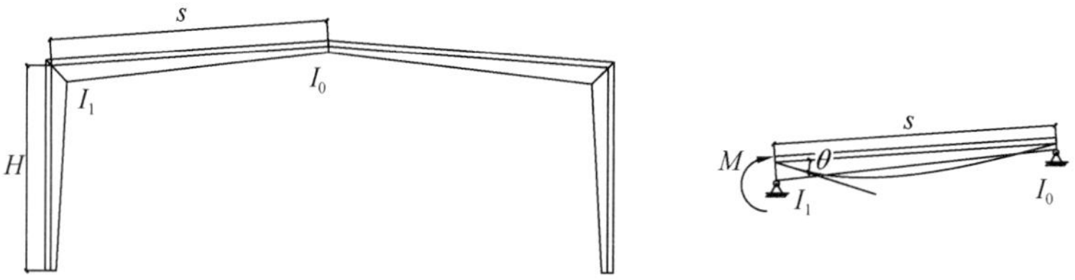

图 10.4-12　刚架梁形式一及其转动刚度计算模型

式中 $\qquad i_1 = \dfrac{EI_1}{s}$;

I_0 ——变截面梁跨中小端截面的惯性矩;

I_1 ——变截面梁檐口大端截面的惯性矩;

s ——变截面梁的斜长;

（2）刚架梁形式二（图 10.4-13）:

$$\frac{1}{K_z} = \frac{1}{K_{11,1}} + \frac{2s_2}{s}\frac{1}{K_{12,1}} + \left(\frac{s_2}{s}\right)^2\frac{1}{K_{22,1}} + \left(\frac{s_2}{s}\right)^2\frac{1}{K_{22,2}} \qquad (10.4\text{-}31)$$

其中

$$K_{11,1} = 3i_{11}R_1^{0.2} \qquad (10.4\text{-}32a)$$

$$K_{12,1} = 6i_{11}R_1^{0.44} \qquad (10.4\text{-}32b)$$

$$K_{22,1} = 3i_{11}R_1^{0.712} \qquad (10.4\text{-}32c)$$

$$K_{22,2} = 3i_{21}R_2^{0.712} \qquad (10.4\text{-}32d)$$

R_1 ——与立柱相连的变截面梁段，远端截面惯性矩与近端截面惯性矩之比，

$R_1 = \dfrac{I_{10}}{I_{11}}$;

R_2 ——第 2 变截面梁段，近端截面惯性矩与远端截面惯性矩之比，R_2

$= \dfrac{I_{20}}{I_{21}}$;

$s = s_1 + s_2$

s_1 ——与立柱相连的第一段变截面梁的斜长;

s_2 ——第 2 段变截面梁的斜长;

$$s = s_1 + s_2$$

i_{11} ——以大端截面惯性矩计算的线刚度，$i_{11} = \dfrac{EI_{11}}{s_1}$;

i_{21} ——以第 2 段远端截面惯性矩计算的线刚度，$i_{21} = \dfrac{EI_{21}}{s_2}$;

$I_{10}, I_{11}, I_{20}, I_{21}$ ——变截面梁惯性矩，见图 10.4-13。

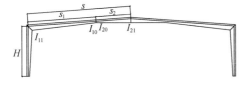 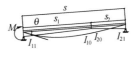

图 10.4-13 刚架梁形式二及其转动刚度计算模型

（3）刚架梁形式三（图 10.4-14）:

$$\frac{1}{K_z} = \frac{1}{K_{11,1}} + 2\left(1 - \frac{s_1}{s}\right)\frac{1}{K_{12,1}} + \left(1 - \frac{s_1}{s}\right)^2\left(\frac{1}{K_{22,1}} + \frac{1}{3i_2}\right)$$
$$+ \frac{2s_3(s_2 + s_3)}{s^2}\frac{1}{6i_2} + \left(\frac{s_3}{s}\right)^2\left(\frac{1}{3i_2} + \frac{1}{K_{22,3}}\right) \qquad (10.4\text{-}33)$$

式中 $\qquad K_{11,1} = 3i_{11}R_1^{0.2} \qquad (10.4\text{-}34a)$

$$K_{12,1} = 6i_{11}R_1^{0.44} \qquad (10.4\text{-}34b)$$

$$K_{22,1} = 3i_{11}R_1^{0.712} \tag{10.4-34c}$$

$$K_{22,3} = 3i_{31}R_3^{0.712} \tag{10.4-34d}$$

$$R_1 = \frac{I_{10}}{I_{11}}, R_3 = \frac{I_{30}}{I_{31}} \tag{10.4-34e}$$

$$i_{11} = \frac{EI_{11}}{s_1}, i_2 = \frac{EI_2}{s_2}, i_{31} = \frac{EI_{31}}{s_3} \tag{10.4-34f}$$

$I_{10}, I_{11}, I_2, I_{30}, I_{31}$ ——变截面梁惯性矩，见图10.4-14。

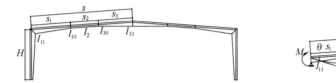

图10.4-14 刚架梁形式三及其转动刚度计算模型

4. 当为阶形柱或两段柱子时（图10.4-15），下柱和上柱的计算长度按照以下公式确定。

下柱计算长度系数：$\mu_1 = \sqrt{\gamma} \cdot \mu_2$ （10.4-35a）

上柱计算长度系数 $\mu_2 = \sqrt{\dfrac{6K_1K_2 + 4(K_1 + K_2) + 1.52}{6K_1K_2 + K_1 + K_2}}$ （10.4-35b）

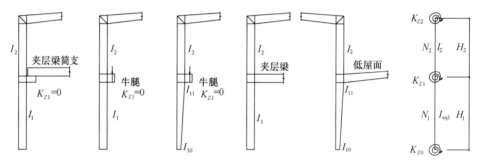

图10.4-15 变截面阶形刚架柱的计算模型

式中 $K_2 = \dfrac{K_{z2}}{6i_{c2}}$ （10.4-36a）

$$K_1 = \frac{K_{z1}}{6i_{c2}} + \frac{b + \sqrt{b^2 - 4ac}}{12a} \tag{10.4-36b}$$

$$a = (a_1b_1\gamma - a_2b_2)i_{c2}^2 \tag{10.4-36c}$$

$$b = (K_{z0}i_{c1}\gamma b_1 - \gamma c_2a_1 - i_{c1}a_3b_2 + c_1a_2)i_{c2} \tag{10.4-36d}$$

$$c = i_{c1}(c_1a_3 - K_{z0}c_2\gamma) \tag{10.4-36e}$$

$$a_1 = K_{z0} + i_{c1} \tag{10.4-36f}$$

$$a_2 = K_{z0} + 4i_{c1} \tag{10.4-36g}$$

$$a_3 = 4K_{z0} + 9.12i_{c1} \tag{10.4-36h}$$

$$b_1 = K_{z2} + 4i_{c2} \tag{10.4-36i}$$

$$b_2 = K_{z2} + i_{c2} \tag{10.4-36j}$$

$$c_1 = K_{z1}K_{z2} + (K_{z1} + K_{z2})i_{c2} \tag{10.4-36k}$$

$$c_2 = K_{z1}K_{z2} + 4(K_{z1} + K_{z2})i_{c2} + 9.12i_{c2}^2 \tag{10.4-36m}$$

$$\gamma = \frac{N_2 H_2}{N_1 H_1}\frac{i_{c1}}{i_{c2}} \tag{10.4-36n}$$

K_{z0} ——柱脚对柱子提供的转动约束；

柱脚铰支时，$K_{z0} = 0.5i_{c1}$；

柱脚固定时，$K_{z0} = 50i_{c1}$；

式中　K_{z1} ——中间梁（低跨屋面梁，夹层梁）对柱子提供的约束转动约束，按照第 3 款确定；

　　　K_{z2} ——屋面梁对上柱柱顶的转动约束，按照第 3 款确定；

　　　i_{c1} ——下柱线刚度，$i_{c1} = \dfrac{EI_1}{H_1}$ 下柱为变截面时：

$$i_{c1} = \frac{EI_{11}}{H_1}\left(\frac{I_{10}}{I_{11}}\right)^{0.29} \tag{10.4-37}$$

　　　i_{c2} ——上柱线刚度，$i_{c2} = \dfrac{EI_2}{H_2}$；

I_1, I_2, I_{10}, I_{11} ——柱子的惯性矩，见图 10.4-15；

　　　N_1, N_2 ——分别是下柱和上柱的轴力；

　　　H_1, H_2 ——下柱和上柱的高度。

　5. 当为二阶柱或三段柱子时，下柱、中柱和上柱的计算长度，按照图 10.4-16 所示模型确定，或按照以下公式计算。

$$\mu_2 = \sqrt{\frac{6K_1K_2 + 4(K_1 + K_2) + 1.52}{6K_1K_2 + K_1 + K_2}} \tag{10.4-38a}$$

$$\mu_1 = \sqrt{\gamma_1} \cdot \mu_2 \tag{10.4-38b}$$

$$\mu_3 = \sqrt{\gamma_3} \cdot \mu_2 \tag{10.4-38c}$$

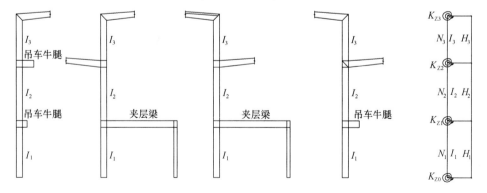

图 10.4-16　三阶刚架柱的计算模型

下柱 AB：　　　　　　$K_1 = K_{b0}/K_{c1}, \quad K_2 = \eta/(6K_{c1})$ 　　　　(10.4-39a)

中柱 BC：　　　　　　$K_1 = K_{b1} - \dfrac{\eta}{6}, \quad K_2 = K_{b2} - \dfrac{\xi}{6}$ 　　　　(10.4-39b)

上柱 CD：　　　　　　$K_1 = \xi/(6K_{c3}), \quad K_2 = K_{b3}/K_{c3}$ 　　　　(10.4-39c)

ξ,η 由以下公式给出的三组解中之一确定。

$$\eta_j = 2\sqrt[3]{r}\cos\left[\frac{\theta+2(j-2)\pi}{3}\right]-\frac{b}{3a},j=1,2,3 \tag{10.4-40a}$$

$$\xi_j = \frac{6(e_3\eta+e_4)}{e_1\eta+e_2},j=1,2,3 \tag{10.4-40b}$$

$$r = \sqrt{\frac{m^3}{27}} \tag{10.4-41a}$$

$$\theta = \arccos\frac{-n}{\sqrt{-4m^3/27}} \tag{10.4-41b}$$

$$\Delta = \frac{n^2}{4}+\frac{m^3}{27} \tag{10.4-41c}$$

$$m = \frac{3ac-b^2}{3a^2} \tag{10.4-41d}$$

$$n = \frac{2b^3-9abc+27a^2d}{27a^3} \tag{10.4-41e}$$

在（10.4-40a，b）给出的三组解中，代入（10.4-39a，b，c）三式，得到(K_1,K_2)，三组都满足（10.4-42a，b，c）式的 K_1,K_2 为唯一有效解：

$$K_1 > -\frac{1}{6} \tag{10.4-42a}$$

$$K_2 > -\frac{1}{6} \tag{10.4-42b}$$

$$6K_1K_2+K_1+K_2 > 0 \tag{10.4-42c}$$

在（10.4-41d，e）式中的各个参数计算如下：

$$a = \gamma_1 a_2 g_4-a_1 g_1 \tag{10.4-43a}$$

$$b = \gamma_1 a_2 g_5+6\gamma_1 K_{b0}K_{c1}g_4-a_1 g_2-6K_{c1}a_3 g_1 \tag{10.4-43b}$$

$$c = \gamma_1 a_2 g_6+6\gamma_1 K_{b0}K_{c1}g_5-a_1 g_3-6K_{c1}a_3 g_2 \tag{10.4-43c}$$

$$d = 6K_{c1}(\gamma_1 K_{b0}g_6-a_3 g_3) \tag{10.4-43d}$$

$$e_1 = a_2 b_1\gamma_1-a_1 b_2\gamma_3 \tag{10.4-44a}$$

$$e_2 = 6K_{c1}(K_{b0}\gamma_1 b_1-a_3 b_2\gamma_3) \tag{10.4-44b}$$

$$e_3 = K_{c3}(\gamma_3 K_{b3}a_1-b_3 a_2\gamma_1) \tag{10.4-44c}$$

$$e_4 = 6K_{c1}K_{c3}(\gamma_3 K_{b3}a_3-\gamma_1 K_{b0}b_3) \tag{10.4-44d}$$

$$a_1 = 6K_{b0}+4K_{c1} \tag{10.4-45a}$$

$$a_2 = 6K_{b0}+K_{c1} \tag{10.4-45b}$$

$$a_3 = 4K_{b0}+1.52K_{c1} \tag{10.4-45c}$$

$$b_1 = 6K_{b3}+4K_{c3} \tag{10.4-46a}$$

$$b_2 = 6K_{b3}+K_{c3} \tag{10.4-46b}$$

$$b_3 = 4K_{b3}+1.52K_{c3} \tag{10.4-46c}$$

$$c_1 = 6K_{b1}+4 \tag{10.4-47a}$$

$$c_2 = 6K_{b1}+1 \tag{10.4-47b}$$

$$d_1 = 6K_{b2}+4 \tag{10.4-47c}$$

$$d_2 = 6K_{b2} + 1 \tag{10.4-47d}$$

$$f_1 = 6K_{b1}K_{b2} + K_{b2} + K_{b1} \tag{10.4-47e}$$

$$f_2 = 6K_{b1}K_{b2} + 4(K_{b2} + K_{b1}) + 1.52 \tag{10.4-47f}$$

$$g_1 = e_3 - \frac{1}{6}d_2 e_1 \tag{10.4-48a}$$

$$g_2 = f_1 e_1 - c_2 e_3 - \frac{1}{6}d_2 e_2 + e_4 \tag{10.4-48b}$$

$$g_3 = f_1 e_2 - c_2 e_4 \tag{10.4-48c}$$

$$g_4 = e_3 - \frac{1}{6}d_1 e_1 \tag{10.4-48d}$$

$$g_5 = f_2 e_1 - c_1 e_3 - \frac{1}{6}d_1 e_2 + e_4 \tag{10.4-48e}$$

$$g_6 = f_2 e_2 - c_1 e_4 \tag{10.4-48f}$$

$$\gamma_1 = \frac{N_2 H_2}{N_1 H_1} \frac{i_{c1}}{i_{c2}} \tag{10.4-49a}$$

$$\gamma_3 = \frac{N_2 H_2}{N_3 H_3} \frac{i_{c3}}{i_{c2}} \tag{10.4-49b}$$

$$K_{b0} = \frac{K_{z0}}{6i_{c2}}, K_{b1} = \frac{K_{z1}}{6i_{c2}}, K_{b2} = \frac{K_{z2}}{6i_{c2}}, K_{b3} = \frac{K_{z3}}{6i_{c2}}, K_{c1} = \frac{i_{c1}}{i_{c2}}, K_{c3} = \frac{i_{c3}}{i_{c2}} \tag{10.4-50}$$

i_{c1}, i_{c2}, i_{c3}——分别是下柱，中柱和上柱的线刚度，$i_{c1} = \dfrac{EI_1}{H_1}, i_{c2} = \dfrac{EI_2}{H_2}, i_{c3} = \dfrac{EI_3}{H_3}$

6. 当有摇摆柱时（图 10.4-17），确定梁对框架柱的转动约束时应假设梁远端铰支点在摇摆柱的柱顶（图 10.4-18），且这样确定的框架柱的计算长度系数应乘以如下的放大系数。

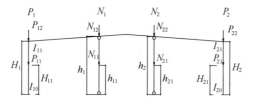

图 10.4-17 带有摇摆柱的框架

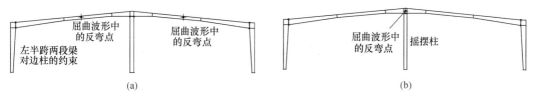

图 10.4-18 摇摆柱框架与普通框架屈曲波形上的差别

（a）普通框架；（b）中间柱为摇摆柱的框架

$$\eta = \sqrt{1 + \frac{\sum N_j / h_j}{1.1 \sum P_i / H_i}} \tag{10.4-51}$$

式中 N_j——换算到柱顶的摇摆柱的轴压力，$N_j = \dfrac{1}{h_j} \sum_k N_{jk} h_{jk}$；

N_{jk} ——第 j 个摇摆柱上第 k 个竖向荷载, h_{jk} 是其作用的高度;

P_i ——换算到柱顶的框架柱的轴压力, $P_i = \dfrac{1}{H_i} \sum\limits_k P_{ik} H_{ik}$;

P_{ik} ——第 i 个柱子上第 k 个竖向荷载, H_{ik} 是其作用的高度。

中间无竖向荷载的摇摆柱的计算长度系数 1.0;

如果摇摆柱的柱子中间作用有竖向荷载,可以考虑上下柱段的相互作用,决定各柱段的计算长度系数,即 $\mu = 0.75 + 0.25 \dfrac{N_2}{N_1}$。

7. 当采用二阶分析时

1) 等截面单段柱的计算长度系数取 1.0;

2) 有吊车厂房,二阶或三阶柱各柱段的计算长度系数,按照柱顶无侧移,柱顶铰接的模型查表确定,在有夹层或高低跨时,各柱段的计算长度取 1.0。

3) 柱脚铰接的单段变截面柱子的计算长度系数 μ_r 是:

$$N_{cr} = \frac{\pi^2 E I_1}{(\mu_r H)^2} \tag{10.4-52a}$$

$$\mu_r = \frac{1 + 0.035\gamma}{1 + 0.54\gamma} \sqrt{\frac{I_1}{I_0}} \tag{10.4-52b}$$

式中　$\gamma = \dfrac{h_1}{h_0} - 1$ 是楔率;

h_0, h_1 ——分别是小头和大头截面的高度;

I_0, I_1 ——分别是小头和大头截面的惯性矩;

H ——变截面柱的柱高;

二阶分析,柱子的计算长度取 1,变截面柱子,要换算成大端截面的, μ_r 是换算系数。

8. 单层多跨房屋,当各跨屋面梁的标高无突变(无高低跨)时,可以考虑各柱相互支援作用,采用修正的计算长度系数进行刚架柱的平面内稳定计算。修正的计算长度系数如下:

$$\mu'_j = \kappa \frac{\pi}{h_j} \sqrt{\frac{E I_{cj}}{P_j \cdot K} \left(1.2 \sum \frac{P_i}{h_i} + \sum \frac{N_k}{h_k} \right)} \tag{10.4-53a}$$

$$\mu'_j = \kappa \frac{\pi}{h_j} \sqrt{\frac{E I_{cj}}{1.2 P_j \sum (P_{crj}/h_j)} \left(1.2 \sum \frac{P_i}{h_i} + \sum \frac{N_k}{h_k} \right)} \tag{10.4-53b}$$

式中　N_k, h_k ——是摇摆柱上的轴力和高度;

K ——是在檐口高度作用水平力求得的刚架的抗侧刚度。

屋面梁在一个标高上时,框架有侧移失稳是一种整体失稳,存在着柱子与柱子的相互支援作用,考虑这种相互支援后的计算长度系数计算公式就是(10.4-53a)或者(10.4-53b)式,求得的计算长度系数如果小于 1,应取 1.0。

9. 单层门式刚架的等截面柱,计算长度系数的计算公式为:

$$\mu_{sw} = \sqrt{\frac{7.5 K_1 K_2 + 4(K_1 + K_2) + 1.52}{7.5 K_1 K_2 + K_1 + K_2}} \tag{10.4-54}$$

式中 $K_1 = \dfrac{k_{zl}}{6 i_c}$; k_{zl} ——柱脚-基础的节点给予柱子的转动约束。 i_c 是柱子本身的线刚度。

由于 k_{z1} 的不确定性，实际应用时，可以取 $K_1 = 10$；如果是铰支支座：销轴式的铰支，$K_1 = 0.0$；平板式铰支，$K_1 = 0.1$（等效于引入嵌固系数 0.85）；如果是固定支座：$K_1 = 10.0$（等效于引入嵌固系数 1.2 放大了计算长度系数）。

$$K_2 = \frac{k_{z2}}{6i_c}，k_{z2}$$ ——柱上端的梁对柱子的转动约束。

10. 上述第 1 条第 8 款确定的框架柱计算长度系数适用于屋面坡度不大于 $1 : 5$ 的情况，超过此值时应考虑横梁轴向力的不利影响，对柱顶转动约束乘以小于 1 的系数进行折减，该系数取值可不小于 0.6。

三、整体稳定计算

1. 变截面柱在刚架平面内的稳定应按下列公式计算：

$$\frac{N_1}{\eta_t \varphi_x A_{e1}} + \frac{\beta_{mx} M_1}{(1 - N_1/N_{cr})W_{e1}} \leqslant f \tag{10.4-55}$$

$$N_{cr} = \pi^2 E A_{e1} / \lambda_1^2 \tag{10.4-56a}$$

$$\bar{\lambda}_1 \geqslant 1.2 : \eta_t = 1 \tag{10.4-56b}$$

$$\bar{\lambda}_1 < 1.2 : \eta_t = \frac{A_0}{A_1} + \left(1 - \frac{A_0}{A_1}\right) \times \frac{\bar{\lambda}_1^2}{1.44} \tag{10.4-56c}$$

式中　N_1 ——大端的轴向压力设计值；

　　　M_1 ——大端的弯矩设计值；

　　　A_{e1} ——大端的有效截面的面积；

　　　W_{e1} ——大端有效截面最大受压纤维的截面模量；

　　　φ_x ——杆件轴心受压稳定系数，楔形柱按附录 A.1 规定的计算长度系数由现行国家标准《钢结构设计标准》GB 50017 查得，计算长细比时取大端截面的回转半径；

　　　β_{mx} ——等效弯矩系数，有侧移刚架柱的等效弯矩系数 β_{mx} 取 1.0；

　　　N_{cr} ——欧拉临界力；

　　　λ_1 ——按照大端截面计算的，考虑计算长度系数的长细比，$\lambda_1 = \frac{\mu H}{i_{x1}}$；

　　　$\bar{\lambda}_1$ ——通用长细比，$\bar{\lambda}_1 = \frac{\lambda_1}{\pi}\sqrt{\frac{E}{f_y}}$；

　　　i_{x1} ——大端截面绕强轴的回转半径；

　　　μ ——计算长度系数，见上面第二节；

　　　H ——柱高；

　$A_0，A_1$ ——小端和大端截面的毛截面面积。

注：当柱的最大弯矩不出现在大端时，M_1 和 W_{e1} 分别取最大弯矩和该弯矩所在截面的有效截面模量。

2. 变截面柱的平面外稳定应分段按下列公式计算：

$$\frac{N_1}{\eta_{ty} \varphi_y A_{e1} f} + \left(\frac{M_1}{\varphi_b \gamma_x W_{x1} f}\right)^{1.3 - 0.3k_\sigma} \leqslant 1 \tag{10.4-57}$$

$$\bar{\lambda}_{1y} \geqslant 1.3 : \eta_{ty} = 1 \tag{10.4-58a}$$

$$\bar{\lambda}_{1y} < 1.3 : \eta_{ty} = \frac{A_0}{A_1} + (1 - \frac{A_0}{A_1}) \times \frac{\lambda_{1y}^2}{1.69} \tag{10.4-58b}$$

式中　$\bar{\lambda}_{1y}$——绕弱轴的通用长细比 $\bar{\lambda}_{1y} = \frac{\lambda_{1y}}{\pi}\sqrt{\frac{f_y}{E}}$；

λ_{1y}——绕弱轴的长细比，$\lambda_{1y} = \frac{L}{i_{y1}}$；

i_{y1}——大端截面绕弱轴的回转半径；

ϕ_y——轴心受压构件弯矩作用平面外的稳定系数，以大端为准，按现行国家标准《钢结构设计标准》GB 50017 的规定采用，计算长度取纵向柱间支撑点间的距离；

N_1——所计算构件段大端截面的轴压力；

M_1——所计算构件段大端截面的弯矩；

k_σ——大小端截面弯矩产生的应力比值，由弯矩计算；

φ_b——稳定系数，按式（10.4-5a）计算。

当不能满足式（10.4-57）的要求时，应设置侧向支撑或隅撑，并验算每段的平面外稳定。

（说明：1. 轴力项也取自大端，便于退化成等截面的公式。2. 原 CECS102：2002 文的等效弯矩系数 β_{tx} 取 1.0 或与平面内欧拉临界荷载发生关系且接近于 1，不合理，因此进行较大修改。3. 压弯杆的平面外稳定，等截面构件的等效弯矩系数 $\beta_{tx} = 0.65 + 0.35\frac{M_0}{M_1}$，因为实际框架柱的两端弯矩往往引起双曲率弯曲，$\beta_{tx}$ 将小于 0.65，这样对弯矩的折减很大，在特定的区域会偏于不安全。本条采用的相关公式，弯矩项的指数在 1.0～1.6 之间变化，曲线外凸。相关曲线外凸，等效于考虑弯矩变号对稳定性的有利作用，又避免了特定区域的不安全。压弯杆的平面外计算长度通常取侧向支承点之间的距离，若各段线刚度差别较大，确定计算长度时可考虑各段间的相互约束。）

四、柱子受压板件的局部稳定计算

1. 柱子翼缘的宽厚比和腹板的高厚比限值与梁相同，当腹板受剪及受压利用屈曲后强度时，应按有效宽度计算截面特性。有效宽度应取：

截面的受拉区部分全部有效，受压区部分的有效宽度应按下式计算：

$$h_e = \rho h_c \tag{10.4-59}$$

式中　h_c——腹板受压区宽度；

ρ——有效宽度系数，按本条 2 款的规定采用。

2. 有效宽度系数 ρ 应按下式计算：

$$\rho = \min\left[1.0, \frac{1}{(0.243 + \lambda_p^{1.25})^{0.9}}\right] \tag{10.4-60}$$

式中　λ_p——与板件受弯、受压有关的参数，按本条 3 款规定采用。

3. 参数 λ_p 应按下列公式计算：λ_p——与板件受弯、受压有关的参数，参数 λ_p 应按下列公式计算：

$$\lambda_p = \frac{h_w/t_w}{28.1\sqrt{k_\sigma}\sqrt{235/f_y}} \tag{10.4-61a}$$

$$k_\sigma = \frac{16}{\sqrt{(1+\beta)^2 + 0.112(1-\beta)^2} + (1+\beta)} \tag{10.4-61b}$$

$$\beta = \sigma_2/\sigma_1 \tag{10.4-61c}$$

式中 β——截面边缘正应力比值（图 10.4-19），$-1 \leqslant \beta \leqslant 1$；

     k_σ——杆件在正应力作用下的屈曲系数。

当板边最大应力 $\sigma_1 < f$ 时，计算 λ_p 可用 $\gamma_R \sigma_1$ 代替式（10.4-61a）中的 f_y，γ_R 为抗力分项系数。对 Q235 和 Q345 钢，$\gamma_R = 1.1$。

4. 腹板有效宽度 h_e 应按下列规则分布（图 10.4-19）：

当截面全部受压，即 $\beta > 0$ 时：

$$h_{e1} = \frac{2h_e}{5-\beta} \tag{10.4-62}$$

$$h_{e2} = h_e - h_{e1} \tag{10.4-63}$$

当截面部分受拉，即 $\beta < 0$ 时：

$$h_{e1} = 0.4h_e \tag{10.4-64}$$

$$h_{e2} = 0.6h_e \tag{10.4-65}$$

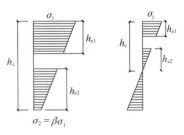

图 10.4-19   有效截面分布

五、柱子计算长度和容许长细比

1. 平面外计算长度的确定，与梁相同的计算方法。

2. 平面内计算长度的确定：平面内计算长度应取为 $h_0 = \mu h$。摇摆柱的计算长度系数 μ 取 1.0。

3. 容许长细比，当刚架无吊车荷载时，柱子的容许长细比不宜大于 180；当刚架柱直接承受吊车荷载时，柱子的容许长细比不宜大于 150。

六、构造要求

1. 刚架的柱底铰接时，柱子宜做成变截面构件；柱底刚接时，柱子宜做成等截面构件，吊车吨位较大时，可考虑做成阶梯柱。当为变截面柱时，柱底截面高度不宜小于 250mm，不宜大于 450mm，柱顶截面高度参照与之相连的斜梁截面高度，或比斜梁截面高度略小，加厚柱子翼缘使之截面模量与此处斜梁截面模量相当。

2. 凡承受吊车荷载或支承托架梁的中柱，柱子与梁应做成刚接，当吊车吨位大于 5t 时，柱底也宜做成刚接。

3. 其他构造要求可参照前面 10.4.4 变截面刚架梁的计算与构造一节中的第六构造要求的 1～5 点做法，此时，柱子的侧向稳定性依靠连接在墙梁上的隅撑起支撑作用，其隅撑的作用和布置与斜梁体系相类似。

10.4.6 连接和节点设计

一、构件焊接

1. 当被连接板件的最小厚度不大于 4mm 时，正面角焊缝的强度增大系数 β_f 取 1.0。

2. 当构件腹板厚度不大于 8mm 时，腹板与翼缘之间的 T 形连接焊缝可按以下技术条件采用自动或半自动埋弧焊接单面角焊缝（图 10.4-20）：

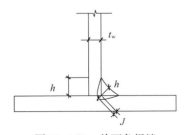

图 10.4-20   单面角焊缝

（1）单面角焊缝适用于承受剪力的焊缝。

（2）单面角焊缝仅可用于承受静力荷载和间接承受动力荷载的、非露天和不接触强腐蚀性介质的结构构件。

（3）焊脚尺寸、焊喉及最小根部熔深应满足表 10.4-4 的要求。

<table>
<tr><td colspan="4" align="center">单面角焊缝参数（mm）　　　　　　　　　　　　表 10.4-4</td></tr>
<tr><td>腹板厚度 t_w</td><td>最小焊脚尺寸 k</td><td>有效厚度 h_{we}</td><td>最小根部熔深 J
（焊丝直径 1.2～2.0）</td></tr>
<tr><td>3</td><td>3.0</td><td>2.1</td><td>1.0</td></tr>
<tr><td>4</td><td>4.0</td><td>2.8</td><td>1.2</td></tr>
<tr><td>5</td><td>5.0</td><td>3.5</td><td>1.4</td></tr>
<tr><td>6</td><td>5.5</td><td>3.9</td><td>1.6</td></tr>
<tr><td>7</td><td>6.0</td><td>4.2</td><td>1.8</td></tr>
<tr><td>8</td><td>6.5</td><td>4.6</td><td>2.0</td></tr>
</table>

（4）经工艺评定合格的焊接参数、方法不得变更。

（5）柱与底板的连接，柱与牛腿的连接，梁端板的连接，吊车梁及支承局部悬挂荷载的吊架等，除非设计专门规定，不得采用单面角焊缝。

（6）按设防烈度 8 度及以上设计的门式刚架轻型房屋钢结构构件不得采用单面角焊缝。

3. 可以采用不同厚度的板拼接构件的翼缘和腹板，当不同厚度的板厚度差超过 2mm 时，宜将厚度较大的板件加工成 1：2.5 的斜度之后对接焊；不同宽度的板拼接成翼缘板时，应将宽度较大的板件加工成 1：2.5 的斜度之后对接焊，图 10.4-21。

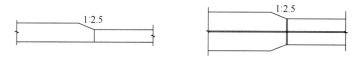

图 10.4-21　板的拼接

4. 刚架构件的腹板与端板连接可采用双面角焊缝；翼缘与端板的连接宜采用角对接组合焊缝或与构件板等强的双面角焊缝，当翼缘厚度超过 12mm 时，与端板连接宜采用全熔透对接焊缝。坡口形式应符合现行国家标准《气焊、手工电弧焊及气体保护焊焊缝坡口的基本形式与尺寸》GB/T 985 的规定。

二、刚架节点设计

1. 刚接节点的设计

（1）门式刚架主体构件之间的连接宜采用高强度螺栓端板连接，节点的刚度依靠端板厚度和高强度螺栓的预拉力保证，螺栓直径主要根据预拉力的需要确定，常规采用 M16～M24 螺栓。

（2）斜梁与柱子的节点形式，可采用端板竖放（图 10.4-22a）、端板横放（图 10.4-22b）、端板斜放（图 10.4-22c）三种。斜梁的拼接应使端板与斜梁上边缘垂直（图 10.4-22d）。当斜梁与刚架柱连接节点为刚性连接时，应采用端板外伸式，且宜设加劲肋以加强端板刚度，减少受拉螺栓的杠杆撬力。

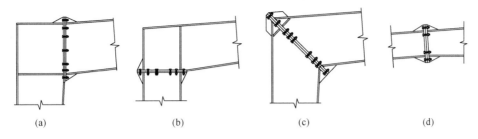

图 10.4-22　梁-柱刚架节点

(a) 端板竖放；(b) 端板平放；(c) 端板斜放；(d) 斜梁拼接

（3）端板式高强度螺栓连接的刚性节点，边柱与斜梁的节点转动刚度 R 应按下列公式计算。当多跨刚架的中柱为摇摆柱时，边柱与斜梁节点转动刚度 R 应提高到 1.6 倍或 2.0 倍。

$$R \geqslant 25EI_b/l_b \tag{10.4-66}$$

式中　I_b——刚架横梁跨间的平均截面惯性矩；

　　　l_b——刚架横梁的跨度；

　　　E——钢材的弹性模量。

梁—柱节点转动刚度 R 由节点域剪切变形对应的刚度 R_1（若柱子没有与梁翼缘对应的加劲肋，还要计及柱腹板受拉和受压形成的转动）和连接的弯曲刚度（包括端板弯曲、螺栓拉伸和柱翼缘弯曲刚度）R_2 所组成，按下列公式计算：

$$R = \frac{1}{1/R_1 + 1/R_2} = \frac{R_1 R_2}{R_1 + R_2} \tag{10.4-67}$$

$$R_1 = Gh_1 h_{0c} t_p \tag{10.4-68}$$

$$R_2 = \frac{6EI_e h_1^2}{1.1e_0^3} \tag{10.4-69}$$

$$I_e = \frac{b_e t_e^3}{12} \tag{10.4-70}$$

式中　G——钢材的剪切模量；

　　　h_1——节点域的高度，取梁翼缘板中心间的距离；

　　　h_{0c}——节点域的宽度，取柱子的腹板宽度；

　　　t_p——节点域腹板厚度；

　　　e_0——端板外伸部分的螺栓中心到其加劲肋外边缘的距离；

　b_e、t_e——分别为端板的宽度和厚度。

设置斜加劲肋的梁柱连接节点可显著提高其转动刚度（图 10.4-24b），此时，节点域的转动刚度可按下式计算：

$$R_1 = Gh_1 h_{0c} t_p + Eh_{0b} A_{st} \cos^2 \alpha \sin \alpha \tag{10.4-71}$$

式中　h_{0b}——梁端腹板高度；

　　　A_{st}——两条斜加劲肋的总截面积；

　　　α——斜加劲肋与水平线的夹角。

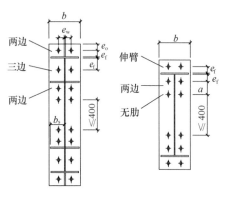

图 10.4-23　螺栓布置

（4）节点的构造要求：

1）端板的厚度不宜小于螺栓的直径；

2）加劲肋的厚度不宜小于构件腹板的厚度，长度不宜小于其宽度的 1.5 倍，其厚度可取 $t_s = \left(0.7 + \dfrac{h_s}{l_s}\right)\dfrac{\sum N_t}{h_s f}$，$h_s$、$l_s$ 分别为加劲肋高度与长度，$\sum N_t$ 为两个螺栓的抗拉承载力，f 为加劲肋钢板抗拉设计强度。

3）螺栓的布置见图 10.4-23，间距不宜小于 $3d_0$，不宜大于 400mm；

4）螺栓距离端板边缘不宜小于 2 倍的螺栓直径。

（5）端板厚度 t 的验算根据其支撑条件分别按下式计算（图 10.4-23）：

1）伸臂类区格

$$t \geqslant \sqrt{\frac{6e_f N_t}{bf}} \qquad (10.4\text{-}72a)$$

2）无加劲肋类区格

$$t \geqslant \sqrt{\frac{3e_w N_t}{(0.5a + e_w)f}} \qquad (10.4\text{-}72b)$$

3）两邻边支承类区格

在端板外伸区

$$t \geqslant \sqrt{\frac{6e_f e_w N_t}{[e_w b + 2e_f(e_f + e_w)]f}} \qquad (10.4\text{-}72c)$$

当端板与钢梁齐平时：

$$t \geqslant \sqrt{\frac{12e_f e_w N_t}{[e_w b + 4e_f(e_f + e_w)]f}} \qquad (10.4\text{-}72d)$$

4）三边支承类区格

$$t \geqslant \sqrt{\frac{6e_f e_w N_t}{[e_w(b_e + 2b_s) + 2e_f^2]f}} \qquad (10.4\text{-}72e)$$

式中　N_t——一个高强度螺栓的受拉承载力设计值；

e_w、e_f——分别为螺栓中心至腹板和翼缘表面的距离；

b、b_s——分别为端板和加劲肋板的宽度；

a——螺栓的间距；

f——端板钢材的抗拉强度设计值。

（6）门式刚架斜梁与柱相交的节点域，图 10.4-24，应按下式验算剪应力：

$$\tau = \frac{M}{h_{0c} h_{0b} t_p} \leqslant f_v \qquad (10.4\text{-}73)$$

式中　h_{0c}、h_{0b}、t_p——分别为节点域的高度（梁截面高度）、宽度（柱截面高度）和厚度；

M——节点承受的弯矩，对于多跨刚架中间柱处，应取两侧斜梁弯矩的代数和或柱端弯矩；

f_v——节点域钢材的抗剪强度设计值。

（7）在端板设置螺栓处，应按下列公式验算构件腹板的强度：

当 $N_{t2} \leqslant 0.4P$ 时，$\qquad \dfrac{0.4P}{e_w t_w} \leqslant f \qquad (10.4\text{-}74a)$

当 $N_{t2} > 0.4P$ 时，

$$\frac{N_{t2}}{e_w t_w} \leq f \tag{10.4-74b}$$

式中 N_{t2} ——翼缘内第二排一个螺栓的轴向拉力设计值；

$\quad\quad P$ ——高强度螺栓的预拉力；

$\quad\quad t_w$ ——腹板厚度；

$\quad\quad f$ ——腹板钢材的抗拉强度设计值。

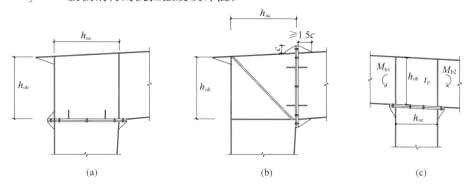

(a)   (b)   (c)

图 10.4-24 梁柱节点板域

2. 铰接节点的设计

（1）门式刚架的摇摆中柱及端框架的抗风柱，适宜采用铰接节点方式，铰接节点的螺栓应布置在构件截面的内部，螺栓直径根据所承受的拉力与剪力确定，常规采用 M16～M24 螺栓。

（2）斜梁与中柱宜采用柱顶端板连接方式，斜梁下翼缘在节点连接处应适当加厚，其厚度与节点处柱子端板厚度一致，图 10.4-25。

（3）节点的构造要求：

1）端板的厚度不宜小于螺栓的直径；

2）加劲肋的厚度不宜小于构件腹板的厚度，长度不宜小于其宽度的 1.5 倍；

3）螺栓的间距不宜小于 $3d_0$，螺栓布置要求参考图 10.4-23。

（4）端板厚度 t 的验算根据其支承条件和承受的拉力，分别按式（10.4-72a）～式（10.4-72e）计算。

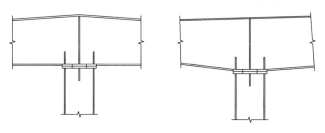

图 10.4-25 梁-柱铰接节点

三、柱脚节点设计

1. 门式刚架柱脚宜采用平板式铰接柱脚，如图 10.4-26 中的（a）和（b）所示；也可采用刚接柱脚，如图 10.4-27 中的（a）、（b）、（c）所示，重型厂房应注意柱脚抗弯刚度。

2. 计算带有柱间支撑的柱脚锚栓在风荷载作用下的上拔力时，应计入柱间支撑产生

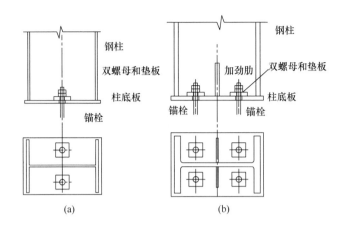

图 10.4-26 铰接柱脚

（a）两个锚栓柱脚；（b）四个锚栓柱锚

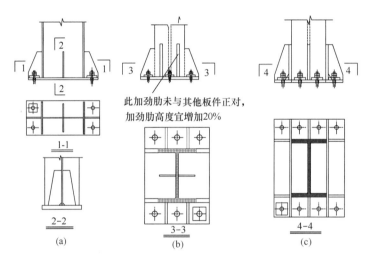

此加劲肋未与其他板件正对，加劲肋高度宜增加20%

图 10.4-27 工字形柱的刚接柱脚

的最大竖向分力，且不考虑活荷载（雪荷载）、积灰荷载和附加荷载影响，恒载分项系数应取 1.0。计算柱脚锚栓的受拉承载力时，应采用螺纹处的有效截面面积。

3. 水平剪力由底板与混凝土基础间的摩擦力来承受，摩擦系数可取 0.4，计算摩擦力时应考虑屋面风吸力产生的上拔力的影响，若不满足则应设置抗剪键。对于平板式柱脚构造，在柱脚底板上表面加焊加强垫板之后，可以考虑地脚锚栓参与承受水平剪力，计算时，仅由受压一侧的锚栓（取一半锚栓数量）承受水平剪力计算，按螺纹处的有效面积计算抗剪承载力，并剩以折减系数 η，$\eta=40/(60+t_p)$，t_p 为底板厚度，以 mm 为单位。

4. 柱底板厚度不宜小于锚栓的直径，柱子的腹板与底板可采用双面角焊缝，焊脚高度与腹板厚度相同，柱子翼缘与底板焊缝：当翼缘厚度小于 12mm 时，可采用与翼缘等强度的双面角焊缝；当翼缘厚度不小于 12mm 时，宜采用全熔透角对接焊缝，或半熔透的角对接组合焊缝。柱底为刚接时，柱底板宜采用加劲肋，加劲肋厚度与所连接的柱子板件厚度相同，采用角焊缝连接，焊脚高度不大于加劲肋厚度。

5. 柱脚基础锚栓连接构造要求如下（图 10.4-28）：

（1）柱底板的锚栓孔径为（1.2～1.5）倍的锚栓直径，但孔径不宜大于栓径 12mm 以上，待柱子安装定位后，将柱底板上面的加强垫板用角焊缝围焊在底板上，角焊缝高度约为加强垫板厚度的一半。加强垫板边长为（2.5～3.0）倍的锚栓直径，厚度取 0.5 倍的柱底板厚度，中心开孔径比锚栓直径大 1.5～2.0mm；当柱脚外露时，柱底板上面的螺母需采用双螺母以防松动。

（2）锚栓的基本锚固长度 l_a 为：当锚栓采用 Q235 钢时，对于 C15 混凝土基础，取 25d；对于 C20 混凝土基础，取 20d，（d 为锚栓直径）。当锚栓采用 Q345 钢时，对于 C15 混凝土基础，取 30d；对于 C20 混凝土基础，取 25d。

（3）锚栓下端锚固构造：当锚栓规格小于 M42 时，端部做长度为 4d 的 90°弯钩；当锚栓规格不小于 M42 时，端部采用锚板加标准垫圈加标准螺母方式。锚板厚度约取锚栓直径的一半，边长取 2.5 倍锚栓直径，中心处开孔，孔径比锚栓直径大 2mm。攻丝扣长度约为 2.5 倍的锚栓直径。当采用本款规定的锚板锚固构造措施后，锚栓的预埋锚固长度可减至基本锚固长度 l_a 的 60%。

（4）锚栓顶部攻标准丝扣，攻丝长度 $l_0 \approx 5$ 倍的锚栓直径＋120mm。其中，柱底板下面的螺母功能是支承柱子的自重并通过旋动螺母调节柱子安装标高；柱底板下面的垫板厚度及开孔尺寸与柱底板上面的加强垫板相同，但边长可取 3 倍的锚栓直径。

（5）柱底板混凝土砂浆灌浆层厚：当锚栓规格小于 M42 时，柱底板混凝土砂浆灌浆层厚度可取 70mm；当锚栓规格不小于 M42 时，混凝土砂浆灌浆层厚度宜取 100mm。

（6）首榀刚架柱子安装时，对于铰接柱子，宜在柱子的四角采用钢垫块，加塞必要的楔块填实，使柱子稳固。当已安装好风缆绳，且后续刚架安装均与之连接具有抗风保障时，可不用对柱底四角采用钢垫块。

6. 柱脚计算见本手册 13.8 节相关内容。

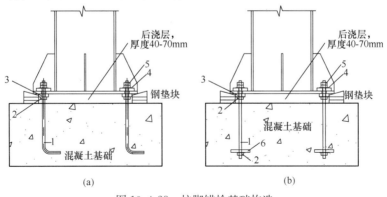

图 10.4-28 柱脚锚栓基础构造

（a）当锚栓直径小于 42mm 时；（b）当锚栓直径不小于 42mm 时

1—锚栓；2—螺母；3—垫圈；4—垫板或加强垫板；5—双螺母；6—锚板

10.4.7 抽柱区的刚架结构设计

一、刚架结构的计算简图

1. 门式刚架结构为平面受力体系，结构分析时，只需对某些标准刚架和端框架进行平面受力体系分析，按照柱距划分计算单元，当柱距不是均匀分布时，该刚架的负荷区域取柱子两侧间距各一半。当因建筑需要在局部区域抽去某些柱子，此时，应根据具体的柱网布置来划分计算单元。

2. 图 10.4-29，当轴线④刚架有抽柱，其侧向刚度将明显降低，可设置纵向水平支撑将抽柱的刚架与相邻刚架相连，以使各刚架的侧向位移趋于均衡。

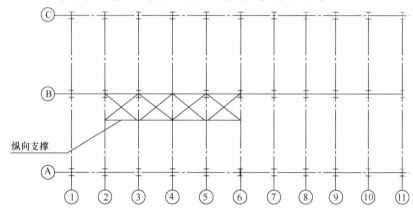

图 10.4-29　抽柱处的局部纵向水平支撑布置

3. 当有抽柱时，可用托梁替代抽柱支承屋面梁，仍可采用平面结构体系进行计算分析，托梁的支座反力直接加在连接的柱顶上，托梁对于屋盖梁的弹性支承作用，可用一根与托梁等刚度的虚拟柱子代替，见图 10.4-30 的中柱，用下式可得到虚拟柱子的截面积：

$$A_c = \frac{48 I_b h_c}{l_b^3} \tag{10.4-75a}$$

式中　　l_b——托梁的跨度；

　　　　I_b——托梁的主惯性矩；

　　　　h_c——虚拟柱子的长度，可取托梁中性轴至地面之间的距离。

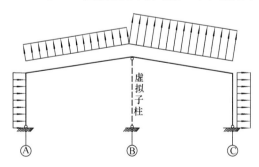

图 10.4-30　用虚拟柱子代替托梁作用

水平力作用下计算时，须与相邻刚架串联计算，见下面介绍。

二、刚架结构的计算与构造

1. 有抽柱的刚架侧向刚度小于无抽柱的刚架侧向刚度，但设有纵向支撑后，各刚架趋于按各自的侧向刚度承担横向水平荷载，可按平面结构体系计算，将相关刚架用刚性系杆串联在一起作为计算单元，以图 10.4-31 的抽柱情况为例，第 4 轴和第 5 轴线刚架均抽了 B 柱和 C 柱，计算第 4 轴（第 5 轴与之相同）刚架时，可将其与一榀相邻无抽柱刚架组合在一起计算；第 12 轴刚架抽了 A、B、C 柱，计算第 12 轴刚架时，应将其与左右相邻刚架组合在一起来计算。每榀刚架负担各自区域内的荷载，托梁的支座反力直接加在柱子顶上，其横向水平荷载的作用通过刚性系杆的连接（图 10.4-32）会自动按各榀刚架的刚度进行分配，可一次性计算出各刚架的内力和位移。

2. 因第 4 轴和第 5 轴刚架都抽了 B 柱和 C 柱，托梁承受二个屋盖梁荷载，应按图

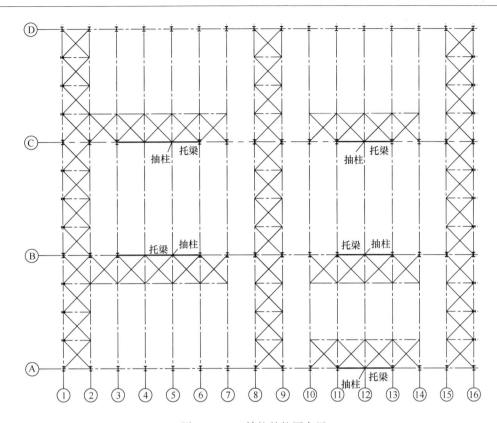

图 10.4-31 抽柱的柱网布置

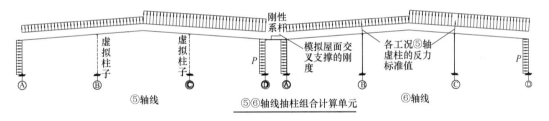

图 10.4-32 抽柱的计算单元

注：1）4、5 轴刚架 B 柱和 E 柱为虚拟柱；10 轴刚架 C 柱和 D 柱为虚拟柱；

2）与 4、5 轴线相邻的刚架 B 柱和 E 柱为非摇摆柱；与 10 轴线相邻的刚架 C 柱和 D 柱为非摇摆柱。

10.4-33 模式的挠度 Δ_1 确定等刚度虚拟柱子的截面，此时，应按式（10.4-75b）计算虚拟柱子的截面面积：

$$A_c = \frac{162 I_b h_c}{5 l_b^3} \tag{10.4-75b}$$

3. 托架梁一般采用简支梁模式与柱子连接，可以做成等截面梁，也可做成变截面。为改善结构的空间整体性能，支承托架梁的柱子不宜采用摇摆柱，例如图 10.4-31 的抽柱情况，第 4、5 轴刚架抽了 B 柱和 C 柱，则支承托架梁的第 3、6 轴刚架的 B 柱和 C 柱不宜用摇摆柱；同理，与第 12 轴相邻的第 11 轴和第 13 轴刚架的 A、B、C 柱不宜用摇摆柱。

三、托架梁的计算与构造

1. 被支承的屋盖梁与托架梁可采用叠接也可采用平接：

（1）如为叠接，图 10.4-34（a），屋面梁为连续梁模式，宜加设隔撑连接屋盖梁与托梁，屋盖梁上翼缘处的隔撑用于稳定屋面梁；托梁下翼缘处的隔撑，用作风拔力作用下托梁下翼缘受压时的侧向支撑。

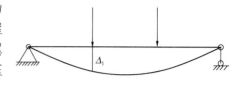

图 10.4-33　支承两片屋盖梁的托梁刚度计算模型

（2）如为平接，图 10.4-34（b）、（c），被支承的屋盖梁为刚接，屋盖梁直接作为托梁的侧向支撑。

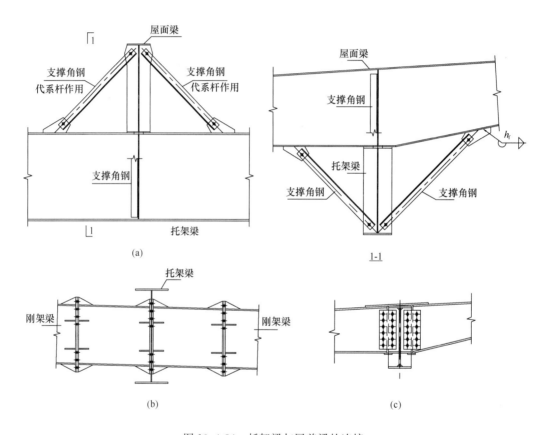

图 10.4-34　托架梁与屋盖梁的连接

（a）屋盖梁与托梁叠接 1-1；（b）屋盖梁与托梁平接之一；（c）屋盖梁与托梁平接之二

2. 托架梁与柱子的连接通常采用铰接形式，由托架梁的腹板与柱子腹板高强度螺栓连接；当被支承屋盖梁与托架梁平接，且托架梁连续布置时，托架梁与柱子可采用刚接形式，见图 10.4-35，图（a）为端板式高强度螺栓连接，图（b）为栓焊混合连接，翼缘焊缝承担弯矩，腹板高强度螺栓承担剪力。如采用刚接形式应注意柱子不均匀沉降对托架梁的不利影响。

3. 计算托架梁的整体稳定时，其跨中处的屋面梁可作为托架梁的侧向支撑，当屋盖梁与托架梁为叠接时，托架梁下翼缘加上隔撑后（图 10.4-34（a）），屋盖梁可视托架梁的侧向支撑，可计算竖向重力荷载与风拔力作用两种组合工况下的整体稳定。

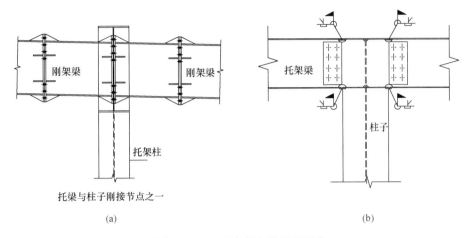

图 10.4-35 托架梁与柱子的刚接

(a) 螺栓连接；(b) 栓焊连接

10.4.8 带局部夹层的刚架结构设计

一、刚架结构的抗震设计与支撑布置

1. 当刚架带有钢筋混凝土楼板的夹层之后，必须考虑抗震设计，夹层部分的柱、梁、楼盖及与之直接相连的刚架柱，应按照现行国家标准《建筑抗震设计规范》GB50011 的要求进行抗震设计，与夹层结构不直接相连的钢结构部分，例如图 10.4-36 中的屋盖梁和 C 轴柱子，按照 2 倍的地震力计算仍不控制设计，则可不考虑按抗震构造措施进行设计。

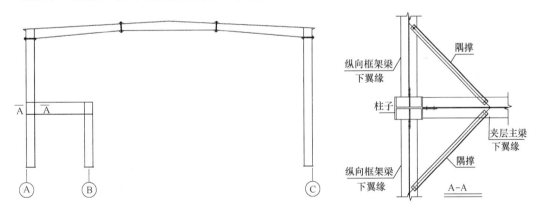

图 10.4-36 带夹层刚架

2. 有带夹层结构的门式刚架，不宜设置摇摆柱。

3. 带夹层的门式刚架仍可采用平面结构体系模式，平面外方向宜采用柱间支撑体系，夹层部分的纵向柱列应按照夹层标高布置上、下层柱间支撑，C 轴线柱间支撑可不用分层。B 轴线的柱间支撑刚度不宜与 A 轴线的下柱支撑刚度相差很大，以避免地震力作用偏心过大带来的不利影响。

4. 夹层主梁应与柱子刚接，并符合抗震构造要求；与主梁相连的次梁可采用铰接，次梁通过腹板与主梁的加劲板用螺栓连接。主梁的下翼缘与纵向框架梁的下翼缘之间宜设置隔撑（图 10.4-36 中 A-A 剖面），提高两者下翼缘受压时的稳定性，如构造困难，也可在离梁端约 1.5 倍梁高处设置与梁翼缘宽度齐平的加劲板。

5. 当钢筋混凝土楼板的夹层结构长度超过 60m 时，宜设置结构温度伸缩缝，楼层面的混凝土浇筑时应设置后浇带。

二、刚架结构的地震力计算

1. 可采用平面结构体系计算，按照刚架的分担的区域取计算简图及相对应的荷载。

2. 柱底宜设计为刚接，层间侧移限制可按照多层结构按 $h/400$ 控制；刚架主梁挠度不宜大于 $L/400$，次梁挠度不宜大于 $L/250$。

3. 单跨、多跨等高或多跨不等高但高差不大于不等高柱子截面高度三倍的带夹层门式刚架可按底部剪力法计算地震力，恒载分别取屋盖重量、墙面重量和夹层重量，活荷载取一半值，活荷载应按最不利参与荷载组合，墙面质量的一半集中于屋盖处。对于夹层部分的地震作用，应考虑偶然偏心效应，在夹层的两个方向分别按长度的 5% 和宽度的 5% 作为偶然偏心值计算。

4. 地震作用计算，可按主刚架方向和垂直于主刚架方向分别计算地震力，见图 10.4-37 的 x 方向和 y 方向。假定屋盖属于非刚性结构面，不按刚体变形分配地震力；假定钢筋混凝土夹层楼面为刚性盘体，结构体系按刚体分配地震力，因此对于夹层部分需要考虑地震偏

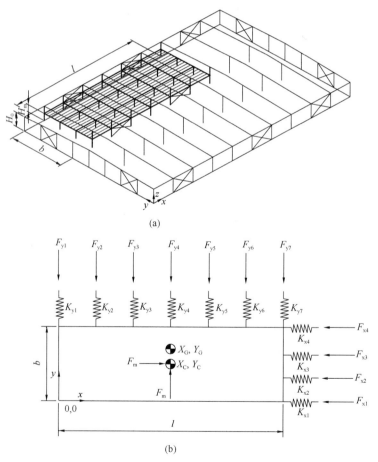

图 10.4-37　夹层的地震力计算模型

（a）带夹层的建筑；（b）计算模型

心产生的扭矩作用，其扭矩为质量乘以刚度中心与质量中心的距离，另外再加上 5% 的偶然偏心距。具体计算如下：

（1）刚架总地震作用力计算

$$F_{E} = \alpha(G_{o} + G_{m}) \tag{10.4-76}$$

式中　　F_{E} ——刚架总地震作用力；

　　　　α ——根据结构动力特性按现行国家标准《建筑抗震设计规范》GB 50011 取用的地震影响系数；

　　G_{o}，G_{m} ——分别为屋盖和夹层的质量标准值，其中墙面质量的一半置于屋盖处，夹层活荷载取一半值。

$$F_{o} = \alpha_{o} F_{E} \tag{10.4-77a}$$

$$F_{m} = \alpha_{m} F_{E} \tag{10.4-77b}$$

$$\alpha_{o} = \frac{G_{o}H_{o}}{G_{o}H_{o} + G_{m}H_{m}} \tag{10.4-78a}$$

$$\alpha_{m} = \frac{G_{m}H_{m}}{G_{o}H_{o} + G_{m}H_{m}} \tag{10.4-78b}$$

式中　　F_{o}，F_{m} ——分别为屋盖处和夹层处的地震作用力；

　　α_{o}，α_{m} ——分别为屋盖和夹层处的地震力分配系数；

　　H_{o}，H_{m} ——分别为屋盖和夹层处的标高。

（2）计算各抗震结构体屋盖处的地震力作用

$$F_{oxi} = \frac{K_{xi}}{\sum K_{x}} F_{o} \tag{10.4-79a}$$

$$F_{oyi} = \frac{K_{yi}}{\sum K_{y}} F_{o} \tag{10.4-79b}$$

式中　　F_{oxi}，F_{oyi} ——分别为 x 方向和 y 方向各不同位置抗震结构体在屋盖处的地震力；

　　K_{xi}，K_{yi} ——分别为 x 方向和 y 方向各不同位置抗震结构体的刚度，在所求地震力位置处，取单位力作用下该处侧移值的倒数。

（3）计算各抗震结构体在夹层处的地震力作用

1）计算夹层的质量中心坐标 X_{c}，Y_{c}，图 10.4-37。

2）计算夹层结构抗震刚度中心坐标 X_{G}，Y_{G}，图 10.4-37。

$$X_{G} = \frac{K_{yi}X_{i}}{\sum K_{y}} \tag{10.4-80a}$$

$$Y_{G} = \frac{K_{xi}Y_{i}}{\sum K_{x}} \tag{10.4-80b}$$

3）计算夹层的扭矩（含 5% 的偶然偏心效应），以右手螺旋法则确定地震力的正负号：

$$M_{tx}^{+} = F_{m}(Y_{G} - Y_{c} - 0.05b) \tag{10.4-81a}$$

$$M_{tx}^{-} = F_{m}(Y_{G} - Y_{c} + 0.05b) \tag{10.4-81b}$$

$$M_{ty}^{+} = F_{m}(X_{G} - X_{c} + 0.05l) \tag{10.4-81c}$$

$$M_{ty} = F_m(X_G - X_c - 0.05l) \tag{10.4-81d}$$

式中　M_{tx}^+, M_{tx}^-——分别为 X 方向地震力作用下考虑正、负偶然偏心的扭矩；

$\qquad$ M_{ty}^+, M_{ty}^-——分别为 Y 方向地震力作用下考虑正、负偶然偏心的扭矩；

$\qquad$ b, l——分别为夹层结构 Y 方向和 X 方向的长度。

4）各不同位置抗震结构体的地震力分配

$$F_{mxi} = \frac{F_m K_{xi}}{\sum K_x} - \frac{M_{tx}^+(Y_i - Y_G)K_{xi}}{J} \tag{10.4-82a}$$

$$F_{mxi} = \frac{F_m K_{xi}}{\sum K_x} - \frac{M_{tx}^-(Y_i - Y_G)K_{xi}}{J} \tag{10.4-82b}$$

$$F_{myi} = \frac{F_m K_{yi}}{\sum K_y} + \frac{M_{ty}^+(X_i - X_G)K_{yi}}{J} \tag{10.4-82c}$$

$$F_{myi} = \frac{F_m K_{yi}}{\sum K_y} + \frac{M_{ty}^-(X_i - X_G)K_{yi}}{J} \tag{10.4-82d}$$

$$J = \sum K_{xi}(Y_i - Y_G)^2 + \sum K_{yi}(X_i - X_G)^2 \tag{10.4-83}$$

式中　J——夹层结构的抗扭刚度；

$\qquad$ X_i, Y_i——分别为各计算抗震结构体所在的 X 方向和 Y 方向坐标值。

将前面所计算的地震力取其较大值作用在各自位置上，横向地震力作用见图 10.4-38。纵向地震力作用见图 10.4-39。

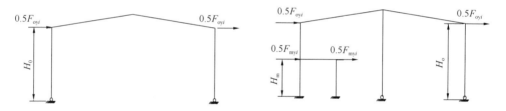

图 10.4-38　横向地震力作用

以上为平面结构体系计算方法，适用于夹层楼面为矩形且质量分布均匀，刚度中心与质量中心偏差不很大，以夹层最大位移不大于平均位移的 1.2 倍作为判断标准，如不符合，宜采用空间结构体系整体分析法。

10.4.9　门式刚架设计实例

门式刚架采用单脊双坡平面结构体系，一个标准跨的刚架设计实例如下。

1. 设计资料

（1）建筑设计方案：单脊双坡门式刚架，二跨度 24m×2，柱矩 8m，檐口高度 7.5m，屋面坡度为 5%。

（2）荷载资料：屋面恒载 0.2kN/m²；屋面活荷载 0.3kN/m²；雪荷载 0.3kN/m²；基本风压 0.48kN/m²，B 类场地；地震设防烈度为 7 度区，Ⅱ类场地；

2. 荷载计算

（1）屋面恒载标准值：$q_{Gk} = 0.2 \times 8 = 1.6$kN/m；刚架自重荷载由软件自动计算；

（2）屋面活荷载标准值：$q_{Qk} = 0.3 \times 8 = 2.4$kN/m，活荷载考虑最不利分布；

（3）屋面雪荷载与活荷载不同时出现，屋面雪荷载不大于活荷载且无堆积雪情况，故

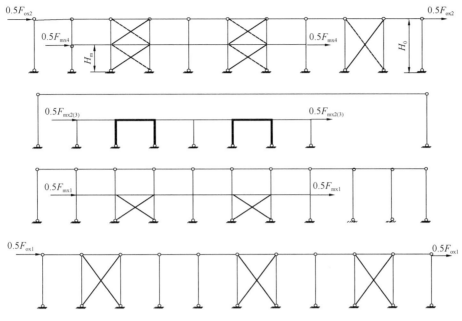

图 10.4-39　纵向地震力作用

可不进行雪荷载计算;

(4) 对于简单门式刚架在地震烈度为 7 度区,可不考虑抗震设计;

(5) 风荷载按现行国家标准取值,基本风压标准值(采用《门式刚架轻型房屋钢结构技术规范》GB 51022 的体型系数需乘以 1.1 调整系数)为 $q_{wk} = 0.5 \times 8 \times 1.1 = 4.2kN/m$,利用对称性可仅列出左来风作用,导出荷载如下:

1) 左柱受风压力标准值: $q_{wk1} = \mu_1 \times q_{wk} = 0.25 \times 4.2 = 1.05kN/m$;

2) 左半边屋面受风吸力标准值: $q_{wk2} = \mu_2 \times q_{wk} = -1.0 \times 4.2 = -4.2kN/m$;

3) 右半边屋面受风吸力标准值: $q_{wk3} = \mu_3 \times q_{wk} = -0.65 \times 4.2 = -2.73kN/m$;

4) 右柱受风吸力标准值: $q_{wk4} = \mu_4 \times q_{wk} = 0.55 \times 4.2 = 2.31kN/m$。

3. 内力计算

(1) 计算模式

1) 门式刚架柱底全部采用底板外露式锚栓铰接柱脚,柱顶与屋盖梁全部采用端板式高强度螺栓刚接。

2) 设计钢构件应考虑施工方便,其中,构件长度不宜超过 15m 以方便运输,焊接构件的腹板高厚比不宜超过 150 以方便控制焊接变形。采用焊接构件,除跨中段 14m 梁采用等截面构件 H400×160×4×6 外,其余构件均采用变截面形式,边柱用 H(300～600)×200×5×8,中柱用 H(300～500)×240×5×10,屋盖梁设计按照弯矩图情况,与边柱连接段采用变截面构件 H(400～700)×180×5×8,与中柱连接段采用 H(400～800)×200×5×10,梁-柱连接与梁-梁连接均采用端板式高强度螺栓刚接,材料选用 Q345,图 10.4-40 为刚架构件简图。

(2) 内力计算

可选用经过鉴定的各种计算软件,以下为 PKPM 的 STS 软件计算结果:

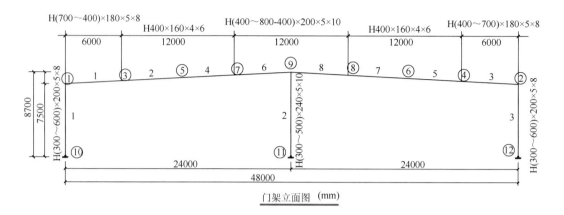

图 10.4-40　构件图

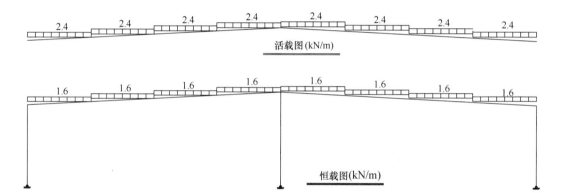

图 10.4-41　荷载图

根据三种荷载的内力图，对不同构件的不同位置进行以上四种内力组合方式，得到最不利荷载组合的包络图 10.4-46，针对构件的验算，构件应力比详见图 10.4-47。

图 10.4-48 是门式刚架左侧的梁柱的与檩条的关系，注意隅撑是每一道檩条都布置的。下面通过算例，对变截面柱子和钢梁的稳定性的计算过程进行演示。

1. 边柱的承载力计算

(1) 首先决定钢梁对柱子顶部的转动约束。变截面梁第一段：H700-400×180×5/8，第 2 段 H400×160×4/6，式 (10.4-31) 中的各个参数如下 (参见图 10.4-13)：

$s_1 = 6\mathrm{m}$, $s_2 = 6\mathrm{m}$, $s = s_1 + s_2 = 12\mathrm{m}$,

$I_{11} = 478136400\mathrm{mm}^4$, $I_{10} = 134246400\mathrm{mm}^4$, $R_1 = I_{10}/I_{11} = 0.281$。

$i_{11} = \dfrac{EI_{11}}{s_1} = 16416016400\mathrm{N} \cdot \mathrm{mm}$, $K_{11,1} = 38199633857\mathrm{N} \cdot \mathrm{mm}$,

$K_{11,1} = 38199633857\mathrm{N} \cdot \mathrm{m}$, $K_{11,1} = 38199633857\mathrm{N} \cdot \mathrm{m}$,

$i_{21} = \dfrac{EI_{21}}{s_2} = 3226969308\mathrm{N} \cdot \mathrm{mm}$, $R_2 = 1$, $K_{22,2} = 9680907925\mathrm{N} \cdot \mathrm{mm}$,

代入式 (10.4-31) 得到 $K_z = 12151036169\mathrm{N} \cdot \mathrm{mm}$。

(2) 柱子平面内的计算长度系数：计算公式是式 (10.4-27)，立柱截面是 H300-600

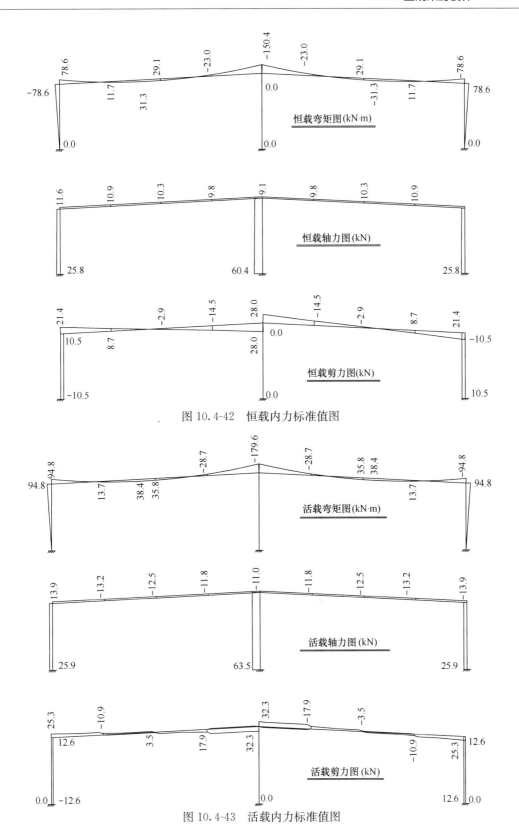

图 10.4-42　恒载内力标准值图

图 10.4-43　活载内力标准值图

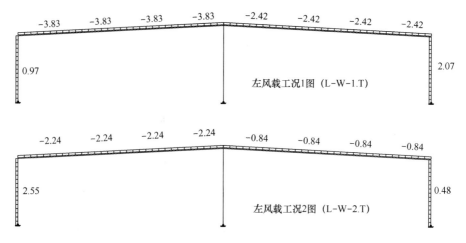

图 10.4-44 风载内力标准值图

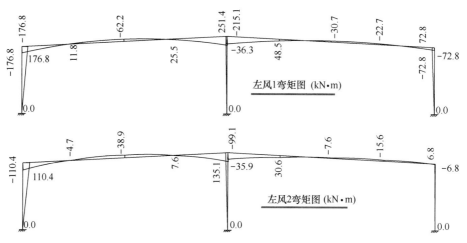

图 10.4-45 左风荷载标准值弯矩图

注：利用对称性，右来风不列入。

$\times 200 \times 5/8$；$I_1 = 363378560\text{mm}^4$，$I_0 = 377772560\text{mm}^4$，$H = 7500\text{mm}$，$i_{cl} = \dfrac{EI_1}{H} = 9980797781\text{N} \cdot \text{mm}$，$K = 0.3173$。

柱脚嵌固系数：$\kappa = 1 - 0.15\left(\dfrac{300}{600}\right)^{0.75} = 0.91080947$，计算长度系数 $\mu = 3.377$，

弹性临界荷载是 $N_{cr} = 1151.78\text{kN}$，$A_1 = 6120\text{mm}^2$，$A_0 = 4620\text{mm}^2$，$i_1 = 243.67\text{mm}$，$f_y = 345\text{N/mm}^2$，$\varphi = 0.406$，$\pi\sqrt{\dfrac{E}{f_y}} = 76.77$，$\bar{\lambda}_1 = 1.353943 > 1.2$，$\eta_t = 1$。

（3）下面确定柱子弯矩最大截面的有效截面，截面是 H600×200×5/8。控制荷载组合为：$N = 67.21\text{kN}$，$M = 227.08\text{kN} \cdot \text{m}$。$\sigma_c = 193.5\text{N/mm}^2$，$\sigma_t = -171.5\text{N/mm}^2$。

腹板高度 $h_w = 584\text{mm}$，腹板受压区高度 $h_c = 309.57\text{mm}$，腹板受拉区高度 $h_t = 274.43\text{mm}$，$\beta = \dfrac{\sigma_t}{\sigma_c} = -0.8865$，腹板屈曲系数 $k = 21.19$，正则化高厚比 $\lambda_p = 1.094$，

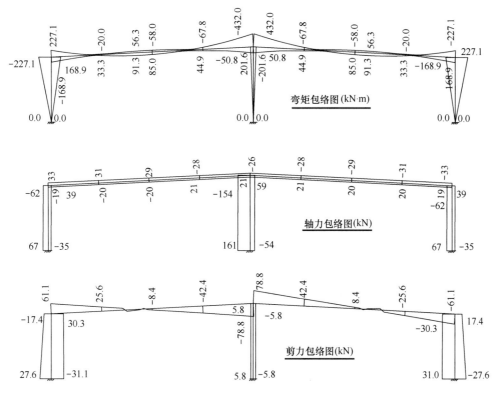

图 10.4-46 内力包络图

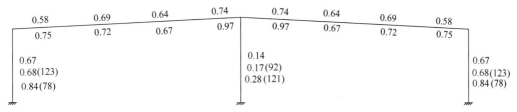

梁上：作用弯矩与考虑屈曲后强度抗弯承载力比值
右下：平面外稳定应力比

柱左：作用弯矩与考虑屈曲后强度抗弯承载力比值
右上：平面内稳定应力比（对应长细比）右下：平面外稳定应力比（对应长细比）

图 10.4-47 构件应力比

受压区有效宽度系数 $\rho = 0.757$ ，$h_e = 234.46\text{mm}$，$h_{e1} = 0.4h_e = 93.78\text{mm}$，$h_{e2} = 0.6h_e = 140.67\text{mm}$ ，$h_{w1} = h_{e1} = 93.78\text{mm}$，$h_{w2} = h_{e2} + h_t = 415.09\text{mm}$ ，有效截面面积 $A_e = 5744.36 \text{ mm}^2$ 。

（4）强度和稳定性的计算

有效截面的形心位置：离开腹板受拉边缘的距离：281.5mm，$I_{xe} = 352855138 \text{ mm}^4$ ，$W_{xc,e} = 1136387.847 \text{ mm}^3$ ，$W_{xt,e} = 1218868.175 \text{ mm}^3$ 。

$$\frac{N_1}{\eta_t \varphi_x A_{e1}} + \frac{\beta_{mx} M_1}{(1 - N_1/N_{cr})W_{e1}} = 28.82 + 212.21 = 241.03 \leqslant f = 305 \text{ N/mm}^2$$

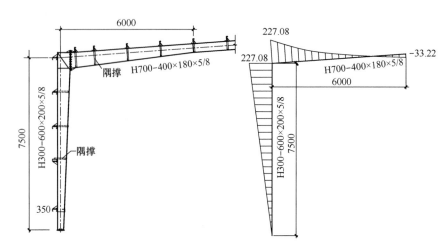

图 10.4-48 梁柱与檩条隔撑布置图

$$\frac{N}{A_{\mathrm{e}}} + \frac{M_{\mathrm{x}}}{W_{\mathrm{ex,c}}} = 11.7 + 199.83 = 211.53 \leqslant f$$

抗剪强度计算：$V_{\mathrm{d}} = 30.3\mathrm{kN}$，$\tau = 1.1\dfrac{V_{\mathrm{d}}}{h_{\mathrm{w}} t_{\mathrm{w}}} = 11.41\,\mathrm{N/mm^2}$。剪应力太小，不再进行屈曲抗剪承载力的验算。

（5）平面外稳定计算：边柱的稳定性，通过设置隔撑来保证柱子的平面外稳定。下面计算隔撑对立柱的约束。采用（10.4-10）式计算 k_{b}：

檩条跨度 $l_{\mathrm{p}} = 8000\mathrm{mm}$，檩条冷弯型钢弹性模量 $E = 200000\,\mathrm{N/mm^2}$，墙檩规格 $\mathrm{C}220 \times 75 \times 20 \times 2.2$，$A_{\mathrm{p}} = 882.64\,\mathrm{mm^2}$，$I_{\mathrm{p}} = 5950662.7\,\mathrm{mm^4}$，$e_1 = 110 + 300 = 410\mathrm{mm}$，$e_2 = 300 - 20 = 280\mathrm{mm}$，$e = 690\mathrm{mm}$，$\beta = \dfrac{600}{8000} = 0.075$，$l_{\mathrm{kk}} = 1500$，$k_{\mathrm{b}} \approx \dfrac{6EI_{\mathrm{p}}}{(3 - 4\beta)e^2 l_{\mathrm{kk}} l_{\mathrm{p}}} = 0.4568$。

下面计算弹性屈曲临界弯矩

屈曲半波长：$L_{\mathrm{wave}} = \pi\left[\dfrac{E(I_{\omega} + e_1^2 I_{\mathrm{y}})}{k_{\mathrm{b}} e_1^2}\right]^{0.25} = 3982.98\mathrm{mm}$

$\beta_{\mathrm{x}} = 0$，$J = 92600\,\mathrm{mm^4}$，$I_{\mathrm{y}} = 10666666.67\,\mathrm{mm^4}$，$I_{\omega} = 9.34571 \times 10^{11}\,\mathrm{mm^6}$。

$$M_{\mathrm{cr}} = \frac{GJ + 2e\sqrt{k_{\mathrm{b}}(EI_{\mathrm{y}} e_1^2 + EI_{\omega})}}{2(e_1 - \beta_{\mathrm{x}})} = 861.56\mathrm{kN \cdot m}$$

受压纤维边缘屈服弯矩：$M_{\mathrm{y}} = W_{\mathrm{xe,c}} f_{\mathrm{y}} = 392.05\mathrm{kN \cdot m}$

正则化长细比：$\lambda_{\mathrm{b}} = \sqrt{\dfrac{M_{\mathrm{y}}}{M_{\mathrm{cr}}}} = \sqrt{\dfrac{392.054}{861.56}} = 0.72087$。

三倍檩距处的截面 $\mathrm{H}488 \times 200 \times 5/8$：

$W_{\mathrm{x0}} = 859498.14\,\mathrm{mm^3}$，$W_{\mathrm{x1}} = 1136387.8\,\mathrm{mm^3}$，$M_0 = 0.4 \times 227.08 = 90.9\mathrm{kN \cdot m}$，

$k_{\sigma} = k_{\mathrm{M}}\dfrac{W_{\mathrm{x1}}}{W_{\mathrm{x0}}} = 0.4 \times \dfrac{1136387.8}{859498.14} = 0.529$，$\gamma = \dfrac{600}{488} - 1 = 0.2295$，

$\lambda_{\mathrm{b0}} = \dfrac{0.55 - 0.25 k_{\sigma}}{(1 + \gamma)^{0.2}} = 0.401$，$n = \dfrac{1.51}{\lambda_{\mathrm{b}}^{0.1}}\sqrt[3]{\dfrac{b_1}{h_1}} = 1.0818$，

$$\varphi_b = \frac{1}{(1-\lambda_{b0}^{2n}+\lambda_b^{2n})^{1/n}} = 0.756,$$

$$\frac{M_{x1}}{\gamma_x \varphi_b W_{ex1}} = \leqslant f, i_{y1} = \sqrt{\frac{I_{y1}}{A_e}} = 43.092, \lambda_{Ey} = \pi\sqrt{\frac{E}{f_y}} = 76.767.$$

$$\lambda_y = \frac{L_{wave}}{i_{y1}} = \frac{3982.98}{i_{y1}} = 92.43, \bar{\lambda}_y = 1.204, \bar{\lambda}_{1y} \geqslant 1.0: \eta_{ty} = 1, \varphi_y = 0.487,$$

$$\frac{N_1}{\eta_{ty}\varphi_y A_{e1}f} = 0.07877, \left(\frac{M_1}{\varphi_b \gamma_x W_{x1} f}\right)^{1.3-0.3k_\sigma} = (0.867)^{1.141} = 0.85,$$

$$\frac{N_1}{\eta_{ty}\varphi_y A_{e1}f} + \left(\frac{M_1}{\varphi_b \gamma_x W_{x1} f}\right)^{1.3-0.3k_\sigma} = 0.93 \leqslant 1.$$

2. 计算钢梁的强度和稳定性

钢梁截面是 H700-400×180×5/8，屋面檩条采用 Z220×75×20×2.2，隔撑支撑点到钢梁中心距离 700mm，$E = 200000\ N/mm^2$，$l_p = 8000mm$，$Z220×75×20×2.2$　$A_p = 882.64\ mm^2$，$I_p = 5950662.7\ mm^4$，$e_1 = 110+350 = 460mm$，$e_2 = 350-20 = 330mm$，$e = 790mm$，$\beta = \frac{700}{8000} = 0.0875$，$l_{kk} = 1500mm$，$k_b \approx \frac{6EI_p}{(3-4\beta)e^2 l_p l_{kk}} = 0.3598N \cdot mm/mm$。

屈曲波长 $L_{wave} = \pi \left[\frac{E(I_\omega + e_1^2 I_y)}{k_b e_1^2}\right]^{0.25} = 3905.07mm$，$\beta_x = 0$，$J = 89940\ mm^4$，$I_y = 7776000\ mm^4$，$I_\omega = 9.30912×10^{11}\ mm^6$。

$$M_{cr} = \frac{GJ + 2e\sqrt{k_b(EI_y e_1^2 + EI_\omega)}}{2(e_1 - \beta_x)} = 754.45\ kN \cdot m.$$

大端截面的有效截面计算：H700×180×5/8，$N = 33.37kN, M = 227.08kN \cdot m$，$\sigma_1 = 167.72\ N/mm^2$，$\sigma_t = -157.13\ N/mm^2$。腹板高度 $h_w = 684mm$，腹板受压区高度 $h_c = 353.2mm$，腹板受拉区高度 $h_t = 330.85mm$。

$\beta = \frac{\sigma_t}{\sigma_c} = -0.937$，腹板屈曲系数 $k = 22.4$，正则化高厚比 $\lambda_p = 1.2464$，受压区有效宽度系数 $\rho = 0.6702$。$h_e = 236.67mm$，$h_{e1} = 0.4h_e = 94.67mm$，$h_{e2} = 0.6h_e = 142.0mm$，$h_{w1} = h_{e1} = 94.67mm$ $h_{w2} = h_{e2} + h_t = 472.85mm$。有效截面的形心位置：离开腹板受拉边缘的距离 322.74mm。

受压边缘截面抵抗矩 $W_{xe,c} = 1230883.06\ mm^3$，受拉边缘截面抵抗矩 $W_{xe,t} = 1374248.2\ mm^3$，有效截面面积 $A_e = 5717.59481\ mm^2$，三道檩条处的截面高度是 475mm，截面抵抗矩是 $W_{x0} = 830872.3\ mm^3$，$M_0 \approx 0$，$k_\sigma = k_M \frac{W_{xe,c}}{W_{x0}} \approx 0$，$\gamma = \frac{700}{475} - 1 = 0.474$，$\lambda_{b0} = \frac{0.55 - 0.25k_\sigma}{(1+\gamma)^{0.2}} = 0.509$，$M_y = W_{xe,c}f_y = 424.65kN \cdot m$。

$$\lambda_b = \sqrt{\frac{M_y}{M_{cr}}} = \sqrt{\frac{424.6547}{754.4528}} = 0.75,$$

$$n = \frac{1.51}{\lambda_b^{0.1}}\sqrt[3]{\frac{b_1}{h_1}} = 0.9882,$$

$$\varphi_b = \frac{1}{(1-\lambda_{b0}^{2n}+\lambda_b^{2n})^{1/n}} = 0.765,$$

$$\frac{M_{x1}}{\gamma_x \varphi_b W_{xe,c}} = 241.24 \leqslant f = 305 \text{ N/mm}^2$$

参 考 文 献

［1］童根树. 钢结构的平面外稳定. 北京：中国建筑工业出版社，2007。

［2］MBMA，Seismic Design Guidefor Metal Building System，2000IBC Edition。

［3］陈友泉，魏潮文. 门式刚架轻型房屋钢结构设计与施工疑难问题释义. 北京：中国建筑工业出版社，2007。

［4］Vaco-Proden Steel Structure CampanioyLdt.，Steel Structure Manual，1995。

［5］陈友泉，魏潮文. 轻钢结构支撑体系内力及设计问题的探讨. 建筑结构，Vol. 33No. 7

第 11 章　单层与多层厂房钢结构

11.1　单层厂房框（排）架结构

11.1.1　框（排）架类型及适用范围

1. 钢结构单层工业厂房的横向抗侧力体系，主要有框（排）架和门式刚架两大类。门式刚架设计的有关内容在本手册第 10 章中已有详细的介绍和论述，本节主要就单层厂房框（排）架结构的设计计算与构造等进行说明。

2. 框架柱的柱脚一般刚性固定于基础。按框架横梁（屋架或屋面梁）与柱连接方式的不同，单层厂房框架可分为铰接框架和刚接框架两大类。凡框架横梁与柱顶的连接节点无抗弯能力抵抗荷载的框架，称为铰接框架（图 11.1-1），反之则称为刚接框架（图 11.1-2）。在以往的一些书籍或规范中，也有将铰接框架称为铰接排架，将刚接框架称为刚接排架的。

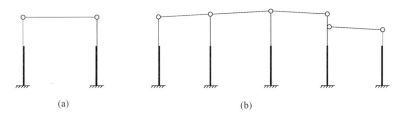

图 11.1-1　铰接框架的计算简图
(a) 单跨；(b) 多跨

对于依附主框架的边列框架，低跨屋架与柱子的连接，对铰接刚架一般采用铰接（图 11.1-1b）；对刚接刚架可采用刚接（图 11.1-2c），更常见的是采用铰接（图 11.1-2d）。

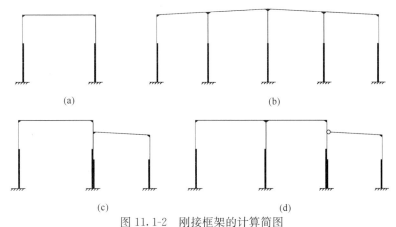

图 11.1-2　刚接框架的计算简图
(a) 单跨；(b) 多跨；(c) 边列框架刚接；(d) 边列框架铰接

3. 选择框架的形式应根据结构特点、地基情况、厂房刚度、经济性的要求综合考虑。一般而言，铰接框架对柱基沉降适应性较强，且安装方便，计算简单，受力明确，缺点是下段柱的弯矩较大，厂房横向刚度稍差。但在多跨厂房中铰接框架的优点远大于缺点，故目前在多跨厂房中，铰接框架得到广泛采用。

刚接框架对减少下段柱弯矩，增加厂房横向刚度有利。由于下段柱截面高度小，从而可增加厂房的建筑面积，但却使刚接屋架受力复杂，连接构造麻烦，且对柱基础的差异沉降比较敏感，因此适用于柱基沉降差较小，对横向刚度要求较高的重型厂房，特别是单跨重型厂房。对下列情况的单跨厂房宜采用刚接框架：

（1）设有硬钩吊车的厂房；

（2）设有双层吊车的厂房；

（3）设有软钩重级工作制吊车，当起重量 $Q \geqslant 50t$，屋架下弦标高不小于 18m 时；

（4）当厂房的高跨比 $H/L \geqslant 1.5$，且跨度 $L \geqslant 24m$ 的厂房。

4. 在以前的具有重屋盖的多跨刚接框架中，为了简化计算特别是改善中列柱与屋架的连接构造，曾将屋架与柱的连接在垂直荷载作用下设计成塑性铰，即在中列柱顶使屋架上弦与柱的连接在拉力作用下发生塑性变形，但仍然可以传递压力，在水平荷载作用下，屋架一端为铰接，另一端为刚接。这种方式可以简化计算和构造，而且对框架的横向刚度影响较小，在重屋盖时比较有利。塑性铰的布置及构造见图 11.1-3 及 11.1-4。现在钢结构厂房的屋面一般采用压型钢板轻型屋面，故在多跨厂房中设置塑性铰已较少使用。但这种工程设计的思路，在某种特殊条件下，可以借鉴采用。

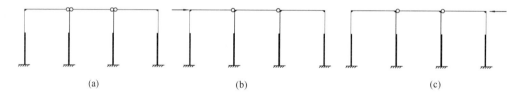

(a)   (b)   (c)

图 11.1-3 塑性铰的布置

（a）—塑性铰的布置简图；（b）、（c）—各种荷载作用下形成的塑性铰图

5. 在特殊情况下，在刚接框架中派生出一种上刚接下悬臂式的框架，即将框架柱的上端柱在吊车梁顶面标高处设计成铰接，而下段柱则像露天栈桥柱那样按悬臂柱考虑（图 11.1-5）。这种结构的主要缺点是：下段柱弯矩大，下段柱的截面面积大，不经济，甚至会出现加大下段柱截面高度而导致增加厂房面积的情况。这种结构的优点是：上段柱与屋架组成的刚架可以不考虑吊车荷载作用，有利于在屋盖结构中采用新的结构体系而不受吊

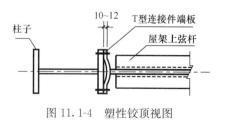

图 11.1-4 塑性铰顶视图

图 11.1-5 上刚接下悬臂式
框架计算简图

车动力的影响，且计算简单，也可利用上段柱中的塑性铰来释放多跨厂房中的横向温度应力，避免设置纵向温度缝，可使结构大为简化。

11.1.2 设计一般规定

1. 单层厂房计算的假定：厂房的骨架是由柱、梁（或桁架）和支撑等相互连接而形成的空间稳定结构，实际受力是空间的，为了简化计算，将厂房骨架分解为平面体系，即厂房横向框架和纵向结构两个相互独立的体系。这种按两个独立的体系进行设计与实际结构空间受力引起的误差，在多年的工程实践中被认为是可以接受的，也没有因此发生安全的问题。

2. 厂房柱网的布置应从生产工艺、结构功能以及上部结构与地基基础的技术经济总体分析上进行综合考虑确定。厂房的纵向支撑体系应在每个温度区段内设置完整。

3. 横向框架及纵向支撑的设计应满足强度、稳定性（整体稳定性和局部稳定性）及刚度的要求，当有抗震要求时，见本章 11.6 节的有关要求。厂房横向和纵向刚度的容许值见表 11.1-1。

厂房刚度容许值   表 11.1-1

项次	荷载或作用	控制部位	位移容许值
横向框架	风荷载标准值	无桥式吊车的单层框架的柱顶位移	$H/150$
		有桥式吊车的单层框架的柱顶位移	$H/400$
	在冶金工厂或类似车间设有 A7、A8 级吊车的厂房柱，一台最大吊车水平荷载标准值	厂房柱在吊车梁或吊车桁架顶部处的横向位移	$H_c/1250$
纵向支撑		厂房柱在吊车梁或吊车桁架顶部处的纵向位移	$H_c/4000$

注：1. H 为基础顶面至柱顶的总高度，H_c 为基础顶面至吊车梁或吊车桁架顶面的高度；

    2. 本表的位移容许值均按平面结构计算；当按空间结构计算时，A7、A8 级吊车的厂房柱的横向位移可取 $H_c/2000$；

    3. 在设有 A8 吊车工作制吊车的厂房中，厂房柱的横向位移容许值宜为 $H_c/1375$；

    4. 在设有 A6 级吊车的厂房柱的纵向位移宜符合表中的要求。

4. 柱子及柱间支撑的设计，应尽可能使结构构件标准化，以达到建筑工业化和降低造价的目的。

5. 设计应考虑制作、现场吊装的方便，构造设计应符合计算假定，受力明确简单，方便安装。

11.1.3 框架结构布置与构件选型

一、框架柱网的布置

1. 厂房框架柱网布置，就是确定厂房的跨度和柱距，与生产工艺有密切的关系，对厂房的造价影响较大，应予以重视。

2. 柱网布置应从生产工艺、结构、经济三个方面综合考虑确定：

（1）满足生产工艺要求。柱的位置应与生产流程及设备布置相协调，还应适应扩建和工艺设备更新的要求。同时，柱网布置应考虑柱基础与地下构筑物（包括设备基础、地下管沟、工业炉基础、烟道等）相协调，避免相互干扰。

（2）满足结构要求。为保证车间正常使用，应使厂房具有必要的横向刚度，尽可能将柱布置在共同的横向轴线上，以使与屋面横梁（屋架）组成横向框架。为了减少构件类型，便于制作、安装，厂房柱距应尽量统一。柱网的布置，尚应考虑温度变化对厂房结构的影响，对超长、超宽的厂房，应划分温度区段或采取释放温度应力的有效措施。在抗震设防区，柱网温度区段的划分尚应满足抗震的要求。

（3）满足经济要求。纵向基本柱距的大小对结构的工程量影响较大。增大柱距会使屋盖、吊车梁的材料量增加，而柱及基础的材料量将减少。合理的柱距应使总的建造费用为最小，设计时可结合地基情况和墙体结构等具体情况考虑确定。

柱距一般应遵守国家现行标准《厂房建筑模数协调标准》GB/T 50006 和《建筑模数协调统一标准》GB/T 50002 的规定，使结构构件标准化，以达到建筑工业化和降低造价的目的。

墙体宜采用轻型围护结构，厂房柱距根据工艺布置、吊车起重量的不同，一般可采用 9～27m，经济柱距一般为 12～18m；当墙体采用钢筋混凝土大型板和砖墙时，柱距可采用 6m 或 12m。

3. 厂房温度区伸缩缝的设置应考虑以下因素：

（1）单层厂房和露天结构应根据厂房的纵向、横向长度划分温度区段，当温度区段长度不超过表 11.1-2 中的数值时，一般情况可不考虑温度应力和温度变形对柱的影响。当有充分依据或采取可靠措施时，表中数字可予以增减。

温度区段长度值（m）　　　　　　　　　　表 11.1-2

结构情况	纵向温度区段（垂直屋架或构架跨度方向）	横向温度区段（沿屋架或构架跨度方向）	
		柱顶为刚接	柱顶为铰接
采暖房屋和非采暖地区的房屋	220	120	150
热车间和采暖地区的非采暖房屋	180	100	125
露天结构	120		
围护构件为金属压型钢板的房屋	250	150	150

注：1. 围护结构可根据具体情况参照有关规范单独设置伸缩缝；
　　2. 无桥式起重机房屋的柱间支撑和有桥式起重机房屋吊车梁或吊车桁架以下的柱间支撑，宜对称布置于温度区段中部。当不对称布置时，上述柱间支撑的中点（两道柱间支撑时为两柱间支撑的中点）至温度区段端部的距离不宜大于表 11.1-2 纵向温度区段长度的 60%；
　　3. 当横向为多跨高低屋面时，横向温度区段长度值可适当增加。

（2）当厂房的横向长度超过横向温度区段不多时，一般可将边列柱的上段柱刚度减少，使之产生塑性变形，从而避免设置纵向温度伸缩缝。

（3）温度伸缩缝一般采用设置双柱的办法处理。在非抗震设防区，也可以采用设置单柱伸缩缝的办法处理，但构造较复杂，当有托架时较难处理。

（4）采用双柱伸缩缝时，柱轴线与横向定位轴线通常采用不加插入距的方案（图 11.1-6a），也可采用加插入距的方案（图 11.1-6b）。不管采用哪种方案，为了减少构件类型，伸缩缝两边的柱的实际柱距宜相等。

（5）双柱伸缩缝处两相邻的柱中心线的距离 c，必须保证伸缩缝处两相邻柱的柱脚有不小于 30～50mm 的净空，在抗震设防区，尚需保证柱构件的净距满足抗震缝的宽度

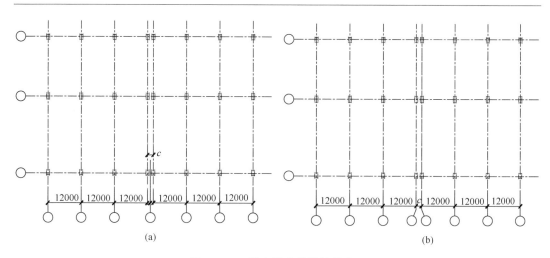

图 11.1-6　横向温度缝处柱的布置

（a）不加插入距方案；（b）加入插入距方案

要求。设计时，对轻、中型厂房 c 一般可取 1000mm；对重、特重型厂房 c 一般可取 1500mm 或 2000mm。

4. 为了合理布置柱网，需要考虑吊车与厂房的关系：

（1）吊车与结构的关系尺寸，如图 11.1-7 所示。吊车外轮廓到柱边的净距不小于 100mm；当柱边设置有栏杆时，吊车外轮廓与栏杆的净距不小于 100mm；当此处用作安全通道时，通过上柱处的走道净宽度不小于 400mm。

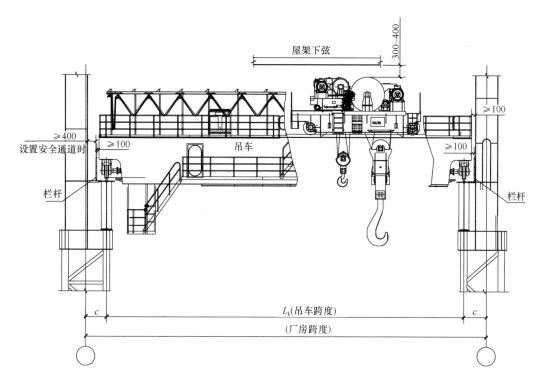

图 11.1-7　吊车外轮廓与结构间的距离

（2）吊车外轮廓线与屋架下弦边的净空，在吊车的保养区域和维修半台处，吊车外轮廓线与屋架下弦边的净空，不应小于 500mm；其他部位一般采用 300～400mm，当屋架下弦处设有吊管或安装照明灯具时，或因地基较差（软弱土地基、湿陷性黄土、膨胀土地基）或因地面堆荷载较大，可能引起厂房不均匀沉降时，此值还应适当加大。

（3）吊车大车轮的中心距与柱纵向定位轴线间的距离 c 值，按起重机设备厂家的资料取值。起重量较小的吊车，c 一般为 750～1000mm，起重量较大的吊车，c 一般为 1250～1500mm。

5. 机车与结构的关系尺寸：当不考虑机车与行人同时通过时，机车界限与结构的净距不小于 300～450mm（图 11.1-8）。

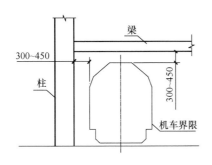

图 11.1-8   机车界限与结构的净距

二、横向框架计算单元与计算尺寸

1. 计算单元

计算厂房框架时，一般采用计算单元的简化方法，即假设各计算单元之间的横向框架是相互独立的，而同一计算单元中的屋盖为一刚性盘体，故计算单元中所有的柱子在与刚性盘体连接处的水平位移均相等，此时不再考虑所有纵向构件参与横向框架的共同作用。当用上述平面体系的厂房框架计算厂房横向刚度不能满足要求时，可考虑屋盖水平支撑桁架的弹性支撑作用，按空间结构计算厂房横向刚度。

框架计算单元的划分应根据柱网的布置确定，划分计算单元的目的是为了计算各种受力类型中框架或柱子的内力。因此，在柱距不等的厂房中需要划分若干计算单元，在计算单元中一般只有一个主框架，而此主框架是每列柱子均与排架横梁直接相连者。

如图 11.1-9 所示，计算单元可按以下原则进行划分：

（1）对不拔柱子的计算单元，一般只计算一个框架，以计算柱子左右两边各一半柱距作为计算单元的界限。

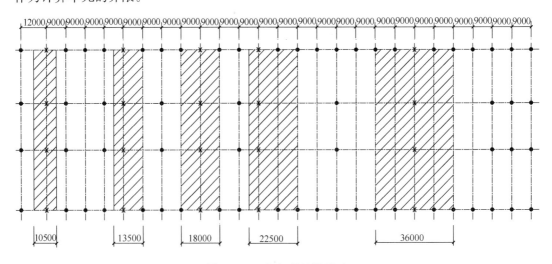

图 11.1-9   框架的计算单元

●—框架柱   ✕—计算单元中应计算的主框架柱

（2）对拔柱子的计算单元，按下列情况处理：

1）每列柱至少有一根柱子划入计算单元，一般以柱距作为划分计算单元的标准。

2）可以用柱距的中心线作为划分计算单元的界限，也可以用柱子的轴线作为划分计算单元的界限。如用后者，则应对计算单元边柱只计入柱子的1/2惯性矩，作为该柱子的荷载也只计入1/2。

3）一个计算单元中的一列柱不宜超过4～6个柱距，计算单元的长度不宜超过24～36m。对拔柱较多的计算单元，当排架设计计算采用平面的计算方法时，应对屋面的支撑系统进行加强，以保证屋面的刚性盘体的假设。

2. 横向框架的计算简图

厂房横向框架的计算简图及尺寸应按下列规定采用：

（1）框架由屋架或格构柱组成时，屋架或格构柱均以等效刚度的实腹杆件代替，框架计算按实腹体系进行。

（2）在刚接框架中，轴线坡度小于1/6的双坡横梁，以及下弦无曲折的横梁，其计算简图可用一根直线代替，可不按折线横梁计算。

（3）计算简图的几何轴线原则上应采用各构件截面的形心线。框架的计算跨度：取柱形心线间的距离，对阶形柱即为有折线的计算简图（图11.1-10）。

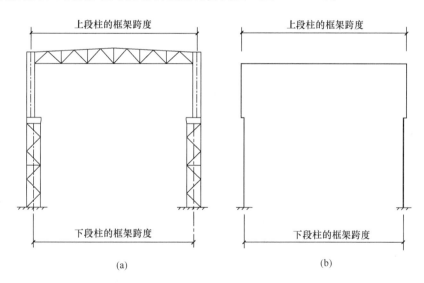

图 11.1-10 框架的计算简图几何轴线
(a) 结构图；(b) 计算简图

（4）框架的计算高度：如图11.1-11所示，沿高度方向各点的取法如下：

1）框架柱的底部：取基础的顶部。当采用长脖子基础时，长脖子基础的刚度应满足《建筑地基基础设计规范》GB 50007—2011 第8.2.5条的有关要求。

2）框架柱的顶部：对铰接框架，取至屋架主要传力支座底面与柱的连接处（图11.1-11a、b）。对以屋架形式刚接的刚接框架，取至屋架下弦形心线与柱边的交点（图11.1-11c）；对以屋面梁形式刚接的刚接框架，取至屋面梁端部高度的形心线处（图11.1-11d）。

3）阶形柱的变阶点：取至肩梁的顶面。

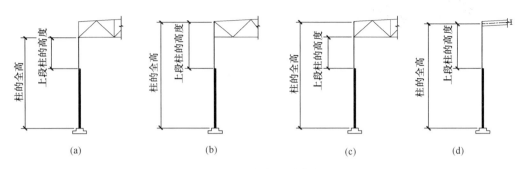

图 11.1-11　框架的计算高度

(a)、(b) 铰接框架；(c)、(d) 刚接框架

（5）对外形较复杂的多跨厂房，为简化计算，可将刚度较大的厂房柱组成单跨或多跨框架，边跨可依附在该基本框架上，不参加框架的工作。此时，其余各跨的横梁应简支于基本框架上，这些辅助跨间的柱子亦可与基础铰接（图 11.1-12）。

（6）在刚接框架中，当采用电算时，框架横梁应按实际刚度考虑。当用手工简化计算时，计算屋面竖向荷载时，框架横梁应按实际刚度考虑，在计算其他荷载时，凡符合于下列条件者，可假设横梁为无限刚度，忽略横梁的角变位的影响，反之应视为有限刚度，横梁应按实际刚度考虑。

$$\frac{S_{BD}}{S_{BA}} \geqslant 4 \tag{11.1-1}$$

式中　S_{BD}、S_{BA}——分别为横梁、柱子在 B 点的抗弯刚度（图 11.1-13），如横梁两端的柱子截面不相等时，S_{BA} 应选用抗弯刚度较大者。B 点的抗弯刚度为杆件 B 端为铰接、他端为嵌固、转角 $\varphi_B = 1$ 时，B 端所需的弯矩。S_{BD}、S_{BA} 可采用结构力学的方法求得。

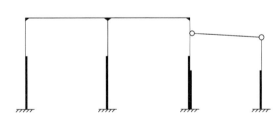

图 11.1-12　基本框架与辅助框架

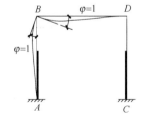

图 11.1-13　横梁、柱子在 B
点的抗弯刚度

三、框架构件选型

1. 框架柱按结构形式不同，可分为等截面柱、阶形柱和分离式柱三大类。框架柱的类型及适用范围见本章 11.1.5 节的相关内容。

2. 框架的横梁应根据屋面的坡度、与柱子的连接方式、经济指标以及运输施工等因素确定的合适的结构形式。横梁的形式及适用范围见本章 11.2 节的相关内容。

四、纵向抗侧力构件的布置

厂房纵向结构由厂房柱、纵向构件（吊车梁或辅助桁架、托架、系杆等）和竖向支撑等组成。当采用下承式屋架时，纵向受力构件还包括屋面间的垂直支撑和屋架系杆。其中竖向支撑的设置原则、支撑形式、荷载及内力、构造等要求见本章 11.1.6 节。

11.1.4 框架计算

一、计算假定与计算方法

单层厂房框（排）架结构计算，是计算结构在荷载或其他因素作用下的内力和变形。结构的内力和变形可按结构静力学方法进行弹性或弹塑性分析。采用弹性分析结果进行设计时，截面板件宽厚比等级为 S1、S2、S3 级的构件可有塑性变形发展。单层厂房一般采用一阶弹性分析，二阶效应通过计算长度法在构件稳定性设计阶段加以考虑。

由于实际结构的组成、受力和变形情况往往很复杂，影响力学分析的因素很多，要完全按实际结构进行计算，非常困难，甚至不可能。同时，在工程上要求计算过分精确，也是不必要的。因此，必须把实际结构抽象和简化为既能反映实际受力情况而又便于计算的图形。这种简化的图形就是计算时用来代替实际结构的力学模型，一般简称为计算简图。

计算简图的选择应遵循下列两条原则：

（1）正确地反映结构的实际受力情况，应与构件连接的实际性能相符合，使计算结果接近实际情况。

（2）略去次要因素，便于分析和计算。

对实际结构的简化，包括下列三个方面：

1）结构的简化。将复杂结构简化为受力和变形有规律的板、梁、柱等。

2）连接节点及支座的简化。一般采用刚接（固结）或铰接，亦可采用半刚性连接。半刚性连接应计入连接处交角变化的影响，在内力分析时，应假定连接的弯矩－转角曲线，并在节点设计时，保证节点的构造与假定的弯矩－转角曲线符合。

3）荷载的简化。设备荷载按照工艺资料取值，其他荷载按照现行荷载规范取值。荷载的简化遵循等效原则，要考虑其大小、方向和作用点位置。

每个结构单元均应形成稳定的空间结构体系。单层厂房严格说来也是空间结构，但可以简化为独立的横向框架结构和纵向抗侧力体系，即分别按平面杆系结构进行计算。

有了计算简图，就可以用结构静力学中的力法（以变形协调条件立方程）、位移法（以节点或某一部分的平衡条件立方程）、弯矩分配法（适合于无侧移刚架）、迭代法（适合于有侧移刚架）或有限元法，计算结构的内力和变形。

1. 框架的平面计算

单层厂房框架的平面计算，系将横向框架作为计算单元，假定各计算单元之间是相互独立的，不考虑纵向构件对横向框架的影响。

厂房柱头的连接，可采用刚接或铰接，特殊情况亦可采用半刚性连接。屋架与柱顶连接一般采用铰接，亦可采用刚接，屋架常视为刚度无穷大的刚性杆而不产生变形。实腹梁与柱顶连接常采用刚接，实腹梁按实际刚度进行计算。

厂房柱脚的连接，由于柱子沿厂房横向的刚度较大，柱脚与基础的连接一般假定为固接，而柱子沿厂房纵向的刚度较小，柱脚与基础的连接一般假定为铰接。

纵向构件（如吊车梁系统、柱顶压杆及柱间支撑、参观走台、管廊等）与厂房柱子的连接，一般假定为铰接。

单层厂房框架按平面计算是一种理想化的计算模式，通常通过计算长度的折减系数考虑空间作用的影响。

2. 框架的空间计算

在厂房骨架体系中，纵向构件（主要指屋盖纵向水平支撑和屋面材料等）对加载的框架来说，能起到弹性支承作用，并将部分水平荷载传递给相邻的框架，从而使加载框架卸载，这就是厂房骨架的空间作用。

在厂房骨架区段内，仅少数框架受荷载时（如吊车荷载）才考虑骨架的空间作用，而对风荷载、恒载，或温度作用等作用于所有框架上的荷载，均不考虑空间作用。

（1）考虑空间骨架作用的基本假定是将屋盖纵向构件视作弹性支座上的连续梁而将厂房框架作为弹性支座。这样，加载框架顶部的水平位移将变为：

$$u_s = \alpha_s \cdot u \tag{11.1-2}$$

式中　u_s——考虑空间作用后，加载框架顶部的水平位移；

　　　u——独立平面框架顶部的水平位移；

　　　α_s——考虑空间作用后的折减系数。

（2）根据屋面材料的性质和等高框架的跨数，对作为弹性支承连续梁的纵向构件的刚度考虑如下：

1）当采用无较大面积开孔的压型金属板屋面或大型屋面板且与檩条或屋架连固或焊牢时，此种屋面可作为刚性屋面，此时连续梁的刚度可视为无穷大。

2）其他瓦材（含瓦楞板）屋面称为非刚性屋面，此时仅将屋架上、下弦纵向水平支撑作为弹性支座上的连续梁，其刚度为：

$$EI_b = \zeta \sum EI_{bi} \tag{11.1-3}$$

式中　ζ——系数，当支撑节点为焊接连接或高强度螺栓连接时，$\zeta = 0.7$；普通螺栓连接时，$\zeta = 0.5$；

　　　EI_b——连续梁的刚度；

　　　EI_{bi}——屋架上、下弦纵向水平支撑对连续梁形心线的刚度。

3）当厂房等高部分的跨数为2～3跨，且设有封闭型纵横向水平支撑时，不论采用什么屋面材料，均可按刚性屋面考虑。

4）当厂房等高部分的跨数为4跨及以上时，则在计算仅作用于少数框架的局部荷载（如吊车荷载）时，不论抽柱与否，均可按框架柱顶不发生侧移考虑。

（3）非刚性屋面厂房骨架空间作用的计算：

1）一般可考虑5～7个框架（含加载框架）共同工作，对于短的厂房，当厂房长度等于或少于6个柱间距时，若山墙与厂房骨架有可靠的连接，亦可以考虑山墙的工作。但为简化计算，且偏于安全计，通常只考虑5个框架，按照在弹性支座上的4跨连续梁进行计算，支座的刚度系数为使框架柱顶产生单位侧移在柱顶所需施加的水平力，亦即框架的抗剪刚度。

2）对各框架的抗剪刚度相同、柱距相等的厂房，加载框架的柱顶水平反力 R 作用在连续梁上，使加载框架产生的弹性支座反力 R_s（图 11.1-14a），就是考虑空间作用后由加载框架所承担的柱顶水平力，其值为：

$$R_s = \alpha \cdot R \tag{11.1-4}$$

式中　R——加载框架被固定无侧移时，在外荷载作用下的柱顶支座水平反力；

　　　α——连续梁弹性支座的反力系数，对4跨连续梁可按下式计算

$$\alpha = \frac{10 + 188\beta + 214\beta^2 + 56\beta^3}{50 + 380\beta + 342\beta^2 + 56\beta^3} \tag{11.1-5}$$

β——连续梁的柔度，$\beta = \dfrac{\gamma \cdot l^3}{6EI_{\mathrm{b}}}$；

γ——框架的抗剪刚度；

l——柱距（梁跨度）；

当仅加载框架受荷、相邻框架不承受荷载时，弹性支座的反力系数 α 就等于框架考虑空间工作后的折减系数，即 $\alpha_{\mathrm{s}} = \alpha$。

3）当计算吊车荷载时（图 11.1-14b、c），除所计算的框架直接承受吊车荷载 R 外，相邻框架将同时承受吊车荷载（R_1、R_2），这将使所计算框架加荷，即其弹性支座增加 ΔR_{s}，ΔR_{s} 可近似地按下式计算：

$$\Delta R_{\mathrm{s}} = 0.24\left(\frac{n_0}{\sum y} - 1\right)R \tag{11.1-6}$$

式中　n_0——一个吊车梁轨道上，两台相邻吊车的轮子数；

$\sum y$——所计算框架支座反力影响线的纵坐标之和。

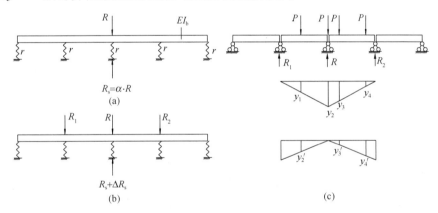

图 11.1-14　非刚性屋面厂房骨架空间作用的计算简图

（a）无吊车荷载时考虑空间作用后由加载框架所承担的柱顶水平力；（b）有吊车荷载时考虑空
间作用后由加载框架所承担的柱顶水平力；（c）有吊车荷载时 ΔR_{s} 的计算简图

因此，在计算吊车荷载时，考虑空间作用的折减系数 α_{s} 将为：

$$\alpha_{\mathrm{s}} = \frac{R_{\mathrm{s}} + \Delta R_{\mathrm{s}}}{R} = \alpha + 0.24\left(\frac{n_0}{\sum y} - 1\right) \tag{11.1-7}$$

（4）刚性屋面时厂房骨架空间作用的计算（图 11.1-15）：

当为刚性屋面时，一般考虑一个温度区段的所有框架均参加工作（即弹性支座上连续

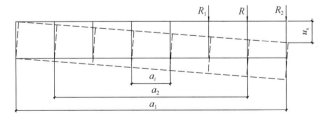

图 11.1-15　刚性屋面时厂房骨架空间作用的计算简图

梁的长度也即温度区段的长度），位于温度伸缩缝附近的框架，由于骨架的扭转作用，所受荷载往往最大，当计算吊车荷载对相邻框架的加载影响，可近似地按非刚性屋面考虑，此时，考虑空间作用的折减系数 α_s 可按下式计算：

$$\alpha_s = n_0 \left(\frac{1}{n} + \frac{a_i^2}{2 \sum a_i^2} \right) \bigg/ \sum y \tag{11.1-8}$$

式中　n——计算区段中框架数量；

$\quad\quad n_0$——一个吊车梁轨道上的吊车轮子数；

$\quad\quad \sum y$——所计算框架支座反力影响线的纵坐标之和；

$\quad\quad a_i$——相对于区段中央对称布置的框架之间的距离（a_2 为两端第二个框架之间的距离）。

二、荷载与作用组合

1. 一般说明

荷载的标准值、荷载分项系数、荷载组合值系数、动力荷载的动力系数等，应按现行国家标准《建筑结构荷载规范》GB 50009 的规定采用；地震作用应根据国家现行标准《建筑抗震设计规范》GB 50011 或《构筑物抗震规范》GB 50191 确定。参见本手册第 3 章的相关内容。

作用在单层厂房框架上的荷载，一般有永久荷载和可变荷载两种，在地震区还有地震作用。永久荷载包括结构构件和围护构件的自重，还可能有管线和固定设备的自重。可变荷载，包括走道活荷载、屋面活荷载和积灰荷载、吊车荷载、风荷载、雪荷载、温度作用、基础不均匀沉降、管线和设备在生产中产生的活荷载、施工活荷载和检修活荷载等。

2. 永久荷载

（1）屋盖（包括承重结构及围护结构）永久荷载一般折算为均布荷载，但屋盖上重量较大的设备自重仍应按集中荷载计算，屋盖承重结构的自重可参照本手册第 11.2 节估算。

（2）吊车梁及其制动结构的自重 g（kN/m）可按下式估算：

$$g = (g_1 + g_2)\eta \tag{11.1-9}$$

式中　η——考虑制动结构、轨道连接件的增重系数，$\eta \approx 1.2$；

$\quad\quad g_1$——吊车梁自重（kN/m）；

$\quad\quad g_2$——吊车轨道自重（kN/m）。

吊车梁自重 g_1，按下式计算：

当吊车起重量 $Q \leqslant 50\mathrm{t}$ 时：

$$g_1 = 0.1 \eta_2 \eta_3 \sqrt{Q} \sqrt[3]{l} \tag{11.1-10}$$

当吊车起重量 $Q > 50\mathrm{t}$ 时：

$$g_1 = 0.08 \eta_2 \eta_3 \sqrt{Q} \sqrt[3]{l} \tag{11.1-11}$$

式中　Q——吊车起重量（t）；

$\quad\quad l$——吊车梁跨度（m）；

$\quad\quad \eta_2$——增重系数，铆接吊车梁，$\eta_2 = 1.35$；焊接吊车梁，$\eta_2 = 1$；

$\quad\quad \eta_3$——增重系数，重级工作制吊车梁，$\eta_3 = 1.25$；轻中级工作制吊车梁，$\eta_3 = 1$。

（3）单阶柱上、下段柱的自重 g（kN/m）可按下式估算：

$$g = \frac{7.85N}{100\kappa f}\eta \tag{11.1-12}$$

式中　N——作用在上段或下段柱的最大轴心压力（kN）；

　　　κ——弯矩影响系数，对上段柱，$\kappa = 0.25 \sim 0.3$；对下段柱，$\kappa = 0.4 \sim 0.5$；

　　　f——钢材抗压、抗弯的强度设计值（N/mm²）；

　　　η——在下段柱中考虑肩梁、靴梁、缀材等自重的增重系数，$\eta = 1.4 \sim 1.8$。

（4）墙架结构自重：当采用彩色钢板作墙体时，墙架自重可估算为 $0.25 \sim 0.45$ kN/m²，高大厂房用上限值。

（5）管线及管廊结构等自重，据实计算。

3. 可变荷载

（1）屋顶活荷载

1）屋顶活荷载包括屋面均布活荷载、雪荷载、积灰荷载以及作用在屋盖结构上的管线、平台、检修单轨吊车和其他设备的操作荷载或温度作用。

2）对支承轻屋面的框架，当仅有一个可变荷载且受荷水平投影面积超过 60m² 时，屋面均布活荷载标准值应取为不小于 0.3kN/m²。

3）计算框架时雪荷载按全跨积雪的均匀分布情况采用，雪荷载与不上人的屋面均布活荷载一般不同时考虑。

4）计算框架时积灰荷载可以按均布荷载考虑，积灰荷载应与雪荷载或屋面均布活荷载组合，取其不利值。

5）管线、检修单轨吊车和生产设备的操作荷载应按实际情况确定。计算冶炼车间或其他类似车间的下列结构时，工作平台范围由检修材料所产生的均布荷载，可乘以下列折减系数：

主梁：　　　　　　　　　0.85；

柱（包括基础）：　　　　0.75。

（2）吊车荷载

1）应利用柱子的反力影响线（图 11.1-16）求出作用在柱子上的最大作用力。对具有吊具的吊车，应计入吊具的重量。

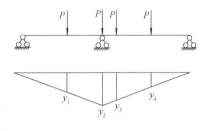

图 11.1-16　反力影响线

2）吊车竖向荷载标准值，应采用吊车的最大轮压和最小轮压。在同一跨间的一列柱上作用由最大轮压 $P_{\max}$ 引起的荷载 $R_{\max}$ 时，则在另一列柱上必然作用由最小轮压 $P_{\min}$ 引起的荷载 $R_{\min}$。

吊车最大轮压由工艺资料或吊车样本查得，$P_{\min}$ 由下式求得

$$P_{\min} = \frac{(Q + G)}{n_1} - P_{\max} \tag{11.1-13}$$

式中　Q——吊车起重量；

　　　G——吊车总自重（吊车桥架及小车自重之和）；

　　　n_1——吊车桥架一侧的轮数。

3）吊车横向水平荷载标准值，应取横行小车重量与额定起重量之和的百分数，并应

乘以重力加速度，吊车横向水平荷载标准值的百分数应按表 11.1-3 采用。

吊车横向水平荷载标准值的百分数   表 11.1-3

吊车类型	额定起重量（t）	百分数（%）
软钩吊车	≤10	12
	16~50	10
	≥75	8
硬钩吊车	—	20

吊车横向水平荷载标准值可按下式计算：

$$T = \alpha(Q + Q_1)g \tag{11.1-14}$$

式中　Q——吊车起重量（t）；

　　　Q_1——小车重量（t）；

　　　α——系数，按表 11.1-3 采用。

吊车横向水平荷载应等分于吊车桥架的两端，分别由轨道上的所有车轮平均传至轨道，其方向与轨道垂直，再由轨道传至吊车梁上翼缘顶面，通过吊车梁传给柱子，并应考虑正反两个方向的刹车情况。计算框架柱上所作用的横向水平荷载标准值，与求吊车竖向荷载标准值时吊车的位置相同。

4）吊车纵向水平荷载标准值，应按作用在一边轨道上所有刹车轮的最大轮压之和的10％采用，一边轨道上的刹车轮数量一般为一边轨道上轮子数量的一半；该项荷载的作用点位于刹车轮与轨道的接触点，其方向与轨道方向一致。

（3）风荷载

1）单层厂房框架属于主要受力结构，风荷载的标准值，应按下式计算：

$$w_k = \beta_z \mu_s \mu_z w_0 \tag{11.1-15}$$

式中　w_k——风荷载标准值（kN/m²）；

　　　β_z——高度 z 处的风振系数，仅对于高度大于 30m 且高宽比大于 1.5 的房屋，以及基本自振周期 T_1 大于 0.25s 的各种高耸结构，才考虑其影响，普通厂房取 $\beta_z = 1$；

　　　μ_s——风荷载体型系数；

　　　μ_z——风压高度变化系数；

　　　w_0——基本风压（kN/m²），应按现行荷载规范规定的方法确定的 50 年重现期的风压，但不得小于 0.3kN/m²。

2）作用于厂房框架上的风荷载应分别考虑正反两个方向。突出屋面的结构（如天窗）传来的风荷载，可简化为水平集中力作用于框架柱顶节点上，这种由于荷载位置移动而产生的力矩，在厂房排架计算中可不考虑。纵向墙面传来的风荷载，一般按等效均布荷载计算，当有中间墙架柱或抗风桁架等有较大集中荷载时，则宜按实际情况考虑。

（4）地震荷载

当抗震设防烈度≤7 度时，厂房框架一般只考虑横向水平地震作用，当为 8 度和 9 度时，除考虑横向水平地震作用外，尚应按《建筑抗震设计规范》GB 50011—2010 中第

9.2.9 条 3 款的规定考虑竖向地震作用。

计算地震作用时，建筑物的重力荷载代表值应取结构自重和结构配件自重的标准值和各可变荷载组合值之和，各可变荷载的组合值系数见现行国家标准《建筑抗震设计规范》GB 50011。

地震作用的计算参见本手册第 11.6.2 节。

4. 荷载作用组合

（1）单层厂房框架应根据使用过程中在结构上可能同时出现的荷载，按承载能力极限状态和正常使用极限状态分别进行荷载组合，并应取各自的最不利的组合进行设计。

（2）框架柱按承载能力极限状态计算强度和稳定，荷载作用组合就是为了找出控制截面的组合内力，一般为柱顶截面和柱底截面。

（3）单层厂房框架按正常使用极限状态计算变形，一般计算横向刚度及纵向刚度，仅考虑恒载与风荷载的组合，以及恒载与吊车水平荷载的组合。

（4）组合原则按现行国家标准《建筑结构荷载规范》GB 50009 的规定进行组合。对于承载能力极限状态，采用荷载的基本组合，分别考虑由可变荷载控制及由永久荷载控制两种情况，选其最不利值进行截面设计。对于正常使用极限状态，采用荷载的标准组合。

（5）荷载作用组合应注意下述几点：

1）一般单层厂房的安全等级应取为二级。可变荷载考虑设计使用年限的调整系数，一般按 50 年考虑。

2）所有组合均应考虑永久荷载。永久荷载的分项系数需要区分对结构有利和不利两种情况，不利情况又要区分是由可变荷载控制还是由永久荷载控制。

3）当有两个或两个以上可变荷载参与组合时，需要判定主导荷载。

4）风荷载应分别考虑左、右两个方向。

5）在一次组合中，选用一个跨间中的吊车水平荷载时，必须同时考虑该跨间的吊车竖向荷载；选用一个跨间中的吊车竖向荷载时，不一定考虑该跨间的吊车水平荷载。

6）吊车横向水平荷载应分别考虑左、右两个方向。

（6）验算柱子截面，一般应考虑下列组合内力：

1）$+M_{max}$ 与相应的 N、V 组合。

2）$-M_{max}$ 与相应的 N、V 组合。

3）N_{max} 与相应的 $+M$、V 组合。

4）N_{max} 与相应的 $-M$、V 组合。

5）V_{max} 与相应的最小轴力 N 组合。

（7）计算柱脚连接锚栓时，取 N_{min} 与相应的绝对值最大的 M、V 的组合。一般不计入屋面、平台上的竖向活荷载。

（8）实腹框架梁及屋架的内力组合见本章第 11.2.5 及 11.2.6 节。

（9）框架抗震验算时，地震作用效应和其他荷载效应的基本组合及其相应的地震作用分项系数按现行国家标准《建筑抗震设计规范》GB 50011 的有关规定执行，地震作用组合见本章第 11.6.2 节。

三、框架结构计算

框架结构计算可以用结构静力学中的力法、位移法、弯矩分配法、矩阵分析法或有限元法。设计中一般采用满足现行标准、经过具有资质部门鉴定的商用软件计算，主要构件的变形、单项内力、内力组合以及截面校核同时完成。需要手算校核或补充计算时，可以参考本章计算实例。

1. 计算软件与条件

单层厂房计算，目前国内使用较多的商用软件是 PKPM 系列 STS 程序，以平面框排架计算为主。PKPM CAD 系列程序是中国建筑科学研究院开发的、建立在有限元基础上的、集建筑设计、结构设计、设备设计、工程量统计和概预算报表等于一体的大型综合 CAD 系统。STS 钢结构 CAD 软件是 PKPM 系列软件功能模块之一，既独立运行，又与其他软件数据共享。STS 是专业钢结构一体化 CAD 软件，可完成钢结构的模型输入、结构计算、强度和稳定性验算、节点设计等。

由于程序的更新滞后于标准的修编，使用时必须了解其使用条件。计算结果应采用其他程序加以校核，或经过手算校核。

2. 内力计算与组合

计算过程基本如下：柱网布置－计算单元划分－预估断面建模－荷载计算及输入－计算参数输入－抗震模态计算－变形计算－分项内力计算－内力组合－截面校核－输出结果。在输出最终结果之前，一般需要进行截面优化后的多次重复计算。

输出结果文件包括并不仅限于：

（1）输入的数据表格文件。

（2）振型、周期等文件。

（3）变形文件（风载作用下的变形、吊车横向刹车力作用下的变形）。

（4）分项内力文件。

（5）组合内力文件。

（6）截面校核结果文件。

（7）柱底最不利组合内力文件。

3. 抗震性能化设计

抗震设防的钢结构构件和节点，可按国家现行标准《建筑抗震设计规范》GB 50011 或《构筑物抗震设计规范》GB 50191 的规定设计，也可按《钢结构设计标准》GB 50017—2017 第 17 章的规定进行性能化设计。参见本手册第 8 章的相关内容。

四、横向与纵向刚度验算

1. 厂房横向刚度的验算

为保证厂房的正常使用和观感要求，厂房框架除满足强度和稳定性的要求外，还应具有足够的横向刚度。使用过程中可以避免引起吊车卡轨、操作人员产生不适之感等。

厂房横向刚度的验算一般包括两项内容：

（1）在风荷载标准值作用下的柱顶位移，不宜超过《钢结构设计标准》GB 50017—2017 附录 B 表 B.2.1-1 中的数值。

（2）在冶金厂房或类似车间中设有 A7、A8 级工作制吊车的厂房柱或设有中级和重级工作制吊车的露天栈桥柱，在吊车梁或吊车桁架的顶面标高处，由一台最大吊车横向水平荷载（按荷载规范取值）所产生的计算变形值，不宜超过《钢结构设计标准》GB 50017—2017 附录 B 表 B.2.1-2 所列的容许值。吊车横向水平荷载应平均分配于跨间两侧吊车梁上翼缘。

2. 厂房纵向刚度的验算

（1）厂房纵向刚度主要由柱间支撑或其他纵向框架结构来提供。在冶金厂房或类似车间中设有 A7、A8 级工作制吊车的厂房柱或设有中级和重级工作制吊车的露天栈桥柱，在吊车梁或吊车桁架的顶面标高处，由一台最大吊车纵向水平荷载标准值（按荷载规范取值）T_Z 所产生的计算变形值，不宜超过《钢结构设计标准》GB 50017—2017 附录 B 表 B.2.1-2 所列的容许值。

（2）下段柱的柱间支撑为十字交叉支撑时，其纵向变形计算如下：

1）对于单阶柱（图 11.1-17）的纵向变形，当设一道下段柱交叉支撑时，可按式（11.1-16）计算：

$$\Delta = T_Z\delta_{11} = \frac{T_Z l_1^3}{E l^2 A_1} \tag{11.1-16}$$

式中　δ_{11}——单位纵向水平力作用于吊车梁上翼缘顶面标高处时，柱子的纵向变形值；

　　　A_1，l_1——分别为下段柱柱间支撑斜杆的截面面积和长度。

2）对于双阶柱（图 11.1-18），考虑起重量最大的吊车一般设在上层，当设一道中段柱、下段柱交叉支撑时，柱子的纵向变形可按式（11.1-17）计算：

$$\Delta = T_Z\delta_{11} = \frac{T_Z}{E l^2}\Big(\frac{l_1^3}{A_1} + \frac{l_2^3}{A_2}\Big) \tag{11.1-17}$$

式中　δ_{11}——单位纵向水平力作用于上层吊车梁上翼缘顶面标高处时，柱子的纵向变形值；

　　　A_1，l_1——分别为中段柱柱间支撑斜杆的截面面积和长度；

　　　A_2，l_2——分别为下段柱柱间支撑斜杆的截面面积和长度。

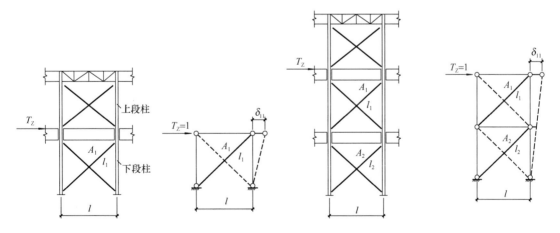

图 11.1-17　单阶柱纵向变形计算简图　　　　图 11.1-18　双阶柱纵向变形计算简图

五、纵向抗侧力结构的计算

单层厂房纵向抗侧力结构由柱间支撑、厂房柱、纵向连接构件（如柱顶压杆、吊车梁系统）组成，承受厂房山墙传来的风力、吊车的纵向水平荷载、厂房纵向温度应力及纵向地震力等。各种荷载应按现行有关标准进行组合。

厂房山墙传来的风力、吊车的纵向水平荷载及纵向地震力等，一般假定由柱间支撑承担。

当厂房的纵向温度区段长度超过表 11.1-2 中的数值时，以及当厂房温度区段内两道柱间支撑之间的中心距超过表 11.1-2 的尺寸时，一般应计算厂房柱子及柱间支撑的纵向温度应力。

1. 厂房纵向温度应力的计算

（1）确定在温度作用下厂房纵向不动点的位置的计算简图如图 11.1-19a 所示。

不动点的位置到边柱的距离 y，根据不动点两侧柱顶反力之和为零立方程，解得：

$$y = \frac{R_2 l_1 + R_3(l_1 + l_2) + \cdots + R_n(l_1 + l_2 + \cdots + l_{n-1})}{R_1 + R_2 + \cdots + R_n} \tag{11.1-18}$$

式中　R_1、R_2、$\cdots$、R_n ——为各柱及各柱间支撑的纵向抗剪刚度，即：使柱顶沿纵向产生单位位移时，所需作用于柱顶的水平集中力值。

当温度区段仅有一道下层柱间支撑，且支撑位置基本上位于温度区段的中央时，不动点位置即可假定在支撑的中心线上；当温度区段内设有两道下层柱间支撑，支撑位置大体上能对称于温度区段中央布置，且支撑的抗剪刚度基本相同时，可认为不动点即位于两柱间支撑距离的中点。

（2）当柱底设计为固接时，柱子的纵向温度应力可按下列规定计算，其中端柱的温度应力最大，但一般端柱常不满载，此时可取至端部第二根柱子计算之。

1）由于温度变化在柱顶产生的位移 Δ_n 和在吊车梁上翼缘顶面标高处产生的位移 Δ'_n 按下列公式计算：

$$\Delta_n = \alpha \cdot \Delta t \cdot a_n / \eta \tag{11.1-19a}$$

$$\Delta'_n = \alpha \cdot \Delta t \cdot a_n / \eta' \tag{11.1-19b}$$

式中　α ——钢材的线膨胀系数，取为 12×10^{-6}；

Δt ——计算温差值，应按现行国家标准《建筑结构荷载规范》GB 50009 的规定采用，当无有关数据时，可参考表 11.1-4 采用；

a_n ——不动点至计算柱之间的距离；

η, η' ——位移损失系数，为理论计算位移与实测位移之比，当计算端部柱子时，可取 $\eta = 1$, $\eta' = 1.6$。

各类车间的计算温差参考值　　　　　　　　　　　　表 11.1-4

车间类型及使用条件		Δt
采暖车间		25~30℃
非采暖车间	北方采暖地区	35~45℃
	中部地区（长江中下游及陇海铁路线之间）	25~35℃
	南方地区（包括四川盆地）	15~25℃
热加工车间		40℃左右
露天栈桥	北方地区	55℃左右
	南方地区	45℃左右

2）柱顶及吊车梁或吊车桁架上翼缘顶面标高处的温度作用力 R_A 和 R_B 按下列公式计算（图 11.1-19b）：

$$R_A = \frac{\delta_{BB}\Delta_n - \delta_{AB}\Delta'_n}{\delta_{AA}\delta_{BB} - \delta_{AB}^2} \qquad (11.1\text{-}20a)$$

$$R_B = \frac{\delta_{AA}\Delta'_n - \delta_{AB}\Delta_n}{\delta_{AA}\delta_{BB} - \delta_{AB}^2} \qquad (11.1\text{-}20b)$$

3）由温度变形产生的柱底最大弯矩 M_t 及最大剪力 V_t 为：

$$M_t = R_A H + R_B H_2 \qquad (11.1\text{-}21)$$

$$V_t = R_A + R_B \qquad (11.1\text{-}22)$$

然后根据 M_t、V_t 计算柱子的温度应力。

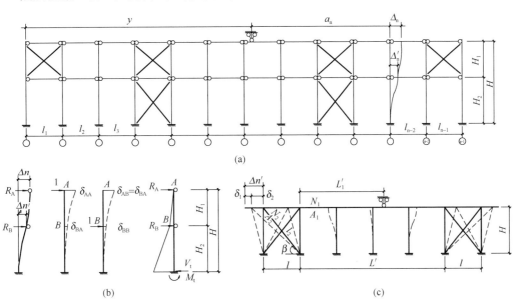

图 11.1-19　厂房纵向温度应力计算简图

（a）温度作用下厂房纵向不动点的位置；（b）柱顶及吊车梁或吊车桁架上翼缘顶面标高处的温度作用力；
（c）由于温度变化而在下柱支撑顶面标高所产生的水平位移

（3）若柱底设计为铰接，则可以不考虑柱子的温度应力。

（4）纵向构件的设计应考虑由温度变化所产生的轴向力的影响，纵向构件端头的连接应分别按 R_A、R_B 进行验算。

（5）柱间支撑的温度应力，可根据支撑桁架节点的温度变化参考下列方法计算，如图 11.1-19c 所示，柱间支撑为十字形交叉支撑，假定按拉杆设计：

1）由于温度变化而在下柱支撑顶面标高所产生的水平位移 Δ'_n 按下列公式计算：

$$\delta_1 = \frac{N_1 L'_n}{EA_1} = \frac{N_2 \cos\beta L'_n}{EA_1} \qquad (11.1\text{-}23)$$

$$\delta_2 = \frac{N_2 l_2}{EA_2 \cos\beta} \qquad (11.1\text{-}24)$$

$$\Delta'_n = \delta_1 + \delta_2 = \frac{N_2 \cos\beta L'_n}{EA_1} + \frac{N_2 l_2}{EA_2 \cos\beta} \qquad (11.1\text{-}25)$$

式中　N_1——由于温度变化引起吊车梁或其他纵向构件的内力；

　　　N_2——由于温度变化引起下段柱支撑斜杆的内力；

　　　δ_1——吊车梁或其他纵向构件在轴心力 N_1 作用下的弹性变形；

　　　δ_2——支撑斜杆在 N_2 作用下所产生的水平位移；

　　　A_1——吊车梁或其他纵向水平构件的截面面积；

A_2, l_2——下段柱柱间支撑斜杆的截面面积和长度；

　　　β——支撑斜杆的倾角。

2）根据式（11.1-25）和式（11.1-19b）的结果，可得支撑斜杆的内力 N_2 为：

$$N_2 = \frac{\alpha}{\eta'}\left[\frac{E\Delta t A_2 \cos\beta}{\dfrac{A_2}{A_1}\cos^2\beta + \dfrac{l_2}{L_n'}}\right] \tag{11.1-26}$$

3）根据 N_2 计算支撑斜杆的温度应力为：

$$\sigma_{2t} = \frac{\alpha}{\eta'}\left[\frac{E\Delta t \cos\beta}{\dfrac{A_2}{A_1}\cos^2\beta + \dfrac{l_2}{L_n'}}\right] \tag{11.1-27}$$

2. 纵向抗侧力结构的荷载组合

上述柱子、柱间支撑、纵向构件的温度应力应与其他各种荷载所产生的应力进行组合。温度作用的组合值系数可取 0.6。

六、框（排）架结构计算中的特殊问题

1. 抽柱框（排）架区结构的计算

等柱距、不拔柱子的计算单元，一般只计算一个框排架，内力可以用来校核各列柱子断面。边列柱板厚可减小 2～4mm。

拔柱子的计算单元，一般以最大柱距作为划分计算单元的标准，柱子的刚度和受荷范围要匹配，内力用来校核拔柱列的柱子断面。

2. 采用大跨屋盖结构时的框架结构计算

《钢结构设计标准》GB 50017—2017 所指的大跨屋盖结构，主要指与传统板式、梁板式屋盖结构相区别的结构，从受力状态区分一般指以整体受拉压为主的结构，如张拉体系、各种单层网壳等。框架柱的计算长度除考虑框架有侧移失稳外，还应计算无侧移失稳。

空间网格结构分析时，应考虑上部空间网格结构与下部支承结构的相互影响。空间网格结构的协同分析可把下部支承结构折算等效刚度和等效质量作为上部空间网格结构分析时的条件；也可把上部空间网格结构折算等效刚度和等效质量作为下部支承结构分析时的条件；也可以将上、下部结构做整体分析。

分析空间网格结构时，应根据结构形式、支座节点的位置、数量和构造情况以及支承结构的刚度，确定合理的边界约束条件。支座节点的边界约束条件，对于网架、双层网壳和立体桁架，应按实际构造采用两向或一向可侧移、无侧移的铰接支座或弹性支座；对于单层网壳，可采用不动铰支座，也可采用刚接支座或弹性支座。

空间网格结构与其支承结构之间相互作用的影响往往十分复杂，因此分析时应考虑两者的相互作用而进行协同分析。结构分析时应根据上、下部的影响设计结构体系的传力路线，确定上、下部连接的刚度并选择合适的计算模型。

空间网格结构的支承条件对结构的计算结果有较大影响，支座节点在哪些方向有约束或为弹性约束应根据支承结构的刚度和支座节点的连接构造来确定。

人字形屋架有折线拱的推力作用，使柱受力不利，设计时，可提出在屋面材料安装完毕后再将屋架支座焊接固定的要求以减少推力的影响。当端腹杆设计为上承式时，这种拱作用可以忽略不计。

3. 多跨多台吊车荷载的组合作用

（1）多台吊车的组合：计算框架考虑多台吊车竖向荷载时，对单层吊车的单跨厂房的每个框架，参与组合的吊车台数不宜多于 2 台；对单层吊车的多跨厂房的每个框架，不宜多于 4 台；对双层吊车的单跨厂房宜按上层和下层吊车分别不多于 2 台进行组合；对双层吊车的多跨厂房宜按上层和下层吊车分别不多于 4 台进行组合，且当下层吊车满载时，上层吊车应按空载计算；上层吊车满载时，下层吊车不应计入。考虑多台吊车横向或纵向水平荷载时，对单层吊车或双层吊车的单跨或多跨厂房的每个框架，一般参与组合的吊车台数不应多于 2 台。工艺有特殊要求时，应按实际情况考虑。

（2）多台吊车组合的荷载折减系数：计算厂房框架时，多台吊车的竖向荷载和水平荷载的标准值，应乘以表 11.1-5 中规定的折减系数。

多台吊车组合的荷载折减系数　　　　　　　　表 11.1-5

参与组合的吊车台数	吊车工作级别	
	A1～A5	A6～A8
2	0.90	0.95
3	0.85	0.90
4	0.80	0.85

4. 吊车荷载作用对铰接排架横梁的附加内力

对于铰接排架，单跨厂房柱顶水平力会对屋架产生压力，多跨厂房柱顶水平力会对屋架产生压力或拉力，在屋架设计中需要考虑上述附加内力。详见本手册第 11.2 节屋盖系统。

5. 伸缩缝区段长度取值与纵（横）向温度应力的计算

温度伸缩缝满足表 11.1-2 中规定时，可不考虑温度应力和温度变形的影响。若不满足规定，可采取下述办法解决：

（1）通过构造设计，结合施工措施，满足自由伸缩要求（柔性柱、滚动支座等），计算不考虑温度应力；

（2）考虑温度荷载参与框排架组合。

11.1.5 单层厂房柱构件

一、柱的种类及其适用范围

1. 柱的类型

框架柱按结构形式的不同，通常有变截面柱、等截面柱、阶形柱和分离式柱四大类。变截面柱的设计及构造见本手册第 10 章门式刚架结构。

（1）等截面柱：沿柱高度截面不变，如图 11.1-20 所示。等截面柱构造简单，一般适

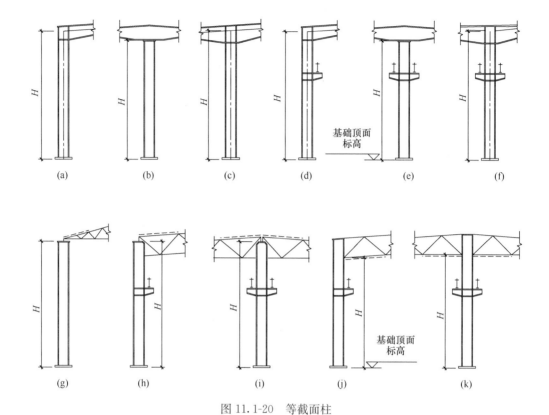

图 11.1-20　等截面柱

（a）、（c）、（d）、（f）屋面实腹梁与柱顶刚接的等截面柱的计算高度；（b）、（e）屋面实腹梁与柱顶铰接的等截面
柱的计算高度；（g）、（h）、（i）屋面桁架与柱顶铰接的等截面柱的计算高度；（j）、（k）屋面桁架与柱顶刚接的
等截面柱的计算高度

用于无吊车或吊车起重量 $Q \leqslant 20t$ 的 A1～A5 工作级别桥式吊车或 3t 悬挂式起重机、轨面标高 $\leqslant 9m$、柱距 $\leqslant 9m$ 的轻型厂房中。

（2）阶形柱：沿柱高度在肩梁处截面发生突变，通常采用的有单阶柱和双阶柱两种，如图 11.1-21 所示。上段柱一般为实腹式柱，下段柱一般为格构式柱，中段柱可为实腹式柱或格构式柱。阶形柱由于吊车梁或吊车桁架支承在与下柱肢对齐的肩梁上端，荷载偏心小，构造合理，其用钢量比等截面柱节省，在单层厂房中广泛应用。

（3）分离式柱：系将一侧吊车肢与组成横向框架的下柱分离，两者之间以水平板相连，组成的混合柱，如图 11.1-22 所示。由于水平板在竖向的刚度很小，不满足缀板柱的构造要求，故认为分离式柱肢独立承担其吊车竖向荷载，其吊车水平荷载则由横向框架的柱肢承担。分离式柱构造简单，一般用于厂房边列柱外侧设有轨面标高较低的露天吊车，或厂房扩建加跨时采用，可以减少对旧有横向框架的影响。

2. 柱的截面尺寸选择

柱肢结构形式的选择，既要考虑经济性，又要考虑使用的安全和方便，还要考虑厂房的协调和美观，以及施工的简便。柱的截面高度主要由柱的高度及荷载决定，断面选定的过程，其实就是优化设计的过程。初选断面时，一般参考类似工程按刚度要求确定，框架柱的截面高度可以参考表 11.1-6。

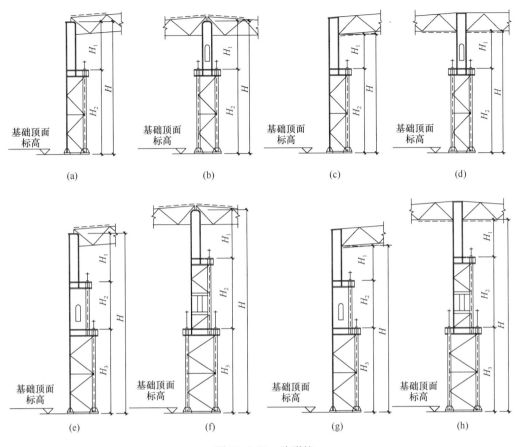

图 11.1-21 阶形柱

（a）、（b）屋面桁架与柱顶铰接的单阶柱的计算高度；（c）、（d）屋面桁架与柱顶刚接的单阶柱的计算高度；

（e）、（f）屋面桁架与柱顶铰接的双阶柱的计算高度；（g）、（h）屋面桁架与柱顶刚接的双阶柱的计算高度

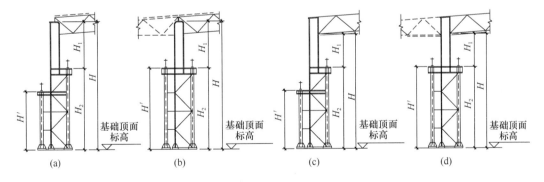

图 11.1-22 分离式柱

（a）、（b）屋面桁架与柱顶铰接的分离式柱的计算高度；（c）、（d）屋面桁架与柱顶刚接的分离式柱的计算高度

如果需要在上段柱的腹板中设置人孔，则其截面高度不宜小于 800mm。中段柱的截面高度一般根据上段柱与下段柱的截面尺寸由构造确定。分离式吊车肢的截面高度（沿吊车梁方向）约为其本身高度的 $\dfrac{1}{15}$。

等截面柱及上段柱的截面宽度的选择，宜使柱子平面外长细比与平面内长细比接近，一般取其截面高度的 $0.35\sim1.00$ 倍，通常不宜小于 300mm。

厂房柱的下段柱的截面宽度（垂直于跨度方向）约为截面高度的 $\dfrac{1}{2}\sim\dfrac{1}{5}$，或下段柱高度的 $\dfrac{1}{20}\sim\dfrac{1}{30}$，通常不宜小于 400mm。

表 11.1-6

框架柱的截面高度（m）

柱类别		柱高(m)	无吊车厂房	轻型厂房 $Q\leqslant30t$	中型厂房 $Q\leqslant50\sim100t$	重型厂房 $Q\leqslant125\sim250t$	特重型厂房 $Q\geqslant300t$
等截面柱		$H\leqslant9$	$\left(\dfrac{1}{15}\sim\dfrac{1}{20}\right)H$	$\left(\dfrac{1}{12}\sim\dfrac{1}{18}\right)H$			
		$9<H\leqslant20$	$\left(\dfrac{1}{18}\sim\dfrac{1}{25}\right)H$	$\left(\dfrac{1}{15}\sim\dfrac{1}{20}\right)H$			
		$H>20$	$\left(\dfrac{1}{20}\sim\dfrac{1}{30}\right)H$				
阶形柱	上段柱	$H_1\leqslant5$		$\left(\dfrac{1}{7}\sim\dfrac{1}{10}\right)H_1$	$\left(\dfrac{1}{6}\sim\dfrac{1}{9}\right)H_1$		
		$5<H_1\leqslant9$			$\left(\dfrac{1}{8}\sim\dfrac{1}{10}\right)H_1$	$\left(\dfrac{1}{7}\sim\dfrac{1}{10}\right)H_1$	$\left(\dfrac{1}{6}\sim\dfrac{1}{9}\right)H_1$
		$H_1>9$			$\left(\dfrac{1}{9}\sim\dfrac{1}{12}\right)H_1$	$\left(\dfrac{1}{8}\sim\dfrac{1}{12}\right)H_1$	$\left(\dfrac{1}{7}\sim\dfrac{1}{10}\right)H_1$
	下段柱	$H\leqslant18$		$\left(\dfrac{1}{12}\sim\dfrac{1}{15}\right)H$	$\left(\dfrac{1}{11}\sim\dfrac{1}{15}\right)H$	$\left(\dfrac{1}{9}\sim\dfrac{1}{12}\right)H$	$\left(\dfrac{1}{8}\sim\dfrac{1}{10}\right)H$
		$18<H\leqslant26$		$\left(\dfrac{1}{12}\sim\dfrac{1}{18}\right)H$	$\left(\dfrac{1}{10}\sim\dfrac{1}{15}\right)H$	$\left(\dfrac{1}{9}\sim\dfrac{1}{12}\right)H$	
		$H>26$		$\left(\dfrac{1}{15}\sim\dfrac{1}{20}\right)H$	$\left(\dfrac{1}{12}\sim\dfrac{1}{18}\right)H$	$\left(\dfrac{1}{10}\sim\dfrac{1}{15}\right)H$	

注：表中 H—柱的全高；H_1—阶形柱的上段柱高，参见图 11.1-20、图 11.1-21、图 11.1-22。

二、柱的截面形式选用

（1）实腹式柱的截面形式如图 11.1-23 所示。

图 11.1-23a 为热轧普通工字钢，标准号 GB 706，优点是残余应力小，平面内刚度大，且市场货源充足，省工省时，缺点是平面外刚度小。使用时应加强平面外的支撑，使

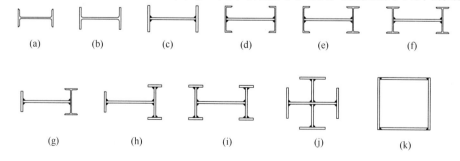

图 11.1-23 实腹式柱的截面形式

（a）热轧普通工字钢；（b）热轧 H 型钢；（c）焊接 H 型钢或焊接工字型截面；（d）、（e）、（f）、（i）由热轧槽钢、热轧工字钢、或焊接 H 型钢与一块钢板焊接而成的截面；（g）、（h）用于厂房边列阶形柱的下段柱或双肩柱的中段柱；（j）、（k）用于荷载较大的等截面柱

平面外长细比与平面内长细比接近。一般多用于格构式柱的单肢。

图 11.1-23b 为热轧 H 型钢，标准号 GB 11263，细分为宽翼缘 H 型钢（HW）、中翼缘 H 型钢（HM）及窄翼缘 H 型钢（HN），截面高度最大达到 1000mm，截面宽度最大达到 500mm。热轧 H 型钢是在热轧普通工字钢的基础上发展演变而来的一种新型经济断面型材，截面面积分配更加优化、强重比更加合理，在各个方向上都具有抗弯能力强、施工简单、节约成本和结构重量轻等优点，使用面较广。设计中可以根据柱子平面外的计算长度与平面内的计算长度之间的关系进行合理选择。一般用于厂房等截面柱、阶形柱的上段柱，以及格构式柱的吊车肢。

图 11.1-23c 为焊接 H 型钢或焊接工字型截面。焊接 H 型钢的标准号为 YB3301，型号范围 WH100×50×3.2×4.5～WH 2000×850×20×55，系生产厂自动化焊接。焊接工字型截面，在加工厂制作完成，可根据设计要求完成任意截面。两者均可用于厂房等截面柱、阶形柱的上段柱及下段柱的柱肢。

图 11.1-23d、e、f、i 所示的由热轧槽钢、热轧工字钢或焊接 H 型钢与一块钢板焊接而成的截面，可用于吊车起重量不大的等截面柱、厂房边列阶形柱的下段柱或中列阶形柱的下段柱。

图 11.1-23g、h 所示截面，一般用于厂房边列阶形柱的下段柱或双肩柱的中段柱。

图 11.1-23j、k 所示截面，一般用于荷载较大的等截面柱。

（2）格构式柱的截面形式如图 11.1-24 所示。

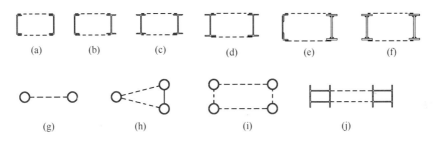

图 11.1-24　格构式柱的截面形式

(b)、(e)、(g)、(h) 用于边列柱组合截面；(a)、(c)、(d)、(f)、(i)、(j) 用于中列柱组合截面

当中段柱或下段柱的截面高度超过 1000mm 时，宜采用格构式柱。其中，图 11.1-24b、e、g、h 组合截面一般用于边列柱；图 11.1-24a、c、d、f、i、j 组合截面一般用于中列柱。

三、计算长度与长细比

1. 柱的计算长度

厂房框架柱的计算长度与框架是否有侧移、上下柱的截面形式、框架横梁（屋架）与柱的连接形式、柱与基础的连接形式、框架横梁（屋架）和柱的线刚度、柱的高度等因素有关。单层厂房在横向框架平面内按无支撑框架考虑，框架柱的计算长度等于该层（段）柱的高度乘以计算长度系数。阶形柱与横梁（屋架）铰接时，将柱视为柱顶为自由的阶形柱；柱与横梁刚接时，将柱视为柱顶可移动但不转动的阶形柱。

（1）单层厂房等截面柱在框架平面内的计算长度 H_0 按下列公式确定：

$$H_0 = \mu H \tag{11.1-28}$$

式中　　H ——柱的高度：a. 当柱上端与框架横梁（屋架）铰接时，取柱脚底面至柱顶面的距离；b. 当柱上端与框架横梁（屋架）刚接时，则应视屋面构件情况而分别取值：对屋面梁，取屋面梁重心线（对变截面梁，取其最小端的中心与横梁上表面平行的轴线）与柱重心线的交点；对上承式屋架，取上弦水平支撑重心线（亦可近似取柱顶）与柱重心线的交点；对下承式屋架，取下弦水平支撑重心线（或下弦重心线）与柱重心线的交点。可参考图 11.1-20 取用。

μ——计算长度系数：a. 当采用二阶弹性分析方法计算内力且在柱顶附加考虑假想水平力 H_{ni} 时，取 $\mu = 1.0$；b. 当采用一阶弹性分析方法计算内力时，根据相交于柱上端的横梁线刚度之和与柱线刚度之和的比值 K_1、相交于柱下端的横梁线刚度之和与柱线刚度之和的比值 K_2，按《钢结构设计标准》GB 50017—2017 附录 E 表 E.0.2 有侧移框架柱的计算长度系数确定。

I——柱截面惯性矩，当为格构式柱时，考虑缀材变形的影响，I 值应乘以折减系数 0.9；

I_0——框架横梁（屋架）的惯性矩：a. 对等截面实腹梁，为其截面惯性矩；b. 对桁架式屋架，应取屋架跨中最大截面处的惯性矩，并根据屋架上弦的不同坡度乘以下列折减系数：当屋架上弦坡度为 1/8～1/10 时，取 0.65～0.7；为 1/12～1/15 时，取 0.75～0.8；为 0 时，取 0.9。

l——横梁（屋架）跨度。

采用一阶弹性分析方法计算内力时，几种特殊情况下的等截面框架柱的计算长度系数计算分列如下：

1）上述计算长度系数 μ 也可按下列简化公式计算：

$$\mu = \sqrt{\frac{7.5K_1K_2 + 4(K_1 + K_2) + 1.52}{7.5K_1K_2 + K_1 + K_2}} \qquad (11.1-29)$$

式中 K_1、K_2——分别为相交于柱上端、柱下端的横梁线刚度之和与柱线刚度之和的比值。K_1、K_2 的修正见《钢结构设计标准》GB 50017—2017 附录 E 表 E.0.2 注。

2）设有摇摆柱时，摇摆柱自身的计算长度系数取 1.0，框架柱的计算长度系数应乘以放大系数 η，η 应按下式计算：

$$\eta = \sqrt{1 + \frac{\sum(N_1/h_1)}{\sum(N_f/h_f)}} \qquad (11.1-30)$$

式中 $\sum(N_f/h_f)$——本层各框架柱轴心压力设计值与柱子高度比值之和；

$\sum(N_1/h_1)$——本层各摇摆柱轴心压力设计值与柱子高度比值之和。

3）当有侧移框架同层各柱的 N/I 不相同时，柱计算长度系数宜按下列公式计算：

$$\mu_i = \sqrt{\frac{N_{Ei}}{N_i} \cdot \frac{1.2}{K} \sum \frac{N_i}{h_i}} \qquad (11.1-31)$$

$$N_{Ei} = \pi^2 EI_i/h_i^2 \qquad (11.1-32)$$

当框架附有摇摆柱时，框架柱的计算长度系数由下式确定：

$$\mu_i = \sqrt{\frac{N_{Ei}}{N_i} \cdot \frac{1.2\sum(N_i/h_i) + \sum(N_{1j}/h_j)}{K}} \qquad (11.1-33)$$

当根据式（11.1-31）或式（11.1-33）计算而得的 μ_i 小于 1.0 时取 $\mu_i = 1$。

式中 N_i ——第 i 根柱轴心压力设计值；

       N_{Ei} ——第 i 根柱的欧拉临界力；

       h_i ——第 i 根柱高度；

       K ——框架层侧移刚度，即产生层间单位侧移所需的力；

       N_{1j} ——第 j 根摇摆柱轴心压力设计值；

       h_j ——第 j 根摇摆柱的高度。

4）计算单层框架的计算长度系数时，K 值宜按柱脚的实际约束情况进行计算，也可按理想情况（铰接或刚接）确定 K 值，并对算得的系数 μ 进行修正。

5）当多层单跨框架的顶层采用轻型屋面，或多跨多层框架的顶层抽柱形成较大跨度时，顶层框架柱的计算长度系数应忽略屋面梁对柱子的转动约束。

（2）单层厂房框架下端刚性固定的带牛腿等截面柱在框架平面内的计算长度应按下列公式确定：

$$H_0 = \alpha_N \left[\sqrt{\frac{4 + 7.5 K_b}{1 + 7.5 K_b}} - \alpha_K \left(\frac{H_1}{H} \right)^{1+0.8 K_b} \right] H \tag{11.1-34}$$

$$K_b = \frac{\sum (I_{bi}/l_i)}{I_c/H} \tag{11.1-35}$$

当 $K_b < 0.2$ 时：

$$\alpha_K = 1.5 - 2.5 K_b \tag{11.1-36}$$

当 $0.2 \leqslant K_b < 2.0$ 时：

$$\alpha_K = 1.0 \tag{11.1-37}$$

$$\gamma = \frac{N_1}{N_2} \tag{11.1-38}$$

当 $\gamma \leqslant 0.2$ 时：

$$\alpha_N = 1.0 \tag{11.1-39}$$

当 $\gamma > 0.2$ 时：

$$\alpha_N = 1 + \frac{H_1}{H_2} \frac{(\gamma - 0.2)}{1.2} \tag{11.1-40}$$

式中 H_1、H_2、H ——分别为柱在牛腿表面以下的高度和牛腿表面以上的高度，以及柱的总高度（图11.1-25）；

       K_b ——与柱连接的斜梁线刚度之和与柱线刚度之比；

       α_K ——和比值 K_b 有关的系数；

       α_N ——考虑压力变化的系数；

       γ ——柱上、下段压力比；

   N_1、N_2 ——分别为上、下段柱的轴心压力设计值；

   I_{bi}、l_i ——分别为第 i 根梁的截面惯性矩和跨度；

       I_c ——为柱截面惯性矩。

（3）单层厂房单阶柱在框架平面内的计算长度按下列公式

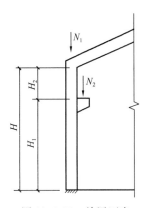

图 11.1-25 单层厂房框架示意

556 第 11 章 单层与多层厂房钢结构

确定：

上段柱	$H_{01} = \mu_1 H_1$	(11.1-41)
下段柱	$H_{02} = \mu_2 H_2$	(11.1-42)

式中 H_1 —— 上段柱高度：a. 当柱上端与框架横梁（屋架）铰接时，取肩梁顶面至柱顶面的距离；b. 当柱上端与框架横梁（屋架）刚接时，则应视屋面构件情况而分别取值，参见图 11.1-21；

H_2 —— 下段柱高度，取柱脚底面至肩梁顶面之间的距离；

μ_1 —— 上段柱的计算长度系数，应按下式确定：

$$\mu_1 = \frac{\mu_2}{\eta_1} \tag{11.1-43}$$

η_1 —— 参数，根据式（11.1-47）计算；

μ_2 —— 下段柱的计算长度系数，按下列情况分别取值：

1) 当柱上端与横梁铰接时，应按《钢结构设计标准》GB 50017—2017 附录 E 表 E.0.3 柱上端为自由的单阶柱下段的计算长度系数的数值乘以表 11.1-7 的折减系数；当柱上端与桁架形横梁刚接时，应按《钢结构设计标准》GB 50017—2017 附录 E 表 E.0.4 柱上端可移动但不转动的单阶柱下段的计算长度系数的数值乘以表 11.1-7 的折减系数。

2) 当柱上端与实腹梁刚接时，应按下列公式计算的系数 μ_2^1 乘以表 11.1-7 的折减系数，系数 μ_2^1 不应大于按柱上端与横梁铰接计算时得到的 μ_2 值，且不小于按柱上端与桁架形横梁刚接计算时得到的 μ_2 值。

$$K_b = \frac{I_b / l_b}{I_1 / H_1} \tag{11.1-44}$$

$$K_c = \frac{I_1 / H_1}{I_2 / H_2} \tag{11.1-45}$$

$$\mu_2^1 = \frac{\eta_1^2}{2(\eta_1 + 1)} \cdot \sqrt[3]{\frac{\eta_1 - K_b}{K_b} + (\eta_1 - 0.5)K_c + 2} \tag{11.1-46}$$

$$\eta_1 = \frac{H_1}{H_2}\sqrt{\frac{N_1}{N_2} \cdot \frac{I_2}{I_1}} \tag{11.1-47}$$

式中 I_b、l_b —— 实腹钢梁的惯性矩和跨度；

I_1、H_1 —— 阶形柱上段柱的惯性矩和柱高；

I_2、H_2 —— 阶形柱下段柱的惯性矩和柱高，当下段柱为格构式柱时，该柱段的惯性矩应乘以折减系数 0.9；

K_b —— 横梁线刚度与上段柱线刚度的比值；

K_c —— 阶形柱上段柱线刚度与下段柱线刚度的比值；

η_1 —— 参数。

（4）单层厂房双阶柱在框架平面内的计算长度按下述公式确定：

上段柱	$H_{01} = \mu_1 H_1$	(11.1-48)
中段柱	$H_{02} = \mu_2 H_2$	(11.1-49)
下段柱	$H_{03} = \mu_3 H_3$	(11.1-50)

式中 H_1 —— 上段柱高度，与单阶柱决定方法相同；

H_2——中段柱高度，取下部肩梁顶面至上部肩梁顶面之间的距离；

H_3——下段柱高度，取柱脚底面至下部肩梁顶面之间的距离。

μ_1——上段柱的计算长度系数，应按下式确定：

$$\mu_1 = \frac{\mu_3}{\eta_1} \tag{11.1-51}$$

μ_2——中段柱的计算长度系数，应按下式确定：

$$\mu_2 = \frac{\mu_3}{\eta_2} \tag{11.1-52}$$

μ_3——下段柱的计算长度系数：当柱上端与横梁铰接时，等于按《钢结构设计标准》GB 50017—2017 附录 E 表 E.0.5 柱上端为自由的双阶柱下段的计算长度系数的数值乘以表 11.1-7 的折减系数；当柱上端与横梁刚接时，等于按《钢结构设计标准》GB 50017—2017 附录 E 表 E.0.6 柱上端可移动但不转动的双阶柱下段的计算长度系数的数值乘以表 11.1-7 的折减系数。

I_1、I_2、I_3——分别为上段柱、中段柱和下段柱的惯性矩，当某柱段为格构式柱时，该柱段的计算值应乘以折减系数 0.9。

单层厂房阶形柱计算长度的折减系数　　　　　表 11.1-7

厂房类型			折减系数
单跨或多跨	纵向温度区段内一个柱列的柱子数	屋面情况	厂房两侧是否有通长的屋盖纵向水平支撑	
单跨	等于或少于 6 个	—	—	0.9
	多于 6 个	非大型混凝土屋面板的屋面	无纵向水平支撑	
			有纵向水平支撑	0.8
		大型混凝土屋面板的屋面	—	
多跨	—	非大型混凝土屋面板的屋面	无纵向水平支撑	
			有纵向水平支撑	0.7
		大型混凝土屋面板的屋面	—	

（5）框架柱平面外（厂房纵向）的计算长度应取阻止框架平面外位移的支承点（柱的支座、吊车梁、托架以及支撑和纵向梁的固定节点等）之间的距离。

1）对于下端刚性固定于基础上的等截面柱，其框架平面外的计算长度取柱脚底面至屋盖纵向水平支撑或纵向构件（如：托架或柱顶压杆）支承节点处的距离，当设有吊车梁系统及上下段柱间支撑的等截面框架柱，其框架平面外的计算长度取下述两者中的大值：柱脚底面至肩梁顶面之间的距离；吊车梁顶面至屋盖纵向水平支撑或纵向构件支承节点处的距离。

2）阶形柱在框架平面外的计算长度：当设有吊车梁系统及上下段柱间支撑而无其他纵向支承构件时，上段柱平面外的计算长度可取吊车梁顶面（对于双阶柱为上层吊车梁顶面）至屋盖纵向水平支撑或纵向构件（如托架或柱顶压杆）支承节点处的距离；双阶柱的中段柱在框架平面外的计算长度，可取下层吊车梁顶面至上部肩梁顶面之间的距离；下段柱在框架平面外的计算长度，取柱脚底面至肩梁顶面（对于双阶柱为下层肩梁顶面）之间的距离。

3）在等截面柱及阶形柱的各段柱中间，若设有其他纵向水平构件（如：通长参观走道、通长水平桁架或刚性系杆），并满足轴压构件长细比限值，且能承受沿被撑构件屈曲方向的支撑力时，则该段柱在框架平面外的计算长度，取各纵向构件与柱连接节点之间的距离。

（6）分离式柱框架平面内的计算长度取水平连接板之间的距离，框架平面外的计算长度取 $0.7H(H$ —自柱脚底面至吊车肢顶面之间的距离）。

2. 长细比

长细比反映框架柱正常使用极限状态的刚度要求，并用于确定承载能力极限状态受压构件的稳定系数。框架柱的长细比等于其计算长度与相应的截面回转半径的比值，对于格构式柱，应采用其换算长细比。

（1）实腹式轴压构件长细比的确定：

1）截面为双轴对称的构件

① 当计算弯曲屈曲时

$$\begin{cases} \lambda_x = \dfrac{l_{0x}}{i_x} \\ \lambda_y = \dfrac{l_{0y}}{i_y} \end{cases} \tag{11.1-53}$$

式中　l_{0x}、l_{0y}——分别为构件对截面主轴 x 和 y 的计算长度；

i_x、i_y——分别为构件截面对主轴 x 和 y 的回转半径。

② 当计算扭转屈曲时

$$\lambda_z = \sqrt{\dfrac{I_0}{I_t/25.7 + I_\omega/l_\omega^2}} \tag{11.1-54}$$

式中　I_0、I_t、I_ω——分别为构件毛截面对剪心的极惯性矩、自由扭转常数和扇性惯性矩，对十字形截面可近似取 $I_\omega = 0$；

l_ω——扭转屈曲的计算长度，两端铰支且端截面可自由翘曲者，取几何长度 l；两端嵌固且端部截面的翘曲完全受到约束者，取 $0.5l$。

对于双轴对称十字形截面，当取 $I_\omega = 0$ 时其扭转屈曲临界应力与板的局部屈曲临界应力等价，因此只要板件满足局部稳定要求，即板件宽厚比不超过 $15\varepsilon_k$ 者，可不计算扭转屈曲。

2）截面为单轴对称的构件

① 当计算绕非对称主轴的弯曲屈曲时，长细比应由式（11.1-53）确定。

② 当计算绕对称主轴的弯扭屈曲时

$$\lambda_{yz} = \dfrac{1}{\sqrt{2}}\left[(\lambda_y^2 + \lambda_z^2) + \sqrt{(\lambda_y^2 + \lambda_z^2)^2 - 4\left(1 - \dfrac{y_s^2}{i_0^2}\right)\lambda_y^2\lambda_z^2}\right]^{\frac{1}{2}} \tag{11.1-55}$$

式中　y_s——截面形心至剪心的距离；

i_0——截面对剪心的极回转半径，单轴对称截面 $i_0^2 = y_s^2 + i_x^2 + i_y^2$；

λ_z——扭转屈曲换算长细比，由式（11.1-54）确定。

③ 等边单角钢轴压构件当绕两主轴弯曲的计算长度相等时，可不计算弯扭屈曲。常

用的双角钢组合 T 形截面，长细比按《钢结构设计标准》GB 50017—2017 式（7.2.2-5～7.2.2-13）计算。

3）截面无对称轴且剪心和形心不重合的构件，长细比按本手册第 6.2 节式(6.2-15)～式(6.2-20)计算。其中，不等边角钢轴压构件的长细比可采用本手册第 6.2 节简化公式 (6.2-21)计算。

（2）轴心受力构件的长细比容许值

规范规定的轴压、轴拉构件的长细比容许值分别见表 11.1-8、表 11.1-9。

受压构件的长细比容许值 表 11.1-8

构件名称	长细比容许值
轴心受压柱、桁架和天窗架中的压杆	150
柱的缀条、吊车梁或吊车桁架以下的柱间支撑	150
支撑	200
用以减小受压构件计算长度的杆件	200

注：1. 当杆件内力设计值不大于承载能力的 50%时，长细比容许值可取 200；
    2. 计算单角钢受压构件的长细比时，应采用角钢的最小回转半径，但计算在交叉点相互连接的交叉杆件平面外的长细比时，可采用与角钢肢边平行轴的回转半径；
    3. 跨度等于或大于 60m 的桁架，其受压弦杆、端压杆和直接承受动力荷载的受压腹杆的长细比不宜大于 120；
    4. 验算长细比容许值时，可不考虑扭转效应。

受拉构件的长细比容许值 表 11.1-9

构件名称	承受静力荷载或间接承受动力荷载的结构			直接承受动力荷载的结构
	一般建筑结构	对腹杆提供面外支点的弦杆	有重级工作制起重机的厂房	
桁架构件	350	250	250	250
吊车梁或吊车桁架以下柱间支撑	300	—	200	—
除张紧的圆钢外的其他拉杆、支撑、系杆等	400	—	350	—

注：1. 除对腹杆提供面外支点的弦杆外，承受静力荷载的结构受拉构件，可仅计算竖向平面内的长细比；
    2. 在直接或间接承受动力荷载的结构中，单角钢受拉构件长细比的计算方法与表 11.1-8 注 2 相同；
    3. 中、重级工作制吊车桁架下弦杆的长细比不宜超过 200；
    4. 在设有夹钳或刚性料耙等硬钩起重机的厂房中，支撑的长细比不宜超过 300；
    5. 受拉构件在永久荷载与风荷载组合作用下受压时，其长细比不宜超过 250；
    6. 跨度等于或大于 60m 的桁架，其受拉弦杆和腹杆的长细比，承受静力荷载或间接承受动力荷载时，不宜超过 300；直接承受动力荷载时，不宜超过 250；
    7. 柱间支撑按拉杆设计时，竖向荷载作用下柱子的轴力应按无支撑时考虑。

四、等截面实腹柱计算和构造

单层厂房等截面实腹柱，在一般情况下均系单向压弯构件，其弯矩作用在框架平面内。对于这类柱应进行截面强度计算、框架平面内和平面外的稳定计算、局部稳定计算和刚度的计算。

1. 强度与稳定计算

（1）当计算截面无削弱时，可仅计算其稳定性，不必计算其强度。当计算截面有孔洞等削弱时，应计算其强度。强度应按下式计算：

$$\frac{N}{A_n} \pm \frac{M_x}{\gamma_x W_{nx}} \leqslant f \tag{11.1-56}$$

式中　　M_x——所计算柱段在框架平面内（绕 $x\text{-}x$ 轴）的最大弯矩设计值；

　　　　N——同一截面处与弯矩 M_x 相对应的轴心压力设计值；

　　　　W_{nx}——对 x 轴的净截面模量；

　　　　γ_x——与截面模量相应的截面塑性发展系数，按本手册第 6.3 节表 6.3-1 采用；

　　　　A_n——柱净截面面积；

　　　　f——钢材的抗拉、抗压和抗弯强度设计值。

（2）框架平面内的稳定应按下式计算：

$$\frac{N}{\varphi_x A f} + \frac{\beta_{mx} M_x}{\gamma_x W_{1x}\left(1 - 0.8\dfrac{N}{N'_{EX}}\right) f} \leqslant 1 \tag{11.1-57}$$

式中　　A——柱毛截面面积；

　　　　φ_x——弯矩作用平面内（绕 x 轴）的轴心受压构件稳定系数，根据《钢结构设计标准》GB 50017 表 7.2.1-1 截面分类和长细比及钢号修正系数 ε_k 按现行《钢结构设计标准》GB 50017 附录 D 表 D.0.1~D.0.4 采用；

　　　　N'_{Ex}——考虑抗力分项系数的欧拉临界力，$N'_{Ex} = \dfrac{\pi^2 EA}{1.1\lambda_x^2}$；

　　　　λ_x——弯矩作用平面内的长细比；

　　　　W_{1x}——弯矩作用平面内（对 x 轴）较大受压纤维的毛截面模量；

　　　　β_{mx}——等效弯矩系数，单层厂房在框架平面内按有侧移框架考虑。有横向荷载作用的柱脚铰接单层框架柱，取 $\beta_{mx} = 1.0$，其他情况可按下式计算：

$$\beta_{mx} = 1 - 0.36\frac{N}{N_{cr}} \tag{11.1-58}$$

式中　　N_{cr}——构件的弹性临界荷载，$N_{cr} = \dfrac{\pi^2 EI}{(\mu l)^2}$；

　　　　μ——构件的计算长度系数。

（3）框架平面外的稳定，应按下式计算：

$$\frac{N}{\varphi_y A f} + \eta\frac{\beta_{tx} M_x}{\varphi_b W_{1x} f} \leqslant 1 \tag{11.1-59}$$

式中　　φ_y——弯矩作用平面外（对 y 轴）的轴心受压构件稳定系数，根据《钢结构设计标准》GB 50017—2017 截面分类表 7.2.1-1 和长细比（对单轴对称截面，应按轴压构件弯扭屈曲的换算长细比确定）及钢号修正系数 ε_k 按《钢结构设计标准》GB 50017—2017 附录 D 表 D.0.1~D.0.4 采用；

　　　　η——截面影响系数，闭口截面 $\eta = 0.7$，其他截面 $\eta = 1.0$；

　　　　β_{tx}——等效弯矩系数，应按下列规定采用：1) 在弯矩作用平面外有支承的构件，

无横向荷载作用时 $\beta_{tx} = 0.65 + 0.35 \dfrac{M_2}{M_1}$；端弯矩和横向荷载同时作用时，使构件产生同向曲率时 $\beta_{tx} = 1.0$，使构件产生反向曲率时 $\beta_{tx} = 0.85$。2）弯矩作用平面外为悬臂的构件取 $\beta_{tx} = 1.0$。

φ_b——均匀弯曲的受弯构件整体稳定系数，按《钢结构设计标准》GB 50017—2017 附录 C 计算；对闭口截面，$\varphi_b = 1.0$；焊接工字形和轧制 H 型钢截面（图 11.1-26），当 $\lambda_y \leqslant 120\varepsilon_k$ 时，可按下列简化公司计算：

1）双轴对称时：

$$\varphi_b = 1.07 - \frac{\lambda_y^2}{44000\varepsilon_k^2} \tag{11.1-60}$$

2）单轴对称时：

$$\varphi_b = 1.07 - \frac{W_x}{(2\alpha_b + 0.1)Ah} \cdot \frac{\lambda_y^2}{14000\varepsilon_k^2} \tag{11.1-61}$$

$$\alpha_b = \frac{I_1}{I_1 + I_2} \tag{11.1-62}$$

式中　λ_y——构件在侧向支承点间对截面弱轴 y-y 的长细比；

I_1、I_2——分别为受压翼缘和受拉翼缘对 y-y 轴的惯性矩。

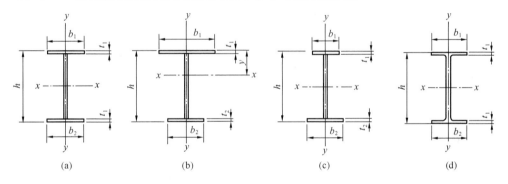

图 11.1-26　焊接工字形和轧制 H 型钢截面

(a) 双轴对称焊接工字形截面；(b) 加强受压翼缘的单轴对称焊接工字形截面；
(c) 加强受拉翼缘的单轴对称焊接工字形截面；(d) 轧制 H 型钢截面

当按公式（11.1-60）和公式（11.1-61）算得的 φ_b 值大于 1.0 时，取 $\varphi_b = 1.0$。

2. 局部稳定与加劲肋设置

(1) 单层工业厂房压弯构件腹板、翼缘宽厚比应符合《钢结构设计标准》GB 50017—2017 表 3.5.1 规定的压弯构件 S4 级截面要求。

1）压弯构件翼缘的宽厚比

① H 形截面翼缘：

$$b/t \leqslant 15\varepsilon_k \tag{11.1-63}$$

式中　b、t——分别为翼缘板自由外伸宽度和厚度。

② 箱形截面壁板（腹板）间翼缘的宽厚比

$$b_0/t \leqslant 45\varepsilon_k \tag{11.1-64}$$

式中　b_0——壁板间的距离。

2）压弯构件腹板的宽厚比

① H 形截面腹板

$$h_0/t_w \leqslant (45 + 25\alpha_0^{1.66})\varepsilon_k \tag{11.1-65}$$

式中　h_0、t_w——分别为腹板的净高和厚度。

α_0——系数，$\alpha_0 = \dfrac{\sigma_{max} - \sigma_{min}}{\sigma_{max}}$；

② 箱形截面腹板的宽厚比

当单向受弯时，同 H 形截面腹板的宽厚比公式（11.1-65）；当双向受弯时，同箱形截面壁板（腹板）间翼缘的宽厚比公式（11.1-64）。

3）圆钢管截面的径厚比

$$D/t \leqslant 100\varepsilon_k^2 \tag{11.1-66}$$

式中　D——圆管截面外径。

（2）设计轻型单层厂房时，当工字形和箱形截面压弯构件的腹板高厚比超过现行《钢结构设计标准》GB 50017 表 3.5.1 规定的 S4 级截面要求，又不采用构造加劲肋时，其构件设计应符合下列规定：

1）应以有效截面代替实际截面按本条第 2 款计算杆件的承载力。

① 腹板受压区的有效宽度应取为：

$$h_e = \rho h_c \tag{11.1-67}$$

当 $\lambda_{n,p} \leqslant 0.75$ 时：
$$\rho = 1.0 \tag{11.1-68}$$

当 $\lambda_{n,p} > 0.75$ 时：
$$\rho = \frac{1}{\lambda_{n,p}}\left(1 - \frac{0.19}{\lambda_{n,p}}\right) \tag{11.1-69}$$

$$\lambda_{n,p} = \frac{h_w/t_w}{28.1\sqrt{k_\sigma}} \cdot \frac{1}{\varepsilon_k} \tag{11.1-70}$$

$$k_\sigma = \frac{16}{2 - \alpha_0 + \sqrt{(2 - \alpha_0)^2 + 0.112\alpha_0^2}} \tag{11.1-71}$$

式中　h_c、h_e——分别为腹板受压区宽度和有效宽度，当腹板全部受压时，$h_c = h_w$；

ρ——有效宽度系数。

② 腹板有效宽度 h_e 应按下列公式计算：

当截面全部受压，即 $\alpha_0 \leqslant 1$ 时（图 11.1-27a）：
$$h_{e1} = 2h_e/(4 + \alpha_0) \tag{11.1-72}$$

$$h_{e2} = h_e - h_{e1} \tag{11.1-73}$$

当截面部分受拉，即 $\alpha_0 > 1$ 时（图 11.1-27b）：

$$h_{e1} = 0.4h_e \tag{11.1-74}$$

$$h_{e2} = 0.6h_e \tag{11.1-75}$$

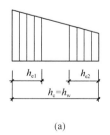
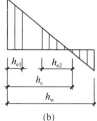

图 11.1-27　有效宽度的分布

（a）截面全部受压；（b）截面部分受拉

③ 箱形截面压弯构件翼缘宽厚比超限时也应按式（11.1-67）计算其有效宽度，计算时取 $k_\sigma = 4.0$。有效宽度在两侧均等分布。

2）应采用下列公式计算其承载力：

强度计算：

$$\frac{N}{A_{ne}} \pm \frac{M_x + Ne}{\gamma_x W_{nex}} \leqslant f \tag{11.1-76}$$

平面内稳定计算：

$$\frac{N}{\varphi_x A_e f} + \frac{\beta_{mx} M_x + Ne}{\gamma_x W_{elx}(1 - 0.8N/N'_{Ex})f} \leqslant 1.0 \tag{11.1-77}$$

平面外稳定计算：

$$\frac{N}{\varphi_y A_e f} + \eta \frac{\beta_{tx} M_x + Ne}{\varphi_b W_{elx} f} \leqslant 1.0 \tag{11.1-78}$$

式中 A_{ne}、A_e —— 分别为有效净截面面积和有效毛截面面积；

$\quad\quad W_{nex}$ —— 有效截面的净截面模量；

$\quad\quad W_{elx}$ —— 有效截面对较大受压纤维的毛截面模量；

$\quad\quad e$ —— 有效截面形心至原截面形心的距离。

（3）当压弯构件的板件不能满足宽厚比要求时，可采用纵向加劲肋加强，使加强后的板件在其受压较大翼缘与纵向加劲肋之间的宽（高）厚比满足要求。纵向加劲肋宜在板件两侧成对配置，其一侧外伸宽度不应小于板件厚度 t 的 10 倍，厚度不宜小于 $0.75t$。

3. 柱身构造要求

钢结构的构造应便于制作、运输、安装和维护，使结构受力简单明确，减少应力集中，避免材料三向受拉，并满足结构构件在运输、安装和使用过程中的强度、稳定性和刚度要求。

1）实腹上段柱的截面高度及宽度参见表 11.1-6，在平面外的长细比 λ_y 一般为 50～90。实腹上段柱腹板厚度不宜小于 8mm。

2）当实腹式柱腹板的高厚比 $h_0/t_w \leqslant 80$ 时，可不设横向加劲肋；$h_0/t_w > 80$ 时，应设置横向加劲肋，其间距不得大于 $3h_0$，且每个运送单元不得少于两个。横向加劲肋成对设置时，其外伸宽度 $b_s \geqslant h_0/30 + 40\text{mm}$，其厚度 $t_s \geqslant b_s/15$；单侧设置的横向加劲肋，其外伸宽度 $b_s \geqslant 1.2(h_0/30 + 40\text{mm})$，$t_s \geqslant b_s/15$。一般情况下，设计上均取 $b_s = \frac{1}{2}(b - t_w)$，$b$ 为柱翼缘宽度，$t_s \approx \frac{t_w}{2}$；但不应小于 6mm，亦不宜大于 12mm。

3）在有集中荷载作用处或设有悬挑牛腿处，均应按上述要求设置成对横向加劲肋，当承受的集中荷载较大时，横向加劲肋的厚度可适当增加 2～4mm，或由计算确定。

4）纵向加劲肋宜在腹板两侧成对配置；单侧配置时（如箱形柱内侧）加劲肋尺寸不应小于上述数值的 1.2 倍；同时纵向加劲肋的惯性矩 $I_p \geqslant 6h_0 t_w^3$。当成对配置时，惯性矩按柱腹板轴线进行计算；单侧配置时，按与加劲肋相连的腹板边缘为轴线进行计算。计算加劲肋的惯性矩时不考虑腹板截面。

5）柱腹板用纵向加劲肋加强时，相应地要设置横向加劲肋，纵向加劲肋与横向加劲肋相交，应让纵向加劲肋通过，而将横向加劲肋切割，焊在纵向加劲肋上。

6）焊接连接构造设计应符合下列要求：

① 尽量减少焊缝的数量和尺寸；

② 焊缝的布置宜对称于构件截面的形心轴；

③ 节点区留有足够空间，便于焊接操作和焊后检测；

④ 应避免焊缝密集和双向、三向相交；

⑤ 焊缝位置应避开高应力区；

⑥ 焊缝接头宜选择等强配比。当不同强度的钢材连接时，可采用与低强度钢材相适应的焊接材料。

7）焊缝的质量等级应根据结构的重要性、荷载特性、焊缝形式、工作环境以及应力状态等情况，按下列原则选用：

① 在工作环境温度等于或低于−20℃的地区，构件对接焊缝的质量不得低于二级。

② 不需要疲劳验算的构件中，凡要求与母材等强的对接焊缝宜焊透，其质量等级受拉时不应低于二级，受压时不宜低于二级。

③ 部分焊透的对接焊缝、采用角焊缝或部分焊透的对接与角接组合焊缝的 T 形接头，以及搭接连接角焊缝，其质量等级应符合下列规定：

a）梁柱、牛腿等重要节点不应低于二级；

b）其他结构可为三级。

8）框架柱与框架梁连接按刚接设计时，接头宜设在框架梁上。下段柱较长需要分段运输时，现场拼接接头宜设在离肩梁顶面约 1.0m 的上段柱处。接头处翼缘与腹板宜错开 150～200mm 连接。

五、阶形变截面实腹柱的计算和构造

厂房阶形变截面实腹柱，包括实腹式上段柱、实腹式中段柱或实腹式下段柱。对于这类柱应进行截面强度计算、框架平面内和平面外的稳定计算、局部稳定计算和刚度的计算。

1. 强度与稳定计算

（1）阶形柱的实腹式上段柱，强度与稳定计算同等截面实腹柱，分别采用式（11.1-56）、（11.1-57）、（11.1-59）计算。

（2）阶形柱的实腹式中段柱或实腹式下段柱，当吊车梁采用突缘式支座时，可不考虑吊车梁支座反力的偏心影响（图 11.1-28a），仍然按单向压弯构件考虑，强度与整体稳定计算同等截面实腹柱，分别采用式（11.1-56）、（11.1-57）、（11.1-59）计算。

（3）阶形柱的实腹式中段柱或实腹式下段柱，当吊车梁采用平板式支座时（图 11.1-28b），则应考虑由于相邻两吊车梁支座反力之差（$R_1 - R_2$）所产生的框架平面外的弯矩 M_y，吊车肢一侧的强度和稳

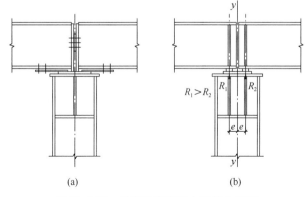

图 11.1-28　吊车梁支座反力的偏心影响

(a) 吊车梁采用突缘式支座；(b) 吊车梁采用平板式支座

定性应考虑 M_y 的影响。

1）吊车肢的局部弯矩 M_y 的计算

$$M_y = (R_1 - R_2)e \tag{11.1-79}$$

式中　　R_1、R_2——相邻两吊车梁或吊车桁架的支座反力，$R_1 > R_2$；

$\qquad e$——吊车梁或吊车桁架支座反力作用线至吊车肢重心线（y 轴线）间的距离。

M_y 作为局部弯矩全部由吊车肢承受，其沿柱高度方向弯矩的分布可近似地假定在吊车梁支座处为铰接，在柱脚处为刚性固定，如图 11.1-29 所示。

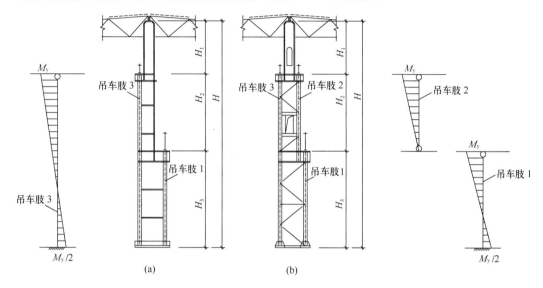

图 11.1-29　吊车肢的弯矩分布图

（a）实腹式柱；（b）格构式柱

阶形柱的实腹式中段柱及下段柱的吊车肢的截面计算简图见图 11.1-30。

2）吊车肢的强度计算

$$\frac{N}{A_n} + \frac{M_x}{\gamma_x W_{nlx}} + \frac{M_{1y}}{\gamma_y W_{nly}} \leqslant f \tag{11.1-80}$$

式中　　N、M_x——所计算构件段范围内的轴心压力设计值、绕 x 轴的对吊车肢最不利的最大弯矩设计值；

$\qquad M_{1y}$——作用于吊车肢绕 y 轴（框架平面外）的局部弯矩设计值；

$\qquad W_{nlx}$——吊车肢一侧对 x 轴的净截面模量；

$\qquad W_{nly}$——吊车肢对 y 轴的净截面模量；

$\qquad \gamma_x$——整个断面对 x 轴的截面塑性发展系数；

$\qquad \gamma_y$——吊车肢对 y 轴的截面塑性发展系数。

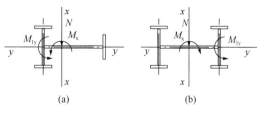

图 11.1-30　实腹式中段柱及下段柱的吊车肢的截面计算简图

（a）单轴对称；（b）双轴对称

3）吊车肢的稳定计算

吊车肢的稳定可近似按下述公式计算：

$$\frac{N}{\varphi_{x}Af}+\frac{\beta_{mx}M_{x}}{\gamma_{x}W_{1x}\left(1-0.8\dfrac{N}{N'_{Ex}}\right)f}+\eta\frac{\beta_{ty}M_{1y}}{\varphi_{by}W_{1y}f}\leqslant 1 \tag{11.1-81}$$

$$\frac{N}{\varphi_{y}Af}+\eta\frac{\beta_{tx}M_{x}}{\varphi_{bx}W_{1x}f}+\frac{\beta_{my}M_{1y}}{\gamma_{y}W_{1y}\left(1-0.8\dfrac{N}{N'_{Ey}}\right)f}\leqslant 1 \tag{11.1-82}$$

式中　φ_{x}、φ_{y}——对强轴（x 轴）和弱轴（y 轴）的轴心受压构件稳定系数；

φ_{bx}、φ_{by}——考虑弯矩变化和荷载位置影响的受弯构件整体稳定系数，按本手册第 6.2 节规定计算，可以将图 11.1-30 的异形断面近似折算为单轴对称的工字型断面进行计算；

N'_{Ex}、N'_{Ey}——考虑抗力分项系数的欧拉临界力，$N'_{Ex}=\dfrac{\pi^{2}EA}{1.1\lambda_{x}^{2}}$，$N'_{Ey}=\dfrac{\pi^{2}EA}{1.1\lambda_{y}^{2}}$；

W_{1x}——吊车肢一侧对 x 轴的毛截面模量；

W_{1y}——吊车肢对 y 轴的毛截面模量；

β_{mx}、β_{my}——等效弯矩系数，按等截面实腹柱弯矩作用平面内稳定计算的有关规定采用；

β_{tx}、β_{ty}——等效弯矩系数，按等截面实腹柱弯矩作用平面外稳定计算的有关规定采用。

2. 柱身构造要求

实腹式中段柱的截面高度宜比上段柱截面高度大 500mm 以上，其截面宽度宜大于或等于上段柱截面宽度，小于或等于下段柱截面宽度。柱身构造可参见等截面实腹柱。

3. 人孔构造和计算

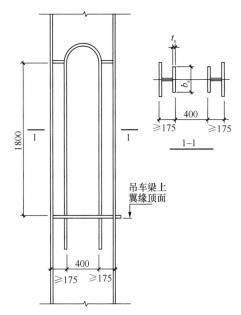

图 11.1-31　柱人孔

（1）阶形柱的实腹式上段柱和中段柱，当吊车梁上设有安全通道，但无法在柱外侧通过，需要在柱腹板上开设人孔时，可采用图 11.1-31 所示的形式。人孔的净空尺寸：宽度不应小于 400mm，高度不应小于 1800mm。

（2）人孔上下设置的横向加劲肋，一般均可取与柱身横向加劲肋相同的尺寸，其厚度可适当增加。用于加强孔边的纵向加强板的构造见图 11.1-31 中的 1—1 剖面，其厚度应大于柱腹板厚度和 10mm。其外伸宽度一般取厚度的 12 倍左右。纵、横加劲肋与柱腹板的连接焊缝，其焊脚尺寸均不宜小于 8mm。

（3）人孔底部标高应与吊车梁上翼缘顶面标高相协调，以便于通行，孔底处的横向加劲肋，可与制动结构相连，当设计考虑用以传递部分吊车横向水平荷载时，其计算与构造要求应按本手册第 11.3 节的规定考虑。

（4）为简化计算，偏于安全，计算人孔肢的内力时，可采用肩梁顶面处框架内力分析时所提供的组合内力 M、N、V。

计算每个人孔肢上的内力时，假定肢的两端为固定，反弯点在肢的中间，具体计算方法如图 11.1-32 所示。

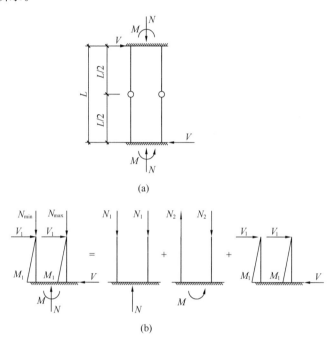

图 11.1-32　人孔的计算简图
（a）人孔肢上的反弯点位置；（b）人孔肢内力

此时，作用在一个肢上的轴心压力为：

$$N_{max} = \frac{N}{2} + \frac{M}{c} \tag{11.1-83}$$

式中　C——人孔双肢形心之间的距离。

作用在一个肢上的剪力为：

$$V_1 = \frac{V}{2} \tag{11.1-84}$$

作用在一个肢上的局部弯矩为：

$$M_1 = V_1 \cdot \frac{l}{2} = \frac{V}{2} \cdot \frac{l}{2} = \frac{1}{4}Vl \tag{11.1-85}$$

每个肢按单向弯曲压弯构件计算，与实腹式上段柱的计算方法相同。每个人孔肢在框架平面内和平面外的计算长度均取人孔净空的高度。

六、格构柱的计算和构造

单层厂房阶形柱的下段柱常采用格构式，在一般情况下均系弯矩绕虚轴（x 轴）作用的压弯构件。对于这类柱，应计算弯矩作用平面内的整体稳定性和分肢的稳定性，且应避免分肢先于整体失稳。只要分肢的强度和稳定性有了保证，就不必计算整体强度和弯矩作用平面外的整体稳定性。

1. 强度与稳定计算
（1）框架平面内的整体稳定应按下列公式计算：

$$\frac{N}{\varphi_x A f} + \frac{\beta_{mx} M_x}{W_{1x}\left(1 - \dfrac{N}{N'_{EX}}\right)f} \leqslant 1 \tag{11.1-86}$$

$$W_{1x} = \frac{I_x}{y_0} \tag{11.1-87}$$

式中　φ_x ——在框架平面内对 x 轴（虚轴）的轴心受压构件稳定系数，由换算长细比 λ_{0x} 确定；

　　　I_x ——对 x 轴（虚轴）的毛截面惯性矩；

　N'_{EX} ——参数，$N'_{EX} = \dfrac{\pi^2 EA}{1.1\lambda_{0x}^2}$；

　　　y_0 ——由 x 轴（虚轴）至压力较大分肢轴线的距离或至压力较大分肢腹板边缘的距离，与 M_x 作用方向对应，如图 11.1-33 所示；

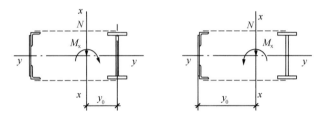

图 11.1-33　平面内整体稳定计算时 y_0 的取值

　　（2）在计算格构式柱分肢的稳定时，分肢的轴心力，可按图 11.1-34 中的计算简图计算。

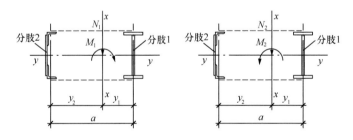

图 11.1-34　格构式柱分肢的计算简图

分肢 1 　　　　　　　$$N'_1 = \frac{N_1 y_2}{a} + \frac{M_1}{a} \tag{11.1-88}$$

分肢 2 　　　　　　　$$N'_2 = \frac{N_2 y_1}{a} + \frac{M_2}{a} \tag{11.1-89}$$

式中　N'_1、N'_2 ——分肢 1、分肢 2 的轴心力；

　　　M_1 ——使分肢 1 受压的弯矩；

　　　M_2 ——使分肢 2 受压的弯矩；

　N_1、N_2 ——与 M_1 和 M_2 相应的轴心压力；

　y_1、y_2 ——由 x 轴（虚轴）至分肢 1 形心线和分肢 2 形心线的距离。

a ——两分肢形心线间的距离。

对格构式缀板柱的分肢，尚应考虑由剪力引起的局部弯矩，详见式（11.1-95）。

（3）分肢的强度和稳定计算

缀条柱屋盖肢分肢按轴心受压构件计算，缀板柱屋盖肢分肢按单向弯曲实腹式压弯构件计算。

当吊车梁采用突缘式支座时，可不考虑吊车梁支座反力的偏心影响（图 11.1-28a），缀条柱吊车肢分肢按轴心受压构件计算，缀板柱吊车肢分肢按单向弯曲实腹式压弯构件计算。

当吊车梁采用平板式支座时（图 11.1-28b），则应考虑由于相邻两吊车梁支座反力之差（R_1-R_2）所产生的框架平面外的弯矩 M_y（图 11.1-29），缀条柱吊车肢分肢按单向弯曲实腹式压弯构件计算，缀板柱吊车肢分肢按双向弯曲实腹式压弯构件计算。

1）分肢的强度计算

分肢的强度计算同实腹式柱。轴心受压构件的承载能力大多由其稳定条件决定，截面强度计算一般不起控制作用，若构件截面没有孔洞削弱，可不必计算其截面强度。

2）分肢的稳定计算

① 轴心受压构件按下式进行稳定计算：

$$\frac{N'_i}{\varphi_i A_i f} \leqslant 1 \tag{11.1-90}$$

式中　　N'_i ——分肢 1 或分肢 2 的轴心压力设计值；

φ_i ——分肢 1 或分肢 2 的轴心受压稳定系数（取分肢截面两主轴稳定系数中的较小值）；

A_i ——分肢 1 或分肢 2 的毛截面面积。

② 单向弯曲实腹式压弯构件平面内稳定按式（11.1-57）计算，平面外稳定按式（11.1-59）计算。按分肢 1 或分肢 2 分别计算。

③ 吊车肢分肢（双轴对称）按双向弯曲实腹式压弯构件计算时，平面内稳定按式（11.1-91）计算，平面外稳定按式（11.1-92）计算：

$$\frac{N}{\varphi_x A f} + \frac{\beta_{mx} M_x}{\gamma_x W_x \left(1 - 0.8 \dfrac{N}{N'_{Ex}}\right) f} + \eta \frac{\beta_{ty} M_y}{\varphi_{by} W_y f} \leqslant 1 \tag{11.1-91}$$

$$\frac{N}{\varphi_y A f} + \eta \frac{\beta_{tx} M_x}{\varphi_{bx} W_x f} + \frac{\beta_{my} M_y}{\gamma_y W_y \left(1 - 0.8 \dfrac{N}{N'_{Ey}}\right) f} \leqslant 1 \tag{11.1-92}$$

式中　　φ_x、φ_y ——吊车肢对其强轴（x 轴）和弱轴（y 轴）的轴心受压构件整体稳定系数；

φ_{bx}、φ_{by} ——考虑弯矩变化和荷载位置影响的受弯构件整体稳定系数，对工字形（含 H 型钢）截面非悬臂构件的 φ_{bx}，可按近似公式（11.1-60）计算，φ_{by} 可取为 1.0；

N ——吊车肢的轴心压力设计值，按式（11.1-88）计算；

M_x、M_Y ——吊车肢计算范围内对其强轴（x 轴）和弱轴（y 轴）的最大弯矩设计值；

W_x、W_Y——吊车肢对其强轴（x 轴）和弱轴（y 轴）的毛截面模量；

β_{mx}、β_{my}——等效弯矩系数，按等截面实腹柱弯矩作用平面内稳定计算的有关规定采用；

β_{tx}、β_{ty}——等效弯矩系数，按等截面实腹柱弯矩作用平面外稳定计算的有关规定采用；

η——截面影响系数，吊车肢取 $\eta = 1.0$。

2. 柱身构造要求

（1）格构式柱或大型实腹式柱，在受有较大水平力处（如牛腿）和运送单元的端部均需设置横隔，横隔间距不宜大于柱截面较大宽度的 9 倍和 8m。且每个运输单元不得少于两个。对于格构式柱，横隔应设在横缀条处，在设置横隔处，柱肢外侧应相应设置横向加劲肋。横隔形式见图 11.1-35。

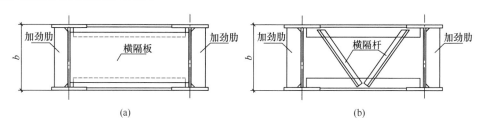

图 11.1-35　横隔常用形式
(a) 实腹横隔；(b) 空腹横隔

横隔板的厚度 $t_d \geqslant b/80$（b 为柱截面宽度），一般采用 8～12mm，其尺寸应填满柱截面，横隔架的角钢截面不宜小于L63×5，连接焊缝焊脚尺寸 h_f 不宜小于 5mm，焊缝长度不宜小于 70mm。

（2）格构式下段柱绕虚轴的换算长细比 λ_{0x} 一般为 35～60，绕实轴的换算长细比 λ_y 一般为 35～70。当吊车肢采用组合工字形截面时，腹板面积一般为全肢面积的 30%～60%，腹板的宽厚比采用 20～60，一般为 35。当屋盖肢采用角钢和钢板组合的槽形截面时，腹板面积约占全截面积的 30%～80%，一般为 50%，两角钢之间的净距与腹板厚度之比一般为 15～30。

（3）缀件面宽度较大的格构式柱宜采用缀条柱，斜缀条与构件轴线间的夹角应在 40°～70°范围内。缀条柱的分肢长细比 λ_1 不应大于构件两方向长细比（对虚轴取换算长细比）较大值 λ_{max} 的 0.7 倍。

（4）缀板柱的分肢长细比 λ_1 不应大于 $40\varepsilon_k$，并不应大于 λ_{max} 的 0.5 倍（当 $\lambda_{max} < 50$ 时，取 $\lambda_{max} = 50$）。

（5）其他同等截面实腹柱。

3. 缀材的构造和计算

（1）一般规定

1）缀材一般布置在柱肢两侧，其形式可分为缀条和缀板两种。一般采用缀条，当缀材面剪力不大或柱截面高度较小时，可采用缀板。采用缀条柱时，边列下段柱上部第一根斜缀条的上端应与吊车肢相交。

2）缀材承受柱截面水平剪力 V 的作用，取下述两种情况中的较大值：一是由框架内力分析计算出的柱水平剪力；另一则是按下式计算所得出的剪力：

$$V = \frac{Af}{85\varepsilon_k} \tag{11.1-93}$$

式中　A——柱全截面面积；

　　　f——钢材的强度设计值。

剪力 V 值可认为沿该段柱全长不变，且应由承受该剪力的两道缀材面平均分担。

（2）缀板

1）缀板应有一定的刚度。同一截面处两侧缀板线刚度之和不得小于柱较大分肢线刚度的 6 倍。一般缀板沿柱纵向的宽度 d 不小于 $2a/3$（a 为柱肢轴线间距离）；厚度 t 不小于 $a/40$，并不小于 6mm。端缀板宜适当加宽，可取 $d = a$。两缀板之间的净距应不大于 $40\,i_1$（i_1 为单肢对垂直于缀材轴的回转半径）。

2）将缀板视为一多层刚架的横梁，当多层刚架整体挠曲时，可假定各层柱肢中点和缀板中点为反弯点（图 11.1-36a）取如图 11.1-36b 的脱离体，可得每片缀板的内力为：

剪力
$$T = \frac{VL_1}{na} \tag{11.1-94}$$

弯矩（与肢件连接处）
$$M = T \cdot \frac{a}{2} = \frac{VL_1}{2n} \tag{11.1-95}$$

式中，L_1 为缀板轴线之间的距离，n 为缀件面数（包括用整体板连接的面）。

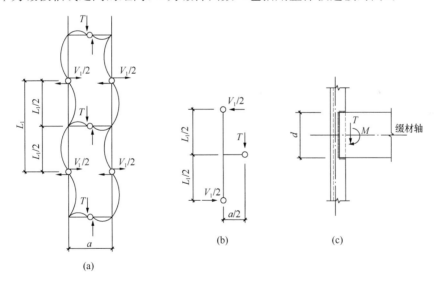

图 11.1-36　缀板计算简图

（a）多层刚架的反弯点位置；（b）脱离体计算简图；（c）验算缀板与柱肢的连接焊缝

缀板根据上式求出的剪力和弯矩按照受弯构件进行截面校核，并验算缀板与柱肢的连接焊缝（图 11.1-36c）。

作用于柱肢的局部弯矩为 $M = \dfrac{VL_1}{2n}$，在计算柱肢截面时应加以考虑。

（3）缀条

1) 缀条形式一般采用三角形；当柱肢间距离大于 3m 时，可采用交叉形或 K 形（图 11.1-37）。斜缀条与水平线间的夹角 θ 一般为 30°～50°（图 11.1-37a，b）和 45°～60°（K 形腹杆）。布置缀条时，其节间应尽量相等，同时要与柱肢范围内外荷载作用位置相协调，避免出现次弯矩。

2) 缀条截面一般采用单角钢或 T 型钢。两侧缀条之间根据平面内和平面外长细比相近的原则选择不联系（图 11.1-38a）或相互联系（图 11.1-38b）。当采用不等边角钢时，一般将长边与柱肢相连接，同时设置附加缀条连于短边，附加缀条与腹杆的夹角 θ，通常采用 45°。附加缀条按构造决定，一般为不小于L50×5 的角钢，连接焊缝焊脚尺寸一般为 5mm，长度不宜小于 60mm。附加缀条节点间的距离应不小于 $40i_x$（i_x 为缀条平行于肢的回转半径）；当为 K 形腹杆时，斜腹杆交点处均应用附加缀件相连。

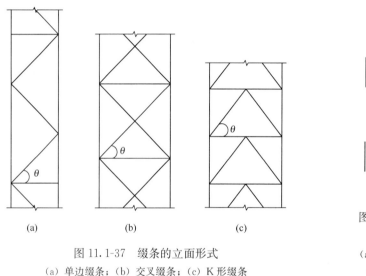

图 11.1-37　缀条的立面形式
(a) 单边缀条；(b) 交叉缀条；(c) K 形缀条

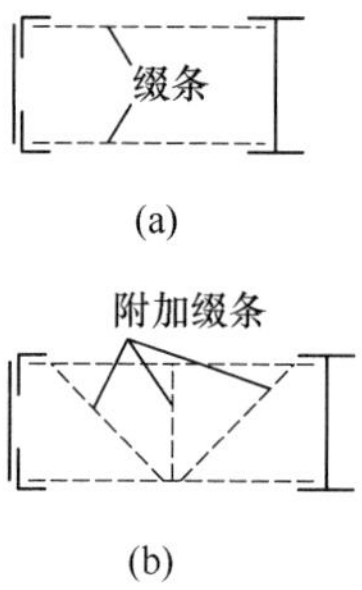

图 11.1-38　缀条的平面形式
(a) 缀条间不连系杆；
(b) 缀条间连系杆

3) 缀条一般直接焊在柱肢翼缘的内侧，当柱截面较小时，也可连在外侧。

4) 上、下缀条的重心线宜与柱肢重心线交于一点，以减少对柱肢的偏心影响。柱肢受力较小时亦可存在一定的偏心，在计算中一般可不考虑此偏心影响。缀条直接连于柱肢上，如连接焊缝长度不能满足时，可增设节点板，节点板尺寸由连接焊缝长度的要求决定，节点板厚度一般不小于缀条角钢肢的厚度，并不得小于 8mm。

节点板与柱肢翼缘对焊，在与腹板连接的一侧和柱肢翼缘表面平齐，焊缝应焊透并铲平。此焊缝一般可不计算。当缀条为 T 型钢时，可将 T 型钢的翼缘与柱肢翼缘对焊（图 11.1-39）。

5) 将缀条视为平行弦桁架的腹杆，在水平力 V 作用下，按下述方法确定其内力：

① 缀条采用三角形时，一根斜缀条的轴心力为：

$$N = \frac{V}{n\cos\theta} \tag{11.1-96}$$

式中　θ——斜缀条与水平线的夹角；
　　　n——缀材面数（包括用整体板连接的面）。

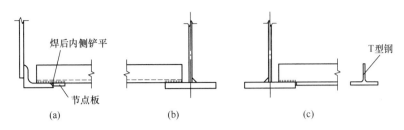

图 11.1-39　缀条与柱肢的连接

(a) 角钢缀条与角钢柱肢的连接；(b) 角钢缀条与工字型柱肢的连接；

(c) T 形钢缀条与工字型柱肢的连接

斜缀条可能受拉也可能受压，应按轴心压杆计算。

② 缀条采用交叉形时，若假定斜缀条只能受拉不能受压，斜缀条仍按式（11.1-96）计算所承受的轴心拉力，横缀条所承受的轴心压力 $N = \dfrac{V}{n}$；若考虑斜缀条一根受压另一根受拉时，每根斜缀条所承受内力按下式计算，斜缀条承受压力或拉力，按轴心压杆计算：

$$N = \frac{kV}{2n\cos\theta} \tag{11.1-97}$$

式中 k 为考虑柱肢压缩变形在交叉斜缀条中所引起次应力的扩大系数，一般可取 $k = 1.2$。

③ 缀条采用 K 形时，斜缀条按式（11.1-97）计算其内力，横缀条一边受拉，一边受压，其内力 $N = \pm\dfrac{V}{2n}$。

缀条按轴心受力杆件计算强度和稳定性，并验算缀条与柱肢的连接焊缝（图 11.1-39）。

三角形缀条一般按压杆设计；交叉形缀条一般按拉杆设计，也可以按一拉一压设计；K 形缀条一般按一拉一压设计。

6) 缀条按轴心受拉杆件计算其截面强度，当无附加缀条时，单角钢缀条和 T 形钢缀条端头截面校核时其截面面积应乘以表 6.2-1 的有效截面系数 η。单角钢缀条中部截面校核时应对拉力 N 乘以放大系数 1.15。

单角钢缀条按轴心受压杆件计算其稳定性，当无附加缀条时，应按式（6.2-48）计算。

T 型钢缀条按轴心受压杆件计算其稳定性，当无附加缀条时，稳定系数 φ 应根据式（11.1-53）计算的长细比及式（11.1-55）计算的换算长细比取不利值确定。

当缀条间设有附加缀条时，缀条的强度和稳定按一般轴心受力杆件计算即可。

7) 连接焊缝计算应考虑缀条轴向力及其作用偏心产生的弯矩。连接的角焊缝焊脚尺寸不宜小于 6mm，焊缝长度不宜小于 70mm。

8) 缀条的计算长度按下列规定采用：

① 无附加缀条时：三角形缀条的计算长度通常取为节点中心间距离。

交叉形缀条当仅考虑受拉力时，计算长度与三角形缀条的计算长度相同。当考虑斜缀条一根受拉一根受压且在交叉点连接时，其平面内的计算长度，取节点至交叉点之间的距离；其平面外的计算长度，若两交叉杆均不中断，取节点中心间距离的一半，若一根交叉杆中断并以节点板连接，则取节点间距离的 0.7 倍；

K形缀条的水平腹杆在缀条平面外的计算长度，取柱肢节点中心间的距离；在缀条平面内的计算长度，取柱肢节点中心间距离的0.5倍。K形缀条的斜腹杆平面内外的计算长度均取节点中心间距离。

② 有附加缀条时：缀条在附加缀条平面内的计算长度，采用附加缀条节点中心间的距离；缀条在附加缀条平面外的计算长度，按上述无附加缀条时平面内的计算长度采用。

9）缀条的长细比按下列规定采用：

① 按受压计算时，缀条的长细比不超过150，一般采用80；

② 按受拉计算时的缀条长细比，当有重级工作制吊车时，不超过250；当有中级工作制吊车时，不超过350；一般采用200；

③ 按构造确定缀条的长细比，一般不宜超过200。

当缀条用附加缀条联系时，缀条长细比的计算，一律采用对角钢肢平行轴的回转半径。

4. 肩梁构造和计算

柱肩梁按构造形式可分为单腹板式肩梁和双腹板式肩梁两种。单腹板式肩梁构造简单，用料较省，施工方便，故在一般情况下，大多采用单腹板式肩梁，只有当采用单腹板式肩梁不能满足要求时，比如双阶柱的高跨有大吨位吊车、下段柱有参观走台的通行净空要求等使肩梁高度受限时，才采用双腹板式肩梁。

肩梁的高度一般由计算决定。由于肩梁在阶形柱中起到承上启下的关键作用，在构造上要有一定的刚度以保证上、下段柱连接成整体。在通常情况下，肩梁的高度取为下段柱截面高度的0.4～0.6倍，其腹板厚度不宜小于10mm。

（1）肩梁的计算

肩梁承受上段柱传来的组合内力，其内力可近似地按简支梁计算，截面校核只需验算强度即可。当吊车梁为突缘式支座时，尚需考虑两侧吊车梁对柱的最大支座反力 R_{max} 的作用。计算简图见图11.1-40：

$$F_1 = \frac{M}{a_1} \tag{11.1-98}$$

$$F_2 = \frac{N}{2} \tag{11.1-99}$$

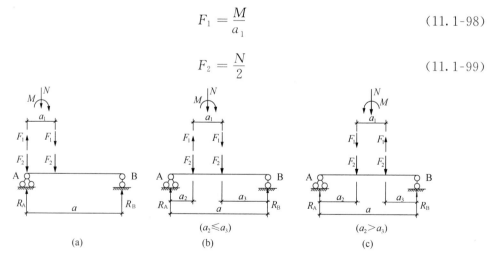

图 11.1-40　肩梁计算简图

（a）边柱肩梁计算简图；（b）、（c）中柱肩梁计算简图

式中　　N、M——上段柱传来的对肩梁的最不利组合内力；

　　　　a_1——上段柱两翼缘板中心间的距离，可近似地取上段柱截面高度；

　　　　a——肩梁的计算跨度，为下段柱两分肢重心线之间的距离；

肩梁的强度计算可考虑上、下盖板的作用，当上盖板截面有改变时，取其最小宽度与有效宽度 $30t$（翼缘厚度）的较小值。抗弯强度及抗剪强度分别按下述公式计算：

抗弯强度
$$\frac{M_{\max}}{\gamma_x W_{nx}} \leqslant f \tag{11.1-100}$$

抗剪强度
$$\frac{V_{\max} S_x}{I_x t_w} \leqslant f_v \tag{11.1-101}$$

式中　　$M_{\max}$、$V_{\max}$——简支梁的最大弯矩和最大剪力，应根据上段柱在肩梁上所处的位置，选择最不利组合内力来分别计算。当吊车梁为突缘式支座时，在吊车肢一侧 $V_{\max} = R_B + \dfrac{kR_{\max}}{2}$，$k$ 为 $R_{\max}$ 的传力不均匀系数，一般可取 $k = 1.2$。

　　　　W_{nx}——肩梁的净截面模量；

　　　　γ_x——与截面模量相应的截面塑性发展系数；

　　　　I_x——肩梁的毛截面惯性矩；

　　　　S_x——计算剪应力处以外毛截面对中和轴的面积矩；

　　　　t_w——肩梁腹板厚度，双腹壁肩梁为两块腹板厚度之和；

　　　　f——钢材的抗弯强度设计值；

　　　　f_v——钢材的抗剪强度设计值。

上述计算公式中，肩梁的截面特性计算时，取上下翼缘最窄处的宽度。单腹板式肩梁考虑一块腹板受力，双腹板式肩梁考虑两块腹板共同受力。上、下段柱均为实腹式柱时，肩梁不必作整体强度计算，仅满足局部连接强度及构造要求即可。

肩梁腹板与屋盖肢的连接焊缝，承受肩梁端头剪力的作用。肩梁腹板与吊车肢的连接焊缝，对于平板式支座，承受肩梁端头剪力的作用；对于突缘式支座，除了承受肩梁端头剪力的作用外，还要考虑两侧吊车梁支座反力 $R_{\max}$ 的作用。

（2）单腹板式肩梁的构造要求

1）当吊车梁采用突缘支座时，单腹板式肩梁的构造形式参见图 11.1-41。

上段柱腹板与肩梁上盖板的连接采用角焊缝焊接。上段柱的翼缘板与下段柱的连接根据其在肩梁上的位置采用为：

① 当翼缘板与屋盖肢对齐时，对槽形截面的屋盖肢，上段柱的翼缘板可直接与下段柱的腹板对接焊；对工字型屋盖肢，上段柱的翼缘板可直接焊在肩梁上盖板上，宜采用剖口焊透。

② 当翼缘板处于肩梁范围内时，上段柱的翼缘板开槽口插入肩梁腹板中，采用角焊缝或开坡口的 T 形对接焊缝传力。

肩梁腹板与槽形截面屋盖肢的连接采用角焊缝连接，与工字型屋盖肢和吊车肢的连接采用开槽口插入柱肢腹板中，以角焊缝或开坡口的 T 形对接焊缝焊接。

肩梁腹板的厚度应考虑吊车梁支座反力作用下的端面承压能力及安装偏差所造成的偏

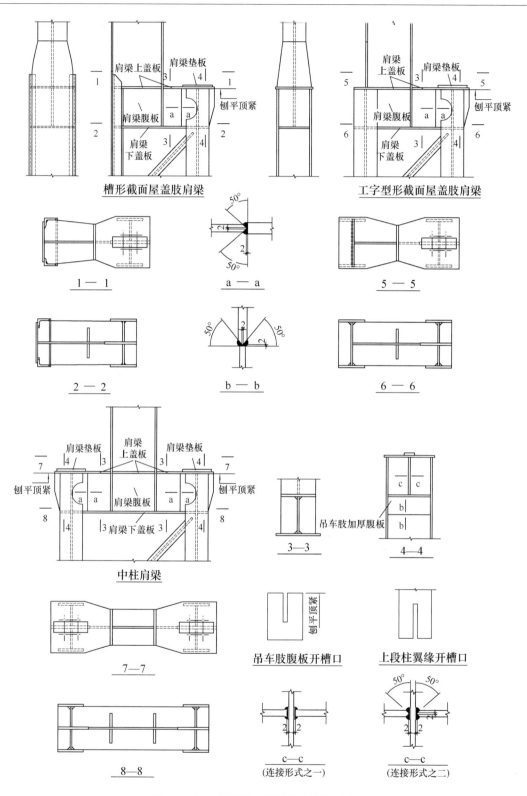

图 11.1-41　单腹板式肩梁的构造形式之一

心影响，其上端应刨平顶紧上盖板，当难以刨平顶紧时应采用剖口焊透。腹板厚度不宜大于 40mm，否则宜选用更高等级的钢材。对重型、特重型厂房柱，吊车肢的腹板在肩梁范围内的厚度应加厚 4～6mm，以满足局部抗剪强度要求。

吊车肢上的肩梁上盖板，其尺寸应比柱肢截面略大，并满足两根吊车梁支座的连接要求，其厚度宜比柱肢翼缘稍厚，一般采用 16～36mm。当上段柱翼缘板与肩梁腹板采用插入式连接时，在上段柱范围内的肩梁上盖板可适度减薄，一般为 12～20mm。

肩梁下盖板的厚度宜与肩梁断面相协调，一般采用 12～20mm，其尺寸以填满下段柱柱肢为宜。

吊车梁支承台阶处设置肩梁垫板，能够改善肩梁上盖板的受力状况，其宽度一般比吊车梁支座宽 80mm，厚度一般为 20～40mm。

2）当吊车梁采用平板式支座时，单腹板式肩梁的构造形式参见图 11.1-42。此时，需要在吊车肢顶部对应于吊车梁的支座加劲肋位置设置加劲板，该两道加劲板均开槽口插入吊车肢腹板中，以角焊缝或开坡口的 T 形对接焊缝焊接，上端应刨平顶紧上盖板，当难以刨平顶紧时应采用剖口焊透，按吊车梁支座反力计算其承压面积和连接焊缝的长度。肩梁腹板与吊车肢腹板的连接采用角焊缝连接即可。

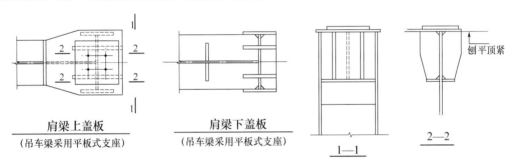

图 11.1-42　单腹板式肩梁的构造形式之二

（3）双腹板式肩梁的构造要求

双腹板式肩梁的腹板可与柱肢翼缘对接焊，亦可焊在柱肢翼缘外侧，也可与平板式支座吊车肢的加劲板合二为一，开槽口插入吊车肢腹板中。双腹板式肩梁构造设计的重点是受力可靠，施工可行。构造形式分别参见图 11.1-43～图 11.1-45。

当上段柱翼缘板处于肩梁范围内时，上段柱的翼缘板插在两块肩梁腹板中间，采用角焊缝或开坡口的 T 形对接焊缝传力，此时肩梁下盖板应开人孔，满足施工安装要求。当吊车梁突缘支座的反力很大时，亦可采用斜加劲肋的形式（图 11.1-44），以改善吊车肢顶部腹板的受力状况。

图 11.1-45 则是对着上段柱翼缘在肩梁腹板内侧和外侧加竖向加劲板，上段柱翼缘与肩梁上盖板剖口焊透，同时在两块肩梁腹板下部外侧加横向加劲板，代替肩梁下盖板，此开口式双腹板肩梁受力明确，构造合理，安全可靠，较常采用。

双腹板式肩梁的其他构造及计算要求可参单腹板式肩梁。

5. 计算实例

（1）设计资料

1）工程概述及设计基本条件

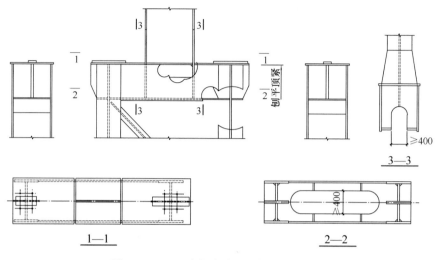

图 11.1-43　双腹板式肩梁的构造形式之一

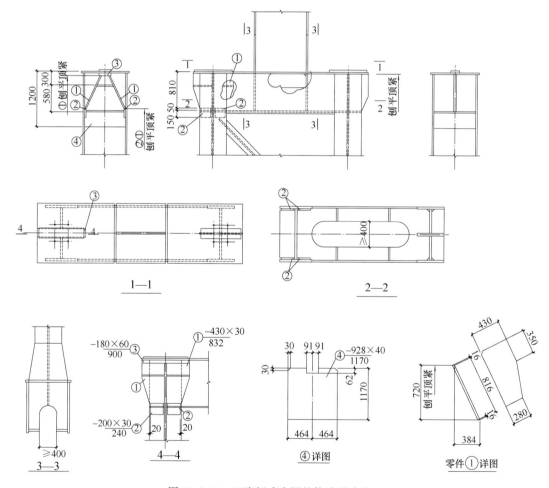

图 11.1-44　双腹板式肩梁的构造形式之二

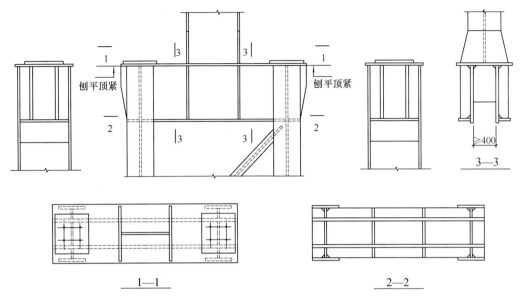

图 11.1-45 双腹板式肩梁的构造形式之三

某单跨中型厂房边列柱为单阶柱，上端铰接，下端固接（插入式柱脚）。上柱采用实腹工字形截面，下柱采用格构式柱，屋盖肢及吊车肢均为实腹工字形截面，工字形截面翼缘为焰切边。厂房内有 2 台 50tA7 级工作制吊车，吊车梁采用突缘式支座。屋盖设有横向水平支撑和纵向水平支撑。钢材采用 Q235-B，$f_y = 235\text{N/mm}^2$。建筑结构的安全等级为二级，设计使用年限为 50 年，不考虑抗震。平面布置图如图 11.1-46 所示，计算资料图如图 11.1-47 所示。

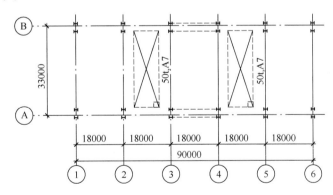

图 11.1-46 柱子及柱间支撑平面布置图

2）框架计算结果

框架计算采用一阶弹性分析。

① 计算位移

在风荷载标准值作用下，框架柱顶水平位移 $\Delta = 47.5\text{mm} < \dfrac{H}{400} = \dfrac{19500}{400} = 48.75\text{mm}$。

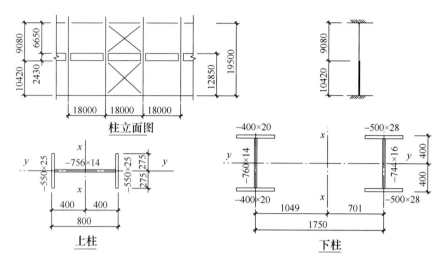

图 11.1-47　柱子计算资料图

在吊车梁顶面标高处，由一台最大吊车水平荷载标准值作用所产生的计算变形值 $\Delta = 6.7\text{mm} < \dfrac{H_c}{1250} = \dfrac{12850}{1250} = 10.28\text{mm}$。

② 荷载效应组合

框架计算最不利组合内力如下：

上段柱：$\begin{cases} N = 976.6\text{kN} \\ M_{max} = 1753.0\text{kN} \cdot \text{m}, N_{max} = 1031.8\text{kN}, \\ V = 275.8\text{kN} \end{cases}$

另一侧较小端弯矩 $M_2 = 1372\text{kN} \cdot \text{m}$

下段柱：第 1 组 $\begin{cases} N = 4405.6\text{kN} \\ M_{max} = 3204.4\text{kN} \cdot \text{m} \end{cases}$ 第 2 组 $\begin{cases} N = 4405.6\text{kN} \\ M_{min} = -6423.0\text{kN} \cdot \text{m} \end{cases}$

$N_{max} = 5003.0\text{kN}$ $\qquad\qquad$ $V_{max} = 558.0\text{kN}$

（2）计算参数

1）柱截面选择

上段柱：$h_1 = \left(\dfrac{1}{9} \sim \dfrac{1}{12} \right) \times 9080 = 1009 \sim 757\text{mm}$，取 800mm；

$b_1 = (0.35 \sim 1.0) \times 800 = 280 \sim 800\text{mm}$，取 550mm。

下段柱：$h_3 = \left(\dfrac{1}{11} \sim \dfrac{1}{15} \right) \times 19500 = 1773 \sim 1300\text{mm}$，取 1750mm；

$b_3 = \left(\dfrac{1}{2} \sim \dfrac{1}{5} \right) \times 1750 = 875 \sim 350\text{mm}$，取 800mm。

2）柱截面几何特性

上段柱：$A = 38000\text{mm}^2$，$I_x = 4622920000\text{mm}^4$，$i_x = 349\text{mm}$，$W_x = 11557000\text{mm}^3$，$I_y = 693400000\text{mm}^4$，$i_y = 135\text{mm}$，$W_y = 2521000\text{mm}^3$。

下段柱：

屋盖肢：$A_1 = 26640\text{mm}^2$，$I_{1x} = 2946270000\text{mm}^4$，$i_{1x} = 333\text{mm}$，$W_{1x} = 7366000\text{mm}^3$，

$I_{1y} = 213510000mm^4$，$i_{1y} = 90mm$，$W_{1y} = 1068000mm^3$。

吊车肢：$A_2 = 39904mm^2$，$I_{2x} = 4722830000mm^4$，$i_{2x} = 344mm$，$W_{2x} = 11807000mm^3$，$I_{2y} = 583590000mm^4$，$i_{2y} = 121mm$，$W_{2y} = 2334000mm^3$。

柱整体：$A = 66544mm^2$，$I_x = 44748570000mm^4$，$i_x = 820mm$，$W_{1x} = 63835000mm^3$，$I_y = 7669100000mm^4$，$i_y = 339mm$，$W_y = 19173000mm^3$。

3）柱计算长度

上段柱：$H_1 = 9080mm$，$N_1 = 1031.8kN$，$I_1 = 1.0$。

下段柱：$H_2 = 10420mm$，$N_2 = 5003.0kN$，$I_2 = 9.68$。

$$K_1 = \frac{I_1}{I_2} \cdot \frac{H_2}{H_1} = \frac{1}{9.68} \times \frac{10420}{9080} = 0.12$$

$$\eta_1 = \frac{H_1}{H_2}\sqrt{\frac{N_1}{N_2} \cdot \frac{I_2}{I_1}} = \frac{9080}{10420}\sqrt{\frac{1031.8}{5003.0} \times \frac{9.68}{1.0}} = 1.23。$$

查《钢结构设计标准》GB 50017—2017 附录 E 表 E.0.3 得：$\mu = 2.95$，折减系数为 0.8，即：

$$\mu_2 = 2.95 \times 0.8 = 2.36$$

$$\mu_1 = \frac{\mu_2}{\eta_1} = \frac{2.36}{1.23} = 1.92。$$

各段柱在排架平面内的计算长度为：

上段柱：$H_{01} = \mu_1 H_1 = 1.92 \times 9080 = 17430mm$。

下段柱：$H_{02} = \mu_2 H_2 = 2.36 \times 10420 = 24590mm$。

各段柱在排架平面外的计算长度为：

上段柱：$H'_{01} = 6650mm$。

下段柱：$H'_{02} = 10420mm$。

（3）上段柱计算

1）强度计算

用净截面计算，假设扣除翼缘上 $2\text{-}d_0 21.5$ 螺栓孔的面积，即

$$A_n = 38000 - 2 \times (21.5 \times 25) = 36925mm^2$$

$$W_{nx} = W_x \cdot \frac{A_n}{A} = 11557000 \times \frac{36925}{38000} = 11230000mm^3，$$

受压翼缘的自由外伸宽度与其厚度之比 $\dfrac{b}{t} = \dfrac{(550-14)/2}{25} = 10.72 < 13\sqrt{\dfrac{235}{f_y}}$，满足受弯构件 S3 级要求，$\gamma_x = 1.05$，

$$\frac{N}{A_n} + \frac{M_x}{\gamma_x W_{nx}} = \frac{976.6 \times 10^3}{36925} + \frac{1753 \times 10^6}{1.05 \times 11230000} = 26.4 + 148.7 = 175.1N/mm^2 < f = 205N/mm^2。$$

2）框架平面内稳定性计算

$\lambda_x = \dfrac{H_{01}}{i_x} = \dfrac{17430}{349} = 49.9$，$E = 206 \times 10^3 N/mm^2$，属有侧移框架柱。

$$N_{cr} = \frac{\pi^2 EI}{(\mu l)^2} = \frac{\pi^2 \times 206 \times 10^3 \times 4622920000}{17430^2} \times 10^{-3} = 30938kN$$

$$\beta_{mx} = 1 - 0.36 \frac{N}{N_{cr}} = 1 - 0.36 \times \frac{976.6}{30938} = 0.99$$

$$N'_{EX} = \frac{\pi^2 EA}{1.1 \lambda_x^2} = \frac{\pi^2 \times 206 \times 10^3 \times 38000}{1.1 \times 49.9^2} \times 10^{-3} = 28207 kN_{\circ}$$

查《钢结构设计标准》GB 50017—2017 附录 D 表 D.0.2 得：$\varphi_x = 0.857$，

$$\frac{N}{\varphi_x A f} + \frac{\beta_{mx} M_x}{\gamma_x W_{1x} \left(1 - 0.8 \frac{N}{N'_{EX}}\right) f}$$

$$= \frac{976.6 \times 10^3}{0.857 \times 38000 \times 205} + \frac{0.99 \times 1753 \times 10^6}{1.05 \times 11557000 \times \left(1 - 0.8 \times \frac{976.6}{28207}\right) \times 205}$$

$$= 0.87 < 1_{\circ}$$

3）框架平面外稳定性计算

$\lambda_y = \frac{H'_{01}}{i_y} = \frac{6650}{135} = 49.2$，查《钢结构设计标准》GB 50017—2017 附录 D 表 D.0.2

得：$\varphi_y = 0.860$，$\eta = 1.0$，取 $\beta_{tx} = 1.0$

$$\varphi_b = 1.07 - \frac{\lambda_y^2}{44000 \varepsilon_k^2} = 1.07 - \frac{49.2^2}{44000 \times 1.0^2} = 1.015，取 \varphi_b = 1.0$$

$$\frac{N}{\varphi_y A f} + \eta \frac{\beta_{tx} M_x}{\varphi_b W_{1x} f} = \frac{976.6 \times 10^3}{0.860 \times 38000 \times 205} + 1.0 \times \frac{1.0 \times 1753 \times 10^6}{1.0 \times 11557000 \times 205}$$

$$= 0.886 < 1_{\circ}$$

4）局部稳定性计算

翼缘宽厚比：$\frac{b}{t} = \frac{(550 - 14)/2}{25} = 10.72 < 15 \varepsilon_k = 15_{\circ}$

腹板高厚比计算：

$$\sigma_{max} = \frac{N}{A} + \frac{M_x}{I_x} y_1 = \frac{976.6 \times 10^3}{38000} + \frac{1753 \times 10^6}{4622920000}(400 - 25)$$

$$= 25.7 + 142.2 = 167.9 N/mm^2$$

$$\sigma_{min} = \frac{N}{A} - \frac{M_x}{I_x} y_1 = \frac{976.6 \times 10^3}{38000} - \frac{1753 \times 10^6}{4622920000}(400 - 25)$$

$$= 25.7 - 142.2 = -116.5 N/mm^2$$

$$\alpha_0 = \frac{\sigma_{max} - \sigma_{min}}{\sigma_{max}} = \frac{167.9 + 116.5}{167.9} = 1.694$$

$$\frac{h_0}{t_W} = \frac{750}{14} = 53.6 < (45 + 25 \alpha_0^{1.66}) \varepsilon_k = (45 + 25 \times 1.694^{1.66}) \times 1.0 = 105_{\circ}$$

5）腹板与翼缘的连接焊缝

翼缘厚度 $t = 25 > 20$，取角焊缝最小焊脚尺寸 $h_f = 8mm_{\circ}$

（4）下段柱计算

两肢形心轴间距离 $a = 1750mm$，屋盖肢距形心轴距离 $y_2 = \frac{39904 \times 1750}{66544} = 1049mm$，

吊车肢距形心轴距离 $y_1 = a - y_1 = 1750 - 1049 = 701mm_{\circ}$ 格构式下柱的强度可不计算。

1）框架平面内整体稳定性计算

$$\lambda_x = \frac{H_{02}}{i_x} = \frac{24590}{820} = 30.0，格构式柱斜缀条采用剖分 T 型钢 TN175 \times 175 \times 7 \times 11，$$

$A_{1x} = 2 \times 3183 = 6366 \text{ mm}^2，换算长细比 \lambda_{0x} = \sqrt{\lambda_x^2 + 27\frac{A}{A_{1x}}} = \sqrt{30.0^2 + 27\frac{665.44}{63.66}} = 34.4$

$$N'_{EX} = \frac{\pi^2 EA}{1.1\lambda_{0x}^2} = \frac{\pi^2 \times 206 \times 10^3 \times 66544}{1.1 \times 34.4^2} \times 10^{-3} = 103936 \text{kN}$$

查《钢结构设计标准》GB 50017—2017 附录 D 表 D.0.2 得：$\varphi_x = 0.920$

$$N_{cr} = \frac{\pi^2 EI}{(\mu l)^2} = \frac{\pi^2 \times 206 \times 10^3 \times 44748570000}{24590^2} \times 10^{-3} = 150463 \text{kN}$$

$$\beta_{mx} = 1 - 0.36\frac{N}{N_{cr}} = 1 - 0.36 \times \frac{4405.6}{150463} = 0.989。$$

第②组合内力起控制：

$$\frac{N}{\varphi_x Af} + \frac{\beta_{mx}M_x}{W_{1x}\left(1 - \frac{N}{N'_{EX}}\right)f} = \frac{4405.6 \times 10^3}{0.92 \times 66544 \times 205} + \frac{0.989 \times 6423 \times 10^6}{63835000 \times \left(1 - \frac{4405.6}{103936}\right) \times 205}$$

$$= 0.858 < 1$$

弯矩平面外的整体稳定性可不计算。

2) 屋盖肢稳定性计算

按轴心受压构件计算，构件截面没有孔洞削弱，可不必计算其截面强度。第①组合内力起控制：

$$N'_2 = \frac{N_2 y_1}{a} + \frac{M_2}{a} = \frac{4405.6 \times 0.701}{1.75} + \frac{3204.4}{1.75} = 3596 \text{kN}$$

平面内的计算长度 $l_{0x} = H'_{02} = 10420 \text{mm}$，平面外的计算长度 $l_{0y} = 3500 \text{mm}$。

$$\lambda_{1x} = \frac{l_{0x}}{i_{1x}} = \frac{10420}{333} = 31.3，\lambda_{1y} = \frac{l_{0y}}{i_{1y}} = \frac{3500}{90} = 38.9$$

查《钢结构设计标准》GB 50017—2017 附录 D 表 D.0.2 得：$\varphi = 0.903$。

$\lambda_{max} = \lambda_{1y} = 38.9$，翼缘宽厚比：

$$\frac{b}{t_f} = \frac{(400 - 14)/2}{20} = 9.65 < (10 + 0.1\lambda)\varepsilon_k = (10 + 0.1 \times 38.9) \times 1.0 = 13.89。$$

腹板高厚比：

$$\frac{h_0}{t_w} = \frac{800 - 20 \times 2}{14} = 54.29 > (25 + 0.5\lambda)\varepsilon_k = (25 + 0.5 \times 38.9) \times 1.0 = 44.45，$$

腹板会发生局部失稳，考虑屈曲后强度：

$$\frac{h_0}{t_w} = 54.29 > 42\varepsilon_k = 42 \times 1.0 = 42$$

$$\lambda_{n,p} = \frac{h_0/t_w}{56.2} \cdot \frac{1}{\varepsilon_k} = \frac{54.29}{56.2} \times 1 = 0.966$$

$$\rho = \frac{1}{\lambda_{n,p}}\left(1 - \frac{0.19}{\lambda_{n,p}}\right) = \frac{1}{0.966} \times \left(1 - \frac{0.19}{0.966}\right) = 0.832$$

$$A_e = \sum \rho_i A_i = 0.832 \times 760 \times 14 + 2 \times 400 \times 20 = 24852 \text{mm}^2。$$

稳定性计算：

$$\frac{N}{\varphi A_e f} = \frac{3596 \times 10^3}{0.903 \times 24852 \times 205} = 0.782 < 1$$

由于 $\lambda_{max} = 38.9 < 40\varepsilon_k = 40$，亦可取 $\rho = 1.0$，即 $A_e = A = 26640\text{mm}^2$

$$\frac{N}{\varphi A_e f} = \frac{3596 \times 10^3}{0.903 \times 26640 \times 205} = 0.729 < 1$$

腹板与翼缘的连接焊缝 $h_f = 8\text{mm}$。

3) 吊车肢稳定性计算

吊车梁采用突缘式支座，可不考虑相邻两吊车梁支座反力差所产生的偏心影响，吊车肢按轴心受压构件进行计算。第②组合内力起控制：

$$N_1' = \frac{N_1 y_2}{a} + \frac{M_1}{a} = \frac{4405.6 \times 1.049}{1.75} + \frac{6423}{1.75} = 6311\text{kN}$$

平面内的计算长度 $l_{0x} = H_{02}' = 10420\text{mm}$，平面外的计算长度 $l_{0y} = 3500\text{mm}$。

$$\lambda_{2x} = \frac{l_{0x}}{i_{2x}} = \frac{10420}{344} = 30.3, \quad \lambda_{2y} = \frac{l_{0y}}{i_{2y}} = \frac{3500}{121} = 28.9$$

查《钢结构设计标准》GB 50017—2017 附录 D 表 D.0.2 得：$\varphi = 0.935$。

$\lambda_{max} = \lambda_{1y} = 30.3$，翼缘宽厚比：

$$\frac{b}{t_f} = \frac{(500 - 16)/2}{28} = 8.64 < (10 + 0.1\lambda)\varepsilon_k = (10 + 0.1 \times 30.3) \times 1.0 = 13.03。$$

腹板高厚比：

$$\frac{h_0}{t_w} = \frac{800 - 28 \times 2}{16} = 46.5 > (25 + 0.5\lambda)\varepsilon_k = (25 + 0.5 \times 30.3) \times 1.0 = 40.15。$$

腹板会发生局部失稳，考虑屈曲后强度：

$$\frac{h_0}{t_w} = 46.5 > 42\varepsilon_k = 42 \times 1.0 = 42$$

$$\lambda_{n,p} = \frac{h_0/t_w}{56.2} \cdot \frac{1}{\varepsilon_k} = \frac{46.5}{56.2} \times 1 = 0.827$$

$$\rho = \frac{1}{\lambda_{n,p}}\left(1 - \frac{0.19}{\lambda_{n,p}}\right) = \frac{1}{0.827} \times \left(1 - \frac{0.19}{0.827}\right) = 0.931$$

$$A_e = \sum \rho_i A_i = 0.931 \times 744 \times 16 + 2 \times 500 \times 28 = 39083\text{mm}^2$$

稳定性计算：

$$\frac{N}{\varphi A_e f} = \frac{6311 \times 10^3}{0.935 \times 39083 \times 205} = 0.842 < 1$$

由于 $\lambda_{max} = 30.3 < 40\varepsilon_k = 40$，亦可取 $\rho = 1.0$，即 $A_e = A = 39904\text{mm}^2$

$$\frac{N}{\varphi A_e f} = \frac{6311 \times 10^3}{0.935 \times 39904 \times 205} = 0.825 < 1$$

腹板与翼缘的连接焊缝 $h_f = 10\text{mm}$。

(5) 上柱人孔计算

1) 设计资料

计算简图如图 11.1-48 所示。

人孔范围内柱截面最不利组合内力：$\begin{cases} N = 879.0\text{kN} \\ M = 1577.7\text{kN} \cdot \text{m} \\ V = 248.2\text{kN} \end{cases}$

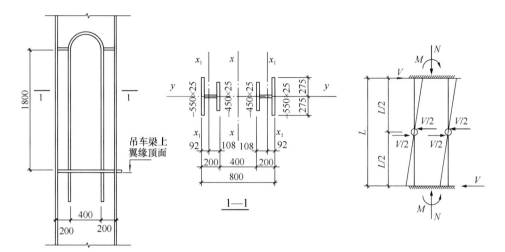

图 11.1-48 人孔计算资料

分肢内力：

$$N_1 = \frac{N}{2} + \frac{M}{c} = \frac{879}{2} + \frac{1577.7}{0.616} = 3001 \text{kN}$$

$$M_{x1} = \frac{V}{2} \cdot \frac{L}{2} = \frac{248.2}{2} \times \frac{1.8}{2} = 111.69 \text{kN} \cdot \text{m}$$

$$V_1 = \frac{V}{2} = \frac{248.2}{2} = 124.1 \text{kN}$$

分肢为单轴对称实腹构件，其截面几何特性如下：

$A = 27100 \text{mm}^2$，$I_x = 194880000 \text{mm}^4$，$i_x = 85 \text{mm}$，$W_{1x} = 1803000 \text{mm}^3$，$I_y = 536490000 \text{mm}^4$，$i_y = 141 \text{mm}$。

2）分肢强度计算

用净截面计算，假设扣除翼缘上 $2\text{-}d_0 21.5$ 螺栓孔的面积，即

$$A_n = 27100 - 2 \times (21.5 \times 25) = 26025 \text{ mm}^2$$

$$W_{nx} = W_{1x} \cdot \frac{A_n}{A} = 1803000 \times \frac{26025}{27100} = 1731000 \text{ mm}^3$$

受压翼缘的自由外伸宽度与其厚度之比 $\frac{b}{t} = \frac{(550-14)/2}{25} = 10.72 < 13\sqrt{\frac{235}{f_y}}$，满足受弯构件 S3 级要求，$\gamma_x = 1.05$，

$$\frac{N}{A_n} + \frac{M_x}{\gamma_x W_{nx}} = \frac{3001 \times 10^3}{26025} + \frac{111.69 \times 10^6}{1.05 \times 1731000}$$

$$= 115.3 + 61.5 = 176.8 \text{N/mm}^2$$

$$< f = 205 \text{N/mm}^2 \text{。}$$

3）分肢弯矩作用平面内稳定性计算

$l_{0x} = L = 1800 \text{mm}$，$\lambda_x = \frac{l_{0x}}{i_x} = \frac{1800}{85} = 21.2$，焊接工字型截面对非对称主轴 x 轴为 b 类截面，查《钢结构设计标准》GB 50017—2017 附录 D 表 D.0.2 得：$\varphi_x = 0.966$，$E = 206 \times 10^3 \text{N/mm}^2$，趋于安全，取 $\beta_{mx} = 1.0$

$$N'_{EX} = \frac{\pi^2 EA}{1.1\lambda_x^2} = \frac{\pi^2 \times 206 \times 10^3 \times 27100}{1.1 \times 21.2^2} \times 10^{-3} = 111448 \text{kN}$$

$$\frac{N}{\varphi_x Af} + \frac{\beta_{mx} M_x}{\gamma_x W_{1x}\left(1 - 0.8\dfrac{N}{N'_{EX}}\right)f}$$

$$= \frac{3001}{0.966 \times 27100 \times 205} + \frac{1.0 \times 111.69 \times 10^6}{1.05 \times 1803000 \times \left(1 - 0.8 \times \dfrac{3001}{111448}\right) \times 205}$$

$$= 0.853 < 1.0 。$$

4）分肢弯矩作用平面外稳定性计算

分肢绕对称轴的长细比应采用计及扭转效应的换算长细比 λ_{yz}，按《钢结构设计标准》GB 50017—2017 第 7.2.2 条 2 款及材料力学有关公式计算。剪心到较大翼缘重心线的距离 h_1 按下式计算：

$$h_1 = \frac{t_2 b_2^3}{t_1 b_1^3 + t_2 b_2^3} \cdot h = \frac{25 \times 450^3}{25 \times 550^3 + 25 \times 450^3} \times (200 - 25) = 62 \text{mm}$$

截面形心至剪心的距离 $y_s = 92 - 25/2 - 62 = 17.5 \text{mm}$，$l_w = l_{0y} = L = 1800 \text{mm}$

毛截面扇性惯性矩：

$$I_w = \frac{h^2}{12} \cdot \frac{b_1^3 t_1 b_2^3 t_2}{b_1^3 t_1 + b_2^3 t_2} = \frac{175^2}{12} \times \frac{550^3 \times 25 \times 450^3 \times 25}{550^3 \times 25 + 450^3 \times 25} = 3756499000000 \ \text{mm}^6 。$$

毛截面自由扭转常数：

$$I_t = \frac{k}{3}\sum_{i=1}^{n} b_i \delta_i^3 = \frac{1.25}{3} \times (550 \times 25^3 + 450 \times 25^3 + 150 \times 14^3) = 6682000 \ \text{mm}^4$$

构件对对称轴的长细比 $\lambda_y = \dfrac{l_{0y}}{i_y} = \dfrac{1800}{141} = 12.8$

截面对剪心的极回转半径 $i_0^2 = y_s^2 + i_x^2 + i_y^2 = 17.5^2 + 85^2 + 141^2 = 27400 \ \text{mm}^2$

毛截面对剪心的极惯性矩 $I_0 = i_0^2 A$

扭转屈曲的换算长细比

$$\lambda_z^2 = \frac{I_0}{I_t/25.7 + I_w/l_w^2} = \frac{27400 \times 27100}{\dfrac{6682000}{25.7} + \dfrac{3756499000000}{1800^2}} = 523$$

$$\lambda_{yz} = \frac{1}{\sqrt{2}}\left[(\lambda_y^2 + \lambda_z^2) + \sqrt{(\lambda_y^2 + \lambda_z^2)^2 - 4\left(1 - \frac{y_s^2}{i_0^2}\right)\lambda_y^2\lambda_z^2}\right]^{\frac{1}{2}}$$

$$= \frac{1}{\sqrt{2}}\left[(12.8^2 + 523) + \sqrt{(12.8^2 + 523)^2 - 4 \times (1 - 17.5^2/27400) \times 12.8^2 \times 523}\right]^{\frac{1}{2}}$$

$$= 23 。$$

焊接工字型截面，翼缘为焰切边，对对称主轴 y 轴为 b 类截面，查《钢结构设计标准》GB 50017—2017 附录 D 表 D.0.2 得：$\varphi_y = 0.960$，$\eta = 1.0$，取 $\beta_{tx} = 1.0$

$$\alpha_b = \frac{I_1}{I_1 + I_2} = \frac{450^3}{450^3 + 550^3} = 0.354$$

$$\varphi_b = 1.07 - \frac{W_x}{(2\alpha_b + 0.1)Ah} \times \frac{\lambda_y^2}{14000\varepsilon_k^2} = 1.07 - \frac{1803000}{(2 \times 0.354 + 0.1) \times 27100 \times 200} \times$$

$$\frac{23^2}{14000 \times 1.0^2} = 1.05 \text{ 取 } \varphi_b = 1$$

$$\frac{N}{\varphi_y A f} + \eta \frac{\beta_{tx} M_x}{\varphi_b W_{1x} f} = \frac{3001 \times 10^3}{0.960 \times 27100 \times 205} + 1.0 \times \frac{1.0 \times 111.69 \times 10^6}{1.0 \times 1803000 \times 205}$$
$$= 0.865 < 1.0 \text{。}$$

5）局部稳定性计算

翼缘宽厚比：$\dfrac{b}{t} = \dfrac{(550-14)/2}{25} = 10.72 < 15\varepsilon_k = 15$

计算腹板与上、下翼缘交界处的应力为：

$$\sigma_{max} = \frac{N}{A} + \frac{M_x}{I_x} y_1 = \frac{3001 \times 10^3}{27100} + \frac{111.69 \times 10^6}{194880000}(108-25)$$
$$= 110.7 + 47.6 = 158.3 \text{N/mm}^2$$

$$\sigma_{min} = \frac{N}{A} - \frac{M_x}{I_x} y_1 = \frac{3001 \times 10^3}{27100} - \frac{111.69 \times 10^6}{194880000}(108-25)$$
$$= 110.7 - 47.6 = 63.1 \text{N/mm}^2$$

$$\alpha_0 = \frac{\sigma_{max} - \sigma_{min}}{\sigma_{max}} = \frac{158.3 - 63.1}{158.3} = 0.6$$

腹板计算高度与其厚度之比：

$$\frac{h_0}{t_w} = \frac{150}{14} = 10.7 < (45 + 25\alpha_0^{1.66})\varepsilon_k = (45 + 25 \times 0.6^{1.66}) \times 1.0 = 55.7 \text{。}$$

6）腹板与翼缘的连接焊缝

翼缘厚度 $t = 25 > 20$，取角焊缝最小焊脚尺寸 $h_f = 8\text{mm}$。

（6）柱肩梁计算

1）设计资料

吊车梁采用突缘式支座，吊车竖向荷载及吊车梁自重等所产生的最大计算压力 $R_{max} = 3549\text{kN}$，计算资料图如图 11.1-49 所示。

上柱排架计算组合内力：$\begin{cases} N = 976.6\text{kN} \\ M = 1753.0\text{kN} \cdot \text{m} \end{cases}$

2）肩梁内力计算

肩梁的上、下盖板的有效宽度可取 $30t$（翼缘厚度）与上段柱翼缘宽度的较小值，本例取 600mm。用上柱排架计算最不利组合内力来计算：

$$P_1 \approx \frac{1753}{0.8} + \frac{976.6}{2} = 2192 + 488 = 2680\text{kN}, \quad P_2 \approx 2192 - 488 = 1704\text{kN}$$

$$R_A = 1704 + \frac{2680 \times 0.95}{1.75} = 1704 + 1455 = 3159\text{kN}, \quad R_B = \frac{2680 \times 0.8}{1.75} = 1225\text{kN}$$

$$M_{max} = \frac{2680 \times 0.8 \times 0.95}{1.75} = 1164\text{kN} \cdot \text{m}, \quad V_{max} = 1455\text{kN} \text{。}$$

3）肩梁强度计算

$$I_x = \frac{1}{12} \times 2 \times 74^3 + 2 \times 3 \times 60 \times 38.5^2 + \frac{1}{12} \times 60 \times 3^3 \times 2 = 601417\text{cm}^4$$

$$W_{nx} = \frac{601417}{40} = 15035\text{cm}^3, \quad S_x = 2 \times 37 \times 18.5 + 3 \times 60 \times 38.5 = 8299\text{cm}^3$$

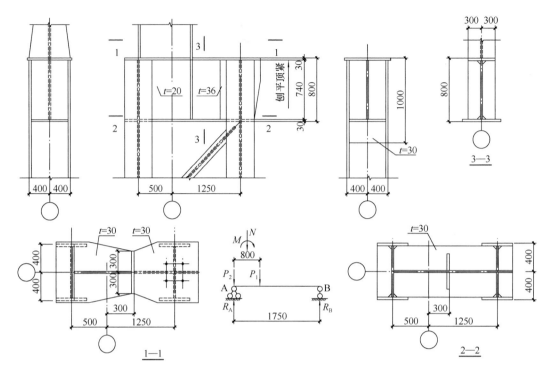

图 11.1-49　肩梁计算资料

$$\frac{M_{\max}}{\gamma_x W_{nx}} = \frac{1164 \times 10^6}{1.05 \times 15035 \times 10^3} = 73.7 \text{N/mm}^2 < 205 \text{N/mm}^2$$

$$\tau = \frac{VS}{I_x t_w} = \frac{1455 \times 10^3 \times 8299 \times 10^3}{601417 \times 10^4 \times 20} = 100.4 \text{N/mm}^2 < f_v = 120 \text{N/mm}^2 \text{。}$$

4）肩梁腹板与屋盖肢的连接焊缝计算

有 2 条焊缝，$h_f = 12 \text{mm}$，每条焊缝计算长度 $l_w = 740 - 2 \times 12 = 716 \text{mm}$。

$$\tau_f = \frac{V}{2 h_e l_w} = \frac{1455 \times 10^3}{2 \times 0.7 \times 12 \times 716} = 121 \text{N/mm}^2 < f_f^w = 160 \text{N/mm}^2$$

肩梁腹板与吊车肢加劲肋采用双面对接剖口焊连接，不用进行焊缝计算。

5）上柱翼缘与肩梁腹板的连接焊缝计算

有 4 条焊缝，$h_f = 12 \text{mm}$，每条焊缝计算长度 $l_w = 740 - 2 \times 12 = 716 \text{mm}$。

$$\tau_f = \frac{V}{4 h_e l_w} = \frac{2680 \times 10^3}{4 \times 0.7 \times 12 \times 716} = 111.4 \text{N/mm}^2 < f_f^w = 160 \text{N/mm}^2 \text{。}$$

6）吊车肢加劲肋端面承压强度计算

加劲肋截面为 -400×36，端面刨平顶紧。

$$\sigma = \frac{R_{\max}}{A} = \frac{3549 \times 10^3}{400 \times 36} = 246.5 \text{N/mm}^2 < f_{ce} = 320 \text{N/mm}^2 \text{。}$$

7）吊车肢加劲肋与吊车肢腹板的连接焊缝计算

有 4 条焊缝，$h_f = 14 \text{mm}$，每条焊缝计算长度 $l_w = 800 - 2 \times 14 = 772 \text{mm}$。

$$\tau_f = \frac{R_B + R_{\max}}{4 h_e l_w} = \frac{(1225 + 3549) \times 10^3}{4 \times 0.7 \times 14 \times 772} = 158 \text{N/mm}^2 < f_f^w = 160 \text{N/mm}^2 \text{。}$$

8）吊车肢腹板抗剪强度计算

$$\tau = \frac{R_B + R_{max}}{2h_w t_w} = \frac{(1225 + 3549) \times 10^3}{2 \times 800 \times 30} = 99.5 \text{N/mm}^2 < f_v = 120 \text{N/mm}^2.$$

9）吊车肢端肩梁腹板抗剪强度计算

$$\tau = \frac{R_B + 1.2R_{max}/2}{h_w t_w} = \frac{(1225 + 1.2 \times 3549/2) \times 10^3}{800 \times 36} = 116.5 \text{N/mm}^2 < f_v = 120 \text{N/mm}^2.$$

由于吊车竖向荷载及吊车梁自重等所产生的最大计算压力应由吊车肢加劲肋、吊车肢腹板和吊车肢翼缘等共同承担，只是各自承担的比例目前难以确定，故上述计算趋于安全。

（7）缀条计算

下柱缀条布置见图 11.1-50。

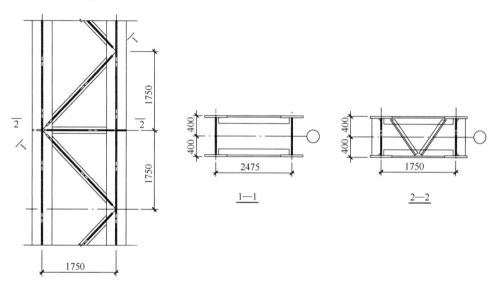

图 11.1-50 下柱缀条布置图

1）横缀条计算

由柱肢断面计算的剪力：

$$V = \frac{Af}{85\varepsilon_k} = \frac{66544 \times 205}{85 \times 1.0} \times 10^{-3} = 160.5 \text{kN}$$

排架计算下段柱最大剪力 $V = 558.0 \text{kN} > 160.5 \text{kN}$，故采用 $V = 558.0 \text{kN}$ 进行计算，横缀条内力 $N = 558.0/2 = 279.0 \text{kN}$。

横缀条采用剖分 T 型钢 TN175×175×7×11，$A = 3183 \text{mm}^2$，$i_x = 50.6 \text{mm}$，$i_y = 39.3 \text{mm}$，平面外设附加系杆 L63×6 起横隔作用，$l_{0x} = l_{0y} = 1750 \text{mm}$。

绕非对称轴的长细比：$\lambda_x = \frac{l_{0x}}{i_x} = \frac{1750}{50.6} = 34.6$，$\lambda_y = \frac{l_{0y}}{i_y} = \frac{1750}{39.3} = 44.5$。

绕对称轴的长细比应采用计及扭转效应的换算长细比 λ_{yz}：

截面形心至剪心的距离 $y_s = 37.4 \text{mm}$，毛截面扇性惯性矩 $I_w = 0$。

毛截面自由扭转常数 $I_t = \frac{1.15}{3} \sum_{i=1}^{n} b_i \delta_i^3 = \frac{1.15}{3} \times (175 \times 11^3 + 164 \times 7^3) = 110000 \text{mm}^4$

截面对剪心的极回转半径 $i_0^2 = y_s^2 + i_x^2 + i_y^2 = 37.4^2 + 50.6^2 + 39.3^2 = 5500$

毛截面对剪心的极惯性矩 $I_0 = i_0^2 A = 5500 \times 3183 = 17506500 \text{mm}^4$

扭转屈曲的换算长细比 $\lambda_z^2 = \dfrac{I_0}{I_t/25.7 + I_w/l_w^2} = \dfrac{17506500}{110000/25.7 + 0} = 4090$

$$\lambda_{yz} = \frac{1}{\sqrt{2}}\left[(\lambda_y^2 + \lambda_z^2) + \sqrt{(\lambda_y^2 + \lambda_z^2)^2 - 4\left(1 - \frac{y_s^2}{i_0^2}\right)\lambda_y^2 \lambda_z^2}\right]^{\frac{1}{2}}$$

$$= \frac{1}{\sqrt{2}}\left[(44.5^2 + 4090) + \sqrt{(44.5^2 + 4090)^2 - 4 \times (1 - 37.4^2/5500) \times 44.5^2 \times 4090}\right]^{\frac{1}{2}}$$

$$= 69.4。$$

查《钢结构设计标准》GB 50017—2017 附录 D 表 D.0.2 得：$\varphi_y = 0.754$，稳定性计算：

$$\frac{N}{\varphi A f} = \frac{279 \times 10^3}{0.754 \times 3183 \times 215} = 0.54 < 1$$

T 形截面翼缘宽厚板限值

$$\frac{b}{t_f} = \frac{(175 - 7)/2}{11} = 7.64 < (10 + 0.1\lambda)\varepsilon_k = (10 + 0.1 \times 69.4) \times 1.0 = 16.94$$

T 形截面腹板宽厚板限值

$$\frac{h_0}{t_w} = \frac{175 - 11 - 16}{7} = 21.14 < (15 + 0.2\lambda)\varepsilon_k = (15 + 0.2 \times 69.4) \times 1.0 = 28.88$$

热轧型钢的局部稳定性一般不用验算。

2）斜缀条计算

斜缀条亦采用剖分 T 型钢 TN175×175×7×11，斜缀条内力 $N = 279.0\sqrt{2} = 394.6\text{kN}$，平面外不设附加系杆，$l_{0x} = l_{0y} = 1750\sqrt{2} = 2475\text{mm}$，$\lambda_x = \dfrac{l_{0x}}{i_x} = \dfrac{2475}{50.6} = 48.9$，$\lambda_y = \dfrac{l_{0y}}{i_y} = \dfrac{2475}{39.3} = 63$。

$$\lambda_{yz} = \frac{1}{\sqrt{2}} \times \left[(63^2 + 4090) + \sqrt{(63^2 + 4090)^2 - 4 \times \left(1 - \frac{37.4^2}{5500}\right) \times 63^2 \times 4090}\right]^{\frac{1}{2}}$$

$$= 77.9。$$

查《钢结构设计标准》GB 50017—2017 附录 D 表 D.0.2 得：$\varphi_y = 0.701$，稳定性计算：

$$\frac{N}{\varphi A f} = \frac{394.6 \times 10^3}{0.701 \times 3183 \times 215} = 0.82 < 1。$$

3）缀条与柱的连接焊缝

缀条翼缘与柱翼缘采用对接焊缝，缀条腹板与柱翼缘采用角焊缝，缀条翼缘等强连接所能承受的轴心力 $N = f_c^w t l_w = 215 \times 11 \times 175 \times 10^{-3} = 413.9\text{kN} > 394.6\text{kN}$，故缀条腹板与柱翼缘的角焊缝按构造，取 $h_f = 8\text{mm}$。

（8）插入式柱脚计算参见本手册第 13.8 节。

11.1.6　柱间支撑的设计

一、柱间支撑的形式与设置原则

1. 柱间支撑的作用

（1）保证厂房骨架的整体稳定和纵向刚度，提高厂房骨架的空间协同工作性能，减少振动、扭转等不利因素的影响。

（2）作为厂房柱的侧向支承点，决定厂房柱在框架平面外的计算长度。

（3）承受厂房山墙传来的风力、吊车的纵向水平荷载、厂房纵向温度应力及纵向地震力等。

2. 柱间支撑的组成

（1）在吊车梁系统之上与屋盖系统之下，设置上段柱的柱间支撑。

（2）当为双肩柱或多肩柱时，在上下两层吊车梁系统之间，设置中段柱的柱间支撑。

（3）在吊车梁系统之下与基础顶部柱脚之上，设置下段柱的柱间支撑。

（4）屋架端部的垂直支撑、按受压杆设计的柱顶纵向构件（如：柱顶压杆、柱头屋面檩条、纵向排水天沟等）、吊车梁系统、用以减小厂房柱平面外计算长度的纵向压杆（如：纵向实腹梁、纵向水平桁架、参观走台等）、柱底水平纵向梁（当不设基础拉梁时）以及柱子本身（在框架平面外）等都是柱间支撑体系的组成部分，如图 11.1-51 所示。

3. 柱间支撑的形式及特点

（1）上段柱及中段柱的柱间支撑一般按照支撑杆件的斜度选用十字交叉形、人字形及 K 形。当柱间距较大时，还可采用八字形及 V 形，如图 11.1-52 所示。

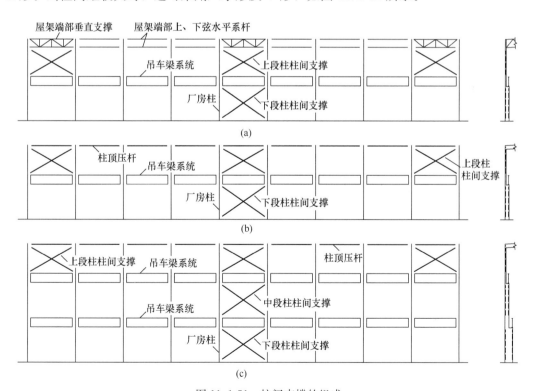

图 11.1-51　柱间支撑的组成

（a）、（b）单阶柱柱间支撑布置；（c）双阶柱柱间支撑布置

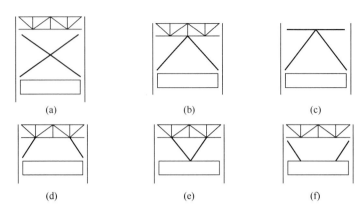

图 11.1-52　上段柱柱间支撑的形式

（a）十字交叉形支撑；（b）人字形支撑；（c）K 形支撑；（d）八字形支撑；（e）V 形支撑；（f）倒八字形支撑

（2）下段柱的柱间支撑一般仍按照支撑杆件的斜度选用十字交叉形、人字形及 K 形，当柱子较高时，可以设置双层。当柱间距较大时，或工艺上有特殊要求时，可采用门形、L 形、Y 形、刚架形、八字形及单斜杆等，如图 11.1-53 所示。

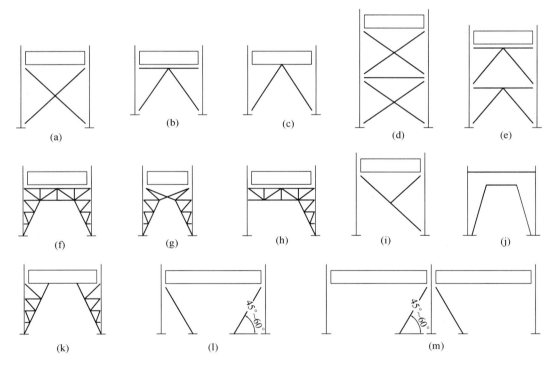

图 11.1-53　下段柱柱间支撑的形式

（a）、（d）十字交叉形支撑；（b）、（e）K 形支撑；（c）人字形支撑；（f）门形支撑；（g）、（h）L 形支撑；（i）Y 形支撑；（j）刚架形支撑；（k）再分式八字形支撑；（l）、（m）单斜杆形支撑

（3）从杆件受力合理、节点板节省方面考虑，支撑的倾角应控制在 $35°\sim55°$ 之间。十字交叉形支撑传力直接，构造简单，用料较省，刚度也大，是较常采用的一种形式。

（4）层高较低时 K 形支撑也是较常采用的一种形式。

（5）人字形支撑、八字形及 V 形支撑，一般需要与屋面垂直支撑或托架一起共同设置。由于吊车梁直接承受动力荷载，一般不宜与吊车梁连接。当设计不考虑支撑承受其他结构系统传来的垂直荷载时，节点应设计成水平方向传力、上下可自由滑动的构造形式，或者待横梁受荷变形完成后再与柱间支撑连接。

（6）空腹式门形支撑，或实腹式门形支撑，用料较多，刚度也较差，当与吊车梁系统一起设置时，设计、制造、安装都比较麻烦，一般仅在特殊情况下采用。

（7）L 形、Y 形及单斜杆支撑，不对称或刚度较差，一般很少采用。

（8）柱子较高且柱距较小、而刚度要求严格者，可以占用两个柱间设置整体支撑，如图 11.1-54 所示。

4. 柱间支撑布置的原则及设计要点

（1）应构成完整的纵向受力系统，满足柱间支撑应起的各项作用。柱间支撑的刚度应满足厂房框架在平面外无侧移的假定。

（2）位置及形式，应满足工艺生产、操作和使用的净空要求。在此前提下，应力求对称布置、受力明确、构造简单。

（3）考虑温度区段长度。中段柱及下段柱的柱间支撑一般布置在温度区段的中间，使厂房结构在温度变化时能从支撑向两侧均匀伸缩，以减小支撑、柱子与纵向构件的温度应力。在短而高的厂房内，中段柱及下段柱

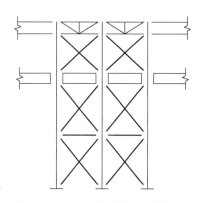

图 11.1-54　整体式柱间支撑的形式

的柱间支撑亦可布置在厂房两端，这种情况温度应力不大却可提高厂房的纵向刚度。另外，当厂房柱距不超过 5 个且厂房长度小于 60m 时，亦可在厂房的两端布置下柱支撑。

单层封闭厂房和露天厂房的温度区段长度（伸缩缝的间距），当不超过表 11.1-2 的数值时，一般情况下柱间支撑可不考虑温度应力和温度变形的影响。

当厂房的温度区段长度超过表 11.1-2 的数值时，或根据地点、环境、结构类型及使用功能等实际情况的要求，需要考虑温度变化的影响时，柱间支撑就需要考虑温度应力和温度变形的影响。

（4）上段柱的柱间支撑应布置在厂房单元两端和具有中段柱及下段柱支撑的柱间，以传递山墙风力和保证厂房的整体稳定和纵向刚度。由于上段柱平面外的刚度一般都较小，因此不会引起很大的温度应力。

（5）柱间支撑的设置应与屋盖支撑布置相协调，一般均与屋盖上、下弦横向支撑及垂直支撑设在同一柱距内。

（6）每一温度区段的每一列柱，一般均应设置柱间支撑。

（7）在抗震设防区，柱间支撑的布置参见本章第 11.6 节。

（8）布置柱间支撑的柱间，最好与上吊车检修走台梯及屋面检修单轨吊错开，以免干涉。

二、长细比与构造要求

1. 计算长度

（1）柱间支撑采用桁架式时，当腹杆用节点板与弦杆连接时，桁架弦杆和单系腹杆的计算长度 l_0 应按表 11.1-10 采用；当采用相贯焊接连接的钢管桁架时，其构件计算长度可

按表 11.1-11 取值。

桁架弦杆和单系腹杆的计算长度 l_0　　　　　　　表 11.1-10

弯曲方向	弦杆	腹杆	
		支座斜杆和支座竖杆	其他腹杆
桁架平面内	l	l	$0.8l$
桁架平面外	l_1	l	l
斜平面	—	l	$0.9l$

注：1. l 为构件的几何长度（节点中心间距离）；l_1 为桁架弦杆侧向支承点之间的距离；

2. 斜平面系指与桁架平面斜交的平面，适用于构件截面两主轴均不在桁架平面内的单角钢腹杆和双角钢十字形截面腹杆；

3. 除钢管结构外，无节点板的腹杆计算长度在任意平面内均取其等于几何长度。

钢管桁架构件计算长度 l_0　　　　　　　表 11.1-11

桁架类别	弯曲方向	弦杆	腹杆	
			支座斜杆和支座竖杆	其他腹杆
平面桁架	平面内	$0.9l$	l	$0.8l$
	平面外	l_1	l	l
立体桁架		$0.9l$	l	$0.8l$

注：1. l_1 为平面外无支撑长度；l 是杆件的节间长度；

2. 对端部缩头或压扁的圆管腹杆，其计算长度取 $1.0l$；

3. 对于立体桁架，弦杆平面外的计算长度取 $0.9l$，同时尚应以 $0.9l_1$ 按格构式压杆验算其稳定性。

（2）柱间支撑采用十字交叉形支撑时，可以假定为单拉杆，亦可假定为一拉一压杆（拉力与压力相等）。杆件平面内的计算长度应取节点中心到交叉点的距离；杆件平面外的计算长度，应按下列情况采用：

1）对单片支撑的压杆：当相交的另一杆受拉且两杆在交叉点均不中断时，取 $l_0 = 0.5l$，l 为节点中心间距离（交叉点不作为节点考虑）；当相交的另一杆受拉且两杆中有一杆在交叉点中断，并以节点板搭接时，取 $l_0 = 0.7l$。

2）对单片支撑的拉杆：取 $l_0 = l$。

3）对双片支撑的单肢杆件在支撑平面外计算长度，可取横向附加系杆之间的距离。

4）单角钢压杆在支撑斜平面的计算长度 l_0，应取节点中心至交叉点间距离的 0.9 倍。

2. 柱间支撑杆件的容许长细比

柱间支撑杆件的容许长细比（适合于非抗震设计和抗震设计）见表 11.1-12

柱间支撑杆件的容许长细比　　　　　　　表 11.1-12

构件名称	容许长细比		
	压杆	拉杆	
		有轻、中级工作制吊车的厂房	有重级工作制吊车的厂房
吊车梁或吊车桁架以下的柱间支撑	150	300	200
吊车梁或吊车桁架以上的柱间支撑	200	400	350
其他支撑	200	400	350

注：1. 计算单角钢杆件在支承点（包括端部支承和中间支承点）间的长细比时，应采用角钢的最小回转半径；计算单角钢交叉杆件在支撑平面外的长细比时，应采用与角钢肢边平行轴的回转半径；

2. 在设有夹钳吊车或刚性料耙吊车的厂房中，吊车梁或吊车桁架以上的柱间支撑或其他支撑，其长细比不宜超过300。

3. 柱间支撑杆件的构造要求

（1）当上柱截面的高度小于 800mm 时，一般采用单片支撑；在个别情况下，也可采用双片支撑。单片支撑的截面形式如图 11.1-55 所示。

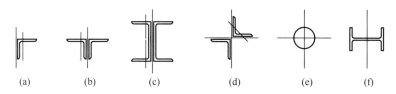

图 11.1-55 单片支撑的截面形式

（a）单角钢；（b）双角钢；（c）双槽钢；（d）十字形截面；（e）钢管；（f）工字形截面

用填板连接焊接而成的双角钢或双槽钢构件，可按实腹式构件进行计算，但填板间的距离不应超过下列数值：

受压构件：$40i$；

受拉构件：$80i$。

i 为单肢截面回转半径，应按下列规定采用：

1）当为图 11.1-55b、c 所示的双角钢或双槽钢截面时，取一个角钢或一个槽钢对与填板平行的形心轴的回转半径；

2）当为图 11.1-55d 所示的十字形截面时，取一个角钢的最小回转半径。受压构件的两个侧向支承点之间的填板数不应少于 2 个。

（2）当上柱截面的高度等于或大于 800mm，或上柱设有人孔时，一般采用双片支撑。下柱支撑一般采用双片支撑。双片支撑的截面形式如图11.1-56所示。

双片支撑之间应设置系杆，以保证共同工作并减小支撑杆件平面外计算长度。当两片支撑之间距离≤600mm 时，采用横杆式；当两片支撑之间距离＞600mm 时，采用斜杆式。如图 11.1-57 所示。

（3）支撑杆件的最小截面，当采用角钢时，不宜小于 L75×6；当采用槽钢时，不宜小于 [12。对于双片支撑之间的系杆，其截面一般不小于 L50×5。

（4）一般情况下，支撑通过节点板与梁柱连接。支撑节点板的厚度可按强度计算和构造要求确定，在一般情况下，其厚度可参照表 11.1-13 选用。在设计支撑端部与梁柱的连

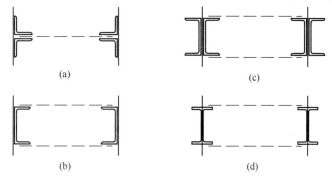

图 11.1-56 双片支撑的截面形式

（a）双角钢组成的双片支撑；（b）单槽钢组成的双片支撑；

（c）双槽钢组成的双片支撑；（d）工字钢组成的双片支撑

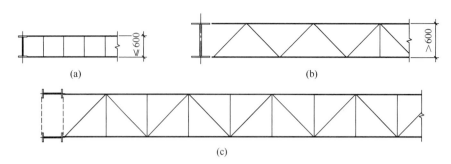

图 11.1-57　双片支撑的连系杆形式
(a) 横杆式；(b)、(c) 斜杆式

接时，应将支撑的内力（拉力或压力）分解为水平分力和垂直分力，把它们分别作用于梁柱的翼缘或腹板上，然后进行连接计算和构造设计。

支撑节点板厚度选用表 表 11.1-13

支撑最大内力（kN）	≤160	161～300	301～500	501～700
节点板厚度（mm）	8	10	12	14

（5）支撑的连接一般采用焊缝连接或高强度螺栓连接，均应通过计算决定。当为焊缝连接时，焊脚尺寸不应小于 6mm，焊缝长度不应小于 80mm；为了安装就位方便，在安装节点处的每一支撑杆件的端部设置 1～2 个安装螺栓，安装螺栓不宜小于 M16。角钢单片支撑节点的构造见图 11.1-58，槽钢双片支撑节点的构造见图 11.1-59。钢管支撑节点的构造参见本手册第 15.4 节，H 型钢支撑节点的构造参见本手册第 11.7 节。

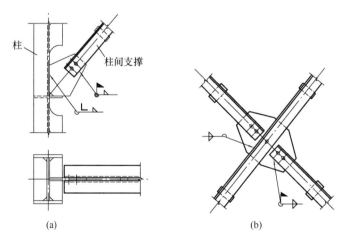

图 11.1-58　角钢单片支撑节点构造
(a) 角钢单片支撑与柱肢的连接；(b) 角钢交叉支撑的连接

（6）人字形支撑一般在构造上采取措施，使其仅承受水平荷载不承受竖向荷载。对于上段柱支撑，将安装孔留大一些，待屋盖荷载上去之后再进行施焊，其节点构造如图 11.1-60a 所示。八字形支撑，亦可设计成仅承受水平荷载不承受竖向荷载，但此时横梁应承受支撑轴向力的垂直分力所产生的弯矩，其节点构造如图 11.1-61 所示。

（7）当中列柱两侧轨面标高不一致，且相差不大时，除应考虑下层检修走道的人行位

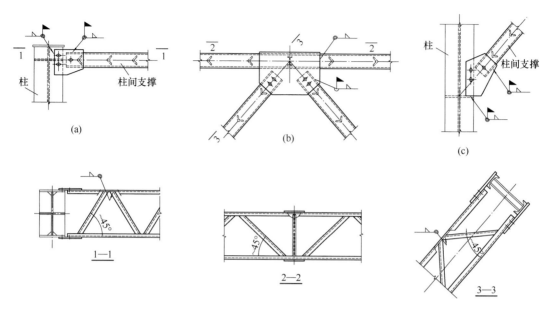

图 11.1-59　槽钢双片支撑节点构造

（a）、（c）槽钢双片支撑与柱肢的连接；（b）槽钢 K 形支撑的连接

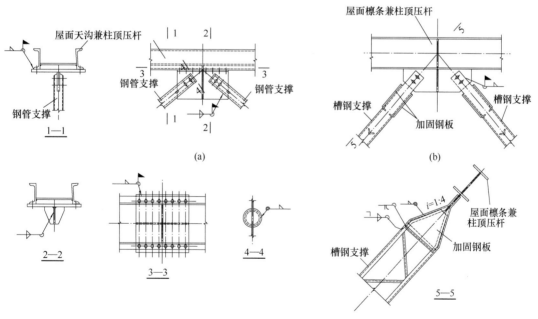

图 11.1-60　人字形上柱支撑节点构造

（a）人字形上柱支撑与天沟的连接；（b）人字形上柱支撑与工字形柱顶压杆的连接

置及其通行净空之外，中柱的柱间支撑可设计成人字形或桁架，如图 11.1-62 所示。

（8）当柱有伸出牛腿，而吊车梁又无制动结构时，柱的受扭问题，可按图 11.1-63 所示的办法处理，该撑杆一般仅设在有柱间支撑的柱间，并作为柱间支撑的组成部分，共同受力；当有特殊要求时，可通长设置。

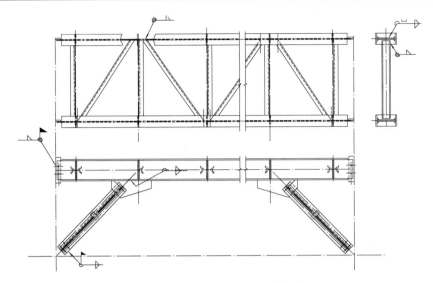

图 11.1-61　八字形支撑节点构造

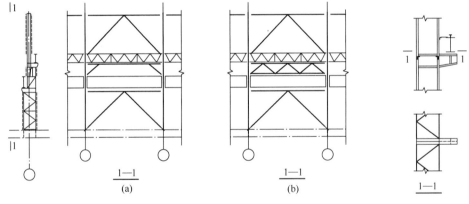

图 11.1-62　中柱支撑的特殊形式　　　　　图 11.1-63　抗扭支撑

（9）支撑的构造应使被撑构件在撑点处既不能平移，又不能扭转。

（10）抗震设计时，有关构造要求参见本章第 11.6 节。

三、柱间支撑的计算

1. 柱间支撑的受力和计算假定

（1）一般情况下，上层柱间支撑承受山墙传来的风力、屋盖重力荷载对应的纵向地震力；中层及下层柱间支撑除承受本层山墙传来的风力、纵向构件重力荷载对应的纵向地震力外，还承受吊车的纵向刹车力，以及上层柱间支撑分配来的纵向力。当支撑同时承担结构上其他荷载作用时，应按实际可能发生的情况与支撑力组合。

（2）上层及下层柱间支撑均为单片支撑时，上、下层支撑形心线应重合。当下层柱间支撑为双片支撑时，上层纵向传力构件的形心线与其中任何单片支撑形心线重合时，则由该单片支撑独立承担其传递的纵向水平力；否则，应根据其与下层双片支撑各自形心线的距离按简支梁分配其纵向水平力。

（3）在计算柱间支撑内力时，常假定节点为铰接，不考虑柱的压缩变形及支撑杆件在自重作用下的挠曲，并忽略上、下层支撑与柱交点不重合所带来的误差。在同一温度区段内的同一柱列设有两道或两道以上柱间支撑时，若屋面设有封闭的水平支撑并满足有关构造要求时，可假定全部纵向水平荷载由该柱列所有支撑共同承受，当支撑之间刚度相差不大时可等分，若支撑之间刚度相差较大时宜按每道支撑的纵向刚度进行分配。

（4）屋盖设有纵横向封闭支撑体系时，可近似假定为刚体盘，纵向水平荷载由柱间支撑均分，柱顶压杆按构造设计。当双片支撑均匀受力时，如上段柱柱间支撑及柱顶压杆，其横杆和斜杆按格构式轴心受压构件计算；当双片支撑偏心受力时，如下段柱柱间支撑的屋盖肢与吊车肢受力不同，其横杆和斜杆按格构式偏心受压构件计算。

（5）柱间支撑兼作减小厂房柱弯矩作用平面外计算长度的支撑，因此，应将厂房柱的受压翼缘（对实腹式柱）或受压分肢（对格构式柱）视为轴压构件按式（11.1-93）计算各自的支撑力，并与纵向水平荷载进行比较，择其大者用于支撑截面设计。

（6）纵向水平力对柱间支撑处两侧厂房柱会产生拉力或压力，甚至局部弯矩，当其与平面内厂房框（排）架计算内力相比不能忽略时，应参与组合进行柱子截面校核。

2. 柱间支撑的计算简图

（1）十字形交叉支撑，一般可按拉杆设计，即仅考虑其中一根拉杆受力，其计算简图如图 11.1-64 所示。对地震区宜按一拉一压考虑，对设有重级工作制吊车时也宜按一拉一压考虑。按一拉一压设计的支撑承载力不应小于按单拉杆设计的承载力。一般当长细比 $\lambda \leqslant 109\varepsilon_k$ 时按一拉一压设计，当长细比 $\lambda > 109\varepsilon_k$ 或 $\lambda > 130$ 时可按单拉杆设计，当长细比 $\lambda \geqslant 200$ 时应按单拉杆设计。

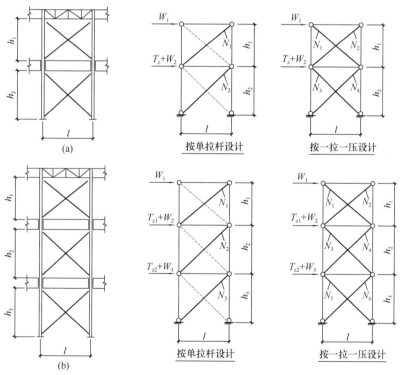

图 11.1-64　十字交叉形支撑的计算简图
（a）单阶柱十字交叉撑计算简图；（b）双阶柱十字交叉撑计算简图

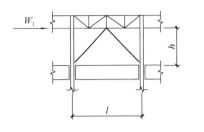
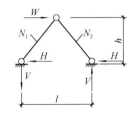

（2）人字形支撑，斜杆一根受拉一根受压，按压杆设计，其计算简图如图 11.1-65 所示。当长细比较大时（参见十字形交叉支撑），亦可按单拉杆设计，此时横梁设计应考虑单拉杆竖向分力所产生的弯矩。

图 11.1-65 人字形支撑的计算简图

（3）K 形支撑，横杆受压，斜杆一根受拉一根受压，按压杆设计，其计算简图如图 11.1-66 所示。当长细比较大时（参见十字形交叉支撑），亦可按单拉杆设计，此时横杆应考虑单拉杆竖向分力所产生的弯矩按压弯构件设计。

（4）八字形支撑，一般在构造上采取措施，只承受水平荷载，不承受竖向荷载，支撑斜杆按拉杆设计，但在地震区宜考虑压杆起作用（即一拉一压），横梁设计均应考虑单杆的竖向分力，其计算简图如图 11.1-67 所示。如需撑杆作为上部结构的支承点，则其既承受水平荷载又承受竖向荷载，应按压杆设计。

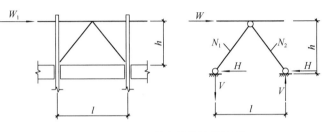

图 11.1-66 K 形支撑的计算简图

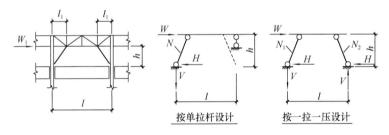

图 11.1-67 八字形支撑的计算简图

（5）门形支撑的计算简图如图 11.1-68 所示。

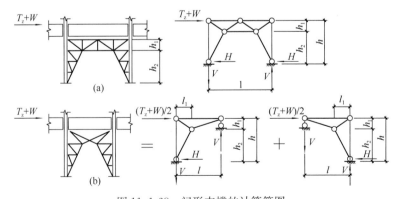

图 11.1-68 门形支撑的计算简图
（a）门形支撑计算简图之一；（b）门形支撑计算简图之二

（6）L 形支撑的计算简图如图 11.1-69 所示。

（7）Y 形支撑的计算简图如图 11.1-70 所示。

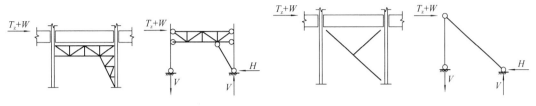

图 11.1-69　L 形支撑的计算简图　　　　　图 11.1-70　Y 形支撑的计算简图

（8）单斜杆下层柱间支撑，其结构形式及计算简图如图 11.1-71 所示。图 11.1-71a 按拉杆设计，图 11.1-71b 按压杆设计。

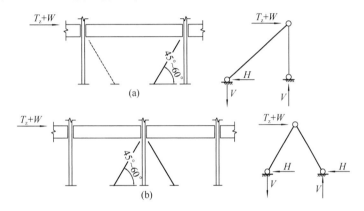

图 11.1-71　单斜杆下层柱间支撑计算简图

（a）单斜杆柱间支撑计算简图之一；（b）单斜杆柱间支撑计算简图之二

3. 柱间支撑的计算实例

（1）设计资料

某单跨厂房跨度为 40m，厂房内有 2 台 20＋20t 软钩吊车，A7 级工作制，基本风压为 $0.8kN/m^2$，地面粗糙度类别为 B 类，屋面设 3.5m 高天窗，不考虑抗震。每一侧柱列中设置 4 道上段柱柱间支撑和 2 道下段柱柱间支撑，均采用双片支撑，如图 11.1-72 所示。钢材采用 Q235-B。建筑结构的安全等级为二级，设计使用年限为 50 年。

（2）风荷载计算

柱间支撑按主要受力结构考虑，由于厂房高度小于 30m 且高宽比小于 1.5，屋盖近似假定为刚体盘，取风振系数 $\beta_z = 1.0$。

体型系数：山墙迎风面取 0.8，背风面取 0.5，$\mu_s = 0.8 + 0.5 = 1.3$。

风压高度变化系数：11.000m，$\mu_z = 1.02$；24.000m，$\mu_z = 1.29$；28.500m，$\mu_z = 1.37$。

均布风荷载标准值：

$$\omega_{1k} = \beta_z \mu_s \mu_z \omega_0 = 1.0 \times 1.3 \times 1.02 \times 0.8 = 1.06kN/m^2$$

$$\omega_{2k} = \beta_z \mu_s \mu_z \omega_0 = 1.0 \times 1.3 \times 1.29 \times 0.8 = 1.34kN/m^2$$

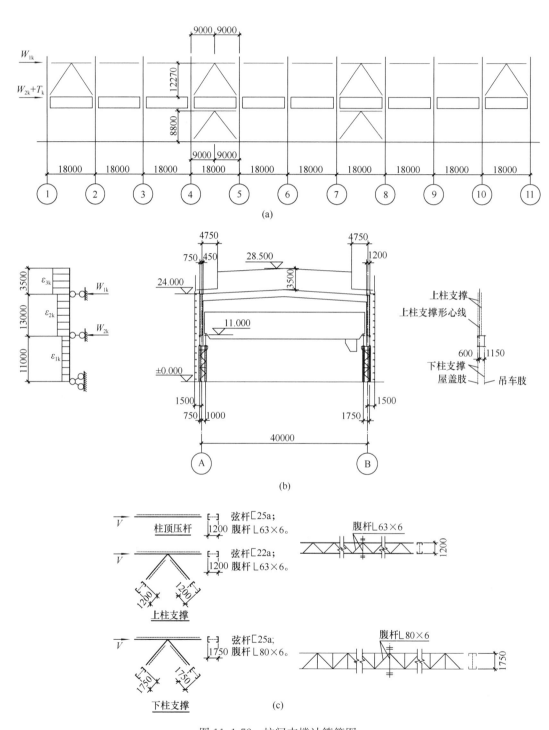

图 11.1-72 柱间支撑计算简图

(a) 柱间支撑立面布置图;(b) 柱间支撑位置及计算简图;(c) 柱间支撑构件图

$$\omega_{3k} = \beta_z \mu_s \mu_z \omega_0 = 1.0 \times 1.3 \times 1.37 \times 0.8 = 1.42 \text{kN/m}^2$$

作用在柱顶的集中风荷载标准值：

$$W_{1k} = 1.34 \times (24-11)/2 \times (20+1.5) + 1.42 \times (20-4.75) \times 3.5 = 263 \text{kN}$$

作用在吊车梁顶面的集中风荷载标准值：

$$W_{2k} = 1.34 \times (24-11)/2 \times (20+1.5) + 1.06 \times 11/2 \times (20+1.5) = 313 \text{kN}。$$

（3）吊车纵向水平荷载计算

2 台 20+20t 吊车，A7 级工作制，最大轮压 $P_{max} = 395 \text{kN}$，吊车单侧轮数为 4 个，吊车单侧刹车轮数为 2 个。

吊车纵向水平荷载标准值：

$$T_k = 0.1 \times 2 \times 2 \times 395 = 158 \text{kN}。$$

（4）荷载组合

风荷载的荷载分项系数取 1.4，组合值系数取 0.6；吊车荷载的荷载分项系数取 1.4，组合值系数取 0.7。

上段柱形心到下段柱屋盖肢的距离为 0.6m，上段柱形心到下段柱吊车肢的距离为 1.15m。

每道（共 2 片）上段柱柱间支撑传递纵向水平力：

$$V_1 = 1.4 \times 263/4 = 92 \text{kN}$$

每道下段柱柱间支撑的屋盖肢传递纵向水平力：

$$V_{2a} = 2 \times 92 \times 1.15/1.75 + 1.4 \times 313/4 = 230 \text{kN}$$

每道下段柱柱间支撑的吊车肢传递纵向水平力取下述二式中的较大值：

$$V_{2b} = 2 \times 92 \times 0.6/1.75 + 1.4 \times 313/4 + 1.4 \times 0.7 \times 158/2 = 250 \text{kN}$$

$$V_{2b} = 0.6 \times (2 \times 92 \times 0.6/1.75 + 1.4 \times 313/4) + 1.4 \times 158/2 = 214 \text{kN}$$

取 $V_{2b} = 250 \text{kN}$。

（5）柱顶压杆计算

柱顶压杆作为上段柱柱头平面外的支点，需要满足轴心受压构件的容许长细比 $[\lambda] = 200$ 要求，可按式（11.1-93）计算支撑力，同时要求在自重作用下满足普通梁挠度容许值要求 $[\nu_T] = L/250$。上柱断面 BH1200$\times$600$\times$16$\times$34，$A = 589.12 \text{ cm}^2$，Q235-B。

柱顶压杆为双片。弦杆单肢采用 $\lfloor 25a$，$A = 34.91 \text{ cm}^2$，$I_x = 3370 \text{ cm}^4$，$I_y = 176 \text{ cm}^4$，$i_x = 9.81 \text{cm}$，$i_y = 2.24 \text{cm}$，$z_0 = 2.07 \text{cm}$。平面外设附加系杆L63$\times$6，角度45°，与弦杆围焊，弦杆用节点板与柱翼缘连接。自重取 $q_k = 2 \times 0.274 \times 1.2 = 0.66 \text{kN/m}$。附加系杆L63$\times$6，$A = 7.29 \text{ cm}^2$，$i_v = 1.24 \text{cm}$，$l_0 = 1.2\sqrt{2} = 1.697 \text{m}$，$\lambda = 169.7/1.24 = 137 < 200$。

整体截面特性：$I_y = 2 \times [34.91 \times (120/2-2.07)^2 + 176] \times 0.9 = 211194 \text{ cm}^4$，$A = 2 \times 34.91 = 69.82 \text{ cm}^2$，$i_y = \sqrt{\dfrac{211194}{69.82}} = 55 \text{cm}$。

$$N = \frac{Af}{85\varepsilon_k} = \frac{58912 \times 205}{85 \times 1.0} \times 10^{-3} = 142\text{kN}$$

平面内计算长度 $l_{0x} = 18\text{m}$，长细比 $\lambda_x = 1800/9.81 = 183.5 < 200$

平面外计算长度 $l_{0y} = 18\text{m}$，长细比 $\lambda_y = 1800/55 = 32.7$，换算长细比

$$\lambda_{0y} = \sqrt{\lambda_y^2 + 27\frac{A}{A_{1y}}} = \sqrt{32.7^2 + 27 \times \frac{69.82}{7.92}} = 36 < 200$$

分肢长细比 $\lambda_1 = 240/2.24 = 107 < 0.7\lambda_{\max} = 0.7 \times 183.5 = 128.5$

组合断面为 b 类截面，查《钢结构设计标准》GB 50017—2017 附录 D 表 D.0.2 得：$\varphi = 0.217$

$$\frac{N}{\varphi Af} = \frac{142000}{0.217 \times 6982 \times 215} = 0.436 < 1$$

自重作用下挠度：

$$v = \frac{5q_k l^4}{384EI_x} = \frac{5 \times 0.66 \times 18000^4}{384 \times 206000 \times 2 \times 33700000}$$

$$= 65\text{mm} < \frac{l}{250} = \frac{18000}{250} = 72\text{mm}$$

附加系杆L63×6 按压杆设计，$N = \frac{Af}{85} \cdot \sqrt{2} = \frac{6982 \times 215}{85} \times \sqrt{2} \times 10^{-3} = 25\text{kN}$，轧制等边角钢 Q235 为 b 类截面，查《钢结构设计标准》GB 50017—2017 附录 D 表 D.0.2 得：$\varphi = 0.357$

$$\frac{N}{\varphi Af} = \frac{25000}{0.357 \times 729 \times 215} = 0.45 < 1。$$

（6）上段柱柱间支撑计算

上柱支撑采用 K 形双片支撑，弦杆单肢采用 [22a，$A = 31.846 \text{ cm}^2$，$I_x = 2390 \text{ cm}^4$，$I_y = 158 \text{ cm}^4$，$i_x = 8.67\text{cm}$，$i_y = 2.23\text{cm}$，$z_0 = 2.1\text{cm}$。平面外设附加系杆L63×6，角度 45°，与弦杆围焊，弦杆用节点板与柱翼缘连接。

整体截面特性：$I_y = 2 \times [31.846 \times (120/2 - 2.1)^2 + 158] \times 0.9 = 192454 \text{ cm}^4$，

$A = 2 \times 31.846 = 63.692 \text{ cm}^2$，$i_y = \sqrt{\frac{192454}{63.692}} = 55\text{cm}$。

1）横杆截面校核

平面内计算长度 $l_{0x} = 9\text{m}$，长细比 $\lambda_x = 900/8.67 = 104 < 200$

平面外计算长度 $l_{0y} = 18\text{m}$，长细比 $\lambda_y = 1800/55 = 32.7$，换算长细比

$$\lambda_{0y} = \sqrt{\lambda_y^2 + 27\frac{A}{A_{1y}}} = \sqrt{32.7^2 + 27 \times \frac{63.692}{7.92}} = 36 < 200$$

分肢长细比 $\lambda_1 = 240/2.23 = 108 < 0.7\lambda_{\max} = 0.7 \times 104 \times 2 = 146$

轴向力 $N = 92\text{kN}$，组合断面为 b 类截面，查附录 D 表 D.0.2 得：$\varphi = 0.529$

$$\frac{N}{\varphi A f} = \frac{92000}{0.529 \times 6369.2 \times 215} = 0.127 < 1。$$

2）斜杆截面校核

平面内及平面外计算长度 $l_{0x} = l_{0y} = l_0 = \sqrt{9^2 + 12.27^2} = 15.217\text{m}$，

平面内长细比 $\lambda_x = 1521.7/8.67 = 175.5 < 200$

平面外长细比 $\lambda_y = 1521.7/55 = 27.7$，换算长细比

$$\lambda_{0y} = \sqrt{\lambda_y^2 + 27\frac{A}{A_{1y}}} = \sqrt{27.7^2 + 27 \times \frac{63.692}{7.92}} = 31.4 < 200$$

分肢长细比 $\lambda_1 = 240/2.23 = 108 < 0.7\lambda_{max} = 0.7 \times 175.5 = 123$

轴向力 $N = \frac{92}{2} \times \frac{15.217}{9} = 78\text{kN}$，组合断面为 b 类截面，查《钢结构设计标准》GB 50017—2017 附录 D 表 D.0.2 得：$\varphi = 0.235$

$$\frac{N}{\varphi A f} = \frac{78000}{0.235 \times 6369.2 \times 215} = 0.242 < 1。$$

（7）下段柱柱间支撑计算

下柱支撑采用 K 形双片支撑，弦杆单肢采用 [25a。平面外设附加系杆L80×6，角度 45°，与弦杆围焊，弦杆用节点板与柱翼缘连接。平面外附加系杆L80×6，$A = 9.4\text{ cm}^2$，$i_v = 1.59\text{cm}$，$l_0 = 1.75\sqrt{2} = 2.475\text{m}$，$\lambda = 247.5/1.59 = 156 < 200$。由于屋盖肢支撑与吊车肢支撑受力不相等，按格构式偏心受压构件计算单肢稳定性即可。

1）单片横杆截面校核

吊车肢内力 $N = 250\text{kN}$

平面内计算长度 $l_{0x} = 9\text{m}$，长细比：$\lambda_x = 900/9.81 = 92 < 150$

平面外计算长度 $l_{0y} = 1.75\text{m}$，$\lambda_1 = 175/2.24 = 78 < 0.7\lambda_{max} = 0.7 \times 92 \times 2 = 129$

轧制槽钢为 b 类截面，查《钢结构设计标准》GB 50017—2017 附录 D 表 D.0.2 得：$\varphi = 0.607$

$$\frac{N}{\varphi A f} = \frac{250000}{0.607 \times 3491 \times 215} = 0.55 < 1。$$

2）单片斜杆截面校核

吊车肢斜杆内力 $N = \frac{250}{2} \times \frac{12.857}{9} = 178.6\text{kN}$

平面内计算长度 $l_{0x} = \sqrt{9^2 + 8.8^2} = 12.587\text{m}$，长细比：$\lambda_x = 1258.7/9.81 = 128 < 150$

平面外计算长度 $l_{0y} = 1.75\text{m}$，$\lambda_1 = 175/2.24 = 78 < 0.7\lambda_{max} = 0.7 \times 128 = 90$

轧制槽钢为 b 类截面，查《钢结构设计标准》GB 50017—2017 附录 D 表 D.0.2 得：$\varphi = 0.396$

$$\frac{N}{\varphi A f} = \frac{178600}{0.396 \times 3491 \times 215} = 0.6 < 1。$$

由上述计算结果可以看出：柱顶压杆及上柱支撑一般满足构造要求即可，下柱支撑则一般由内力控制。

11.2 单层厂房框架屋盖系统

11.2.1 概述

在单层厂房设计中,屋盖占了很重要的位置,它不仅与建筑体型关系十分密切,而且需要满足通风、采光及屋面排水等功能的要求,同时各构件之间关系比较复杂。施工安装多为高空作业。耗钢量约占整个厂房的30%~45%,加之屋盖结构可采取方案和形式比较多,结构工程师在屋盖结构设计中,必须进行综合研究和详细比较才能获得较好的技术经济效果。本节主要介绍单层厂房普通钢结构平面屋盖结构体系中,有檩屋盖中的檩条、屋架或屋面梁、托架或托梁及屋盖支撑的设计、计算和构造要求。

一、屋盖的结构体系与类型

1. 屋盖的结构体系

单层厂房的屋盖结构按其受力体系,主要区分为平面结构体系和空间结构体系。平面结构体系是由屋盖中的檩条、屋架或屋面梁、托架或托梁、屋盖支撑等各种平面构件以及天窗结构组成。各平面构件按照不同的使用功能和传力顺序分级设置,单独或与其他构件组合后承担各种类型的平面荷载并逐级传递,具有明确的传力途径。网架、网壳等空间结构体系则是由大量的杆件从两个或多个方向有规律地组成高次超静定结构,从而取代屋架、托架以及支撑等平面构件的作用并将其融为一体形成空间受力的杆系构架。空间结构体系的构件(杆件)呈空间设置,具有明显的空间整体受力和传力特征。

大多数单层厂房的屋盖都采用平面结构体系,原因之一是厂房的平面和竖向布置往往并不规则,而平面屋盖结构体系对这种不规则性具有良好的适应能力,而且亦适应厂房改扩建的需要。相比之下,网架、网壳等空间结构在这方面的适应能力较差,只能用在某些特定场合。此外,空间屋盖结构施工安装难度较大,也使其应用范围受到一些限制。尽管如此,网架、网壳等空间结构在工业建筑中仍有应用,如冶金工业中的轧钢厂原料及成品库采用网架屋盖、封闭原料场以及机械加工车间屋盖采用网壳屋盖等也取得了很好的效果,对于重级工作制(A6~A8级)的厂房不宜采用网架屋盖。

2. 平面屋盖结构体系的类型

单层厂房平面屋盖结构中,按照屋盖构件是否设置檩条可分为有檩屋盖和无檩屋盖,按照屋盖屋面板材料质量的大小又可分为重屋盖和轻屋盖,此外,设有天窗的厂房,还可以按照天窗形式不同进行分类。

(1)有檩屋盖和无檩屋盖

在单层厂房屋盖结构中,有檩屋盖(图11.2-1)的主要特点是单独设置了檩条构件,屋面板直接铺设在檩条上并通过檩条将屋面荷载传给屋面承重构件。采用混凝土小块屋面板的有檩屋盖因技术落后且经济性较差目前已较少应用;而以彩色压型钢板为代表的轻型材料作为屋面板的有檩屋盖,由于经济性较好等多方面的优点,在工业建筑中的单层和多层以及大型公共建筑的屋盖结构中得到广泛应用。

有檩屋盖的平面刚度主要依靠屋盖平面支撑实现,这是有檩屋盖与无檩屋盖不同点之一。虽然有理论研究和试验证明,屋面金属压型板与檩条进行可靠连接后,产生的应力蒙皮效应可有效地传递屋面纵横方向的水平力(包括风荷载、吊车制动力及地震作用等),

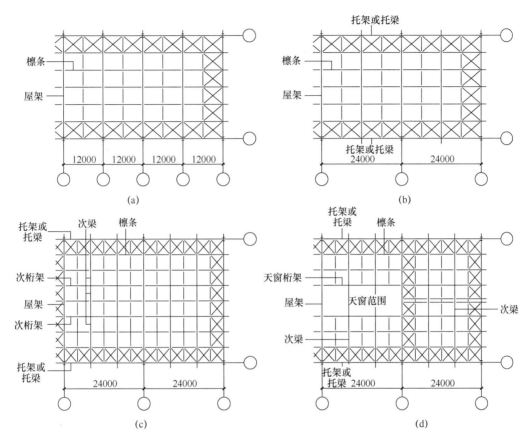

图 11.2-1　有檩屋盖

（a）无天窗简单布置方式；（b）有托架或托梁时简单布置方式；
（c）无天窗复杂布置方式；（d）纵向天窗复杂布置方式

增加屋面的平面刚度。但由于目前将应力蒙皮效应应用于厂房设计方面的研究尚不深入，在工程实践中没有积累足够的使用经验，且尚无现行国家行业标准作为设计依据，故在有檩屋盖支撑系统的设计中，一般不考虑屋面板产生应力蒙皮效应的作用，而只是将其作为提高屋面平面刚度的有利因素对待。随着在此方面的研究进一步深入以及有关标准的发布实施，在采用金属压型板作围护材料的房屋结构设计中，将逐步考虑应力蒙皮效应对提高屋面平面刚度的作用。

无檩屋盖（图 11.2-2）的最大的特点就是没有单独设置的檩条构件，而是将跨度≥6.0m 的屋面板直接支承于屋架或屋面梁以及天窗架等屋面承重构件上，目前应用较多的主要有钢筋混凝土大型屋面板和发泡水泥复合大型屋面板（以下简称大型屋面板）。这种看似"无檩"的屋盖，实际上是将起檩条作用的纵向板肋或边框与混凝土板材组合在一起的屋面板形成的。

无檩屋盖的另一个特点是屋面板的跨度即为屋架或屋面梁间距。按国家标准图集定型生产的钢筋混凝土大型屋面板的跨度为 6.0m；发泡水泥复合大型屋面板的跨度则有 6.0m 和 7.5m 两种。这两种大型屋面板的主要区别在于，发泡水泥复合大型屋面板属轻质复合

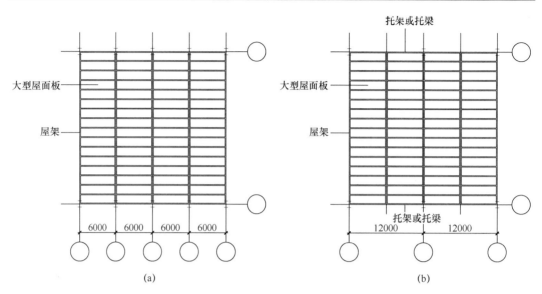

图 11.2-2 无檩屋盖

（a）屋面板跨度即为屋架间距；（b）扩大柱距采用托架时

板，不能用于外加荷载较大的场合；而钢筋混凝土大型屋面板自身质量较大，可承受较大的外加荷载。当生产工艺或其他原因需要扩大柱距时，通常须维持板跨即屋架或屋面梁间距不变，并采用托架或托梁支承中间屋架的办法得以实现。

无檩屋盖的平面刚度主要依靠大型屋面板与其支承构件（屋架或天窗架）之间的焊缝连接实现。大型屋面板单板的自身刚度很大，如果能够保证每块大型屋面板与屋面承重构件之间都有三处可靠的焊接连接（俗称三点焊），则屋盖的平面刚度是可以得到保证的。在此条件下，虽不能说完全代替屋盖水平支撑作用，但可以简化或减少屋盖水平支撑的布置，这也是无檩屋盖的又一特点。

（2）重屋盖和轻屋盖

重屋盖和轻屋盖是以不同种类屋面板材料其质量大小区分屋盖类型。一般来说，采用混凝土制作的屋面板因其自身质量较大属于重屋盖范畴，主要指无檩屋盖中的预应力混凝土大型屋面板和有檩屋盖中的混凝土小块屋面板。而采用轻型材料，如彩色压型钢板、压型铝合金板、瓦楞铁皮、石棉瓦等制作的屋面板因其自身质量较轻属于轻屋盖范畴。各种屋盖类型与其所使用的屋面材料及适用的屋面坡度之间的对应关系见表 11.2-1。

<table>
<tr><td colspan="6" style="text-align:left">屋盖类型、屋面板材料及适用屋面坡度对照表　　　　　　表 11.2-1</td></tr>
<tr><td rowspan="2">项次</td><td rowspan="2">屋盖类型</td><td colspan="2">有檩屋盖</td><td colspan="2">无檩屋盖</td></tr>
<tr><td>屋面板材料</td><td>屋面坡度 i</td><td>屋面板材料</td><td>屋面坡度 i</td></tr>
<tr><td>1</td><td>重屋盖</td><td>混凝土小块屋面板</td><td>$\sim 1/10$</td><td>预应力混凝土
大型屋面板</td><td>$1/5 \sim 1/12$</td></tr>
<tr><td>2</td><td>轻屋盖</td><td>彩色压型钢板及夹芯板
瓦楞铁
石棉瓦</td><td>$1/3 \sim 1/20$
$1/3 \sim 1/7$
$1/2.5 \sim 1/4$</td><td>发泡水泥复合
大型屋面板</td><td>$1/5 \sim 1/12$</td></tr>
</table>

一般认为，屋面材料的质量小于或等于 $1.0kN/m^2$ 时为轻屋盖，超过 $1.0kN/m^2$ 时则为重屋盖。

3. 材料变革对屋盖结构产生的影响

（1）屋面材料

单层厂房的屋面材料除必须满足防水、保温、隔热以及耐久性等方面的基本要求外，还应尽量轻质、高强，而古老、传统的瓦类材料已完全不能满足现代工业对厂房屋面的使用要求。新中国成立以来有很长一段时期，受当时社会经济水平和技术条件的制约，单层厂房屋盖结构中占据主导地位的是以钢筋混凝土大型屋面板为代表的重屋盖。预应力混凝土大型屋面板最大的优点是耐久性好，除了满足防水、保温、隔热等各项基本要求外，还具有价格便宜、施工速度较快、可满足一般工业厂房对跨度和柱距的要求等优点。但其最大的弱点是自身质量较大，这会使结构耗钢量增大并限制厂房跨度和柱距进一步扩大。此外，大型屋面板对施工制作的质量要求较高，如果外形尺寸控制不好，不仅自身超重，而且由于高低不平，使找平层超厚，降低结构的安全度，在高烈度区还会加大地震作用效应，增加厂房的耗钢量。而作为轻型屋面材料的瓦楞铁、石棉瓦等，除保温、隔热性能不佳外耐久性差是其致命弱点，一般只用于简易或临时建筑。有的工程曾尝试用镀锌钢板压制一定波形作为屋面板使用，但耐久性差的致命弱点并未得到根本改善。可以说，轻型屋面材料的落后成为阻碍轻屋盖结构进一步发展的重要原因。

得益于钢铁工业的技术进步，采用先进镀层和涂层工艺自动化连续生产的彩色涂层钢板，大幅提升了薄板材的抗腐蚀性能，使得以彩色压型钢板为屋面材料的轻屋盖，在单层厂房屋盖结构中得到广泛应用并占据主导地位。彩色压型钢板采用双面涂层钢板压制成型，板型除各种波形的单层板外，还有与保温隔热材料复合成型的夹芯板。我国从 20 世纪 90 年代起已能生产各种板型的彩色压型钢板。由于其自身质量轻，带来的最大好处是可以降低结构耗钢量，减少地震作用效应并使扩大厂房跨度和柱距的要求容易实现。此外，彩色压型钢板除满足屋面材料各项基本要求外还具有色彩好、施工方便、快捷等优点，尤其是所具有优良的抗蚀性能，可维持在一般大气环境下 10～20 年的使用寿命，同时更换也比较方便。目前，采用彩色压型钢板的轻型屋盖结构，在冶金工业和火力发电厂等重型钢结构厂房以及一般机械制造业的中型厂房乃至轻工、食品工业所采用的门式刚架轻型房屋结构中，都得到了广泛应用。在民用建筑方面，许多大型场馆及大跨度建筑亦采用彩色压型钢板的屋盖结构。

另外值得一提的轻型屋面材料还有压型铝合金板，此种屋面材料自身质量最轻，约为同厚度压型钢板的 1/3，抗蚀性好，但刚度较差，施工时容易变形。压型铝合金板价格昂贵，仅在特定的时期采用过。由于当时正处于国外大量采用而我国还不能生产彩色压型钢板的时期，如果采用进口产品的价格甚至高于采用国产压型铝合金板的价格。在此条件下，仅在个别项目中使用过。与彩色压型钢板相比，压型铝合金板具有独特的优点，其一是板面不怕划伤，其二回收利用价值可达 70%，而彩色压型钢板的再次回收利用的价值则很低。

（2）新型型材

钢铁工业的技术进步带来的另一好处是生产出了非常适合屋盖结构使用的轧制 H 型钢和剖分 T 型钢，这为屋盖结构构件设计提供了可供选择的更高效截面。轧制 H 型钢可直接选用制作独立檩条等构件；轧制 H 型钢和剖分 T 型钢还可用于制作屋架或托架等构件的上、下弦杆和腹杆，这对于节约材料、方便施工以及降低工程造价都是十分有益的。此外，特别值得一提的是采用轧制 H 型钢切割加工的蜂窝梁用于制作大跨度檩条构件，造型美观、制作方便、经济效益较为明显。

高频焊接薄壁 H 型钢、冷弯薄壁型钢以及矩形或圆形截面的钢管等高效型材，其截面效率高于传统的工字钢、槽钢及角钢截面。这为屋盖结构构件截面的轻、薄化提供了便利条件，经济效益也较为明显。

二、平面屋盖结构的组成及布置

1. 平面屋盖结构的构件

在有檩屋盖中，除需设橡条（或小次梁）时，大多数情况是将屋面金属压型板直接铺设于檩条构件之上。檩条一般为单根构件，也可将两根檩条形成组合构件。在屋盖结构中，檩条沿厂房纵向横跨于屋架或屋面梁布置，属受弯构件，其结构形式有实腹式或空腹式。

屋架或屋面梁除了是屋盖结构中最重要的承重构件外，也是与厂房柱共同形成厂房横向框架完整受力体系不可或缺的重要构件之一。屋架或屋面梁通常沿厂房横向布置，当其与厂房柱铰接时形成排架结构，刚接时则形成刚架结构。当抽柱或厂房柱距较大时，需要在柱间设置托架或托梁来减小屋架或屋面梁间距，以将檩条跨距控制在合理范围内。托架或托梁设置在厂房纵向柱距间，通常与厂房柱铰接连接，并与柱间支撑共同形成厂房纵向框架。顾名思义，屋架或托架为空腹桁架构件，屋面梁或托梁为实腹梁构件。

支撑构件（包括天窗支撑）在屋盖结构中起着其他构件无法替代的重要作用。除了为各构件受压单元的稳定性提供必要的支点外，还具有将屋盖各构件组合成有一定刚度的、稳定的空间受力体系的重要作用，这一点对厂房结构来说是至关重要的。屋盖水平支撑有横向支撑和纵向支撑，竖向支撑有垂直支撑和隅撑，此外还有刚性和柔性系杆。

2. 天窗结构

为了满足工艺和建筑对厂房采光和通风散热的要求，为数不少的厂房屋盖需要设置屋面天窗。天窗按其所处的平面方位分类主要有沿厂房柱列方向布置的纵向天窗和垂直于厂房柱列方向布置的横向天窗；按照天窗与屋面的竖向关系则有上承式和下沉式之分。纵向天窗在单层厂房中的应用最为广泛，属上承式天窗。横向天窗则多用于通风散热的要求较高的场合，既可设计成上承式亦可设计成下沉式。此外，天窗按照外形分类还可分为矩形天窗、球形天窗、锯齿形和三角形天窗，按照功能分类亦可分为采光天窗、通风天窗或兼具二者功能的采光通风天窗。各种形式的天窗见图 11.2-3～图 11.2-7。

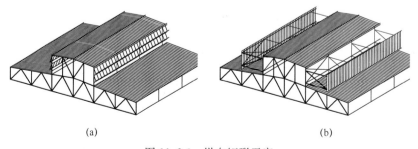

(a) (b)

图 11.2-3　纵向矩形天窗

（a）纵向采光天窗；（b）纵向采光通风天窗

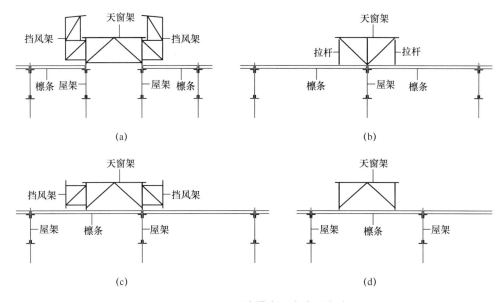

图 11.2-4　上承式横向天窗支承方式

(a) 天窗架支撑承方式之一；(b) 天窗架支承方式之二；

(c) 天窗架支承方式之三；(d) 天窗架支承方式之四

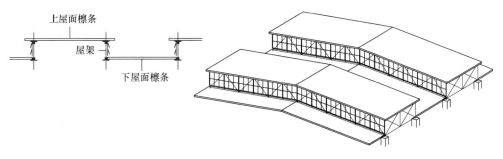

图 11.2-5　下沉式横向天窗

上承式天窗无论是纵向布置还是横向布置，都必须设置天窗架，并结合支撑及檩条等多种构件组合搭建成体系完整的结构。设置了上承式天窗的屋盖，其结构布置会变得愈加复杂，耗钢量亦随之增大。

下沉式横向天窗不需设天窗架，而是有意在屋架间设置高低屋面，并利用

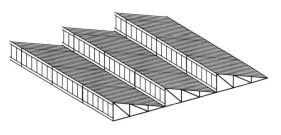

图 11.2-6　锯齿形天窗

因此形成的高度差作为天窗所需的采光通风面。下沉式横向天窗比较明显的好处是可以降低房屋高度并省去天窗架构件的制作和安装。但弱点也是显而易见的，高低错落的屋面降低了整个屋盖结构的平面刚度，而为增加平面刚度则需要加强屋盖支撑系统。此外，这种天窗的屋面排水和建筑构造都较复杂。

近年来，屋盖结构的设计内容发生了一些变化，过去属屋盖设计工作重要内容的天窗

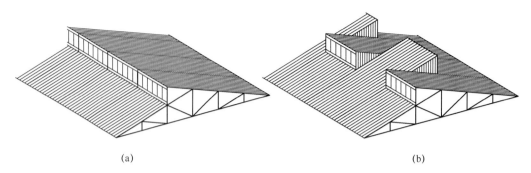

(a)　　　　　　　　　　　　　　　　　　　(b)

图 11.2-7　纵向三角形天窗
(a) 单侧连续式；(b) 双侧间断式

设计，已逐渐改为选用成品天窗（除少量特殊形式的天窗仍需进行设计外）。成品天窗属上承式天窗，是厂房屋面中使用得较多的天窗形式，纵向及横向布置均可，设计时只需将其作为一种屋面部件选用即可。成品天窗的推广应用，在一定程度上减少了屋盖结构设计的工作量，这对于简化设计，加快设计进度是大有裨益的。基于这个原因，本节除对各种天窗的形式进行简单叙述外不再详细介绍有关内容。

三、标准设计

1. 屋盖结构

屋盖结构设计中，利用标准设计可简化设计并提高效率，加快设计进度。目前已有用于有檩、无檩屋盖角钢或钢管截面多种跨度的梯形、三角形、平行弦屋架及相应的支撑施工详图，以及与之配用的檩条、天窗架、托架等构件的国家标准图集（见表 11.2-2）可供设计选用。

屋盖结构标准图一览表　　　　　　　　　　　　　表 11. 2-2

项次	屋盖类型	主结构图集及主要内容	配用结构图集及主要内容	主要适用条件
1	重屋盖	《梯形钢屋架》05G511 18m、21m、24m、27m、30m、33m、36m 跨度梯形钢屋架及相应的支撑施工详图	《1.5m×6m 预应力混凝土屋面板》04G410-1、2 1.5m×6m 钢筋混凝土大型屋面板、檐口板及嵌板	① 屋面板为 1.5m×6m 钢筋混凝土屋面板的无檩屋盖，卷材防水，屋面坡度 1/10； ② 非抗震地区、抗震设防烈度≤8 度和 9 度Ⅰ、Ⅱ类场地的地区； ③ 屋架间距为 6m 的单层厂房，屋架与柱的连接为铰接支承； ④ 适用于无天窗、有纵向天窗和有纵向天窗带挡风板三种情况；
			《钢天窗架》05G512 6m、9m、12m 跨度钢天窗架及相应的支撑施工详图	屋架与天窗架配用表 | 屋架跨度 | 配用天窗架跨度 | | 18m、21m | 6m | | 24m、27m、30m | 9m | | 33m、36m | 12m |
			《钢托架》05G513 12m 跨度平行弦钢托架施工详图。托架两端设有钢柱头，铰接支承于钢筋混凝土或钢柱顶	⑤ 当柱距为 12m 时，采用托架支承中间屋架

续表

项次	屋盖类型	主结构图集及主要内容	配用结构图集及主要内容	主要适用条件
2	轻屋盖	《轻型屋面梯形钢屋架》 05G515 15m、18m、21m、24m、27m、30m、33m、36m跨度轻型屋面梯形钢屋架及相应的檩条、支撑施工详图	《发泡水泥复合板》 02ZG710 1.5m×6m、1.5m×7.5m、3m×6m大型屋面板 《轻型屋面钢天窗架》 05G516 6m、9m、12m跨度轻型屋面钢天窗架及相应的支撑施工详图	① 屋面板为压型钢板或夹芯板的有檩屋盖，冷弯薄壁C、Z型钢或高频焊接薄壁H型钢檩条，檩距1.5m或3m，屋面坡度1/10； ② 屋面板为发泡水泥复合板（太空板）的无檩屋盖，卷材防水，屋面坡度1/10； ③ 非抗震地区、抗震设防烈度≤9度地区； ④ 屋架间距为6m、7.5m和9m的单层厂房，起重量≤50t的A1～A5工作制吊车，屋架与柱的连接为铰接支承； ⑤ 适用于无天窗及仅6m间距屋架设置纵向天窗两种情况； 屋架与天窗架配用表 表格 屋架跨度｜配用天窗架跨度 15m、18m、21m｜6m 24m、27m、30m｜9m 33m、36m｜12m ⑥ 当柱距为12m时，可采用与其相配合的托梁或托架支承中间屋架
3	轻屋盖	《轻型屋面三角形钢屋架》 05G517 6m、9m、12m、15m、18m跨度轻型屋面三角形钢屋架及相应的檩条、支撑施工详图		① 屋面板为压型钢板、瓦楞铁或波形瓦等的有檩屋盖，冷弯薄壁Z型钢或高频焊接薄壁H型钢檩条，斜向檩距约0.75m或1.55m，屋面坡度为1/3和1/2.5； ② 非抗震地区、抗震设防烈度≤9度地区； ③ 屋架间距为4m、6m和7.5m的单层厂房，且屋架下弦标高≤10m，起重量≤10t的A1～A5工作制单梁吊车，单跨无天窗，屋架与柱的连接为铰接支承
4	轻屋盖	《轻型屋面梯形钢屋架（圆钢管、方钢管）》 06SG515-1 15m、18m、21m、24m、27m、30m跨度轻型屋面梯形钢管屋架（圆钢管和方钢管）及相应的圆钢管支撑施工详图和檩条布置图	《发泡水泥复合板》 02ZG710 1.5m×6m、1.5m×7.5m、3m×6m大型屋面板 《钢檩条　钢墙梁》 05SG521-1 4～12m跨度冷弯薄壁卷边槽钢檩条 《钢檩条　钢墙梁》 05SG521-3 6～12m跨度高频焊接薄壁H型钢檩条	① 屋面板为压型钢板或夹芯板的有檩屋盖，冷弯薄壁C型钢或高频焊接薄壁H型钢檩条，檩距1.5m或3m，屋面坡度1/10； ② 屋面板为发泡水泥复合板（太空板）的无檩屋盖，卷材防水，屋面坡度1/10； ③ 非抗震地区、抗震设防烈度≤9度地区； ④ 屋架间距为6m、7.5m和9m的单层厂房，且屋架下弦标高≤20m，起重量≤50t的A1～A5工作制吊车，无天窗，屋架与柱的连接为铰接支承； ⑤ 当柱距为12m时，可采用与其相配合的托梁或托架支承中间屋架

项次	屋盖类型	主结构图集及主要内容	配用结构图集及主要内容	主要适用条件
5	轻屋盖	《轻型屋面梯形钢屋架（剖分 T 型钢）》06SG515-2 15m、18m、21m、24m、27m、30m 跨度轻型屋面梯形钢屋架（剖分 T 型钢弦杆）及相应的支撑施工详图和檩条布置图	《发泡水泥复合板》02ZG710 1.5m×6m、1.5m×7.5m、3m×6m 大型屋面板 《轻型屋面钢天窗架》05G516 6m、9m、12m 跨度轻型屋面钢天窗架及相应的支撑施工详图 《钢檩条 钢墙梁》05SG521-1 4～12m 跨度冷弯薄壁卷边槽钢檩条 《钢檩条 钢墙梁》05SG521-3 6～12m 跨度高频焊接薄壁 H 型钢檩条	① 屋面板为压型钢板或夹芯板的有檩屋盖，冷弯薄壁 C 型钢或高频焊接薄壁 H 型钢檩条，檩距 1.5m 或 3m，屋面坡度 1/10； ② 屋面板为发泡水泥复合板（太空板）的无檩屋盖，卷材防水，屋面坡度 1/10； ③ 非抗震地区、抗震设防烈度≤9 度地区； ④ 屋架间距为 6m、7.5m 和 9m 的单层厂房，且屋架下弦标高≤20m，起重量≤50t 的 A1～A5 工作制吊车，屋架与柱的连接为铰接支承； ⑤ 适用于无天窗及仅 6m 间距屋架设置纵向天窗两种情况； 屋架与天窗架配用表 | 屋架跨度 | 配用天窗架跨度 | |---|---| | 15m、18m、21m | 6m | | 24m、27m、30m | 9m | ⑥ 当柱距为 12m 时，可采用与其相配合的托梁或托架支承中间屋架
6	轻屋盖	《轻型屋面三角形钢屋架（圆钢管、方钢管）》06SG517-1 12m、15m、18m 跨度轻型屋面三角形钢管屋架（圆钢管和方钢管）及相应的圆钢管支撑施工详图和檩条布置图	《钢檩条 钢墙梁》05SG521-2 4～12m 跨度冷弯薄壁斜卷边 Z 型钢檩条 《钢檩条 钢墙梁》05SG521-3 6～12m 跨度高频焊接薄壁 H 型钢檩条	① 屋面板为压型钢板、夹芯板、瓦楞铁或波形瓦等的有檩屋盖，冷弯薄壁 Z 型钢或高频焊接薄壁 H 型钢檩条，斜向檩距约 1.55m，屋面坡度为 1/3； ② 非抗震地区、抗震设防烈度≤9 度地区； ③ 基本风压≤0.7kN/m² ，且地面粗糙度除 A 类之外的地区； ④ 屋架间距为 6m 和 7.5m 的单层厂房，且屋架下弦标高≤12m，起重量≤10t 的 A1～A5 工作制支柱式吊车，12m 屋架仅用于单跨，15m 和 18m 屋架可用于单跨或连跨，无天窗，屋架与柱的连接为铰接支承
7	轻屋盖	《轻型屋面三角形钢屋架（剖分 T 型钢）》06SG517-2 12m、15m、18m 跨度轻型屋面三角形钢屋架（剖分 T 型钢弦杆）及相应的支撑施工详图和檩条布置图	《钢檩条 钢墙梁》05SG521-2 4～12m 跨度冷弯薄壁斜卷边 Z 型钢檩条 《钢檩条 钢墙梁》05SG521-3 6～12m 跨度高频焊接薄壁 H 型钢檩条	① 屋面板为压型钢板、夹芯板、瓦楞铁或波形瓦等的有檩屋盖，冷弯薄壁 Z 型钢或高频焊接薄壁 H 型钢檩条，斜向檩距约 1.55m，屋面坡度为 1/3； ② 非抗震地区、抗震设防烈度≤9 度地区； ③ 基本风压≤0.7kN/m² ，且地面粗糙度除 A 类之外的地区； ④ 屋架间距为 6m 和 7.5m 的单层厂房，且屋架下弦标高≤12m，起重量≤10t 的 A1～A5 工作制单梁吊车，12m 屋架仅用于单跨，15m 和 18m 屋架可用于等高 1～3 跨，无天窗，屋架与柱的连接为铰接支承

续表

项次	屋盖类型	主结构图集及主要内容	配用结构图集及主要内容	主要适用条件
8	轻屋盖	《轻型屋面平行弦钢屋架（圆钢管、方钢管）》08SG510-1 18m、21m、24m、27m、30m跨度轻型屋面平行弦钢屋架（圆钢管和方钢管）及相应的圆钢管和方钢管支撑施工详图和檩条布置图	《发泡水泥复合板》02ZG710 1.5m×6m，1.5m×7.5m，3m×6m大型屋面板 《钢檩条 钢墙梁》05SG521-1 4～12m跨度冷弯薄壁卷边槽钢檩条 《钢檩条 钢墙梁》05SG521-3 6～12m跨度高频焊接薄壁H型钢檩条 《通风天窗》05J621-3 弧线（折线）型、薄型通风天窗及通风帽	① 柱距或屋架间距为6m、7.5m和9m的单层厂房，屋架与柱的连接为铰接支承； ② 屋面板为压型钢板或夹芯板的有檩屋盖，冷弯薄壁C型钢或高频焊接薄壁H型钢檩条，檩距1.5m或3m。当采用发泡水泥复合板（太空板）时，可不另设檩条； ③ 屋面坡度1/20，适用于单跨或多跨且单坡坡长≤70m的房屋； ④ 非抗震地区、抗震设防烈度6～9度地区； ⑤ 柱顶标高≤20m，起重量≤50t的A1～A5工作制吊车的一般单层厂房； ⑥ 屋架不设置纵向天窗架，但可在双跨双坡屋架的屋脊处设置纵向通风屋脊或在屋架开间设置横向天窗，横向天窗按《通风天窗》05J621-3选用

注：表中配用结构图集中《钢檩条、钢墙架》05SG521已作废，可选用《钢檩条、钢墙架》11G521，但需复核适用条件。

利用标准设计除须满足其适用条件外，尚应注意图集所依据标准的有效性。表11.2-2所列标准图集均依据国家2000系列标准编制，与现行的2010系列标准不相适应，这给设计选用带来不便，设计选用时，必须对现行标准修订内容引起所选图集发生的变化进行相应修改后方可使用。

2. 成品天窗

成品天窗并不由结构专业直接选用（一般由建筑专业选用），在此提及是因其与屋盖结构设计具有密不可分的关系，并直接影响到结构计算、结构布置以及连接构造等各个设计环节。目前，与成品天窗有关的国标图集有《通风天窗》05J621-3、《屋顶自然通风器选用与安装》06K105及《通风采光天窗》11CJ33，具体应用中同样需对图集所依据标准的有效性问题加以注意。

11.2.2 屋盖结构设计的一般规定

一、屋盖结构的选型和布置

1. 屋盖结构的选型

（1）屋盖结构的选型应在满足生产工艺和建筑功能及造型要求的前提下，结合材料供应、施工能力以及生产维护等诸多因素进行综合考虑，结合柱网尺寸选取经济合理的结构体系和结构类型，以达到受力明确、承载效率高，构件种类少、构造简单，施工方便以及便于维修的目的。

（2）由于轻屋盖较之重屋盖具有各方面的优点，屋盖结构选型宜避重就轻，即当条件允许时，尽可能不用重屋盖而采用轻屋盖。

（3）重屋盖中的无檩屋盖，利用大型屋面板对屋面平面刚度的贡献，可减少屋面支撑的用量，但屋架间距（或柱距）受大型屋面板跨度限制，厂房柱距布置不够灵活；有檩屋盖屋面支撑的用量一般高于无檩屋盖，但柱距布置却比无檩屋盖更为灵活。设计中应根据实际情况择优选用。

（4）大型厂房为满足生产工艺和建筑功能及造型的要求，不同温度区段的屋盖的结构形式可不相同，但同一温度区段内只采用一种结构形式。鉴于屋盖结构构件种类和数量都较繁多，设计中对构件及安装单元的划分应充分利用现场吊装机具的能力，尽量创造条件将构件在地面组装后再整体吊装，以减少高空安装和焊接的作业量。

2. 屋盖结构的布置

（1）屋盖结构是厂房中构件种类和数量最为繁多的结构系统，种类繁多的构件除了增加传力层次使结构和施工更为复杂外，还会加大耗钢量并增加结构自重。基于这些原因，设计中应充分注意对结构布置和构件功能进行两方面的优化和改善。结构布置方面宜尽量采用将檩条直接支承在屋架或屋面梁上的简单布置方式，以使传力变得更为直接；而只有当屋架间距超过 20m 时，才采用屋架或屋面梁之间设置次桁架及次梁（椽条）来支承檩条。这种布置方案传力途径较多且复杂，一般不宜采用（参见图 11.2-1c）。构件功能方面是通过对构件功能的合理扩展或适当合并，使单一功能的构件尽可能同时兼具其他功能，达到减少构件的种类和数量的目的。优化和改善会产生良好的连锁效应，减少构件种类可减少结构传力层次，简化结构体系、提高结构承载效率，同时还可降低结构耗钢量并带来施工安装的便利。

（2）屋架间距与屋面材料有关。重屋盖由于自重较大，屋架间距不宜过大，采用大型屋面板的无檩屋盖为适应屋面板定型生产模式，板跨即屋架间距一般只有 6 和 7.5m。有檩屋盖屋架常用的屋架间距为 6～18m，对于石棉瓦和瓦楞铁皮屋面，屋架间距通常不大于 6m；对于彩色压型钢板和压型铝合金板屋面，屋架或屋面梁间距通常等于或大于 12m，以取得较好的经济性。当轻屋盖厂房柱距为 12～18m 时，屋架间距通常按厂房柱距设置。遇柱距超过 18m 或抽柱时，可采用增设托架或托梁并设置柱间屋架的布置方案，以避免檩条跨距太大其截面过分增大。

（3）檩条的檩距大小与屋面板的规格和性能密切相关。单从檩条来说，一般是檩距大时耗钢量小，如采用 YW114-300-600 高波（114mm）屋面板，承载力大，刚度好，檩距一般可达 4.5～6.0m，檩条省，耗钢量小。反之采用低波屋面板，承载力低，刚度弱，檩距小，耗钢量增加，而且影响屋架腹杆的布置，此种情况，屋架只能采用再分式屋架，腹杆多，不简洁，屋架高度增加，平面外刚度小，制作和安装麻烦。

檩条支承情况，上承式天窗（纵向或横向），檩条支承在屋架上弦节点或屋面梁上翼缘。下沉式横向天窗，上、下屋面檩条分别支承在屋架上、下弦节点上，根据工程经验，此时檩条可采用二合一檩条（檩条和支承组合体）。

（4）屋盖支撑应能有效传递和分配风荷载、吊车水平荷载和地震作用，保证屋盖各构件单元在施工和使用期间的稳定性，并满足结构空间整体工作的要求。在房屋的每一个温度区段或分期建设的区段中，应分别设置独立的支撑体系。支撑设置与屋架间距关系甚大，屋架间距为 6m 左右时，其中水平系杆的截面尚在合理范畴，当屋架间距超过 12m 时，屋架间单独设置水平系杆的做法，因满足所需长细比要求的截面增大已显得不尽合理，此时应充分考虑对檩条的利用，比较合理的设计是采用上承式屋架并将水平支撑布置在屋架上弦平面，同时利用檩条兼作水平系杆或支撑桁架的压杆。屋架下弦平面不设置水平支撑，当需要减小屋架下弦平面外的长细比时，可在檩条两端设置隔撑作为屋架下弦的侧向支点。

二、构件的形式及设计

1. 大多数屋盖构件的主要受力属性是受弯构件，为取得较好的经济性多采用桁架结构形式。屋架和托架一般采用桁架形式，与厂房柱顶刚接时亦可采用实腹屋面梁，当跨度较大时，屋盖横梁亦可采用实腹端屋架（图11.2-42），即横梁两端实腹与柱刚接，其余部分为桁架。屋架一般采用单腹壁截面，当荷载和跨度较大时为增加平面外刚度亦可采用双腹壁截面；由于托架两侧屋架传来的荷载可能不均等，为增加平面外刚度托架宜采用双腹壁截面。檩条通常采用实腹式或空腹（蜂窝梁）式。H型钢简支梁檩条，截面高度可取为跨度 L 的1/40～1/30。桁架式檩条虽有耗钢量较低的优点，但加工制作以及后期维护麻烦，综合经济指标并不一定占优。

2. 屋盖结构各构件除自身用途外一般还兼有其他功能，在构件设计中应考虑由此而产生的附加内力对构件的影响。如布置了横向水平支撑的山墙屋架弦杆同时又是支撑桁架的弦杆，此时应考虑支撑桁架在外力作用下，屋架弦杆中所产生的附加内力；当托架兼具柱顶压杆作用传递厂房纵向水平力时，在托架弦杆内也要产生附加内力。

3. 屋盖构件采用轻质薄壁截面的为数不少，轻屋盖结构更是如此。在构件设计中，结构稳定（包括局部稳定和整体稳定）问题显得比较突出。构件除应满足使用阶段各种工况下的稳定性要求外，施工安装阶段构件的稳定性也是必不可少的验算项目。

4. 屋盖支撑构件应正确区分其受力性质（拉杆或压杆）并按计算或长细比的构造规定选择截面形式和大小。

三、连接的设计和节点构造

1. 屋盖结构中，各构件之间连接的设计原则是受力明确、传力直接、避免应力集中并与结构计算简图相符且施工方便。由于具有构件和连接层次较多的特点，屋盖构件之间的连接一般采用构造较为简单的铰接连接。

2. 屋架或托架与柱的连接以及屋架与托架的连接是屋盖结构的主要的连接。为方便施工，屋架与柱铰接连接时一般采用叠接，当采用上承式屋架时，屋架支座高度不宜太大，以减小柱顶水平剪力产生的偏心弯矩在屋架弦杆和支座斜杆中引起的附加内力。托架与柱的连接则多采用侧接，由于柱侧向刚度较弱，宜按铰接连接构造。屋架与托架的连接采用叠接、平接皆可，为设计和施工方便采用叠接较多。不论采用何种连接，均应在构造上采取措施减小屋架对托架的荷载偏心，降低荷载偏心对托架产生的扭转效应，而托架采用双壁式截面，也是为了增加托架抗扭刚度的一种有效措施。

3. 为设计和施工方便，檩条与屋架或屋面梁的连接一般采用叠接方式。此时，檩条支座处应采取构造措施以防止其端部截面发生扭转。同时，檩条支座高度也不宜太大，当檩条截面高度较大时，可采用变截面檩条降低檩条在支座部位的高度。

11.2.3 屋盖结构的荷载与作用

作用在屋盖结构上的荷载有永久荷载和可变荷载两大类。在屋盖结构设计中，尽管不同类型的构件，荷载计算（包括荷载选取和荷载组合）方法有所不同，但对于所有的屋盖构件，准确地选取荷载（不能漏算也不能多算）并进行正确的荷载组合，对于结构的安全性和经济性都是至关重要的。

一、永久荷载

1. 屋盖结构永久荷载的标准值根据屋面材料和结构构件自身的质量进行计算。屋面材料的质量可根据现行国家标准《建筑结构荷载规范》GB 50009 规定采用；结构构件的质量可参考已建成的屋盖设计资料进行估算，亦可参考表 11.2-3 的数值确定。

屋盖结构构件质量的标准值 表 11.2-3

项次	构件名称	跨度 (m)	屋面荷载的标准值 q_k (kN/m²)			
			$q_k < 1.5$	$1.5 \leqslant q_k < 3.0$	$3.0 \leqslant q_k < 4.0$	$4.0 \leqslant q_k < 5.0$
1	屋架 （包括支撑）	12	0.08~0.13	0.14~0.17	0.18~0.21	0.22~0.25
		18	0.10~0.17	0.18~0.22	0.23~0.27	0.28~0.32
		24	0.14~0.22	0.24~0.28	0.29~0.33	0.34~0.38
		30	0.18~0.28	0.29~0.34	0.35~0.40	0.41~0.46
		36	0.20~0.32	0.33~0.38	0.39~0.45	0.46~0.52
2	天窗架 （包括支撑）	6	0.07~0.10	0.09~0.12	0.11~0.14	0.13~0.16
		12	0.10~0.14	0.13~0.16	0.15~0.18	0.17~0.20
3	檩条	—	0.05~0.10	0.07~0.12	0.10~0.19	—
4	托架	—	0.05~0.09	0.09~0.13	0.13~0.16	0.16~0.20

注：1. 表中各构件质量的标准值按屋面水平投影面积计算；

2. 屋面荷载的标准值 q_k 为永久荷载和可变荷载之和；

3. 钢框玻璃窗质量可取为 0.4~0.45 kN/m²；天窗窗扇上、下侧板和端壁板的质量按实际情况确定。

2. 悬挂吊车或电动葫芦的轨道、吊架及检修走台等属永久荷载，应按实际情况确定。

3. 支承或悬吊在屋盖结构上的管道及其支架、悬挂的照明灯具等亦属永久荷载，应按实际情况确定。

二、可变荷载

1. 作用在屋盖结构上的均布可变荷载主要有屋面活荷载、积灰荷载、雪荷载和风荷载，其荷载标准值可按现行国家标准《建筑结构荷载规范》GB 50009 规定采用。

单层厂房屋面活荷载一般按不上人情况考虑取 0.5kN/m²，但对于支承轻屋面的构件或结构（檩条、屋架、框架等），当仅有一个可变荷载且受荷水平投影面积超过 60m² 时，屋面均布活荷载标准值取值不应小于 0.3kN/m²。

积灰荷载应与雪荷载或屋面活荷载两者中的较大值同时考虑。设计屋面板、檩条、天沟和次屋架等构件应考虑灰、雪堆积时的荷载增大系数，对中列柱的托架或托梁亦应考虑灰、雪堆积时引起的超载，对积灰较严重的屋面，尚应考虑天沟堵塞后的荷载情况。为简化计算，对屋架可分别按积灰、雪全跨和半跨均匀分布的情况考虑，此时分布系数 μ_r 可取为 1.0。

当采用轻型屋面材料时，风荷载作用形成的负压将会对屋面产生风吸力，应考虑这种风吸力对檩条和屋架的不利影响。

2. 悬挂吊车或电动葫芦的起重量及行走部分质量属可变荷载，设计直接承担该荷载的构件时应考虑 1.05 的动力系数。在厂房同一跨间每条运行线路上，梁式悬挂吊车的计算台数不宜多于 2 台；电动葫芦的计算台数不宜多于 1 台。此外，电动葫芦检修走台均布活荷载一般按 2.0kN/m² 计算。

3. 管道流体质量亦属可变荷载，应按工艺专业提供的资料进行计算。

4. 设计屋面板和檩条时尚应考虑检修集中荷载，其荷载为标准值 1.0kN，此荷载不与屋面均布活荷载或雪荷载同时考虑。

5. 设计屋架时尚应根据施工安装的需要，考虑为安装桥式起重机而设置的吊点。吊点荷载按实际情况确定。

6. 在有锻锤或铸件水爆池等振动较大的设备的厂房中，当计算屋盖（天窗架除外）承重结构时，除屋面活荷载及悬挂吊车外，其他作用于屋盖结构上的荷载，均应乘动力系数 1.1（1～3t 锻锤或铸件水爆池）或 1.15（5t 锻锤）。

7. 地震作用见本章 11.6 节相关内容。

三、屋盖结构荷载的特点

厂房主要由柱子、屋盖、吊车梁及墙架四大结构系统组成，其中的屋盖、吊车梁及墙架主要承担直接荷载，而柱子结构主要承担由屋盖、吊车梁及墙架传来的荷载。在承担直接荷载的三个结构系统中，吊车梁和墙架结构承担的荷载种类较为单一，而屋盖结构承担的荷载种类则较多，荷载组合也更为复杂。

作用在厂房屋盖结构上的荷载主要有永久荷载和可变荷载，其中永久荷载主要由屋面材料和构件自身质量引起，而对于可变荷载，则要重点关注其中的灰荷载、雪荷载和风荷载。以往的设计和使用经验表明，积灰或积雪过多将屋盖压塌的事故并不鲜见，说明灰荷载和雪荷载具有较易发生超载的作用特点，特别是当雪荷载标准值大于活荷载标准值的时候，危险性更大。对于风荷载，则要注意风吸力可能对结构产生不利影响，这种影响对于自身质量较轻的钢结构屋盖来说，往往是致命的，当结构自重不能平衡负风压产生的吸力时，会使檩条下翼缘受压失稳或屋架杆件中拉杆受压失稳破坏，进而引起结构垮塌。

屋盖结构发生垮塌事故会损毁生产设备、造成人员伤亡，其后果非常严重。厂房结构事故中屋盖结构事故相对较多，这与屋盖结构荷载种类的多样性及复杂性有一定的关系。因此，在屋盖结构的设计中，除按规定正确选取各项荷载外，还必须准确把握各可变荷载的作用特点以及作用方式，进行正确的荷载组合。此外，还应在结构的使用过程中，要求业主采取相应措施防止超载情况发生，如制定清灰制度、定期清扫屋面积灰或发生雪灾时及时清理积雪等，避免垮塌事故发生。

11.2.4 檩条

冷弯薄壁型钢檩条已在本手册第 9 章中进行了详细介绍，除因叙述之需仍有提及外，本节有关实腹檩条的论述主要针对热轧或焊接型钢檩条。

一、一般说明

1. 檩条是有檩屋盖结构中的重要构件，主要作用是将屋面板荷载传递给屋架或屋面梁。檩条是以弯曲为主要受力形态的受弯构件，虽具有所有受弯构件的共同属性，但由于处于屋面结构的特定环境中，又具有与一般受弯构件不同的单独特性。因此，在檩条设计中，应充分考虑檩条的结构和受力特点，采用合理的结构形式、进行合理的结构布置并选取受力合理的截面。

2. 为了铺设屋面板以及结构构造的便利，檩条截面一般沿屋面坡向倾斜设置，这使得檩条成为在荷载作用下的双向受弯构件。

3. 檩距大小受屋面板容许檩距的限制，跨度较大的檩条不宜选用容许檩距较小的板型，原因在于当檩条承载宽度较小时，容易导致檩条截面由挠度控制的现象，从而使得钢材强度未充分利用，经济性降低。

4. 独立檩条的整体稳定性通常可采用下列两种方法之一予以保证：

（1）设置檩间拉条或利用屋面支撑系杆作为檩条侧向支点。该支点除了减小檩条弱轴方向的计算长度、提高檩条的整体稳定性外，还可将其视为檩条弱轴方向的连续梁支座，使屋面坡向分力对檩条弱轴的弯曲效应大幅降低。一般情况下檩条的侧向支点设置在截面上翼缘或腹板靠近上翼缘部位，当屋面结构自身质量难以抵消风荷载产生的吸力，檩条产生反向弯曲时，檩条下翼缘受压，此时尚应采取措施保证檩条在风吸力作用下的整体稳定性。

（2）当屋面板刚度较大且与檩条连接牢固时，檩条借助于屋面板的支持作用，可认为其重力荷载作用下的整体稳定性能够得以保证。当屋面材料与檩条连接不牢固，且不设檩间拉条或支撑体系，而屋面坡度又大于 1/7 时，才需要考虑檩条的整体稳定问题。

除以上保证檩条整体稳定性的两种方法外，由于檩条与屋架或屋面梁大多采用叠接连接，此时檩条支座的连接构造应能有效阻止其端部截面的扭转。

5. 有檩屋盖结构布置时，借用檩条作为屋面支撑的纵向系杆，而支撑又可作为檩条的侧向支点，满足其对整体稳定性的要求，这种构件功能的扩展可起到降低结构耗钢量，提高设计经济性的效果，当檩条跨度较大时，效果更为明显。

二、檩条的类型

1. 实腹檩条

实腹檩条采用型钢制作，一般有热轧型钢或冷弯薄壁型钢，亦可采用焊接 H 型钢。过去，由于钢材品种单一，单层厂房屋面的单根实腹檩条多采用热轧角钢、槽钢和工字钢制作，有时也采用角钢与角钢或槽钢与角钢的组合截面（图 11.2-8a）。随着社会经济发展及钢

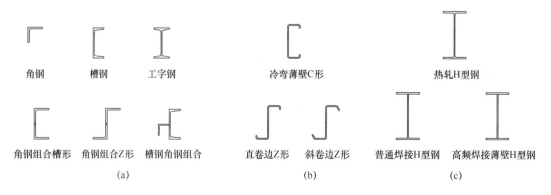

角钢　　槽钢　　工字钢　　　　冷弯薄壁C形　　　　　热轧H型钢

角钢组合槽形　角钢组合Z形　槽钢角钢组合　　直卷边Z形　斜卷边Z形　　普通焊接H型钢　高频焊接薄壁H型钢

(a)　　　　　　　　　　　　　　　(b)　　　　　　　　　　(c)

图 11.2-8　实腹檩条截面形式

(a) 传统热轧型钢及组合檩条截面；(b) 冷弯薄壁型钢檩条截面；(c) H 型钢檩条截面

材加工水平提高，冷弯薄壁型钢、热轧 H 型钢及高频焊接薄壁 H 型钢等截面效率更高、经济性更好的钢材产品，为单层厂房屋面檩条设计提供了更多的选择（图 11.2-8b、c）。

冷弯薄壁型钢宜用于檩条跨度不超过 9m 的场合，当檩条跨度超过 9m 时，可采用热轧 H 型钢或高频焊接薄壁 H 型钢。实腹檩条可设计为单跨简支，亦可设计为双跨连续梁。双跨连续梁的檩条宜按图 11.2-9 所示进行布置。此时屋架受力增加不大，耗用钢材较少。当在房屋端部及在横向伸缩缝处，通常将檩条的一端向外伸出，形成伸臂梁结构。

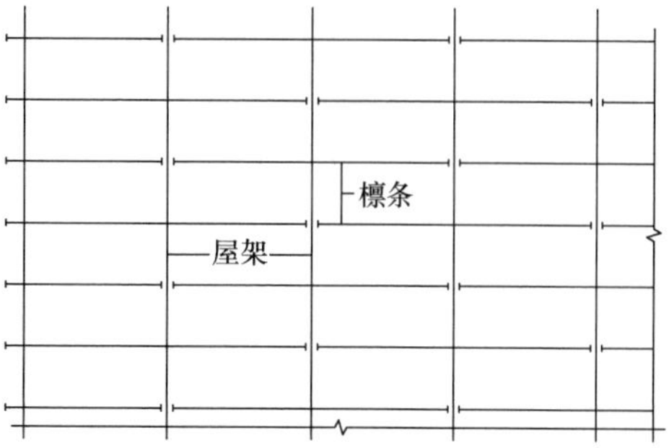

2. 空腹檩条

空腹檩条有格构式和蜂窝梁式，一般设

图 11.2-9 双跨连续梁檩条的布置

计为单跨简支，宜用于跨度≥9m 的场合。空腹檩条比实腹檩条节省钢材，但较费工，涂装及日常维护亦较实腹檩条困难，综合经济效益并不明显。在单层厂房屋盖中已很少采用由角钢、圆钢制作的格构式檩条，而较多采用蜂窝梁檩条。

（1）格构式檩条

格构式檩条按照缀件布置方式不同，有采用型钢弦杆和缀板组合成的缀板式（图 11.2-10），亦有采用型钢弦杆和缀条组合成的桁架（缀条）式，而桁架式檩条还可根据需要采用平面、T 形或空间截面形式（图 11.2-28）。

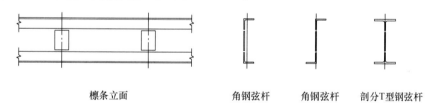

檩条立面　　　　　　　　角钢弦杆　　　角钢弦杆　　　剖分T型钢弦杆

图 11.2-10　单壁缀板格构式檩条

（2）蜂窝梁檩条

蜂窝梁檩条（图 11.2-11）是将蜂窝梁的构造方法用于檩条设计之中。通过在实腹截面腹板上按半高孔型折线进行纵向切割并错移对缝组合焊接后，从而使其截面高度得以增大（增大的截面高度与原型钢截面高度之比称为扩大比 β）。这种方法最大的好处是在檩条抗弯能力得以显著提升的同时，钢材用量却增加

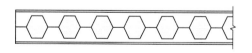

图 11.2-11　蜂窝梁檩条

甚微，因而具有较好的经济性。采用此法制作的蜂窝梁檩条，因腹板上纵向间隔的蜂窝状孔格，故将其纳入空腹檩条的范畴。

蜂窝梁的优越经济性源自两方面，除了上述通过扩大截面高度的方法获取的经济性外，制作材料的选择也是至关重要的。只有采用轧制型钢切割制作的蜂窝梁，经济性方为最佳。其原因在于轧制型钢上可直接进行折线剖分组合，加工制作非常简便。这就使得轧制 H 型钢、普通工字钢或槽钢成为制作蜂窝梁檩条优先考虑的型材，除此之外，凡属采用板材焊制

成型的蜂窝梁檩条，都因加工工序的增加以及制作难度的加大，其经济性明显不如前者。可用于制作蜂窝梁檩条的型材中，又以轧制 H 型钢的截面性能较优。普通工字钢或槽钢因其翼缘较窄，檩条侧向稳定性的折减效应较为明显，其应用受到限制，而轧制 H 型钢能提供满足檩条具有一定侧向稳定性的翼缘宽度可供选择，得到的应用最为广泛。

三、檩条荷载及组合

1. 檩条荷载

（1）永久荷载

作用于檩条上的永久荷载主要有屋面板（包括保温隔热层）、与檩条相连的屋面支撑及檩条自身的质量。当屋面天窗支承于檩条上时，还应计入天窗传来的全部结构质量。永久荷载可按有关资料取用或估算，应力求取值准确，少算肯定不行，多算则可能在进行风吸力计算时反而会对结构产生不利影响。

（2）可变荷载

作用于檩条上的可变荷载主要有屋面均布活荷载、雪荷载、灰荷载及风荷载等。

1）屋面均布活荷载按水平投影面积计算，一般取 $0.5kN/m^2$。当屋面可变荷载只有一个且受荷水平投影面积超过 $60m^2$ 时，不应小于 $0.3kN/m^2$。

2）雪荷载和灰荷载除按现行国家标准《建筑结构荷载规范》GB 50009 取值外，尚应满足规范对屋面雪、灰不均匀堆积时乘以增大系数的要求。

3）风荷载计算中除风振系数 β_z 取 1.0 外，其余基本风压、风荷载体型系数及风压高度变化系数均按现行国家标准《建筑结构荷载规范》GB 50009 规定取值。风荷载对檩条的正压和负压（风吸）作用应分别计算。当屋面坡度小于 1/8 时，可不考虑正风压。负风压验算时，永久荷载的作用效应对结构有利，此时的荷载分项系数取 1.0。

4）作用于檩条上的施工或检修集中荷载应取 1.0kN，并作用于檩条结构的最不利位置。

5）作用于檩条上的悬挂吊车荷载，应考虑 1.05 的动力系数。

2. 荷载组合

（1）屋面均布活荷载不与雪荷载同时组合，设计时取两者中较大值；

（2）灰荷载应与屋面均布活荷载或雪荷载两者中的较大值同时考虑；

（3）施工或检修集中荷载不与屋面均布活荷载或雪荷载同时考虑。

四、实腹檩条设计及构造

1. 实腹檩条截面选型

（1）冷弯薄壁型钢是目前最常用的檩条截面形式，适用于轻型和普通单层厂房屋盖结构，其跨度一般不超过 9m。当跨度超过 9m 时，将考虑采用热轧或焊接 H 型钢檩条。热轧 H 型钢檩条虽耗钢指标稍高，但取材方便，加工制作费用较低。焊接 H 型钢截面组合灵活，耗钢指标略低于热轧 H 型钢，但加工制作费用较高。而高频焊接薄壁 H 型钢技术经济性能更好，但如果供货受到地域条件的限制，可能会使运输成本升高。采用热轧角钢、槽钢和工字钢截面的檩条，由于技术经济性能较差，除有特殊需求的场合外，在一般的单层厂房屋盖中已较少采用。综上所述，在具体工程中采用何种檩条截面，应根据实际情况综合比较后确定。

（2）当屋面坡度较为平缓时，作用于檩条截面的坡向分力较小，此时，檩条可选用槽形或工字形截面。随着屋面坡度增大，坡向分力随之增大，当屋面坡度 $i \geqslant 1/6$ 时，檩条宜选用Z形截面。

2. 实腹檩条结构布置

（1）槽形和Z形截面檩条一般垂直于屋面并将上翼缘肢尖指向屋脊放置，这样可以改善支承条件。

（2）檩条应尽量放置在屋架节点上，檩距较小时将檩条放置在屋架节间的做法对上弦杆受力不利宜尽量避免。但作为上弦支撑系杆的檩条，应使其位于上弦节点上。

（3）为了减小檩条在使用阶段和施工过程中的侧向变形和扭转，保证其整体稳定性，一般需在檩条间设置拉条，作为檩条的侧向支承点。当檩条跨度 $l < 4\text{m}$ 时，可按檩条强度和稳定计算的要求确定是否设置拉条；当屋面坡度 $i > 1/10$，$l = 4 \sim 6\text{m}$ 时，设置一道拉条（图 11.2-12a、b）；$l > 6\text{m}$ 时，设置两道拉条（图 11.2-12c、d）。

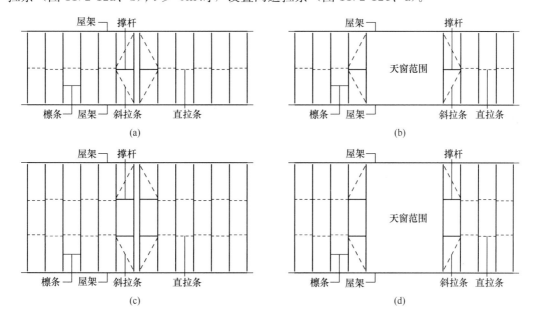

图 11.2-12　檩间拉条设置

（a）无天窗设置一道拉条；（b）有天窗设置一道拉条；（c）无天窗设置两道拉条；（d）有天窗设置两道拉条

竖向荷载产生的屋面坡向分力随着屋面坡度增加而增加，故坡度愈大的屋面亦愈有必要设置檩间拉条。在拉条对檩条的串联作用下，斜向分力沿拉条逐根上传并逐级加大。为将该拉力传至屋架，须在天窗两侧或屋脊处用斜拉条与屋架固定后，同最上一根檩条形成撑架结构。

斜拉条与檩条的交角不能太小，否则不能保证拉紧作用。因此当檩距较小（$\frac{a}{l} \leqslant 0.20$），而采用一道拉条时，应将斜拉条改为桁架式（图 11.2-13），其腹杆一般采用单角钢。这种桁架式结构亦常用于檩距和屋架间距均较大的屋盖中。

在无天窗的对称双坡屋盖中以及对称双

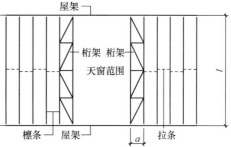

图 11.2-13　桁架式檩间拉条

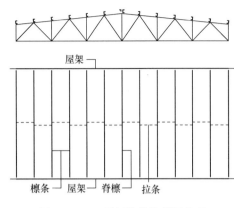

图 11.2-14   无斜拉条的檩间拉条

坡面天窗架的屋盖中，拉条拉力的水平分力可在屋脊处得到平衡，此时可不设置斜拉条。但拉条的垂直分力则加于屋脊檩条上（图 11.2-14），设计该檩条时应计入此力。

Z 形截面的檩条除了在天窗两侧或屋脊处用斜拉条固定于屋架上外，还应在檐檩处设置斜拉条，防止檩条向屋脊方向产生弯曲挠度（图 11.2-15）。

3. 实腹檩条计算

（1）槽钢、工字钢或 H 型钢檩条，当最大刚度面与水平面垂直时，仅承受单向弯曲。但一般皆垂直于屋顶坡面放置，此时檩条承受双向弯曲（图 11.2-16a），其竖向荷载的坡向分力，在计算檩条时应完全计入。仅当屋面结构在坡面内有足够刚度时（如预制钢筋混凝土屋面板铺后灌浆，或钢铺板焊于檩条上），则只考虑屋面板自重产生的坡向分力。

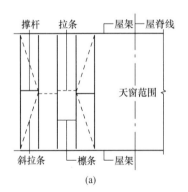

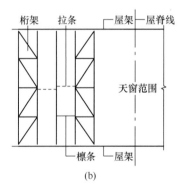

图 11.2-15   Z 形檩条的拉条

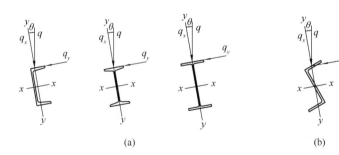

图 11.2-16   实腹檩条截面计算图形

（2）Z 形（或角钢）檩条当最大刚度面与水平面垂直时，仅受单向弯曲，因此设计时应尽量减少檩条最大刚度面主轴（图 11.2-16b 的 y 轴）与竖直面之间的夹角 θ。

（3）承受双向弯曲的檩条的计算弯矩按表 11.2-4 求出。

承受双向弯曲檩条的计算弯矩　　　　　　　　　　　表 11.2-4

项次	檩条形式	拉条设置	刚度最大面弯矩	刚度最小面弯矩
1	单跨简支檩条	无拉条		$\frac{1}{8}q_y l^2$ (l)
2	单跨简支檩条	有一根拉条	$\frac{1}{8}q_x l^2$ (l)	$-\frac{1}{32}q_y l^2$，$\frac{1}{64}q_y l^2$ ($\frac{l}{2}$，$\frac{l}{2}$)
3	单跨简支檩条	有两根拉条		$-\frac{1}{90}q_y l^2$，$\frac{1}{360}q_y l^2$ ($\frac{l}{3}$，$\frac{l}{3}$，$\frac{l}{3}$)
4	双跨连续檩条	无拉条	$-\frac{1}{8}q_x l^2$，$\frac{1}{16}q_x l^2$ (l，l)	$-\frac{1}{8}q_y l^2$，$\frac{1}{16}q_y l^2$ (l，l)
5	双跨连续檩条	每跨有一根拉条		$-\frac{1}{112}q_y l^2$，$-\frac{1}{56}q_y l^2$，$\frac{1}{56}q_y l^2$，$\frac{1}{112}q_y l^2$ ($\frac{l}{2}$，$\frac{l}{2}$，$\frac{l}{2}$，$\frac{l}{2}$)

注：q_x——檩条单位长度上在刚度最大面的荷载设计值；

$$q_x = q\cos\theta \tag{11.2-1}$$

q——檩条单位长度上的竖向荷载；

θ——檩条刚度最大面主轴与竖直面的夹角；

q_y——檩条单位长度上在刚度最小面内的荷载设计值；

$$q_y = q\sin\theta \tag{11.2-2}$$

对于刚度最大面与屋面垂直的槽钢、H 型钢、工字钢檩条，当坡面内屋面有足够刚度时：

$$q_y = (g_1 a + g_2)\sin\theta \tag{11.2-3}$$

g_1——屋面板单位面积自重；

a——檩条间距（坡向）；

g_2——檩条单位长度自重。

（4）檩条承受双向弯曲时，按下列公式计算强度：

$$\frac{M_x}{\gamma_x W_{nx}} + \frac{M_y}{\gamma_y W_{ny}} \leqslant f \tag{11.2-4}$$

式中　M_x、M_y——檩条同一截面处绕 x 轴（强轴）和 y 轴（弱轴）的弯矩设计值。单跨简支檩条当无拉条或有一根拉条时采用跨度中央的弯矩；有两根位于 $\frac{1}{3}$ 跨的拉条，当 $q_y < q_x/3.5$ 时采用跨中弯矩；当 $q_y > q_x/3.5$ 时采用跨度 $\frac{1}{3}$ 处的弯矩；双跨连续檩条采用中间支座处的弯矩；

　　　　W_{nx}、W_{ny}——对 x 轴（强轴）和 y 轴（弱轴）的净截面模量，当截面板件宽厚比等级不超过 S4 级时，应取全截面模量，当截面板件宽厚比等级超过 S4 级时，应取有效截面模量，一般情况下，檩条截面板件宽厚比等级不宜超过 S4 级；

γ_{x}、γ_{y} —— 截面塑性发展系数，工字形截面，当截面板件宽厚比等级不满足 S3 级时要求取 1.0，满足 S3 级要求时，强轴 $\gamma_{x} = 1.05$，弱轴 $\gamma_{y} = 1.2$。其他截面根据其受压板件的内力分布情况确定其截面板件宽厚比等级，当满足 S3 级要求时，可按《钢结构设计标准》GB 50017—2017 表 8.1.1 采用；

f —— 钢材的抗弯强度设计值。

檩条仅承受单向弯曲时，按下式计算强度：

$$\frac{M_{x}}{\gamma_{x} W_{nx}} \leqslant f \tag{11.2-5}$$

（5）双向受弯的工字形截面檩条应按下式计算整体稳定：

$$\frac{M_{x}}{\varphi_{b} \gamma_{x} W_{x} f} + \frac{M_{y}}{\gamma_{y} W_{y} f} \leqslant 1.0 \tag{11.2-6}$$

式中　W_{x}、W_{y} —— 分别为檩条按受压最大纤维确定的对 x 轴的稳定计算截面模量和对 y 轴的毛截面模量，当截面板件宽厚比等级不超过 S4 级时，应取全截面模量，当截面板件宽厚比等级超过 S4 级时，应取有效截面模量，一般情况下，檩条截面板件宽厚比等级不宜超过 S4 级；

φ_{b} —— 绕强轴弯曲所确定的梁整体稳定系数，应按《钢结构设计标准》GB 50017—2017 附录 C 计算。

（6）角钢或 Z 形檩条对 x 轴（强轴）和 y 轴（弱轴）的惯性矩 I_{x}、I_{y} 按下式计算（图 11.2-17）：

$$I_{x} = I_{x_{1}} \cos^{2}\theta + I_{y_{1}} \sin^{2}\theta + I_{x_{1} y_{1}} \sin 2\theta \tag{11.2-7}$$

$$I_{y} = I_{x_{1}} \sin^{2}\theta + I_{y_{1}} \cos^{2}\theta + I_{x_{1} y_{1}} \sin 2\theta \tag{11.2-8}$$

$$\mathrm{tg} 2\theta = \frac{2 I_{x_{1} y_{1}}}{I_{x_{1}} - I_{y_{1}}} \tag{11.2-9}$$

式中　$I_{x_{1}}$、$I_{y_{1}}$ —— Z 形或角钢截面对对 x_{1} 轴和 y_{1} 轴的惯性矩；

$I_{x_{1} y_{1}}$ —— 惯性积：对 Z 形截面，$I_{x_{1} y_{1}} = 0.5 bt(b-t)(h-t)$；对角钢截面，$I_{x_{1} y_{1}} = 0.25 bh(b-t)(h-t) t/(b+h-t)$；$h$ 为截面全高，b 为翼缘宽度，t 为翼缘和腹板厚度；

θ —— x_{1} 轴与主轴 $x-x$ 的夹角。

(a)   (b)

图 11.2-17　Z 形和角钢檩条计算图形

根据 I_{x_1}、I_{y_1} 求出 W_x、W_y 后，按式 11.2-4 或 11.2-5 进行计算。

（7）檩条垂直于屋顶坡面的挠度，按下式计算：

简支檩条：

$$v = \frac{5}{384} \frac{q_{kx_1} l^4}{EI_{x_1}} \leqslant [v_T] \tag{11.2-10}$$

双跨连续檩条：

$$v = \frac{1}{192} \frac{q_{kx_1} l^4}{EI_{x_1}} \leqslant [v_T] \tag{11.2-11}$$

式中　q_{kx_1} ——檩条单位长度上垂直于屋面的分荷载标准值；

　　　　I_{x_1} ——檩条绕平行于屋面的轴的惯性矩；

　　　　l ——檩条的跨度；

　　　　$[v]$ ——檩条的容许挠度。对压型金属板屋面 $[v] = \dfrac{1}{150}$；对其他屋面 $[v] = \dfrac{1}{200}$；

　　　　对有吊顶的屋面 $[v] = \dfrac{1}{240}$。

根据悬挂钢窗的条件，天窗窗扇上的檩条的竖向挠度不得超过 10mm。天窗侧壁下的檩条的竖向挠度不得超过 20mm（无中间侧向竖杆）或 10mm（有中间侧向竖杆）。

（8）在屋面坡向分力 q_{y1}（对槽钢、H 型钢、工字钢檩条 $q_{y1} = q_y$）作用下，檩间拉条的内力应按连续梁的支承反力计算（图 11.2-18）。设计时按受力最大的一根拉条选择截面，其余受力较小的拉条应选用相同截面。

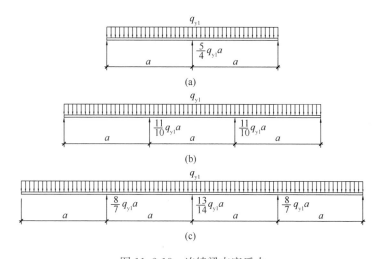

图 11.2-18　连续梁支座反力

（9）当檩条需要考虑检修集中荷载时，檩条的内力和挠度应按集中荷载和均布荷载（不计入屋面活荷载或雪荷载）共同作用求得。

（10）当檩条作为刚性支撑系杆或横向水平支撑横压杆时，应验算其长细比（$[\lambda] = 200$）。

（11）设有一根拉条的单跨简支槽钢或 C 型钢檩条，当跨度为 6m 时，可根据表 11.2-5选择截面。

双跨连续槽钢檩条跨度为 6m，且每跨各设有一根拉条时，可根据表 11.2-6 选择截面。

单跨简支檩条选用表

表 11.2-5

荷载标准值 N/m		400	500	650	700	800	900	1000	1100	1200	1300
屋面坡度	$i=\frac{1}{2}\sim\frac{1}{3}$	[10 C120×50× 20×2.5	[10 C120×50× 20×3.0	[10 C140×50× 20×2.5	[12.6 C140×50× 20×3.0	[12.6 C140×60× 20×3.0	[12.6 C160×60× 20×3.0	[12.6 C160×70× 20×3.0	[12.6 C160×70× 20×3.0	[12.6 C180×70× 20×3.0	[12.6 C200×70× 20×3.0
	$i=\frac{1}{4}\sim\frac{1}{6}$	[10 C120×50× 20×2.5	[10 C120×50× 20×3.0	[10 C140×50× 20×2.5	[12.6 C140×50× 20×3.0	[12.6 C140×60× 20×3.0	[12.6 C160×60× 20×3.0	[12.6 C160×70× 20×3.0	[12.6 C160×70× 20×3.0	[12.6 C180×70× 20×3.0	[12.6 C200×70× 20×3.0
	$i=\frac{1}{10}\sim\frac{1}{15}$	[10 C120×50× 20×2.5	[10 C120×50× 20×3.0	[10 C140×50× 20×2.5	[12.6 C140×50× 20×3.0	[12.6 C140×60× 20×3.0	[12.6 C160×60× 20×3.0	[12.6 C160×70× 20×3.0	[12.6 C160×70× 20×3.0	[12.6 C180×70× 20×3.0	[12.6 C200×70× 20×3.0

荷载标准值 N/m		1400	1500	1700	1800	1900	2000	2200	2500	2700	3100
屋面坡度	$i=\frac{1}{2}\sim\frac{1}{3}$	[14a	[14a	[14a	[14a	[16a	[16a	[18a	[18a	[18a	[20
	$i=\frac{1}{4}\sim\frac{1}{6}$	[14a C200×70× 20×3.0	[14a C200×70× 20×3.0	[14a	[14a	[14a	[16a	[16a	[16a	[18a	[18a
	$i=\frac{1}{10}\sim\frac{1}{15}$	[14a C200×70× 20×3.0	[14a C200×70× 20×3.0	[14a	[14a	[14a	[16a	[16a	[16a	[16a	[18a

注：1. 檩条跨度 l=6m；
2. 檩条跨中设一道拉条；
3. 荷载标准值为竖向荷载，不包括檩条自重；
4. 檩条按强度、刚度分别验算，容许挠度 $[v]=l/200$；
5. 檩条截面为普通槽钢及冷弯 C 型钢，开口朝屋脊方向；
6. 檩条钢材为 Q235。

荷载标准值 N/m	500	700	900	1100	1300	1500	1800	2000	2200	2500	2700	3100
屋面坡度 $i=\frac{1}{2}\sim\frac{1}{3}$	⌷8	⌷8	⌷10	⌷10	⌷12.6	⌷12.6	⌷14a	⌷14a	⌷14a	⌷16a	⌷16a	⌷18a

6m 双跨连续普通槽钢檩条（每跨设有一根拉条）截面选用表　　表 11.2-6

注：荷载标准值为竖向荷载，不包括檩条自重。

4. 实腹檩条的连接构造

（1）檩条一般凭借角钢檩托与屋架连接（图 11.2-19a～e）。用钢垫板的连接方法（图 11.2-19f、g），侧向刚度较差，最好不予采用。工字钢或截面高度较小的 H 型钢，可将檩条支座处下翼缘切去半肢以便与角钢檩托相连（图 11.2-19b、e）。当 H 型钢截面高度较大时可采用设置支座加劲板并局部加宽檩条的支座范围的做法（图 11.2-19h），以阻止檩条端部截面发生扭转。

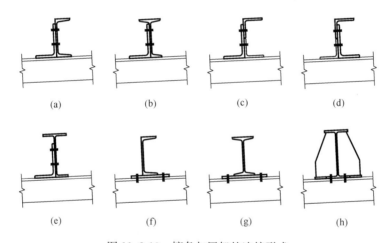

图 11.2-19　檩条与屋架的连接形式

（a）角钢檩托与槽钢檩条；（b）角钢檩托与工字钢檩条；（c）角钢檩托与双角钢槽形檩条；
（d）角钢檩托与双角钢 Z 形檩条；（e）角钢檩托与 H 形钢檩条；（f）槽钢檩条钢垫板支座；
（g）工字钢檩条钢垫板支座；（h）设置支座加劲板的 H 型钢檩条支座

檩条每端应有两个螺栓连接，螺栓宜沿檩条高度方向设置（图 11.2-20a），只有当檩条截面高度较小时，方可按檩条长度方向设置（图 11.2-20b）。连接檩条的短角钢竖肢的高度，一般宜为檩条高度的 3/4。

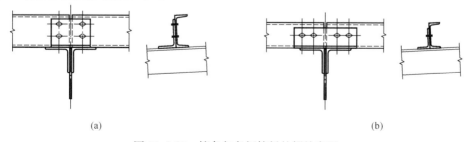

图 11.2-20　檩条与角钢檩托的螺栓布置

（a）螺栓沿檩条高度方向设置；（b）螺栓沿檩条长度方向设置

（2）实腹檩条在屋脊处宜采用双檩布置。屋脊双檩应在跨度范围内与其他檩间拉条相对应位置，用槽钢、角钢或圆钢相互拉结（图 11.2-21）。

双脊檩用圆钢拉结　　　　　　　　　双脊檩用角钢拉结

图 11.2-21　屋脊双檩相互拉结

（3）单根屋脊檩条与屋架的连接，可用预先焊于檩条腹板的连接角钢，用螺栓连于伸出屋架的节点板上或放置于屋架的顶板上（图 11.2-22）。在天窗侧壁处，则可连于天窗端壁在屋脊处的竖杆上。

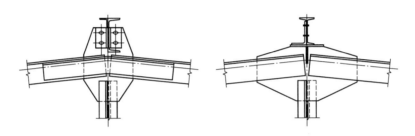

图 11.2-22　单根屋脊檩条与屋架的连接

（4）天窗侧壁悬挂窗扇的檩条，当为槽钢时借助檩托与天窗架侧腿连接；当为角钢时可借助檩托与天窗架侧腿连接，亦可用螺栓直接连于天窗架的侧腿上（图 11.2-23）。

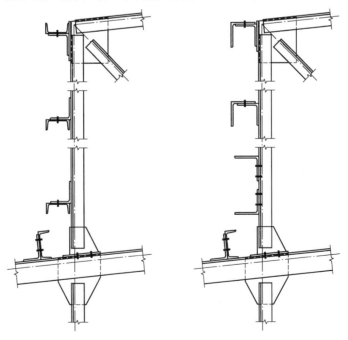

图 11.2-23　天窗侧壁处的檩条连接

（5）檩间拉条通常由一根圆钢做成，其直径由强度计算决定，在普通钢结构中不小于12mm（一般用16mm），在轻型钢结构中不小于8mm。直拉条通常用两个螺母固定于檩条腹板上；斜拉条最常见的做法（内力不大时）是将其一端弯折而以一个螺母直接固定于檩条腹板上（图11.2-24a），亦可采用连接角钢固定（图11.2-24b）。用于保证檩条侧向稳定性的拉条，与檩条的连接位置应尽可能靠近檩条的受压翼缘，一般情况下设置在腹板的中和轴以上距离上翼缘约50mm处；当受风吸力作用使檩条下翼缘受压时，可考虑在靠近檩条下翼缘附近增设一道拉条（图11.2-24c）。拉条必须拉紧，以保证传递拉力。

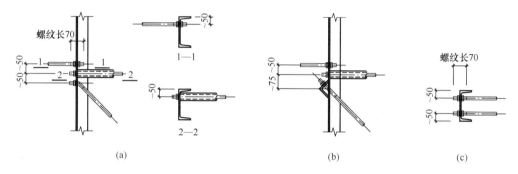

图 11.2-24　檩间拉条与檩条的连接

（a）拉条与檩条连接；（b）斜拉条采用连接角钢固定；（c）双层拉条

（6）檩间撑杆截面一般不由强度决定，而是按容许长细比（$[\lambda]=200$）决定，或根据构造要求（安装螺栓所需的最小肢宽）而定。当拉条为圆钢时，直撑杆通常采用钢管套圆钢的构造做法（图11.2-24a、b）。型钢撑杆（直撑或斜撑）一般采用单角钢截面，用钢板或角钢与檩条连接（图11.2-25a、b），或直接焊接。当受风吸力作用使檩条下翼缘受压时，檩间直撑杆可采用与檩条截面等高的组合截面（图11.2-25c）。

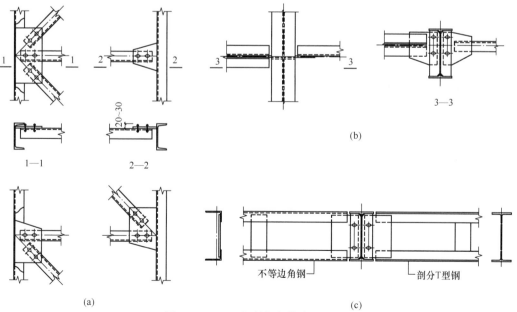

图 11.2-25　型钢撑杆与檩条的连接

（a）槽钢檩条撑杆；（b）H型钢檩条的刚性撑杆和柔性撑杆；（c）与H型钢檩条截面等高的组合截面撑杆

五、蜂窝梁檩条设计及构造

1. 蜂窝梁檩条的孔型及切割组合

（1）为设计和制作方便，蜂窝梁檩条宜采用六角形孔型（图 11.2-26），扩大比 $\beta = h_1/h$，其切割尺寸按下列公式计算。

$$a = (\beta - 1)h \tag{11.2-12}$$

$$c = \left(1 - \frac{\beta}{2}\right)h \tag{11.2-13}$$

式中 h —— 原型钢高度；

   β —— 蜂窝梁的高度与原型钢高度之比。

当 $\beta = 1.5$ 时，$a = 0.5h$，$c = 0.25h$。

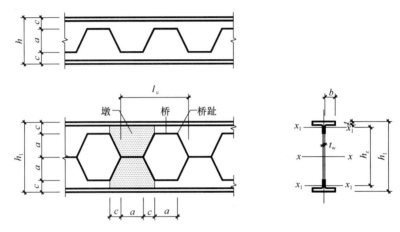

图 11.2-26 六角形蜂窝梁檩条孔型及截面

（2）蜂窝梁檩条的切割组合与一般蜂窝梁相同，一般有下述三种方法：

1）将切割后的上下两半平行错动后对峰组合，并截去多余部分（图 11.2-27a）；

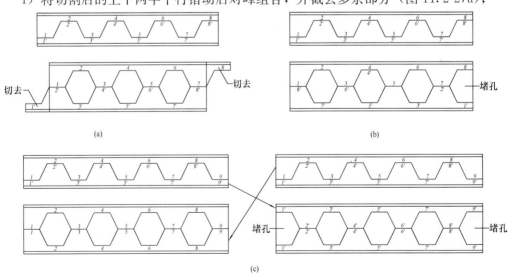

图 11.2-27 六角形蜂窝梁切割组合

(a) 切割组合方法一；(b) 切割组合方法二；(c) 切割组合方法三

2）将切割后的上下两半其中之一调头后对峰组合（图 11.2-27b）；

3）大量制作时，可将两个上半（或两个下半）的其中之一翻转后对峰组合（图 11.2-27c）。

第一种切割组合方法会增加一些钢材消耗，第二、三则需在端头加焊堵孔板。

2. 蜂窝梁檩条结构布置

（1）蜂窝梁檩条檩间拉条和斜拉条的设置基本上与 H 型钢檩条相同；

（2）由于蜂窝梁檩条一般用于跨度较大的场合，檩条侧向支点宜借助屋面支撑体系而不宜采用圆钢拉条。

3. 蜂窝梁檩条计算

（1）承受双向弯曲的蜂窝梁檩条的计算弯矩按表 11.2-4 求出；

（2）与一般蜂窝梁不同，蜂窝梁檩条承受双向弯曲，其截面强度计算以及稳定和挠度验算可按表 11.2-7 公式进行。

六角形孔型蜂窝梁檩条计算 表 11.2-7

项次	项目	计算公式	符号说明
1	抗弯强度	1. 梁墩处实腹截面： $$\sigma = \frac{1.1 M_{max}}{W_{nx1}} + \frac{M_y}{W_{ny1}} \leqslant f \quad (11.2\text{-}14)$$ 2. 桥趾处 T 形截面： $$\sigma = \frac{M_x}{h_z A_T} + \frac{V_x a}{4 W_{Tmin}} \leqslant f \quad (11.2\text{-}15)$$ 当为均布荷载时，可近似用下式求解的 x 计算 M_x： $$x = \frac{l}{2} - \frac{A_T a h_z}{4 W_{Tmin}} \leqslant f \quad (11.2\text{-}16)$$	M_{max}、M_y——蜂窝梁檩条上的绕 x 轴（强轴）的最大弯矩设计值和绕 y 轴（弱轴）的相应弯矩设计值； W_{nx1}、W_{ny1}——墩处绕 x 轴（强轴）和绕 y 轴（弱轴）的实腹净截面模量，当截面各部板件宽厚比满足局部稳定要求时取全截面模量； f——钢材的抗弯强度设计值； M_x——需验算截面处附近蜂窝孔中点（距支座距离为 x）的弯矩设计值； h_z——桥部上下 T 形截面的重心距（图 11.2-26）； A_T——桥部 T 形截面的面积； V_x——需验算截面处附近蜂窝孔中点（距支座距离为 x）的剪力； a——桥的跨度（图 11.2-26）； W_{Tmin}——桥部 T 形截面的最小截面模量，当截面各部板件宽厚比满足局部稳定要求时取全截面模量； l——蜂窝梁的跨度
2	抗剪强度	1. 支座截面： $$\tau = \frac{V S_0}{I_0 t_w} \leqslant f_v \quad (11.2\text{-}17)$$ 2. 邻近支座第 1、2 孔洞间墩腰处焊缝： $$\tau = \frac{V_1 l_c}{h_z t_w l_w} \leqslant f_v^w \quad (11.2\text{-}18)$$	V——支座截面沿腹板平面作用的剪力； S_0——计算剪应力处以上毛截面对中和轴的面积矩； I_0——毛截面惯性矩； t_w——腹板厚度； f_v——钢材的抗剪强度设计值； V_1——靠近支座第 1、2 孔洞间中点处剪力； l_c——蜂窝梁的单元长度（图 11.2-26）； l_w——墩腰处焊缝计算长度，$l_w = a - 2 t_w$；（图 11.2-26）； f_v^w——对接焊缝的抗剪强度设计值

项次	项目	计算公式		符号说明
3	整体稳定	$\dfrac{1.1M_{\max}}{\varphi_b W_{x0}f}+\dfrac{M_y}{W_{y0}f}\leqslant 1$	(11.2-19)	φ_b——梁的整体稳定系数，按与梁墩处相同截面的当量实腹梁由《钢结构设计标准》GB 50017—2017 附录 C 确定； W_{x0}、W_{y0}——蜂窝梁绕 x 轴（强轴）和绕 y 轴（弱轴）的当量实腹梁截面模量，可近似取桥部空腹截面模量，当截面各部板件宽厚比满足局部稳定要求时取全截面模量
4	局部稳定	1. 上、下翼缘宽厚比限值： $b/t\leqslant 13\varepsilon_k$　(11.2-20) 2. 桥部 T 形截面腹板宽厚比限值： $h_w/t_w\leqslant 15\varepsilon_k$　(11.2-21) 3. 端部工字形截面腹板宽厚比限值： $h_1/t_w\leqslant 80\varepsilon_k$　(11.2-22)		b——上、下翼缘外伸宽度； t——上、下翼缘厚度； h_w——桥部 T 形截面的腹板高度； t_w——腹板厚度； h_1——端部工字形截面腹板高度； 对轧制型钢截面，以上各参数均不包括翼缘腹板过渡处圆弧段。 ε_k——钢号修正系数，其值为 235 与钢材牌号比值的平方根
5	挠度	扩大比 $\beta=1.5$ 的简支蜂窝梁檩条垂直于屋顶坡面的挠度可近似按下式计算： $v=\eta\dfrac{M_{k\max}l^2}{10EI_0}\leqslant[v]$　(11.2-23) 挠度增大系数 η 表格见下		$M_{k\max}$——蜂窝梁檩条跨中最大弯矩标准值； l——蜂窝梁檩条跨度； I_0——当量实腹梁截面惯性矩； η——考虑空腹截面影响的挠度增大系数，按檩条高跨比 h_1/l 查表。

挠度增大系数 η

h_1/l	1/40	1/32	1/27	1/23	1/20	1/18
η	1.10	1.15	1.20	1.25	1.35	1.40

本表可近似使用插入法求其中间值

4. 蜂窝梁檩条的连接构造

（1）蜂窝梁檩条与屋架的连接与 H 型钢檩条基本相同。由于蜂窝梁檩条截面高宽比往往较大，檩条整体稳定问题更显突出，故应采取更为可靠的支座构造阻止其端部截面发生扭转；

（2）蜂窝梁檩条桥部范围不得有集中荷载作用，对于天窗、屋面支撑（包括隅撑）等以集中荷载形式作用于蜂窝梁檩条的屋面构件，应错开腹板孔格选择与墩处进行连接，不能错开时，应将孔格用与腹板等厚的钢板予以封堵。

（3）有集中荷载作用的蜂窝梁檩条，宜在荷载作用处的腹板上设置横向加劲肋。

六、桁架式檩条设计及构造

1. 桁架式檩条的形式和尺寸

（1）桁架式檩条的形式有平面桁架式（图 11.2-28a）、T 形桁架式（图 11.2-28b）和空间桁架式（图 11.2-28c）。

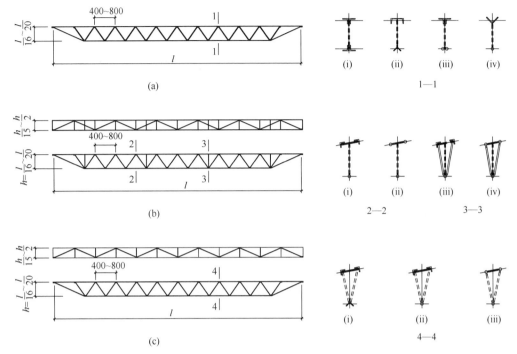

图 11.2-28 桁架式檩条的形式

(a) 平面桁架式檩条；(b) T形桁架式檩条；(c) 空间桁架式檩条

平面桁架式檩条的杆件通常用角钢做成（属普通钢结构）；仅当跨度不大于 4m 且荷载较小时，才考虑用小角钢和圆钢做成（属轻型钢结构）。

T 形桁架式和空间桁架式檩条的杆件一般由小角钢和圆钢做成，属于轻型钢结构。

（2）桁架式檩条的高跨比为 $\frac{1}{12} \sim \frac{1}{20}$，一般为 $\frac{1}{16} \sim \frac{1}{20}$。T 形桁架式和空间桁架式檩条的宽高比为 $\frac{1}{1.5} \sim \frac{1}{2}$。

满足上述高跨比的桁架式檩条一般可不进行挠度验算。

（3）桁架式檩条的腹杆一般采用人字形体系，端斜杆宜采用上升式构造，中间斜杆的倾角以 40°～60°为宜，上、下弦节间长度一般为 400～800mm（图 11.2-28）。圆钢腹杆宜采用连续弯折的形式（图 11.2-29）。

（4）桁架式檩条的荷载计算与型钢檩条相同，但应注意检修集中荷载对上弦的局部弯曲效应。采用圆钢截面时，其直径不得小于 8mm。

2. 平面桁架式檩条

（1）平面桁架式檩条比 T 形和空间桁架式檩条杆件少，构造较简单，但侧向刚度差，需要设置拉条（图 11.2-12）。

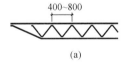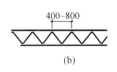

图 11.2-29 圆钢腹杆的形式

(a) 下弦交汇于支座；(b) 腹杆交汇于支座

（2）普通钢结构的平面桁架式檩条，其节点构造如图 11.2-30 所示。

轻钢结构的平面桁架式檩条，上弦杆一般采用角钢，下弦杆和全部腹杆采用圆钢，而腹杆是由一根或几根圆钢弯折而成（图 11.2-29），其节点构造如图 11.2-31 所示，设计时应尽量减少节点偏心。

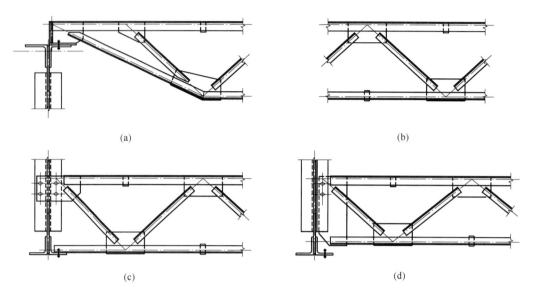

图 11.2-30　角钢杆件的平面桁架式檩条

（a）支承于屋架上弦的支座节点；（b）中间节点；（c）与屋架腹杆及下弦连接方式；（d）与屋架腹杆连接方式

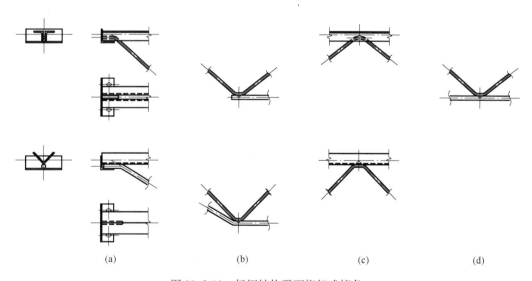

图 11.2-31　轻钢结构平面桁架式檩条

（a）支座节点；（b）下弦弯折节点；（c）上弦中间节点；（d）下弦中间节点

（3）平面桁架式檩条上、下弦中最大内力一般可按式 11.2-24 计算：

$$N = \pm \frac{ql^2}{8h} \qquad (11.2\text{-}24)$$

式中　q——檩条单位长度上的荷载设计值；

　　　l——檩条跨度；

　　　h——檩条高度。

上弦除轴心力外,尚应考虑由节间均布荷载对杆件产生的局部弯曲作用。上弦杆的强度和稳定性按下列公式进行计算:

强度:
$$\sigma = \frac{N}{A_n} + \frac{M_x}{W_{nx}} + \frac{M_y}{W_{ny}} \leqslant f \tag{11.2-25}$$

稳定性:
$$\frac{N}{\varphi_{min} A f} + \frac{M_x}{W_x f} + \frac{M_y}{W_y f} \leqslant 1 \tag{11.2-26}$$

式中　M_x——对檩条上弦截面主轴 x 的弯矩(x 轴垂直于屋面)。拉条可作为侧向支承点,计算强度时,支承点处的 $M_x = \dfrac{q_y l_1^2}{10}$,其中 q_y 为垂直于屋面方向的均布荷载分量,l_1 为侧向支承点间的距离。计算稳定时,M_x 可取侧向支承点间全长范围内的最大弯矩;

　　　　M_y——对檩条上弦截面主轴 y 的弯矩(y 轴平行于屋面),在节点和跨中 $M_y = \dfrac{q_x a^2}{10}$ 其中 q_x 为平行于屋面方向的均布荷载分量,a 为上弦的节间长度;

　　　　φ_{min}——冷弯薄壁型钢轴心受压构件的稳定系数,根据构件的最大长细比按第 6 章表 6.4-1 采用。

(4) 斜腹杆按轴心受压构件进行计算,(参见 11.2.5 第三节),其内力按下式计算:
$$N = \frac{V_{max}}{\sin\theta} \tag{11.2-27}$$

式中　V_{max}——檩条单位长度上的荷载设计值;

　　　　θ——腹杆与弦杆之间的夹角。

(5) 檩条垂直于屋顶坡面的挠度可按下式计算:
$$v = \frac{5}{384} \frac{q_{kx} l^4}{EI_x} \frac{1}{\alpha} \leqslant [v] \tag{11.2-28}$$

式中　q_{kx}——檩条单位长度上垂直于屋面的分荷载标准值;

　　　　I_x——檩条对平行于屋面的形心轴的惯性矩;

　　　　l——檩条跨度;

　　　　α——惯性矩折减系数,取 0.9;

　　　　$[v]$——檩条的容许挠度。对压型金属板屋面 $[v] = \dfrac{1}{150}$;对其他屋面 $[v] = \dfrac{1}{200}$;

　　　　对有吊顶的屋面 $[v] = \dfrac{1}{240}$。

(6) 平面桁架式檩条的截面选择和节点计算与普通钢屋架、轻型钢屋架相同。对于轻型钢檩条为了考虑节点偏心的影响,一般选择截面时应适当留有富裕:

上弦杆、腹杆　　　　　　　　10%~15%
下弦杆　　　　　　　　　　　5%~10%

平面桁架式檩条与支撑等组成空间结构时,一般仍按平面结构计算。

3. T 形桁架式檩条

(1) T 形桁架式檩条侧向刚度较好,但结构体系不够完善,杆件受力不够明确。已有的试验资料表明,其实际承载能力小于理论计算的承载能力。因此仅当受到材料选择方面的限制,且在檩条上弦不设拉条,要求檩条上弦有较大的平面外刚度,而屋面荷载又较小时，才可选用此种檩条。

（2）T 形桁架式檩条上弦杆由角钢或圆钢组成，最好采用角钢。下弦和腹杆均采用圆钢，全部腹杆（有时也包括两端下弦斜杆）可由一根或几根圆钢弯折而成。下弦节点构造与平面桁架式檩条相同（图 11.2-31b、d）。支座节点和上弦中间节点构造如图 11.2-32 所示。腹杆与上弦的连接件应有一定的刚度，可采用角钢做成（图 11.2-32b）。上弦平面宜设置斜缀条（图 11.2-28b）。檩条的腹杆平面一般与竖直面相重合。为了保证在受力过程中，腹杆平面与上弦平面的相对位置，应在檩条中设置钢箍。当檩条跨度为 4m 时设置 3 个；当檩条跨度为 6m 时设置 4 个（图 11.2-33）。钢箍可用圆钢做成，其直径不宜小于 10mm。

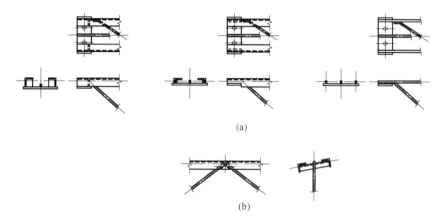

图 11.2-32 T 形桁架式檩条节点构造
(a) 支座节点；(b) 上弦中间节点

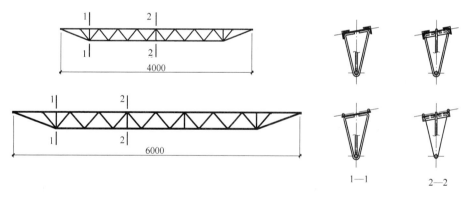

图 11.2-33 T 形桁架式檩条钢箍设置

（3）T 形桁架式檩条在结构计算中，可把上弦两个肢集中在檩条的竖直轴线上，按平面桁架计算，与平面桁架式檩条的设计方法相同。

4. 空间桁架式檩条

（1）空间桁架式檩条具有结构合理、受力明确、刚度较大等优点（一般可不设檩间拉条或撑杆）；但制造费工，耗钢量较大。与 T 形桁架式檩条相比，在同样情况下，承载能力可提高很多。特别适用于檩条跨度较大、荷载较大、檩距较大的情况。在成批制作或其他有利的制作条件下，宜采用空间桁架式檩条。

（2）空间桁架式檩条的上弦杆由角钢或圆钢制作，最好采用角钢。下弦采用角钢或圆钢截面，全部腹杆（有时也包括两端下弦斜杆）可由一根或几根圆钢弯折而成。截面形式宜采用不等腰倒三角形（图 11.2-34）。空间桁架式檩条在屋架上的位置一般将假想桁架平面与竖直面重合（图 11.2-34），上弦平面应设置斜缀条。圆钢下弦节点构造与平面桁架式檩条基本上相同（图 11.2-31b、d），仅腹杆系焊于下弦杆的两侧面而不是顶面。支座节点和上弦中间节点如图 11.2-35 所示。

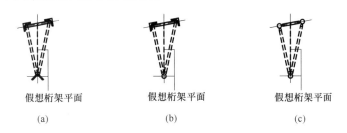

图 11.2-34　空间桁架式檩条截面
（a）上、下弦均为角钢；（b）上弦为角钢，下弦为圆钢；（c）上、下弦均为圆钢

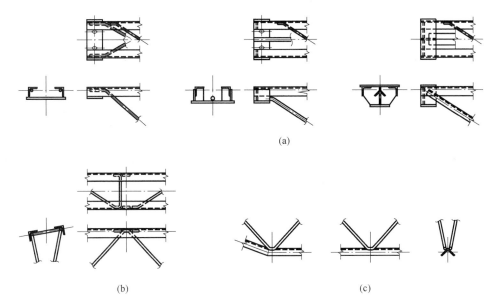

图 11.2-35　空间桁架式檩条节点构造
（a）支座节点；（b）上弦中间节点；（c）角钢下弦节点

（3）空间桁架式檩条可按假想平面桁架（图 11.2-34）进行计算，与平面桁架式檩条设计方法相同，仅上弦截面为两个角钢或圆钢，腹杆截面为两个圆钢共同受力。

七、檩条计算实例

1. 高频焊接薄壁 H 型钢檩条计算实例

（1）设计资料

檩条布置图参见图 11.2-77，屋面坡度 1/20（$\alpha=2.8624°$），檩条采用高频焊接薄壁 H 型钢截面，檩距 4.175m，计算跨度 15m，跨中设置三道拉条。屋面设置横向通风器，通

风器宽度 $A = 10\mathrm{m}$，高度 $H = 4\mathrm{m}$，喉口宽度 $B = 6\mathrm{m}$。

基本风压 $0.5\mathrm{kN/m^2}$，雪荷载为 $0.4\mathrm{kN/m^2}$；结构重要性系数 $\gamma_0 = 1.0$。地震设防烈度为7度。设计基本地震加速度值为 $0.1g$，设计地震分组为第二组；建筑物抗震设防类别为丙类。

（2）荷载及内力计算

1）荷载

① 永久荷载（水平投影面）

压型钢板：	$0.15/\cos2.8624° = 0.15\mathrm{kN/m^2}$
檩条及支撑自重：	$0.20\mathrm{kN/m^2}$
合计：	$0.35\mathrm{kN/m^2}$
横向通风器：	$3.6\mathrm{kN/m}$

② 活荷载（水平投影面）

屋面均布活荷载取 $0.5\mathrm{kN/m^2}$；雪荷载为 $0.4\mathrm{kN/m^2}$，二者取其中较大者。

屋面活荷载：　　　　　　$0.5\mathrm{kN/m^2}$

③ 风荷载

本设计基本风压 $0.5\mathrm{kN/m^2}$，地面粗糙度为B类，风压高度变化系数 $\mu_z \approx 1.10$。

体型系数：有通风器的檩条，风荷载体型系数见图11.2-36。

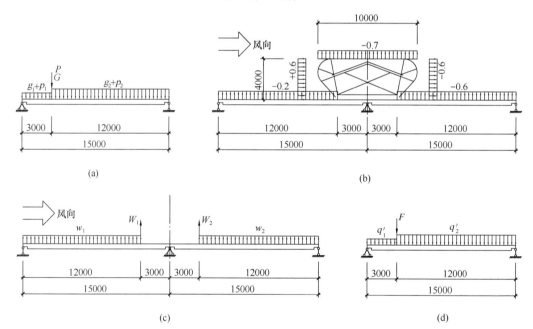

图 11.2-36 檩条计算简图

（a）檩条静、活荷载计算简图；（b）有通风器檩条风荷载体形系数；
（c）檩条风荷载计算简图 （d）檩条静、风荷载组合计算简图；

2）荷载计算

① 静荷载作用下的均布荷载标准值：

$g_{1k} = 0.2 \times 4.175 = 0.84\mathrm{kN/m}$

$g_{1kx} = 0.84\cos2.8624° = 0.84 \times 0.999 = 0.84\text{kN/m}$

$g_{1ky} = 0.84\sin2.8624° = 0.84 \times 0.050 = 0.04\text{kN/m}$

$g_{k2} = 0.35 \times 4.175 = 1.46\text{kN/m}$

$g_{2kx} = 1.46\cos2.8624° = 1.46 \times 0.999 = 1.46\text{kN/m}$

$g_{2ky} = 1.46\sin2.8624° = 1.46 \times 0.050 = 0.07\text{kN/m}$

② 活荷载作用下的均布荷载标准值：

$p_{1k} = 0.0\text{kN/m}$

$p_{2k} = 0.5 \times 4.175 = 2.09\text{kN/m}$

$p_{2kx} = 2.09\cos2.8624° = 2.09 \times 0.999 = 2.09\text{kN/m}$

$p_{2ky} = 2.09\sin2.8624° = 2.09 \times 0.050 = 0.10\text{kN/m}$

③ 静荷载（通风器）作用下的集中荷载标准值：

$G_k = 3.6 \times 4.175/2 = 7.52\text{kN}$

$G_{kx} = 7.52 \times 0.999 = 7.51\text{kN}$

$G_{ky} = 7.52 \times 0.050 = 0.38\text{kN}$

④ 活荷载（通过通风器）作用下的集中荷载标准值：

$P_k = 0.5 \times 4.175 \times 10/2 = 10.44\text{kN}$

$P_{kx} = 10.44 \times 0.999 = 10.43\text{kN}$

$P_{ky} = 10.44 \times 0.050 = 0.52\text{kN}$

⑤ 风荷载作用下的均布荷载标准值：

$w_{1k} = 1.10 \times (-0.2) \times 0.5 \times 4.175 = -0.46\text{kN/m}$

$w_{2k} = 1.10 \times (-0.6) \times 0.5 \times 4.175 = -1.38\text{kN/m}$

⑥ 风荷载作用下的集中荷载标准值：

$\begin{matrix} W_{1k} \\ W_{2k} \end{matrix} = 1.10 \times (-0.7) \times 0.5 \times 4.175 \times 5 \mp 1/6 \times 1.10 \times (0.6+0.6) \times 0.5 \times 4.175 \times 4 \times 4/2$

$= -8.04 \mp 3.67 = \begin{matrix} -11.71\text{kN} \\ -4.37\text{kN} \end{matrix}$

3）荷载组合（以一个通风器右侧檩条为例）：

① 静载与活载组合设计值：

$q_{1x} = 1.2 \times 0.84 = 1.01\text{kN/m}$

$q_{1y} = 1.2 \times 0.04 = 0.06\text{kN/m}$

$q_{2x} = 1.2 \times 1.46 + 1.4 \times 2.09 = 4.68\text{kN/m}$

$q_{2y} = 1.2 \times 0.07 + 1.4 \times 0.10 = 0.22\text{kN/m}$

$F_{1x} = 1.2 \times 7.51 + 1.4 \times 10.43 = 23.61\text{kN}$

$F_{1y} = 1.2 \times 0.38 + 1.4 \times 0.52 = 1.18\text{kN}$

② 静载与风荷载组合设计值：

$q'_{1x} = 1.0 \times 0.84 = 0.84\text{kN/m}$

$q'_{1y} = 1.0 \times 0.04 = 0.04\text{kN/m}$

$q'_{2x} = 1.0 \times 1.46 - 1.4 \times 1.38 = -0.47\text{kN/m}$

$q'_{2y} = 1.0 \times 0.07 = 0.07\text{kN/m}$

$$F_x = 1.0 \times 7.51 - 1.4 \times 4.37 = 1.39 \text{kN}$$

$$F_y = 1.0 \times 0.38 = 0.38 \text{kN}$$

4）内力计算；

屋面支撑如图 11.2-36 所示，檩条平面内按单跨简支梁计算，平面外按不等跨四跨连续梁计算。经计算静载与活载组合下的最大内力：

$$M_{xmax} = 160.18 \text{kN} \cdot \text{m}, M_y = 0.30 \text{kN} \cdot \text{m}$$

静载与风荷载组合下的最大内力：

$$M_{xmax} = -8.67 \text{kN} \cdot \text{m}, M_y = 0.09 \text{kN} \cdot \text{m}$$

（3）截面选择

1）截面特性

檩条材质为 Q235-B，截面选用 LH500×200×4.5×8，

$I_x = 23618.57 \text{ cm}^4$，$I_y = 1067.03 \text{ cm}^4$，$W_x = 944.74 \text{ cm}^3$，$W_y = 106.70 \text{ cm}^3$，$i_y = 4.45 \text{cm}$。

$$b/t = \frac{0.5 \times (200 - 4.5)}{8} = 12.22 < 15$$

$$h_0/t_w = \frac{500 - 8 - 8}{4.5} = 107.55 < 124$$

截面板件宽厚比满足《钢结构设计标准》GB 50017—2017 表 3.5.1 中 S4 级的限值，取全截面模量，$\gamma_x = \gamma_y = 1.0$。

2）强度计算

按式（11.2-4）：

$$\frac{M_x}{\gamma_x W_{nx}} + \frac{M_y}{\gamma_y W_{ny}} = \frac{160.18 \times 10^6}{1.0 \times 944.74 \times 10^3} + \frac{0.30 \times 10^6}{1.0 \times 106.7 \times 10^3}$$
$$= 169.55 + 2.81 = 172.36 \text{N/mm}^2 < f = 215 \text{N/mm}^2$$

3）整体稳定计算

屋面板刚度较大且与檩条有牢固连接时，可认为屋面板对檩条上翼缘有约束作用。在正弯矩作用时，檩条的整体稳定性得到保证，可不计算檩条整体稳定。在有风吸力作用产生负弯矩时，应验算檩条整体稳定。本例题不考虑屋面板对檩条的支持作用，仅以檩条跨间设置的三道系杆作为侧向支点，选取静荷载与活荷载组合作用下的较大正弯矩，对檩条按本节式（11.2-6）进行整体稳定性计算。

① 整体稳定系数 φ_b 计算

等效弯矩系数 β_b 按《钢结构设计标准》GB 50017—2017 附录 C 中表 C.0.1 确定：

$$\beta_b = 1.20$$

$$\eta_b = 0, l_1 = 4000 \text{mm}$$

$$\lambda_y = \frac{l_1}{i_y} = \frac{4000}{44.5} = 89.9 < 120$$

整体稳定系数 φ_b 可按《钢结构设计标准》GB 50017—2017 附录 C 中近似公式（C.0.5-1）计算

$$\varphi_b = 1.07 - \frac{\lambda_y^2}{44000\varepsilon_k^2} = 1.07 - \frac{89.9^2}{44000 \times 1} = 0.886$$

② 整体稳定计算

$$\frac{M_x}{\varphi_b W_x f} + \frac{M_y}{\gamma_y W_y f} = \frac{160.18 \times 10^6}{0.886 \times 944.74 \times 10^3 \times 215} + \frac{0.30 \times 10^6}{1.0 \times 106.7 \times 10^3 \times 215}$$

$$= 0.89 + 0.01 = 0.90 < 1.0$$

满足要求。

4）挠度计算：

计算垂直于屋面方向的最大挠度。在静载与活载标准值组合下，$M_{xmax} = 121.74 \text{kN} \cdot \text{m}$，

$$\frac{\nu}{l} = \frac{M_{xmax} l}{10 E I_x} = \frac{121.74 \times 10^6 \times 15000}{10 \times 206 \times 10^3 \times 23618.57 \times 10^4} = \frac{1}{266} < \left[\frac{1}{200}\right]$$

满足要求。

2. 蜂窝梁檩条计算实例

（1）设计资料

屋面坡度 $1/20$（$\alpha = 2.8624°$），檩条计算跨度 15m，檩距 4.2m，跨中均匀设置两道拉条。

基本风压 0.4kN/m^2，结构重要性系数 $\gamma_0 = 1.0$。地震设防烈度为 7 度。设计基本地震加速度值为 $0.1g$，设计地震分组为第二组；建筑物抗震设防类别为丙类。

（2）荷载计算及荷载组合

1）荷载

① 永久荷载（水平投影面）

压型钢板：　　　　　　　　$0.15/\cos 2.8624° = 0.15 \text{kN/m}^2$

檩条及支撑自重：　　　　　0.20kN/m^2

合计：　　　　　　　　　　0.35kN/m^2

② 活荷载（水平投影面）

屋面活荷载：　　　　　　　0.5kN/m^2

③ 风荷载

本设计基本风压 0.4kN/m^2，地面粗糙度为 B 类，风压高度变化系数 $\mu_z \approx 1.10$。

2）荷载计算：：

① 静荷载作用下的均布荷载标准值：

$g_k = 0.35 \times 4.2 = 1.47 \text{kN/m}$

$g_{kx} = 1.47 \cos 2.8624° = 1.47 \times 0.999 = 1.47 \text{kN/m}$

$g_{ky} = 1.47 \sin 2.8624° = 1.47 \times 0.050 = 0.07 \text{kN/m}$

② 活荷载作用下的均布荷载标准值：

$p_k = 0.5 \times 4.2 = 2.10 \text{kN/m}$

$p_{kx} = 2.10 \cos 2.8624° = 2.10 \times 0.999 = 2.10 \text{kN/m}$

$p_{ky} = 2.10 \sin 2.8624° = 2.10 \times 0.050 = 0.11 \text{kN/m}$

③ 风荷载作用下的均布荷载标准值：

$w_k = 1.10 \times (-0.6) \times 0.4 \times 4.2 = -1.11 \text{kN/m}$

3）荷载组合

① 静载与活载组合设计值：

$$q_x = 1.2 \times 1.47 + 1.4 \times 2.10 - 4.70\text{kN/m}$$

$$q_y = 1.2 \times 0.07 + 1.4 \times 0.11 = 0.24\text{kN/m}$$

② 静载与风荷载组合设计值：

$$q_x' = 1.0 \times 1.47 - 1.4 \times 1.11 = -0.08\text{kN/m}$$

$$q_y' = 1.0 \times 0.07 = 0.07\text{kN/m}$$

（3）截面选择

1）截面特性

截面选用热轧 H 型钢 HN300×150×6.5×9 切割焊接组成蜂窝梁见图 11.2-37（翼缘腹板过渡处圆弧 $r = 13\text{mm}$），扩大比取 $\beta = 1.5$，则：

$$a = (\beta - 1)h = (1.5 - 1) \times 300 = 150\text{mm}$$

$$c = \left(1 - \frac{\beta}{2}\right)h = \left(1 - \frac{1.5}{2}\right) \times 300 = 75\text{mm}$$

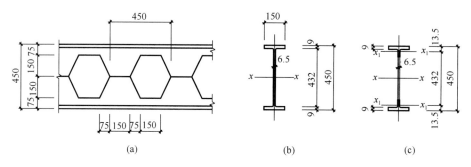

图 11.2-37　蜂窝梁檩条孔型及截面图

（a）孔型图；（b）墩部截面；（c）桥部截面

切割组合后的当量实腹梁截面为 H450×150×6.5×9。

截面各部板件宽厚比验算：

上下翼缘：$\dfrac{b}{t} = \dfrac{0.5 \times (150 - 6.5) - 13}{9} = 6.53 < 13$

桥部 T 形截面腹板处：$\dfrac{h_w}{t_w} = \dfrac{75 - 9 - 13}{6.5} = 8.15 < 15$

墩部工字形截面腹板处：$\dfrac{h_{01}}{t_w} = \dfrac{450 - 2 \times (9 + 13)}{6.5} = 62.46 < 80$

截面板件宽厚比满足《钢结构设计标准》GB 50017—2017 表 3.5.1 中 S1 级的限值，$\gamma_x = 1.05$，$\gamma_y = 1.2$。

蜂窝梁截面特性（计算过程略）：

① 桥部 T 形截面：

$A_T = 18.51\ \text{cm}^2$，$x_T = 1.35\text{cm}$，$I_T = 62.33\ \text{cm}^4$

$h_z = 450 - 13.5 - 13.5 = 423\text{mm}$

$W_{T\text{min}} = 62.33/(7.5 - 1.35) = 10.13\ \text{cm}^3$

② 当量实腹梁截面：

$A_1 = 56.53\ \text{cm}^2$，$I_{nr1} = 18155.1\ \text{cm}^4$，$I_{ny1} = 507.87\ \text{cm}^4$，

$W_{nx1} = 806.9\ \text{cm}^3$，$W_{ny1} = 67.72\ \text{cm}^3$

③ 支座处截面：截面为 $BH300 \times 150/250 \times 8 \times 10$

$I_0 = 9539.86\ \mathrm{cm^4}$，$S_0 = 358.94\ \mathrm{cm^3}$

2）内力计算

从高频焊接实腹檩条计算实例可以看出，当屋面坡度为 1/20 时，平面外分力较小，本例题计算中不再考虑平面外荷载作用。但当屋面坡度较大时，檩条计算仍需考虑平面内、外两个方向的荷载作用。

① 最大弯矩：$M_x = \dfrac{1}{8}q_x l^2 = \dfrac{1}{8} \times 4.70 \times 15^2 = 132.19\ \mathrm{kN \cdot m}$

② 桥趾截面处 T 形截面：

应力计算截面位置确定：

$$x = \frac{l}{2} - \frac{A_T a h_z}{4 W_{T\min}} = \frac{1500}{2} - \frac{18.51 \times 15 \times 42.3}{4 \times 10.13} = 460.15\ \mathrm{cm}$$

该计算截面位于第 10 单元内（见图 11.2-38），第 10 单元蜂窝孔中心距支座的距离为：

$$x_{10} = 22 + 23 + 7.5 + 7.5 + 15 + 9 \times 45 = 480\ \mathrm{cm}$$

$$M_{10} = \frac{1}{2}q_x l x_{10} - \frac{1}{2}q_x x_{10}^2 = \frac{1}{2} \times 4.70 \times 15 \times 4.8 - \frac{1}{2} \times 4.70 \times 4.8^2 = 115.06\ \mathrm{kN \cdot m}$$

$$V_{10} = \frac{1}{2}q_x l - q_x x_{10} = \frac{1}{2} \times 4.70 \times 15 - 4.70 \times 4.8 = 12.69\ \mathrm{kN}$$

③ 靠支座第 1、2 孔洞间中点处剪力：

$$V_1 = \frac{1}{2}q_x l - q_x x_1 = \frac{1}{2} \times 4.70 \times 15 - 4.70 \times (0.22 + 0.23 + 0.075 + 0.45) = 30.67\ \mathrm{kN}$$

④ 支座处剪力：$V = \dfrac{1}{2}q_x l = \dfrac{1}{2} \times 4.70 \times 15 = 35.25\ \mathrm{kN}$

3）蜂窝梁截面抗弯强度计算

梁墩处实腹截面处，按表 11.2-7 中式（11.2-14）：

$$\sigma = \frac{1.1 M_{x\max}}{W_{nx1}} = \frac{1.1 \times 132.19 \times 10^6}{806.9 \times 10^3} = 180.21\ \mathrm{N/mm^2}$$

桥趾 T 形截面处，按表 11.2-7 中式（11.2-15）：

$$\sigma = \frac{M_x}{h_z A_T} + \frac{V_x a}{4 W_{T\min}} = \frac{115.06 \times 10^6}{423 \times 18.51 \times 10^2} + \frac{12.69 \times 10^3 \times 150}{4 \times 10.13 \times 10^3}$$

$$= 146.95 + 46.98 = 193.93\ \mathrm{N/mm^2} < f = 215\ \mathrm{N/mm^2}$$

4）抗剪强度计算

支座截面处：

$$\tau = \frac{V S_0}{I_0 t_w} = \frac{35.25 \times 10^3 \times 358.94 \times 10^3}{9539.86 \times 10^4 \times 8} = 16.58\ \mathrm{N/mm^2} < f_V = 125\ \mathrm{N/mm^2}$$

邻近支座第 1、2 孔洞间墩腰处焊缝：

采用对接全熔透焊缝，$l_w = a - 2t_w = 150 - 2 \times 6.5 = 137\ \mathrm{mm}$

$$l_c = 2(a + c) = 2 \times (150 + 75) = 450\ \mathrm{mm}$$

$$\tau = \frac{V_1 l_c}{h_z t_w l_w} = \frac{30.67 \times 10^3 \times 450}{423 \times 6.5 \times 137} = 36.64\ \mathrm{N/mm^2} < f_V^w = 125\ \mathrm{N/mm^2}$$

5）稳定计算

檩条间设置两道拉条作为檩条侧向支点。假定本例题中屋面板刚度较大且与檩条有牢固连接，所以认为屋面板对檩条上翼缘有约束作用，在正弯矩作用时，整体稳定性得到保证，可不计算檩条整体稳定。在有风吸力作用产生负弯矩时，应验算檩条整体稳定。

风吸力作用产生的负弯矩：

$$M'_x = \frac{1}{8}q'_x l^2 = \frac{1}{8} \times (-0.08) \times 15^2 = -2.25 \text{kN} \cdot \text{m}$$

① 整体稳定系数 φ_b 计算（按梁墩处当量实腹梁截面特性）

等效弯矩系数 β_b 按《钢结构设计标准》GB 50017—2017 附录 C 中表 C.0.1 确定：

$$\beta_b = 1.20$$

$$\eta_b = 0，l_1 = 5000 \text{mm}$$

$$i_y = \sqrt{\frac{I_y}{A}} = \sqrt{\frac{507.87}{56.53}} = 3.0 \text{cm}$$

$$\lambda_y = \frac{l_1}{i_y} = \frac{5000}{30} = 166.7 > 120$$

$$\varphi_b = \beta_b \frac{4320}{\lambda_y^2} \cdot \frac{Ah}{W_x} \left[\sqrt{1 + \left(\frac{\lambda_y t_1}{4.4h}\right)^2} + \eta_b \right] \varepsilon_k$$

$$= 1.2 \frac{4320}{166.7^2} \cdot \frac{5653 \times 450}{806.9 \times 10^3} \left[\sqrt{1 + \left(\frac{166.7 \times 9}{4.4 \times 450}\right)^2} + 0 \right] \times 1$$

$$= 0.74 > 0.6$$

用 φ'_b 代替 φ_b：

$$\varphi'_b = 1.07 - \frac{0.282}{\varphi_b} = 1.07 - \frac{0.282}{0.74} = 0.689$$

② 整体稳定计算

檩条桥部空腹截面模量：

$$I_{x0} = 18155.1 - \frac{1}{12} \times 0.65 \times 30^3 = 16692.6 \text{ cm}^4$$

$$W_{x0} = \frac{16692.6}{22.5} = 741.89 \text{ cm}^3$$

$$\frac{1.1M'_x}{\varphi_b W_{x0} f} = \frac{1.1 \times 2.25 \times 10^6}{0.689 \times 741.89 \times 10^3 \times 215} = 0.02 < 1.0$$

满足要求。

6）挠度计算：

计算垂直于屋面方向的最大挠度。在静载与活载标准值组合下 $M_{kxmax} = 100.41 \text{kN} \cdot \text{m}$，檩条截面高跨比 $h_1/l = 450/15000 = 1/33.33$，查表 11.2-7 项次 5 得挠度增大系数 $\eta = 1.14$。

$$\frac{\nu}{l} = \eta \frac{M_{kxmax} l}{10EI_{x0}} = 1.14 \times \frac{100.41 \times 10^6 \times 15000}{10 \times 206 \times 10^3 \times 18155.1 \times 10^4} = \frac{1}{217.8} < \left[\frac{1}{200}\right]$$

满足要求。

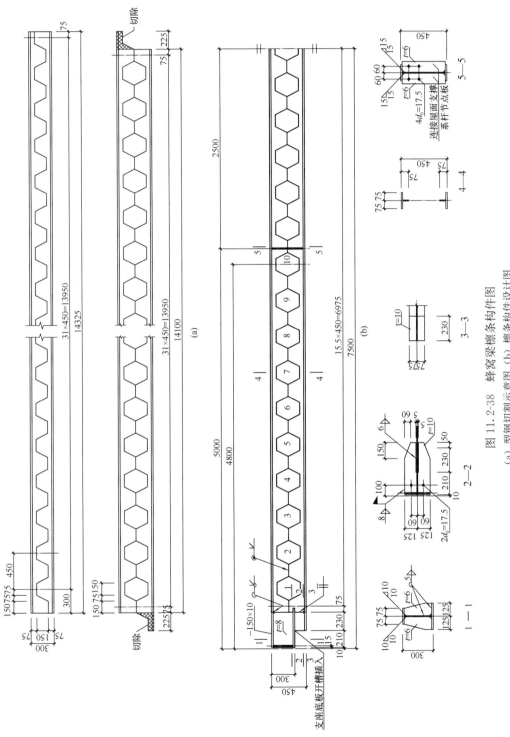

图 11.2-38　蜂窝梁檩条构件图
(a) 型钢切割示意图　(b) 檩条构件设计图

11.2.5 屋架

一、屋架的形式与外形尺寸

在厂房框架中，我们通常把屋盖结构中的横向桁架式构件称为屋架。近年来，随着屋面材料的变革和技术的发展，曾经在单层厂房屋盖中得到广泛应用的由大型屋面板为代表的重屋盖结构体系已较少使用，代之由彩色压型钢板作为屋面板的轻屋盖有檩结构体系大量应用于各种单层厂房的屋盖结构中。本节主要介绍单层厂房轻屋盖有檩结构体系中的三角形、梯形或人字形等形式的钢屋架。

1. 屋架的形式

屋架的形式与建筑外形、腹杆体系及与柱的连接方式等有着密切的关系。

（1）屋架的坡向：双坡和单坡屋架，是以屋面双向或单向排水对屋架形式进行的区分（图11.2-39）。

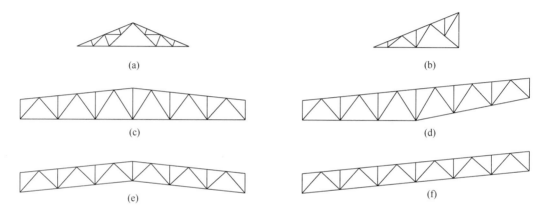

图 11.2-39 双坡和单坡屋架

(a) 双坡三角形芬克式屋架；(b) 单坡三角形屋架；(c) 双坡梯形屋架；
(d) 单坡倒梯形屋架；(e) 双坡人字形屋架；(f) 单坡平行弦屋架

（2）屋架的腹杆体系：主要有有单斜式、人字式和再分式（图11.2-40）。

严格说再分式并不算一种腹杆形式，只是在单斜式或人字式基础上，为减小上弦节间距进行的一种改良，这种改良可使由加密主腹杆随之引起的斜杆倾角不合理状况得以改善并节省钢材。屋架腹杆体系的设计应关注两点，一是在减少杆件总长度的同时使其受力合理，长杆受拉短杆受压；二是减少节点数量并力求构造简单统一。一般来说，人字式腹杆体系杆件和节点数量较少，应用较广，而斜杆受拉的单斜式腹杆体系虽杆件受力合理，但杆件总长度较长、节点数量较多，用于有吊顶或其他需要下弦节点较密的场合。此外，屋架的腹杆还可根据需要采用多种方式的混合布置（图11.2-41）。

（3）屋架与柱的连接方式和屋架支座的支承方式：三角形屋架的上下弦在端节点（支座）交汇于一点，与柱仅为单一的铰接连接。梯形和人字形屋架与柱的连接构造有刚接和铰接之分，区别在于屋架与柱间能否传递弯矩，应根据厂房框架的计算简图确定。与柱刚接的屋架中，除了屋架采用全桁架形式外，还可采用实腹端屋架，即屋架两端一定范围内采用实腹截面，其余部分仍为桁架截面的屋架（图11.2-42）。梯形和人字形屋架支座的支承方式按照屋架端斜杆走向不同有下承式（图11.2-39c～f）和上承式（图11.2-40e～h）之分，其区别在于屋架端斜杆与弦杆在支座的交汇点是在下弦还是上弦。对于屋架的支承

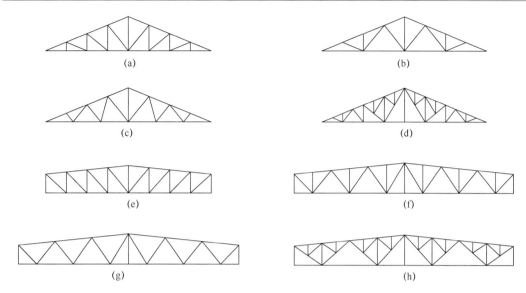

图 11.2-40 屋架的腹杆体系

(a) 三角形屋架单斜式腹杆布置；(b) 三角形屋架人字式腹杆布置一；(c) 三角形屋架人字式腹杆布置二；
(d) 三角形屋架再分式腹杆布置；(e) 梯形屋架单斜式腹杆布置；(f) 梯形屋架人字式腹杆布置；
(g) 梯形屋架不设竖杆的人字式腹杆布置；(h) 梯形屋架再分式腹杆布置

图 11.2-41 屋架腹杆混合布置

(a) 单斜式和人字式腹杆混合布置；(b) 端斜杆受压的单斜式腹杆混合布置

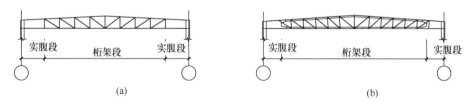

图 11.2-42 实腹端屋架形式

(a) 实腹端屋架形式之一；(b) 实腹端屋架形式之二

方式孰优孰劣影响因素很多，应根据具体工程的实际情况综合考虑择优选用。一般来说，上承式支座位于屋架上弦，这对将屋面水平支撑通常布置在屋架上弦平面的有檩体系屋盖显得较为有利，同时屋架安装时的稳定性也好于下承式，不足之处就是与柱铰接时排架计算高度比屋架为下承式时略有增加。

(4) 屋架的截面形式：通常为单壁式，当跨度 $L \geqslant 42\text{m}$ 时，为加强其侧向刚度宜采用双壁式截面。

2. 屋架的外形尺寸

单层厂房普通钢屋架的外形通常有三角形、梯形或人字形，而两铰拱或三铰拱屋架以及梭形屋架则常用于轻钢结构屋盖中。屋架的外形尺寸主要有截面高度（端部和跨中）及节间尺寸划分。

（1）屋架的高度：三角形屋架的跨中高度由屋面坡度决定。梯形或人字形屋架的高度应参考桁架类构件的经济高度，并结合荷载情况、受力状态以及施工条件等多种因素综合确定。梯形屋架的跨中高度一般取其跨度的 $1/6 \sim 1/12$，人字形屋架的跨中高度一般取其跨度的 $1/10 \sim 1/18$。梯形屋架的端部高度可根据跨中高度和上弦坡度确定，当屋架与柱刚接时，端部高度通常为 $1.8 \sim 2.4$m；与柱铰接时，端部高度不小于 1.5m，通常为 $1.6 \sim 2.2$m。平行弦人字形屋架其端部高度与跨中高度一致，下弦带平段的平行弦或非平行弦人字形屋架，跨中高度取值的灵活性较大，可根据实际情况择优确定。

（2）屋架的节间尺寸划分：首先应结合天窗、檩距、悬挂设备的吊点及施工运输单元等综合考虑，满足将荷载作用于节点上的原则。腹杆体系的布置应使斜杆与弦杆间夹角在 $30° \sim 60°$ 范围内并以接近 $45°$ 为宜。当上弦节间距较小时，可采用腹杆再分式布置使斜杆与弦杆间保持较合理的夹角。

3. 三角形屋架的特点及适用范围

（1）三角形屋架的腹杆体系有芬克式（图 11.2-43）、单斜式（图 11.2-40a）和人字式（图 11.2-40b、c）。

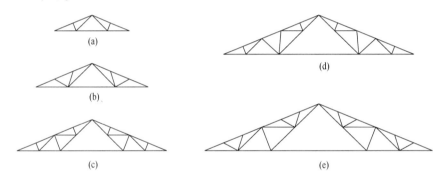

图 11.2-43　芬克式屋架

(a) 上弦二节间；(b) 上弦三节间；(c) 上弦四节间；(d) 上弦五节间；(e) 上弦六节间

芬克式屋架腹杆布置的特点是屋架两侧的腹杆和上弦杆分别形成以上弦为底边的倒置等腰三角形，其中长腹杆受拉，短腹杆受压，杆件受力合理，节点构造简单，是三角形屋架中较为经济的常用形式。

（2）三角形屋架的外形与荷载作用下简支受弯构件的弯矩图存在较大差异，使得弦杆内力分布不均，跨中处较小的内力使得杆件截面不能充分利用，而支座处较小的交角且较大的内力使支座节点构造变得复杂。

（3）三角形屋架通常用于坡度较陡（$i \geqslant 1/3$）、跨度较小（$L \leqslant 18$m）的中、小厂房有檩屋盖。屋面板一般采用短尺彩色压型钢板，亦可采用瓦楞铁或波形石棉瓦等，上弦节间长度通常为 1.5m 左右。当屋面板为钢板（彩色压型钢板或瓦楞铁）时，檩距可为节间长度，当为波形石棉瓦时，因其允许檩距（$\leqslant 0.8$m）较小，可采用腹杆再分式布置（图 11.2-40d）适应檩距减小带来的变化。

4. 梯形屋架的特点及适用范围

（1）梯形屋架的外形与荷载作用下简支受弯构件的弯矩图比较接近，故弦杆受力的均匀程度较三角形屋架大为改善。

（2）梯形屋架适用于坡度较为平缓（$i = 1/8 \sim 1/20$）、跨度 $L = 15 \sim 36$m 的中型或大型厂房屋面。过去，梯形屋架主要应用于支承大型屋面板的重屋盖结构，由于大型屋面板为宽度 1.5m 的定型产品，屋架节间必为 1.5m 或其倍数。近年来大型屋面板的重屋盖体系已较少采用，当梯形屋架用于长尺或短尺的彩色压型钢板有檩体系屋盖中时，应根据屋面板的适用跨距（简支或连续）确定屋面檩距即屋架节间尺寸，以符合荷载作用在节点上的原则。

（3）有檩体系屋盖通常将屋面水平支撑布置在屋架上弦平面，为使屋架的支承点与屋面水平支撑位于同一平面，梯形屋架的支承方式以上承式为宜。

5. 人字形屋架的特点及适用范围

（1）人字形屋架上下弦平行与否皆可，上下弦平行的人字形屋架节点构造统一简单，施工方便。为改善屋架的受力情况，可在屋架跨中部分节间设置下弦平段。人字形屋架具有较好的空间观感，制作时可不起拱。此外，人字形屋架的支座有折线拱推力作用，使柱受力不利。当支座为下承式时，其推力作用不可忽略，而当支座为上承式时，则可忽略不计（图 11.2-44）。

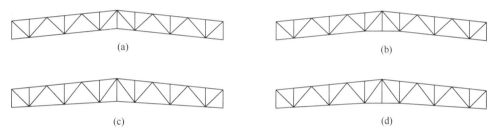

图 11.2-44　人字形屋架

（a）双坡平行弦人字形屋架；（b）下弦带平段双坡平行弦人字形屋架；

（c）双坡非平行弦人字形屋架；（d）下弦带平段双坡非平行弦人字形屋架

（2）人字形屋架一般用于屋面坡度平缓（$i \leqslant 1/10$）、跨度较大（尤其是 $L > 30$m）的大型厂房屋面。人字形屋架用于有檩体系屋盖时其支承方式以上承式为宜，除了与梯形屋架相同的理由外，还可将折线拱推力与上弦杆的弹性压缩相抵消，以减小对柱的不利影响。

6. 单坡屋架

除双坡屋架外，单坡屋架也是单层厂房屋盖结构中广泛应用的一种屋架形式（图 11.2-45）。

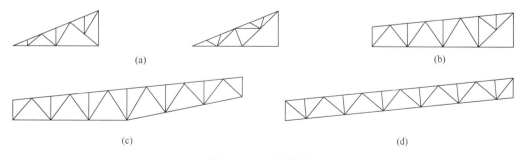

图 11.2-45　单坡屋架

（a）单三角形屋架；（b）单梯形屋架；（c）单坡倒梯形屋架；（d）单坡平行弦屋架

（1）单三角形屋架通常用于锯齿形陡坡屋面。

（2）用于单坡屋面的梯形屋架通常有单梯形和倒梯形，其中单梯形适用于屋面坡度 $i \leqslant 1/6$、跨度 $L \leqslant 15\mathrm{m}$ 并要求屋架下弦水平设置的场合，当跨度 $L \geqslant 24\mathrm{m}$ 时，可采用倒梯形。

（3）平行弦屋架适用于坡度平缓（$i \leqslant 1/10$）的单坡屋面，且不受跨度大小的限制。当屋架竖向腹杆垂直于弦杆布置时（图 11.2-45d），其外形规则，节点构造一致性最好，对设计和施工都比较有利。

二、屋架的荷载、内力计算及荷载组合

1. 荷载

作用在屋架上的荷载有永久荷载（恒荷载）、可变荷载（活荷载）、偶然荷载及地震荷载。

（1）永久荷载包括结构自重（屋架、天窗架、檩条、支撑等）、屋面材料（防水、保温及隔热层等）、天窗部件（窗扇、挡风板或端墙板等）及固定吊挂部件（吊顶管道、悬挂吊车轨道及检修走道等）的重量。

（2）可变荷载包括屋面均布活荷载、风荷载、雪荷载、积灰荷载、施工荷载、悬挂吊车荷载及温度作用等。

对于支承轻屋面的屋架，当仅有一个可变荷载且受荷水平投影面积超过 $60\mathrm{m}^2$ 时，屋面均布活荷载标准值应取为不小于 $0.3\mathrm{kN/m}^2$，其他情况则应取为 $0.5\mathrm{kN/m}^2$。屋架不考虑承担悬挂吊车运行时产生的水平荷载，该部分荷载应专门设置支撑承担。

（3）偶然荷载是指爆炸荷载或意外事故产生的撞击荷载。

（4）地震荷载是指地震的水平和竖向作用对屋架产生的荷载。

1）屋面以上部位设置的天窗或其他设施，在水平地震作用下，会对屋架产生竖向和水平荷载，屋架的计算应计入这部分荷载。

2）按照《建筑抗震设计规范》GB 50011—2010 的规定，8、9 度时：

① 跨度大于 24m 的屋架应计算竖向地震作用；

② 对于厂房屋面设置荷重较大的设备等情况，不论厂房跨度大小，都应对屋架进行竖向地震作用验算。

2. 内力计算

（1）计算屋架杆件轴力时可采用铰接节点假定——各节点为理想铰接，荷载均作用于节点上的，所有杆件轴线均同心交汇于节点。

（2）为简化计算，屋架设计宜尽可能满足铰接节点假定。视屋架节点为铰接，不考虑节点刚性引起的弯矩效应的条件如下：

1）采用节点板连接的屋架腹杆及荷载作用于节点的弦杆，当杆件截面为单角钢、双角钢或 T 型钢时，可不考虑节点刚性引起的弯矩效应；

2）采用直接相贯连接的钢管屋架节点（无斜腹杆的空腹屋架除外），当符合本手册第 15 章各类节点的几何参数适用范围且主管节间长度与截面高度（或直径）之比不小于 12、支管节间长度与截面高度（或直径）之比不小于 24 者，可视为节点铰接。

（3）杆件截面为 H 形或箱形的屋架，当节点具有刚性连接的特征时，应按刚接屋架计算杆件次弯矩。

（4）上弦杆节间荷载，可按简支梁转换为节点力施加在相邻节点上。由节间荷载产生的弦杆局部弯矩可按端节间正弯矩为 $0.8M_0$，其余节间的正弯矩和节点弯矩均取 $0.6M_0$ 的近似方法计算（M_0 为相应节间作为单跨简支梁计算的最大弯矩）。

（5）屋架内力计算应考虑当屋架的部分杆件与其他屋面构件组合时，在这些杆件中产生的内力。如在厂房端部，横向水平支撑与屋架弦杆连接后形成了水平抗风桁架，此时的屋架弦杆中，除了竖向荷载产生的内力外，还应计入水平荷载或作用产生的内力。

（6）屋架内力计算应考虑厂房排架柱顶剪力对屋架的作用，并计算这种作用下屋架杆件中产生的内力。

（7）对设有 $\geqslant 3t$ 自由锻锤、铸件水爆池等以及类似振动设备的厂房，应将由竖向荷载产生的屋架杆件计算内力增大 $10\% \sim 20\%$。

3. 荷载组合

不同的可变荷载与永久荷载可形成多种组合使屋架杆件内力发生变化，不同杆件最不利组合亦各不相同。设计时应考虑各种可能的荷载组合，并对每根杆件分别比较考虑哪一种荷载组合引起的内力最为不利，取其作为该杆件的设计内力。

（1）简支于柱上的屋架，应考虑下列最不利竖向荷载组合：

1）全跨荷载组合：全跨永久荷载＋全跨屋面活荷载或雪荷载（二者中取较大值）＋全跨积灰荷载＋悬挂吊车荷载。此项组合可得出屋架大部分杆件的最大内力（绝对）值，同时应注意：

① 当雪荷载较大时，其不均匀分布的情况可能对屋架杆件内力更为不利；

② 沿屋架跨度方向运行的悬挂吊车，应按移动荷载计算屋架各杆件的最不利内力；

③ 虽然风荷载通常不参加荷载组合，但有天窗的轻型屋面或屋面坡度 $\geqslant 1/2$ 时，应考虑风荷载（双向作用）在屋架杆件中产生的内力；

④ 当屋架的部分杆件兼作其他构件时的杆件内力，应参与荷载组合；

⑤ 厂房排架柱顶剪力对屋架的作用（主要对弦杆的拉或压），应参与荷载组合。一般来说，对于上承式屋架，压力会使上弦内力增大使其更为不利；对于下承式屋架，拉力会使下弦内力增大使其更为不利而压力可抵消下弦拉力但有使其变号的风险。

2）半跨荷载组合：全跨永久荷载＋半跨屋面活荷载或雪荷载（二者中取较大值）＋半跨积灰荷载＋悬挂吊车荷载。此项组合可能使梯形或人字形屋架跨中附近的腹杆内力大于全跨荷载组合或变号，但如果将内力可能变号的腹杆均按压杆（取长细比 $\lambda \leqslant 150$）进行设计时，则可不考虑半跨荷载组合。

3）负风压组合：轻屋盖的自重若不能抵消较大风荷载产生的向上吸力时，屋架下弦及所有受拉腹杆内力均发生变号（由拉变压）。此项组合虽不易发生，但一旦发生则危险性较大，应引起足够重视。

（2）端部与柱刚接的屋架，应在简支于柱上屋架的不利组合内力（不包含排架柱顶剪力对屋架的作用）基础上，叠加厂房框架对屋架端部的弯矩和水平力进行不利组合。屋架端部弯矩和水平力的不利组合可分为以下三组（图 11.2-46）。

1）下弦可能受压的组合；

2）使上、下弦内力增加的组合；

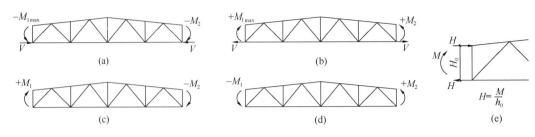

图 11.2-46　最不利的端弯矩和水平力

(a) 下弦可能受压的组合；(b) 使上、下弦内力增加的组合；(c) 使腹杆内力为最不利的组合（端弯矩同为顺时针）；

(d) 使腹杆内力为最不利的组合（端弯矩同为逆时针）(e) 端弯矩用一组偶力代替

3）使腹杆内力为最不利的组合，即屋架两端弯矩同向时，或同为顺时针，或同为逆时针。

厂房框架弯矩对屋架端部的作用，可用一组偶力 $H = \dfrac{M}{h_0}$ 来代替，水平力则假定直接由下弦杆传递。

(3) 荷载组合中荷载分项系数和组合值系数

按照《建筑结构荷载规范》GB 50009—2012 对基本组合荷载分项系数的规定，当永久荷载效应对结构不利时，对由可变荷载效应控制的组合应取 1.2，对由永久荷载效应控制的组合应取 1.35。过去的重屋盖结构由于混凝土屋面板自重大，通常为第二种组合控制；而轻屋盖结构由于屋面板自重大幅减少，通常为第一种组合控制。对于前述负风压组合情况，屋盖自重属对结构有利的永久荷载，此时的荷载分项系数应取为 1.0；而风吸力属可变荷载，荷载分项系数取 1.4。同时，可变荷载的组合值系数亦须按前述规范的规定取用。

三、屋架杆件的截面与计算

1. 杆件的截面形式

(1) 角钢截面：由双角钢组成的 T 形或十字形截面是单壁式屋架最常用的杆件截面形式，其中双角钢 T 形截面可用于屋架的弦杆和腹杆，十字形截面则多用于腹杆，单角钢截面仅用于受力较小的次要腹杆（图 11.2-47a～e）。当双壁式屋架杆件采用双角钢截面时，可根据需要采用两角钢肢尖相对或相背的截面形式（图 11.2-47f～h）。

(2) H 型钢和剖分 T 型钢截面：H 型钢截面适用于内力很大，双角钢截面不能满足

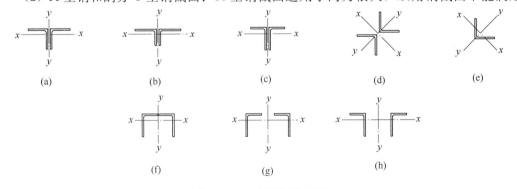

图 11.2-47　角钢杆件截面

(a) 等边双角钢 T 形截面；(b) 短肢相连的不等边双角钢 T 形截面；(c) 长肢相连的不等边双角钢 T 形截面；

(d) 等边双角钢十字形截面；(e) 单角钢截面；(f) 整体式肢尖相对的双角钢截面；

(g) 分离式肢尖相对的双角钢截面；(h) 分离式肢尖相背的双角钢截面

要求的单壁式或双壁式大跨度屋架弦杆。为降低加工难度，宜直接选用热轧 H 型钢而尽量少采用焊接 H 型钢（图 11.2-48a、b）。剖分 T 型钢截面合理性好于双角钢 T 形截面，抗腐蚀性能好且可节省节点板用料，多用于单壁式屋架的上弦或下弦杆（图 11.2-48c）。

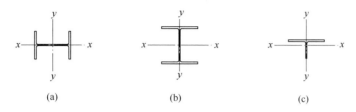

图 11.2-48　H 型钢和剖分 T 型钢截面
(a) 平放的 H 型钢截面；(b) 立放的 H 型钢截面；(c) 剖分 T 型钢截面

（3）管截面：有圆管和矩管（包括方管）两大类，具有刚度大、受力性能好、抗腐蚀性能好等优点，可用于单壁式屋架的弦杆和腹杆（图 11.2-49）。

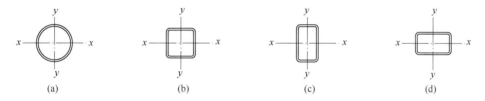

图 11.2-49　管截面
(a) 圆管截面；(b) 方管截面；(c) 立放的矩管截面；(d) 平放的矩管截面

2. 杆件截面选择的一般要求

（1）选择屋架杆件截面时，应考虑构造简单、施工方便、易于维护、取材容易并尽可能增加屋架的侧向刚度。对轴心受力杆件，宜使杆件在屋架平面内和平面外的长细比相等或接近。

（2）屋架杆件截面的最小尺寸应根据结构的重要性、跨度及屋架间距的大小等按计算确定。角钢截面不宜小于 L50×3；圆钢管截面不宜小于 ϕ48×3，对大、中跨度的结构，不宜小于 ϕ60×3.5。

（3）屋架的杆件截面选定后，应将数量较少、截面较小的规格型号予以适当归并。一般在同一屋架中，型钢屋架所用型材规格不超过 5～6 种，钢管屋架所用管材规格不超过 3～5 种，且相同规格的厚度差不应小于 2mm，以免混料。

3. 杆件的计算长度

（1）确定屋架弦杆和单系腹杆（用节点板与弦杆连接）的长细比时，其计算长度 l_0 应按表 11.2-8 采用；采用相贯焊接连接的钢管屋架，其杆件计算长度 l_0 可按表 11.2-9 采用。除钢管屋架外，无节点板的腹杆计算长度在任意平面内均取其等于几何长度。

屋架弦杆和单系腹杆的计算长度 l_0 　　　　表 11.2-8

项次	弯曲方向	弦杆	腹杆	
			支座斜杆和支座竖杆	其他腹杆
1	屋架平面内	l	l	$0.8l$

项次	弯曲方向	弦杆	腹杆	
			支座斜杆和支座竖杆	其他腹杆
2	屋架平面外	l_1	l	l
3	斜平面	—	l	$0.9l$

注：1. l 为构件的几何长度（节点中心间距离）；l_1 为屋架弦杆侧向支承点之间的距离；

　　2. 斜平面系指与屋架平面斜交的平面，适用于构件截面两主轴均不在屋架平面内的单角钢腹杆和双角钢十字形截面腹杆。

钢管屋架杆件计算长度 l_0　　　　　　表 11.2-9

项次	屋架类别	弯曲方向	弦杆	腹杆	
				支座斜杆和支座竖杆	其他腹杆
1	平面屋架	平面内	$0.9l$	l	$0.8l$
2		平面外	l_1	l	l
3	立体屋架		$0.9l$	l	$0.8l$

注：1. l_1 为平面外无支撑长度；l 是杆件的节间长度；

　　2. 对端部缩头或压扁的圆管腹杆，其计算长度取 $1.0l$；

　　3. 对于立体屋架，弦杆平面外的计算长度取 $0.9l$，同时尚应以 $0.9l_1$ 按格构式压杆验算其稳定性。

（2）确定在交叉点相互连接的屋架交叉腹杆的长细比时，在屋架平面内的计算长度应取节点中心到交叉点的距离；在屋架平面外的计算长度，当两交叉杆长度相等且在中点相交时，应按表 11.2-10 规定采用：

屋架交叉腹杆平面外计算长度 l_0　　　　　　表 11.2-10

项次	杆件类型	杆件交叉点条件		l_0 计算公式
1	压杆	相交另一杆受压	两杆截面相同并在交叉点均不中断	$l\sqrt{\dfrac{1}{2}\left(1+\dfrac{N_0}{N}\right)}$ 　(11.2-29)
2			此另一杆在交叉点中断但以节点板搭接	$l\sqrt{1+\dfrac{\pi^2}{12}\cdot\dfrac{N_0}{N}}$ 　(11.2-30)
3		相交另一杆受拉	两杆截面相同并在交叉点均不中断	$l\sqrt{\dfrac{1}{2}\left(1-\dfrac{3}{4}\cdot\dfrac{N_0}{N}\right)}\geqslant 0.5l$ 　(11.2-31)
4			此拉杆在交叉点中断但以节点板搭接	$l\sqrt{1-\dfrac{3}{4}\cdot\dfrac{N_0}{N}}\geqslant 0.5l$ 　(11.2-32)
5		当拉杆连续而压杆在交叉点中断但以节点板搭接		若 $N_0\geqslant N$ 或拉杆在屋架平面外的弯曲刚度 $EI_y\geqslant\dfrac{3N_0l^2}{4\pi^2}\left(\dfrac{N_0}{N}-1\right)$ 时，取 $l_0=0.5l$
6	拉杆	应取 $l_0=l$，当确定交叉腹杆中单角钢杆件斜平面内的长细比时，计算长度应取节点中心至交叉点的距离。当交叉腹杆为单边连接的单角钢时，应按《钢结构设计标准》GB 50017—2017 第 7.6.2 条的规定确定杆件等效长细比		

注：1. l 为屋架节点中心间距离（交叉点不作为节点考虑）；

　　2. N、N_0 分别为所计算杆的内力及相交另一杆的内力，均为绝对值。两杆均受压时，取 $N_0\leqslant N$，两杆截面应相同。

（3）当屋架弦杆侧向支承点之间的距离为节间长度的 2 倍（图 11.2-50a）且两节间的弦杆轴心压力不相同时，则该弦杆在屋架平面外的计算长度，应按式（11.2-33）确定（但不应小于 $0.5 l_1$）：

$$l_0 = l_1 (0.75 + 0.25) \frac{N_2}{N_1} \tag{11.2-33}$$

式中　N_1——较大的压力，计算时取正值；

　　　N_2——较小的压力或拉力，计算时压力取正值，拉力取负值。

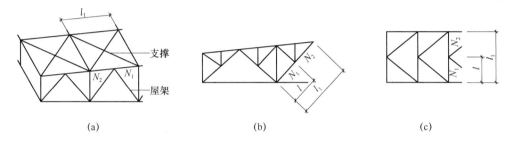

图 11.2-50　屋架杆件计算长度简图

（a）屋架弦杆侧向支点；（b）屋架再分式腹杆；（c）K 形腹杆

屋架再分式腹杆体系的受压主斜杆（图 11.2-50b）及 K 形腹杆体系的竖杆（图 11.2-50c）等，在屋架平面外的计算长度也应按式（11.2-29）确定（受拉主斜杆仍取 l_1）；在屋架平面内的计算长度则取节点中心间距离。

4. 杆件的长细比

（1）屋架轴拉和轴压杆件应进行长细比计算。

1）实腹式杆件的长细比 λ_x、λ_y 按下式计算。

$$\lambda_x = \frac{l_{0x}}{i_x} \leqslant [\lambda] \tag{11.2-34}$$

$$\lambda_y = \frac{l_{0y}}{i_y} \leqslant [\lambda] \tag{11.2-35}$$

式中　l_{0x}、l_{0y}——分别为杆件对截面主轴 x 和 y 的计算长度，根据本节第 3 条的规定采用；

　　　i_x、i_y——分别为杆件截面对主轴 x 和 y 的回转半径。

2）双壁式屋架杆件采用缀板式双肢组合截面时，对实轴（图 11.2-51 的 x 轴）的长细比按式（11.2-34）计算，对虚轴（图 11.2-51 的 y 轴）的长细比应取换算长细比 λ_{0y}：

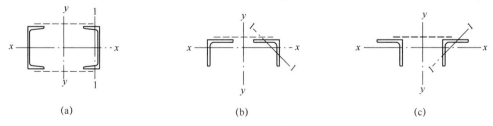

图 11.2-51　缀板式双肢组合截面

（a）槽钢双肢截面；（b）肢尖相对的角钢双肢截面；（c）肢尖相背的角钢双肢截面

$$\lambda_{0y} = \sqrt{\lambda_y^2 + \lambda_1^2} \leqslant [\lambda] \qquad\qquad (11.2\text{-}36)$$

式中　λ_y——整个杆件对 y 轴的长细比；

　　　λ_1——分肢对最小刚度轴 1-1 的长细比，其计算长度取为：焊接时，为相邻两缀板的净距离；螺栓连接时，为相邻两缀板边缘螺栓的距离。

（2）屋架轴心受压杆件容许长细比不宜超过表 11.2-11 的容许值。验算容许长细比时，可不考虑扭转效应，计算单角钢受压杆件的长细比时，应采用角钢的最小回转半径，但计算在交叉点相互连接的交叉杆件平面外的长细比时，可采用与角钢肢边平行轴的回转半径。屋架轴心受压杆件的容许长细比宜符合下列规定：

1）跨度等于或大于 60m 的屋架，其受压弦杆、端压杆和直接承受动力荷载的受压腹杆的长细比不宜大于 120。

2）当杆件内力设计值不大于承载能力的 50% 时，容许长细比值可取 200。

屋架受压杆件的容许长细比　　　　　　　　　　　表 11.2-11

项次	杆件名称	容许长细比
1	屋架弦杆和腹杆（第 2 项除外）	150
2	用以减小受压构件计算长度的杆件	200

（3）屋架受拉杆件的容许长细比不宜超过表 11.2-12 的容许值。在直接或间接承受动力荷载的结构中，计算单角钢受拉杆件的长细比时，应采用角钢的最小回转半径，但计算在交叉点相互连接的交叉杆件平面外的长细比时，可采用与角钢肢边平行轴的回转半径。屋架轴心受拉杆件的容许长细比宜符合下列规定：

1）除对腹杆提供平面外支点的弦杆外，承受静力荷载的屋架受拉杆件，可仅计算竖向平面内的长细比。但有桥式、梁式或壁行式吊车，悬挂起重设备以及有锻锤或其他振动设备时，仍需计算屋架受拉杆件在平面外（或斜平面）的长细比。

2）受拉杆件在永久荷载与风荷载组合作用下受压时，其长细比不宜超过 250。

3）跨度等于或大于 60m 的屋架，其受拉弦杆和腹杆的长细比，承受静力荷载或间接承受动力荷载时不宜超过 300，直接承受动力荷载时不宜超过 250。

屋架受拉杆件的容许长细比　　　　　　　　　　　表 11.2-12

项次	承受静力荷载或间接动力荷载的结构			直接承受动力荷载的结构
	一般建筑结构	对腹杆提供面外支点的弦杆	有重级工作制起重机的厂房	
1	350	250	250	250

5. 轴心受力杆件的截面计算

（1）轴心受力杆件的截面强度计算

1）轴心受力杆件，当端部连接及中部拼接处组成截面的各板件都有连接件直接传力时，按表 11.2-13 列公式进行截面强度计算。

屋架轴心受力杆件的截面强度计算 表 11.2-13

项次	计算条件	公式	符号说明
1	轴心受拉杆件的毛截面屈服（采用高强螺栓摩擦型连接者除外）	$\sigma = \dfrac{N}{A} \leqslant f$　　(11.2-37)	N——轴心力设计值； A——杆件的毛截面面积； A_n——杆件的净截面面积，当杆件多个截面有孔时，取最不利截面； f——钢材强度设计值； f_u——钢材抗拉强度最小值
2	轴心受压杆件的截面强度		
3	轴心受拉杆件的净截面断裂（采用高强螺栓摩擦型连接者除外）	$\sigma = \dfrac{N}{A_n} \leqslant 0.7 f_u$　　(11.2-38)	
4	含有虚孔的轴心受压杆件孔心所在截面的截面强度		
5	采用高强螺栓摩擦型连接，当杆件为沿全长有排列较密螺栓的组合轴心受拉杆件的截面强度	$\dfrac{N}{A_n} \leqslant f$　　(11.2-39)	
6	采用高强螺栓摩擦型连接的轴心受拉杆件的净截面断裂	$\sigma = \left(1 - 0.5\dfrac{n_1}{n}\right)\dfrac{N}{A_n} \leqslant f$　(11.2-40)	

2）采用节点板连接的屋架轴心受拉和轴心受压杆件，组成杆件截面的各板件在节点处并非都有连接件全部直接传力，此时的截面强度计算应对危险截面的面积乘以有效截面系数 η，不同杆件截面形式和连接方式的 η 值按表 11.2-14 采用。

屋架轴心受力杆件节点或拼接处危险截面有效截面系数 表 11.2-14

项次	构件截面形式	连接形式	η	图例
1	角钢	单边连接	0.85	
2	工字形 H 形	翼缘连接	0.90	
3		腹板连接	0.70	

3) 屋架弦杆连接支撑的螺栓孔位置在节点板长度范围内且与节点板边缘距离≥100mm 时，可不考虑弦杆截面的削弱（图 11.2-52）。

(2) 轴心受压杆件的稳定性计算

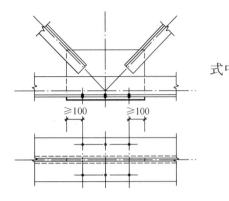

图 11.2-52　屋架下弦螺栓孔位置图

1) 轴心受压杆件应按下式进行稳定性计算：

$$\frac{N}{\varphi A f} \leqslant 1.0 \tag{11.2-41}$$

式中　φ——轴心受压杆件的稳定系数（取截面两主轴稳定系数中的较小者），根据杆件的长细比（或换算长细比）、钢材屈服强度和《钢结构设计标准》GB 50017—2017 表 7.2.1-1、表 7.2.1-2 的截面分类，按该标准附录 D 采用；

A——杆件的毛截面面积；

f——钢材强度设计值。

2) 实腹式轴心受压杆件的换算长细比

实腹式轴心受压杆件进行稳定性计算时，为取得杆件稳定系数 φ 的较小值，应根据杆件最不利失稳模式计算其长细比（或换算长细比）的较大值。

① 当杆件截面形心与剪心重合（双轴对称或极对称）时，杆件的弯曲屈曲长细比 λ_x、λ_y 按式（11.2-34、35）计算；杆件的扭转屈曲长细比 λ_z 按下式计算。

$$\lambda_z = \sqrt{\frac{I_0}{I_t/25.7 + I_\omega/l_\omega^2}} \tag{11.2-42}$$

式中　I_0、I_t、I_ω——分别为杆件毛截面对剪心的极惯性矩、自由扭转常数和扇性惯性矩，对十字形截面可近似取 $I_\omega = 0$；

l_ω——扭转屈曲的计算长度，两端铰支且端截面可自由翘曲者，取几何长度 l；两端嵌固且端部截面的翘曲完全受到约束者，取 $0.5l$。

屋架杆件中的箱形、工字形（轧制或焊接）及圆管截面形心与剪心重合，其失稳模式为弯曲失稳，一般可不计算扭转屈曲。双角钢十字形截面计算扭转屈曲长细比 λ_z 时，当板件宽厚比不超过 $15\varepsilon_k (\varepsilon_k = \sqrt{235/f_y})$ 时，可不计算扭转屈曲。

②当杆件截面为单轴对称时，绕非对称主轴的弯曲屈曲长细比仍按式（11.2-34）或式（11.2-35）计算，但绕对称主轴的长细比，则按式（11.2-43）计算弯扭屈曲的换算长细比 λ_{yz}。等边单角钢杆件当绕两主轴弯曲的计算长度相等时可不计算弯扭屈曲。

$$\lambda_{yz} = \left[\frac{(\lambda_y^2 + \lambda_z^2) + \sqrt{(\lambda_y^2 + \lambda_z)^2 - 4\left(1 - \frac{y_s^2}{i_0^2}\right)\lambda_y^2 \lambda_z^2}}{2}\right]^{1/2} \tag{11.2-43}$$

式中　y_s——截面形心至剪心的距离；

i_0——截面对剪心的极回转半径，单轴对称截面 $i_0^2 = y_s^2 + i_x^2 + i_y^2$；

λ_z——扭转屈曲换算长细比，由式（11.2-42）确定。

用式（11.2-43）计算单轴对称截面的换算长细复杂繁琐，对于屋架常用的双角钢 T 形截面，可按表 11.2-15 所列简化公式确定杆件的换算长细比 λ_{yz}。

双角钢 T 形截面换算长细比简化计算　　　　　　　表 11.2-15

项次	截面形式	失稳模式	简化计算公式
1	等边双角钢： 	$\lambda_y \geqslant \lambda_z$，即： $b/t \leqslant 0.58 l_{0y}/b$ $\lambda_y < \lambda_z$，即： $b/t > 0.58 l_{0y}/b$	$\lambda_{yz} = \lambda_y \left[1 + 0.16\left(\dfrac{\lambda_z}{\lambda_y}\right)^2\right] = \lambda_y\left[1 + \dfrac{0.475b^4}{l_{0y}^2 t^2}\right]$　(11.2-44a) $\lambda_{yz} = \lambda_z\left[1 + 0.16\left(\dfrac{\lambda_y}{\lambda_z}\right)^2\right] = \lambda_z\left[1 + \dfrac{l_{0y}^2 t^2}{18.6 b^4}\right]$　(11.2-44b) $\lambda_z = 3.9\dfrac{b}{t}$　　　　　(11.2-45)
2	长肢相并的不等边双角钢： 	$\lambda_y \geqslant \lambda_z$，即： $b_2/t \leqslant 0.48 l_{0y}/b_2$ $\lambda_y < \lambda_z$，即： $b_2/t > 0.48 l_{0y}/b_2$	$\lambda_{yz} = \lambda_y\left[1 + 0.25\left(\dfrac{\lambda_z}{\lambda_y}\right)^2\right] = \lambda_y\left[1 + \dfrac{1.09 b_2^4}{l_{0y}^2 t^2}\right]$　(11.2-46a) $\lambda_{yz} = \lambda_z\left[1 + 0.25\left(\dfrac{\lambda_y}{\lambda_z}\right)^2\right] = \lambda_z\left[1 + \dfrac{l_{0y}^2 t^2}{17.4 b_2^4}\right]$　(11.2-46b) $\lambda_z = 5.1\dfrac{b_2}{t}$　　　　　(11.2-47)
3	短肢相并的不等边双角钢： 	$\lambda_y \geqslant \lambda_z$，即： $b_1/t \leqslant 0.56 l_{0y}/b_1$ $\lambda_y < \lambda_z$，即： $b_1/t > 0.56 l_{0y}/b_1$	$\lambda_{yz} = \lambda_y\left[1 + 0.06\left(\dfrac{\lambda_z}{\lambda_y}\right)^2\right] = \lambda_y\left[1 + \dfrac{0.19 b_1^2}{l_{0y}^2 t^2}\right]$　(11.2-48a) $\lambda_{yz} = \lambda_z\left[1 + 0.06\left(\dfrac{\lambda_y}{\lambda_z}\right)^2\right] = \lambda_z\left[1 + \dfrac{l_{0y}^2 t^2}{52.7 b_1^4}\right]$　(11.2-48b) $\lambda_z = 3.7\dfrac{b_1}{t}$　　　　　(11.2-49)

热轧 T 型钢截面，可按表 11.2-16 所列简化公式确定杆件的换算长细比 λ_{yz}。

热轧 T 型钢截面换算长细比简化计算　　　　　　　表 11.2-16

项次	截面形式	高宽比	失稳模式	简化计算公式
1		$\dfrac{B}{h} = \dfrac{2}{3}$	$\lambda_y \geqslant \lambda_z$，即： $B/t_2 \leqslant 0.82 l_{0y}/B$ $\lambda_y < \lambda_z$，即： $B/t_2 > 0.82 l_{0y}/B$	$\lambda_{yz} = \lambda_y\left[1 + 0.24\left(\dfrac{\lambda_z}{\lambda_y}\right)^2\right] = \lambda_y\left[1 + \dfrac{B^4}{2.8 l_{0y}^2 t_2^2}\right]$　(11.2-50a) $\lambda_{yz} = \lambda_z\left[1 + 0.24\left(\dfrac{\lambda_y}{\lambda_z}\right)^2\right] = \lambda_z\left[1 + \dfrac{l_{0y}^2 t^2}{6.2 B^4}\right]$　(11.2-50b) $\lambda_z = 5.90\dfrac{B}{t_2}$　　　　　(11.2-51)

项次	截面形式	高宽比	失稳模式	简化计算公式
2		$\dfrac{B}{h}=1.0$	$\lambda_y \geqslant \lambda_z$，即： $B/t_2 \leqslant 1.24 l_{0y}/B$ $\lambda_y < \lambda_z$，即： $B/t_2 > 1.24 l_{0y}/B$	$\lambda_{yz}=\lambda_y\left[1+0.18\left(\dfrac{\lambda_z}{\lambda_y}\right)^2\right]=\lambda_y\left[1+\dfrac{B^4}{8.54\,l_{0y}^2 t_2^2}\right]$ 　　　　　　　　　　　　　　　　　(11.2-52a) $\lambda_{yz}=\lambda_z\left[1+0.18\left(\dfrac{\lambda_y}{\lambda_z}\right)^2\right]=\lambda_z\left[1+\dfrac{l_{0y}^2 t_2^2}{3.61 B^4}\right]$ 　　　　　　　　　　　　　　　　　(11.2-52b) $\lambda_z=3.65\dfrac{B}{t_2}$　　　　　　　　　　　(11.2-53)
3		$\dfrac{B}{h}=1.5$	$\lambda_y \geqslant \lambda_z$，即： $B/t_2 \leqslant 1.53 l_{0y}/B$ $\lambda_y < \lambda_z$，即： $B/t_2 > 1.53 l_{0y}/B$	$\lambda_{yz}=\lambda_y\left[1+0.11\left(\dfrac{\lambda_z}{\lambda_y}\right)^2\right]=\lambda_y\left[1+\dfrac{B^4}{21.3\,l_{0y}^2 t_2^2}\right]$ 　　　　　　　　　　　　　　　　　(11.2-54a) $\lambda_{yz}=\lambda_z\left[1+0.11\left(\dfrac{\lambda_y}{\lambda_z}\right)^2\right]=\lambda_z\left[1+\dfrac{l_{0y}^2 t_2^2}{3.88 B^4}\right]$ 　　　　　　　　　　　　　　　　　(11.2-54b) $\lambda_z=2.73\dfrac{B}{t_2}$　　　　　　　　　　　(11.2-55)
4		$\dfrac{B}{h}=2.0$	$\lambda_y \geqslant \lambda_z$，即： $B/t_2 \leqslant 1.65 l_{0y}/B$ $\lambda_y < \lambda$，即： $B/t_2 > 1.65 l_{0y}/B$	$\lambda_{yz}=\lambda_y\left[1+0.07\left(\dfrac{\lambda_z}{\lambda_y}\right)^2\right]=\lambda_y\left[1+\dfrac{B^4}{38.9\,l_{0y}^2 t_2^2}\right]$ 　　　　　　　　　　　　　　　　　(11.2-56a) $\lambda_{yz}=\lambda_z\left[1+0.07\left(\dfrac{\lambda_y}{\lambda_z}\right)^2\right]=\lambda_z\left[1+\dfrac{l_{0y}^2 t_2^2}{5.25 B^4}\right]$ 　　　　　　　　　　　　　　　　　(11.2-56b) $\lambda_z=2.42\dfrac{B}{t_2}$　　　　　　　　　　　(11.2-57)

　　弯曲屈曲并非单轴对称截面杆件的唯一失稳模式，表 11.2-15、表 11.2-16 中的每种截面均分两种情况，第一种情况为 $\lambda_y \geqslant \lambda_z$ 时，杆件的失稳模式为弯曲屈曲，设计时宜选用板件宽厚比较大的截面，以增大回转半径减小 λ_y；第二种情况为 $\lambda_y < \lambda_z$ 时，杆件的失稳模式为弯扭屈曲，此时杆件的变形兼有弯曲和扭转，而当扭转变形居主导地位时，杆件承载力会大幅下降，为避免这种情况出现，设计时宜按表 11.2-17 的要求对截面板件宽厚比进行限制。

避免弯扭失稳居主导地位时截面板件宽厚比限值　　　表 11.2-17

λ_y	双角钢截面肢件宽厚比			热轧剖分 T 型钢截面翼缘宽厚比			
	等边角钢	不等边角钢长肢相并	不等边角钢短肢相并	$\dfrac{B}{h} = \dfrac{2}{3}$	$\dfrac{B}{h} = 1.0$	$\dfrac{B}{h} = 1.5$	$\dfrac{B}{h} = 2.0$
	b/t	b_2/t	b_1/t	B/t_2			
70	>16	>10	>16	11.9	>18	>19	>22
60	15	>10	16	10.2	16.2	>19	>22
50	12.5	10	13.5	8.5	13.5	18.5	20.5
40	10	8	10.8	6.8	10.8	14.8	16.4
30	7.5	6	8.1	5.1	8.1	11.1	12.3

③ 不等边单角钢截面无对称轴，其轴压杆件换算长细比可按表 11.2-18 简化公式计算。

不等边单角钢截面换算长细比简化计算　　　表 11.2-18

项次	截面形式	失稳模式	简化计算公式
1		当 $\lambda_x \geqslant \lambda_z$ 时	$\lambda_{xyz} = \lambda_x \left[1 + 0.25 \left(\dfrac{\lambda_z}{\lambda_x} \right)^2 \right]$　(11.2-58a) $\lambda_{xyz} = \lambda_z \left[1 + 0.25 \left(\dfrac{\lambda_x}{\lambda_z} \right)^2 \right]$　(11.2-58b)
		当 $\lambda_x < \lambda_z$ 时	$\lambda_z = 4.21 \dfrac{b_1}{t}$　(11.2-59)

（3）单边连接的单角钢腹杆截面计算

1）当屋架的单角钢腹杆以一个肢与节点板连接时（表 11.2-19 图），除弦杆亦为单角钢，并位于节点板同侧者外，应符合下列规定：

① 轴心受拉杆件的截面强度仍按式（11.2-37、38）计算，但强度设计值应乘以折减系数 0.85。

② 受压杆件的稳定性按式（11.2-60）计算：

$$\frac{N}{\eta \varphi A f} \leqslant 1.0 \tag{11.2-60}$$

式中　η——折减系数，按表 11.2-19 确定，当计算值大于 1.0 时取为 1.0；

φ——轴心受压杆件的稳定系数（取截面两主轴稳定系数中的较小者），根据杆件的长细比（或换算长细比）、钢材屈服强度和《钢结构设计标准》GB 50017—2017 表 7.2.1-1、表 7.2.1-2 的截面分类，按该标准附录 D 采用；

A——杆件的毛截面面积；

f——钢材强度设计值。

折减系数 η 表 11. 2-19

项次	截面		η		符号说明
1	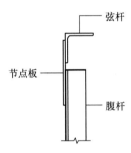	等边角钢	$\eta = 0.6 + 0.0015\lambda$	(11.2-61a)	λ——长细比,对中间无联系的单角钢压杆,应按最小回转半径计算,当 $\lambda < 20$ 时,取 $\lambda = 20$
2		短边相连的不等边角钢	$\eta = 0.5 + 0.0025\lambda$	(11.2-61b)	
3		长边相连的不等边角钢	$\eta = 0.7$	(11.2-61c)	

③ 当受压斜杆用节点板和屋架弦杆相连接时,节点板厚度不宜小于斜杆肢宽的 1/8。

2)位于单角钢弦杆节点板同侧的单角钢腹杆(图 11.2-53),因其偏心较小,可按一般单角钢对待。

3)单边连接的单角钢压杆,肢件宽厚比限值为:

$$\frac{w}{t} \leqslant 14\varepsilon_k \tag{11.2-62}$$

当超过此限值时,由式(11.2-41)和式(11.2-60)确定的稳定承载力应乘以下列折减系数:

$$\rho_e = 1.3 - \frac{0.3w}{14t\varepsilon_k} \tag{11.2-63}$$

图 11.2-53　腹杆与弦杆均为单角钢的同侧连接

(弦杆)
(节点板)
(腹杆)

(4)轴心受力杆件可按表 11.2-20 初选截面,然后再进行杆件的强度、刚度或稳定性验算。

屋架轴心受力杆件初选截面   表 11. 2-20

项次	杆件类型		初选截面计算式		符号说明
1	拉杆		按 $A = \dfrac{N}{\eta[f]}$ 初选截面	(11.2-64)	η——按表 11.2-14 确定的危险截面有效截面系数
2	压杆	弦杆	按 $\lambda = 60 \sim 100$ 初选截面	(11.2-65)	λ——初选截面的杆件长细比
3		腹杆	按 $\lambda = 80 \sim 120$ 初选截面	(11.2-66)	
4	内力很小的杆件		按 $i = \dfrac{l_0}{[\lambda]}$ 初选截面	(11.2-67)	i——初选截面的回转半径

6. 受轴心力和弯矩杆件的截面计算

当屋架上弦有节间荷载作用时,一般应按压弯杆件计算截面;与柱刚接屋架上弦的端节间,当杆件轴心力为拉力时,应按拉弯杆件计算截面。由于屋架下弦不宜承受节间荷载,故一般不考虑其成为拉弯杆件的可能性。

(1)杆件截面强度按表 11.2-21 公式计算:

屋架拉弯和压弯杆件截面强度计算　　　　　　　　表 11.2-21

项次	弯矩作用在一个主平面的拉弯和压弯杆件		符号说明
	截面类型	计算公式	
1	除圆管截面以外的截面	$$\dfrac{N}{A_n} \pm \dfrac{M_x}{\gamma_x W_{nx}} \leqslant f \quad (11.2\text{-}68)$$	A_n ——杆件的净截面面积； N ——所计算杆件段范围内轴心压力设计值； M_x ——所计算杆件段范围内的最大弯矩设计值； γ_x ——截面塑性发展系数，当截面宽厚比等级不满足 S3 级要求时取 1.0，满足 S3 级要求时可按《钢结构设计标准》GB 50017—2017 表 8.1.1 采用；
2	圆管截面	$$\dfrac{N}{A_n} \pm \dfrac{M_x}{\gamma_m W_n} \leqslant f \quad (11.2\text{-}69)$$	γ_m ——圆管截面的塑性发展系数，当圆管截面宽厚比等级不满足 S3 级要求时取 1.0，满足 S3 级要求时取 1.15； W_{nx}、W_n ——杆件的净截面模量

（2）压弯杆件按表 11.2-22 公式计算稳定性：

屋架压弯杆件稳定性计算　　　　　　　　表 11.2-22

项次	除圆管截面外，弯矩作用在对称轴平面的实腹式压弯杆件		符号说明
	计算内容及截面类型	计算公式	
1	弯矩作用平面内稳定性　除项次 2 以外的情况	$$\dfrac{N}{\varphi_x A f} + \dfrac{\beta_{mx} M_x}{\gamma_x W_{1x}(1-0.8 N/N'_{Ex})f} \leqslant 1.0$$ $$(11.2\text{-}70)$$ 其中：$N'_{Ex} = \pi^2 EA/(1.1\lambda_x^2)$	A ——杆件的毛截面面积； N、M_x ——同表 11.2-21； β_{mx} ——等效弯矩系数； φ_x、φ_y ——弯矩作用平面内、外的轴心受压构件稳定系数，根据《钢结构设计标准》GB 50017—2017 表 7.2.1-1、表 7.2.1-2 的截面分类，按该标准附录 D 采用；
2	弯矩作用平面内稳定性　　$\gamma_{x1}=1.05$　$\gamma_{x2}=1.2$	左图示单轴对称截面压弯杆件，当弯矩作用在非对称平面内且使翼缘受压时，除应按式（11.2.6-70）计算外，尚应按下式计算：$$\left\lvert \dfrac{N}{A f} + \dfrac{\beta_{mx} M_x}{\gamma_x W_{2x}(1-1.25 N/N'_{Ex})f} \right\rvert \leqslant 1.0$$ $$(11.2\text{-}71)$$	φ_b ——均匀弯曲的受弯构件整体稳定系数，屋架杆件的工字形截面和 T 形截面可按《钢结构设计标准》GB 50017—2017 附录 C 第 C.0.5 条确定；对闭口截面 $\varphi_b=1.0$； W_{1x} ——弯矩作用平面内对受压最大纤维的毛截面模量； W_{2x} ——无翼缘端的毛截面模量； β_{tx} ——等效弯矩系数，见本款第 2) 项； η ——截面影响系数，闭口截面 $\eta=0.7$，其他截面 $\eta=1.0$
3	弯矩作用平面外稳定性	$$\dfrac{N}{\varphi_y A f} + \eta \dfrac{\beta_{tx} M_x}{\varphi_b W_{1x} f} \leqslant 1.0 \quad (11.2\text{-}72)$$	

1）屋架上弦按式（11.2-70、71）验算弯矩作用平面内稳定时，等效弯矩 $\beta_{mx} M_x$ 可按表 11.2-23 公式计算：

屋架上弦等效弯矩 $\beta_{\mathrm{mx}}M_{\mathrm{x}}$ 表 11.2-23

项次	杆件部位及荷载形式		计算公式	符号说明
1	上弦端节间	跨中单个集中荷载	$\beta_{\mathrm{mx}}M_{\mathrm{x}} = \left(0.44 - 0.288\dfrac{N}{N_{\mathrm{cr}}}\right)M_0$ (11.2-73)	N——所计算杆件段范围内轴心压力设计值;
2		全跨均布荷载	$\beta_{\mathrm{mx}}M_{\mathrm{x}} = \left(0.44 - 0.144\dfrac{N}{N_{\mathrm{cr}}}\right)M_0$ (11.2-74)	M_0——相应节间作为单跨简支梁计算的最大弯矩;
3	上弦中间节间	跨中单个集中荷载	$\beta_{\mathrm{mx}}M_{\mathrm{x}} = -0.216\dfrac{N}{N_{\mathrm{cr}}}M_0$ (11.2-75)	N_{cr}——弹性临界力; $N_{\mathrm{cr}} = \dfrac{\pi^2 EI}{(\mu l)^2}$, 式中 μ 为杆件的计
4		全跨均布荷载	$\beta_{\mathrm{mx}}M_{\mathrm{x}} = -0.108\dfrac{N}{N_{\mathrm{cr}}}M_0$ (11.2-76)	算长度系数

注:本表公式按 $\beta_{\mathrm{mx}}M_{\mathrm{x}} = \beta_{\mathrm{mqx}}M_{\mathrm{qx}} + \beta_{\mathrm{m1x}}M_1$ 推导得出,推导过程中的杆端弯矩 M_1、M_2 及横向荷载产生的弯矩最大值 M_{qx} 按第二节第 2 条第 (4) 款的近似方法确定。

2)屋架上弦按式 (11.2-72) 验算弯矩作用平面外稳定时,按端弯矩和横向荷载同时作用并使杆件产生反向曲率情况,取等效弯矩系数 $\beta_{\mathrm{tx}} = 0.85$;当上弦杆 $l_{0x} = l_{0y}$ 时,M_{x} 应取节间中部正弯矩和相应 W_{1x};当 $l_{0y} \geqslant 2l_{0x}$ 时,M_{x} 应取节点处负弯矩和相应 W_{2x}。

7. 承受次弯矩的屋架杆件计算

(1) 只承受节点荷载的杆件截面为 H 形或箱形的屋架,当节点具有刚性连接的特征时,应按刚接屋架计算杆件次弯矩,拉杆和截面板件宽厚比满足表 11.2-24 要求的压杆,在轴力和弯矩共同作用下,杆件端部截面考虑塑性应力重分布的强度宜按表 11.2-25 公式计算,杆件的稳定计算按压弯杆件进行。

H 形或箱形压弯杆件的截面板件宽厚比 表 11.2-24

项次	截面类型		限值	符号说明
1	H 形截面	翼缘 b/t	$11\varepsilon_{\mathrm{k}}$	b、t、h_0、t_{w}——分别为 H 形截面的翼缘外伸宽度、翼缘厚度、腹板净高和腹板厚度。对轧制型截面,腹板净高不包括翼缘腹板过渡处圆弧段
2		腹板 h_0/t_{w}	$(38 + 13\alpha_0^{1.39})\varepsilon_{\mathrm{k}}$	
3	箱形截面壁板(腹板)间翼缘 b_0/t		$35\varepsilon_{\mathrm{k}}$	b_0、t——分别为箱形截面壁板间的距离和壁板厚度

注:1. 本表按《钢结构设计标准》GB 50017—2017 表 3.5.1 的 S2 级截面确定;

    2. ε_{k} 为钢号修正系数,其值为 235 与钢材牌号比值的平方根。

杆件端部截面考虑塑性应力重分布的强度计算 表 11.2-25

项次	计算条件	公 式	符号说明
1	当 $\varepsilon = \dfrac{MA}{NW} \leqslant 0.2$ 时	$\dfrac{N}{A} \leqslant f$ (11.2-77)	W、W_{p}——分别为弹性截面模量和塑性截面模量;
2	当 $\varepsilon = \dfrac{MA}{NW} > 0.2$ 时	$\dfrac{N}{A} + \alpha\dfrac{M}{W_{\mathrm{p}}} \leqslant \beta f$ (11.2-78)	M——杆件在节点处的次弯矩

系数 α 和 β		
杆件截面形式	α	β
H 形截面，腹板位于屋架平面内	0.85	1.15
H 形截面，腹板垂直于屋架平面	0.60	1.08
正方箱形截面	0.80	1.13

（2）为避免屋架产生过大变形，由次弯矩产生的弯曲次应力不宜超过主应力的 20%。

8. 屋架受压杆件的局部稳定

（1）轴压杆件的局部稳定

屋架轴压杆件满足局部稳定要求组成截面的板件宽厚比应符合表 11.2-26 规定。

屋架轴压杆件满足局部稳定要求截面板件宽厚比　　表 11.2-26

项次	截面类型及肢件		板件宽厚比	符号说明
1	H 形及 T 形截面	翼缘	$b/t_{\mathrm{f}} \leqslant (10+0.1\lambda)\varepsilon_{\mathrm{k}}$ 　(11.2-79)	λ ——杆件的较大长细比，当 $\lambda < 30$ 时取为 30，当 $\lambda > 100$ 时取为 100；
2		H 形截面腹板	$h_0/t_{\mathrm{w}} \leqslant (25+0.5\lambda)\varepsilon_{\mathrm{k}}$ 　(11.2-80)	b —— H 形、T 形截面翼缘板的自由外伸宽度；
3		T 形截面腹板	热轧剖分 T 型钢：$$h_0/t_{\mathrm{w}} \leqslant (15+0.2\lambda)\varepsilon_{\mathrm{k}}$$ 　(11.2-81a) 焊接 T 型钢：$$h_0/t_{\mathrm{w}} \leqslant (13+0.17\lambda)\varepsilon_{\mathrm{k}}$$ 　(11.2-81b)	t_{f}、t_{w} ——分别为翼缘厚度和腹板厚度； h_0 ——腹板净高，对焊接截面 h_0 取腹板高度 h_{w}，对轧制 H 形截面，不包括翼缘与腹板过渡处圆弧段；对热轧 T 形截面，h_0 取腹板平直段长度，简要计算时可取 $h_0 = h_{\mathrm{w}} - t_{\mathrm{f}}$，但不小于 $h_{\mathrm{w}} - 20\mathrm{mm}$
4	等边角钢	肢件	当 $\lambda \leqslant 80\varepsilon_{\mathrm{k}}$ 时：$w/t \leqslant 15\varepsilon_{\mathrm{k}}$ 　(11.2-82a) 当 $\lambda > 80\varepsilon_{\mathrm{k}}$ 时：$w/t \leqslant 5\varepsilon_{\mathrm{k}} + 0.125\lambda$ 　(11.2-82b)	λ ——按角钢绕非对称主轴回转半径计算的长细比； w、t ——分别为角钢的平板宽度和厚度，简要计算时 w 可取 $b - 2t$，b 为角钢宽度
5	圆管截面		外径与壁厚之比不应超过 $100\varepsilon_{\mathrm{k}}^2$。	
6	方、矩管截面		壁板 $b/t \leqslant 40\varepsilon_{\mathrm{k}}$。	b ——壁板的净宽度； t ——壁板厚度

注：1. ε_{k} 为钢号修正系数，其值为 235 与钢材牌号比值的平方根；

　　2. 当轴压杆件的压力小于稳定承载力 $\varphi f A$ 时，可将其板件宽厚比限值由本表公式算得后乘以放大系数 $\alpha = \sqrt{\varphi f A/N}$。

（2）压弯杆件的局部稳定

屋架压弯杆件满足局部稳定要求组成截面的板件宽厚比应符合表 11.2-27 规定。

屋架压弯杆件满足局部稳定要求截面板件宽厚比　　　　表 11.2-27

项次	截面类型及肢件		板件宽厚比	符号说明
1	H形截面	翼缘	$b/t_f \leqslant 15\varepsilon_k$　（11.2-83）	b——H 形截面翼缘的外伸宽度； h_0——腹板净高，对轧制型截面，不包括翼缘腹板过渡处圆弧段； t_f、t_w——分别为翼缘厚度和腹板厚度 　参数 α_0 按下式计算：
2		腹板	$h_0/t_w \leqslant (45+25\alpha_0^{1.66})\varepsilon_k$ （11.2-84）	$$\alpha_0 = \frac{\sigma_{max} - \sigma_{min}}{\sigma_{max}}$$ σ_{max}——腹板计算高度边缘的最大压应力； σ_{min}——腹板计算高度另一边缘相应的应力。压应力取正值，拉应力取负值
3	方、矩管截面	壁板（腹板）间翼缘	$b_0/t \leqslant 45\varepsilon_k$　（11.2-85）	b_0、t——分别为壁板间的距离和壁板厚度
4	圆管		外径与壁厚之比不应超过 $100\varepsilon_k^2$	

注：1. ε_k 为钢号修正系数，其值为 235 与钢材牌号比值的平方根；
　　2. 本表按《钢结构设计标准》GB 50017—2017 表 3.5.1 的 S4 级截面确定。

四、屋架的挠度计算与起拱

1. 屋架应进行挠度验算，最大挠度限值为：在永久和可变荷载标准值作用下 $\leqslant \dfrac{l}{400}$，在可变荷载标准值作用下 $\leqslant \dfrac{l}{500}$（l 为屋架跨度）。

2. 为改善外观和使用条件，可将屋架预先起拱，起拱大小应视需要而定，可取恒载标准值加 1/2 活载标准值所产生的挠度值。起拱后的屋架挠度应取在永久和可变荷载标准值作用下的挠度计算值减去起拱值。

一般情况下，两端简支跨度 $\geqslant 15$m 的三角形屋架和跨度 $\geqslant 24$m 的梯形或平行弦屋架，当下弦无曲折时，宜起拱，起拱度可为 $\dfrac{l}{500}$，并可不进行挠度验算。当屋架上设有较大的悬挂荷载或有其他特殊要求时，仍应验算屋架的挠度。

3. 起拱的方法，一般是使弦杆直线弯折而将整个屋架抬高（参见本手册 20 章的相关内容），起拱后的几何尺寸，应遵循屋架的截面高度不因起拱而减小的原则确定。钢结构设计施工图应在设计文件中注明屋架的起拱要求或起拱尺寸，钢结构制作详图应按起拱后的尺寸绘制。

五、型钢屋架的构造与节点设计

1. 一般构造要求

（1）屋架应以杆件截面重心线为轴线交汇于节点中心，以避免偏心弯矩。但为了制造方便，杆件与节点板当采用焊接连接时，角钢重心线与肢背（或 T 型钢重心线与翼缘背）距离按 5mm 倍数取整；当采用螺栓连接时，可取靠近杆件截面重心线的螺栓准线。

（2）当弦杆截面沿长度有改变时，为便于拼接和放置屋面构件，一般将拼接处两侧弦杆表面（角钢肢背或 T 型钢翼缘背）对齐，此时宜将较大弦杆重心线作为轴线（图 11.2-54）。如较小弦杆重心线偏移轴线距离 e 不超过较大弦杆截面高度的 5%，可忽略偏心对杆件内力产生的影响。

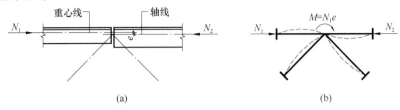

图 11.2-54　弦杆变截面时的轴线偏移

（a）弦杆轴线偏移；（b）各杆按线刚度分配弯矩

当不满足上述要求节点处有偏心弯矩作用时，应将弯矩按交汇各杆的线刚度分配到各杆端，此时各杆应按拉弯或压弯杆件计算截面。

$$M_i = \frac{K_i}{\sum K_i} M \tag{11.2-86}$$

式中　　M_i——所计算杆承担的弯矩；

K_i——所计算杆的线刚度，$K_i = \dfrac{I_i}{l_i}$。

（3）用填板连接而成的双角钢或双槽钢杆件（图 11.2-55），除采用普通螺栓连接时应按格构式杆件计算外，可按实腹式杆件进行计算，但填板间距离 l_1 不应超过 $40\,i\varepsilon_k$（压杆）或 $80\,i$（拉杆）。i 为单肢回转半径，应按下列规定采用：

1）当为图 11.2-55a、b 所示的双角钢或双槽钢截面时，取一个角钢或一个槽钢对与填板平行的形心轴的回转半径；

2）当为图 11.2-55c 所示的双角钢十字形截面时，取一个角钢的最小回转半径。

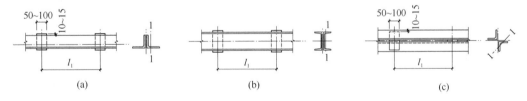

图 11.2-55　屋架杆件的填板

（a）双角钢 T 形截面；（b）双槽钢截面；（c）双角钢十字形截面

同时，在一个受压腹杆的计算长度范围内，填板数不应少于两块。填板的厚度同节点板，尺寸及构造参见图 11.2-55。

（4）斜腹杆与弦杆的连接应避免节点板偏心（图 11.2-56）。

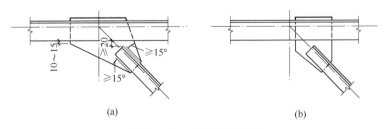

图 11.2-56　斜腹杆的连接

（a）正确；（b）不正确

（5）杆件与节点板采用焊接连接时，弦杆与腹杆、腹杆与腹杆之间的间隙不应小于20mm，相邻角焊缝焊趾间净距不应小于5mm。节点板边缘与腹杆轴线之间的夹角不应小于15°，并伸出10~15mm以便施焊。

节点板厚度一般根据所连接杆件的内力计算确定，但不得小于6mm。屋架节点板的平面尺寸，应根据杆件连接肢件的宽度、所需连接长度（焊缝或螺栓）以及相邻杆件间的最小间隙（同时满足焊缝焊趾间净距）等，采用不小于1:5的比例放样确定，绘制大样图时还应考虑制作和装配误差，将节点板尺寸予以适当放大。节点板外形宜采用矩形、梯形或平行四边形，当为多边形时宜尽量保持有两边相互平行。

2. 节点设计的一般规定

（1）钢屋架节点设计应根据结构的重要性与受力特点、荷载情况和工作环境等因素，选择适当的节点形式、材料与加工工艺。

（2）节点设计应满足承载力极限状态要求，防止节点因强度破坏、局部失稳、变形过大、连接开裂等引起节点失效。对于重要节点，连接的承载力（焊缝或高强度螺栓）应大于节点板件的承载力，而板件的承载力应大于杆件的承载力。

（3）节点构造应符合结构计算假定，传力可靠，减小应力集中。当杆件在节点偏心相交时，尚应考虑局部弯矩的影响。

（4）节点构造应便于制作、运输、安装、维护、防止积水、集尘，并采取可靠的防腐与防火措施。

3. 单壁式角钢屋架节点设计

（1）腹杆与节点板的连接焊缝宜采用塑性性能较好的两面侧焊，必要时也可采用三面围焊，但所有围焊的转角处必须连续施焊。角钢与节点板的连接焊缝按表11.2-28公式计算。

角钢与节点板连接角焊缝计算   表11. 2-28

项次	连接形式	计算公式	符号说明
1		假定焊脚尺寸为已知，求侧面角焊缝长度： $l_{w1} = \dfrac{k_1 N}{n \times 0.7 h_{f1} f_f^w}$ (11.2-87) $l_{w2} = \dfrac{k_2 N}{n \times 0.7 h_{f2} f_f^w}$ (11.2-88)	N——杆件轴力，当为单角钢时乘以放大系数1.15； n——焊缝条数，双角钢时取 $n=2$，单角钢时取 $n=1$； l_{w1}、l_{w2}——分别为角钢肢背和肢尖焊缝的计算长度； k_1、k_2——分别为角钢肢背和肢尖的角焊缝内力分配系数，按下表取值：
2		假定焊脚尺寸和角钢端部正面角焊缝的长度为已知，求侧面角焊缝长度： $N_3 = n \times 0.7 h_{f3} l_{w3} \beta_f f_f^w$ (11.2-89) $N_1 = k_1 N - 0.5 N_3$ (11.2-90) $N_2 = k_2 N - 0.5 N_3$ (11.2-91) $l_{w1} = \dfrac{N_1}{n \times 0.7 h_{f1} f_f^w}$ (11.2-92) $l_{w2} = \dfrac{N_2}{n \times 0.7 h_{f2} f_f^w}$ (11.2-93)	<table><tr><td>角钢类型</td><td>k_1</td><td>k_2</td></tr><tr><td>等边角钢</td><td>0.70</td><td>0.30</td></tr><tr><td>不等边角钢 短边相联</td><td>0.75</td><td>0.25</td></tr><tr><td>长边相联</td><td>0.65</td><td>0.35</td></tr></table>β_f——正面角焊缝的强度设计值增大系数，对承受静力荷载和间接承受动力荷载者 $\beta_f = 1.22$，对直接承受动力荷载者 $\beta_f = 1.0$； l_{w3}、h_{f3}——角钢端部正面角焊缝的长度和焊脚尺寸

对由长细比控制的腹杆，连接焊缝的强度不宜低于杆件承载力的60%。

（2）中间节点的构造和计算

单壁式角钢屋架是最为常用的屋架形式，其中间节点构造参见图11.2-57，节点连接焊缝可按表11.2-29公式计算。

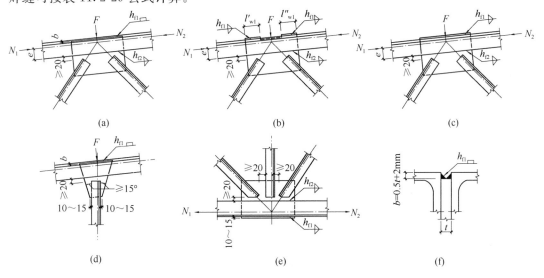

图 11.2-57 角钢屋架中间节点

（a）上弦节点板全部缩进；（b）上弦节点板部分缩进；（c）上弦节点板全部伸出；（d）上弦竖杆节点；
（e）下弦节点；（f）节点板缩进构造

单壁式角钢屋架中间节点连接焊缝计算   表 11.2-29

项次	节点形式	计算公式	符号说明
1	屋架上弦有集中荷载作用，节点板全部缩进（图11.2-57a、f）	1. 肢背槽焊缝：假定角钢肢背焊缝只承受屋面构件传来的集中荷载 $$\sigma_f = \frac{F}{2 \times 0.7 h_{f1} l_{w1}} \leqslant \beta_f f_f^w \quad (11.2\text{-}94)$$ 注：考虑到角钢肢背槽焊缝的焊接质量不易保证，槽焊缝强度设计值降低20%采用。 2. 肢尖角焊缝：假定弦杆内力差 ΔN 由角钢肢尖角焊缝承受，计算时应考虑 ΔN 产生的偏心弯矩 $$M = \Delta N e$$ ΔN 产生的肢尖角焊缝剪应力： $$\tau_f = \frac{\Delta N}{2 \times 0.7 h_{f2} l_{w2}} \quad (11.2\text{-}95)$$ M 产生的肢尖角焊缝正应力： $$\sigma_f = \frac{6M}{2 \times 0.7 h_{f2} l_{w2}^2} \quad (11.2\text{-}96)$$ 合应力： $$\sqrt{\left(\frac{\sigma_f}{\beta_f}\right)^2 + \tau_f^2} \leqslant f_f^w \quad (11.2\text{-}97)$$	F——集中荷载垂直于屋面的分力； N_1、N_2——节点相邻两节间弦杆轴力； ΔN——弦杆内力差，$\Delta N = N_2 - N_1$； e——角钢肢尖至弦杆轴线距离； t——节点板厚度； h_{f1}——角钢肢背角焊缝焊脚尺寸，槽焊缝 $h_{f1} = 0.5t$； h_{f2}——角钢肢尖角焊缝焊脚尺寸； l_{w1}——角钢肢背角焊缝计算长度，节点板部分缩进时 $l_{w1} = l'_{w1} + l''_{w1}$； l_{w2}——角钢肢尖角焊缝计算长度； k_1、k_2——同表11.2-28； β_f——同表11.2-28

续表

项次	节点形式	计算公式	符号说明
2	屋架上弦有集中荷载作用,节点板部分缩进或全部伸出(图11.2-57b、c、f)	角钢肢背节点板部分缩进或全部伸出时,弦杆与节点板的连接角焊缝按 F 与 ΔN 产生的合力计算 1. 肢背角焊缝: $$\tau_{f1} = \frac{\sqrt{(k_1 \Delta N)^2 + 0.25 F^2}}{2 \times 0.7 h_{f1} l_{w1}} \leqslant f_f^w \quad (11.2\text{-}98)$$ 2. 肢尖角焊缝: $$\tau_{f2} = \frac{\sqrt{(k_2 \Delta N)^2 + 0.25 F^2}}{2 \times 0.7 h_{f2} l_{w2}} \leqslant f_f^w \quad (11.2\text{-}99)$$	F——集中荷载垂直于屋面的分力; N_1、N_2——节点相邻两节间弦杆轴力; ΔN——弦杆内力差,$\Delta N = N_2 - N_1$; e——角钢肢尖至弦杆轴线距离; t——节点板厚度; h_{f1}——角钢肢背角焊缝焊脚尺寸,槽焊缝 $h_{f1} = 0.5t$;
3	屋架下弦无集中荷载作用,节点板全部伸出(图11.2-57e)	1. 肢背角焊缝: $$h_{f1} = \frac{k_1 \Delta N}{2 \times 0.7 l_{w1} f_f^w} \quad (11.2\text{-}100)$$ 2. 肢尖角焊缝: $$h_{f2} = \frac{k_2 \Delta N}{2 \times 0.7 l_{w2} f_f^w} \quad (11.2\text{-}101)$$	h_{f2}——角钢肢尖角焊缝焊脚尺寸; l_{w1}——角钢肢背角焊缝计算长度,节点板部分缩进时 $l_{w1} = l'_{w1} + l''_{w1}$; l_{w2}——角钢肢尖角焊缝计算长度; k_1、k_2——同表11.2-28; β_f——同表11.2-28

（3）节点板计算

1）屋架腹杆肢件与节点板搭接时,节点板强度验算方法有抗撕裂法和有效宽度法。由于屋架节点板外形往往不规则,按抗撕裂法计算比较麻烦,可按本手册13.7节有效宽度法进行验算。

2）屋架腹杆肢件与节点板搭接时,节点板在斜腹杆压力作用下的稳定性可按本手册13.7节方法验算。

3）单壁式角钢屋架节点板厚度,可按本手册13.7节表13.7-2选用。

（4）弦杆的拼接

1）弦杆的拼接分为工厂拼接和工地拼接。工厂拼接用于型钢长度不够或弦杆在长度方向截面有改变时在制造厂进行的拼接,拼接位置可在节点处,亦可在节点范围以外。工地拼接用于屋架分为两个或多个单元运送到安装现场拼装成整榀屋架时的拼接,拼接位置一般在节点处。拼接焊缝的尺寸可根据杆件内力计算决定,但一般采用与拼接截面等强的原则决定。

2）双角钢弦杆的拼接通过拼接角钢传递内力并保证屋架平面外刚度,拼接角钢宜采用与弦杆相同截面的角钢制作,并去棱（以使角钢肢面间紧密贴合）切肢（为便于施焊竖肢切去 $h_f + t + 5\text{mm}$）。去棱切肢后拼接角钢截面的削弱,当拼接位置在节点处时由节点板补偿;当拼接位置在节点范围以外时,需专设中间填板补偿（图11.2-58）。

拼接角钢的长度应根据所需焊缝长度确定,接头一侧的焊缝长度 l_w 按式（11.2-102）计算:

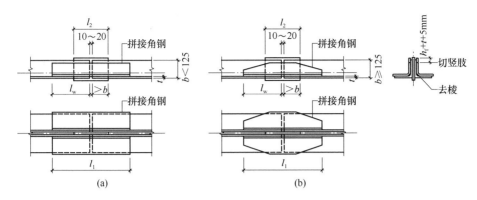

图 11.2-58　双角钢弦杆的拼接

（a）角钢边宽 b<125mm 的拼接；（b）角钢边宽 b≥125mm 的拼接

$$l_{\mathrm{w}} = \frac{N}{4 \times 0.7 h_{\mathrm{f}} f_{\mathrm{f}}^{\mathrm{w}}} + 2h_{\mathrm{f}} \tag{11.2-102}$$

式中　N——拼接点杆件轴心力，当采用等强拼接时 $N = Af$，A 为杆件截面积。

3）拼接角钢与弦杆的连接焊缝仍按式（11.2-102）计算，N 取节点两侧弦杆最大内力值。弦杆与节点板的连接焊缝应按表 11.2-29 中式（11.2-100、101）计算；当节点处有集中荷载时，则应采用 ΔN 值和集中荷载 F 值按式（11.2-94～99）计算，式中 ΔN 取相邻节间弦杆内力差或弦杆最大内力的 15％两者中较大值。

4）屋架的工地拼接需在节点处设置安装螺栓以便于现场安装，同时，连接中的一部分焊缝亦需采用工地焊缝。为避免拼接时的双插，拼接角钢和节点板应分属不同的运输单元，必要时也可将拼接角钢作为单独的零件运往现场，此时拼接角钢与屋架弦杆的连接焊缝全部为工地焊缝。屋脊拼接点的拼接角钢一般采用热弯成形（图 11.2-59b）。当屋面坡度较大且拼接角钢肢较宽时，可将角钢竖肢切口后弯折焊成（图 11.2-59f）。当屋脊节点设有天窗架水平顶板时，屋架平面外刚度得以加强，此时可省去弦杆的拼接角钢，但弦杆与节点板的连接焊缝应按承受节点一侧弦杆的全部内力计算（图 11.2-59c）。

（5）有悬吊设备的节点

1）单轨或单梁吊车轨道紧贴屋架下弦杆连接时，节点板应缩回下弦 5～10mm（图 11.2-60a）。此时下弦杆与节点板的连接焊缝可参考表 11.2-29 中式 11.2-94～99 计算。

2）节点板伸出屋架下弦一段距离与单轨或单梁吊车轨道连接的做法避免了节点板缩回引起的塞焊缝，并适用于下弦倾斜，或下弦水平但连接面高度不一致需要调差的场合（图 11.2-60c）。

3）单轨吊轨道也有设置在屋脊节点的时候（图 11.2-60b）；重型厂房的个别屋架上，有时需设置可承担一定起重量的固定吊挂点（图 11.2-60d）。

（6）铰接屋架的支承节点

1）铰接屋架与柱连接的支承节点一般有平板支座和突缘支座（又称刀板支座）。平板支座（图 11.2-61a、b、d）适用于各种外形的屋架与混凝土柱或钢柱柱顶的叠接，构造简单，安装方便；突缘支座（图 11.2-61c）则主要用于除三角形以外的屋架与钢柱的侧方连接，构造较复杂，屋架长度要求准确，安装较为不便。

2）在平板支座中，屋架杆件与支座节点板的连接焊缝计算和构造要求与屋架中间节

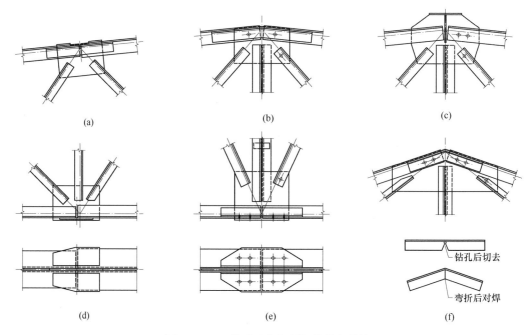

(a)   (b)   (c)

(d)   (e)   (f)

图 11.2-59 单壁式角钢屋架的节点拼接

（a）上弦中间节点工厂拼接；（b）上弦屋脊节点工地拼接；（c）有天窗架顶板的屋脊节点工地拼接；
（d）下弦中间节点工厂拼接；（e）下弦节点工地拼接；（f）屋面坡度较大的屋脊节点工地拼接

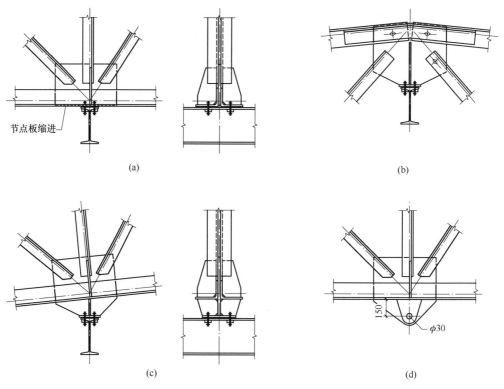

(a)   (b)

(c)   (d)

图 11.2-60 有悬挂设备的屋架节点

（a）轨道与下弦直接连接；（b）轨道与屋脊节点板连接；（c）轨道与下弦节点板连接；（d）固定吊挂点

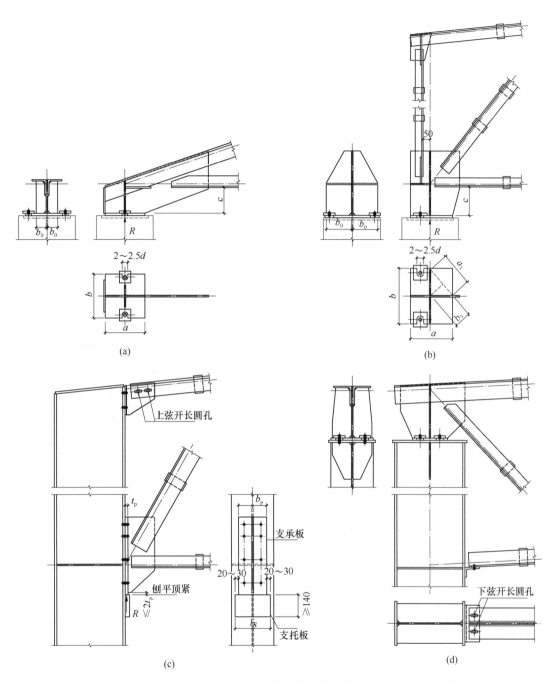

图 11.2-61　铰接屋架的支承节点

（a）一角形屋架平板支座；（b）梯形屋架平板支座；（c）梯形屋架突缘支座；（d）上承式平行弦屋架平板支座

点无异。支承于混凝土柱顶的屋架，支座底板的面积和厚度；节点板加劲肋与支座节点板及支座底板间的连接焊缝可按表 11.2-30 公式计算。

① 节点板加劲肋应在支座轴线交汇处的节点板两侧对称设置，厚度不应小于外伸宽度的 1/15，且不小于节点板厚度的 0.7 倍和 6mm。

铰接屋架支座节点连接计算

表 11.2-30

项次	节点形式	计算公式	符号及说明
1	平板支座节点 (图 11.2-61a、b)	**1. 支座底板计算** 面积：　　$A = a \times b \geqslant \dfrac{R}{f_c} + A_0$　　(11.2-103) 厚度：　　$t \geqslant \sqrt{\dfrac{6M}{f}}$　　(11.2-104) $M = q\beta a_1^2$ $q = R/(A - A_0)$ β值表 <table><tr><td>b_1/a_1</td><td>0.3</td><td>0.4</td><td>0.5</td><td>0.6</td><td>0.7</td></tr><tr><td>β</td><td>0.027</td><td>0.044</td><td>0.060</td><td>0.075</td><td>0.087</td></tr><tr><td>b_1/a_1</td><td>0.8</td><td>0.9</td><td>1.0</td><td>1.2</td><td>1.4</td></tr><tr><td>β</td><td>0.097</td><td>0.105</td><td>0.112</td><td>0.121</td><td>0.126</td></tr></table> **2. 加劲肋与支座节点板间的连接焊缝计算** 假定一个加劲肋传递四分之一的屋架支座反力。 剪力：　　$V = R/4$　　(11.2-105) 弯矩：　　$M = Vb_0/2$　　(11.2-106) 焊缝强度： $\sqrt{\left(\dfrac{V}{2 \times 0.7h_f l_w}\right)^2 + \left(\dfrac{6M}{2 \times 0.7h_f l_w^2 \beta_f}\right)^2} \leqslant f_f^w$ (11.2-107) **3. 加劲肋及支座节点板与支座底板间的连接焊缝计算** $\sigma_f = \dfrac{R}{0.7h_f \Sigma l_w} \leqslant \beta_f f_f^w$　　(11.2-108)	R —— 屋架支座反力； f_c —— 底板下混凝土轴心抗压强度设计值； A_0 —— 锚栓孔面积； a —— 支座底板宽度； b —— 支座底板长度； a_1 —— 两邻边支承板对角线长度或三边支承板自由边长度； b_1 —— 两邻边交点至对角线距离或垂直于自由边的边长； β —— 两邻边支承板及三边支承板弯矩系数，按 b_1/a_1 查 β 值表； b_0 —— 加劲肋宽度； l_w —— 加劲肋竖向焊缝计算长度； Σl_w —— 加劲肋及节点板与支座底板水平角焊缝的计算长度之和； β_f —— 正面角焊缝的强度设计值增大系数，对承受静力荷载和间接承受动力荷载者 β_f = 1.22，对直接承受动力荷载者 β_f = 1.0
2	突缘支座节点 (图 11.2-61c)	**1. 支承板厚度计算** $t_p \geqslant \max\left[\dfrac{R}{b_p f_{ce}}, 20\text{mm}\right]$　　(11.2-109) **2. 支承板与支座节点板的焊缝强度计算：** $\tau_f = \dfrac{R}{2 \times 0.7h_f l_w} \leqslant f_f^w$　　(11.2-110) **3. 支托板与钢柱连接焊缝计算**（一般采用三面围焊，焊脚尺寸 h_f 不小于 8mm） $\tau_f = \dfrac{1.3R}{0.7h_f \Sigma l_w} \leqslant f_f^w$　　(11.2-111)	R —— 屋架支座反力； b_p —— 支承板宽度； f_{ce} —— 钢材端面承压强度设计值； l_w —— 支承板与支座节点板的焊缝计算长度； Σl_w —— 支托板三面围焊角焊缝的计算长度之和

② 支座底板的平面尺寸主要根据锚栓位置和直径等按构造确定（计算所需的支座底板面积一般较小）。支座底板不宜太薄，跨度≤18m 的屋架厚度不小于 16mm；跨度＞18m 的屋架厚度不小于 20mm。

③ 屋架下弦角钢背至支座底板的距离 c 不宜小于下弦角钢伸出肢的宽度，也不宜小于 130mm。

3）突缘支座的支承板（又称端板）厚度及与支座节点板的连接焊缝、支托板与钢柱的连接焊缝可按表 11.2-30 公式计算。

① 支承板采用普通 C 级螺栓与钢柱连接，螺栓一般成对布置并不少于 6M20，支承板宽度通常取 $b_p = 200\text{mm}$。

② 支托板宽度 b_s 应比支承板宽增加 40～60mm，厚度应比支承板厚增加 10～20mm。支托板与柱连接通常采用三面围焊，焊脚尺寸一般不小于 8mm。

（7）刚接屋架的支承节点

1）屋架与柱刚性连接时，屋架支座除传递竖向反力外，还需传递屋架作为框架横梁的端弯矩和水平力（端弯矩需除以屋架端高 h_0 化为水平力后分别用于屋架上、下弦节点计算）。为减小节点板尺寸，刚接屋架的支座轴线通常交汇于柱内侧翼缘边。常用的连接构造方式（以下承式屋架为例）有普通 C 级螺栓加支托板（图 11.2-62a）和安装螺栓加焊缝（图 11.2-62b）两种。

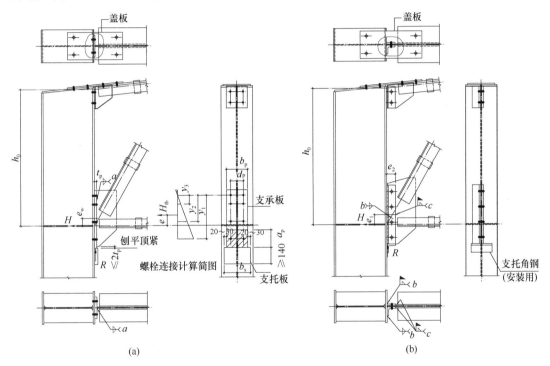

图 11.2-62 刚接屋架的支承节点

（a）普通 C 级螺栓加支托板支座；（b）安装螺栓加焊缝支座

2）普通 C 级螺栓加支托板支座节点可按表 11.2-31 公式计算。计算时可近似认为上弦节点的最大水平力由上盖板传递（不考虑偏心），连接螺栓则按构造决定；下弦节点（屋架支承节点）的水平拉力由螺栓承受，竖向反力由支托板承受。

① 支承板高度按计算所需的连接焊缝长度和螺栓竖向排布的构造要求决定，螺栓一般成对布置并不少于 6M20，支承板宽度通常取 $b_p = 200\text{mm}$。

② 支托板构造要求同与柱铰接的突缘支座。

③ 上盖板截面尺寸及连接焊缝可按表 11.2-31 公式计算确定，厚度一般为 8～14mm，角焊缝的焊脚尺寸为 6～10mm。

③ 安装螺栓加焊缝支座上弦节点的计算与普通 C 级螺栓加支托板支座相同，连接焊

缝按构造决定；下弦节点（屋架支承节点）通过设置在节点板两侧的连接件（角钢或钢板）与钢柱连接，节点水平力和竖向反力由其间的连接焊缝共同承受。考虑到大部分焊接在现场高空进行（预设在柱上的连接角钢除外），连接焊缝的强度设计值均乘以折减系数 0.9。节点连接焊缝可按表 11.2-31 公式计算。

刚接屋架支座节点连接计算　　　　　　　　　　　　　　　　　表 11.2-31

项次	节点形式	计算公式	符号及说明
1	普通 C 级螺栓加支托板支座下弦节点（图 11.2-62a）	1. 螺栓计算 作用于螺栓群的水平力： $$H_t^b = M/h_0 + V \quad (11.2\text{-}112)$$ 最边行螺栓所受的最大拉力： $$N_{max} = \frac{H_t^b}{n} + \frac{H_t^b e y_1}{2\sum y_i^2} \leqslant N_t^b \quad (11.2\text{-}113)$$ 2. 支承板（端板）厚度计算 $$t_p \geqslant \max\left[\sqrt{\frac{3N_{max}b_d}{2a_p f}}, \frac{R}{b_p f_{ce}}, 20\text{mm}\right] \quad (11.2\text{-}114)$$ 3. 支承板与支座节点板的连接焊缝计算 $$\sqrt{\left(\frac{R}{2\times 0.7h_f l_w}\right)^2 + \frac{1}{\beta_f^2}\left(\frac{H}{2\times 0.7h_f l_w} + \frac{6He_w}{2\times 0.7h_f l_w^2}\right)^2} \leqslant f_f^w \quad (11.2\text{-}115)$$ 4. 支托板与钢柱连接焊缝按式 11.2-112 计算	H_t^b——连接螺栓群所受的最大拉力； M——屋架端弯矩； h_0——屋架端部高度； V——作用于屋架下弦节点处的水平剪力； n——螺栓总数； e——H_t^b 作用线至螺栓群中心线的距离； y_1——中和轴（假定位于最上排螺栓）至最边行螺栓的距离； $\sum y_i^2$——中和轴至各行螺栓距离的平方和； N_t^b——一个螺栓的抗拉承载力设计值； b_d——两竖列螺栓间的距离； a_p——支承板受弯计算宽度，取受力最大螺栓的端距加相邻螺栓竖向间距之半； R——屋架支座反力； b_p——支承板宽度； f_{ce}——钢材端面承压强度设计值； H——屋架端弯矩产生的最大水平拉力或压力与相应柱顶水平剪力之和； e_w——水平力 H 作用线至焊缝"a"中点距离； e_1——水平力 H 作用线至焊缝"b、c"中点垂直距离； e_2——支座反力 R 作用线至焊缝"c"的水平距离； β_f——正面角焊缝的强度设计值增大系数，同表 11.2-30； $\sum l_w$——上盖板一端连接焊缝计算长度之和
2	安装螺栓加焊缝支座下弦节点（图 11.2-62b）	1. 连接角钢或连接板与柱的连接焊缝"b"计算 $$\sqrt{\left(\frac{R}{2\times 0.7h_f l_w}\right)^2 + \frac{1}{\beta_f^2}\left(\frac{H}{2\times 0.7h_f l_w} + \frac{6He_1}{2\times 0.7h_f l_w^2}\right)^2} \leqslant 0.9f_f^w \quad (11.2\text{-}116)$$ 2. 连接角钢或连接板与支座节点板的连接焊缝"c"计算 当水平力为拉力时： $$\sqrt{\left(\frac{R}{2\times 0.7h_f l_w}\right)^2 + \frac{1}{\beta_f^2}\left(\frac{H}{2\times 0.7h_f l_w} + \frac{6(Re_2 + He_1)}{2\times 0.7h_f l_w^2}\right)^2} \leqslant 0.9f_f^w \quad (11.2\text{-}117)$$ 当水平力为压力时： $$\sqrt{\left(\frac{R}{2\times 0.7h_f l_w}\right)^2 + \frac{1}{\beta_f^2}\left(\frac{H}{2\times 0.7h_f l_w} + \frac{6(Re_2 - He_1)}{2\times 0.7h_f l_w^2}\right)^2} \leqslant 0.9f_f^w \quad (11.2\text{-}118)$$	
3	项次 1、2 上弦节点	上盖板计算 截面面积： $$A_n = \frac{H}{f} \quad (11.2\text{-}119)$$ 连接焊缝： $$\tau_f = \frac{H}{0.7h_f \sum l_w} \leqslant 0.9f_f^w \quad (11.2\text{-}120)$$	

4. 剖分 T 型钢屋架节点设计

（1）将屋架的弦杆和腹杆全部采用剖分 T 型钢，或弦杆采用剖分 T 型钢，而腹杆采用角钢或其他型钢（包括钢管）制作的屋架统称为 T 型钢屋架。与传统的角钢屋架相比，T 型钢屋架具有两个明显的特点，一是 T 型钢用作屋架杆件截面比角钢更具合理性；二是屋架腹杆可全部或部分与 T 型钢弦杆的腹板直接相连，以至不用或减少节点板用量，而连接方式的改变，亦带来节点构造的变化。此外，从屋架的截面形式看，T 型钢屋架仍属于一种单壁式屋架。

（2）除了弦杆采用了 T 型钢外，腹杆为角钢或其他型钢（包括钢管）的 T 型钢屋架与传统的角钢屋架具有较多的相同之处，故此类 T 型钢屋架节点的某些设计和计算，如腹杆的连接焊缝、平板支座的节点板与加劲肋及底板的连接焊缝及构造、突缘支座的节点板与端板的连接焊缝及构造等，均可参照角钢屋架相同或类似的节点进行。腹杆为单角钢的 T 型钢轻型三角形屋架中间节点构造参见图 11.2-63，腹杆为双角钢的 T 型钢梯形屋架中间节点构造参见图 11.2-64，屋架支座节点构造参见图 11.2-65。

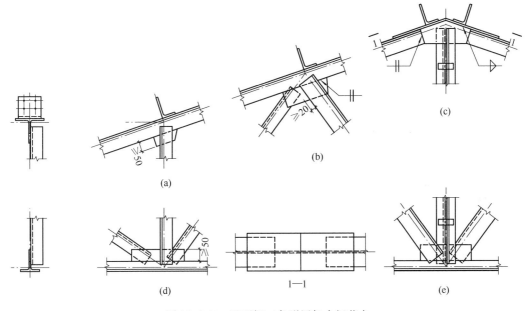

图 11.2-63　T 型钢三角形屋架中间节点
（a）上弦竖杆节点；（b）上弦斜杆节点；（c）上弦屋脊节点；（d）下弦节点；（e）下弦跨中节点

1）角钢腹杆一般为双角钢，轻型屋架也可为单角钢，通常直接连接在弦杆 T 型钢腹板上。当 T 型钢腹板高度满足腹杆连接焊缝长度要求时，可不加设节点板，否则需在 T 型钢腹板端对接节点板以扩大节点的连接范围。此时，腹杆角钢可越过对接焊缝伸入 T 型钢腹板区域（图 11.2-63、图 11.2-64），加设节点板的宽度不宜小于 50mm。

2）T 型钢弦杆的腹板以及扩大节点连接范围加设的节点板，其厚度均应满足腹杆传递内力的要求并按本手册 13.7 节表 13.7-2 选用。其中，节点板厚度宜与 T 型钢腹板相等，若不等厚时，节点板厚度不宜小于 T 型钢弦杆的腹板厚度且差值亦不宜超过 2mm。

3）节点板与弦杆 T 型钢腹板对接连接的焊缝质量等级不宜低于二级。当节点板厚度 ≥10mm 时应采用坡口焊。为使腹杆与 T 型钢腹板或节点板紧密贴合，有腹杆越过处的

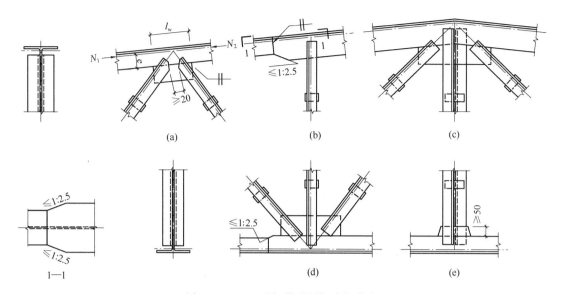

图 11.2-64 T型钢梯形屋架中间节点

(a) 上弦斜杆节点；(b) 上弦竖杆节点；(c) 上弦屋脊节点；(d) 下弦节点；(e) 下弦跨中节点

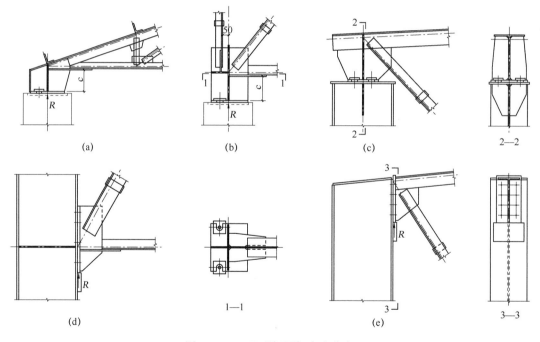

图 11.2-65 T型钢屋架支座节点

(a) 三角形屋架平板支座；(b) 下承式梯形屋架平板支座；(c) 上承式平行弦屋架平板支座；
(d) 下承式突椽支座；(e) 上承式突椽支座

对接焊缝表面应予磨平。

4）节点板与弦杆T型钢腹板的对接焊缝承受弦杆相邻节间的内力差 $\Delta N = N_2 - N_1$，以及内力差产生的偏心弯矩 $M = \Delta Ne$，可按下式进行计算（图 11.2-64a）：

$$\tau = \frac{1.5\Delta N}{l_w t} \leqslant f_v^w \tag{11.2-121}$$

$$\sigma = \frac{6M}{l_w^2 t} \leqslant f_t^w \text{ 或 } f_c^w \tag{11.2-122}$$

式中　　l_w——由斜腹杆焊缝长度确定的节点板长度，若无引弧板施焊时要除去弧坑；

　　　　t——节点板或弦杆 T 型钢腹板厚度，两者不等厚时取较小者；

f_v^w、f_t^w、f_c^w——分别为对接焊缝抗剪、抗拉、抗压强度设计值。

（3）腹杆为 T 型钢时，与弦杆的连接构造一般采用腹杆腹板对接、翼缘切口插入的方式（图 11.2-66）。与角钢腹杆相同的是，节点是否加设节点板，取决于弦杆 T 型钢的腹板高度能否满足腹杆连接焊缝长度的要求。

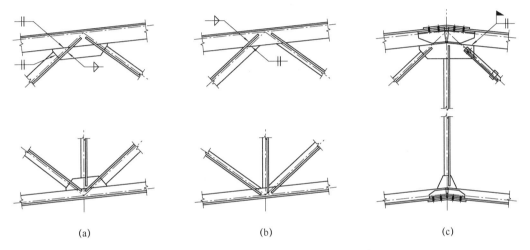

图 11.2-66　腹杆为 T 型钢的屋架中间节点
（a）加设节点板的上、下弦节点；（b）不设节点板的上、下弦节点；（c）工地拼接的双坡屋脊节点

（4）腹杆为钢管（圆管或方、矩管）时，与弦杆的连接构造一般采用管端切口插入的方式（图 11.2-67）。对于此类 T 型钢屋架，凡有斜腹杆交汇的节点，从受力及节点设计的合理性出发，还是宜加设节点板（图 11.2-67a、c、d）。

（5）剖分 T 型钢弦杆接长或截面改变时的工厂拼接可采用翼缘和腹板均为对焊连接的方式进行，拼接点通常设置在节点范围以外（图 11.2-64b、d）。三角形屋架屋脊节点处，可采用节点板与两侧 T 型钢腹板对接，弯折钢板与两侧 T 型钢翼缘搭接的方式进行工厂拼接（图 11.2-63c）。

T 型钢屋架的工地拼接宜将拼接点设置在节点范围以外，屋架弦杆可采用拼接角钢加拼接板的方式进行拼接（图 11.2-68）。

5. 双壁式及 H 型钢屋架节点设计

（1）双壁式及 H 型钢屋架多用于跨度及荷载较大的场合，屋架外形多采用双坡人字形或单坡平行弦，其中间节点构造参见图 11.2-69，支座节点参见图 11.2-70。

1）双壁式屋架的杆件可根据需要采用角钢、槽钢等普通型钢或 T 型钢组合形成格构式双肢截面，两分肢缀件一般采用缀板，杆件截面计算及缀件构造等需满足格构式构件的有关规定。双肢格构式屋架杆件的截面组合方式灵活多样，型钢肢件向内或向外皆可，应

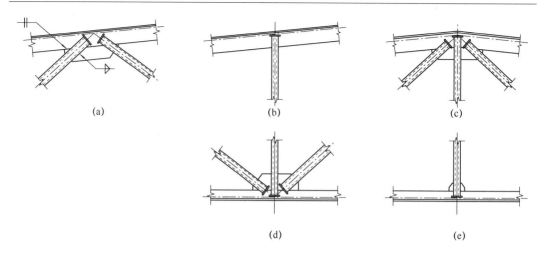

图 11.2-67 腹杆为钢管的屋架中间节点
(a) 加设节点板的上弦节点; (b) 不设节点板的上弦竖杆节点; (c) 加设节点板的上弦屋脊节点;
(d) 加设节点板的下弦节点; (e) 加设节点板的下弦中间节点

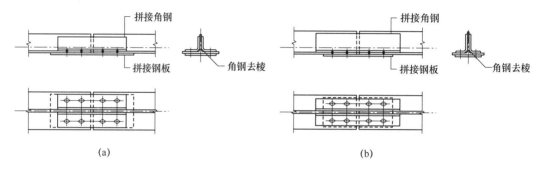

图 11.2-68 T 型钢弦杆的工地拼接
(a) TW 型弦杆用等边角钢拼接; (b) TM 型弦杆用不等边角钢拼接

根据实际情况合理设置。

2) H 型钢屋架则为杆件内力较大, 普通型钢截面难以满足要求时, 采用 H 型钢作为杆件的屋架。H 型钢主要用作屋架的受压弦杆; 屋架的腹杆, 为了截面选择和构造的便利, 一般仍采用普通型钢; 受拉弦杆可采用 H 型钢, 如果普通型钢截面可满足要求时也可采用。

为合理利用截面, 弦杆 H 型钢截面宜将翼缘平行于屋架竖向平面设置。为便于与弦杆的连接构造, 屋架腹杆则宜采用与之相适应的格构式双肢截面。按此方式设计的 H 型钢屋架, 亦当属一种双壁式屋架。弦杆 H 型钢截面亦可将腹板平行于屋架竖向平面设置, 但截面利用不太合理, 仅在有特殊需求的时候采用, 此时的屋架腹杆用单节点板与弦杆连接 (节点板正对 H 型钢腹板与翼缘相焊), 形成单壁式屋架。

3) 双壁式屋架 (包括双壁式 H 型钢屋架) 弦杆采用双侧节点板与腹杆连接。节点板与腹杆型钢肢连接采用搭接, 与弦杆型钢肢连接采用搭接或对接皆可, 但与 H 型钢翼缘连接宜采用对接, 其构造可参考 T 型钢屋架节点板与弦杆腹板对接时的做法。双壁式屋架 (包括双壁式 H 型钢屋架) 节点板厚度, 可根据屋架端斜腹杆内力的 1/2 按本手册 13.7 节表 13.7-2 选用, 但最小厚度不得小于 6mm。

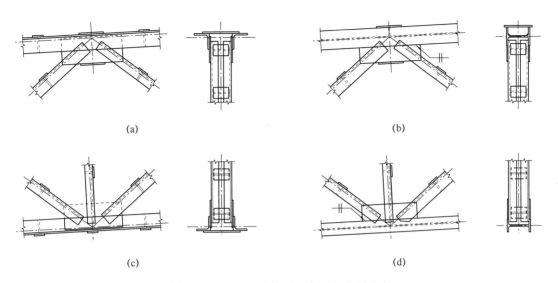

图 11.2-69　双壁式及 H 型钢屋架中间节点

（a）角钢上弦斜杆节点；（b）H 型钢上弦斜杆节点；（c）角钢下弦斜杆节点；（d）H 型钢下弦斜杆节点

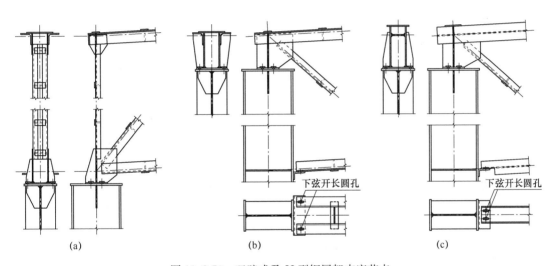

图 11.2-70　双壁式及 H 型钢屋架支座节点

（a）角钢弦杆屋架下承式支座；（b）角钢弦杆屋架上承式支座；（c）H 型钢弦杆屋架上承式支座

4）双壁式屋架（包括双壁式 H 型钢屋架）平面外刚度好于单壁式屋架，但由于双侧设置节点板及采用格构式杆件的关系，比之单壁式屋架，节点板及构造用钢量稍多，构造也较复杂。

（2）屋架弦杆的拼接

1）弦杆为角钢时，可采用拼接角钢的方式进行拼接，其构造做法仍可沿用单壁式角钢屋架的类似节点，且拼接构造并不因双侧节点板发生改变，所不同的是在两节点板之间宜采取加设隔板等措施进行拉结，以抵消单肢连接产生的偏心并增强节点刚度。

双壁式屋架角钢弦杆节点范围外的工地拼接，亦可采用连接板进行等强拼接（图 11.2-71a）。

2）H 型钢弦杆宜按截面等强的原则进行拼接，拼接方式有全截面对焊拼接或连接板拼接。对焊拼接的焊缝质量不应低于二级，常用于受压弦杆的工厂拼接（图11.2-71b），但不宜用于设计应力较大节间的受拉弦杆。连接板与弦杆可采用焊接连接或高强螺栓连接，工厂和工地拼接皆适用，焊接连接的工地连接板拼接可加设安装螺栓以方便施工（图11.2-71 c）。

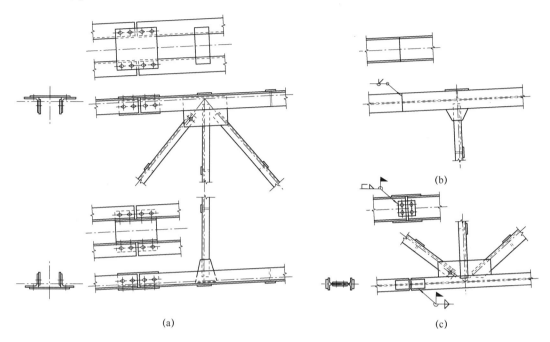

图11.2-71　双壁式及H型钢屋架拼接节点

（a）双壁式角钢弦杆连接板拼接；（b）H型钢上弦工厂对焊拼接；（c）H型钢下弦工地连接板拼接

六、钢管屋架设计概要

钢管屋架仅是种类繁多的钢管结构中的一种，单层工业厂房中的钢管屋架大多为平面桁架，而民用建筑中钢管屋架采用空间桁架的则较为普遍。钢管屋架与型钢屋架由于截面形式的不同带来了设计中多方面的变化，其中最明显的莫过于钢管屋架的杆件节点大多采用钢管结构中得到广泛应用的无节点板相贯连接，这种连接方式使得钢管屋架的节点设计及构造与传统的连接板节点截然不同。此外，钢管屋架虽比型钢屋架具有某些节省钢材的优势，但管材单价一般略高于普通型材且加工制作方面的复杂性会削弱或抵消这种优势，设计时应综合平衡各种因素的影响，将工程造价控制在合理范围内。

1. 屋架选形

设计钢管屋架时，其屋架形式和外形尺寸方面的要求与型钢屋架基本相同或相似，当有条件时，屋架选形宜尽量采用平行弦形式。

2. 荷载及内力计算

（1）钢管屋架的荷载计算及内力组合与型钢屋架并无明显区别，而满足节点铰接假定时，对节点刚性的判别和杆件尺寸的要求，二者却各不相同。但无论是钢管屋架还是型钢屋架，设计时均宜尽可能满足节点铰接假定，以降低次弯矩对屋架受力的影响并简化计算。

（2）节点直接相贯连接的钢管屋架，满足节点铰接假定的条件见第二节第2条第（2）款第2）项。

3. 杆件截面及计算

（1）钢管屋架杆件截面主要有圆管截面和方（矩）管截面两大类，除了采用同一类截面的钢管屋架外，亦可弦杆为方（矩）管截面而腹杆采用圆管截面。较之型钢截面，管截面材料面积环绕形心外围分布，截面特性更优，有利于降低结构耗钢量；且外表面积较小，便于防腐并降低维护费用。

（2）除了管截面杆件计算长度取值不同于型钢杆件外，作为双轴对称截面，管截面的计算可不考虑扭转屈曲对杆件稳定承载力的影响。

（3）钢管屋架杆件截面选择须符合第三节第 2 条第（2）、（3）款要求。

（4）圆钢管的外径与壁厚之比不应超过 $100\varepsilon_k^2$；方（矩）形管的最大外缘尺寸与壁厚之比不应超过 $40\varepsilon_k$（ε_k 为钢号修正系数）。

4. 节点设计及构造

（1）钢管屋架直接相贯连接节点的设计规定和构造要求、各类节点的几何参数适用范围以及承载力和焊缝的计算方法等本节不予赘述，详见本手册第 15 章有关内容。

（2）节点直接相贯连接的钢管屋架，其管材的屈强比不宜大于 0.8；与受拉杆件焊接连接的钢管，其管壁厚度不宜大于 25mm，否则应采取措施防止较大拉应力沿厚度方向产生的层状撕裂。

（3）钢管屋架设计中应尽量简化并统一节点构造，减少节点数量，交于弦杆同一节点上的腹杆数量（平面桁架时）不宜多于 3 根。

（4）无节点板的相贯连接，虽可节省节点板耗材并适当简化节点构造，但管件的曲面相贯施工较为复杂，制作技术要求较高，相比之下平面相贯则相对简便。此外，直接相贯连接的施焊难度较大，对焊接技术的要求也较高。

七、角钢屋架计算实例

1. 设计资料

某工程为跨度 24m 的单跨双坡封闭式钢结构单层厂房，厂房长度 120m，基本柱距 15m，厂房内有两台 A6 级工作制吊车。屋架铰支于钢柱柱顶，屋架下弦距地面 12m，屋面坡度 1/20（$\alpha = 2.8624°$），屋面材料采用长尺压型钢板，檩条采用高频焊接薄壁 H 型钢。跨中设置一道隅撑，屋面结构布置图见图 11.2-72。

基本风压 0.5kN/m^2，雪荷载为 0.4kN/m^2；结构重要性系数 $\gamma_0 = 1.0$。地震设防烈度为 7 度。设计基本地震加速度值为 0.1g，设计地震分组为第二组；建筑物抗震设防类别为丙类。

2. 屋架形式及几何尺寸

屋架计算跨度 $L_0 = 24000 - 300 = 23700$mm，屋架中部高度 2100mm。屋架几何尺寸及腹杆布置见（图 11.2-74）。

3. 荷载及内力计算

（1）永久荷载（水平投影面）

压型钢板：　　　　　　　　　0.15/cos2.8624° = 0.15kN/m^2

檩条自重：　　　　　　　　　0.15kN/m^2

屋架及支撑自重：　　　　　　0.20kN/m^2

合计：　　　　　　　　　　　0.50kN/m^2

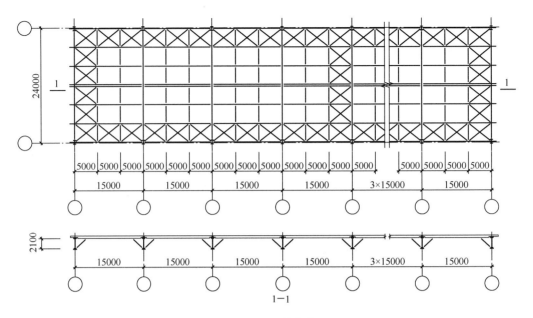

图 11.2-72　屋面结构布置图

（2）可变荷载（水平投影面）见（图 11.2-73）

本例屋架仅有一个可变荷载（无积灰荷载）且受荷水平投影面积超过 $60m^2$，故屋面均布活荷载取 $0.30kN/m^2$；雪荷载为 $0.40kN/m^2$，二者取其中较大者。

屋面雪荷载：　　　　　　　　　$0.4kN/m^2$

（3）风荷载：

本设计地面粗糙度为 B 类，风压高度变化系数 $\mu_z \approx 1.10$；

体型系数：背风面 $\mu_s = -0.5$；迎风面 $\mu_s = -0.6$

负风压标准值：$\omega_k = \beta_z \mu_s \mu_z \omega_0$

背风面：$\omega_1 = 1.0 \times (-0.5) \times 1.10 \times 0.50 = -0.275kN/m^2$

迎风面：$\omega_2 = 1.0 \times (-0.6) \times 1.10 \times 0.50 = -0.33kN/m^2$

（4）排架计算结果，柱顶水平推力 $T = 100kN$

（5）内力计算：

节点恒荷载标准值：$G_k = 0.50 \times 4 \times 15 = 30kN$

节点活荷载标准值：$P_k = 0.40 \times 4 \times 15 = 24kN$

节点风荷载标准值：$W_{1k} = -0.275 \times 4.005 \times 15 = -16.52kN$

$\qquad\qquad\qquad\qquad\quad W_{2k} = -0.33 \times 4.005 \times 15 = -19.82kN$

（6）内力组合：

各杆件组合内力见（图 11.2-74）。

4. 截面选择

根据计算结果，腹杆最大内力 $N = 283.29kN$，查本手册 13.7 节表 13.7-2，选用中间节点板厚度为 $t = 8mm$，支座节点板厚度为 $t = 10mm$。

（1）上弦

上弦杆全长采用相同截面，最大内力 $N_{max} = -736.96kN$，$l_{0x} = 400.5cm$，$l_{0y} =$

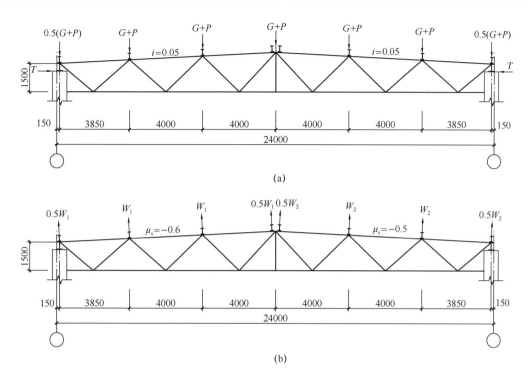

图 11.2-73　屋架计算简图

（a）节点荷载简图；（b）节点风荷载简图

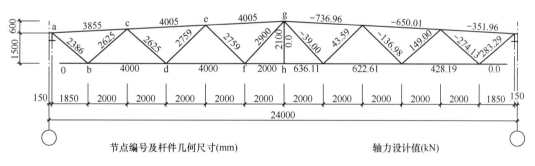

节点编号及杆件几何尺寸(mm)　　　　　　　　轴力设计值(kN)

图 11.2-74　屋架节点编号、杆件几何尺寸及内力设计值

400.5cm，选用 2 ∟ 200×125×12，短肢相并。$i_x = 3.57$cm，$i_y = 9.47$cm，$A = 75.82$cm²。

$$\lambda_x = l_{0x}/i_x = 400.5/3.57 = 112.18 < [\lambda] = 150$$

$$\lambda_y = l_{0y}/i_y = 400.5/9.47 = 42.29 < [\lambda] = 150$$

$$b_1/t = 200/12 = 16.67$$

根据《钢结构设计标准》GB 50017—2017 第 7.2.2 条，双角钢组合 T 形截面构件绕对称轴的长细比应按换算长细比，由表 11.2-15 第 3 项得：

$$\lambda_z = 3.7 \frac{b_1}{t} = 3.7 \frac{200}{12} = 61.67$$

$$\lambda_y < \lambda_z$$

按式（11.2-48b）计算：

$$\lambda_{yz} = \lambda_z \left[1 + 0.06 \left(\frac{\lambda_y}{\lambda_z} \right)^2 \right] = 61.67 \left[1 + 0.06 \left(\frac{42.29}{61.67} \right)^2 \right] = 63.41$$

$$\lambda_x > \lambda_{yz}$$

此类截面分类为 b 类，查《钢结构设计标准》GB 50017—2017 表 D.0.2，由 λ_x 查出 $\varphi_x = 0.480$，

按公式（11.2-41）的应力表达式计算杆件的稳定性：

$$\frac{N}{\varphi_x A} = \frac{736.96 \times 10^3}{0.480 \times 75.82 \times 10^2} = 202.50 \, \text{N/mm}^2 < f = 215 \text{N/mm}^2 \text{。}$$

（2）下弦

下弦杆亦全长采用相同截面，最大内力 $N = 636.11$kN，$l_{0x} = 200.00$cm，$l_{0y} = 1200$cm，选用 2∟125×80×8，短肢相并。$i_x = 2.29$cm，$i_y = 5.99$cm，$A = 31.98$cm²，$A_n = 28.46$ cm²。

$$\lambda_x = l_{0x}/i_x = 200/2.29 = 87.33 < [\lambda] = 250$$

$$\lambda_y = l_{0y}/i_y = 1200/5.99 = 200.33 < [\lambda] = 250$$

由表 11.2-13 中的公式（11.2-37、38）得：

$$\sigma = \frac{N}{A} = \frac{636.11 \times 10^3}{31.98 \times 10^2} = 198.91 \, \text{N/mm}^2 < f = 215 \text{N/mm}^2 \text{。}$$

$$\sigma = \frac{N}{A_n} = \frac{636.11 \times 10^3}{28.46 \times 10^2} = 223.51 \text{N/mm}^2 < 0.7 f_u = 0.7 \times 370 = 259 \text{N/mm}^2$$

（3）腹杆

1）支座斜腹杆 a-b：$N = 283.29$kN，$l_{0x} = l_{0y} = 238.6$cm。选用 2∟70×6，$i_x = 2.15$cm，$i_y = 3.18$cm，$A = A_n = 16.32$ cm²。

$$\lambda_x = l_{0x}/i_x = 238.6/2.15 = 110.98 < [\lambda] = 250$$

$$\lambda_y = l_{0y}/i_y = 238.6/3.18 = 75.03 < [\lambda] = 250$$

由表 11.2-13 中的公式（11.2-37）得：

$$\sigma = \frac{N}{A} = \frac{283.96 \times 10^3}{16.32 \times 10^2} = 174.0 \, \text{N/mm}^2 < f = 215 \, \text{N/mm}^2 \text{。}$$

2）斜腹杆 b-c：$N = -274.13$kN，$l_{0x} = 0.8l = 0.8 \times 262.5 = 210.00$cm，$l_{0y} = 262.5$cm，选用 2∟90×6，$i_x = 2.79$cm，$i_y = 3.98$cm，$A = 21.27$ cm²。

$$\lambda_x = l_{0x}/i_x = 210/2.79 = 75.27 < [\lambda] = 150$$

$$\lambda_y = l_{0y}/i_y = 262.5/3.98 = 65.95 < [\lambda] = 150$$

$$b_1/t = 90/6 = 15$$

由表 11.2-15 第 1 项得：

$$\lambda_z = 3.9 \frac{b_1}{t} = 3.9 \frac{90}{6} = 58.5$$

$$\lambda_y > \lambda_z$$

按公式（11.2-44a）计算：

$$\lambda_{yz} = \lambda_y \left[1 + 0.16 \left(\frac{\lambda_z}{\lambda_y} \right)^2 \right] = 65.95 \left[1 + 0.16 \left(\frac{58.5}{65.95} \right)^2 \right] = 74.25$$

截面类型为 b 类，查《钢结构设计标准》GB 50017—2017 表 D.0.2，由 λ_x 查出 $\varphi_x = 0.718$，按公式（11.2-41）的应力表达式计算杆件的稳定性：

$$\frac{N}{\varphi_x A} = \frac{274.13 \times 10^3}{0.718 \times 21.27 \times 10^2} = 179.50 \text{ N/mm}^2 < f = 215 \text{N/mm}^2。$$

3）斜腹杆 c-d：$N = 149.0 \text{kN}$，$l_{0x} = 0.8l = 0.8 \times 262.5 = 210.0 \text{cm}$，$l_{0y} = 262.5 \text{cm}$。选用 $2 \llcorner 56 \times 5$，$i_x = 1.72 \text{cm}$，$i_y = 2.61 \text{cm}$，$A = A_n = 10.83 \text{ cm}^2$。

$$\lambda_x = l_{0x}/i_x = 210/1.72 = 122.09 < [\lambda] = 250$$

$$\lambda_y = l_{0y}/i_y = 262.5/2.61 = 100.57 < [\lambda] = 250$$

由表 11.2-13 中的公式（11.2-37）得：

$$\sigma = \frac{N}{A} = \frac{149.0 \times 10^3}{10.83 \times 10^2} = 137.58 \text{ N/mm}^2 < f = 215 \text{N/mm}^2。$$

4）竖杆 g-h：用于连接隅撑，减小下弦平面外计算长度，无内力，按长细比控制选择截面，截面形式采用双角钢十字形，$l_0 = 0.9l = 0.9 \times 210 = 189 \text{cm}$。

$$i_{min} \geqslant \frac{l_0}{[\lambda]} = \frac{189}{150} = 1.26 \text{cm}$$

选用 $\llcorner 50 \times 5$，$i_{min} = 1.92 \text{cm}$，满足要求。

其余杆件截面见（表 11.2-32）

5. 节点设计

（1）支座节点"a"（图 11.2-75）：

支座反力 $R = 208.80 \text{kN}$，支座加劲板厚度及高度取与支座节点板相同。

1）支座底板计算：

因屋架支承于钢柱柱顶，按构造确定底板尺寸大小。采用 M24 锚栓，孔径为 50mm，锚栓垫板大小－100×100（厚度同底板厚度），孔径 26mm。底板厚度按构造取 $t = 20 \text{mm}$，底板尺寸为－$320 \times 320 \times 20$（图 11.2-75 中剖面 2-2）。

2）上弦杆和支座节点板的连接焊缝：

根据第一根斜腹杆 a-b 的内力 $N = 283.29 \text{kN}$，肢背、肢尖的焊脚尺寸分别取 $h_{f1} = 6 \text{mm}$，$h_{f2} = 5 \text{mm}$，由表 11.2-28 中公式（11.2-87、88）计算焊缝长度来确定节点板尺寸。

$$l_{w1} = \frac{k_1 N}{2 \times 0.7 h_{f1} f_f^w} = \frac{0.7 \times 283.29 \times 10^3}{2 \times 0.7 \times 6 \times 160} = 147.55 \text{mm}$$

$$l_{w2} = \frac{k_2 N}{2 \times 0.7 h_{f2} f_f^w} = \frac{0.3 \times 283.29 \times 10^3}{2 \times 0.7 \times 5 \times 160} = 75.88 \text{mm}$$

表 11.2-32

24m屋架杆件内力及断面表

杆件名称	杆件号	内力设计值 N(kN)	计算长度 (cm) l_{ox}	计算长度 (cm) l_{oy}	选用截面	截面积 A(cm²)	回转半径 (cm) i_x	回转半径 (cm) i_y	长细比 λ_x	长细比 λ_y	长细比 λ_z	长细比 λ_{yz}	容许长细比 λ_y	稳定系数 φ_{min}	计算应力 (N/mm²)
上弦杆	a-c	-351.96	400.5	400.5	2∟200×125×12	75.82	3.57	9.47	112.18	42.29	61.67	63.41	150	0.480	202.50
	c-e	-650.01	400.5	400.5											
	e-g	-736.96	400	1200											
下弦杆	0-b	0			2∟125×80×8	31.98	2.29	5.99	174.67	200.33			250		194.69
	b-d	428.19	400	1200											
	d-f	622.61													
	f-h	636.11	200	1200	2∟125×80×8	31.98	2.29	5.99	87.34	200.33			250		198.91
斜拉杆	a-b	283.29	238.6	238.6	2∟70×6	16.32	2.15	3.18	110.98	75.03			250		174.0
斜压杆	b-c	-274.13	210.0	262.5	2∟90×6	21.27	2.79	3.98	75.27	65.59	58.5	74.55	150	0.718	179.50
斜拉杆	c-d	149.00	210.0	262.5	2∟56×5	10.83	1.72	2.61	122.09	100.57			250		137.58
斜压杆	d-e	-136.98	220.72	275.9	2∟75×6	17.59	2.31	3.38	95.55	81.63	48.75	86.29	150	0.584	133.35
斜拉、压杆	e-f	43.59	220.72	275.9	2∟56×5	10.83	1.72	2.61	128.33	105.71			150		40.25
斜压杆	f-g	-39.00	232.0	290.0	2∟56×5	10.83	1.72	2.61	134.88	111.11	43.68	113.86	150	0.366	98.39
竖杆	g-h	0	189.00	189.0	2∟50×5	9.61	2.76	1.92	68.48	98.44			150	0.564	0

杆端焊缝按肢背 6—160，肢尖 5—100 放样。

为方便檩条安装，节点板与上弦角钢肢背的连接焊缝采用塞焊。作用在节点上的屋面集中荷载 $F = 34.8$kN。$h_{f1} = 0.5t = 0.5 \times 10 = 5$mm，$l_{w1} = (160 + 300) - 2h_{f1} = 460 - 2 \times 5 = 450$mm，由表 11.2-29 中式（11.2-94）得：

$$\sigma = \frac{F}{2 \times 0.7 \times h_{f1}l_{w1}} = \frac{34.8 \times 10^3}{2 \times 0.7 \times 5 \times 450} = 11.05 \text{ N/mm}^2 \ll 0.8\beta_f f_f^w$$
$$= 0.8 \times 1.22 \times 160 \text{ N/mm}^2$$

节点板与上弦角钢肢尖采用双面角焊缝连接，承担上弦内力差 ΔN。肢尖角焊缝尺寸 $h_{f2} = 8$mm，计算长度 $l_{w2} = (300 + 160) - 2h_{f2} = 450 - 2 \times 8 = 444$mm。$\Delta N = -351.96$kN，$e = 95$mm，$M = \Delta N \times e = 351.96 \times 0.095 = 33.44$kN·m。由式（11.2-95～97）得：

$$\tau_f = \frac{\Delta N}{2 \times 0.7 h_{f2}l_{w2}} = \frac{351.96 \times 10^3}{2 \times 0.7 \times 8 \times 444} = 70.78 \text{ N/mm}^2$$

$$\sigma_f = \frac{6M}{2 \times 0.7 h_{f2}l_{w2}^2} = \frac{6 \times 33.44 \times 10^6}{2 \times 0.7 \times 8 \times 444^2} = 90.87 \text{ N/mm}^2$$

$$\sqrt{\left(\frac{\sigma_f}{\beta_f}\right)^2 + \tau_f^2} = \sqrt{\left(\frac{90.87}{1.22}\right)^2 + 70.78^2} = 102.75 \text{ N/mm}^2 < f_f^w = 160 \text{ N/mm}^2$$

3）加劲肋与节点板的连接焊缝：

由表 11.2-30 中的公式（11.2-105、106），一个加劲肋的连接焊缝所承受的内力：

$$V = R/4 = 208.80/4 = 52.2\text{kN}$$
$$M = Vb_0/2 = 52.2 \times (160 - 5)/2 = 4045.5\text{kN·mm}$$

支座高度 430mm，加劲肋高度 398mm，尺寸为 $-398 \times 155 \times 10$，加劲板切角尺寸 20/20，采用 $h_f = 6$mm，焊缝计算长度 $l_w = 398 - 2 \times 20 - 2 \times h_f = 398 - 40 - 2 \times 6 = 346$mm，由式（11.2-107）得焊缝强度：

$$\sqrt{\left(\frac{V}{2 \times 0.7 h_f l_w}\right)^2 + \left(\frac{6M}{2 \times 0.7 h_f l_w^2 \beta_f}\right)^2}$$
$$= \sqrt{\left(\frac{52.2 \times 10^3}{2 \times 0.7 \times 6 \times 346}\right)^2 + \left(\frac{6 \times 4045.5 \times 10^3}{2 \times 0.7 \times 6 \times 346^2 \times 1.22}\right)^2}$$
$$= \sqrt{17.96^2 + 19.78^2} = 26.72 \text{N/mm}^2 < f_f^w = 160 \text{N/mm}^2 。$$

4）节点板、加劲肋与底板的连接焊缝：

焊缝高度取 $h_f = 6$mm，实际焊缝总长度：

$$\sum l_w = 2(320 - 2h_f) + 4 \times (160 - 5 - 20 - 2h_f)$$
$$= 2 \times (320 - 2 \times 6) + 4(160 - 5 - 20 - 2 \times 6)$$
$$= 1108\text{mm}$$

由表 11.2-30 中的公式（11.2-108）得：

$$\sigma_f = \frac{R}{0.7 h_f \sum l_w} = \frac{208.80 \times 10^3}{0.7 \times 6 \times 1108} = 44.87 \text{ N/mm}^2 < \beta_f f_f^w = 1.22 \times 160 \text{ N/mm}^2 。$$

（2）下弦节点"b"（图 11.2-76b）：

此节点连接的斜腹杆为 a-b、b-c，肢背、肢尖的焊脚尺寸分别取 $h_{f1} = 6$mm，$h_{f2} = 5$mm，由表 11.2-28 中公式（11.2-87、88）分别算出所需焊缝长度。前面计算可知，杆件 a-b 杆端焊缝按肢背 6-160，肢尖 5-100；同理计算，杆件 b-c 杆端焊缝按肢背 6-160，肢尖

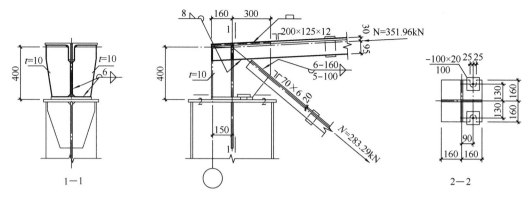

图 11.2-75　屋架支座节点"a"

5-100。按此放样的节点板尺寸见图 11.2-76b。验算下弦杆与节点板连接焊缝，$\Delta N = 428.19\text{kN}$，肢背、肢尖角焊缝尺寸均采用 $h_{f1} = h_{f2} = 6\text{mm}$，计算长度 $l_{w1} = l_{w2} = 615 - 2 \times 6 = 603\text{mm}$。

肢背焊缝计算：

$$\tau_{f1} = \frac{k_1 \Delta N}{2 \times 0.7 h_{f1} l_{w1}} = \frac{0.75 \times 428.19 \times 10^3}{2 \times 0.7 \times 6 \times 603} = 63.40 \text{ N/mm}^2 < f_f^w = 160\text{N/mm}^2$$

肢尖焊缝计算：

$$\tau_{f2} = \frac{k_2 \Delta N}{2 \times 0.7 h_{f2} l_{w2}} = \frac{0.25 \times 428.19 \times 10^3}{2 \times 0.7 \times 6 \times 603} = 21.13 \text{ N/mm}^2 < f_f^w = 160\text{N/mm}^2。$$

（3）上弦节点"c"（图 11.2-76a）：

节点板与上弦角钢肢背的连接焊缝采用塞焊。作用在节点上的屋面集中荷载 $F = 69.6\text{kN}$。$h_{f1} = 0.5t = 0.5 \times 8 = 4\text{mm}$，$l_{w1} = (320 + 220) - 2h_{f1} = 540 - 2 \times 4 = 532\text{mm}$，由支座节点"a"计算可以看出，角钢肢背塞焊缝应力一般较低，仅需验算肢尖焊缝。

节点板与上弦角钢肢尖采用双面角焊缝连接，承担上弦内力差 ΔN。肢尖角焊缝尺寸 $h_{f2} = 8\text{mm}$，计算长度 $l_{w2} = (320 + 220) - 2h_{f2} = 540 - 2 \times 8 = 524\text{mm}$。

$\Delta N = -650.01 + 351.96 = -298.05\text{kN}$，$e = 95\text{mm}$，$M = \Delta N \times e = 298.05 \times 0.095 = 28.31\text{kN} \cdot \text{m}$。由表 11.2-29 中式（11.2-95～97）得：

$$\tau_f = \frac{\Delta N}{2 \times 0.7 h_{f2} l_{w2}} = \frac{298.05 \times 10^3}{2 \times 0.7 \times 8 \times 524} = 50.79 \text{ N/mm}^2$$

$$\sigma_f = \frac{6M}{2 \times 0.7 h_{f2} l_{w2}^2} = \frac{6 \times 28.31 \times 10^6}{2 \times 0.7 \times 8 \times 524^2} = 55.23 \text{ N/mm}^2$$

$$\sqrt{\left(\frac{\sigma_f}{\beta_f}\right)^2 + \tau_f^2} = \sqrt{\left(\frac{55.23}{1.22}\right)^2 + 50.79^2} = 68.04 \text{ N/mm}^2 < f_f^w = 160 \text{ N/mm}^2。$$

（4）上弦屋脊处拼接节点"g"（图 11.2-76c）：

按式（11.2-102），上弦杆件与拼接角钢之间在接头一侧的焊缝长度：

$$l_w = \frac{N}{4 \times 0.7 h_f f_f^w} + 2h_f = \frac{736.96 \times 10^3}{4 \times 0.7 \times 6 \times 160} + 2 \times 6 = 286.17\text{mm}$$

拼接角钢与弦杆相同规格，$l_w = 290\text{mm}$。拼接角钢长度 $l = 2 \times (290 + 15) = 610\text{mm}$。

在节点处有集中荷载，由角钢肢背的塞焊焊缝承受，$F = 69.6\text{kN}$。节点板与上弦角钢肢尖焊缝承受内力 $\Delta N = N \times 15\% = 736.96 \times 15\% = 110.54\text{kN}$（$\Delta N$ 取相邻节间弦杆内力差或弦杆最大内力的 15% 两者中较大值）。根据腹杆内力及断面，由腹杆所需连接焊缝长度确定节点板大小。假定节点板与肢尖焊缝焊脚尺寸 $h_{f2} = 6\text{mm}$，$l_{w2} = 195 + 195 - 2h_{f2} = 390 - 2 \times 6 = 378\text{mm}$；肢背塞焊焊缝 $h_{f1} = 0.5t = 0.5 \times 8 = 4\text{mm}$，则 $l_{w1} = 390 - 2h_{f1} = 390 - 2 \times 4 = 382\text{mm}$，由表 11.2-29 中的公式（11.2-94～97）得：

肢背塞焊焊缝：

$$\sigma = \frac{F}{2 \times 0.7 \times h_{f1} l_{w1}} = \frac{69.6 \times 10^3}{2 \times 0.7 \times 4 \times 382}$$
$$= 32.54 \text{ N/mm}^2 < 0.8\beta_f f_f^w = 0.8 \times 1.22 \times 160 \text{ N/mm}^2$$

肢尖焊缝：

$$\tau_f = \frac{\Delta N}{2 \times 0.7 h_{f2} l_{w2}} = \frac{110.54 \times 10^3}{2 \times 0.7 \times 6 \times 378} = 34.81 \text{ N/mm}^2$$

$$\sigma_f = \frac{6M}{2 \times 0.7 h_{f2} l_{w2}^2} = \frac{6 \times 110.54 \times 10^3 \times 95}{2 \times 0.7 \times 6 \times 378^2} = 52.50 \text{ N/mm}^2$$

$$\sqrt{\left(\frac{\sigma_f}{\beta_f}\right)^2 + \tau_f^2} = \sqrt{\left(\frac{52.50}{1.22}\right)^2 + 34.81^2} = 55.35 \text{ N/mm}^2 < f_f^w = 160\text{N/mm}^2.$$

（5）下弦拼接节点 "h"（图 11.2-76d）：

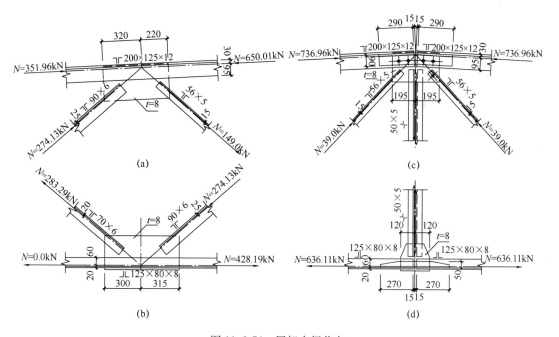

图 11.2-76　屋架中间节点

（a）上弦节点 "c"；（b）下弦节点 "b"；（c）上弦屋脊拼接节点 "g"；（d）下弦拼接节点 "h"

下弦受拉，采用等强拼接。下弦杆件与拼接角钢之间焊缝的焊脚尺寸采用 $h_f = 6\text{mm}$。下弦截面 $2\llcorner 125 \times 80 \times 8$，$A = 31.98 \text{ cm}^2$，则 $N = Af = 31.98 \times 10^2 \times 215 = 6.88 \times 10^5\text{N}$，下弦杆件与拼接角钢之间在接头一侧的焊缝长度：

$$l_{\mathrm{w}} = \frac{N}{4 \times 0.7 h_{\mathrm{f}} f_{\mathrm{f}}^{\mathrm{w}}} + 2 h_{\mathrm{f}} = \frac{6.88 \times 10^5}{4 \times 0.7 \times 6 \times 160} + 2 \times 6 = 268.0 \mathrm{mm}$$

拼接角钢与弦杆相同规格，$l_{\mathrm{w}} = 270 \mathrm{mm}$，拼接角钢长度 $l = 2 \times (270 + 15) = 570 \mathrm{mm}$。

下弦与节点板的连接焊缝承受的内力取为 $\Delta N = 636.11 \times 15\% = 95.42 \mathrm{kN}$，弦杆与节点板之间的角焊缝焊脚尺寸采用 $h_{\mathrm{f1}} = h_{\mathrm{f2}} = 5 \mathrm{mm}$，由表 11.2-29 中的公式（11.2-100、101）得所需焊缝长度为：

$$l_{\mathrm{w1}} = \frac{k_1 \Delta N}{2 \times 0.7 h_{\mathrm{f1}} f_{\mathrm{f}}^{\mathrm{w}}} + 2 h_{\mathrm{f1}} = \frac{0.75 \times 95.42 \times 10^3}{2 \times 0.7 \times 5 \times 160} + 2 \times 5 = 73.90 \mathrm{mm}$$

$$l_{\mathrm{w2}} = \frac{k_2 \Delta N}{2 \times 0.7 h_{\mathrm{f1}} f_{\mathrm{f}}^{\mathrm{w}}} + 2 h_{\mathrm{f1}} = \frac{0.25 \times 95.42 \times 10^3}{2 \times 0.7 \times 5 \times 160} + 2 \times 5 = 31.30 \mathrm{mm}$$

由以上计算可知，下弦杆和节点板的连接焊缝长度可按构造要求确定。

八、H 型钢屋架计算实例

1. 设计资料

某工程为两跨 42m 的双坡钢结构单层厂房，厂房长度 150m，基本柱距 15m，厂房内有两台 A6 级工作制吊车。屋架铰支于钢柱柱顶，屋架下弦最低处距地面 15m，屋面坡度 1/20（$\alpha = 2.8624°$），屋面材料采用长尺压型钢板，檩条采用高频焊接薄壁 H 型钢，每跨设置两道隔撑。屋面设置有横向通风器，通风器宽度 $A = 10 \mathrm{m}$，高度 $H = 4 \mathrm{m}$，喉口宽度 $B = 6 \mathrm{m}$（图 11.2-77）。

基本风压 $0.4 \mathrm{kN/m^2}$，雪荷载为 $0.65 \mathrm{kN/m^2}$；结构重要性系数 $\gamma_0 = 1.0$。地震设防烈度为 7 度。设计基本地震加速度值为 $0.1g$，设计地震分组为第二组；建筑物抗震设防类别为丙类。为简化计算，计算未考虑排架水平力及竖向地震作用的影响（图 11.2-78）。

2. 屋架形式及几何尺寸

屋架计算跨度 $L_0 = 42000 - 150 - 100 = 41750 \mathrm{mm}$，屋架高度 4000mm。屋架杆件、节点编号及几何尺寸见（图 11.2-79）。

3. 荷载及内力计算

（1）永久荷载（水平投影面）

压型钢板：	$0.15 / \cos 2.8624° = 0.15 \mathrm{kN/m^2}$
檩条自重：	$0.15 \mathrm{kN/m^2}$
屋架及支撑自重：	$0.35 \mathrm{kN/m^2}$
合计：	$0.65 \mathrm{kN/m^2}$
横向通风器：	$3.6 \mathrm{kN/m}$

（2）可变荷载（水平投影面）

按照《钢结构设计标准》GB 50017—2017 第 3.3.1 条，本例屋架仅有一个可变荷载（无积灰荷载）且屋架受荷水平投影面积超过 $60 \mathrm{m^2}$，故屋面均布活荷载取 $0.30 \mathrm{kN/m^2}$；雪荷载为 $0.65 \mathrm{kN/m^2}$，二者取其中较大者。

屋面雪荷载：　　　　　　　$0.65 \mathrm{kN/m^2}$

（3）风荷载：

本工程屋面永久荷载较大，其标准值大于负风压的设计值，在风荷载组合作用下，杆件内力不会发生变号，故可以不考虑风荷载的组合作用。

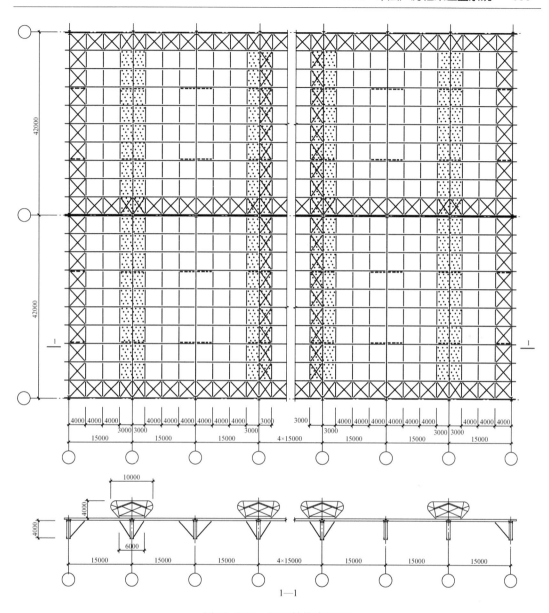

图 11.2-77 屋面结构布置图

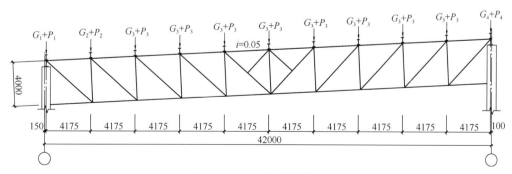

图 11.2-78 屋架计算简图

（4）内力计算：

选取布置有通风器的单元计算

节点恒荷载标准值：

$$G_{1k} = 0.65 \times \frac{4.175}{2} \times 15 = 20.35 \text{kN}$$

$$G_{2k} = (0.15+0.35) \times 4.175 \times 15 + 0.15 \times \frac{4.175}{2} \times 15 + 0.15 \times \frac{4.175}{2} \times 12 \times \frac{6}{15} \times 2 +$$

$$3.6 \times 4.175 \times \frac{12}{15} = 31.31 + 4.70 + 3.01 + 12.02$$

$$= 51.04 \text{kN}$$

$$G_{3k} = (0.15+0.35) \times 4.175 \times 15 + 0.15 \times 4.175 \times 12 \times \frac{6}{15} \times 2 + 3.6 \times 4.175 \times \frac{12}{15}$$

$$= 31.31 + 6.01 + 12.02 = 49.34 \text{kN}$$

$$G_{4k} = (0.15+0.35) \times \frac{4.175}{2} \times 15 + 0.15 \times \frac{4.175}{2} \times 12 \times \frac{6}{15} \times 2 + 3.6 \times \frac{4.175}{2} \times \frac{12}{15}$$

$$= 15.66 + 3.01 + 6.01 = 24.68 \text{kN}$$

G_{2k} 计算中，考虑通风器端部设置封板等不利因素，通风器自重计算时单元长度未予减半。

节点活荷载标准值：

$$P_{1k} = 0.65 \times \frac{4.175}{2} \times 15 = 20.35 \text{kN}$$

$$P_{2k} = 0.65 \times \frac{4.175}{2} \times 15 + 0.65 \times \frac{4.175}{2} \times 12 \times \frac{6}{15} \times 2 + 0.65 \times \frac{4.175}{2} \times 5 \times \frac{12}{15} \times 2$$

$$= 20.35 + 13.03 + 10.86 = 44.24 \text{kN}$$

$$P_{3k} = 0.65 \times 4.175 \times 12 \times \frac{6}{15} \times 2 + 0.65 \times 4.175 \times 5 \times \frac{12}{15} \times 2$$

$$= 26.05 + 21.71 = 47.76 \text{kN}$$

$$P_{4k} = 0.65 \times \frac{4.175}{2} \times 12 \times \frac{6}{15} \times 2 + 0.65 \times \frac{4.175}{2} \times 5 \times \frac{12}{15} \times 2$$

$$= 13.03 + 10.86 = 23.89 \text{kN}$$

各杆件组合内力见（图 11.2-79）。

4. 截面选择

根据计算结果，腹杆最大内力 $N = 819.09 \text{kN}$，本算例为双壁式屋架，节点板厚度可根据屋架端斜腹杆内力的 1/2 查本手册 13.7 节表 13.7-2，选用中间节点板厚度为 $t = 10 \text{mm}$，支座节点板厚度为 $t = 12 \text{mm}$。所有杆件及节点板选用 Q235 钢。

（1）上弦

上弦杆全长采用相同截面，最大内力 $N_{\max} = 1645.46 \text{kN}$，$M_{左\max} = 6.76 \text{kN} \cdot \text{m}$，$M_{右\max} = 12.28 \text{kN} \cdot \text{m}$；$l_{0x} = l_{0y} = 418.0 \text{cm}$，选用 HW300×300×10×15，腹板垂直于桁架平面放置。$i_x = 13.1 \text{cm}$，$i_y = 7.55 \text{cm}$，$A = 118.5 \text{cm}^2$，$W_x = 1350 \text{cm}^3$，$W_y = 450 \text{cm}^3$。

$$\lambda_x = l_{0x}/i_y = 418.0/7.55 = 55.36 < [\lambda] = 150$$

$$\lambda_y = l_{0y}/i_x = 418.0/13.1 = 31.91 < [\lambda] = 150$$

按《钢结构设计标准》GB 50017—2017 公式（8.2.1-5）

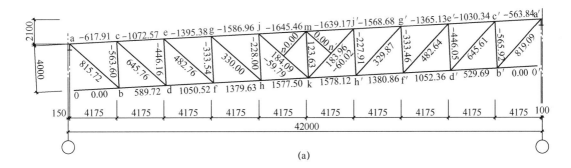

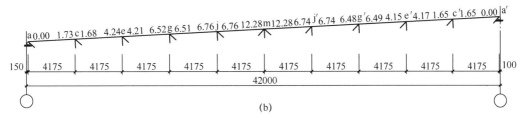

图 11.2-79 屋架节点编号及杆件内力设计值

(a) 屋架节点编号及轴力设计值 (kN); (b) 上弦杆次弯矩设计值 (kN·m)

$$\beta_{mx} = 0.6 + 0.4 \frac{M_2}{M_1} = 0.6 + 0.4 \frac{6.76}{12.28} = 0.82$$

按《钢结构设计标准》GB 50017—2017 表 7.2.1-1，$b/h = 300/300 = 1 > 0.8$，在弯矩作用平面内，此类截面分类为 c 类，查《钢结构设计标准》GB 50017—2017 表 D.0.3，由 λ_x 查出 $\varphi_x = 0.739$。按表 11.2-22 中公式 (11.2-70) 计算杆件弯矩作用平面内的稳定性：

$$N'_{Ex} = \pi^2 EA/(1.1\lambda_x^2) = \pi^2 \times 206 \times 10^3 \times 11850/(1.1 \times 55.36^2) = 7139.37 \times 10^3 \text{N}$$

$$\frac{N}{\varphi_x Af} + \frac{\beta_{mx} M_x}{\gamma_y W_{1y}(1 - 0.8N/N'_{Ex})f}$$

$$= \frac{1645.46 \times 10^3}{0.739 \times 11850 \times 215} + \frac{0.82 \times 12.28 \times 10^6}{1.2 \times 450 \times 10^3 \times \left(1 - 0.8\dfrac{1645.46}{7139.37}\right) \times 215}$$

$$= 0.87 + 0.11 = 0.98 < 1.0$$

由次弯矩产生的弯曲次应力占主应力的比值小于 20%。

按《钢结构设计标准》GB 50017—2017 附录 C.0.5 公式 (C.0.5-1)：

$$\varphi_b = 1.07 - \frac{\lambda_y^2}{44000\varepsilon_k^2} = 1.07 - \frac{31.91^2}{44000} = 1.05 > 1.0$$

取 $\varphi_b = 1.0$。

弯矩作用平面外，截面分类为 b 类，由 λ_y 查出 $\varphi_y = 0.929$。杆件段内无横向荷载作用，由杆端弯矩 $M_{0max} = 12.28 \text{kN} \cdot \text{m}$ 和 $M_{0min} = 6.76 \text{kN} \cdot \text{m}$，按《钢结构设计标准》GB 50017—2017 公式 (8.2.1-12)，则等效弯矩系数：

$$\beta_{tx} = 0.65 + 0.35 \frac{6.76}{12.28} = 0.84$$

按表 11.2-22 中公式 (11.2-72) 计算杆件弯矩作用平面外的稳定性：

$$\frac{N}{\varphi_y A f} + \eta \frac{\beta_{tx} M_x}{\varphi_b W_{1x} f} = \frac{1645.46 \times 10^3}{0.929 \times 11850 \times 215} + 1.0 \frac{0.84 \times 12.28 \times 10^6}{1.0 \times 450 \times 10^3 \times 215}$$
$$= 0.70 + 0.11 = 0.81 < 1.0$$

上弦杆件截面为 H 型钢,在轴力和弯矩共同作用下,杆件端部截面的强度计算考虑塑性应力重分布。按照表 11.2-24 进行板件宽厚比验算:

翼缘: $b/t = (150-5)/15 = 9.67 < 11\varepsilon_k = 11$

腹板: $h_0/t_w = (300 - 2 \times (15+13))/10 = 24.4 < (38 + 13\alpha_0^{1.39})\varepsilon_k = 38$

板件宽厚比满足要求,可按表 11.2-25 计算强度。

$$\varepsilon = \frac{MA}{NW} = \frac{12.28 \times 10^6 \times 11850}{1645.46 \times 10^3 \times 450 \times 10^3} = 0.197$$

按公式 (11.2-77) 进行强度计算:

$$\frac{N}{A} = \frac{1645.46 \times 10^3}{11850} = 138.86 < f = 215 \ \text{N/mm}^2$$

(2) 下弦

下弦杆亦全长采用相同截面,最大内力 $N = 1578.12\text{kN}$, $l_{0x} = 418.0\text{cm}$, $l_{0y} = 1672.0\text{cm}$, 选用 2L200×125×14, 短肢肢尖相对,组合截面形式见(图 11.2-80)。

截面特性: $A_n = A = 2 \times A_1 = 2 \times 43.87 = 87.74 \ \text{cm}^2$, $i_x = 6.41\text{cm}$, $i_{y1} = 3.54\text{cm}$, $i_1 = 2.73\text{cm}$, $I_{y1} = 550.83 \ \text{cm}^4$, $I_1 = 326.58 \ \text{cm}^4$, $X_0 = 2.91\text{cm}$, $Y_0 = 6.62\text{cm}$。

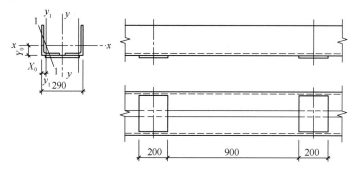

图 11.2-80 下弦组合截面

1) 强度计算:按表 11.2-13 中式 11.2-37:

$$\sigma = \frac{N}{A} = \frac{1578.12 \times 10^3}{87.74 \times 10^2} = 179.86 \text{N}/\text{mm}^2 < f$$

2) 长细比验算:

组合截面对实轴长细比:

$$\lambda_x = l_{0x}/i_x = 418.0/6.41 = 65.2 < [\lambda] = 250$$

按《钢结构设计标准》GB 50017—2017 第 7.2.5 条, $\lambda_1 \leqslant 40$, $l_1 \leqslant 40i_1 = 40 \times 2.73 = 109.2\text{cm}$, 取 $l_1 = 90\text{cm}$。缀板宽度用肢间距的 2/3, 即 $\frac{2}{3}(290 - 29.1 - 29.1) = 154.5\text{mm}$, 取宽度为 200mm。缀板厚度用肢间距的 1/40, 即 $\frac{1}{40}(290 - 29.1 - 29.1) = 5.8\text{mm}$, 取厚度为 8mm。

缀板轴线最大距离 $l = 900 + 200 = 1100\text{mm}$，分肢线刚度为 $\dfrac{I_1}{l} = \dfrac{326.58}{110} = 2.97$，缀板线刚度为 $\dfrac{1/12 \times 0.8 \times 20^3}{(29 - 2.91 - 2.91)} = 23.01$，缀板线刚度与分肢线刚度之比 $23.01/2.97 = 7.75 > 6$，满足《钢结构设计标准》GB 50017—2017 第 7.2.5 条要求。

组合截面对虚轴的换算长细比：

$$I_y = 2\left[550.83 + 43.87\left(\dfrac{29}{2} - 2.91\right)^2\right] = 2(550.83 + 5892.97) = 12887.60 \text{ cm}^4$$

$$i_y = \sqrt{I_y/A} = \sqrt{12887.60/87.74} = 12.12 \text{cm}$$

$$\lambda_y = l_{0y}/i_y = 1672/12.12 = 137.95$$

$$\lambda_1 = l_1/i_1 = 90/2.73 = 32.97$$

按式（11.2-36）得：

$$\lambda_{0y} = \sqrt{\lambda_y^2 + \lambda_1^2} = \sqrt{137.95^2 + 32.97^2} = 141.84 < [\lambda] = 250$$

$$\lambda_{max} = \lambda_{0y} = 141.84$$

$$\lambda_1 = 32.97 < 0.5\lambda_{max} = 0.5 \times 141.84 = 70.92。$$

（3）腹杆

1）支座斜腹杆 $a'-b'$：$N = 819.09\text{kN}$，$l_{0x} = l_{0y} = 578.6\text{cm}$。选用 2L125×8，组合截面形式见图 11.2-81。

截面特性：$A_n = A = 2 \times A_1 = 2 \times 19.75 = 39.50 \text{ cm}^2$，$i_x = i_{y1} = 3.88\text{cm}$，$i_1 = 2.50\text{cm}$，$I_1 = 123.16 \text{ cm}^4$，$I_x = I_{y1} = 297.03\text{cm}^4$，$Z_0 = 3.37\text{cm}$。

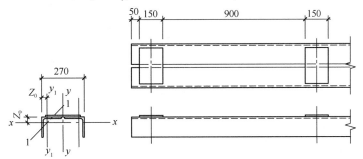

图 11.2-81　支座斜腹杆组合截面

① 强度计算：按表 11.2-13 中式 11.2-37：

$$\sigma = \dfrac{N}{A} = \dfrac{819.09 \times 10^3}{39.5 \times 10^2} = 207.36 \text{ N/mm}^2 < f$$

② 长细比验算：

因杆件平面内、外计算长度一样，组合截面平面内的回转半径又小于组合截面对虚轴的回转半径，所以只需计算对实轴的长细比：

$$\lambda_x = l_{0x}/i_x = 578.6/3.88 = 149.12 < [\lambda] = 250$$

③ 缀板计算：

按照《钢结构设计标准》GB 50017—2017 第 7.2.5 条，$\lambda_1 \leqslant 40$，$l_1 \leqslant 40i_1 = 40 \times 2.50 = 100\text{cm}$，取 $l_1 = 90\text{cm}$。缀板宽度用肢间距的 2/3，即 $\dfrac{2}{3}(270 - 33.7 - 33.7) = 135.07\text{mm}$，

取宽度为150mm。缀板厚度用肢间距的1/40，即 $\frac{1}{40}(270-33.7-33.7)=5.07$mm，取厚度为8mm。

缀板轴线最大距离 $l=900+150=1050$mm，分肢线刚度为 $\frac{I_1}{l}=\frac{123.16}{105}=1.17$，缀板线刚度为 $\frac{1/12\times0.8\times15^3}{(27-3.37-3.37)}=11.11$，缀板线刚度与分肢线刚度之比 $11.11/1.17=9.50>6$，满足标准7.2.5条要求。

2）竖腹杆 b'—c'：$N=-565.92$kN，$l_{0x}=0.8l=0.8\times400=320$cm，$l_{0y}=400$cm。选用 2L125×10，组合截面形式参见图11.2-81。

截面特性：$A=2\times A_1=2\times24.37=48.74$cm^2，$i_x=i_{y1}=3.85$cm，$i_1=2.48$cm，$I_1=149.46$cm^4，$I_x=I_{y1}=361.67$cm^4，$Z_0=3.45$cm。

① 稳定计算：因对实轴的长细比大于对虚轴的长细比，所以稳定系数取对实轴（平面内）的计算所得。

$$\lambda_x=l_{0x}/i_x=3200/38.5=83.12<[\lambda]=150$$

截面类型为 b 类，查《钢结构设计标准》GB 50017—2017 表 D.0.2，由 λ_x 查出 $\varphi_x=0.667$，按公式（11.2-41）的应力表达式计算杆件的稳定性：

$$\frac{N}{\varphi_x A}=\frac{565.92\times10^3}{0.667\times48.74\times10^2}=174.08\text{ N/mm}^2<f=215\text{ N/mm}^2$$

② 缀板设计：

按《钢结构设计标准》GB 50017 第 7.2.5 条：$\lambda_1\leqslant40$，$l_1\leqslant40i_1=40\times2.48=99.2$cm，取 $l_1=90$cm。缀板宽度及厚度取值参照之前计算，缀板采用一 200×8mm。

缀板轴线最大距离 $l=900+200=1100$mm，分肢线刚度为 $\frac{I_1}{l}=\frac{149.46}{110}=1.36$，缀板线刚度为 $\frac{1/12\times0.8\times20^3}{(27-3.45-3.45)}=26.53$，缀板线刚度与分肢线刚度之比 $26.53/1.36=19.51>6$，满足标准7.2.5条要求。

组合截面对虚轴的换算长细比：

$$I_y=2\left[361.67+24.37\left(\frac{27}{2}-3.45\right)^2\right]=2(361.67+2461.43)=5646.20\text{ cm}^4$$

$$i_y=\sqrt{I_y/A}=\sqrt{5646.20/48.74}=10.76\text{cm}$$

$$\lambda_y=l_{0y}/i_y=400/10.76=37.17$$

$$\lambda_1=l_1/i_1=90/2.48=36.29$$

按式（11.2-36）得：

$$\lambda_{0y}=\sqrt{\lambda_y^2+\lambda_1^2}=\sqrt{37.17^2+36.29^2}=51.95<[\lambda]=150$$

$$\lambda_1=36.29<0.5\lambda_{max}=0.5\times83.12=41.56$$

受压构件承受的剪力，按《钢结构设计标准》GB 50017—2017 第 7.2.7 条：

$$V=\frac{Af}{85\varepsilon_k}=\frac{48.74\times10^2\times215}{85}=12328.35\text{N}$$

缀板与构件肢连接处的内力为：

$$V_1 = Vl/a = 12328.35 \times 110/(27 - 3.45 - 3.45) = 67468.58\text{N}$$
$$M = Vl/2 = 12328.35 \times 1100/2 = 6780592.5\text{N} \cdot \text{mm}$$

缀板与构件肢的连接采用角焊缝 $h_f = 8\text{mm}$，$l_w = 200 - 2h_f = 200 - 2 \times 8 = 184\text{mm}$，每侧两道。

$$\tau_f = \frac{V_1}{2 \times 0.7 h_f l_w} = \frac{67468.58}{2 \times 0.7 \times 8 \times 184} = 32.74 \text{ N/mm}^2 < f_f^w = 160 \text{ N/mm}^2$$

$$\sigma_f = \frac{6M}{2 \times 0.7 h_f l_w^2} = \frac{6 \times 6780592.5}{2 \times 0.7 \times 8 \times 184^2} = 107.29 \text{ N/mm}^2 < \beta_f f_f^w = 1.22 \times 160 \text{ N/mm}^2$$

$$\sqrt{\left(\frac{\sigma_f}{\beta_f}\right)^2 + \tau_f^2} = \sqrt{\left(\frac{107.29}{1.22}\right)^2 + 32.74^2} = 93.84 \text{ N/mm}^2 < f_f^w = 160 \text{ N/mm}^2$$

缀板验算：

$$\tau = \frac{V_1 S}{It} = \frac{67468.58 \times 100 \times 8 \times 50}{1/12 \times 8 \times 200^3 \times 8} = 63.26 \text{ N/mm}^2$$

$$\sigma = \frac{M}{\gamma_x W_{nx}} = \frac{6 \times 6780592.5}{1.05 \times 8 \times 200^2} = 121.08 \text{ N/mm}^2 。$$

3）其余各杆件计算略。

屋架几何图形中，对称位置的腹杆内力相差不大，为施工制作方便，减少杆件截面型号，对称位置腹杆取内力较大者计算。

5. 节点设计

(1) 支座节点"a"（图 11.2-82）：

支座反力 $R = 617.63\text{kN}$。

1）支座底板计算：

因屋架支承于钢柱柱顶，按构造确定底板尺寸为 360×490，底板厚度取 $t = 25\text{mm}$，连接螺栓采用 M24，孔径 50mm；螺栓垫板尺寸为 100×100（厚度同底板厚度），孔径 26mm（图 11.2-82 中的剖面 2-2）。

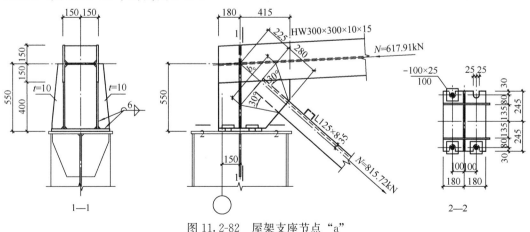

图 11.2-82　屋架支座节点"a"

2）上弦杆和支座节点板的连接焊缝：

根据第一根斜腹杆 a-b 的内力，计算焊缝长度来确定节点板尺寸。$N = 815.72\text{kN}$，角焊缝焊脚高度肢背为 $h_{f1} = 10\text{mm}$，肢尖为 $h_{f2} = 8\text{mm}$，由表 11.2-28 中的公式（11.2-87、

88) 得：

$$l_{w1} = \frac{k_1 N}{2 \times 0.7 h_{f1} f_f^w} = \frac{0.7 \times 815.72 \times 10^3}{2 \times 0.7 \times 10 \times 160} = 254.91\text{mm}$$

$$l_{w2} = \frac{k_2 N}{2 \times 0.7 h_{f2} f_f^w} = \frac{0.3 \times 815.72 \times 10^3}{2 \times 0.7 \times 8 \times 160} = 136.56\text{mm}$$

杆端焊缝按肢背 10-280，肢尖 8-170 放样。

节点板验算采用有效宽度法，支座节点板 $t = 12\text{mm}$；

$$b_e = 125 + 2 \times 280 \times \text{tg}30° = 448.32\text{mm}$$

$$\sigma = \frac{N}{b_e t} = \frac{815.72 \times 10^3 / 2}{448.32 \times 12} = 75.81 \text{ N/mm}^2 < f$$

节点板与上弦杆的连接焊缝：

节点板与上弦翼缘连接采用等强对接焊缝，承受节点处屋面檩条传来的集中荷载、弦杆内力差 $\Delta N = -617.91\text{kN}$，偏心距 $e = 150\text{mm}$，产生的偏心弯矩 $M = \Delta N \times e = 617.91 \times 0.15 = 92.69\text{kN} \cdot \text{m}$。

焊缝长度近似取水平尺寸 $l = 180 + 415 = 595\text{mm}$，焊缝计算长度 $l_w = l - 2t = 595 - 2 \times 12 = 571\text{mm}$。

$$\tau = \frac{1.5\Delta N}{2tl_w} = \frac{1.5 \times 617.91 \times 10^3}{2 \times 12 \times 571} = 67.63 \text{ N/mm}^2 < f_v^w = 125 \text{ N/mm}^2$$

$$\sigma = \frac{6M}{2tl_w^2} = \frac{6 \times 92.69 \times 10^6}{2 \times 12 \times 571^2} = 71.07 \text{ N/mm}^2 < f_t^w = 185 \text{ N/mm}^2$$

折算应力：

$$\sqrt{\sigma^2 + 3\tau^2} = \sqrt{71.07^2 + 3 \times 67.63^2} = 137.01 \text{ N/mm}^2 < 1.1 f_t^w$$
$$= 1.1 \times 185 = 203.5 \text{ N/mm}^2。$$

3）加劲肋与节点板的连接焊缝：

加劲肋如图所示，加劲肋板厚 10mm，加劲肋与节点板的连接焊缝高度 $h_f = 6\text{mm}$，加劲肋切角 20/20，$l_w = 550 - 25 - 20 - 2 \times 6 = 493\text{mm}$。一个加劲肋的连接焊缝所承受的内力：

$$V = R/4 = 617.63/4 = 154.41\text{kN}$$

$$M = Vb_0/2 = 154.41 \times (245 - 135 - 12)/2 = 7566.09\text{kN} \cdot \text{mm}$$

由式（11.2-107）得焊缝强度：

$$\sqrt{\left(\frac{V}{2 \times 0.7 h_f l_w}\right)^2 + \left(\frac{6M}{2 \times 0.7 h_f l_w^2 \beta_f}\right)^2}$$

$$= \sqrt{\left(\frac{154.41 \times 10^3}{2 \times 0.7 \times 6 \times 493}\right)^2 + \left(\frac{6 \times 7566.09 \times 10^3}{2 \times 0.7 \times 6 \times 493^2}\right)^2}$$

$$= \sqrt{37.29^2 + 22.24^2} = 43.42\text{N/mm}^2 < f_f^w = 160\text{N/mm}^2。$$

4）节点板、加劲肋与底板的连接焊缝：

焊缝高度取 $h_f = 6\text{mm}$，实际焊缝总长度：

$$\sum l_w = 4(360 - 2h_f) + 2 \times (490 - 4 \times 20 - 6h_f)$$
$$= 4 \times (360 - 2 \times 6) + 2(490 - 4 \times 20 - 6 \times 6)$$
$$= 2140\text{mm}$$

由表 11.2-30 中的公式（11.2-108）得：

$$\sigma_f = \frac{R}{0.7h_f \sum l_w} = \frac{617.73 \times 10^3}{0.7 \times 6 \times 2140} = 68.73 \text{ N/mm}^2 < \beta_f f_f^w = 1.22 \times 160 \text{N/mm}^2。$$

（2）下弦节点"b"（图 11.2-83）：

此节点连接的斜腹杆为 a-b、b-c。由前面计算可得，杆件 a-b 杆端焊缝按肢背 10-280、肢尖 8-170；杆件 b-c 肢背、肢尖的焊脚尺寸分别取 $h_{f1} = 8$mm，$h_{f2} = 6$mm，同理计算出所需焊缝长度为肢背 8-240、肢尖 6-150。节点板按此尺寸放样。

1）节点板与下弦杆的连接焊缝：

节点板尺寸见图 11.2-83，节点板与下弦角钢肢采用等强对接焊缝，节点板 $t = 10$mm；焊缝长度 $l = 510 + 165 = 675$mm，焊缝计算长度 $l_w = l - 2t = 675 - 2 \times 10 = 655$mm。内力差 $\Delta N = 589.72$kN，偏心距 $e = 135$mm，产生的偏心弯矩 $M = \Delta N \times e = 589.72 \times 0.135 = 79.61$kN·m，节点板与下弦杆的连接焊缝：

$$\tau = \frac{1.5\Delta N}{2tl_w} = \frac{1.5 \times 589.72 \times 10^3}{2 \times 10 \times 655} = 67.53 \text{ N/mm}^2 < f_v^w = 125 \text{ N/mm}^2$$

$$\sigma = \frac{6M}{2tl_w^2} = \frac{6 \times 79.61 \times 10^6}{2 \times 10 \times 655^2} = 55.67 \text{ N/mm}^2 < f_t^w = 185 \text{ N/mm}^2$$

折算应力：

$$\sqrt{\sigma^2 + 3\tau^2} = \sqrt{55.67^2 + 3 \times 67.53^2} = 129.54 \text{ N/mm}^2 < 1.1 f_t^w$$
$$= 1.1 \times 185 = 203.5 \text{ N/mm}^2。$$

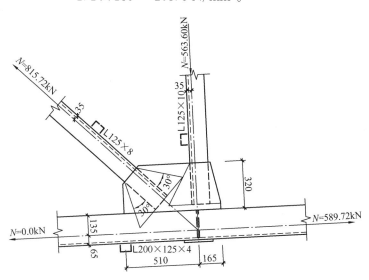

图 11.2-83　屋架下弦节点"b"

2）节点板的设计计算：

中部节点，节点板厚度 $t = 10$mm。

杆件 a-b 为受拉构件，节点板验算采用有效宽度法，可参见支座节点设计中的节点板计算。

杆件 b-c 为受压杆件，其杆件端面中点沿腹杆轴线方向至弦杆的净距离 $c = 25$mm，$c/t = 25/10 = 2.5 < 15$，根据《钢结构设计标准》GB 50017—2017 第 12.2.3 条，可不计算稳定。

$$b_e = 35 + (320 - 25) \times \mathrm{tg}30° + 165 = 370.32\mathrm{mm}$$

$$\sigma = \frac{N}{b_e t} = \frac{563.60 \times 10^3 /2}{370.32 \times 10} = 76.10 \ \mathrm{N/mm^2} < f$$

（3）其他节点设计计算从略。

11.2.6　实腹屋面梁

在普通钢结构单层厂房中，房屋框架的横向结构多采用经济性较好的屋架。近年来，随着国民经济的发展和观念的改变，实腹屋面梁已越来越多地用于单层厂房框架的横向承重结构中。本节主要论述普通钢结构单层厂房轻屋盖结构中，工字形实腹屋面梁的设计、计算和构造要求。

一、截面形式与连接方式

1. 实腹屋面梁的截面形式

（1）单层厂房屋盖结构的实腹屋面梁主要采用工字形截面，工字形截面除了是钢结构受弯构件中最普遍的截面形式外，还能为同为工字形截面的厂房柱在梁柱节点构造上带来便利（大多数厂房柱亦采用工字形截面）。

（2）工字形实腹屋面梁有等截面梁（图11.2-84b、c）和变截面梁形式（图11.2-84a、d），变截面时一般仅改变截面高度。当屋面梁与柱顶刚接时采用变截面梁形式的较多，而与柱顶铰接或与托架或托梁连接的柱间实腹屋面梁则多采用等截面梁形式。

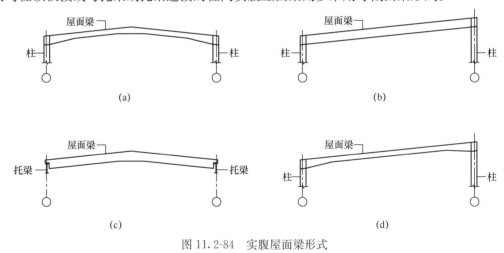

图 11.2-84　实腹屋面梁形式

（a）双坡变截面；（b）单坡等截面；（c）柱间双坡、支座、跨中变截面；（d）单坡变截面

2. 实腹屋面梁的连接方式

（1）实腹屋面梁与厂房柱顶连接可为刚接亦可为铰接，但采用刚接连接的较多，因为这种连接构造可使厂房框架的内力分布更为合理并增加厂房横向刚度。为使刚接的梁柱节点具有足够的刚度，厂房梁柱连接通常采用柱顶预留短梁的方式进行现场拼接。

（2）柱间屋面梁与托架或托梁的连接为铰接连接。单跨厂房时，屋面梁为简支梁；多跨时，屋面梁可设计为多个单跨简支梁，亦可设计为多跨连续梁。

二、荷载、内力计算及初定截面

1. 荷载、内力计算

（1）作用于实腹屋面梁的荷载与屋架类同，可参照本节11.2.5屋架中第一节第1条进行荷载计算。

（2）实腹屋面梁的内力，通常采用计算机软件与厂房框架一并进行计算分析。与托架或托梁铰接连接的简支屋面梁，荷载工况简单时亦可采用手工计算内力。

2. 初定截面

（1）截面高度

工字形实腹屋面梁的截面高度可取为跨度的 $\frac{1}{25} \sim \frac{1}{30}$。

（2）翼缘尺寸及腹板厚度

一般情况下，厂房框架焊接工字形实腹屋面梁截面板件宽厚比等级不宜超过 S4 级，但柱间屋面梁考虑屈曲后强度时，腹板的板件宽厚比等级可不受此限。

三、强度与整体稳定计算

1. 强度计算

实腹屋面梁应根据其受力状况，进行抗弯及抗剪强度计算。变截面梁的抗弯及抗剪强度计算尚应根据截面的变化情况分段进行。

（1）单向受弯的实腹屋面梁，可采用双轴对称截面按本手册第 6 章式（6.1-1）计算正应力。

（2）实腹屋面梁截面可按本手册第 6 章式（6.1-3）计算剪应力。

2. 整体稳定计算

轻屋盖有檩结构体系中，仅在最大刚度主平面内受弯的实腹屋面梁可按本手册第 6 章式（6.1-9）计算整体稳定。

（1）叠接于实腹屋面梁顶的檩条用作减小梁受压上翼缘自由长度的侧向支撑时，将檩距取为受压翼缘的自由长度 l_1 须满足下列条件：

1）檩条间沿屋面梁长度方向应设置横向水平支撑，该水平支撑通常与屋面支撑共同考虑（图 11.2-85）。

2）屋面梁与柱顶刚接时，支座负弯矩区域梁的下翼缘受压，此时在该区域对应檩条设置的隔撑可用作减小梁受压翼缘自由长度的侧向支撑，且翼缘自由长度亦取为 l_1（图 11.2-85）。

3）檩条支座须采用平板支座，其支承面应遍及屋面梁翼缘宽度，同时还应在屋面梁对应檩条支座处设置支承加劲肋（图 11.2-86）。

4）用作减小梁受压翼缘自由长度侧向支撑的檩条、横向水平支撑及隔撑，其支撑力应将梁的受压翼缘视为轴心压杆按《钢结构设计标准》GB 50017—2017 第 7.5.1 条计算，并在支撑力作用下具有足够的强度及稳定性。

（2）叠接于柱顶、托架或托梁之上的实腹屋面梁，应采取构造措施防止梁端截面扭转。

四、局部稳定与屈曲后强度计算

1. 局部稳定

（1）当焊接工字形实腹屋面梁受压翼缘板件宽厚比等级不超过 S4 级时，其局部稳定具有足够的保证。

（2）焊接工字形实腹屋面梁腹板加劲肋的配置：

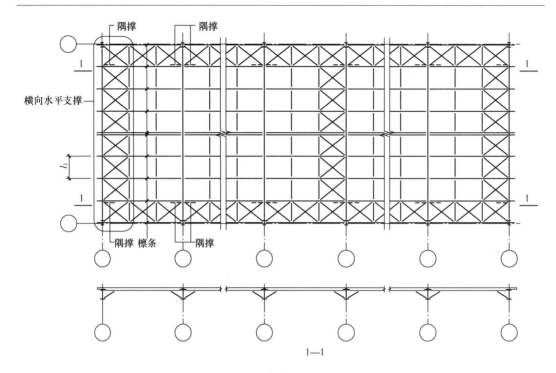

图 11.2-85   减小受压翼缘自由长度的支撑和隔撑

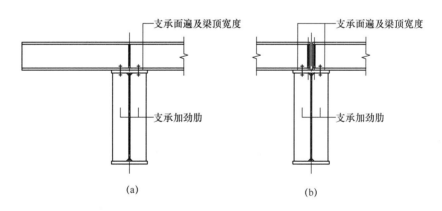

图 11.2-86   檩条支座及支承加劲肋

（a）檩条外伸支座；（b）檩条中间支座

1）当 $h_0/t_w \leqslant 80\varepsilon_k$ 时，可不配置横向加劲肋，但当檩条用作减小梁受压上翼缘自由长度的侧向支撑时，应在对应檩条支座处按构造设置横向加劲肋。

2）当 $h_0/t_w > 80\varepsilon_k$ 时，不考虑腹板屈曲后强度的焊接工字形实腹屋面梁宜配置横向加劲肋。

（3）仅配置横向加劲肋的焊接工字形实腹屋面梁腹板，可按本手册第 6 章表 6.1-4 计算各区格局部稳定

（4）加劲肋的设置应符合下列规定：

1）焊接工字形实腹屋面梁的加劲肋宜在腹板两侧成对配置，不宜采用单侧配置。

2）横向加劲肋的最小间距应为 $0.5h_0$，最大间距应为 $2.0h_0$（对无局部压应力的梁，

当 $h_0/t_w \leqslant 100\varepsilon_k$ 时，可采用 $2.5h_0$）。

3）在腹板两侧成对配置的钢板横向加劲肋，其截面尺寸应符合下列公式要求：

外伸宽度：

$$b_s = \frac{h_0}{30} + 40\text{mm} \tag{11.2-123}$$

厚度：

$$承压加劲肋\ t_s \geqslant \frac{b_s}{15}，不受力加劲肋\ t_s \geqslant \frac{b_s}{19} \tag{11.2-124}$$

4）横向加劲肋与翼缘板、腹板相接处应切角，当作为焊接工艺孔时，切角宜采用半径 $R = 30\text{mm}$ 的 1/4 圆弧。

（5）梁支承加劲肋可按本手册第 6 章 6.1.4 中第 5 条的要求进行计算。

2. 屈曲后强度计算

（1）轻屋盖结构中的柱间焊接工字形实腹屋面梁（非厂房框架梁），设计时宜考虑腹板屈曲后强度。

（2）考虑腹板屈曲后强度时，腹板仅配置支承加劲肋且较大荷载处尚有中间横向加劲肋的实腹屋面梁，可按本手册第 6 章表 6.1-7 项次 1～3 中公式验算受弯和受剪承载力。

（3）考虑腹板屈曲后强度时，当仅配置支座加劲肋不能满足第 6 章式（6.1-32）的要求时，应在两侧成对配置中间横向加劲肋。中间横向加劲肋和上端受有集中压力的支承加劲肋的截面尺寸可按本手册第 6 章表 6.1-7 项次 4 计算。

（4）考虑腹板屈曲后强度时，当腹板在支座旁的区格 $\lambda_{n,s} > 0.8$ 时，支座加劲肋须按本手册第六章表 6.1-7 项次 5 计算。

五、挠度计算

一般情况下，轻屋盖厂房结构中的实腹屋面梁在永久和可变荷载标准值作用下产生的挠度容许值 $[v_T] = \dfrac{1}{400}$。

六、节点设计与构造要求

1. 梁柱刚性连接的形式

（1）厂房横向框架实腹屋面梁与柱顶刚性连接时，宜采用节点刚度较好的刚性节点。

（2）厂房横向框架实腹屋面梁与柱顶刚性连接采用直接连接的形式时，梁端与柱可采用焊接连接或梁翼缘与柱焊接、腹板与柱高强度螺栓连接的栓焊混合连接（图 11.2-87a、c）。

（3）厂房横向框架实腹屋面梁与柱顶刚性连接采用柱顶预留短梁，现场梁-梁拼接的连接形式时，梁的现场拼接可采用翼缘焊接、腹板高强螺栓连接的栓焊混合连接或翼缘和腹板全部为高强螺栓的摩擦型连接（图 11.2-87b、d）。

2. 梁柱刚性连接计算

梁柱刚性连接计算见 13.4 节，此不赘述。

3. 节点域

实腹屋面梁与柱顶刚性连接，对应于梁下翼缘的柱腹板部位设置横向加劲肋时，节点域应符合下列规定：

（1）当柱顶板及横向加劲肋厚度不小于梁的翼缘板厚度时，对于板件宽厚比等级采用

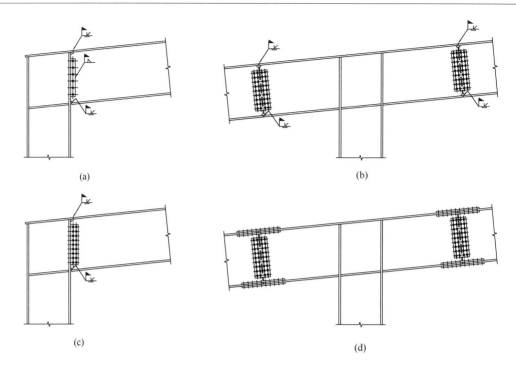

图 11.2-87 实腹屋面梁与柱顶刚性连接

（a）梁端全焊接连接；（b）梁端梁-梁栓焊混合拼接；（c）梁端栓焊混合连接；（d）梁端-梁全高强螺栓拼接

S4、S5 的单层厂房，其节点域的受剪正则化宽厚比 $\lambda_{n,s}$ 不应大于 0.8；对于板件宽厚比等级采用 S5 的轻型门式刚架，其节点域的受剪正则化宽厚比 $\lambda_{n,s}$ 也不宜大于 1.2。节点域的受剪正则化宽厚比 $\lambda_{n,s}$ 应按下式计算：

当 $h_c/h_b \geqslant 1.0$ 时：

$$\lambda_{n,s} = \frac{h_b/t_w}{37\sqrt{5.34 + 4(h_b/h_c)^2}} \frac{1}{\varepsilon_k} \tag{11.2-125a}$$

当 $h_c/h_b < 1.0$ 时：

$$\lambda_{n,s} = \frac{h_b/t_w}{37\sqrt{4 + 5.34(h_b/h_c)^2}} \frac{1}{\varepsilon_k} \tag{11.2-125b}$$

式中　h_c、h_b——分别为节点域腹板的宽度和高度。

（2）节点域的承载力应满足式（11.2-126）要求：

$$\frac{M_{b1} + M_{b2}}{V_p} \leqslant f_{ps} \tag{11.2-126}$$

对于 H 形截面柱

$$V_p = h_{b1}h_{c1}t_w \tag{11.2-127}$$

式中　M_{b1}、M_{b2}——分别为节点域两侧梁端弯矩设计值；

　　　　V_p——节点域的体积；

　　　　h_{c1}——柱翼缘中心线之间的宽度；

　　　　h_{b1}——梁翼缘中心线之间的高度；

　　　　t_w——柱腹板节点域的厚度；

　　　　f_{ps}——节点域的抗剪强度。

（3）节点域的抗剪强度 f_{ps} 应据节点域受剪正则化宽厚比 $\lambda_{n,s}$ 按下列规定采用：

当 $\lambda_{n,s} \leqslant 0.6$ 时，$f_{ps} = \dfrac{4}{3} f_v$；

当 $0.6 \leqslant \lambda_{n,s} \leqslant 0.8$ 时，$f_{ps} = \dfrac{4}{3}(7 - 5\lambda_{n,s}) f_v$；

当轴压比 $\dfrac{N}{Af} > 0.4$ 时，抗剪强度 f_{ps} 应乘以修正系数 $\sqrt{1 - \left(\dfrac{N}{Af}\right)^2}$。

（4）当节点域厚度不满足式（11.2-126）要求时，对 H 形截面柱节点域可采用下列补强措施：

1）加厚节点域的柱腹板。对于柱顶节点，腹板加厚的范围应伸出屋面梁下翼缘外不小于 150mm。

2）节点域处焊贴补强板加强。补强板与柱加劲肋和翼缘可采用角焊缝连接，与柱腹板采用塞焊连成整体，塞焊点之间的距离不应大于较薄焊件厚度的 $21\varepsilon_k$ 倍。

3）设置节点域斜向加劲肋加强。但此补强措施可能不适用于节点域范围设有柱顶压杆或托梁（架）等柱列纵向构件的场合。

4. 梁柱刚性连接构造

厂房横向框架实腹屋面梁与柱顶直接刚性连接采用焊接连接或梁翼缘与柱焊接、腹板与柱高强度螺栓连接的栓焊混合连接（图 11.2-87a、c）的构造要求如下：

（1）H 形钢柱腹板对应于梁翼缘部位应设置横向加劲肋，加劲肋的截面尺寸应经计算确定，其宽度应符合传力、构造和板件宽厚比限值的要求；加劲肋厚度不应小于梁翼缘的厚度，其上表面宜与梁翼缘的上表面对齐，并以焊透的 T 形对接焊缝与柱翼缘连接。

（2）梁翼缘与柱翼缘间宜采用全熔透坡口焊缝。

（3）梁柱刚性连接抗震构造请见 11.6.4 节。

11.2.7　托架和托梁

为满足厂房局部或整体扩大柱距的需求，通常需要沿厂房纵向柱列设置托架或托梁，用以支承柱间的屋架或屋面梁。托架或托梁均属受弯构件，当为桁架式时称为托架，当为实腹式时称为托梁。本节主要论述普通钢结构单层厂房结构中，托架或托梁的设计、计算和构造要求。

一、结构形式与外形尺寸

1. 托架的结构形式与外形尺寸

（1）托架一般采用平行弦桁架，通常设计为单跨简支结构。托架跨度一般为 12～36m，高度应根据刚度和经济要求以及方便连接构造的原则确定，一般为其跨度的 1/5～1/10（图 11.2-88）。托架腹杆常采用带竖杆的人字式，并按端斜杆走向不同分为下承式（图 11.2-88a、b）或上承式，但在轻屋盖结构中，采用上承式的较多（图 11.2-88c、d、e）。竖腹杆的作用除了用于与屋架或屋面梁连接外，还可用于减少托架受压弦杆在托架平面内的计算长度。有时为方便与下承式屋架的连接，托架竖腹杆也可设计成中间分离的组合式杆件（图 11.2-88b）。

（2）托架的截面形式有单壁式和双壁式，一般情况下可采用单壁式，双壁式主要用于需要抵抗扭转以及跨度或荷载较大的时候。单壁式托架的上、下弦杆截面可采用双角钢、

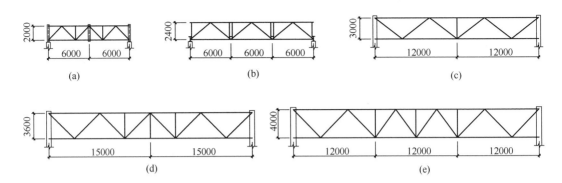

图 11.2-88　托架的腹杆形式和外形尺寸

(a) 跨度 12m 支座下承式托架；(b) 跨度 18m 支座下承式托架；(c) 跨度 24m 支座上承式托架；

(d) 跨度 30m 支座上承式托架；(e) 跨度 36m 支座上承式托架

剖分 T 型钢或轧制 H 型钢（图 11.2-89a）。双壁式托架的上、下弦杆截面可采用轧制或焊接 H 型钢，也可采用将角钢或槽钢拉开的组合截面（图 11.2-89b）。腹杆大多采用角钢截面，槽钢截面亦可但应用较少。出于连接构造或整体刚度方面的考虑，托架的竖腹杆亦可采用轧制或焊接 H 型钢截面。如当托架与屋架平接且支承于钢筋混凝土柱顶时，托架支座宜采用 H 型钢短柱的构造方式，同时为使柱间屋架与柱顶屋架相同以减少构件种类，托架连接柱间屋架的中间竖腹杆亦采用与支座短柱截面高度相同的 H 型钢。

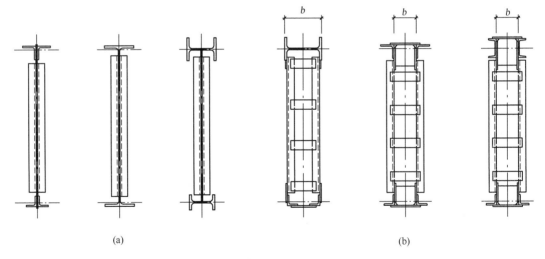

图 11.2-89　托架的腹杆形式和外形尺寸

(a) 单壁式托架截面；(b) 双壁式托架截面

2. 托梁的结构形式与外形尺寸

（1）托梁一般设计为单跨简支等截面实腹梁结构，跨度一般为 12～36m。通常情况下，托梁高度主要根据刚度和经济要求确定，一般为其跨度的 1/8～1/18（图 11.2-90a、b）。实腹式托梁的一大弱点在于其用钢量明显高于空腹式托架，确定屋盖结构方案时，应综合各方面情况选择。

（2）托梁的截面形式有单壁式和双壁式，一般情况下可采用单壁式的工字形截面（图

11.2-90c)，当荷载偏心扭矩较大等情况时，可采用箱形截面（图 11.2-90d）。根据托梁的受力特点并简化设计计算，宜使截面为双轴对称。

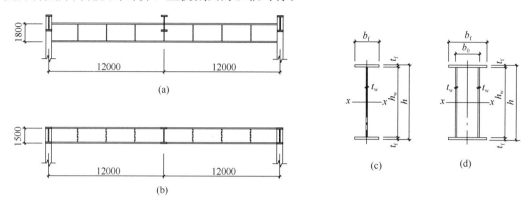

图 11.2-90　托梁的外形尺寸和截面形式

（a）与中间屋面梁叠接的 24m 单壁式托梁；（b）与中间屋面梁平接的 24m 双壁式托梁；

（c）工字形截面；（d）箱形截面

3. 下部设置撑杆的托架或托梁

（1）在托架或托梁下部设置撑杆的情况大致有两种。一种情况是当托架或托梁跨度大于 24m 且荷载也较大时，为了减少托架或托梁的挠度并增加纵向柱列刚度，可设置八字撑作为托架或托梁的附加支承点（图 11.2-91a）。此时，除吊车梁制动结构及连接应能承受八字撑传来的水平拉力外，还应控制相关地基的差异沉降。另一种情况是将八字或人字形上柱支撑的斜撑杆直接支于托架或托梁下部（图 11.2-91a、b），此时，斜撑杆既是托架或托梁的附加支承点，又是厂房纵向柱列的抗侧力构件，此种情况在厂房设计中较为多见。

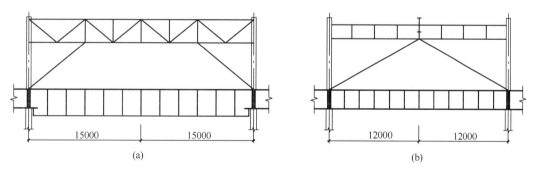

图 11.2-91　设置撑杆的托架或托梁

（a）设置八字撑的托架；（b）设置人字撑的托梁

（2）上述两种情况的撑杆与托架或托梁均采用铰接连接。此时的托架或托梁应按超静定结构计算。当斜撑杆用作上柱支撑时，计算中应考虑纵向柱列水平作用在托架或托梁中产生的附加内力。

4. 利用吊车梁结构系统支承屋盖结构

除了采用托架或托梁支承柱间屋架或屋面梁外，还可在吊车梁结构系统上设置短柱来支承柱间屋架或屋面梁（图 11.2-92）。但此类支承方式并不适用于设有重级工作制吊车的厂房，原因是吊车频繁运行引起的振动会对屋盖产生不利影响。此外，与其他结构相比，厂房中的吊车梁结构系统具有某些特殊的属性，这种属性要求在吊车梁的安装或使用过程中都便于对其进行调整，以及在使用过程中发生的损坏也不致危及其他结构的安全且便于更换，而当屋盖结构支承其上时，这种属性就受到限制或消失殆尽。虽然存在上述弊端，但过去确有工程采用过此类支承方式，此处作为一种结构方案进行介绍，厂房设计时，应充分权衡利弊慎重选用。

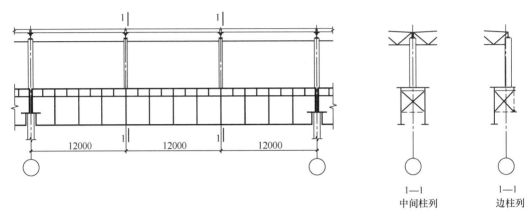

图 11.2-92　吊车梁结构系统支承屋盖结构

二、设计要点

1. 荷载与内力计算

（1）托架或托梁的主要荷载为屋架的支座反力。设计单壁式托架或托梁时，应尽可能将屋架反力作用于托架或托梁轴线上使其中心受力，减少或避免平面外受扭。此外，屋架反力应作用于托架节点上，使其成为只承受节点荷载的桁架。

（2）计算托架杆件轴力时可采用节点铰接假定。当杆件截面为单角钢、双角钢或 T 型钢且腹杆采用节点板连接时，可不考虑节点刚性引起的弯矩效应；杆件截面为 H 形或箱形的托架，应计算节点刚性引起的弯矩。

（3）托梁可按平台主梁等受弯构件计算内力。

2. 托架的设计

（1）单壁式托架通常用于荷载和跨度（不宜超过 24m）较小的场合，由于侧向刚度相对较差，荷载对中尤为重要。例如将其用于仅支承单侧屋架的柱间（如厂房高低跨或边柱列），荷载较小且易于对中。双壁式托架的主要优点是侧向刚度好，较适用于重载和大跨的场合。

（2）采用下列措施可减少托架下弦杆在桁架平面外计算长度：

① 下承式屋架叠接于托架之上时，通常在托架下弦节点处设置侧向支撑作为托架下弦的侧向支承点（图 11.2-93a）。

② 屋架与托架平接时，因屋架和托架截面高度的差异，屋架下弦与托架下弦通常会有一个高度差 h。当 $h \leqslant 1000mm$ 及屋架端高的 0.5 倍时，宜将与屋架连接的托架竖腹杆设计成刚度较大的劲性截面（如工字形），以加强托架下弦平面外的侧向刚度，此时仍可将中间屋架视为托架下弦的侧向支承点。当 $h > 1000mm$ 时，则应在托架下弦节点处设置侧向支撑（图 11.2-93b）。

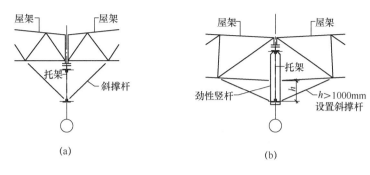

图 11.2-93 减少托架下弦平面外计算长度的措施

（a）屋架与托架叠接设置斜撑杆；（b）屋架与托架平接设置斜撑杆

（3）托架的截面计算

① 托架杆件截面形式与屋架类似，对于腹杆采用节点板连接，不考虑节点刚性引起弯矩效应的单角钢、双角钢或 T 型钢截面，以及节点具有刚性连接特征，须按刚接桁架计算杆件次弯矩的 H 形或箱形截面，可参照本章 11.2.5 屋架第三节有关内容进行计算。

②托架上弦杆在桁架平面外的计算长度通常取相邻屋架间的距离；托架下弦杆在桁架平面外计算长度取相邻屋架间距离时，须满足本条第（2）款的条件。

3. 托梁的设计

（1）焊接工字形托梁可按下列方法初定截面：

1）截面高度

应根据建筑净空、刚度和经济要求确定，当建筑净空不受限制时，实际采用的截面高度 h 应大于由刚度要求确定的最小高度 $h_{\min}$ 并接近按经济要求确定的腹板高度 h_{w}。

① 按刚度要求的最小截面高度 $h_{\min}$ 可按式（11.2-128）计算：

$$h_{\min} = \frac{f}{1.34 \times 10^6} \cdot \frac{l^2}{[v_{\mathrm{T}}]} \tag{11.2-128}$$

式中　f——托梁钢材的强度设计值；

　　　l——托梁的计算跨度；

　　　$[v_{\mathrm{T}}]$——托梁的挠度容许值。

② 按经济要求的腹板高度 h_{w} 可按式（11.2-129a）计算：

$$h_{\mathrm{w}} = 2W_{\mathrm{x}}^{0.4} \tag{11.2-129a}$$

$$W_{\mathrm{x}} = \frac{M_{\max}}{1.05f} \tag{11.2-129b}$$

式中　W_{x}——托梁所需的毛截面模量；

　　　$M_{\max}$——托梁在荷载作用下的最大弯矩设计值。

2）腹板厚度及翼缘尺寸

① 腹板厚度 t_{w} 可按下列经验公式估算：

$$t_{\mathrm{w}} = \frac{\sqrt{h_{\mathrm{w}}}}{3.5} \tag{11.2-130}$$

② 翼缘宽度和厚度：

一般情况下托梁宜采用双轴对称截面，一个翼缘的截面面积可按式（11.2-131）

计算：

$$A_t = \frac{W_x}{h_w} - \frac{1}{6} t_w h_w \tag{11.2-131}$$

翼缘宽度和厚度可分别取为：

$$b_f = \left(\frac{1}{2.5} \sim \frac{1}{5}\right) h \tag{11.2-132a}$$

$$t_f = \frac{A_f}{b_f} \tag{11.2-132b}$$

焊接工字形托梁实际采用的翼缘宽度和厚度，通常按板件宽厚比等级不超过 S4 级确定。

（2）初定截面后，焊接工字形托梁的强度和整体稳定性验算与平台梁类似，可参照本章 11.5.4 平台梁第三节有关内容进行计算。

1）工字形截面强度计算对截面塑性发展系数 γ_x 的取值规定：当梁截面板件宽厚比等级为 S4 级时，截面塑性发展系数 $\gamma_x = 1.0$；当梁截面板件宽厚比等级为 S1、S2 及 S3 级时，截面塑性发展系数 $\gamma_x = 1.05$。

2）大跨度托梁设计时应考虑腹板屈曲后强度，可参照本章 11.2.6 第四节第 2 条内容进行计算。

（3）当跨度及荷载均较大而截面高度受到限制，或对截面有较高的抗扭要求时，托梁宜采用箱型截面。箱型截面托梁的壁板间距离 b_0 应满足 $b_0 > 0.1h$，一般取 $b_0 = (0.25 \sim 0.50)h$，壁板间受压翼缘的宽厚比等级不应超过 S4 级。箱型截面托梁的计算和构造要求可参照本章 11.3.8 焊接箱形吊车梁有关内容。

4. 挠度计算与起拱

（1）一般情况下，托架或托梁在永久和可变荷载标准值作用下的挠度容许值 $[v_T] \leqslant \frac{l}{400}$（$l$ 为托架或托梁跨度），当跨度大于 24m 或其所在柱列设有排水天沟时，还应进一步对托架或托梁的挠度绝对值进行控制。

（2）一般情况下，托架可不考虑起拱，但对跨度大于 24m 或对挠度绝对值控制严格的托架可考虑适当起拱。

三、连接形式及节点构造

1. 设计原则

屋架与托架或托梁，以及托架或托梁与柱顶的连接及节点设计，除了应尽量减小对支承结构或构件的荷载偏心外，还应尽量方便施工并降低安装难度。

2. 屋架与托架或托梁的连接

（1）屋架与托架的连接宜尽量采用平接。平接除了可减少净空尺寸，使厂房空间利用更为有效外，还可利用屋架的支撑作用约束托架在使用中产生的扭转，并增加屋盖的整体刚度（图 11.2-94）。

（2）厂房高低屋面高差不大时，两侧屋架宜共用托架。通常的做法是高跨屋架与托架平接，低跨屋架与托架竖杆连接（图 11.2-95a），或与托架竖杆的延长段连接（图 11.2-95b）。但由于托架竖杆并不宜过度延长，故当屋面高差较大时不宜共用托架，可考虑采用高、低托架分别支承对应屋架，或高跨屋架用托架支承、低跨屋架支承于吊车梁辅助桁架等其他支承方式。

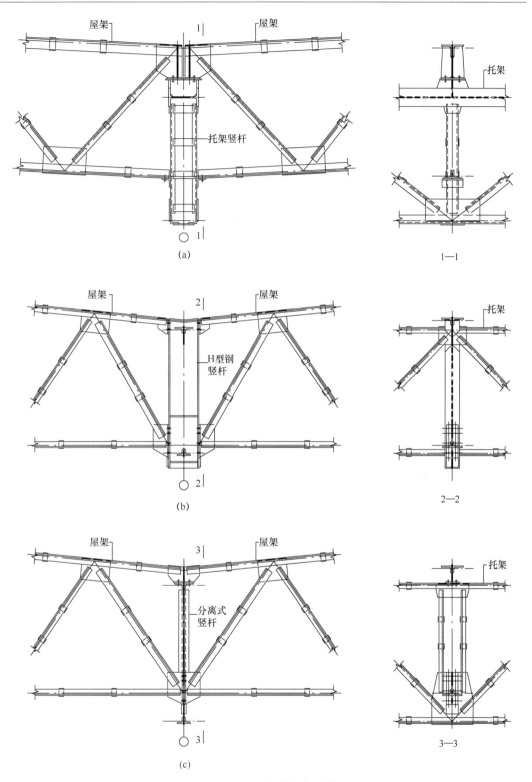

图 11.2-94 屋架与托架平接
（a）上承式屋架与双壁式托架平接；（b）下承式屋架与单壁式托架 H 型钢竖杆平接；
（c）下承式屋架与单壁式托架分离式竖杆平接

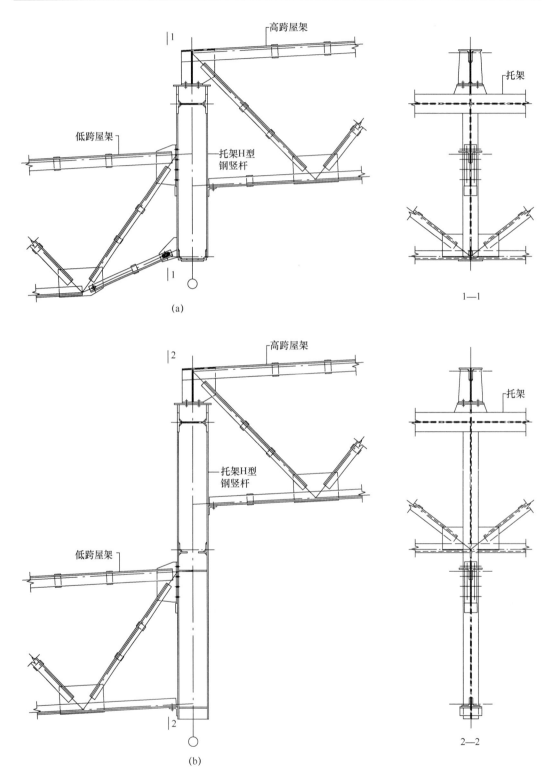

图 11.2-95 高低屋面共用托架的连接形式

(a) 低跨屋架与托架竖杆连接；(b) 低跨屋架与托架竖杆延长段连接

（3）双壁式托架截面宽度通常取 $b = 500 \sim 700mm$。当弦杆及腹杆采用拉开的角钢或槽钢组合截面时，通常采用缀板连接（图 11.2-89b）。当弦杆为 H 型钢、腹杆为角钢组合截面时，节点板与 H 型钢翼缘连接可采用对接或搭接。对接可以减小节点板尺寸（节约钢材），但连接焊缝应为焊透的对接焊缝。

（4）三角形屋架或钢筋混凝土屋架与托架连接宜采用叠接（图 11.2-96a）。下承式屋架与托梁的连接宜采用叠接（图 11.2-96b），上承式屋架与托梁的连接则可采用平接（图 11.2-96c）。

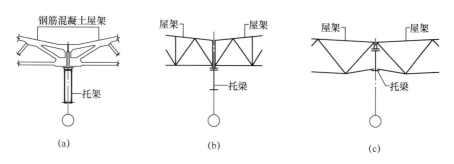

图 11.2-96　钢筋混凝土屋架与托架叠接及屋架与托梁连接
（a）钢筋混凝土屋架与托架连接；（b）下承式屋架与托梁叠接；（c）上承式屋架与托梁平接

3. 托架或托梁与柱顶的连接

（1）柱顶通常是托架或托梁以及屋架支座的交汇部位，设计时除了对二者连接方式和支座形式进行统一考虑外，还应尽量使屋架与柱顶，以及柱间屋架与托架或托梁的连接形式保持一致。

（2）托架通常采用上承式支座与钢柱连接。为使屋架支座形式保持一致，托架上弦和端斜杆可与设置在柱腹板侧面的节点板连接（图 11.2-97a）。托架与混凝土柱顶的连接通常采用 H 形小钢柱过渡的连接构造，此时屋架和托架均采用下承式突缘支座分别与小钢柱的翼缘和腹板连接（图 11.2-97b）。

（3）托梁与柱顶的连接通常为侧接，既可采用在柱腹板侧面设置连接板的连接形式（图 11.2-98a），亦可采用在柱顶预留梁段的连接形式（图 11.2-98b）。

11.2.8　屋盖支撑

一、支撑的种类与作用

1. 屋盖支撑的种类

屋盖支撑分水平支撑、竖向支撑和系杆，水平支撑有横向支撑和纵向支撑，竖向支撑有垂直支撑和隅撑，系杆有刚性系杆和柔性系杆。

（1）横向支撑——在屋架上、下弦及天窗架上弦平面并沿屋架方向布置的支撑。

（2）纵向支撑——在屋架上、下弦平面并垂直屋架方向布置的支撑。

（3）垂直支撑——在屋架间及天窗架（包括挡风架立柱）间竖向布置的支撑。

（4）隅撑——在檩条与对应屋架下弦节点间沿竖向倾斜设置的支撑。

（5）系杆——刚性系杆按压杆设计，柔性系杆按拉杆设计，通常在屋架、天窗架（包括挡风架）的对应节点间或跨度较大的檩条间水平设置。

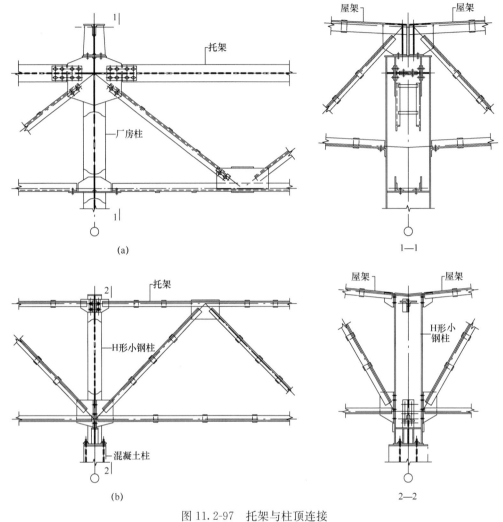

图 11.2-97   托架与柱顶连接

（a）上承式托架与钢柱顶侧接；（b）下承式托架与混凝土柱顶连接

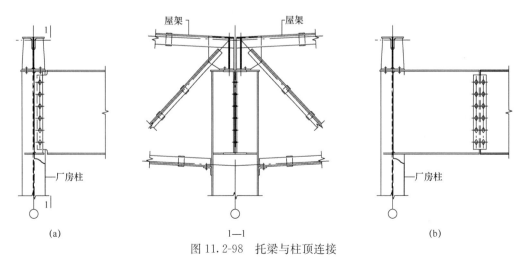

图 11.2-98   托梁与柱顶连接

（a）柱侧连接板连接；（b）预留梁段连接

2．屋盖支撑的作用

（1）将屋盖中的屋架（包括天窗架）、檩条（或大型屋面板）等平面构件连接组合成稳定的空间受力体系。

（2）承担并传递水平荷载和作用（如风荷载、悬挂吊车刹车力、地震作用等），提高屋盖结构在水平面内的整体刚度。

（3）减少受压杆件或构件的受压部位的计算长度，为防止其失稳提供必要的侧向支承；保证受拉杆件具有足够的刚度。

（4）保证结构安装时的稳定。

二、屋盖支撑的布置和形式

屋盖支撑的布置应根据厂房的柱网尺寸（柱距及跨度）及高度、屋盖体系（有檩或无檩）、有无天窗及天窗形式（纵向或横向、上承或下沉）、屋架形式（上承或下承、与柱顶铰接或刚接）与间距、设置悬挂吊车与否、吊车起重量及工作制级别、厂房内有无振动设备以及地震设防烈度等具体情况综合考虑。

1．一般要求

（1）厂房的每一个温度区段或分期建设的工程区段均应设置独立完整的屋盖支撑体系。

（2）支撑的传力途径应明确、简捷、可靠。

（3）当屋面构件（檩条或屋架弦杆等）与支撑斜杆组成桁架时，充当桁架腹杆的支撑斜杆倾角宜在 $30°\sim60°$ 之间，并以 $45°$ 左右为最佳。

（4）支撑体系的刚度应随厂房柱网尺寸（柱距及跨度）的增大而增大；支撑杆件的截面刚度亦应随吊车工作制级别的增大而增大。

（5）当无檩屋盖的屋面板材为大型屋面板时，在屋架上弦平面一般仍需设置横向支撑。此时若将大型屋面板作为支撑系杆使用，则需满足下列条件。

1）屋面板的最小支承长度为 60mm（屋架间距 6m 时）或 80mm（屋架间距大于 6m 时）。

2）每块屋面板的支承应至少焊接三点。在伸缩缝或端墙处的屋面板允许沿纵肋焊接两点，每点焊脚尺寸 $h_\mathrm{f}\geqslant6\mathrm{mm}$，焊缝长度 $l_\mathrm{f}\geqslant60\mathrm{mm}$（屋架间距 6m 时）或 $l_\mathrm{f}\geqslant80\mathrm{mm}$（屋架间距大于 6m 时）。

3）大型屋面板之间的空隙，应用 C30 的细石混凝土灌实。

（6）符合下列情况的房屋支撑拉杆可采用圆钢，对水平支撑圆钢直径不宜大于 16mm，竖向支撑不宜大于 20mm，且应有保证张紧的构造措施。

1）屋面为轻型材料覆盖且跨度不大于 18m 的房屋。

2）屋架上无悬挂起重设备。

3）不设吊车的房屋；或设有吊车，但起重量不大于 5t、工作制级别不大于 A5 的房屋。

4）房屋内部不能设有锻锤、空气压缩机或其他类似振动设备。

5）抗震设防烈度在 6° 及 6° 以下的房屋。

2．天窗架支撑

因大部分厂房可选用成品天窗，故本条仅对天窗架支撑的布置要求进行原则性描述。

（1）上承式天窗（纵向或横向）的每个天窗单元均应设置独立完整的支撑体系，亦可将通过挡雨片横梁相互联系的多个上承式横向天窗形成一个空间稳定的整体结构。天窗架支撑通常由上弦横向支撑、垂直支撑和水平系杆组成，布置时宜与屋盖支撑相对应。

（2）下沉式天窗通过水平支撑对平面稳定、屋架及垂直支撑对竖向稳定的保证，形成单个及整体都稳定的整体结构。

3. 屋架水平支撑

（1）屋架横向支撑

1）屋架横向支撑有上弦横向支撑和下弦横向支撑，其主要功能为传递山墙风荷载及纵向地震作用、增加屋盖在厂房跨度方向的平面刚度并保证屋架上弦平面外的稳定性。

2）屋架的主要横向支撑应设置在传递屋架支座反力的平面内。即当屋架为上承式时，应以上弦横向支撑为主，此时一般可不对应设置下弦横向支撑（图 11.2-99a）；当屋架为下承式时，应以下弦横向支撑为主，但同时宜在同一屋架区间内对应设置上弦横向支撑（图 11.2-99b、c）。

3）屋架横向支撑应在厂房每个温度区段两端第一个屋架区间内各设一道，温度区段长度较大时须在厂房中部增设屋架横向支撑，其净距不宜超过 60m（图 11.2-99）。

4）当厂房端部利用山墙承重且不设屋架时，或为统一支撑型号并与天窗支撑相对应时，可将端部横向支撑移至第二个屋架区间内，但此时屋架横向支撑与端屋架（或山墙墙梁）间须用刚性系杆相连（图 11.2-100）。

5）符合下列情况之一者，宜设置屋架下弦横向支撑：

① 下承式屋架跨度≥24m 时或厂房内有振动设备时。

② 设有工作制级别 A6 以上，或起重量 30t 以上、工作制级别 A4 以上的桥式吊车时。

③ 山墙抗风柱支承于屋架下弦时。

④ 在屋架下弦设有纵向支撑时。

⑤ 采用下弦有弯折的屋架时。

6）屋架设有悬挂吊车（或悬挂运输设备）时，应按下列情况增设横向水平支撑：

① 当吊车悬挂在屋架下弦沿厂房纵向运行，且轨道未到温度区段端部时，应在轨道尽端设置下弦横向支撑（图 11.2-101a），或用刚性系杆与邻近的下弦横向支撑桁架节点连接（图 11.2-101b）。

②当吊车直接或间接悬挂在屋架下弦节点，且沿厂房横向（平行于屋架方向）运行时，应在轨道一侧的屋架间增设下弦横向支撑（图 11.2-102a）。

③当吊车轨道通过支承梁与屋架竖杆连接时，且沿厂房横向运行时，应在轨道两侧的屋架间增设上、下弦横向支撑和垂直支撑（图 11.2-102b）；或在一侧设置上、下弦横向支撑和垂直支撑，另一侧以刚性系杆连接（图 11.2-102c）。

（2）屋架纵向支撑

1）符合下列情况之一者，应设置屋架纵向支撑：

① 设有特重级（A8 级）桥式吊车或起重量在 5t 以上壁行吊车或双层吊车的厂房；

② 柱顶高度大于 22m，且设有桥式吊车的厂房；

③ 柱顶高度不大于 22m，且吊车情况符合表 11.2-33 所列条件的厂房。

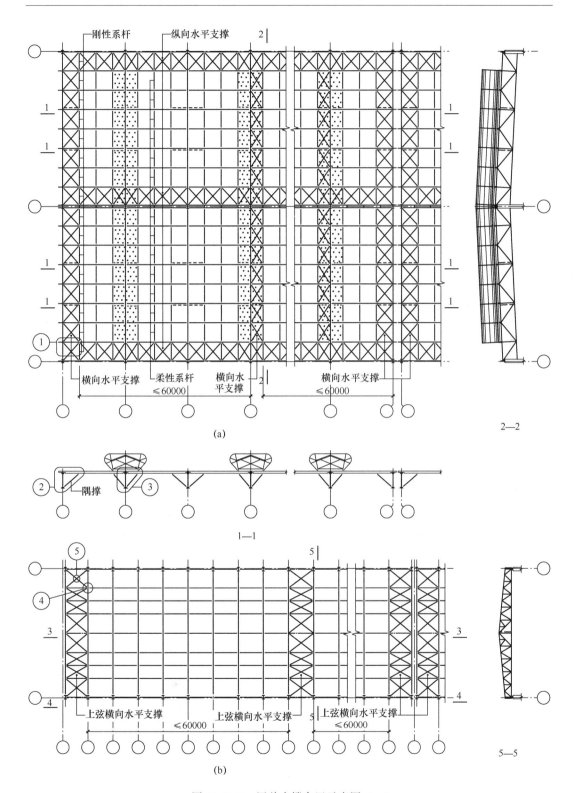

图 11.2-99 屋盖支撑布置示意图（一）

（a）上承式屋架上弦支撑；（b）下承式屋架上弦支撑

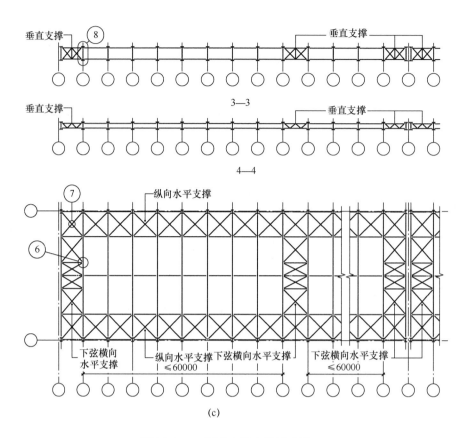

图 11.2-99 屋盖支撑布置示意图（二）

（c）下承式屋架下弦支撑

设置纵向支撑的条件　　　　　　　　表 11.2-33

项次	跨数	吊车工作制级别	柱顶高度≤15m（有天窗） 柱顶高度≤18m（无天窗）	柱顶高度>15m（有天窗） 柱顶高度>18m（无天窗）
1	单跨	中级（A4、A5）	吊车起重量≥50t	吊车起重量≥30t
		重级（A6、A7）	吊车起重量≥15t	吊车起重量≥10t
2	等高多跨	中级（A4、A5）	吊车起重量≥75t	吊车起重量≥50t
		重级（A6、A7）	吊车起重量≥20t	吊车起重量≥15t
3	不等高多跨	a. 高、低跨均为单跨时，可均参照项次 1 确定； b. 高跨为单跨、低跨为多跨时，高跨可参照项次 1，低跨可参照项次 2 确定； c. 高跨为多跨、低跨为单跨时，可均参照项次 2 确定		

④ 厂房内设有较大振动设备时（如≥5t 的锻锤、重型水压机或锻压机、铸件水爆池及其他类似的振动设备）。

⑤ 在框架计算中考虑空间工作或需增强厂房空间刚度时。

⑥ 厂房柱距较大，排架柱之间设有墙架柱，且以屋盖纵向支撑作为墙架柱的上部侧向支承点时。

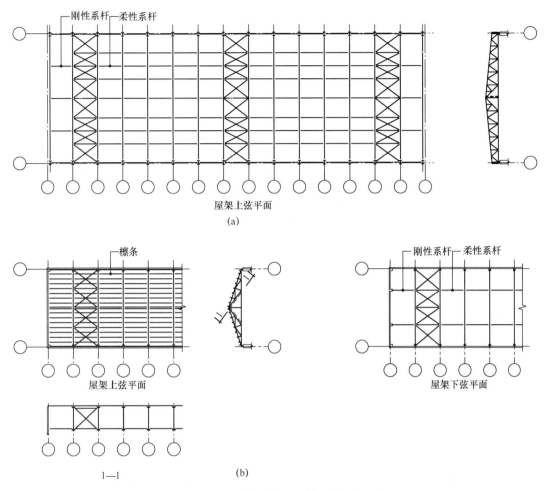

图 11.2-100 横向支撑移至第二个屋架区间
(a) 横向支撑与端屋架用刚性系杆连接；(b) 山墙到顶时屋盖支撑布置

⑦ 沿厂房全长设有托架时；当局部柱间设有托架时，可在仅有托架处设置纵向支撑，并在托架两端各延伸一个柱间（图 11.2-103）。若此时厂房温度区段内仅存少数柱间无纵向支撑时，则宜通长设置。

2）屋架纵向支撑应设置在传递屋架支座反力的平面内，并与横向支撑组成封闭的支撑框架（图 11.2-99a、c），以增加厂房空间刚度和整体性。为此，屋架纵向支撑一般设置在沿柱列的屋架端节间，布置形式按下列条件确定：

① 对单跨较高厂房（柱顶高度大于 22m）时，或设有特重级工作制吊车、起重量大于 75t 的重级工作制吊车的跨间内，宜沿两侧边柱列设置纵向支撑。

② 对等高多跨厂房或多跨厂房的等高部分，除沿两侧边柱设置纵向支撑外，尚应在中间柱列增设一道纵向支撑。对有重级工作制吊车的厂房，每隔一跨间（即两个柱列）设置一道纵向支撑（图 11.2-104a）。对一般厂房每隔两跨间（即三个柱列）设置一道纵向支撑。

③ 沿中列柱设置的纵向支撑，可沿中列柱一侧设置（图 11.2-104a），亦可沿中列柱两侧对称设置。对高低跨分界的中列柱，一般两侧均需设置纵向支撑（图 11.2-104b）。

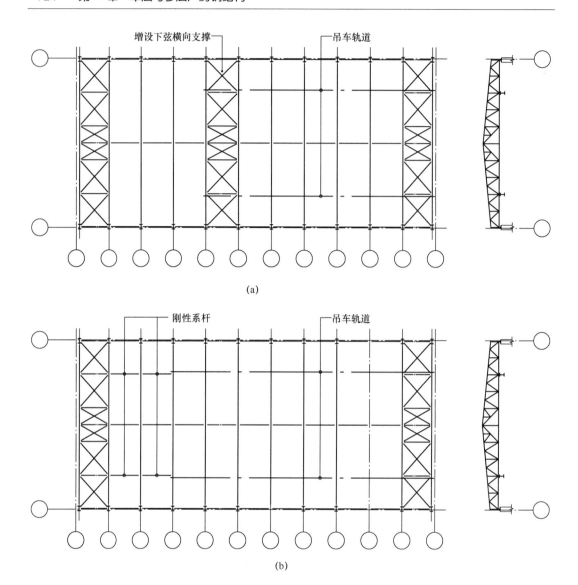

图 11.2-101 悬挂吊车纵向运行时的支撑布置

(a) 轨道尽端增设下弦横向支撑；(b) 用刚性系杆与就近的下弦横向支撑连接

（3）屋架水平支撑的形式

1）屋架水平支撑的应按支撑桁架的形式进行布置，桁架腹杆一般采用交叉斜杆，有时亦可采用单向斜杆。

2）横向支撑桁架弦杆可由屋架弦杆兼任（图 11.2-99b、c），亦可一侧由屋架弦杆兼任，另一侧是水平系杆（图 11.2-99a）。纵向支撑桁架弦杆可由檩条兼任（图 11.2-99a），亦可以是水平系杆（图 11.2-99c）。

4. 屋架竖向支撑

（1）屋架垂直支撑

屋架垂直支撑应布置在有横向支撑的区间内以形成空间稳定体，并按下列原则进行设置：

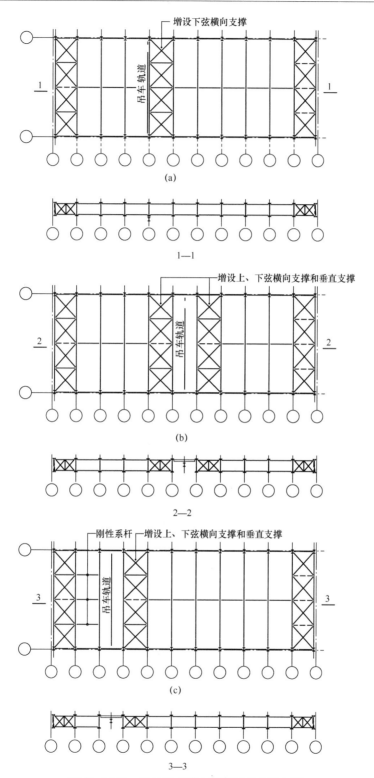

图 11.2-102 悬挂吊车横向运行时的支撑布置

(a) 吊车梁挂在屋架下弦时，应在轨道一侧的屋架间增设下弦横向支撑；(b) 轨道两侧的屋架间增设上、下弦横向支撑和垂直支撑；(c) 轨道一侧设置上、下弦横向支撑和垂直支撑，另一侧设置刚性系杆

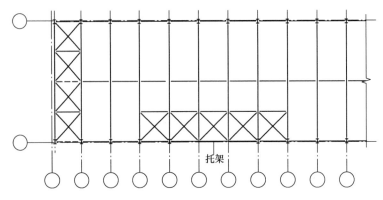

图 11.2-103　局部柱间有托架的纵向支撑布置

1）对梯形、人字形及平行弦等端部有一定高度的下承式屋架，应在屋架端部设置垂直支撑（图 11.2-105）。除屋架端部外，屋架跨间内亦应设置垂直支撑。当屋架跨度 $l \leqslant$ 30m 时，在跨度中央设置一道垂直支撑（图 11.2-105a）；当屋架跨度 $l > 30$m 时，在跨度中部设置两道垂直支撑（图 11.2-105b）。

2）三角形屋架的跨度一般不超过 18m，由于屋面坡度较大，屋架的跨中高度亦较大，应在跨中设置一道垂直支撑（图 11.2-106a）；芬克式屋架，当无下弦横向水平支撑时，虽跨度不大，通常宜设置两道垂直支撑（图 11.2-106b）。

3）当屋架下弦设有沿厂房纵向运行的悬挂吊车时，轨道竖向平面内应设置垂直支撑，且宜布置在厂房端部有横向支撑的区间内（图 11.2-101b）。当悬挂吊车轨道尽端未至厂房端部而增设下弦横向支撑时，并同时在该横向支撑区间内的轨道竖向平面内设置垂直支撑（图 11.2-101a）。当悬挂吊车起重量较大时，宜沿轨道全长连续设置垂直支撑。

4）当厂房内设有 3t 以上锻锤时，应在锻锤所在柱间及以锻锤为中心 30m 范围内，与屋盖中已有垂直支撑的平面位置相对应，每隔一个屋架区间设置一道垂直支撑。

（2）屋架垂直支撑的形式

屋架垂直支撑应根据高跨比采用下列不同形式。腹杆可采用 W 及 V 形布置，亦可采用交叉斜杆布置。无论何种形式，斜杆倾角应 $> 30°$。

（3）隔撑

1）有檩屋盖的上承式屋架间距 $\geqslant 10$m 时，可在檩条及其所对应的屋架下弦节点间设置隔撑，以减小屋架下弦平面外的计算长度（图 11.2-99a）。

2）隔撑通常间隔 2～3 个檩距设置一道，根据屋架的跨度大小，一榀屋架跨间内可设置一道或多道隔撑。屋架与柱刚接时，支座附近的下弦可能受压，可在屋架端节间的下弦节点设置隔撑，以增加屋架下弦的稳定性。

3）在屋架两侧成对设置的隔撑可按柔性系杆设计，单侧设置的隔撑（如厂房端部或温度缝处）应按刚性系杆设计。

5．系杆

1）水平系杆应在由横向或纵向水平支撑桁架以及垂直支撑所形成的稳定体之间贯通设置，并在其节点处与之连接。

2）屋架上弦的水平系杆一般可用檩条（对刚性系杆尚应满足 $\lambda \leqslant 200$ 的要求）或大

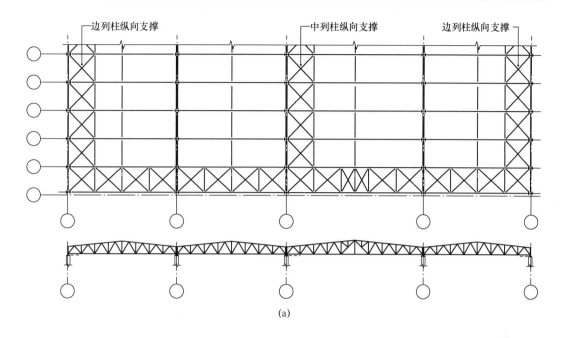

(a)

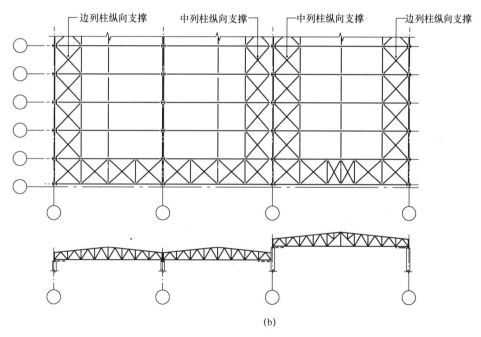

(b)

图 11.2-104 多跨厂房纵向支撑布置

(a) 重级工作制吊车厂房每隔一跨间设置一道纵向支撑；(b) 高低跨分界的中列柱两侧均设置纵向支撑

型屋面板来替代。屋架下弦的水平系杆当屋架间距≥10m 时，可用檩条两端设置的隔撑来替代。

3) 屋架端部的水平系杆一般按下列要求进行布置：

① 与柱铰接的屋架，应在屋架端部支座节点处通长设置一道刚性系杆；下承式屋架尚应在屋架上弦端部节点处通长增设一道刚性系杆。

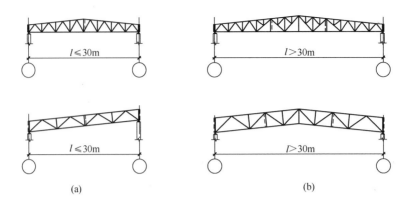

图 11.2-105 梯形、人字形及平行弦屋架垂直支撑布置

(a) 跨中设置一道垂直支撑；(b) 跨中设置两道垂直支撑

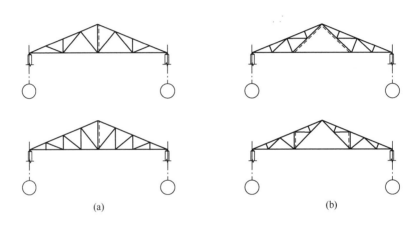

图 11.2-106 三角形屋架垂直支撑布置

(a) 三角形屋架跨中设置一道垂直支撑；(b) 芬克式屋架跨中设置两道垂直支撑

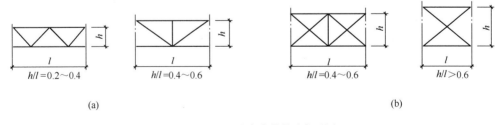

图 11.2-107 垂直支撑的腹杆形式

(a) W 及 V 形布置；(b) 交叉斜杆布置

② 与柱刚接的屋架，应在屋架端部上、下弦节点处各通长设置一道刚性系杆。

③ 屋架端部水平系杆可与柱顶压杆或有托架时的托架弦杆统一考虑无需分别设置。

4）屋架跨间的水平系杆一般按下列要求进行布置：

① 屋架上弦屋脊节点处，应通长设置一道刚性系杆。

② 应在对应垂直支撑的上、下弦处，各通长设置一道柔性系杆（屋架上弦屋脊节点处除外）。

③ 有弯折下弦的屋架，宜在下弦弯折处设置通长的柔性系杆，并与下弦横向水平支撑节点连接。

5) 檩间撑杆通常用来减少跨度较大檩条平面外的计算长度。该撑杆应在各纵向水平支撑桁架的所有檩间贯通设置，并在其节点处与之连接。同时，用以保证檩条侧向稳定的檩间撑杆，应布置在檩条的受压翼缘上或附近。

6) 成为横向水平支撑桁架一侧的弦杆，或成为纵向水平支撑支撑竖向腹杆的檩间撑杆，应按刚性系杆设计，其余的则可按柔性系杆设计（图 11.2-99a）。成为纵向水平支撑桁架弦杆的水平系杆，应按刚性系杆设计（图 11.2-99c）。

6. 屋面梁支撑

1) 一般仅在上翼缘平面内设置横向、纵向水平支撑及系杆，其布置原则与屋架相同。

2) 下翼缘平面内可不设置支撑体系。跨度较大时，或与柱刚接时下翼缘的受压区域，可采用在檩条端部设置隅撑的办法增加梁下翼缘的侧向刚度。

3) 屋面梁端部支撑

① 屋面梁与柱刚接时，应在梁柱节点处沿厂房纵向通长设置刚性系杆（即柱顶压杆）。

② 屋面梁简支于柱顶，当梁端高>900mm 时，垂直支撑及系杆的布置与屋架相同；当梁端高≤900mm 时，可不布置垂直支撑及系杆，但应采取可靠措施防止梁端截面发生扭转。

7. 间距≥10m 的屋架结构形式及其支撑布置

1) 当有檩轻屋盖结构的屋架间距≥10m 时，宜采用上承式屋架。此时，屋盖的主要支撑设置在屋架上弦平面内，檩条在承担屋面荷载的同时还兼具屋架上弦水平系杆的功能，其侧向稳定可通过檩间系杆及纵向水平支撑予以保证。屋架下弦平面不设置支撑体系，可用檩条端部设置的隅撑保证屋架下弦的侧向稳定（图 11.2-99a）。此布置方案的优点在于对檩条功能进行了合理扩展，除了兼具上弦水平系杆功能外，檩端隅撑对下弦水平系杆或垂直支撑的替代，亦使得结构的合理性和经济性得到提升。

2) 当檩条充任屋架上弦横向支撑的压杆（刚性系杆）时，除应满足压杆容许长细比的要求外，还应根据下述两种情况分别计算出所承受的轴心力，并取其中较大者对檩条进行验算。

① 当屋架上弦平面内作用有沿厂房纵向的水平荷载时，檩条作为支撑桁架杆件所承受的最大轴心力。

② 檩条作为屋架受压弦杆横向支撑系统中的系杆，承受按本手册第 6 章式（6.2-46）计算的节点支撑力。

8. 屋盖支撑的抗震设计

抗震设计时，屋盖支撑的布置要求详见本手册 11.6.4 节。

三、支撑杆件设计

1. 支撑杆件的计算长度与长细比

（1）屋盖支撑杆件受力较小，可不进行内力计算，一般按长细比选择截面，其容许长细比见表 11.2-34 所示。

支撑杆件的容许长细比　　　　　　　　　　　表 11.2-34

项次	压杆	拉杆	
		有重级工作制吊车的厂房	无吊车或有轻、中级工作制吊车的厂房
1	200	350	400

注：1. 承受静力荷载的结构中，可仅计算受拉杆件在竖向平面内的长细比；

　　2. 在直接或间接承受动力荷载的结构中，计算单角钢受拉杆件的长细比时应采用角钢的最小回转半径，斜平面的计算长度为几何长度的 0.9 倍。但在计算单角钢交叉受拉杆件平面外的长细比时，应采用角钢肢边平行轴回转半径，计算长度为节点中心间的距离（交叉点不作节点考虑）；

　　3. 在设有夹钳和刚性料耙吊车的厂房中，受拉支撑长细比不宜超过 300；

　　4. 张紧圆钢拉杆不受此限。

（2）交叉斜杆和柔性系杆按拉杆设计，可采用单角钢截面；非交叉斜杆、竖杆以及刚性系杆按压杆设计，可采用双角钢截面，此时常将双角钢组成十字形截面，以使两个方向的刚度接近。有条件时支撑杆件可采用薄壁方管、矩管或圆管，以节省钢材。但支撑斜杆宜采用单斜杆布置，其原因在于交叉斜杆交汇时的节点构造，管形截面不如角钢截面方便（图 11.2-107）。

（3）兼作支撑杆件的檩条、屋架竖杆等，其长细比应满足支撑杆件的容许长细比要求。屋架下弦兼作横向水平支撑桁架弦杆时，因所受拉力较大，可不按压杆限制杆件长细比。

2. 支撑杆件的内力与截面验算

（1）下列情况的支撑杆件除满足容许长细比要求外，尚应计算杆件内力，并据以进行杆件截面强度及稳定性验算以及连接强度的计算。

1）承受风荷载的山墙横向水平支撑（包括横向水平支撑后退一个开间时的刚性系杆）或侧墙纵向水平支撑，当支撑桁架跨度超过 24m 或风荷载超过 $0.5kN/m^2$ 时。

2）当结构按空间工作其纵向水平支撑作为柱的弹性支座时。

3）承受纵向地震作用的屋架端部垂直支撑。

（2）具有交叉斜杆的支撑桁架为超静定结构，一般将斜杆设计为柔性构件并假定压杆退出工作仅拉杆受力，其风荷载作用下的计算简图如图 11.2-108a 所示。

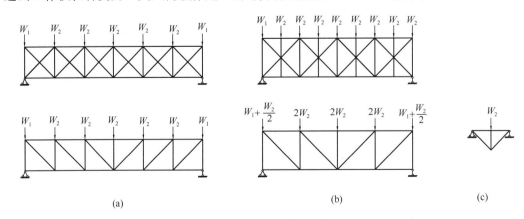

图 11.2-108　支撑桁架的计算简图

（a）仅拉杆受力的计算简图；（b）内力计算分解图之一；（c）内力计算分解图之二

当斜腹杆交叉点处连有横杆时，杆件内力按图 11.2-108b 和 11.2-109c 两计算图形所得内力之和。

四、构造要求与节点示例

1. 构造要求

（1）屋盖支撑杆件的节点板厚度，当屋架间距为 6m 时一般采用 6mm，当屋架间距超过 6m 时一般采用 8mm。

（2）支撑与屋架或屋面梁一般采用两个 M16 或 M20 的 C 级螺栓连接，螺栓间距一般采用 $3.5 \sim 4.0d_0$（d_0 为螺栓孔径）。

（3）设有重级工作制吊车或有较大振动设备的厂房，其支撑与屋架弦杆的连接，除用安装螺丝固定外，还应加现场焊接，其焊脚尺寸不宜小于 6mm，焊缝长度不宜小于 80mm，亦可采用高强度螺栓连接。

2. 节点示例

（1）有檩屋盖（上承式屋架）的上弦横向支撑当用檩条作为支撑桁架竖杆时，支撑杆件与屋架上弦及檩条的连接节点参见图 11.2-109a，檩条与屋架下弦间设置的隔撑节点参见图 11.2-109b（节点位置见图 11.2-99a）。

（2）有檩屋盖（下承式屋架）的横向支撑、纵向支撑及系杆与屋架的连接节点参见图 11.2-110（节点位置见图 11.2-99b、c）。

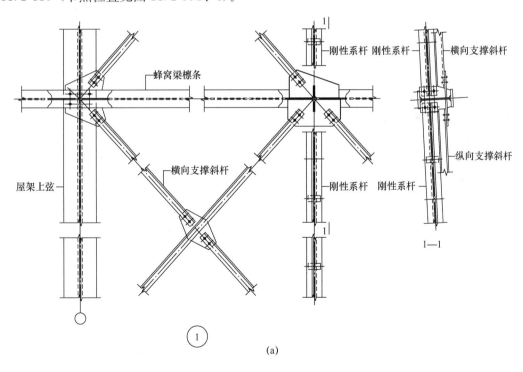

（a）

图 11.2-109　有檩屋盖（上承式屋架）支撑节点示例（一）

（a）水平支撑及系杆连接节点

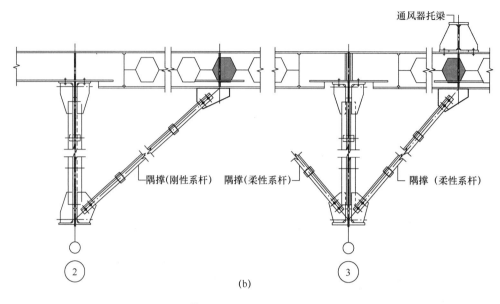

图 11.2-109 有檩屋盖（上承式屋架）支撑节点示例（二）

（b）隔撑连接节点

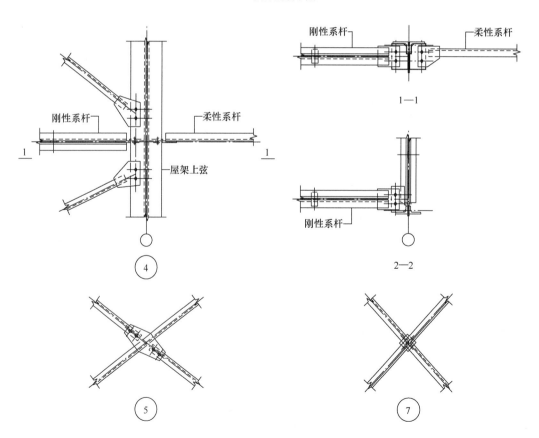

图 11.2-110 有檩屋盖（下承式屋架）支撑节点示例（一）

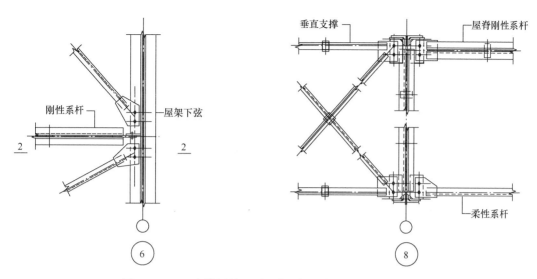

图 11.2-110　有檩屋盖（下承式屋架）支撑节点示例（二）

11.3　吊车梁系列构件

11.3.1　概述

一、吊车梁系列构件的组成与分类

1. 吊车梁系列构件除吊车梁外，尚包括制动结构、辅助桁架及支撑等，其组成如图 11.3-1 所示。

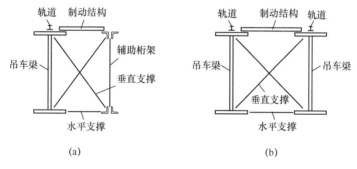

图 11.3-1　吊车梁系列构件组成示意图

（a）边列吊车梁；（b）中列吊车梁

2. 吊车梁按结构支承条件的不同可分为简支梁、连续梁及框架梁等。简支吊车梁设计、施工简便，工程中应用较多。连续梁竖向刚度较好，较简支梁省钢材，但对支座沉降和梁上部疲劳敏感，工程中较少应用。框架梁系将吊车梁与柱在纵向组成单跨或多跨刚架承受吊车荷载，由于计算、构造及受力情况复杂且用钢量大，仅当柱列上无法设置柱间支撑时才考虑采用。

吊车梁（吊车桁架）按连接构造可分为焊接梁、栓-焊梁与铆接梁等。焊接梁制作方便，使用可靠，由于钢材质量水平与焊接技术的不断提高，现已几乎成为吊车梁的唯一选型。栓-焊结构一般适用于吊车桁架，其所有构件均为型钢截面或焊接组合截面，节点连接则宜采用高强度螺栓，虽因用钢量较少，早期也有过应用大跨度中级吊车桁架的先例，但因施工复杂，节点连接对疲劳敏感等原因，工程中已很少应用。铆接梁则因其制作复杂，耗钢量大（约比焊接梁多 25%～30%），早已被淘汰不再应用。

吊车梁按截面形式的类别又可分为型钢梁、组合工字形梁、箱形梁和吊车桁架等，早期曾采用过的各类截面如图 11.3-2 所示。其中除铆接梁早已被淘汰不再应用外，工字钢梁现已被热轧 H 型钢梁替代，原工字钢（均为窄翼缘）加盖板和与角钢组合截面因费工费料和耐疲劳性能差也早已不再应用。

3. 使用情况表明，由于吊车轮压偏心引起附加扭转等原因，焊接工字形吊车梁腹板与上翼缘焊接区常易于疲劳裂损。为了改善该部位的受力状态，国内某船厂曾采用了跨度 24m，吊车为起重量 75/20t 中级制吊车的受压区加强的 Y 形梁，国外亦有资料介绍将梁腹板上增厚的加强截面梁，其截面如图 11.3-3 所示。

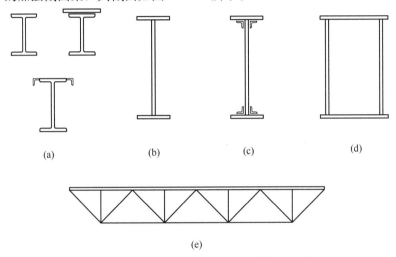

图 11.3-2　吊车梁（桁架）的各种截面形式

（a）型钢梁；（b）焊接工字形；（c）铆接工字形；（d）焊接箱形梁；（e）吊车桁架

图 11.3-3　抗偏扭性能较好的梁截面形式

（a）腹板上部加厚梁；（b）Y 形梁

4. 根据工程应用经验，各类吊车梁（桁架）的特点及适用范围可见表 11.3-1。

吊车梁（桁架）的特点及适用范围　　　　　　　　　　表 11.3-1

类型	特点及使用范围
型钢梁	直接利用热轧 H 型钢制成，制作简便，但耗钢量稍高。一般适用于梁跨度 $L \leqslant 9m$，吊车起重量 $Q \leqslant 20t$ 的情况

类型	特点及使用范围
吊车桁架	由型钢或组合工字形梁作为劲性上弦的桁架，较实腹梁用钢省（约省 15%～20%），但制作较费工，且节点连接对疲劳敏感。适用于跨度 $L \geqslant 18$m，并轻、中级制吊车起重量 $Q \leqslant 30$t 的情况。国内较早已有 36m 跨度栓焊吊车桁架的应用先例（用于起重量 $Q=75$t 中级吊车）
焊接组合工字形梁	焊接工字形梁承载性能良好，工作可靠，施工简便，且易于梁截面的优化，为目前最常用的选型。国内较早即有用于重级吊车起重量 $Q=440$t 的 20m 跨度吊车梁，及特重料耙硬钩吊车的 42m 跨度吊车梁应用实例
焊接箱形梁	由上、下盖板及两侧腹板组成的焊接封闭箱形截面梁，有较好整体刚度与抗扭刚度，但制作施工复杂。技术经济论证合理时，可用于跨度、荷载均较大的中列吊车梁，国内较早已有用于重级工作制吊车起重量 180t，跨度 48m 的吊车梁实例

重级工作制吊车梁系列构件常见裂损情况　　　　表 11.3-2

主要裂损类别	裂损部位与情况		
	焊接吊车梁	铆接吊车梁	吊车桁架
梁（桁架）本身及其连接的局部裂损	多在端加劲或横向加劲肋与上翼缘的焊连处或其附近腹板与上翼缘的焊连区产生局部纵向裂缝（附图中 1、2、3）。这些裂缝有的产生在上翼缘焊缝中而后扩展到腹板，有的直接出现在上翼缘焊缝附近的腹板上	多在部分中间加劲的顶端、铆钉处及其附近主体金属产生局部裂缝（附图中 4、5）很多头钉（附图中 7）与颈钉（附图中 6）发生松动甚至损坏，尤其头钉较多	与劲性上弦焊连的节点板沿水平焊缝（附图中 11）腹板端部与节点板连接焊缝拉裂（或铆钉拉脱）；杆端拉裂或节点板撕裂（附图中 12）。劲性上弦本身的裂损与同类吊车梁相似
梁上翼缘、柱及制动结构相互连接的裂损	梁上翼缘与制动桁架节点板的连接焊缝（或铆钉）产生开裂、松动或剪断，梁上翼缘与制动板的连接亦有局部裂损（附图中 8、9、10）。 柱与梁上翼缘及柱与制动结构的连接焊缝开裂或高强度螺栓、铆钉断损、甚至加固后继续损坏（附图中 13、14），支座处相邻吊车梁腹板间的竖向连接板及其连接产生裂缝。钉（栓）杆断裂等。这种现象在硬钩吊车间更为严重，铆钉损坏率高达 80% 以上		
轨道连接的裂损	弯钩螺柱被拉伸严重变形或大量松动，压板固定螺栓松动		
梁垂直支撑的裂损	靠近跨中的垂直支撑多数发生在连接螺栓剪断或节点板开裂等裂损现象		
附图	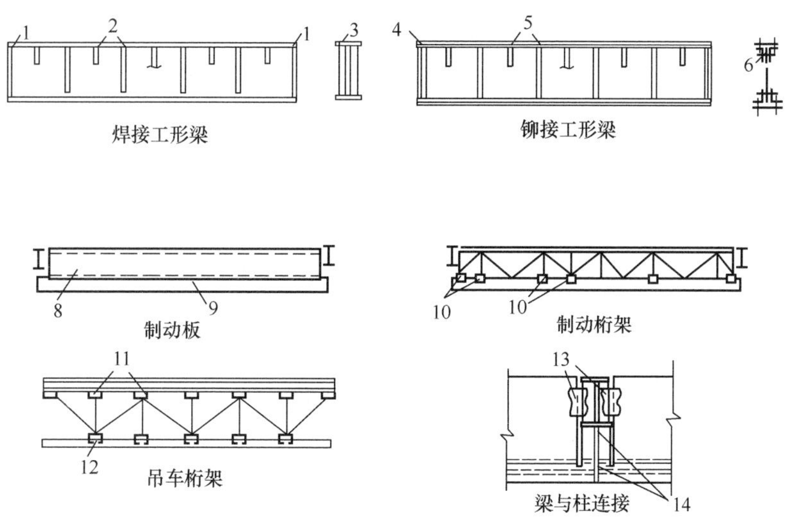		

焊接工形梁　　　　　　　　铆接工形梁

制动板　　　　　　　　制动桁架

吊车桁架　　　　　　　梁与柱连接

二、吊车梁系列构件使用情况的调研分析

1. 吊车梁是使用过程中损伤率最高的钢结构构件。国内外使用经验表明，吊车梁往往在不长的服役期内即开始出现不同程度的疲劳损伤，特别是在梁的上部这类裂损会迅速发展，严重影响梁的安全使用，也使吊车梁成为厂房钢结构构件中维修补强比例最高的构件。对此，我国和苏联、日本、美国较早即进行过专题调研，一致认为造成这类裂损的主要原因是：频繁循环作用的轮压动荷载、超额的卡轨力、轨道偏心、应力集中及梁的焊接与构造缺陷等。其中轨道偏心引起的梁颈部焊缝区附加扭转影响最为严重。本节简要介绍了多年来吊车梁系列构件使用损伤情况的调研分析和经验总结，应引起重视并作为在工程设计中的重要参考。

2. 根据早期调查的结果，国内外重级工作制（特别是硬钩特重级）吊车梁系统结构在使用中常见的各种裂损情况，可见表11.3-2归纳所述。由表知，吊车梁的裂损与缺陷主要集中在梁的上部区域，该区域的受力情况十分复杂，许多因素在设计中并未加考虑，虽然梁破损现象多为局部的，但由于其超额应力带有动力与疲劳性质，裂损往往会迅速发展，严重影响梁的安全使用，故应引起设计重视。

3. 国内一些单位于2000年以后对吊车梁在使用阶段产生裂损问题进行调研和分析所得的结论与前述早期的国内外调研分析结论是一致的。即承载A7、A8级重及特重级吊车的吊车梁，其裂损均为疲劳裂损，部位多在梁的上部翼缘与腹板或与加劲肋焊接区；对端部突变梁高的梁，则多在变高拐点的应力集中区，这些应力集中的焊缝区往往是裂缝源所在地，而轨道偏心则是引起梁上部附加内力与应力集中的重要原因。同时梁所承载的吊车均为重级工作制吊车，其轮压值大而满载行驶频率高。部分调查的典型实况如下述：

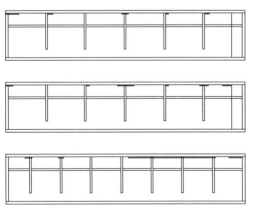

图11.3-4   吊车梁上部的典型裂损部位

（1）吊车梁上部疲劳裂损——某炼钢厂转炉跨、精炼跨设有起重量$Q=280/63t$ A7级吊车，经过近十年的使用，在主厂房2C列、3D列及3E列上的部分吊车梁在上翼缘与腹板连接的T形焊缝或腹板的母材处陆续出现了裂纹，经详细检查，验算与检测于2013年将裂损严重的33根吊车梁全部拆除更换为新梁，梁的典型裂损情况如图11.3-4所示，局部阴影处均为产生裂缝处，裂缝主要表现为吊车梁上翼缘与加劲肋顶端连接焊缝的裂损及上翼缘与腹板上边缘T形焊缝区的裂缝。

（2）梁变截面支座处的裂损——某厂炼钢车间连铸工段设有多台起重量$Q=440/80t$ A7级吊车，其20m跨圆弧突缘支座吊车梁在使用近20年后，在突变截面的圆弧区先后普遍产生裂缝图11.3-5，裂纹形态为圆弧处切向裂纹和在腹板上的圆弧切向裂纹。因裂纹在局部修补后反复发生，不得不在3年时间内将19根弧形突变支座梁分别更换为直角突变支座梁。

（3）吊车梁下部水平支撑的疲劳破坏——同样在上述炼钢厂连铸工段，从1994年就发现中列柱的吊车梁下部水平支撑有比较普遍的疲劳破坏现象（离该厂建成投产还不到

10年），之后进行了加固修复。在1999年检查时发现下部水平支撑又出现了疲劳破坏，加固修复后2003年再次检查时，发现下部水平支撑又出现了疲劳破坏。疲劳破坏出现在支撑杆件的高强螺栓的连接处，前后出现破坏的部位有近百处。包括交叉杆件中间节点板断裂与节点板连接的高强度螺栓断裂和松动等，同时还观察到这类疲劳破坏仅发生于中列吊车梁。

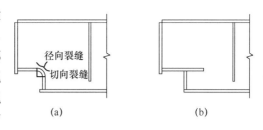

图11.3-5　突变支座处的疲劳裂损
(a) 弧形突变支座构造；(b) 直角突变支座构造

三、防止梁产生损伤的措施

1. 根据多年的调查研究，可以认定造成梁裂损的主要原因如下：

（1）吊车梁的实际工作与计算假定不尽一致——由于设计及构造上的原因，有时在相邻简支吊车梁的支座处沿纵向将上翼缘或腹板用连接板相连，加以轨道连续铺设，使简支梁端形成弹性嵌固而产生负弯矩效应，使支座处相邻梁沿纵向连接以及轨道及其固定螺栓受到很大超额应力而出现疲劳裂损。此外，由于制动结构、辅助桁架、水平及垂直支撑与吊车梁连接形成箱形空间结构，在竖向轮压荷载作用下，构件整体呈弯扭受力状态，也使翼缘及其连接处产生附加应力。

（2）实际吊车轮压荷载常超过设计计算的取值——调查表明，实际吊车轮压有时可达计算取用轮压值的1.3倍以上；此外，由于轨道接头不平、吊车轮有缺陷等原因，轮压的动力影响往往超过设计中采用的动力系数值，当梁跨度与吊车梁起重量均不大时，此种影响更为显著。同时，由于吊车桥架歪斜和轨道非直线偏差，在运行时产生的作用于吊车轨道的水平侧向挤压力，即卡轨力，也显著大于吊车横向制动力。

（3）梁受有设计中未考虑的诸多附加荷载作用，此类作用包括：

1）由于轨道偏心引起的偏心扭矩作用，并由此而产生的腹板顶部区焊缝附加弯曲应力，是导致吊车梁上部区域产生疲劳裂缝的主要原因。

2）轨道接头处不平的高差，在轮压经过时产生的附加冲击效应。

3）梁翼缘或腹板因变截面或局部焊接连接板等，而引起的应力集中和残余应力。

4）移动荷载作用下，在上翼缘焊缝及其附近腹板中产生的各种剪应力的疲劳作用。

2. 为防止或延缓吊车梁裂损的发生，多年来在不断改进吊车梁工程设计中，主要采取了下列有效措施，应在工程设计中注意应用。

（1）适当调整增大设计中吊车摇摆力（即吊车轮对轨道的水平侧向挤压力）的取值。

（2）改进梁与次构件的布置及连接构造措施，包括梁端部的连接避免形成连续梁的受力构造；梁与梁间一般不设置垂直支撑，确有必要设置时，其位置应设在距梁端三分之一梁跨度范围内。

（3）采用抗扭性能较好的连接与构造措施。包括梁腹板与上翼缘应为T形焊透连接，腹板横向加劲肋上端应刨平，并与梁上翼缘顶紧后焊连等。

（4）对需作疲劳计算的梁，不采用突变梁端高的构造。

（5）采用抗弯刚度和抗扭刚度较大的专用吊车轨，严格控制轨道施工安装时轨道偏心的偏差，并采用连接可靠的强紧固力专用压轨器。

表 11.3-3

吊车技术规格与荷载资料

所在跨间	台数及起重量 t	工作级别及钩别	尺寸参数						吊车总重 G t	小车重 g t	最大轮压 P_{max} KN	最小轮压 P_{min} KN	每侧制动轮数	推荐用吊车轨道	大车运行额定速度 m/min	简　图
			吊车跨度 L_k m	吊车总宽 B	吊车轮距 K K_1	轨面至缓冲器中心高 H_1 mm	轨面至吊车顶距离 H	轨中心至外端距离 B_1								

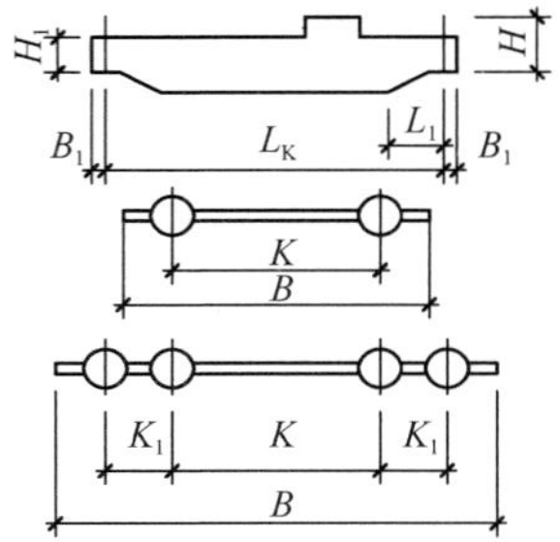

（6）轨道接头应设置在梁端区，有条件时可采用焊接长轨或轨道下铺设弹性垫的措施，以减小车轮通过时的冲击作用。

11.3.2 吊车工艺资料与工作级别

一、吊车技术规格与荷载资料

1. 进行吊车梁（桁架）设计时，应由业主提供准确的吊车工艺与荷载书面资料作为设计依据，内容应包括吊车台数、工作级别、起重量、吊车自重和轮压、轮距、以及每侧制动轮数、吊车总宽度与轨道型号等数据，其格式见表 11.3-3 所示。单轨吊车、悬挂吊车的荷载及外形尺寸等数据，也可参照表中内容由业主提供书面资料。

2. 其他工艺要求，包括吊车检修平台、检修单轨吊车、安全走道与上吊车走梯、车挡等及其荷载，亦应由工艺提出资料并与建筑结构设计人员商定布置方案。

二、吊车与吊车梁的工作级别

1. 吊车梁（桁架）的设计应考虑其负荷强度和频度不同，即工作级别不同的影响。《起重机设计规范》GB/T 3811—2008 按利用等级 U 及载荷状态 Q 将吊车分为 8 个工作级别。吊车利用等级 U0～U9 与吊车设计寿命内总的工作循环次数 N 有关，吊车的荷载状态与所起吊的载荷与额定荷载之比以及各个起吊载荷的作用次数 n_i 与总的工作循环次数 N 之比有关，其相关关系以载荷谱系数 K_p 表示。根据载荷谱系数 K_p 与利用等级 U 的大小，可划分为轻（Q1）、中（Q2）、重（Q3）、特重（Q4）四种载荷状态，并采用概率理论及数理统计方法将吊车工作级别分为 A1～A8 八个级别，见表 11.3-4 所示。

吊车整机的工作级别　　　　　　　　　表 11.3-4

载荷状态	吊车载荷谱系数，K_p	利用等级							
		U0	U1	U2	U3	U4	U5	U6	U7
轻 Q1	$K_p \leqslant 0.125$	A1	A1	A1	A2	A3	A4	A5	A6
中 Q2	$0.125 \leqslant K_p \leqslant 0.25$	A1	A1	A2	A3	A4	A5	A6	A7
重 Q3	$0.25 \leqslant K_p \leqslant 0.5$	A1	A2	A3	A4	A5	A6	A7	A8
特重 Q4	$0.5 \leqslant K_p \leqslant 1.0$	A2	A3	A4	A5	A6	A7	A8	A8

2. 为便于建筑结构设计，我国现行国家标准《建筑结构荷载规范》GB 50009 参照过去的设计经验，提出了对应于吊车四种载荷状态的吊车梁工作级别分类，其对应关系可参见表 11.3-5。在进行吊车梁设计时，应以本表分类作为依据。

按吊车荷载分类的吊车工作级别　　　　　　　表 11.3-5

序号	吊车工作级别	对应的吊车级别	吊车类型示例
1	轻级	A1～A3 级	安装、维修用梁式起重机、电站用桥式起重机
2	中级	A4、A5 级	机械厂机加工、冲压、钣金、装配等车间用软钩桥式起重机
3	重级	A6、A7 级	繁重工作车间及仓库用软钩桥式起重机、冶金工厂用普通软钩起重机；间断工作的电磁、抓斗桥式起重机
4	特重级	A8 级	冶金专用桥式起重机（脱锭、夹钳、料耙等硬钩起重机）；连续工作的电磁、抓斗桥式起重机

注：由于钢铁冶炼工艺的技术进步，现已不再使用脱锭、夹钳、料耙等硬钩特重级专用吊车。

11.3.3 吊车梁（桁架）荷载与内力计算

一、吊车梁（桁架）的荷载计算

1. 吊车梁上作用的竖向轮压、水平制动力及摇摆力的计算应符合以下规定：

（1）吊车竖向轮压荷载应以工艺资料中最大轮压 P_{max} 为标准值，并按不同工况分别乘以相应系数后取为设计计算值。

（2）吊车纵向水平制动力荷载标准值，应按作用在一侧轨道上所有刹车轮的最大轮压之和的 10% 采用；该项荷载的作用点位于刹车轮与轨道的接触点，其方向与轨道方向一致。

（3）吊车横向水平制动力荷载标准值，应按横行小车重量与额定起重量之和的百分数 η 乘以重力加速度计算。当为硬钩吊车时取 $\eta = 0.2$；当为软钩吊车并 $Q \leqslant 10t$ 时取 $\eta = 0.12$，$16t \leqslant Q \leqslant 50t$ 时取 $\eta = 0.10$，$Q \geqslant 75t$ 时取 $\eta = 0.08$。此横向水平力应等分于桥架的两端，分别由轨道上车轮平均传至轨道，即当吊车小车制动时，由吊车两侧每个车轮作用在轨顶上的横向水平荷载 T，方向与轨道垂直，并可在正反两个方向作用。

（4）按《钢结构设计标准》GB 50017—2017 规定，在计算重级工作吊车梁及其制动结构的强度、稳定及连接时应考虑吊车摇摆力的作用，此侧向摇摆力是在总结多年工程实践经验与调研吊车梁上部疲劳损伤规律后而提出的。由于吊车结构平面并非绝对刚度，行驶中会呈现平面偏扭运行状态，加之多个车轮磨损不同而线速度有差异，以及轨道不是理论上的平直等原因，致使吊车行驶中车轮会对轨道产生很大的侧向卡轨挤压力，即摇摆力。摇摆力标准值应按最大轮压标准值乘以系数 α 计算取值。对一般软钩吊车 $\alpha = 0.1$；抓斗或磁盘吊车宜采用 $\alpha = 0.15$；硬钩吊车宜采用 $\alpha = 0.2$。因此力只是重级钢吊车梁才考虑的一种特殊荷载，故一直列在国家现行标准《钢结构设计标准》GB 50017 中考虑，而未列入现行《建筑结构荷载规范》GB 50009。

计算梁的荷载组合时摇摆力不应与吊车横向水平制动力同时考虑。

（5）进行各类计算项目计算时，上述梁上作用的竖向轮压标准值、制动力和摇摆力标准值可见表 11.3-6 计算取值；梁上的竖向与水平作用力设计计算值应见表 11.3-7 计算取值。

2. 吊车梁结构的自重及其上活荷载的计算应符合以下规定：

（1）吊车梁的自重及其上的走道、摩电架、轨道、制动结构、支撑重量等应按实际重量计算。也可沿用以往的设计经验，近似的将自重荷载乘以增大系数 k_a 计入最大轮压进行计算，K_a 可参照表 11.3-8 取值。若用计算机软件计算时，则应按其应用规定考虑梁的自重荷载。

（2）吊车梁与制动结构和辅助桁架走道上的活荷载应计入走道上活荷载和可能作用的灰荷载，前者一般可按 $2kN/m^2$ 考虑；后者仅在生产积灰较多的车间内，其上积灰荷载可在 $0.5 \sim 1.0 kN/m^2$ 范围内取值。

（3）当吊车梁（或吊车桁架）和辅助桁架及制动结构还承受屋盖、墙架以及侧墙风荷载或其他荷载时，应按实际情况计算，并考虑作用效应的叠加。对露天栈桥的吊车梁，尚应考虑风、雪荷载的影响。

梁上竖向轮压和制动力、摇摆横向力标准值计算　　　表 11.3-6

项次	荷载	公　式	简图及符号说明
1	竖向荷载（吊车竖向轮压）	$P_{k,max}$ 吊车最大轮压标准值，按工艺资料提供的吊车最大轮压采用	
2	纵向水平荷载（吊车纵向水平制动力）	$H_{kl} = 0.1\sum P_{k,max}$ （11.3-1）	
3	横向水平荷载	1) 对中、轻级工作制吊车，按荷载规范规定的吊车横向制动力取值： $H_l = \eta\dfrac{(Q+g)}{2n_0}\times 10(kN)$ （11.3-2） 2) 对重级工作制级、特重级吊车，当计算吊车梁水平挠度时，横向水平荷载 H_l 仍按式 11.3-2 计算； 3) 对重级工作制级、特重级吊车，当计算吊车梁的强度时，横向水平荷载应按摇摆横向力 H_k 计算： $H_k = \alpha P_{k,max}$ （11.3-3）	

对图及符号说明栏：

$\sum P_{k,max}$ ——为一侧轨道上所有制动轮最大吊车轮压标准值之和。当缺少制动轮数资料时，一般桥式吊车可取此侧大车车轮总数的一半；

Q ——吊车额定起重量（t）；

g ——小车重量（t）；

n_0 ——吊车一侧轮数；

η ——系数，当为硬钩吊车时取 $\eta = 0.2$；
当为软钩吊车时：
$Q \leqslant 10t$ 时，取 $\eta = 0.12$
$16t \leqslant Q \leqslant 50t$ 时，取 $\eta = 0.10$
$Q \geqslant 75t$ 时，取 $\eta = 0.08$

α ——摇摆力系数，对软钩吊车 $\alpha = 0.1$；对抓斗或磁盘吊车 $\alpha = 0.15$；对硬钩吊车 $\alpha = 0.2$。

注：1. 吊车横向水平荷载一般按各车轮平均分配；

2. 悬挂吊车的水平荷载应由支撑系统承受，设计该支撑系统时，尚应考虑风荷载与悬挂吊车水平荷载的组合；

3. 手动吊车及电动葫芦可不考虑水平荷载；

4. 重级及特重级工作制吊车梁（或吊车桁架）及其制动结构的强度、稳定性以及连接（吊车梁、制动结构和柱之间相互连接）强度计算时，横向水平荷载均应按摇摆力 H_k 式（11.3-3）计算。

吊车轮压与制动力荷载设计值计算　　　表 11.3-7

计算项目	荷载设计值		吊车组合台数
	轻、中级吊车	重级、特重级吊车	
吊车梁（桁架）及制动结构的强度和稳定性	$p = k_a\beta\gamma_Q P_{k,max}$　（11.3-4） $H = \gamma_Q H_l$　（11.3-5）	$p = k_a\beta\gamma_Q P_{k,max}$　（11.3-10） $H = \gamma_Q H_k$　（11.3-11）	按实际情况，但不多于两台
轮压处腹板局部压应力	$p = \beta\gamma_Q P_{k,max}$　（11.3-6a）	$p = 1.35\beta\gamma_Q P_{k,max}$ （11.3-12）	
梁腹板局部稳定	$p = k_a\beta\gamma_Q P_{k,max}$（11.3-6b）	$p = k_a\beta\gamma_Q P_{k,max}$（11.3-13）	

续表

计算项目	荷载设计值		吊车组合台数
	轻、中级吊车	重级、特重级吊车	
疲劳应力幅	—	$p = k_a P_{k,max}$　(11.3-14)	按跨间最大一台吊车确定
吊车梁（桁架）的竖向挠度	$p = k_a P_{k,max}$ (11.3-7)	$p = k_a P_{k,max}$　(11.3-15)	
制动结构的水平挠度	—	$H = H_l$　(11.3-16)	
梁上翼缘、制动结构及柱相互间连接强度	$H = \gamma_Q H_l$　(11.3-8)	$H = \gamma_Q H_k$　(11.3-17)	按实际情况，但不多于两台，尚需考虑山墙风荷载及地震作用等纵向荷载
有柱间支撑处吊车梁与柱传递纵向力的连接	$T = \gamma_Q H_{kl}$　(11.3-9)	$T = \gamma_Q H_{kl}$　(11.3-9)	

注：1. 荷载作用位置见表 11.3-6 中附图；

　　2. 式中　p ——吊车竖向荷载设计值；

　　　　　　H ——吊车横向水平荷载设计值；

　　　　　　T ——吊车纵向水平荷载设计值；

　　　$P_{k,max}$ ——吊车最大轮压标准值；

　　　　　H_l ——吊车横向水平制动力荷载标准值；

　　　　　H_k ——吊车摇摆横向力标准值；

　　　　　β ——吊车荷载的动力系数；

　　　　　γ_Q ——荷载分项系数，取为 1.4；

　　　　　k_a ——梁自重增大系数，按表 11.3.8 取值，当用软件计算自动计入梁自重时 $k_a = 1$；

　　3. 当梁上有壁行吊车时，其荷载与桥式吊车荷载的组合应按工艺操作实际情况考虑；

　　4. 计算屋盖桁架悬挂吊车和单轨吊车荷载时，在同一跨间每条运行线路上的台数，对梁式吊车不宜多于 2 台；对单轨吊车不宜多于 1 台，并不考虑其横向荷载。

自重荷载增大系数 k_a　　　　　　　　　　　　　　　　表 11.3-8

系数	结构形式	梁跨度（m）					
		6	12	18	24	30	36
k_a	实腹工字形吊车梁	1.03	1.05	1.07	1.10	1.13	1.15
	吊车桁架	1.03	1.04	1.05	1.08	1.10	1.14

注：当跨度为中间值时，可用插入法计算。

3. 计算吊车梁上的荷载作用时，各荷载分项系数与动力系数应按下列规定取值：

（1）吊车竖向轮压、水平制动力、摇摆力及其上的活荷载的荷载分项系数 γ_Q 均取为 1.4。

（2）吊车梁及制动结构、支撑等结构自重的荷载分项系数 γ_Q 均取为 1.1。

（3）计算吊车梁及其连接的承载力时，吊车竖向轮压荷载应乘以动力系数 β，对悬挂吊车（包括单轨吊车）及工作级别 A1～A5 的软钩吊车，动力系数取为 1.05；对工作级别为 A6～A8 的软钩吊车、硬钩吊车和其他特种吊车，动力系数取为 1.1。

（4）进行梁的变形与疲劳计算时，不考虑荷载分项系数与动力系数。

4. 计算吊车梁上的荷载时，梁上作用的吊车台数与布置应符合以下规定：

（1）进行梁与连接的强度计算时，可按较大荷载的两台吊车同时紧靠，并轮压位于梁上最不利位置计算梁的内力，轮压取设计值。

（2）计算梁竖向挠度时，轮压取标准值，梁上吊车可同上布置并按不超过 2 台考虑。计算制动结构水平挠度时，轮压取标准值，梁上吊车按一台最大重级吊车考虑。

（3）计算梁的疲劳时，按梁上一台最大重级吊车考虑，轮压取标准值。

二、吊车梁的内力计算

1. 简支梁在行动轮压作用下的最大竖向弯矩及最大剪力，应按可能排列于梁上的轮数、轮序及最不利位置进行计算。按结构力学分析方法可知，当梁上有 2 个及 2 个以上行动轮压作用时，轮子的排列应使所有梁上轮压的合力作用线与最近一个轮子间距离被梁中心线平分，则此轮所在位置即梁最大弯矩的截面位置；而最大剪力 V_{max} 即支座反力则可按梁反力影响线来求得。当梁上作用有 2 个、3 个、4 个轮时，梁最大竖向弯矩内力 M_{max} 及最大剪力 V_{max} 亦可见表 11.3-9 的算式计算。计算时宜先于梁上试排轮数及轮序，判断并选择最不利轮位的布置。连续梁的弯矩与剪力宜由计算机软件解析计算，对等截面等跨连续梁，其弯矩与剪力亦可采用影响线方法计算。

简支吊车梁最大竖向弯矩、剪力计算公式　　　　　　　　表 11.3-9

梁上轮数	最大弯矩 M_{max}		最大剪力 V_{max}	
	简图	算式	简图	算式
二轮		$a_0 = \dfrac{P_1 a_1}{\Sigma P}$ (11.3-18) $M = \dfrac{\Sigma P \ (L - a_0)^2}{4L}$ $\Sigma P = P_1 + P_2$ (11.3-19)		$V = P_1 + P_2 \left(1 - \dfrac{a_1}{L}\right)$ (11.3-30)
三轮		ΣP 合力作用线在梁中左侧 $(P_1 a_1 > P_2 a_2)$ $a_0 = \dfrac{P_1 a_1 - P_2 a_2}{\Sigma P}$ (11.3-20) $M = \dfrac{\Sigma P (L + a_0)^2}{4L} - P_1 a_1$ $\Sigma P = P_1 + 2P_2$ (11.3-21)		$V = P_1 + P_2 \left[\dfrac{2(L - a_1) - a_2}{L}\right]$ (11.3-31)
		ΣP 合力作用线在梁中右侧 $(P_1 a_1 < P_2 a_2)$ $a_0 = \dfrac{P_2 a_2 - P_1 a_1}{\Sigma P}$ (11.3-22) $M = \dfrac{\Sigma P (L - a_0)^2}{4L} - P_1 a_1$ $\Sigma P = P_1 + 2P_2$ (11.3-23)		

续表

梁上轮数	最大弯矩 M_{max}			最大剪力 V_{max}	
	简图	算式		简图	算式
四轮		ΣP 合力作用线在梁中左侧 $P_2(a_2+a_3) > P_1(a_1+a_3)$ $$a_0 = \frac{P_1(a_1+2a_3)-P_2a_2}{\Sigma P}$$ (11.3-24) $$M = \frac{\Sigma P(L+a_0)^2}{4L} - P_1(a_1+2a_3)$$ 或 $M = \dfrac{\Sigma P(L-a_0)^2}{4L} - P_2a_2$ $$\Sigma P = 2(P_1+P_2)$$ (11.3-25)			
		ΣP 合力作用线在梁中右侧 $P_2(a_2+a_3) < P_1(a_1+a_3)$ $$a_0 = \frac{P_2(a_2+2a_3)-P_1a_1}{\Sigma P}$$ (11.3-26) $$M = \frac{\Sigma P(L-a_0)^2}{4L} - P_1a_1$$ $$\Sigma P = 2(P_1+P_2)$$ (11.3-27) 若 P_2 大于 P_1 很多,合力线进入两个 P_2 轮之间时,a_0 及 M 改为按下式计算: $$a_0 = \frac{P_2a_2-P_1(a_1+2a_3)}{\Sigma P}$$ (11.3-28) $$M = \frac{\Sigma P(L-a_0)^2}{4L} - P_1(a_1+2a_3)$$ (11.3-29)		$(P_1>P_2)$	$$V = P_1\left(2-\frac{a_1}{L}\right) +$$ $$P_2\left[\frac{2(L-a_1-a_3)-a_2}{L}\right]$$ (11.3-32)

2. 简支梁及制动结构在横向吊车制动力或摇摆力作用下的弯矩、剪力及内力的计算,应符合以下规定:

(1) 当制动结构为制动板时,在横向吊车制动力或摇摆力作用下,其最大水平弯矩 M_{max} 和支座反力 V_{max} 可按在竖向轮压下梁最大弯矩和反力的相同轮位进行计算,应注意此时横向力应取吊车横向制动力与吊车摇摆力(仅重级工作制吊车考虑)二者中的大者。

(2) 当制动结构为制动桁架时,如图 11.3-6,最大水平弯矩 M_{ymax} 应转换为吊车上翼缘(或制动桁架外弦)产生的附加轴

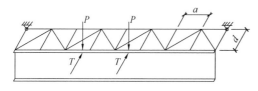

图 11.3-6　制动桁架计算简图

力 N_T,并按式(11.3-33)计算:

$$N_T = \frac{M_{ymax}}{d} \qquad (11.3-33)$$

式中　d——制动桁架弦杆重心线间距离。

（3）制动桁架在吊车横向水平力作用下，吊车梁上翼缘（即制动桁架弦杆）同时还产生节间局部弯矩 M_{y1}，可按下式近似计算：

对轻、中级工作制吊车的制动桁架：$M_{y1} = \dfrac{Ta}{4}$ （11.3-34）

对重级工作制吊车的制动桁架：$M_{y1} = \dfrac{Ta}{3}$ （11.3-35）

式中　a——制动桁架节间距离。

制动桁架腹杆内力计算可按横向力作用下桁架杆件影响线来求得，对中列制动桁架还应考虑相邻跨吊车水平力同时作用的不利组合。

11.3.4　吊车梁（桁架）设计一般规定

吊车梁工程应按钢结构设计施工图与钢结构制作详图两个阶段进行设计，前者由设计单位负责，后者由钢结构加工厂单位负责。各阶段设计文件的深度应符合住房城乡建设部关于印发《建筑工程设计文件编制深度规定（2016 版）》的规定，设计内容的一般技术要求应符合本节的规定。

一、结构布置与选型

1. 吊车梁（桁架）的截面形式应综合考虑吊车工作级别、梁的跨度、使用条件对梁承载性能和耐疲劳性能要求，以及经济造价等因素进行优化比选。实腹梁一般应优先选用焊接工字形截面梁或热轧宽翼缘 H 型钢梁，跨度与荷载较大时，可采用上翼缘加厚（宽）的不对称截面梁，或沿梁跨度方向楔形腹板渐变高度截面梁，梁中段腹板减薄或梁腹板上部加厚的变截面梁。当有技术经济依据时也可采用箱形梁；当为中等跨度且作用荷载为轻级或起重量不大于 30t 的中级吊车时，可选用刚性上弦的吊车桁架。各类吊车梁（桁架）适用的截面形式可按表 11.3-10 选用。

吊车梁（桁架）截面形式的选用　　　　　　　表 11.3-10

吊车级别	吊车起重量 (t)	吊车梁跨度 (m)	吊车梁（桁架）截面形式	相匹配构件	说　明
轻级、中级（A1~A5）	≤20	≤9	热轧 H 型钢梁焊接工字形梁	必要时制动桁架及辅助梁	1. 跨度与荷载较大时，焊接工字梁宜选用变截面梁；2. 热轧 H 型钢应选用宽（中）翼缘 H 型钢
	≤30	9≤L≤24	焊接工字形梁栓-焊刚性上弦桁架	制动桁架辅助桁架	
	>30	>24	焊接工字形梁焊接箱形梁	制动桁架辅助桁架	
重级（A6~A8）	不限	>9	焊接工字形梁或焊接箱形梁	制动板或桁架、辅助桁架跨度大时设置下翼缘水平支撑	

2. 按技术经济合理性的要求，吊车梁（桁架）一般宜以 12m 为梁的基本通用跨度（柱距），工艺要求局部梁大跨度（柱距）处，可按 18m、24m、30m、36m 等常用模数柱距布置大跨度梁（桁架）。

3. 吊车梁结构系列的次构件，应按框（排）架结构整体的承载与稳定性要求进行合理的布置，并符合下列要求：

（1）中级或重级吊车的吊车梁跨度大于12m（含12m）时，应在上翼缘部位布置水平制动桁架或制动板；边列吊车梁（桁架）跨度等于或大于12m时，或中列柱仅一侧有吊车梁时，宜设置相应的辅助桁架。

（2）当符合下列条件时，宜设置吊车梁（桁架）下翼缘水平支撑：

1）吊车桁架跨度大于或等于12m时；

2）吊车梁（桁架）下翼缘需设置水平支撑作为抗风桁架时。

（3）为防止对相邻梁的附加荷载影响，中列柱相邻梁间一般不宜设置垂直支撑，确有必要设置垂直支撑时，应设在距梁端三分之一梁跨度范围内。

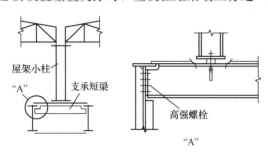

图 11.3-7　梁上小支柱的连接构造

（4）吊车梁跨度（柱距）较大而屋架间距较小时，可不设置屋盖托架而在吊车梁或辅助桁架上加设上部短柱直接支承屋架，以优化结构的布置，其布置及连接节点可见图11.3-7。

（5）重级工作制吊车因维修需要，一般宜按工艺要求在其一侧吊车梁制动结构上布置检修安全通行走道，其通行净空宽度应不小于400mm，并于适当位置布置由地面至吊车驾驶室和走道的走梯。

二、结构计算

吊车梁（桁架）的设计采用以概率论为基础的极限状态设计方法，按承载力极限状态进行强度、整体稳定、局部稳定等各项计算时，应符合以下规定：

1. 吊车梁（桁架）按同时承受竖向与水平荷载进行结构内力分析，此时可假定吊车梁上翼缘或桁架上弦与制动板（桁架）的组成的制动结构承受水平荷载，对梁的上翼缘或桁架上弦应按双向弯曲应力计算。

2. 计算梁的正应力时，不应考虑塑性发展系数 γ_x、γ_y，即不考虑梁截面边缘屈服的效应，亦不应考虑利用梁腹板屈曲后强度的计算。

3. 梁腹板或桁架刚性上弦腹板的上边缘处应按最大轮压作用验算局部承压强度；采用连续梁时其支座处截面同时受有较大正应力、剪应力和局部压应力，尚应再验算该处折算应力。

4. 梁腹板的局部稳定应由设置加劲肋予以保证，并按加劲肋划分的区格进行相关公式验算。加劲肋的截面应按构造要求或对其刚度要求计算确定。

5. 梁受压翼缘的局部稳定不必验算，但其截面必须严格遵守外伸宽度与厚度之比不得大于 $15\varepsilon_k$ 的规定。

6. 吊车梁受压翼缘平面内设有制动结构时，可不必进行梁整体稳定的计算，否则应按梁整体稳定承载力公式进行临界弯矩的验算。

7. 吊车轮压较大时，应验算腹板上边缘的局部压应力，此时，对重级工作吊车梁其轮压值尚应乘以1.35的增大系数。

8. 计算各类连接时，宜留有一定的裕度。特别是重级工作梁端上翼缘与柱的连接极易疲劳损伤，计算时，其作用力应按吊车摇摆横向力或横向制动力二者中较大者取值。在有柱间支撑的柱距内，吊车梁下翼缘与柱的纵向水平连接应能可靠地传递本柱列在吊车梁以上的纵向水平力。

三、梁的挠度计算与容许挠度限值

梁（桁架）与制动结构按正常使用极限状态进行的竖向和水平挠度计算时，其荷载作用与挠度容许限值应符合以下规定：

1. 计算吊车梁（桁架）的竖向挠度与制动结构的水平挠度时，其荷载作用应符合第11.3.3节的规定。此时所有荷载均采用标准值，吊车的轮压不乘动力系数。

2. 吊车梁（桁架）的竖向挠度和制动结构的水平挠度不应超过下列限值：

（1）在两台最大吊车的轮压（不计动力系数）、吊车结构自重及其他活荷载等全部竖向荷载的标准值作用下，所产生的吊车梁（桁架）的竖向挠度（当梁或桁架有预起拱时，计算挠度应扣除预拱值），不应超过下列限值：

手动吊车、单梁吊车（包括悬挂吊车）$L/500$

轻级工作制桥式吊车（A1～A3 级）$L/750$

中级工作制桥式吊车（A4～A5 级）$L/900$

重级工作制吊车　　　（A6～A8 级）$L/1000$

单轨吊车 $L/400$

L 为吊车梁（桁架）跨度。

（2）设有重级工作制（A6、A7、A8 级）吊车的厂房中，其跨间每侧吊车梁（桁架）的制动结构在一台最大重级吊车横向制动力（标准值，不考虑动力荷载）作用下，产生的水平挠度不宜超过制动结构跨度的 $1/2200$。

（3）设有上梁和下梁的壁行吊车梁结构，当工艺无要求时，按两台吊车作用标准值所计算的挠度不宜超过下述限值：

下梁竖向挠度　$L/1000～L/1200$

上梁及下梁水平挠度　$L/1000～L/1200$

上梁、下梁间相对竖向挠度　3～5mm

L 为吊车梁跨度，对小跨度梁宜用较严限值。

四、材料选用

吊车梁（桁架）是承受动力荷载最直接、最频繁的构件，其所用钢材应选用强度、韧性与焊接性能更为良好的钢材，并应符合以下规定。同时，应在设计施工图中详细注明选材的质量与技术要求。

1. 当钢材强度更高时其延性、塑性及耐疲劳性能与焊接性能均稍差，故焊接实腹工字形梁宜选用 Q345、Q390 钢，板厚大于 30mm 时，或为重级工作吊车梁时，宜选用综合性能较好的 Q345GJ、Q390GJ 建筑结构用钢板（GJ 钢板）。

有技术经济论证依据时，梁翼缘可采用强度级别较腹板高一级的钢材。

2. 钢材的质量等级不应低于 B 级，当重级工作吊车梁环境温度为 0℃～−20℃时，宜选用 C 级钢（Q235、Q345 钢）或 D 级钢（Q390、Q420 钢）；环境温度低于−20℃时，应选用 D 级钢（Q235、Q345 钢）或 E 级钢（Q390、Q420 钢）。

3. 吊车梁用钢材，特别是厚板钢材，宜选用硫、磷含量较低及碳当量较低的钢材，有条件时，宜选用以热机械轧制工艺（TMCP）生产供货的钢板。

4. 结构钢材因轧制过程改善材质的效应不同，其强度亦因厚度逐渐加厚而随之降低，故在同一强度级别分组中，宜选用较薄的厚度。此外，对梁上翼缘板的选用应注意保证压轨器及制动结构连接安装所需的最小宽度。

五、吊车梁（桁架）的一般构造要求

1. 焊接工字形吊车梁宜采用上翼缘加宽的不对称截面构造，翼缘板应采用一层钢板，大跨度梁宜采用变腹板高度或厚度，或变翼缘宽度的变截面构造。变腹板高度时，宜采用腹板渐变梁高构造。

吊车桁架的刚性上弦应选用热轧宽（中）翼缘 H 型钢或焊接 H 型钢，不应选用热轧工字钢。

2. 重级工作制吊车梁受拉翼缘或吊车桁架下弦边缘，宜为轧制边或自动切割边，当用手工切割或剪切机切割时，应沿全长刨边修整。同时梁受拉翼缘或吊车桁架下弦上，不得焊接悬挂设备的零件，并不应在该处打火或焊接夹具。

3. 用于高温区的吊车梁，其表面温度长期在 150℃ 以上或短时间可能受火焰直接作用时，应采用有效的隔热措施予以保护，在隔热装置与梁之间应留有一定空气对流与安装空间。

4. 梁上吊车轨道及其连接的选型与设置应符合下列要求：

（1）轨道应尽量选用 QU 系列规格的长尺专用吊车轨道，其连接构造应保证车轮平稳通过。轨道接缝应设在靠近梁端处并选用企口对缝轨面无落差的构造。必要时，重级吊车可采用焊接无缝长轨，其施焊与质量要求应符合国家现行标准《钢轨焊接》TB/T 1632.1～2 的规定。

（2）吊车轨道与梁的连接应按国家标准图选用紧固性能良好的专用压轨器扣实紧固，不得选用弯钩螺栓或直接焊接的连接方法。

5. 梁的工地全截面拼接一般采用翼缘板焊透对接焊，腹板采用摩擦型高强螺栓连接的构造，因其翼缘、腹板均在同一截面拼接，故拼接位置宜尽量设在弯矩较小处。下翼缘拼接板、腹板拼接板的截面及其相应的连接应按能分别承受拼接处梁翼缘板、腹板的最大内力来考虑

六、吊车梁（桁架）焊接连接的一般规定

1. 设计中应合理布置焊缝，避免短粗焊缝和焊缝密集交汇，以及双向、三向相交。焊缝的布置宜对称于构件截面的中性轴，并尽量避免或减少连接传力的偏心，同时，焊缝位置应避开高应力区。焊接连接设计应充分考虑便于施焊操作，应避免采用现场仰焊和尽量减少现场高空焊接。节点施焊区应有一定的施焊空间，便于焊接操作和焊后检测。

在设计文件中不应有"所有焊缝一律满焊"的表述。

2. 承受动载的构件不得采用断续角焊缝和焊脚尺寸小于 5mm 的角焊缝；需疲劳计算的吊车梁（桁架）焊接连接中，严禁使用塞焊、槽焊、电渣焊和气电立焊接头。同时，需疲劳验算的接头，当拉应力与焊缝轴线垂直时，严禁采用部分焊透对接焊缝和背面不清根的无衬板焊缝；在疲劳敏感区应避免有焊接起弧或灭弧点，搭接焊围焊处拐角点应采用连续绕焊，杆件端应采用回焊。

3. 重级工作制（A6-A8）和起重量 $Q \geqslant 50t$ 的中级工作制（A4、A5）吊车梁的腹板与上翼缘之间，以及吊车桁架上弦杆与节点板之间的 T 形连接部位的焊缝，是易于疲劳损伤的连接部位，应采用全焊透的对接与角接组合坡口焊缝并以角焊缝加强。加强焊脚尺寸不应小于接头较薄件厚度的 1/2，但最大值不得超过 10mm；其焊缝的形式如图 11.3-8 所示。

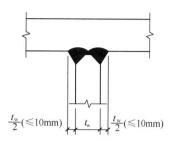

图 11.3-8　焊透的 T 形接头对接与角接组合焊缝

吊车梁下翼缘与腹板的连接一般应采用自动焊的角焊缝。

4. 不需要进行疲劳计算的吊车梁（桁架）采用塞焊、槽焊、角焊和对接接头时，孔或槽的边缘到构件边缘在垂直于应力方向上的间距不应小于此构件厚度的 5 倍，且不应小于孔或槽宽度的 2 倍；图 11.3-9 所示构件端部搭接接头的纵向角焊缝长度 L 不应小于两侧焊缝间的垂直间距 a，且在无塞焊、槽焊等其他措施时，间距 a 不应大于较薄焊件厚度 t 的 16 倍。

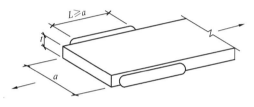

图 11.3-9　构件端部纵向角焊缝长度及间距要求

5. 由于对不规则外形的疲劳敏感及铺设轨道等要求，凡对接焊缝引弧板切割处、翼缘板对接焊缝表面以及重级工作制吊车梁腹板受拉区对接焊缝表面均应用机械加工（砂轮打磨或刨削），使之平整。

6. 吊车梁（桁架）的焊缝质量检验标准应符合《钢结构焊接规范》GB 50661—2011 第 8.3 节 "需疲劳验算结构的焊缝质量检验" 的规定。梁各部位的焊缝等级应符合以下规定，工程设计时，在设计文件中应明确说明各类焊缝的质量等级要求。

（1）作用力垂直于焊缝长度方向的熔透等强横向对接焊缝，或熔透等强 T 形对接与角接组合焊缝受拉时应为一级，受压时不应低于二级；

（2）作用力平行于焊缝长度方向的熔透等强纵向对接焊缝不应低于二级；

（3）重级工作制（A6～A8）和起重量 $Q \geqslant 50t$ 的中级工作制（A4、A5）吊车梁的腹板与上翼缘之间，以及吊车桁架上弦杆与节点板之间的 T 形连接部位的焊缝应焊透，其质量等级不应低于二级；

（4）吊车梁下翼缘与腹板自动焊的角焊缝，其焊缝外观检查质量应不低于二级标准；

（5）不需疲劳验算的吊车梁中凡要求与母材熔透等强的对接焊缝，其质量等级受拉时不应低于二级，受压时不宜低于二级；

（6）部分焊透的对接焊缝、采用角焊缝或部分焊透的对接与角接组合焊缝的 T 形连接部位以及搭接连接的角焊缝，其质量等级对需要计算疲劳的吊车梁和起重量等于或大于 50t 的中级工作制吊车梁以及与梁柱和牛腿连接等的重要节点，不应低于外观检查二级，对其他结构可为三级。

7. 吊车梁腹板与翼缘板的焊接拼接应符合以下规定：

（1）吊车梁翼缘板或腹板的焊接拼接应采用加引弧板（其材质、厚度和坡口应与主材相同）的焊透对接焊缝，引弧板和引出板割去处应予打磨平整。不同板厚的对接接头处应按 1：2.5 的斜度局部加工，做成平缓过渡的接口。

（2）板件拼接缝的位置应设在其受力较小处。当腹板需纵、横向拼接时，焊缝交叉可采用丁字接缝或十字接缝。对 T 形接缝，其相邻交叉点间的距离不得小于 200mm。腹板的纵向拼接缝宜尽量设置靠近受压区。

（3）沿梁长度上、下翼缘与腹板的工厂拼接头，不应设在同一截面上，其错开间距宜大于 200mm。同时，腹板横向拼接焊缝与横向加劲肋之间的距离大于或等于 $10t_w$。当拼接焊缝与加劲肋相交时，加劲肋与腹板的连接角焊缝应中断，其端部与拼接焊缝的距离宜为 50mm。

七、吊车梁节点设计与构造的基本要求

吊车梁节点和连接的设计与构造应符合本款及第五、第六款的规定：

1. 节点及其连接应有足够的承载力，并传力可靠，方便施工，节点中连接的强度应高于母材杆件。同时，节点构造应减小传力偏心与应力集中，防止板件局部受弯或失稳。

2. 节点构造应符合计算假定，节点中的刚性连接应符合受力过程中连接梁柱或杆件交角不变的要求；铰接连接节点中杆件则应具有充分转动的能力。简支吊车梁梁端支座与柱的连接构造不应约束梁产生挠度时梁端的自由转动。

3. 节点中不宜有易引起应力集中的切槽或截面突变构造，板件受有集中力作用时，应设置加劲肋传力以避免板件的局部受弯。同时，节点的焊接连接部位宜采用约束度较小的焊接构造，现场的节点连接应有必要的施焊、施拧操作空间与安装定位措施。

11.3.5 吊车梁（桁架）的疲劳计算

一、疲劳计算的基本概念

疲劳是吊车梁构件特有的一种受力机理与致损主因，进行梁的疲劳计算时，应了解以下的基本概念：

1. 容许应力的设计准则——由于现阶段对不同类型构件连接的疲劳裂缝形成、扩展以至断裂这一全过程的极限状态还研究不足，同时试验研究表明，梁疲劳损伤的扩展并非最大应力控制，而是由应力循环的最大应力幅（循环中最大应力与最小应力的差值）控制，故 1988 年版《钢结构设计规范》GB 50017—88 即对早期的疲劳应力计算原则与方法作了重要修改，规定了构件疲劳计算应以容许应力幅 $\Delta\sigma$ 为控制指标的方法进行计算。

2. 局部应力集中的影响——工程经验与试验研究表明，在重复荷载作用下，构件的疲劳性能都是由局部应力集中部位的应力状态所决定的。结构焊接部位通常是截面不连续处，此处高额残余应力与应力集中相重叠，形成疲劳损伤迅速发展的薄弱区，故需验算部位多为焊缝附近的主体金属。规范对焊接构件按不同连接方式，应力集中与残余应力状态及其对疲劳效应的影响程度，将连接构造划分为（Z1～Z14）与（J1～J3）17 个级别，并针对各级别连接分别规定了其相应的容许应力幅作为设计应遵守的限值指标。工程设计中，宜尽量避免选用级别过高的连接构造。

3. 一台吊车轮压荷载且不考虑荷载分项系数和动力系数——计算疲劳时梁上仅考虑

一台最大重级吊车的作用，同时由于按容许应力幅方法计算，所计算的轮压荷载应采用标准值，不考虑荷载分项系数。此外，还由于疲劳计算中所有数据，如 $\Delta\sigma$-N 曲线等都来源于试验，动力影响已经在内，所以《钢结构设计标准》GB 50017—2017 中明确规定，计算疲劳时，轮压荷载不乘动力系数。由于上述梁上荷载作用的这些特点，故较小跨度的梁易受疲劳计算控制截面的选择。

4. 常幅疲劳与欠载效应系数——《钢结构设计标准》GB 50017—2017 确定容许应力幅时，所依据的试验研究，都是按各项循环为相同应力幅，即常幅疲劳条件进行的，但实际吊车梁（桁架）构件各项重复荷载的应力循环都是不等的应力幅，即为变幅疲劳状态。为此，经过对典型车间吊车起吊负荷率与频次的调查统计分析，再按累积损伤原理计算出变幅疲劳的等效应力幅，从而得出不同类型吊车的欠载效应系数 α_f，进行疲劳计算时 $\Delta\sigma$ 可以按折减为考虑欠载效应后的 α_f 取值。

5. 不同强度钢材可采用相同的容许应力幅——试验证明，钢材静力强度不同，对大多数焊接连接部位的疲劳强度没有明显差别，故为简化计算，对各不同强度钢材仍可采用相同的容许应力幅。但当吊车梁由疲劳控制设计并采用较高强度钢种时，此种计算方法的经济合理性稍差，故梁的钢材强度级别以不超过 390MPa 为宜。

6. 梁上部受压区易出现疲劳裂纹与损伤——使用情况调查表明，重级特别是硬钩吊车的吊车梁，常在梁上部受压区腹板与上翼缘焊缝区过早的出现疲劳裂纹与损伤。国内外研究一致认为，其主要成因是与轨道轮压对腹板中心的偏心作用，导致该焊缝区受扭产生较大的附加横向应力，加之该区已有较高的正应力与局部压应力形成复杂的复合应力状态；再是此类吊车荷载大，使用率高，疲劳效应强。故在设计中应采取有效地加强措施，如颈部焊缝采用 K 形熔透并补加角焊的焊缝，对该部位进行复合应力验算，梁腹板上部局部加厚，采用吊车专用轨道及牢固的压轨器等。

7.《钢结构设计标准》GB 50017—2017 规定仅适用于高周低应变性质的疲劳——GB 50017 规定的疲劳计算方法，仅适用于吊车梁疲劳这一类总应变幅小，破坏前荷载循环次数多的高周低应变疲劳。对于总应变幅大，破坏前荷载循环次数少的低周高应变疲劳，有其自身的疲劳破坏机理特点，目前研究和所积累起来的 σ-N 疲劳数据尚不充分，不能按 GB 50017 规定的计算方法进行计算。另外，对于焊后经热处理消除残余应力的结构构件及其连接，因材料性能已发生变化，也不能采用 GB 50017 规定的方法进行疲劳应力幅计算。

二、吊车梁（桁架）需疲劳计算的条件

1. 2003 版规范将结构需进行疲劳计算的应力变化的循环次数由 $n \geqslant 10^5$ 次改为 $n \geqslant 5 \times 10^4$ 次，大大扩大了工程设计中需疲劳计算的范围。同时，并未给出根据吊车工作级别确定梁应力变化的循环次数的方法与标准，工程设计中设计人员难以自行具体判定操作。若按《起重机设计规范》GB/T 3811—2008 规定，A3 级轻级吊车对应的工作循环次数即可达 2.5×10^5 次，A4、A5 级中级吊车梁对应的循环次数可达 6.3×10^4 至 1×10^6 次，均已超过 5×10^4，即承载的轻、中级吊车梁均需进行疲劳计算，显然此计算的范围过大，也与多年来工程应用经验相矛盾。近年来，经专门进行的试算与分析研究，对工程设计中焊接工字形吊车梁需进行疲劳计算的必要条件，提出了以下建议可供设计参考。

2. 对 Q235、Q345、Q390 和 Q420 四种牌号钢的重级工作吊车梁，均需进行疲劳计算。

3. 对承载 A1、A2、A3、A4 级吊车的中、轻级工作吊车梁，由于疲劳应力较低，当采用 Q235 和 Q345 钢时，截面选取由承载力计算控制，可不进行疲劳计算；当 A4 级吊车吊车梁采用 Q390 和 Q420 钢时，需要验算下翼缘与腹板连接焊缝，和梁端部突缘支座加劲肋与腹板连接焊缝的疲劳。

4. 不需进行疲劳计算或疲劳计算不起控制作用的吊车梁，其钢材质量等级的选用和连接构造措施，仍应符合设计对直接承受动力荷载的构件和连接构造规定的要求。

三、疲劳应力幅的计算

1. 简支实腹吊车梁（桁架）的疲劳计算应符合本手册第 6.6 节的规定，应控制计算点的名义应力幅小于相应的容许应力幅。其名义应力幅 $\Delta\sigma$ 或 $\Delta\tau$ 是应力循环中最大名义拉应力 σ_{max} 和名义剪应力 τ_{max} 与最小名义拉应力或压应力 σ_{min}（压应力取负号）和最小名义剪应力 τ_{min} 之差幅。对实腹吊车梁或吊车桁架中内力不变号的杆件，其应力循环为有或无吊车轮压作用的循环，因无吊车作用时最小循环应力 $\sigma_{min}=0$，$\tau_{min}=0$，故其 $\Delta\sigma$、$\Delta\tau$ 可直接取为吊车轮压作用（不考虑梁自重荷载的作用）时的最大应力 σ_{max} 或 τ_{max}。

2. 吊车梁（桁架）疲劳的最大应力幅，应按本手册第 6.6 节的基本公式计算。工程设计时，吊车梁（桁架）一般按变幅疲劳计算（承受特重级硬钩吊车的梁除外），其最大应力幅的计算应考虑欠载系数，并符合下式的要求：

（1）正应力幅的疲劳计算

$$\alpha_f \Delta\sigma_e \leqslant \gamma_t [\Delta\sigma]_{2\times10^6} \tag{11.3-36}$$

对吊车梁（桁架）的焊接部位：

$$\Delta\sigma_e = \sigma_{max} - \sigma_{min} \tag{11.3-37}$$

对吊车梁（桁架）的螺栓连接部位：

$$\Delta\sigma_e = \sigma_{max} - 0.7\sigma_{min} \tag{11.3-38}$$

（2）剪应力幅的疲劳计算

$$\alpha_f \Delta\tau_e \leqslant [\Delta\tau]_{2\times10^6} \tag{11.3-39}$$

对吊车梁（桁架）的焊接部位：

$$\Delta\tau_e = \tau_{max} - \tau_{min} \tag{11.3-40}$$

对吊车梁（桁架）的螺栓连接部位：

$$\Delta\tau_e = \tau_{max} - 0.7\tau_{min} \tag{11.3-41}$$

式中　　　　　　　　α_f——欠载效应的等效系数，见表 11.3-11；

$[\Delta\sigma]_{2\times10^6}$、$[\Delta\tau]_{2\times10^6}$——循环次数为 2×10^6 次的容许正应力幅或容许剪应力幅，按本手册第 6 章表 6.6-1、表 6.6-2 的规定采用。

吊车梁（桁架）欠载效应的等效系数 α_f 　　　　　　表 11.3-11

吊车类别	α_f
A7、A8 工作级别（特重级）的硬钩吊车	1.0
A6、A7 工作级别（重级）的软钩吊车	0.8
A4、A5 工作级别（中级）的吊车	0.5

3. 梁（桁架）的疲劳容许应力幅均应按应力循环为 200 万次的疲劳容许应力幅取值。按应力集中的影响程度分别对构件和连接等 6 个类别规定的分级为（Z1～Z14）级和（J1～J3）级共 17 个级别的疲劳计算部位选项，以及与各选项相应的应力循环为 200 万次的容许应力幅 $[\Delta\sigma]_{2\times10^6}$、$[\Delta\tau]_{2\times10^6}$。工程设计时应注意避免选用级别过高（容许应力幅较小）的连接构造。

4. 吊车梁（桁架）中承受动力荷载重复作用的焊缝连接与普通螺栓受力连接应进行疲劳验算，其应力幅计算原则与构件相同，连接构造分类 J1、J2、J3 和螺纹处计算类别 Z11，以及相应容许剪应力幅 $[\Delta\tau]_{2\times10^6}$ 可按本手册第 6 章的规定采用。板铰连接处铰栓与铰板的疲劳应力幅计算可参照普通螺栓孔处母材进行选项计算。

连接接头或节点中高强度螺栓抗剪摩擦型连接可不进行疲劳验算，但其连接处开孔主体金属仍应进行疲劳计算；对栓焊并用连接头，应按全部剪力由焊缝承担的原则，对焊缝进行疲劳验算。

11.3.6　焊接工字形吊车梁

一、吊车梁的选型与截面基本尺寸的确定

1. 焊接工字形吊车梁的截面由三块板焊接而成，翼缘板应采用一层钢板，板厚一般不宜超过 100mm。当梁跨度与吊车起重量不大，并不设制动结构时，宜采用上翼缘加宽的不对称工字形截面；当梁跨度与吊车起重量较大并设有制动结构时，可采用上下翼缘对称的工字形截面图 11.3-10a、b。对特重级吊车梁，确有必要时可采用梁颈部局部加强的截面图 11.3-10 c。

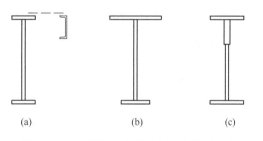

(a)　　　　　(b)　　　　　(c)

图 11.3-10　焊接工字形吊车梁的截面形式

大跨度梁宜采用变腹板高度或厚度，或变翼缘宽度的变截面构造。

2. 当无特殊限制时，简支吊车梁的梁高 h 一般可按梁的经济截面要求，参考经济梁高经验公式（11.3-42）初步选定，经计算并考虑材料、构造等条件调整后最终确定，并取为 5cm 的整倍数。

$$h_{ec} = 7\sqrt[3]{W} - 30 \qquad (11.3-42)$$

式中　W——计算所需梁的截面模量，可取 $W = \dfrac{1.2M_{max}}{f}(\text{cm}^3)$；

M_{max}——梁最大弯矩设计值；

f——钢材强度设计值。

当所需 W 值为已知时，按式（11.3-42）算得的经济梁高可见表 11.3-12。

经济梁高 h_{ec}（cm）　　　　　　　　　　　　表 11.3-12

W	h	W	h	W	h
cm³	cm	cm³	cm	cm³	cm
2000	58	30000	187	95000	289
3000	71	32000	192	100000	294
4000	81	34000	196	110000	306
5000	90	36000	200	120000	314
6000	97	38000	204	130000	325
8000	110	40000	209	140000	334
10000	120	45000	219	150000	342
12000	130	50000	228	160000	350
14000	139	55000	236	170000	357
16000	146	60000	244	180000	365
18000	153	65000	251	190000	372
20000	160	70000	258	200000	379
22000	166	75000	265	210000	386
24000	172	80000	271	220000	392
26000	177	85000	278	230000	398
28000	182	90000	283	240000	405

注：式 11.3-42 中的 W 已考虑了上翼缘水平应力影响及梁净截面影响的增大系数 1.2。

3. 梁腹板厚度 t_w 可根据梁端最大剪力要求式（11.3-43）和经验式（11.3-44）分别计算，并按二者中较大值初步选定。

$$t_w \geqslant \frac{1.2V_{max}}{h_w f_v} \tag{11.3-43}$$

$$t_w = 7 + 3h_w \tag{11.3-44}$$

式中　　V_{max} ——支座处最大剪力；

　　　　f_v ——钢材抗剪强度设计值；

　　　　h_w ——梁腹板高度（以 m 计）。

梁腹板厚度初步选定后，尚应验算其在轮压下的局部压应力 σ_c 和局部稳定后最终确定。梁跨度较大时可根据计算要求，在梁中部与端部采用不同的腹板厚度。实际取用的腹板厚度不宜小于 6mm。

4. 梁翼缘尺寸可按下列要求初步确定：

（1）当腹板高 h_w 及厚 t_w 初定后，焊接对称工字形梁的翼缘面积 A_1 可按式（11.3-45）初步确定：

$$A_1 = \frac{W}{h_w} - \frac{t_w h_w}{6} \tag{11.3-45}$$

式中　W——计算所需梁的截面模量，可取 $W = \dfrac{1.2M_{max}}{f}$（cm³）；

（2）翼缘应选用一层板，其厚度不宜小于 10mm，亦不宜大于 100mm；当为重级工作吊车梁且其翼缘板厚度 $t \geq 40$mm 时，宜选用建筑结构用钢板（GJ 钢板）。

（3）翼缘宽度应按局部稳定要求和连接构造及受力等要求确定。工字形梁的翼缘沿其宽度方向应力分布并不均匀，与腹板连接处偏高而边缘处较低，故翼缘板宽度不宜过大，一般宜在 $(1/4 \sim 1/5) h_w$ 范围内选用，亦不应小于 200mm 或压轨器连接要求的最小宽度。翼缘板宽度应对称于腹板布置，此时，受压翼缘板在腹板每侧的自由外伸宽度应符合局部稳定对其宽厚比限值的要求。

5. 梁端支座构造如图 11.3-11 所示。梁的支座一般宜采用平板支座，确有必要减小梁支座反力对柱的偏心影响时，亦可采用突缘支座。使用经验表明由于制作误差，突缘支座的端板下端刨平面不易保证与柱承压面完全顶紧传力，梁两端端板底的刨平面也不易有完全相同的平直度，致使顶紧面会产生更高的局部压应力及连接处的附加内力。同时，端板还易产生焊接

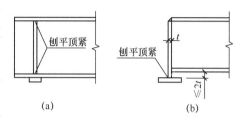

图 11.3-11　梁的支座构造
（a）平板支座；（b）凸缘支座

弯曲变形影响梁间的连接精度。故应用时应对制作时控制端板焊接弯曲变形与梁两端端板底刨平度的相对偏差提出较严格的要求。此外，还应注意为扩散端板传给柱承压面较高的局部压应力，一般应在端板下设置垫板，当为钢筋混凝土柱时，此垫板厚度应按保证柱局部承压强度的条件计算确定（计算时垫板传力扩散角可近似按 45°考虑），必要时钢筋混凝土柱的局部承压处尚需间接配筋补强。

二、吊车梁截面尺寸的变化

1. 吊车梁跨度大于 12m 时，为合理用材并减轻梁重，宜采用截面变化的梁。变截面梁可分为变翼缘梁、变端高梁、变腹板厚度或变腹板高度梁，如图 11.3-12 所示。梁截面变化的变点位置、变化率等应按梁在行动荷载下的弯矩、剪力包络图决定，一般沿梁的长度范围内变化一次。

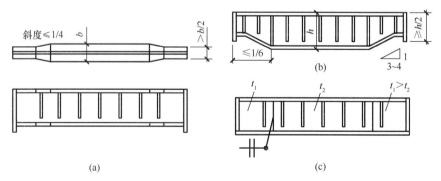

图 11.3-12　变截面梁
（a）变翼缘梁；（b）变腹板高度梁；（c）变腹板厚度梁

2. 变翼缘梁（图 11.3-12a）——梁的上翼缘只能变更翼缘的宽度，并作坡度变化过渡，变窄后的翼缘宽度仍应满足前述翼缘最小宽度的构造要求；下翼缘一般亦采用变宽度并作坡度变化过渡的构造，其变化接头处应采用焊透的对接焊缝焊接连接，并避开高应

力区。

3. 变腹板高度梁——为常用的变截面形式，其构造见图 11.3-12b，梁每端变截面长度不宜大于跨度的 1/6，变后梁端高度不应小于原梁高度的二分之一。

4. 变腹板厚度梁（图 11.3-12c）——一般系将梁跨度中段剪力较小部分腹板厚度减薄，其节材效果较好。不同厚度腹板应采用熔透对接焊缝焊接，其腹板厚度减薄处的截面应按折算应力进行强度验算。

5. 变端高梁（图 11.3-13）——吊车梁梁高较高时，为减小上柱的高度或为统一柱肩梁的构造，梁端可采用突变高度构造，亦即仅在支座处突变梁高的梁，其构造如图 11.3-13 所示。此类梁在概念上并非变截面梁，不具有节约钢材的效果，且使用经验表明在突变点有高应力集中而对疲劳敏感，且不便施工，故不宜推荐应用，对于 A7、A8 级重级工作制吊车梁不应采用。仅必要时可在起重量不大于 1000kN 的 A5、A6 级吊车梁中采用图 11.3-13（a）所示耐疲劳性能稍好的插板构造形式。其构造应符合以下规定：

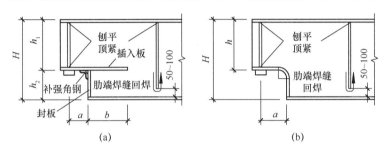

图 11.3-13　梁端突变高度的构造
(a) 插板式构造；(b) 弧板式构造

（1）变高后应对梁端截面的强度及拐点的主拉应力进行核算。梁端高度不得小于原梁高的二分之一，其构造尺寸尚应满足 $h_2 \leqslant 0.5 h_1$、$a \leqslant 0.5 h_1$、$b \geqslant 1.5a$ 的要求。

（2）插板式构造的封板厚度应大于梁端腹板厚度，且与插入板坡口焊透；插入板厚度应大于 1.5 倍梁端腹板厚度；插入板应开槽并与腹板相焊，焊前槽口端应预钻防过切孔，焊接长度 b 应按焊缝与插入板等强计算确定。补强角钢一般采用肢宽较宽的等边角钢，其厚度不应小于插入板的厚度，与封板和插入板的连接可采用高强度螺栓摩擦型连接。

三、吊车梁强度与整体稳定性的计算

1. 进行吊车梁强度、稳定和挠度的计算时，作用于梁上的轮压设计值、横向制动力与摇摆力设计值，以及梁的最大弯矩、剪力等内力设计值，应按本手册 11.3.3 节的规定计算。

2. 梁的截面强度应按表 11.3-13 进行正应力、剪应力、腹板局部压应力及折算应力的计算。

3. 梁的整体稳定计算应符合以下要求：

（1）梁受压翼缘平面设有制动结构时，可不计算梁的整体稳定性。

（2）未设制动结构的简支梁，其整体稳定性应按式（11.3-55）计算，计算时不考虑塑性发展系数。

吊车梁截面强度的计算

表 11.3-13

计算项目		计算公式	符号说明
弯曲正应力	上翼缘	无制动结构时 $\sigma = \dfrac{M_{xmax}}{W_{nx}} + \dfrac{M_y}{W_{ny}} \leqslant f$ ……… (11.3-46) 有制动板时 $\sigma = \dfrac{M_{xmax}}{W_{nx}} + \dfrac{M_y}{W_{ny1}} \leqslant f$ …… (11.3-47) 有制动桁架时 $\sigma = \dfrac{M_{xmax}}{W_{nx}} + \dfrac{M_{y1}}{W_{ny1}} + \dfrac{N_T}{A_{ne}} \leqslant f$ … (11.3-48)	M_{xmax} —— 对 x 轴的最大竖向弯矩; M_y —— 上翼缘或上翼缘与制动梁组合截面对 y 轴的水平弯矩; M_{y1} —— 当为制动桁架时,上翼缘在桁架节间内的水平局部弯矩; N_T —— 上翼缘与制动桁架组成的水平桁架中,由 M_y 作用在上翼缘(桁架弦杆)产生的轴心力; V —— 所计算截面最大竖向剪力; P —— 作用在吊车梁上最大轮压设计值(考虑动力系数);
	下翼缘	$\sigma = \dfrac{M_{xmax}}{W_{nx}} \leqslant f$ …… (11.3-49)	W_{nx}、W_{ny} —— 对梁截面强轴(x 轴)、弱轴(y 轴)的净截面模量;
剪应力	一般截面	$\tau = \dfrac{VS_x}{I_x t_w} \leqslant f_v$ …… (11.3-50)	W_{ny1} —— 梁上翼缘与制动板组合截面对其自身强轴的净截面模量;
	突缘支座处截面	$\tau = \dfrac{1.2V}{t_w h_w} \leqslant f_v$ …… (11.3-51)	A_{ne} —— 梁上部参与制动结构的有效净截面积;一般简化取为梁上翼缘净面积;
腹板计算高度边缘局部压应力	重级吊车梁	$\sigma_c = \dfrac{1.35P}{l_z t_w} \leqslant f$ … (11.3-52)	I_x —— 计算截面对 x 轴的毛截面惯性矩; S_x —— 计算剪应力处以上毛截面对中和轴(x 轴)的面积矩;
	其他吊车梁	$\sigma_c = \dfrac{P}{l_z t_w} \leqslant f$ …… (11.3-53) $l_z = 50\text{mm} + 5h_y + 2h_R$ ……… (11.3-54)	l_z —— 腹板上边缘的承压长度; h_y —— 自梁顶面至腹板计算高度上边缘的距离;
腹板计算高度边缘折算应力	折算应力	按本手册式(6.1-7、6.1-8)计算。 式中,σ_c 按式(11.3-52)计算,σ 和 σ_c 拉应力为正值,压应力负值; τ 按式(11.3-51)计算; β_1 为强度增大系数,取 1.1	h_R —— 轨道的高度; h_w、t_w —— 梁腹板的高度和厚度; σ、τ、σ_c —— 腹板计算高度边缘同一点上同时产生的正应力、剪应力和局部压应力; I_n —— 梁净截面惯性矩; y_1 —— 所计算点至梁中和轴的距离

注:1. 因吊车梁承受动力荷载作用,故式中不考虑截面塑性发展系数;

    2. 表中所有弯矩、剪力和轴力均为设计值,轮压 P 为设计值并乘以动力系数;

    3. 按式(6.1-7)计算折算应力时一般选取 σ、τ、σ_c 较大的计算点。如连续吊车梁的支座截面或简支吊车梁翼缘突变处截面。

$$\frac{M_x}{\varphi_b W_x f} \leqslant 1.0 \tag{11.3-55}$$

式中 M_x——绕强轴作用的最大弯矩设计值;

        W_x——按受压最大纤维确定的梁毛截面模量;

        φ_b——梁的整体稳定性系数,应按《钢结构设计标准》GB 50017—2017 确定。

四、梁局部稳定计算和加肋的设置与构造

1. 梁受压翼缘的局部稳定由严格控制宽厚比来保证,其自由外伸宽度 b 与厚度 t 之比

不应大于 $15\varepsilon_k$。计算自由外伸宽度 b 时，对焊接工字梁为腹板边至翼缘边的距离；对热轧型钢为腹板圆弧边至翼缘板边的距离。

2. 梁腹板的局部稳定应由设置腹板的加劲肋来保证。一般应在梁腹板不同部位设置横向加劲肋和梁端部支承加劲肋；腹板较高时尚需有条件的设置纵向加劲肋和短加劲肋。简支吊车梁各类加劲肋的配置与计算构造要求及腹板局部稳定计算的相关公式均应符合本手册第 6.1 节的规定。

3. 在配置腹板加劲肋后，应按本手册第 6.1 节相关公式对腹板由加劲肋所划分的区格进行局部稳定性计算。计算时应选取有腹板上边缘局部压应力作用，而同时正应力较大（梁中部）或剪应力较大（梁端部）的区格；对于腹板渐变高度梁验算其最端部区格时，剪应力 τ 取梁端腹板截面的平均剪应力，对突缘支座处此剪应力尚应乘以的增大系数 1.2。当为连续梁计算其支座处腹板的局部稳定性时，应注意选取该处中和轴以下的腹板受压区格，并因有支座加劲肋取 $\sigma_c=0$。

4. 梁跨度较大时，可根据验算情况仅在梁中部弯曲应力较大的区段设纵向加劲肋，也可在梁端部加大横向加劲肋的间距或对中轻级工作吊车梁腹板交错配置横向加劲肋。

5. 梁加肋的配置与构造如图 11.3-14 所示，其构造尚应符合以下规定：

（1）横向加劲肋的构造与计算应符合以下要求：

1）吊车梁腹板横向加劲肋宜采用板条截面，如图 11.3-14。在腹板双侧配置的横向加劲肋，按构造要求其宽度 b_s 与厚度 t_s 可按以下经验公式确定，式中 h_0 为腹板的计算高度。

外伸宽度 $b_s \geqslant \dfrac{h_0}{30}+40\text{mm}$ 且 $\geqslant 90\text{mm}$ ……（6.1-27a）（公式及编号见本手册 6.1 节）。

厚度 $t_a \geqslant \dfrac{b_s}{15}$ ……（6.1-28a）（公式及编号见本手册 6.1 节）。

同时，外伸宽度 b_s 不宜小于 90mm（一般吊车梁）或 100mm（重级工作吊车梁）；厚度 t_s 不宜小于 $0.6t_w$（t_w 为腹板厚度），亦不小于 6mm。当在单侧设置横向加劲肋时，外伸宽度 b_s 值应不小于按本手册式 6.1-27a 计算所得值的 1.2 倍，厚度不应小于外伸宽度的 1/15。同时加劲肋与翼缘板、腹板相连接处应切角，切角尺寸为 $b_1 \approx \dfrac{b_s}{3}$ 且 $\leqslant 40\text{mm}$；$b_2 \approx \dfrac{b_s}{2}$ 且 $\leqslant 60\text{mm}$。

2）同时有纵、横向加劲肋时，横向加劲肋作为纵向加劲肋的支承点，其对腹板水平轴的惯性矩 I_z 应满足本手册式（6.1-30）的要求。按该式要求在表 11.3-14 中列出了当不同腹板高度时，中间横向加劲肋最小宽度 b_s，可供参考查用。

$$b_1 \approx \frac{b_s}{3} \text{ 且} \leqslant 40\text{mm}; \quad b_2 \approx \frac{b_s}{2} \text{ 且} \leqslant 60\text{mm}$$

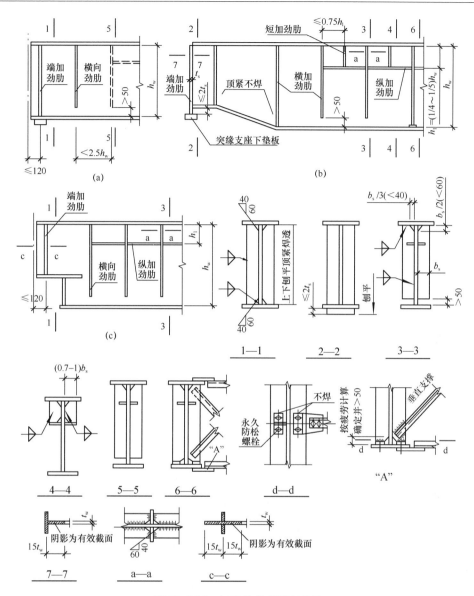

图 11.3-14　加劲肋的布置与构造

（a）平板支座端加劲肋（十字加劲肋）与单面纵横加劲肋的布置；（b）突缘支座加劲肋（T 形加劲肋）
及纵横加劲肋与短加劲肋的布置；（c）变端高支座加劲肋、纵横加劲肋的布置。

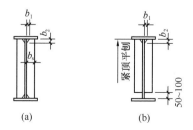

图 11.3-15　吊车梁腹板横向加劲肋的构造

（a）支座加劲肋；（b）中间加劲肋

横向和纵向加劲肋的最小宽度 b_s 与 b_1 （cm）　　　　　　表 11.3-14

腹板高度 h_0 h_0/t_w		160	180	200	220	250	280	300	320	350	380	400
160	b_s	10.7	12.0	13.4	14.8	16.7	18.7	20.0	21.3	23.3	25.3	26.7
	b_1	8.6	9.6	10.7	11.8	13.4	15.0	16.0	17.1	18.7	20.3	21.3
180	b_s	9.8	11.0	12.3	13.5	15.4	17.0	18.4	19.6	21.5	23.3	34.5
	b_1	7.9	8.8	9.9	10.8	12.4	13.8	14.7	15.7	17.2	18.7	19.6
200	b_s	9.1	10.3	11.4	12.5	14.2	16.0	17.1	18.2	20.0	21.6	22.8
	b_1	7.3	8.3	9.2	10.0	11.4	12.8	13.7	14.6	16.0	17.3	18.2
220	b_s	9.0	9.7	10.8	11.9	13.5	15.0	16.1	17.2	18.8	20.5	21.5
	b_1	6.9	7.8	9.0	9.5	10.8	12.0	12.9	13.8	15.1	16.4	17.2

注：1. b_s、b_1 分别为横向及纵向加劲肋的最小宽度；

　　2. 本表系假定加劲肋厚度 $t_s \cong 0.6 t_w$ 推导而得。当 $t_s \cong 0.7 t_w$ 时，误差约 5%。

3）梁的中间横向加劲肋，当为重级或起重量 $Q \geqslant 50t$ 中级工作吊车梁时，应在腹板两侧对称设置；当为其他中级或轻级吊车梁时，可在腹板两侧交错设置或单侧设置。中间横向加劲肋上端应切角、刨平、并与梁上翼缘顶紧后焊接（重级吊车梁此焊缝应焊透）；肋下端与下翼缘（受拉翼缘）则不得焊连，并应留出 50～100mm 的间隙以避免焊接对疲劳的不利影响，对重级工作制吊车梁，此间隙值应按疲劳计算决定。同时，此加劲肋下端点的焊缝应连续回焊后再灭弧见图 11.3-16 所示，以使起灭弧点远离腹板最大拉应力区，从而提高耐疲劳寿命。中间横向加劲肋与腹板的连接，宜按构造采用较薄的连续焊缝焊接。

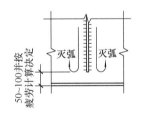

图 11.3-16　重级工作制吊车梁横向加劲肋下端施焊要求

4）当加劲肋端需顶紧梁受拉翼缘而为避免疲劳影响又不宜焊接相连时，可采用如图 11.3-14 中节点 "A" 螺栓连接构造，即将加劲肋端切角并加焊端板后再以高强螺栓与受拉翼缘连接紧固。对连续梁支座区段的加劲肋与受拉上翼缘连接亦可参照此构造做法。

5）吊车梁横向加劲肋的最小间距应为 $0.5h_0$，最大间距应为 $2h_0$。

（2）纵向加劲肋的构造与计算应符合以下要求：

1）当简支吊车梁腹板高厚比 $\dfrac{h_0}{t_w}$ 大于 170（Q235 钢）或 140（Q345 钢）及 130（Q390 钢）时，应在距腹板计算高度受压边缘的 $h_0/2.5 \sim h_0/2.0$ 范围内，对称设置纵向加劲肋。纵向加劲肋与横向加劲肋相遇处应将纵向加劲肋断开，并与横向加劲肋相焊连见图 11.3-14。

2）纵向加劲肋的截面宜采用板条，其对腹板竖向轴的惯性矩 I_y 应满足本手册第 6 章式（6.1-31a）与（6.1-31b）的要求。

（3）横向短加劲肋仅在同时设置横向、纵向加劲肋的梁中设置，其最小间距为纵向加劲肋至上翼缘净距离的 0.75 倍，短加劲肋外伸宽度应取为横向加劲肋外伸宽度的 0.7～

1.0倍，厚度不应小于其外伸宽度的 1/15。

（4）梁端支承加劲肋的构造与计算应符合以下要求：

1）梁端加劲肋的构造按其与腹板的组合截面形状可分为 T 形（突缘支座时）及十字形（平板支座时）两种，支承加劲肋的截面应按受压短柱与端面承压要求由下二式计算决定：

$$A_s \geq \frac{R}{\varphi f} \tag{11.3-56}$$

$$A_{s1} \geq \frac{R}{f_{ce}} \tag{11.3-57}$$

式中 A_s——端加劲肋计算面积（包括加劲肋每侧 $15t_w\varepsilon_k$ 范围内的腹板面积，t_w 为腹板厚度）；

A_{s1}——加劲肋下端刨平顶紧的承压面积（不考虑腹板）；

R——梁支座最大反力；

φ——中心压杆稳定系数，按平面外计算长度为腹板高度 h_w 的 T 形或十字形截面的中心压杆计算；

f_{ce}——端面承压强度设计值。

2）支座加劲肋与梁翼缘的连接，当为平板支座时，肋上、下端均应刨平并与上、下翼缘顶紧焊连；当为突缘支座时，端板加劲肋下端应刨平，其伸出梁下翼缘部分的长度应不大于 $2t_w$，加劲肋与上翼缘的角形连接应铲除焊根补焊，梁下翼缘与端加劲肋的 T 形对接可采用角焊缝，其焊角尺寸 h_f 应不小于 8mm；当 $t_f \geq 24$mm 时，宜采用坡口不焊透 T 形连接焊缝。当为特重级吊车梁时，上述焊缝均应为熔透焊缝。

3）平板支座加劲肋与腹板的焊接连接，当为重级工作制吊车梁时，应采用熔透焊缝；对中、轻级吊车梁可采用角焊缝，此角焊缝焊脚尺寸应按焊缝全长传递支座反力进行计算确定，并不小于 6mm，焊缝有效长度可取为腹板全高。对突缘支座，腹板与端加劲肋的 T 形对接焊缝应予焊透。

4）在重级工作制吊车梁中，为减少应力集中的影响，端加劲板与腹板及下翼缘的连接焊缝交叉处，宜将与腹板的连接焊缝在下翼缘以上空出 40mm 不焊。

五、焊接工字形吊车梁的疲劳计算

1. 焊接工字形吊车梁的疲劳计算应符合第本手册第 6.6 节和 11.3.6 节的规定。根据试算比较的分析建议，对承载 A5、A6、A7、A8 级吊车的中、重级工作吊车梁均需进行疲劳计算；对承载 A1、A2、A3、A4 级吊车的中、轻级工作吊车梁，由于疲劳应力较低，工程设计时可不进行疲劳计算；仅当 A4 级吊车的吊车梁采用 Q390 和 Q420 钢时，需要验算下翼缘与腹板连接焊缝，和梁端部突缘支座加劲肋与腹板连接焊缝的疲劳。

2. 焊接工字形吊车梁的疲劳计算应按 6.6 节各表选择疲劳敏感部位（其容许疲劳应力幅较小）的选项进行计算。一般可如图 11.3-17 所示选择各计算点，其敏感类别与相应容许疲劳应力幅可见表 11.3-15。

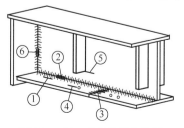

图 11.3-17　疲劳验算点位置

吊车梁疲劳计算部位及容许应力幅　　　　　　　表 11.3-15

计算部位	附录 6.6 各表中的项次	说　明	类别	容许应力幅 $[\Delta\sigma]_{2\times10^6}$ /(N/mm²)
① 翼缘与腹板连接焊缝附近的主体金属	8	自动焊、二级 T 形对接和角接组合焊缝	Z2	144
		自动焊、二级角焊缝	Z4	112
② 下翼缘与腹板的连接角焊缝	36	按有效截面确定的剪应力幅计算	J1	59
③ 受拉下翼缘横向对接连接焊缝附近的主体金属	12/13	一级焊缝	Z4	112
		一级焊缝，并经加工磨平	Z2	144
④ 受拉翼缘板上螺栓孔附近主体金属	3	联系螺栓和虚孔处的主体金属	Z4	112
⑤ 横向加劲肋端部附近的主体金属	21	肋端不断弧（采用回焊）	Z5	100
		肋端断弧	Z6	90
⑥ 梁端部突缘加劲肋与腹板的连接焊缝	36	按有效截面确定的剪应力幅计算	J1	59

3. 由表可知焊缝附近的主体金属往往是疲劳敏感区，故受拉翼缘板的拼接对接焊缝（包括变宽度处）应设置在低应力区段。再如受拉翼缘板局部焊有节点板处的主体金属，其疲劳敏感类别可达 Z8，容许应力幅仅为 71N/mm²，故实际设计中不宜采用此类高敏感接构造，而宜采用普通防松螺栓连接构造更为合理，其类别为 Z4，相应容许应力幅为112N/mm²。

4. 梁端突变支座高度处的抗疲劳性能与疲劳计算

（1）突变支座高度吊车梁的应用及其疲劳性能试验研究概况

1）1985 年，由日方设计制造的圆弧式突变支座高度吊车梁开始在宝钢炼钢车间中应用（其构造见图 11.3-13b），为探讨此类构造的疲劳性能及设计方法，1988 年原冶金建筑研究总院进行了"钢吊车梁圆弧过渡变截面端头的静力与疲劳性能"专题试验研究（以下简称报告一）；随后 1992 年原重庆建工学院与重庆钢铁设计研究院进行了"钢吊车梁直角式突变支座剪切疲劳与吊车梁上翼缘与制动板焊接疲劳性能试验研究"（以下简称报告二）。1999 年，在宝钢炼钢车间内重载重级吊车使用最频繁的区段，发现部分吊车梁在弧形突变的拐点处出现了疲劳裂缝，随即由冶金建筑研究总院进行了现场检测处理，并提出了"宝钢一炼钢主厂房吊车梁圆弧端疲劳性能检测评估报告"（以下简称报告三）。同时还与天津大学进行了"直角突变式吊车梁支座受力性能分析"的试验研究（以下简称报告四）。上述各报告分别试验研究了两类突变构造的疲劳损伤机理与寿命评价，提出了疲劳曲线、应力集中系数、应力幅计算公式、容许应力幅的类别、修正欠载系数，以及服役吊车梁的疲劳寿命评价等基本公式与计算参数。除上述试验研究报告外，所见主要有关文献资料尚有《钢吊车梁变截面支座的疲劳性能研究》（郑廷银. 建筑结构 1997，以下简称文献 1）、《变截面吊车梁圆弧式和直角式突变支座的受力性能分析》（陈炯等. 结构工程师 2010，以下简称文献 2）等。

2) 宝钢炼钢厂主厂房共有各种跨度的圆弧突变支座梁 140 根。于 1985 年开始使用到 1999 年底时，发现其中 16 根梁圆弧端处焊缝疲劳开裂，占总数的 11％。按分类统计，开裂梁中有 30m 跨度梁 2 根（占其总数 2 根的 100％），28m 梁 8 根（占其总数 39 根的 27％），21m 梁 3 根（占其总数 15 根的 20％），20m 梁 3 根（占其总数 67 根的 4.5％），其余 14m 与 7m 跨度梁均未发现有疲劳裂缝。这表明疲劳裂缝的发生率随梁跨度的加大而提高。该区域重级吊车操作运行十分频繁，经现场实测推算得欠载系数已达 0.86。随后对有裂缝的梁均更换为新梁，新梁梁端亦均改用了插板直角突变构造。除宝钢外，1985 年以后，圆弧突变支座梁与直角突变支座梁也在其他一些冶金工厂中也有所应用，至今尚未见有变突支座处发生疲劳裂缝的报道。

（2）影响疲劳寿命的主要因素

试验表明，影响疲劳寿命的主要因素为高峰值的主应力幅、焊接残余应力或焊接损伤、突变支座的几何尺寸（变高段的高度与长度、圆弧半径）、重级吊车运行的满载率（欠载系数）与频度及变截面处的板件厚度等，最直接引发裂缝的应是高峰值主应力幅与焊接残余（约束）应力。实际上支座高度的突变就是引起疲劳敏感的基本因素，而受拉板件开槽孔或以横向焊缝焊有附件，厚板小半径的圆弧突变等构造更显著降低了变突高度支座的抗疲劳性能。

（3）突变高度支座的疲劳计算与计算参数

1）设计（控制）应力幅的计算方法

试验与计算表明，突变支座拐点区的应力状态十分复杂，存在着较大的应力集中，并由拐点处的主应力或折算应力控制疲劳强度。分析比较还表明拐点应力处应力属于多向应力，并不能用一般材料力学方法准确计算，而应用有限元计算方法计算后，其数据与试验数据较相吻合。为工程应用中简化计算，试验报告中提出了以材料力学方法计算应力值乘以应力集中系数来等效于有限元计算，故在应力幅计算式中引入了应力集中系数 k。另按《钢结构设计标准》GB 50017—2017，对焊接部位的正应力幅，当板厚大于 25mm 时，式中尚应考虑板厚效应系数而将应力幅值增大。

2）应力集中系数

圆弧端报告简化公式提出所试验梁端斜截面主应力集中系数为 1.14～1.76，直角端报告文件中表述所试验梁端应力集中系数为 1.5～7.0，而按其附件表中值计算，应力集中系数分别为 1.3～4.56，文献 1 按可比条件并定义应力集中系数 k 为有限元主应力值与材料力学方法主应力的比值，对楔形渐变高度（Ⅰ型）、直角突变高度（Ⅱ型）与圆弧突变高度（Ⅲ型）三种梁端构造进行了有限元分析，得出应力集中系数见表 11.3-16。

综上所述，以Ⅰ型构造的应力集中系数普遍较低（1.31～1.8）并离散性较小，其表中模型的楔率（h_1/b）为 1/2～1/3，而实际工程中采用为 1/5～1/6，故实际工程梁端的应力集中系数还应小于表中值。表中Ⅱ型构造（直角突变）的应力集中系数高于Ⅰ型，但《报告 2》中所述应力集中系数为 1.5～7，而按该报告中附件 1 表中计算，所试验梁端的应力集中系数分别为 1.3、1.95、2.2、2.89、3.03、3.36、3.43、3.75、4.56 等，离散性较大，且与表中值相比也有较大出入并偏小。此外，直角突变端下翼缘为开槽后插入梁腹板，开槽端点本身已有应力集中而又位于直角拐点，因而会加大拐点的应力集中程度，此类构造细节的不利影响，在有限元计算中均未予考虑。《报告 3》对圆弧突变处的应力集中系数按回归公式求得为 1.131～1.808，较表中值出入较大，其可信度仍需论证。

三类变端高支座的应力集中系数比较

表 11.3-16

梁号	支座类型	应力集中系数	h_1/b	h/R	c/a	h/a	h/H	简　图
SL-1	Ⅰ	1.39	0.45			2.4	0.4	
	Ⅱ	1.88			0.6			
	Ⅲ	2.63		4.8				
SL-2	Ⅰ	1.8	0.48			1.6	0.4	
	Ⅱ	1.76			0.4			
	Ⅲ	3.07		2.4				
SL-3	Ⅰ	1.41	0.38			3.0	0.5	
	Ⅱ	2.31			0.6			
	Ⅲ	3.68		6.0				
SL-4	Ⅰ	1.66	0.46			1.25	0.5	
	Ⅱ	1.71			0.25			
	Ⅲ	2.82		3.0				
SL-5	Ⅰ	1.31	0.3			3.6	0.6	
	Ⅱ	2.86			0.6			
	Ⅲ	4.31		7.2				
SL-6	Ⅰ	1.52	0.44			1.0	0.6	
	Ⅱ	1.83			0.17			
	Ⅲ	2.19		3.6				

（简图栏含 Ⅰ型、Ⅱ型、Ⅲ型三个示意图）

3）疲劳寿命与疲劳裂缝特点

对圆弧突变支座进行了 10 个梁段、13 个梁端的疲劳试验，除 2 个梁端（主应力幅为 135MPa、186MPa）疲劳寿命为 282 万次以上外，其余 11 个梁端（主应力幅在 158～304MPa 之间）均产生了拐点疲劳裂缝，相应疲劳寿命为 25.6～131 万次。对直角突变支座进行了 7 个梁段、14 个梁端的疲劳试验，除 2 个梁端（主应力幅为 102MPa、50MPa）疲劳寿命为 210 万次以上外，其余 5 个梁端（主应力幅为 46.7MPa、65.5MPa、72.7MPa、75.3MPa、157.7MPa）均产生了拐点疲劳裂缝，相应疲劳寿命为 43.2～155 万次。出现疲劳裂缝的部位很有规律性，均在主应力峰值拐点处的焊缝或其附近的主体金属处，一般先在焊缝热影响区产生再扩展到母材。圆弧突变拐点有圆弧的径向与切向裂缝，直角突变拐点多为端封板顶端焊缝处开始裂缝再斜向扩展到腹板。

4）容许应力幅

《钢结构设计规范》GBJ 17—88 将疲劳计算改为按疲劳应力幅计算，并规定容许应力幅按 8 个类别分类取值。《报告 3》（2001 年）通过试验与回归分析提出了圆弧端试验疲劳曲线和圆弧端点容许应力幅（200 万次）可按第 4 类（103MPa）取值的建议；直角端试验《报告 2》（1992 年）因试件数量较少，难以进行回归分析确定，故仅根据试验和有限元分析，采用了试算的办法来确定容许应力幅，经分析后建议直角突变处的容许应力幅

（200万次）按2类（144MPa）取值，但该试验数据显示，10个裂缝梁端中8个梁端是在主应力小于75MPa的情况下，即产生了疲劳裂缝，相应的疲劳寿命在155万次以下，两相比较，建议按2类取值为144MPa显然过高。《钢结构设计标准》GB 50017—2017已对疲劳计算中的构件与连接分类作了细化与补充，构造类别增加为17类，按直角突变构造裂缝均产生于端封板顶端横向焊缝及附近主体金属的特点，对照《钢结构设计标准》GB 50017—2017的分类，则最接近于受拉板件横向焊接附件附近母材的疲劳，其项序应为表 k.0.4中第22项，其类别按板厚不同分别为Z7类或Z8类，相应容许应力幅仅为80MPa 或71MPa，要比原报告建议的2类144MPa降低50％。

对Ⅰ型（楔形渐变高度）构造，由于力流较平顺而应力集中系数较低，焊接残余应力影响小，无论按照旧版规范或新版"标准"，其容许应力幅（200万次）均可有充分依据按Ⅱ类取为144MPa。

5）合理的几何尺寸

在突变梁段中不同的几何尺寸会对拐点的应力集中程度有较大影响。Ⅱ型直角突变支座通过试验比较提出的合理尺寸条件，即$h\leqslant 0.5H$、$a\leqslant 0.5h$、$b\geqslant 1.5a$，符合此条件时，主应力与应力集中系数均可为相对的较低值；对Ⅲ型圆弧突变支座，拐点圆弧半径R采用较大值，如$R=100$时的应力集中系数要小于$R=50$时的应力集中系数，对Ⅰ型楔形渐变支座，应力集中系数与渐变段的斜率（楔率）有关，表中值是按斜率为1/2或1/3计算，实际工程中是按接近弯矩包络图构造，斜率为1/5～1/6更为平缓，可使应力集中系数比表中值更为降低。

（4）疲劳计算的设计建议

综上所述和比较分析，可提出以下设计建议：

1）结构选型应符合合理与优化的原则，当因柱肩梁构造要求降低吊车梁支座高度时，宜采用在梁靠近梁端约1/6跨度范围内即渐变梁高（腹板高度），同时在支座处自然降低端高的整体变截面的优化选型，即Ⅰ型构造。不仅降低了支座高度，而且接近梁的弯矩包络图，受力合理，节约钢材。突变截面高度必然带来高应力集中而对疲劳高度敏感，故按选型优化原则考虑，对需疲劳计算的吊车梁，非必要时不宜采用仅在支座处突变高度的构造。此外，按现行"标准"的规定，此类构造的疲劳计算并无可依据的计算公式与计算指标或参数，不具备设计的可操作性。

2）对三种类型变高度构造的抗疲劳性能比较可知，楔形渐变高度构造（Ⅰ型）应力状态明晰，应力流较平顺而应力集中系数较低，焊接残余应力影响小，计算时可有依据的采用较高的容许应力幅（Z2类144MPa），其综合抗疲劳性能较好，宜作为变端高的构造首选，自1965年来楔形渐变截面吊车梁应用于许多重级工作制吊车梁的工厂车间以来已50余年，迄今亦未见有梁变截面处发生疲劳裂损的报告，表明其有较稳定的疲劳寿命，实际上楔形渐变梁高构造在桥式起重机大梁中较早就有成熟的应用。

3）应用经验与试验研究表明圆弧突变支座应力集中系数最高，疲劳寿命不能满足重级工作制吊车的运行要求，不宜采用；直角突变支座在采用合理的构造尺寸后，表中应力集中系数虽有较低值，但与现有研究文献中所列数据尚有较大出入，建议统一按类别Z2 取值的依据尚不充分，合理取值尚待研究。此外直角突变构造端板焊缝对疲劳有很高的敏感性，致使容许应力幅限于较低值。原报告中建议容许应力幅按Z2类（144MPa）取值，过于偏高而不安全。若有必要采用此类构造时，宜进行疲劳的性能化设计，通过有限元计算分析，参照有关文献资料，妥善确定合理的应力集中系数与容许应力幅。对照《钢结构设计标准》GB 50017—2017，直角突变构造容许应力幅的分类取值不应高于 Z7 类，即 $[\Delta\sigma]_{2\times10^6} = 80\text{MPa}$。

4）疲劳计算应按《钢结构设计标准》GB 50017—2017 的规定进行计算，计算应力幅应考虑板厚的影响（当板厚大于 25mm 时），对 A7、A8 级吊车的运行荷载应按满载考虑，即欠载系数 α_t 取为 1.0。

六、重级工作制吊车梁腹板上边缘处抗扭强度的补充验算

工程经验表明，在重级和特重级工作制吊车梁中，腹板上边缘焊缝与主体金属区常因附加扭转而产生很大的附加应力，引起疲劳裂缝。为量化计算此种影响，苏联根据研究成果，在相关规范中列入了以下计算方法进行腹板上边缘截面复合应力的补充验算，可供参考。

1. 由吊车侧向力及轨道偏心所引起的扭矩 T 按下式计算：

$$T = P_{\max}e + 0.75T_1h_r \tag{11.3-58}$$

式中 $P_{\max}$ ——最大吊车轮压设计值（含动力系数）；

e ——轨道偏心，可取 $e = 15\text{mm}$；

T_1 ——吊车摇摆横向力设计值；

h_r ——吊车轨道高度。

2. 在扭矩 T 作用下，腹板上端边缘处产生的附加扭曲应力按下式计算：

$$\sigma_{y,T} = \frac{2Tt_w}{I_T} \tag{11.3-59}$$

式中 I_T ——轨道与翼缘抗扭惯性矩之和，$I_T = I_{Tr} + \dfrac{bt^3}{3}$；

b,t ——分别为梁上翼缘的宽度和厚度；

I_{Tr} ——吊车轨道的抗扭惯性矩，其值可按表 11.3-17 取用。

吊车轨道的抗扭惯性矩　　　　　　　　　　表 11.3-17

轨道型号	QU70	QU80	QU100	QU120
I_{Tr}, cm⁴	253	387	765	1310

3. 吊车梁腹板上端边缘处的折算应力强度应按下式进行验算：

$$\left.\begin{aligned}
\Sigma\sigma_x &= \sigma_x + 0.25\sigma_c \leqslant f \\
\Sigma\sigma_y &= \sigma_c + \sigma_{y,T} \leqslant f \\
\Sigma\tau_{xy} &= \tau + 0.3\sigma_c + 0.25\sigma_{y,T} \leqslant f_v \\
\sigma_{red} &= \sqrt{(\Sigma\sigma_x)^2 + (\sigma_c)^2 - (\Sigma\sigma_x)\sigma_c + 3(\tau + 0.3\sigma_c)^2} \leqslant \beta_1 f
\end{aligned}\right\} \tag{11.3-60}$$

式中 σ_c ——在轮压作用下，腹板上端边缘处的局部压应力；

σ_x ——验算处的正应力；

τ ——验算处的剪应力；

β_1 ——计算折算应力时的强度设计值增大系数，当 $\Sigma\sigma_x$ 与 $\Sigma\sigma_y$ 异号时，取 $\beta_1 = 1.2$；当 $\Sigma\sigma_x$ 与 $\Sigma\sigma_y$ 同号时，取 $\beta_1 = 1.1$。

七、梁和制动结构挠度的计算

1. 计算吊车梁竖向挠度和制动结构水平挠度时，其荷载作用及容许挠度限值应符合第 11.3.4 节第三款的规定。此时，荷载均取标准值，吊车的轮压不计动力系数。有预起拱时，计算挠度应扣除预拱值。当大跨度梁挠度较大时不必因超限加大梁截面，而宜在其跨中部预起拱以满足梁挠度限值的要求。预起拱度可取容许挠度之半加超限部分挠度值。

2. 当以专用软件进行吊车梁设计时，梁的挠度可与其强度、稳定一样均由软件进行计算；若有必要进行手工计算时，梁的挠度可按以下近似式计算：

等截面梁

$$\nu_x = \frac{M_x l^2}{10 E I_x} \tag{11.3-61}$$

腹板渐变高度截面梁（见图 11.3-14b）。

$$\nu_x = \frac{M_x l^2}{10 E I_x} \left(1 + \frac{3}{25} \frac{I_x - I'_x}{I_x}\right) \tag{11.3-62}$$

3. 制动结构的水平挠度按以下各近似式计算，计算时制动结构截面取吊车梁上翼缘与制动板或制动桁架组成的组合截面。

制动板 $\quad\quad\quad\quad\quad \nu_y = \dfrac{M_y l^2}{10 E I_y} \tag{11.3-63}$

制动桁架 $\quad\quad\quad\quad \nu_y = \dfrac{M_y l^2}{8 E I_y} \tag{11.3-64}$

以上各式中 $\quad M_x$ ——由全部竖向荷载标准值（并不考虑动力系数）按简支梁计算的最大弯矩；

$\quad\quad\quad l$ ——梁或制动结构的跨度；

$\quad\quad\quad I_x$ ——梁跨中截面的毛截面惯性矩；

$\quad\quad\quad I'_x$ ——梁支座处截面的毛截面惯性矩；

$\quad\quad\quad E$ ——钢材弹性模量；

$\quad\quad\quad M_y$ ——在一台最大重级工作制吊车横向水平荷载（吊车横向水平制动力并不计动力系数）作用下计算截面的最大水平弯矩标准值；

$\quad\quad\quad I_y$ ——上翼缘与制动板（桁架）组成的制动结构的毛截面惯性矩，对制动桁架，可近似的仅计算桁架弦杆对其中和轴的毛截面惯性矩。

八、吊车梁节点和连接的设计与构造

1. 吊车梁焊接连接的计算与构造应符合本手册 11.3.4 节及以下各条的规定：

（1）设计时对梁各部位焊缝的质量级别要求应符合 11.3.4 节的规定。

（2）由于轨道偏心和频繁的直接动力荷载作用，梁上翼缘与腹板的连接焊缝易于产生裂缝损伤。对重级工作吊车和起重量 $Q \geqslant 50t$ 的中级工作吊车梁，此焊缝应采用全焊透的对接与角接组合坡口焊缝并以角焊缝加强，加强焊脚尺寸不应小于接头较薄件厚度的 1/2，但最大值不得超过 10mm；焊透的 T 形接头对接与角接组合焊缝的形式如图 11.3-8 所示。

重级与中级工作制吊车梁下翼缘与腹板的连接应采用自动焊的角焊缝，焊脚尺寸 h_f 可按式 11.3-66 计算确定。

（3）轻级工作制吊车梁，其上、下翼缘与腹板的连接宜采用自动焊角焊缝，当角焊缝计算厚度 h_e 取为 $0.7h_f$ 时，其焊脚尺寸 h_f 可分别按式（11.3-65、66）计算，并不应小于 6mm。焊缝质量等级应符合外观检查二级标准的要求。

上翼缘与腹板连接焊缝：

$$h_f \geqslant \frac{1}{1.4 f_f^w} \sqrt{\left(\frac{V_{max} S_1}{I_x}\right)^2 + \left(\frac{\varphi P}{l_z}\right)^2} \tag{11.3-65}$$

下翼缘与腹板连接焊缝：

$$h_f \geqslant \frac{V_{max} S_1}{1.4 f_f^w I_x} \tag{11.3-66}$$

式中　V_{max} ——所计算截面的最大剪力设计值（考虑动力系数）；

S_1 ——翼缘截面对梁中和轴的毛截面面积矩；

I_x ——梁的毛截面惯性矩；

φ ——系数，重级工作制吊车梁，$\varphi = 1.35$；其他梁 $\varphi = 1.0$。

（4）腹板的横向拼接缝宜设置在剪应力 σ、正应力 τ 或疲劳主拉应力均较低处，否则应按式（11.3-67）验算折算应力：

$$\sigma_{red} = \sqrt{\sigma^2 + 3\tau^2} \leqslant 1.1 f_t^w \tag{11.3-67}$$

2. 吊车梁端支座与柱连接的节点构造应符合以下规定：

（1）梁端支座与柱连接节点构造如图 11.3-18 所示，此类节点具有作用力值大、频率高，易产生附加内力和疲劳损伤的特点。早期在某轧钢车间即发生过重级工作吊车梁支座处相邻梁腹板间连接板被剪断，甚至在支承梁的柱头处产生腹板开裂等损伤，设计中应注意采用不致增加附加内力并耐疲劳性能良好的构造，节点与连接的承载力应留有一定的裕度。

（2）梁端支座处下翼缘下应设垫板并与柱顶板以双螺帽防松螺栓连接，此连接应保证梁作为纵向支撑刚性系杆时纵向支撑力的传递。同时，为保持吊车梁作为柱列支撑纵向刚性系杆的连续性，应在相邻梁梁端腹板处设有竖向连接板并以双螺帽防松螺栓相互连接，此连接应位于支座处梁高中心线以下，以免形成对梁转动的约束。同时，梁端连接构造也应注意避免翼缘板形成连续传力而产生附加的梁支座约束弯矩。

（3）在设有下柱柱间支撑开间的梁，应如图 11.3-18a、b，其梁端下翼缘板应与柱头所设置水平连接板相连接，以保证传递下柱支撑应承受的全部纵向水平力。连接可采用高强螺栓承压型连接，所需螺栓数量应按计算确定。同时因连接偏心、填板等不利因素，计算时尚宜考虑计算内力增大系数 1.2。安装时，应先将传力板焊于柱头或柱头垫板上，此时为便于螺栓调整就位，梁下翼缘栓孔均为扩大孔（比栓径大 3～4mm），螺栓另附带有标准孔的垫板，螺栓调整定位后，将垫板与梁下翼缘焊接，然后再施拧高强度螺栓，此工序要求应在施工图中说明。

3. 梁上翼缘与柱的连接节点构造应符合以下规定：

（1）吊车梁梁端上翼缘与柱的节点连接，是传递频繁横向动力荷载的重要连接，特别是重级工作制吊车梁的该节点连接，更因常有高额附加力和频繁的超额负荷而易于产生疲劳裂损。故除在设计计算连接承载力时应留有一定的裕度外，对需疲劳计算的梁，其节点连接的承载力亦应进行疲劳计算，计算时横向力应按吊车摇摆力取值。

（2）根据工程应用经验，梁端上翼缘与柱的节点连接按吊车梁的工作级别和疲劳承载力的要求的不同，可分为高强螺栓连接节点、板铰连接节点、焊接连接节点等类构造，如图 11.3-19 所示。其适用范围与计算要求应符合以下规定：

1）高强度螺栓连接节点——宜用于中级和重级工作制吊车梁，亦为目前工程中应用最多的连接。连接应采用抗疲劳性能良好的高强螺栓摩擦型连接，将梁端相邻吊车梁上翼缘各自独立的横向水平连接板与柱连固。每梁端所需高强度螺栓数量及焊缝尺寸以及连接板截面，均应按传递梁端最大横向水平力 H_t 按式（11.3-68）计算后选定，并留有一定裕度。

$$H_t = R_t + H_e \qquad (11.3\text{-}68)$$

式中　R_t——由吊车横向水平荷载设计值在梁端产生的最大水平反力，计算时应取吊车摇摆力或 1.2 倍小车横向制动力中的大者；

H_e——仅当为端板支座时考虑此作用力。此力为支座端板底面可能有横向倾斜，承压分布不均匀偏心而产生的附加水平力，$H_e = \dfrac{R_e}{h_1}$，R_e 为吊车梁支座竖向反力，h_1 为吊车梁端板高度，e 为端板底面承压的横向偏心值，可取为端板承压底面宽度的 1/6。

2）板铰连接节点——适用于重级工作制的吊车梁，其特点是更符合铰接传力要求，可减少梁端转动约束的附加内力，已在工程中有一定的应用，使用效果良好。销轴（铰轴）与耳板（铰板）宜采用 Q345、Q390、Q420 钢，必要时也可采用 45 号钢、35CrMo 或 40Cr 钢。为保证传力要求，销轴表面与耳板孔周表面应进行机加工，其质量要求应符合相应机械零件加工标准的规定。销轴与耳板连接强度的计算、构造与疲劳计算应符合本手册 7.2.6 与 11.3.5 节的规定。

3）焊接连接节点——可用于轻级工作制吊车梁的连接，其相邻吊车梁上翼缘各自用独立的水平连接板与柱以防松螺栓定位后现场焊接连接，角焊缝有效厚度不宜小于 8mm，焊缝长度及连接板截面亦均应按传递梁端最大横向水平反力 H_t 计算确定。

4. 梁上翼缘与制动板（桁架）连接节点的构造应符合以下规定。

（1）梁上翼缘与制动板的连接——节点连接构造如图 11.3-19 所示。对需疲劳计算的吊车梁，宜沿梁全长采用高强螺栓摩擦型连接；对不需疲劳计算的中级工作制吊车梁可采用高强螺栓承压型连接。当为轻级工作制吊车梁时，可采用双螺帽防松永久螺栓连接。螺栓直径一般为 16～20mm，间距按构造要求可取为 200～250mm，但对重级工作吊车梁，其端部约 1000mm 范围内，宜将螺栓间距宜加密为 150mm。

（2）梁上翼缘与制动桁架的连接——梁与制动桁架节点板的连接如图 11.3-19（a）所示。当为重级或中级工作制吊车梁时，连接可采用高强度螺栓摩擦型连接；当为轻级工作制吊车梁时，可采用高强度螺栓承压型连接。所有螺栓数量按保证传递节点承受的最大水平横向力（包括节间荷载传来的同号叠加力）计算决定，对需疲劳计算的吊车梁，同样应考虑吊车摇摆横向力或横向制动力乘以 1.2 的增大系数后二者中的大者，同时，应进行节点板孔边主体金属的疲劳计算，节点板的布置应与轨道压板相错开。

5. 制动板与上柱横隔板的连接，在一般柱距内宜采用普通 C 级防松永久螺栓构造连接。但在有上柱支撑的柱距内，则应采用高强度螺栓承压型连接，其数量应按支撑传来的

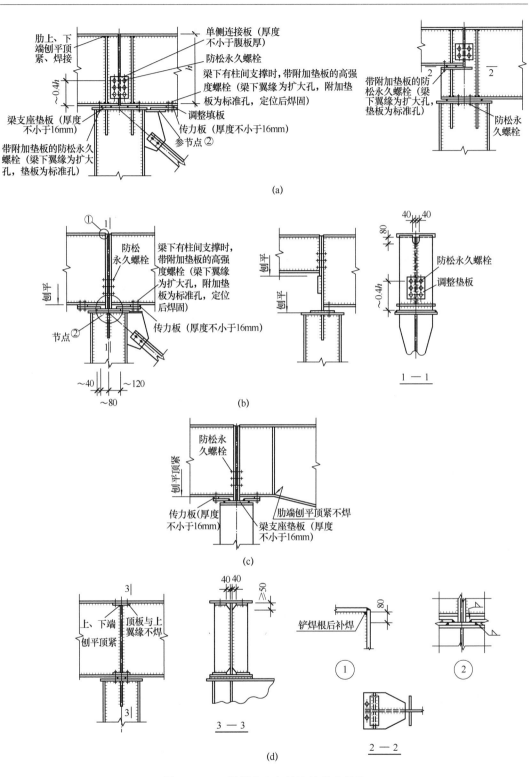

图 11.3-18 梁端支座与柱连接节点构造

（a）平板支座的平接与叠接；（b）突缘支座的平接与叠接；（c）突缘支座与钢筋混凝土柱的连接；
（d）连续梁中间支座的连接（重级工作制时）。

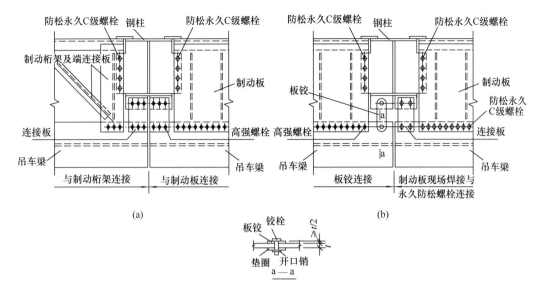

图 11.3-19　梁端上翼缘与柱的连接

(a) 高强度螺栓连接；(b) 板铰连接与焊接连接

全部纵向力计算确定。

九、焊接工字形吊车梁的计算实例

1. 设计资料及说明

吊车资料　　　　　　　　　　　　　　表 11.3-18

台数、起重量	级别	吊车跨度 L_K/m	吊车总重 G/t	最大轮压 $P_{k.max}$/t	轨道型号	简　　图
4 台 Q=20t	(A8) 特重级吊车	28	168.5	35.5	QU120	

(1) 吊车资料见表 11.3-18。

(2) 吊车梁跨度 18m，制动结构采用 8mm 的制动板，在边列其宽度 1800mm，制动梁外弦（辅助桁架上弦）采用 2L160×12。

(3) 吊车梁材质采用 Q345 钢，车间室内采暖温度不低于 10℃、要求常温冲击韧性合格保证。腹板与上翼缘采用焊透 T 形接头对接与角钢组合焊缝，腹板与下翼缘采用角焊缝连接，并均为自动埋弧焊接，焊丝采用 H08MnA。其余焊缝为焊条电弧焊焊接，焊条型号为 E5015 型。

(4) 梁端部采用平板支座构造。

2. 内力计算

(1) 计算吊车梁内力时，吊车梁自重及作用在上的走道板活荷载、积灰荷载、轨道及制动结构等竖向荷载可近似乘以轮压荷载增大系数 β＝1.07。计算吊车梁及连接强度时，吊车荷载乘以动力系数 1.1（重级硬钩）、取吊车竖向荷载分项系数 $\gamma_0 = 1.4$。

竖向计算轮压

$$P = 1.1 \times 1.07 \times \gamma_Q P_{k,max} = 1.1 \times 1.07 \times 1.4 \times 35.5 = 58.5t = 573kN（计算值）$$

吊车摆动引起横向水平力

$$H_k = aP_{k,max} = 0.2 \times 35.5 = 7.1t = 70kN（硬钩吊车取 a = 0.2）$$

$$H = 1.4 \times 70 = 98kN（计算值）$$

每轮横向水平制动力

$$H = \eta \frac{Q+g}{2n_0} = 0.2 \frac{20+63.72}{2 \times 4} = 2.09t = 20.5kN（硬钩吊车取 \eta = 0.2）（标准值）$$

横向水平制动力计算制动结构水平挠度时用。

（2）各项内力计算见表 11.3-19。除注明者外均为设计值。

各项内力计算　　　　　　　　　　表 11.3-19

项次	计算项目	简 图	内 容
1	支座最大剪力 V_{max}		$V_{max} = \dfrac{573}{18}(6.32 + 7.38 + 13.98 + 15.04 + 16.94) + 573 = 2472kN$
2	计算弯矩时跨中最大弯矩 M_{max}		$\bar{\chi} = \dfrac{P[(6.6+7.66) - (1.06+2.96+4.02)]}{6P}$ $= 1.04m$ $R_A = \dfrac{1}{18} \times 6 \times 573 \times 9.52 = 1818kN$ $M_{cmax} = 1818 \times 9.52 - 573(6.6+7.66)$ $= 17307 - 8171 = 9136kN \cdot m$ 左 $V_c = R_A - 2p = 1818 - 2 \times 573 = 672kN$ 右 $V_c = R_A - 3p = 1818 - 3 \times 573 = 99kN$
3	计算强度时跨中最大水平弯矩 M_{Tmax}	简图同项次 2	$M_{Tmax} = \dfrac{98.0}{573} \times 9136 = 1562.5kN \cdot m$
4	计算疲劳及挠度时跨中最大竖向弯矩 $M_{max}^{[\Delta\sigma]}$		$R_A = \dfrac{1}{18} \times 4 \times 573 \times 7.35 = 936kN$ $M_{max}^{[\Delta\sigma]} = \dfrac{(936 \times 7.35 - 573 \times 1.06)}{1.1 \times 1.4}$ $= 4073kN \cdot m（标准值）$ $V_c = (936-573)/(1.1 \times 1.4) = 236kN（标准值）$

续表

项次	计算项目	简　图	内　容
5	计算疲劳强度时支座处最大剪应力 V_{max}^P	P P　　P P A△ 1060 6600 1060 9280 △B 18000	$V_{max}^P = \dfrac{573}{18}(9.28+10.34+16.94+18)/(1.1\times1.4)$ $= 1127.8\text{kN}$（标准值）
6	计算挠度时最大水平弯矩 M_{max}^{h1}	简图同项次 4	$R_A = \dfrac{1}{18}\times4\times20.5\times7.35 = 33.5\text{kN}$ $M_{max}^{h1} = 33.5\times7.35-20.5\times1.06$ $= 224.5\text{kN}\cdot\text{m}$（标准值）

3. 吊车梁截面尺寸的确定及几何特征的计算

（1）梁截面尺寸确定

1）按经济要求确定梁高

吊车梁采用 Q345 钢，按第二组钢材选用，此时 $f=295\text{N/mm}^2$，$f_v=170\text{N/mm}^2$，$f_{ce}=400\text{N/mm}^2$。

所需截面模量

$$W = \frac{1.2M_{max}}{f} = \frac{1.2\times9136\times10^6}{295} = 37160\text{cm}^3$$

$$h = 7\sqrt[3]{W}-30 = 203.6\text{cm}。$$

2）按刚度要求确定梁高

相对容许挠度 $1/1000$，故 $\left[\dfrac{l}{v}\right]=1000$

$$h_{min} = 0.75fl\frac{M_1}{M_2}\left[\frac{l}{v}\right]\times10^{-6} = 0.75\times295\times1800\times\frac{4073}{9136}\times1000\times10^{-6} = 180.5\text{cm}$$

$$h_{min} = 0.38fl\left[\frac{l}{v}\right]\times10^{-6} = 0.38\times295\times1800\times1000\times10^{-6} = 205.2\text{cm}$$

取 $h_w=2550\text{mm}$。

3）按经验公式确定腹板厚度，$t_w = 7+3h_w = 7+3\times2.55 = 14.65\text{mm}$

4）按抗剪要求确定腹板厚度：$t_w = \dfrac{1.2V_{max}}{h_wf_v} = \dfrac{1.2\times2472\times10^3}{2550\times170} = 6.8\text{mm}$

初选腹板为－2550×14，$A_w=357\text{cm}^2$

5）梁翼缘截面尺寸

为使截面经济合理，选用上、下翼缘不对称工字形截面，翼板总面积按下式近似计算

$$A_f = 2\left(\frac{W}{h_w}-\frac{t_wh_w}{6}\right) = 2\left(\frac{37160\times10^3}{2550}-\frac{14\times2550}{6}\right) = 17245\text{mm}^2$$

上、下翼缘面积按总面积 60% 及 40% 分配，上翼缘面积 $0.6\times17245=10347\text{mm}^2$
下翼缘面积 $0.4\times17245=6898\text{mm}^2$ 初选上翼缘板－500×25，$A_1=125\text{cm}^2$
下翼缘板－350×25，$A_2=87.5\text{mm}^2$

翼板自由外伸宽度，$\alpha\leqslant15t\sqrt{\dfrac{235}{f_v}} = 15\times25\sqrt{\dfrac{235}{345}} = 309\text{mm}\geqslant250\text{mm}$

翼板满足局部稳定要求，同时也满足轨道连接 $b>360\mathrm{mm}$ 要求。

（2）梁截面几何特性

1）梁对 x 轴的惯性矩及截面模量图 11.3-20

$$A = 50 \times 2.5 + 35 \times 2.5 + 255 \times 1.4 = 569.5\mathrm{cm}^2$$

梁形心轴位置　$y = \dfrac{125 \times (255 + 2.5 + 1.25) + 357 \times (127.5 + 2.5) + 87.5 \times 1.25}{569.5}$

$$= 138.5\mathrm{cm}$$

$$\bar{y} = 1360 - \frac{2550}{2} = 85\mathrm{mm}$$

$$I_\mathrm{x} = \frac{1.4 \times 255^3}{12} + 357 \times 8.5^2 + \frac{50 \times 2.5^3}{12} + 125 \times 120.25^2 + \frac{35 \times 2.5^3}{12} + 87.5 \times 137.25^2$$

$$= 5416192\mathrm{cm}^4$$

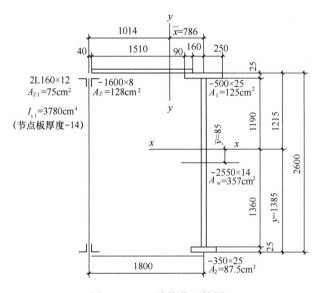

图 11.3-20　计算截面简图

$$W_\mathrm{x上} = \frac{5416192}{121.5} = 44578\mathrm{cm}^3, \quad W_\mathrm{x下} = \frac{5416192}{138.5} = 39106\mathrm{cm}^3$$

2）制动结构对 y 轴惯性矩、截面模量

$$A = 125 + 75 + 128 = 328\mathrm{cm}^2, \quad \bar{x} = \frac{128 \times (80 + 16) + 75 \times 180}{328} = 78.6\mathrm{cm}$$

$$I_\mathrm{y} = 3780 + 75 \times 101.4^2 + \frac{0.8 \times 160^3}{12} + 128(80 + 16 - 78.6)^2 + \frac{2.5 \times 50^3}{12} + 125 \times 78.6^2$$

$$= 1885000\mathrm{cm}^4$$

$$W_\mathrm{y1} = \frac{1885000}{(78.6 + 25)} = 18190\mathrm{cm}^3, \quad W_\mathrm{y2} = \frac{1885000}{(101.4 + 16.7)} = 15960\mathrm{cm}^3$$

4. 梁截面承载力核算

（1）强度计算见表 11.3-20

强度计算　表 11.3-20

计算项目	计算内容
弯曲正应力 σ	上翼缘：$\dfrac{M_{\text{xmax}}}{W_{\text{nx}}}+\dfrac{M_y}{W_{\text{ny}}}=\dfrac{9136\times10^6}{44578\times10^3}+\dfrac{1562.5\times10^6}{18190\times10^3}=291\text{N/mm}^2\approx290\text{N/mm}^2\text{(满足)}$ 下翼缘：$\dfrac{M_{\text{xmax}}}{W_{\text{nx}}}=\dfrac{9136\times10^6}{39106\times10^3}=234\text{N/mm}^2<f\text{(满足)}$
剪应力 τ	端部支座处，取 $h_{\text{w}}=2550\text{cm}$，假定腹板 $t_{\text{w}}=14\text{mm}$ $\tau=\dfrac{1.2V_{\text{max}}}{h_{\text{w}}t_{\text{w}}}=\dfrac{1.2\times2472\times10^3}{2550\times14}=83.1\text{N/mm}^2<f_{\text{v}}=170\text{N/mm}^2\text{(满足)}$
腹板计算 边缘局部 压应力 σ_{c}	重级工作制吊车梁，$\psi=1.35$，$QU120$，$h_{\text{R}}=170\text{mm}$ $l_{\text{x}}=50+5h_{\text{y}}+2h_{\text{R}}=50+5\times25+2\times170=515\text{mm}$ $P=1.1\times1.4\times35.5=54.67t=536\text{kN}$ $\sigma_{\text{c}}=\dfrac{1.35P}{l_{\text{x}}}=\dfrac{1.35\times536\times10^3}{515\times14}=100.4\text{N/mm}^2<f=295\text{N/mm}^2\text{(满足)}$

注：1. 简支吊车梁各截面折算应力一般不控制，故未作验算；

　　2. 吊车梁上翼缘设制动板并牢固连接，且能阻止受压翼缘的侧向位移，一般不计算吊车梁整体稳定性。

（2）吊车梁挠度计算

1）吊车梁竖向挠度（按一台吊车荷载标准值）
$$M_{\text{k}}=4073\text{kN}\cdot\text{m}$$

$$\frac{v_{\text{x}}}{l}=\frac{4073\times10^6\times18000}{10\times206\times10^3\times5418800\times10^4}=\frac{1}{1523}<\left[\frac{1}{1000}\right]\text{(满足)}。$$

2）吊车梁制动结构水平挠度计算（按吊车水平制动力取标准值）
$$M_{\text{ymax}}^{\text{hl}}=224.5\text{kN}\cdot\text{m}$$

$$\frac{v_{\text{y}}}{l}=\frac{224.5\times10^6\times18000}{10\times206\times10^3\times188500\times10^4}=\frac{1}{9610}<\left[\frac{1}{2200}\right]\text{(满足)}。$$

（3）吊车梁局部稳定验算

$\dfrac{h_{\text{w}}}{t_{\text{w}}}=\dfrac{2550}{14}=182>80\sqrt{235/345}=66$，并 $>170\sqrt{235/345}$ 腹板配置横向加劲肋与纵

向加劲肋，

1）腹板局部稳定验算见表 11.3-21。

吊车梁腹板稳定验算　表 11.3-21

计算项目		计算内容
用横向加 劲肋、纵 向加劲肋 加强的腹 板（梁跨 中腹板）	横向、纵向 加劲肋设置	如图 11.3-21，梁跨中腹板设 $a=1500\text{mm}$，$h_1=550\text{mm}$ $\dfrac{a}{h_1}=1500/550=2.73$，$\dfrac{h_1}{a}=550/1500=0.37$
	梁中部腹板区格内， 腹板计算高度边缘 的弯曲压应力	$\sigma=\dfrac{\sigma_{\text{x}}y_0}{y_1}=\dfrac{205\times1190}{1215}=200.8\text{N/mm}^2$ 平均弯曲近似取 $M_{\text{cmax}}=9136\text{kN}\cdot\text{m}$

计算项目	计算内容
梁中部腹板平均剪应力	梁中部,$h_w = 2550mm, t_w = 14mm$ 腹板平均应力,$V_左 = 672kN$ 腹板平均剪应力,$\tau = \dfrac{V_左}{h_w t_w} = \dfrac{672 \times 10^3}{2550 \times 14} = 18.8 N/mm^2$
腹板局部压应力	$\sigma_c = \dfrac{\psi P_1}{l_z t_w} = \dfrac{1.0 \times 536 \times 10^3}{515 \times 14} = 74.3 N/mm^2, \psi = 1.0$

计算项目		计算内容
用横向加劲肋、纵向加劲肋加强的腹板梁跨中区格	受压翼缘与纵向加劲肋之间区格	$\dfrac{\sigma}{\sigma_{crl}} + \left(\dfrac{\tau}{\tau_{crl}}\right) + \left(\dfrac{\sigma_c}{\sigma_{c,crl}}\right) \leqslant 1.0, f_y = 345 N/mm^2$ 1) σ_{crl} 的计算(因有轨道梁受压翼缘扭转受约束) $\lambda_{n,bl} = \dfrac{h_1/t_w}{75}\sqrt{f_y/235} = \dfrac{550/14}{75}\sqrt{345/235} = 0.635 < 0.85,$取$\sigma_{crl} = 305 N/mm^2$ 2) τ_{crl} 的计算,$a/h_1 = 2.73 > 1.0$ $\lambda_{n,s} = \dfrac{h_1/t_w}{37\sqrt{5.34+4(h_1/a)}}\sqrt{f_y/235} = \dfrac{(550/14) \times 1.212}{37\sqrt{5.34+4(550/1500)}} = 0.53 < 0.8$ 取 $\tau_{crl} = f_v = 175 N/mm^2$ 3) $\sigma_{c,crl}$ 的计算(梁受压翼缘扭转受约束时) $\lambda_{n,cl} = \dfrac{h_1/t_w}{56}\sqrt{f_y/235} = \dfrac{550/14}{56} \times 1.212 = 0.85 < 0.9$ 取 $\sigma_{c,crl} = f = 305 N/mm^2$ 4) 腹板考虑弹塑性修正的局部稳定计算 $\dfrac{200.8}{305} + \left(\dfrac{18.8}{175}\right)^2 + \left(\dfrac{74.3}{305}\right)^2 = 0.658 + 0.012 + 0.059 = 0.729 < 1.0$ 满足
	梁跨中,纵向加劲肋处的 $\sigma_z, \tau, \sigma_{c2}$	$\left(\dfrac{\sigma_z}{\sigma_{cr2}}\right)^2 + \left(\dfrac{\tau}{\tau_{cr2}}\right)^2 + \dfrac{\sigma_{c2}}{\sigma_{c,cr2}} \leqslant 1.0, y_1 = 1190 - 550 = 640$ 腹板计算高度边缘的弯曲压应力,$\sigma_z = \dfrac{205 \times 640}{1215} = 108 N/mm^2$ 腹板平均剪应力,$\tau = 18.8 N/mm^2$ 腹板横向压应力,$\sigma_{c2} = 0.3 \times 74.3 = 22.3 N/mm^2$
	受拉翼缘与纵向加劲肋之间区格	1) σ_{c2} 的计算,$h_2 = 2550 - 550 = 2000mm$ $\lambda_{n,b2} = \dfrac{h_2/t_w}{194}\sqrt{f_y/235} = \dfrac{2000/14}{194} \times 1.212 = 0.892$(大于0.85且小于1.25) $\sigma_{c2} = [1 - 0.75(\lambda_b - 0.85)]f = 290 N/mm^2$ 2) τ_{cr2} 的计算,$a/h_2 = 1500/2000 = 0.75 < 1.0$ $\lambda_{n,3} = \dfrac{h_2/t_w}{37\sqrt{4+5.34(h_2/a)^2}}\sqrt{f_y/235} = \dfrac{2000/14}{37\sqrt{4+5.34(2000/1500)^2}} \times 1.212 = 1.27 > 1.2$ $\tau_{cr} = 1.1 f_v/\lambda_{ns}^2 = \dfrac{1.5 \times 170}{1.27^2} = 158 N/mm^2$ 3) σ_{cr2} 的计算,$a/h_2 = 0.75 < 1.5$ $\lambda_{ns} = \dfrac{h_2/t_w}{28\sqrt{10.9+13.4(1.83-ah_2)^3}}\sqrt{f_y/235} = 1.173 < 1.2$ $\sigma_{c,cr2} = [1 - 0.79(\lambda_{ns} - 0.9)]f = 227 N/mm^2$ 4) 腹板局部稳定计算 $\left(\dfrac{108}{290}\right)^2 + \left(\dfrac{18.8}{158}\right)^2 + \dfrac{22.3}{227} = 0.13 + 0.01 + 0.09 = 0.23 < 1.0$(满足)

计算项目	计算内容
腹板厚度的确定及横向加劲肋设置	$h_{w} = t_{w} = 2550/14 = 182 > 140$， 由于局部稳定需求腹板厚度，$h_{w}/140 = 2550/140 = 18.2$ 选用端部腹板厚度—20 $2550/20 = 127.5 < 140$ $a = 1500\text{mm}$，$h_{0} = 2550$，$a/h_{w} = 1500/2550 = 0.59$
	端支座第一区格截面特性 $A = 50 \times 2.5 + 35 \times 2.5 + 255 \times 2 = 722.5\text{cm}^2$ $\bar{y} = \dfrac{(125 - 87.5) \times 128.75}{722.5} = 6.7\text{cm}$ $I_{x} = \dfrac{255^3 \times 2}{12} + 510 \times 6.7^2 + 125 \times 122.05^2 + 87.5 \times 135.45^2$ $= 6253800\text{cm}^4$ $W_{x上}^{w} = \dfrac{6253800}{120.8} = 51770\text{cm}^3$
腹板计算高度边缘的弯曲压应力	端支座平均弯矩，$M = R_{A} \times 1.5 = 2472 \times 1.5 = 3708\text{kN} \cdot \text{m}$ $\sigma = \dfrac{3708 \times 10^6}{51770 \times 10^3} = 71.6\text{N/mm}^2$
腹板平均剪应力	$V_{\max} = 2472\text{kN}$，$h_{w} = 2550\text{mm}$，$t_{w} = 20\text{mm}$ $\tau = \dfrac{2472 \times 10^3}{2550 \times 20} = 48.5\text{N/mm}^2$
腹板局部压应力	$\sigma_{c} = \dfrac{1.0 \times 536 \times 10^3}{515 \times 20} = 52\text{N/mm}^2$
端部支座第一区格腹板局部稳定	$\left(\dfrac{\sigma}{\sigma_{cr}}\right)^2 + \left(\dfrac{\tau}{\tau_{cr}}\right)^2 + \dfrac{\sigma_{c}}{\sigma_{c,cr}} \leqslant 1$ 1)σ_{cr} 的计算：当梁受压翼缘扭转受约束时，$h_{c} = 1208\text{mm}$ $\lambda_{n,b} = \dfrac{2h_{c}/t_{w}}{177}\sqrt{f_{y}/235} = \dfrac{2 \times 1208/20}{177} \times 1.212 = 0.824 < 0.85$ $\lambda_{n,b} < 0.85$，取 $\sigma_{cr} = f = 290\text{N/mm}^2$ 2) τ_{cr} 的计算 $a/h_{w} = 0.59 < 1.0$ $\lambda_{n,s} = \dfrac{h_{w}/t_{w}}{37\sqrt{4 + 5.34(h_{0}/a)^2}}\sqrt{f_{y}/235} = \dfrac{2550/20}{37\sqrt{4 + 5.34(2550/1500)^2}} \times$ $1.212 = 0.947 \begin{array}{l} < 1.5 \\ > 0.8 \end{array}$ $\tau_{cr} = [1 - 0.59(\lambda_{n,s} - 0.8)]f_{v} = [1 - 0.59(0.947 - 0.8)] \times 170$ $= 155\text{N/mm}^2$ 3) $\sigma_{c,cr}$ 的计算，$a/h_{w} = 0.59 \begin{array}{l} < 1.5 \\ > 0.5 \end{array}$ $\lambda_{n,c} = \dfrac{h_{w}/t_{w}}{28\sqrt{10.9 + 13.4(1.83 - a/h_{0})^3}}\sqrt{f_{y}/235} = \dfrac{2550/20}{28\sqrt{10.9 + 13.4(1.83 - 0.59)^3}}$ $\times 1.212 = 0.914 \begin{array}{l} < 1.2 \\ > 0.9 \end{array}$ $\sigma_{c,cr} = [1 - 0.79(\lambda_{n,c} - 0.9)]f = [1 - 0.79(0.947 - 0.9)] \times 290$ $= 287\text{N/mm}^2$ 4) 腹板稳定计算 $\left(\dfrac{71.6}{290}\right)^2 + \left(\dfrac{48.5}{155}\right)^2 + \dfrac{52}{287} = 0.339 < 1.0$（满足）

仅用横向加劲肋加强的腹板端支座第一区格

续表

计算项目		计算内容
用横向、纵向加劲肋加强的腹板端支座第二区格	横向、纵向加劲肋设置	端支座第二区格的腹板，设 $a=1500\text{mm}$，$h_1=550\text{mm}$，$a/h_1=1500/550=2.73$，$h_1/a=0.37<1.0$（满足）
	（端支座第二区格）腹板计算高度边缘的弯曲压应力	$R_A=\dfrac{573}{18}(4.82+5.88+12.48+13.54+15.44+16.5)$ $=573\times68.66/18=2185.7\text{kN}$ $M_c=2185.7\times2.56-573\times1.06=5595.4-607.4=4988\text{kN}\cdot\text{m}$ $W^w_{x\perp}=\dfrac{5418800}{119}=45536\text{cm}^3$ $\sigma=\dfrac{4988\times10^6}{45536\times10^3}=109.5\text{N/mm}^2$
	腹板平均剪应力	$V_{C左}=2185.7-573=1612.7\text{kN}$，$h_w=2550\text{mm}$，$t_w=14\text{mm}$ $\tau=\dfrac{1612.7\times10^3}{2550\times14}=45.2\text{N/mm}^2$
	腹板局部压应力	$\sigma_c=\dfrac{1.0\times536\times10^3}{515\times14}=74.3\text{N/mm}^2$
	受压翼缘与纵向加劲肋之间的区格	$\dfrac{\sigma}{\sigma_{cr1}}+\left(\dfrac{\tau}{\tau_{cr1}}\right)^2+\left(\dfrac{\sigma_c}{\sigma_{c,cr1}}\right)^2\leqslant1.0$，$\lambda_{b1}$、$\lambda_s$、$\lambda_{c1}$ 计算见跨中截面 1) $\lambda_{b1}=0.635<0.85$，取 $\sigma_{cr1}=f=300\text{N/mm}^2$ 2) $\lambda_{ns}=0.48<0.8$，取 $\tau_{cr1}=f_v=170\text{N/mm}^2$ 3) $\lambda_{n,c1}=0.85<0.9$，取 $\sigma_{c,cr1}=f=300\text{N/mm}^2$ 4) 腹板考虑弹塑性修正的局部稳定计算 $\dfrac{109.5}{300}+\left(\dfrac{45.2}{170}\right)^2+\left(\dfrac{74.3}{300}\right)^2=0.365+0.070+0.061=0.496<1.0$（满足）
	端支座第二区格纵向加劲肋 σ_2、τ、σ_{c2}	$y_1=1190-550=640\text{mm}$ 腹板计算高度边缘的弯曲压应力，$\sigma_2=\dfrac{105.9\times640}{1190}=58.9\text{N/mm}^2$ 腹板平均剪应力，$\tau=45.2\text{N/mm}^2$ 腹板横向压应力，$\sigma_{c2}=0.3\times74.3=22.3\text{N/mm}^2$
	受拉翼缘与纵向加劲肋之间区格	$\dfrac{\sigma_2}{\sigma_{cr2}}+\left(\dfrac{\tau}{\tau_{cr2}}\right)^2+\left(\dfrac{\sigma_{c2}}{\sigma_{c,cr2}}\right)^2\leqslant1.0$，$h_2=2550-550=2000\text{mm}$ 1) $\lambda_{n,b_2}=0.892\genfrac{}{}{0pt}{}{\geqslant0.85}{<1.25}$，取 $\sigma_{cr}=290\text{N/mm}^2$ 2) $\lambda_{n,s}=1.27>1.2$，取 $\tau_{cr}=158\text{N/mm}^2$ 3) $\lambda_{n,c}=1.173<1.2$，取 $\sigma_{c,cr2}=227\text{N/mm}^2$ 4) 腹板局部稳定计算 $\left(\dfrac{58.4}{290}\right)^2+\left(\dfrac{45.2}{158}\right)^2+\dfrac{22.3}{227}=0.041+0.082+0.098=0.22<1.0$（满足）

2）加劲肋截面尺寸的确定

横向加劲肋截面尺寸

$$b_s \geqslant \frac{h_w}{30} + 40 = \frac{2550}{30} + 40 = 125mm，取 b_s = 150mm$$

$$t_s = \frac{b_s}{15} = \frac{150}{15} = 10mm，取 t_s = 10mm$$

同时采用纵向、横向加劲肋加强腹板，横向加劲肋截面对腹板中心惯性矩应满足下式要求：

$$I_z \geqslant 3 h_w t_w^3 = 3 \times 255 \times 1.4^3 = 2099cm^4$$

$$I_z = 2\left[\frac{1 \times 15^3}{12} + 15 \times 1(7.5 + 0.7)^2\right] = 2(281 + 1009) = 2580cm^4 > 2099cm^4$$

纵向加劲肋截面尺寸

选取纵向加劲肋为—120mm×10mm，纵向加劲肋的截面对腹板中心惯性矩应满足下式要求：

$a/h_w = 0.59 < 0.85$ 时：

$$I_y \geqslant 1.5 h_w t_w^3 = 1.5 \times 255 \times 1.4^3 = 1050cm^4$$

$$I_y = 2\left[\frac{1 \times 12^3}{12} + 12 \times 1(6 + 0.7)^2\right] = 2[144 + 539] = 1366cm^4 > 1050cm^4$$

（4）对特重级工作制吊车梁腹板上边缘抗扭验算见表 11.3-22

腹板上边缘抗扭计算　　　　　　　　　　　　　　表 11.3-22

计算项目	计算内容
由吊车侧向力及轨道偏心所引起的扭矩 T	$T = P_{k,max}e + 0.75T_1 h_R$　　$P_{k,max} = 573kN$ 取 $e = 15mm$ $T_1 = 1.4 \times 70 = 98kN$　　$h_R = 170mm$ $T = 573 \times 10^3 \times 15 + 0.75 \times 98 \times 10^3 \times 170$ 　$= 8595 \times 10^3 + 12495 \times 10^3 = 21.09 \times 10^6 = 21.09kN \cdot m$
由扭矩 T 在腹板上边缘处产生的附加弯曲应力 σ_{yT}	轨道及吊车梁上翼缘抗扭惯性矩 QU120 $I_{TR} = 1310$ $$I_T = I_{TR} + \frac{1}{3}bt^3 = 1310 + \frac{1}{3} \times 50 \times 2.5^3 = 1570cm^4$$ $$\sigma_{yT} = \frac{2Tt_w}{I_T} = \frac{2 \times 21.09 \times 10^6 \times 14}{1570 \times 10^4} = 37.6 N/mm^2 < f$$
考虑扭矩 T 时腹板上边缘处的强度（$\Sigma \sigma_x$、$\Sigma \sigma_y$ 同号时取 $\beta = 1.1$	腹板上边缘的正应力 $\sigma_x = 200.8 N/mm^2$　$\sigma_c = 100.4 N/mm^2$ $\Sigma \sigma_x = \sigma_x + 0.25\sigma_c = 200.8 + 0.25 \times 100.4$ $= 225.9 N/mm^2 < f = 295 N/mm^2$（满足） $\Sigma \sigma_y = \sigma_c + \sigma_{yT} = 100.4 + 37.6 = 138 N/mm^2 < f$（满足） $\Sigma \tau_{xy} = \tau + 0.3\sigma_c + 0.25\sigma_{yT}$ $S = 50 \times 2.5 \times 120.25 = 15030cm^3$ $$\tau = \frac{VS}{It_w} = \frac{672 \times 10^3 \times 15030 \times 10^3}{5418800 \times 10^4 \times 14} = 13.3 N/mm^2$$ $\Sigma \tau_{xy} = 13.3 + 0.3 \times 100.4 + 0.25 \times 37.6$ 　$= 13.3 + 30.1 + 9.4 = 52.8 N/mm^2 < f_v = 180 N/mm^2$ $\dfrac{\sqrt{(\Sigma \sigma_x)^2 + (\sigma_c)^2 - (\Sigma x)(\sigma_c) + 3(+0.3\sigma_c)^2} < 1.1f}{}$ $= \sqrt{(225.9)^2 + (100.4)^2 - 225.9 \times 100.4 + 3(13.3 + 0.3 \times 100.4)^2}$ $= 210 N/mm^2 < 1.1f$（满足）

（5）疲劳强度验算

吊车梁疲劳计算 表 11.3-23

项次	计算项目	计算内容
1	受拉翼缘与腹板连接（自动焊）处焊缝及附近主体金属疲劳应力幅连接类别为 Z4	取吊车梁及轨道连接自重 6 kN/m，$M_{max}=4073$kN·m（按一台吊车标准值计算） $$M_{min}=ql^2/8=6\times18^2/8=243\text{kN·m}$$ $$\Delta\sigma=\frac{(M_{max}-M_{min})}{I_x}y_1=\frac{(4073-243)\times10^6}{5418800\times10^4}\times136=96.1\text{N/mm}^2$$ 特重级工作制吊车（按 Z4 级别查）容许应力幅 $[\Delta\sigma]_{2\times10^6}=112\text{N/mm}^2$ $$\alpha_f\Delta\sigma=1.0\times96.1=96.1\text{N/mm}^2<[\Delta\sigma]_{2\times10^6}=112\text{N/mm}^2$$ 按 Z4 类别要求：自动焊角焊缝质量等级为二级
2	横向加劲肋下端腹板附近主体金属疲劳应力幅类别为 Z5（肋端连续回焊）	计算点即：横加劲肋下端距下翼缘 80mm $$\Delta\sigma=\frac{(4073-243)\times10^6}{5418800\times10^4}\times(136-80)=90.5\text{N/mm}^2$$ 按 Z5 类别：$[\Delta\sigma]_{2\times10^6}=100\text{N/mm}^2$ $$\alpha_f\Delta\sigma=1.0\times90.5=90.5\text{N/mm}^2<[\Delta\sigma]_{2\times10^6}=100\text{N/mm}^2$$
3	下翼缘与腹板连接角焊缝疲劳应力幅类别为 J1	1. 取端支座第一区格截面 下翼缘对吊车梁中和轴面积矩 $$S_1=35\times2.5\times135.45=11850\text{cm}^3 \quad I_x=6253800\text{cm}^4$$ $$V_{max}=1127.8\text{kN} \quad 若取焊缝 h_f=10\text{mm}$$ $$\Delta\tau=\frac{VS_1}{2h_fI_x}=\frac{1127.8\times10^3\times11850\times10^3}{2\times0.7\times10\times6253800\times10^4}=15.3\text{N/mm}^2<[\Delta\tau]_{2\times10^6}=59\text{N/mm}^2$$ 按 J1 类别查的焊缝容许剪应力幅 2. 取距端支座 1.5m 处第二区格截面 $$S_1=35\times2.5\times120.25=10520\text{cm}^3 \quad I_x=5418800\text{cm}^4$$ $$V=1127.8-573/1.1\times1.4=755.7\text{kN} \quad 取焊缝 h_f=10\text{mm}$$ $$\Delta\tau=\frac{755.7\times10^3\times10520\times10^3}{2\times0.7\times10\times5418800\times10^4}=10.5\text{N/mm}^2<[\Delta\tau]_{2\times10^6}=59\text{N/mm}^2$$
4	下翼缘水平支撑的螺栓孔处母材疲劳应力幅类别为 Z4	由于下翼缘水平支撑连接采用普通螺栓，按 Z4 查得（取跨中截面）： $$[\Delta\sigma]_{2\times10^6}=112\text{N/mm}^2$$ $$\Delta\sigma=\frac{(4073-243)\times10^6}{5418800\times10^4}\times1372.5=97\text{N/mm}^2<[\Delta\tau]_{2\times10^6}=112\text{N/mm}^2$$

5. 吊车梁的连接计算

（1）梁端与柱水平连接：

1）上翼缘与柱水平连接：采用 10.9 级高强度螺栓，并采用喷砂处理摩擦面，抗滑移系数 $\mu=0.40$。

上翼缘与柱水平连接最大横向水平力 V 参照表 11.3-19 项 1 计算：

$$V=H_k=\frac{20.5\times1.4\times1.1}{573}\times247.2=136.2\text{kN}$$

按柱宽及螺栓排列要求采用 3M22，一个高强度螺栓的预拉力 $P=190\text{kN}$

$$N_v^b=0.9kn_f\mu P=0.9\times1\times1\times0.4\times190=68.4\text{kN}$$

总连接处承载力 $N=3\times68.4=205.2\text{kN}>136.2\text{kN}$（满足）

2）制动板与上柱横隔板的水平连接：在设有上柱柱间支撑的柱距内，采用高强度螺栓承压型连接，其数量应能承担支撑传来的全部纵向力（风荷载、刹车力、地震荷载等）的组合值。在一般的柱距内可采用普通 C 级防松永久螺栓构造连接。

（2）制动板与吊车梁上翼缘的水平连接

特重级工作制（硬钩）吊车梁上翼缘的水平连接仍宜用摩擦型高强度螺栓连接（不宜采用焊接连接）。

1）按构造选用 M20 高强度螺栓时其间距 a 宜满足：

$$a<12t=12\times8=96\text{mm}$$
$$a<8d_0=8\times22=176\text{mm}$$

按构造间距取 $a=100\text{mm}$ 排列

2）抗剪承载力验算：按 10.9 级 M20 高强螺栓，间距 $a=100\text{mm}$，摩擦面采用钢丝刷清除浮锈，$\mu=0.35$，一个高强螺栓预拉力 $P=155\text{kN}$。

最大剪力处每个螺栓承受剪力

$$S_1=50\times2.5\times73.05=9130\text{cm}^3$$

（见支座截面图 11.3-21，$y=73.05\text{cm}$，$I_x=1921800\text{cm}^4$）

$$N=a\frac{VS_1}{I_x}=100\times\frac{422.8\times10^3\times9130\times10^3}{1921800\times10^4}=20080\text{N}\approx20.0\text{kN}$$

每个高强螺栓承载力设计值

$$N_v^b=0.9\times1\times0.35\times155=48.8\text{kN}>20.0\text{kN}$$

（3）翼缘板与腹板连接焊缝

上翼缘与腹板连接焊缝要求采用焊透的 T 形接头对接与角接组合焊缝（自动焊并精确检查），可与母材等强，故不另行计算。

下翼缘与腹板连接焊缝 $f_t^w=200\text{N/mm}^2$

下翼缘截面对中和轴的面积矩见图 11.3-22，最大剪力近似取支座处

$$V_{max}=2472\text{kN}\qquad I_y=5418800\text{cm}^4\qquad S_1=35\times2.5\times137.25=12000\text{cm}^3$$

$$h_f=\frac{V_{max}S_1}{2\times0.7\times h_t^w\times I_x}=\frac{2472\times10^3\times12000\times10^3}{1.4\times200\times5418800\times10^4}=1.9\text{mm}$$

考虑到翼缘板与腹板连接构造要求，实际采用 $h_f=8\text{mm}$（跨中不另行计算），腹板厚度 $t_w\geqslant14\text{mm}$，在两端距支座 1/8 范围内亦采用坡口焊透连接。

6. 梁端部平板支座连接

截面形式见图 11.3-21

（1）支座加劲肋计算

取支座加劲肋截面 2-190×22，端面承压面积 $A_{ce}=2\times2.2(19-4)=66\text{cm}^2$，支座最大 $R_{max}=2472\text{kN}$。

支座加劲肋端面承压应力为：

$$\sigma_{ce}=\frac{R_{max}}{A_{ce}}=\frac{2472\times10^3}{66\times10^2}=374.5\text{N/mm}^2<f_{ce}=400\text{N/mm}^2$$

支座加劲肋在腹板平面外稳定计算

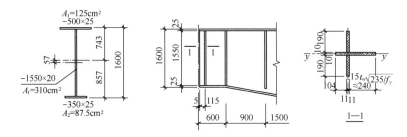

图 11.3-21　梁端平板支座及截面

$$A = 2 \times 19 \times 2.2 + 2.0 \times (10.4 + 2.2 + 24) = 83.6 + 73.2 = 156.8 \, \text{cm}^2$$

$$I_y = \frac{2.2 \times 40^3}{12} + \frac{(10.4 + 24) \times 2^3}{12} = 11733 + 23 = 11760 \, \text{cm}^3$$

$$i_y = \sqrt{\frac{11760}{156.8}} = 8.66 \, \text{cm}$$

取支座高度 $l_0 = 155 \, \text{cm}$

$$\lambda_y = \frac{155}{8.66} = 18 \, \text{cm}$$

支座截面（剖面 1-1）属于 b 类截面，得 $\varphi_y = 0.964$

$$\frac{R_{\max}}{\varphi_y A f} = \frac{2472 \times 10^3}{0.964 \times 156.8 \times 10^2 \times 295} = 0.55 < 1.0$$

（2）支座加劲肋与腹板的连接焊缝：

设 $h_f = 0.7 t_w = 0.7 \times 20 = 14 \, \text{mm}$

焊缝长度 $l_w = (155 - 2 \times 6 - 2 \times 1.4) = 140 \, \text{mm}$，共四条，计算从略。

7. 焊接工字形吊车梁的构造图见图 11.3-22。

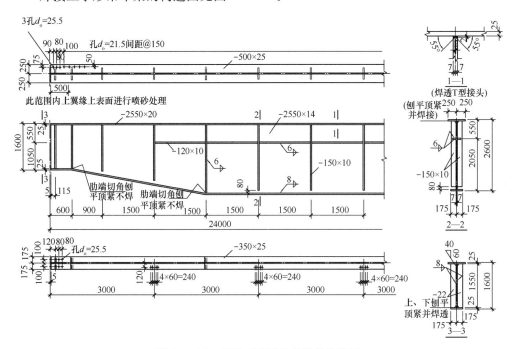

图 11.3-22　焊接工字形吊车梁的构造图

11.3.7 H 型钢吊车梁

1. H 型钢吊车梁适用于吊车起重量不大于 20t 的（A1～A5）级吊车，其截面应选用热轧 H 型钢，梁的跨度一般不大于 9m。由于梁可直接应用已成型的 H 型钢，不需下料、组焊等工序，且有良好的承载性能，当条件适合时，可作为优先的选型方案。现已有相应的标准图集可供设计选用。

2. 梁截面宜选用符合现行国家标准《热轧 H 型钢和剖分 T 型钢》GB/T 11263 中 HM 系列或 HN 系列的规格。梁上翼缘为铺设轨道要求，其宽度不宜小于 250mm。梁的钢材牌号宜选用 Q235 钢或 Q345 钢，其质量等级不应低于 B 级。对需要计算疲劳且处于负温工作环境中的梁，应根据温度条件选用钢材的质量等级。

3. H 型钢吊车梁宜设计为简支梁，其相关构件宜简化布置，一般不再设置其上翼缘平面制动结构及垂直与水平支撑，故梁的截面选用均由整体稳定计算控制。

4. 梁上吊车的工艺资料与规格参数，应由工艺人员按表 11.3-3 的要求，提供书面资料作为设计依据。当工艺无法提出吊车台数要求时，梁上吊车的台数一般可按二台相同规格的吊车考虑。

5. 梁和连接的计算与节点连接的构造，均可参照第 11.3.6 节"焊接工字形吊车梁"的有关规定进行设计。

6. 2008 年实施的《H 型钢吊车梁》08SG520—3 国家标准图集，列入了起重量不大于 20t（A1～A5）级吊车梁跨度为 6m、9m 的吊车梁选用标准图。图集适用于单梁吊车和起重量不大于 20t 的（A1～A5）级桥式吊车。吊车工艺参数依据大连起重机厂 2003 年 DQQD 系列的桥式吊车资料和北京起重机研究所提供的 2003 年单梁吊车资料与桥式吊车资料。

11.3.8 吊车桁架

一、设计一般规定

1. 吊车桁架一般设计为有刚性上弦的简支平行弦桁架，其支点设于上弦平面内。桁架上弦一般选用刚性的 H 型钢截面，在其上直接铺设吊车轨道。桁架腹杆体系宜选用带有中间竖杆的三角形式。桁架杆件的连接可采用焊接、高强度螺栓连接及栓-焊组合连接等形式。

2. 吊车桁架的跨度一般可按工艺扩大柱距的要求和模数尺寸，采用 18、24、30 或 36m，桁架高度由吊车轮压及挠度条件确定，同时应满足建筑净空和运输限值的要求。桁架几何尺寸一般可按下述要求确定，其典型几何图形如图 11.3-23。

（1）当桁架跨度 l 为 18～24m 时，其高度可取 $l/6 \sim l/8$，当桁架跨度为 24～36m 时，其高度可取 $l/8 \sim l/10$。

（2）吊车桁架一般宜采用带竖杆的三角形腹系平行弦桁架，节间长度为 3m，节间数应取偶数，斜杆倾角宜按 40°～60°布置。

3. 桁架杆件截面的选型应符合以下要求：

（1）桁架的刚性上弦宜优先选用热轧 H 型钢，也可采用焊接 H 型钢。前者腹板与翼缘连接处有局部弧形加强区，可增强抵抗轮压偏扭的附加效应。刚性上弦的截面高度一般可取为节间长度的（1/5～1/6），其翼缘宽度应考虑轨道压板及梁端与柱连接的构造要求，不宜小于 250mm。下弦宜选用热轧 T 型钢、角钢，也可采用热轧或焊接 H 型钢，各截面

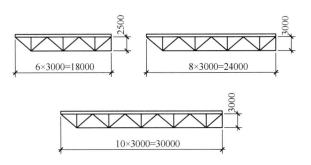

图 11.3-23　吊车桁架几何图形

选型如图 11.3-24 所示。

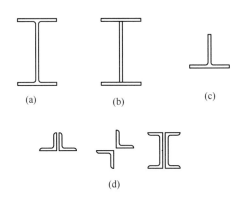

图 11.3-24　吊车桁架杆件的截面形式
(a) 热轧 H 型钢；(b) 焊接 H 型钢；(c) 热轧剖分
T 型钢；(d) 角钢或槽钢组合截面

（2）为便于节点板连接，腹杆宜选用双角钢或双槽钢组合截面，受压腹杆宜选用图 11.3-24 十字形角钢组合截面。

4. 吊车桁架的上弦平面与下弦平面应分别设置制动桁架与水平支撑，水平支撑端部应与柱连接，此时下弦端节间应设置水平系杆。中级工作吊车桁架的跨度 $l \geqslant 18\mathrm{m}$ 时，可在其端部 $l/3$ 范围内设置垂直支撑。

桁架刚性上弦应考虑设置抗扭措施，以减少轨道偏心的不利影响。

5. 带劲性上弦的吊车桁架为（$n-1$）次超静定结构（n 为上弦节间数），其杆件内力解析应以计算机软件计算。桁架应按杆件和节点的实际刚度情况，合理的选取计算模型，并考虑节点的次应力影响。

6. 吊车桁架挠度较大时可按自重挠度加容许挠度限值之半在跨中预起拱。在选择截面时，不宜因挠度不满足要求而加大截面。

二、吊车桁架内力的计算

吊车桁架荷载与内力计算应符合 11.3.3 节及以下的规定：

1. 桁架的荷载除桁架自重与吊车轮压外，竖向荷载尚应考虑制动结构、走道的均布活荷载与吊挂荷载；对轮压荷载，应按求算各杆件最大内力的条件，确定相应的梁上行动轮压个数和位置。由吊车车轮作用于桁架上弦的横向力，应考虑吊车横向刹车力。计算车轮横向力作用时，梁上行动轮压个数和位置应与计算轮压竖向作用时相一致。吊车桁架适用于轻、中级工作条件，故横向荷载不必考虑吊车摇摆力。

2. 计算桁架杆件与连接的强度时，对 A1～A5 级吊车梁，吊车轮压荷载应乘以动力系数 1.05，但计算桁架变形与疲劳时不乘动力系数。

3. 计算桁架杆件内力时，应按移动轮压作用的特点布置轮位，计算刚性上弦最不利截面的最大轴力与相应最大正负弯矩的组合；对腹杆应计算可能变号的最大拉、压轴力与相应弯矩的组合。刚性上弦的内力组合尚应考虑其作为制动结构外弦（或翼缘）在横向水平荷载的作用下的轴力或弯矩，此时，H 型钢外弦的有效截面仅考虑上翼缘及相连的 15 倍 t_w 高度腹板组成的 T 形截面（t_w 为腹板厚度）。

4. 吊车桁架上弦在集中轮压作用下会产生较大的节间局部弯矩，故其截面应选用有足够抗弯刚度的 H 型钢刚性上弦。n 为上弦节间数时，刚性上弦吊车桁架为（$n-1$）次超静定结构，在轮压活荷载作用下其杆件内力的计算十分复杂，早期因条件所限，工程设计曾采用近似公式进行繁复的手工计算，现已可采用有限元等软件进行杆件内力与挠度的准确计算。

5. 刚性上弦吊车桁架的计算模型可取上弦为梁单元，其他杆件为杆单元的简支桁架，并按桁架腹杆均交汇于刚性上弦的下边缘，其他杆件均互相以重心交汇的条件，确定其几何图形的尺寸（见图 11.3-25）。腹杆为角钢或槽钢组合截面与节点板连接时，杆件的节点连接一般可假定为铰接节点；当腹杆或下弦为 H 型钢，且在桁架平面内的截

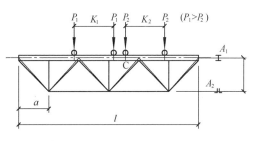

图 11.3-25　吊车桁架的计算简图

面高度 $h_1 \geq L_1/10$（对弦杆）或 $h_1 \geq L_1/15$（对腹杆）时，计算中应考虑节点刚性引起的次弯矩，L_1 为杆件长度。

三、吊车桁架杆件强度、稳定性与挠度的计算

1. 吊车桁架杆件的强度与稳定应按表 11.3-24 所列公式计算。

2. 简支吊车桁架的竖向挠度与上弦制动结构的水平挠度，应以计算软件按实际模型计算，并符合 11.3.4 节第三款关于容许挠度限值的规定，此时吊车台数仅考虑跨间内荷载效应最大的一台吊车，且荷载均采用标准值并不乘动力系数。当作近似估算时，桁架的挠度亦可按以下近似式计算：

$$v = \frac{\mu M_x l^2}{10 E I_x} \tag{11.3-74}$$

式中　M_x——全部竖向荷载作用下（一台吊车，轮压不考虑动力系数），桁架的最大竖向弯矩标准值；

　　　　l——桁架的跨度；

　　　　I_x——桁架跨中截面弦杆对水平形心轴的毛截面惯性矩，$I_x = \left(\dfrac{A_1 A_2}{A_1 + A_2}\right) h_0^2$；

　A_1、A_2——分别为上、下弦杆毛截面面积；

　　　　h_0——上、下弦杆截面形心轴间的距离（桁架计算高度）；

μ——系数，当 $h_o/l = 1/6$、$1/8$、$1/10$ 时，μ 分别取为 1.4、1.3、1.2。

吊车桁架杆件强度与稳定计算公式　　　　　　　　　　　表 11. 3-24

杆件		公式	说　明
上弦上翼缘应力	制动结构为桁架式	强度 $\dfrac{N}{A_n} + \dfrac{N_H}{A_{n1}} + \dfrac{M_{x1}}{W_{nx}^{\perp}} + \dfrac{M_{y1}}{W_{nye}} \leqslant f$ $\quad$ (11.3-69) 稳定 $\dfrac{N}{\varphi A} + \dfrac{N_H}{\varphi A_1} + \dfrac{M_{x1}}{W_x} + \dfrac{M_{y1}}{W_{ye}} \leqslant f$ $N_H = \dfrac{M_y}{d}$ $\qquad\qquad\qquad$ (11.3-70)	N——竖向荷载下杆件的最大轴心力； N_H——吊车横向水平荷载作用下，制动桁架弦杆相应截面产生的轴心力； d——制动桁架的宽度； M_{x1}——上弦计算截面节间跨中或支座的最大竖向局部弯矩； M_y——制动结构在相同计算截面处的相应最大水平弯矩； M_{y1}——吊车横向水平荷载 H 作用于制动桁架节间内时，同一计算截面的水平局部弯矩； A、A_n——杆件的毛、净截面面积； A_1、A_{n1}——上弦上部有效面积的毛、净截面积 W_x、W_{nx}——上弦截面对自身强轴（x 轴）毛、净截面模量； W_{ye}、W_{nye}——上弦上部有效面积对自身竖向轴（y 轴）的毛、净截面模量，有效截面按上翼缘与其相连接的 $15t_w$（t_w 为腹板厚度）T 形截面计算； W_{y1}、W_{ny1}——制动梁对自身竖向轴的毛、净截面模量； φ——杆件轴压稳定系数
	制动结构为实腹式	强度 $\dfrac{N}{A_a} + \dfrac{M_x}{W_{nx}} + \dfrac{M_y}{W_{nye}} \leqslant f$ $\quad$ (11.3-71) 稳定 $\dfrac{N}{\varphi A} + \dfrac{M_{x1}}{W_x} + \dfrac{M_y}{W_{ye}} \leqslant f$ $\quad$ (11.3-72)	
上弦下翼缘应力		强度 $\dfrac{N}{A_n} + \dfrac{M_{x1}}{W_{nx}} \leqslant f$ $\qquad$ (11.3-73)	
上弦腹板上边缘局部压应力		$\sigma_c = \dfrac{p}{l_z t_w} < f$ $\qquad$ (见 11.3-53)	
下弦与受拉腹杆		强度 $\sigma = \dfrac{N}{A} \leqslant f$ $\qquad$ 见（6.2-1） $\sigma = \dfrac{N}{A_n} \leqslant 0.7 f_u$ $\qquad$ 见（6.2-2） 下弦容许长细比 $[\lambda]$ 为 200（中级工作制吊车桁架），250（轻级工作制吊车桁架），腹杆容许长细比 $[\lambda] \leqslant 250$	
受压腹杆		稳定 $\qquad \dfrac{N}{\varphi A f} \leqslant 1.0$ $\qquad$ 见（6.2-8） 腹杆容许长细比 $[\lambda] \leqslant 150$	

注：1. 当有制动结构时，上弦杆的稳定可不计算；

　　2. 当杆件在动荷载下内力可能变号时，应分别按拉杆和压杆进行计算，并按压杆控制其长细比；

　　3. 下弦水平支撑兼作抗风桁架时，下弦计算式中轴力 N 应计入由风荷载作用的轴力；

　　4. 剪应力及折算应力参见工字形吊车梁进行计算。

四、吊车桁架的疲劳计算

1. 承受 A5 级吊车作用的吊车桁架应进行疲劳计算并符合本手册第 6.6 节及第 11.3.5 节的规定。

2. 吊车桁架疲劳计算时宜选择内力较大的杆件或内力变号的杆件，应按规范规定的疲劳计算的构件和连接分类进行下述敏感部位的计算：

（1）受拉杆件联系螺栓或虚孔处的母材（Z4）；

（2）节点板搭接的两侧面角焊缝端部的母材（Z10）；

（3）节点板搭接的三面围焊时两侧角焊缝端部的母材（Z8）；

（4）三面围焊或两侧面角焊缝的节点板母材（Z8，节点板计算宽度按应力扩散角 θ 等于 30°考虑）；

（5）矩形节点板焊于受拉构件翼缘板或腹板处的母材（Z8）；

（6）带圆弧的梯形节点板以对接焊缝焊于受拉的梁翼缘、腹板、桁架腹杆弦杆处的母材（Z6）；

（7）角焊缝（J1，按有效截面确定的剪应力幅计算）。

3. 上述有圆弧过渡焊接节点板的连接构造应符合图 11.3-28 的要求。弦杆和腹杆杆端与节点板的搭接焊缝应采用连续围焊，杆件焊缝间距不应小于 50mm。

4. 直接承受动力荷载重复作用的桁架节点高强螺栓连接，其疲劳计算应符合下列规定：

（1）抗剪摩擦型连接可不进行疲劳计算，但其连接开孔处主体金属应进行疲劳验算；

（2）沿螺栓轴向抗拉为主的高强度螺栓连接在动力荷载重复作用下，当荷载和杠杆力引起的螺栓轴向拉力超过螺栓受拉承载力的 30% 时，应对螺栓拉应力进行疲劳验算。

五、吊车桁架节点连接的设计与构造

吊车桁架节点与其连接构造应符合 11.3.4 节的规定及以下要求：

1. 为便于运输安装并提高耐疲劳性能，吊车桁架的杆件节点宜采用节点板栓焊连接节点如图 11.3- 26，其节点板与弦杆焊接，腹杆与节点板以高强度螺栓连接；当为轻级工作吊车桁架时，杆件与节点板的连接亦可采用焊接连接。当因运输或安装等条件限制时，杆件节点的连接也可采用全高强螺栓连接如图 11.3-27。

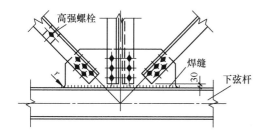

图 11.3-26　桁架栓焊节点构造

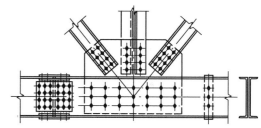

图 11.3-27　桁架全栓接节点构造

腹杆与各杆件节点交汇处均应以重心线相交汇，但与刚性上弦则应交汇于其下边缘。

2. 需疲劳计算的吊车桁架，其节点板连接构造见图 11.3- 28，并应符合以下要求：

（1）焊接连接时，如图中 11.3-28（a），腹杆起弧点应至少缩进 5mm，并在杆端与节点板连续围焊，或连续施焊绕过杆端 20mm 后再灭弧；腹杆与弦杆的焊缝间隙 a 不应小于 50mm；节点板边缘与腹杆轴线的夹角 θ 不应小于 30°。节点板与下弦连接处的两侧边宜做成半径 r 不小于 60mm 的圆弧，圆弧处应予以打磨以消除起落弧缺陷，使之与弦杆平缓过渡。同时，构造尺寸应满足 $L>b$、$c \geqslant 2h_f$ 的要求。

（2）栓焊连接且下弦为 H 型钢时，如图 11.3-28（b）所示，节点板仍应作圆弧过渡的加工，其与 H 型钢弦杆的 T 形对接与角接组合焊缝应予焊透，焊缝质量等级不低于二级。

（3）中级工作制吊车桁架杆件的缀板应采用高强度螺栓连接见图 11.3-27，11.3-28；若采用焊接连接时，焊缝起落弧点应缩进至少 5mm。当为轻级工作吊车桁架时，此连接可采用焊接连接。

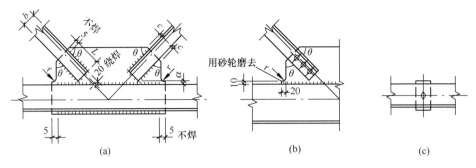

图 11.3-28　吊车桁架的节点板连接构造

3. 桁架的端支座应设置于刚性上弦的端部，其构造可参照焊接工字形实腹吊车梁的规定，选用端板支座或平板支座。为增强支座处的抗扭性能，中级工作制吊车桁架端部上弦腹板处宜设置竖向隔板与柱连接。

4. H 型钢上弦亦应参照工字形吊车梁的要求，分别设置支座加劲肋、腹板的节点处传力加劲肋和节点之间加劲肋。当选用 HW、HM 系列热轧 H 型钢时，其腹板高厚比均小于 80，即腹板中间加劲肋均可按构造设置，其间距不小于 $0.5h_0$，亦不大于 $2h_0$。（h_0 为腹板计算高度）。

5. 在吊车轮压作用下，刚性上弦整体处于受压状态，而局部板件可能有拉应力处，拉应力量值亦很低，特别是热轧 H 型钢又无焊接敏感的要求。故 H 型刚性上弦腹板加劲肋与上弦上、下翼缘的连接，均可采用刨平顶紧焊连接。同时，加劲肋上下端均应做切角。

6. 当吊车桁架跨度大于 18m 时，可采用将靠端部节间弦杆截面减小的变截面构造以减少用材，变截面后弦杆的重心线应保持与原截面相一致以避免偏心，同时变截面后 H 型钢上弦上表面亦应保持与原截面相同，以便铺设轨道。还应注意因热轧 H 型钢每一规格的截面实际高度与其标志高度均不相同，故上弦杆变截面构造仅限于焊接 H 型钢。

7. 为增强桁架上弦的抗扭性能，应按不大于 3m 设置上弦抗扭横隔见图 11.3-29，若同时设有垂直支撑时，横隔应与其设于同一部位。

8. 吊车桁架焊接连接节点构造示例可见图 11.3-30，全梁构造图可见图 11.3-31。

11.3.9　箱形吊车梁
一、箱形梁的组成与承载特点

1. 箱形吊车梁为由两侧腹板与上、下盖板组成的整体箱形截面梁，其上盖板即相当于梁的制动结构。由于使用中两侧吊车同时满载作用的概率较低，梁整体常处于较低应力状态，因而有较多的安全储备。一般适用于中列大跨度吊车梁和扭矩较大的环形吊车梁。但箱形梁制作、安装复杂费工，施工难度及费用高，当相邻跨间吊车轮压荷重相差较大时，或将箱形梁用于边柱列时，梁的用钢量亦会较大，故宜在有技术经济合理性依据时选用。

2. 箱形吊车梁两侧腹板上各自分别承受相邻跨间各一条轨道上的轮压荷重；当箱形梁用于边柱列时，可设计为内侧腹板上承受轮压荷重，及外侧腹板上以短柱支承屋架、墙

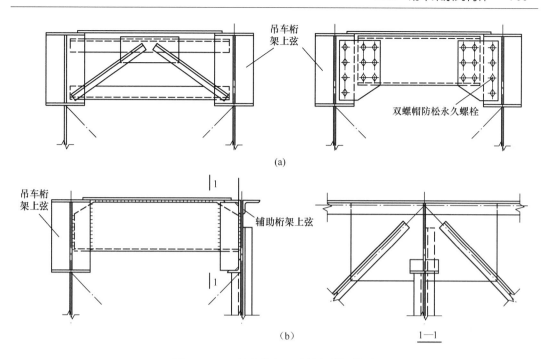

图 11.3-29　吊车桁架上弦抗扭横隔构造
(a) 中列；(b) 边列

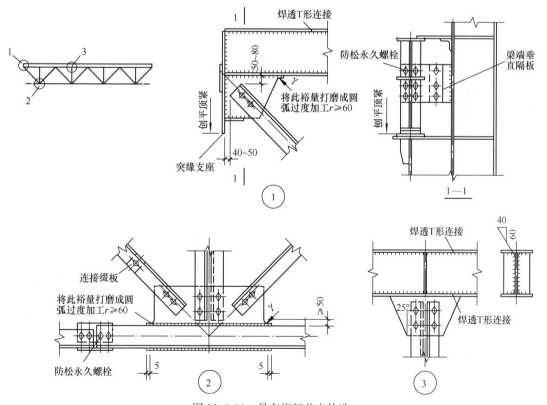

图 11.3-30　吊车桁架节点构造

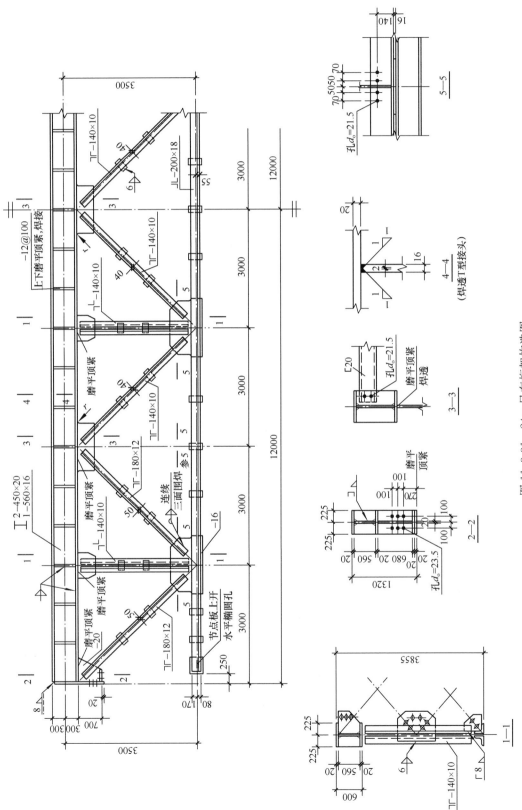

图 11.3-31　24m 吊车桁架构造图

架荷重而形成吊车梁-托梁二合一结构。由于在各种荷载工况下，梁整个箱形截面均参加抗弯、抗扭工作并具有较大的抗扭刚度及竖向刚度，因而所需梁高相对较小，截面亦可由较薄（强度较高）的钢板组成。

二、梁截面尺寸及加劲肋和刚性横隔等构造要求

1. 箱形梁荷载作用简图如图 11.3-32。梁高度 h 可参照工字形梁的梁高初步选定，一般为 $\left(\dfrac{1}{10} \sim \dfrac{1}{14}\right) L$；梁的宽度 b 一般为（0.6～0.8）h 或为中列柱两侧的轨距；上盖板应伸出腹板外 150～200mm，以固定轨道连接用，但不宜大于 $15t_1$（Q235 钢）或 $12.4t_1$（Q345 钢）及 $11.6t_1$（Q390 钢），t_1 为上盖板厚度；下盖板应外伸约 60～80mm，以满足自动焊施焊要求。

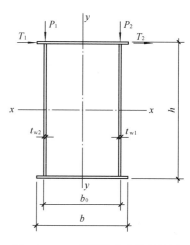

图 11.3-32　箱形梁荷载作用简图

2. 当梁跨度 $L \geqslant 24\text{m}$ 时，宜参照焊接工字形变高度梁的有关的要求，采用渐变腹板高度梁，即在靠近梁端部 $L/6$ 的范围内逐渐改变梁高，变高后梁端高度不宜小于 $h/2$；也可将跨度中段部分的腹板厚度适当减薄成变截面梁。

3. 箱形梁截面的板材均可采用厚度较薄的板，其翼缘板可为 12～20mm，腹板可为 8～12mm，其高厚比 h_0/t_w 不应大于 250（Q235 钢）或 200（Q345 钢及 Q390 钢）。当相邻跨间吊车轮压荷重相差较大时，梁两侧的腹板可采用不同的厚度。

4. 梁端支座宜采用平板支座，梁端与柱的连接构造应能可靠地防止梁截面扭转，同时为保证梁的抗扭刚度，应在梁端设置支撑及沿全长设置刚性横隔，其间距约为梁跨度的 1/10 并与腹板横向加劲肋间距相协调。刚性横隔可为带中间孔洞的肋板框横隔或支撑肋板横隔如图 11.3-34。

5. 为保证梁腹板的局部稳定，除在箱形梁内侧设有刚性横隔外，尚应按腹板局部稳定要求在横隔间的腹板内侧设置单面横向加劲肋；当腹板的高厚比 h_0/t_w 大于 170（Q235钢）、140（Q345 钢）或 132（Q390 钢）时，还需在箱形梁外侧腹板上距盖板上边缘的（1/4～1/5）h_0 处腹板的受压区内设纵向加劲肋，并按构造在箱形梁外侧纵向加劲肋与上盖板之间设置单面短横向加劲肋。加劲板截面可用板条或小截面型钢，所有加劲肋的布置及截面尺寸，刚度要求、构造要求等均可参照焊接工字形吊车梁的有关要求确定。此外梁的上盖板为受压薄板，除与梁内部的刚性横隔相连外，尚应紧贴上盖板下表面沿盖板全长设置一道或多道纵向加劲肋，以保证其局部稳定。

6. 箱形梁节点与连接的计算构造可参照焊接工字形吊车梁有关规定进行设计。梁腹板与上盖板的焊接应为焊透的 T 形对接，其质量应不低于二级焊缝标准。腹板与下盖板的焊缝应采用连续角焊缝自动焊，其焊接质量应符合外观质量的二级标准。

7. 箱形梁宜在工厂整体制作、整体运输和安装，因而对制作、装配与吊装、运输的操作有严格要求，施工时应编制专门施工组织设计，并采用相应的技术措施。

三、箱形吊车梁的计算

1. 梁上作用荷载的计算取值、荷载组合与梁的内力计算应符合 11.3.3 节及以下的规定：

（1）对承受一条吊车轨道荷载与墙梁、屋架荷载的边柱列箱形梁，其荷载种类、组合与相应的各种系数等均可参照焊接工字形吊车梁的有关规定进行计算。

（2）承受两条吊车轨道上轮压荷载的中柱列箱形梁，其荷载与组合应按实际情况并参照表11.3-25进行计算。

中柱列箱形梁荷的载组合　　　　　　　　表 11.3-25

计算项目	吊车组合台数				吊车组合系数	垂直轮压动力系数	荷载类别
	左侧		右侧				
	竖向轮压荷载	吊车水平荷载	竖向轮压荷载	吊车水平荷载			
跨中竖向、水平弯矩	2 台	1 台	2 台	1 台	对所有吊车轮压竖向荷载为 0.8	1.1	设计值
扭矩	取任一侧起重量较大的 2 台吊车，竖向及水平荷载同时作用				—	1.1	设计值
竖向挠度	2 台	—	2 台	—	对所有吊车轮压竖向荷载为 0.8	—	标准值
上翼缘水平挠度	—	1 台最大重级	—	1 台最大重级	—	—	标准值
疲劳计算	1 台最大重级		1 台最大重级		—	—	标准值

注：1. 所有组合中的吊车均为相邻跨间满载的最大吊车；
　　2. 在进行强度和稳定计算时，吊车水平荷载的轮压位置应与计算竖向荷载的轮压位置相一致；
　　3. 当为重级工作吊车梁时，吊车水平荷载应选吊车摇摆力与横向制动力二者中的大者。

2. 箱形梁强度、稳定及挠度的计算应符合以下规定：

（1）箱形梁强度计算应按整体箱形截面进行竖向最大弯矩与相应水平弯矩组合作用下正应力的计算，和最大扭矩作用下梁端腹板剪应力计算；梁的强度可按表11.3-26各式进行计算，其截面计算简图见图11.3-33。

箱形梁的强度计算公式　　　　　　　　表 11.3-26

内力组合状态	正应力	剪应力	腹板局部压应力
梁的跨中竖向、水平弯矩为最大时	$\sigma = \eta_1\left(\dfrac{M_x}{W_{nx}} + \dfrac{M_y}{W_{ny}}\right) \leqslant f$　　(11.3-75)	整体验算时：$\tau = 1.3\dfrac{VS_x}{I_x\sum t_w} \leqslant f_v$　(11.3-77) 分别计算剪力较大侧腹板时：$\tau = \dfrac{V_1 S_x}{I_x t_{w1}} \leqslant f_v$　(11.3-78)	重级工作制吊车梁 $\sigma_c = \dfrac{1.35P}{t_w l_z} \leqslant f$　(11.3-80) 其他吊车梁 $\sigma_c = \dfrac{P}{t_w l_z} \leqslant f$　(11.3-81)
梁的扭矩最大时（一侧荷载最大）	$\sigma = 1.1\left(\dfrac{M_x}{W_{nx}} + \dfrac{M_y}{W_{ny}}\right) \leqslant f$　　(11.3-76)	计算受荷侧腹板：$\tau = 1.3\dfrac{VS_x}{I_x t_w} \leqslant f_v$　(11.3-79)	

上表式中　　M_x、M_y——分别为梁计算截面处的最大竖向弯矩与水平弯矩设计值（考虑组合系数在内）；

$\qquad W_{nx}$、W_{ny}——分别为梁的计算截面对 x、y 轴的净截面模量，计算时均按全部截面参加工作考虑；

$\qquad\qquad V$——不同内力组合时计算截面处的最大剪力设计值；

$\qquad\qquad V_1$——荷载较大一侧计算截面的最大剪力设计值；

$\qquad\qquad \eta_1$——考虑因梁的左右腹板上最大竖向荷载不等及梁存在弯扭而产生附加正应力的增大系数。一般取 1.05，当两腹板上荷载相同时，则取为 1.0；

$\qquad\qquad t_{w1}$——剪力较大侧腹板厚度；

$\qquad\qquad \sum t_w$——两侧腹板的总厚度；

$\qquad\qquad I_x$——计算截面的毛截面惯性矩；

$\qquad\qquad S_x$——计算剪应力处以上毛截面对 x 轴的面积矩；

$\qquad\qquad l_z$——腹板承压长度，按式 11.3-53 计算

$\qquad\qquad P$——梁上的最大轮压设计值。

（2）箱形吊车梁具有良好的整体稳定性，当简支箱形梁截面尺寸如图 11.3-33，且截面高宽比 $h/b \leqslant 6$，自由长度 l_1（梁的跨度）与宽度 b_0 之比（l_1/b_0）不大于 $95\varepsilon_k^2$ 时可不计算梁的整体稳定性。

（3）梁的竖向挠度及水平挠度均可参照焊接工形吊车梁的有关规定进行计算，此时轮压等荷载均采用标准值，I_x、I_y 均按箱形梁全截面计算。竖向挠度的容许值可按两侧吊车中对挠度要求较严的限值采用。因箱形梁的全部截面参加工作，水平刚度很大，故其水平挠度一般不必验算。

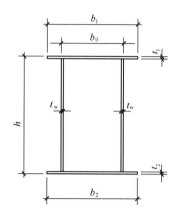

图 11.3-33 箱形梁截面示意图

四、箱形梁刚性横隔及加劲肋的配置和计算

1. 梁腹板加劲肋的配置、构造与计算及腹板局部稳定计算，可分别按两侧各为工形梁的工况并参照焊接工形吊车梁的有关要求进行配置和计算。但需注意腹板的纵向加劲肋应在腹板外单侧配置、横向加劲肋则在腹板内单侧配置。

2. 箱形梁上盖板为受压薄板，为保证其局部稳定，应配置通长纵向加劲肋，其计算与构造应符合以下要求：

（1）梁应紧贴上盖板下表面通长设置一道或多道纵向加劲肋，由肋等分盖板宽度使其所划分出来的盖板区格宽度 b_{01}，应不大于 $40t_1$（Q235 钢）、$33t_1$（Q345 钢）、$31t_1$（Q390 钢）。此时 b_{01} 应取为腹板与纵向加劲肋或两道纵向加劲肋之间的距离。

（2）纵向加劲肋截面可用热轧 H 型钢或剖分 T 型钢，其与上盖板的连接宜用较薄的连续焊缝。纵向加劲肋沿梁全长不得中断，在通过刚性抗扭横隔处时可将横隔预先开孔，装配后再补焊加强版，并同时将纵向加劲肋与刚性横隔连接。

（3）每一纵向加劲肋自身对其与上盖板相连边线为轴的惯性矩 I_z，应满足式 11.3-82 的要求。

$$\left.\begin{array}{l} \text{设一道纵向加劲肋时 } I_z \geqslant 0.12b_0t_1r_1 \\ \text{设两道纵向加劲肋时 } I_z \geqslant 0.12b_0t_1r_2 \\ \text{设三道纵向加劲肋时 } I_z \geqslant 0.12b_0t_1r_3 \end{array}\right\} \tag{11.3-82}$$

式中　b_0——两腹板间的上盖板宽度；

　　　t_1——受压盖板厚度（cm）；

　r_1、r_2、r_3——系数，按表 11.3-27 查用。

3. 箱形梁刚性横隔的构造如图 11.3-34 所示，其与上盖板和腹板的连接可用焊接；与下盖板的连接为避免疲劳敏感宜采用高强度螺栓连接。刚性横隔的截面惯性矩 I_d 应分别满足下二式的要求，I_d 可按图中 1-1 剖面图所示的截面进行计算。

$$I_d \geqslant \frac{I_x}{500} \tag{11.3-83}$$

$$I_d \geqslant \frac{1000Pb_0^2}{96E}\left(1+\frac{h}{b_0}\right) \tag{11.3-84}$$

式中　I_x——箱形梁跨中截面对 x 轴的毛截面惯性矩；

　　　P——最大轮压标准值（不计动力系数）；

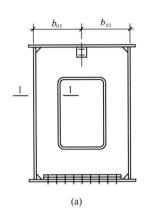
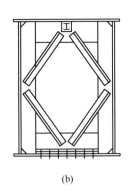

(a)   (b)

图 11.3-34   梁刚性横隔的构造
（a）板框横隔；（b）支撑肋板横隔

h ——箱形梁高度；

b_0 ——箱形梁两腹板间的宽度。

系数 r_1、r_2、r_3

表 11.3-27

β	r	a/b_0									
		0.6	0.8	1.0	1.2	1.4	1.6	1.8	2.0	2.2	2.4
0.05	r_1	2.72	5.14	8.13	11.61	15.48	19.6	23.83	28.02	30.20	30.20
	r_2	5.10	9.27	14.55	20.89	28.22	36.45	45.48	55.21	64.86	—
	r_3	7.49	13.48	21.10	30.34	41.13	53.42	67.12	82.17	—	—
0.10	r_1	3.05	5.73	9.05	12.94	17.28	21.96	26.82	31.71	36.44	36.69
	r_2	5.85	10.60	16.62	23.88	32.28	41.75	52.20	63.50	74.89	—
	r_3	8.82	15.83	24.79	35.65	48.35	62.85	79.06	96.90	—	—
0.15	r_1	3.38	6.32	9.97	14.26	19.09	24.32	29.8	35.39	40.89	43.83
	r_2	6.60	11.92	18.70	26.86	36.34	47.06	58.91	71.79	84.92	—
	r_3	10.15	18.19	28.47	40.95	55.57	72.28	90.99	111.64	—	—
0.2	r_1	3.72	6.91	10.89	15.59	20.89	26.67	32.79	39.08	45.35	51.42
	r_2	7.34	13.25	20.77	29.85	40.41	52.36	65.63	80.08	94.95	—
	r_3	11.47	20.55	32.16	46.26	62.79	81.71	102.93	126.37	—	—

注：1. a/b_0——箱形梁内刚性横隔间距 a 与上盖板宽度 b_0 的比值；

2. β——一道纵向加劲肋的截面积 A_z 与上盖板截面积 $b_0 t_1$ 之比，并 $\beta = \dfrac{A_z}{b_0 t_1} \leqslant 0.2$；

3. 计算 r_1、r_2、r_3 时需先假定纵向加劲肋的截面积 A_z，经试算后最终选定的纵向加劲肋截面面积应与假定的截面积 A_z 一致或接近，一般可先初选 $A_z = 0.1 b_0 t_1$ 进行试算。

五、箱形梁构造示例图（图 11.3-35）

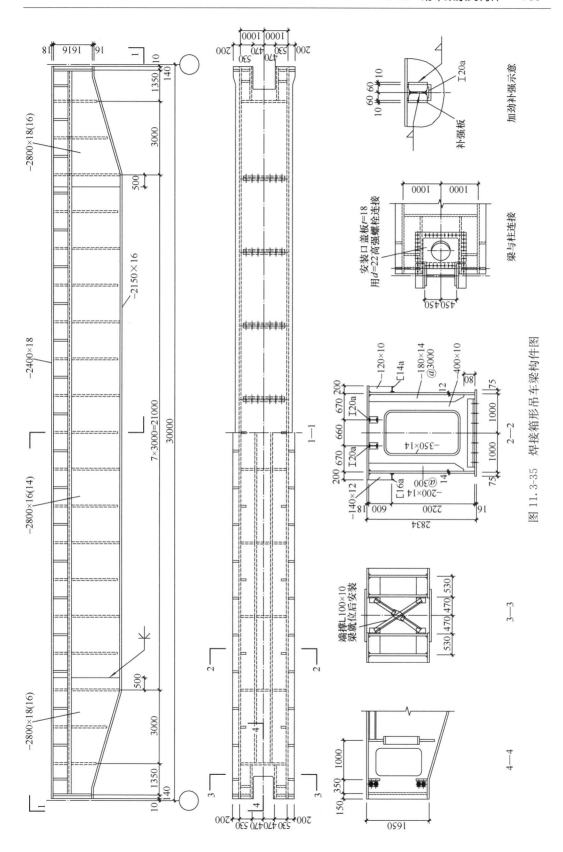

图 11.3-35　焊接箱形吊车梁构件图

11.3.10　壁行吊车梁

1. 冶炼、机械等车间按工艺要求会设置的壁行吊车进行生产操作。壁行吊车为一侧固定在同一柱列柱或吊车梁上的可移动悬臂吊车，一般为中、轻级工作制，其最大起重量可达 12t。支承壁行吊车的吊车梁由上梁、下梁及刚臂等组成见图 11.3-36。

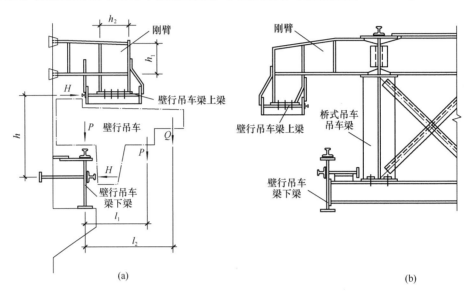

图 11.3-36　壁形吊车梁的组成
（a）固定在柱上；（b）固定在吊车梁上

2. 壁行吊车梁上梁为水平梁、承受壁行吊车上轮的水平轮轮压及竖向摩擦力，为双

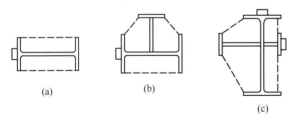

图 11.3-37　臂行吊车梁的截面形式
（a）热轧 H 型钢；（b）热轧 H 型钢与单 T 型钢；
（c）热轧 H 型钢与双 T 型钢

向弯曲构件，其截面可采用热轧或焊接 H 型钢，如图 11.3-37（a）、（b）所示，跨度较大时宜采用竖向以 T 型钢加强的 H 型钢截面；下梁应为水平与竖向组合梁，承受壁行吊车的竖向及下水平轮轮压，亦为双向受弯构件，其截面宜采用图 11.3-37（c）所示的十字形组合截面。下梁的水平梁与竖直梁互为彼此的纵向加劲肋，故其交接线应在各自腹板的受压区内。

3. 壁行吊车梁的荷载计算应符合以下规定：

（1）壁行吊车的竖向和水平轮压标准值应由工艺提供，梁的荷载与内力计算应符合 11.3.3 节的要求。梁的荷载及台数按实际情况考虑，但梁上同时行驶吊车不得超过 2 台。在计算梁的强度和稳定时，吊车的竖向及水平轮压均应考虑动力系数 $\alpha = 1.05$（轻、中级工作制吊车）。

（2）使用经验表明，壁行吊车实际工作中其轮压常伴生有附加作用，故计算上梁的承载能力时，吊车水平轮压宜考虑增大系数 1.2；计算下梁与柱的水平连接以及上梁与刚臂的连接（包括刚臂及其固定连接）时，吊车水平轮压宜考虑增大系数 1.5。

4. 梁的强度计算应符合以下规定：

(1) 上梁截面的正应力可按下式简化计算：

$$\sigma = \pm \frac{M_y}{W_{ny}} \pm \frac{M_x}{W_{nx}} \leqslant f \tag{11.3-85}$$

式中　M_y——梁计算截面的最大水平弯矩设计值；

　　　M_x——梁计算截面由自重及竖向摩擦力引起的竖向弯矩设计值，可近似地取为 $M_x = 0.2M_y$；

　　　W_{ny}——上水平梁截面对其竖向 y 轴（强轴）的净截面模量，当轨道与梁焊连且轨道不中断时，可计入轨道截面；

　　　W_{nx}——上水平梁截面对其水平 x 轴（弱轴）的净截面模量。

上梁截面的剪应力仍可按单向受弯工字形梁计算。

(2) 下梁的强度计算，可分别按单独的工字形水平梁和工字形竖直梁进行正应力与剪应力的计算。

5. 工字形截面上梁在双向弯矩作用下的整体稳定性可按下式计算：

$$\pm \frac{M_y}{W_y f} \pm \frac{M_x}{\varphi W_x f} \leqslant 1.0 \tag{11.3-86}$$

式中　W_y、W_x——上水平梁截面对其竖向 y 轴（强轴）和水平 x 轴（弱轴）的毛截面模量；

　　　φ——整体稳定系数。

下梁为组合截面，相当于在受压翼缘处设有制动结构，其整体稳定可不必计算。

6. 上、下梁受压翼缘的外伸宽度与其厚度之比 b_0/t_s 应不大于 $15\varepsilon_k$。上下梁的腹板应按工字形梁的要求计算其局部稳定并配置横向加劲肋。计算组合截面下梁的水平梁和竖向梁腹板局部稳定计算时可按设有纵向加劲肋的截面计算。

7. 上、下梁的竖向、水平挠度可分别按单独工字形梁截面计算。根据使用特点要求，梁的挠度与上、下梁之间的相对变形均应严格控制，挠度的容许限值可参照本手册 11.3.4 节的规定取值，并与工艺人员商定确认。

8. 支承上梁的刚臂一般用双槽钢组成见图 11.3-38，当受力较大或连接构造需要时，也可设计为三块板组合的工字形

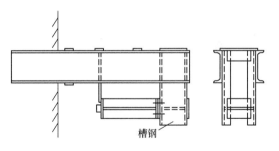

槽钢

图 11.3-38　槽钢刚臂构造

截面，并宜使 $h_1 \geqslant h_2$。刚臂与柱及支承结构的连接节点构造应有足够的抗扭刚度，其现场连接采用高强螺栓连接。

9. 壁行吊车梁节点与连接的计算与构造，应符合工字形吊车梁相应规定的要求。所有节点传力连接中的焊缝与高强螺栓，其截面尺寸与数量均应经计算确定，其承载力宜有不小于 10% 的富裕度。

10. 壁行吊车梁的轨道截面应由吊车制造厂选定，一般为小截面方钢（50mm×50mm 或 60mm×60mm）时，可直接与梁以连续薄焊缝焊接，或以角钢连接件连接。吊车的车挡宜选用 H 型钢，并按工艺的位置要求，直接焊于梁端的上翼缘上，其连接及构造如

图 11.3-39 所示。

11. 壁行吊车梁的节点及连接构造示例见图 11.3-39。

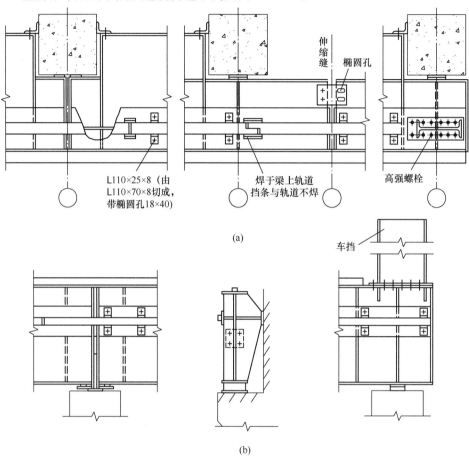

(a)

(b)

图 11.3-39　壁行吊车梁的节点与连接构造

（a）平面图；（b）立面与剖面图

11.3.11　吊车轨梁

一、一般规定

1. 吊车轨梁为悬挂梁式吊车或悬挂单轨吊车（电葫芦）的轨道梁，轨梁一般应选用翼缘带有斜边的热轧工字钢，并按工艺要求设置于屋（楼）盖承重结构下或特设的支承梁架下。悬挂吊车、单轨吊车可为电动或手动操作，其起重量一般为 0.5～5.0t，悬挂梁式吊车的跨度（即吊挂轨梁间距）可为 3～16m。

2. 吊车轨梁应按工艺要求的行驶区域或线路进行布置，其示例如图 11.3-40，图中（a）为单轨吊车的直线轨梁与弧线轨梁布置；（b）为悬挂单梁吊车的直线双轨梁布置。直线轨梁一般设计为单跨简支梁；弧线轨梁应设计为多支点弧形梁，在弧线段与直线段的切点处必需设吊挂支点。梁在弧线段支点处与直、弧线交接支点处均应为连续构造。

3. 吊车轨梁的轮压均作用在其下翼缘上，选用截面时，除进行梁整体强度、稳定的计算外，尚应进行梁下翼缘轮压作用处折算应力的补充验算。同时，梁式吊车和单轨吊车均属轻、中级工作，其吊车轨梁不必进行疲劳计算。

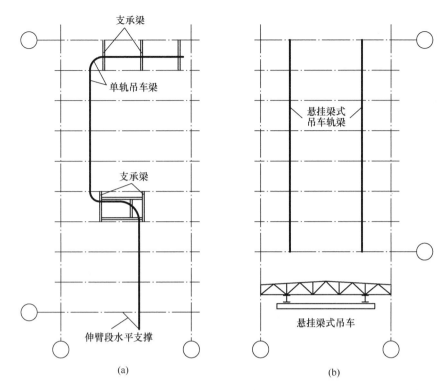

图 11.3-40　悬挂吊车轨梁的布置示例

（a）单轨吊车的轨梁布置；（b）悬挂梁式吊车的轨梁布置

计算吊车轨梁的强度和稳定时，吊车的轮压应考虑动力系数 1.05，在梁的强度、挠度、稳定计算中均应考虑截面磨损的折减系数 0.9。

4. 直线工字钢吊车轨梁平面外无侧向支撑时，其截面选用均由整体稳定工况控制。计算表明，在绕强轴单向弯曲条件下，当中等规格工字钢轨梁平面外自由长度为 6m 或 9m 时，其整体稳定承载力较强度承载力要分别下降 22% 或 35%，故轨梁跨度即其支吊点间距不宜过大，一般为 6m 并不超过 9m。弧线轨梁为弯扭构件，当曲率半径较大时应设置支承梁以保证沿圆心角等分为多支点的连续环梁（图 11.3-41），其整体稳定可不必计算。

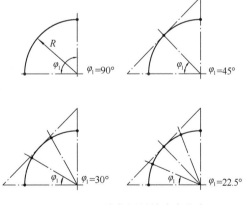

图 11.3-41　弧线轨梁吊挂支点的布置

5. 设计吊车轨梁所依据的资料，均由工艺人员提出。由结构计算所选定的吊车轨梁工字钢型号，应符合工艺要求的吊车轮行驶要求的工字钢型号范围；当一条轨道同时有直线与弧线轨道时，亦应协调选用同时满足两种轨道行驶与承载要求的同一种工字钢型号。

6. 为避免工字钢吊车轨梁平面外受弯，在屋（楼）盖结构下设置的悬挂梁式吊车，其轨梁宜布置侧向水平支撑以承受吊车的横向水平力；单轨吊车轨梁的跨度较大或伸出的悬臂段较长时，需在跨中或伸臂段的上翼缘端部设置水平撑杆以保证梁的整体稳定，轨梁悬臂长度不应超过 1.5m。

7. 由于吊车轮踏面斜度的要求，吊车轨梁应采用热轧工字钢，其钢材宜选用材质、性能应分别符合现行国家标准《碳素结构钢》GB 700 或《低合金高强度结构钢》GB 1591 规定的 Q235B 级或 Q345B 级钢。吊点用螺栓应选用带斜垫圈的 4.6 级或 4.8 级双螺帽防松螺栓。

8. 2005 年中国建筑标准设计研究院编制了标准图集《悬挂运输设备轨道》G359，其内容包括各类直线轨梁与弧线轨梁的截面选用与节点构造图，可供设计参考。

二、吊车轨梁的荷载计算

1. 吊车轨梁的吊车荷载与参数，如起重量、轮压、自重、台数及行驶所要求的轨梁工字钢型号、弧线轨梁的曲率半径（不应小于单轨吊车行驶允许的最小半径）与车挡位置等应按工艺资料取值。表 11.3-28 列出了部分电动单轨吊车的工艺参数，供设计参考。

电动单轨吊车参数

表 11.3-28

型号规格	起重量/t	单轨吊车自重/kg	轨道适用工字钢型号	轨道最小半径 R/m	工作制度 JC（％）	备注
CD₁05-18D	0.5	160	I16～28b	1.0～2.0	25	天津起重设备总厂（89）
MD₁05-18D	0.5	165	I16～28b	1.0～2.0	25	
CD₁1-30D	1	222	I16～28b	1.0～4.0	25	
MD₁1-30D	1	222	I16～28b	1.0～4.0	25	
CD₁2-30D	2	346	I20a～32c	1.2～3.5	25	
MD₁2-30D	2	367	I20a～32c	1.2～3.5	25	
CD₁3-30D	3	440	I20a～32c	1.5～5.0	25	
MD₁3-30D	3	440	I20a～32c	1.5～5.0	25	
CD₁5-30D	5	690	I25a～63c	2.0～5.0	25	
MD₁5-30D	5	690	I25a～63c	2.0～5.0	25	
CD₁10-30D	10	1411	I25a～63c	3.0～7.2	25	上海起重机厂（89）
TVH05	0.5	225	I16～22b	1.0	25	天津起重设备总厂（89）
TV～115	1	697	I24a～30c	1.5	25	
TV～215	2	725	I24a～30c	1.5	25	
TV～308	3	1617	I24a～45c	2.5	25	
TV～505	5	1892	I24a～45c	4.0	25	

注：工作制度 25% 相当于中级工作制。

2. 当工艺无特殊要求时，计算荷载一般只考虑一台吊车的作用。悬挂梁式吊车的荷载按实际轮压和横向荷载（小车为电动操纵时）考虑；单轨吊车的荷载可简化为一个集中荷载作用于梁上进行计算，梁的自重按均布荷载考虑。计算单轨吊车的荷载时，均不考虑其横向制动力的作用。

三、直线吊车轨梁强度、稳定与挠度的计算

1. 直线吊车轨梁强度与整体稳定的计算可参照第 11.3.10 节 H 型钢吊车梁的有关规定进行。单轨吊车的直线轨梁与有侧向支撑的悬挂梁式吊车的轨梁，均按单向受弯构件计算；未布置侧向支撑的悬挂梁式吊车的轨梁按双向受弯构件计算。计算时，轨梁的截面模数 W 应乘以截面磨损折减系数 0.9。

2. 直线吊车轨梁的挠度可参照 H 型钢吊车梁的有关规定进行计算。其容许挠度限值对悬挂梁式吊车的轨梁为 $\frac{l}{500}$；对手动或电动单轨吊车的轨梁为 $\frac{l}{400}$，l 为梁跨度（对悬臂和伸臂梁为悬伸长度的两倍）。当轨梁由专设的支承梁吊挂时，支承梁的挠度亦应严格控制并不大于其自身跨度的 $\frac{1}{500}$。

四、弧线吊车轨梁的计算

1. 弧线轨梁一般应设置不少于三个的吊挂支点，多支点工字钢弧线轨梁为在荷载作用下的受弯扭开口薄壁构件，早期设计其内力计算甚为复杂，现均应采用结构分析软件计算梁的弯矩、剪力、扭矩及双力矩，并验算其强度。

2. 弧线轨梁的计算简图如图 11.3-42 所示。在预选梁截面并求得弯矩、剪力、扭矩与双曲力矩等各项内力后，可按以下各式验算梁的强度。弧线曲梁的最大弯矩和双力矩均产生于 A、B 支吊点中部集中荷载作用处 D 点，计算时需先假定梁的截面，然后按下列公式验算 D 点的强度即可。计算时，轨梁工字钢的截面扭转性能参数可按表 11.3-29 选用。

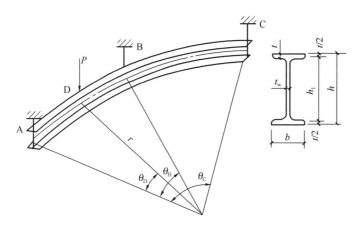

图 11.3-42　弧线梁的计算简图

正应力 $$\sigma_{max} = \frac{M_D^K}{W_x} + \frac{B_D}{W_\omega} \leqslant f \tag{11.3-87}$$

剪应力在腹板中和轴处 $\qquad \tau = \dfrac{V_\mathrm{D} S_\mathrm{x}}{I_\mathrm{x} t_\mathrm{w}} + \dfrac{\overline{M}_\mathrm{D}^\mathrm{k} t_\mathrm{w}}{I_\mathrm{k}} \leqslant f_\mathrm{v}$ $\qquad$ (11.3-88)

剪应力在腹板与翼缘相交处 $\quad \tau = \dfrac{V_\mathrm{D} b h_1}{4 I_\mathrm{x}} + \dfrac{\overline{M}_\mathrm{D}^\mathrm{k} t}{I_\mathrm{k}} + \dfrac{\overline{\overline{M}}_\mathrm{D}^\mathrm{k} b^2}{4 h_1 I_\mathrm{y}} \leqslant f_\mathrm{v}$ $\qquad$ (11.3-89)

式中 $\quad W_\omega$——截面扇形模量（mm⁴）；

$\qquad I_\mathrm{x}$——截面纯扭时的惯性矩（mm⁴）；

$\qquad V_\mathrm{D}$——剪力，取截面左右两边中的较大值；

$\qquad M_\mathrm{D}^\mathrm{k}$——总扭转力矩（N·mm）；

$\qquad \overline{M}_\mathrm{D}^\mathrm{k}$——自由扭转力矩（N·mm）；

$\qquad \overline{\overline{M}}_\mathrm{D}^\mathrm{k}$——约束扭转力矩（N·mm）；

$\qquad B_\mathrm{D}$——双曲力矩（N·mm）。

热轧普通工字钢的截面扇形几何特性 $\qquad$ 表 11.3-29

工字钢型号	扇形惯性矩 I_ω（cm⁶）	截面最远各点扇形面积 ω_max（cm²）	扇形截面 W_ω（cm⁴）	纯扭转时惯性矩 I_k（cm⁴）	扭弯弹性特征 $\alpha = \sqrt{\dfrac{GI_\mathrm{k}}{EI_\omega}}$（cm⁻¹）
工 12.6	1490	21.19	70.32	4.223	0.03307
工 14	2531	25.51	99.22	5.830	0.02981
工 16	4825	32.22	149.8	8.277	0.02572
工 18	8129	38.87	209.1	11.21	0.02307
工 20a	12979	46.11	281.5	14.55	0.02079
工 22a	22523	55.86	403.2	20.03	0.01852
工 25a	36507	67.33	542.2	25.29	0.01634
工 28a	56672	79.67	711.3	31.60	0.01466
工 32a	99318	97.36	1020	45.13	0.01324
工 36a	153256	115.1	1331	55.68	0.01184
工 40a	226597	134.0	1690	67.40	0.01071
工 45a	372999	159.7	2336	93.24	0.009819
工 50a	606461	187.0	3243	127.9	0.009018
（工 24a）	33799	64.48	524.15	25.79	0.01698
（工 27a）	52987	76.68	690.99	31.93	0.01515
（工 33a）	107160	100.69	1064.30	46.19	0.01281

注：1. 带（　）者为旧型号；

$\qquad$ 2. 计算时取 $G = 79 \times 10^3 \mathrm{N/mm^2}$，$E = 206 \times 10^3 \mathrm{N/mm^2}$。

五、工字钢轨梁下翼缘折算应力的补充验算

1. 下翼缘局部应力计算：运输设备悬挂在轨道下翼缘，并沿轨道行驶，此时轨道下翼缘不仅产生整体应力，还产生由轮压作用造成的横向和纵向局部应力，所以轨道下翼缘是在一种复杂的应力状态下工作。为了保证轨道的安全使用，需要对轨道下翼缘的折算应力进行补充验算。

对轨道下翼缘局部应力的分析表明，影响轨道下翼缘局部应力的因素很多，其主要因素是轮压的大小、作用点的位置和翼缘的厚度。轮压的大小和翼缘的厚度只影响局部应力的大小，而轮压作用点的位置不仅影响局部应力的大小，还决定危险点的位置。

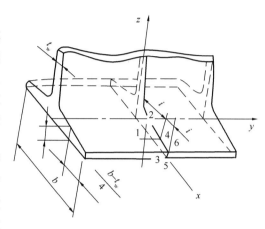

图 11.3-43　轨道下翼缘局部应力危险点位

轮压的作用点位置是经常变化的，所以轨道下翼缘的局部应力危险点也随之而变。如图 11.3-43 所示，当轮压作用点靠近轨道腹板时，危险点就发生在位置 1 和位置 2；当轮压作用点在翼缘中间时，危险点就出现在位置 3 和位置 4；当轮压作用点在翼缘边缘时，危险点就在位置 5 和位置 6。

轮压作用点的位置对局部应力的影响可用 $k-\xi$ 曲线表示，如图 11.3-44 所示。ξ 是轮压作用点位置系数，表示轮压的作用点至轨道腹板边的距离 i 与轨道翼缘悬臂板宽 a 的比值。下翼缘的局部应力计算时的有关尺寸见图 11.3-45 与式（11.3-90）。

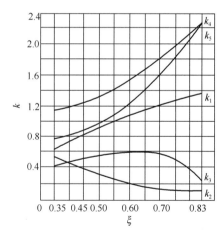

图 11.3-44　$k-\xi$ 曲线

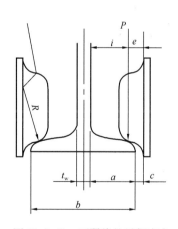

图 11.3-45　下翼缘的局部应力
计算时有关尺寸关系图

$$\left.\begin{array}{l} \xi = \dfrac{i}{a} \\[2mm] i = a + c - e \\[2mm] a = \dfrac{b - t_{\mathrm{w}}}{2} \end{array}\right\} \qquad (11.3\text{-}90)$$

式中　i——轮压作用点至腹板边的距离；

　　　a——轨道翼缘悬臂板宽；

　　　b——轨道翼缘宽度；

　　　t_w——轨道腹板厚度；

　　　c——轮缘与轨道翼缘边缘间的距离，一般取 3～5mm；

　　　e——轮压作用点至轮缘边的距离。

当轨道采用热轧工字钢时，翼缘表面斜度为 $1/6$，取 $e＝0.164R$，R 为车轮踏面曲率半径，见图 11.3-45。

由 i 值、a 值，可以计算出 ξ 值，并从图 11.3-44 查得 $k_1 \sim k_5$ 值。局部应力可按以下各式计算：

位置 1 处局部应力为：

$$\left.\begin{array}{l}\sigma_{1x}=-k_1\dfrac{P_{max}}{t^2}\\[3mm]\sigma_{1y}=k_2\dfrac{P_{max}}{t^2}\end{array}\right\}\qquad(11.3\text{-}91)$$

位置 3 处局部应力为：

$$\left.\begin{array}{l}\sigma_{3x}=k_3\dfrac{P_{max}}{t^2}\\[3mm]\sigma_{3y}=k_4\dfrac{P_{max}}{t^2}\end{array}\right\}\qquad(11.3\text{-}92)$$

位置 5 处局部应力为：

$$\sigma_{5y}=k_5\dfrac{P_{max}}{t^2}\qquad(11.3\text{-}93)$$

式中　P_{max}——一个车轮的最大轮压设计值；

　　　$k_1 \sim k_5$——局部应力计算系数，按图 11.3-44 查取；

　　　t——工字钢翼缘距离其边缘 $(b-t_w)/4$ 处的厚度。

式中负号为压应力，正号为拉应力。

单轨吊车的一个车轮最大轮压标准值可参照下式确定：

$$P_{k.max}=\dfrac{k}{n}(G_1+G_n)\qquad(11.3\text{-}94)$$

式中　k——轮压不均匀系数，一般可取 1.2～1.5；

　　　G_1——单轨吊车自重标准值；

　　　G_n——额定起重量所对应的荷载标准值；

　　　n——单轨吊车小车车轮数量。

2. 下翼缘折算应力计算：下翼缘下表面各危险点的应力由整体应力和局部应力合成的折算应力，可按第四强度理论进行计算。

位置 1 处折算应力：

$$\sigma_1=\sqrt{\sigma_{1x}^2+(\sigma_{1y}+\sigma_{0y})^2-\sigma_{1x}(\sigma_{1y}+\sigma_{0y})}\leqslant\beta_1 f\qquad(11.3\text{-}95)$$

位置 3 处折算应力：

$$\sigma_3=\sqrt{\sigma_{3x}^2+(\sigma_{3y}+\sigma_{0y})^2-\sigma_{3x}(\sigma_{3y}+\sigma_{0y})}\leqslant\beta_1 f\qquad(11.3\text{-}96)$$

位置 5 处折算应力：

$$\sigma_5 = \sigma_{5y} + \sigma_{0y} \leqslant \beta_1 f \tag{11.3-97}$$

式中　σ_{0y}——轨道梁整体应力；

$$\sigma_{0y} = \frac{M_{max}}{\psi W_{nx}} \tag{11.3-98}$$

M_{max}——轨道跨内最大弯矩设计值；

ψ——轨道的磨损折减系数取 $\psi = 0.9$；

W_{nx}——对 x 轴的净截面模量；

β_1——计算折算应力时钢材强度设计值的增大系数：当 σ_{ix} 与 $(\sigma_{iy} + \sigma_{0y})$ 异号时，取 $\beta_1 = 1.2$；当 σ_{ix} 与 $(\sigma_{iy} + \sigma_{0y})$ 同号或 $(\sigma_{iy} + \sigma_{0y}) = 0$ 时，取 $\beta_1 = 1.1$。

当单轨吊下翼缘折算应力验算不足时，可按图 11.3-46 设置补强贴板，此时翼缘板计算厚度 t 可取 $t + t_1$，t_1 为贴板的厚度，t_1 宜大于 8mm。

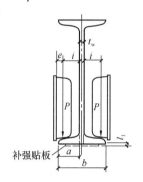

图 11.3-46　单轨吊车梁下翼缘补强板

六、吊车轨梁节点和连接的计算与构造

吊车轨梁节点与连接的计算与构造应符合 11.3.4 节第五、六、七款和本款的规定。

1. 节点中受力螺栓应选用 4.6 级或 4.8 级普通螺栓；焊条选用 E43 或 E50 型焊条。

2. 工字钢轨梁的螺栓吊挂连接为 T 形受拉连接，其计算与构造应符合以下规定：

（1）受拉螺栓采用 4.6 级或 4.8 级普通螺栓时均应采用双螺帽或扣紧螺母等有效的防松措施，防止连接松动；当连接处有斜面时螺栓垫圈应采用斜垫圈。

（2）吊车轨梁的吊挂连接宜通过吊挂件或吊杆与上部承重结构以受拉螺栓相连接，所用螺栓直径不宜小于 16mm，并符合表 11.3-30 构造要求栓径的规定。工字钢轨梁翼缘较薄，在螺栓吊挂连接处会因梁上翼缘变形产生撬力而增加螺栓的附加拉力，计算所需受拉螺栓数量时，应考虑此不利影响，将螺栓支吊拉力乘以 1.25 的增大系数计算。当拉力较大时，亦可如图 11.3-53 在所连接翼缘上局部加焊补强板（厚度与螺栓直径相同）此时可不考虑撬力的不利影响。

3. 对各连接件中受剪的普通螺栓，其抗剪承载力宜考虑折减系数 0.8。

4. 为保证车轮在两相邻简支轨梁的接头处顺利通过，在安装时应使邻接梁互相准确对中对平，梁腹板及下翼缘的间隙不应大于 4mm，并以构造焊缝填充对焊，焊后尚应将下翼缘焊缝凸起处磨平。

5. 单轨吊车行驶终止处的梁端应按工艺要求设置车挡，车挡一般由肢宽不小于 100mm 的角钢制成，焊接或栓接在梁上，并垫以硬木或橡胶板。

6. 以吊车轨梁与混凝土梁连接为例的部分典型节点构造见图 11.3-47～11.3-49 所示。

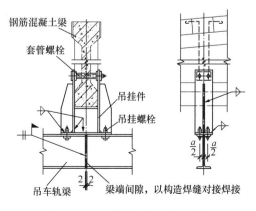

图 11.3-47　简支轨梁吊挂节点构造

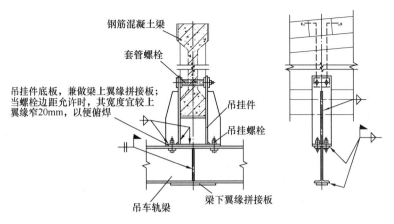

图 11.3-48　连续轨梁吊挂节点构造

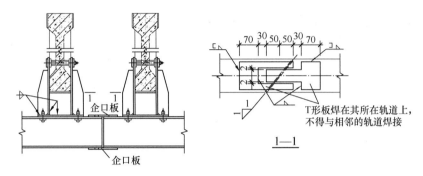

图 11.3-49　轨梁伸缩缝构造

（1）所示各节点图的一般说明如下：

1）每跨梁端间隙为 2mm，制作时应保证尺寸的精度。

2）相邻简支梁端间隙应以构造焊缝对焊连接；连续梁端则应按等强要求进行拼接连接。梁下翼缘对接焊缝的上表面应磨平。

3）连接螺栓的间距、边距和孔径应符合表 11.3-30 的规定。

4）轨梁的悬臂段长度不应超过 1.5m。

（2）简支轨梁吊挂节点构造见图 11.3-47。

（3）连续轨梁吊挂节点构造见图 11.3-48。

热轧工字钢螺栓孔距规线表　　　　　　　　　　　表 11.3-30

工字钢型号	16	18	20a	22a	25a
a（mm）	44	50	54	54	64
d_{0max}（mm）	15	17	17	19	21.5
工字钢型号	28a	32a	36a	40a	45a
a（mm）	64	70	74	80	84
d_{0max}（mm）	21.5	21.5	23.5	23.5	25.5

注：1. 边距 b 应大于 $1.2d$（普通螺栓）或 $1.5d$（高强度螺栓），d 为螺栓直径；

　　2. d_{0max} 为允许最大螺栓孔径。

（4）轨梁伸缩缝构造见图 11.3-49。

（5）连续轨梁与吊挂梁的连接构造见图 11.3-50。

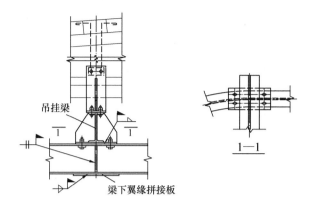

图 11.3-50　连续轨梁与吊挂梁的连接构造

（6）悬臂轨梁构造见图 11.3-51。

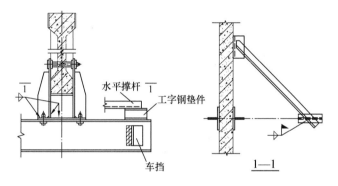

图 11.3-51　悬臂轨梁构造

（7）轨梁吊杆连接构造见图 11.3-52。

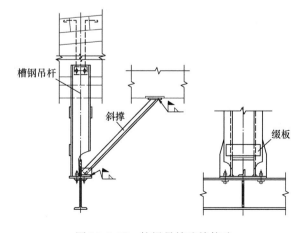

图 11.3-52　轨梁吊挂连接构造

（8）轨梁连接处上翼缘加强构造见图11.3-53。

（9）轨梁与钢屋架、钢梁的连接构造。轨梁与钢屋架的吊挂连接应连接在节点板上；与钢梁的连接应连接于带加劲肋的吊挂连接板件上。图11.3-54仅示出基本构造，连接的接缝构造处理、螺栓计算、布置等均可参照与混凝土梁的节点连接构造。

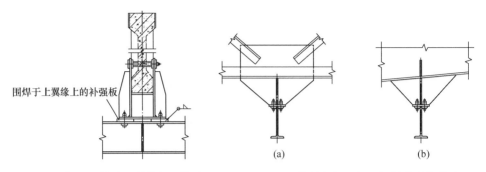

图11.3-53 轨梁连接处上翼缘加强构造 　　图11.3-54 轨梁与钢屋架、钢梁的连接构造

11.3.12 制动结构、辅助桁架及支撑
一、制动结构、辅助桁架及支撑的布置

1. 为保证吊车梁（桁架）的整体稳定并承受吊车的横向水平力，吊车梁应设置相应的制动结构、辅助桁架及支撑，共同组成整体的结构体系。以边柱为例，其布置如图11.3-55所示。

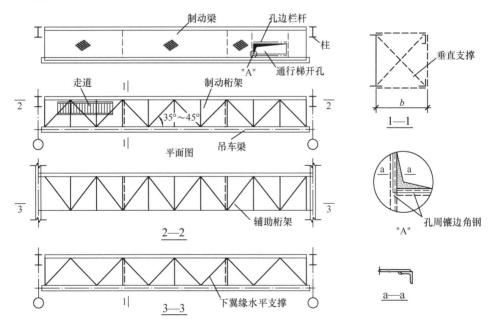

图11.3-55 制动结构、辅助桁架及支撑的布置（以边列柱示例）

2. 中、重级工作制吊车梁（桁架）的跨度在12m及以上时，均应设置制动结构；当吊车梁跨度小于或等于9m，吊车起重量小于50t且为中、轻工作制又不需要设安全走道时，根据技术经济比选条件，可不设置制动结构，而采用上翼缘加宽的变截面梁。

3. 边柱列吊车梁（桁架）或中柱列仅一侧有吊车梁（桁架），且吊车梁跨度在12m及以上时，应设置梁侧的辅助桁架（梁）以支承制动结构，其上弦亦兼作制动结构的边梁或外弦杆。辅助桁架高度可与梁等高，也可以不等高。对跨度大于9m的轻级吊车梁可不设辅助桁架，而设置单个或带斜撑杆的辅助梁，梁的截面可选用槽钢、工字钢或H型钢。

辅助桁架与支撑的布置关系可见图11.3-56。

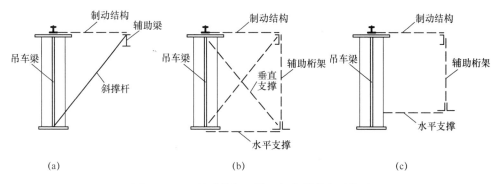

图 11.3-56　辅助桁架（梁）与支撑的布置关系

4. 当符合下列条件时，应设置吊车梁（桁架）下翼缘水平支撑：

1）吊车桁架跨度大于或等于18m，需设置下弦水平支撑以保证桁架下弦杆平面外的稳定时；

2）吊车梁（桁架）下翼缘需设置水平支撑作为抗风桁架时。

5. 工程经验表明，相邻吊车梁间设有垂直支撑时会起到传递相互间附加轮压的不利作用，甚至发生支撑斜杆与其连接断裂损坏的情况；同时垂直支撑类似一个刚性横隔加强了梁与支撑类似整体箱形截面的刚度与受力状态，这与铰接支承简支吊车梁的计算模型不相一致，也会产生不利的附加内力。故相邻梁间一般不宜设置垂直支撑，确有必要设置垂直支撑时，应设在距梁端三分之一梁跨度范围内。

6. 为优化结构布置，辅助桁架亦可兼作其上部的托梁（架），此时以吊车梁或辅助桁架上的铰接小柱支承屋盖，在边列此小柱亦兼作墙架柱用。中列柱与边列柱的小柱支承构造可分别见图11.3-57与图11.3-58。

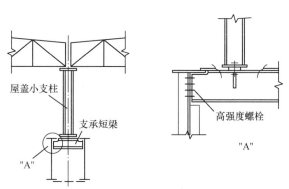

图 11.3-57　中列柱小支柱的支承构造

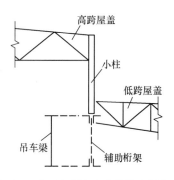

图 11.3-58　边列柱小支柱的支承构造

7. 当边柱列有直接支承屋盖和墙体的墙架柱时，宜充分利用辅助桁架、墙架（屋盖）柱及支撑之间互为支承的关系，以优化结构布置，如图 11.3-59 所示。当为重（中）级工作吊车梁时，为避免频繁振动作用对围护结构的不利影响，墙架柱不宜与制动结构有直接传力的连接构造，此时墙架柱可采用不与吊车梁上翼缘连接的整段柱如图中 11.3-59（c）；轻级工作吊车梁时，可采用分段设置的柱如图 11.3-59（b）。当吊车梁跨度为 12m 时，亦可将辅助梁竖向以弹簧板的连接构造（仅单向传力）吊挂支承在墙架柱上如图 11.3-59（a），而不必设置辅助桁架。

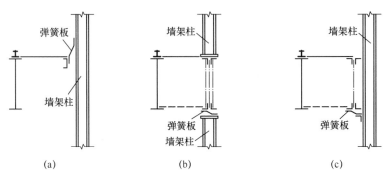

图 11.3-59 制动梁、辅助桁架及支撑与墙架（屋盖）柱互为支承的设置关系

二、制动结构的计算与构造

1. 制动结构的组成和构造应符合以下规定：

（1）制动结构是由两相邻吊车梁的上翼缘（或梁上翼缘与相应辅助桁架的上弦）与铺设在其上的制动板（或腹杆系统）所组成的水平承载构件。制动结构采用制动板时称为制动梁；采用腹杆体系时称为制动桁架。前者适用于 A7、A8 级吊车及制动结构宽度 $b \leqslant$ 1.2m 并需设置人行走道的情况；后者适用于其他情况。

（2）制动结构的宽度 b（对中列为两相邻吊车梁或吊车桁架的中心距离，对边列为吊车梁中心至辅助桁架上弦或边梁外缘的距离）一般不小于其跨度的 1/20。制动板一般采用花纹钢板或带防滑焊点的普通钢板，其厚度不宜小于其宽度 b 的 1/200 并不小于 6mm。进行计算时，花纹钢板厚度应取减去纹高的有效厚度。花纹钢板制动板与梁上翼缘采用高强度螺栓连接时，宜采用承压型连接，根据试验结果，表面钢丝刷除锈处理后的花纹钢板，其抗滑移系数仍可采用 0.3。

（3）制动板的宽厚比 b/t 大于 100 时，板下宜用加劲肋（沿宽度方向设置）加强。加劲肋的间距当 $b/t=100$ 时取为 $2b$，$b/t=200$ 时宜取为 b，中间值可用插入法取值。加劲肋的截面一般可采用 -80×6 或 -100×8 的板条，用间断焊缝焊于板下。

厂房伸缩缝处的制动板，其一端只能自由搭接而不能焊固，自由搭接边的搭接长度不宜小于 100mm，同时，搭接的自由边应在边侧以长圆孔的螺栓构造连接。

（4）制动板（或桁架）上因布置走梯、穿越管道等需开设的较大的孔洞时，宜按图 11.3-60 将孔布置在梁端附近，并按图中节点 A 所示方法进行补强。当孔洞靠近跨中并有强度及刚度要求时，则宜按与原截面等强的要求计算决定其加强截面尺寸。

（5）制动桁架上的通行走道及栏杆可见图 11.3-61 所示的构造设置，走道宽度一般采用 800mm，最窄处不小于 400mm。图中扶手与竖杆可采用角钢 L50×4 或圆管 50×3；横

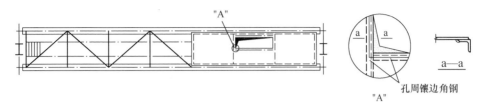

图 11.3-60 制动桁架开孔处局部铺板加强构造

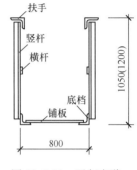

杆为扁钢—40×4；铺板为 5mm 厚花纹钢板；底档为角钢 L100×63×6。当临空高度小于 20m 时，栏杆高度不应低于 1050mm；当临空高度大于等于 20m 时，栏杆高度不应低于 1200mm。

2. 制动结构的计算应符合以下要求：

(1) 制动结构承受的横向水平荷载与竖向走道荷载均可按第 11.3.3 节的有关规定计算。其承受的水平荷载应包括吊车摇摆力（对重级工作吊车）、吊车横向制动力（对轻、中级吊车）及制动结构兼作抗风桁架时的风荷载。计算吊车横向水平荷载时，吊车车轮位置应与计算吊车梁竖向荷载时最不利位置相一致。

图 11.3-61 通行走道剖面示意

(2) 制动结构的有效计算截面如图 11.3-62 中的深粗线所示，计算时即按此梁上翼缘、制动板（桁架）及外边梁组成的组合截面计算其截面特性。有效截面中可包括与梁上翼缘相连的 $15t_w$ 高的腹板截面（t_w 为腹板厚度）。

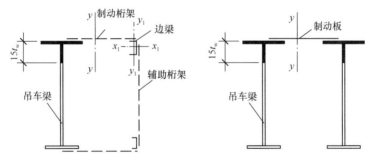

图 11.3-62 制动结构的有效截面

(3) 制动梁截面按实腹梁计算，制动桁架按桁架计算，制动梁（桁架）的翼缘又是吊车梁的上翼缘或辅助桁架上弦，其应力应叠加后选择截面。

(4) 制动桁架的腹杆几何图形一般采用带竖杆的三角形腹杆体系，腹杆倾斜可在 35°～45°间选用。其节间划分应与吊车梁的横向加劲肋（或桁架吊车梁的节间）相对应，为使设计简化，腹杆的中心线可交汇于吊车梁上翼缘（或吊车桁架上弦）的边线。制动桁架的外弦，亦即辅助桁架上弦因有节间弯矩作用，其截面一般采用槽钢，腹杆截面一般采用单角钢，并使角钢竖肢向下，以便在水平肢上铺设通行走道。腹杆一般按压杆设计，长细比不大于 150，所有单角钢杆件为单面连接时，其设计强度应按规定乘以折减系数。

(5) 当腹杆上有人行走道时，桁架腹杆尚应按实际情况计算竖向局部弯矩，并按压弯杆件计算和选择截面。若为避免斜杆承受局部弯矩时，亦可在制动桁架的竖杆上垫以垫板支承走道，使走道荷载仅传于竖杆上。

（6）设有 A7、A8 级吊车的车间，应验算其跨间每侧吊车梁的制动结构，由一台最大重级吊车横向制动力所产生的挠度（横向），不宜超过制动结构跨度的 1/2200。

三、辅助桁架（梁）及支撑的计算与构造

1. 辅助桁架应为简支于柱的桁架结构，其外形宜与吊车梁（桁架）的外形相一致，以便布置下翼缘水平支撑。当吊车梁高度较高时，辅助桁架的高度亦可取为梁高 3/4 左右。此时下弦水平支撑杆件应以水平连接板与梁腹板的横向加劲肋相连。辅助桁架外形与吊车梁（桁架）相一致时，其几何图形可见图 11.3-63 所示，上弦可采用槽钢；腹杆与下弦杆可采用单角钢或双角钢组合的十字形或 T 形截面。

不设辅助桁架只设辅助梁时，其截面亦可采用槽钢或 H 型钢。

图 11.3-63　辅助桁架的几何图形

2. 辅助桁架按简支桁架求解内力与选择截面，其荷载应包括：桁架自重、走道活荷载或其上的积灰荷载。当辅助桁架兼作托架时，应考虑其所支承的屋盖和墙体等荷载；若辅助桁架下弦兼作抗风桁架的外弦时，尚应考虑其在风荷载作用下内力变号的可能。此外，当吊车梁与辅助桁架间设有垂直支撑时，桁架杆件的计算内力宜考虑附加传力的影响将竖向荷载乘以 1.2 的增大系数。

3. 辅助桁架的挠度不宜超过其跨度的 1/400，当兼作托架时并跨度较大时可在跨中预起拱。

4. 辅助桁架杆件及支撑的容许长细比宜符合表 11.3-31 的规定。

5. 垂直与水平支撑杆件均按构造选择截面，其连接节点的构造可见图 11.3-64。

辅助桁架及支撑的容许长细比　　　　　　　　　　　表 11.3-31

构件名称		轻、中级工作制吊车时		重级工作制吊车时		备注
		压杆	拉杆	压杆	拉杆	—
辅助桁架	上弦	150	—	150	—	—
	下弦	200	300	200	250	
	腹杆	150	350	150	300	
吊车梁（桁架）下翼缘（下弦）的水平支撑		200	—	200	—	
垂直支撑		200	—	200	—	

注：受压腹杆内力小于承载力的 50% 时，其容许长细比可适当放宽，但不得大于 200。

四、吊车梁与垂直、水平支撑连接节点的构造

1. 梁与垂直支撑连接节点的构造如图 11.3-64 所示。当吊车轮压作用于一侧吊车梁并产生挠度而另侧梁并无挠度时，垂直支撑杆件会产生带有交变性质的附加内力，早期调研中亦发现特重级吊车梁间的垂直支撑杆件发生过疲劳断裂的情况。故对中、重级吊车梁，此支撑杆端节点板与梁加劲肋的连接，宜采用高强螺栓连接；当为轻级工作吊车

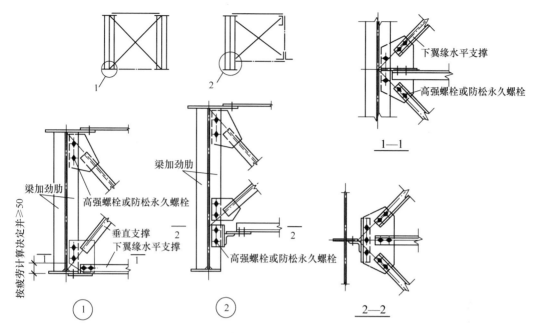

图 11.3-64　垂直与水平支撑与梁连接节点构造

时，可采用双螺帽永久防松螺栓连接。所连接的加劲肋下端宜下伸至下翼缘板，为避免焊接对疲劳的不利影响，垂直支撑斜杆下端连接板应作切角并焊有端板，端板再以高强螺栓与梁下翼缘连接，不得焊接。该端板可与下翼缘水平支撑共用。

2. 梁端下翼缘水平支撑与柱的连接节点构造如图 11.3-65 所示。水平支撑端部杆件应与柱肩梁盖板连接，以传递柱梁之间在下翼缘面的纵向、横向水平力。连接螺栓一般采用双螺帽防松永久螺栓，直径宜为 20～22mm；当为重级工作制吊车梁时，宜采用高强度螺栓承压型连接。当水平支撑兼作抗风桁架受有横向荷载时，连接螺栓的数量应按计算决定。

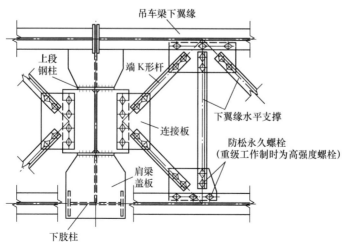

图 11.3-65　梁端下翼缘水平支撑与柱的连接节点构造

3. 当中列柱两侧吊车梁不等高或边列柱辅助桁架与梁不等高时，可将下翼缘水平支撑抬高布置在低梁的下翼缘水平面上；当采用渐变腹板高度梁时，下翼缘水平支撑可沿下翼缘平面布置；当梁端采用突变高度支座构造时，也宜将梁下翼缘水平支撑抬高，布置在端板底端的平面上。

11.3.13　吊车轨道与车挡

一、吊车轨道

1. 工程中所用吊车轨道可分为以下四类，其中最常用者为铁路重轨及吊车钢轨两类。

1）小截面方钢钢轨——对车轮的磨损较大，其连接的耐疲劳性也差，一般仅用于轻级梁式吊车或壁行吊车。常用截面为（50×50）mm 或（60×60）mm，材质可选用 Q235B 级钢。

2）铁路钢轨——为工字钢凸面钢轨，具有良好的抗弯刚度，按截面规格与重量，又可分为轻级、重轨两类，前者延米重量不超过 30kg/m，共分（9m、12m、15m、22m、30m）kg/m 五种规格，轨面宽度 32.1～60.3mm，其规格、材质应符合现行国家标准《热轧轻轨》GB/T 11264 的规定；后者按重量分为（33、38、43、50）kg/m 四种规格，轨面高度 60～70mm，高度 120～152mm，其规格、材质应符合现行国家标准《铁路用热轧钢轨》GB 2585 的规定。铁路钢轨的重高比较小，侧向刚度较弱，在桥式吊车中常用规格为 38kg/m（顶面宽度 68mm）与 43kg/m（顶面宽度 70mm）两种。

3）吊车钢轨——为起重机专用钢轨，具有粗实工字形截面凸形轨面，以及更强的承载能力与较大的重高比，侧向刚度较强，共分为 QU70、QU80、QU100、QU120 四种规格，其中数值即表示轨面宽度为（70、80、100、120）mm，相应轨高为（120、130、150、170）mm，重量为（52.8、63.7、88.96、118.1）kg/m，其规格与材质应符合现行行业标准《起重机用钢轨》YB/T 5505 的规定。

4）大截面方钢钢轨——为特种吊车要求的大截面方钢钢轨，由大规格方钢经刨边、倒角等加工后制成，早期国内 500t 平炉车间的 $Q=350t$ 铸锭吊车即用过 140mm×140mm 截面方钢钢轨，现已极少应用。

2. 工程设计中，应按吊车供货厂家在吊车工艺资料中提出的钢轨型号规格要求，进行吊车轨道的选用，设计人员应在设计文件中提出钢轨的品种、型号、规格、材质及应依据的产品标准等具体要求。对重级工作制吊车，宜优先选用吊车专用钢轨。

铁路轻轨、重轨及吊车专用钢轨的技术条件与规格可见本手册第二十一章中吊车钢轨一节的有关资料。

3. 吊车轨道均为轧制定尺产品，定尺最大长度为 25m，其接缝空隙处在车轮频繁行驶负荷下，不仅易引起轨道端头损伤，也是对吊车梁附加冲击荷载的直接起因，影响梁的疲劳寿命。有条件时对中级、重级吊车宜要求钢轨为焊接无缝长轨。

二、吊车轨道连接的类型与构造

1. 工程经验表明，轨道与吊车梁连接的紧固度直接影响着梁的承载性能，特别是在重级工作吊车轮压和侧向力频繁作用下，紧固轨道方法选用不当或构造不合理时，常引起吊车行驶中轨道较大的偏移与轮压荷载偏心，而导致梁腹板上边缘与上翼缘 T 形焊接部位的焊缝与母材疲劳裂损，故对轨道连接的合理选型应有足够的重视。

2. 轨道的连接构造应符合下列要求

（1）连接固定应有足够的侧向紧固度，应保证在吊车轮侧向力作用下，不致产生轨道的偏移。同时在有伸缩缝的厂房中，应允许轨道长度方向可自由伸缩。

（2）连接固定应便于在安装与使用维修中调整、定位。安装定位轨道时应严格控制其与梁中心线的偏差，在现行国家标准《钢结构工程施工质量验收规范》GB 50205 规定的限值内尽量控制为最小值。

（3）重级、中级工作吊车选用焊接长轨时，应选用紧固力更强的压轨器等类连接构造，同时在厂房伸缩缝处相应设置轨道的伸缩构造。

3. 吊车轨道连接的种类及其适用范围可见表 11.3-32，表中序号 1、2、3、4 类型轨道连接均为国家标准图集《吊车轨道联结及车挡》（适用于钢吊车梁）05G525 列入的类型，其中序号 1 类为现应用最广泛的压轨器轨道连接构造，其特点是紧固力强，防侧移可靠，避免梁翼缘开孔和承载力削弱，还可方便腹板横向加劲肋的布置，故宜作为工程应用中的首选连接构造。表中序号第 6 类型轨道连接因连接刚度太弱，实际工程中早已不再应用。

吊车轨道连接的种类及其适用范围　　　　　　表 11.3-32

序号	类型	构造简图	说　明
1	WJK 焊接扣件连接	 （下表） <table><tr><td rowspan="2">轨道型号</td><td rowspan="2">a （mm）</td><td>B（mm）</td></tr><tr><td>B=b+2e+2s</td></tr><tr><td>38kg/m</td><td>97</td><td>338(328)</td></tr><tr><td>43kg/m</td><td>97</td><td>338(328)</td></tr><tr><td>50kg/m</td><td>106</td><td>356(346)</td></tr><tr><td>60kg/m</td><td>115</td><td>374(364)</td></tr><tr><td>QU70</td><td>100</td><td>344(334)</td></tr><tr><td>QU80</td><td>105</td><td>354(344)</td></tr><tr><td>QU100</td><td>115</td><td>374(364)</td></tr><tr><td>QU120</td><td>125</td><td>394(384)</td></tr></table>	1. 本类型连接适用于起重量 $Q \leqslant 350t$ 的中级、重级吊车。 2. 底座、扣板及调整板均采用牌号为 ZG270-480H 或 ZG340-550H 的焊接结构用铸钢件。 3. 底座与梁的焊接，对中级吊车为两侧角焊缝，重级吊车为三面围焊角焊缝，焊缝质量应符合二级焊缝外观质量标准，焊脚厚度 $h_f=10mm$。 4. 单螺栓紧固件间距按 500mm（$Q>275t$）或 600mm（$Q>275t$）取值。 5. 表中 B 值分别为底座围焊时（无括号）或侧焊时（有括号）要求的梁上翼缘最小宽度。

序号	类型	构造简图	说　明
2	CGWK 焊接扣件 窄形连接	 轨道型号 / a（mm）/ B（mm） 22kg/m / 64 / 204 24kg/m / 63 / 202 30kg/m / 71 / 218 38kg/m / 74 / 224 43kg/m / 74 / 224 50kg/m / 83 / 242 QU70 / 77 / 230 QU80 / 82 / 240	1. 连接方法同上，为窄形扣压件连接，适用于中级、轻级吊车，且轨底宽度 $b_0 \leqslant$ 132mm 和吊车梁上翼缘宽度 $B \leqslant 250$mm 的情况。 2. 适用的轨道型号为铁路轻轨 22kg/m、24kg/m、30kg/m；重轨 38kg/m、43kg/m、50kg/m 及吊车钢轨 QU70、QU80 等 8 种。 3. 扣件与螺栓的材质要求同上项。 4. 底座两侧以角焊缝焊接，$h_f = 8$mm。 5. 每组扣件以单螺栓紧固，扣件间距 500mm。
3	WJKC 焊接 加强型 连接	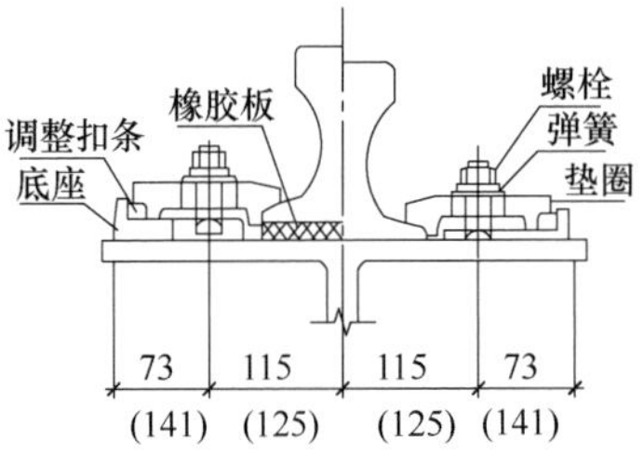	1. 连接方法同上，为加强型扣压件连接，适用于大吨位并带水平导向轮的软钩吊车的轨道连接，吊车起重量可为 350～1000t。 2. 本型连接按底座与焊接尺寸不同分为 C1 型（水平承载力 135kN），图中（　）尺寸为 C3 型尺寸。 3. 每连接点为双螺栓连接，间距为 500mm（C1 型）或 600mm（C3 型）。 4. 轨道下可铺设工程用特种复合橡胶板，也可不设，需在订货时说明。 5. 螺栓、扣件等材质要求同上项。
4	压板螺栓 连接		1. 本连接为压板螺栓连接，适用于起重量 $Q \leqslant 100$t 软钩重级吊车，及 $Q \leqslant 250$t 软钩中级吊车。 2. 本连接适用于各类型号的铁路重轨（TG 系列）和吊车钢轨（QU 系列）。 3. 连接件采用 Q235B 级钢，螺栓采用带弹簧垫圈或止退垫圈的 4.8 级 C 级螺栓。 4. 压板连接需在梁上开孔，且紧固度不如扣件连接，现已很少采用。

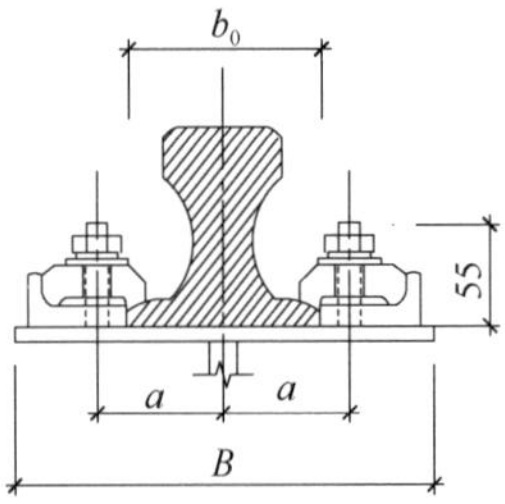

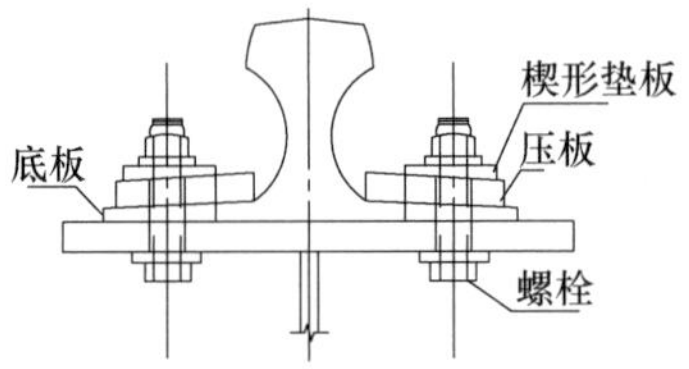

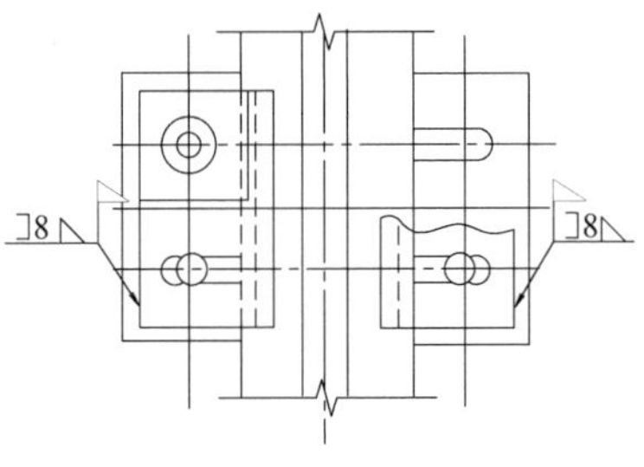

序号	类型	构造简图	说　明
5	弹条压固连接		1. 本连接为钢弹条强力压固的连接，由 e 形弹条与 Z 形扣件组合成套，实现扣压功能。 2. 本连接产品为专利产品，虽作为技术资料列入相关标准图集，但应用经验很少，选用时宜先进行一定的调研与了解。 3. 根据产品单位提供的资料，本连接可用于起重量 5～450t 的软钩吊车及 5～50t 的硬钩吊车。 4. 安装时应先将扣件准确定位焊于吊车梁上，双侧角焊缝 $h_f=12mm$。建议扣件间距为 500mm（QU 型钢轨或吊车跨度 $L_k>$ 25m 或 600mm（$Q<30t$ 或 $L_k≤25m$）。
6	弯钩螺栓连接		1. 本连接为弯钩螺栓连接，为早期适用于铁路钢轨的连接方法。 2. 由于连接螺栓的紧固刚度很小，使用中不能有效防止轨道偏移且仅限用于铁路钢轨，同时有制动梁时尚需在现场打孔等诸多弊端，现工程中已不再应用。

序号 5 构造简图表格：

轨道型号	B	c	s	B（mm）$B=b+2e+2s$
	(mm)			
24kg/m	92	92		296
38kg/m	114	92		318
43kg/m	114	95		324
50kg/m	132	100		352
60kg/m	150	110	10	390
QU70	120	100		340
QU80	130	100		350
QU100	150	110		390
QU120	170	115		420

三、吊车轨道的拼接

1. 轨道接头的构造应保证车轮平缓通过，其位置宜设置在梁的端部附近，伸缩缝处的拼接位置宜与梁的伸缩缝相距约 500mm。

2. 轨道拼接构造已根据工程经验定型为标准化、通用化的构造，并列入上述 05G325 图集中，在设计中可直接选用。轨道拼接的通用构造为夹板式拼接，铁路轨道与吊车钢轨伸缩缝处的标准构造可分别见图 11.3-66 与图 11.3-67。

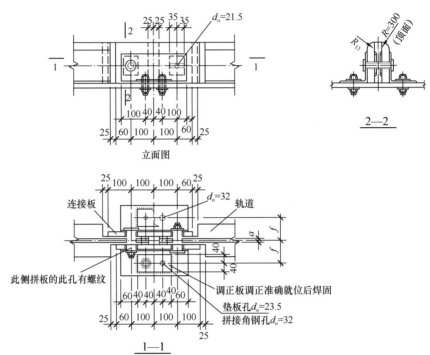

图 11.3-66　铁路轨道伸缩缝拼接构造

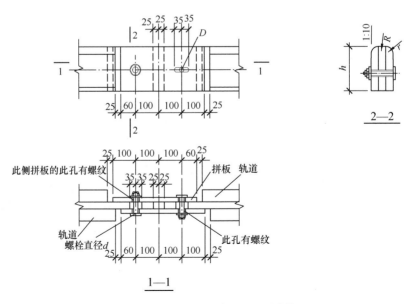

图 11.3-67　吊车钢轨伸缩缝处拼接构造

四、轨道施工安装的技术要求

1. 吊车轨道的施工安装应先制订专项技术措施，对长轨的轨道焊接应预先进行焊接工艺评定。钢轨焊接可采用闪光焊、铝热焊和气压焊等特殊焊接方法，其焊接工艺、质量和技术要求应符合铁道标准《钢轨焊接第 1 部分：通用技术条件》TB/T 1632.1、《钢轨焊接第 2 部分：闪光焊接》TB/T 1632.2、《钢轨焊接第 3 部分：铝热焊接》TB/T 1632.3 及《钢轨焊接第 4 部分：气压焊接》TB/T 1632.4 的规定。

2. 轨道及其连接所用钢材、钢铸件、焊材及螺栓材料的质量、性能应符合设计文件或相应产品标准的要求。

3. 轨道安装应严格保证其精度要求，安装的允许偏差应符合现行国家标准《钢结构工程施工质量验收规范》GB 50205 的规定或下列要求：

（1）轨道中心线位移偏差≤t_w/2（t_w 为吊车梁腹板厚度）；

（2）同跨间内两条轨道中心线间距偏差≤3mm；

（3）厂房横向同一跨间同一位置上两条轨道顶面的标高差，在吊车梁支座处≤10mm，在吊车梁其他处≤15mm；

（4）两邻接的吊车轨端相互间偏移（沿平面和高度上）应≤1mm。

五、车挡

1. 为了吊车操作安全，应在每条轨道的端头（或所限制行驶范围的端头）设置吊车车挡，车挡位置及高度应按吊车工艺资料决定。

2. 车挡宜采用热轧或焊接 H 型钢，当重级软钩吊车起重量 Q≤100t 时或中级吊车 Q≤250t 时，所用车挡可直接由前述标准图集（05G525）中选用；当起重量和冲击力更大时，可选用截面与刚度更大的梯形车挡。车挡的构造如图 11.3-68 所示，其底端在现场与吊车梁上翼缘焊接，角焊缝质量不低于外观检查二级的标准。

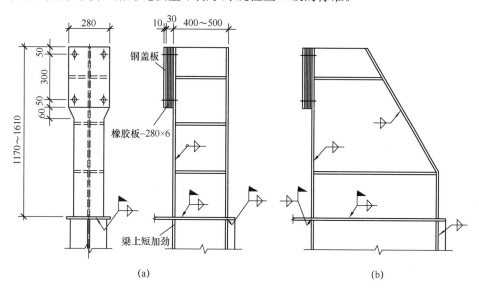

图 11.3-68 车挡构造图

3. 车挡及其连接应按以下各式进行强度的计算：

（1）吊车撞击车挡时对一个车挡所产生的水平冲击力设计值 F（kN），可按式

(11.3-99) 计算:

$$F = \frac{\xi G_c v_0^2}{2gS} \gamma_1 \tag{11.3-99}$$

式中　v_0——吊车撞击时大车车速（m/s），可取为吊车额定速度的 0.5 倍；

　　　S——缓冲器的最大行程，应按吊车资料采用；

　　　G_c——撞击体重量（kN）：对软钩吊车 $G = G_0 + 0.1Q_1$，对硬钩吊车 $G = G_0 + Q_1$；

　　　G_0——吊车自重总重（kN）；

　　　Q_1——吊车额定起重量（kN）；

　　　g——重力加速度，取 $g = 9.81\text{m/s}^2$；

　　　ξ——考虑车挡上弹性垫板变形有利因素，取 $\xi = 0.8$；

　　　γ_1——冲击荷载分项系数，取 $\gamma_1 = 1.4$。

（2）车挡应按端部有集中荷载的工字形截面悬臂梁构件，进行截面强度及底部连接强度的计算，计算时冲击力的荷载分项系数 γ_1 可取 1.4，并不再考虑动力系数。

（3）当车挡与梁上翼缘焊接连接时，整个工字形焊缝群应按同时承受冲击力 F 及偏心弯矩 $M(M = Fe)$ 来计算，e 为冲击力作用点至车挡底面的距离，并考虑高空焊接与焊缝有效截面等因素，将焊缝强度乘以 0.8 的折减系数。其截面见图 11.3-69。点 1 的弯曲正应力及点 2 的组合应力应分别满足式（11.3-100、11.3-101）的要求：

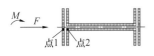

图 11.3-69　焊缝的计算截面

$$\frac{M}{W_{f1}} \leqslant f_f^w \tag{11.3-100}$$

$$\sqrt{\left(\frac{M}{W_{f2}}\right)^2 + \left(\frac{F}{A_{fw}}\right)^2} \leqslant f_f^w \tag{11.3-101}$$

式中　W_{f1}、W_{f2}——分别为整个工字形焊缝群有效截面对点 1 及点 2 的截面模量；

　　　A_{fw}——连接车挡腹板的焊缝有效截面面积。

11.4　墙　架　结　构

11.4.1　概述

一、结构设计的基本要求

工业厂房的墙架结构一般包括墙架柱、墙架檩条、拉条以及抗风桁架等构件组成，其作用是支撑墙板，保证墙板的稳定，并将墙体荷载（包括风荷载、地震作用）传递到厂房柱或者基础上。

二、墙架的组成

1. 根据生产工艺和建筑功能的要求，墙架可以分为封闭式和开敞式。开敞式主要用于南方地区防水要求不高但散热要求高的厂房，例如发热量较大和排烟要求高的炼钢、轧钢、板坯库等厂房。根据需要，开敞式墙架又可以分为半开敞式和全开敞式，同时对于开敞式墙架可以增加挡雨篷。

2. 墙架结构根据传力方式分为自立式和悬挂式。自立式为墙架柱单独落地，直接将竖向荷载和水平荷载传递给基础，而悬挂式为墙架柱悬挂在厂房柱或吊车辅助桁架上，墙

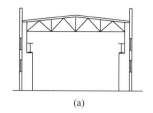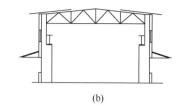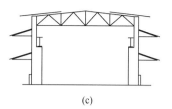

图 11.4-1　厂房墙架的形式

(a) 封闭式；(b) 半开敞式；(c) 全开敞式

架通过厂房钢结构来传递荷载。

3. 墙架结构的体系又可分为整体式和分离式两种。整体式是利用厂房柱和中间的墙架柱一起来支撑墙架檩条和墙体。分离式是在厂房柱的外侧另外增设单独的墙架柱，与中间的墙架柱和檩条等，共同组成独立的墙架结构体系。分离式墙架虽然较整体式墙架多费钢材，但其构造简单，避免与吊车梁、辅助桁架以及雨排水管相碰，目前在重型厂房中常用。

三、墙架构件的荷载

1. 墙体材料的自重。按照不同保温要求选用不同墙体材料，同样，其墙体材料自重也不相同。部分彩色压型钢板自重见本手册第 9 章第 3 节相关内容。

2. 窗体自重（包括钢框窗），一般取 $0.4 \sim 0.45 \mathrm{kN/m^2}$，可参照现行国家标准《建筑结构荷载规范》GB 50009 相关规定。

3. 墙架构件自重。一般情况下，每平方米墙的结构自重可取：

(1) 轻质墙　　　横梁：　　0.06～0.12kN/m²

墙架柱：0.15～0.20kN/m²

(2) 砌体骨架墙　横梁：　　0.10～0.15kN/m²

墙架柱：0.20～0.25kN/m²

4. 水平风荷载。根据《建筑结构荷载规范》GB 50009—2012 相关规定取用；对墙架横梁尚应考虑局部风压体型系数和阵风系数。

5. 抗风桁架兼做吊车检修平台或走道板时，尚应考虑检修荷载 $4.0 \mathrm{kN/m^2}$ 或走道活荷载 $2.0 \mathrm{kN/m^2}$。

11.4.2　墙架结构的布置

一、墙架构件的形式

1. 墙架柱为墙架的竖向构件，承受由横梁传来的竖向荷载及水平荷载。墙架柱承受竖向荷载产生的轴向力及偏心弯矩，以及水平风荷载产生的弯矩，是典型的压弯或拉弯（悬吊部分）构件。

墙架柱的截面形式如图 11.4-2 所示，一般采用轧制工字钢、H 型钢、焊接 H 型钢，如图 11.4-2 中 a、b、c 所示。墙架柱的间距通常为 6m 或≤6m。

2. 墙架横梁为墙架的水平构件，也即是墙檩条，一般同时承受竖向荷载和水平荷

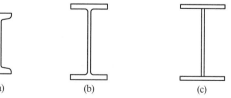

图 11.4-2　墙架柱的截面形式

(a) 轧制工字钢；(b) 热轧 H 型钢；(c) 焊接 H 型钢

载，是一种典型的双向受弯构件。墙架横梁间距与横梁跨度、墙面板类型、风荷载等因素有关。

墙架横梁的截面形式如图 11.4-3 所示，单角钢（图中 a）仅用于跨度小于或者等于 4m 时；而水平放置的槽钢或者冷弯 C 型钢（图中 b 和 c）则是最常见檩条；当风荷载较大或者檩条跨度较大时，可采用工字钢或 H 型钢（图中 d）；对于承重钢窗等构件时，可采用双槽钢或双冷弯 C 型钢组合构件（图中 e）。

图 11.4-3　墙架横梁的截面形式

（a）角钢；（b）槽钢；（c）冷弯 C 型钢；（d）工字钢或 H 型钢；（e）双槽钢或双冷弯 C 型钢组合构件

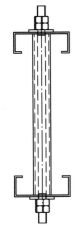

对于竖向荷载较大时，可以采用组合檩条，见图 11.4-4 所示。目前大多钢结构厂房墙架都采用 6m 或者 7.5m 的墙架柱间距，而竖向荷载则通过拉条传递给组合檩条，组合檩条直接传递给墙架柱，而水平风荷载则直接通过檩条传递给墙架柱。

3. 抗风桁架包括两种不同抗风桁架，一种为只是承受水平风荷载的桁架（简称水平桁架），一种为既有承受水平荷载又要承受墙架柱传来的竖向荷载（简称双向抗风桁架）。双向抗风桁架同时兼做山墙吊车检修走道。

抗风桁架的截面形式如图 11.4-5 所示。图中（a）为水平桁架常见形式，其弦杆可以为双角钢做成 T 形截面，可以为轧制槽钢等截面；腹杆可为角钢，也可为带有加劲肋的钢板，兼做走道。图中（b）和图中（c）为双向抗风桁架，其上下弦杆可以为双角钢组成 T 形截面，也可以为双槽钢，也可以为 H 型钢，腹板可以为角钢，可以双槽钢，也可以为 H 型钢或 T 型钢。

图 11.4-4　桁架式组合檩条

当屋面梁或者屋架下弦标高＞18m 时，宜设置抗风桁架作为墙架柱的水平支撑点，对设有吊车的厂房，一般设置一道或两道抗风桁架，一道为双向抗风桁架，一道可以为水平桁架，抗风桁架一般设置在吊车梁上翼缘标高处，以便使人行走道贯通。

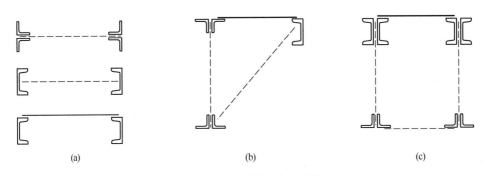

图 11.4-5　抗风桁架截面形式

（a）水平桁架；（b）双向抗风桁架之一；（c）双向抗风桁架之二

二、墙架的布置

1. 山墙墙架的布置

山墙墙架包括墙架柱、抗风桁架、墙架横梁和拉条等。山墙墙架布置应根据厂房统一模数、厂房跨度、门洞位置以及荷载条件综合考虑。

山墙墙架柱的上端宜于屋盖端部横向水平支撑节点位置一致。当墙架柱因故不能与支撑节点位置一致时，应设置附加系杆或分布梁，使墙架柱上部水平反力传至屋盖水平支撑。

山墙墙架柱通常采用支承式，见图 11.4-6 所示，当下部需要局部或全部敞开时，应在洞口顶部设置加强桁架，以承受竖向力和水平力。也可以利用雨篷的平面支撑作为水平桁架，利用吊车标高的抗风桁架承受墙架的竖向力和水平力。

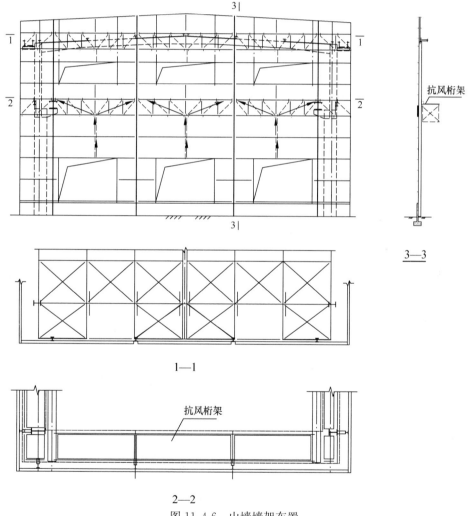

图 11.4-6 山墙墙架布置

墙架横梁的间距应按照风荷载大小以及墙体材料的强度和刚度来确定，部分墙面用压型钢板的截面规格、特性及容许跨距见相关资料。横梁可以设计为单跨简支梁或双跨连续梁，为减小横梁在竖向荷载作用下的计算跨度，增加横梁的稳定性，当跨度 $L \approx 4 \sim 6\text{m}$

时，一般可在跨中设置一道拉条；当跨度 $L>6m$ 时，可在梁三分点位置设置两道拉条。

拉条是分段与横梁逐根连接，斜拉条将拉力传至墙架柱。当厂房高度较大，用拉条悬吊的横梁数超过 4～5 根，可在中间加设斜拉条将力分段传到墙架柱上。在设斜拉条的横梁支架，应设置相应的受压杆，以组成桁架檩条，此压杆可以采用单角钢或拉条和钢管组成构件。

拉条一般采用直径 16mm 的圆钢制成，一端带螺纹而另外一端为固定螺母，一端的活螺母宜用两个，或者采用单螺母加点焊，以防松动。

当山墙下部全部敞开时，可将墙架柱上端悬吊与屋面构件上，其下端设有水平支撑点（抗风桁架或雨篷桁架）。

2. 纵墙墙架的布置

纵墙墙架包括墙架柱、墙架横梁和拉条等。纵墙墙架布置应根据厂房统一模数、厂房跨度、门洞位置以及荷载条件综合考虑。

当厂房柱距小于或者等于 6m 时，可只设墙架横梁不设中间墙架柱，否则宜同时设置墙架柱和横梁。

对于有吊车的厂房，纵墙的墙架柱一般采用整根柱，柱脚一般采用铰接，顶部采用弹簧板与屋面构件或屋架相连，中间与吊车的辅助桁架相连，墙架柱的竖向荷载由辅助桁架承受。水平荷载分别由屋面构件、吊车走道板和柱脚承受。对于软弱地基地区宜采用套筒式柱脚。见图 11.4-7 所示。

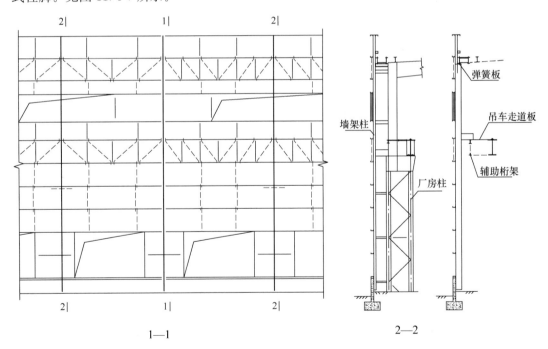

图 11.4-7　纵墙墙架布置

对于没有吊车的厂房，墙架柱一般落地，采用铰接，顶部采用弹簧板与屋面构件或屋架相连，墙架的竖向荷载直接传至基础或者悬挂与屋面等构件。水平荷载由屋面构件和柱脚承受。

纵墙下部敞开时，墙架柱上端可以采用吊挂连接，下端在水平方向则由雨篷桁架支承。

墙架横梁和拉条的设置同山墙墙架横梁和拉条的设置要求。

3. 高低跨墙架的布置

对于高低跨厂房，当柱距≥12m时，其高低跨处之高跨墙面的墙架布置应根据厂方的具体情况来确定。

当低跨屋面高于高跨吊车梁标高时，此时墙架有两种做法，一种墙架柱支承在低跨屋面构件上，上端与高跨屋面构件弹簧板连接，见图11.4-8（a）所示；另一种是墙架柱悬挂在高跨托架上，其下端以低跨屋面构件作为水平支承点。这种做法除了高跨必须设置屋面纵向水平支撑外，低跨屋面的纵向水平支撑也应适当加强，而且低跨屋面必须在高跨吊装完成后才能吊装，见图11.4-8（b）所示。

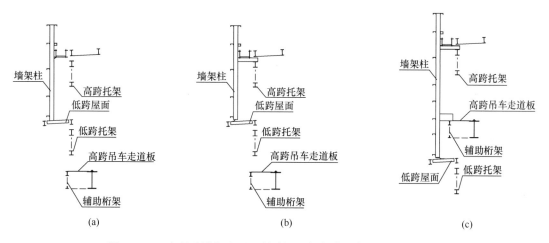

图 11.4-8　高低跨墙架布置（低跨屋面与高跨吊车梁标高不一致）

（a）高低跨墙架布置情况之一；（b）高低跨墙架布置情况之二；（c）高低跨墙架布置情况之三

当低跨屋面低于高跨吊车梁标高时，可将墙架柱支承在低跨屋面上，此时墙架柱上端采用弹簧板铰接在高跨屋面上，墙架的竖向荷载直接由高跨吊车梁辅助桁架承担，见图11.4-8（c）所示。

当底跨屋面与高跨吊车梁标高基本一致时，墙架布置有两种做法，一种是尽可能把吊车梁的辅助桁架内移，以便于将吊挂在托架上的墙架柱向下延伸，并以底跨屋面构件作为墙架柱悬臂端的水平支点，见图11.4-9（a）所示。这种做法需将低跨屋面的纵向水平支撑适当加强。另一种做法是高跨吊车梁的辅助桁架不能内移时，低跨屋架可支承在高跨吊车梁辅助桁架上，见图11.4-9（b）所示，此时高跨屋面的托架和高跨吊车梁辅助桁架应在一个平面内，以便布置墙架柱。另外，为减少高跨吊车的动力荷载对低跨屋盖的影响，高跨吊车梁的制动结构应具有较大的刚度，通常，考虑一台最大的吊车横向水平荷载所产生的水平变形值不应超过跨度的1/2000，同时，辅助桁架的竖向荷载所产生的垂直挠度不应超过跨度的1/1000。当采用此种做法时，低跨屋面水平支撑应适当加强，以确保厂房的水平刚度。

4. 大门洞处墙架的布置

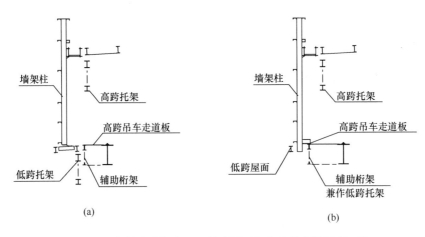

图 11.4-9 高低跨墙架布置（低跨屋面与高跨吊车梁标高一致）
(a) 高低跨墙架布置情况之一；(b) 高低跨墙架布置情况之二

在工业厂房中，根据工艺设计的要求，需要在纵墙、山墙不同位置布置门洞，此时，所需门洞尺寸往往大于通常采用的 6m 柱距，以致必须采取抽柱的办法来满足工艺要求。

门洞位置通常增加墙架柱和水平加强横梁，竖向荷载通过墙架柱直接传递给吊车梁辅助桁架，水平荷载通过水平加强梁传至门洞两侧的墙架柱，墙架柱再将水平荷载传递至基础或者吊车梁走道板。

如果墙架柱采用悬吊式时，可以在门洞两侧增加墙架柱，其墙架的竖向荷载由辅助桁架或者抗风桁架承受，水平荷载分别由吊车梁走道板和基础承受，纵墙布置见图 11.4-10 所示。

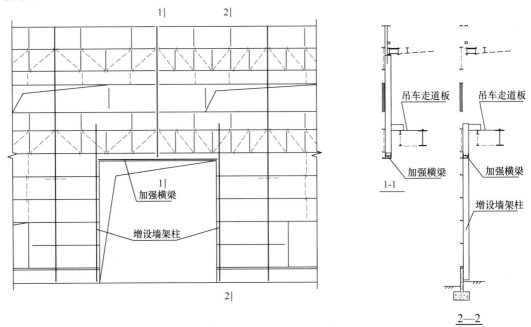

图 11.4-10 纵墙大门洞处墙架布置示意图

11.4.3 墙架构件的计算

一、墙架横梁的计算

1. 槽钢、工字钢或 H 型钢墙架横梁计算

(1) 墙架横梁为承受墙体竖向荷载和水平风荷载作用的双向弯曲构件，其强度验算应如下：

$$\frac{M_x}{r_x W_{nx}} + \frac{M_y}{r_y W_{ny}} \leqslant f \qquad (11.4\text{-}1)$$

由墙板悬挂偏心而引起的扭矩，一般可忽略不计。

式中　W_{nx}、W_{ny}——对 x 轴和 y 轴的净截面模量，其取值见《钢结构设计标准》GB 50017—2017 第 6.1.1 条的规定；截面板件宽厚比等级及限制应符合《钢结构设计标准》GB 50017—2017 表 3.5.1 的规定；

　　　　M_y——水平风荷载对 y 轴的弯矩；

　　　　M_x——竖向风荷载对 x 轴的弯矩；

　　　　r_x、r_y——截面塑性发展系数，应按《钢结构设计标准》GB 50017—2017 第 6.1.2 条规定取值；

　　　　f——钢材的抗弯强度设计值。

竖向荷载产生的弯矩 M_x 及水平风荷载产生的弯矩 M_y，分别按梁沿 x、y 方向的实际支座（拉条亦作为竖向吊挂支承点）条件，作为单跨或多跨连续梁计算，然后选最不利组合截面进行验算。

(2) 墙架横梁应按下式验算整体稳定性：

$$\frac{M_y}{\varphi_b W_y f} + \frac{M_x}{r_x W_x f} \leqslant 1.0 \qquad (11.4\text{-}2)$$

式中　W_x、W_y——按受压最大纤维确定的对 y 轴的稳定计算截面模量和对 x 轴的毛截面模量；

　　　　φ_b——绕强轴弯曲所确定的梁整体稳定系数，按《钢结构设计标准》GB 50017—2017 第 6.2.3 条计算，拉条可视为墙梁相应的侧向支承。

当压型钢板以自攻螺栓等紧固方式与墙梁翼缘相连接时，与压型钢板相连一侧翼缘可不进行整体稳定验算。

当墙梁作为减小墙架柱自由长度的支撑时，其支撑力应按本手册第 6 章 6.2.6 节相关公式计算。

墙架横梁应分别验算竖向和水平方向的挠度，并且不得超过表 11.4-1 所列容许挠度限制。

墙架横梁的容许挠度　　　　　　　　　　　表 11.4-1

项　　次	类　　别	竖直方向	水平方向
1	一般横梁	$L/200$	$L/200$
2	支承墙架柱的加强横梁	$L/300$	$L/200$
3	玻璃窗窗框梁	$L/200$ 或 10mm	$L/200$

注：表中 L 为横梁跨度。对有拉条的横梁，竖向 L 为拉条间距或拉条至梁支座的间距。

2. 冷弯型钢墙梁计算

冷弯型钢墙梁的强度和稳定性应分别按本手册式 6.4-15 和式 6.4-18 进行计算。当采取构造措施防止受压翼缘侧向失稳与扭转时，可不计入双曲力矩 B 的影响。

二、墙架柱的计算

墙架柱的内力根据其支承情况所确定的计算简图进行计算，当计算由竖向荷载偏心作用产生的弯矩和水平风荷载产生的弯矩时，应将墙架柱视为支承于屋盖支撑、抗风桁架、吊车梁制动结构、基础等的单跨梁或多跨连续梁，见图 11.4-11 所示。墙架柱与基础的连接一般采用铰接，以简化连接构造，并节约基础材料。

墙架柱的强度和整体稳定性应根据计算简图按拉弯、压弯构件计算，其计算可按本手册第 6 章第 3 节相关规定进行。

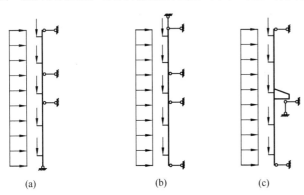

图 11.4-11　墙架柱的计算简图
(a) 底部支承式；(b)、(c) 上部悬挂式

墙架柱的容许长细比：压弯构件 $[\lambda]=150$，拉弯构件 $[\lambda]=250$。压弯受力墙架柱垂直于墙面的截面高度不宜小于水平支点距离的 $1/40$，一般取为 $400\sim600\mathrm{mm}$，悬挂式墙架柱的截面高度可不受此限。墙架柱的计算长度如下：

(1) 在墙架柱与基础铰接的情况下，墙架柱弯矩作用平面内的计算长度取为该平面内支承点（基础、抗风桁架、屋盖平面支撑、吊车梁或吊车桁架的制动结构等）间距离。

(2) 弯矩作用平面外的计算：当设有通长刚性系杆，或虽为柔性系杆但系杆与框架柱（或与框架柱可靠连接的墙角柱）连接可靠时，取系杆之间的距离。

墙架柱在水平风荷载作用下，其电算结果最大变形值需满足下列公式：

$$v_Q \leqslant l/400 \tag{11.4-3}$$

三、抗风桁架的计算

抗风桁架作为墙架的水平支点，可减少柱承受水平风荷载的跨度并减少柱的计算长度。通常在山墙抗风桁架上设置走道与两侧的吊车梁或吊车桁架上的走道相连接。

抗风桁架的截面高度一般取为跨度的 $1/16\sim1/12$。跨度较小或风荷载较大时取大值，反之取小值。

抗风桁架在墙架柱传来的水平集中风荷载作用下，杆件内力按照简支桁架进行分析。桁架各构件的截面形式和验算方法与普通屋面相同。

作为连续墙架柱支承的抗风桁架，宜按照下近似公式计算其水平挠度：

$$\nu_a = \frac{M_k L^2}{9EI} \leqslant L/1000 \tag{11.4-4}$$

式中　M_k——水平风荷载标准值产生的桁架跨中最大弯矩；

　　　L——抗风桁架的水平跨度；

I——抗风桁架弦杆截面对桁架形心轴的惯性矩。

当厂房山墙墙架柱高低≤15m 时，无需设置抗风桁架。当两侧吊车梁的走道板需贯通时，墙架柱需考虑平台荷载作用的影响。

11.4.4 墙架构件的连接节点

一、墙架柱的连接

墙架柱与托架或屋架相连时，一般采用弹簧板连接，如图 11.4-12（a）所示。墙架柱与抗风桁架或辅助横梁连接节点见图 11.4-12b、c 所示，墙架柱柱脚柱脚节点见图 11.4-13a 所示，墙架柱与天沟连接节点如图 11.4-13b 所示。

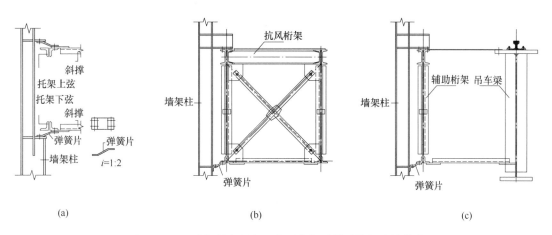

图 11.4-12　墙架柱与屋架、抗风桁架及辅助桁架连接节点

（a）墙架柱与托（屋）架；（b）墙架柱与抗风桁架；（c）墙架柱与辅助桁架

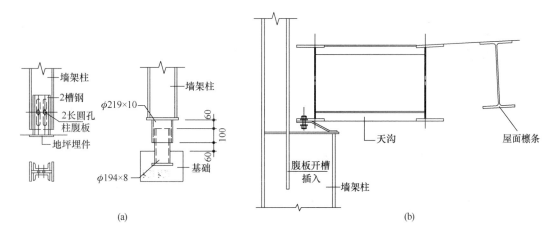

图 11.4-13　墙架柱柱脚及墙架柱与天沟连接节点

（a）墙架柱柱脚节点；（b）墙架柱与天沟连接节点

二、墙架横梁的连接

墙架横梁的连接包括横梁与墙架柱的连接以及横梁与拉（压）杆之间连接，如图 11.4-14 所示。

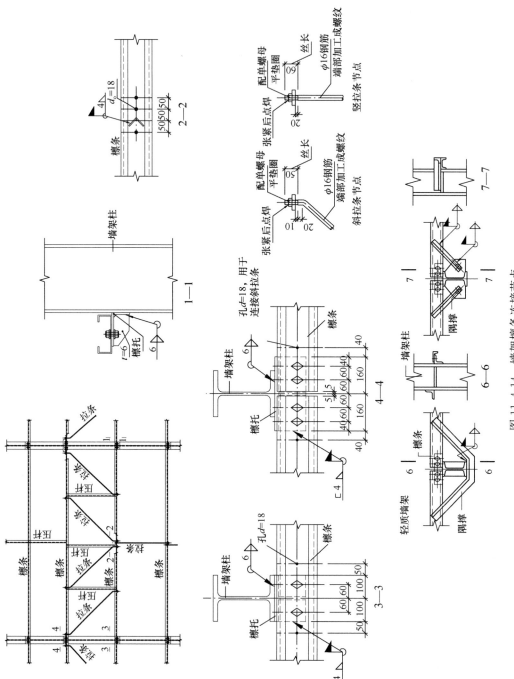

图 11.4-14 墙架檩条连接节点

11.4.5 墙架构件的计算实例

一、墙架柱计算实例

1. 工程概述

厂房山墙，悬挂式墙架柱，下端与基础铰接（仅传递水平荷载），顶部支承在屋面体系（采用弹簧板连接，仅传递水平荷载），中间支承在抗风桁架（传递竖向荷载和水平荷载）。墙皮材料采用 $t=0.6mm$ 的压型钢板，檩条最大间距1.5m，跨中设置1根拉条，基本风压 $\omega_0=0.40kN/m^2$。地面粗糙度类别B类。结构布置见图11.4-15所示。

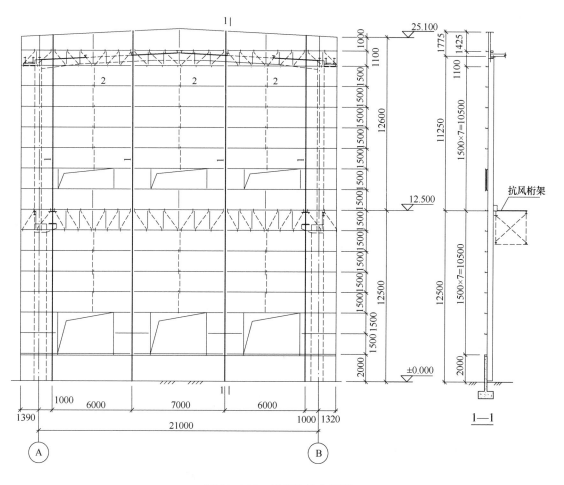

图 11.4-15　墙架构件布置图

2. 设计基本条件

（1）建筑结构安全等级为二级，设计使用年限50年。

（2）抗震设防烈度6度，设计基本地震加速度值为0.05g，设计地震分组为第二组，建筑抗震设防类别为丙类。

（3）场地土类别为Ⅲ类。

3. 荷载标准值

（1）永久荷载

檩条：　　　0.15kN/m²

墙架柱：　　0.15kN/m²

压型钢板：　0.10kN/m²

合计：　　　0.40kN/m²

$G_1=0.4×1.5×6.5=3.9$kN/个。偏心距取距离墙架柱中心线280mm。

（2）可变荷载

可变荷载为风荷载，按《建筑结构荷载规范》GB 50009—2012，地面粗糙度为B类，本例中墙架柱的风荷载体型系数取 μ_s 分别取0.8和-0.7，不考虑阵风系数，风振系数 $\beta_z=1.0$，计算取墙架柱负荷宽度为6.5m。

$H=10$m，$W_{1(压)}=1.0×0.8×1.0×0.4×6.5=2.08$kN/m

$W_{1(吸)}=1.0×-0.7×1.0×0.4×6.5=-1.82$kN/m

$H=15$m，$W_{2(压)}=1.0×0.8×1.13×0.4×6.5=2.35$kN/m

$W_{2(吸)}=1.0×-0.7×1.13×0.4×6.5=-2.06$kN/m

$H=20$m，$W_{3(压)}=1.0×0.8×1.23×0.4×6.5=2.56$kN/m

$W_{3(吸)}=1.0×-0.7×1.23×0.4×6.5=-2.24$kN/m

$H=23.75$m，$W_{4(压)}=1.0×0.8×1.23×0.4×6.5=2.72$kN/m

$W_{4(吸)}=1.0×-0.7×1.23×0.4×6.5=-2.38$kN/m

$H=25.1$m，$W_{5(压)}=1.0×1.3×1.23×0.4×6.5=4.43$kN/m

$W_{5(吸)}=1.0×0×1.23×0.4×6.5=0$kN/m

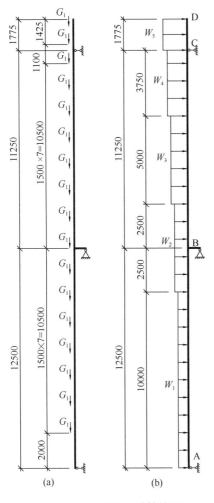

图11.4-16　墙架柱计算简图

（a）永久荷载；（b）可变荷载

4. 墙架柱内力计算

墙架柱内力计算采用PKPM程序（STS钢结构）计算，计算结果如下：

下柱AB段：$N=37.80$kN（拉力），$M=55.00$kN·m；

中柱BC段：$N=48.60$kN（压力），$M=55.00$kN·m；

上柱CD段：$N=10.80$kN（压力），$M=9.77$kN·m。

5. 材料选用

根据《钢结构设计标准》GB 50017—2017，钢材选用Q235B，墙架柱选用高频焊接

H 型钢，AC 段为 LH300×200×6×8，CD 为 LH200×200×6×8。

6. 截面验算

中柱验算：

构件计算长度平面内 $L_{0x}=11250$，平面外 $L_{0y}=6000$。

LH300×200×6×8 为高频焊接 H 型钢，截面特性如下：$A=4904\text{mm}^2$，$I_x=7.9\times10^7\text{mm}^4$，$W_x=5.31\times10^5\text{mm}^3$，$i_x=127.5\text{mm}$，$I_y=1.1\times10^7\text{mm}^4$，$W_y=1.06\times10^5\text{mm}^3$，$i_y=46.6\text{mm}$。

（1）构造验算

按《钢结构设计标准》GB 50017—2017 第 3.5.1 和 7.4.6 条规定：

$\lambda_x=L_{0x}/i_x=11250/127.5=88.2<[\lambda]=150$，满足。

$\lambda_y=L_{0y}/i_y=6000/46.6=128.8<[\lambda]=150$，满足。

翼缘宽厚比 97/8=12.1<$13\varepsilon_k$，满足 S3 级限值。

$$\sigma_{\min}^{\max}=\frac{N}{A}\pm\frac{M_x}{I_x}y_1=\frac{48.60\times10^3}{4904}\pm\frac{55.00\times10^6}{7.9\times10^7}\times142=\begin{matrix}108.8\\-89.0\end{matrix}\text{N/mm}^2$$

$$\alpha_0=\frac{\sigma_{\max}-\sigma_{\min}}{\sigma_{\max}}=\frac{108.8-(-89)}{108.8}=1.818$$

S3 级限值：$(42+18\alpha_0^{1.51})\varepsilon_k=86.4$

腹板高厚比 284/6=47.3，而满足 S3 级限值。

（2）强度验算：

板件宽厚比满足 S3 要求，截面塑形发展系数取 $\gamma_x=1.05$，$\gamma_y=1.2$。

$$\frac{N}{A_n}\pm\frac{M_x}{\gamma_x W_{nx}}=\frac{48.60\times10^3}{4904}\pm\frac{55.00\times10^6}{1.05\times5.31\times10^5}$$

$$=9.91\pm98.65\text{N/mm}^2=\begin{matrix}108.56\text{N/mm}^2\\-88.74\text{N/mm}^2\end{matrix}\leqslant f=215\text{N/mm}^2$$

满足要求。

（3）平面内稳定验算：

截面类型：x 轴为 b 类，y 轴为 c 类。

$$N'_{Ex}=\pi^2 EA/(1.1\lambda_x^2)$$

$$=3.14^2\times2.06\times10^5\times4904/(1.1\times88.2^2)=1.16\times10^6\text{N}$$

查表，$\varphi_x=0.633$

取 $b_{mx}=1.0$

$$\frac{N}{\varphi_x A f}+\frac{\beta_{mx}M_x}{\gamma_x W_{1x}(1-0.8N/N'_{Ex})f}$$

$$=\frac{48.60\times10^3}{0.633\times4904\times215}+\frac{1.0\times55.00\times10^6}{1.05\times5.31\times10^5\times\left(1-0.8\times\dfrac{48.60\times10^3}{1.16\times10^6}\right)\times215}$$

$$=0.547<1.0$$

满足要求。

（4）平面外稳定验算：

$$\frac{N}{\varphi_y Af} + \eta \frac{\beta_{tx} M_x}{\varphi_b W_{1x} f} \leqslant 1.0$$

$$\varphi_b = 1.07 - \frac{\lambda_y^2}{44000\varepsilon_k^2} = 1.07 - \frac{128.8^2}{44000 \times 1} = 0.693$$

$$\eta = 1.0, \varphi_y = 0.392$$

$$\beta_{tx} = 1.0$$

$$\frac{N}{\varphi_y Af} + \eta \frac{\beta_{tx} M_x}{\varphi_b W_{1x} f}$$

$$= \frac{48.60 \times 10^3}{0.392 \times 4904 \times 215} + 1.0 \times \frac{1.0 \times 55.00 \times 10^6}{0.693 \times 5.31 \times 10^5 \times 215}$$

$$= 0.813 < 1.0$$

满足要求。

（5）变形验算：

风荷载标准值作用下的弯矩图如下图所示，计算中柱中弯矩最大 $M=19.36$kN·m 位置的挠度。

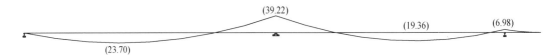

（39.22）　　　　　　　　　（19.36）　　（6.98）

（23.70）

图 11.4-17　墙架柱在风荷载作用下弯矩图

为简化计算，挠度变形按下式计算

$$f = \frac{5}{48} \frac{M_k l^2}{EI_x} = \frac{5 \times 19.36 \times 10^6 \times 12500^2}{2.06 \times 10^5 \times 7.9 \times 10^7} = 19.36\text{mm} < 31.25\text{mm} = \frac{L}{400}$$

满足要求。

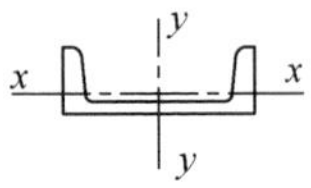

下柱和上柱构件验算略。

二、墙架横梁（檩条）计算实例

图 11.4-18　墙架

横梁截面

工程概况及计算条件同前。横梁采用普通槽钢，材质为 Q235-B，横梁间距为 1500mm。取中间 7m 跨度标高 15m 左右的檩条为计算单元。

1. 荷载标准值

（1）永久荷载

檩条：	0.05kN/m²
压型钢板：	0.10kN/m²
合计：	0.15kN/m²

（2）可变荷载

可变荷载为风荷载，按《建筑结构荷载规范》GB 50009—2012，地面粗糙度为 B 类，本例中墙架檩条的风荷载体型系数取 μ_{sl} 分别取 1.2（1.0+0.2）和 −1.2（−1.0−0.2），考虑阵风系数，$\beta_{gz} = 1.66$。

$$W_{1(压)} = 1.66 \times 1.2 \times 1.13 \times 0.4 \times 1.5 = 1.35\text{kN/m};$$

$$W_{1(吸)} = 1.66 \times -1.2 \times 1.13 \times 0.4 \times 1.5 = -1.35\text{kN/m}.$$

2. 内力计算

竖向方向，按两跨连续构件计算，水平方向按单跨简支构件计算，计算结果如下：

$M_{竖向支座} = 0.41\text{kN} \cdot \text{m}$，$M_{竖向中} = 0.23\text{kN} \cdot \text{m}$，$M_{水平} = 11.58\text{kN} \cdot \text{m}$。

3. 材料选用

根据《钢结构设计标准》GB 50017—2017，钢材选用 Q235B，墙架柱选用轧制普通槽钢 [16a。截面特性如下：$A = 2195\text{mm}^2$，$I_y = 8.66 \times 10^6\text{mm}^4$，$W_y = 1.08 \times 10^5\text{mm}^3$，$i_y = 62.8\text{mm}$，$I_x = 7.3 \times 10^5\text{mm}^4$，$W_{xmax} = 4.09 \times 10^4\text{mm}^3$，$W_{xmin} = 1.63 \times 10^4\text{mm}^3$，$i_x = 18.3\text{mm}$，$I_t = 5.356 \times 10^4\text{mm}^4$，$I_w = 5.483 \times 10^4\text{mm}^4$。考虑螺栓孔截面消弱，取净截面折减系数 0.95。

4. 构件验算

（1）强度验算：

根据《钢结构设计标准》GB 50017—2017 第 6.1.2 条的规定，截面塑形发展系数取：

$$\gamma_y = 1.05, \gamma_x = 1.2。$$

$$\frac{M_x}{\gamma_x W_{nx}} + \frac{M_y}{\gamma_y W_{ny}}$$

$$= \frac{0.41 \times 10^6}{1.2 \times 0.95 \times 1.63 \times 10^4} + \frac{11.58 \times 10^6}{1.05 \times 0.95 \times 1.08 \times 10^5}$$

$$= 129.6\text{N/mm}^2 \leqslant f = 215\text{N/mm}^2$$

满足要求。

（2）稳定验算：

据附录 C.0.3，$b = 63$，$h = 160$，$t = 10$，$\varepsilon_k = 1.0$，$l_1 = 3500$。

$$\varphi_b = \frac{570bt}{l_1 h} \varepsilon_k = 0.641 \leqslant 1.0$$

$$\frac{M_y}{\varphi_b W_y f} + \frac{M_x}{\gamma_x W_x f}$$

$$= \frac{11.58 \times 10^6}{0.641 \times 1.08 \times 10^5 \times 215} + \frac{0.23 \times 10^6}{1.2 \times 1.63 \times 10^4 \times 215} = 0.833 \leqslant 1.0$$

满足要求。

（3）变形验算：

经计算，竖向变形挠度 $f_{竖向} = 1.21\text{mm}$，水平变形挠度 $f_{水平} = 23.77\text{mm}$，均满足规范要求。

（4）考虑支撑力的所用，强度及稳定验算从略。

冷弯薄壁型钢墙梁计算见本手册第 9 章 5 节计算实例。

11.4.6 砌体墙墙架

一、骨架墙墙架

1. 当厂房框、排架墙体采用厚约 120mm 砖墙或蒸压加气混凝土块填充墙时，需设置墙架柱和承重横梁等组成的骨架，以保证墙体的强度和稳定。有较大振动设备（如硬钩吊车、锻锤等）的车间不宜采用骨架墙。

2. 骨架墙墙架组成与轻质墙墙架组成基本相同，仅墙架横梁分为抗风横梁和承重横梁。抗风横梁只承受风荷载而不承受墙体重量。有时为减少砌体镶边面积或减小横梁扭转，在横梁之间需增设中间竖杆。

3. 为避免墙体开裂，骨架墙的墙架柱不宜与吊车制动结构或辅助桁架相连接。

4. 墙架柱的间距一般不大于 6m，承重横梁截面的对称轴应与墙体中心线重合，以避免受扭。

5. 墙架横梁的配置：

（1）在窗台上或墙顶上不承重的横梁为抗风横梁，常采用水平放置的槽钢截面，墙体内部每隔一定高度宜放置承重横梁，常采用上下两个槽钢中间用腹板相连的组合截面，如图 11.4-19a 所示，窗洞上承重横梁宜采用图 11.4-19b、c 的截面形式。

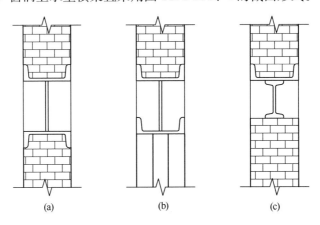

图 11.4-19　承重横梁截面形式

(a) 双槽钢组合之一；(b) 双槽钢组合之二；(c) 工字钢和槽钢组合

墙架横梁的设置还应与砖及砖块的模数、门窗洞等建筑要求协调，同时应保证在骨架间的墙砌体能满足在水平荷载和自重作用下的强度以及高厚比的要求参见《砌体结构设计规范》GB 50003—2011。

（2）骨架墙柱间距不大于 6m，且墙与墙架柱有可靠连接时，如图 11.4-21 所示，在墙体中两根承重梁之间可设置一根抗风横梁。

（3）承重横梁宜采用对称截面。当横梁位置偏离墙体中心线时，为避免横梁扭转，应设置中间竖杆。砌体均宜嵌砌于骨架构件（柱、横梁及竖杆）边缘内，由骨架划分的墙面面积（镶边面积）对 100～120mm 厚的砌体墙，在一般厂房中应不大于 12m² （风荷载标准值 $\omega_k \leqslant 0.4kN/m^2$）或 8m² （风荷载标准值 $\omega_k = 0.8kN/m^2$）。对重级工作制吊车的厂房，墙体镶边面积不宜大于 9m²。

（4）抗风横梁和墙架柱可采用与轻质墙墙架相同的截面形式。

6. 砖墙砌体传给承重横梁的竖向荷载取值：

（1）当承重横梁上墙体高度 H 小于 $l/3$（l 为横梁跨度）时，承重横梁上的荷载为全部墙体高度 H 的自重，为均布荷载，如图 11.4-20a 所示。

（2）当承重横梁上墙体高度 H 大于或等于 $l/3$（l 为横梁跨度）时，计算墙梁弯矩时，荷载取高度 $l/3$ 墙体的自重，但计算墙梁抗剪（支反力）取全部墙体高度 H 的自重，如图 11.4-20b 所示。

7. 砌体墙骨架构件的容许挠度不得超过表 11.4-2 的规定。

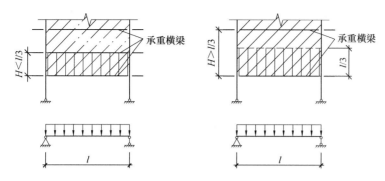

图 11.4-20　承重墙梁的竖向荷载简图

（a）承重横梁上墙体高度 H 小于 $l/3$；（b）承重横梁上墙体高度 H 大于或等于 $l/3$

墙架横梁的容许挠度　　　　　　　　　　　　　　　　　表 11.4-2

项次	类别	竖直方向	水平方向
1	承重横梁	$L/300$	$L/300$
2	抗风横梁		$L/300$
3	窗洞上承重横梁	10mm（在窗洞范围内）	$L/300$
4	墙架柱	—	$H/400$

注：L 为横梁跨度。对有拉条的横梁，竖向 L 为拉条间距或拉条至梁支座的间距；

　　H 为墙架柱支承点间的高度。

8. 在纵墙和山墙交接的转角处必须设置封边竖杆，分别与纵墙和山墙的墙体嵌砌。砌体骨架墙在墙体平面内可不设支撑，但山墙骨架在转角处应与厂房端柱牢固连接，其具体构造可参考轻质墙的办法处理。

二、墙架结构计算

1. 墙架柱的计算：

（1）自承重墙墙架柱应按下式验算风荷载作用下的强度：

$$\sigma = \frac{M_x}{\gamma_x W_{nx}} \leqslant f \qquad (11.4\text{-}5)$$

式中　M_x——水平风荷载标准值产生的墙架柱中最大弯矩。

（2）当墙架柱同时支承抗风横梁和承重墙梁时，尚应考虑由承重墙梁传来的竖向力及偏心弯矩，按偏压构件验算柱截面。

（3）工字形、H 形截面墙架柱应按下式验算在负风压作用下使柱内翼缘受压的整体稳定性：

$$\frac{M_x}{\varphi_b r_x W_x f} \leqslant 1.0 \qquad (11.4\text{-}6)$$

式中　M_x——水平风荷载标准值产生的墙架柱中最大弯矩；

　　φ_b——整体稳定系数，按《钢结构设计标准》GB 50017—2017 中第 6.2.3 条确定。

（4）墙架柱的水平挠度需按电算结果，满足现行规范要求。

2. 墙架横梁的验算

（1）除位于窗洞中间作为窗挡的抗风横梁外，砌体墙的抗风横梁可不验算整体稳定，而仅验算风荷载作用下的抗弯强度和挠度。

（2）砌体墙的承重横梁以及作为窗挡的抗风横梁应按《钢结构设计标准》GB 50017—2017 中的双向受弯进行强度及稳定验算。

三、连接节点

1. 墙体与柱连接构造参见图 11.4-21，当墙体位于柱翼缘外表面时见图 11.4-22a、b，嵌砌在柱内时见图 11.4-21c。

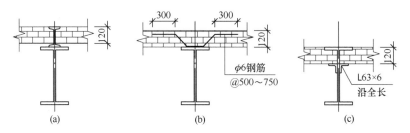

图 11.4-21　骨架墙墙体与柱连接节点
（a）外加工字钢；（b）外加钢筋；（c）内嵌钢柱内

2. 墙架横梁与柱连接构造见图 11.4-22。

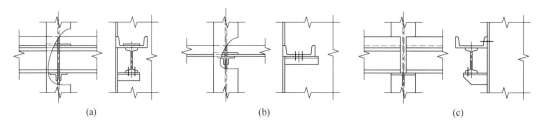

图 11.4-22　横梁与柱连接节点
（a）横梁与柱连接节点之一；（b）横梁与柱连接节点之二；（c）横梁与柱连接节点之三

3. 圈梁与墙架柱的连接构造见图 11.4-23。

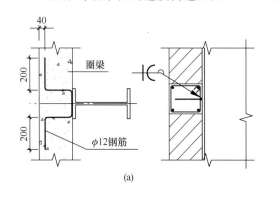
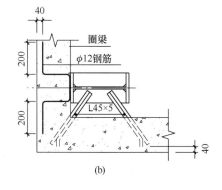

图 11.4-23　横梁与柱连接节点
（a）圈梁与柱连接节点之一；（b）圈梁与柱连接节点之二

11.5 平 台 结 构

11.5.1 一般规定

一、平台体系及其组成

工业厂房内自成体系或支承在设备及其他建构筑物上的平台结构，根据工艺和使用要求可设计为单层框架或多层框架体系。平台结构主要由平台柱、梁、支撑、铺板、栏杆及梯子等组成。在抗震设防地区的平台结构宜与主体结构分离布置。对设有动力设备（如电机、风机、皮带输送机、振动加料机、牵引张力机等）和有较大振动荷载的平台，在结构体布置时，要合理布置传力体系，增强结构刚度，避免结构振动过大对设备的使用和人员操作及结构安全带来不利影响。

二、平台的基本要求

1. 满足工艺和设备的使用要求，保证操作、检修和通行的需要。

2. 结构体系简单，稳定可靠、布置合理。梁格分布合理、受力明确，构件种类少，制作安装方便。当条件许可时宜设计成整体式平台或带肋梁的大块式铺板。

3. 保证结构有足够的强度、刚度和稳定性。

4. 应尽量利用厂房结构支承平台，有条件时也可利用构筑物、设备和管道等支承平台结构，同时应保证平台的侧向稳定和荷载的可靠传递。

5. 平台结构应满足净空要求。人行通道和平台上面的净空不宜低于 2.2m（最低不少于 1.9m），通道宽度不应小于 800mm，当空间特别狭小时，人行通道局部最小宽度不得小于 400mm。

6. 斜梯、直梯、盘梯和转梯的高度不宜超过 5m，超过时应设梯间平台并分段设走梯，梯间平台（在梯段之间供休息或改变行走方向的平台）宽度不小于梯段的宽度，行进方向的长度不小于 850mm。

三、材料选择

1. 平台板材料通常选用 Q235B 钢材，在荷载较大且有动力荷载时，也可采用 Q345B 钢材。当采用组合结构时，混凝土平台板宜采用 C30 混凝土。

2. 梁、柱、钢梯及栏杆构件材料通常采用 Q235B、Q345B 热轧型钢，当采用螺栓连接时也可采用 Q235A 钢材。当需采用焊接工字形截面构件时，采用的热轧板材和焊接材料应按构件类别、荷载性质以及环境条件进行选择。

四、平台结构计算

1. 平台结构的荷载

（1）平台铺板、梁、柱和支撑等自重。

（2）平台活荷载，一般工作平台可按 2.0kN/m² 计算，对检修操作平台及参观走台可按 3.5kN/m² 计算。

（3）平台堆载一般由工艺设计人员提供，平台设计时对重型平台上较大面积的堆载，应要求工艺设计人员划分堆放范围和各类荷载分区。对于重型平台上由于堆放检修材料而产生的活荷载，可以乘以下列折减系数：

平台主梁　　　　0.85；

平台柱及基础　0.75。

（4）设备荷载，按实际情况考虑，对于一般的机械设备，当其动力作用的影响不大时，可将设备荷载乘以 1.1～1.2 的动力系数来考虑其动力作用的影响。

（5）对于室外平台，应视具体情况考虑风和雪荷载的作用。

（6）对处于灰源较近的平台尚应考虑积灰荷载的作用。

2. 计算内容

（1）强度计算

平台结构应计算平台铺板、主梁、次梁、平台柱和支撑及其连接的强度，对直接承受动力荷载的平台梁及其连接，尚应进行疲劳强度验算。

（2）稳定验算

平台结构的稳定通常通过支撑系统和构造措施予以保证，一般不需专门进行验算。如平台铺板尽可能密铺在平台梁的受压翼缘上并与其牢固连接，使其能阻止梁受压翼缘的侧向位移，保证梁的整体稳定性。当梁可能出现受扭的情况时，除与铺板牢固连接外，还应在梁上下翼缘侧设置水平支撑，使梁不至扭曲失稳。

（3）变形验算

1）风荷载标准值作用下，框架柱顶水平位移及层间相对位移不宜大于下列数值。

对无桥式吊车的单层框架平台，其柱顶位移　　　　　$H/150$

对有桥式吊车的单层框架平台，其柱顶位移　　　　　$H/400$

多层框架的柱顶位移　　　　　　　　　　　　　　　$H/500$

多层框架的层间位移　　　　　　　　　　　　　　　$h/400$

H 为自基础顶面至柱顶的总高度，h 为层高。

2）平台梁、平台板的挠度不宜超过表 11.5-1 的数值。

受弯构件挠度容许值　　　　　　　　　　　　　　　表 11.5-1

项次	构　件　类　别	挠度容许值	
		$[v_T]$	$[v_Q]$
1	有重轨（重量≥38kg/m）轨道的工作平台梁	$l/600$	—
	有轻轨（重量≤24kg/m）轨道的工作平台梁	$l/400$	
2	楼（屋）盖梁或桁架、工作平台梁（第1项除外）和平台板 （1）主梁或桁架（包括设有悬挂其中设备的梁和桁架） （2）抹灰顶棚的次梁 （3）除（1）（2）项之外的其他梁（包括楼梯梁） （4）平台板	 $l/400$ $l/250$ $l/250$ $l/150$	 $l/500$ $l/350$ $l/300$ —

（4）对直接承受较大振动荷载的构件及其连接，除应进行动力计算外，尚应进行疲劳验算。

（5）对没有水平荷载的独立平台结构，可假定平台承担的竖向荷载总重的 5%～10%（荷载较大时取小值）作为水平力进行计算，当为多层平台时，各层平台均可按其竖向荷载的 5% 作为其计算水平力。

（6）在结构计算时，当动力荷载较小时，可将设备自重（包括物料重）乘以动力系数后按静力荷载进行计算。当设备放在铺板上时，铺板、次梁及主梁在计算其强度和稳定时应乘以动力系数；当设备放在次梁上时，则主、次梁均应乘以动力系数；当设备直接放在主梁上时，仅主梁需乘以动力系数。

（7）当动力荷载较大或有特殊要求时，应按专门规定进行动力分析计算。

五、平台的安全措施及防护

1. 平台的安全措施

（1）栏杆的高度一般不低于 1050mm，平台高度较大及存在危险的场所栏杆高度应不低于 1200mm。为防掉物危险，栏杆宜设挡板，在室外，挡板与平台面间应留有间隙，间隙高度宜为 10mm，室内可不留间隙。

（2）平台板除采用混凝土组合楼板外一般宜采用防滑性能较好的花纹钢板和钢格栅板，也可采用蓖条式走道板，当采用平钢板时应在其表面电焊花纹增加防滑性能。室外铺板宜采用钢格栅板和蓖条式板，以利于防雨雪、防滑和积灰。

2. 隔热防护

受高温、火焰作用即熔化金属侵害时，应根据不同情况采取不同的保护措施。

（1）当平台受到炙热熔化金属侵害时，应采用砖或耐火材料设置隔热层加以保护。

（2）当平台工作环境受辐射热达 150℃以上，或可能短时间受到火焰作用时，应采取相应的保护措施，如：金属隔热板、砖或耐热材料做成的隔热板予以保护。

3. 平台构件的涂装

钢平台的各结构构件应按本手册第 18 章的有关内容进行防护。

11.5.2 平台结构选型与布置

一、平台结构的分类

平台结构在工业建构筑物中应用十分广泛，也是车间工艺设计的一个重要内容。平台结构的设计除满足工艺设备布置、使用要求外，还要便于人员操作和设备的维修，同时应满足安全可靠、技术经济和外形整齐美观的要求。平台结构通常由平台柱、柱间支撑、平台梁、铺板、栏杆和梯子组成，平台结构一般按使用要求分类，有时也可按平台的支撑方式分类。

1. 按使用要求及荷载分类

（1）轻型操作平台：用于人行通道、参观平台、悬挂吊车的检修平台等。平台通常用支架（或吊架）支撑在主体结构或设备上（如罐体、炉体及管道等），也可自成体系。平台的设计荷载一般取 2.0kN/m²。

（2）普通操作平台：一般的设备检修及操作平台，平台上可布置有小型设备和较小的堆载，设计荷载为 4.0~8.0kN/m²。这类平台一般自成体系，通常为铰接框架结构，也可设计为刚架结构，有条件时这类平台也可支撑在主体结构上。

（3）重型操作平台：检修或安装时荷载较大的平台，以及布置有振动设备、有车辆行走及较大堆载的平台。平台的设计荷载一般达 10.0kN/m²以上。这类平台一般采用自成体系的框架结构形式，梁柱连接可为刚接或铰接。

2. 按支撑方式分类

（1）非自立式操作平台：部分或全部由建构筑物或设备支撑的操作平台。

1）支承于构筑物（柱或墙）或其他结构上的操作平台：这类平台不设平台柱和柱间

支撑，构造简单，施工方便，由于不另外设置平台柱，便于在平台下布置设备和人员操作，易于满足车间工艺多变性的要求，且用钢量较省，整体稳定性较好，如图 11.5-1 所示。这类平台的平台梁与混凝土柱或墙的连接方式可为混凝土牛腿、钢牛腿连接及埋设连接。与混凝土柱或墙的连接形式如图 11.5-2 所示。

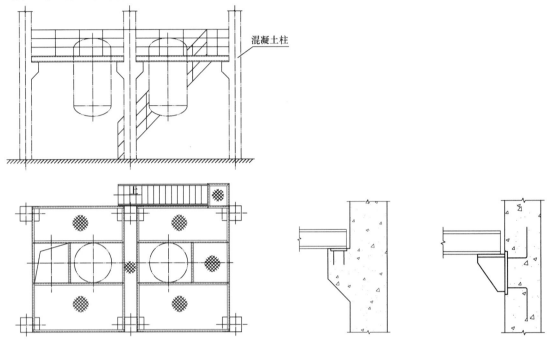

图 11.5-1　支承于构筑物上的操作平台　　　　图 11.5-2　平台梁与混凝土柱的连接

2）部分支撑于构筑物（柱或墙）的操作平台：这类平台部分利用构筑物作为支撑点，减少了柱及柱间支撑的设置，给工艺提供了更多的操作空间，如图 11.5-3 所示。平台梁与墙的连接可采用墙上预留孔、梁安装后二次灌浆的方式，也可采用在墙上设混凝土砌块，用钢牛腿连接的方式，如图 11.5-4 所示。

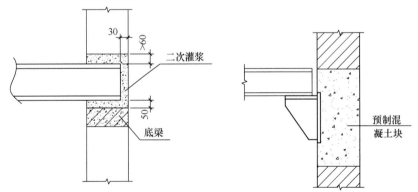

图 11.5-3　平台梁与墙的连接

3）直接支撑于设备上的操作平台：这类平台具有结构简单轻巧，用钢量省及施工方便的优点，平台下空间宽阔，便于人员操作如图 11.5-5 所示。这类平台的钢梁与设备的

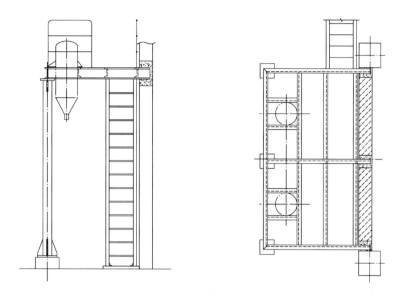

图 11.5-4　部分支撑于构筑物上的操作平台

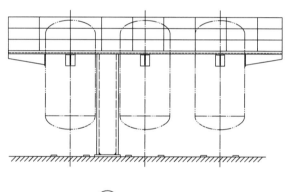

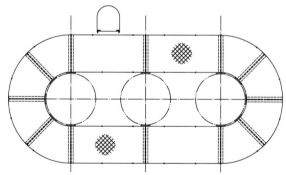

图 11.5-5　支撑于设备上的操作平台

连接分为固定和可拆卸两种形式。当采用固定连接时，在设备上焊有与设备壁板等厚的加强板，钢梁直接焊接在加强板上，如图 11.5-6 所示。当采用可拆卸的连接方式时，则在设备上焊接带有螺栓孔的加强板，用螺栓将平台梁固定在加强板上，如图 11.5-7 所示。

　　（2）自立式操作平台：此类平台结构自成体系，其即可直接支撑在基础上，也可支撑在楼面或其他平台上。支撑在楼面或平台上时，应将柱脚支撑在梁上，并考虑柱脚荷载对

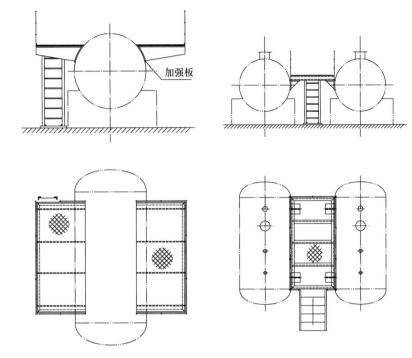

图 11.5-6 操作平台与设备的固定连接

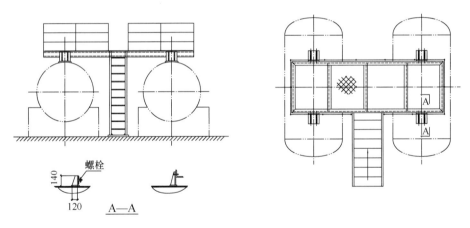

图 11.5-7 操作平台与设备的可拆卸连接

建构筑物的影响。平台分为排架和刚架两种结构形式。

1）排架结构形式：柱端与梁端为铰接连接，柱脚为固结。当柱脚为铰接时需设置柱间支撑。

2）刚架结构形式：柱端与梁端为刚接连接，柱脚可固结也可铰接。为增加结构的刚度和抵抗变形的能力，也可设置柱间支撑。

3）排架结构与刚架结构的特点和选用：排架结构因不考虑柱端弯矩，平台柱的截面可以做得较小，但由于平台柱不参与梁的弯矩分配，因而梁的截面高度较大；排架结构的连接构造较简单，制造和安装方便。刚架结构因柱参与梁端弯矩的分配，使得梁的跨中弯矩减小，梁的截面高度较排架结构小，由于在不考虑振动荷载时可以不设支撑系统，便于工艺布置和人员操作。但刚性接头需有可靠的刚度，其构造以及制造和安装较复杂。

选用何种结构形式，应根据工艺要求及平台的具体情况确定。对于一般的操作平台，当主要承受竖向荷载，水平及振动荷载很小或可不考虑时可采用排架结构形式；当平台不仅要承受竖向荷载，还要承受较大的水平荷载或振动荷载，且支撑的布置受到限制时，则应采用刚架结构形式。

二、平台的布置

1. 平台结构的布置

（1）轻型平台因荷载较小、平台不大，通常用较简单的牛腿、三角架、吊架或吊杆等直接支撑在厂房、构筑物、设备及管道上，其布置可见图 11.5-8。这种平台一般由轧制型钢梁和铺板用焊接和普通螺栓连接组成。

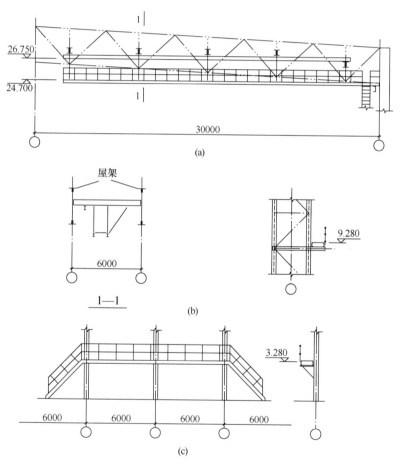

图 11.5-8 一般平台结构的布置示例
（a）单轨吊检修平台；（b）参观走道平台；（c）安全过桥平台

（2）普通操作平台主要为生产操作常用的平台，这类平台结构常由主梁、次梁及铺板组成。主梁可采用轧制型钢，当荷载及跨度较大时，也采用焊接工字形梁，次梁一般采用轧制型钢。这类平台可设置独立的支承系统，也可支承在厂房和其他结构上，其布置可见图 11.5-9。

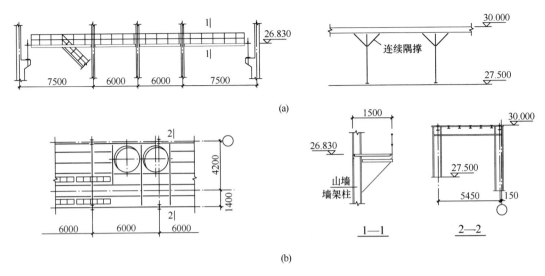

(a)

(b)

图 11.5-9   普通操作平台结构的布置示例

（a）山墙吊车检修平台；（b）上料平台

（3）重型操作平台荷载大、操作频繁，除一般堆载、操作荷载等外，可能还要承受各种动力、振动荷载甚至机动行车荷载。其结构通常由独立支柱、支撑、主梁、次梁、小梁及铺板组成。平台荷载通过铺板、梁、柱传至基础或直接传与厂房结构，其布置可见图 11.5-10。重型平台通常设有独立的支撑系统，当条件许可时，也可在侧向与厂房结构相连，以保证结构的稳定性和结构刚度。这类平台的安装层次多，连接形式多样，为便于施工，次梁、小梁及铺板可局部设计成整体结构，或以主梁、次梁为主的整体构件装配式平台结构进行运输安装，也可采用钢组合梁、现浇钢筋混凝土板或压型钢板混凝土组合板结构。

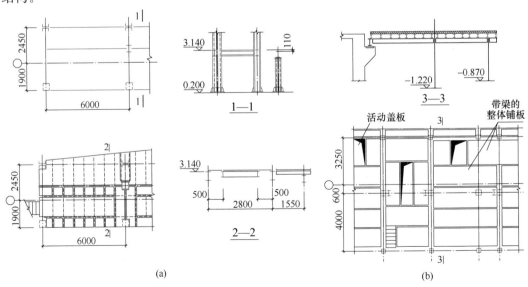

(a)   (b)

图 11.5-10   重型平台结构的布置示例

（a）铸锭平台结构；（b）均热炉平台结构

2. 平台梁格的布置

平台梁的布置应力求做到经济合理，传力路线短且传力直接明确。梁格的布置应与其跨度相适应，当梁的跨度较大时其间距也应适当增大。梁格的布置通常有单向、双向和复式三种，其中双向式较常用，见图 11.5-11。单向梁格力的传递路线最短，而复式梁格的传力路线最长，一般应尽量采用较为简单的梁格。

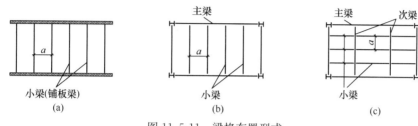

图 11.5-11　梁格布置型式

（a）单向梁格；（b）双向梁格；（c）复式梁格

（1）单向梁格，仅沿一个方向布置梁，适宜梁的跨度不大时采用。

（2）双向梁格，由主次梁组成，次梁一般平行于较小跨度方向布置。

（3）复式梁格，当双向梁格中次梁的跨度较大时，宜在主次梁间布置小梁，构成复式梁格。

11.5.3　平台柱与柱间支撑

一、平台柱的截面形式

1. 平台柱一般设计成等截面实腹柱，实腹柱的常用截面为轧制或焊接 H 型钢、普通工字型钢、轧制或焊接钢管，有时槽钢、角钢、T 型钢、H 型钢及钢板组成的组合截面，见图 11.5-12 所示。

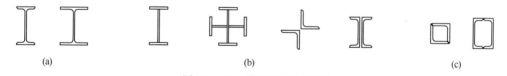

图 11.5-12　实腹柱常用截面

（a）轧制型钢；（b）焊接组合截面；（c）焊接矩形管柱

2. 对于平台较高、柱长度较大时可采用格构式柱。格构式柱截面通常为缀板柱和缀条柱形式，见图 11.5-13 所示。

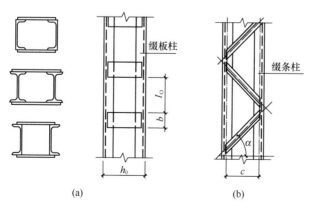

图 11.5-13　格构式柱常用截面

二、平台柱的计算假定

1. 当平台设有柱间支撑时通常将柱上下两端设计为铰接，对于承受较大荷载的平台柱，柱宜设计为上端铰接，下端为刚接，或上下端均为刚接。

2. 实腹平台柱一般按轴心受压构件或压弯构件进行设计，一般以柱的长细比为 $80\sim120$ 来初选截面，并宜使柱截面两个主轴方向上的长细比尽可能接近。对 H 型钢柱截面的高宽比宜取为 0.7 左右。

3. 轴压格构式柱在两个主轴方向上的长细比宜控制在 $80\sim120$；其分肢绕弱轴的长细比 λ_1，对于缀板柱不得大于柱身两个方向长细比（对虚轴为换算长细比）中较大值 λ_{max}（$\lambda_{max}<50$，取 $\lambda_{max}=50$）的 50%，且不应大于 40；对于缀条柱不得大于柱身两个方向长细比中较大值 λ_{max} 的 70%。

三、平台柱的计算长度

1. 单层平台等截面柱在平面内的计算长度可取为

$$H_0 = \mu H \tag{11.5-1}$$

式中　H——柱高，对设隅撑的柱为隅撑点以下部分的柱高；

　　　μ——计算长度系数，对设有支撑的柱列，沿支撑方向可按柱顶无侧移考虑。当柱上下为铰接时可取 $\mu=1.0$。而单层刚架或设隅撑的柱可参考表 11.5-2 取值。

单层刚架或设隅撑的等截面柱的计算长度系数 μ　　　　　表 11.5-2

K_0		0	0.1	0.2	0.3	0.5	1.0	2.0	3.0	$\geqslant10$	近似计算式
μ	柱底刚接	2	1.67	1.50	1.40	1.28	1.16	1.08	1.06	1.00	$\mu=\sqrt{\dfrac{7.5K_0+4}{7.5K_0+1}}$
	柱底铰接	—	4.46	3.42	3.01	2.64	2.33	2.17	2.11	2.00	$\mu=\sqrt{4+\dfrac{1.6}{K_0}}$

注：表中 K_0 为框架横梁线刚度 I_b/L 与柱线刚度 I_c/H 的比值。

2. 多层平台柱的计算长度系数可根据多层框架结构的特点（无支撑纯框架或有支撑框架），可参见本手册 11.7.5 的相关内容进行设计。

3. 平台柱在平面外的计算长度可取为该柱侧向支撑点之间的距离。

四、梁柱节点的形式

1. 铰接连接及构造

（1）梁直接支承于柱顶，其支座反力通过梁端加劲肋传递，柱顶腹板在相应位置应设置加劲肋，梁与柱顶的连接构造见图 11.5-14。

（2）梁与柱侧面连接，支座反力通常由柱上支托传递。梁与柱侧接的连接构造见图 11.5-15。

2. 刚性连接及构造

平台梁柱刚接时，梁端弯矩 M 由梁翼缘承担，剪力 V 由梁腹板承担；梁翼缘与柱上下水平板的连接应能承受水平拉力 $N=M/h$，梁腹板与柱肋板的连接需承受剪力 V。梁柱刚接连接构造见图 11.5-16。

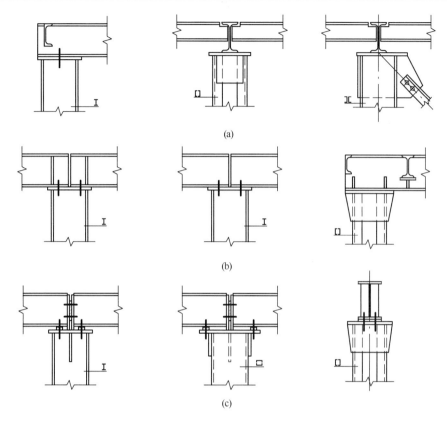

图 11.5-14 平台梁与柱顶连接

（a）型钢梁与柱的连接；（b）组合梁与柱的连接；（c）梁的突缘支座与柱的连接

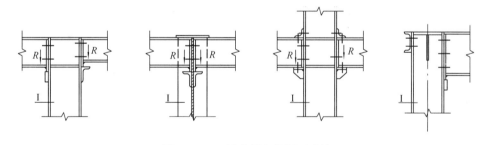

图 11.5-15 平台梁与柱侧面连接

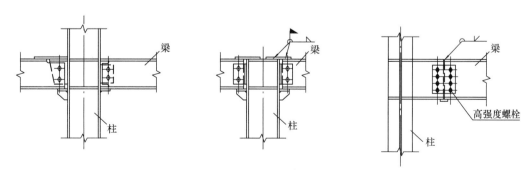

图 11.5-16 平台梁与柱刚接连接

五、平台柱脚

1. 柱脚形式

平台柱脚可设计为铰接、半刚接或刚接柱脚，一般情况下可按铰接柱脚设计。

（1）铰接柱脚的锚固螺栓直接固定在柱脚底板上，其锚固螺栓（又称地脚螺栓）直径可按构造确定，铰接柱脚构造见图11.5-17。

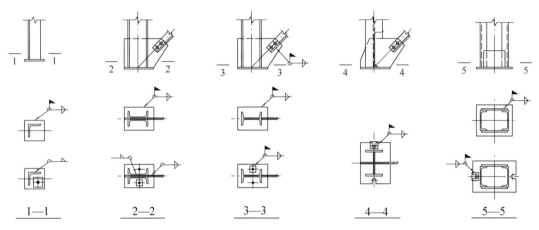

图 11.5-17　铰接柱脚的一般构造

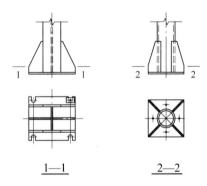

图 11.5-18　半刚性柱脚的一般构造

（2）半刚性柱脚的锚固螺栓也直接固定在底板上，但为增强柱脚的刚度，在柱脚设置加劲予以加强。螺栓直径可按计算和构造确定，柱脚构造见图 11.5-18。

（3）刚性柱脚可采用锚固螺栓固定在靴梁上的方式，或采用将钢柱直径插入基础的预留杯口内用二次浇灌固定的插入式柱脚，柱脚构造见图 11.5-19b。

2. 柱脚底板厚度

柱脚底板的厚度应按柱脚底板所受到的基础反压力所产生的弯矩计算确定，但不宜小于柱肢的板厚，也不应小于 14mm。

3. 柱脚锚栓

（1）铰接柱脚锚栓直径不宜小于 16mm，一般采用 $d=20\sim30\mathrm{mm}$。

（2）半刚性柱脚锚栓直径不宜小于 20mm，一般取 24～36mm。当柱脚底板较厚或荷载较大时其直径应与柱身截面相适应。

（3）刚性柱脚时，靴梁式柱脚的锚栓直径由柱内力计算确定；插入式柱脚的插入深度宜取 2.0～2.5h（h 为柱截面高度）。

4. 柱脚抗剪键

柱脚锚栓不宜用于承受柱脚底板的水平力，此水平力可由柱底板与混凝土之间的摩擦力（摩擦系数可取 0.4）来承受。一般当 $V>0.4N$（V 为水平力，N 为与 V 同时出现的最小柱压力）时应设置抗剪键。设有抗剪键的柱脚见图 11.5-20。

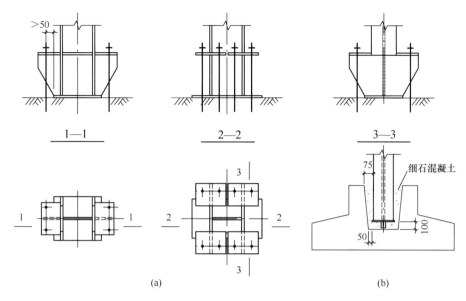

图 11.5-19　刚性柱脚的一般构造

（a）带靴梁式柱脚；（b）插入式柱脚

5. 柱脚计算见本手册 13.8 节。

6. 柱脚的保护

受侵蚀及腐蚀性介质作用时柱脚不宜埋入地下，此时柱脚底板应置于车间地坪（或地面）以上，柱脚底板高出地平面不应小于 100mm。当柱脚埋入地面以下时，地面以下部分柱脚应采用低强度等级的混凝土包裹，其保护层厚度不应小于 50mm，并应使包裹的混凝土高出地面不小于 150mm。

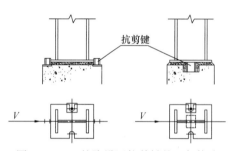

图 11.5-20　柱脚设置抗剪键的一般构造

六、平台的柱间支撑

对自立式平台以及与厂房柱和其他稳定结构相连平台的独立部分应设平台柱间支撑，以保证平台结构的稳定，传递平台的水平力及满足抗震设防的要求。

1. 支撑布置及支撑的形式

一般沿柱的行列线均应设置柱间支撑，也可根据具体情况在一个方向布置柱间支撑，另一方向设为刚接，或两个方向均设为刚架。支撑应尽量布置在柱列中部，如因工艺生产条件限制也可布置在柱列的边部。柱间支撑通常采用十字交叉形、人字行、门形以及连续隔撑等，如图 11.5-21 所示，支撑的倾角应控制在 35°～55° 之间。

2. 支撑的计算

（1）受有较大水平力或根据抗震设防要求设置的平台柱间支撑，应按实际水平力或平台总荷载的 5% 中的较大值进行计算。

（2）隔撑及直接承受行车或动力荷载的平台，平台柱间支撑应按压杆设计。

（3）当支撑杆件为单角钢且单面连接时，其杆件及连接的强度设计值应按规定乘以折减系数。

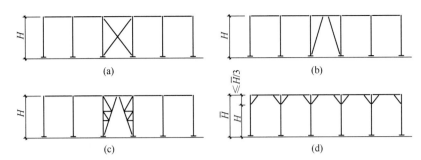

图 11.5-21　平台柱间支撑的布置

(a) 十字交叉形；(b) 人字形；(c) 门形；(d) 连续隅撑

（4）柱间支撑截面应根据内力大小、长细比和构造要求来确定。

（5）柱间支撑的长细比，对直接承受行车或动力荷载的压杆，其长细比不应大于 150，隅撑长细比不应大于 200；对直接承受行车或动力荷载的拉杆，其长细比不应大于 200，其他拉杆长细比不应大于 350。

3. 柱间支撑的构造和连接

（1）支撑杆件可采用角钢、槽钢、工字形钢、H 型钢和钢管等截面形式。当采用角钢时，其最小截面不宜小于 L75×6，当采用槽钢时不宜小于 [12。对双片支撑间的缀条，其截面一般不小于 L50×5。

（2）支撑杆件间以及支撑与梁、柱的连接一般采用焊接连接或高强螺栓连接。支撑与柱连接的节点板厚度一般不小于 8mm。当采用焊接连接时，焊缝高度不应小于 6mm，焊缝长度不应小于 80mm；为了便于安装，在杆件安装节点的端部设置两个安装螺栓，其不宜小于 M16，安装螺栓孔径取螺栓直径加 2mm。支撑节点的构造见图 11.5-22。

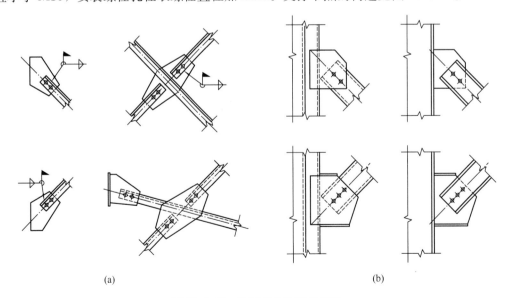

图 11.5-22　柱间支撑的节点构造

(a) 十字形交叉支撑的节点构造；(b) 柱间支撑与柱的连接构造

11.5.4 平台梁

一、梁的截面形式及构造要求

1. 平台梁宜优先选用轧制型钢，一般采用轧制工字钢、槽钢、轧制或焊接 H 型钢，当荷载和跨度较大或梁截面高度受到限制时，可采用双层翼缘板的工字形梁、箱形梁，当综合技术经济指标合理时也可采用桁架式梁或蜂窝梁。对于不直接承受动力荷载的梁，也可采用由混凝土翼板与钢梁通过抗剪连接件组成的组合梁。常用截面形式如图 11.5-23。

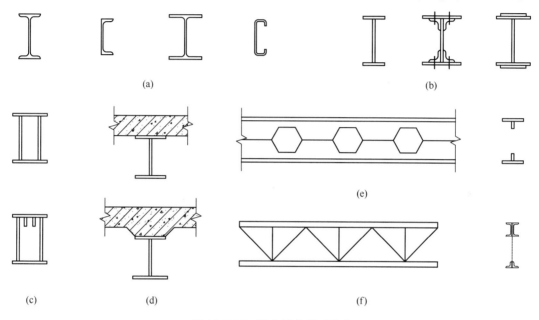

图 11.5-23 平台梁的截面形式

（a）轧制型钢；（b）组合工字形梁；（c）焊接箱形梁；（d）钢与混凝土组合梁；（e）蜂窝梁；（f）层间桁架

2. 为充分利用净空，按弹性设计的梁可允许在梁腹板上开孔以穿越管道。孔洞应尽量采用圆孔并设置在梁的中和轴上，孔径 d_0 不应大于梁高的 $1/3$，并列孔不宜超过 3 个，且中心距不应小于 $3d_0$；此时开口对梁承载能力的影响可忽略不计，但仍需采取构造加固措施，见图 11.5-24 所示，矩形孔的加固措施应通过计算确定。

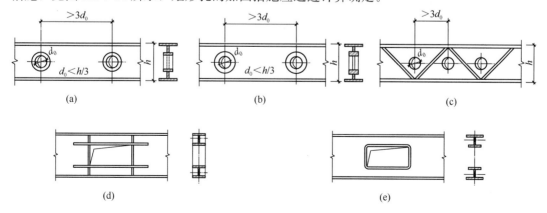

图 11.5-24 梁腹板开孔加固构造

（a）加固环加固；（b）环板加固；（c）斜加劲肋加固；（d）、（e）矩形孔加固图

3. 平台梁一般采用等截面，当梁端高度受限制或相邻梁高差较大时，可采用高度变化的变截面梁；有时为减轻梁自重，也可采用变翼缘宽度或变腹板厚度的变截面梁，见图 11.5-25 所示。简支梁采用变宽度梁时，在距支座约 1/6 跨度处改变翼缘的宽度较为有利，变窄后的宽度不应小于梁翼缘原宽度 b 的 1/2。

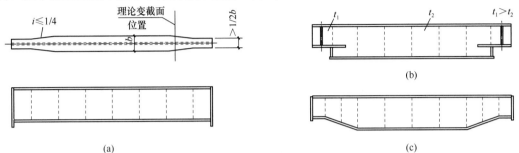

图 11.5-25　变截面梁构造

(a) 改变翼缘宽度；(b) 减小梁端高度（阶形突变式）；(c) 减小梁端高度（梯形渐变式）

4. 在有固定集中荷载作用的受压翼缘上，在梁的荷载作用点处宜设置侧向支撑结构。当梁上作用有较大的动力荷载或可移动的集中荷载时，为减少设备安装误差以及设备运行中可能产生的偏心的不利影响，宜沿梁的长度方向，在其上、下翼缘平面设置水平支撑。

5. 梁的支承加劲肋应成对设置，非支承加劲肋宜在腹板两侧成对配置，也允许单侧配置。

6. 加劲肋可采用钢板或角钢制作。钢板加劲肋的截面尺寸和间距应符合有关规定的要求，角钢加劲肋应将角钢肢尖焊于腹板，其截面惯性矩不应小于相应钢板加劲肋的惯性矩。

7. 梁的加劲肋与腹板的连接焊缝可采用连续或断续角焊缝，断续角焊缝之间的净距不大于 $15t_0$（t_0 为加劲肋板厚或角钢肢厚）或 200mm。受动力荷载的梁应采用连续角焊缝，当采用单侧配置横向加劲肋时，加劲肋端部必须与受压翼缘焊接连接。

二、梁的截面选择

1. 梁的最小高度 h_{min}

梁绕截面对称轴弯曲时可按容许挠度要求的最小高跨比确定最小梁高 h_{min}。

（1）简支梁的最小高跨比可按表 11.5-3 确定。

按容许挠度确定的梁最小高跨比（h_{min}/L）　　　　表 11.5-3

	容许挠度（ω）	$L/200$	$L/250$	$L/300$	$L/350$	$L/400$	$L/500$	$L/600$
$(h/L)_{min}$	Q235 钢 $f=215N/mm^2$	1/30	1/24	1/20	1/17	1/15	1/12	1/10
	Q345 钢 $f=310N/mm^2$	1/20	1/16	1/14	1/12	1/10	1/8	1/7
	Q390 钢 $f=350N/mm^2$	1/18	1/15	1/12	1/10	1/9	1/7.3	1/6
	Q420 钢 $f=380N/mm^2$	1/17	1/13	1/11	1/9.5	1/8.4	1/6.7	1/5.6

（2）连续梁的最小高跨比可由表 11.5-2 中数值乘以调整系数 γ 求得。

$$\gamma = \left[1 - 0.625 \frac{|M_1| + |M_2|}{|M|} \right] \tag{11.5-2}$$

式中　M——连续梁某跨按简支梁计算的跨中最大弯矩；

　M_1、M_2——该跨两端支座弯矩。

2. 梁的经济高度 h_e

梁的经济高度 h_e 可按下式计算：

$$h_e \approx 3 \, (W)^{0.4} \tag{11.5-3}$$

式中　W——为梁所需要的截面模量，取 $W = \dfrac{M}{r_x f}$；

　　r_x——为梁截面的塑性发展系数。

3. 梁高的选择

梁的高度 h 应根据具体情况综合考虑，其值不应超过建筑净空允许的最大梁高 h_{max}，同时宜接近梁的经济高度 h_e，一般情况下，梁高 h 与其经济高度 h_e 的差值宜控制在 20% 以内，且应满足：

$$h_{min} \leqslant h \leqslant h_{max}$$

在工程设计中为考虑到钢板的规格尺寸，梁的高度常取为 50mm 的倍数。一般情况下，当梁高满足最小梁高要求时，可不验算梁的挠度。

4. 焊接工字形梁翼缘和腹板的截面选用

（1）翼缘板截面选用

1）翼缘板宽度 b_f，一般取 $b_f = (0.2 \sim 0.4) h$，其值为 10mm 的倍数；h 为梁高，对工字形梁，$h/2.5 \geqslant b_f \geqslant h/6$；翼缘板厚度 $t \geqslant 8$mm，且为 2mm 的倍数。

2）翼缘板截面的板件宽厚比等级应不大于现行国家标准《钢结构设计标准》GB 50017 的表 3.5.1 中 S4 级的规定。

箱形截面壁板（腹板）间翼缘板截面的板件宽厚比等级应不大于现行国家标准《钢结构设计标准》GB 50017 的表 3.5.1 中 S4 级的规定。

（2）腹板截面的板件宽厚比等级应不大于现行国家标准《钢结构设计标准》GB 50017 的表 3.5.1 中 S4 级的规定。

梁的腹板厚度可先用经验公式进行估算：$t_w \approx \dfrac{\sqrt{h_w}}{3.5}$（mm）或 $t_w \approx 7 + 0.003 h_w$，并满足上述规定。然后按式 11.5.4 进行核算：

$$t_w \geqslant \frac{1.2 V_{max}}{h_w f_v} \tag{11.5-4}$$

式中　h_w——腹板高度，实际采用的腹板厚度应考虑钢板的规格，其不宜小于 6mm，且为 2mm 的倍数；

　V_{max}——最大剪力；

　　f_v——抗剪强度设计值。

三、平台梁的计算

1. 在主平面内受弯的实腹平台梁，其强度按本手册式 6.1-1～6.1-8 计算，当考虑腹板屈曲后强度时，可按《钢结构设计标准》GB 50017 中 6.4 节相关规定进行计算。

2. 平台梁的整体稳定

当梁的受压翼缘上没有牢固连接的铺板能阻止其侧向位移时，应进行梁的整体稳定计算，计算内容见本手册第 6 章的相关内容。

3. 平台梁的局部稳定

（1）轧制型钢梁已满足局部稳定的要求，可以不进行校核，也不设加劲肋。仅当集中荷载作用处其腹板边缘的局部应力不满足要求时，才需在集中荷载作用处或支座处设置支承加劲肋。

（2）组合截面梁（如焊接工字形梁）的局部稳定主要通过配置加劲肋和控制板的宽厚比来保证。为保证组合截面梁腹板的局部稳定性，可在腹板上配置纵、横加劲肋，其规定和计算见本手册 6.1.4 节执行。

4. 平台梁的挠度计算可参见本手册第 11 章 11.3.6 节第七款的相关内容。

四、组合梁的计算

由混凝土翼板与钢梁通过抗剪连接件组成的梁称为组合梁。组合梁均应按整体组合梁进行设计并配置抗剪连接件，设计计算时梁的内力可按弹性方法计算确定，截面强度及连接件强度按塑性方法计算，但梁的挠度及裂缝宽度计算仍按弹性方法计算。组合梁的计算及构造见本手册第 17 章的相关内容。

五、平台梁的连接构造

1. 平台梁之间的连接

平台梁之间的连接一般按简支要求形成铰接连接，也可采用连续性（或刚性）连接。通常采用的连接构造有平接连接、搭接连接、连续性连接等连接方式。

受温度作用的钢平台，主次梁宜采用搭接连接，其连接节点构造应能使构件自由伸缩。

（1）梁平接连接时平面刚度好，占用净空少，但安装稍困难。小型平台在工厂平接时可采用直接焊接连接，当平台梁为现场连接时，可通过在主梁上预焊连接板（或连接角钢），次梁通过连接件与主梁螺栓连接或安装螺栓加现场焊接连接，连接构造见图 11.5-26。螺栓连接和焊接连接应能承受并传递梁端反力 R，由于实际连接中存在偏心，故连接强度应有一定裕度，设计时应按连接部位的承载力为（1.2～1.3）R 来计算。

（2）梁采用搭接连接时，其虽占用空间较多，但其安装方便，常见的搭接连接构造见图 11.5-27。搭接连接中，次梁的搭接长度不应小于 60mm，主次梁间应采用螺栓或螺栓加焊接构造连接。采用螺栓连接时，其直径不宜小于 14mm，焊接时焊缝高度不宜小于 5mm。当反力较大时，主次梁均宜在支承处设置加劲肋。

（3）平台梁按连续梁设计时可采用连续性连接，其支座连接处的最大弯矩 M 由次梁上、下翼缘通过连接件的连续连接后形成的力偶（力臂为次梁的高度 h）来抵抗，此时连接焊缝应能可靠地传递水平力 H（$H=M/h$）；次梁的梁端剪力由与主梁腹板连接的焊缝和连接板承担。梁的连续型连接构造见图 11.5-28。

（4）当次梁与主梁采用斜向连接时，可通过连接板采用高强度螺栓摩擦型连接或安装螺栓加现场焊接的连接方式，斜梁的连接构造见图 11.5-29。

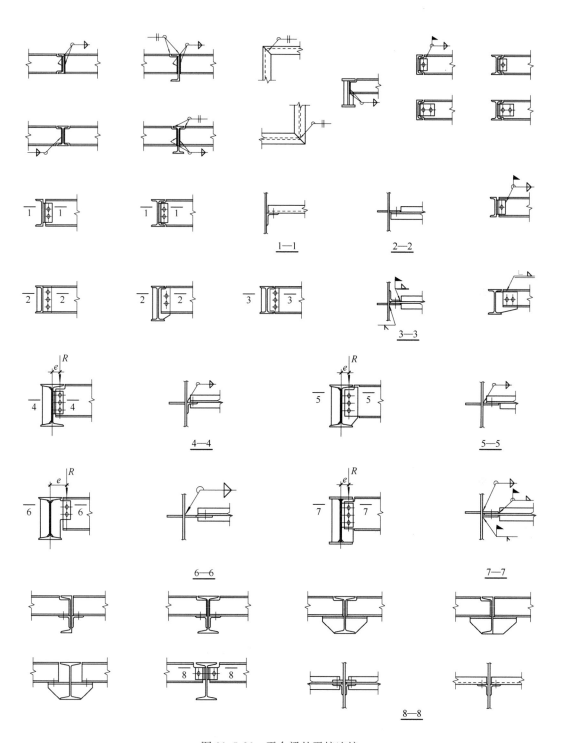

图 11.5-26 平台梁的平接连接

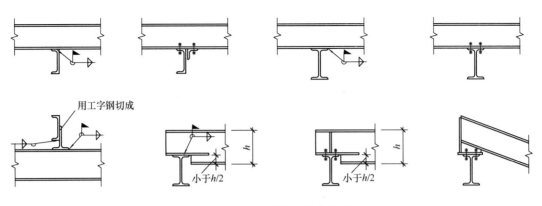

图 11.5-27 平台梁的搭接连接

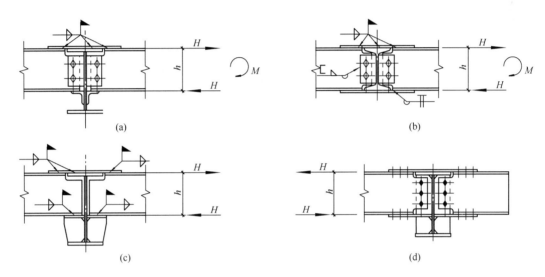

图 11.5-28 平台梁的连续连接

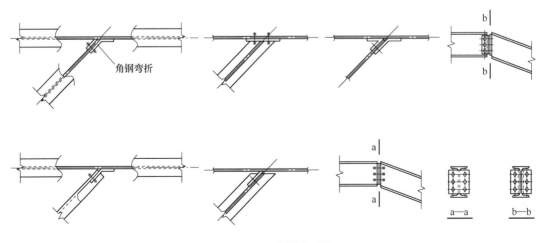

图 11.5-29 斜梁的连接

（5）组合截面梁（如焊接工字形梁）的现场连接可采用焊接、高强度螺栓和普通螺栓加焊缝连接，其连接构造见图 11.5-30。

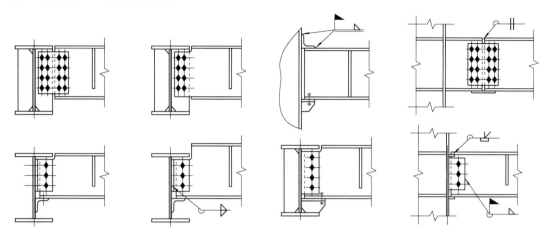

图 11.5-30　组合截面梁用高强度螺栓、普通螺栓加焊缝的连接

（6）梁端采用突缘支座与柱或主梁连接时，需采用托板支座，端板底部和托板顶面应刨平，托板可采用钢板或截肢角钢。梁突缘的端板与梁以及托板与柱或主梁的连接焊缝均应按其传递的最大反力计算，计算托板两侧的焊缝时尚应考虑 1.25 的传力不均匀增大系数。突缘支座的连接构造见图 11.5-31。

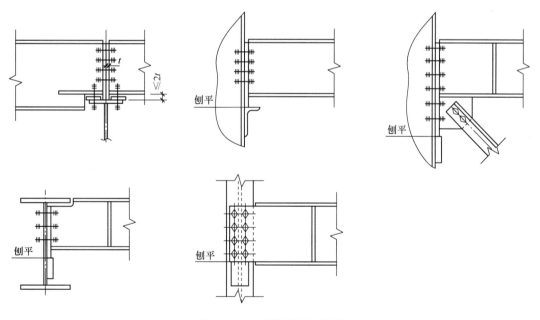

图 11.5-31　突缘支座的连接

（7）支座处梁端高度不一致时，高低梁在支座处的连接构造见图 11.5-32。

2. 型钢梁的拼接

型钢梁的拼接一般采用带拼接板的连接方法，当不要求进行等强拼接时，工厂拼接可

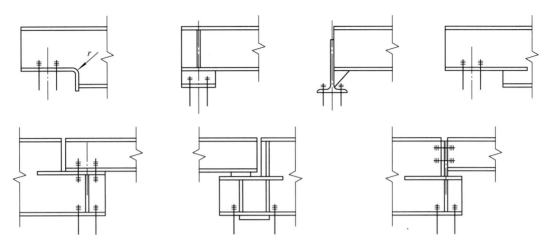

图 11.5-32　高低梁支座的连接

采用无拼接板的全截面对接焊接，此时应要求焊透，其拼接强度可按母材强度乘以 0.85 的折减系数采用。梁的拼接构造见图 11.5-33。

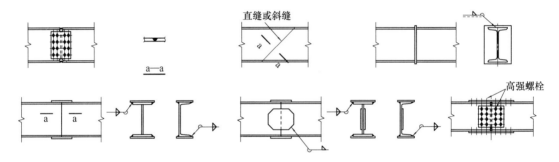

图 11.5-33　梁的拼接构造

11.5.5　平台铺板
一、平台板的形式和设计要点

1. 平台铺板的形式

平台铺板按工艺使用要求及所采用的材料和构造形式可分为混凝土铺板和钢铺板，各种铺板形式可参见图 11.5-34。

（1）混凝土铺板分为钢筋混凝土平板和压型钢板混凝土组合楼板，如图 11.5-34a、b 所示，由于其平面刚度好，具有良好的使用性能且节省钢材，其通常用于重型操作平台。

（2）走行平台和普通操作平台一般采用钢板铺板，考虑防滑的要求，一般宜采用花纹钢板，当材料使用受限制时，可采用具有防滑措施（表面电焊花纹或加冲泡）的平钢板。当用于室外平台时，应在板上设泄水孔，如图 11.5-34c 所示。

（3）对于室外平台和室外走行通道，需考虑减少积灰和集水的影响，通常采用蓖条式板（由圆钢或钢板条焊成）、钢网格板和压焊钢格栅板，如图 11.5-34d、e、f 所示。

2. 平台铺板的设计要点

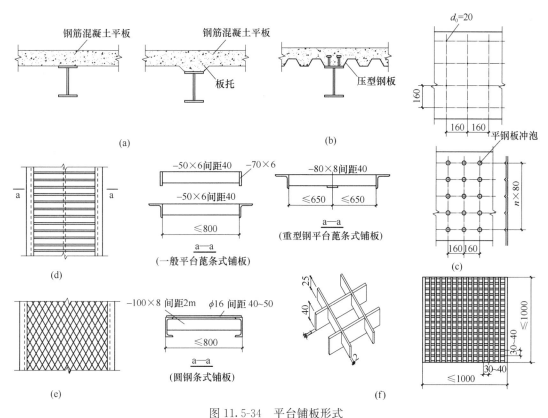

图 11.5-34 平台铺板形式

(a) 钢筋混凝土平板；(b) 压型钢板混凝土组合楼板；(c) 平钢板加焊防滑点铺板；
(d) 蓖条式板；(e) 钢网格板；(f) 压焊钢格栅板

（1）平台板与梁的连接

钢平台板与梁（或板的加劲肋）的连接一般均采用焊接，焊接连接根据具体情况可采用连续焊缝或间断焊缝连接。

混凝土铺板与钢梁形成组合梁时，板与梁间应用可靠的抗剪连接。抗剪连接件宜采用栓钉、槽钢及弯筋等类型连接件，抗剪连接件的设置方式和构造应满足本手册第 17 章有关规定的要求。

（2）钢平台板的跨度及容许挠度

平台钢铺板当其不设加劲肋时，其跨度（一般取板的计算跨度）l 不宜大于（120～150）t（t 为板厚）；板的挠度不宜大于 $l/150$。

（3）平台板厚度选用

1）钢铺板的厚度一般不小于 5mm，其可根据平台的操作荷载按表 11.5-4 选用，然后进行计算确定。

钢铺板的厚度（mm） 表 11.5-4

平台操作荷载 q_k（kN/m²）	≤10	11～20	21～30	>30
可选板厚 t（mm）	6～8	8～10	10～12	12～14

2）钢筋混凝土板应根据板的跨度和平台的操作荷载按表 11.5-5 选取，然后按计算

确定。

钢筋混凝土板厚度（cm） 表 11.5-5

板的跨度 （m）	平台操作荷载 q_k（kN/m²）			
	15～20	20～25	25～30	30～35
1.5～2.0	10	12	12	14
2.1～2.5	12	12	14	16
2.6～3.0	14	14	16	18

（4）钢平台板的计算假定

1）板的支座一般按铰支考虑。板的支座反力作用点的位置假定位于距平台梁内侧边 $2.5t$（t 为板厚）处或加劲肋中心线处，板的计算跨度 l 即为支座反力作用点之间的距离。

2）钢平台板通常按单跨受弯简支板计算；对三跨或三跨以上的连续铺板，当按单向板考虑时可按简支的连续板计算。

3）当加劲肋作为板的支座考虑时，应根据板区格长、短边的比例确定板的计算类型。板区格长、短边比 $b/a \leqslant 2$ 时应按四面简支双向板计算，不考虑板中存在的拉力。此时，加劲肋的挠度不应大于 $l/250$（l 为加劲肋的跨长），否则仍应按单向板计算。当加劲肋按构造设置时，平台铺板应按无肋铺板考虑。

4）当钢铺板与平台梁采用连续焊缝连接，且能保证在板中拉力作用下支座不产生侧移时，可按单向拉弯构件计算铺板，但在施工时应设法消除由板产生的初始挠度，或在计算中加以考虑。

（5）钢平台板不需计算其抗剪承载力和加劲肋上边缘的抗压承载力。

（6）混凝土组合楼板分为组合板和非组合板。组合板是指压型钢板除用作浇筑混凝土的永久模板外，还充当板底受拉钢筋的现浇混凝土板，其压型钢板宜选用带有镀锌涂层的特殊波槽、压痕的开口板、缩口板及闭口板；非组合板是指压型钢板仅作为永久模板，不参与结构受力的现浇混凝土板，其对压型钢板不要求采用特殊波槽、压痕或其他构造措施。

组合楼板应对施工阶段和使用阶段分别进行设计，具体设计可参见第 17 章第 17.4 节相关内容。

二、钢平台板的计算

1. 受弯计算

最大弯矩
$$M_{max} = \alpha q l^2 \tag{11.5-5}$$

强度
$$\sigma = \frac{M_{max}}{W} = \frac{6M_{max}}{t^2} \leqslant f \tag{11.5-6}$$

挠度
$$v = \beta \frac{q_K l^4}{E t^3} \leqslant [v] \tag{11.5-7}$$

单向板的挠度 $v \leqslant l/150$ 时，其板厚 $t \geqslant \dfrac{l_0 \sqrt[3]{q_K}}{462}$。

式中 q——板单位宽度上均布荷载的设计值；

q_K——板单位宽度上均布荷载的标准值；

l——板的计算跨度；

l_0——板的净跨；

t——钢板厚度；

α、β——系数，根据板区格长边 b 与短边 a 的比值按表 11.5-6 选用，当按三跨及三跨以上连续板计算时，取 $\alpha=0.1$，$\beta=0.11$。

系数 α、β 值　　　　　　　　　　　　　表 11.5-6

$\dfrac{b}{a}$	1.0	1.1	1.2	1.3	1.4	1.5	1.6	1.7	1.8	1.9	2.0	>2.0
α	0.065	0.070	0.074	0.079	0.083	0.085	0.0862	0.0908	0.0948	0.0985	0.1017	0.125
β	0.0443	0.053	0.0616	0.0697	0.077	0.0843	0.0906	0.0964	0.1017	0.1064	0.1106	0.1422

2. 拉弯板计算

单向拉弯板计算

跨中弯矩 $$M = M_0 \frac{1}{1+k} \tag{11.5-8}$$

板中拉力 $$H = k \frac{\pi^2 E_1 I}{l^2} \tag{11.5-9}$$

强度 $$\sigma = \frac{H}{A} + \frac{M}{W} \leqslant f \tag{11.5-10}$$

挠度 $$v = v_0 \frac{1}{1+k} \leqslant [v] \tag{11.5-11}$$

式中 M_0——不考虑板中拉力按简支板计算的跨中最大弯矩；

k——系数，按公式 $k=(1+k^2)=3\left(\dfrac{v_0}{t}\right)^2$ 求得；

v_0——不考虑板中拉力按单跨简支板计算的跨中最大挠度；

E_1——板的折算弹性模量，$E_1=\dfrac{E}{1-\nu^2}$，（ν 为泊松比，可取为 0.3）；

A、W——分别为单位宽度铺板的截面积和截面模量。

3. 加劲肋计算

（1）有肋钢铺板的加劲肋应按单跨简支的 T 形截面（用扁钢作加劲肋）或 T 字形截面（用角钢作为加劲肋）来计算其强度和挠度，其计算截面应包括加劲肋两侧各 $15t$（t 为铺板的厚度，对花纹钢板不计入网纹高度）范围内的铺板。

（2）支承加劲肋的计算跨度可近似取铺板的净跨加 5 倍铺板厚度，即 $l=l_0+5t$。

（3）作用于加劲肋上的荷载应取相邻加劲肋范围内的荷载。

强度 $$\frac{M}{\gamma_x W_{nx}} \leqslant f \tag{11.5-12}$$

挠度 $$v = \frac{5}{385} \frac{q_k l^4}{E I_x} \leqslant [v] \tag{11.5-13}$$

式中 I_x，W_{nx}——计算截面的惯性矩和净截面模量；

γ_x——塑性发展系数，对 T 形截面，上边缘为 1.05，下边缘为 1.2；对于丁字形截面，上、下边缘均为 1.05。

三、平台板的构造要求

1. 铺板间的连接

相邻钢铺板之间应采用连续焊缝或间断焊缝予以焊牢，以形成平板（而不是梁）的受力状况，并符合上述计算公式的要求。

2. 铺板与梁或加劲肋的连接

（1）板在梁上的支承搭接长度不应小于 5 倍板厚，对于重型平台，板与梁的连接宜采用连续焊缝；对于板与一般平台梁或板的加劲肋连接，以及板连续铺设时的支座连接可采用间断焊缝，焊缝间的净距应满足构造要求，当铺板计入梁或加劲肋的计算截面时其不应大于 $15t$，其他情况不应大于 $30t$（t 为较薄焊件的厚度）。当铺板连续跨越搭置于梁上时，可采用仰焊或现场塞焊连接，塞焊孔径的构造规定要求见本手册第 7 章 7.1.3 节第五款的规定。铺板与梁的连接见图 11.5-35。

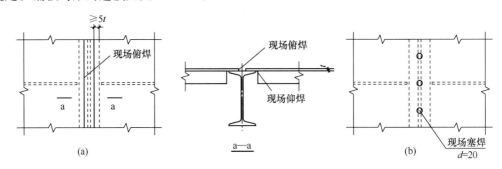

图 11.5-35 铺板与梁的连接

(a) 分块搭接；(b) 跨越搭接

（2）有条件时，铺板尽可能在工厂与梁焊成整体后运输安装；需现场安装的平台板应预先裁切拼焊为符合梁格的若干分块部件后再进行安装。

3. 加劲肋的设置

平台铺板下一般需按一定间距设置加劲肋，为保证铺板有一定的刚度，加劲肋的间距一般为板厚的 $100\sim150$ 倍。在有较小集中荷载的作用处应设置加劲肋对板予以加强，必要时，加劲肋可以作为铺板的边界支承小梁，起承载的作用。

4. 加劲肋的截面选用

加劲肋的常用截面为扁钢或角钢，用间断焊缝与铺板连接。当为扁钢加劲肋时，其截面高度一般为跨度的 $1/12\sim1/15$，且不小于 60mm，厚度不小于 5mm。当为角钢加劲肋时，宜采用不等边角钢，并将长肢与钢板相焊，角钢截面一般不小于 L50mm×4mm 或 L56mm×36mm×4mm。

5. 平台板开孔

平台板板面开孔时应在孔洞的周边设置加劲肋加强并作为镶边板件，其设置见图 11.5-36。

6. 活动平台板

活动平台板应按人工装卸或机械装卸等条件合理分块，并沿周边设置镶边加劲肋及提环，由人工卸装时，板自重产生的每个提环的提取力不宜大于 0.25kN。其构造如图 11.5-37。

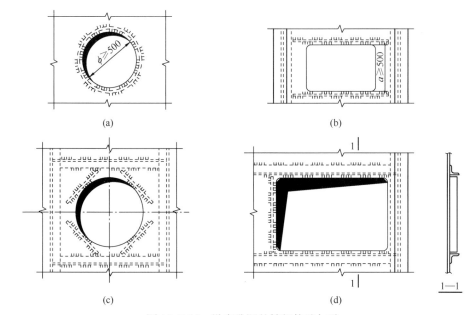

图 11.5-36 设有孔洞的铺板构造加劲

（a）圆孔的一般构造加劲；（b）方孔的一般构造加劲；（c）圆孔采用梁的加劲；（d）方孔采用梁的加劲

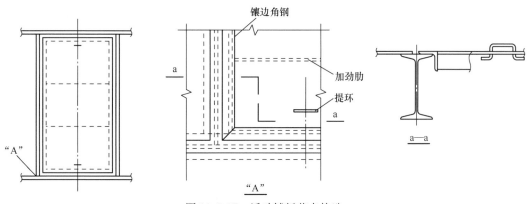

图 11.5-37 活动铺板节点构造

11.5.6 钢梯与栏杆

一、钢梯

建构筑物中使用的钢梯通常分为直梯、斜梯、螺旋梯等几种，钢梯采用的钢材性能不应低于 Q235B，并具有碳含量合格保证。钢梯应采用焊接连接，当采用其他方式连接时，连接强度不低于焊接。钢梯应根据使用场合及环境条件进行合适的防锈及防腐涂装。安装后的梯子不应有歪斜、扭曲、变形及其他缺陷。满足条件时，钢梯可按国家标准图集《钢梯 02J401》选用。

1. 钢斜梯

（1）斜梯用于经常通行、操作的平台，其与水平面的倾角应在 30°～75° 范围内，优选倾角为 30°～35°。梯高宜不大于 5m，大于 5m 时宜设梯间休息平台，并分段设梯，其构造形式见图 11.5-38，图 11.5-39。单段梯的高度应不大于 6m，梯级数宜不大于 16，常用斜梯的高跨比见表 11.5-7。单向通行的梯净宽不宜小于 600mm，经常性双向通行的梯子净宽宜为 1000mm。

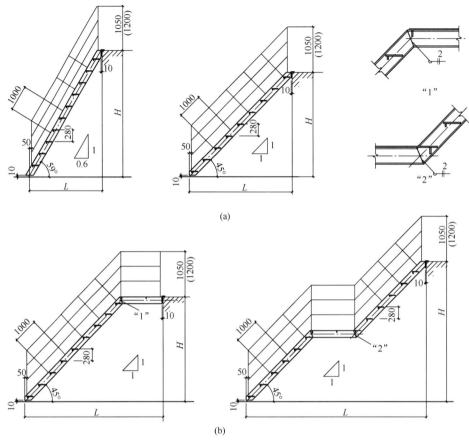

(a)

(b)

图 11.5-38   钢斜梯的构造
（a）一般钢斜梯构造；（b）带平台的钢斜梯构造

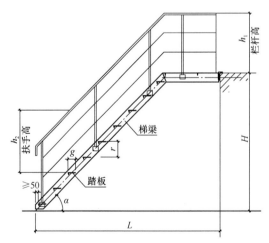

图 11.5-39   钢斜梯的踏步细部尺寸要求

常用钢斜梯倾角和高跨比 H/L   表 11.5-7

倾角 $\alpha/$（°）	45	51	55	59	73
H/L	1：1	1：0.8	1：0.7	1：0.6	1：0.3

（2）在同一梯段内踏步高与踏步宽的组合应保持一致，常用的钢斜梯倾角与对应的踏步高 r、踏步宽 g 组合（$g+2r=600$）示例见表 11.5-8，其倾角可按线性插值法确定。

（3）在斜梯使用者上方，由踏板突缘前端到上方障碍物沿梯中心线垂直方向测量的水平距离应不小于 1200mm，由踏板突缘前端到上方障碍物的垂直距离应不小于 2000mm。

（4）斜梯的设计荷载应按实际使用要求确定，固定式钢斜梯应能承受 5 倍预定活荷载标准值，并不应小于施加在任何点的 4.4kN 集中荷载。踏板中点集中活荷载不应小于 1.5kN，在梯子内侧宽度上均布荷载不小于 2.2kN/m。梯梁的挠度不大于其跨度的 1/250。

（5）梯梁可采用厚度不小于 8mm 的钢板或不小于 [16a 的槽钢制作，其应有足够的刚度以使结构不产生过大的横向挠曲变形，且底部踏板的外边缘距梯梁最下端的距离应不小于 50mm，见图 11.5-39 所示。

踏步高 r、踏步宽 g 尺寸常用组合   表 11.5-8

倾角 $\alpha/$ (°)	30	35	40	45	50	55	60	65	70	75
r (mm)	160	175	185	200	210	225	235	245	255	265
g (mm)	280	250	230	200	180	150	130	110	90	70

（6）踏板应采用厚度不小于 4mm 的花纹钢板或经防滑处理的普通钢板制作，或由 25mm×4mm 扁钢和小角钢焊组成的隔板或其他等效的结构。同一梯段所有踏板间距应相同，踏板间距宜为 225～255mm。踏板的前后深度应不小于 80mm，相邻两踏板的前后方向重叠应不小于 10mm，不大于 35mm。踏步板的形式见图 11.5-40。

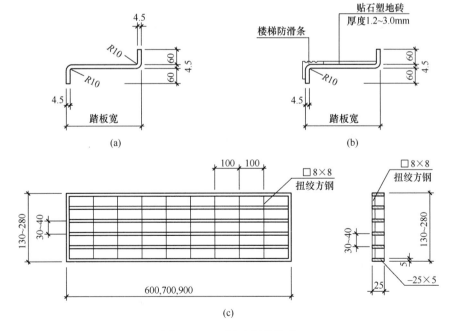

图 11.5-40 踏步板的构造

（a）型踏步板；（b）型踏步板；（c）型踏步板

（7）梯子的扶手、中间栏杆、立柱及梯子栏杆的高度等详见本节栏杆的相关内容。

（8）钢斜梯与附在设备上的平台梁相连接时，连接处宜采用开长圆孔的螺栓连接。斜梯与平台、基础的连接构造见图11.5-41。

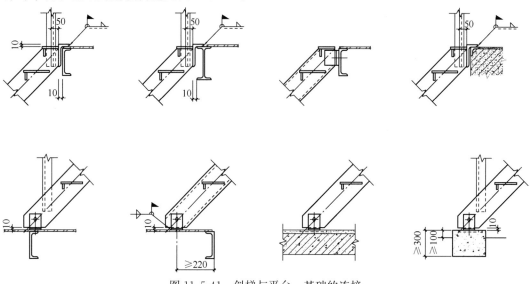

图 11.5-41　斜梯与平台、基础的连接

2. 钢直梯

（1）直梯一般用于不经常上下的平台或屋面，应与其固定的结构表面平行并尽可能垂直水平面设置。直梯一般由梯梁、踏棍、安全护笼、支撑及直梯扶手组成。单段梯高不宜大于10m，高度大于10m时应采用多梯段且梯段应水平交错布置。此时应设梯间平台，平台的垂直间距不宜大于6m。

（2）梯段高度大于3m时宜设置安全护笼，单梯段高度大于7m时应设置安全护笼。无安全护笼的示意图见图11.5-42，设置安全护笼的直梯示意图见图11.5-43。

（3）直梯梯梁的设计荷载按组装固定后其上端承受2.0kN垂直集中或荷载计算（高度按支撑间距选取，无中间支撑时安两端固定点距离确定）；踏棍设计荷载安在其中点承受1.0kN垂直集中活荷载计算；每对梯子支撑及其连接件应能承受3.0kN的垂直荷载及0.5kN的拉出荷载。梯梁在任何方向上的挠曲变形不应大于2mm；踏棍的允许挠度应不大于踏棍长度的1/250。

（4）直梯支撑的竖向间距应根据梯梁截面、梯子内宽及其抗拔性能确定。对于无基础的钢直梯，至少设置两对支撑，将其固定在结构、建筑物或设备上；当梯梁采用60mm×10mm的扁钢，梯子内侧净宽为400mm时，相邻两对支撑的竖向间距应不大于3000mm。

（5）由踏棍中心线到梯子后侧建筑物、结构或设备的连续表面垂直距离应不小于180mm，对非连续性障碍物，垂直距离应不小于150mm。直梯内侧净宽度应为400～600mm，在同一攀登高度上该宽度应相同。由于工作面所限，攀登高度在5m以下时，梯内净宽可小于400mm，但应不小于300mm。

（6）踏棍宜采用圆钢，直径不应小于20mm，通常情况采用直径不小于25mm的圆钢。踏棍应沿梯高均等布置，相邻踏棍置间距应为225～300mm，梯子下端的第一级踏棍距基准面的距离应不大于450mm。

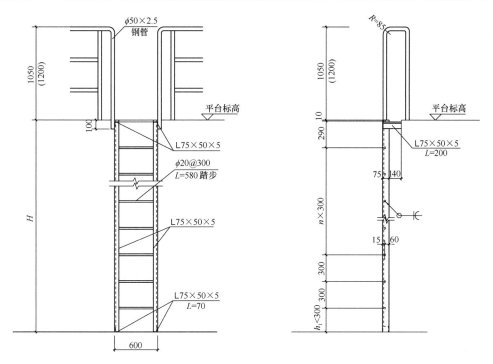

图 11.5-42　无安全护笼的示意图

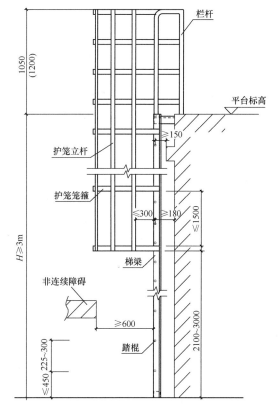

图 11.5-43　设置安全护笼的直梯示意图

（7）支撑宜采用角钢、钢板或钢板焊接成 T 型钢制作，埋设或焊接时必需牢固可靠。

（8）梯梁可采用角钢或扁钢制作，宜采用 L70×50×5 的角钢或不小于 60mm×12mm 的扁钢。在梯子的同一攀登长度上梯梁截面尺寸应保持一致，其容许长细比不宜大于 200。

（9）护笼宜采用圆形结构，应包括一组水平笼箍和至少 5 根立杆，见图 11.5-44 所示。水平笼箍采用不小于 50mm×6mm 的扁钢，立杆采用不小于 40mm×5mm 扁钢，且应能支撑梯子预定的活荷载和恒荷载。护笼内侧深度由踏棍中心线起应不小于 650mm，不大于 800mm。护笼直径应为 650～800mm。水平笼箍垂直间距不大于 1500mm，立杆间距不大于 300mm 且均匀分布。护笼底部距梯段下端基准面应不小于 2100mm，不大于 3000mm。

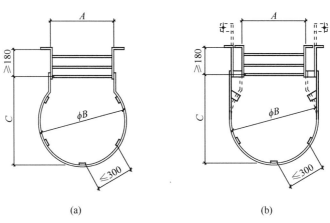

A—400～600mm；B—650～800mm；C—650～800mm
图 11.5-44   护笼结构示意
（a）圆形护笼中间笼箍；（b）圆形护笼顶部笼箍

3. 钢螺旋梯

建构筑物的钢螺旋梯分为中柱式和板式，中柱式螺旋梯可用于室内或室外，板式螺旋梯一般用于室内。

（1）中柱式螺旋梯

1）中柱式螺旋梯层高宜在 2.7～6m，由钢管立柱、预制扇形踏步板、钢平台板及栏杆等焊接组成，如见图 11.5-45 所示。钢立柱连接长度依材料长度而定，但每梯段内不应超过一个接头。

2）中柱式螺旋梯梯宽应不小于 750mm，踏步宜按每周 16 级踏板布置。踏步高度对于室内梯不宜大于 195mm，对于室外梯不宜大于 220mm。

（2）板式螺旋梯

1）板式螺旋梯的层高一般为 4～7m，其由内、外焊接空腹环梁、底部封板、踏步板、加劲和栏杆组成，见图 11.5-46、图 11.5-47 所示。

2）板式钢螺旋梯的梯宽一般取 1000mm 和 1500mm，其踏步分级及踏步角应按不同层高确定，踏步高度不宜大于 150mm。

3）空腹环梁的钢板组装前应按螺旋梯的内、外半径冷弯或热弯成形，然后进行组装，组装合格后采用坡口焊接连接。底部封板需要拼接时采用对接焊接。

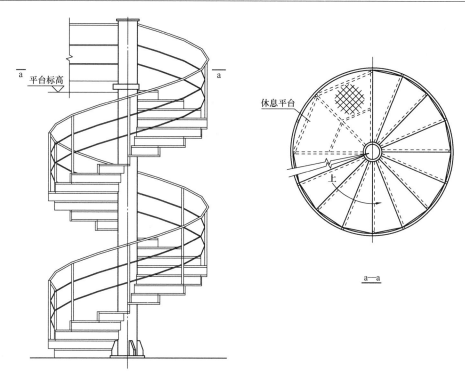

图 11.5-45 中柱式螺旋梯

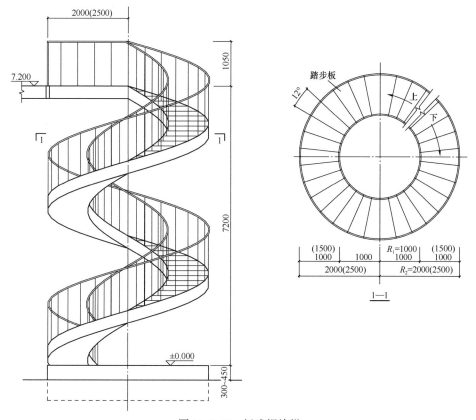

图 11.5-46 板式螺旋梯

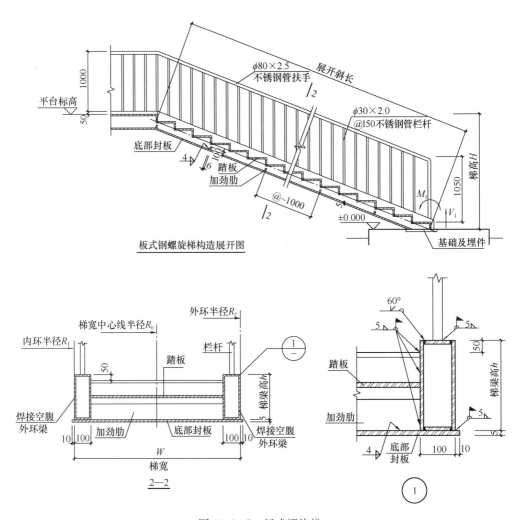

图 11.5-47   板式螺旋梯

4. 设备上的盘旋梯

对于大型储罐、储柜及筒体设备等无法采用斜梯时，可借助设备本体设计盘旋梯，其分为踏步式盘旋梯和板式盘旋梯。但在盘旋梯设置时应特别注意避开设备壁上的接口等附件。

（1）踏步式盘旋梯

1）踏步式盘旋梯由踏步和外侧栏杆组成，直径焊接在设备外壁上。踏步跨度宜取750mm，踏板采用不小于 4.5mm 厚花纹钢板，加劲板采用 8～10mm 厚的钢板，见图 11.5-48所示。

2）踏步式盘旋梯的盘旋角可按下式确定：

$$\theta = 99.6 \frac{H}{D}(度) \qquad (11.5\text{-}14)$$

（2）板式盘旋梯

1）板式盘旋梯由内、外侧板式梯梁、踏步、栏杆和支撑组成，梯内侧宽度宜不小于

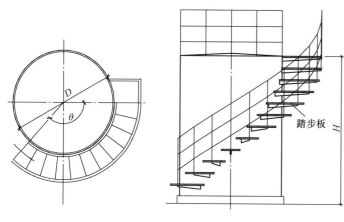

图 11.5-48　踏步式盘旋梯

700mm，踏板采用不小于 4.5mm 厚花纹钢板，见图 11.5-49 所示。板式盘旋梯的盘旋角按下式计算：

$$\phi^0 = 57.32 \frac{l_1}{r_1} \qquad (11.5\text{-}15)$$

板式盘旋梯的倾角按下式计算：

$$\text{tg}\alpha = \frac{H}{l_1} \qquad (11.5\text{-}16)$$

2）梯两侧梯梁的实际长度按下式计算：

内侧梯梁实际长度，

$$L_1 = \sqrt{(0.017 r_1 \phi^0)^2 + H^2} \qquad (11.5\text{-}17)$$

外侧梯实际梁长度，

$$L_2 = \sqrt{(0.017 r_2 \phi^0)^2 + H^2} \qquad (11.5\text{-}18)$$

3）盘旋梯的梯段高度 H 不宜大于 6m，当旋梯长度较长时，为保证侧向刚度，可在梯段的中部设置中间支撑架。

二、栏杆

1. 栏杆的设置

在距下方相邻地板或地面 1.2m 及以上平台、架空走道、人行通道、梯子、坑池边、升降口及安装孔的敞开边缘应设置防护栏杆。在平台、通道或工作面上可能使用工具、机器部件或物品的场合，应在所有敞开边缘设置带踢脚板的防护栏杆。栏杆一般应设计为固定栏杆，在有通行和操作等特殊要求时，也可以设计成活动栏杆或在固定栏杆上设活动门。

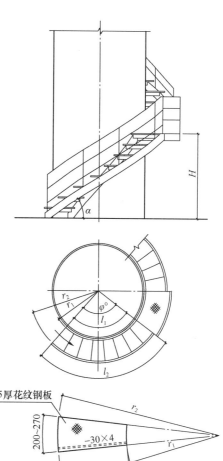

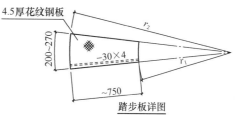

踏步板详图

图 11.5-49　板式盘旋梯

2. 栏杆的组成和高度

（1）栏杆通常由扶手、中间栏杆（横杆）及立柱组成，当需要防止物体坠落或人员滑出时，还应在栏杆底部设置踢脚板（挡板）。设计栏杆时，应确保中间栏杆（横杆）与上下构件间形成的孔隙间距不大于 500mm。

（2）当平台、通道和作业场所离地面（或其他基准面）的高度小于 20m 时，防护栏杆的高度应不低于 1050mm。

（3）当平台、通道和作业场所离地面（或其他基准面）的高度不小于 20m 时，防护栏杆的高度应不低于 1200mm。

3 栏杆的计算荷载

防护栏杆应能承受 1.0kN/m 的顶部水平荷载，在相邻两立柱间的最大挠曲变形应不大于 1/250；中间栏杆应能在中点圆周上施加的不小于 700N 水平集中荷载，最大挠曲变形应不大于 75mm。

4. 栏杆的构造

（1）防护栏杆采用的钢材性能应不低于 Q235B，并具有碳含量合格保证。栏杆的固定一般采用焊接，特殊情况也可采用螺栓连接。

（2）栏杆的扶手一般采用钢管，其外径一般不小于 50mm，通常采用 60×3 钢管。采用非圆形截面的扶手，截面外接圆直径应不大于 57mm，圆角半径不小于 3mm。扶手的设计应满足手握连续滑动的要求，末端应以曲折端结束，避免扶手末端突出结构。扶手后应有不小于 75mm 的净空间，以便于手握。

（3）在扶手和踢脚板之间应至少设置一道中间栏杆。中间栏杆可采用外径不小于 30mm 的钢管、不小于 25mm×4mm 的扁钢或直径 16mm 的圆钢。中间栏杆与上、下方构件的空隙间距应不大于 500mm。

（4）防护栏杆的端部应设置立柱或确保与建筑物或其他固定结构的牢固连接，立柱间距不应大于 1000mm。立柱宜采用直径不小于 50mm 的钢管，通常采用 60×3 钢管。

（5）踢脚板顶部在平台地面之上的高度不小于 100mm，其底部距地面的距离应不大于 10mm。踢脚板宜采用不小于 100mm×2mm 的钢板制作。在室内的平台、通道和地面，如果没有排水或有害液体的要求，踢脚板下端与平台或地面间可不留空隙。

一般工业平台栏杆的构造见图 11.5-50～图 11.5-52。

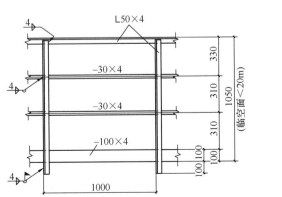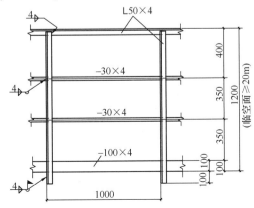

图 11.5-50　角钢栏杆

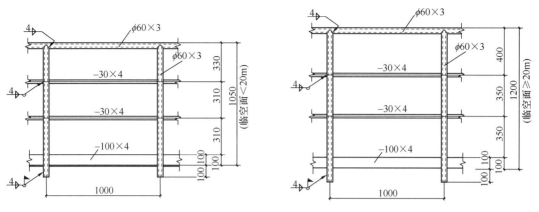

图 11.5-51　钢管栏杆

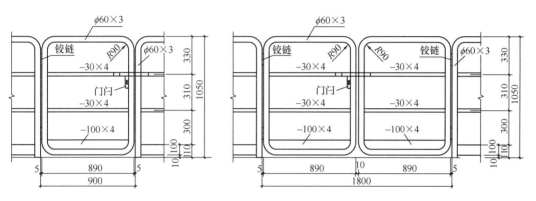

图 11.5-52　活动栏杆

5. 栏杆的连接和制作

（1）栏杆立柱与平台的连接可采用工地焊接或螺栓连接见图 11.5-53。

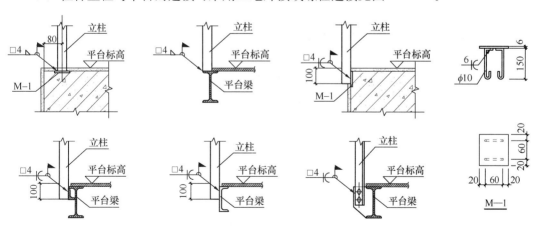

图 11.5-53　栏杆立柱与平台的连接

（2）栏杆可分段或整体制作，其所有构件及其连接的表面应光滑，无锐边、尖角、毛刺或其他可能对人员造成伤害或妨碍其通过的外部缺陷。

（3）栏杆应根据使用场合以及环境条件，对其进行合适的防锈及防腐涂装。

11.6 单层厂房结构抗震设计

11.6.1 概述

1. 单层厂房结构抗震设计应依据现行国家标准《建筑结构荷载规范》GB 50009、《建筑抗震设计规范》GB 50011、《构筑物抗震设计规范》GB 50191、《钢结构设计标准》GB 50017 开展抗震设计。

2. 按《钢结构设计标准》GB 50017—2017 抗震性能化设计的规定，单层钢结构厂房的抗震设防，可采用"高延性，低承载力"或"低延性，高承载力"的抗震设计思路来确定板件宽厚比。对于采用压型钢板轻型屋盖的单层钢结构厂房，设防烈度为 8 度（0.20g）及以下时，地震组合一般不起控制作用，可采用"低延性，高承载力"思路进行简化性能化抗震设计。

抗侧力体系塑性铰区域或相邻区域，板件宽厚比应满足《建筑抗震设计规范》GB 50011—2010（2016 年修订版）相关规定，其他不可能出现塑性铰区域的构件宽厚比，可按《钢结构设计标准》GB 50017—2017 非抗震要求开展设计。

3. 单层厂房地震作用有以下特点：

（1）受生产工艺布置的影响，厂房平面布置和竖向布置不规则，易引起扭转效应，地震作用空间效应明显。因此，远离扭转中心的角区，应适当加强屋面支撑系统的整体性。因周期不同，辅助用房和操作平台应脱开厂房主体结构。抽柱处、伸缩缝处、高低跨低跨屋面，均应设置屋面水平封闭支撑，提高厂房的空间整体性。

（2）压型钢板取代预制混凝土墙板和屋面板后，进一步降低厂房的结构自重，并延长了结构自振周期。因此，在软弱地基修建厂房时，应加强基础的整体性，如采用桩基础、设置基础圈梁、设置刚性地坪等。

（3）地震作用小，位移大。钢材强度高、韧性好，结构自重轻，周期长，因此地震作用较小。厂房修建于坚硬地基或软弱地基上，后者震害较前者重。因周期长，结构体系位移较大，易引起支撑系统损坏和连接节点破坏。

（4）构件损坏少，节点损坏多。钢构件具有强度高和良好的塑性及韧性，主体框架构件损坏较少。柱间交叉支撑、屋面交叉支撑系统细长构件受压时，一根构件屈曲后退出工作，在地震的往复作用下另一根随之失效，结构体系刚度降低，地震作用进一步减小，而结构体系的位移增加。震害表明，焊接连接节点、高强度螺栓连接节点和栓焊混用连接节点，未能满足"强节点、弱构件"的设计原则，容易引起节点损坏。

（5）纵向体系较横向框排架体系震害严重。纵向体系由柱列、柱间支撑、吊车梁系统构件及系杆等组成，刚度大，重力荷载代表值大，引起柱间支撑及连接破坏。因此，增加柱间支撑数量比单一提高柱间支撑的强度储备更优。横向框排架体系由钢柱、屋面梁或屋面桁架等组成，柱距一般为 6～15m，重力荷载代表值较分散，震害表现为柱脚锚栓受剪破坏或地基失效。

轻型门式刚架柱脚常采用铰接连接，柱间支撑采用角钢或圆钢，地震反复作用下支撑失效后，可能引起倒塌事故。强震区应适当增加柱间支撑的数量，设置柱脚抗剪键、增加地脚锚栓的数量或采用插入式柱脚等。

4. 单层厂房结构抗震设计主要包括确定材质、结构体系的布置、横向框排架体系和纵向体系验算、大跨度屋架或托架验算、节点构造及验算等。

（1）抗侧力体系中梁柱、柱间支撑材质的屈强比、伸长率、焊接性、冲击韧性应满足本手册第 3.4.2 条要求。檩条、墙架柱、抗风桁架等附属构件和次要构件不需满足此项要求。

（2）结构体系的布置主要包括基础、横向结构、纵向结构（柱间支撑、吊车梁系统构件及系杆）、屋面水平及垂直支撑。柱间支撑处的基础，一般应设置基础梁。增加柱间支撑的数量和完善封闭的屋面水平支撑可提高结构体系的整体性。

（3）横向框排架体系和纵向体系验算均可采用电算程序完成构件的设计。验算纵向抗侧力体系时，一般假设柱脚铰接，水平地震力、风荷载、吊车制动力，按其组合系数参与组合，由柱间支撑承担，并根据支撑形式计算不平衡力的影响。构件的验算包括强度、整体稳定、局部稳定、长细比、轴压比等。格构柱尚需验算分肢、缀条等的强度和稳定性。

（4）8 度时跨度大于 24m 的屋架和托架、9 度及以上时跨度大于 18m 的屋架和托架，均应计算竖向地震作用，并加强连接节点和设置可靠的支撑系统。

（5）节点验算主要包括：屋架或屋面梁与上柱的连接、高低跨屋架或屋面梁与柱的连接、柱间支撑与柱的连接、柱顶系杆与柱的连接、柱与基础的连接以及上柱与屋面梁的节点域受剪正则化宽厚比等。

节点的连接验算，除按地震组合内力进行弹性设计验算外，宜根据本手册相关规定进行"强节点弱构件"原则下的极限承载力验算。上柱与屋面梁的节点域受剪正则化宽厚比应满足要求。

（6）节点的构造原则是：传力简捷明确、构造措施应与计算简图相符合并有足够的强度和刚度以及良好的延性。

5. 单层普通钢结构厂房震害总体上比较轻微，除柱间支撑及连接节点损坏较为常见外，偶见地基失效、轻钢厂房柱脚、屋面支撑损坏。个别轻钢结构因柱间支撑和柱脚锚栓失效，进而引起房屋连续倒塌。单层钢结构厂房震害及对策见表 11.6-1。

单层钢结构厂房震害及对策　　　　　　　　　　　表 11.6-1

分　类	震害描述及原因	对　策
地基	砂土液化、地面沉降开裂引起基础沉降或水平位移	加强基础的整体性，如采用桩基础、设置基础圈梁、设置刚性地坪等
轻钢厂房柱脚	未设置柱底抗剪键，地脚螺栓受剪损坏	设置抗剪键，特别是设有柱间支撑处应设抗剪键或采用插入式柱脚
轻钢厂房柱脚	柱脚底板变形	增加柱脚底板厚度、设置底板加劲肋、增加螺栓数量等
柱间支撑	往复地震作用下，支撑构件整体屈曲失效	增加支撑构件数量，减少每道支撑承担的地震作用
柱间支撑	支撑节点板或焊缝破坏、局部屈曲。节点构造与理想铰接有差距	柱间支撑与构件的连接，不应小于支撑杆件塑性承载力的 1.2 倍。常采用扩大连接端部尺寸，增加加劲板、优化的焊缝布置等

续表

分　类	震害描述及原因	对　　策
屋面支撑	厂房平面尺寸大且不规则，地震作用多点输入，易引起空间扭转效应，屋面角区水平支撑容易失效	抽柱处、伸缩缝处、高低跨低跨屋面，均应设置屋面水平支撑，并形成封闭的单元，提高厂房的空间整体性
梁柱节点	梁柱连接塑性铰区域焊缝或螺栓失效，节点构造与理想铰接有差距	扩大连接钢梁端部尺寸、设置"狗骨型"构造、加腋等
	节点域屈曲	设置加劲肋或增厚节点域钢板
	屋架与柱顶连接失效。早期预制混凝土屋面常发生此种损坏，现采用压型钢板，实例较少	加强屋架或屋面梁与柱顶连接

6. 单层钢结构厂房一般不设防震缝，应加强结构体系的整体性，避免地震作用下发生碰撞。若需设置，则与温度伸缩缝共同考虑，并适当加大伸缩缝的宽度。除沉降缝外，在基础中不设缝。

11.6.2　地震作用组合的计算

一、计算的基本要求

厂房的抗震计算包括厂房水平地震作用和竖向地震作用计算，分别按横向（框排架方向）与纵向（柱列方向）两个主轴方向计算横向与纵向厂房所受的地震作用和产生的地震作用效应，并在此基础上对结构进行抗震验算。

为使结果较好反应厂房在地震作用下的实际受力情况，厂房的地震作用计算宜采用空间整体结构模型。厂房纵向水平地震作用计算采用空间模型计算时，柱列纵向刚度不仅应考虑柱和柱间支撑的刚度，而且还应考虑厂房围护纵墙的有效刚度。对质量和刚度明显不均匀、不对称的厂房，例如仅一端有山墙，另一端为开口的厂房（包括中间设有变形缝分成两段的厂房），其横向水平地震作用尚应考虑扭转的影响。为了简化计算，厂房可按平面框排架进行地震作用计算。

厂房按平面或空间体系进行抗震计算时，横方向其动力分析简图可采用质量集中在柱顶或不同标高处的单质点或多质点的平面或空间的杆件分析，纵向方向其动力分析简图采用空间的串并联多质点体系，按结构动力学的基本原理和方法进行结构动力分析，求算厂房结构的动力反应。

不设吊车的单跨或多跨等高框排架结构，一般可以简化为单质点的悬臂柱。厂房设吊车时，吊车梁位置有较大的重力荷载和地震水平作用，一般可简化为双质点模型或多质点模型，高低跨厂房结构也可按照类似原则考虑。

单层厂房按现行国家标准《建筑抗震设计规范》GB 50011 的规定采取抗震构造措施并符合下列条件之一时，可不进行横向和纵向抗震验算：

（1）7 度 I、II 类场地、柱高不超过 10m 且结构单元两端均有山墙的单跨和等高多跨厂房（锯齿形厂房除外）。

（2）7 度时和 8 度（0.20g）I、II 类场地的露天吊车栈桥。

二、地震作用相关参数的取值

1. 重力荷载代表值

单层厂房的横向和纵向水平地震作用计算时，重力荷载代表值可按下列原则考虑：

（1）结构重力荷载：（横向水平地震时，包括屋盖结构、屋面构造材料、柱、吊车梁及墙体自重；纵向水平地震时，包括柱列左右各半跨的屋盖和山墙自重，柱与纵墙、吊车梁等重力荷载）取标准值；

（2）雪荷载：标准值的50%；

（3）积灰荷载：标准值的50%；

（4）屋面活荷载：不考虑；

（5）吊车荷载：横向水平地震作用计算，对单跨厂房，取一台吊车（选吨位最大的），对多跨厂房，取每跨一台吊车（并不超过两台），其重力荷载，对软钩吊车只取桥架（包括小车）自重，不考虑吊重，对硬钩吊车，除桥架自重外，再加30%吊重；纵向水平地震作用计算，计算结构纵向周期时，一般情况（吊车总重量在整个柱列重量中所占比例较小）不考虑吊车重量的影响，计算地震作用时，一般按照集中在吊车梁面标高处的质点进行计算，集中到该质点的吊车重力荷载可取该柱列左右跨吊车桥架自重之和的一半，硬钩吊车考虑吊重的30%。

2. 结构阻尼比

单层厂房的结构阻尼比可根据墙屋面围护的类型取 $0.045 \sim 0.05$，工程中一般取 0.05。据调研，钢结构厂房用脉动法和起重机刹车进行大位移自由衰减阻尼比的结果，小位移阻尼比在 $0.012 \sim 0.029$ 之间，平均阻尼比为 0.018；大位移阻尼比在 $0.0188 \sim 0.0363$ 之间，平均阻尼比为 0.026。然而，线性黏滞阻尼比是计算模型的属性，而非结构实际的属性，因此，阻尼比的增减可按调整设计地震作用大小的方式来考虑。

3. 围护墙的自重和刚度

单层钢结构厂房的围护墙类型较多，抗震计算时，围护墙的自重和刚度取值主要是由围护墙的类型和与厂房柱的连接所决定。

（1）压型钢板等轻质墙板、与厂房柱柔性连接的预制钢筋混凝土墙板，计算时计入全部的自重，但不考虑刚度。

（2）与厂房柱贴砌且与厂房柱有拉结的砌体围护墙，计算时计入全部的自重，在沿墙体纵向进行地震作用计算时，尚应计入砌体墙的折算刚度，折算系数为7度、8度和9度时可分别取 0.6、0.4 和 0.2。

4. 荷载组合

根据《建筑结构荷载设计规范》GB 50009—2012 相关规定，厂房的地震作用效应应与下列荷载效益组合：

（1）结构自重（包括屋盖、吊车梁重等）产生的重力荷载效应；

（2）雪荷载、积灰荷载采用重力荷载效应；

（3）吊车荷载产生的重力荷载效应，包括一台吊车桥架自重对排架柱引起的重力荷载效应，还包括吊重产生的重力荷载效应，组合时每一跨只考虑一台吊车，多跨厂房不超过两台吊车，可以相邻两跨各取一台，也可隔一跨各取一台，按所算排架柱组合效应最不利为准。

5. 空间刚度

采用压型钢板等轻型屋盖的单层钢结构厂房，各横向结构可视为互相独立的结构，按排架或刚架进行分析；当采用钢筋混凝土大型屋面板等刚度较大的屋盖时，宜计入屋盖刚度进行空间分析。

三、结构自振特性的计算

自振周期 T_1 的计算公式为：

$$T_1 = 2\pi\sqrt{m/K} \tag{11.6-1}$$

式中　m——为集中质量；

　　　K——为刚度。

对多自由度体系，可用能量法计算基本自振周期 T_1，公式为：

$$T_1 = 2\psi_{\mathrm{T}}\sqrt{\sum_{i=1}^{n} m_i u_i{}^2 \Big/ \sum_{i=1}^{n} G_i u_i} \tag{11.6-2}$$

式中　m_i、G_i——分别为第 i 质点的质量和重量；

　　　u_i——为在全部 G_i（$i=1，\cdots，n$）沿水平方向的作用下第 i 质点的侧移；

　　　n——为自由度数；

　　　ψ_{T}——周期折减系数。

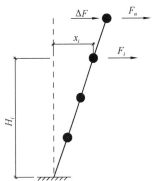

图 11.6-1　简化的第一振型

四、计算方法（基底剪力法、振型分解法）

根据单层工业厂房的特性，其地震作用计算方法包括底部剪力法、振型分解反应谱法、动力时程分析方法和非线性静力分析方法等。本节仅介绍底部剪力法和振型分解反应谱法。

1. 底部剪力法

理论分析研究表明：当建筑物高度不超过 40m、以剪切变形为主且质量和刚度沿高度分布比较均匀、结构振动以第一振型为主且第一振型接近直线，如图 11.6-1 所示，该类结构的地震反应可采用底部剪力法。

（1）底部剪力的计算

由振型分解反应谱法可知，结构 j 振型底部剪力为：

$$V_{j0} = \sum_{i=1}^{n} F_{ji} = \sum_{i=1}^{n} G_i \gamma_j x_{ji} \alpha_j = \sum_{i=1}^{n} \frac{G_i}{G} G \gamma_j x_{ji} \frac{\alpha_j}{\alpha_1} \alpha_1 = \alpha_1 G \sum_{i=1}^{n} \frac{G_i}{G} \gamma_j x_{ji} \frac{\alpha_j}{\alpha_1} \tag{11.6-3}$$

式中　G——结构的总重力总荷载代表值，$G = \sum_{i=1}^{n} G_i$；

　　　α_1——对应于结构基本自振周期的水平地震影响系数。

根据振型分解反应谱法效应组合原则可知，结构总的底部剪力 F_{EK} 可由 n 个振型平方和开方方法得到，即：

$$F_{\mathrm{Ek}} = \sqrt{\sum_{j=1}^{n} V_{j0}^2} = \alpha_1 G \sqrt{\sum_{j=1}^{n} \Big(\sum \frac{\alpha_j}{\alpha_1} \gamma_j x_{ji} \frac{G_i}{G} \Big)^2} = \alpha_1 G q \tag{11.6-4}$$

式中　q——为高振型影响系数。经过大量计算结果统计分析表明，当结构体系各质点重量和层高大致相同时，有：

$$q = \frac{3(n+1)}{2(2n+1)} \tag{11.6-5}$$

对于单自由度弹性体系，$q=1$；对于多自由度弹性体系，$q=0.75 \sim 0.90$，现行国家标准《建筑抗震设计规范》GB 50011 取 0.85。于是现行国家标准《建筑抗震设计规范》GB 50010 计算底部剪力的公式表示为：

$$F_{Ek} = \alpha_1 G_{eq} \tag{11.6-6}$$

式中　G_{eq}——结构等效总重力总荷载代表值，单自由度弹性体系取总重力总荷载代表值，多自由度弹性体系取总重力总荷载代表值的 85%。

（2）水平地震作用分布

结构各质点的水平地震作用：

$$F_i = \frac{G_i H_i}{\sum\limits_{j=1}^{n} G_j H_j} F_{Ek}(1-\delta_n) \tag{11.6-7}$$

$$\Delta F_n = \delta_n F_{EK} \tag{11.6-8}$$

式中　F_{EK}——结构总水平地震作用标准值；

　　F_i——质点 i 的水平地震作用标准值；

G_i、G_j——分别为集中于质点 i、j 的重力荷载代表值，应按现行国家标准《建筑抗震设计规范》GB 50011 确定；

H_i、H_j——分别为质点 i、j 的计算高度；

　　δ_n——顶部附加地震作用系数，应按现行国家标准《建筑抗震设计规范》相关规定确定；

　　ΔF_n——顶部附加水平地震作用。

（3）鞭梢效应

当建筑物有局部突出屋面的小建筑（如屋顶间、女儿墙、烟囱、天窗等）时，由于该部分结构的重量和刚度突然变小，将产生鞭梢效应，即局部突出小建筑的地震反应有加剧的现象。因此，现行国家标准《建筑抗震设计规范》GB 50011 规定：局部突出屋面处的地震作用效应按计算结果放大 3 倍，但增大的 2 倍不往结构下部传递。

另外顶部附加地震作用应置于主体结构的顶部，而不应置于局部突出部分屋面处。

2. 振型分解反应谱法

振型分解反应谱法基本概念是：假定结构为多自由度线弹性体系，利用振型分解和振型的正交性原理，将 n 个自由度弹性体系分解为 n 个等效单自由度弹性体系，利用设计反应谱得到每个振型下等效单自由度弹性体系的效应（弯矩、剪力、轴力和变形等），再按一定的法则将每个振型的作用效应组合成总的地震效应进行截面抗震验算。

多自由度弹性体系在水平地震作用下的变形如图 11.6-2 所示，根据达朗贝尔原理，作用在 i 质点的惯性力、阻尼力和弹性恢复力应保持平衡，于是有：

$$m_i[\ddot{x}_i(t) + \ddot{x}_g(t)] + \sum_{k=1}^{n} C_{ik} \dot{x}_k(t) + \sum_{k=1}^{n} K_{ik} x_k(t) = 0 \tag{11.6-9}$$

式中　　　K_{ik}——质点 k 处产生单位位移，而其他质点保持不变，在质点 i 处产生的弹性恢复力；

　　　　　C_{ik}——质点 k 处产生单位速度，而其他质点保持不变，在质点 i 处产生的

　　　　　　　　阻尼力；

$\ddot{x}_i(t)$、$\dot{x}(t)$、$x(t)$ ——分别为质点 i 在 t 时刻相对于基础的加速度、速度和位移；

　　　　　　　　m_i——集中在质点 i 上的集中质量；

　　　$\ddot{x}_g(t)$ —— t 时刻地面运动加速度值。

　　用振型分解反应谱法计算多自由度弹性体系的水平地震作用时，首先需要知道各个振型及其对应的自振周期，这需求解体系的自由振动方程而得到。多自由度弹性体系作自由振动时，各振型对应的频率各不相同，任意两个不同的振型之间存在正交性。由结构动力学可知：

$$\sum_{j=1}^{n} \gamma_j x_{ji} = 1 \tag{11.6-10}$$

t 时刻 i 质点的水平地震作用为：

$$F_i(t) = m_i \ddot{x}_i(t) + m_i \ddot{x}_g(t) = m_i \sum_{j=1}^{n} \gamma_j \ddot{\Delta}_j(t) x_{ji} + m_i \ddot{x}_g(t) \sum_{j=1}^{n} \gamma_j x_{ji}$$

$$= m_i \sum_{j=1}^{n} \gamma_j x_{ji} [\ddot{\Delta}_j(t) + \ddot{x}_g(t)] \tag{11.6-11}$$

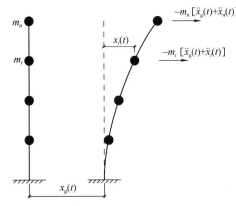

图 11.6-2　多自由度弹性体系变形

对应于 j 振型 t 时刻 i 质点的水平地震作用可以表示为：

$$F_{ji}(t) = m_i \gamma_j x_{ji} [\ddot{\Delta}_j(t) + \ddot{x}_g(t)] \tag{11.6-12}$$

对应于 j 振型 i 质点的水平地震作用 F_{ji} 最大值为：

$$F_{ji} = m_i \gamma_j x_{ji} [\ddot{\Delta}_j(t) + \ddot{x}_g(t)]\max \tag{11.6-13}$$

式中的 $[\ddot{\Delta}_j(t) + \ddot{x}_g(t)]\max$ 为阻尼比、自振频率分别为 ζ_j、ω_j 的单自由度弹性体系的最大绝对加速度，可通过反应谱确定。于是上式可写为：

$$F_{ji} = m_i \gamma_j x_{ji} S_a(\zeta_j, \omega_j) = G_i \gamma_j x_{ji} \alpha_j \tag{11.6-14}$$

式中　G_i——质点 i 的重力荷载代表值；

　　　x_{ji}—— j 振型 i 质点的水平相对位移，即振型位移；

　　　γ_j—— j 振型的振型参与系数；

　　　α_j——对应于第 j 振型自振周期 T_j 的地震影响系数。

　　上式即为现行国家标准《建筑抗震设计规范》GB 50011 中给出的振型分解反应谱法的水平地震作用标准值的计算公式。

　　由振型 j 各质点水平地震作用，按静力分析方法计算，可得体系振型 j 最大地震反应。记体系振型 j 水平地震作用下结构最大地震反应（即振型地震作用效应，如构件内力、楼层位移等）为 S_j，而该体系总的最大地震反应为 S，则可通过各振型反应 S_j 估计 S，此称为振型组合。

由于各振型作用效应的最大值并部出现在同一时刻，因此直接由各振型最大反应叠加估计体系最大反应，结果显然偏大，过于保守。通过随机振动理论分析，得出采用平方和开方的方法（SRSS 法）估计平面结构体系最大反应可获得较好的结果，即

$$S = \sqrt{\sum_{j=1}^{k} S_j^2} \tag{11.6-15}$$

式中 k——振型反应的组合数。一般情况下，可取结构的前 2～3 阶振型（即 $k=2\sim3$），但不多于结构的自由度数（即 $k\leqslant n$）；当结构基本周期大于 1.5s 或建筑高宽比大于 5 时，应适当增加振型的组合数。

五、水平地震作用计算

单层钢结构厂房可按纵、横向两个方向进行抗震计算。

1. 横向地震作用计算

单层钢结构厂房横向结构地震作用计算的单元划分见本章 11.1.3 节。质量集中可参照现行国家标准《建筑抗震设计规范》GB 50011 中的钢筋混凝土柱厂房结构执行。钢筋混凝土柱厂房乘以增大系数以考虑高振型影响的经验简化方法，不适合钢结构厂房，因此钢结构高低跨单层厂房不能采用底部剪力法计算。

厂房横向结构的地震作用既可以采用现行国家标准《建筑抗震设计规范》GB 50011 第五章规定的采用多遇地震作用效应组合的方法，也可采用简化的性能化设计方法。

（1）按多遇地震作用效应组合设计

厂房横向结构可按现行国家标准《建筑抗震设计规范》GB 50011 第五章的规定，采用多遇地震影响系数，在多遇地震作用效应和其他荷载效应的组合下，进行结构地震作用和结构抗震验算。

（2）按简化性能化设计

钢结构单层厂房横向框架的设计地震作用，与采用的构件以及截面的延性紧密相关，通常可按"高延性，低承载力"或"低延性，高承载力"两类抗震设计思路。两种方法相辅相成、互为补充、各有各的适用范围，即钢结构抗震设计可在结构的"延性耗能"和"弹性承载力"之间权衡、选择，既可以采用提高钢结构延性耗能性能而降低承载力的设计方法，也可以采用提高结构弹性承载力而降低延性的设计方法，从而获得较好的经济性和安全性。

一般情况下，单层钢结构厂房的抗震设防，下列范围内，可采用"低延性，高承载力"的思路进行简化性能化抗震设计，结构截面抗震验算，见本章 11.6.3 节，可取得较好的经济效益：

a. 低烈度区的一般厂房；

b. 控制构件的受力是风荷载组合，而不是地震作用效应组合的厂房；

c. 由框架的变形（刚度）控制作用的厂房。

2. 纵向地震作用计算

厂房纵向框架的地震作用采用振型分解法，柱列等高时也可采用底部剪力法计算，并按现行国家标准《建筑抗震设计规范》GB 50011 第五章规定的采用多遇地震作用效应组合的方法进行结构和构件的抗震验算。

（1）计算周期的折减

考虑到围护墙对边列柱的刚度贡献很难准确估计，计算纵向柱列的地震作用时，可能会使纵向中间柱列的基本周期相对偏长，因此计算周期宜采用折减系数予以修正。当采用砌体墙体时，可取 0.8 及以下的系数；当采用轻型围护时，可取 0.85 及以下的系数。

（2）柱列地震作用的分配

采用轻型板材围护墙或与柱柔性连接的大型墙板厂房，各柱列的地震作用可采用如下的原则分配：

a. 轻屋盖可按纵向柱列承受的重力荷载代表值的比例分配；

b. 钢筋混凝土无檩屋盖可按纵向柱列刚度比例分配；

c. 钢筋混凝土有檩屋盖可按上述两种分配方式平均值，即有檩屋盖可按柱列所承受的重力荷载代表值比例分配和按单柱列计算，并取两者之较大值。

厂房纵向框架和横向框架的抗震性能不同，纵向框架不存在横向框架的耗能机构，所以不能采用横向框架的地震作用折减系数。厂房纵向计算都是按柱脚铰接的假定进行计算，这对静力设计是合适的，且偏于安全。当柱脚采用外露式、插入式、埋入式等，且抗震措施符合本手册 13.8 节的规定时，柱脚在平面外接近刚性连接，可承担一定的水平地震作用，加之格构柱单肢强轴受弯，承担的水平地震作用贡献也较大，这些有利于厂房纵向框架抗震的因素相当于预留了抵抗强震作用的富裕度。厂房纵向框架采用多遇地震作用效应组合时，支撑杆件应力比控制在 0.75 及以下，柱脚铰接的纵向框架抗震计算结果，相当于取 1.8 倍的小震作用、支撑杆件屈服、柱脚刚接（考虑柱脚刚接可承担 20% 的水平地震作用）。因此，厂房纵向框架柱的截面板件宽厚比不必限制，但不宜低于 S4 级。纵向构件抗震验算可采用多遇地震组合进行，不必进行抗震性能化设计。

六、竖向地震作用计算

8、9 度时，跨度大于 24m 的屋盖横梁、托架（梁），以及虽然跨度小于 24m 但需支承跨度大于 24m 屋盖横梁的托架（梁），应计算其竖向地震作用。其计算方法按现行国家标准《建筑抗震设计规范》GB 50011 中相关规定，其竖向地震作用标准值宜取其重力荷载代表值和竖向地震作用系数的乘积，其竖向地震作用系数如表 11.6-2。

竖向地震作用系数　　　　　　　　　　　　　　　　　　　　表 11.6-2

结构类型	烈度	场地类别		
		Ⅰ	Ⅱ	Ⅲ、Ⅳ
平板形网架、钢屋架	8	可不计算(0.10)	0.08(0.12)	0.10(0.15)
	9	0.15	0.15	0.20

注：括号中数值用于设计基本地震加速度为 0.30g 的地区。

厂房的竖向地震作用具有局部性，因此，不需从整体结构的角度考虑，而只需考虑构件本身及其支承构件。例如，在某一跨的竖向地震作用，不需要考虑传递到另一跨。一般情况下，厂房屋盖的一些简支构件，竖向地震作用由规定的构件自身及其连接承受，不需要考虑传递给其他构件。然后，对于直接传递竖向地震作用的构件，需计入屋盖横梁传至的竖向地震作用。对于屋盖横梁、支承桁架上设置较重设备的情况，由于厂房的构件往往比较轻柔，特别是轻屋盖时，因此，不论其跨度大小都应计算竖向地震作用。

11.6.3　结构截面抗震验算

结构截面验算主要包括横向框排架、纵向柱间支撑、构件、柱脚节点、节点域及其连接（焊缝、高强度螺栓）等的抗震计算。

1. 横向框排架抗震计算主要步骤包括：确定计算简图、荷载整理、荷载效应及组合、构件抗震验算及宽厚比验算、长细比限值等。

（1）平面横向框排架计算简图

确定计算简图时，应根据柱距的不同，划分若干个计算单元。一般抗震计算单元与非抗震计算单元基本一样，可参见本手册 11.1.3 节。计算简图应根据屋盖高差和吊车设备情况分别按下列情况计算单质点、双质点和多质点模型的地震作用。对于单跨和多跨无吊车等高厂房，将质点重力荷载集中在柱顶，可简化为单质点体系计算；对于单跨和多跨有吊车等高厂房，如图 11.1-1a、图 11.1-2a、b，将质点重力荷载分别集中在柱顶和柱肩梁处，可简化两质点体系计算；对于具有一个高差的不等高有吊车厂房如图 11.1-1b、图 11.1-2c、d，质点重力荷载集中同上，可简化为三质点或四质点体系计算；对于具有两个及以上不等高且有吊车设备的厂房，可采用同样方法简化为 n 个质点体系计算；对于有天窗的厂房则应将天窗的重力荷载集中在天窗架柱端处视为单独质点参与横向框架抗震计算。上述各横向柱列的质量集中可参见文献 [11.7]。

轻型屋盖厂房，当屋面支撑系统完整时，亦可计入屋盖弹性变形进行空间分析。

（2）荷载整理。计算单元中构件如梁柱自重可按程序自动统计，一般应乘以大于 1 的系数，一般取 1.05～1.15，以考虑构件上节点板、加劲板等零件的自重。其他构件传递的自重按恒荷载施加于计算单元上，如天窗架、通风器、屋面板及檩条、墙板及墙檩、吊车梁、钢梯等。

工程设计时，一般抗震计算和非抗震计算是同步开展，荷载整理尚应考虑风荷载、雪荷载、屋面活荷载、检修荷载、吊车荷载等。确定风荷载时，应采取结构整体体型系数，并考虑天窗传递的水平风荷载。多台吊车时，应该现行国家标准《建筑结构荷载规范》GB 50009 组合和折减。

（3）多遇地震作用荷载效应及组合。荷载效应包括四项：重力荷载代表值的效应、水平地震作用标准值的效应、竖向地震作用标准值的效应、风荷载标准值的效应。

重力荷载代表值取结构自重和各可变荷载组合值之和。可变荷载组合值系数见现行国家标准《建筑抗震设计规范》GB 50011，不考虑软钩吊车悬吊物的重力作用，但应考虑吊车桥架自身的自重之半。计算重力荷载代表值的效应时则应考虑吊车悬吊物的标准值效应，也即吊车横向水平力应参与组合。吊车组合台数、荷载折减系数、组合值系数详见现行国家标准《建筑结构荷载规范》GB 50009 相关规定。

风荷载标准值的效应，单层钢结构厂房一般取 0.0，若风荷载起控制作用，则取 0.2。

结构构件的地震作用效应和其他荷载效应的基本组合按现行国家标准《建筑抗震设计规范》GB 50011 式 5.4.1 进行。

荷载效应及组合由计算软件程序根据现行国家标准《建筑结构荷载规范》GB 50009 和《建筑抗震设计规范》GB 50011 相关规定自动完成。

（4）按简化性能化设计，地震作用荷载效应组合。当抗震设防烈度不高于 8（0.20g），轻屋盖单层厂房结构的地震作用效应和其他荷载效应的组合可按下列两式。

$$S = \gamma_G S_{GE} + \gamma_{Eh} 2 S_{EhK} + \gamma_{Ev} 2 S_{EvK} + \psi_w \gamma_w S_{wk} \tag{11.6-16}$$

$$S = \gamma_G S_{GE} + \gamma_{Eh} 1.5 S_{EhK} + \gamma_{Ev} 1.5 S_{EvK} + \psi_w \gamma_w S_{wk} \tag{11.6-17}$$

式中 S——构件内力组合的设计值，包括组合的弯矩、轴力、剪力设计值；其他符号见《建筑抗震设计规范》GB 50011 第 5.1.4 条相关说明，系数 2.0、1.5 为地震效应调整系数，见参考文献[11.33]。

式 11.6-16 和式 11.6-17 性能化设计思路简化表达式，对应了不同的板件宽厚比限值。

（5）构件截面抗震验算。采用下列设计表达式：

$$S \leqslant \frac{R}{\gamma_{RE}} \qquad (11.6\text{-}18)$$

式中 S——构件内力组合的设计值；

R——构件承载力设计值按《钢结构设计标准》GB 50017—2017 确定。

γ_{RE}——承载力抗震调整系数，本系数是根据可靠度指标推算，按表 11.6-3 确定。

承载力抗震调整系数　　　　　　　　　　　　　　表 11.6-3

材料	结构构件	受力状态	γ_{RE}	备　注
钢材	柱、梁、支撑、节点板、螺栓、焊缝	强度	0.75	验算抗震组合时构件拼接用节点板、螺栓、焊缝，γ_{RE} 可取 0.75；
	柱，支撑	稳定	0.80	验算抗震组合时梁的稳定时，γ_{RE} 可取 0.8；
	节点板、螺栓、焊缝	等强连接或按塑性承载力校核	1.0	柱间支撑与柱的连接节点应按塑性承载力校核

（6）构件截面宽厚比

1）重屋盖单层厂房框架构件截面宽厚比限值按《建筑抗震设计规范》GB 50011—2010（2016 年修订版）中表 8.3.2 的规定采用。

2）轻屋盖单层厂房框架塑性耗能区的板件宽厚比限值，可根据承载力的高低按性能目标确定。当构件的强度和稳定性承载力满足式 11.6-16 和式 11.6-17 要求时，可采用《钢结构设计标准》GB 50017—2017 表 3.5.1 中宽厚比等级为 S4 级（弹性截面）和 S3 级（弹塑性截面）的限值。

塑性耗能区外的板件宽厚比限值，可采用 S4 级或 S3 级截面的板件宽厚比，也可采用弹性设计阶段的板件宽厚比。

我国是一个多地震国家，鉴于目前相关设计经验不多，钢结构抗震性能设计的规定尚不完善，8、9 度设防地区轻屋盖厂房，构件的板件宽厚比宜采用 S3 级截面（弹塑性截面）。

总之，轻屋盖单层厂房的抗震性能化设计的目的，是构件塑性耗能区抗震承载性能等级及其在不同地震动水准下的性能目标应符合《钢结构设计标准》GB 500017—2017 表 17.1.3 的要求，即可达到"小震不坏、中震可修、大震不倒"的三水准目标。

（7）抗震设防地区单层厂房构件长细比限值按表 11.6-4 确定：

抗震设防地区单层厂房构件长细比 表 11.6-4

分　类	长　细　比	备　注
屋面交叉支撑	350	一般采用角钢并按受拉设计
柱间支撑	同非抗震要求	一般采用型钢或组合型钢
厂房框架柱	$N/fA < 0.2$ 时，$\lambda \leq 150$	
	$N/fA \geq 0.2$ 时，$\lambda \leq 120\sqrt{235/f_{ay}}$	f_{ay} 为构件实际屈服强度
其他	同非抗震要求	

注：1. N/fA 为钢柱轴压比，指钢柱地震作用组合的轴向压力设计值与钢柱全截面面积和钢材抗压强度设计值乘积之比值；

2. 单层厂房阶形柱计算长度的折减系数见《钢结构设计标准》GB 50017—2017。

2. 纵向柱间支撑抗震计算

（1）单层厂房纵向框架构件由屋盖或屋面梁端部的垂直支撑、柱顶压杆、吊车梁系统构件、柱间支撑和柱组成。厂房纵向水平地震荷载主要由柱间支撑抵御，柱间支撑抗震计算主要内容有：

1）确定计算简图。手工简化计算时一般假定钢柱柱底铰接，并取多遇地震作用下水平地震影响系数最大值。电算计算时，可按实际柱脚构造采取刚接或铰接模型，并根据结构体系的特征周期计算水平地震影响系数。质点重力荷载的集中主要放在纵向构件柱顶与柱顶压杆连接处和柱肩梁与吊车梁连接处。

2）荷载整理。山墙抗风柱采用悬挂与抗风桁架时，计算重力荷载代表值时，应计入柱列承担的山墙建筑墙板、檩条、抗风柱、抗风桁架等的自重。

3）荷载效应及组合。计算软钩吊车的重力荷载代表值不考虑悬吊物的重量，一般应取计算单元柱列上所有的吊车桥架自重之半。纵向刹车力的组合台数，一般参照横向排架结构执行，不超过 4 台。吊车组合台数、荷载折减系数、组合值系数详见《建筑结构荷载规范》GB 50009—2012 相关规定。

4）构件抗震验算及宽厚比验算。一般假定支撑系统与钢柱为铰接，柱间支撑为刚架时，则按其构造特点，按有侧移或无侧移刚架设计。

（2）纵向柱间支撑构件为拉杆或压杆，可采用《建筑抗震设计规范》GB 50011—2010（2016 年修订版）中式 5.4.1 的组合值验算构件承载力，不采用本手册性能化设计式 11.6-16、式 11.6-17 的组合值验算。承载力抗震调整系数按表 11.6-3 选用。根据承载力要求确定构件型号后，因地震的往复作用，应依据支撑构件的受拉承载力而非组合内力值计算支撑与柱、支撑的拼接、重要支撑的交叉点的连接，且满足以下要求：

1）支撑杆件的截面应力比不宜大于 0.75。按多遇地震组合内力进行弹性设计时，支撑杆件的强度计算应力或稳定计算名义应力与钢材的强度设计值之比，对于拉杆 $N_E/A_n \leq 0.75$，对于压杆 $N_E/\varphi A \leq 0.75$。

2）交叉支撑端部的连接，对单角钢支撑应计入强度折减系数，8、9 度时不得采用单面偏心连接；交叉支撑有一杆中断时，交叉节点板应予以加强，节点板及其连接的承载力不小于 1.1 倍杆件受拉承载力。

3）支撑构件的拼接接头，承载力不小于 1.1 倍杆件受拉承载力。柱间支撑与钢柱的连接，不应小于支撑构件受拉塑性承载力的 1.2 倍。

4）长细比限值，按表 11.6-4 确定。支撑构件考虑轴心受压构件作用时，其宽厚比见表 11.6-5。

5）柱间 X 形支撑、V 形或 Λ 形支撑应考虑拉压杆共同作用，采用下式验算支撑压杆屈曲后对拉杆的影响：

$$N_t = \frac{1}{1+0.3\varphi}\frac{V_E}{\cos\theta} \tag{11.6-19}$$

式中　N_t——支撑斜杆抗拉验算时的轴向拉力设计值；

　　　V_E——多遇地震组合内力值；

　　　φ——支撑压杆的轴心受压稳定系数；

　　　θ——支撑斜杆与水平面的夹角。

一般的轻型围护结构的单层钢结构厂房，如纵向支撑采用设防烈度的地震动参数计算，柱间支撑构件不进入屈曲状态，则无需按式 11.6-19 进行支撑斜杆屈曲后的承载力验算。

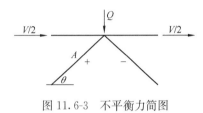

图 11.6-3　不平衡力简图

（3）支撑不平衡力的计算

图 11.6-3 所示支撑系统处于弹性状态时，拉杆与压杆内力相等，其竖向分力相互平衡。当压杆屈服时，拉杆拉力大于压杆压力，产生不平衡力，计算公式见 11.6-20。此不平衡力由支撑系统横杆承担，并不考虑斜杆的支点作用。

$$Q = \sin\theta(1-0.3\varphi)f_yA \tag{11.6-20}$$

式中　A——支撑斜杆截面积；

　　　φ——压杆稳定系数。

当纵向支撑采用设防烈度的计算时，柱间支撑构件不进入屈曲状态，则无需按式 11.6-20 验算支撑横杆不平衡力的影响。

（4）设置柱间支撑的柱列应计入支撑杆件屈曲后的地震作用效应，包括不平衡力的影响、拉压杆的共同作用效应、对厂房钢柱和基础梁的影响以及支撑失效后厂房纵向体系的整体稳定性等。

应防止支撑屈曲失效后，厂房柱失去平面外的支撑而倒塌。单层普通工业厂房交叉支撑常采用组合型钢或钢管，柱脚为刚接构造，支撑失效后不易引起倒塌事故。门式刚架厂房的交叉支撑常交叉圆钢，一般按受拉设计，往复地震作用下，存在支撑有失效之可能，高烈度地区应设置多道柱间支撑，其中一道为型钢柱间支撑。

（5）海外工程一般要求最少设置 2 道的柱间支撑，且仅考虑 1 道柱间支撑承担所有水平荷载，柱间支撑的布置应满足相关国家设计规定。

3. 厂房横向框排架结构构件连接的承载力计算，应符合下列规定：

（1）框架上柱的拼接位置应选择弯矩较小的区域，其承载力不应小于按上柱两端呈全截面塑性屈服状态计算的拼接处的内力，且不得小于柱全截面受拉屈服承载力的 0.5 倍。

（2）刚接框架屋盖横梁的拼接，当位于横梁最大应力区以外时，宜按与拼接截面等强度设计。

（3）实腹屋面梁与柱顶直接刚性连接的极限受弯、受剪承载力应按下式验算：

$$M_u^j \geqslant \eta_j M_p \tag{11.6-21}$$

$$V_u^j \geqslant 1.2(\Sigma M_p/l_n) + V_{Gb} \text{且} V_u^j \geqslant 0.58 h_w t_w f_y \tag{11.6-22}$$

式中　M_u^j、V_u^j——分别为连接的极限受弯受剪承载力；

　　　　M_p——梁的塑性受弯承载力；

　　　　l_n——梁的净跨；

　　　　V_{Gb}——梁在重力荷载代表值作用下，按简支梁分析的梁端截面剪力设计值；

　　　　η_j——连接系数，按表 11.6-5 采用；

　　　　h_w、t_w——梁腹板的高度和厚度；

　　　　f_y——钢材屈服强度。

连 接 系 数 η_j　　　　　　　　　表 11.6-5

项　次	母 材 牌 号	焊 接 连 接	螺 栓 连 接
1	Q235	1.40	1.45
2	Q345	1.30	1.35
3	Q345GJ	1.25	1.30

注：1. 屈服强度高于 Q345 的钢材，按 Q345 的规定采用；

　　2. 屈服强度高于 Q345GJ 的钢材，按 Q345GJ 的规定采用；

　　3. 翼缘焊接腹板栓接时，连接系数分别按表中连接形式采用。

当梁腹板与钢柱有可靠连接时，连接的极限受弯承载力 M_u^j 可考虑翼缘和腹板的共同作用按下式确定：

$$M_u^j \geqslant W_p f_y \tag{11.6-23}$$

式中　W_p——梁塑性截面模量；

　　　　f_y——钢材屈服强度。

（4）柱顶预留短梁，现场梁拼接计算

1）实腹屋面梁、现场梁拼接的抗震承载力计算，与连接位置是否避开厂房框架塑性耗能区（最大应力区）有关。厂房框架实腹屋面梁的塑性耗能区长度 L_{bp} 由下式确定：

$$L_{bp} \geqslant \max\{L_n/10, 1.5h\} \tag{11.6-24}$$

式中　l_n, h——分别为梁的净跨和梁高。

2）实腹屋面梁拼接位置到柱翼缘表面的距离 L_{bc} 小于 L_{bp} 时，拼接连接的极限承载力应按下式验算：

$$M_{ub,sp}^j \geqslant \eta_j M_p \tag{11.6-25}$$

式中　$M_{ub,sp}^j$——梁拼接连接的极限受弯承载力。

3）实腹屋面梁拼接位置到柱翼缘表面的距离 L_{bc} 不小于 L_{bp} 时，框架梁拼接位置避开了潜在塑性耗能区位于弹性工作区范围，此时拼接连接可按与较小被拼接梁截面承载力等强度的原则设计。当施工及运输条件容许时，框架梁拼接位置宜避开厂房框架潜在塑性耗能区。

4. 柱脚节点的抗震计算见本手册 13.8 节的相关内容。

11.6.4　结构抗震措施与构造要求

位于抗震区的钢结构厂房，应按现行国家标准《建筑抗震设计规范》GB 50011 的有关规定采取抗震构造措施。

一、屋盖结构

1. 屋盖支承系统的一般规定

(1) 保证屋盖的整体性（主要是指屋盖各构件之间不错位）。

(2) 保证屋架或屋面梁平面外稳定性。

(3) 保证屋盖和山墙水平地震作用的传递路线应合理、简洁且不中断。

2. 对单层钢结构厂房的屋盖，其支撑抗震构造设计应符合下列要求：

(1) 无檩屋盖的支撑布置，宜符合表 11.6-6 的要求。

无檩屋盖的支撑系统布置　　　　　　　　　　　　　　　　表 11.6-6

支撑名称			烈　　度		
			6、7	8	9
屋架支撑	上、下弦横向支撑		屋架跨度小于 18m 时同非抗震设计；屋架跨度不小于 18m 时，在厂房单元端开间各设一道	厂房单元端开间及上柱支撑开间各设一道；天窗开洞范围的两端各增设局部上弦横向支撑一道；当屋架端部支承在屋架上弦时，其下弦横向支撑同非抗震设计	
	上弦通长水平系杆		同非抗震设计	在屋脊处、天窗架竖向支撑处、横向支撑节点处和屋架两端处设置	
	下弦通长系杆			屋架竖向支撑节点处设置；当屋架与柱刚接时，在屋架端节间处按控制下弦平面外长细比不大于 150 设置	
	竖向支撑	屋架跨度小于 30m		厂房单元两端开间及上柱支撑各开间屋架端部各设一道	同 8 度，且每隔 42m 在屋架端部设置
		屋架跨度不小于 30m		厂房单元的端开间，屋架 1/3 跨度处和上柱支撑开间内的屋架端部设置，并与上、下弦横向支撑相对应	同 8 度，且每隔 36m 在屋架端部设置
纵向天窗架支撑	上弦横向支撑		天窗架单元两端开间各设一道	天窗架单元端开间及柱间支撑开间各设一道	
	竖向支撑	跨中	跨度不小于 12m 时设置，其道数与两侧相同	跨度不小于 9m 时设置，其道数与两侧相同	
		两侧	天窗架单元端开间及每隔 36m 设置	天窗架单元端开间及每隔 30m 设置	天窗架单元端开间及每隔 24m 设置

(2) 有檩屋盖的支撑布置，宜符合表 11.6-7 的要求。

有檩屋盖支撑系统布置　　表 11.6-7

支撑名称		烈　度		
		6、7	8	9
屋架支撑	上弦横向支撑	厂房单元端开间及每隔60m各设一道	厂房单元端开间及上柱柱间支撑开间各设一道	同8度，且天窗开洞范围内的两端各增设局部上弦横向支撑一道
	下弦横向支撑	同非抗震设计；当屋架端部支承在屋架下弦时，同上弦横向支撑		
	跨中竖向支撑	同非抗震设计		屋架跨度不小于30m时，跨中增设一道
	两侧竖向支撑	屋架端部高度大于90m时，厂房单元端开间及柱间支撑开间各设一道		
	下弦通长水平系杆	同非抗震设计	屋架两端和屋架竖向支撑处设置；与柱刚接时，屋架端节间处按控制下弦平面外长细比不大于150设置	
纵向天窗架支撑	上弦横向支撑	天窗架单元两端开间各设一道	天窗架单元两端开间及每隔54m各设一道	天窗架单元两端开间及每隔48m各设一道
	两侧竖向支撑	天窗架单元端开间及每隔42m各设一道	天窗架单元端开间及每隔36m各设一道	天窗架单元端开间及每隔24m各设一道

3. 当轻屋盖采用实腹屋面梁、柱刚性连接的刚架体系时，屋盖水平支撑可布置在屋面梁的上翼缘平面。屋面梁下翼缘应设置隅撑侧向支承，隅撑的另一端可与屋面檩条连接。屋面横向支撑、纵向天窗架支撑的布置可参照表 11.6-6、表 11.6-7 的要求。

4. 屋盖纵向水平支撑的布置，尚应符合下列规定：

(1) 当采用托架支承屋盖横梁的屋盖结构时，应沿厂房单元全长设置纵向水平支撑；

(2) 对于高低跨厂房，在低跨屋盖横梁端部支承处，应沿屋盖全长设置纵向水平支撑；

(3) 纵向柱列局部柱间采用托架支承屋盖横梁时，应沿托架的柱间及向其两侧至少各延伸一个柱间设置屋盖纵向水平支撑；

(4) 当设置沿结构单元全长的纵向水平支撑时，应与横向水平支撑形成封闭的水平支撑体系。多跨厂房屋盖纵向水平支撑的间距不宜超过两跨，不得超过三跨；高垮和低跨宜按各自的标高组成相对独立的封闭支撑体系。

5. 当屋架端斜杆为上承式时，应在屋架上弦平面内设置封闭的纵横向水平支撑体系；当屋架端斜杆为下承式时，应在屋架下弦平面内设置封闭的纵、横向水平支撑体系；其他支撑杆件尚应符合表 11.6-6、表 11.6-7 的规定。

6. 有檩屋盖下沉式横向天窗，应在屋架下弦平面内设置封闭的水平支撑体系。其竖向支撑和系杆应符合表 11.6-6 的规定。

7. 上承式天窗架的支承布置，可参照纵向天窗架（见表 11.6-7）支撑系统布置。

8. 支撑杆宜采用型钢；设置交叉支撑时，支撑杆的长细比限制可取350。

9. 无檩屋盖一般采用1.5m×6.0m的预制大型屋面板。大型屋面板应与屋架或屋面梁采用三个角点的角焊缝连接，连接应牢固，起到上弦水平支撑作用。靠柱列的屋面板与屋架（屋面梁）的连接焊缝长度不宜小于 80mm。

二、柱、梁的抗震构造措施

柱的长细比，构件的板件宽厚比以及柱脚连接应满足下列抗震构造要求：

1. 厂房框架柱的长细比，轴压比小于 0.2 时不宜大于 150；轴压比不小于 0.2 时，不宜大于 $120\sqrt{235/f_{ay}}$。

2. 厂房框架柱、梁的板件宽厚比，应符合下列要求：

（1）重屋盖厂房，板件宽厚比限制可按表 11.6-8 的规定采用，7、8、9 度的抗震等级可分别按四、三、二级采用。

框架柱、梁板件宽厚比限制

表 11.6-8

板 件 名 称		一级	二级	三级	四级
柱	工字形截面翼缘外伸部分	10	11	12	13
	工字形截面腹板	43	45	48	52
梁	工字形截面翼缘外伸部分	9	9	10	11
	工字形截面腹板	$72-120N_b/(A_f)\leqslant60$	$72-100N_b/(A_f)\leqslant65$	$80-110N_b/(A_f)\leqslant70$	$85-120N_b/(A_f)\leqslant75$

注：1. 表列数值适用于 Q235 钢，采用其他牌号钢材时，应乘以 $\sqrt{235/f_{ay}}$；

   2. $N_b/(A_f)$ 为梁轴压比。

（2）轻屋盖单层厂房框架按简化性能化设计时，塑性耗能区和塑性耗能区外板件宽厚比限值，见 11.6.3 节第（6）款的内容。

3. 梁柱刚性连接构造

（1）梁翼缘与柱翼缘间的连接应采用全熔透坡口焊缝。

（2）梁腹板采用摩擦型高强度螺栓与柱连接板连接（经焊接工艺试验合格能确保现场焊接质量时，可用气体保护焊进行焊接）；腹板角部应设置焊接孔，孔型应使其端部与梁翼缘和柱翼缘间的全熔透坡口焊缝完全隔开。

（3）腹板连接板与柱的焊接，当板厚不小于 16mm 时应采用双面角焊缝，焊缝有效厚度应满足等强要求，且不小于 5mm；板厚大于 16mm 时采用 K 形坡口对接焊缝。

（4）当柱顶预留短梁时，短梁与屋面梁拼接连接构造应满足以下要求：

1）短梁与柱顶连接应采用全焊接连接。

2）梁—梁拼接采用翼缘焊接、腹板高强度螺栓连接的栓焊混合连接时，上下翼缘焊接孔的形式宜相同。

4. 外露式、外包式、埋入式、插入式柱脚的抗震构造措施见本手册 13.8 节的相关内容。

三、柱间支撑的抗震构造措施

柱间支撑应满足下列抗震构造要求。

1. 柱间支撑的布置及形式应符合下列要求：

（1）厂房单元的各纵向柱列，应在厂房单元中部布置一道下柱柱间支撑；当 7 度厂房单元长度大于 120m（采用轻型围护材料时为 150m）、8 度和 9 度厂房单元大于 90m（采用轻型围护材料时为 120m）时，应在厂房单元 1/3 区段内各布置一道下柱支撑；当柱距数不超过 5 个且厂房长度小于 60m 时，亦可在厂房单元的两端布置下柱支撑。上柱柱间支撑应布置在厂房单元两段和具有下柱支撑的柱间。

（2）柱间支撑宜采用 X 形支撑，条件限制时也可采用 V 形、人形及其他形式的支撑。

（3）有条件时，可采用消能支撑。

2. 柱间支撑杆件的构造应符合下列要求：

（1）X 形支撑斜杆与水平面的夹角不宜大于 55 度；

（2）支撑斜杆交叉点的节点板厚度不应小于 10mm；

（3）柱间支撑杆件的长细比限值，对吊车梁或吊车桁架以下的柱间支撑取 150，其他取 200；

（4）柱间支撑一般在构造上采取措施，使其仅承受水平荷载不承受竖向荷载。对上柱支撑，可将安装孔留大一些，待屋盖荷载上去之后再进行焊接；

（5）柱间支撑宜采用整根型钢，当热轧型钢超过材料最大长度规格时，拼接可采用等强接长；

（6）下柱柱间支撑，在 8、9 度时，支撑杆件间和支撑与柱的连接可采用焊接连接，也可采用高强度螺栓连接。当采用焊接连接时，连接焊缝宜采用对接焊缝或对接与角接组合焊缝，其焊缝质量等级宜为二级，焊缝宜采用低氢型碱性焊条。焊缝连接或高强度螺栓连接的承载力应满足抗震验算要求。

3. 下柱支撑与柱脚连接的位置和构造措施，应保证将地震作用直接传给基础即支撑的交点宜位于基础的底部或柱底；当 6 度和 7 度不能直接传给基础时，应计及支撑对柱和基础的不利影响。

11.6.5 单层厂房的抗震计算实例

一、设计资料

1. 工程概述及设计基本条件

某单层单跨工业厂房，跨度 33m，柱距 18m，总长 90m，共 6 榀刚架，厂房内有 2 台 50t A7 级工作制吊车。柱采用单阶柱，吊车肢顶面标高 10.42m，柱高 19.50m，上端铰接，下端固接（插入式柱脚），上柱采用实腹工字形截面，下柱采用格构式柱，屋盖肢及吊车肢均为实腹工字形截面，工字形截面翼缘为焰切边。屋面材料采用双层 0.8 厚 YX114-333-666 型（角驰Ⅲ）彩色压型钢板，中间填 100mm 厚普通超细玻璃棉（表观密度 20kg/m³），坡度 1/20。钢材采用 Q235B，$f_y = 235$N/mm²。建筑结构的安全等级为二级，设计使用年限为 50 年。平面布置图如图 11.6-4 所示，立面布置图如图 11.6-5 所示。

2. 结构体系

横向按平面刚架计算，承受竖向荷载及横向水平荷载（吊车横向水平刹车力，横向风荷载，横向地震力）；纵向按纵向柱列与柱间支撑、吊车梁、柱顶压杆组成的平面刚架计算，承受纵向水平荷载（吊车纵向水平刹车力、纵向风荷载、纵向地震力）。

根据《建筑抗震设计规范》GB 50011 第 9.2.15 条的要求，采用轻型围护材料的厂房单元长度小于等于 120m 时，应在厂房单元中部布置一道下柱支撑，在厂房单元端部和具有下柱支撑的柱间设置上柱支撑。

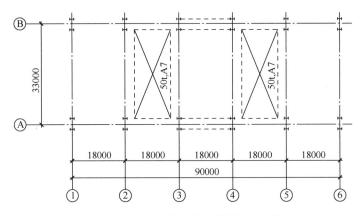

图 11.6-4　柱子及柱间支撑平面布置图

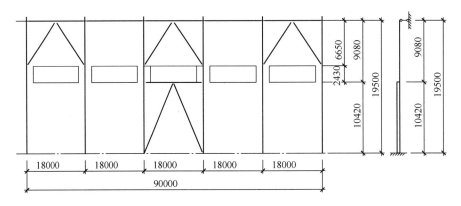

图 11.6-5　柱子及柱间支撑立面布置图

本工程结构分析及截面验算主要参照《钢结构设计标准》GB 50017—2017 和《建筑抗震设计规范》GB 50011—2010（2016 年修订版）。

3. 荷载统计

（1）永久恒载标准值：

屋面板及保温层：　　　　0.25kN/m²

檩条及屋面支撑：　　　　0.15kN/m²

　　　　　　　　　　　　0.40kN/m²

（2）可变荷载标准值：

屋面活荷载：　　　　　　0.50kN/m²

根据《钢结构设计标准》GB 50017 第 3.3.1 条，对支承轻屋面的构件或结构，当仅有一个可变荷载且受荷水平投影面积超过 60m² 时，屋面均布活荷载标准值可取 0.30kN/m²。本例屋面钢梁受荷面积为：$18 \times 33 = 594 m^2$，故活荷载取 0.30kN/m²。

基本雪压：　　　　　　　0.40kN/m²

取两者中较大值。其中雪荷载考虑最不利布置。

（3）风荷载标准值：

基本风压为 0.40kN/m²；地面粗糙度为 B 类；风荷载高度变化系数和风荷载体型系

数按现行国家标准《建筑结构荷载规范》GB 50009 采用。

（4）地震作用

抗震设防烈度 8 度，设计基本加速度值为 0.20g，多遇地震的水平地震影响系数最大值 $\alpha_{\max}$＝0.16；Ⅱ类场地，设计地震分组为第一组，场地土特征周期为 0.35s。

（5）重级 A7 工作制四轮软勾桥式吊车。起重量 50t，跨度 31.5m，轮距 5m，吊车宽度 6.53m，小车重 165.0kN，吊车总重 665.0kN，最大轮压 465.0kN，最小轮压 124.0kN，吊车横向水平荷载标准值为 0.025×（500.0＋165.0）＝16.625kN。

（6）荷载基本组合

无地震组合：

1）1.2×恒载＋1.4×屋面活荷载

2）1.2×恒载＋1.4×风荷载

3）1.2×恒载＋1.4×吊车荷载

4）1.2×恒载＋0.9×1.4×（屋面活载＋风载）

5）1.2×恒载＋0.9×1.4×（屋面活载＋吊车荷载）

6）1.2×恒载＋0.9×1.4×（吊车荷载＋风载）

7）1.2×恒载＋0.9×1.4×（屋面活载＋吊车活载＋风荷载）

有地震组合：

8）1.2×重力荷载代表值＋1.3×水平地震作用标准值

9）1.2×重力荷载代表值＋1.3×2.0×水平地震作用标准值（性能化设计简化表达式）。

其中，重力荷载代表值为：恒载＋0.5×雪载。屋面活荷载及风载不计入，由于是软勾吊车，吊车荷载也不计入重力荷载代表值。

以上计算吊车荷载时，两台吊车荷载组合折减系数取 0.9。

二、结构计算及结果

1. 横向刚架结构自振周期及侧向位移

自振周期见表 11.6-9，风荷载和地震作用下柱顶水平位移见表 11.6-10。

结构自振周期　　表 11.6-9

第一自振周期	第二自振周期	第三自振周期
0.528s	0.208s	0.166s

柱顶水平位移　　表 11.6-10

风荷载标准值作用下	柱顶水平位移 μ（mm）	μ/H	地震作用下	柱顶水平位移 μ（mm）	μ/H	吊车荷载作用下	牛腿标高处水平位移 μ（mm）	μ/H
	16.8	1/1163		20.2	1/963		4.1	1/2625

2. 刚架的计算

刚架计算简图见图 11.6-6，各荷载工况下杆件节点处的内力见表 11.6-11。刚架弯矩包络图见图 11.6-7，刚架轴力包络图见图 11.6-8，刚架剪力包络图见图 11.6-9。

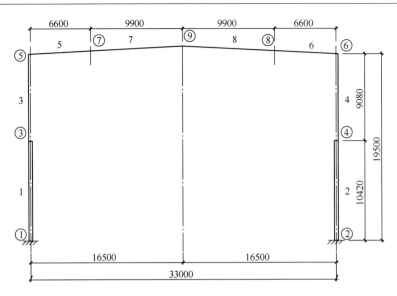

图 11.6-6　刚架计算简图

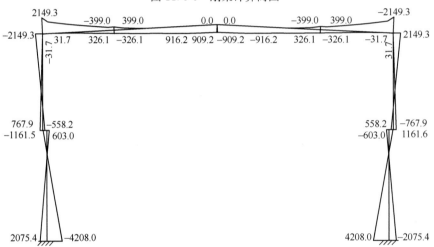

图 11.6-7　弯矩包络图（kN·m）

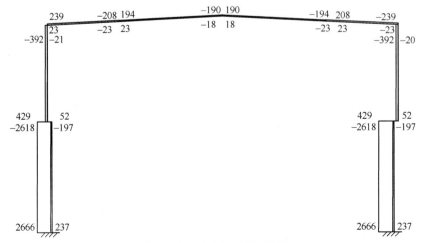

图 11.6-8　轴力包络图（kN）

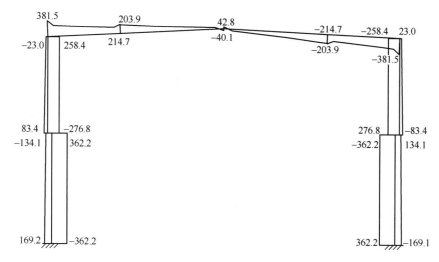

图 11.6-9　剪力包络图（kN）

3. 刚架的控制组合及内力

刚架各单元的控制组合及端部内力详见表 11.6-11。由表 11.6-11 可知，除了屋面钢梁的下部受拉需要满足 2 倍地震力的组合控制外，其余钢构件的 2 倍地震力的组合内力均小于控制组合。

刚架各单元的控制组合及端部内力表　　　　表 11.6-11

单元	控 制 组 合	Ⅰ端			Ⅱ端		
		M	N	V	M	N	V
1	强度、左肢稳定和缀条稳定：1.2 恒+0.98 活 2+0.84 右风 1+1.4 吊 2	−3204.26	1022.34	−308.88	58.24	−989.56	251.84
	右肢稳定：1.0 恒+0.98 活 1+0.84 左风 1+1.4 吊 1	1661.86	2268.35	85.57	−976.22	−2260.92	7.39
2	强度、右肢稳定和缀条稳定：1.2 恒+0.98 活 1+0.84 左风 1+1.4 吊 1	3204.26	1022.34	308.88	−58.24	−989.56	−251.84
	左肢稳定：1.0 恒+0.98 活 2+0.84 右风 1+1.4 吊 2	−1661.86	2268.35	−85.57	976.22	−2260.92	−7.39
3	强度及稳定：1.2 恒+1.4 活 3+0.98 吊 3	91.78	429.16	−271.07	−2149.27	−392.09	221.37
	腹板高厚比：1.0 恒+0.98 活 1+1.4 左风 1+0.98 吊 7	51.16	170.40	41.90	31.74	−21.29	55.57
4	强度及稳定：1.2 恒+1.4 活 3+0.98 吊 3	−91.78	429.16	271.07	2149.27	−392.09	−221.37
	腹板高厚比：1.0 恒+0.98 活 2+1.4 右风 1+0.98 吊 8	−51.16	170.40	−41.90	−31.74	−21.29	−55.57

续表

单元	控 制 组 合	Ⅰ端			Ⅱ端		
		M	N	V	M	N	V
5	上部截面受拉：1.2 恒＋1.4 活 1＋0.98 吊 1	2149.27	239.19	381.48	149.84	−194.07	−175.17
	下部截面受拉：1.2 恒＋0.6 活 1＋0.6 吊 1＋2.6 左地震	1094.00	104.56	245.33	326.06	−83.01	−108.84
6	上部截面受拉：1.2 恒＋1.4 活 1＋0.98 吊 1	−149.84	194.07	−175.17	−2149.27	−239.19	381.48
	下部截面受拉：1.2 恒＋0.6 活 2＋0.6 吊 2＋2.6 右地震	−326.06	83.01	−108.84	−1094.00	−104.56	245.33
7	上部截面受拉：1.2 恒＋0.6 活 1＋0.6 吊 1＋2.6 右地震	399.03	168.60	151.92	656.19	−159.15	−27.71
	下部截面受拉：1.2 恒＋1.4 活 1	183.81	163.18	147.59	909.25	−191.87	−8.91
8	上部截面受拉：1.2 恒＋0.6 活 2＋0.6 吊 2＋2.6 左地震	−656.19	159.15	−11.89	−399.03	−168.60	151.92
	下部截面受拉：1.2 恒＋1.4 活 2	−909.25	191.87	28.01	−183.81	−163.18	147.59

4. 刚架的计算过程

刚架构件的截面形式详见图 11.6-10，刚架柱的计算资料见图 11.6-11。刚架柱的强度和稳定计算、人孔及肩梁的计算过程参见本章第 11.1.5 节的计算例题。计算过程中，钢构件的净截面与毛截面的比值取 0.9。

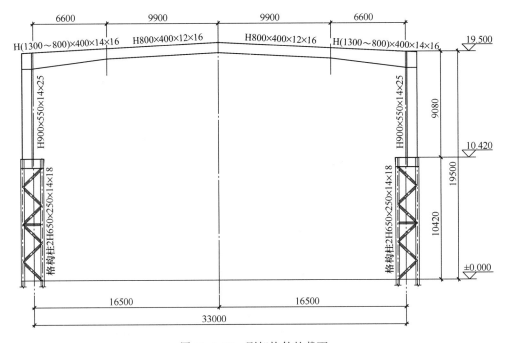

图 11.6.10　刚架构件的截面

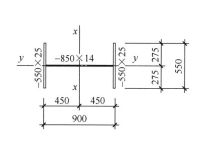 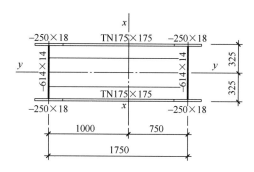

图 11.6.11　刚架柱的计算资料

（a）上柱截面；（b）下柱截面

（1）格构柱的计算结果

由单元 1 和单元 2 格构柱的控制组合可知，格构柱满足 2 倍地震力的"低延性、高承载力"的性能化设计要求，格构柱各构件的宽厚比和高厚比建议满足《钢结构设计标准》GB 50017—2017 表 3.5.1 中 S4 级的要求。根据《钢结构设计标准》GB 50017—2017 第8.1.8 条要求，截面塑性发展系数 γ_x 取为 1.0。考虑构件承载力抗震调整系数后，格构柱的控制组合详见表 11.6-11。

强度计算最大应力：$\sigma = 147.56 \mathrm{N/mm^2} < f = 205.00 \mathrm{N/mm^2}$；

平面内稳定计算最大应力：$\sigma = 134.59 \mathrm{N/mm^2} < f = 205.00 \mathrm{N/mm^2}$；

左肢稳定计算最大应力：$\sigma = 200.07 \mathrm{N/mm^2} < f = 205.00 \mathrm{N/mm^2}$；

右肢稳定计算最大应力：$\sigma = 178.00 \mathrm{N/mm^2} < f = 205.00 \mathrm{N/mm^2}$；

斜向缀条稳定计算最大应力：$\sigma = 86.39 \mathrm{N/mm^2} < f = 215.00 \mathrm{N/mm^2}$。

单元 1 和单元 2 格构柱平面内长细比 $\lambda_x = 22$，平面外长细比 $\lambda_y = 41$，左肢长细比 $\lambda = 67$，左肢长细比 $\lambda = 67$，斜缀条长细比 $\lambda = 62$，满足本手册表 11.6-4 厂房框架柱长细比 $[\lambda] \leqslant 120$ 的要求。

左肢与右肢翼缘宽厚比：$b/t = 119/18 = 6.61 < [b/t] = 15.00$，满足要求。

左肢与右肢腹板容许高厚比：$[h_0/t_w] = (45 + 25\alpha_0^{1.66})\varepsilon_k = 45.00$（左右肢均为轴心受力构件，$\alpha_0 = 0$，$\varepsilon_k = 1$）。

左肢与右肢腹板高厚比：$h_0/t_w = 614/14 = 43.86 < [h_0/t_w] = 45.00$，满足要求。

（2）上柱的计算结果

由单元 3 和单元 4 刚架上柱的控制组合可知，上柱满足 2 倍地震力的"低延性、高承载力"的性能化设计要求，刚架上柱的宽厚比和高厚比建议满足《钢结构设计标准》GB 50017—2017 表 3.5.1 中 S4 级的要求。根据《钢结构设计标准》GB 50017—2017 第8.1.8 条要求，截面塑性发展系数 γ_x 取为 1.0。上柱的控制组合详见表 11.6-11。

强度计算最大应力：$\sigma = 171.64 \mathrm{N/mm^2} < f = 205.00 \mathrm{N/mm^2}$；

平面内稳定计算最大应力：$\sigma = 175.07 \mathrm{N/mm^2} < f = 205.00 \mathrm{N/mm^2}$；

平面外稳定计算最大应力：$\sigma = 202.25 \mathrm{N/mm^2} < f = 205.00 \mathrm{N/mm^2}$。

单元 3 和单元 4 刚架上柱的平面内长细比 $\lambda_x = 50$，平面外长细比 $\lambda_y = 71$，满足本手册表 11.6-4 厂房框架柱长细比 $[\lambda] \leqslant 120$ 的要求。

翼缘宽厚比 $b/t = 268/25 = 10.72 < [b/t] = 15.00$，满足要求。

对应刚架上柱腹板高厚比计算的控制组合，腹板计算边缘的最大最小应力分别为：

$$\sigma_{max} = 8.27 N/mm^2, \sigma_{min} = 1.34 N/mm^2, \alpha_0 = \frac{\sigma_{max} - \sigma_{min}}{\sigma_{max}} = \frac{8.27 - 1.34}{8.27} = 0.84$$

腹板容许高厚比 $[h_0/t_w] = (45 + 25\alpha_0^{1.66}) \varepsilon_k = (45 + 25 \times 0.84^{1.66}) \times 1.0 = 63.64$

腹板高厚比 $h_0/t_w = 850/14 = 60.71 < [h_0/t_w] = 63.64$

（3）与钢柱连接的楔形钢梁的计算结果

楔形钢梁的弯矩包络详见表 11.6-12，剪力包络图参见图 11.6-9。

楔形钢梁的弯矩包络 表 11.6-12

梁 下 部 受 拉						
截面	1	2	3	4	5	6	7
弯矩	−31.74	0.00	−56.54	−108.46	−145.29	−224.73	−326.06
梁 上 部 受 拉						
截面	1	2	3	4	5	6	7
弯矩	2149.27	1287.02	1033.12	817.03	624.97	448.73	399.03

由单元5和单元6楔形钢梁的控制组合及强度和稳定计算结果可知，满足2倍地震力的"低延性、高承载力"的性能化设计要求，楔形钢梁的宽厚比和高厚比建议满足《钢结构设计标准》GB 50017—2017 表 3.5.1 中 S4 级的要求。根据《钢结构设计标准》GB 50017—2017 第6.1.2条第1款要求，截面塑性发展系数 γ_x 取为 1.0。

楔形钢梁下部受拉时：最大弯矩 $M = 326.06 kN \cdot m$，为2倍地震力组合，根据本手册表 11.6-3，取强度承载力抗震调整系数 γ_{RE} 为 0.75。

最大拉应力：$\sigma = 0.75 \times 52.26 = 39.20 N/mm^2 < f = 215.00 N/mm^2$；

楔形钢梁上部受拉时：最大弯矩 $M = 2149.27 kN \cdot m$，最大剪力 $V = 381.48 kN$；

最大拉应力：$\sigma = 182.51 N/mm^2 < f = 215.00 N/mm^2$；

最大剪应力：$\tau = 24.64 N/mm^2 < f_v = 125.00 N/mm^2$；

折算应力：$\sigma_z = 187.43 N/mm^2 < \beta_1 f = 1.1 \times 215.00 = 236.50 N/mm^2$。

翼缘宽厚比：$b/t = 193/16 = 12.06 < [b/t] = 15.00$，满足要求。

腹板容许高厚比：$[h_0/t_w] = (45 + 25\alpha_0^{1.66}) \varepsilon_k = (45 + 25 \times 2^{1.66}) \times 1.0 = 124$

腹板高厚比：$h_0/t_w = 1050/14 = 72.71 < [h_0/t_w] = 124$，满足要求。

（4）平直段钢梁的计算结果

平直段钢梁的弯矩包络表详见表 11.6-13，剪力包络图参见图 11.6-9。

平直段钢梁的弯矩包络 表 11.6-13

梁下部受拉						
截面	1	2	3	4	5	6	7
弯矩	−326.06	−463.41	−599.87	−765.05	−870.39	−916.21	−909.25
梁上部受拉						
截面	1	2	3	4	5	6	7
弯矩	399.03	108.74	0.00	0.00	0.00	0.00	0.00

由单元 7 和单元 8 平直段钢梁的控制组合及强度和稳定计算结果可知，满足 2 倍地震力的"低延性、高承载力"的性能化设计要求，平直段钢梁的宽厚比和高厚比建议满足《钢结构设计标准》GB 50017—2017 表 3.5.1 中 S4 级的要求。根据《钢结构设计标准》GB 50017—2017 第 6.1.2 条第 1 款要求，截面塑性发展系数 γ_x 取为 1.0。

平直段钢梁下部受拉时：最大弯矩 $M=916.21\text{kN} \cdot \text{m}$。

最大拉应力：$\sigma=151.43\text{N/mm}^2 < f=215.00\text{N/mm}^2$

稳定计算最大应力：$\sigma=151.43\text{N/mm}^2 < f=215.00\text{N/mm}^2$

平直段钢梁上部受拉时：最大弯矩 $M=399.03\text{kN} \cdot \text{m}$，最大剪力 $V=203.90\text{kN}$。最大弯矩为 2 倍地震力组合，根据本手册表 11.6-3，取强度承载力抗震调整系数 γ_{RE} 为 0.75。

最大拉应力：$\sigma=0.75 \times 65.95=49.46\text{N/mm}^2 < f=215.00\text{N/mm}^2$

最大剪应力：$\tau=23.83\text{N/mm}^2 < f_v=125.00\text{N/mm}^2$

折算应力：$\sigma_z=56.44\text{N/mm}^2 < \beta_1 f=1.1 \times 215.00=236.50\text{N/mm}^2$

翼缘宽厚比：$b/t=193/16=12.06 < [b/t]=15.00$，满足要求。

腹板容许高厚比：$[h_0/t_w]=(45+25\alpha_0^{1.66})\varepsilon_k=(45+25 \times 2^{1.66}) \times 1.0=124$

腹板高厚比：$h_0/t_w=768/12=64.00 < [h_0/t_w]=124$，满足要求。

（5）钢梁在恒载＋活载工况下的绝对挠度

钢梁在恒载＋活载标准组合工况下的中点位移值为 114.67mm，则：

$$\nu_T = 114.67/33000 = 1/288 > [\nu_T] = 1/400$$

根据《钢结构设计标准》GB 50017—2017 第 3.4.3 条，屋面钢梁可取恒载标准值加 1/2 活载标准值所产生的挠度值起拱，本实例按照恒载标准值所产生的挠度值 1/500 起拱，则屋面钢梁最终的挠度值为：

$$\nu_T = 1/288 - 1/500 = 1/679 < [\nu_T] = 1/400$$

满足《钢结构设计标准》GB 50017—2017 附录 B 中屋面钢梁的挠度要求。

（6）梁柱节点连接计算参见本手册第 13.4 节。

（7）插入式柱脚计算参见本手册第 13.8 节。

三、纵向框架的抗震验算

1. 主要计算条件

厂房刚架数：6

厂房宽度（m）：33   厂房长度（m）：90

屋面恒载（kN/m²）：0.4   屋面雪载（kN/m²）：0.4

墙体自重（kN/m²）：0.4   厂房高度（m）：19.5

吊车数（台）：2   吊车总重（kN）：665

吊车起重量（kN）：500

纵向抗震验算采用柱列法。

2. 各质点重力荷载代表值

单列纵向框架的重力荷载代表值如表 11.6-14 所示。

3. 柱列纵向水平地震作用 F_s

设防烈度：8 度。计算时假定钢柱柱底铰接，地震影响系数取多遇地震作用下水平地震影响系数最大值，$\alpha = \alpha_{max} = 0.16$。

柱列底部剪力标准值：$F_{Ek} = \alpha G_{eq} = 0.16 \times 0.85 \times (1463.23 + 2265.65) = 507.13kN$

各质点地震作用标准值计算过程及结果详见表 11.6-15。

重力荷载代表值 表 11.6-14

名称		代表值	Σ
G_1 (kN)	屋盖恒荷载	$0.40 \times 33 \times 90/2 = 594.00$	1463.23
	屋面梁自重	$64.6 \times 6/2 = 193.80$	
	上柱自重的 1/2	$28.08 \times 6/2 = 84.24$	
	上柱纵墙重的 1/2	$0.40 \times 90 \times 9.08/2 = 163.44$	
	屋面雪荷载	$0.5 \times 0.40 \times 33 \times 90/2 = 297.00$	
	上柱部分山墙自重 1/2	$0.40 \times (33 \times 9.08 \times 2/2 + 33 \times 1.65/2) = 130.75$	
G_2 (kN)	吊车梁系统自重	$81.11 \times 5 + 6.78 \times 5 + 12.82 \times 5 = 503.55$	2265.65
	上柱自重的 1/2	$28.08 \times 6/2 = 84.24$	
	上柱纵墙重的 1/2	$0.40 \times 90 \times 9.08/2 = 163.44$	
	下柱自重	$36.15 \times 6 = 216.90$	
	下柱纵墙重	$0.40 \times 90 \times 10.42 = 375.12$	
	吊车自重（不考虑吊重）	$2 \times 665/2 = 665.00$	
	上柱部分山墙自重 1/2	$0.40 \times 33 \times 9.08 \times 2/2 = 119.86$	
	下柱部分山墙重	$0.40 \times 33 \times 10.42 \times 2/2 = 137.54$	

注：山墙抗风柱及墙架柱均采用悬挂式。

各质点地震作用标准值 表 11.6-15

层号	H_i (m)	G_i (kN)	$G_i H_i$	$F_i = F_{Ek} G_i H_i / (\Sigma G_i H_i)$
1	10.42	2265.65	23608.07	319.74
2	9.08	1521.61	13816.22	187.39
Σ	19.50	3787.26	37424.29	507.13

4. 支撑承担的山墙风荷载与吊车纵向刹车力

基本风压为 $0.40kN/m^2$；地面粗糙度为 B 类；风荷载高度变化系数和风荷载体型系数按现行国家标准《建筑结构荷载规范》GB 50009 采用。上柱支撑共有 3 道，假定每道支撑承担 1/3 柱顶节点处的荷载。

（1）柱顶处节点风荷载标准值

风压高度变化系数：$\mu_z = 1.24$；体型系数：$\mu_s = 0.9 + 0.3 = 1.2$，其中 0.9 为风压力，0.3 为风吸力；风荷载作用高度：$9.08/2 + 1.65/2 = 5.365m$；风荷载作用宽度：$33/2 = 16.5m$。

柱顶处节点荷载标准值：$F_w = 1.24 \times 0.4 \times 1.2 \times 5.365 \times 16.5 = 52.69kN$

（2）肩梁顶标高处节点风荷载标准值

风压高度变化系数：$\mu_z = 1.01$；体型系数：$\mu_s = 0.9 + 0.3 = 1.2$，其中 0.9 为风压力，0.3 为风吸力；风荷载作用高度：$9.08/2 + 10.42/2 = 9.75m$；风荷载作用宽度：$33/2 =$

16.5m。

牛腿标高处节点荷载标准值：$F_{w2}=1.01\times0.4\times1.2\times9.75\times16.5=77.99$kN

（3）肩梁顶标高处节点吊车纵向刹车力标准值

一道下柱支撑，F_d 按两台吊车纵向刹车力计算，作用于肩梁顶标高处。

$$F_d=T=0.1\times465\times4=186\text{kN}$$

各单工况下荷载标准值对比详见表 11.6-16，荷载组合值对比表详见表 11.6-17。

单工况下荷载标准值对比表　　　　　　　　表 11.6-16

	地震工况（kN）	风荷载工况（kN）	吊车纵向刹车力工况（kN）
柱顶标高节点	187.39	52.69	0
肩梁顶标高节点	319.74	77.99	186

荷载组合值对比表　　　　　　　　　表 11.6-17

	地震组合(kN)	1.4×风+0.98×吊(kN)	1.4×吊+0.84×风(kN)
柱顶标高节点	1.4×187.39/3=87.45	1.4×52.69/3+0=24.59	0+0.84×52.69/3=14.75
肩梁顶标高节点	1.4×(319.74+2×187.08/3)=622.24	1.4×(77.99+2×52.69/3)+0.98×186=340.64	1.4×186+0.84×(77.99+2×52.69/3)=355.42

由表 11.6-17 可见纵向地震力大于风荷载和吊车纵向刹车力组合对柱间支撑的作用。故地震组合为柱间支撑的控制组合。

5. 柱间支撑的抗震验算

上柱支撑的系杆和斜腹杆均采用 2C16a 肢尖相对组成的格构式截面，肢背距离 900mm，面积 $A=43.9$cm²，$i_x=6.28$cm，$i_y=43.25$cm。下柱支撑的系杆和斜腹杆均采用 2ϕ273×8 组成的格构式截面，形心距离 1750mm，面积 $A=133.2$cm²，$i_x=9.37$cm，$i_y=88.0$cm。柱间支撑的抗震验算过程详见表 11.6-18。

由表 11.6-18 可知，柱间支撑系杆和斜腹杆的长细比满足《钢结构设计标准》GB 50017—2017 表 7.4.6 按压杆控制的长细比要求。柱间支撑各杆件截面均由长细比控制，应力比均小于 0.75。

根据《钢结构设计标准》GB 50017—2017 第 17.1.4 条，单层工业厂房在 8 度设防时，构件塑性耗能区承载性能等级选为性能 4，由表 17.1.4-2，支撑构件的最低延性等级选为Ⅳ级。由表 17.3.12，支撑截面板件宽厚比需满足《钢结构设计标准》GB 50017—2017 表 3.5.2 中 BS3 级的要求。其中，C16a 的槽钢肢宽厚比参考角钢肢宽厚比：$b_0/t=56.5/10=5.65<10$，圆管压杆的外径与壁厚之比为：$D/t=273/8=34.125<72$，均满足要求。

柱间支撑的抗震验算表　　　　　　　　表 11.6-18

支　撑	上 柱 支 撑	下 柱 支 撑
每个支撑受力(kN)	87.45	87.45+622.24=709.69
杆轴线与水平夹角(°)	$\tan^{-1}(6.65/9)=40.51°$	$\tan^{-1}(10.42/9)=54.65°$
系杆轴力(kN)	87.45	709.69

支　撑	上　柱　支　撑	下　柱　支　撑
斜腹杆轴力(kN)	$87.45/(2\times\sin(40.51))=67.32$	$709.69/(2\times\sin(54.65))=435.05$
系杆强度应力(MPa)	$87.45\times10^3/4390=19.92<215/0.75$	$709.69\times10^3/13320=53.28<215/0.75$
斜腹杆强度应力(MPa)	$67.32\times10^3/4390=15.34<215/0.75$	$435.05\times10^3/13320=32.66<215/0.75$
系杆稳定系数 φ	$\varphi=0.3320$	$\varphi=0.5810$
斜腹杆稳定系数 φ	$\varphi=0.2290$	$\varphi=0.3187$
系杆稳定应力(MPa)	$87.45\times10^3/(0.3320\times4390)=$ $60.00<215/0.8$，应力比为 0.22	$708.82\times10^3/(0.5810\times13320)=$ $91.69<215/0.8$，应力比为 0.34
斜腹杆稳定应力(MPa)	$67.20\times10^3/(0.2290\times4390)=$ $66.97<215/0.8$，应力比为 0.25	$434.52\times10^3/(0.3187\times13320)=$ $102.48<215/0.8$，应力比为 0.38
系杆面内长细比	$9000/62.8=143.31<200$	$9000/93.7=96.05<150$
系杆面外长细比	$18000/432.5=41.62<200$	$18000/880=20.45<150$
斜腹杆面内长细比	$11190.3/62.8=178.19<200$	$13768.7/93.7=146.94<150$
斜腹杆面外长细比	$11190.3/432.5=25.87<200$	$13768.7/880=15.65<150$

注：本实例采用中国建筑科学研究院编制的 PKPM V3.1.6 版本 STS 钢结构模块进行计算，并使用同济大学编制的 3D3S V13.0 版本进行设计校核。

11.7　多层厂房框架

11.7.1　概述

多层框架结构是工业与民用建筑中常用的结构形式，是指在多层建筑物中，采用钢结构骨架作为承重体系，钢骨架纵横方向梁柱采用刚接或铰接，形成承受垂直荷载、水平荷载并保持建筑物纵、横方向必要刚度的结构体系。本节所述的多层框架一般层数不超过 10 层，总高度不超过 60m，否则宜按高层建筑考虑。

一、结构体系的组成

根据多层框架纵、横方向传递水平荷载的差异，其基本结构体系一般可分为以下几种：

1. 纯刚接框架体系，如图 11.7-1a 所示：即多层框架在纵、横两个方向均为多层刚接框架，其承载能力及空间刚度均由刚接框架提供，多用于民用建筑和柱距较大而又无法设置支撑的工业建筑中。

2. 刚接框架－支撑式框架体系，如图 11.7-1b 所示：即多层框架在一个方向（多为纵向）为梁柱铰接、柱间设竖向支撑的体系，柱间支撑承受水平荷载和保持该方向的刚度，另一个方向（多为横向）为梁柱刚接的框架体系。其特点为一个方向无支撑便于生产或人流、物流等建筑功能的安排，为工业厂房中主要采用的结构形式，特别适用于平面纵向较长、横向较短的建筑物。

3. 支撑式框架体系，如图 11.7-1c 所示：即多层框架在纵、横两个方向均为梁柱铰接、柱间设竖向支撑的体系，其抗侧力承载力及空间刚度均由柱间支撑提供，柱间支撑可每隔多个柱距设一道，适用于柱距不大且允许双向设置支撑的建筑物。该体系侧向刚度大，传力明确，设计、施工简单。

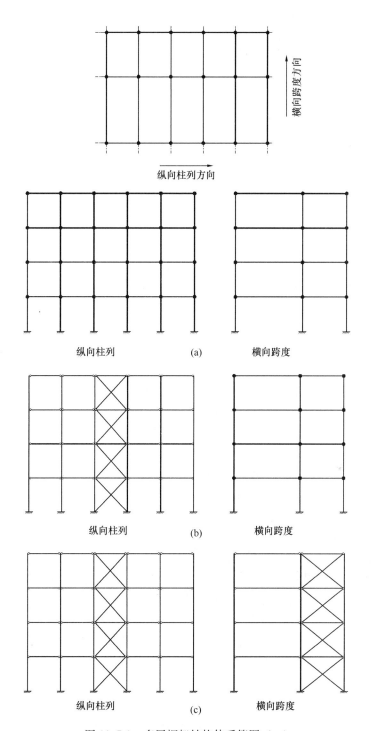

图 11.7-1 多层框架结构体系简图（一）

（a）纯刚接框架体系；（b）刚接框架—支撑式框架体系；（c）支撑式框架体系

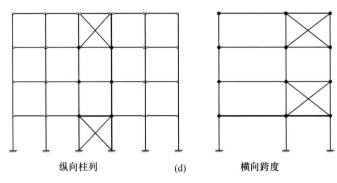

图 11.7-1   多层框架结构体系简图（二）

(d) 混合体系

4. 混合体系，如图 11.7-1d 所示：在多层工业厂房框架中，由于设备布置和生产操作的需要，亦可在纵、横两个方向中同时采用刚接框架和竖向支撑的混合体系。

二、框架结构形式与布置

1. 多层框架结构不宜采用单跨框架结构，宜选用风压和横风向振动效应较小的建筑体型，并应考虑相邻高层建筑对风荷载的影响。应从统一考虑各楼层的工艺布置、柱网及梁系布置的合理性等来确定柱网及纵、横框架的位置，同时应使结构传力体系明确合理，空间刚度可靠、均匀，节点构造简单。

2. 多层框架结构的平面布置宜简单、规则，结构平面布置宜对称，水平荷载的合力作用线宜接近抗侧力结构的刚度中心；两个主轴方向动力特性宜相近。还应从保证框架的空间稳定性出发，并有利于水平荷载在框架间的传递。

框架的各层楼面，对水平力的分配和空间稳定起重要作用，应设计为水平刚性楼盖，使所有框架在水平力作用下具有相同的侧移。当楼盖的刚度不足或因工艺需要在楼面上开孔，对水平刚度有影响时，则应从框架整体刚度出发，采取必要的措施，如在楼面梁翼缘处布置水平支撑，以传递水平力。刚性楼层或水平支撑还能使纵、横两个方向的框架协同工作，共同抵抗扭矩。

3. 多层框架抗侧力结构的布置，除应满足生产使用的要求外，同时应注意：

（1）多层框架结构沿竖向的布置可以采用分段变截面的做法，但当有较大的水平动荷载（或地震作用）时，各层间的刚度不宜有突然的改变。

（2）多层框架结构在纵、横两个方向的总刚度中心，应尽量接近总水平力的合力中心，此时可不考虑由水平力引起的扭矩。

（3）应尽量使水平荷载的传力途径短捷可靠。

4. 在多层框架的纵、横两个方向的柱距相差较大，或建筑物的长宽比较大时，合适的结构方案是采用刚接框架－支撑式框架体系。在一个方向采用刚接，另一方向采用支撑，可避免在支撑体系和横向构件的截面选择和构造上产生困难；在建筑物宽度方向采用刚接，长度方向采用支撑，可减少用钢量，且便于施工。

5. 因支撑体系刚度大，构造简单，且节约钢材，故应优先采用，可将支撑布置在不开洞的内、外墙上，但在工艺条件不允许的情况下，亦可采用混合体系，即一个多层框架平面内，部分采用支撑，部分采用刚接，此时应注意传递水平力的分配和空间稳定性。

6. 设计应尽量减少安装部件的数量，在施工、安装、运输允许的条件下，尽量先拼接或制作成较大的平面或空间安装部件，然后现场吊装，可以缩短工期并提高施工质量。

7. 对有振动设备的平台结构，应采取措施减小设备竖向振动对结构的不利影响：

（1）通过加装减振弹簧或者隔振底座等措施，减小振动设备的动力输出、输入对支撑结构的冲击。

（2）振动设备支撑梁设计时宜充分考虑设备荷载的冲击系数，控制梁的跨高比和挠度。

（3）对设备支撑梁的自振频率进行核算，调整梁截面或跨度，避开支撑梁与设备的共振区间。

（4）在振动设备支撑平台水平面设斜撑将水平力直接传至框架柱和竖向支撑。

（5）加强振动设备支撑平台铺板与梁的焊接，必要时满焊。

（6）从严控制支撑杆件的长细比。

8. 环境温度超过100℃的钢平台，应进行结构温度作用验算，并应根据不同情况采取涂耐热涂料、耐火钢和有效的隔热降温（如加隔热层、热辐射屏蔽或水套等）、砌块或耐热固体材料做成的隔热层或增大构件截面等防护措施。高强度螺栓连接长期受辐射热（环境温度）达150℃以上，或短时间受火焰作用时，应采取隔热降温措施予以保护。

平台隔热保护措施在相应的工作环境下应具有耐久性，并与钢结构的防腐、防火保护措施相容。钢结构防护措施见本手册第18章的相关措施。

三、多层框架的截面形式

1. 多层框架梁最常用的截面为轧制或焊接的H型钢截面，如图11.7-2a所示，当为组合楼盖时，为优化截面，降低用钢量，可采用上下翼缘不对称的焊接工字形截面，如图11.7-2b所示，亦可采用蜂窝梁截面，如图11.7-2c所示。

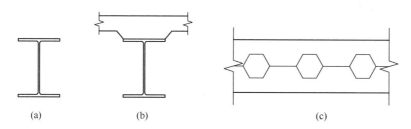

(a)　　　　　(b)　　　　　(c)

图11.7-2 多层框架梁截面形式

（a）热轧H型钢截面；（b）钢与混凝土组合梁截面；（c）蜂蜜梁截面

2. 多层框架柱最常用的截面亦为轧制或焊接的H型钢截面，如图11.7-3a所示，当柱较高或纵、横向均需要较大的刚度时（如角柱），宜采用十字形截面，如图11.7-3b所

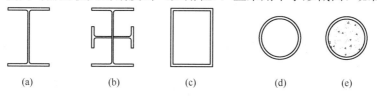

(a)　　　　(b)　　　　(c)　　　　(d)　　　　(e)

图11.7-3 多层框架柱截面形式

（a）热轧H型钢；（b）十字形截面；（c）方管截面；（d）圆管截面；（e）钢管混凝土截面

示；当荷载及柱高均较大时，亦可采用方管截面，如图 11.7-3c 所示，或圆管截面，如图 11.7-3d所示，但其制作相对比较困难且节点构造复杂；当竖向荷载特别大时，为降低用钢量，可采用钢管混凝土截面，如图 11.7-3e 所示。

11.7.2 设计一般规定

1. 框架结构中，梁与柱的刚性连接应符合受力过程中梁柱间交角不变的假定，同时连接应具有充分的强度承受交汇构件端部传递的所有最不利内力。梁与柱铰接时，应使连接具有充分的转动能力，且能有效地传递横向剪力与轴心力。梁与柱的半刚性连接只具有有限的转动刚度，在承受弯矩的同时会产生相应的交角变化，在内力分析时，必须预先确定连接的弯矩-转角特性曲线，以便考虑连接变形的影响。框架梁柱刚性、半刚性、铰接节点的设计与构造见本手册 13.4～13.6 节的相关内容。

2. 对平面布置较规则的多层框架，在刚度中心和水平力的合力中心大致相重合时，可不考虑扭矩，其横向框架的计算宜采用平面计算模型，当平面不规则且楼盖为刚性楼盖时，宜采用空间计算模型。当纵、横向均采用刚接框架体系时，应采用空间计算模型，当纵向采用支撑式体系而横向采用刚接框架体系时，宜采用平面计算模型，也可采用空间计算模型。

3. 多层框架，有桥式起重机时，在风荷载标准值作用下，结构弹性层间位移角不宜超过1/400。对无墙壁的多层框架结构，层间位移角可适当放宽。当围护结构可适应较大变形时（如压型钢板围护结构），层间位移角也可适当放宽。

无格式起重机时，在风荷载和多遇地震作用下，钢结构的弹性层间位移角不宜超过1/250。

4. 考虑到支撑桁架的抗剪刚度远大于框架结构，当在抗侧力结构的同一方向中，同时布置有支撑桁架和刚架时，可仅考虑支撑桁架的作用，即水平荷载可考虑全部由支撑桁架承受，而框架结构则按承受 20% 的水平荷载来设计。

11.7.3 荷载与作用计算

进行设计时，一般应考虑以下各类荷载。

1. 永久荷载（恒载）

（1）结构自重。按实际情况计算取值，荷载分项系数 γ 取为 1.2。

（2）楼（屋）盖上工艺固定设备荷载。包括永久性设备荷载及管线等，应按工艺提供的荷载数据取值，荷载分项系数 γ 取为 1.2。

（3）当恒荷载起控制作用时 γ 取为 1.35。

（4）当恒荷载在荷载组合中为有利作用时，荷载分项系数 γ 应取为 1.0。

2. 可变荷载（活荷载）

（1）雪荷载。应按现行国家标准《建筑结构荷载规范》GB 50009 取值，荷载分项系数 γ 取为 1.4。

（2）积灰荷载同上。

（3）楼面活荷载。按工艺提供的资料确定，局部荷载较大的区域，应按实际情况考虑，一般的堆放情况可按均布活荷载或等效均布活荷载考虑。荷载分项系数 γ 一般取 1.4，但当楼面活荷载大于 $4kN/m^2$ 时，γ 可取 1.3。

（4）风荷载。作用于多层框架围护墙面上的风荷载可按现行国家标准《建筑结构荷载规范》GB 50009 进行计算，其荷载分项系数 γ 取 1.4。

（5）计算冶炼车间或其他类似车间的多层框架结构时，由检修材料所产生的荷载，可乘以下列折减系数：

主梁：0.85；柱（包括基础）：0.75。

对于建筑物高度大于30m且高宽比大于1.5，可采用风振系数法来考虑风压脉动对结构产生顺风向风振的影响，计算其顺风向风振响应，风振系数按现行国家标准《建筑结构荷载规范》GB 50009进行计算。

结构的自振周期应按结构动力学计算。对刚度沿高度分布比较均匀的多层框架，其基本自振周期可根据建筑总层数近似地按下式计算：

$$T_1 = 0.1\sqrt{\mu} \tag{11.7-1}$$

式中　μ——假定风荷载全部集中作用在框架顶部所产生的顶部水平位移（cm）。

3. 其他荷载

（1）由于框架柱初始几何缺陷和残余应力及在安装过程中可能产生的偏斜的影响，应在结构分析或构件设计中考虑二阶效应。二阶效应的分析及取值规定见《钢结构设计标准》GB 50017—2017。

（2）安装荷载。多层框架的安装荷载可分为吊装框架自身时产生的荷载和吊装设备时产生的荷载。这些荷载的大小、作用位置与时间，与吊装机具、吊装方法及施工进度密切相关，应与施工单位研究确定，在设计时进行考虑。

4. 作用计算

（1）多层厂房框架结构，在竖向荷载、风荷载以及多遇地震作用下，结构的内力和变形可采用振型分解反应谱法计算；罕遇地震作用下，结构的弹塑性变形可采用弹塑性时程分析法计算。计算时，对平面布置较规则的多层框架，可采用平面计算模型；当平面不规则且楼盖为平面刚性楼盖时，应采用空间计算模型；当刚心与重心有较大偏心时应计入扭转影响。

（2）8、9度抗震设防烈度时，多层框架中的大跨度、长悬臂或托柱梁等结构应计算竖向地震作用。

11.7.4　结构内力及位移计算

一、计算的基本假定与设计软件

1. 忽略层间与层间的相互影响，即各层平面可单独考虑。分析时，可沿任一层割开，取割开段以上部分为脱离体，则该脱离体将受到两部分力的作用，一部分为该层以上的全部水平荷载，另一部分为割开处抗侧力结构的抵抗力。

2. 楼板在自身平面内的刚度为无限大，可视为一整体刚性楼盖。

3. 各榀抗侧力结构，只能在自身平面内产生抵抗力。

4. 扭转角 θ 数值较小，可近似取 $\sin\theta \approx \theta$，$\cos\theta \approx 1$。

5. 进行地震作用效应计算时，宜采用将质量集中于各楼层的计算模型，同时按不同围护结构考虑其自振周期的折减系数 ϕ。

当为轻质砌块及悬挂预制墙板时　　　　$\phi = 0.9$

当为重砌体墙外包时　　　　　　　　　$\phi = 0.85$

当为重砌体墙嵌砌时　　　　　　　　　$\phi = 0.8$

对所有围护墙体一般只计入质量，不考虑其刚度及抗震共同工作。

6. 多层框架的计算一般采用专门设计软件，如对于平面模型可采用建科院 PKPM 软件中的 PK 模块设计，对于空间模型可采用 PKPM 软件中 STS 模块或三维有限元软件 Sap2000 等进行设计。

当对层数不多的框架采用手算方法时，其竖向荷载作用下的内力效应可采用近似的分层法计算，水平荷载作用下的内力效应可采用半刚架法、改进反弯点（D 值法）等近似计算。多层框架纵向为支撑式框架体系时，可按悬臂铰接桁架近似计算。

二、结构内力分析与位移计算

1. 水平荷载的分配

（1）抗侧力结构的刚度中心：沿建筑物两个主轴（x、y 轴）方向抗侧力结构抵抗力合力作用线的交点，称为结构的刚度中心，对任意选取的坐标 xoy 来说，刚度中心的坐标，如图 11.7-4 所示，x_0、y_0 为：

$$\left.\begin{aligned} x_0 &= \frac{\sum(S_{ky} \cdot x_{ky})}{\sum S_{ky}} \\ y_0 &= \frac{\sum(S_{kx} \cdot y_{kx})}{\sum S_{kx}} \end{aligned}\right\} \tag{11.7-2}$$

式中　x_{ky}，y_{kx}——分别为第 i 层第 k 榀 y 方向抗侧力结构和第 k 榀 x 方向抗侧力结构的坐标；

S_{kx}，S_{ky}——分别为第 i 层 x 方向和 y 方向的 k 榀抗侧力结构的抗剪刚度。

（2）水平荷载在第 i 层各榀抗侧力结构之间的分配：如图 11.7-5 为第 i 层平面，其抗侧力结构沿 x 和 y 方向布置，xoy 的原点取该层刚度中心。

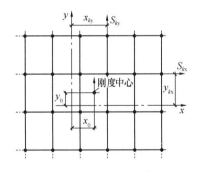

图 11.7-4　刚度中心位置

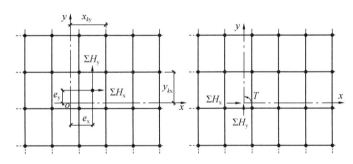

图 11.7-5　扭矩情况

设第 i 层以上水平荷载的合力在 x 和 y 方向的分量分别为 $\sum H_x$ 和 $\sum H_y$，其作用点的坐标分别为 e_x 和 e_y，则水平荷载对刚度中心的扭矩 T 为：

$$T = (\sum H_y) \cdot e_x - (\sum H_x) \cdot e_y \tag{11.7-3}$$

扭矩 T 的符号以逆时针方向为正。此时，第 i 层任一榀 x 方向和 y 方向抗侧力结构所受的荷载，分别为：

$$Q_{kx} = \alpha_{kx} \times \frac{S_{kx}}{\sum S_{kx}} \sum H_x \tag{11.7-4}$$

$$Q_{ky} = \alpha_{ky} \times \frac{S_{ky}}{\sum S_{ky}} \sum H_y \tag{11.7-5}$$

式中　α_{kx}，α_{ky}——因扭转引起的荷载分配的修正系数。

$$\alpha_{kx} = 1 - \frac{(\sum S_{kx}) \cdot y_{kx}}{\sum(S_{kx}y_{kx}^2) + \sum(S_{ky}x_{ky}^2)} \times \frac{T}{\sum H_x} \tag{11.7-6}$$

$$\alpha_{ky} = 1 - \frac{(\sum S_{ky}) \cdot y_{ky}}{\sum(S_{kx}y_{kx}^2) + \sum(S_{ky}x_{ky}^2)} \times \frac{T}{\sum H_y} \tag{11.7-7}$$

（3）在设计时应使第 i 层抗侧力结构的刚度中心，尽量与第 i 层以上水平荷载合力的中心相重合，以避免产生扭转，即可先求出第 i 层以上的水平荷载 $\sum H_x$、$\sum H_y$ 及其作用点的坐标 e_x、e_y，然后在设计第 i 层抗侧力结构的抗剪刚度时，在式 11.7-2 中，使 $x_0 \approx e_x$，$y_0 \approx e_y$。

2. 刚接多层平面框架的近似计算

在近似计算方法中，以等效半刚架法较为简便，具体计算方法如下：

（1）在水平荷载作用下，假定刚架各层横梁的反弯点均位于横梁中点，且该点无竖向位移；利用各跨反对称的关系，将多层多跨平面刚架分解为若干个半刚架，如图 11.7-6 为 1 榀 4 层的 3 跨刚架，可分解为 4 个半刚架，然后将此 4 个半刚架叠加而成为等效半刚架。等效半刚架的 j 层柱子的线刚度 i_{cj} 等于第 j 层各列柱线刚度的总和，其 j 层横梁线刚度 i_{dj} 等于所有被分解成的半刚架在第 j 层横梁线刚度的总和，对柱左右两侧均有横梁的半刚架，其横梁的线刚度为左右两侧横梁线刚度之和。

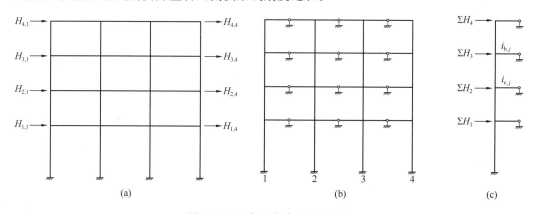

图 11.7-6 多层多跨刚度计算图
（a）多层多跨刚架；（b）半刚架；（c）等效半刚架

（2）将原框架各楼层所受的水平荷载，按楼层叠加后作用于等效刚架的相应楼层上，然后用弯矩分配法计算等效半刚架的内力。

（3）求算等效半刚架每一楼层标高处，在水平荷载作用下的水平位移，并假定此水平位移，即为原刚架各相应楼层的水平位移。

（4）根据已知原刚架的水平位移，即可求出各层柱子的固端弯矩，并假定刚架不再有侧移，用弯矩分配法直接算出水平荷载作用下的弯矩图。

（5）在竖向荷载作用下，假定刚架无侧移，即各层横梁的跨中截面无转动，仅有竖向位移；于是可利用各跨对称变形的关系，将刚架分解为若干半刚架。

（6）先在原框架中求出各层横梁在竖向荷载作用下的固端弯矩，然后在各半刚架中进行弯矩分配，可很快求得原刚架在竖向荷载作用下的弯矩图。

（7）将上述的竖向荷载和水平荷载作用下的弯矩图相叠加，即可求得原刚架的最终弯矩图。

　　用此法求得的弯矩图，当同一层各横梁的线刚度相差不大时，其误差一般为 5%，最大不超过 10%。若其中一根横梁的线刚度超过其他横梁 2 倍及以上时，用上述近似方法计算则出现较大的误差。此时应在等效半刚架内，采用横梁折算线刚度 i'_b。横梁折算线刚度是按各半刚架在相应楼层处抗剪刚度之和与等效半刚架在同一楼层处的抗剪刚度相等的原则来确定。在计算楼层抗剪刚度时，在所有半刚架及等效半刚架内均假定柱子与下层楼盖为铰接，如图 11.7-7 所示。

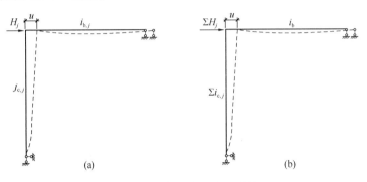

图 11.7-7　等效半刚架的计算

（a）组成半刚架；（b）等效半刚架

3. 支撑式多层平面框架的近似计算

　　对于仅在一个柱距内布置的支撑桁架，在水平荷载作用下，一般按悬臂铰接桁架计算。若连续在两个及以上柱间布置支撑形成支撑桁架时，如图 11.7-8 所示，则属于高次静不定体系，宜采用电算分析，以求得支撑桁架的内力。为简便计，亦可用近似计算方法求解。

　　（1）先求出各柱间支撑在水平力作用下的剪力分配系数。

　　即先求算在单位水平力作用下的各层剪力，在支撑桁架中取任一层的支撑体系，如图 11.7-9 所示，该层柱间支撑桁架在水平力 $H=1$ 的作用下，按悬臂求得各柱的轴力为 N_i（N_i 按悬臂桁架的中和轴位置求得）：

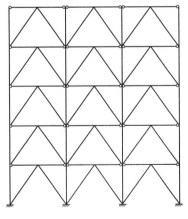

图 11.7-8　支撑式多层框架

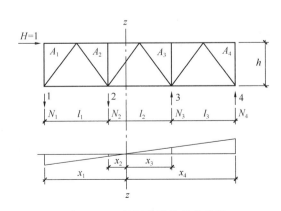

图 11.7-9　柱间支撑的剪力分配

$$N_i = \frac{Mx_jA_j}{I} \tag{11.7-8}$$

式中　A_j——第 j 根柱的截面积；

　　　I——支撑桁架截面绕 $Z-Z$ 轴的惯性矩 $I = \sum A_j \times x_j^2$；

　　　x_j——j 柱距中心轴的距离；

　　　M——对悬臂底部截面的力矩，$M = Hh$，当 $H = 1$ 时，$M = h$。

从图中可知，若取 $\sum M_2 = 0$，$\sum M_3 = 0$ 可知各柱间支撑的剪力与柱中轴力 N_j 有关，即：

$$V_{1-2} = \frac{N_1 l_1}{h} = \frac{h \cdot x_1 A_1 l_1}{Ih} = \frac{x_1 A_1}{I} l_1 \tag{11.7-9}$$

$$V_{3-4} = \frac{N_4 l_3}{h} = \frac{h \cdot x_4 A_4 l_3}{Ih} = \frac{x_4 A_4}{I} l_3 \tag{11.7-10}$$

$$V_{2-3} = 1 - V_{1-2} - V_{3-4} \tag{11.7-11}$$

由于 $H = 1$，故上式求得的剪力，即为各柱间支撑的剪力分配系数，此法适用于各种类型的支撑体系；但对 K 形支撑位于框架底层时，用此法计算的结果误差较大，此时可用各柱间支撑在水平力作用下水平位移 u 相等的原则来求解剪力的分配，如图 11.7-10 所示的双柱间 K 形支撑桁架底层支撑的剪力分配为：

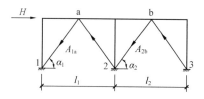

图 11.7-10　底层 K 形支撑的剪力分配

$$u = \frac{V_{1-2} l_1}{4 \cos^2 \alpha_1 EA_{1a}} = \frac{V_{2-3} l_2}{4 \cos^3 \alpha_2 EA_{2b}} \tag{11.7-12}$$

而　　　　　　　　　　　　$V_{1-2} + V_{2-3} = H$

故

$$V_{1-2} = H \times \frac{\dfrac{\cos^3 \alpha_1 \cdot A_{1a}/l_1}{}}{\dfrac{\cos^3 \alpha_1 A_{1a}}{l_1} + \dfrac{\cos^3 \alpha_2 A_{2b}}{l_2}} \tag{11.7-13}$$

$$V_{2-3} = H \times \frac{\dfrac{\cos^3 \alpha_2 \cdot A_{2b}/l_2}{}}{\dfrac{\cos^3 \alpha_1 A_{1a}}{l_1} + \dfrac{\cos^3 \alpha_2 A_{2b}}{l_2}} \tag{11.7-14}$$

（2）根据各楼层所受的水平荷载，乘以剪力分配系数，即可求得每楼层各柱间支撑所负担的剪力，并按此计算杆件的内力。

（3）已知支撑杆件的内力后，对每个桁架节点，按铰接进行分析，即可求得柱（桁架弦杆）在水平荷载作用下的内力。

11.7.5　框架梁、柱构件的强度与稳定性计算

多层厂房框架梁、柱构件的强度与稳定性一般采用软件整体空间或平面建模计算。如前文所述，对于空间模型可采用 PKPM 软件 STS 中框架模块或 SAP2000 等进行设计；对于平面模型可采用 STS 中的框排架模块设计。

当无电算条件时，可对简单的构件采用手算方法，此时应按最不利内力组合验算控制截面。验算可按本手册第 6 章基本构件部分的相关规定进行。

处于高温工作环境中的钢平台，应考虑高温作用对结构的影响。高温工作环境的设计状况为持久状况，高温作用为可变荷载，设计时应按承载力极限状态和正常使用极限状态设计。钢结构的温度超过 100℃ 时，应考虑长期高温作用对钢材和钢结构连接性能的影

响，并对结构承载力和变形进行验算。

一、框架柱的计算

1. 多层厂房框架柱的荷载比较复杂，一般将水平荷载和竖向荷载分别计算，得出每一楼层标高处的节点荷载，以此算出柱的内力，荷载可列表计算以方便统计及检查。

2. 由竖向荷载产生的轴向力，与框架计算中由水平荷载产生的弯矩或轴向力（支撑桁架弦杆）以及由竖向荷载产生的弯矩叠加，即可求得层间柱子的内力，并依此进行截面选择。

3. 组合截面柱在梁柱连接节点和支撑连接节点范围内的连接焊缝，应根据连接处内力的传递，对柱本身的翼缘焊缝进行补充验算。

4. 框架柱沿房屋长度方向（在框架平面外）的计算长度应取阻止框架柱平面外位移的支承点之间的距离。

5. 等截面柱，在框架平面内的计算长度应等于该层柱的高度乘以计算长度系数 μ，框架分为无支撑框架和有支撑框架。当采用二阶弹性分析方法计算内力且在每层柱顶附加考虑假想水平力 H_{ni} 时，框架柱的计算长度系数 $\mu=1.0$。当采用一阶弹性分析方法计算内力时，框架柱的计算长度系数 μ 应按下列规定确定：

（1）无支撑纯框架

1）框架柱的计算长度系数按有侧移框架柱的计算长度系数确定，也可按式（11.7-15a）计算：

$$\mu=\sqrt{\frac{7.5K_1K_2+4(K_1+K_2)+1.52}{7.5K_1K_2+K_1+K_2}} \tag{11.7-15a}$$

式中　K_1、K_2——分别为相交于柱上端、柱下端的横梁线刚度之和与柱线刚度之和的比值。K_1、K_2 的修正按《钢结构设计标准》GB 50017—2017 附录 E 表 E.0.2 注确定。

2）设有摇摆柱时，摇摆柱自身的计算长度系数取 1.0，框架柱的计算长度系数应乘以放大系数 η，η 应按式（11.7-15b）计算：

$$\eta=\sqrt{1+\frac{\sum(N_1/h_1)}{\sum(N_f/h_f)}} \tag{11.7-15b}$$

式中　$\sum(N_f/h_f)$——本层各框架柱轴心压力设计值与柱子高度比值之和；

$\sum(N_1/h_1)$——本层各摇摆柱轴心压力设计值与柱子高度比值之和。

3）当有侧移框架同层各柱的 N/I 不相同时，柱计算长度系数宜按式（11.7-15c）及式（11.7-15d）计算：

$$\mu_i=\sqrt{\frac{N_{Ei}}{N_i}\cdot\frac{1.2}{K}\sum\frac{N_i}{h_i}} \tag{11.7-15c}$$

$$N_{Ei}=\pi^2EI_i/h_i^2 \tag{11.7-15d}$$

当框架附有摇摆柱时，框架柱的计算长度系数由式（11.7-15e）确定：

$$\mu_i=\sqrt{\frac{N_{Ei}}{N_i}\cdot\frac{1.2\sum(N_i/h_i)+\sum(N_{1j}/h_j)}{K}} \tag{11.7-15e}$$

当根据式（11.7-15c）或式（11.7-15e）计算而得的 μ_i 小于 1.0 时取 $\mu_i=1$。

式中　N_i——第 i 根柱轴心压力设计值；

N_{Ei}——第 i 根柱的欧拉临界力；

h_i——第 i 根柱高度；

K——框架层侧移刚度，即产生层间单位侧移所需的力；

N_{1j}——第 j 根摇摆柱轴心压力设计值；

h_j——第 j 根摇摆柱的高度。

（2）有支撑框架

由于工艺限制，框架支撑布置往往局部缺失导致支撑系统不完整。计算柱长细比时，应先根据下列条件判断框架是否为强支撑框架。当支撑结构满足式（11.7-15f）要求时，为强支撑框架，框架柱的计算长度系数按无侧移框架柱的计算长度系数确定，也可按式（11.7-15g）计算。

$$S_b \geqslant 4.4\left[\left(1+\frac{100}{f_y}\right)\Sigma N_{bi} - \Sigma N_{0i}\right] \tag{11.7-15f}$$

$$\mu = \sqrt{\frac{(1+0.41K_1)(1+0.41K_2)}{(1+0.82K_1)(1+0.82K_2)}} \tag{11.7-15g}$$

式中 ΣN_{bi}、ΣN_{0i}——分别为第 i 层层间所有框架柱用无侧移框架和有侧移框架柱计算长度系数算得的轴压杆稳定承载力之和（N）；

S_b——支撑结构层侧移刚度，即施加于结构上的水平力与其产生的层间位移角的比值（N）；

K_1、K_2——分别为相交于柱上端、柱下端的横梁线刚度之和与柱线刚度之和的比值。

6. 计算组合框架柱的轴压稳定系数 φ 时，应注意正确选定截面的类别。对焊接 H 型钢截面按 b 类选用 φ 时，应在设计文件中注明不得采用轧制或剪切的柱翼缘板。

7. 柱杆件的长细比和截面板件宽厚比限值不应大于钢规和抗震规范的规定。

8. 当计算框架的格构式柱和桁架式横梁的惯性矩时，应考虑柱或横梁截面高度变化和缀件（或腹板）变形的影响。

二、框架梁的计算

1. 当钢铺板（不包括格栅盖板）与梁上翼缘焊牢时，对不直接受动力荷载的连续梁可采用塑性设计。在计算梁的挠度时，可考虑连接焊缝每侧 $15t$（t 为铺板厚度）宽度的铺板，参与梁的工作。

2. 当为捣制钢筋混凝土楼板时，宜按钢—混凝土组合梁进行设计。此时可按《钢结构设计标准》GB 50017—2017 和本手册第 17 章的要求计算。

3. 梁截面板件宽厚比限值不应大于现行国家标准《钢结构设计标准》GB 50017 和《建筑抗震设计规范》GB 50011 的规定。

4. 设备梁应注意按工艺专业提出的变形指标控制构件刚度。

5. 多层厂房框架使用周期内进行设备升级改造的可能性较大。为避免改造范围过大，可与工艺专业及业主协商，对部分主梁留有适当的应力储备。

11.7.6 抗侧力结构与支撑的计算

一、抗侧力结构体系

竖向支撑是多层框架中的主要构件，其布置位置和形式直接影响框架的刚度。多层厂房框架柱间支撑宜采用中心支撑，也可采用偏心支撑，支撑沿竖向应连续布置，支撑的平面布置应避免或减少刚心的偏移。支撑的形式宜采用十字交叉支撑，如因框架层高与柱距比值限制或工艺需要较多的净空时也可采用人字支撑或 Y 形撑。常见支撑形式见图 11.7-11 所示，图中（a）、（b）、（d）为一般采用的形式，（c）、（e）为因框架层高与柱距比值限制或工艺需要较多的净空时采用。各种类型支撑可在一个框架中混合使用。

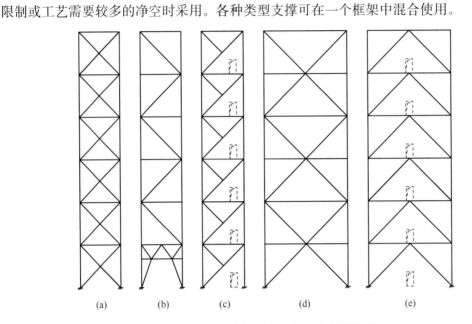

图 11.7-11   多层厂房框架的竖向支撑类型
（a）交叉杆（拉杆）；（b）单斜杆（压杆）之一；（c）单斜杆（压杆）之二；
（d）跨层交叉杆；（e）人字形（压杆）

竖向支撑截面常选 H 型钢、槽钢、十字双角钢，也可以使用钢管或背靠背双角钢。支撑杆件的长细比和截面板件宽厚比限值不应大于现行国家标准《钢结构设计标准》GB 500017 和《建筑抗震设计规范》GB 50011 的规定。

二、支撑的计算

竖向支撑设计应采用简化模型，按拉—压杆计算与构造，对角钢、小截面钢管的交叉支撑也可按单拉杆计算。支撑杆件应按所在层间的剪力与附加竖向作用力（包括柱压缩变形或支撑横梁变形产生）的组合内力进行应力计算。

对（a）、（b）、（c）、（d）类型的支撑，由于斜撑约束了柱子的轴心受压变形，故受压斜杆和横杆应考虑该影响而将内力增大，（e）类型可不考虑因柱子压缩而在支撑中产生的附加应力，但是若横梁直接承受楼盖竖向荷载时，则应计入楼盖传来的竖向荷载。

竖向支撑杆件内力应按所在层间的剪力进行计算，此层间剪力可取为下列两者的较大值：

（1）实际水平荷载产生的层间剪力。抗震设防时，需乘以相应的层间剪力增大系数。

（2）层间节点水平荷载：

$$V = \frac{Af}{85\varepsilon_k} \tag{11.7-16}$$

式中 $\sum A$——框架平面内所验算层间各柱子的总面积，当柱子的总数 n 多于 2 个时，应

乘以 $\left(0.6+\dfrac{0.4}{n}\right)$ 系数予以折减。

受压斜撑中,由于柱子在垂直荷载下的变形,而产生的附加内力,可按《钢结构设计标准》GB 50017—2017,也可按式(11.7-17)计算:

$$\Delta N = \frac{\sigma_{c1} + \sigma_{c2}}{2} A_b \cos^2 a \qquad (11.7\text{-}17)$$

式中　σ_{c1}, σ_{c2}——分别为左右两柱子在垂直荷载作用下产生的压应力;

　　　　A_b——斜撑的截面积;

　　　　a——为斜撑与柱子之间的交角。

横撑柱中的附加内力为受压斜撑附加内力的水平分力。当交叉斜撑仅考虑拉杆起作用时,可不考虑因柱子压缩而引起的附加内力,此时支撑的连接计算,应取下列两者的较大值:即斜撑在荷载作用下的拉力或斜撑的欧拉临界应力值。

考虑到支撑式多层框架的高次静不定,在支撑桁架中,柱子和斜撑及横杆的端部连接计算,宜引入 1.15 的系数。

11.7.7 节点设计与构造

多层厂房框架节点设计和构造应有足够的强度、刚度和适当的变形能力,传力直接、构造简单、易于运输、施工并兼顾检修和改造方便。在抗震设计中框架结构的连接节点除应按地震组合进行弹性设计验算外,还应进行"强节点,弱构件"原则下的极限承载力验算。

一、节点设计的一般规定

1. 梁、柱的工厂连接宜采用焊缝连接,现场连接可采用焊缝连接。

2. 梁、柱的现场螺栓拼接宜采用摩擦型高强螺栓,按全截面等强计算拼接。

3. 如拼接节点采用栓接,则构件强度验算时需考虑因螺栓孔削弱系数,该值可根据初定构件截面计算螺栓而预估,削弱系数宜<0.25。

4. 组合截面腹板与翼缘的连接焊缝,当腹板厚 $t \leqslant 20\text{mm}$ 时采用角焊缝,焊脚高度 h_f 取 $0.6t_1$、$1.5\sqrt{t_2}$ 中的大者,t_1、t_2 分别为腹板及翼缘板厚度;当腹板厚度大于 20mm 时,宜设计为部分焊透或全焊透的对接与角接组合焊缝。对接焊缝的坡口形式及角度应根据板厚和施工条件确定。

5. 由柱翼缘板与上下传力加劲肋围成的柱腹板节点域应按现行国家标准《钢结构设计标准》GB 50017 和《建筑抗震设计规范》GB 50011 进行强度和稳定性验算。节点域验算不满足要求时,应采用对角加劲肋或补板等补强措施。

6. 在刚架节点计算时,应取使刚架节点区格产生最不利的荷载组合。刚架区格中的抗剪强度设计值,考虑到柱中传递的压力 N 的影响,乘以下述折减系数 η:

$$\eta = \sqrt{1 - (N/N_y)^2} \qquad (11.7\text{-}18)$$

式中　$N_y = A \times f_y$,A 为柱面积。

人字支撑与梁的连接,连接处横梁不得中断,支撑杆端的连接计算应计入作为梁支点的竖向作用力。

在抗震设防 8、9 度地区为保证结构在地震作用下的完整性,连接节点不应先于构件破坏，因此，框架连接节点，除应按地震组合进行弹性设计验算外，还应验算梁柱连接节点受弯、受剪的极限承载力。其计算可按本手册式（12.5-2）、式（12.5-3）进行。

7. 抗震设计时，柱间支撑与构件的连接，不应小于支撑杆件塑性承载力的 1.2 倍。

二、节点构造

多层厂房框架节点繁杂，现将常用节点分类列举如下。除此之外，多层厂房框架节点与单层厂房、多高层钢结构、钢平台有相似之处，本节不尽之处可参考本手册第 11.1～11.5、13.4～13.8 节相关内容。

1. 楼面梁的连接见图 11.7-12。

楼面梁连接与钢平台梁连接相似。次梁宜铰接于主梁或框架梁，次梁较密时，应采用不影响安装的次梁接头形式。

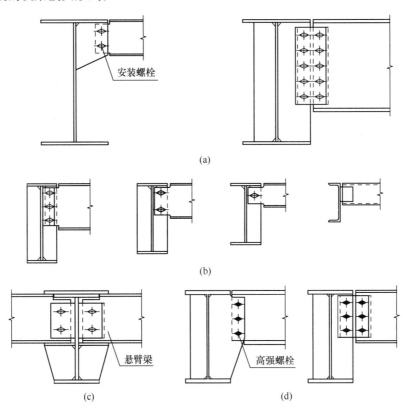

图 11.7-12   楼面梁的连接

（a）楼面梁与框架梁焊接连接；（b）楼面主次梁焊接连接；（c）悬臂梁与主梁刚接；
（d）楼面梁与框架梁高强螺栓连接

2. 框架梁与柱的连接见图 11.7-13。

框架梁与柱的刚性连接，可采用梁翼缘与柱等强熔透焊接（加引弧板），与腹板以高强螺栓连接的栓-焊节点构造；也可采用柱带短悬臂构造。此时，柱上传力加劲肋的厚度与宽度不应小于梁翼缘的厚度与宽度。对于抗震设防的框架，框架梁与柱的刚接节点，柱在梁翼缘上下各 500mm 的节点范围内，柱翼缘与柱腹板间的连接焊缝，采用坡口全熔透焊缝。

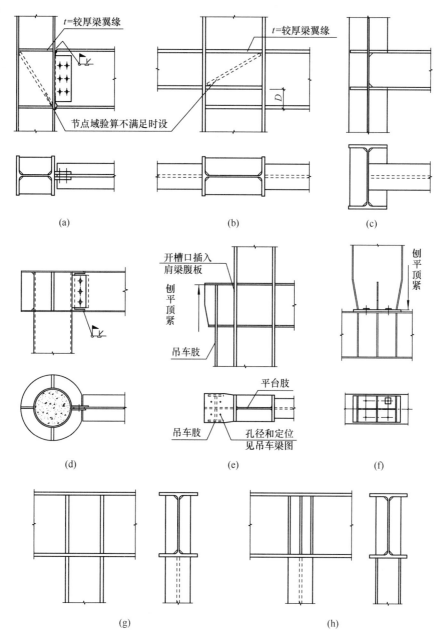

图 11.7-13　梁与柱的连接

（a）柱强轴与梁端部栓-焊刚接；（b）柱强轴与梁刚接（带悬臂梁）；（c）柱强轴与梁刚接（带悬臂梁）；（d）钢管混凝土柱与梁端部刚接；（e）柱与肩梁连接；（f）柱脚与楼面梁铰接；（g）柱端与梁连接节点之一；（h）柱端与梁连接节点之二

3. 支撑的连接见图 11.7-14。

多层厂房框架宜采用双片支撑，也可采用单片支撑。双片支撑构件宜采用槽钢加平面外角钢缀条（可参考单层厂房柱支撑节点）；单片支撑宜采用圆管、方管、双十字形角钢等强弱轴回转半径相近的截面，当水平承载力较大时，也常采用工字形截面。支撑与梁柱连接时，其构造应各杆件中心线交汇，否则在构件和节点计算中应考虑偏心的影响。

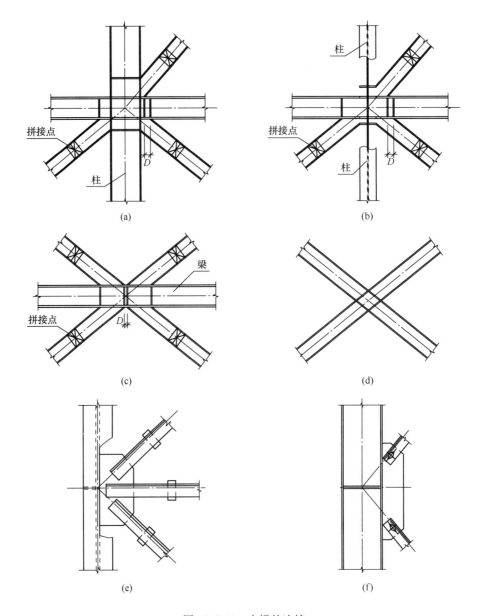

图 11.7-14　支撑的连接

（a）H 型钢支撑与柱强轴方向连接；（b）H 型钢支撑与柱弱轴方向连接；（c）H 型钢支撑与梁连接；（d）H 型钢支撑连接；（e）双角钢支撑与柱强轴方向连接；（f）双角钢支撑与柱强轴方向连接

4. 构件拼接见图 11.7-15。

构件的拼接位置应尽量在内力较小处，同时综合考虑运输分段、安装方便等条件确定。柱的拼接宜设在主梁顶面上方 1.0～1.3m 左右。柱带短悬臂梁拼接时，悬臂长度约为 1.0m，对于抗震设防的框架，此悬臂段长度应不小于 $l/10$ 或 $2h$（l、h 分别为梁的跨度和截面高度）。支撑的拼接宜设在构件交点 1.0～1.5m 左右。

Z 形焊接接头翼缘与腹板的错开距离应不小于 200mm。

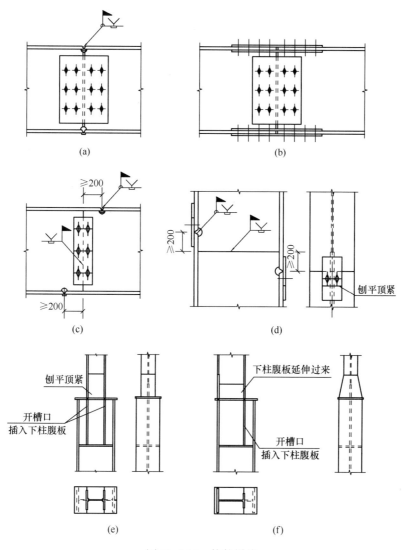

图 11.7-15　构件拼接

（a）栓-焊混合拼接；（b）全高强螺栓拼接；（c）安装螺栓＋焊缝；（d）框架柱现场拼接；

（e）上下柱拼接；（f）变截面柱拼接

5. 柱脚连接见图 11.7-16。

柱脚宜采用插入式柱脚或外包式柱脚，6～7 度抗震设防时，可采用外露式柱脚。

为减少柱用钢量、基础开挖或支护工作量，地震设防烈度，在满足工艺布置及通行、排雨及建筑散水要求的情况下，基础顶面标高宜尽量提高。

当柱底受拉或柱底水平剪力大于 0.4 倍柱轴压力时，外露式柱脚应设抗剪键。与柱间支撑连接的外露式柱脚，须设抗剪键。为保证抗剪坑的密实，二次浇灌层厚度宜加大并采用流动性较大的浇灌料。

11.7.8　结构抗震设计

受工艺影响，多层厂房框架柱网及跨度大（6～30m），层高大（4～10m）且不均匀，可能会有错层或吊挂平台、楼层开孔多、隔墙少，支撑布置有限制，楼层荷载大（5～

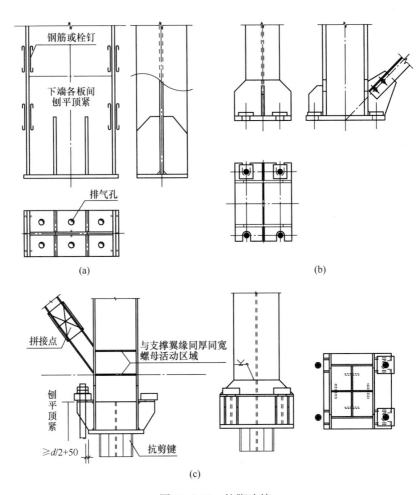

图 11.7-16 柱脚连接

(a) 插入式柱脚；(b) 无靴梁柱脚；(c) 带靴梁＋抗剪键柱脚

$50kN/m^2$）且可能有吊车及设备重载及振动扰力。

多层厂房框架在平面、竖向布置不规则；纵向、横向和竖向的质量分布很不均匀，结构的薄弱环节较多；地震反应特征和震害要比单层厂房结构和多高层钢结构复杂。

由于结构特性和地震反应特征的不同，多层厂房框架除了需满足本手册第8章钢结构抗震性能化设计、11.6节单层厂房结构抗震设计及12.5节多高层钢结构抗震设计的相关要求外，抗震设计还应满足如下特殊要求。

一、抗震性能化设计的一般规定

多层厂房框架的构件和节点应符合《钢结构设计标准》GB 50017—2017 中关于抗震性能化设计的要求。

1. 鉴于多层厂房框架结构体系，存在诸多不利的抗震因素，抗震性能化设计，一般应采用"高延性—低承载力"设计原则，确保结构有必要的延性。

2. 抗震设防类别应按现行国家标准《建筑工程抗震设防分类标准》GB 50223 的规定采用。

3. 构件的抗震性能化设计，应根据建筑的抗震设防类别、设防烈度、场地条件、结构类型和不规则性，结构构件在整个结构中的作用，使用功能和附属设施功能的要求、投资大小、震后损失和修复难易程度等，经综合分析比较选定其抗震性能目标。根据平台的设防类别，初步选择塑性耗能区承载性能等级，从而确定构件和节点的延性等级，按《钢结构设计标准》GB 50017—2017 的规定对不同延性等级的相应要求采取抗震措施。

4. 构件的抗震性能化设计，构件塑性耗能区的抗震承载性能等级及其在不同地震动水准下的性能目标、基本步骤和方法、构件的性能系数、材料要求等应按《钢结构设计标准》GB 50017—2017 的规定采用。

二、结构、设备布置

1. 布置应符合现行国家标准《建筑抗震设计规范》GB 50011 的规定。

2. 考虑厂房受力复杂，多层厂房框架抗震等级的高度分界比民用建筑降低 10m。

3. 厂房的平、立面宜为矩形，宜简单、均匀、对称。平面形状复杂、相邻构架高度差异大或楼层荷载相差悬殊时，应设抗震缝或其他措施。

4. 厂房楼盖宜采用现浇混凝土的组合楼板，亦可采用装配整体式楼盖或钢铺板，此时混凝土或铺板应与钢梁有可靠的连接。使用活动盖板或容易积灰的地方使用格栅板时，应采取措施增加楼盖刚度。

5. 重型设备宜低位且设置在距刚度中心较近的部位，不宜布置在结构单元的边缘楼层上。装料后的设备、料斗总重心宜接近楼层的支承点处。当设备、料斗等穿过楼层时，不宜采用分层支承。细而高需借助厂房楼层侧向支承的设备，楼层与设备之间应采用能适应层间位移差异的柔性连接。

6. 当设备重量直接由基础承受，且设备竖向需要穿过楼层时，厂房楼层应与设备分开。楼层与设备的缝宽，不得小于防震缝的宽度。

7. 厂房内的工作平台结构与厂房框架结构宜采用防震缝脱开布置。

8. 楼层上的设备不应跨越防震缝的布置。当运输机、管线等长条设备必须穿越防震缝布置时，设备应具有适应地震时结构变形的能力或防止断裂的措施。

三、支撑设置

1. 柱间支撑宜对称、均匀布置在荷载较大的柱间，且在同一柱间上下贯通，避免抗侧力结构的侧向刚度和承载能力产生突变；当需要错开布置时，应在紧邻柱间连续布置，并宜适当增加相近楼层或屋面的水平支撑或柱间支撑搭接一层，确保支撑承担的水平地震作用可靠传递至基础。

2. 有抽柱的结构，应适当增加相近楼层、屋面的水平支撑，并在相邻柱间设置竖向支撑。

3. 各柱列的纵向刚度宜相等或接近。

4. 柱网不规则处或各榀框架侧向刚度相差较大或柱间支撑布置不规则时，应设置楼层水平支撑。当楼板开设孔洞等原因使楼层刚度削弱较多的情况下，应设置水平支撑传递地震作用。水平支撑设置要求可按表 11.7-1 考虑。

5. 水平支撑的杆件与主梁的夹角宜在 $30°\sim60°$ 之间。水平支撑可与次梁置于同一平面内，也可以放在次梁底部，但水平支撑端部应与该跨区主梁的腹板或翼缘相连。

6. 框排架结构应设置完整的屋盖支撑见本章 11.6.4 节，尚应符合下列要求：

楼层水平支撑设置要求

表 11.7-1

项次	楼面结构类型		楼面荷载标准值 ≤10kN/m²	楼面荷载标准值＞10kN/m² 或较大集中荷载
1	钢与混凝土组合楼面，现浇装配式 组合楼板与钢梁有可靠连接	有较小孔楼板	不需设水平支撑	
		有较大孔楼板	应在开孔周围柱网区格内设水平支撑	
2	铺金属板（与梁有可靠连接）		宜设水平支撑	应设水平支撑
3	铺活动格栅板		应设水平支撑	

注：1. 楼面荷载等指除结构自重外的活荷载、管道等；

2. 表中的大、小孔的划分结合工程具体情况确定；

3. 6、7 度设防时，铺金属板并与梁有可靠连接可不设水平支撑。

（1）排架的屋盖横梁与多层框架的连接支座的标高，宜与多层框架相应楼层标高一致，并应沿单层与多层相连柱列全长设置屋盖纵向水平支撑。

（2）高跨和低跨宜各自按不同的水平支撑平面标高组合成相对独立的封闭支撑体系。

四、荷载及抗震计算

1. 确定重力荷载代表值时，可变荷载应根据行业的特点，对楼面检修荷载、成品或原料堆积楼面荷载、设备管道与料斗及其容载物等，采用相应的组合值系数。

2. 直接支承设备、料斗的构件及其连接，应计入设备等产生的地震作用。设备对支承构件及其连接产生的水平地震作用，可按现行国家标准《建筑抗震设计规范》中的等效侧力法计算，也可按式（11.7-19）计算；该水平地震作用对支承构件产生的弯矩、扭矩，取设备重心支承构件形心距离计算。

$$F_s = \alpha_{max}(1.0 + H_x / H_n)G_{eq} \tag{11.7-19}$$

式中　F_s——设备或料斗重心处的水平地震作用标准值；

　　　α_{max}——水平地震影响系数最大值；

　　　G_{eq}——设备或料斗重力荷载代表值；

　　　H_x——设备或料斗重心至室外地坪的距离；

　　　H_n——厂房高度。

3. 多层厂房框架抗震性能化计算时，其分析模型及其参数、构件的性能系数、构件的承载力、梁的抗震承载力验算、柱的抗震承载力验算、受拉构件或构件受拉区域的截面、抗侧力构件的连接计算、节点域抗震承载力、支撑系统的节点计算、柱脚的承载力验算等计算要点应符合《钢结构设计标准》GB 50017—2017 中相关要求。

4. 多层厂房往往由于刚度、质量分布不均匀等因素，在地震作用下将产生显著的扭转效应，故一般情况下，宜采用空间结构模型计算地震作用；当结构布置规则，质量分布均匀时，亦可分别沿结构横向和纵向进行验算。现浇钢筋混凝土楼板，当板面开孔较小且用抗剪连接件与钢梁连接成为整体时，可视为刚性楼盖。

5. 在多遇地震下，结构阻尼比可采用 0.03；在罕遇地震下，阻尼比可采用 0.05。

6. 多层钢结构厂房构件和节点的抗震承载力验算，尚应符合下列规定：

（1）按本手册 12.5 节的相关公式验算节点左右梁端和上下柱端的全塑性承载力时，框架柱的强柱系数，一级和地震作用控制时，取 1.25；二级和 1.5 倍地震作用控制时，取 1.20；三级和 2 倍地震作用控制时，取 1.10。

（2）下列情况可不满足上述抗震承载力验算的要求：

1）单层部分的排架柱或多层结构顶层的框架柱；

2）不满足验算的框架柱沿验算方向的受剪承载力总和小于该楼层框架受剪承载力的 20％；且该楼层每一柱列不满足验算的框架柱的受剪承载力总和小于本柱列全部框架柱受剪承载力总和的 33％。

五、抗震构造措施

1. 多层厂房框架抗震性能化设计时，其构件塑性耗能区、框架梁及柱、节点域、梁柱刚性节点、支撑等的基本抗震措施应符合《钢结构设计标准》GB 50017—2017 中相关要求。

2. 抗震设防的节点连接应满足现行国家标准《建筑抗震设计规范》GB 50011 的要求。结构高度大于 50m 或地震烈度高于 7 度的多高层钢结构截面板件宽厚比等级不宜小于 S3 级。

3. 多层框架柱的长细比，抗震等级为一级不应大于 $60\sqrt{\dfrac{235}{f_{ay}}}$；二级不应大于 $80\sqrt{\dfrac{235}{f_{ay}}}$；三级不应大于 $100\sqrt{\dfrac{235}{f_{ay}}}$；四级及非抗震设计不应大于 $120\sqrt{\dfrac{235}{f_{ay}}}$。

4. 厂房框架柱、梁的板件宽厚比，应符合下列要求：

（1）总高度不大于 40m 时，与单层钢结构厂房框架柱、梁的板件宽厚比相同。

（2）总高度大于 40m 时，多层框架柱、梁的板件宽厚比等级宜符合《钢结构设计标准》GB 50017—2017 表 3.5.1 中 S2 或 S3 级限制。非抗震设计可选用 S3 或 S4。当构件截面承载力和塑性转动变形能力满足要求时，板件宽厚比可适当放宽。

5. 框架梁、柱的最大应力区，在大震下可能属于塑性铰区，需要特别加强，不得突然改变翼缘截面，其上下翼缘均应设置侧向支承，此支承点与相邻支承点之间距应符合现行《钢结构设计标准》GB 50017—2017 中塑性设计的有关要求。

6. 当框架梁上覆混凝土楼板时，其楼板钢筋应可靠锚固。

7. 多层钢结构厂房的支撑布置往往受工艺要求制约，增大了其地震组合设计值。为避免出现过度刚强的支撑而吸引过多的地震作用，其长细比宜在弹性屈曲范围内选用。柱间支撑构件宜符合下列要求：

（1）多层框架部分的柱间支撑，宜与框架横梁组成 X 形或其他有利于抗震的形式，其长细比不宜大于 150。

（2）支撑杆件的板件宽厚比应符合单层钢结构厂房支撑杆件的要求。

8. 框架梁可采用高强度螺栓摩擦型拼接，其位置宜避开最大应力区（1/10 梁净跨和 1.5 倍梁高的较大值）。梁翼缘拼接时，在平行于内力方向的高强度螺栓不宜少于 3 排，拼接板的截面模量应大于被拼接截面模量的 1.1 倍。

9. 厂房柱脚应能保证传递柱的承载力，并按单层钢结构厂房柱脚的规定执行。实腹式柱脚采用外包式、埋入式及插入式柱脚的埋入深度应符合国家现行标准《建筑抗震设计规范》GB 50011 或《构筑物抗震设计规范》GB 50191 的有关规定。插入式、埋入式、外包式柱脚的设计与构造见本手册 13.8 节的相关内容。

11.7.9　设计实例
一、设计资料

某炼钢厂 1～3 号铁水脱硫站布置在厂房柱间,工艺断面资料见图 11.7-17,工艺平台资料如表 11.7-2。

二、设计参数及结构说明

铁水脱硫站场地类别为 Ⅱ 类;抗震设防烈度为 7 度,设计基本地震加速度值为 $0.10g$,地震分组为第一组。根据抗震规范,该脱硫站框架属丙类建筑,四级框架。框架在厂房类内,故不考虑风,雪荷载。

框架为纵向刚接、横向铰接体系。框架部分梁与厂房柱相连。梁采用 H 形截面、柱采用十字或 H 形截面,采用外露式柱脚。刚架梁、柱采用 Q345B,其余 Q235B。框架平、剖面布置及结构计算单元见图 11.7-18～图 11.7-22。

工艺平台资料　　　　　　　　　　　　　　　　表 11.7-2

平台名称	地面/平台标高	均布活载	主要设备	集中活载(每个脱硫站)
罐车运行	0.000		铁水罐—渣罐一体车	
			液压室	
扒渣平台	5.600	8kN/m²	扒渣机	180kN
		3kN/m²	操作室(3.0m 高)	
操作维护平台	10.400	10kN/m²	升降轨道	竖直 130kN×2×2,水平 88kN
			翻板轨道	竖直 30kN×4,水平 40kN×2
			新搅拌头更换小车	设备重 21kN,搅拌头重 48kN
			旧搅拌头更换小车	设备重 20kN,搅拌头重 48kN
			升降溜槽	11kN
			除尘罩	30kN
			电气室上方管道	100kN
		4kN/m²	电气室(3.2m 高)	
搅拌器平台	13.900	3kN/m²	升降轨道	竖直 110kN×2×2,水平 88kN
			更换搅拌器平台	
			电动翻转平台	
葫芦维护平台	18.200	3kN/m²	升降轨道	竖直 40kN×2×2,水平 88kN
提升装置平台	21.500	10kN/m²	升降轨道	竖直 40kN×2×2,水平 88kN
			升降小车提升装置	竖直 179kN,水平 105kN
			10t 电葫芦吊	设备重 11kN,吊重 100kN
支撑要求	10.400 到 13.900 搅拌头更换小车的运行区域柱间支撑尽量考虑为门形支撑,操作室通行区域不能设柱间支撑			

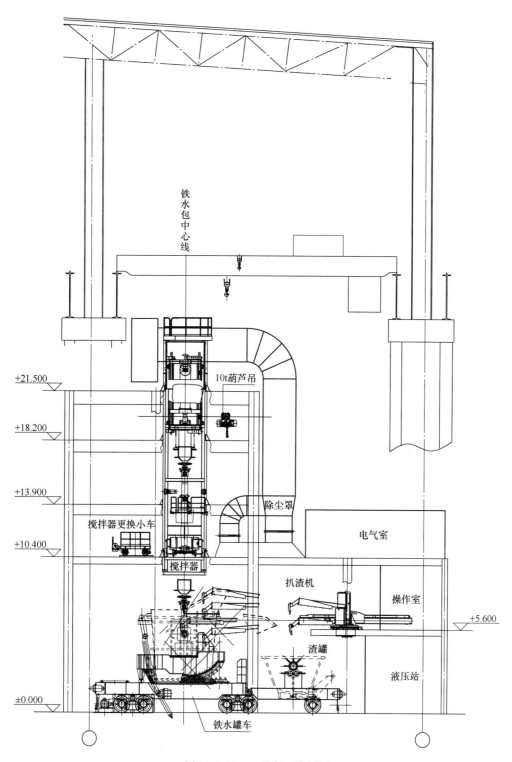

图 11.7-17 工艺断面资料图

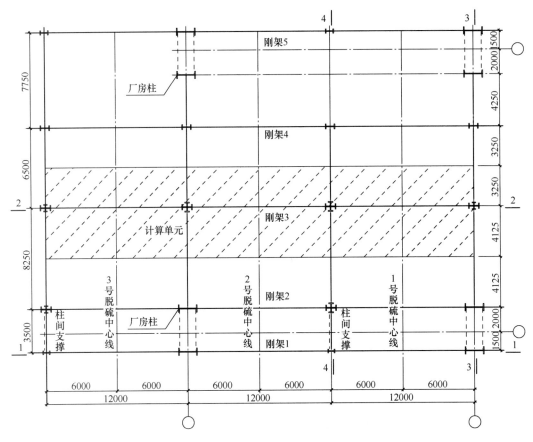

图 11.7-18 框架平面布置图及结构计算单元

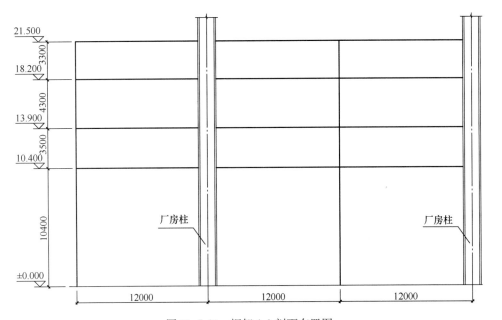

图 11.7-19 框架 1-1 剖面布置图

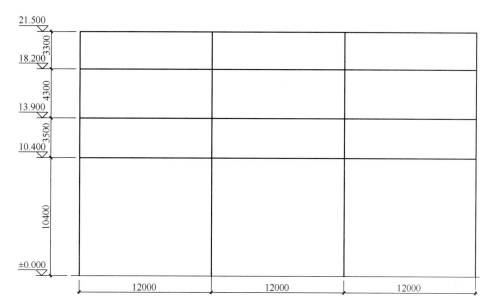

图 11.7-20　框架 2-2 剖面布置图

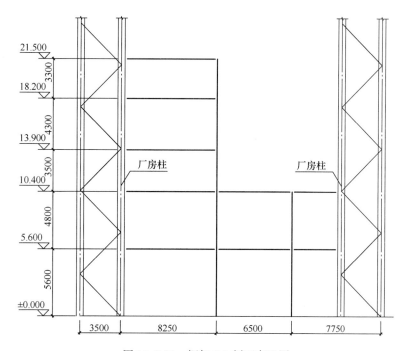

图 11.7-21　框架 3-3 剖面布置图

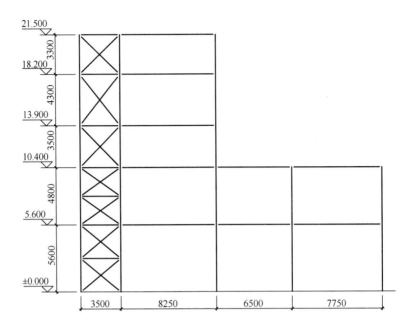

图 11.7-22 框架 4-4 剖面布置图

三、纵向刚架荷载计算

以刚架 3 为例，见图 11.7-23，进行纵向刚架计算。平台自重统计见表 11.7-3。

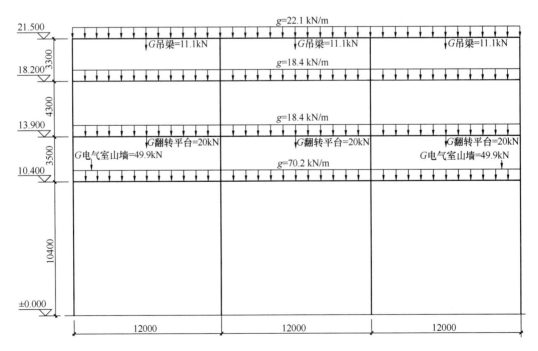

图 11.7-23 刚架 3 恒载简图

刚架 3 平台自重　　　　　　　　　　　　表 11.7-3

平台名称	平台面标高	荷载名称	均布恒载
操作维护平台	10.400	平台自重	4kN/m²
		平台隔热砖面自重	3kN/m²
		电气室屋面	4kN/m²
		电气室砖墙	5.24×3.2=16.7kN/m
搅拌器平台	13.900	平台自重	2.5kN/m²
		电动翻转平台自重	2kN/m²
葫芦维护平台	18.200	平台自重	2.5kN/m²
提升装置平台	21.500	平台自重	3kN/m²
		10t 电葫芦吊梁	1.5kN/m

1. 恒载计算：

(1) 标高 10.400m 平台

1) 平台梁、板　　　　　　　　$4×(6.5+8.25)/2=29.5$kN/m

2) 平台隔热砖（仅一部分区域有）　　　　$3×4=12.0$kN/m

3) 电气室屋面（通过纵墙传来）　　$4×10.15(宽)/2=20.3$kN/m

4) 电气室纵墙（本刚架承担一半）　　　$16.7/2=8.4$kN/m

　∑1)～4)　　　　　　　　　　$=70.2$kN/m

5) 电气室山墙集中荷载　　$16.7×(7.75/2+2.1)/2=49.9$kN

(2) 标高 13.900/18.200m 平台

1) 平台梁、板　　　　　　$2.5×(6.5+8.25)/2=18.4$kN/m

2) 13.900 电动翻转平台（10m²）　　　　$2×10=20$kN

(3) 标高 21.500m 平台

1) 平台梁、板　　　　　　$3×(6.5+8.25)/2=22.1$kN/m

2) 10t 电葫芦吊梁集中力　　$1.5×(6.5+8.25)/2=11.1$kN

2. 活载计算：

(1) 标高 10.400m 平台

1) 平台活荷载　　　　　　$10×(6.5+8.25)/2=73.8$kN/m

2) 电气室屋面活荷载（通过纵墙传来）　$4×10.15(宽)/2=20.3$kN/m

　∑1)～2)　　　　　　　　　$=94.1$kN/m

3) 升降轨道荷载

单支座竖直力　　　　　$130×2=260$kN（每跨 2 支座）

多跨水平力　　　　　　　$88×3=264$kN

4) 翻板轨道荷载

竖直力　　　　　　　　　$30×4=120$kN

多跨水平力（不与升降轨道荷载水平力同时考虑）$40×2×3=240$kN

5）新搅拌头更换小车

设备重   21kN

垂直荷载   48kN

6）旧搅拌头更换小车

设备重   20kN

垂直荷载   48kN

7）升降溜槽   11kN

$\sum$ 5）～7） $=$148kN/m

8）除尘风管支架的荷载   （100＋30）/2＝65kN（每跨 2 处）

（2）标高 13.900m 平台

1）平台活荷载   3×（6.5＋8.25）/2＝22.1kN/m

2）升降轨道荷载

单支座竖直力   110×2＝220kN（每跨 2 支座）

多跨水平力   88×3＝264kN

3）电动翻转平台（10m^2）   3×10＝30kN

（3）标高 18.200m 平台

1）平台活荷载   3×（6.5＋8.25）/2＝22.1kN/m

2）升降轨道荷载

单支座竖直力   40×2＝80kN（每跨 2 支座）

多跨水平力   88×3＝264kN

（4）标高 21.500m 平台

1）平台活荷载   10×（6.5＋8.25）/2＝73.8kN/m

2）升降轨道荷载

单支座竖直力   40×2＝80kN（每跨 2 支座）

多跨水平力   88×3＝264kN

3）升降小车提升装置

单支座竖直力   179kN

多跨水平力（不与升降轨道荷载水平力同时考虑）   105×3＝315kN

4）平台吊挂 10T 电葫芦   100＋11＝111kN

四、纵向刚架内力分析及截面验算

计算模型采用框排架模型。内力分析及截面验算均采用中国建筑科学研究院研制开发的结构设计软件 PKPM（2010 版）中的钢结构框排架计算模块。

设计者须正确建模及输入参数；对构件的内力、强度及稳定应力、变形值认真分析，确保电算结果正确并符合规范要求；对截面反复调整优化使之安全、经济。

限于篇幅，本文仅给出部分 PKPM 建模及分析图，框架立面、应力变形见图 11.7-25～图 11.7-27。

五、横向支撑计算

框架横向铰接，可认为横向水平力由斜撑承担。以 4-4 剖面为例，支撑布置及水平活荷载简图（地震力由程序计算，手算时应分层再叠加上）见图 11.7-28。

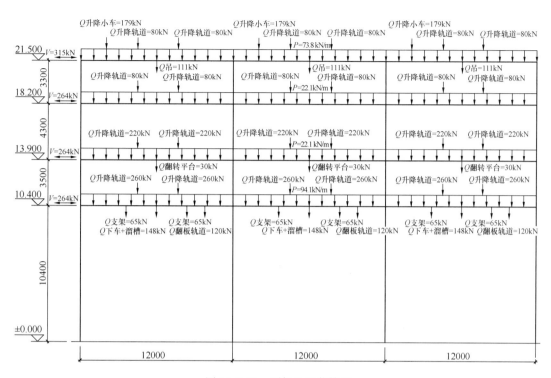

图 11.7-24 刚架 3 活载简图

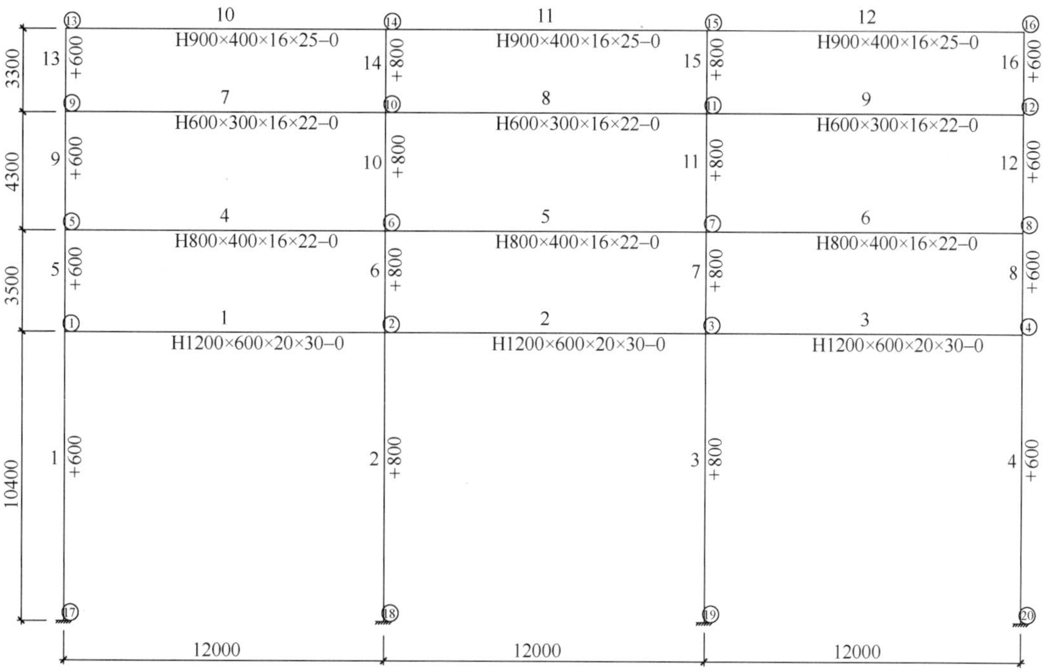

图 11.7-25 PKPM框架立面图（mm）

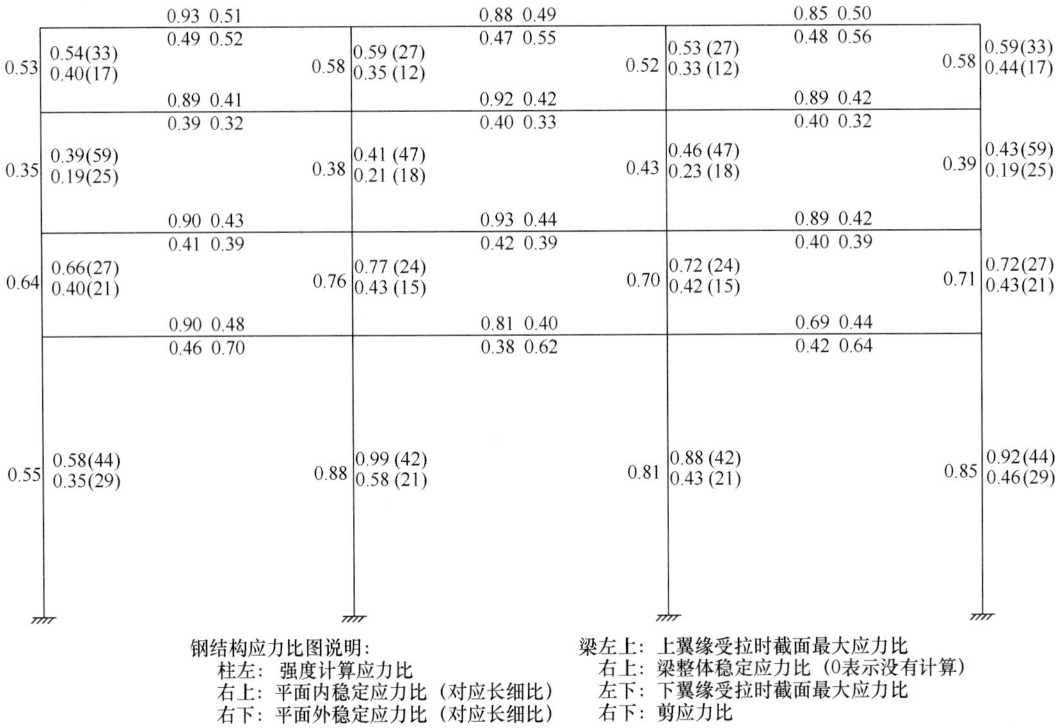

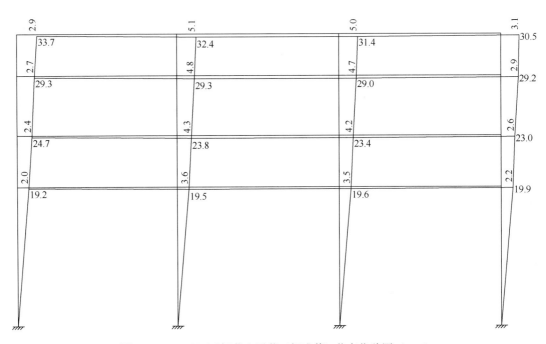

图 11.7-26 PKPM 钢结构应力比图

图 11.7-27 PKPM 恒载＋活载（标准值）节点位移图（mm）

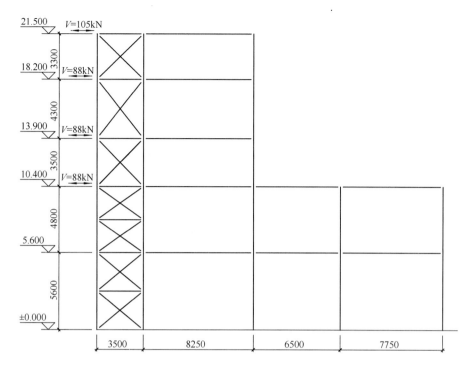

图 11.7-28　框架 4-4 剖面水平活荷载简图

本例横向支撑内力分析及截面验算为电算，过程略。

柱间支撑通常也可以手算，以 18.200～21.500 支撑（不考虑地震作用）为例：

十字交叉支撑一般按受拉杆计算，此时亦可不计入柱压缩所增加的轴心力。

厂房内，可不考虑风荷载，设备传来水平力 $V=105kN$。

$H=3300mm$，$L=3500mm$，$l_{ox}=4810mm$，$l_{oy}=4810/2=2405mm$。

斜腹杆内力 $Q=105\times\dfrac{4810}{3500}=144.3kN$。

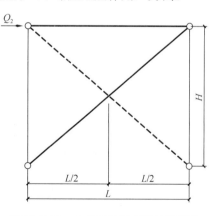

图 11.7-29　十字形柱间支撑计算简图

选用 L75×6，$i_x=23.1mm$，$i_y=14.9mm$，$A=880mm^2$。

则 $\lambda_x=\dfrac{4810}{23.1}=208<[\lambda]=400$（忽略对相邻跨重级吊车厂房的影响）。

$\lambda_y=\dfrac{2405}{14.9}=161.4<[\lambda]=400$（忽略对相邻跨重级吊车厂房的影响）。

验算稳定：$\sigma=\dfrac{N}{A}=\dfrac{144.3\times10^3}{880}=164N/mm^2<f=215N/mm^2$

满足要求。

参 考 文 献

[1] 钢结构设计标准：GB 50017—2017[S]. 北京：中国建筑工业出版社，2018.

[2] 罗邦富等编. 钢结构设计手册(第二版). 北京：中国建筑工业出版社，1989.

[3] 赵熙元主编. 建筑钢结构设计手册. 北京：冶金工业出版社，1995.

[4] 《钢结构设计手册》编辑委员会. 钢结构设计手册(第三版). 北京：中国建筑工业出版社，2003.

[5] 万力等. 起重机设计规范：GB/T 3811—2008[S]. 北京：中国国家标准化管理委员会，2009.

[6] 柴昶.《钢结构设计与计算》. 北京：机械工业出版社，2004.

[7] 魏明钟.《钢结构设计新规范应用讲评》. 北京：中国建筑工业出版社，1991.

[8] 重庆建筑工程学院与重庆钢铁设计研究院. 钢吊车梁直角突变支座剪切疲劳和吊车梁上翼缘与制动板焊接疲劳性能试验研究. 重庆：1992.

[9] 中冶建筑研究总院有限公司. 大跨度桁架式钢吊车梁下弦节点的承载力与疲劳性能. 北京：1988.

[10] 郑廷银. 钢吊车梁变截面支座的疲劳性能研究. 北京：1997 建筑结构.

[11] 陈炯等. 变截面吊车梁圆弧式和直角式突变支座的受力性能分析. 2010. 结构工程师.

[12] 冶金建筑研究总院等. 钢吊车梁圆弧过渡变截面端头的静力与疲劳性能.1988.

[13] 国家工业建筑诊断与改造工程技术研究中心. 宝钢一炼钢主厂房吊车梁园弧端疲劳性能检测评估报告. 2001.

[14] 冶金部建筑研究总院与天津大学. 直角突变式吊车梁支座受力性能分析的试验研究. 2012.

[15] 中国建筑标准设计研究院.《钢吊车梁》. 08SG520. 2005.

[16] 中国建筑标准设计研究院.《悬挂运输设备轨道》. G359-1～4. 2005.

[17] 冶金部建筑研究总院. 包头钢铁设计研究院等. 低合金钢箱形吊车梁的试验设计与施工. 1972.

[18] 唐扬，邓仲良等.《吊车轨道偏心对大吨位吊车梁受力性能的影响》. 北京：2010. 建筑结构 vol. 12 NO. 3.

[19] 赵熙元主编. 建筑结构设计资料集. 钢结构分册. 北京：中国建筑工业出版社，2007.

[20] 戴国欣主编. 钢结构. 第三版. 武汉：武汉理工大学出版社，2007.

[21] 陈绍蕃. 角钢、剖分T型钢压杆的弯扭屈曲(1). 钢结构. 2000. 15(4).

[22] 陈绍蕃. 角钢、剖分T型钢压杆的弯扭屈曲(2). 钢结构. 2001. 16(1).

[23] 陈绍蕃著. 钢结构设计原理. 第二版. 北京：科学出版社，1998.

[24] 柴昶、宋曼华主编. 钢结构设计与计算. 第二版. 北京：机械工业出版社，2006.

[25] 崔佳等编著. 钢结构设计标准理解与应用. 北京：中国建筑工业出版社，2004.

[26] 李星荣等编著. 钢结构连接节点设计手册. 第二版. 北京：中国建筑工业出版社，2005.

[27] 建筑抗震设计规范：GB 50011—2010(2016 年版). 北京：中国建筑工业出版社，2016.

[28] 高层民用建筑钢结构技术规程：JGJ 99—2015[S]. 北京：中国建筑工业出版社，2016.

[29] 陈绍蕃主编. 现代钢结构设计师手册. 北京：中国电力出版社，2002.

[30] 但泽义等主编. 建筑结构构造资料集. 钢结构篇. 第二版. 北京：中国建筑工业出版社，2007.

[31] 徐建主编. 工业建筑抗震设计指南[M]. 北京：中国建筑工业出版社，2013.

[32] 建筑结构荷载规范 GB 50009—2012. 北京：中国建筑工业出版社，2012.

[33] 易方民等编著. 建筑抗震设计规范理解与应用. 北京：中国建筑工业出版社，20

[34] 王伟. 钢结构设计数据资料一本全 [M]. 北京：中国建材工业出版社，2007.

[35] 热轧型钢：GB/T 706—2008[S]. 北京，2008.

[36] 固定式钢梯及平台安全要求第1部分：钢直梯 GB 4053.1—2009.

［37］　固定式钢梯及平台安全要求第 2 部分：钢斜梯 GB 4053.2—2009.

［38］　固定式钢梯及平台安全要求第 3 部分：工业防护栏杆及钢平台 GB 4053.3—2009.

［39］　黄善存等编著．钢平台设计资料．北京：北京有色金属设计研究总院土建科，1979.

［40］　陈富生等编著．高层建筑钢结构设计．第二版．北京：中国建筑工业出版社，2004.

［41］　龚思礼主编．建筑抗震设计手册．第二版．北京：中国建筑工业出版社，2002.